国家重点基础研究发展计划（973 计划）项目成果

营养物质对海湾生态环境影响的过程与机理

黄小平　黄良民　宋金明　陈　敏　李海龙　江志坚 等　著

科 学 出 版 社

北　京

内 容 简 介

本书是国家重点基础研究发展计划项目“人类活动引起的营养物质输入对海湾生态环境影响机理与调控原理”（2015CB452900）的成果之一，以胶州湾和大亚湾为典型研究区域，研究内容包括营养物质输入通量及海湾环境演变过程、海湾营养物质迁移转化规律及其环境效应、营养物质变化对海湾生物群落结构及其演替的影响机理、海湾生态系统功能对生态环境变化的响应机制、海湾生态环境演变趋势及调控原理。

本书适合海湾生态环境相关领域的科技工作者和管理者，以及科研院所、高校的研究生参考阅读。

图书在版编目（CIP）数据

营养物质对海湾生态环境影响的过程与机理 / 黄小平等著. —北京：科学出版社，2019.12

ISBN 978-7-03-062324-9

Ⅰ. ①营… Ⅱ. ①黄… Ⅲ. ①营养支持－影响－海湾－生态环境－研究－中国 Ⅳ. ①X321.2

中国版本图书馆 CIP 数据核字（2019）第 205771 号

责任编辑：郭勇斌　彭婧煜 / 责任校对：杜子昂
责任印制：师艳茹 / 封面设计：刘云天

科 学 出 版 社 出版
北京东黄城根北街 16 号
邮政编码：100717
http：//www.sciencep.com
河北鹏润印刷有限公司印刷
科学出版社发行　各地新华书店经销
*
2019 年 12 月第　一　版　开本：787×1092　1/16
2019 年 12 月第一次印刷　印张：46 3/4　插页：4
字数：1 100 000

定价：258.00 元

（如有印装质量问题，我社负责调换）

前　言

根据《联合国海洋法公约》第十条第二款的相关规定，海湾为凹入陆地的明显水曲，其面积要大于或等于以曲口宽度为半径的半圆面积；我国对海湾的定义为“水域面积不小于以口门宽度为直径的半圆面积，且被陆地环绕的海域”（GB/T 18190—2017），其内涵与联合国规定的基本一致。海湾最突出的自然属性就是环境条件相对封闭，风浪较小，水交换周期长。在我国辽阔的近海疆域中，存在诸多的大中小型海湾，根据《中国海湾志》初步统计，我国海湾数量众多，面积在 100 km^2 以上者有 50 多个，面积在 10 km^2 以上者有 150 多个，面积在 5 km^2 以上者为 200 个左右。我国著名海湾主要有渤海湾、辽东湾、莱州湾、胶州湾、象山湾、厦门湾、大亚湾、湛江湾和海口湾等。

我国海湾自然条件优越，在国家现代经济建设和社会发展中具有重要的战略地位。由于海湾优良的驻泊条件，使其成为海路交通枢纽，如胶州湾的青岛港、厦门湾的厦门港、大亚湾的惠州港等。海湾因其独特的区位和资源优势而成为临海工业基地，如大连湾的造船基地、大亚湾的南化石化基地和大亚湾核电站等。海湾良好的地理位置、丰富的腹地资源和优美的自然环境，使其成为一些城市的重要依托，如依托深圳湾、大鹏湾和大亚湾的深圳市，依托胶州湾的青岛市，依托厦门湾的厦门市。同时，海湾丰富的饵料生物加之相对封闭的自然条件，使其成为重要的海洋生物产卵场、育幼场和索饵场，是重要海洋经济生物的摇篮，如渤海湾、莱州湾、大亚湾等。由于海湾风浪少的优点，使其成为重要海水养殖区域，包括海域网箱养殖（如大亚湾和象山湾等）和陆域（滩涂围海）海水养殖（胶州湾和大亚湾等）。鉴于海湾极其重要的地位，维持海湾可持续发展是国家的重大战略。国外很多海湾也在现代经济和社会生活中发挥着重要的作用，例如，日本的东京湾不仅是东京、横滨等著名城市的依托，更发展为京滨工业地带的主要部分。美国切萨皮克湾分布有巴尔的摩和诺福克等大港，还包含诺福克和纽波特纽斯港口城市群，是美国的重要工商业中心。

近几十年来，我国海湾开发利用给相关地区带来了巨大的经济效益，但同时也产生了不容忽视的问题。人类在开发海湾资源过程中，由于对自然压力、社会压力、经济压力对海湾生态环境变化驱动的机制认识不清，过度开发破坏了海湾生态环境，造成海湾生态系统自我调节能力和生态服务功能下降。此外，由于缺乏集海湾海域及其流域为一体的资源开发利用总体规划和合理保护，我国海湾海洋交通运输、围海造地、临海工业的快速发展，以及海湾流域的开发，对海湾传统用海空间及其生态环境的不利影响日益凸显。我国高强度人类活动已对海湾生态环境产生显著影响，对海湾的生态安全构成严重威胁。带来的生态环境问题主要包括：①环境污染严重，富营养化加剧；②生物组成简单化，生物群落结构异化；③生态功能退化，生态系统失衡；④海湾面积缩小，泥沙淤积。美国的切萨皮克湾、日本的东京湾等，也都不同程度地存在上述问题。

海湾在我国经济建设与社会发展中具有极其重要的战略地位，但高强度人类活动引起大量营养物质的输入，导致海湾水体富营养化、生态功能退化、生态系统失衡，已严重威胁到我国沿海地区经济和社会的可持续发展。为此，科技部于 2015 年设立国家重点基础研究发展计划（973 计划）项目“人类活动引起的营养物质输入对海湾生态环境影响机理与调控原理”。该项目的科学假设为：氮、磷等营养物质大量输入，是导致海湾生态环境恶化的关键因素。营养物质的浓度、形态及组分结构变化与海湾生物群落结构、食物网结构、生态功能及生态系统稳定性的变化，是否存在因果关系？若存在对因果关系，那么海湾生态系统对营养物质变化的响应过程与机制如何？在此基础上，如何通过调控营养物质的输入，改善海湾生态环境、恢复海湾生态系统的稳定性？基于上述科学假设，该项目拟解决如下三个关键科学问题：①营养物质在半封闭性海湾长期滞留聚集条件下的迁移转化过程与机理；②海湾食物网结构及其能量传递对营养物质变化的响应规律；③基于生态系统的海湾生态环境调控原理。针对上述三个关键科学问题，开展四个方面的研究：①营养物质输入对海湾环境的影响规律；②营养物质变化对海湾生物群落结构的影响过程与机理；③海湾生态系统功能对生态环境变化的响应机制；④海湾生态环境演变趋势及应对策略。项目的总体目标为：揭示人类活动引起的营养物质输入对海湾生态环境的影响过程与机理，阐明海湾生态系统结构与功能对环境变化的响应机制，预测海湾生态环境演变趋势，提出污染控制与生态调控策略，丰富和发展半封闭性海湾生态环境演变理论，显著提升我国在该研究领域的国际地位，为基于生态系统水平的海湾综合管理提供科学依据，为我国海湾生态环境的改善做出重要贡献。

在总体思路上，鉴于我国海湾及其流域的高强度人类活动，已对海湾生态环境构成严重威胁，而营养物质输入和围填海等工程活动是人类活动影响海湾生态环境的两个主要因素，该项目重点关注营养物质输入对海湾生态环境的影响，并考虑围填海等工程活动导致海湾水交换能力和自净能力下降的叠加影响；以半封闭性海湾为研究对象，以营养物质输入的通量变化与形态转化机理为出发点，以海湾生态系统结构与功能的响应机制为关键点，以改善海湾生态环境与恢复海湾生态功能为落脚点，为基于生态系统水平的海湾综合管理提供科学依据，满足国家沿海地区经济、社会和生态环境可持续发展的重大战略需求。在环境变化机理方面，针对我国海湾环境的突出问题为富营养化，该项目以营养物质为重点，研究营养物质输入的种类、形态、通量的变化与关键控制因素，认识其在半封闭性海湾长期滞留聚集条件下的迁移转化规律，为研究其生态效应奠定基础。同时，针对半封闭性海湾水交换周期长和环境污染重的特点，通过研究围填海等工程活动导致海湾水交换能力和自净能力下降的规律，认知其对营养物质聚集及迁移转化过程的影响。在生态响应机制方面，针对我国海湾存在的生物群落结构异化、生态功能退化、生态系统失衡的问题，该项目重点研究营养物质的浓度、形态和组分结构对浮游植物群落结构的影响机理，进而揭示由此导致对海湾其他高营养级生物群落结构的影响过程与机理；通过研究海湾上述生态环境变化对食物网结构及其能量传递效率的影响规律，揭示其生态系统功能的退化机理，在此基础上认知海湾生态系统失衡的过程与机制。在研究的空间尺度上，由于人类活动引起的营养物质输入不仅来自海湾本身，还来自流域开发活动，因此，该项目将海湾流域与海域作为一个整体考虑，通过建立物理过程-化学过程-生物过程耦合的数学模型，系统认知营养物质输入对海湾生态环境的影响过程与机理。在应用基础层面，以生态系统平衡等理论为指导，以生态系统结构完整性与功能稳定性为核心，建立海湾生态系统健康的评价指标体系，探讨海湾生态容量理论，探索生态环境调控及修复原理与方法，为基于生态系统水平的海湾综合管理提供科学依据。在研究区域的选择方面，以北温带的胶州湾和亚热带的大亚湾为重点海湾，既考虑研究区域的典型性，突出重点，又在研究中寻求关键科学问题的共性，以点带面，兼顾普遍意义，使该项目的研究成果能够最大限度体现国家对海湾可持续开发利用的重大战略需求，为国家提供决策依据。

在国际上，针对近海富营养化问题，联合国环境规划署（United Nations Environment Programme，UNEP）设立的营养物质管理全球伙伴计划（Global Partnership on Nutrient Management，GPNM），为实现在 2020 年前全球范围内关键营养物质（如氮）利用效率提高 20%和排放总量减少 2 亿 t 的目标，进行了较深入的调查与研究，并提出了科学化管理建议和实施计划，其中海湾是该计划重点关注的区域之一。近十多年来，美国国家海岸带海洋科学中心（The National Centers for Coastal Ocean Science，NCCOS）的多个研究计划（如 NCCOS 2004，NCCOS 2005），都提出“开展人类活动对海岸带生态系统影响的科学研究”，全面评估人类活动引起包括海湾在内的海岸带生态系统变化的负面影响。目前，国际海湾生态环境研究主要呈现出如下发展趋势：①从环境质量、生物群落结构等现象研究转向环境变化机理、生态系统结构与功能的响应机制研究；②从对海湾生态环境某个环节的研究转向对海湾生态系统的全过程、系统性研究；③从单纯研究海湾水体转向陆海相互作用的完整性研究，并从管理上提出海陆统筹的要求；④从对海湾生态环境某个时段变化的研究转向生态系统长期连续变化规律的研究。

经过项目组全体成员近 5 年努力，项目取得重要进展，获得了一些新的认知，同时为我国海湾生态环境的改善提出了一些新的策略建议。该项目研究取得一些突破，主要包括四个方面：①海湾生态系统的全过程研究。通过学科交叉、创新和集成研究技术，转变研究思路，在环境变化机理、生态系统结构与功能响应机制等方面取得了突破，如在营养物质来源→海湾环境→生物群落结构→生态系统功能的全过程研究方面取得了创新性成果。②集海湾流域与海域一体化耦合数学模型的整体性研究。尽管人类对海湾的开发活动主要集中在海湾区域本身，但海湾流域的开发活动也会对海湾带来明显影响，因此需要将海湾流域与海域作为一个整体考虑，研究营养物质输入对海湾生态环境的影响，通过建立集海湾流域与海域一体化的耦合数学模型，预测了海湾生态环境演变趋势，在预测模型的科学性、系统性和准确性上取得了突破。③海湾生态环境的系统性研究。将营养物质来源解析、营养物质输入引起海湾环境恶化、海湾生物群落结构变异、生态系统功能退化的研究进行整合，将海湾流域与海域作为一个整体进行考虑，在此基础上构建了海湾生态环境研究理论体系，丰富和发展了半封闭性海湾生态环境演变理论，形成海湾生态环境的系统性研究。④发展基于生态系统水平的海湾综合管理理论。在系统认知营养物质输入对海湾生态环境影响过程与机理的基础上，以生态系统结构完整性与功能稳定性为核心，以生态系统平衡与健康为目标，以生态容量为依据，在基于生态系统水平的海湾综合管理理论发展方面取得突破。

本书是该 973 计划项目的成果之一，全书共分为五章，第一章营养物质输入通量及海湾环境演变过程，第二章海湾营养物质迁移转化规律及其环境效应，第三章营养物质变化对海湾生物群落结构及其演替的影响机理，第四章海湾生态系统功能对生态环境变化的响应机制，第五章海湾生态环境演变趋势及调控原理。期望本书的出版可为研究海湾生态系统对人类活动干扰响应的科技人员有所裨益，同时为我国海湾生态环境的保护与管理提供参考。

本书各章的主要撰写人员如下：第一章，宋金明、袁华茂、吴云超、王学静、康旭明、张景平、李艳强、邢建伟、齐占会、曲宝晓、晏维金、李海龙、梁宪萌、周畅浩；第二章，李海龙、袁华茂、江志坚、徐向荣、杨伟锋、洪义国、黄浩、肖凯、曲文静、罗满华、汪雅露、刘瑾、张凌、甘茂林、沈园、刘锦军、赵秀峰、李俊杰、吴佳鹏；第三章，陈敏、谭烨辉、刘梦坛、张润、沈萍萍、张霞、杨伟锋、杨熙、向晨晖、陈蕾、曾健、李开枝、李丹阳、刘甲星、张琨、王博（女）、汤亚楠、王博（男）、张立明、陈盛保、李影；第四章，黄良民、宋星宇、李纯厚、张黎、柯志新、徐姗楠、周林滨、李开枝、齐占会、任丽娟、李亚芳、杜森、刘华雪、马婕、张伟、姜歆、谢福武；第五章，黄小平、宋德海、俞炜炜、张凌、陈彬、张景平、陈妍宇、鲍献文、熊兰兰、朱晓芬。全书由黄小平和江志坚统稿。衷心感谢本书的所有参与者和支持者！感谢胶州湾和大亚湾野外科学观测研究站在历史资料提供和现场调查方面给予的帮助！感谢大亚湾生态监控区历史资料的贡献！

由于海湾生态系统的复杂性和作者的学识水平限制，书中难免存在疏漏之处，有关结论与认知亦有待后续研究的检验，敬请广大读者批评指正。

黄小平

2019 年初春于广州鹭江

目　录

第一章　营养物质输入通量及海湾环境演变过程

海湾是处于陆地和海洋之间的纽带，具有优越的开发环境，因而在整个社会经济发展中占有非常突出的地位，具有极高的社会经济和生态服务价值，同时海湾也是环境变化的敏感区和生态系统的脆弱带。随着环湾地区经济的高速发展，大量的工业废水、生活污水、农业施肥和灌溉污水等通过沿岸河流、排污口、地下水等输入海湾，成了海湾地区污染物的重要来源。河流中氮（N）、磷（P）的主要来源有点源和面源，点源污染主要来源于工业废水和污水处理厂，其特点是季节性变化小，数量比较稳定；面源污染主要来源于农田径流和城市地表径流，受降水的影响非常大。多数研究认为目前面源污染已经超过点源污染，成为河流中氮、磷的主要来源。与工业废水、生活污水大排放量的高浓度污染物相比较，海水养殖对环境的影响相对较小，但也带来了大量的氮、磷及有机污染物。近年来，科学家们逐渐认识到源于陆地的海底地下水可能会携带一些污染物质和营养物质入海，从而影响近岸海水生态系统的平衡，尤其是一些半封闭性水体（如海湾、潟湖等）。研究表明，有些地区的海岸带地下水硝酸盐输入海域的量占陆源总输送量的 50%以上，若地下水通过海湾底部沉积物时没有发生反硝化反应，其输送量可能还会更大。与此同时，大气的干湿沉降也是营养物质进入海洋的重要途径，如大气沉降的营养物质输入对黄海海域初级生产力的影响等于甚至超过河流的输入。半封闭性海湾水动力交换比较缓慢，不利于污染物的输移扩散，因此，不断增加的污染物对海区产生了严重的破坏，导致海湾水质不断恶化、生态系统失衡、赤潮灾害频发等重大海洋生态环境问题。系统研究海湾不同输入途径的营养物质输送通量变化特征，可为揭示海湾环境现状与长期演变特征提供依据，同时也为典型半封闭性海湾的环境治理提供科学依据。

沉积物是环境演变的产物，在其形成和变化过程中，不同时间和空间尺度上的环境变化都会在沉积物中留下烙印，因此沉积物可以看成环境演变的信息载体（宋金明和李学刚，2018；宋金明等，2018）。每个地层都是在一定物质来源和沉积环境中形成的，不仅反映在沉积物的粒度、矿物和生物成分上，而且也必然反映在化学成分上，因此通过研究海湾沉积物中元素的组成、丰度、分布规律、元素的比值及其组合等，可以充分了解元素的地球化学行为，示踪海湾环境演变过程。本章以北温带的胶州湾和亚热带的大亚湾为研究区域，弄清高强度人类活动引起营养物质输入海湾的通量、变化规律及其控制因素，阐明海湾环境现状及变化特征，揭示海湾环境历史演变过程。

第一节　海湾营养物质输入通量及控制因素

胶州湾位于山东半岛南端、南黄海西部，位于 35°55′～36°18′N、120°04′～120°23′E，面积约 370 km^2，南北长 33.3 km，东西宽 27.8 km，平均水深仅 7 m 左右（宋金明等，2016）。

胶州湾地处北温带，属温带季风性气候，加之海洋的调节，又兼具典型的海洋性气候特征。湾内气象分布变化具有明显的季节性，夏季盛行来自海洋的东南季风，带来丰沛的降雨；冬季盛行来自西北内陆和西伯利亚的西北季风，气候寒冷干燥，多风沙。年平均气温12.3℃，年平均降水量 755.6 mm。此外，台风、暴潮、寒潮、海冰也是这一区域较为常见的灾害性天气现象。胶州湾沿岸水系较发达，尤以北侧陆区河流较多，呈放射状辐聚汇流于海湾，但无大河入海，影响其泥沙来源和水文状况的河流主要是山溪性雨源河流，如洋河、大沽河、墨水河、白沙河、李村河等，其中最大的是大沽河（图 1.1）。

胶州湾被青岛市所环绕，自东南向西南的沿岸分别为青岛市南区、市北区、李沧区、城阳区、胶州市及黄岛区，是一个高度密集的沿海产业区，与周边社会经济体系构成了一个多元化的复合生态体系，工农业生产、港口开发、交通运输、商业贸易、旅游观光、居民生活等各类活动无不与胶州湾联系在一起，其他人类活动（包括养殖、捕捞等经营开发）也都强烈影响着胶州湾生态系统，使其成为高度人为干扰下的多功能复合生态系统，是受自然变化和人类活动双重影响显著的典型半封闭性海湾。自 1935 年以来，以围垦、填海造陆为主导的人类活动导致胶州湾水域面积不断缩小，同时胶州湾东岸流经市区的几条河流已经基本沦为了工业废水和生活污水的排海通道。随着海岸线的变化，胶州湾的水体交换能力也变得越来越差，陆源污染物不能及时扩散到外海，加剧了水体的污染和富营养化，导致水体营养盐结构发生改变，进而改变浮游植物的群落结构和种类组成，引起生物资源逐渐衰退，从而对生态环境造成巨大影响。

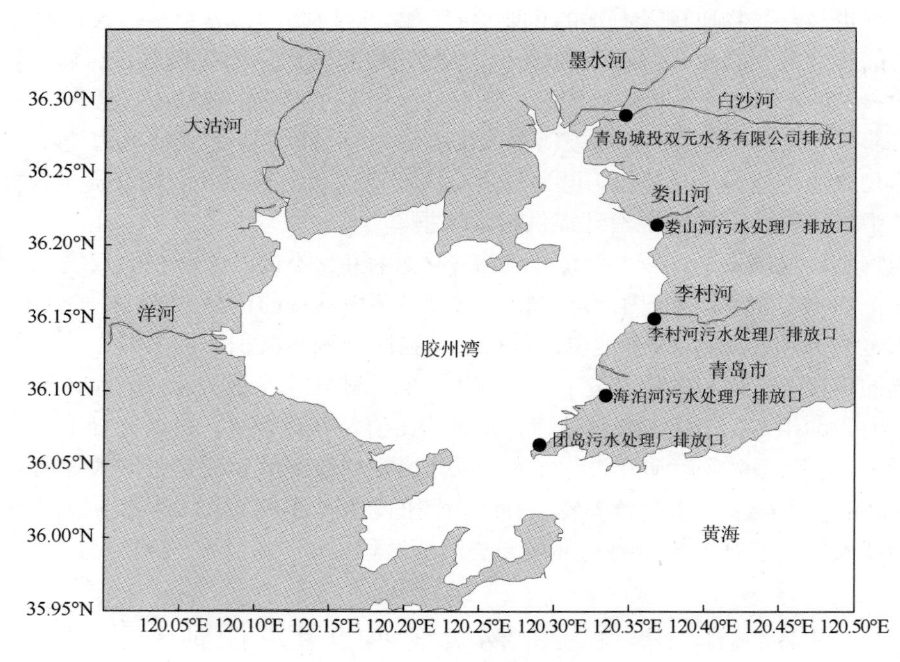

图 1.1　胶州湾区域概况

大亚湾位于广东省惠州市惠东县、惠阳区和深圳市龙岗区之间，东靠红海湾，西邻大鹏湾，是我国南部沿岸极具代表性的亚热带半封闭性海湾，是中国南部较大的海湾之一，面积约 600 km^2，海岸线长达 92 km，位于 22.45～22.83°N，114.50～114.89°E（图 1.2）。湾口朝南，口宽 15 km，腹宽 13.5～25 km，纵沟 26 km，弧长 165 km。大亚湾湾内水深自北向南逐渐增加，至中部水深 10 m 有余，湾口水深达 20 m 左右，平均水深 11 m。底质为粉砂和黏土，沿岸无大河流注入，来沙最小，年均淤积厚度小于 1 cm。

据《广东省海域地名志》，大亚湾属沉降山地溺谷湾，由黑褐色花岗岩组成。该湾由三面山岭环抱，北枕铁炉嶂山脉，东倚平海半岛，西倚大鹏半岛，西南有沱泞列岛为屏障。大亚湾岸线曲折，沿岸港湾众多。主要港湾有烟囱湾、巽寮港、大湾、范和港、澳头湾、南湾、大鹏澳等。该湾内的岛屿和礁石众多，素有“百岛之湾”之称。主要岛屿有港口列岛、中央列岛、辣甲列岛、桑洲岛、沙鱼洲岛、潮州岛、大洲头岛。

大亚湾年均温度和年均降雨量分别为 22℃和 1948 mm，年均气压 1010.1～1010.4 hPa。大亚湾 3～5 月为春季，6～8 月为夏季，9～11 月和 12 月～次年 2 月分别为秋季和冬季。同时，大亚湾受东亚季风影响，秋冬季盛行东北风，春夏季则有相对微弱的西南风。其中，夏秋是多台风季节（Huang & Guan，2012）。大亚湾潮汐类型属于不规则半日潮，即每天出现两次高潮和两次低潮，相邻两次高潮或低潮高度不相等，涨潮和落潮历时也不相等。大亚湾海流以潮流为主，潮流一般表层流速较大，中层次之，底层最小。东部流速较快，其余大部分海域属于弱流区。

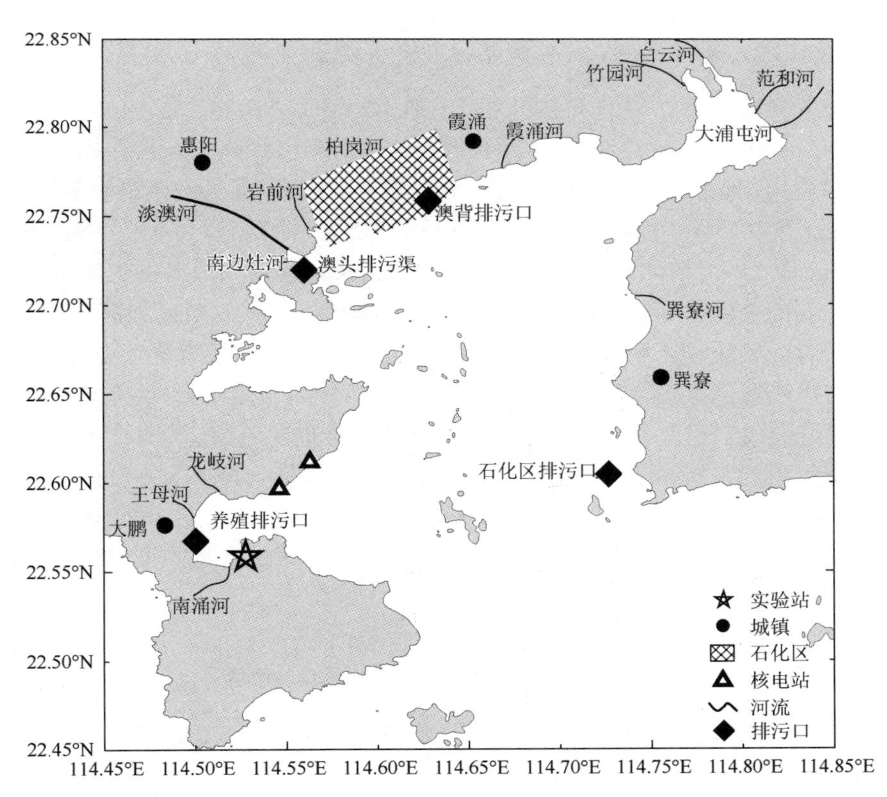

图 1.2　大亚湾区域概况

大亚湾海域生物多样性较为丰富，是珍稀种类集中分布区，1983 年广东省政府批准建立大亚湾水产资源自然保护区。保护区面积约 900 km^2，范围包括由深圳大鹏半岛西涌经青州至惠东大星山角连线以内的整个大亚湾区，保护区划分为 5 个核心区、2 个缓冲区和 2 个实验区。

大亚湾主要由 3 个行政区（县）管辖，分别是惠州市大亚湾经济技术开发区、惠东县和深圳市龙岗区。周边常住人口 350 万左右，所处地区生产总值约为 4300 亿元。大亚湾所处环境较为复杂，在大亚湾东部有电厂，北部有石化基地，西部有养殖区和两个核电站（大亚湾核电站和岭澳核电站）。自 1980 年以来，大亚湾工业、农业和养殖业大幅增加，同时旅游业、港口运输和其他基建设施也在不断扩张，高强度的人类活动导致大量营养物质的输入，给大亚湾海域造成了如富营养化和生物种类下降等较大的生态环境问题。

本节研究人类活动引起营养物质由流域面源（河流）、沿岸点源、海水养殖排放、大气沉降和地下水等途径输入海湾的通量，并分析营养物质输入通量的变化规律及关键控制因素。

一、海湾点源和流域面源营养物质输入

（一）胶州湾点源与流域面源营养物质输入

1. 胶州湾流域主要河流和排污口营养物质输入通量

根据实地采样观测数据和已发表的文献资料（刘洁等，2014；盛茂刚等，2014；孙立娥等，2016；Liu et al.，2007），可计算获得胶州湾沿岸河流各形态营养物质的输入通量（表 1.1）。可以看出，墨水河输入胶州湾的各形态氮负荷最高，尤其是溶解有机氮（dissolved organic nitrogen，DON），其输入量可达 771 t/a，远超其他河流，构成了环胶州湾有机氮（organic nitrogen，ON）输入的主体，可能与周边人类活动输入较多的生活污水有关。大沽河由于其较高的径流量和较大的流域面积，各形态磷的年输入负荷最高。而李村河、海泊河和洋河的营养物质输入负荷整体占比较低，可能是由于其径流量较小的缘故；同时，由于李村河和海泊河流经市区，近年来政府持续加大对市区河流的污染排放控制和景观美化，这也可能是造成它们营养物质输入负荷较低的一个重要原因。整体上看，环胶州湾河流排入胶州湾的营养物质以 DON 居首，无机氮中以硝态氮（NO_3-N）负荷最高，磷排海通量以溶解无机磷（dissolved inorganic phosphorus，DIP）为高。因此，环胶州湾的河流治理应以控制有机氮的排海通量为首要任务，并削减工业源硝态氮的排放和流域内农业源铵态氮（NH_4-N）的面源输入。

表 1.1　胶州湾沿岸河流的营养物质输入通量　（单位：t/a）

河流	季节	DIP	DOP	NH_4-N	NO_3-N	DON
大沽河	干季	4.84	3.80	46.20	79.40	19.40
	湿季	23.70	18.70	70.40	71.90	176.30

续表

河流	季节	DIP	DOP	NH_4-N	NO_3-N	DON
墨水河	干季	3.20	2.51	40.00	76.10	216.30
	湿季	10.90	8.53	89.40	306.00	554.70
李村河	干季	0.52	0.41	6.82	1.24	2.41
	湿季	2.55	2.00	26.00	0.16	16.50
海泊河	干季	0.50	0.39	5.98	1.09	3.43
	湿季	0.57	0.45	3.82	1.58	5.65
洋河	干季	0.88	0.69	3.02	3.51	4.54
	湿季	0.29	0.23	1.85	59.10	42.40
总计	—	47.95	37.71	293.49	600.08	1041.63

注：数据来源于刘洁等（2014）；盛茂刚等（2014）；孙立娥等（2016）；Liu 等（2007）。亚硝态氮（NO_2-N）由于含量极低，没有作为检测指标单独列出

依据已有的报道（Liu et al.，2007）和国家重点监控企业污染源监督性监测信息发布系统（http://hbj.qingdao.gov.cn/m2/zwgksecond.aspx?m = 213）发布的数据资料，结合年度排污量，估算得到环胶州湾主要排污口和污水处理厂的营养物质排放通量（表 1.2）。可以看出，不同于河流输入，环胶州湾排污口营养物质排放通量以硝态氮（NO_3-N）占绝对主导地位，其次为 DON，各形态磷的排放通量均较低。从输入负荷总量上来看，李村河污水处理厂最高，达 811 t/a。与其他排污口相比，李村河污水处理厂和海泊河污水处理厂各形态氮磷的输入负荷均较高。除铵态氮外，其他各项营养物质排放通量均以团岛污水处理厂最低，且团岛污水处理厂的营养物质总输入负荷也最低，仅 218.2 t/a。

通过进一步对胶州湾各主要入海河流和排污口氮磷营养盐排海通量的对比，可以看出，对于溶解无机氮（dissolved inorganic nitrogen，DIN），墨水河和李村河污水处理厂排污口的输入负荷所占比例最大，均在 20%左右，而海泊河的比例最小，仅 0.5%上下。对于 DON，墨水河的贡献几乎达全部通量的一半；同时对于各形态磷，大沽河和墨水河的贡献均超过了一半，其中尤以大沽河的贡献为大，凸显了河流输入在胶州湾各形态磷入海通量中的优势地位（图 1.3）。此外，海泊河污水处理厂排污口、娄山河污水处理厂排污口及青岛城投双元水务有限公司排污口对各形态氮的贡献相当。整体来看，除 DIN 之外，胶州湾其他形态氮磷营养盐输入均以河流为主。因此，今后应重点加强对以大沽河、墨水河和李村河污水处理厂排污口为代表的胶州湾沿岸入海河流和陆源排污口的治理，以期实现胶州湾生态系统在人类活动和自然变化双重影响下的可持续发展。

表 1.2　环胶州湾主要排污口和污水处理厂营养物质排放通量　（单位：t/a）

排污口	季节	DIP	DOP	NH_4-N	NO_3-N	DON
团岛污水处理厂排污口	干季	1.07	0.32	8.05	73.6	36.7
	湿季	1.79	0.54	4.64	61.7	29.8
海泊河污水处理厂排污口	干季	5.82	1.73	67.9	128.0	88.0
	湿季	10.4	3.11	17.6	158.6	79.2

续表

排污口	季节	DIP	DOP	NH_4-N	NO_3-N	DON
娄山河污水处理厂排污口	干季	0.93	0.27	5.49	174.3	80.8
	湿季	2.66	0.80	5.61	164.9	76.6
李村河污水处理厂排污口	干季	4.12	1.23	12.8	330.4	153.5
	湿季	6.45	1.93	29.8	177.2	93.1
青岛城投双元水务有限公司排污口	干季	1.21	0.36	12.5	182.5	88.2
	湿季	1.70	0.51	7.44	128.4	61.2
总计	—	36.1	10.8	171.8	1579.6	787.1

注：排污口的 NH_4-N、总氮、总磷数据参考国家重点监控企业污染源监督性监测信息发布系统的数据，DON 占总氮比例约为 31%，NO_3-N 数据由无机氮减去 NH_4-N 获得；根据 Liu 等（2007）的研究结果，排污口 DIP 和 DOP 占总磷的比例分别约为 77%和 23%。亚硝态氮（NO_2-N）由于含量极低，没有作为检测指标单独列出

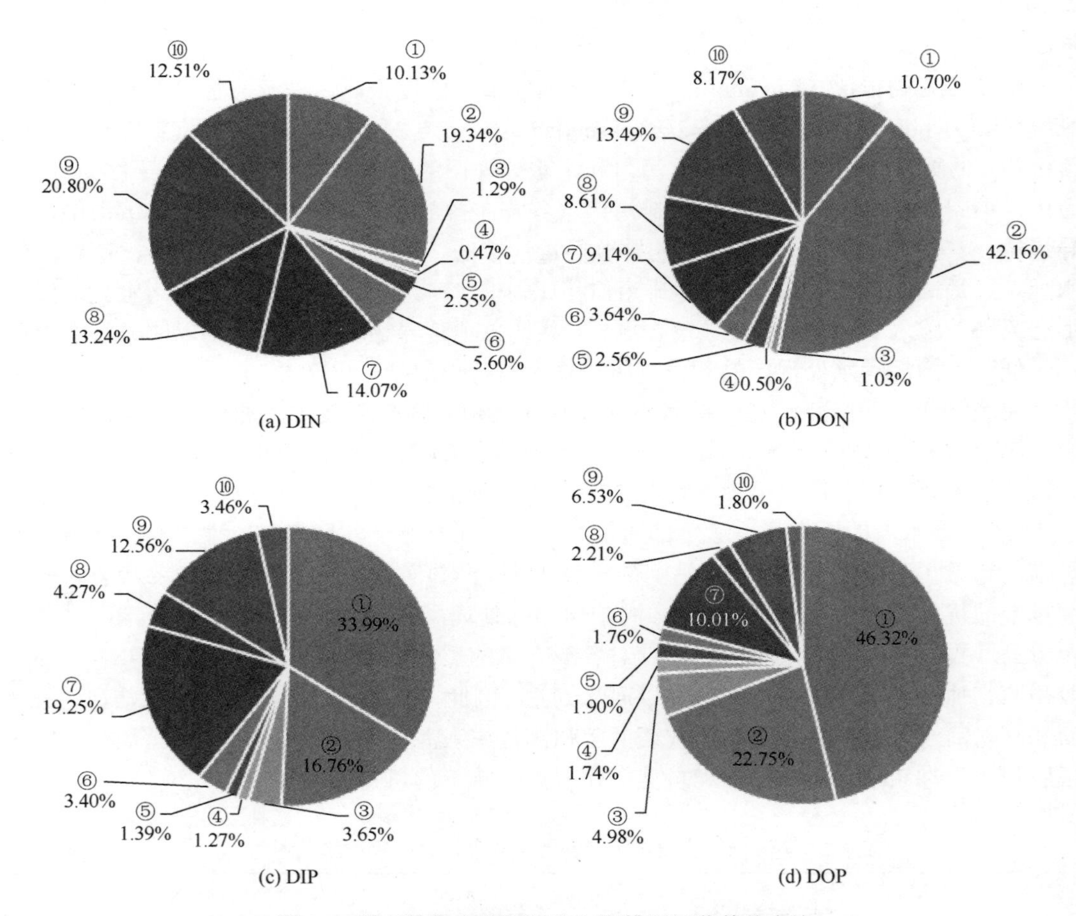

图 1.3 胶州湾各主要河流和入海排污口营养盐占比

①大沽河；②墨水河；③李村河；④海泊河；⑤洋河；⑥团岛污水处理厂排污口；⑦海泊河污水处理厂排污口；⑧娄山河污水处理厂排污口；⑨李村河污水处理厂排污口；⑩青岛城投双元水务有限公司排污口

2. 胶州湾流域面源营养物质输入通量

（1）胶州湾流域特征

环胶州湾主要有 8 条河流，包括大沽河、墨水河、白沙河、娄山河、板桥坊河、李村河、海泊河和洋河等。根据山东地区高程数据（DEM，30 m×30 m），利用 Arcgis 提取胶州湾流域汇水面积 7656.14 km^2，地理空间跨度为 35°54′10″～37°23′42″N，119°46′58″～120°37′40″E（图 1.4）。胶州湾流域 85%的汇水面积位于青岛地区，包括莱西、平度、即墨、城阳及青岛市区等，15%的面积位于烟台莱阳和潍坊高密等地区。胶州湾流域主要用地类型包括：耕地、林地、居住用地、草地、水域和未利用土地，其中耕地面积占总流域面积的 67.1%，是主要的用地类型，其次是居住用地占 16.6%，水域面积占 3.1%，其他用地类型占 13.2%（表 1.3）。

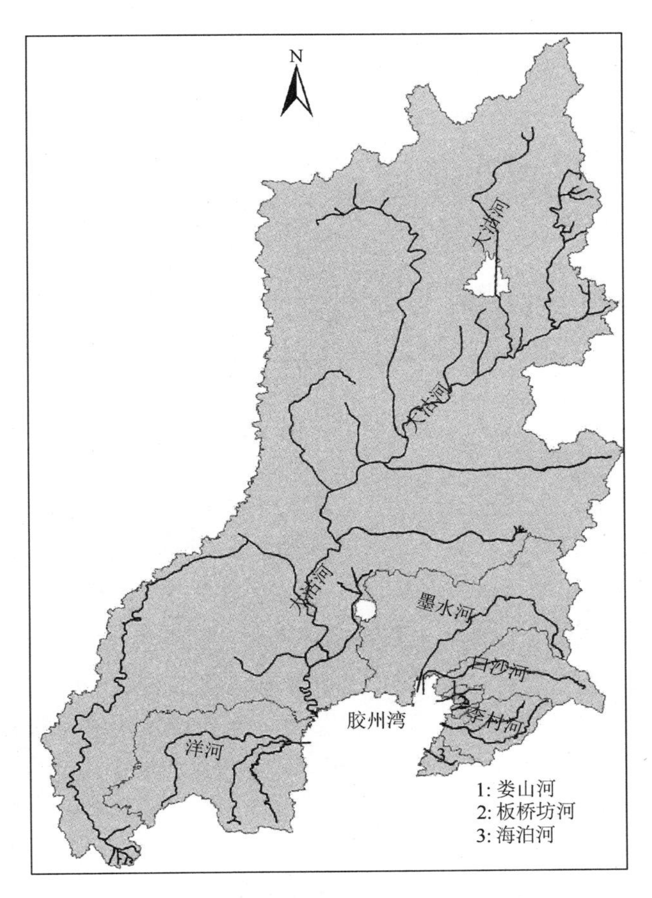

图 1.4　胶州湾流域范围

根据胶州湾周边主要入湾河流分布，利用 Arcgis 将胶州湾流域进一步划分成 8 个子流域：大沽河流域、墨水河流域、白沙河流域、娄山河流域、板桥坊河流域、李村河流域、海泊河流域及洋河流域（表 1.3）。不同子流域的汇水面积差异很大，其用地类型也存在很大差异。大沽河是胶州湾最大的入湾河流，流域汇水面积 6011.71 km^2，占胶州湾流域总面积的 78.5%，耕地面积占胶州湾流域总耕地面积的 85.9%，城镇面积占 34.6%，农村面积占 70.1%，是胶州湾流域典型的受农业影响的河流。娄山河流域、板桥坊河流域、李村河流域和海泊河流域用地类型主要是城镇居住用地，是典型的受城市化影响河流。在墨水河流域，耕地面积占河流汇水面积的 50%左右，居住用地占 38.2%，是胶州湾流域典型的受城市和农业共同影响的子流域。

表 1.3 胶州湾流域土地利用情况 （单位：hm^2）

流域	耕地	居住用地			水域	林地	草地
		城镇	农村	建设用地			
大沽河流域	441 343	11 309	54 098	9 648	18 253	15 965	50 555
墨水河流域	31 734	5 943	14 532	3 504	3 161	1 900	1 951
白沙河流域	4 331	2 586	2 441	280	760	8 469	3 218
娄山河流域	—	653	—	—	5	120	130
板桥坊河流域	—	653	—	—	57	37	30
李村河流域	1 770	7 738	1 062	162	67	1 706	1 619
海泊河流域	—	3 371	—	6	—	56	—
洋河流域	34 585	399	5 088	3 549	1 310	3 147	12 313
胶州湾流域	513 763	32 652	77 221	17 149	23 613	31 400	69 816

（2）胶州湾流域面源氮与磷的输送通量

1）面源氮输送源

流域非点源氮的输入主要包括：大气沉降、化肥、粪便和污水、固氮输入，流域内通过作物生长吸收的氮量是流域氮输出的主要途径，要被减去，同时考虑有机肥、氮肥挥发和反硝化损失，以减少计算过程的双重计算，流域净非点源氮量模型为

$$TN_{diff} = TN_{fe} + TN_{ma} + TN_{dep} + TN_{fix} - TN_{cro} - TN_{vol} - TN_{den} \tag{1.1}$$

式中，TN_{diff}为非点源收支氮（t/a）；TN_{fe}为化肥输入氮（kg/a）；TN_{ma}为动物和农村居民排泄氮（kg/a）；TN_{dep}为大气沉降氮（kg/a）；TN_{fix}为农作物固氮（kg/a）；TN_{cro}为作物输出氮（kg/a）；TN_{vol}为氮的挥发损失（kg/a）；TN_{den}为氮的反硝化损失（kg/a）。

2）面源磷输送源

流域非点源磷的输入相对简单，主要包括：化肥、粪便和污水、大气沉降。磷的输出途径主要是作物吸收的磷量，磷在流域内的流失主要是随降雨径流迁移，挥发和微生物反应损失量可以忽略不计。

$$TP_{diff} = TP_{fe} + TP_{ma} + TP_{dep} - TP_{cro} \tag{1.2}$$

式中，TP_{diff}为非点源总输入磷（kg/a）；TP_{fe}为化肥输入磷（kg/a）；TP_{ma}为动物和农村居民排泄磷（kg/a）；TP_{dep}为大气沉降磷（kg/a）；TP_{cro}为作物输出磷（kg/a）。

3）胶州湾流域面源氮磷输入

根据胶州湾流域农作物产量、畜禽养殖数量、人口（城镇和农村）估算胶州湾流域面源氮磷收支平衡，计算公式见表 1.4。1994～2014 年，胶州湾流域面源氮输入总量为（33.5±2.3）$\times10^7$ kg/a，磷输入总量为（14.3±1.2）$\times10^7$ kg/a（图 1.5）。流域面源营养盐输入不同来源中，化肥是氮磷的最大来源，其次是畜禽粪便和生活污水，生物固氮及大气沉降所占比例较小。

表 1.4　胶州湾流域面源营养盐收支计算公式

项目	N 输入	P 输入
化肥	∑单位产量 N 需求量×作物产量	∑单位产量 P 需求量×作物产量
畜禽粪便	∑氮排放（只/年）×畜禽数量	∑磷排放（只/年）×畜禽数量
生活污水	∑氮排放（人/年）×农村人口数量	∑磷排放（人/年）×农村人口数量
大气沉降	干沉降+降雨量×氮浓度	—
生物固氮	∑单位面积固氮×作物种植面积	—
作物输出	∑单位质量N含量×作物产量	∑单位质量 N 含量×作物产量
挥发损失	∑挥发系数×氮肥	—
反硝化	∑反硝化系数×化肥×(1−挥发系数)	—

注：“—”代表没有

①化肥。化肥使用与农业生产密切相关，化肥投入是提高农业生产的有效途径。根据走访农户和野外调研，胶州湾流域作物主要包括小麦、花生、玉米、水果和蔬菜。统计化肥-氮/磷施用和作物产出，结果表明由于不同作物化肥-氮和化肥-磷施用量存在很

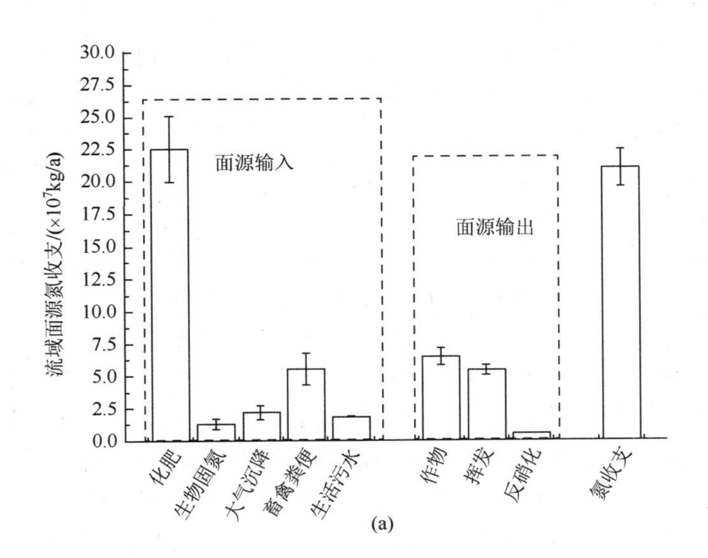

(a)

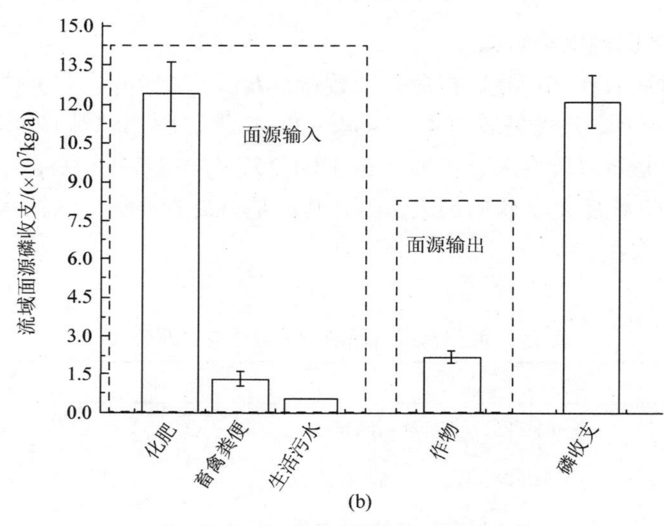

(b)

图 1.5 胶州湾流域面源营养盐收支

大差异：如生产 1 kg 小麦施用化肥-氮 40 g，化肥-磷 30 g；生产 1 kg 玉米施用化肥-氮 38 g，化肥-磷 6 g；生产 1 kg 花生施用化肥-氮 50 g，化肥-磷 38 g；生产 1 kg 蔬菜施用化肥-氮 14 g，化肥-磷 1 g；生产 1 kg 水果施用化肥-氮 18 g，化肥-磷 8 g。根据胶州湾流域小麦、玉米、花生、水果和蔬菜的产量，胶州湾流域年均化肥-氮、化肥-磷输入量分别是（22.6±2.6）$\times10^7$ kg 和（12.3±1.2）$\times10^7$ kg，分别占面源氮、磷总输入的 67.5% 和 86.1%。

②畜禽粪便。根据走访农户和实地调研，胶州湾流域畜禽养殖主要是包括鸡、鸭、猪、牛、羊和马等。养殖分为农户散养和规模殖场养殖。但是不管何种养殖方式，畜禽粪便的管理多为露天堆放，属于流域氮磷的重要来源。根据畜禽粪便中氮磷含量和畜禽养殖数量计算，胶州湾流域畜禽粪便氮输入量为（5.6±1.2）$\times10^7$ kg/a，磷输入量为（1.3±0.3）$\times10^7$ kg/a，其中氮输入占总输入的 16.7%，磷占总输入的 9.1%（图 1.5）。

③生活污水。根据实地调研，胶州湾流域绝大部分地区农村没有污水管网覆盖，村民生活污水多为旱厕排放，属于流域氮磷输入的重要途径。农村居民人均氮排放取值 3.9 kg/(人·a)、磷排放量取值 1.2 kg/(人·a)，计算得到胶州湾流域农村居民氮排放量为（1.9±0.03）$\times10^7$ kg/a，磷排放量为（5.9±0.1）$\times10^6$ kg/a，分别占面源氮、磷总输入的 5.7%和 4.1%（图 1.5）。

④大气沉降。大气降雨中的氮含量与降雨量存在显著的线性关系。氮浓度为 y（mg/L），降雨量为 x（mm），当降雨量＞600 mm，$y = 0.0071x-1.2143$（$R^2 = 0.9614$）；当 300 mm＜降雨量＜600 mm，$y = -0.0023x + 10.489$（$R^2 = 0.9109$）。1994～2014 年，胶州湾流域年降雨量在 463.6～1051.7 mm，根据降雨量计算得到胶州湾流域降雨中氮浓度为 0.5～4.8 mg/a，氮的大气湿沉降通量为 5.2～28.7 kg/hm^2。取山东禹城观测站 2012 年观测数据 6.5 kg/(hm^2·a)作为单位面积氮的大气干沉降输送通量（Pan et al.，2012）。氮的大气沉降输送通量为（2.2±0.5）$\times10^7$ kg/a，占面源氮总输入的 6.6%（图 1.5）。

⑤生物固氮。不同作物生物固氮存在很大差别，豆科植物固氮量是非豆科植物的十几

倍，例如，大豆和花生生物固氮量高达 80～120 kg/(hm^2·a)，玉米、小麦和蔬菜的固氮量在 5 kg/(hm^2·a)，林木和草地固氮量在 20 kg/(hm^2·a)。1994～2014 年，胶州湾流域主要豆科植物是花生，其他非豆科植物是玉米、小麦和蔬菜等。根据胶州湾流域不同作物的耕种面积，估算生物固氮输送通量为（1.3±0.4）×10^7 kg/a，占面源总输入的 4%（图 1.5）。

4）流域营养盐输出

流域内氮磷的输出主要是作物收获。根据作物的氮磷含量与作物产量，计算得到胶州湾流域作物氮磷收获量，考虑作物收获与运输过程中的损失，约 10%的作物收获中的氮磷再次以面源的形式输送回流域。1994～2014 年，氮、磷的作物输出分别为（6.5±0.7）×10^7 kg/a 和（2.2±0.2）×10^7 kg/a（图 1.5）。

除了作物输出外，氮挥发和反硝化作用也是流域内重要的输出途径。化肥中的氮挥发流失占 15%左右，粪便和生活污水中铵态氮流失占 28%左右。反硝化作用是将 NO_3^- 转换成氮气，排放到大气中，土壤反硝化作用下氮的去除率约 2%，污水和粪便占 1.8%（不计算挥发损失）。挥发和反硝化损失的氮流失通量为（5.5±0.4）×10^7 kg/a 和（5.2±0.4）×10^6 kg/a（图 1.5）。

5）胶州湾流域面源营养盐收支的空间分布

根据质量守恒，面源营养盐盈余等于输入量减去输出量。1994～2014 年，胶州湾流域面源氮盈余为（21.0±1.5）×10^7 kg/a，磷盈余为（12.1±1.0）×10^7 kg/a。胶州湾流域氮、磷盈余的空间分布见表 1.5。

①大沽河流域，氮盈余（1.7±0.1）×10^8 kg/a；磷盈余收支（1.0±0.9）×10^8 kg/a。分别占胶州湾流域面源氮、磷盈余总量的 81.0%和 83.3%。

②墨水河流域，氮盈余（2.0±0.2）×10^7 kg/a，磷盈余（9.9±0.8）×10^6 kg/a。分别占胶州湾流域面源氮、磷盈余总量的 9.5%和 8.3%。

③洋河流域，氮盈余（1.4±0.1）×10^7 kg/a，磷盈余（6.9±0.7）×10^6 kg/a。分别占胶州湾流域面源氮、磷输盈余总量的 6.7%和 5.8%。

④白沙河、板桥坊河、娄山河、李村河和海泊河等 5 个子流域面源氮磷盈余占胶州湾流域不足 4%。面源磷输入主要是居民生活污水、畜禽粪便和化肥。娄山河、海泊河和板桥坊河流域城市化程度较高，农村居住用地、耕地所占比例小，在这些流域内面源磷盈余较低，可忽略不计。

6）流域面源营养盐的输送通量

根据流域营养盐的输入与输出计算收支，利用 GLOBAL NEWS 模型，根据营养盐收支模拟非点源营养盐河流输出。

$$DIN_{diff} = FE_{ws} \times TN_{diff} \tag{1.3}$$

$$DIP_{diff} = FE_{ws} \times TP_{diff} \tag{1.4}$$

$$FE_{ws} = e \times R \div 1000 \tag{1.5}$$

式中，DIN_{diff} 为非点源氮河流输送通量（kg/a）；DIP_{diff} 为非点源磷河流输送通量（kg/a）；FE_{ws} 为流域面源氮、磷输出系数，为面源排放进入河流的氮、磷占流域面源净氮、磷的比例，0～1；R 为径流量（mm/a）；e 为输出系数，给定值 0.94。

根据 2006～2014 年《中华人民共和国水文年鉴》统计数据，构建大沽河流域、墨水河流域和李村河流域的降雨量与径流量的公式见表 1.6。

表 1.5　胶州湾流域河流营养盐输送通量

（单位：kg/a）

流域	流域面源营养盐入河通量				流域点源入河通量		流域营养盐入河通量总量		截留		流域营养盐入湾通量	
	营养盐盈余		入河通量									
	土壤总氮	土壤总磷	总氮	总磷	总氮	总磷	总氮	总磷	总氮	总磷	总氮	总磷
大沽河流域	$(1.7\pm0.1)\times10^{8}$	$(1.0\pm0.9)\times10^{8}$	$(1.1\pm0.4)\times10^{7}$	$(6.5\pm2.3)\times10^{5}$	$(1.9\pm0.2)\times10^{6}$	$(9.8\pm8.9)\times10^{4}$	$(1.3\pm0.4)\times10^{7}$	$(7.4\pm2.3)\times10^{5}$	$(1.1\pm0.3)\times10^{7}$	$(6.7\pm2.1)\times10^{5}$	$(1.8\pm0.6)\times10^{6}$	$(7.4\pm2.4)\times10^{4}$
墨水河流域	$(2.0\pm0.2)\times10^{7}$	$(9.9\pm0.8)\times10^{6}$	$(3.0\pm1.6)\times10^{6}$	$(1.5\pm0.8)\times10^{5}$	$(8.3\pm1.0)\times10^{5}$	$(5.8\pm0.8)\times10^{4}$	$(3.9\pm1.6)\times10^{6}$	$(2.1\pm0.8)\times10^{5}$	$(3.3\pm1.3)\times10^{6}$	$(1.9\pm0.7)\times10^{5}$	$(5.4\pm2.5)\times10^{5}$	$(2.1\pm0.8)\times10^{4}$
白沙河流域	$(3.4\pm0.3)\times10^{6}$	$(1.5\pm0.1)\times10^{6}$	$(5.2\pm2.6)\times10^{5}$	$(2.2\pm1.2)\times10^{4}$	$(3.3\pm0.3)\times10^{5}$	$(1.4\pm0.1)\times10^{4}$	$(8.5\pm0.3)\times10^{5}$	$(3.6\pm1.2)\times10^{5}$	$(7.4\pm2.2)\times10^{5}$	$(3.2\pm1.1)\times10^{4}$	$(1.1\pm0.4)\times10^{5}$	$(3.6\pm1.3)\times10^{3}$
娄山河流域	$(2.6\pm0.6)\times10^{4}$	—	$(3.8\pm1.7)\times10^{3}$	—	$(5.1\pm0.5)\times10^{4}$	$(3.1\pm0.3)\times10^{3}$	$(5.5\pm0.5)\times10^{4}$	$(3.1\pm0.3)\times10^{3}$	$(4.9\pm0.5)\times10^{4}$	$(2.8\pm0.3)\times10^{3}$	$(5.6\pm0.7)\times10^{3}$	$(0.3\pm0.01)\times10^{3}$
板桥坊河流域	$(2.2\pm0.5)\times10^{4}$	—	$(3.2\pm1.4)\times10^{3}$	—	$(5.1\pm0.5)\times10^{4}$	$(3.1\pm0.3)\times10^{3}$	$(5.4\pm0.5)\times10^{4}$	$(3.1\pm0.3)\times10^{3}$	$(4.8\pm0.5)\times10^{4}$	$(2.8\pm0.3)\times10^{3}$	$(5.6\pm0.7)\times10^{3}$	$(0.3\pm0.01)\times10^{3}$
李村河流域	$(1.6\pm0.2)\times10^{6}$	$(6.1\pm0.5)\times10^{5}$	$(2.4\pm1.3)\times10^{5}$	$(9.4\pm5.5)\times10^{3}$	$(7.2\pm0.7)\times10^{5}$	$(3.7\pm0.4)\times10^{4}$	$(9.7\pm0.2)\times10^{5}$	$(4.6\pm7.1)\times10^{4}$	$(8.6\pm1.3)\times10^{5}$	$(4.1\pm0.6)\times10^{4}$	$(1.1\pm0.3)\times10^{5}$	$(4.6\pm0.7)\times10^{3}$
海泊河流域	$(9.8\pm2.2)\times10^{4}$	—	$(1.4\pm0.6)\times10^{4}$	—	$(1.0\pm0.1)\times10^{5}$	$(1.6\pm0.2)\times10^{4}$	$(1.2\pm0.1)\times10^{5}$	$(1.6\pm0.2)\times10^{4}$	$(1.1\pm0.1)\times10^{5}$	$(1.4\pm0.1)\times10^{4}$	$(1.3\pm0.2)\times10^{4}$	$(1.6\pm0.1)\times10^{3}$
洋河流域	$(1.4\pm0.1)\times10^{7}$	$(6.9\pm0.7)\times10^{6}$	$(9.1\pm3.0)\times10^{5}$	$(4.4\pm1.7)\times10^{4}$	$(1.6\pm0.4)\times10^{5}$	$(1.8\pm0.6)\times10^{4}$	$(1.1\pm0.3)\times10^{6}$	$(6.2\pm1.7)\times10^{4}$	$(9.2\pm2.5)\times10^{5}$	$(5.6\pm1.5)\times10^{4}$	$(1.5\pm0.5)\times10^{5}$	$(6.2\pm1.9)\times10^{3}$
胶州湾流域	$(2.1\pm0.2)\times10^{8}$	$(1.2\pm0.1)\times10^{8}$	$(1.5\pm0.6)\times10^{7}$	$(8.7\pm3.5)\times10^{5}$	$(4.1\pm0.5)\times10^{6}$	$(2.5\pm0.4)\times10^{5}$	$(2.0\pm0.6)\times10^{7}$	$(1.1\pm0.4)\times10^{6}$	$(1.7\pm0.5)\times10^{7}$	$(1.0\pm0.3)\times10^{6}$	$(2.8\pm0.9)\times10^{6}$	$(1.1\pm0.4)\times10^{5}$

注："—"代表没有

表 1.6　胶州湾流域降雨量与径流量的关系

流域名称	公式	R^2
大沽河流域 洋河流域	$Y = 0.1493 \times X - 47.254$	0.968
墨水河流域 白沙河流域	$Y = 0.5663 \times X - 260.28$	0.9374
李村河流域 海泊河流域 娄山河流域 板桥坊河流域	$Y = 0.6196 \times X - 297.52$	0.9148

注：*Y* 径流量（mm）；*X* 降雨量（mm）

根据不同降雨量和不同流域中径流量和降雨量的回归关系计算径流量，根据公式（1.5）计算出大沽河、墨水河和李村河流域面源营养盐输出系数。图 1.6 看出 FE_{ws} 在大沽河流域为 0.021～0.103，墨水河流域为 0.002～0.315，李村河流域为 0.010～0.333。大沽河流域面源营养盐输出系数明显小于墨水河和李村河流域面源营养盐输出系数。因而，降雨是影响陆地营养盐向河流输送的重要影响因素。胶州湾流域面源氮、磷入河通量为（1.5±0.6）×10^7 kg/a 和（8.7±3.5）×10^5 kg/a（表 1.5）。

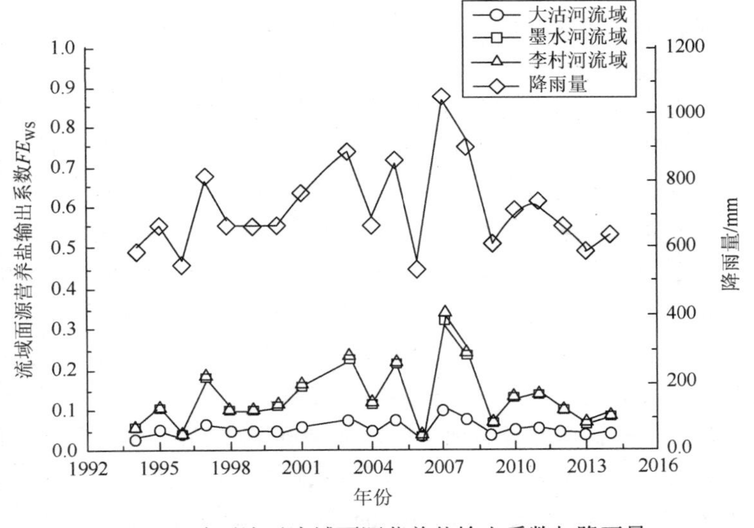

图 1.6　胶州湾子流域面源营养盐输出系数与降雨量

7）流域点源营养盐入河通量

胶州湾流域的点源氮磷来源主要是生活污水和工业废水。根据胶州湾流域不同子流域的污水管网覆盖率，统计城镇人口数量，根据年人均营养盐排放系数，计算胶州湾流域内城镇人口氮磷排放总量。根据 1994～2014 年《青岛市统计年鉴》，收集不同子流域内工业废水氮磷排放量。胶州湾流域点源氮、磷入河通量为（4.1±0.5）×10^6 kg/a 和（2.5±0.4）×10^4 kg/a（表 1.5）。

8）截留

河道不仅仅是营养盐向海湾输送的通道，更是一个生物反应器。河道对营养盐的去除主要考虑 4 个因素：反硝化去除、植物吸收、建坝拦截和农业灌溉。

反硝化去除，通过测定河道反硝化速率，计算营养盐向河流输送过程中通过反硝化去除量。

植物吸收，测定河道植物年生长量，计算植物吸收去除量。

建坝拦截，统计河道建坝数量和测定河流氮、磷浓度计算截留量。

农业灌溉，根据耕地面积和不同作物用水量，测定河流中氮、磷浓度，计算农业灌溉用水去除量。

胶州湾流域河道氮、磷截留总量为（1.7±0.5）$\times10^7$ kg/a 和（1.0±0.3）$\times10^6$ kg/a（表 1.5）。

9）流域营养盐入湾通量

胶州湾流域氮入湾通量（2.8±0.9）$\times10^6$ kg/a，其中大沽河输送通量（1.8±0.6）$\times10^6$ kg/a；墨水河氮入湾通量（5.4±2.5）$\times10^5$ kg/a；洋河流域氮入湾通量（1.5±0.5）$\times10^5$ kg/a；白沙河氮入湾通量（1.1±0.4）$\times10^5$ kg/a；李村河氮入湾通量（1.1±0.3）$\times10^5$ kg/a；娄山河、板桥坊河和海泊河流域氮入湾通量占河流入湾总量不足 1%（表 1.5）。胶州湾流域面源磷河流输送通量为（1.1±0.4）$\times10^5$ kg/a；其中大沽河磷输送通量为（7.4±2.4）$\times10^4$ kg/a；墨水河磷输出量为（2.1±0.8）$\times10^4$ kg/a；洋河磷输送通量（6.2±1.9）$\times10^3$ kg/a；白沙河磷输送通量（3.6±1.3）$\times10^3$ kg/a；李村河磷输出通量（4.6±0.7）$\times10^3$ kg/a（表 1.5）。大沽河流域是胶州湾流域面源营养盐输入的主要来源，其次为墨水河流域、洋河流域和白沙河流域。李村河、海泊河、板桥坊河和娄山河流域主要是城镇用地，虽然人口密度大，但是流域面积小，占胶州湾流域面源营养盐入湾通量比例较小。

根据表 1.5，胶州湾流域内营养盐入河通量中，氮的面源输送占 79.3%，点源占 20.7%，磷的面源输送占 77.9%，点源占 22.1%，面源是胶州湾的主要营养盐来源。河流是流域向海湾、河口输送营养盐的重要通道。1994～2014 年，胶州湾流域氮、磷入河通量如图 1.7 所示。氮、磷汇入河流总量与面源氮、磷入河通量变化一致。而面源氮、磷入河通量与流域氮、磷收支变化趋势基本一致（去除降雨异常的个别年份，如 2005～2008 年）。因此，调控胶州湾流域氮、磷向海湾输送通量，应该以控制面源为主，点源为辅。

胶州湾氮磷来源主要受面源控制，氮磷向河流汇入与流域内的氮磷盈余呈正相关。流域氮磷盈余受多种因素影响。由图 1.8 可知，自 1994～2014 年，化肥氮磷投入呈现增加趋势，而其他面源营养盐输送通量有所下降，如 2007 年之后，畜禽粪便氮磷输入明显降低。化肥作为氮磷最大的输入源，是胶州湾流域氮磷盈余的最大影响因素。氮肥、磷肥施用量的增加，必然导致流域剩余氮、磷的增加。除了提高作物产量而增加化肥施用，农业种植结构的改变也是导致化肥施用量增加不可忽略的影响因素，特别是化肥施用日趋合理的现代农业生产中，单纯提高化肥施用量来增加作物产量的现象得到逐渐改善。根据胶州湾流域野外实地调研和走访农户得知，蔬菜的种植化肥施用量远大于玉米、花生和小麦的化肥施用量。因此，小麦、玉米和花生等作物种植面积下降，蔬菜种植面积增加必将导致化肥施用量的增加，进而增加土壤中的氮磷含量，从而增加氮磷流失风险。如大沽河流域，胶州湾最大子流域，农业发达，蔬菜种植面积不断增加。胶州湾流域氮磷盈余，大沽河流域氮盈余占 81.0%、磷盈余占 83.3%；胶州湾流域河流氮入湾通量，大沽河占 64.2%，河流磷入湾通量，大沽河占 67.3%。因此，调整大沽河流域农业种植结构，合理施肥，提高氮磷利用率，是控制胶州湾流域营养盐流失的重要举措。

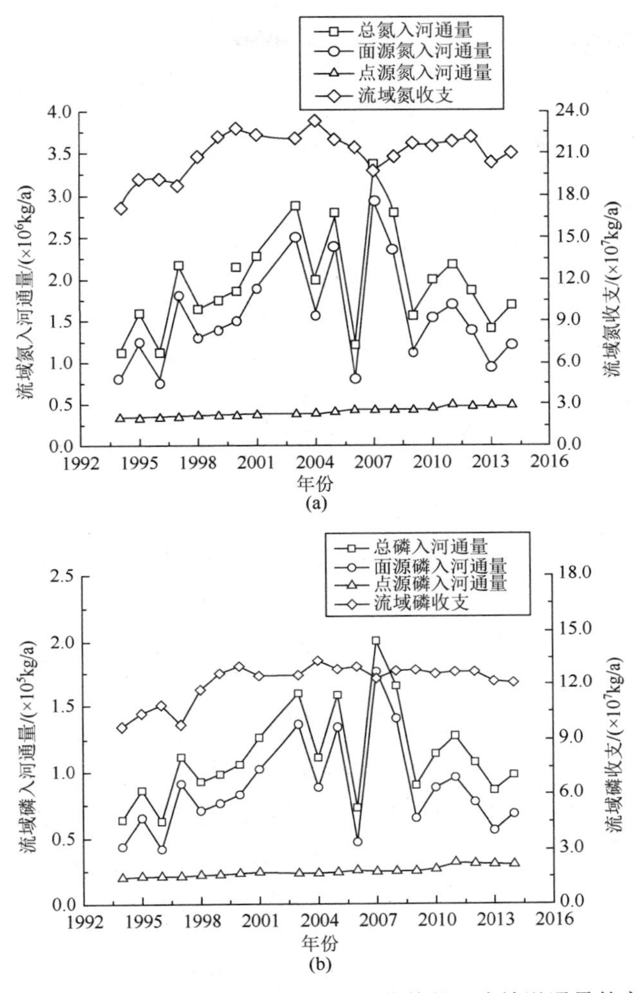

图 1.7　1994～2014 年胶州湾流域面源营养盐河流输送通量的变化

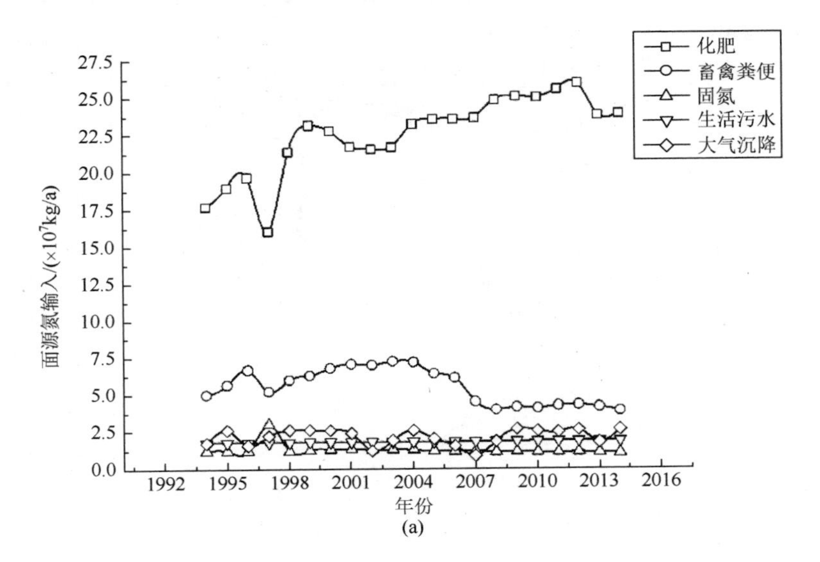

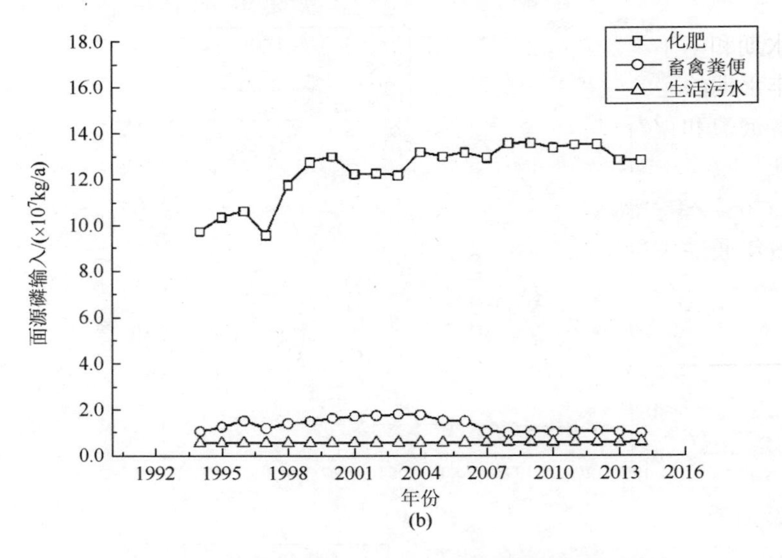

图 1.8　1994～2014 年胶州湾流域面源营养盐输送变化

（二）大亚湾点源与流域面源营养物质输入

1. 大亚湾流域主要河流和排污口营养物质输入通量

作者团队于 2017 年 3 月（枯水期）和 8 月（丰水期）对大亚湾沿岸主要河流和排污口进行了现场调查（主要河流分布见图 1.9）。结果表明，大亚湾沿岸主要径流输入以淡澳

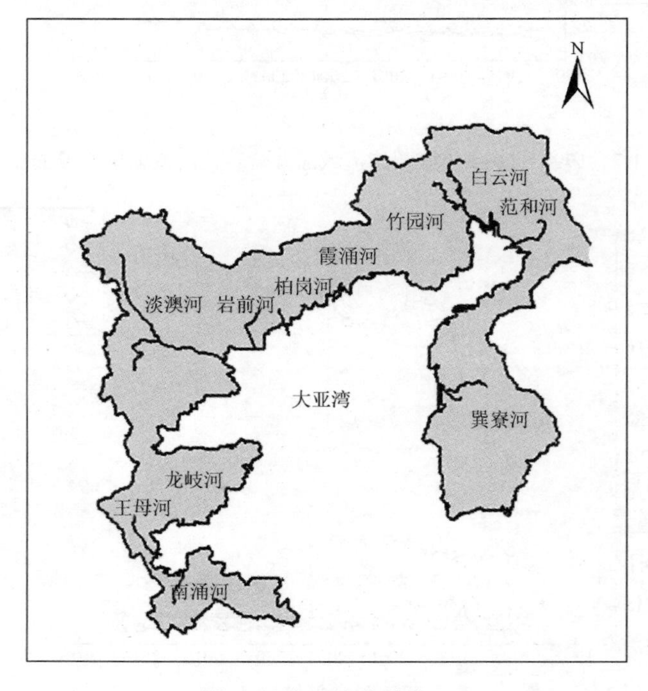

图 1.9　大亚湾流域情况

河为主，枯水期和丰水期均约占总流量的 50%。除淡澳河以外，其他河流和排污口流量在枯水期和丰水期的变幅较大。

大亚湾各河流和排污口有机态和无机态营养盐的年输入量变化较大（表 1.7）。2017 年大亚湾主要河流和排污口的 DIN、DON、DIP、DOP 输入通量分别为 1090.956 t、2599.435 t、66.051 t 和 14.576 t（表 1.7）。丰水期 DIN、DON、DIP 和 DOP 入海通量比例较高，分别占年通量的 71.2%、70.6%、79.7%和 61.4%（石化区排海口未统计在内）。

表 1.7　2017 年大亚湾主要河流和排污口营养盐入海通量　（单位：t）

		DIN		DON		DIP		DOP	
		枯水期	丰水期	枯水期	丰水期	枯水期	丰水期	枯水期	丰水期
点源	石化区排海口	12.796		4.585		2.596		1.296	
	养殖排污口	3.955	0.085	7.020	1.405	0.195	0.045	0.105	0.04
	澳背排污口	7.325	0.465	5.370	9.615	0.245	0.075	0.185	0.115
	澳头排污渠	7.300	0.020	17.345	1.160	0.470	0.025	0.110	0.045
河流	南涌河	2.275	0.970	4.950	2.620	0.205	0.095	0.100	0.055
	王母河	33.790	6.145	11.425	4.785	1.025	0.765	0.075	0.055
	龙岐河	5.430	2.845	14.515	4.185	0.190	0.155	0.155	0.025
	淡澳河	134.43	689.015	484.76	1526.38	6.415	35.510	3.125	5.945
	岩前河	6.325	0.635	13.490	8.825	0.080	0.140	0.030	0.215
河流	柏岗河	3.270	10.620	9.440	25.800	0.215	0.580	0.065	0.315
	霞涌河	21.500	9.205	23.410	17.900	0.480	0.430	0.165	0.255
	南边灶河	9.045	0.035	23.425	0.145	0.270	0	0.190	0.005
	竹园河	6.475	16.830	8.045	94.790	0.430	5.680	0.125	0.680
	白云河	6.470	17.565	16.985	82.440	0.265	3.180	0.115	0.245
	范和河	12.540	4.525	13.555	33.290	0.660	2.690	0.110	0.055
	大浦屯河	8.390	2.685	10.905	9.780	0.770	0.650	0.140	0.010
	巽寮河	42.275	5.720	97.64	9.45	1.025	0.495	0.330	0.095
总计		1090.956		2599.435		66.051		14.576	

在入海河流和排污口中，淡澳河营养盐入海通量占总量比例最高，枯水期 DIN、DON、DIP 和 DOP 入海通量分别占所有河流入海总量的 46%、66%、53%和 56%（图 1.10）；丰水期淡澳河入海 DIN、DON、DIP 和 DOP 通量分别占所有河流入海总量的 89%、83%、69%、70%（图 1.11）。可见，未来对淡澳河沿岸工农业的整治，是调控人类活动引起的营养物质输入大亚湾的重要抓手。

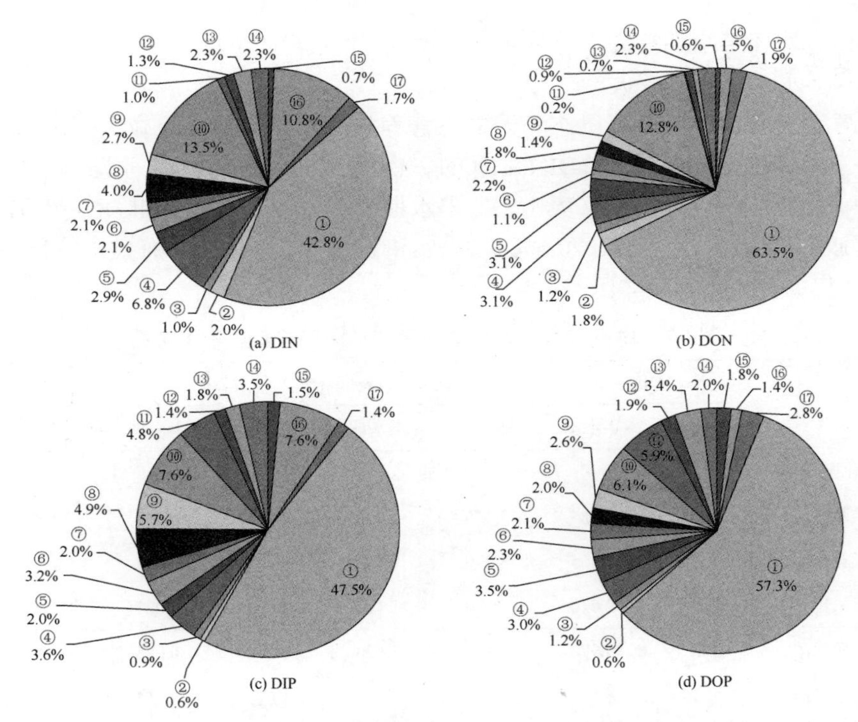

图 1.10　枯水期大亚湾主要河流和排污口入海营养盐的比例

①淡澳河；②岩前河；③柏岗河；④霞涌河；⑤南边灶河；⑥竹园河；⑦白云河；⑧范和河；⑨大浦屯河；⑩巽寮河；⑪石化区排海口；⑫养殖排污口；⑬澳背排污口；⑭澳头排污渠；⑮南涌河；⑯王母河；⑰龙岐河

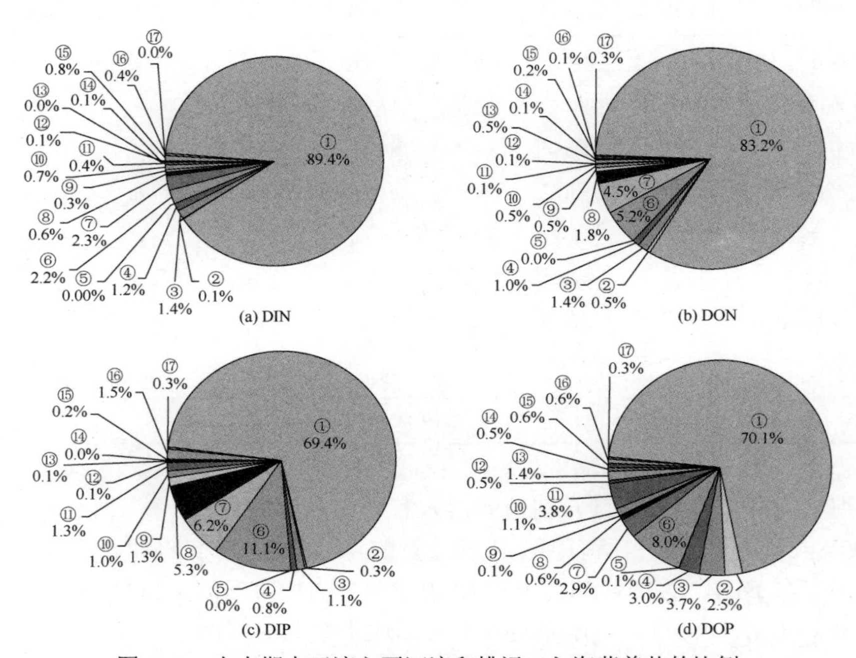

图 1.11　丰水期大亚湾主要河流和排污口入海营养盐的比例

①淡澳河；②岩前河；③柏岗河；④霞涌河；⑤南边灶河；⑥竹园河；⑦白云河；⑧范和河；⑨大浦屯河；⑩巽寮河；⑪石化区排海口；⑫养殖排污口；⑬澳背排污口；⑭澳头排污渠；⑮南涌河；⑯王母河；⑰龙岐河

2. 大亚湾流域面源营养物质输入通量

大亚湾汇水面积 978 km^2，用地类型包括林地（丘陵）61.5%，耕地 18.5%，居住用地 16.7%（其中城镇用地 35.7%，农村用地 16.7%，建设用地 47.6%），水域和草地占 3.3%（图 1.12）。大亚湾汇水面积主要包括淡水街道、澳头街道、大鹏镇、霞涌街道、稔山镇（包括 22 个行政村）和巽寮镇（9 个行政村），根据第六次全国人口普查流域内人口总数共计 52.3 万人，集中在淡澳河、王母河、范和河和巽寮河，其中 82.8%的人口集中在淡水街道和澳头街道。90%的农业耕地集中在稔山镇的白云河和竹园河流域，共经过 10 个自然村庄，人口约 3500 人，畜禽主要是水牛和鸭、鹅。

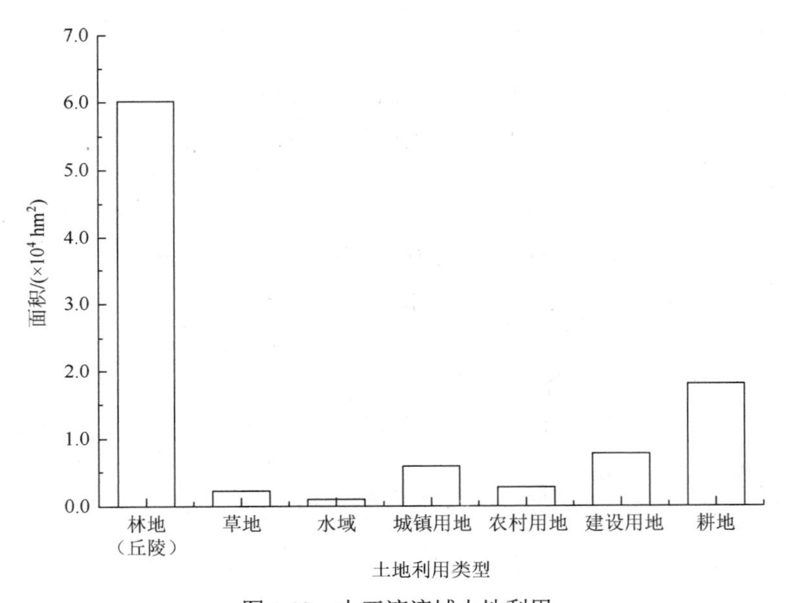

图 1.12　大亚湾流域土地利用

城镇居民生活污水是大亚湾流域主要的营养盐排放源，根据城镇人口数量和人均氮磷排放估算大亚湾流域的点源营养盐排放通量。该流域城市化程度高，人口密度大，商业活动密集，降水量丰沛，城镇街道路面径流也是重要的氮磷输送源；大亚湾流域林地多为丘陵山地，占地面积超过半数以上，林地径流是不可忽略的营养盐来源。通过测定环湾河流水文特征和营养盐浓度及收集文献资料，计算出河流营养盐输送通量。

大亚湾流域年平均降雨量 1948 mm，城镇街面径流系数 91.1%，林地（丘陵）径流系数 70.1%，林地（丘陵）径流和城镇街面冲刷也是营养盐的重要来源。以住宅为主的街面径流氮流失通量为 5.4×10^5 kg/a，磷流失通量为 9.4×10^2 kg/a，以商业为主的街面径流氮流失通量为 1.4×10^6 kg/a，磷流失通量 1.8×10^4 kg/a，林地（丘陵）径流氮流失通量为 6.1×10^5 kg/a，磷流失通量 4.3×10^4 kg/a。竹园河和白云河流域集中了大亚湾流域的主要耕地和农村住户，这两条河流营养盐主要是面源污染，其中氮流失通量 6.0×10^5 kg/a，磷流失通量 7.7×10^2 kg/a。大亚湾流域面源氮流失通量为 3.1×10^6 kg/a，磷流失通量为 6.3×10^4 kg/a（表 1.8）。

表 1.8 大亚湾流域面源营养盐流失通量

类型	面源营养盐流失通量/(kg/a)	
	总氮	总磷
住宅	5.4×10^5	9.4×10^2
商业	1.4×10^6	1.8×10^4
林地（丘陵）	6.1×10^5	4.3×10^4
农业	6.0×10^5	7.7×10^2
总计	3.1×10^6	6.3×10^4

大亚湾流域营养盐向海湾流失分为两部分，一部分经过河流汇入进入海湾，另一部分经过雨水冲刷直接进入海湾。其中进入河流的氮、磷分别是 2.7×10^6 kg/a 和 5.6×10^4 kg/a；直接进入海湾的营养盐，氮大约是 3.6×10^5 kg/a，磷大约是 6.4×10^3 kg/a（表 1.9）。大亚湾流域河流分丰水期（4～9 月）、平水期（10～12 月）和枯水期（1～3 月）。营养盐浓度和径流量会存在差异，营养盐的输送也存在一定差异。因此依据营养盐在不同时期的分配比例，通过测定丰水期的流失通量，估算年流失通量。河道氮输送通量约 3.8×10^6 kg/a，磷输送通量 1.8×10^5 kg/a（表 1.9）。河流内的营养盐分为点源和面源。大亚湾流域内氮磷点源主要是城镇居民生活污水的排放，根据城镇居民氮磷排放系数，污水管网覆盖和污水处理效率，计算得到大亚湾流域城镇居民污水氮入河通量为 1.1×10^6 kg/a，磷入河通量 1.3×10^5 kg/a（表 1.9），分别占河流氮、磷总量的 28.9%和 72.2%。大亚湾流域年降水量丰沛，河道径流大，河流长度较短，对于营养盐截留较低。大亚湾流域营养盐河流入湾总氮通量为 3.4×10^6 kg/a，河流入湾总磷通量为 1.6×10^5 kg/a。

大亚湾流域向海湾输送氮、磷通量分别是 3.8×10^6 kg/a 和 1.7×10^5 kg/a。其中89.5%的氮和 94.1%的磷通过河流向海湾输送；面源氮、磷直接入湾量占比较小。流域内氮的输送主要是面源，占 71.1%；磷的输送主要是点源，占 72.2%（表 1.9）。因此，控制大亚湾流域营养盐向海湾输送，氮以面源为主，点源为辅；磷应该以点源为主，面源为辅。

二、营养物质大气沉降输入

随着气候变化和人类活动的加剧，全球近海区域大气污染物排放量不断增加。研究发现，沿岸水体中 20%～38%的氮素来自于大气沉降（Paerl，1995）。在北美的比斯坎湾（Biscayne Bay）南部，通过大气沉降输入的磷也达到河流输入量的 2 倍，整个海湾总磷的湿沉降通量达 0.65 mmol/(m^2·a)（Paerl，1997）。DON 占氮沉降总量的比值不断上升，近年来已有较多研究发现其所占比例已经高达 30%以上（Carrillo et al.，2002；Cornell，2011；邢建伟等，2017）。我国近海区域氮沉降主要来源于化石燃料、秸秆和工业排放，其中化

表 1.9　大亚湾流域河流营养盐输送通量

（单位：kg/a）

河流	河道汇入通量		面源入河通量		点源入河通量		河道截留		河流入湾通量		面源直接入湾通量		营养盐入湾总量	
	总氮	总磷	总氮	总磷	总氮	总磷	总氮	总磷	总氮	总磷	总氮	总磷	总氮	总磷
淡澳河	2.6×10^6	1.4×10^5	—	—	—	—	3.2×10^5	1.8×10^4	2.3×10^6	1.3×10^5	—	—	—	—
范和河	1.5×10^5	8.3×10^4	—	—	—	—	2.0×10^5	1.1×10^3	1.3×10^6	7.2×10^3	—	—	—	—
巽寮河	1.6×10^5	9.2×10^4	—	—	—	—	2.1×10^4	1.2×10^3	1.4×10^5	8.1×10^3	—	—	—	—
王母河	1.9×10^5	1.2×10^4	—	—	—	—	1.7×10^4	1.1×10^3	1.7×10^5	1.1×10^4	—	—	—	—
南涌河	2.9×10^3	0.1×10^3	—	—	—	—	—	—	2.9×10^3	0.1×10^3	—	—	—	—
岩前河	1.1×10^4	0.3×10^3	—	—	—	—	—	—	1.1×10^4	0.3×10^3	—	—	—	—
柏岗河	1.5×10^4	0.7×10^3	—	—	—	—	—	—	1.5×10^4	0.7×10^3	—	—	—	—
霞涌河	5.4×10^4	5.2×10^3	—	—	—	—	—	—	5.4×10^4	5.2×10^3	—	—	—	—
龙歧河	4.1×10^4	1.9×10^3	—	—	—	—	—	—	4.1×10^4	1.9×10^3	—	—	—	—
竹园河	3.2×10^5	4.2×10^2	—	—	—	—	1.1×10^4	14.7	3.1×10^5	4.1×10^2	—	—	—	—
白云河	2.8×10^5	3.5×10^2	—	—	—	—	1.2×10^4	15.0	2.7×10^5	3.3×10^2	—	—	—	—
总计	3.8×10^6	1.8×10^5	2.7×10^6	5.6×10^4	1.1×10^6	1.3×10^5	4.1×10^5	2.1×10^4	3.4×10^6	1.6×10^5	3.6×10^5	6.4×10^3	3.8×10^6	1.7×10^5

石燃料是主要来源，可占到硝态氮总量的 86%，生物质燃烧可占 5.4%。而铵态氮的主要来源是农业活动，可占 85.9%，化石燃料燃烧仅占 6.0%（Liu et al.，2016）。

大气沉降是近海区域营养物质的重要供应方式（宋金明等，2016）。至 21 世纪初，全球海洋生态系统氮沉降量已达 67 Tg/a。其中，有机氮可占氮沉降总量的 62%（Cornell et al.，1995）。大气向海洋的沉降输入已成为海洋营养物质的重要来源。国内外对大气沉降通量研究已经做了大量工作，并皆指出大气营养物质沉降输入及其来源将会对海洋生态系统产生显著影响（Violaki et al.，2010；Chen et al. 2015）。因此，认识大气中各形态营养物质沉降通量、来源及其转化过程，可为海湾营养物质的入海调控机理提供理论依据，为海湾生态安全提供决策建议和科技基础。

（一）胶州湾大气营养盐沉降通量及来源

1. 气溶胶及降水中不同形态营养盐的浓度

2015～2016 年胶州湾大气气溶胶中各形态营养物质的浓度均值分别为铵态氮（NH_4-N）：652.1 nmol/m^3，硝态氮（NO_3-N）：348.9 nmol/m^3，亚硝态氮（NO_2-N）：0.51 nmol/m^3，溶解无机氮（DIN）：1001 nmol/m^3，溶解有机氮（DON）：194.7 nmol/m^3，溶解无机磷（DIP）：0.80 nmol/m^3，溶解有机磷（dissolved organic phosphorus，DOP）：0.44 nmol/m^3，溶解态硅（dissolved silica，DSi）：1.98 nmol/m^3。表 1.10 对胶州湾和其他相关海区气溶胶中不同形态营养盐的浓度进行了比较。从中可以看出，胶州湾气溶胶各形态营养盐的浓度在不同采样时间中存在较大变异。以 NO_2-N 为例，其最高值（2.88 nmol/m^3）约为最低值（0.01 nmol/m^3）的 280 倍。这综合反映了天气条件、空气质量及物源的多样性变化（Chen et al.，2010）。各项营养盐中，NH_4-N 的平均浓度最高，达 652.1 nmol/m^3，NO_3-N 和 DON 其次，NO_2-N 的浓度最低，仅 0.51 nmol/m^3，这是由于其不稳定，在大气中易于被氧化的缘故。2015～2016 年胶州湾大气总悬浮颗粒物（total suspended particulate，TSP）浓度较 2004～2005 年显著降低（毕言锋，2006）。然而，除 DON、DIP、DOP 外，其他形态营养盐的含量却依然呈现显著升高的趋势。与国内外其他区域相比，胶州湾气溶胶各项营养盐浓度高于青岛南部沿海，且远远高于黄海、东海、南海等中国陆架边缘海和阿拉伯海，表明胶州湾气溶胶营养盐含量水平受人类活动影响强烈，这主要是靠近大陆的缘故。胶州湾气溶胶 DIP 的含量略高于东海和阿拉伯海，但是却显著低于太湖流域。作为我国长江中下游人口稠密的典型工农业生产区，太湖流域出现较高浓度的大气 DIP 和 DOP，可能与该区域大量的工业排放及农业生产大量施用磷肥有关。此外，胶州湾气溶胶中的 NH_4-N 和 NO_3-N 浓度均显著高于在我国东海收集的纯净海洋气溶胶及纯陆源气溶胶中相应物质的水平（Nakamura et al.，2005）。综上，在自然变化和强烈的人为干扰下，胶州湾气溶胶水溶性 DIN 和 DSi 浓度近年来出现明显上升，各形态营养盐含量显著高于国内外其他海区，表现出较为严重的大气无机氮污染水平。

表 1.10　胶州湾大气气溶胶 TSP 及不同形态营养盐的浓度与其他海区的比较

区域	参数	TSP/(μg/m³)	浓度/(nmol/m³)							
			NH_4-N	NO_3-N	NO_2-N	DIN	DON	DIP	DOP	DSi
胶州湾[a]	均值	133.7	652.1	348.9	0.51	1001.0	194.7	0.80	0.44	1.98
	标准差	80.35	488.6	272.3	0.50	748.6	146.2	0.53	0.52	1.22
	最大值	418.7	2403.6	1443.2	2.88	3672.6	970.0	3.01	3.57	6.49
	最小值	30.57	123.7	37.44	0.01	178.4	16.17	0.20	0.02	0.37
胶州湾[b]	均值	204.4	338.5	266.5①	—	606.0	287.1	1.70	0.81	0.83
青岛[c]	均值±标准差	—	306±195	244±193①	—	—	—	—	—	—
青岛[d]	均值	—	—	—	—	783	180	—	—	—
北黄海[e]	范围	41.15～256.4	57.14～3572	7.14～1929	—	—	—	—	—	—
黄海[f]	均值	—	151.0	129.0①	—	280.0	105.0	0.49	0.60	0.53
黄海[c]	均值±标准差	—	45.0±45.6	30.5±43.2①	—	—	—	—	—	—
黄海[d]	均值	—	—	—	—	665	132	—	—	—
东海[b]	均值	—	42.9	36.9①	—	79.8	—	0.33	—	0.41
东海[c]	均值±标准差	—	37.0±82.7	22.1±38.3①	—	—	—	—	—	—
东海[g]	均值±标准差	—	—	—	—	238±214	—	0.44±0.36	—	—
南海[d]	均值	—	—	—	—	131	65	—	—	—
阿拉伯海[h]	均值±标准差	—	≤0.38	6.5±6.5	—	—	5.3±4.9	0.4±0.1	—	—
太湖[i]	均值	—	—	—	—	—	—	2.26	2.19	—

①为 NO_3-N 和 NO_2-N 之和

数据来源：a. 本研究；b. 毕言锋（2006）；c. Zhang 等（2011）；d. Shi 等（2010）；e. Wang 等（2013）；f. 韩丽君等（2013）；g. Chen 和 Chen（2008）；h. Srinivas 和 Sarin（2013）；i. Luo 等（2011）

对于大气湿沉降来讲，胶州湾大气降水中悬浮颗粒物（suspended particulate matter，SPM）的雨量加权浓度均值为 12.3 mg/L。不同降水类型对应的雨水 SPM 浓度存在较大差异。如 SPM 的最高浓度 311.5 mg/L 对应于 2015 年 6 月的一次降水量较低的降水事件（2 mm）；而最低浓度 0.17 mg/L 出现在 2015 年 8 月的一次降水量（30 mm）较大的降水中，表明雨水中的悬浮颗粒物浓度主要受雨水的冲刷作用控制。2015～2016 年胶州湾大气湿沉降中各形态营养物质的雨量加权均值分别为 NH_4-N：107.1 μmol/L，NO_3-N：62.9 μmol/L，NO_2-N：0.49 μmol/L，DIN：170.5 μmol/L，DON：54.8 μmol/L，DIP：0.32 μmol/L，DOP：0.52 μmol/L，DSi：2.00 μmol/L。胶州湾不同时间段大气降水中各形态营养盐浓度变异较大，以 NO_3-N 为例，最高浓度高出最低浓度值 4 个数量级（表 1.11）。雨水中各形态营养盐的算术平均值普遍高于雨量加权均值，表明低浓度的营养盐主要出现在雨量较大的降水中，综合体现了降水对大气颗粒物的冲刷和稀释作用。与 1988～1993 年及 1998 年青岛近海、麦岛和崂山的观测结果比较，胶州湾湿沉降中的各项无机氮浓度显著偏高（Zhang et al.，1999）。与之前的研究相比，除 DOP 和 DSi 外，其他各形态营养盐浓度均出现明显上升，从侧面印证了胶州湾大气氮污染的加剧，与气溶胶的研究结果相似。

与 20 世纪 80 年代相比（DIP：0.93 μmol/L，DSi：6.0 μmol/L，Zhang & Liu，1994），胶州湾雨水中 DIP 和 DSi 的浓度出现明显降低，暗示过去 30 多年来上述物质的来源或排放强度可能有所降低。与 2009～2010 年相比，雨水中 DIP 的浓度又有明显升高，表明人为干扰/自然排放近年来可能又有所增强，这是一个值得关注的现象和趋势。

表 1.11　不同年份胶州湾大气湿沉降各形态营养盐的浓度对比

年份	季节	浓度/(μmol/L)							
		NH_4-N	NO_3-N	NO_2-N	DIN	DON	DIP	DOP	DSi
2015～2016	雨量加权均值	107.1	62.9	0.49	170.5	54.8	0.32	0.52	2.00
	算术平均值	199.7	144.6	1.13	345.4	56.85	0.47	0.60	2.13
	最大值	1524	1430	13.98	2959	330.7	2.28	1.63	13.8
	最小值	13.09	0.48	0	12.33	9.30	0.035	0	0
	中位数	121.6	84.0	0.20	231.2	44.67	0.39	0.52	0.269
2006～2008	雨量加权均值	69.6	34.4*		104.0	41.8	0.20	3.19	3.58
2009～2010	雨量加权均值	54.8	36.3*		91.1	—	0.12	—	5.12

*为 NO_3-N 和 NO_2-N 之和

在我国北方，一般 3～5 月为春季，6～8 月为夏季，9～11 月为秋季，12 月～次年 2 月为冬季。图 1.13 展示了气溶胶中各形态营养盐浓度随 TSP 浓度的月际变化趋势。可以看出，TSP 和各形态营养盐含量均表现出较为明显的月际变化特征。TSP 浓度整体呈现夏秋季较低、冬春季较高的特征，这与胶州湾的气候特征和沙尘来源有关。夏秋季作为雨季，降水量偏高，频繁降水对气溶胶的 TSP 颗粒不断冲刷，引起 TSP 浓度降低；此外，冬春季西北风带来较强的亚洲沙尘颗粒，且降水量偏少、气候干燥，会大大增加大气中 TSP 颗粒的含量。各形态营养盐与 TSP 浓度的月际变化规律较为一致，推测有以下两个方面的原因：①TSP 是各类大气污染物的主要载体；②TSP 是这些物质的一个主要来源。此外，对于个别形态的营养盐如 NH_4-N 和 DOP，在夏季（6～8 月）具有相对较高的含量，与 TSP 的分布规律刚好相反，表明可能在这些月份存在含有 NH_4-N 和 DOP 的较强的排放源。因此胶州湾气溶胶各形态营养盐的季节分布主要受控于气象条件（沙尘、降水量）和当地污染物排放源的排放强度。

胶州湾大气降水量及湿沉降中各形态营养盐浓度的季节变化见图 1.14。可以看出，2015～2016 年胶州湾大气降水量的月际分布严重不均，绝大部分降水主要分布在夏秋季（6～11 月）。相应地，各形态营养盐也存在较明显的月际变化规律，低浓度一般出现在夏秋季，高浓度出现在冬春季，尤其是 DIP 和 DSi，与降水量的季节分布基本相反，表明降水量对雨水中各形态营养盐浓度具有重要影响，主要体现在夏秋季较高的降水量对污染物较强的冲刷、稀释作用，以及冬春季较少的降水量和大气气溶胶较长的停留时间的综合效应（Qiao et al.，2015）。

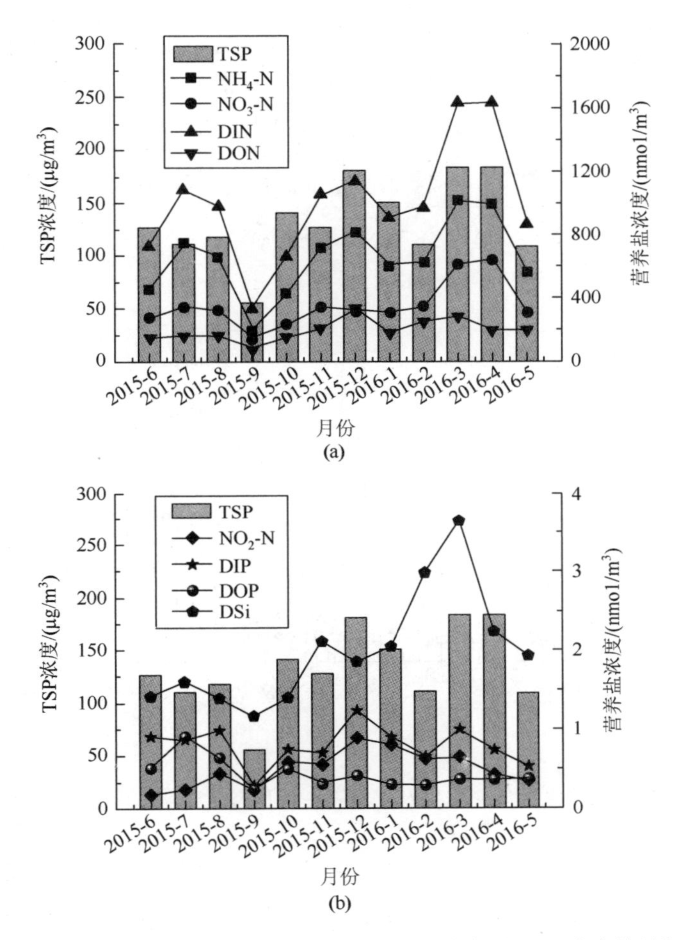

图 1.13　胶州湾大气气溶胶中不同形态营养盐浓度随 TSP 浓度的月际变化

需要指出的是，对于有机态营养盐如 DON 和 DOP，其最高浓度却出现在降水量较高的 6 月。进一步研究发现，这两类有机态营养盐浓度的雨量加权均值在夏季和秋季分别可达 59.4 μmol/L 和 0.56 μmol/L，高于其在冬季和春季的浓度（分别为 43.1 μmol/L 和 0.40 μmol/L），与大部分无机态营养盐的变化规律相反，暗示在夏季和秋季可能存在含有 DON 和 DOP 的强排放源，如秋粮播种底肥和追肥，以及冬小麦底肥（富含氮磷的化肥/农家肥等），抵消了较高的降水量对营养物质的稀释。同样，春夏季 NH_4-N 浓度出现峰值，可能与这两个季节相对较高的温度下氮肥的挥发有关（Zhao et al.，2009）。因此，降水量和当地污染物的排放强度共同制约胶州湾湿沉降各形态营养盐的浓度。

对湿沉降营养盐浓度在降水过程中随降水时间的动态变化过程研究发现（表 1.12），各形态营养盐浓度基本上呈现降水后期低于前期的特征。如 7 月，两场降水的降水量相

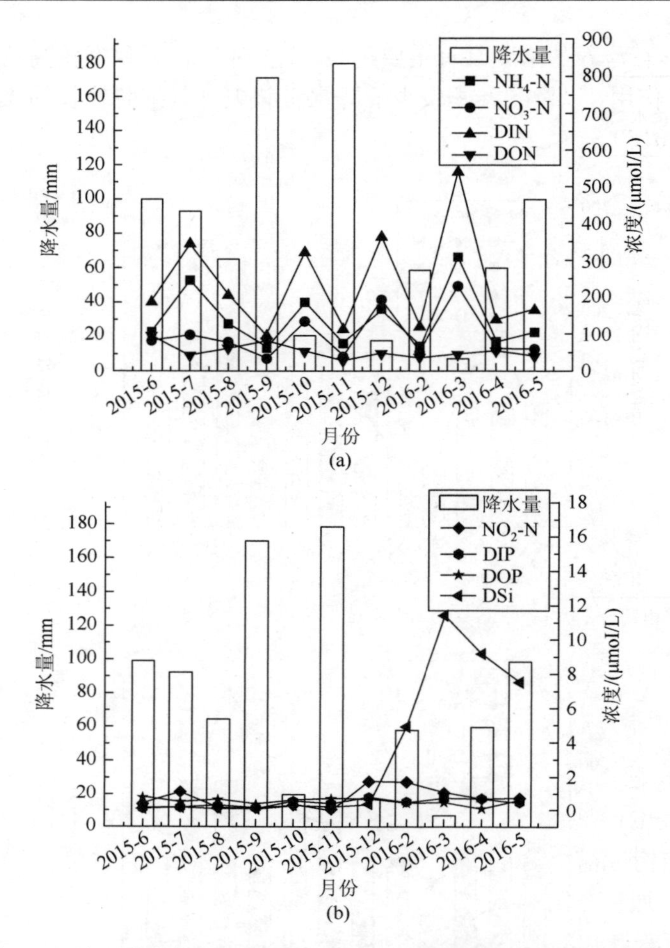

图 1.14 胶州湾大气降水量及湿沉降中各形态营养盐浓度的月际变化

当，但后期降水中除 DON 外，其他各形态营养盐含量均出现明显降低。这种情况在前期降水量较小而后期降水量较大的情况下更为明显。如发生在 8 月和 11 月的降水事件中，后期降水中各营养盐浓度出现近乎断崖式下降。这些现象表明，随着降水的持续，雨水对气溶胶中营养物质的不断冲刷和淋溶，使得气溶胶中相应物质的含量越来越少，最终导致后期降水中营养成分的浓度呈现明显降低的特征，进一步证实湿沉降各营养盐的浓度与降水量及大气中相应成分的浓度密切相关。然而，雨水中营养盐浓度还受到云内清除及其他气象条件等的综合制约（Kajino & Aikawa，2015），机制较为复杂，部分后期降水样品中营养成分浓度出现了高于前期降水的现象，其中的原因还需要进一步的研究揭示。

表 1.12 连续降水不同时间段营养盐的含量变化

时间	降水量/mm	降水类型[①]	营养盐浓度/(μmol/L)							
			NH_4-N	NO_3-N	NO_2-N	DIN	DON	DTN*	PO_4-P	DSi
6 月	4.5	小雨	66.79	186.4	0.01	253.2	41.45	294.6	0.43	0.62
	81.0	暴雨	33.95	31.92	0.32	70.18	100.4	170.5	0.04	0.02

续表

时间	降水量/mm	降水类型①	营养盐浓度/(μmol/L)							
			NH_4-N	NO_3-N	NO_2-N	DIN	DON	DTN*	PO_4-P	DSi
7月	2.5	小雨	526.2	415.4	0.04	941.6	29.78	971.4	0.80	0.20
	3.5	小雨	236.5	189.7	0.04	426.2	40.29	466.5	0.37	0.02
8月	4.5	小雨	200.8	232.9	0.04	433.8	9.52	443.3	0.67	0.19
	30.0	大雨	39.83	24.28	0.01	64.12	60.09	124.2	0.07	—
9月	7.5	小雨	71.16	83.98	0.03	155.2	132.1	287.3	0.18	0.10
	8.0	小雨	110.9	41.26	0.71	152.9	26.60	179.5	0.10	0.07
10月	16.5	中雨	188.7	138.4	0.33	327.5	60.88	388.4	0.55	0.32
	3.5	小雨	176.2	114.2	0.07	290.4	15.75	306.2	0.44	0.20
11月	15.0	中雨	323.6	75.58	0.03	399.2	49.89	449.1	0.33	0.14
	58.0	暴雨	45.92	18.18	—	64.10	10.31	74.40	0.82	0.27
	24.5	中雨	13.09	0.48	—	12.33	32.55	44.88	0.10	0.12

①根据中国气象局降雨量等级划分标准划分

*DTN 为溶解态总氮

2. 不同形态营养盐的干、湿沉降通量

通过直接采集干沉降和雨量加权均值、年降水量数据，计算得到不同形态营养盐的干、湿沉降通量，由表 1.13 可知，除 DSi 外，2015～2016 年胶州湾大气营养盐均以湿沉降为主，干、湿沉降结构近似 1∶3。尽管胶州湾大气营养盐干沉降通量较之 2009～2010 年有所降低，但湿沉降通量却出现显著升高，导致除 DIP 之外的其他营养盐总沉降通量也明显增大，表明近年来胶州湾大气沉降的地位有所提高。这集中反映了胶州湾周边区域，尤其是青岛市近年来经济社会的迅猛发展对胶州湾大气环境的影响。

表 1.13 2015～2016 年胶州湾大气营养盐干、湿沉降通量与其他海域的比较

区域	类型	生源要素大气沉降通量/[mmol/(m^2·a)]							
		NH_4-N	NO_3-N	NO_2-N	DIN	DON	DIP	DOP	DSi
胶州湾[a]	干	29.4	29.9	0.058	60.5	15.4	0.099	0.165	8.48
	湿	92.8	54.5	0.427	147.6	47.5	0.274	0.448	1.73
胶州湾[b]	干	50.6	67.9①		118.5	46.6	0.60	0.16	0.60
	湿	28.3	18.8①		47.1	—	0.07	—	2.65
黄海[b]	干	26.6	35.0①		61.6	40.5	0.24	0.49	0.32
	湿	37.5	30.6①		68.1	—	0.79	—	2.15
东海[c]	干	6.90	12.40①		19.30	—	0.18	—	0.30
	湿	50.4	31.5①		81.9	22.9	0.15	0.07	2.30
新加坡近海[d]	干	2.53	18.6	—	21.1②	20.8	1.73	2.78	—
	湿	26.0	51.1	—	77.1②	33.5	0.693	0.952	—

续表

区域	类型	生源要素大气沉降通量/[mmol/(m^2·a)]							
		NH_4-N	NO_3-N	NO_2-N	DIN	DON	DIP	DOP	DSi
西太平洋[e]	干	1.28	1.57	—	2.85[②]	1.53	0.007	—	—
	湿	2.19	1.31	—	3.50[②]	1.61	0.009	—	—

①此处是 NO_3-N 与 NO_2-N 之和；②NO_2-N 浓度较低，此处忽略不计

数据来源：a. 本书；b. 朱玉梅（2011）；c. 毕言锋（2006）；d. He 等（2011）；e. Martino 等（2014）

与国内外其他海区对比发现，除 2015～2016 年胶州湾大气各项营养盐总沉降通量均显著高于我国东海；除 DIP 外，其他各项营养盐总通量均明显高于黄海。尤其是 NH_4-N 和 NO_3-N 的干沉降通量，约为黄海和东海的 3～6 倍（Zhang et al.，2011）。与新加坡近海相比，除磷通量较低外，各项氮沉降通量显著偏高。此外，目前胶州湾 DON 和 NO_3-N 的干沉降通量与东地中海（Eastern Mediterranean）[17.4 mmol/(m^2·a)和 25.3 mmol/(m^2·a)]相当，但 NH_4-N 的干沉降通量却显著偏高，甚至高出 1 个数量级（Violaki et al.，2010）。胶州湾区域较高的 NH_4-N 大气沉降通量可能与其北部地区较为发达的农业生产有关。胶州湾大气营养盐干、湿沉降通量远远高于西太平洋，尤其是 DIN 和 DIP，甚至高出两个数量级。整体来看，从海湾至太平洋，大气沉降负荷呈现胶州湾＞陆架边缘海＞太平洋的分布规律。Zhang 等（2011）的研究已经证实，随着离岸距离的增加，人为影响逐渐减弱，使得大气氮沉降跨过黄海、东海由近岸向远洋迅速降低。

由图 1.15 可以看出，胶州湾大气干、湿沉降中各形态营养盐的比例差别很大。无机氮构成了干、湿沉降的主体，分别约占干、湿沉降通量的 71%和 75%。无机氮中，干沉降 NH_4-N 和 NO_3-N 的比例相当，而湿沉降中 NH_4-N 几乎可达 NO_3-N 的 2 倍。各形态磷和硅的干、湿沉降比例均极低。因此，整体来看，胶州湾大气沉降中 NH_4-N 是最主要的营养盐形态。干、湿沉降中 DON 的比例存在一定的差异（分别为 18.4%和 24.0%），可能归因于大气不同形态营养盐干、湿沉降机制的不同。干、湿沉降中 DON 占溶解态总氮（dissolved total nitrogen，DTN）的比例分别为 20.6%和 24.3%，均低于 1997～2005 年及 2009～2010 年青岛近岸区域雨水中 DON 的平均比例（分别为 30%和 28%）（Zhang et al.，2011），也低于中国陆地大气 DON 占 DTN 的平均比例（30%）（Zhang et al.，2008）。与地中海相比，胶州湾大气氮干沉降中 DON 的比例约为其 1/2（Markaki et al.，2010）。由于高度集约化的农业生产活动，如氮肥施用和畜牧业的发展，大气氮混合沉降中 DON 的比例可达 32%（Ham & Tamiya，2007）。不同研究区域大气沉降中 DON 比例存在较大差异，可能与地区条件差异有关。尽管如此，作为大气中一类普遍存在的氮，DON 的大气沉降在以往的研究中多被忽视（Zhang et al.，2010），据此推断大气氮沉降总量也因此被严重低估。此外，干、湿沉降中 DOP 在溶解态总磷中的比例基本相同，均在 62%左右，与 He 等（2011）在新加坡近海的结果相似。DOP 在磷的干、湿沉降中均占据主导地位，表明 DOP 的大气沉降不容忽视，而以往的研究却也较少关注有机磷。因此有机氮、磷的大气沉降需要进一步引起人们的关注。

需要指出的是，胶州湾大气气溶胶和干沉降中各形态氮、磷的比例存在较大差异

（图 1.16，图 1.17）。如 NH_4-N 和 NO_3-N 在大气气溶胶中基本呈现 2∶1 的比例，而在干沉降中二者比例却几乎相同，尤为明显的是 DIP 和 DOP 的比例在大气气溶胶和干沉降中几乎恰好相反。在东海有研究发现，干沉降中 NO_3-N 的比例高出其在大气气溶胶中的 4 倍（Nakamura et al.，2005），胶州湾的结果与之相似。出现这种现象的原因可能主要是气溶胶颗粒中不同形态氮、磷干沉降速率（V_d）存在差异。一般而言，由于 NO_3-N 主要存在于粗颗粒

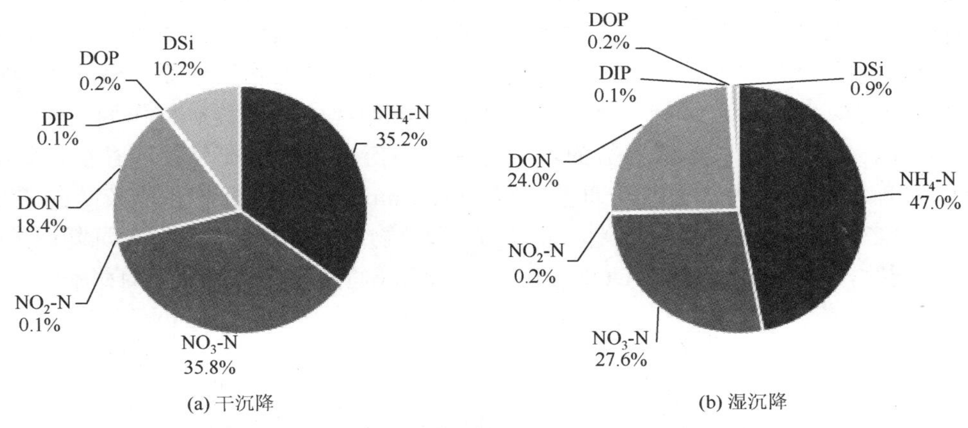

图 1.15　胶州湾大气干、湿沉降各项营养盐的比例

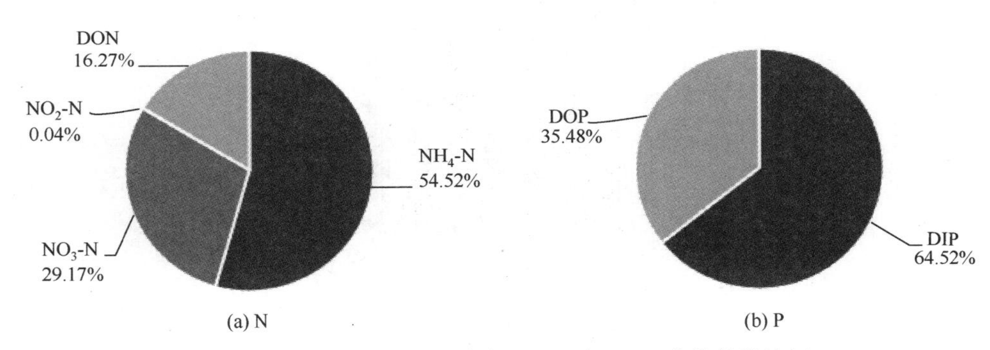

图 1.16　胶州湾大气气溶胶中不同形态 N、P 营养盐的比例

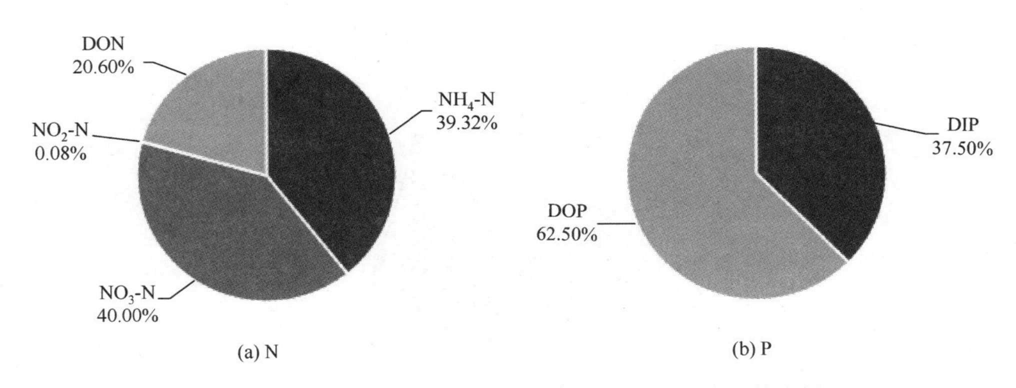

图 1.17　胶州湾大气干沉降中不同形态 N、P 营养盐的比例

中，相比 NH_4-N 具有较高的 V_d，这可能导致 NO_3-N 在干沉降中的比例较大气气溶胶中大。因此，系统研究大气气溶胶中不同形态 N、P、Si 的 V_d 具有较大的理论和现实意义。

由图 1.18 可知，所有氮、磷、硅的干沉降通量均呈现较为明显的月际变化。与浓度不同，大气营养盐干沉降通量与 TSP 干沉降通量的变化规律不完全一致。如较高的 NH_4-N、NO_2-N 和 DIN 干沉降通量主要出现在秋季和冬季，而 NO_3-N 的干沉降通量在春季和秋季较高；DON、DIP 和 DOP 的通量分别在秋季、春季和夏季最高，DSi 的干沉降通量 6 月最高，4 月最低。上述现象表明，较之气溶胶浓度，大气各形态营养盐的干沉降通量受控因素更多，机制更为复杂，可能存在营养物质的季节性来源及随时间变化的干沉降机制对其季节变化产生制约。尽管如此，大气颗粒物作为大气营养盐的重要载体，大部分无机态营养盐的干沉降通量高值主要出现在旱季（春季、冬季）。以 DIN 为例，冬季的 DIN 干沉降通量最高（19.3 $mmol/m^2$）恰好与冬季较高的 TSP 浓度一致［（147.83±103.23）（$\mu g/m^3$）］，表明大气颗粒物及其排放强度对其干沉降通量有重要贡献。同时，有机态营养盐（DON、DOP）干沉降通量在降水量较高的秋季和夏季出

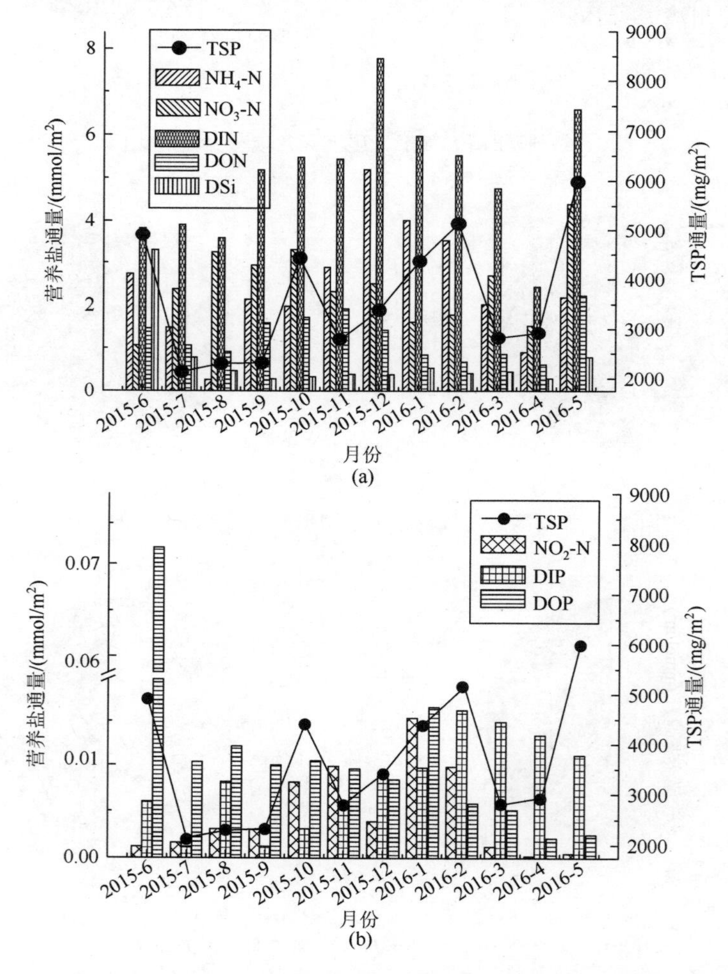

图 1.18　胶州湾大气干沉降各形态营养盐通量随 TSP 的月际变化

现最高值，表明尽管存在较强的雨水冲刷，来自局部的强烈的人为源污染依然可以维持较高的干沉降通量，即当地排放强度会抵消雨水的稀释，进而促进二者维持较高的干沉降水平。此外，不同季节气象条件的差异也会导致同类/不同类营养盐 V_d 的差异，这也可能是造成干沉降通量与 TSP 月际变化不一致的重要原因。

由图 1.19 可以看出，各形态营养盐的湿沉降通量大致与降水量的月际变化趋势一致，表明降水量是大气营养盐湿沉降的一个重要促进因素。一般来讲，气溶胶颗粒物和气体是大气营养盐的重要载体。通过雨水的冲刷，气态营养物质及吸附在大气颗粒物表面的营养盐随颗粒物被雨水冲刷至地表，并在随雨水下降的过程中不断被溶解释放。降水量越大，大气中的营养物质被冲刷和溶解得越彻底。因此，较大的降水量可以带来较多的营养物质沉降。然而，营养盐湿沉降通量并不总与降水量呈正比例。例如，DSi 在旱季（如 2 月、5 月）具有较高的湿沉降通量，这恰好与其在同一时期的峰值浓度一致。因此，雨水中各物质的浓度也是湿沉降通量的一个重要控制因素，即此类营养盐存在季节性来源。发源于中亚和我国西北沙漠地区的亚洲沙尘在旱季西北季风盛行时频繁出现，而黄海（包括胶州湾）处在亚洲沙尘向西太平洋传输的重要通道之上，因此，DIP 和 DSi

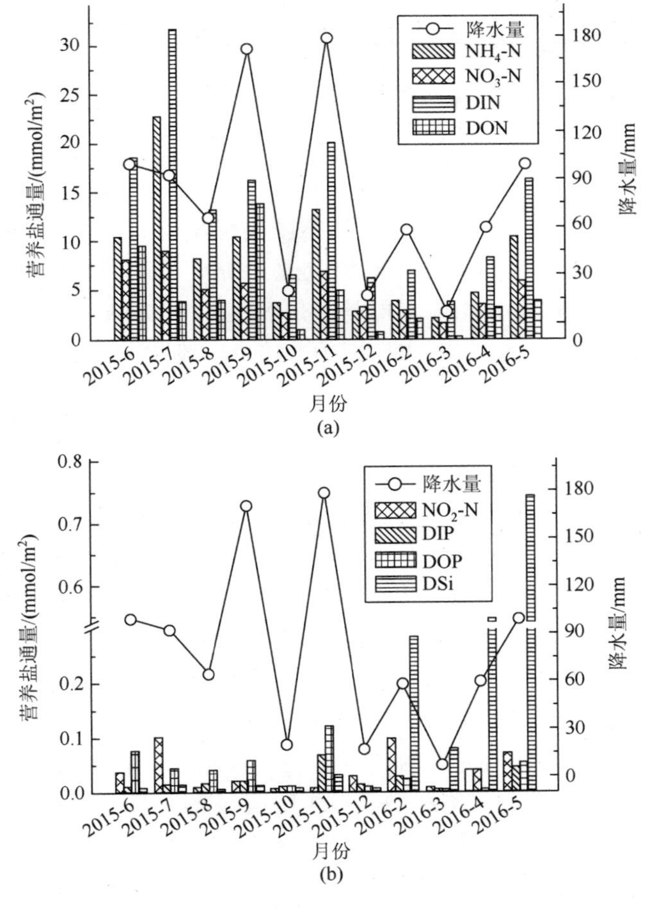

图 1.19　胶州湾大气湿沉降各形态营养盐通量随降水量的月际变化

的湿沉降通量在旱季较湿季高，主要归因于该季节较强的输入源。Zhang 等（2011）的研究表明，大气氮沉降通量由东亚近岸区域向西北太平洋呈现出受排放源、降水量调节的模式，并且具有种类特异性的特征。

早在 20 世纪 90 年代，Duce 等（1991）已报道，在全球尺度上，NH_4-N、NO_3-N 和 PO_4-P 的 V_d 分别为 0.1 cm/s、1.2 cm/s 和 2.0 cm/s。先前的研究已经证明，NH_4-N 主要存在于细模态颗粒物中（Matsumoto et al.，2014），而 PO_4-P 主要存在于精模态（>1 μm）颗粒物中，尤其是富集在 1.0～3.2 μm 的粒径范围之内（Vicars et al.，2010）。相比之下，NO_3-N 同时存在于粗模态和细模态中（Matsumoto et al.，2014）。然而，上述 V_d 值仅仅是粗略的估计值，至今对各形态大气营养盐 V_d 还没有较为精确的估算。在胶州湾，利用大气干沉降模型，实现了对不同形态大气营养盐 V_d 的较为精确的估算。所用公式如下：

$$V_d = K \times F_{dry}/C_{aerosol} \tag{1.6}$$

式中，F_{dry} 为各形态营养盐的干沉降通量（$mmol/m^2$）；$C_{aerosol}$ 为气溶胶各项营养盐的浓度（$nmol/m^3$）；K 为单位转换系数，其值随具体的月份、季节而变化。

根据上述公式，计算了胶州湾大气各形态 N、P、Si 营养盐的 V_d 值，结果见表 1.14。

表 1.14　胶州湾不同形态营养盐的干沉降速率（V_d）　（单位：cm/s）

参数	干沉降速率（V_d）						
	NH_4-N	NO_3-N	NO_2-N	DON	PO_4-P	DOP	DSi
年均（均值±标准差）	0.17±0.11	0.35±0.20	0.34±0.25	0.30±0.22	0.43±0.28	0.91±0.60	1.31±1.27

可以看出，计算得到的 V_d 与上述报道所得结果存在较大差异（Duce et al.，1991），但是干沉降速率呈现 NH_4-N<NO_3-N<PO_4-P 的顺序是一致的。对 N 来讲，NO_3-N 和 NO_2-N 呈现出较为一致的 V_d，与 DON 相当，但是却是 NH_4-N 的 2 倍。与 N 相比，各形态 P 的 V_d 相对较高，特别是 DOP，其 V_d 是 NH_4-N 的 5 倍多。该结果与 Gao（2002）在巴尼加特湾（Barnegat Bay）报道的依赖于粒径分布的 V_d 值（NH_4-N：0.19 cm/s，NO_3-N：0.34 cm/s）一致，证实了该计算方法的可靠性。

根据测得的气溶胶中不同形态营养盐的粒径分布，Shi 等（2012）估算出黄海大气气溶胶中 NH_4-N、NO_3-N 及 PO_4-P 的 V_d 分别为 0.21 cm/s、0.43 cm/s 和 0.68 cm/s，胶州湾气溶胶 NH_4-N 和 NO_3-N 的 V_d 值与之相当，但 PO_4-P 的结果略微偏低，这可能与 Shi 等（2012）在采样期间遇到沙尘天气有关，相对较高的粗沙尘颗粒浓度的增大了 PO_4-P 的 V_d。基于粒径分布，Chen 等（2010）报道了东海近岸区域气溶胶中的 DON 的双模态分布，即主要来自于人为活动的细模态颗粒和主要来源于海盐的粗模态颗粒。而在夏威夷近岸区域，DON 主要存在于细颗粒中（亚微米级）（Cornell et al.，2001）。此外，有研究发现，尽管大部分 DON 都存在于细颗粒中，但 DON 却大部分均以粗模态颗粒的形式沉降（Matsumoto et al.，2014）。这可能是胶州湾气溶胶 DON 的 V_d 明显高于 NH_4-N 的一个重要原因。

目前关于大气 DOP 的 V_d 的研究非常有限。根据文献资料（Duce et al.，1991），假设 DOP 主要存在于粗模态颗粒物中，故采用了 2.0 cm/s 的干沉降速率。该值显著高于表 1.14 中 DOP 的 V_d。据此，推测胶州湾气溶胶 DOP 同时存在于粗模态和细模态两类大气颗粒物中。当然，该假设还需要进一步的研究来证明。而对于 DSi，其干沉降速率最高。鉴于其主要来源于矿物尘土，因此矿物尘土颗粒的较大粒径应是 DSi 呈现较高干沉降速率的主要原因。

（二）大亚湾大气营养盐沉降通量及来源

1. 营养盐沉降通量及其组成

（1）大亚湾大气干、湿沉降通量及组成比例

大气干、湿沉降通量样品由自动采样器采集。采样器布设在大亚湾海洋生物综合实验站内（图 1.2），采样点离大亚湾沿岸 50 m 左右、离地 1 m 高（防止扬尘进入），每月准时取样。采样时间为 2015 年 10 月至 2017 年 3 月。

大亚湾营养盐干、湿沉降比例和沉降通量如图 1.20 和图 1.21 所示。各营养盐均以湿沉降为主，氮和硅湿沉降比例达 80%以上，磷湿沉降约占 56%（图 1.20）。各月份氮沉降通量在 3.64～22.19 $mmol/m^2$，均值为 11.33 $mmol/m^2$。氮沉降通量进入冬季后明显下降，最低值为 2017 年 1 月的 3.64 $mmol/m^2$，2016 年 4 月采样期间的沉降通量最高，达到 22.19 $mmol/m^2$。干沉降中，2016 年 4 月氮沉降通量最高，为 3.87 $mmol/m^2$；2015 年 10 月干沉降最低，仅为 0.51 $mmol/m^2$。冬季各月份氮沉降通量较低，但干沉降比例相对较高，可占总沉降通量的近 30%。进入雨季后，湿沉降比例增加。磷沉降通量分布在 0.002～0.057 $mmol/m^2$，月均值为 0.0283 $mmol/m^2$。其在 2016 年 9 月期间磷沉降通量最高，达 0.057 $mmol/m^2$；2016 年 2 月磷沉降通量最低，仅为 0.0023 $mmol/m^2$。干湿沉降均在 2016 年 9 月达到最高值，分别为 0.034 $mmol/m^2$ 和 0.023 $mmol/m^2$。同样在 2016 年 2 月达到最低值，仅为 0.0017 $mmol/m^2$ 和 0.00057 $mmol/m^2$。2016 年 8 月以后磷干、湿沉降通量均有明显上升，其中磷干沉降通量上升明显。硅沉降通量在 0.0295～0.358 $mmol/m^2$，月均沉降通量为 0.117 $mmol/m^2$。2016 年 5 月硅沉降通量达到最高，主要来自于湿沉降，占 98.8%。2016 年 12 月干沉降通量最高，为 0.0989 $mmol/m^2$。综上，大亚湾大气营养盐沉降均以湿沉降为主，氮沉降通量春夏季高、秋冬季低的规律明显，磷沉降在 2016 年 8 月后有上升趋势。

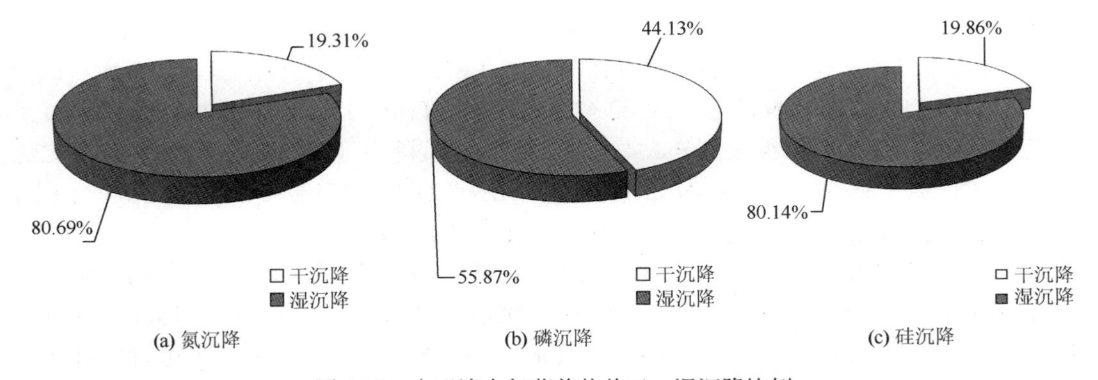

图 1.20　大亚湾大气营养盐总干、湿沉降比例

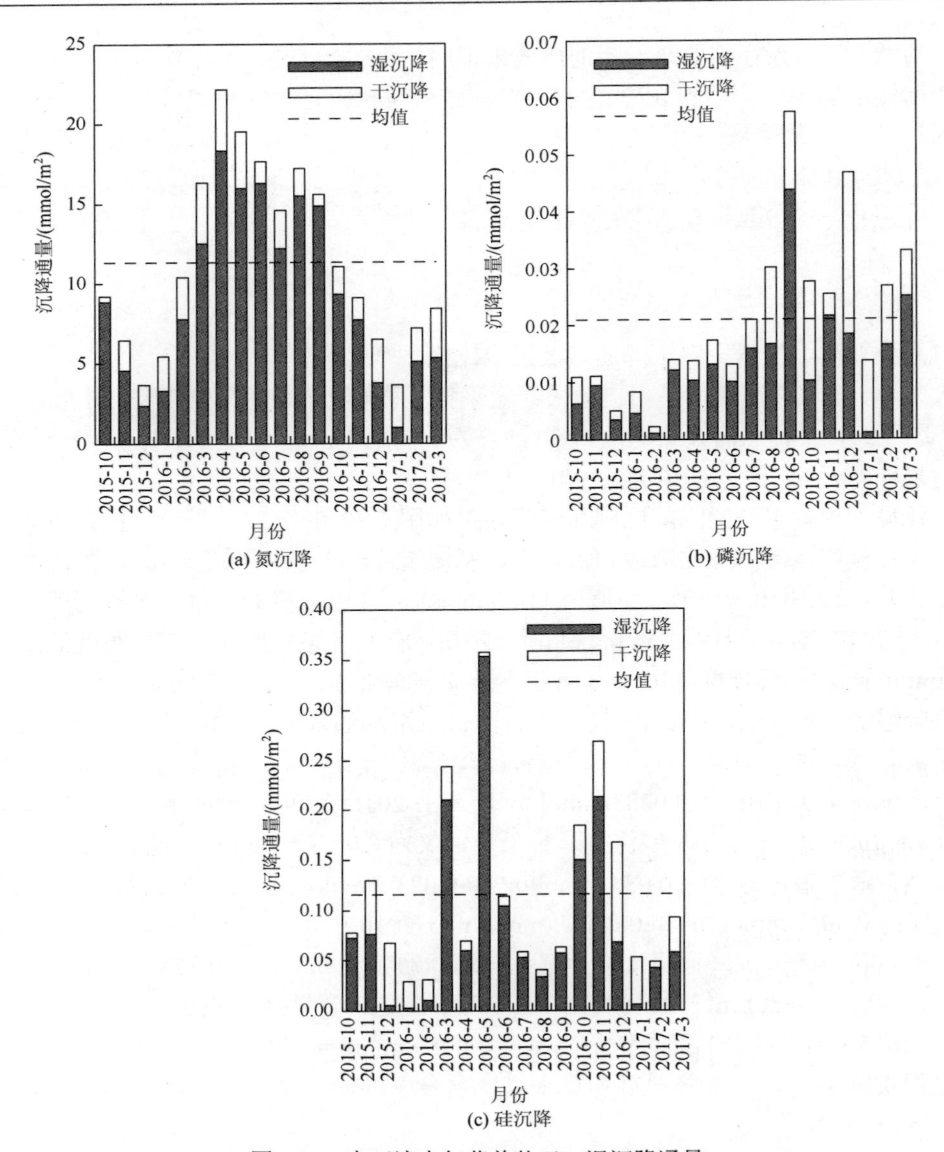

图 1.21　大亚湾大气营养盐干、湿沉降通量

大亚湾大气营养盐干沉降中各组分比例如图 1.22a 所示。干沉降中，DON 所占比例最高，达 62.64%， NO_3-N 次之，为 32.42%。TDN∶TDP∶DSi = 290∶1∶2.5，TDN 是大气营养盐干沉降的主要组成部分，占 98.8%。而湿沉降中（图 1.22b）， NO_3-N 占比达 48.38%，DON 占 35.69%， NH_4-N 占 14.05%。TDN∶TDP∶DSi = 824.5∶1∶7.85。综上，大亚湾大气营养盐沉降以氮沉降为主，其中干沉降以 DON 为主，湿沉降以 NO_3-N 为主。

大亚湾大气营养盐干沉降组分通量如图 1.23 所示。氮月平均沉降通量在 0.36～3.87 mmol/m²，均值为 2.15 mmol/m²。干沉降中 DON 占比较高，达 63.4%。各采样期间中，2015 年 10 月氮沉降通量最低，仅为 0.36 mmol/m²，其 DON/TDN 比例也相对较低，仅为 8.7%，其他采样期间 DON/TDN 的比例在 65.2%～84.6%。而进入春夏季等降雨量较大的月份后，干

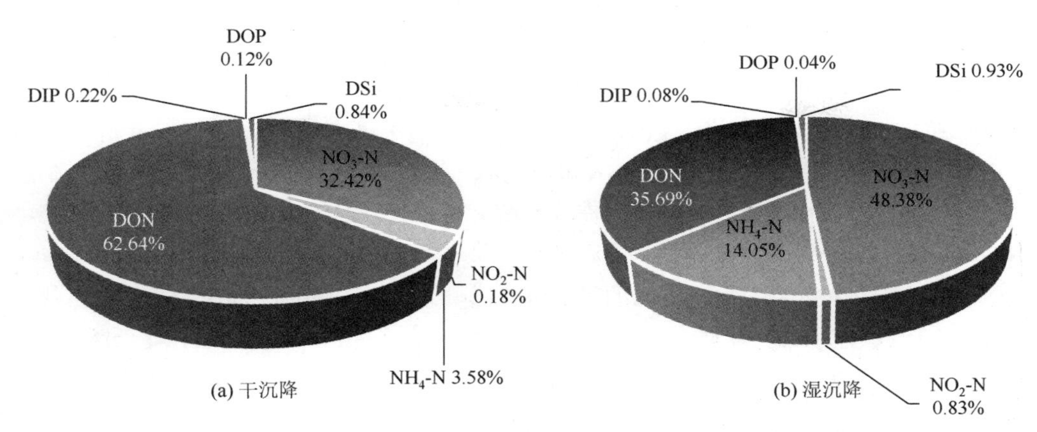

(a) 干沉降　(b) 湿沉降

图 1.22　大亚湾大气营养盐干、湿沉降组成

沉降中 DIN 的比例有所增加，其中 2016 年 9 月，DIN 比例达 83.3%，在 2015 年秋季也有类似现象。干沉降中氮素主要以 DON 为主，但是在降雨量较高的几个月（2015 年 9 月和 10 月，2016 年 4 月、6 月和 9 月），DIN 的比例会占据主导。干沉降中 NO_3-N 所占 DIN 比例均超过一半，均值为 87.2%，是 DIN 主要组成部分。在 2015 年 11 月和 2016 年 5 月干沉降中 NO_3-N 占比甚至分别达到 99.6%和 99.7%，最小值为 2015 年 10 月的 51.7%。NH_4-N 的沉降通量次于 NO_3-N，其均值为 0.778 mmol/m^2，所占 DIN 比例为 12.2%。NO_2-N 由于易被氧化，所占比例较小，均值仅为 0.7%。

大亚湾磷组分干沉降通量如图 1.23b 所示。磷月沉降通量在 1.16～28.4 μmol/m^2，均值为 7.41 μmol/m^2，最高值为 2016 年 12 月，最低值是 2016 年 5 月。DIP 是干沉降的主要组分，占磷干沉降通量的 63.5%。干沉降中，DIP/TDP 占比最大值为 2016 年 2 月采样时段，占比为 88.1%。DOP/TDP 在 2015 年 11 月内达到最大，为 87.9%。但是自 2016 年 8 月以后，DIP 的比例明显增大，DIP 所占比例达 70%以上。

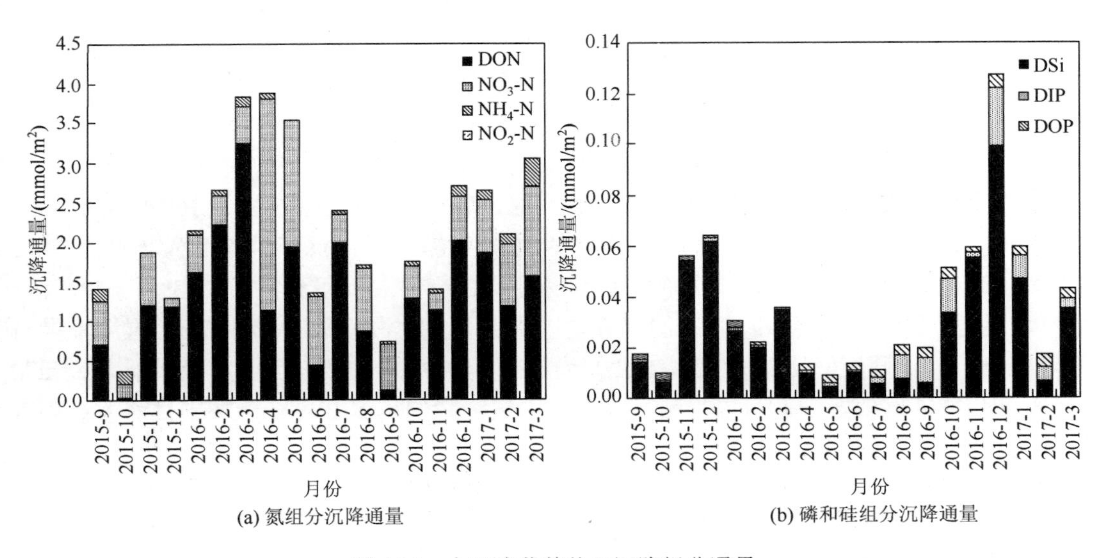

(a) 氮组分沉降通量　(b) 磷和硅组分沉降通量

图 1.23　大亚湾营养盐干沉降组分通量

大亚湾大气营养盐湿沉降组分通量如图 1.24 所示。氮的湿沉降通量高于干沉降，其沉降通量在 0.99～18.31 mmol/m^2，均值为 9.14 mmol/m^2。与干沉降明显不同，湿沉降 DIN 比例总体较高，均值为 62.79%。2016 年 4 月湿沉降通量最高，为 18.31 mmol/m^2。总体而言，干季的 DIN 比例较低，而进入 2016 年雨季后，湿沉降中 DIN 所占比例明显上升，所占比例均在 70%以上。由此可知，降雨可充分淋溶大气颗粒物中的无机组分，使得湿沉降中氮素以 DIN 为主。DIN 组分中，NO_3-N 仍是其主要组分，其月均沉降通量为 4.32 mmol/m^2，占 DIN 沉降通量的 75.3%。NH_4-N 的月均沉降通量为 1.35 mmol/m^2，比例高于干沉降，为 23.5%。NO_2-N 的月均沉降通量仍然最少，为 1.28 mmol/m^2，所占 DIN 比例为 1.2%。$NO_3\text{-N}/NH_4\text{-N}$ 的比值为 3.2，沉降通量和沉降比例均为 $NO_3\text{-N} > NH_4\text{-N} > NO_2\text{-N}$。湿沉降中磷的沉降通量在 1.14～43.7 μmol/m^2，月均沉降通量为 20.9 μmol/m^2。与干沉降相同，磷湿沉降仍以 DIP 为主，其占总沉降通量的 66.0%。进入春夏季后，磷湿沉降通量也相应提高。DOP 与 DIP 的沉降规律不同，秋冬季沉降通量较高，春夏季较低。

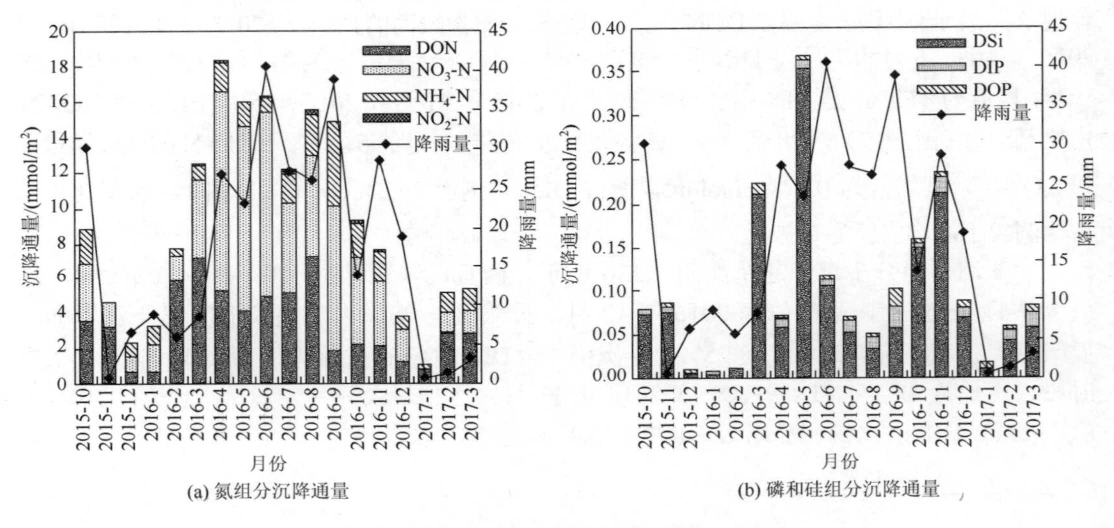

图 1.24　大亚湾大气营养盐湿沉降组分通量

（2）营养盐沉降通量

大亚湾大气营养盐沉降通量如表 1.15 所示。氮、磷、硅年沉降通量分别为 160.42 mmol/m^2、0.31 mmol/m^2 和 2.37 mmol/m^2，均以湿沉降为主。氮沉降中，湿沉降量是干沉降的近 5 倍。其中，干沉降以 DON 为主，湿沉降以 DIN 为主，DIN 占总沉降通量的 58.3%。磷湿沉降同样占主导。与氮沉降不同，磷干湿沉降均以 DIP 为主，占总量的 67.1%。硅湿沉降量与干沉降相近。氮磷沉降比例（TDN/TDP）为 517，其中 DIN/DIP 为 449，远高于 Redfield（雷德菲尔德）比值。因此可以推断，大亚湾大气沉降的高 N/P 可能会加剧目前大亚湾海水的失衡水平。

2. 营养盐沉降季节性特征及其控制因素

大亚湾营养盐季节性沉降通量及其加权平均浓度如表 1.15 所示。通过对大亚湾各季节统计后发现，营养盐沉降有明显的季节性特征。湿沉降中，春夏季氮沉降通量较大，特别是春季，与秋冬季差别明显。磷的沉降通量秋季相对较高，硅则在春秋两季较高，冬夏季较低，如此交替出现高值。干沉降与湿沉降相似，氮沉降通量最高值出现在春季。磷依然是秋冬季沉降通量较高，硅也是春秋季高，夏冬季低，往复出现。营养盐浓度是反映当地污染状况的重要指标，从表中可以发现，特别是在干沉降中，各营养盐组分浓度与沉降通量呈现出较为明显的一致性，即浓度越高，沉降通量越大。湿沉降中 TDN 和 NO_3-N 春季沉降通量和浓度较高，磷的最高浓度都出现在冬季。此外，湿沉降中 NH_4-N 的最高值在秋季，其浓度也相对较高，与当地或内陆的生物质燃烧息息相关。且湿沉降中冬春季 DON 的浓度相对较高，同样影响着该季节的沉降通量。大气污染程度可能是大亚湾营养盐沉降的重要控制因素。

表 1.15　大亚湾营养盐季节性特征及其加权平均浓度

沉降类型	采样时间	沉降通量/(mmol/m²)/加权平均浓度/(μmol/L)								降雨量/mm
		TDN	DIN			DON	TDP		DSi	
			NO_3-N	NH_4-N	NO_2-N		DIP	DOP		
湿沉降	秋	28.2/40.47	13.0/18.58	6.7/9.54	0.06/0.09	8.6/12.26	0.0465/0.29	0.0291/0.68	0.42/1.63	698
	冬	13.4/63.63	3.8/18.23	2.3/10.71	0.01/0.01	7.4/34.89	0.0325/9.53	0.0144/4.41	0.11/17.39	210
	春	46.8/79.27	26.3/44.61	3.7/6.37	0.27/0.45	16.4/27.83	0.0189/0.29	0.0165/0.26	0.52/1.63	591
	夏	44.0/46.81	21.3/22.70	4.8/5.09	0.63/0.68	17.3/18.34	0.0351/0.54	0.0075/0.11	0.14/0.87	939
	年均	132.4/54.31	64.4/26.43	17.5/7.16	0.97/0.39	49.7/20.33	0.1330/0.75	0.0675/0.38	1.19/6.82	2438
干沉降	秋	3.87/5.28	1.20/1.64	0.084/0.11	0.018/0.023	2.56/3.50	0.026/3.51	0.009/1.26	0.42/5.73	—
	冬	7.44/10.18	2.01/2.75	0.360/0.49	0.009/0.014	5.06/6.92	0.022/2.94	0.011/1.51	0.13/1.59	—
	春	11.25/15.36	4.71/6.44	0.110/0.23	0.012/0.015	6.35/8.67	0.004/0.54	0.005/0.74	0.62/8.52	—
	夏	5.46/7.46	2.01/2.76	0.084/0.12	0.027/0.038	3.33/4.55	0.023/1.71	0.009/1.25	0.01/2.61	—
	年均	28.02/3.19	9.93/1.13	0.640/0.079	0.066/0.007	17.3/1.97	0.075/0.91	0.034/0.42	1.18/3.54	—

除当地污染状况之外，降雨也是影响大气沉降的重要因素。营养盐各组分的沉降通量与降雨量之间相关性见表 1.16，TDN、DIN、NO_3-N 、NO_2-N 和 NH_4-N 都与降雨量具有显著相关性，说明降雨是控制氮各组分沉降的主要因素。然而，磷的各组分与降雨均没有明显相关性。磷各组分与 NH_4-N 存在显著的相关性，表明其与 NH_4-N 的来源相同或者所受的除降雨以外的控制因素一致。DSi 与降雨量也没有相关性，其与 NO_3-N 存在一定关联，也说明了 DSi 和 NO_3-N 可能同源或者受控因素相似。

气团运动轨迹也呈现出明显的季节性特征。春季气团主要来自于珠江三角洲和内陆气团，占 49.45%；夏季南海区域来源的气团占 75%，另一部分主要是珠江三角洲区域来源气团；秋季主要以中国大陆型东北气团为主，占 50.57%，但也有部分来自于珠江三角洲污染型气团和南太平洋来源的海洋气团，分别占 20.22%和 14.61%。冬季则是明显的受东北季风影响的大陆型气团（有部分来自于海洋），该方向来源的气团经聚类后比例高达 98.90%，而仅有 1.10%的气团是来自于距离较近的珠江三角洲和海洋性混合气团。

表 1.16 降雨量与各营养盐之间的关系（$n = 18$）

参数	降雨量	TDN	DIN	DON	NO_3-N	NO_2-N	NH_4-N	TDP	DIP	DOP	DSi
降雨量	1.00	0.74**	0.82**	0.25	0.76**	0.49*	0.66**	0.44	0.45	0.17	0.25
TDN		1.00	0.93**	0.70*	0.93**	0.57*	0.52*	0.32	0.24	0.18	0.42
DIN			1.00	0.39	0.98**	0.45	0.65**	0.43	0.37	0.28	0.43
DON				1.00	0.44	0.56*	0.03	−0.037	−0.11	−0.10	0.22
NO_3-N					1.00	0.41	0.47*	0.29	0.24	0.16	0.48*
NO_2-N						1.00	0.33	0.20	0.26	−0.042	0.21
NH_4-N							1.00	0.76**	0.65**	0.60**	0.078
TDP								1.00	0.89**	0.79**	0.16
DIP									1.00	0.51*	0.072
DOP										1.00	0.13
DSi											1.00

*P<0.05，**P<0.01

3. 大气沉降来源

（1）湿沉降离子组成

湿沉降中，阴离子和阳离子当量浓度比呈现出 1∶1 的线性关系（图 1.25a），说明雨水中电价基本平衡。Cl^-和 Na^+的总体比值为 1.09，并呈现出良好的线性关系（$R^2 = 0.99$）。虽然 Cl^-/Na^+总体比值比海水低（海水中 Cl^-/Na^+为 1.17），但是，夏季降雨中 Cl^-/Na^+值为 1.175（图 1.25b），与海水中该比值基本一致。而在冬季，该比值为 1.05，低于海水中 Cl^-/Na^+值。说明大亚湾夏季受周边海洋环境的影响较为明显，而冬天该比值降低，可能与冬季人为来源的污染有关。海水中 Mg^{2+}/Na^+值为 0.23，与本书中夏季 Mg^{2+}/Na^+值（0.24，图 1.25c）也较为接近，说明夏季海源可能占主导，而冬季受人为污染的影响明显。

NH_4^+/NO_3^-（图 1.25d，$R^2 = 0.88$，P<0.0001）表明 NO_3^- 在 DIN 中占主导，这与前文通量中 NH_4^+/NO_3^- 值一致。此外，非海源 SO_4^{2-}（$_{nss}SO_4^{2-}$）主要来自于化石燃料的燃烧，$_{nss}SO_4^{2-}$ 在夏季的浓度较低（0.022 meq/L），而冬季该浓度相对较高（0.12 meq/L），说明冬季雨水中化石燃料的燃烧是其组分主要来源（图 1.25e）。另外，$_{nss}SO_4^{2-}/SO_4^{2-}$ 值在夏季较低（31%），低于春季和冬季，夏季中化石燃料所占的比例较低（图 1.25g）。K^+主要来源于矿物灰尘和生物质燃烧，而非海源 K^+（$_{nss}K^+$）一般主要来源于生物质燃烧。从图 1.25i 发现，秋季的 K^+和 $_{nss}K^+$的浓度较高，这可以部分说明为什么夏季铵的比值相对较高。4 个季节 $_{nss}K^+/K^+$的平均值为 86.1%，且各季节间没有显著差异，说明生物质燃烧以相对稳定的比例释放至大亚湾大气中。另外，非海源 Ca^{2+}（$_{nss}Ca^{2+}$）主要来源于灰尘和沙尘暴。$_{nss}Ca^{2+}$与 $_{nss}SO_4^{2-}$ 相似，夏季较低，冬季较高。$_{nss}Ca^{2+}/Ca^{2+}$值（图 1.25h）夏季较低，说明该季节的矿物质类的来源相对较少。$_{nss}Ca^{2+}/NO_3^-$（图 1.25f）在春季较明显高于其他季节，这与春季沙尘多有关，并且该现象还说明矿物质灰尘可能是 NO_3^- 的重要携带物。

（2）氮氧同位素

4 个季节中，$\delta^{15}N$-NO_3^- 值的变化区间较小，仅在−5.9‰～+ 3.6‰（表 1.17）。冬季的

$\delta^{15}N-NO_3^-$ 值最小，均值为–4.2‰，与春季和夏季有显著差异。而春季与夏季、秋季相比，其 $\delta^{15}N-NO_3^-$ 值相对较高（均值 + 0.3‰），但与这两个季节均没有显著性的差异。

$\delta^{15}N-NO_3^-$ 的正值主要出现在春季，且其平均值及分布范围符合汽车尾气燃烧特征。春季 $_{nss}SO_4^{2-}/SO_4^{2-}$ 值较高也说明化石燃料燃烧是该季节氮的主要来源。因此，汽车尾气排放是春季氮的主要来源。另外，尿素和复合肥中 $\delta^{15}N-NO_3^-$ 分布在 + 0.2‰～+ 3.6‰，与本书也较为相符，因此化肥使用也可能是春季氮的来源之一。再者，本书的部分 $\delta^{15}N-NO_3^-$ 值也处于生物质燃烧形成的 $\delta^{15}N-NO_3^-$ 值范围内，而且春季是东南亚区域生物质燃烧的主要季节，大亚湾春季又盛行西南风，因此生物质燃烧也是春季氮沉降来源之一。大亚湾夏季 $\delta^{15}N-NO_3^-$ 分布在–5.0‰～ + 0.1‰，均值为–2.3‰。该值与雷电产生的氮的值相同，而且 2016 年夏季，有 5 个台风经过或者影响到大亚湾，雷雨较为明显。因此推断，因雷电而形成的氮是其主要来源之一。此外，夏季 $\delta^{15}N-NO_3^-$ 的最低值符合生物释放的

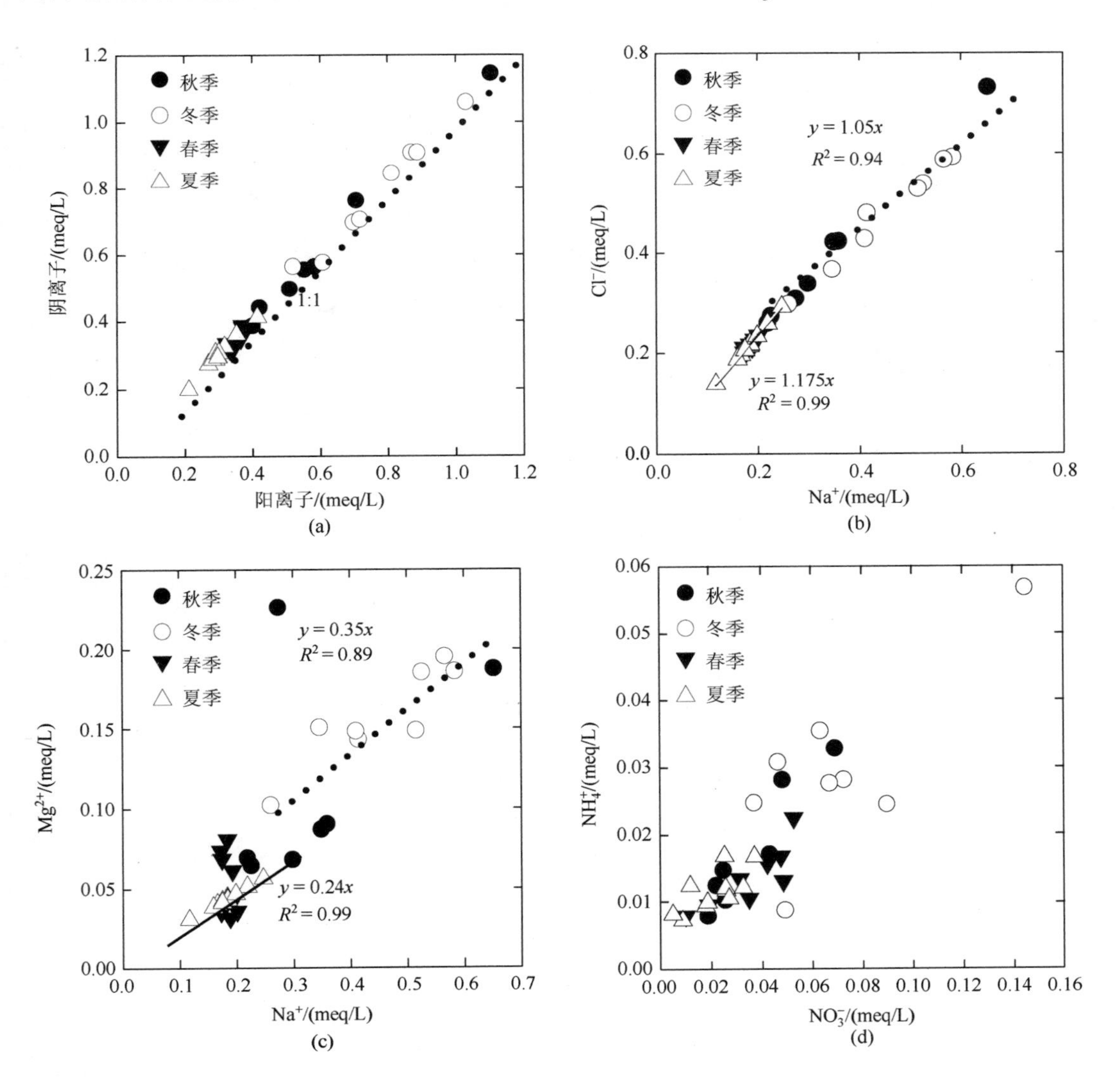

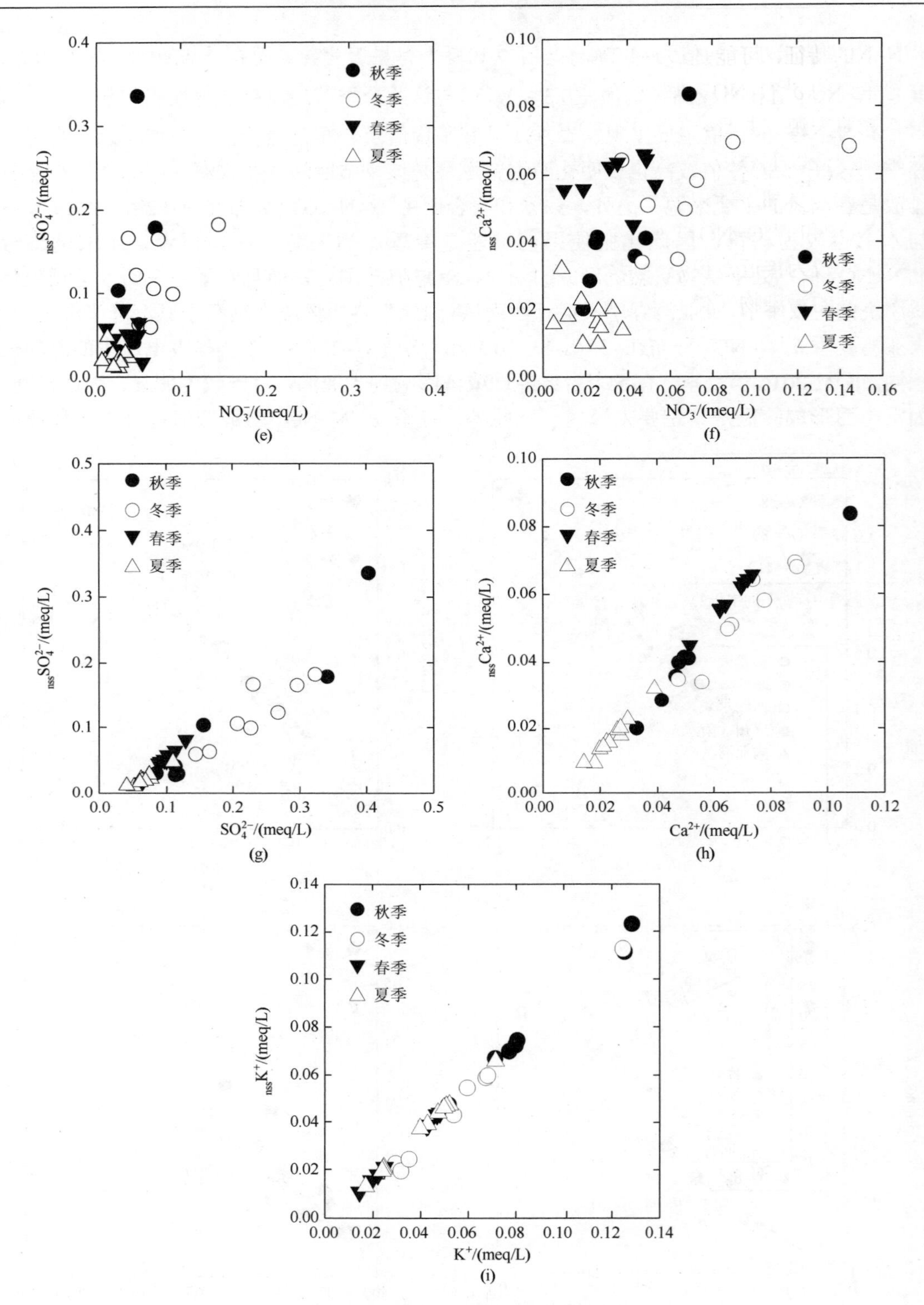

图 1.25　各离子浓度及相关性分析

图 b 和图 c 中实线为夏季间的比值，虚线为冬季比值，$n=34$

$\delta^{15}N$ 值的特征，可能是海上的生物释放出的氮被携带至大亚湾。冬季大亚湾的 $\delta^{15}N-NO_3^-$ 值与燃煤的 $\delta^{15}N-NO_3^-$ 值相近，同样结合与化石燃料燃烧相关的 $_{nss}SO_4^{2-}/SO_4^{2-}$，发现燃煤是其主要来源。并且，我们的结果与中国东部沿岸的汽车排放氮中的 $\delta^{15}N-NO_3^-$ 也一致，因此，结合以上分析，冬季大气氮沉降中主要来源于燃煤及汽车尾气排放。

因此，大亚湾雨水中硝态氮主要来自于化石燃料燃烧、闪电固氮和生物释放。$\delta^{15}N-NO_3^-$ 和 $\delta^{18}O-NO_3^-$ 的斜率（图 1.26，$R^2=0.64$，$P=0.0058$）与来自于海洋的氮氧同位素比例较为接近，说明夏季大亚湾氮沉降可能受海洋性气候的影响较大。而在冬夏季，人为来源的污染物（化石燃料燃烧和化肥使用）对大亚湾氮沉降的影响较为明显。

表 1.17　氮氧同位素的分布及均值

季节	$\delta^{15}N-NO_3^-$ /‰		$\delta^{18}O-NO_3^-$ /‰	
	均值	分布	均值	分布
秋季（$n=7$）	-2.9^{ab}	−3.9～−1.9	$+74.9^{a}$	+63.8～+77.9
冬季（$n=8$）	-4.2^{a}	−5.9～−1.0	$+76.5^{a}$	+66.2～+81.1
春季（$n=8$）	$+0.3^{b}$	−2.8～+3.6	$+70.4^{ab}$	+50.6～+78.2
夏季（$n=11$）	-2.3^{b}	−5.0～+0.1	$+63.0^{b}$	+52.5～+71.7

注：同列中标明不同字母的表示有显著差异，$\alpha=0.05$

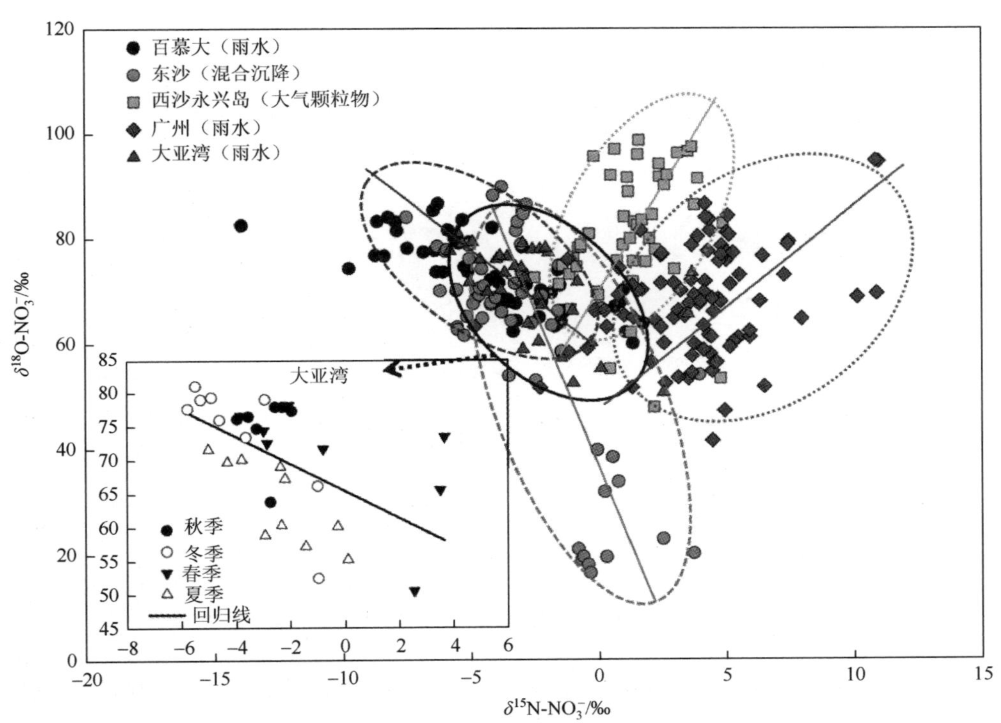

图 1.26　雨水中氮氧同位素相关性分析

（3）磷酸盐沉降来源

$\delta^{18}O-PO_4^{3-}$ 值变化较大，从（12.52‰±0.44‰）～（25.84‰±0.53‰）（图 1.27）。最高

值是在 2016 年 12 月，该月降雨量相对较低。10 月～次年 3 月为大亚湾干季，其 $\delta^{18}O\text{-}PO_4^{3-}$ 值相对较高，均值为 + 23.10‰。4～9 月为湿季（降雨量占全年总量的 76%），$\delta^{18}O\text{-}PO_4^{3-}$ 值明显低于干季，均值为 + 16.73‰。$\delta^{18}O\text{-}PO_4^{3-}$ 和 DIP 的浓度呈显著相关，而与气温和降雨量呈负相关（图 1.28）。

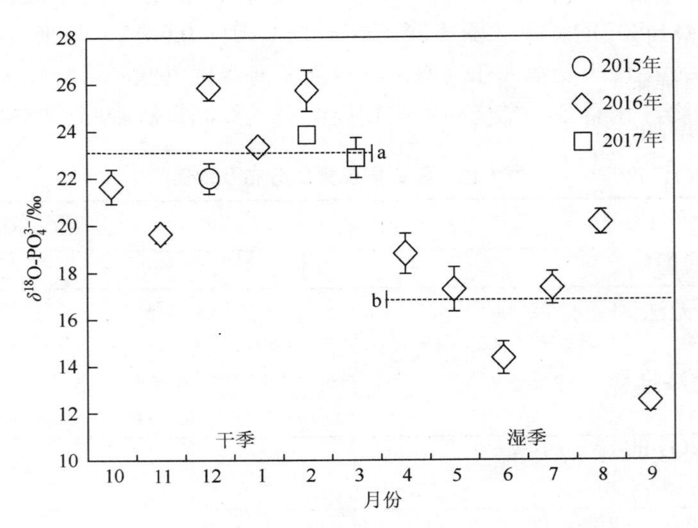

图 1.27　干湿季节磷酸盐氧同位素值

虚线是干湿季节的氧同位素均值，虚线两边不同字母表示干湿季节有显著差异

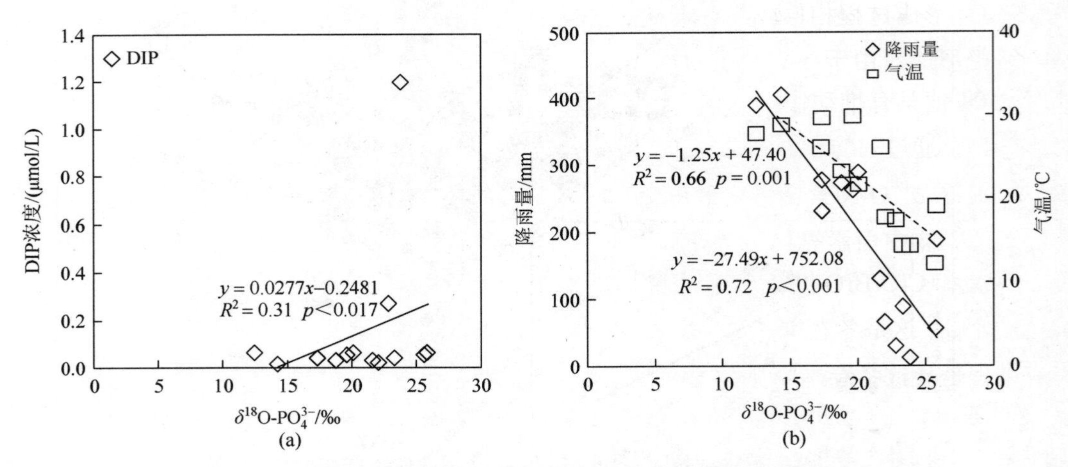

图 1.28　磷酸盐氧同位素与 DIP 浓度、气温和降雨量之间的关系

$\delta^{18}O\text{-}PO_4^{3-}$ 表明干湿两季磷来源存在较大差异。不同季节 $\delta^{18}O\text{-}PO_4^{3-}$ 也有明显差异，说明不同季节的来源差异较大。干季 $\delta^{18}O\text{-}PO_4^{3-}$ 均值为 + 23.10‰，湿季均值为 + 16.73‰。$\delta^{18}O\text{-}PO_4^{3-}$ 值干季较湿季高。土壤类的 $\delta^{18}O\text{-}PO_4^{3-}$ 值在 + 5.6‰～+ 27.0‰，农用化肥的 $\delta^{18}O\text{-}PO_4^{3-}$ 值在 + 14.8‰～+ 27‰。结合干季的 $\delta^{18}O\text{-}PO_4^{3-}$ 值特征和气团来源，以及中国南方较高的磷肥施用量，沙尘、土壤和化肥可能是大亚湾干季磷沉降的重要来源。此外，干季大

气中气溶胶颗粒的浓度较高（85.0 μg/m^3，湿季为65.1 μg/m^3），表明粗颗粒在干季的占比较高。然而干季PO_4^{3-}的浓度显著高于湿季，在干湿季节转换过程中，高$\delta^{18}O\text{-}PO_4^{3-}$值来源（沙尘、土壤和化肥）的磷可对湿季低$\delta^{18}O\text{-}PO_4^{3-}$形成加富作用，导致干季$\delta^{18}O\text{-}PO_4^{3-}$值较湿季高。

湿季近90%的气团来自于南海区域。海盐来源的$\delta^{18}O\text{-}PO_4^{3-}$值在+7.8‰～+20.1‰，书中湿季$\delta^{18}O\text{-}PO_4^{3-}$值都处于该区间内，因此海盐来源可能是湿季磷沉降的重要来源。此外，气温和降雨量与$\delta^{18}O\text{-}PO_4^{3-}$有较好的负相关（图1.29）。且磷酸盐的P—O键在温度变化时相对稳定，而降雨可能会对$\delta^{18}O\text{-}PO_4^{3-}$形成稀释作用，即原本干季较高的$\delta^{18}O\text{-}PO_4^{3-}$值由于湿季降雨量增加，雨水的冲刷作用使海盐来源的$PO_4^{3-}$浓度占据主要部分，对干季原本较高的$\delta^{18}O\text{-}PO_4^{3-}$产生稀释效应。因此也可认为，降雨对雨季较低的$\delta^{18}O\text{-}PO_4^{3-}$值所起作用更为重要。此外，由于非生物作用一般不能使P—O键断裂，微生物会利用轻的$\delta^{18}O\text{-}PO_4^{3-}$，使残留的$PO_4^{3-}$具有较高的$\delta^{18}O\text{-}PO_4^{3-}$。但是我们在降雨中均未检出碱性磷酸酶含量，因此暂无法区分微生物在大亚湾雨水中利用磷酸盐及对$\delta^{18}O\text{-}PO_4^{3-}$的影响情况。

4. 营养盐沉降过程

本书$\delta^{18}O\text{-}NO_3^-$的分布在+50.6‰～+81.1‰，其中94%的$\delta^{18}O\text{-}NO_3^-$都为+55‰～+102‰。冬季的$\delta^{18}O\text{-}NO_3^-$均值最高，为+76.5‰，夏季的较低，为+63.0‰。冬夏季的$\delta^{18}O\text{-}NO_3^-$有显著差异（$P<0.01$），说明冬夏季的$NO_3^-$形成过程明显不同。冬春季，$\delta^{15}N\text{-}NO_3^-$的值有显著差异，但是$\delta^{18}O\text{-}NO_3^-$并没有差异，说明两者氮的来源不同，但是$\delta^{18}O\text{-}NO_3^-$形成过程相似。冬春季$\delta^{18}O\text{-}NO_3^-$值较高，说明这两个季节硝酸盐可能主要以硝酐路径形成。由于冬春季来自于内陆城市的污染物中O_3较高，其对冬季形成较高的$\delta^{18}O\text{-}NO_3^-$值具有推动作用［式（1.7）～式（1.10）］，如二甲基硫（DMS）和烃类（HC）等污染物会通过NO_3^-+DMS/HC的方式促进O_3的产生［式（1.11）］，从而使O_3增多，并参与NO_3^-中$\delta^{18}O\text{-}NO_3^-$的形成过程中，这是冬春季$\delta^{18}O\text{-}NO_3^-$高的主要原因。另外，冬春季大气污染物中卤素氧化物，如氧化氯（ClO）和氧化溴（BrO）等，含量较高。NO或者NO_2会和ClO/BrO结合形成NO_3^-。而O_3是形成ClO和BrO的主要方式［式（1.12）～式（1.14）］。这是冬春季$\delta^{18}O\text{-}NO_3^-$高的另一原因。因此，人为来源污染物参与到$NO_3^-$的形成过程是导致冬春季高$\delta^{18}O\text{-}NO_3^-$值的主要原因。

$$NO + O_3 \longrightarrow NO_2 + O_2 \tag{1.7}$$

$$NO_2 + O_3 \longrightarrow NO_3 + O_2 \tag{1.8}$$

$$NO_2 + NO_3 \longleftrightarrow N_2O_5 \tag{1.9}$$

$$N_2O_5 + H_2O \longrightarrow HNO_3 \tag{1.10}$$

$$NO_3 + DMS/HC \longrightarrow HNO_3 \tag{1.11}$$

$$Cl/Br + O_3 \longrightarrow ClO/BrO + O_2 \tag{1.12}$$

$$NO_2 + ClO \longrightarrow ClONO_2 \tag{1.13}$$

$$ClONO_2 + NaCl \longrightarrow NaNO_3 + Cl_2 \tag{1.14}$$

夏季的 $\delta^{18}O-NO_3^-$ 最低。前文已经说明，夏季大亚湾的氮主要来自于海源。夏季热带及亚热带区域 O_3 的含量相对最低，但羟基自由基的浓度最高［式（1.15）］。同时，夏季的光辐射最强，水汽或者污染物［式（1.16）］会有大量的光化学反应并形成羟基自由基［式（1.17）］。NO_2 会和·OH 反应而形成 HNO_3，以该路径形成的 $\delta^{18}O-NO_3^-$ 值相对较低。说明夏季羟基路径可能主导着 $\delta^{18}O-NO_3^-$ 的形成。特别是夏季台风盛行期间，气团主要来自于南海，这些自然来源的·OH 会稀释 O_3，从而使夏季的 $\delta^{18}O-NO_3^-$ 较冬春季低，这也证实了夏季大亚湾主要受海洋性气候的影响。秋季大亚湾的 $\delta^{15}N-NO_3^-$ 值与其他季节均没有明显差异，但是 $\delta^{18}O-NO_3^-$ 与夏季有显著差异，与冬季无显著差异，说明秋季氮沉降来源可能同时受到夏季氮来源的影响，但是 $\delta^{18}O-NO_3^-$ 形成过程明显受到冬季影响，而与夏季明显不同。大亚湾夏季氮沉降明显受海洋性气候影响，而冬春季氮沉降则是人为来源的污染物影响为主。

$$NO_2 + \cdot OH \longrightarrow HNO_3 \tag{1.15}$$

$$2NO_2 + H_2O \longleftrightarrow HONO + HNO_3 \tag{1.16}$$

$$HONO + h\nu \longrightarrow NO + \cdot OH \tag{1.17}$$

三、营养物质地下水输入

海底地下水排泄（submarine groundwater discharge，SGD）是指通过陆架边缘所有由海底进入海水中的水流（Burnett et al.，2003）。近年来越来越多的研究表明，SGD 是海洋中水和各种化学物质的重要来源之一，同时也是各种污染物从陆地向海洋输送的一个重要而隐蔽的通道（Burnett et al.，2006；Beck et al.，2007），这对沿海海域的生态环境具有重大的影响。海岸带是一个特殊的、生态环境比较脆弱和敏感的地带。这里有海水与地下水的相互作用、水岩相互作用、微生物作用、咸淡水界面。海底地下水在向海洋输送陆源淡水和污染物质的同时，也发生着复杂的生物地球化学过程。许多近海地区的富营养化或藻类暴发性繁殖与 SGD 输送的营养盐有密切关系（Tse & Jiao，2008；Lee et al.，2009）。因此，SGD 不但影响着海洋中各种化学元素的地球化学循环，而且主导近岸海洋生态环境质量。

由于受陆地和海洋双重驱动力作用，SGD 包括两个分量：一个是来自内陆的纯补给量（一般为陆源淡水）即海底地下淡水排泄量（submarine fresh groundwater discharge，SFGD）；另一个是海水循环量［即海水在海潮、波浪、咸淡水密度差等因素作用下通过海-陆界面进入含水层后又流回到海洋中的水（recirculated saline groundwater discharge，RSGD）。SFGD 是指在地下水和海水之间的水头差作用下，直接由含水层进入海洋的地下水，主要的驱动力是水力梯度（Michael et al.，2005）。因此，SFGD 影响海岸带含水层的水量平衡。总体来说，SFGD 占总 SGD 的份额较小（Santos et al.，2009）。从全球尺度考虑，SFGD 不超过总的河流径流量的 6%，但是 SFGD 携带入海的陆源物质（营养盐、重金属、示踪剂、碳等物质）约是河流排泄入海的 50%左右（Burnett et al.，2003）。SGD 和 SFGD 是全球水和营养物质循环的重要组成部分，对海岸带的环境和生态系统有重要影响。

同位素示踪法是目前进行大尺度评估海底地下水排泄的最有效方法。镭（Ra）有 4 种天然同位素 ^{223}Ra、^{224}Ra、^{226}Ra 和 ^{228}Ra，其半衰期从几天到一千多年不等。^{223}Ra（半衰期 $T_{1/2} = 11.4$ d）和 ^{224}Ra（半衰期 $T_{1/2} = 3.66$ d）是 2 种半衰期较短的镭同位素，分别属于铀（^{235}U）系和钍（^{232}Th）系；^{226}Ra（半衰期 $T_{1/2} = 1600$ a）和 ^{228}Ra（半衰期 $T_{1/2} = 5.75$ a）是 2 种半衰期较长的镭同位素，分别属于铀（^{238}U）系和钍（^{232}Th）系。镭同位素源自母体 Th 衰变而来，其化学性质保守，在淡水环境中易吸附于颗粒上，咸水中从颗粒上解吸到水体中，通常地下水中的浓度较高，海水中的浓度较低，因此可以用来研究不同时间尺度的地下水与海水水体的混合过程。

（一）研究方法

1. 样品采集与测试

镭同位素的富集采用 Mn-纤维富集法，已有研究表明 Mn-纤维对大体积水体镭的富集效果较好。2016～2017 年作者团队在胶州湾和大亚湾分别开展了春、夏、秋、冬 4 个不同季节航次的镭同位素富集采样工作。采样站位分布如图 1.29 所示，每个季节采集胶州湾海水样 24 个，近岸地下水样 4 个，河水样 5 个；采集大亚湾海水样 27 个，近岸地下水样 10 个，河水样 4 个。水体中镭同位素富集采用 Moore（1976）提出的富集方法。每个站点抽取海水约 30 L 置于水桶中，并用 0.45 μm 的滤芯进行过滤，以去除海水中的悬浮颗粒物等。过滤后的海水以约 1 L/min 的流速通过放有 25 g Mn-纤维的富集器进行镭的富集。陆地采样工作和海上同时进行，主要富集地下水中镭同位素和采集溶解有机和无机营养盐。地下水取样，利用 Pushpoint 取样器和蠕动泵抽取地表以下 0.5～1 m 左右的孔隙水。地下水中镭同位素含量较高，抽取 4～5 L 富集即可。营养盐样品经过 0.45 μm 的过滤器后置于 50 ml 的塑料取样瓶中，密封并放置冰箱冷藏保存直到分析测试。富集在 Mn-纤维上的镭同位素使用镭同位素测定仪（radium delayed coincidence counter，raDeCC）进行测量。无机营养盐样品利用营养盐自动连续分析仪进行测试分析。

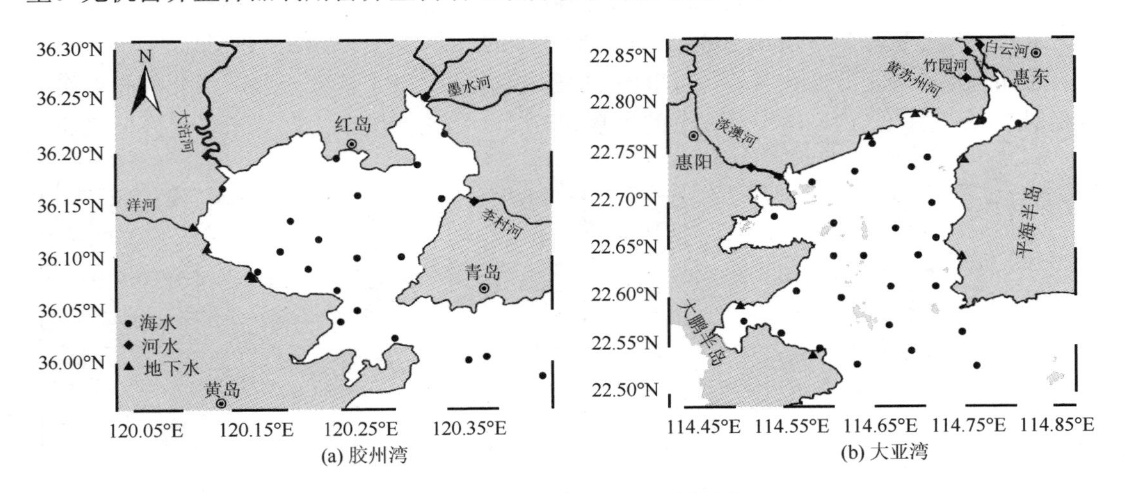

(a) 胶州湾　　(b) 大亚湾

图 1.29　胶州湾和大亚湾取样站位

2. 地下水及其营养物质输入评估模型

利用镭同位素估计海底地下水排泄（SGD）量，其主要原则是评估其他所有非 SGD 源、汇项的通量，间接计算 SGD 向海输入的镭同位素通量，然后根据地下水中的镭同位素浓度将地下水输入镭总量转化为相应的海底地下水排泄量。海水中镭同位素的来源包括河流输入、悬浮颗粒的解吸、SGD 输入、底部沉积物的扩散。损失项主要包括与外海水的混合损失和放射性衰变。河流输入镭通量包括溶解部分和悬浮颗粒解吸部分。溶解的镭通量由河流径流量和河水中镭同位素活度的乘积求得。颗粒物解吸部分可由河水悬浮颗粒浓度和镭的解吸比率获得。沉积物输入的镭通量主要通过室内沉积物培养试验计算。混合损失可通过海水中镭库、水体年龄和外海端元镭的浓度求得。衰变损失是镭的衰变系数和镭库的乘积。

利用盐度作为示踪剂，通过构建海湾系统的水-盐平衡模型，对胶州湾和大亚湾海底地下淡水排泄量（SFGD）进行评估计算。对于海湾系统水的质量平衡模型，输入项有：来自海湾外部海水的输入量、降水量、河流排泄入湾量和海地底下淡水排泄量。输出项有：排到海湾外部海水的流出量和蒸发量。忽略系统中水的储存量随时间（如在一个海潮周期内）的净变化，则流入系统的总水量等于流出系统的总水量，通过识别其他源、汇项的通量，间接获得 SFGD 通量。

地下水输入营养物质通量(N) = 地下淡水排泄量（SFGD）×地下水中营养盐浓度

（二）胶州湾地下水输入

1. 胶州湾海水中镭同位素

胶州湾地下水输入量主要利用 ^{224}Ra 和 ^{228}Ra 的质量平衡模型计算。胶州湾的 ^{224}Ra 活度在 4 个季节的空间变化趋势一致，西北部高，东南部低，近岸活度相对较高，尤其是在河口处活度明显较高，越靠近湾中部和湾口的区域活度较低（图 1.30）。季节性变化明显，夏季 ^{224}Ra 活度最高，平均值为 124.5 dpm/100 L。夏季的 ^{224}Ra 活度是春季的约 2 倍。秋季 ^{224}Ra 平均活度为 54.9 dpm/100 L，略高于冬季的，冬季的平均活度最低。

胶州湾的 ^{228}Ra 活度在 4 个季节的空间变化趋势和 ^{224}Ra 基本一致，西北部和近岸活度相对较高（图 1.31）。由于 ^{228}Ra 的半衰期较长，它的活度在湾口处未呈现降低趋势，

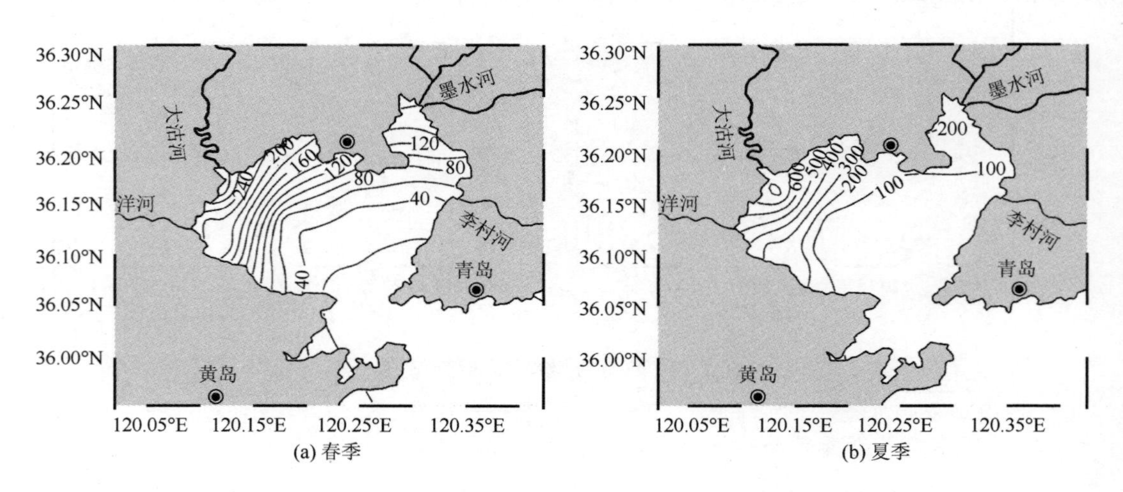

(a) 春季　(b) 夏季

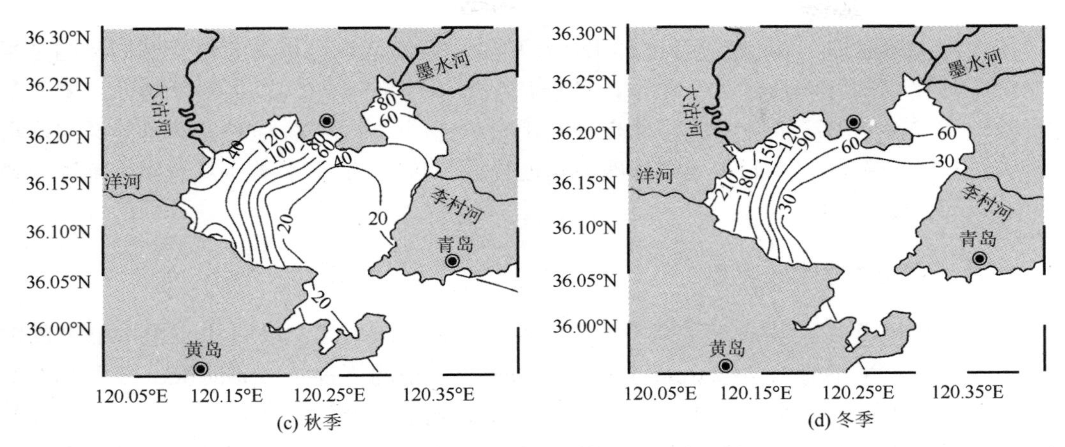

(c) 秋季　(d) 冬季

图 1.30　胶州湾四季（春、夏、秋、冬）海水中 ^{224}Ra 活度空间分布（单位：dpm/100 L）

尤其是秋季和冬季较明显。总体来说，^{228}Ra 季节性变化不如 ^{224}Ra 明显，夏季 ^{228}Ra 活度最高，平均值为 50 dpm/100 L。略高于春季（平均值为 41.0 dpm/100 L）和冬季（平均值为 43.5 dpm/100 L）。秋季活度最低，平均值为 35.3 dpm/100 L。

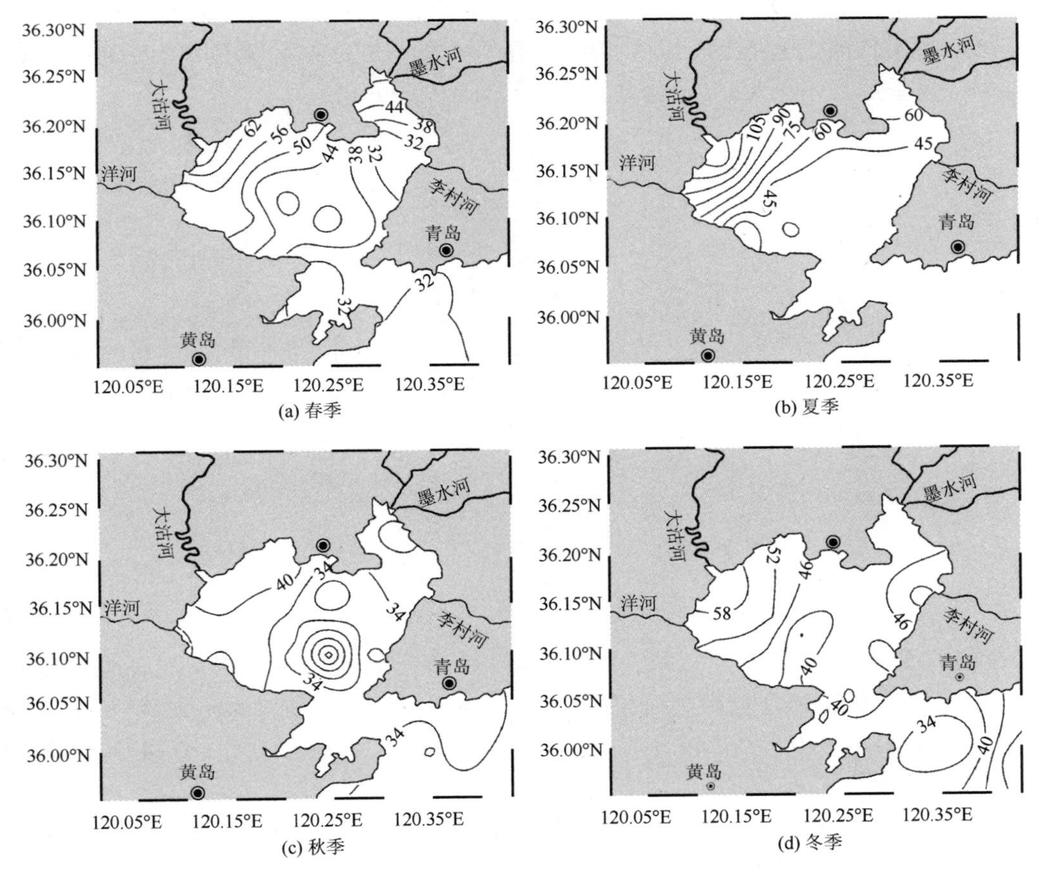

(a) 春季　(b) 夏季

(c) 秋季　(d) 冬季

图 1.31　胶州湾四季（春、夏、秋、冬）海水中 ^{228}Ra 活度空间分布（单位：dpm/100 L）

胶州湾 ^{224}Ra 和 ^{228}Ra 最高活度都出现在夏季，推测造成这种季节性变化的原因是来自于降雨，夏季的降雨量远大于冬季，夏季几乎集中了全年 70%以上的降雨量。降雨量的影响是通过影响海底地下水的排泄量来间接影响镭同位素活度，这种影响可能会因降雨的时间长短和降雨量大小而有不同程度的延迟性。可见海底地下水排泄对胶州湾镭同位素活度有很大的影响。

2. 胶州湾地下水中营养盐

2015～2016 年胶州湾各季节地下水中营养盐含量如图 1.32 所示。地下水中 DIP 的浓度在冬季最高，平均值为 2.02 μmol/L；其次为秋季，平均值为 1.67 μmol/L；夏季和春季的浓度略低，平均值分别为 0.95 μmol/L 和 1.04 μmol/L，季节性变化不明显。NO_3-N 是 DIN 的主要组成部分，夏季浓度最高，平均值为 106.43 μmol/L；春季浓度最低，平均值为 33.94 μmol/L；NO_2-N 的浓度为 0.09～23.11 μmol/L，季节性变化明显，夏季浓度最高，秋季最低；DSi 在夏季未检测，其他季节的浓度为 42.22～89.33 μmol/L，秋季浓度最高，冬季最低；NH_4-N 浓度在所有季节的地下水中均低于检出限。总体来说，地下水中 4 种无机态营养盐的季节性变化不一致，这可能与各自的地球化学特性有关。

胶州湾地下水中有机氮浓度为 21.4～38.3 μmol/L，季节变化不明显。地下水中无机态 N/P，4 个季节均高于 Redfield 比值（16）：春季平均为 37；秋季最小，约为 30；冬季平均为 34；夏季最大，约为 137，约是其他季节的 3.7～4.6 倍。

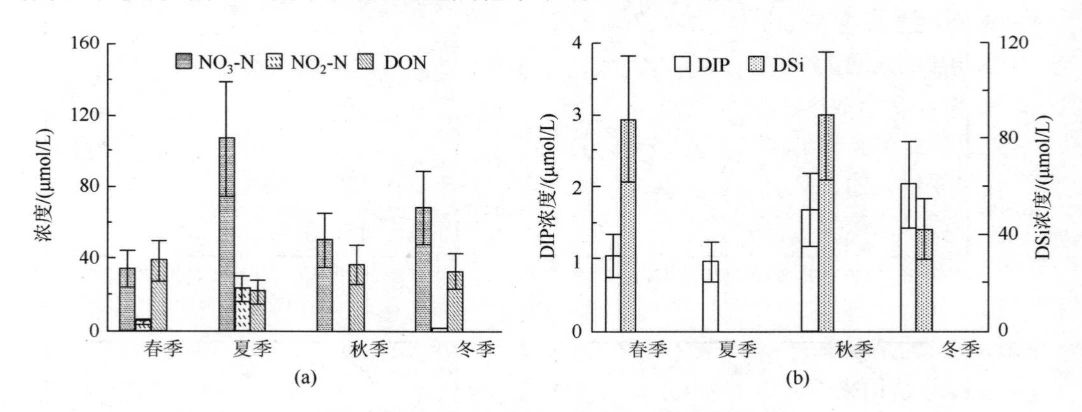

图 1.32　胶州湾近岸地下水营养盐平均浓度

3. 地下水排泄量及其输入营养盐通量

由镭的质量平衡模型，可以得到胶州湾 4 个季节（春、夏、秋、冬）海底地下水排泄总量。春季和夏季的 SGD 较高，分别为（0.90～2.10）×10^7 m^3/d 和（1.04～2.04）×10^7 m^3/d；秋季的略低，SGD 为（0.75～1.49）×10^7 m^3/d；冬季的最低，SGD 为（0.48～0.74）×10^7 m^3/d，约是秋季的 50%。

由水-盐平衡模型，可以得到胶州湾 4 个季节（春、夏、秋、冬）SFGD，如表 1.18 所示。SFGD 的季节性变化与 SGD 的一致，春季和夏季的 SFGD 偏高，分别为（2.84～4.19）×10^6 m^3/d 和（1.44～6.27）×10^6 m^3/d；秋季和冬季的 SFGD 偏低，分别为（1.27～1.78）×10^6 m^3/d 和

（0.52～1.03）$\times10^6$ m^3/d。

如果按照岸线岩性及开展的 4 个典型剖面海水-地下水相互作用研究结果（交换量），将整个胶州湾岸线划分为 4 个典型区段，分别为：①西段（湾口大桥岛—洋河河口），该段主要是沙滩岸线，少部分为粉砂淤泥；②北 1 段（洋河河口—红岛），该段主要为粉砂淤泥岸线，洋河河口下游为潮间带沼泽区域；③北 2 段（红岛—李村河口），该段岸线和北 1 段岸线岩一致，沉积物渗透系数很低；④东段（李村河口—湾口团岛），该段为基岩岸线。分界点洋河河口、红岛、李村河口坐标依次为（120.10°E，36.13°N）、（120.26°E，36.20°N）、（120.45°E，36.19°N）。胶州湾不同季节不同区段的 SFGD 如表 1.18 所示。总体来说，胶州湾 4 个不同区段的 SFGD 从大到小为：西段＞北 1 段＞北 2 段＞东段。这是因为西段沙滩的渗透系数大，导致 SFGD 最大。东段大部分为基岩分布区，SFGD 很低，远远小于西段沙滩排泄量。

根据计算，胶州湾各季节地下淡水输入的营养盐总通量如表 1.18 所示。春、夏、秋、冬 4 个季节 NO_3-N 的输入通量分别为（0.96～1.42）$\times10^5$mol/d、（1.54～6.68）$\times10^5$mol/d、（0.64～0.89）$\times10^5$mol/d 和（0.36～0.70）$\times10^5$mol/d；春、夏、秋、冬 4 个季节 NO_2-N 的输入通量分别为（13.8～20.4）$\times10^3$mol/d、（33.4～145）$\times10^3$mol/d、（0.11～0.16）$\times10^3$mol/d 和（0.68～1.34）$\times10^3$mol/d；春、夏、秋、冬 4 个季节 DON 的输入通量分别为（1.09～1.61）$\times10^5$mol/d、（0.31～1.34）$\times10^5$mol/d、（0.46～0.65）$\times10^5$mol/d 和（0.17～0.34）$\times10^5$mol/d；DIP 的输入通量分别为（2.94～4.34）$\times10^3$mol/d、（1.37～5.93）$\times10^3$mol/d、（2.12～2.98）$\times10^3$mol/d 和（1.06～2.08）$\times10^3$mol/d；春、秋、冬 3 个季节 DSi 的输入通量分别为（2.50～3.69）$\times10^5$mol/d、（1.13～1.59）$\times10^5$mol/d 和（0.22～0.43）$\times10^5$mol/d。

从营养盐输入通量来看，地下淡水输入的 N 和 Si 处在同一数量级（10^5mol/d），DIP 输入量比 N 和 Si 小 2 个数量级。从季节变化上来看，地下淡水输入的营养盐通量具有明显的季节性变化，通常夏春季平均输入量较高，秋冬季平均输入量较低。如夏季地下淡水输入的 NO_3-N 通量约是秋季输入的 5 倍，是冬季输入的 8 倍，全年平均输入量为 1.66×10^5mol/d。NO_2-N 输入通量夏春季节比秋冬季高 1～2 个数量级，全年平均输入量为 2.43×10^4mol/d。地下淡水输入的 DIP 通量夏季与春季相当，约是秋季输入的 1.5 倍，是冬季输入的 2.3 倍，全年平均输入量为 2.85×10^3mol/d。地下淡水输入的 DSi 通量在夏季没有检测，其他 3 个季节中，春季平均输入量最高，约是秋季输入的 2.3 倍，是冬季输入的 10 倍，全年平均输入量 1.33×10^5mol/d。

从营养盐结构来看，地下淡水输入的 N 主要以无机氮为主，有机氮平均占比约 35%，其中无机氮主要以硝态氮为主。从空间分布来看，营养盐输入主要以胶州湾西半部为主（西段和北 1 段），约占总输入量的 60%～70%，东部由于部分是基岩海岸及城市建设等使得地下水量和营养盐输入通量都比较小。

表 1.18　胶州湾地下淡水排泄量及其营养盐输入通量

	SFGD/（$\times10^6m^3$/d）	NO_3-N/（$\times10^5$mol/d）	NO_2-N/（$\times10^3$mol/d）	DIP/（$\times10^3$mol/d）	DSi/（$\times10^5$mol/d）	TN*/（$\times10^5$mol/d）	DON/（$\times10^5$mol/d）
春季							
西段	2.03～3.00	0.69～1.02	9.85～14.6	2.1～3.11	1.79～2.64	1.57～2.31	0.78～1.15
北 1 段	0.79～1.18	0.27～0.4	3.87～5.72	0.83～1.22	0.7～1.04	0.62～0.91	0.31～0.45
北 2 段	0.01～0.02	0.004～0.006	0.06～0.09	0.01～0.02	0.01～0.02	0.009～0.01	0.005～0.007

续表

	SFGD/（$\times10^6 m^3/d$）	NO_3-N/（$\times10^5$mol/d）	NO_2-N/（$\times10^3$mol/d）	DIP/（$\times10^3$mol/d）	DSi/（$\times10^5$mol/d）	TN^*/（$\times10^5$mol/d）	DON/（$\times10^5$mol/d）
春季							
东段	0.003～0.005	0.000 01	0.000 2	0.000 04	0.000 04	0.000 03	0.000 02
总量	2.84～4.19	0.96～1.42	13.8～20.4	2.94～4.34	2.5～3.69	2.19～3.23	1.09～1.61
夏季							
西段	1.04～4.48	1.1～4.77	23.9～104	0.98～4.24	NA	1.56～6.77	0.22～0.96
北 1 段	0.41～1.76	0.43～1.88	9.38～40.7	0.38～1.67	NA	0.61～2.66	0.09～0.38
北 2 段	0.006～0.03	0.006～0.03	0.14～0.61	0.006～0.02	NA	0.009～0.04	0.001～0.006
东段	0.002～0.007	0.000 05	0.001	0.000 04	NA	0.000 07	0.000 01
总量	1.44～6.27	1.54～6.68	33.4～145	1.37～5.93	NA	2.15～9.47	0.31～1.34
秋季							
西段	0.91～1.27	0.45～0.64	0.08～0.1	1.52～2.13	0.81～1.14	0.78～1.1	0.33～0.46
北 1 段	0.36～0.50	0.18～0.25	0.03～0.04	0.6～0.84	0.32～0.45	0.31～0.42	0.13～0.18
北 2 段	0.005～0.007	0.003～0.004	0.000 5～0.000 6	0.009～0.01	0.005～0.007	0.005～0.006	0.002～0.003
东段	0.001～0.002	0.000 009	0.000 002	0.000 03	0.000 02	0.000 02	0.000 006
总量	1.27～1.78	0.64～0.89	0.11～0.16	2.12～2.98	1.13～1.59	1.1～1.54	0.46～0.65
冬季							
西段	0.37～0.74	0.26～0.5	0.49～0.96	0.76～1.48	0.16～0.31	0.38～0.75	0.12～0.24
北 1 段	0.15～0.29	0.1～0.2	0.19～0.38	0.3～0.58	0.06～0.12	0.15～0.3	0.05～0.09
北 2 段	0.002～0.004	0.001～0.003	0.003～0.006	0.004～0.009	0.000 9～0.002	0.002～0.004	0.000 7～0.001
东段	0.000 6～0.001	0.000 006	0.000 01	0.000 02	0.000 004	0.000 01	0.000 003
总量	0.52～1.03	0.36～0.70	0.68～1.34	1.06～2.08	0.22～0.43	0.53～1.05	0.17～0.34

注：NA 为当期未检测该参数或低于检出限

*TN 为总氮

（三）大亚湾地下水输入

1. 大亚湾海水中镭同位素

大亚湾地下水输入量主要利用 ^{223}Ra 和 ^{224}Ra 的质量平衡模型计算。大亚湾海水中夏季 ^{223}Ra 的活度变化范围是：0.56～8.74 dpm/100 L，平均活度是 2.87 dpm/100 L；^{224}Ra 的活度变化范围是：15.09～294.05 dpm/100 L，平均活度是 57.88 dpm/100 L。冬季 ^{223}Ra 的活度变化范围是 0.57～8.49 dpm/100 L，平均活度是 1.98 dpm/100 L；^{224}Ra 的活度变化范围是：7.03～298.32 dpm/100 L，平均活度是 36.61 dpm/100 L。

^{223}Ra 和 ^{224}Ra 的空间分布如图 1.33 和图 1.34 所示，由于 SGD 的输入和外海水的稀释作用，在近岸 ^{223}Ra 和 ^{224}Ra 活度较高，随着离岸距离增加活度逐渐减小；从湾顶向湾口活度逐渐减小。^{223}Ra 和 ^{224}Ra 活度分布总体上呈现一致趋势。夏季和冬季均存在 ^{224}Ra 的活度梯度明显高于 ^{223}Ra 的现象，而夏季这一现象不如冬季显著，这表明夏季会有更多的地下淡水补给到湾内。

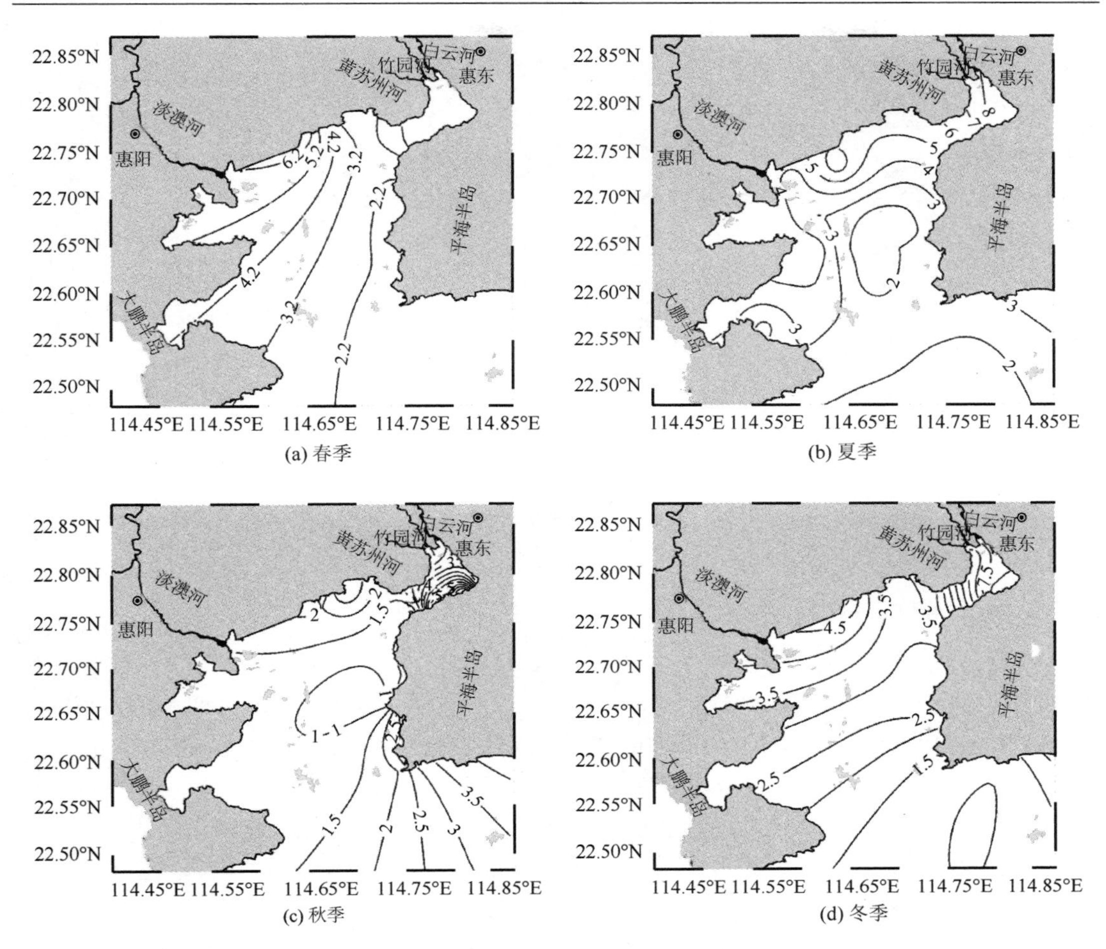

(a) 春季　(b) 夏季　(c) 秋季　(d) 冬季

图 1.33　大亚湾四季（春、夏、秋、冬）海水中 ^{223}Ra 活度空间分布（单位：dpm/100 L）

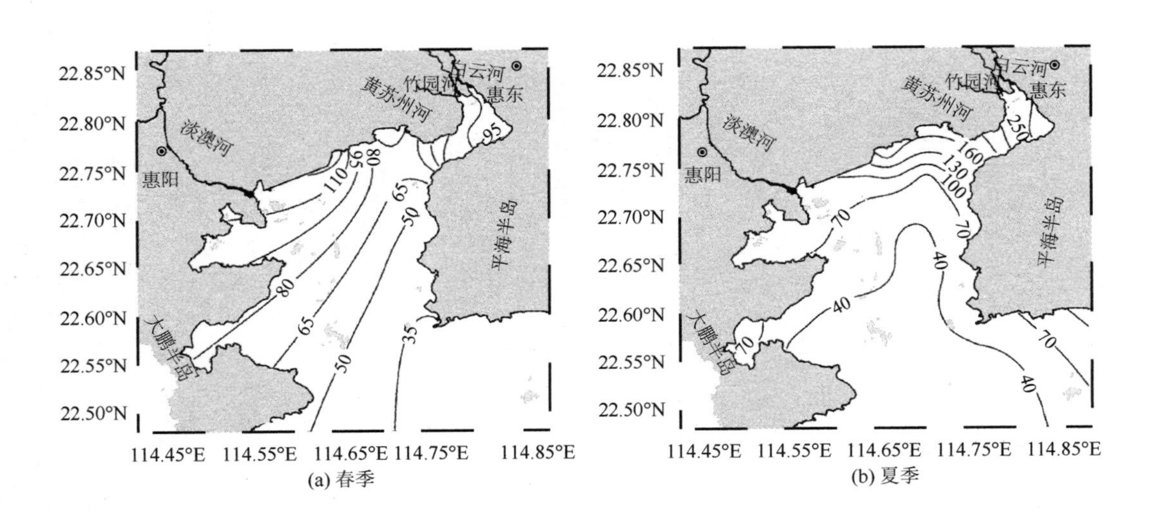

(a) 春季　(b) 夏季

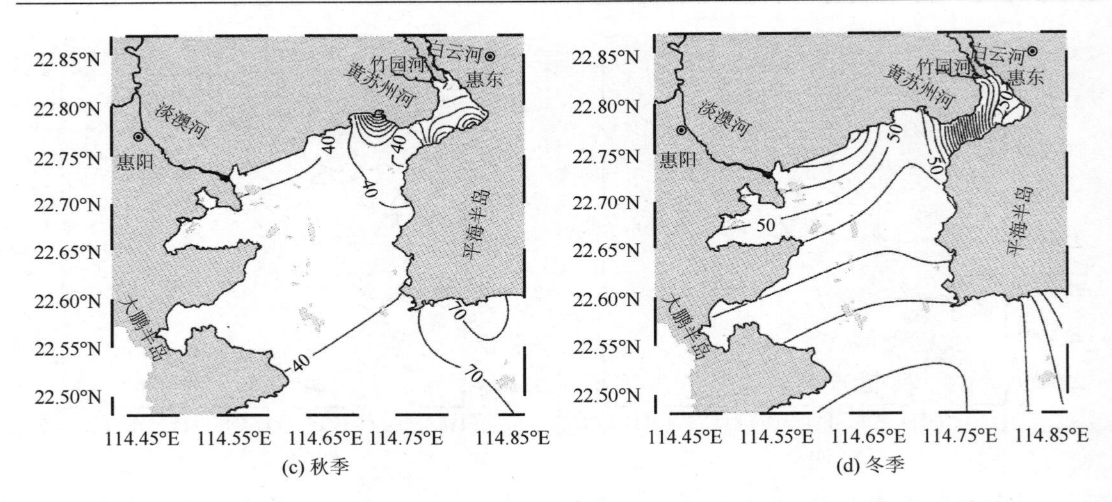

图 1.34　大亚湾四季（春、夏、秋、冬）海水中 ^{224}Ra 活度空间分布（单位：dpm/100 L）

2. 大亚湾地下水中营养盐

2015～2016 年大亚湾各季节地下水中营养盐浓度如图 1.35 所示。地下水营养盐浓度时空变化较大，平均而言 DSi 浓度最高，约 148.5～187.9 μmol/L；DIP 含量最低，平均在 1.4～2.3 μmol/L。NO_3-N、NO_2-N 和 DON 浓度分别为 35.6～68.3 μmol/L、2.0～30.7 μmol/L、16.9～21.1 μmol/L。从季节性分布来看，春季和夏季地下水中的 N 含量高于秋季和冬季，DSi 和 DIP 季节性变化不明显，春季和秋季略高一些。从营养盐结构上来看，地下水中的 N 以无机氮为主，有机氮平均占比 20%～30%，其中无机氮主要以硝态氮为主。地下水中无机态 N∶P 值夏季最大约为 57，冬春季约为 35，秋季最小约为 20，夏季约是秋季的 3 倍，季节变化明显。除秋季地下水中的 N∶P 值与 Redfield 比值接近外，其他季节均高于 Redfield 比值。整体而言，地下水输入的是高氮低磷水体，容易破坏海湾的生态系统，从而可能引发赤潮等环境问题。

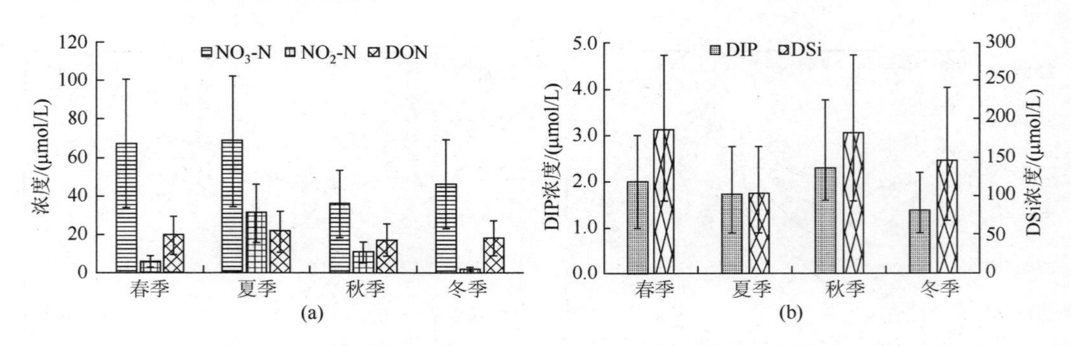

图 1.35　大亚湾近岸地下水营养盐平均浓度

3. 地下水排泄量及其营养盐输入通量

由镭的质量平衡模型，可以得到大亚湾 4 个季节（春、夏、秋、冬）地下水排泄总量

SGD。夏季和秋季的 SGD 较高，分别为（3.87～5.09）$\times 10^7$ m^3/d 和（3.70～5.12）$\times 10^7$ m^3/d；春季的略低，SGD 为（2.89～3.05）$\times 10^7$ m^3/d；冬季的最低，SGD 为（0.42～1.56）$\times 10^7$ m^3/d，约是夏季的 10%。

由水-盐平衡模型，可以得到大亚湾 4 个季节（春、夏、秋、冬）SFGD，如表 1.19 所示。夏季和秋季的 SFGD 偏高，平均值分别为 6.52×10^6 m^3/d 和 6.61×10^6 m^3/d，约是春季 SFGD 的 1.6 倍；冬季 SFGD 最低，平均值为 2.05×10^6 m^3/d。总体来说，大亚湾地下淡水排泄量主要受降水和地质条件影响较大，具有明显的季节变化特征。

根据大亚湾近岸含水层类型（渗透性）及开展的 4 个典型剖面海水-地下水相互作用研究结果（交换量），将整个大亚湾岸线划分为 4 个典型区域，分别为：西段（湾口—廖哥角）、北 1 段（廖哥角—霞涌）、北 2 段（霞涌—养殖场）、东段（养殖场—湾口），分界点坐标依次为（22°39′24.34″N，114°34′44.72″E）、（22°46′2.86″N，114°38′33.02″E）、（22°45′0.40″N，114°45′1.14″E）。大亚湾各季节的地下淡水排泄量及空间分布见表 1.19 所示，夏秋季地下淡水排泄量大于冬春季，大部分地下水从北 2 段（霞涌—养殖场）和东段（养殖场—湾口）输入海湾。地下淡水排泄量主要受降水和地质条件影响较大，具有明显的季节、空间变化。

表 1.19　大亚湾地下淡水排泄量及其营养盐输入通量

	SFGD/（$\times 10^6 m^3/d$）	NO_3-N/（$\times 10^5$mol/d）	NO_2-N/（$\times 10^3$mol/d）	DIP/（$\times 10^3$mol/d）	DSi/（$\times 10^5$mol/d）	TN/（$\times 10^5$mol/d）	DON/（$\times 10^5$mol/d）
春季							
西段	0.28～0.53	0.10～0.19	0.17～0.32	0.11～0.22	0.68～1.28	0.15～0.28	0.05～0.09
北 1 段	0.28～0.53	0.02～0.03	2.55～4.82	0.72～1.37	0.34～0.65	0.06～0.11	0.04～0.07
北 2 段	1.12～2.11	1.24～2.34	4.75～9.00	1.24～2.34	1.42～2.69	1.51～2.86	0.27～0.52
东段	1.12～2.11	0.83～1.57	1.36～2.58	2.06～3.91	1.68～3.18	1.06～2.01	0.23～0.44
总量	2.79～5.28	2.19～4.14	8.83～16.72	4.14～7.84	4.12～7.80	2.78～5.26	0.59～1.12
夏季							
西段	0.35～0.95	0.64～1.73	5.65～15.37	0.26～0.71	0.16～0.45	0.75～2.04	0.11～0.30
北 1 段	0.35～0.95	0.12～0.32	6.39～17.4	1.00～2.73	0.63～1.71	0.30～0.82	0.07～0.19
北 2 段	1.40～3.81	0.58～1.59	76.7～208.8	2.81～7.66	1.77～4.81	0.89～2.42	0.25～0.68
东段	1.40～3.81	0.42～1.14	21.3～58.02	1.67～4.54	1.05～2.85	0.66～1.81	0.23～0.63
总量	3.50～9.53	1.75～4.78	110.0～299.6	5.74～15.63	3.61～9.82	2.61～7.10	0.66～1.80
秋季							
西段	0.34～0.98	0.50～1.44	0.62～1.80	1.51～4.34	0.99～2.86	0.60～1.72	0.10～0.28
北 1 段	0.34～0.98	0.08～0.22	6.23～17.91	0.98～2.82	0.54～1.56	0.14～0.39	0.05～0.15
北 2 段	1.36～3.92	0.13～0.36	12.45～35.83	4.24～12.20	2.00～5.75	0.32～0.93	0.19～0.56
东段	1.36～3.92	0.46～1.32	12.04～34.65	1.25～3.61	2.66～7.65	0.69～1.99	0.23～0.66
总量	3.41～9.81	1.17～3.36	31.35～90.18	7.98～22.97	6.20～17.82	1.75～5.03	0.57～1.64

续表

	SFGD/（$\times 10^6 m^3/d$）	NO_3-N/（$\times 10^5$mol/d）	NO_2-N/（$\times 10^3$mol/d）	DIP/（$\times 10^3$mol/d）	DSi/（$\times 10^5$mol/d）	TN/（$\times 10^5$mol/d）	DON/（$\times 10^5$mol/d）
冬季							
西段	0.05～0.37	0.05～0.44	0.08～0.67	0.02～0.18	0.14～1.16	0.06～0.54	0.01～0.09
北 1 段	0.05～0.37	NA	NA	0.08～0.65	0.07～0.54	NA	NA
北 2 段	0.18～1.46	0.02～0.17	0.39～3.26	0.25～2.08	0.17～1.40	0.05～0.38	0.03～0.21
东段	0.18～1.46	0.05～0.45	0.32～2.68	0.29～2.40	0.16～1.32	0.08～0.69	0.03～0.24
总量	0.44～3.66	0.13～1.06	0.80～6.61	0.64～5.31	0.53～4.41	0.19～1.61	0.07～0.54

注：NA 为当期未检测该参数或低于检出限

大亚湾各季节由地下淡水输入的营养盐总通量如表 1.19 所示。春、夏、秋、冬 4 个季节无机氮的输入通量分别为（2.28～4.31）$\times 10^5$ mol/d、（2.85～7.78）$\times 10^5$ mol/d、（1.48～4.26）$\times 10^5$ mol/d 和（0.14～1.13）$\times 10^5$ mol/d；DIP 的输入通量分别为（4.14～7.84）$\times 10^3$ mol/d、（5.74～15.63）$\times 10^3$ mol/d、（7.98～22.97）$\times 10^3$ mol/d 和（0.64～5.31）$\times 10^3$ mol/d；春、夏、秋、冬 4 个季节 DSi 的输入通量分别为（4.12～7.80）$\times 10^5$ mol/d、（3.61～9.82）$\times 10^5$ mol/d、（6.20～17.8）$\times 10^5$ mol/d 和（0.53～4.41）$\times 10^5$ mol/d。

总体上，大亚湾地下淡水输入的 NO_3-N 通量的季节性变化与胶州湾一致，夏季平均输入量最高，春季略低，是秋季的 1.4 倍，是冬季的 5.5 倍，全年平均输入量为 2.32×10^5 mol/d；地下淡水输入的 NO_2-N 通量具有明显的季节性变化，夏季平均输入量最高，约是春季的 16 倍，是秋季的 3.4 倍，是冬季的 55 倍，全年平均输入量为 7.06×10^4 mol/d；地下淡水输入的 DIP 通量，秋季平均输入量最高，夏季略低于秋季，其次是春季，最低出现在冬季，全年平均输入量为 8.78×10^3 mol/d；地下淡水输入的 DSi 通量，秋季平均输入量最高，约是春季的 2 倍，是冬季的 5 倍，全年平均输入量为 6.80×10^5 mol/d。

从营养盐结构来看，地下淡水输入的 N 和 Si 处在同一数量级（10^5 mod/d），DIP 输入量比 N 和 Si 小两个数量级，地下淡水输入的 N 主要以无机氮为主，有机氮平均占比为 20%～30%，其中无机氮主要以硝态氮为主。从季节变化上来看，N 的输入量夏季较大，秋季与春季比较接近，冬季输入量最小，夏季是冬季的 5～10 倍。而对于 Si 和 P 的输入，季节变化一致，即夏季和秋季较大，冬季输入量最小。从空间分布来看，营养盐输入通量在大亚湾东部及东北部较大（东段和北 2 段），约占总输入量的 70%～80%，西段由于是基岩海岸地下水量及营养盐输入量都比较小。

（四）海湾地下水营养盐输入控制因素

1. 大气降水因素

大气降水是胶州湾和大亚湾地下水最主要的补给来源，通常地下水向海湾排泄量随降水量的增加而增大。航次调查期间胶州湾年降水量约 540 mm，大亚湾年降水量约 1860 mm，两湾降水季节性变化明显，降水主要集中在夏季和秋初，降水量可达全年降水量的 70%～80%（图 1.36）。因此，地下水入湾输入量在降水量大的夏季最大，降水量小的冬季相对较小（表 1.18，表 1.19）。

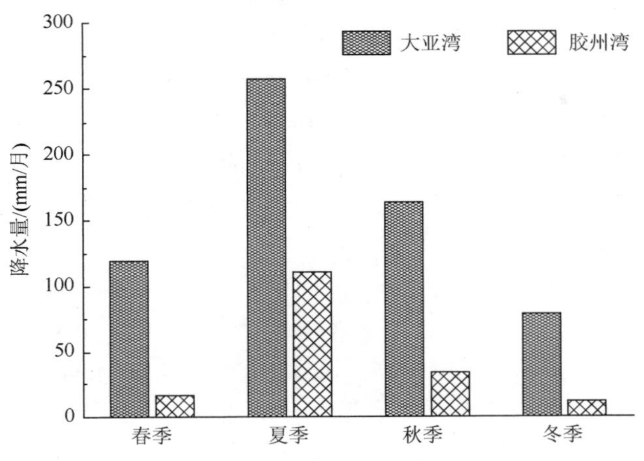

图 1.36 胶州湾和大亚湾四季平均降水量

降水直接影响地下水入湾输入通量，而地下水输入量的多少则直接影响营养盐入湾输入通量。因此，降水是影响地下水营养盐入湾输入通量的重要因素之一。图 1.37 所示胶州湾和大亚湾地下水总氮（TN）入湾输入通量与降水量的关系，可以看出二者相关性很好。

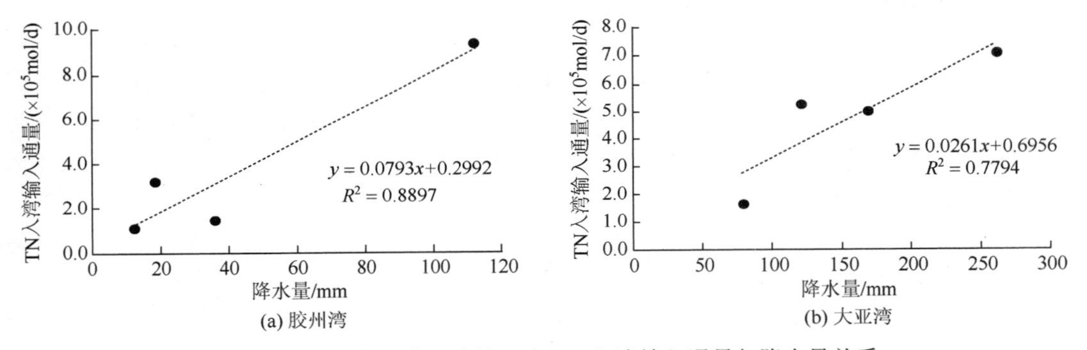

图 1.37 胶州湾和大亚湾地下水 TN 入湾输入通量与降水量关系

2. 海平面变化

地下水排泄不但受内陆地下水水位的影响，而且与海平面的变化密切相关。内陆水位与海平面之间的水头差越大，地下水排泄量相对越大。因受波浪、潮汐等影响，海平面时刻都在变化。胶州湾和大亚湾海平面变化具有明显的季节性特征。胶州湾夏秋季节海平面较高，冬春季节较低，8 月达到最高，1 月达到最低。而大亚湾平均潮位冬半年高于夏半年，以 10 月前后最高，6、7 月最低。所以，大亚湾夏季地下水输入量与冬季输入量之比要大于胶州湾的这一比值。地下水输入通量的变化直接影响营养盐入湾输入通量。

3. 地质环境

含水层规模（流域大小）、岩性、介质均对地下水及营养盐输入量有一定影响。如在大亚湾孔隙介质的砂质海岸，地下水及营养盐的入湾输入通量往往大于基岩侵蚀堆积海岸的输入量（表 1.19）。天然状态下，含水层规模越大，富水性越好，地下水排泄量越大，其携带输入的营养盐也越大。地下水在含水层运移过程中，伴随着水-岩相互作用，因此含水层岩性，对地下水元素组成有着重要影响，如白沙河上游地层岩性为花岗岩，下游为火山岩，由于岩石不断被风化淋滤，矿物中非晶质 SiO_2 不断迁移到水体中，造成了该区域地下水可溶性硅酸盐含量较高。地下水向海湾排泄过程中，在咸淡水混合区，由于所处环境差异（如泥质海滩、红树林等），会发生一系列复杂的生物地球化学过程，使得排泄到海湾中的营养盐组分和含量不同。

4. *人类活动*

随着社会经济的发展，人类大规模的工农业生产、生活污水排放等对地下水及营养盐入湾输入有着较大影响。如人工开采或者过度开采地下水，会形成地下水漏斗，近海区域则会引起海水入侵，地下水入海排泄量减少。人类工程如胶州湾大沽河地下截渗墙的修建，一方面防止了海水入侵，另一方面大大减少了地下水及其营养盐向海湾的输送。农业肥料的过度使用及利用率较低，使得多余的入渗进入地下水，部分随地下水排泄进入海湾。胶州湾地下水硝态氮浓度较高，其入湾的输入主要来源于化肥农药的过度使用。

四、海水养殖输入营养物质

鱼类网箱养殖是一种高度集约化的养殖方式，通过外源输入物质和能量获得高效产出；尤其是海水养殖的鱼类主要是营养级较高的肉食性鱼类，饵料（饲料）蛋白质和脂肪含量高；而包括鱼类在内的所有动物都只能吸收同化饵料中部分氮磷，其余均会进入环境中，造成“养殖自身污染”。

海水养殖也是海湾营养物质输入的重要来源，并且海水养殖输入元素物质的赋存形态易于分解，80%以上为生物可利用性的。除此之外，由于养殖活动主要在近岸区域开展，因此营养物质输入具有局部性和集中性的特点，近岸潜水区域的水动力作用较弱，输入的营养物质稀释与扩散受限。因此，大量高生物活性物质在局部水域较长时间滞存是海水养殖营养物质输入的典型特征。

本书以大亚湾为例，采用物质平衡法定量评估了海水网箱养殖对海湾氮、磷的输入通量。大亚湾位于广东省，是南海北部半封闭性海湾，面积约 600 km^2。湾内从 20 世纪 80 年代开始鱼类网箱养殖，作者团队搜集整理了大亚湾海水网箱养殖的数据，并于 2015～2016 年开展了 4 个航次的现场调查，获得了养殖模式、网箱数量、养殖周期、投饲策略和饵料使用（鲜杂鱼和配合饲料）等基础数据；建立了两种养殖模式下的氮磷收支模型，初步评估了大亚湾鱼类网箱养殖所产生的氮、磷输入通量。

（一）大亚湾养殖网箱类型和空间分布

大亚湾鱼类养殖网箱主要分为新型深水抗风浪大型网箱（大网箱）和传统木质小型网箱（小网箱）两种。但养殖的品种、规格、养殖周期、饵料/饲料类型、投饲方式等养殖模式多样。

1. 新型深水抗风浪大型网箱（大网箱）

一般为圆形，直径 13 m，网衣深度 6 m，网箱容积约为 666.7 m^3（图 1.38），分布在水深 8 m 以深的水域，养殖品种为卵形鲳鲹，投喂配合饲料。目前，大亚湾的深水网箱主要分布在七星湾、惠东小星山海域和三门岛海域。其中：七星湾海域网箱 80 口，实际投入养殖生产 40 口；小星山海域 200 口，实际投入养殖生产 30～40 口；三门岛海域的 12 口网箱，均未投入养殖生产。大亚湾大网箱数量约 292 口，用于养殖生产的约 70 口。深水网箱卵形鲳鲹的养殖周期一般是从 6～11 月，因此，净输入量是 1 个养殖周期的通量。

图 1.38　大亚湾深水抗风浪大型网箱（大网箱）

2. 传统木质小型网箱（小网箱）

分布在近岸水深约 5 m 的浅水区域，养殖品种较多，包括卵形鲳鲹、军曹鱼、美国红鱼、石斑鱼、鲷科鱼类（花尾胡椒鲷、真鲷、金鲷和黑鲷）、鲈鱼、鮸鱼等，主要投喂鲜杂鱼饵料，在鲜杂鱼供应不足时才少量使用配合饲料。小网箱主要分布在大鹏澳、东升村—大洲头海域、喜洲岛西侧。

根据调查结果，目前东升村—大洲头海域小网箱约 1536 个，喜洲岛西侧约 2398 个，总计约有网箱 4000 个（图 1.39）。实际养殖生产中，会空置一定数量的网箱，用于分苗、倒箱和清除网衣附着生物等，根据现场调查空置网箱比例一般约为 15%，即实际养殖鱼类的网箱数量约为 3400 个（4000×85%）。大鹏澳海域网箱约有 3346 箱，实际鱼类放养箱数为 1706 箱，但由于该海域靠近杨梅坑等旅游区，很多鱼排都开展垂钓旅游等休闲项目，而真正用于养殖的网箱仅约占总网箱数量的 50%，即 853 个。因此，大亚湾用于养殖生产的小网箱约有 4253 个。

图 1.39　传统木制小型网箱（小网箱）

（二）网箱养殖输入氮、磷通量估算

采用物质平衡法对大亚湾网箱养殖输入氮、磷通量进行计算。

净输入量 = 总输入量–总输出量 =（饲料输入量 + 鱼苗输入量）–（养殖产品输出量）

1. 大网箱养殖输入通量估算

根据调查结果，目前大亚湾共有大网箱 292 口，其中用于养殖生产的有 70 口，养殖卵形鲳鲹的密度约为 1.5 万尾/箱，产量约为 4847 kg/箱，则大亚湾大网箱养殖总产量约为 339 t。

饲料投入氮、磷物质通量估算：

根据养殖实验结果，卵形鲳鲹的实际饵料系数约为 1.6（包含了残饵损失的实际生产中的饵料系数），则投入饲料量（t）= 养殖产量×饵料系数，饲料氮含量约为 6.72%，磷含量约为 1.34%，通过饲料投喂输入的氮、磷分别约为 36 t 和 7.3 t。

鱼苗投入氮磷物质通量估算：

大网箱养殖的卵形鲳鲹鱼苗初体长 5～6 cm，初始均重约 5.2 g。大亚湾网箱养殖投入鱼苗量约为 5460 kg，根据鱼苗的氮、磷含量，通过放养鱼苗输入大亚湾的氮、磷量分别约为 137 kg 和 20 kg。

饲料和育苗输入的氮、磷总量：

总输入氮（TN，t）= 饲料 N 输入量 + 鱼苗 N 输入量 = 36 + 0.14 = 36.14 t

总输入磷（TP，t）= 饲料 P 输入量 + 鱼苗 P 输入量 = 7.3 + 0.02 = 7.32 t

网箱养殖的氮、磷输出是通过收获养殖产品实现的，即

养殖输出 N 量（TN，t）= 收获产量×鱼体氮含量

养殖输出 P 量（TP，t）= 收获产量×鱼体磷含量

根据养殖产量和鱼体的氮、磷含量进行计算，养殖对氮、磷的输出量分别为 11.1 t 和 1.2 t。

养殖净输入通量（net input）= 总输入量–总输出量：

净输入 N 量（TN net input，t）= 36.14–11.1 = 25.04 t

净输入 P 量（TP net input，t）= 7.32–1.2 = 6.12 t

大网箱养殖潜在物质输入量：

目前大亚湾大网箱中，只有 70 口投入生产，如果 292 口网箱全部用于养殖，则潜在的氮、磷净输入量分别约为 104 t 和 26 t。

2. 小网箱养殖输入通量估算

同样采用物质平衡法进行估算，但对方法和参数进行相应的调整。

小网箱养殖所使用的饵料鱼主要品种包括：蓝圆鲹、日本金线鱼、蓝子鱼、棘头梅童鱼、七丝鲚等，其平均氮、磷含量（基于湿重）分别约为 2.45%和 0.42%。小网箱养殖鱼类基本上全部是投喂鲜杂鱼饵料，饲料使用比例很低可以忽略，因此对小网箱养殖输入采用鲜杂鱼的数据进行计算。

饵料系数：根据养殖实验和现场调查结果，投喂鲜杂鱼时，养殖鱼类的平均饵料系数约为 7。

饵料投饲量：根据现场调查大亚湾用于养殖的小网箱数量约为 4253 个，每个小网箱（3 m×3 m×5 m）养殖鱼量约为 300 kg，则总计投饲的鲜杂鱼饵料量为 8931 t（湿重），通过饵料输入的氮、磷含量分别约为 219 t 和 37.5 t。

养殖产品输出量：养殖产品收获输出量为 1276 t（湿重），输出的氮、磷含量分别为 37.6 t 和 3.8 t。

养殖输入氮、磷净通量：小网箱净输入的氮、磷量分别为 181.4 t 和 33.7 t。

3. 大亚湾鱼类网箱养殖输入的氮、磷通量

大亚湾两种类型的鱼类网箱养殖过程中氮、磷物质净通量（t/a）分别为 207.3 t/a 和 39.7 t/a（表 1.20）。

表 1.20 大亚湾鱼类网箱养殖输入氮、磷物质净通量 （单位：t/a）

网箱类型	氮净输入通量	磷净输入通量
大网箱	24.7	5.9
小网箱	182.6	33.8
总输入	207.3	39.7

4. 小网箱养殖产量反推分析验证

网箱养殖鱼类的养殖产量是氮、磷输出通量计算的重要参数。在现场调查养殖产量时，渔民几乎没有生产记录，并且出于各种考虑，所提供的网箱养殖产量很可能与实际情况偏差较大。在进行产量评估时，采用饵料系数反推的方法对调查得到的产量数据进行验证。

根据在东升村—大洲头海域进行的生产统计调查，每个网箱投喂鲜杂鱼约 15 kg，

根据水产动物营养与饲料研究，鱼类投饵量一般约为鱼体重（湿重）的 3%～5%，据 5%投饵量计算，网箱内养殖鱼的产量约为 300 kg，与我们在大鹏澳的统计结果（304.8 kg）相符合，说明本书应用投饵量反推小网箱养殖存量的方法和获得的参数是比较准确的。

（三）大亚湾网箱养殖氮、磷收支模型

建立了大亚湾近岸小网箱（投喂鲜杂鱼饵料）和大网箱（投喂人工配合饲料）两种养殖模式下的氮、磷收支模型（图 1.40），定量估算了这两种养殖模式下养殖氮、磷输入和输出通量，以及赋存形态。

采用物质平衡法建立鱼类网箱养殖的氮、磷收支模型为：饵料输入总氮/磷 = 生长氮/磷 + 粪氮/磷 + 尿氮/磷，即 $I_{N/P} = G_{N/P} + F_{N/P} + U_{N/P}$。

其中：网箱养殖输入的 $I_{N/P}$ 为饵料中的氮/磷量，根据饵料投喂量和氮/磷含量计算，生长氮/磷由产量和养殖鱼产品的氮/磷含量进行计算，产量通过现场调研和渔业生产记录获

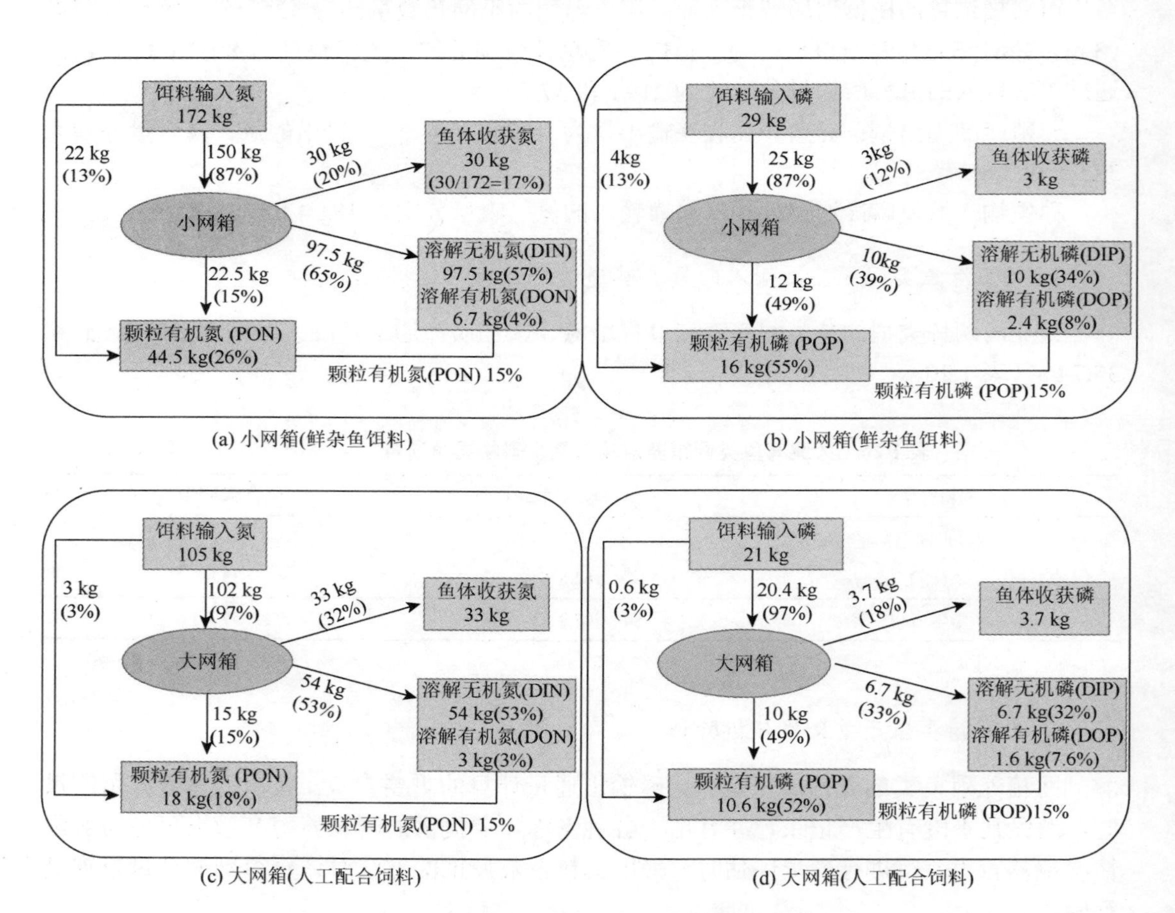

图 1.40　大亚湾小网箱和大网箱氮、磷收支模型

得，饵料和鱼体中的氮/磷含量由实验室测得；粪便氮/磷（$F_{N/P}$）分别由氮的消化率 0.85（Wang et al.，2012）和磷的消化率 0.49（Bureau et al.，2003）计算；粪便和残饵等颗粒态有机氮/磷约有 15%转化为溶解有机氮/磷（Sugiura et al.，2006）。

结果显示投喂鲜杂鱼饵料的小网箱，每生产 1 t 养殖产品需要投入 172 kg 氮和 29 kg 磷，氮、磷的生长效率［即保持率（retention efficiency）］分别约为 17%和 10%。排出的氮以 DIN 为主，占总输入氮的 61%，颗粒有机氮（particulate organic nitrogen，PON）占总输入氮的 22%。排出的磷以颗粒有机磷（particulate organic phosphorus，POP）为主，占总输入磷的 47%，DIP 占总输入磷的 43%。

投喂配合饲料的深水网箱，每生产 1 t 养殖产品需要投入 105 kg 氮和 21 kg 磷，氮、磷的生长效率分别约为 31%和 18%；排出的氮以 DIN 为主，占总输入氮的 54%，PON 占总输入氮的 15%。排出的磷以 POP 为主，占总输入磷的 43%，DIP 占总输入磷的 40%。

小网箱和大网箱养殖排出的 N/P 值分别为 12.8 和 11.1，均略低于 Redfield 比值（16，摩尔比）。大亚湾两种网箱养殖模式的氮、磷利用效率均低于挪威 salmon 养殖的氮、磷排泄（分别为 40%和 30%）。从降低氮、磷输入的角度提出建议：应降低近岸小网箱投喂鲜杂鱼饵料养殖模式的比例，增加大网箱比例，并采用人工全价配合饲料，提高饲料中氮、磷的生长效率。

（四）网箱养殖输入和输出物质赋存形态

根据构建的氮、磷收支模型及产量进行计算，获得网箱养殖不同形态的氮、磷输入量（表 1.21）。

饵料输入总氮 = 输入环境中的 N（PON + DON + DIN）+ 养殖产品输出氮（PON-H）
其中，PON 为颗粒有机氮；DON 为溶解有机氮；DIN 为溶解无机氮；PON-H 为养殖产品有机氮。

小网箱养殖产量为 1276 t/a，每生产 1 t 鱼产品输入的氮为 172 kg，投喂鲜杂鱼饵料时的氮收支模型为：100N =（22PON + 4DON + 57DIN）+（17PON-H），以此进行计算，小网箱输入的 PON、DON 和 DIN 的量分别为：48 t/a、8.5 t/a 和 124 t/a，通过收获养殖产品输出的 PON-H 为 38 t/a。因此，小网箱养殖输入的有机氮（包含溶解态和颗粒态）为 56.5 t/a，输入的无机氮为 124 t/a，输出的有机氮（PON-H）为 38 t/a。

小网箱每生产 1 t 鱼产品输入的磷为 29 kg，投喂鲜杂鱼饵料时的磷收支模型为：100P =（47POP + 8DOP + 34DIP）+（10POP-H），以此进行计算，小网箱输入的 POP、DOP 和 DIP 的量分别为：17 t/a、3 t/a 和 13 t/a，通过收获养殖产品输出的 POP-H 为 3.8 t/a。因此，小网箱养殖输入的有机磷（包含溶解态和颗粒态）为 20 t/a，输入的溶解无机磷为 13 t/a，输出的有机磷（POP-H）为 3.8 t/a。

大网箱养殖产量为 339 t/a，每生产 1 t 鱼产品输入的氮为 105 kg，投喂配合饲料时的氮收支模型为：100N =（15PON + 3DON + 51DIN）+（31PON-H），以此进行计算，大网箱输入的 PON、DON 和 DIN 的量分别为：5.4 t/a、1.1 t/a 和 18 t/a，通过收获养殖产品输出的 PON-H 为 11 t/a。因此，大网箱养殖输入的有机氮（包含溶解态和颗粒态）为 6.5 t/a，输入的无机氮为 18 t/a，输出的有机氮（PON-H）为 11 t/a。

大网箱养殖每生产 1 t 鱼产品输入的磷为 21 kg，投喂配合饲料时的磷收支模型为：100P =（43POP + 8DOP + 32DIP）+（18POP-H），以此进行计算，大网箱输入的 POP、DOP 和 DIP 的量分别为：3.1 t/a、0.6 t/a 和 2.3 t/a，通过收获养殖产品输出的 POP-H 为 1.3 t/a。因此，大网箱养殖输入的有机磷（包含溶解态和颗粒态）为 3.7 t/a，输入的无机磷为 2.3 t/a，输出的有机磷（POP-H）为 1.3 t/a。

表 1.21　大亚湾鱼类网箱养殖输入和输出氮磷数量　　　　（单位：t/a）

网箱类型	输入氮		输出氮
	有机氮（PON + DON）	无机氮（DIN）	有机氮（PON-H）
小网箱	56.5	124	38
大网箱	6.5	18	11
总计	63	142	49

网箱类型	输入磷		输出磷
	有机磷（POP + DOP）	无机磷（DIP）	有机磷（POP-H）
小网箱	20	13	3.8
大网箱	3.7	2.3	1.3
总计	23.7	15.3	5.1

（五）网箱养殖输入物质的时空分布

根据养殖生产中网箱的分布和不同季节的投喂量估算了网箱养殖输入氮、磷的时空分布（表 1.22，表 1.23），但需要注意网箱养殖的氮、磷输出受到多种因素的影响，养殖鱼类不同生长阶段对饵料（饲料）中的氮、磷吸收利用率也不同，也就是即使输入总量相同，环境的氮、磷负荷在不同养殖时期也会存在明显变化。因此网箱输入物质的时空变化只能作为参考。

表 1.22　大亚湾鱼类网箱养殖输入的不同形态氮的时空分布　　　　（单位：t）

季节	颗粒有机氮（PON）			溶解有机氮（DON）			溶解无机氮（DIN）		
	大鹏澳	喜洲岛西	哑铃湾	大鹏澳	喜洲岛西	哑铃湾	大鹏澳	喜洲岛西	哑铃湾
春	1.7	2.4	1.5	0.3	0.4	0.3	5.0	6.2	4.0
夏	6.3	12.0	7.7	1.1	2.1	1.4	17.8	31.1	19.9
秋	5.1	7.2	4.6	0.9	1.3	0.8	15.1	18.6	11.9
冬	0.9	2.4	1.5	0.2	0.4	0.3	2.2	6.2	4.0
总计	14.0	24.0	15.3	2.5	4.2	2.8	40.1	62.1	39.8

表 1.23　大亚湾鱼类网箱养殖输入的不同形态磷的时空分布　（单位：t）

季节	颗粒有机磷（POP）			溶解有机磷（DOP）			溶解无机磷（DIP）		
	大鹏澳	喜洲岛西	哑铃湾	大鹏澳	喜洲岛西	哑铃湾	大鹏澳	喜洲岛西	哑铃湾
春	0.8	0.9	0.5	0.1	0.2	0.1	0.6	0.7	0.4
夏	2.7	4.3	2.7	0.5	0.8	0.5	2.0	3.3	2.1
秋	2.4	2.6	1.6	0.4	0.5	0.3	1.7	2.0	1.3
冬	0.3	0.9	0.5	0.1	0.2	0.1	0.2	0.7	0.4
总计	6.2	8.7	5.3	1.1	1.7	1.0	4.5	6.7	4.2

五、胶州湾与大亚湾营养物质的输入通量

根据胶州湾和大亚湾沿岸点源、河流、大气沉降、地下水及海水养殖（只针对大亚湾）输入方式营养物质通量的结果，对各溶解态氮、磷营养盐输入胶州湾和大亚湾的通量，以及各输入途径所占比例进行了评估。对于胶州湾而言，无机氮（DIN）、有机氮（DON）和总溶解态氮的年输入通量分别为 4453.1 t/a、2492.3 t/a 和 6945.4 t/a，无机氮的输入约为有机氮的 2 倍，占总溶解态氮的 64%。点源和河流是总溶解态氮的主要输入方式，分别占无机氮输入通量的 39%和 20%，分别占有机氮输入通量的 31%和 41%（图 1.41）。无机

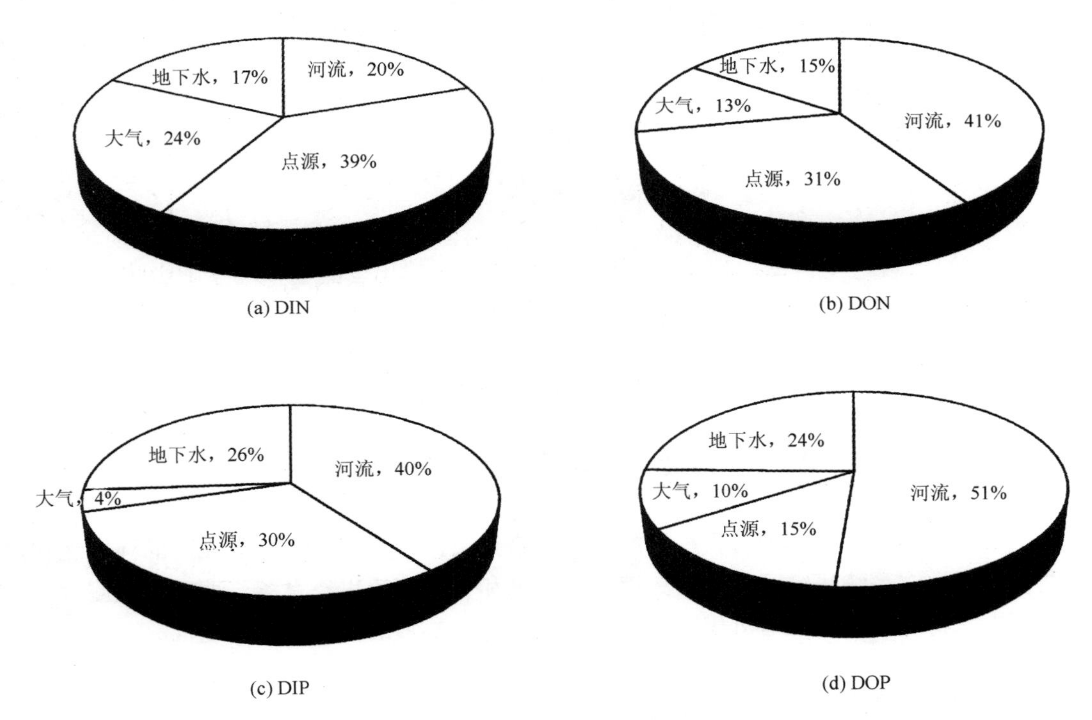

图 1.41　胶州湾氮磷各输入通量的比例

磷、有机磷和总溶解态磷的年输入通量分别为 88.0 t/a、72.6 t/a 和 160.6 t/a，无机磷的输入略高于有机磷。点源和河流是无机磷的主要输入方式，分别占无机磷输入通量的 30%和 40%，而对于有机磷而言，河流是其主要的输入方式，可占其输入通量的 51%，而地下水和点源也分别占输入通量的 24%和 15%，同样也是有机磷输入的重要方式。

大亚湾不同方式氮、磷（溶解态）的输入通量如图 1.42 所示，无机氮、有机氮和总溶解态氮的年输入通量分别为 2880.4 t/a、3413.3 t/a 和 6293.7 t/a，整体上总溶解态氮的输入通量略低于胶州湾，但有机氮的输入比例高于无机氮，占总溶解态氮输入通量的 54%。河流和地下水是无机氮的主要输入方式，分别占无机氮输入通量的 37%和 30%，而河流是有机氮的主要输入方式，占有机氮输入通量的 75%。无机磷、有机磷和总溶解态磷的年输入通量分别为 136.0 t/a、24.5 t/a 和 160.5 t/a，整体与胶州湾的输入通量相当。河流和地下水是无机磷的主要输入方式，分别占无机磷输入通量的 46%和 38%，海水养殖也占到了 11%。对于溶解有机磷而言，河流是其主要的输入方式，可占其输入通量的 52%，而地下水和海水养殖也分别占输入通量的 20%和 15%，同样也是溶解有机磷输入的重要方式。

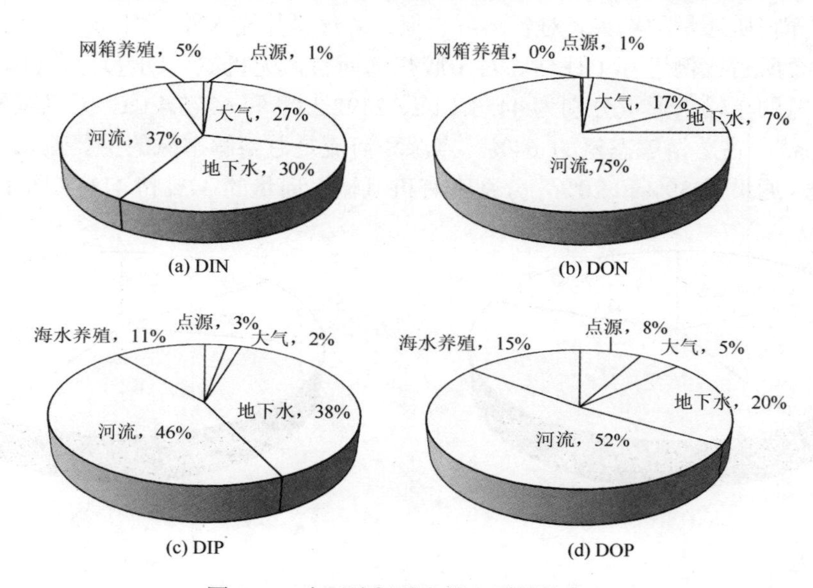

图 1.42　大亚湾氮磷各输入通量的比例

第二节　海湾环境现状与变化特征

本节拟利用 973 计划项目执行期的现场调查结果，研究胶州湾和大亚湾的环境现状，并结合我国生态系统研究网络——海湾（胶州湾和大亚湾）生态系统长期定位观测资料、其他历史资料，阐释海水与沉积物中营养物质等环境要素的现状及变化特征。

一、胶州湾环境现状与变化特征

胶州湾是一个受人类活动影响非常显著的海湾，近几十年来，随着青岛市城市化进程的加快，胶州湾生态系统发生了很大变化，胶州湾营养盐浓度与结构的改变是引起这些变化的重要原因之一。营养盐浓度与结构的变化首先会对海洋浮游植物群落产生影响，作为海洋中低营养阶层的主体，浮游植物和浮游动物种类与数量的变动会进一步导致整个海洋生态系统结构与功能的改变。因此，营养盐的供应、浓度和比例，不仅决定着海区的初级生产力，而且也决定了海洋生物群落的粒径谱、组成与结构，进而通过食物网影响渔业产量和地球化学通量（宋金明和李学刚，2018）。作者团队在 2015～2018 年春、夏、秋、冬 4 个季节对胶州湾进行了 8 个航次的现场调查工作，调查站位如图 1.43 所示。

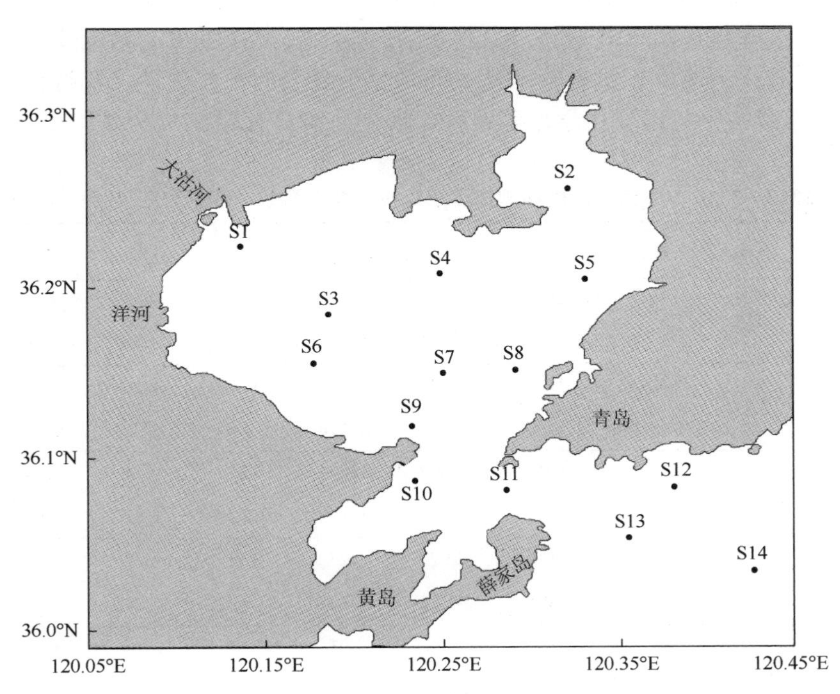

图 1.43　胶州湾海水及表层沉积物采样站位

其中 S1 和 S2 站因水太浅，没有采样

（一）胶州湾海水中的溶解无机态营养盐

1. 胶州湾海水溶解无机态营养盐的浓度、组成与季节变化特征

2015～2016 年胶州湾湾口和湾内各季节表层、底层海水溶解无机态营养盐的浓度如表 1.24 所示。溶解无机氮（DIN）在表层 4 个季节的平均浓度分别为 10.8 μmol/L、10.8 μmol/L、16.9 μmol/L 和 25.4 μmol/L，其中 DIN 在冬季的浓度明显高于其他季节，可能与冬季浮游植物生产较弱有关。NO_3-N 和 NH_4-N 是胶州湾海水中无机氮的主要组分，分别占 DIN 的 50%和 45%。以往的研究结果显示，在 20 世纪 90 年代及以前，组成 DIN 的不同氮形态在 DIN 中所占的比例基本保持稳定，NH_4-N 始终为 DIN 的主要组成部分，在 DIN 中所占的比例高达 60%～85%。但 2001 年后胶州湾 NH_4-N 含量出

现下降的趋势，而 NO_3-N 在 DIN 中所占比例有所上升，且自 2005 年起，NO_3-N 超过 NH_4-N 成为胶州湾 DIN 主要组成部分。胶州湾 DIN 组成的改变可能是由于受陆源输入的影响，NH_4-N 的排放总量从 2001 年开始下降，同时随着青岛市污水处理厂对铵态氮的处理能力的提升（＜5 mg/L）和农业氮肥使用量的下降，均可能导致其输入胶州湾总量的降低。

胶州湾表层 DIP 春、夏、秋、冬 4 个季节的含量分别为 0.22 μmol/L、0.41 μmol/L、0.20 μmol/L 和 0.18 μmol/L，全年平均为 0.27 μmol/L，DSi 春、夏、秋、冬 4 个季节的含量分别为 2.82 μmol/L、9.39 μmol/L、5.28 μmol/L 和 2.79 μmol/L，全年平均为 5.48 μmol/L。DIP 和 DSi 在夏季含量高于其他季节，夏季陆源输入较大是胶州湾无机磷和硅浓度较高的重要原因。胶州湾溶解无机态营养盐之间均呈现显著的正相关性，表明它们具有共同的来源和/或相似的生物地球化学循环过程，如同化和矿化再生过程（图 1.44）。

表 1.24　2015～2016 年胶州湾湾内和湾口溶解无机态营养盐的季节平均浓度（单位：μmol/L）

季节	层次	温度	盐度	NO_3-N	NO_2-N	NH_4-N	DIN	DIP	DSi
春季	表层	10.7 ±1.4	31.0 ±0.3	6.52 ±5.15	0.35 ±0.21	3.97 ±2.26	10.80 ±7.4	0.22 ±0.07	2.82 ±1.96
	底层	9.4 ±0.8	31.2 ±0.2	4.79 ±4.49	0.21 ±0.16	3.26 ±1.67	8.26 ±6.28	0.18 ±0.02	1.58 ±0.32
夏季	表层	22.6 ±1.18	30.9 ±0.1	5.80 ±4.10	0.44 ±0.29	4.55 ±2.29	10.80 ±6.6	0.41 ±0.25	9.39 ±4.16
	底层	21.6 ±0.7	31.0 ±0.1	2.91 ±3.37	0.23 ±0.21	3.13 ±2.27	6.28 ±5.87	0.25 ±0.22	5.99 ±2.65
秋季	表层	15.0 ±1.1	31.1 ±0.3	7.70 ±7.32	1.93 ±0.98	7.31 ±2.76	16.90 ±10.2	0.20 ±0.24	5.28 ±3.15
	底层	15.3 ±0.5	31.1 ±0.4	8.33 ±10.76	2.04 ±1.30	8.54 ±2.23	18.90 ±14.0	0.27 ±0.34	5.05 ±4.66
冬季	表层	5.7 ±1.8	30.9 ±0.3	18.9 ±13.6	0.56 ±0.34	5.88 ±8.75	25.40 ±21.7	0.18 ±0.02	2.79 ±0.06
	底层	6.2 ±1.3	30.9 ±0.4	16.6 ±15.53	0.65 ±0.31	8.32 ±11.1	25.60 ±26.9	0.29 ±0.14	4.62 ±2.32
年均	表层	— —	— —	9.73 ±9.69	0.82 ±0.84	5.43 ±4.83	16.00 ±13.8	0.27 ±0.20	5.48 ±3.81
	底层	— —	— —	8.15 ±10.5	0.71 ±0.92	5.67 ±6.09	14.50 ±16.7	0.25 ±0.19	4.27 ±3.07

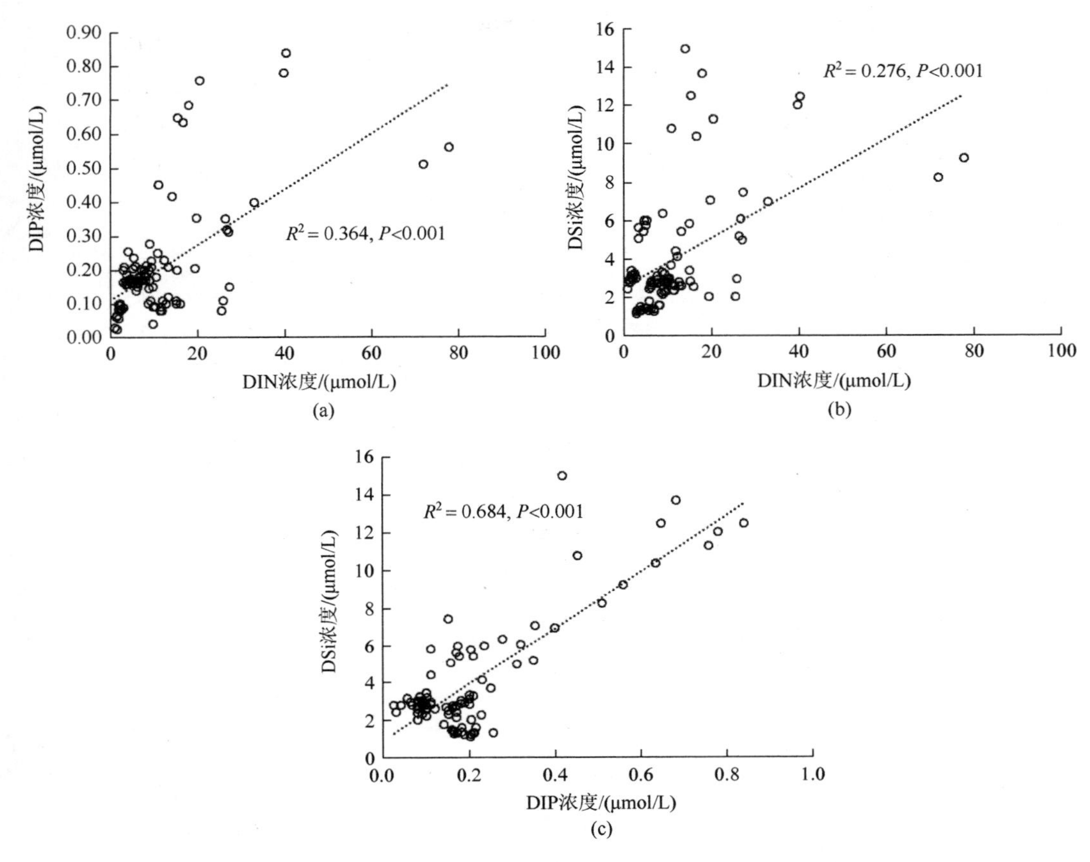

图 1.44　胶州湾不同溶解无机态营养盐之间的相互关系

2. 胶州湾海水溶解无机态营养盐的分布特征

胶州湾表层海水中溶解无机态营养盐年均浓度的平面分布如图 1.45 所示。整体而言，各溶解无机态营养盐浓度均呈现出由湾内的东北或西北部海域向湾口和湾外逐渐降低的趋势。DIN 和 DIP 年均浓度的最高值出现在湾内的东北部，而 DSi 在湾内的东北和西北部均较高。胶州湾海域水体中溶解无机态营养盐的含量主要受陆源输入的影响，胶州湾东岸是青岛市工业集中区域，人口稠密，集中在该区域的有多条入湾河流，其中包括白沙河、海泊河、李村河、墨水河、娄山河等，青岛市日常生活污水、工业废水等通过这些河流汇入胶州湾。位于胶州湾西北部的大沽河是入湾的最大河流，流域以农业和禽畜养殖业为主，农业和养殖废水通过大沽河最终流入胶州湾，农业废水几乎占到了陆源输入总量的 75%。尽管调查站位的盐度较为接近(30.2～31.4)，但 DIN、DIP 和 DSi 与盐度仍呈显著的负相关关系(P<0.05，图 1.46)，证明了河流和废水的营养盐输入对胶州湾溶解无机态营养盐的贡献和影响。

在垂直方向上，由于胶州湾水深较浅，海水的垂直混合作用明显，各无机态营养盐浓度的垂直变化不明显。由表 1.24 可以看出，胶州湾各无机态营养盐浓度在春季和夏季表层略高于底层，但在秋季、冬季表底层浓度较为一致，显示出秋季、冬季较强的季风引起的胶州湾水体更好的垂直混合作用。

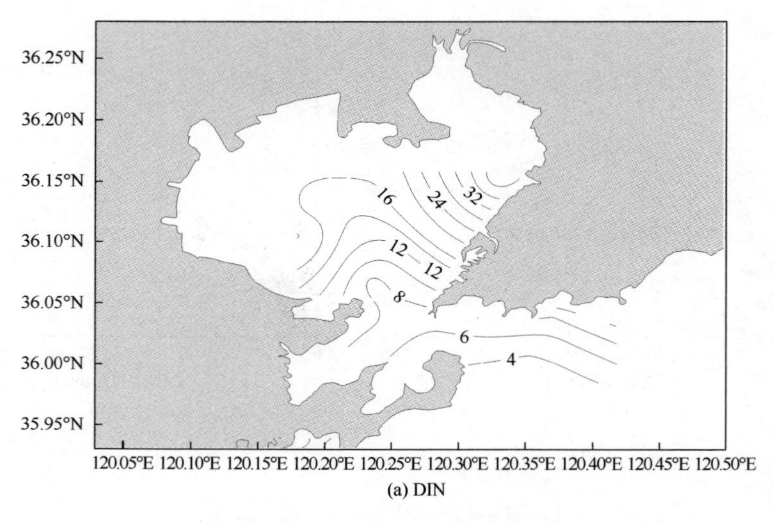

(a) DIN

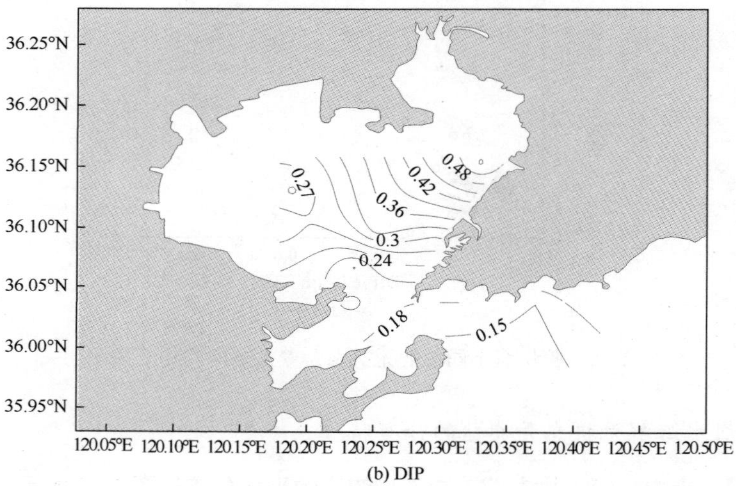

(b) DIP

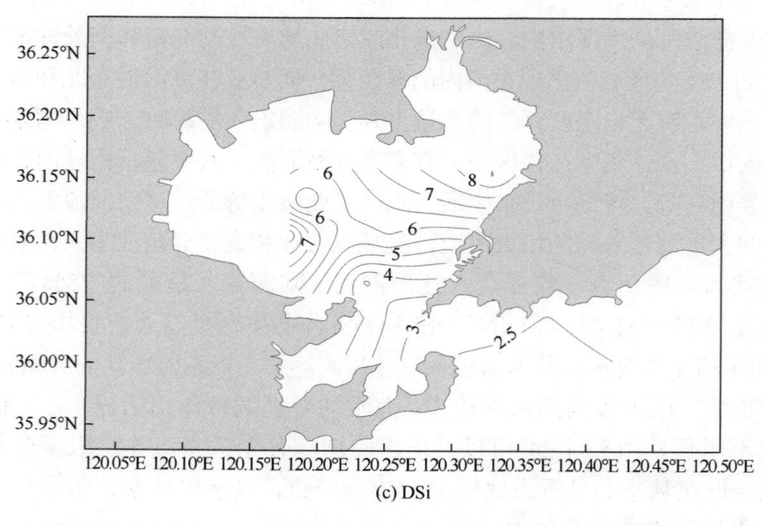

(c) DSi

图 1.45　胶州湾表层 DIN、DIP 和 DSi 年均浓度的平面分布（单位：μmol/L）

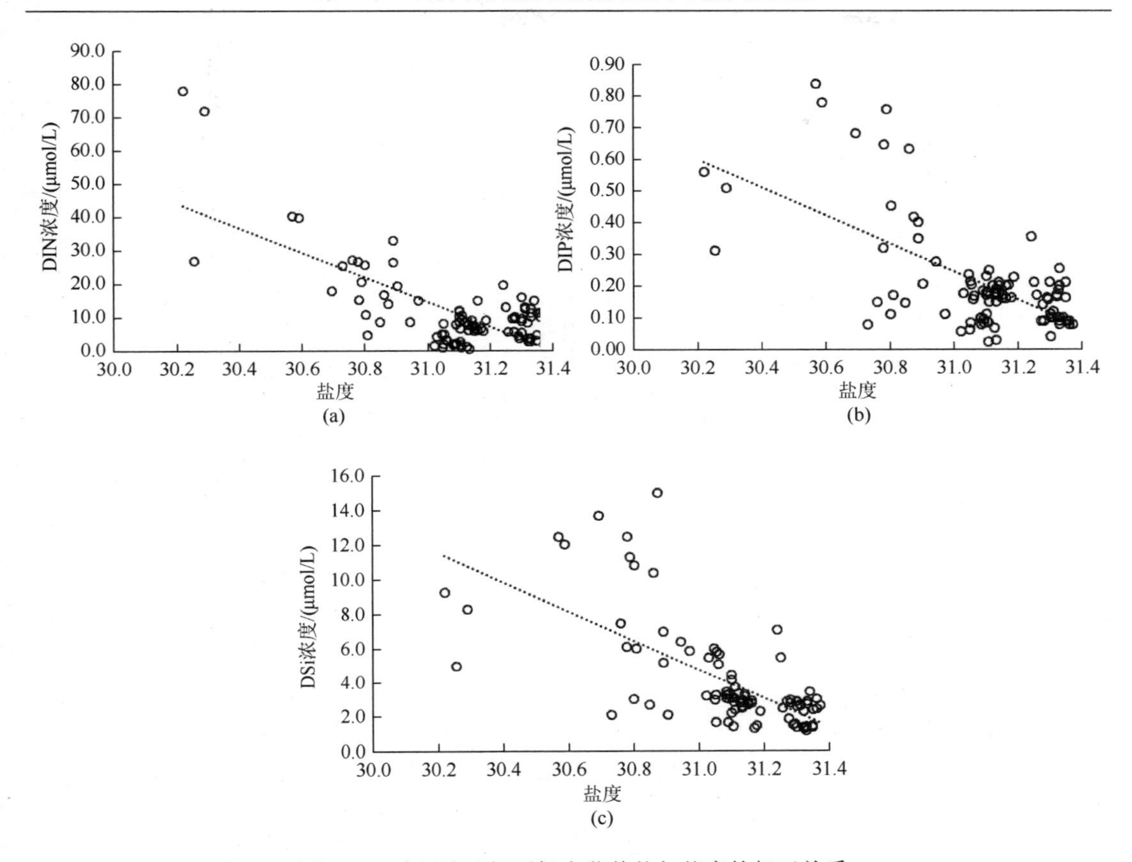

图 1.46　胶州湾溶解无机态营养盐与盐度的相互关系

3. 胶州湾海水溶解无机态营养盐的历史变化

对监测资料进行综合分析可知 30 多年来胶州湾溶解无机态营养盐水平的长期变化规律。1985～2018 年，胶州湾 DIN 浓度整体呈逐渐增加的趋势，2007 年达到 32.6 μmol/L 的峰值后开始降低，这与青岛市针对胶州湾富营养化实施了陆源污染物减排、流域污染综合整治与生态修复等多项措施有关。与 DIN 有所不同，30 多年来 DIP 浓度呈现波动变化，DIP 自 1985 年来开始增加，至 20 世纪 80 年代末期开始下降，90 年代后期再次呈现升高的趋势，同样在 2007 年达到峰值后开始显著降低，2013 年及 2015～2016 年分别降低到 0.29 μmol/L 和 0.26 μmol/L，为 30 多年来最低水平。DSi 浓度在 21 世纪前均维持在较低水平，2000 年后开始显著增加，同样在 2007 年后开始降低，但整体维持在 2000 年的水平（图 1.47）。

（二）胶州湾海水中的溶解有机态营养盐

1. 胶州湾海水溶解有机态营养盐的浓度、组成与季节变化特征

2015～2016 年胶州湾湾口和湾内各季节表层、底层溶解有机态营养盐的平均浓度如

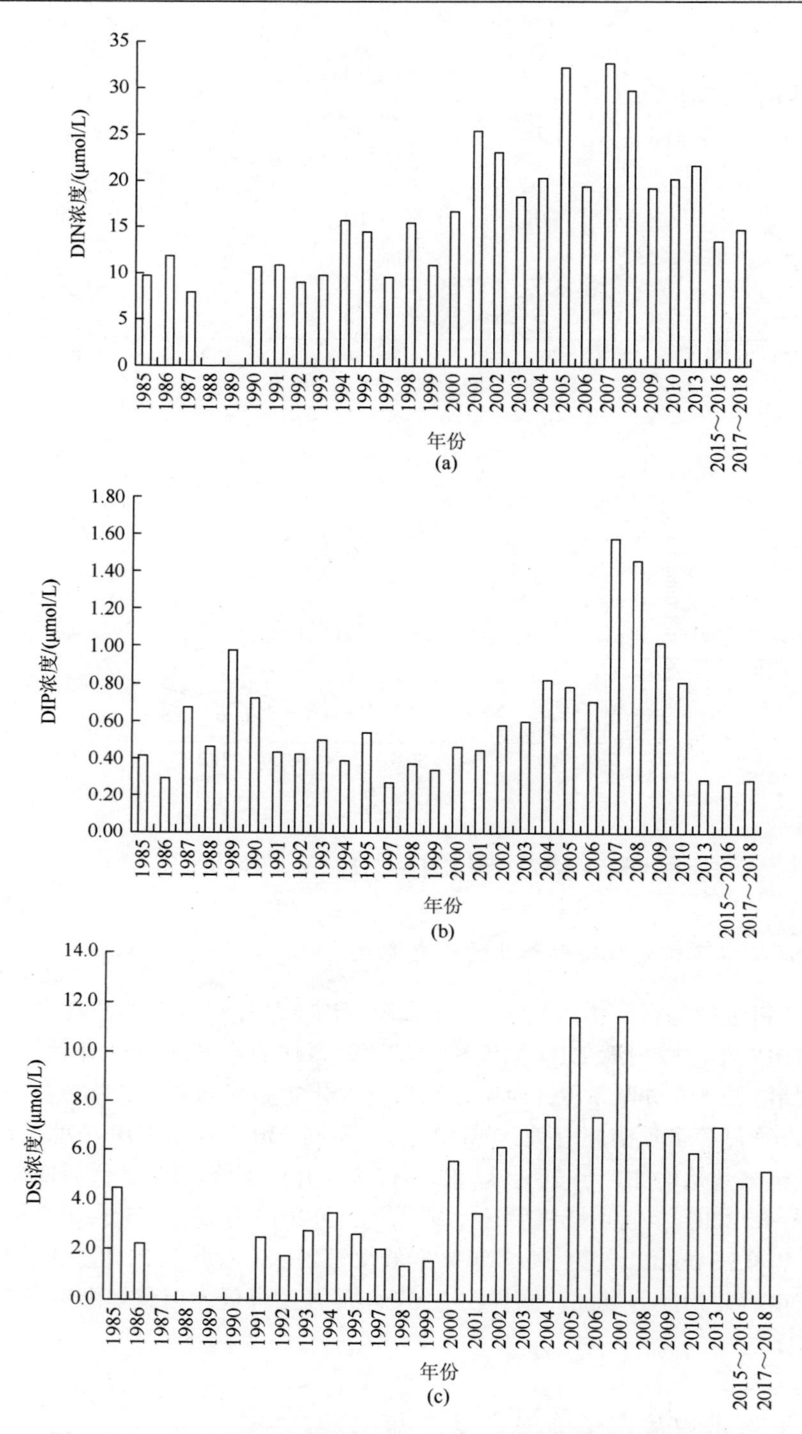

图 1.47　1985～2018 年胶州湾海水 DIN、DIP 和 DSi 年均浓度变化

表 1.25 所示。表层溶解有机碳（dissolved organic carbon，DOC）在 4 个季节的平均浓度分别为 237 μmol/L、171 μmol/L、152 μmol/L 和 190 μmol/L，其中 DOC 在春季的浓度明

显高于其他季节。不同于 DOC，胶州湾溶解有机氮（DON）和溶解有机磷（DOP）在秋季的浓度明显高于其他季节。全年平均而言，溶解有机态氮、磷是总溶解态氮、磷的优势组分，DON 和 DOP 分别占 TDN 和 TDP 的 51%和 54%。同期调查发现，秋季的叶绿素 a 出现较高值，浮游植物丰度出现最高值，表明秋季出现了浮游植物的水华现象，较高的 DON 和 DOP 可能来源于浮游植物的现场输入。同时秋季平均 DOC/DON 为 6.7，与 Redfield 比值非常接近，也证明了 DON 与 DOP 的浮游植物来源。研究表明，营养盐条件控制着浮游生物对 DOC 和颗粒有机碳（particulate organic carbon，POC）的产生比例，在营养盐充足的条件下，浮游植物产生的有机碳更多地以颗粒态形式存在，而在寡营养条件下则更多形成 DOC（Casareto et al.，2012）。同时，相关的实验室和现场实验都发现，在以硅藻为优势种的浮游植物水华期间，浮游植物也更倾向于产生 POC（Hasegawa et al.，2010）。秋季胶州湾水华期间硅藻的生物量占总浮游植物生物量的 99%以上，且营养盐充足，因此可推测浮游植物水华期间产生了更多的 POC，而导致了 DOC 的浓度在秋季并没有像 DON 和 DOP 一样出现高值，这也从秋季 POC 为全年的最高值这一结果得到了证实。

表 1.25　2015～2016 年胶州湾湾内和湾口各季节溶解有机态营养盐的平均浓度

季节	层次	溶解有机态营养盐浓度/(μmol/L)					DON/TDN	DOP/TDP
		DOC	DON	DOP	TDN	TDP		
春季	表层	237 ±38	11.5 ±6.05	0.22 ±0.12	22.3 ±11.2	0.44 ±0.17	53% ±14%	48% ±12%
	底层	204 ±11	8.79 ±3.14	0.10 ±0.03	17.1 ±6.3	0.28 ±0.03	55% ±17%	37% ±10%
夏季	表层	171 ±28	7.53 ±3.61	0.15 ±0.06	18.3 ±6.6	0.51 ±0.25	45% ±25%	33% ±15%
	底层	143 ±4	7.34 ±4.06	0.13 ±0.03	13.6 ±3.66	0.29 ±0.07	57% ±29%	47% ±11%
秋季	表层	152 ±16	28.3 ±18.31	0.58 ±0.25	45.2 ±20.0	0.78 ±0.43	61% ±14%	78% ±11%
	底层	142 ±25	21.72 ±7.14	0.51 ±0.14	40.6 ±20.7	0.78 ±0.40	56% ±10%	71% ±21%
冬季	表层	190 ±28	8.21 ±6.99	0.24 ±0.10	17.7 ±2.4	0.42 ±0.08	40% ±19%	56% 17%
	底层	194 ±41	8.9 ±4.05	0.26 ±0.09	34.5 ±27.4	0.55 ±0.22	32% ±17%	48% ±6%
年均	表层	187 ±42	14.7 ±13.1	0.31 ±0.22	27.9 ±16.3	0.57 ±0.30	51% ±19%	54% ±21%
	底层	172 ±37	11.2 ±7.06	0.24 ±0.18	25.7 ±19.6	0.47 ±0.29	50% ±21%	50% ±17%

胶州湾 DOC 同样呈现与盐度的显著负相关性（图 1.48），表明其受陆源输入影响呈现的保守性特征。但 DON、DOP 与盐度的相关性不明显，表明其受陆源输入影响的同时，也受到初级生产输入与生物地球化学过程相互转化的影响。DON 与 DOP 之间呈现显著的正相关性（图 1.49），表明它们具有共同的来源和/或相似的生物地球化学循环过程。

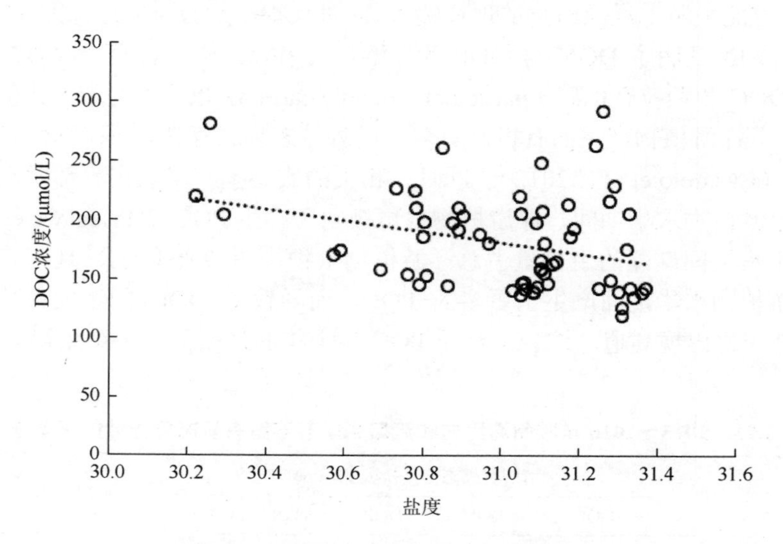

图 1.48　胶州湾海水中 DOC 与盐度的关系

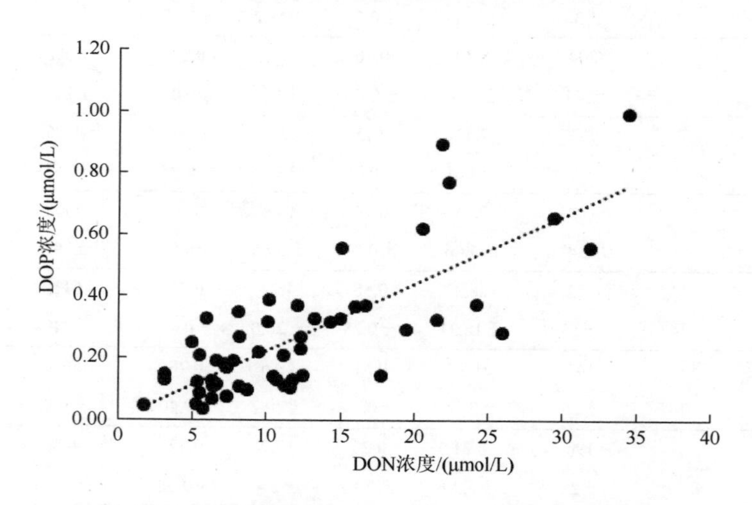

图 1.49　胶州湾海水中 DON 和 DOP 之间的相互关系

2. 胶州湾溶解有机态营养盐的分布特征

整体而言，胶州湾各溶解有机态营养盐浓度也呈现出由湾内的东北或西北部海域向湾口和湾外逐渐降低的趋势（图 1.50），与胶州湾表层海水中溶解无机态营养盐的水平分布基本一致。如前所述，DON、DOP 与盐度的相关性不明显，表明陆源输入与初级生产输入共同控制着胶州湾表层海水溶解有机态营养盐的整体分布趋势。

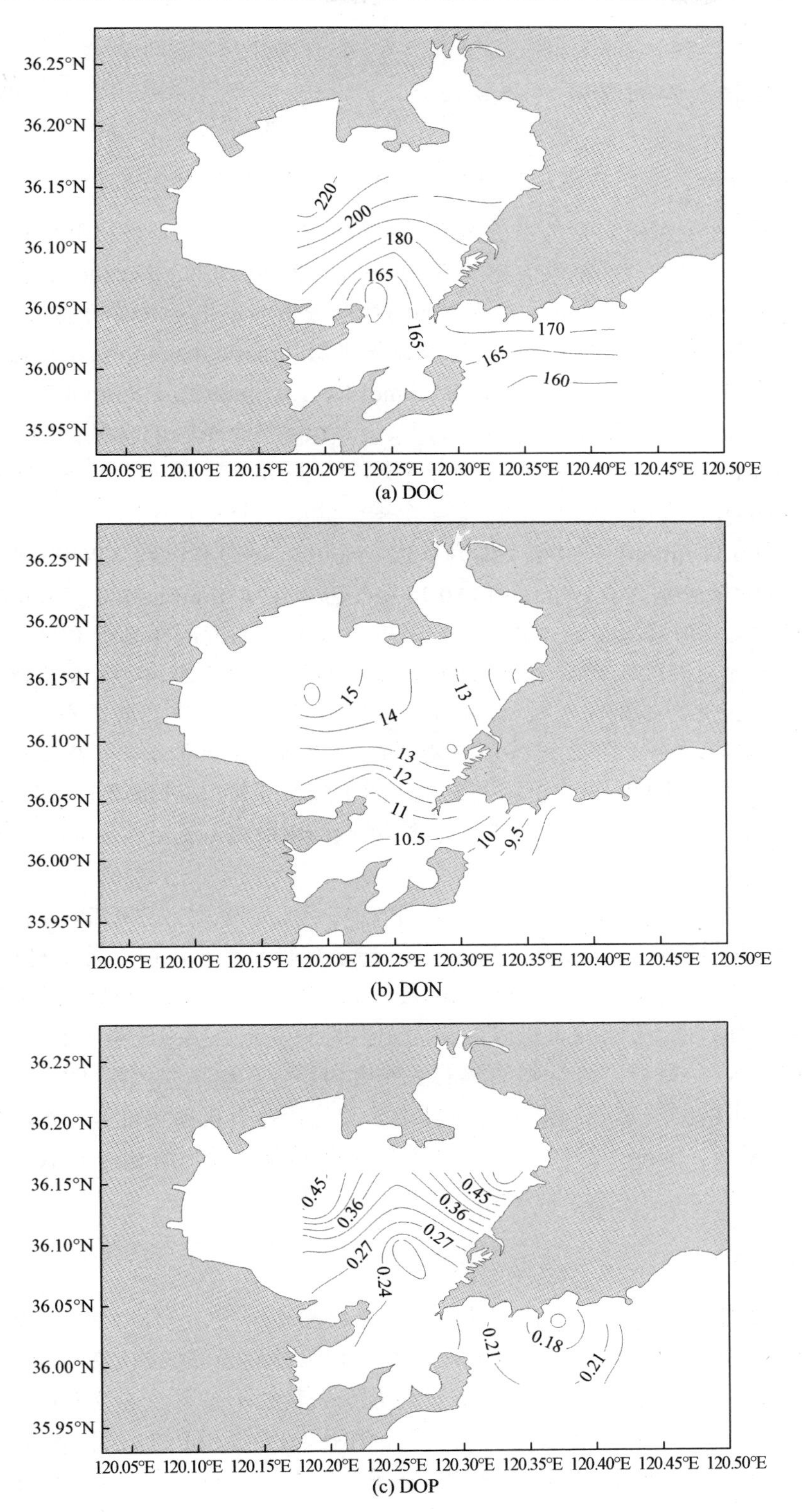

图 1.50　胶州湾表层 DOC、DON 和 DOP 年均浓度的平面分布（单位：μmol/L）

（三）胶州湾海水中的颗粒态营养盐

1. 胶州湾海水中颗粒态营养盐的浓度、组成与季节变化特征

胶州湾各季节海水中颗粒态营养盐的浓度及结构如表 1.26 所示。表层颗粒有机碳（POC）春、夏、秋、冬 4 个季节的浓度分别为 32 μmol/L、27 μmol/L、53 μmol/L 和 31 μmol/L，全年平均为 36 μmol/L。如前所述，调查期间秋季胶州湾发生了浮游植物水华现象，造成了 POC 的浓度显著高于其他季节。表层颗粒无机氮（particulate inorganic nitrogen，PIN）春、夏、秋、冬 4 个季节的浓度分别为 2.0 μmol/L、1.9 μmol/L、1.8 μmol/L 和 1.4 μmol/L，全年平均为 1.8 μmol/L。颗粒有机氮（PON）春、夏、秋、冬 4 个季节的含量分别为 2.6 μmol/L、2.6 μmol/L、4.7 μmol/L 和 3.2 μmol/L，全年平均为 3.3 μmol/L。表层颗粒无机磷（particulate inorganic phosphorus，PIP）春、夏、秋、冬 4 个季节的浓度分别为 0.18 μmol/L、0.11 μmol/L、0.07 μmol/L 和 0.11 μmol/L，全年平均为 0.12 μmol/L。颗粒有机磷（POP）春、夏、秋、冬 4 个季节的含量分别为 0.17 μmol/L、0.18 μmol/L、0.14 μmol/L 和 0.17 μmol/L，全年平均为 0.16 μmol/L。与溶解态氮、磷相似，PON、POP 的浓度同样高于 PIN、PIP，全年平均 PON 和 POP 分别占颗粒态氮（particulate nitrogen，PN）、颗粒态磷（particulate phosphorus，PP）的 63%和 59%，是颗粒态氮、磷的优势组分。与溶解态生源要素不同，颗粒态氮、磷季节变化不明显，PON 在秋季、PIP 在春季的含量略高于其他季节。在调查期间，POC、PON 和 POP 之间呈现了显著的正相关关系（图 1.51），同时与叶绿素 a（Chl a）间也具有显著正相关关系（图 1.52），证明了颗粒有机物（particulate organic matter，POM）主要来源于浮游植物生产的贡献。

颗粒物中有机营养盐的比例反映出 N、P 相对于 C 较缺乏，POC/PON 值平均为 11，而 POC/POP 值平均为 21，其中秋季达到了 33。有研究表明，在浮游植物水华期，POP 相对于 POC 和 PON 更易于矿化（Yoshimura et al.，2009），而在无机磷缺乏的情况下，浮游植物可以利用碱性磷酸酶将有机磷转化为无机磷或者先直接吸收有机磷于细胞膜上，再进一步分解利用，且颗粒态碱性磷酸酶的活性更为显著。秋季胶州湾 DIN/DIP 值达到了 110，表现出无机磷的严重限制，因此有机磷尤其是颗粒有机磷可能是浮游植物吸收利用磷的一个重要来源（Song，2010）。若考虑有机磷的贡献，胶州湾秋季 DIN 与最高潜在可利用磷比值可达到 25，但仍未能完全缓解磷限制状况。

2. 胶州湾海水颗粒态营养盐的分布特征

与胶州湾表层海水中溶解态营养盐的水平分布基本一致，整体而言，各颗粒态营养盐浓度也呈现出由湾内的东北或西北部海域向湾口和湾外逐渐降低的趋势（图 1.53）。垂直分布上，除 POC 和 PON 在秋季表层略高于底层外，其他季节颗粒态营养盐在表层和底层的差异很小（表 1.26），显示了较好的垂直混合作用。POC 和 PON 在秋季表层浓度较高，与秋季浮游植物水华造成的现场输入有关，而颗粒有机磷的快速循环可能导致了表层、底层浓度较为一致。

表 1.26 2015～2016 年胶州湾不同季节海水颗粒态营养盐的浓度、组成及结构

季节	层次	颗粒态营养盐的浓度/(μmol/L)							PON/PN	POP/PP	POC/PON	PON/POP
		PIN	PIP	POC	PON	POP	TPN	TPP				
春季	表层	2.0±0.8	0.18±0.12	32±14	2.6±1.54	0.17±0.09	4.6±1.83	0.35±0.21	54%±13%	49%±7%	13±3	16±4
	底层	2.0±0.9	0.21±0.14	39±33	2.4±1.7	0.15±0.1	4.5±2.4	0.36±0.23	52%±13%	44%±11%	18±18	16±1
夏季	表层	1.9±1.1	0.11±0.05	27±8	2.6±1.0	0.18±0.06	4.5±1.2	0.29±0.10	60%±20%	61%±10%	11±2	16±5
	底层	2.3±0.7	0.14±0.06	25±7	2.3±0.2	0.16±0.04	4.6±0.7	0.29±0.09	52%±9%	55%±9%	11±3	15±4
秋季	表层	1.8±0.5	0.07±0.03	53±18	4.7±2.0	0.14±0.05	6.5±2.0	0.22±0.07	71%±8%	66%±9%	11±2	33±5
	底层	1.8±0.6	0.08±0.03	39±10	3.5±0.4	0.12±0.03	5.4±1.0	0.20±0.05	66%±4%	62%±9%	11±3	29±4
冬季	表层	1.4±0.6	0.11±0.04	31±13	3.2±1.7	0.17±0.08	4.6±2.3	0.27±0.11	68%±8%	60%±8%	11±2	20±10
	底层	1.1±0.2	0.09±0.03	21±10	2.3±1.4	0.13±0.05	3.4±1.5	0.22±0.07	65%±10%	58%±13%	10±2	18±6
年均	表层	1.8±0.8	0.12±0.08	36±17	3.3±1.8	0.16±0.07	5.1±2.0	0.28±0.13	63%±14%	59%±10%	11±2	21±9
	底层	1.8±0.8	0.13±0.09	31±19	2.6±1.2	0.14±0.06	4.4±1.6	0.27±0.14	58%±11%	54%±12%	13±9	19±7

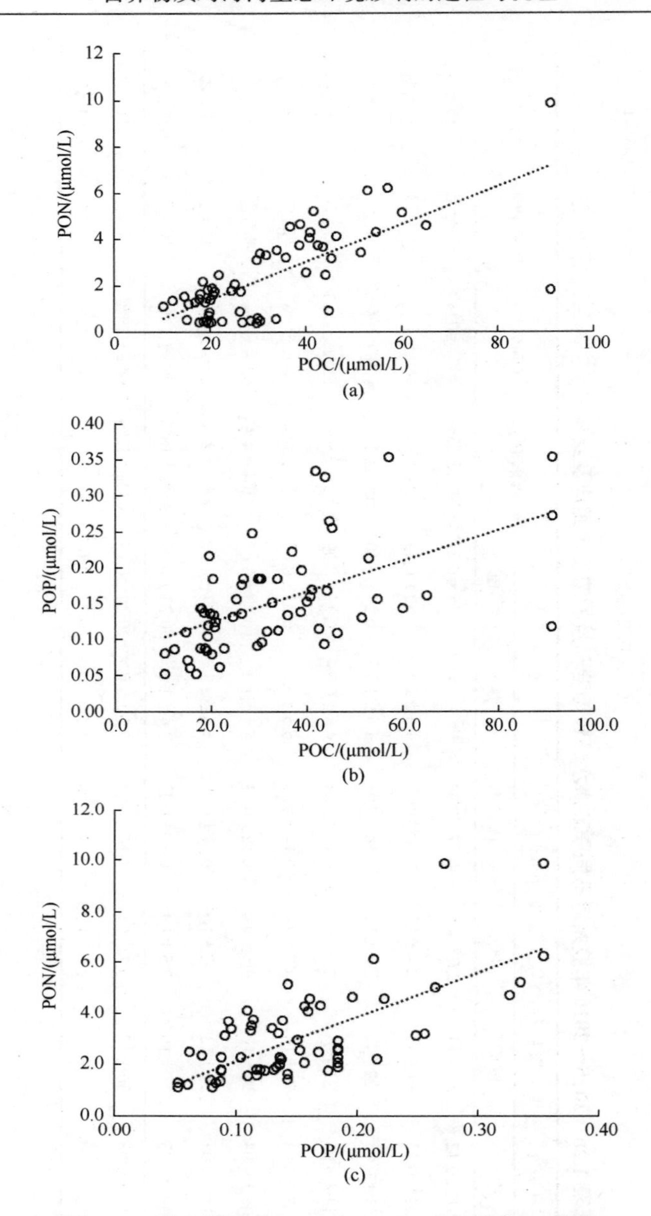

图 1.51　胶州湾 POC、PON、POP 之间的相互关系

（四）胶州湾表层沉积物中的生源要素

1. 胶州湾表层沉积物中不同形态氮及其分布特征

胶州湾表层沉积物中总氮（TN）的平均含量为 37.9 μmol/g，其中有机氮（ON）的平均含量为 26.4 μmol/g，是 TN 的主要存在形态，平均占总氮的 70%。无机氮（IN）平均含量为 11.5 μmol/g，平均占总氮的 30%，同样证实了无机氮是沉积物总氮中不可忽略的一部分（Song，2010；宋金明和李学刚，2018）。研究表明，在无机氮中结合在矿物晶格

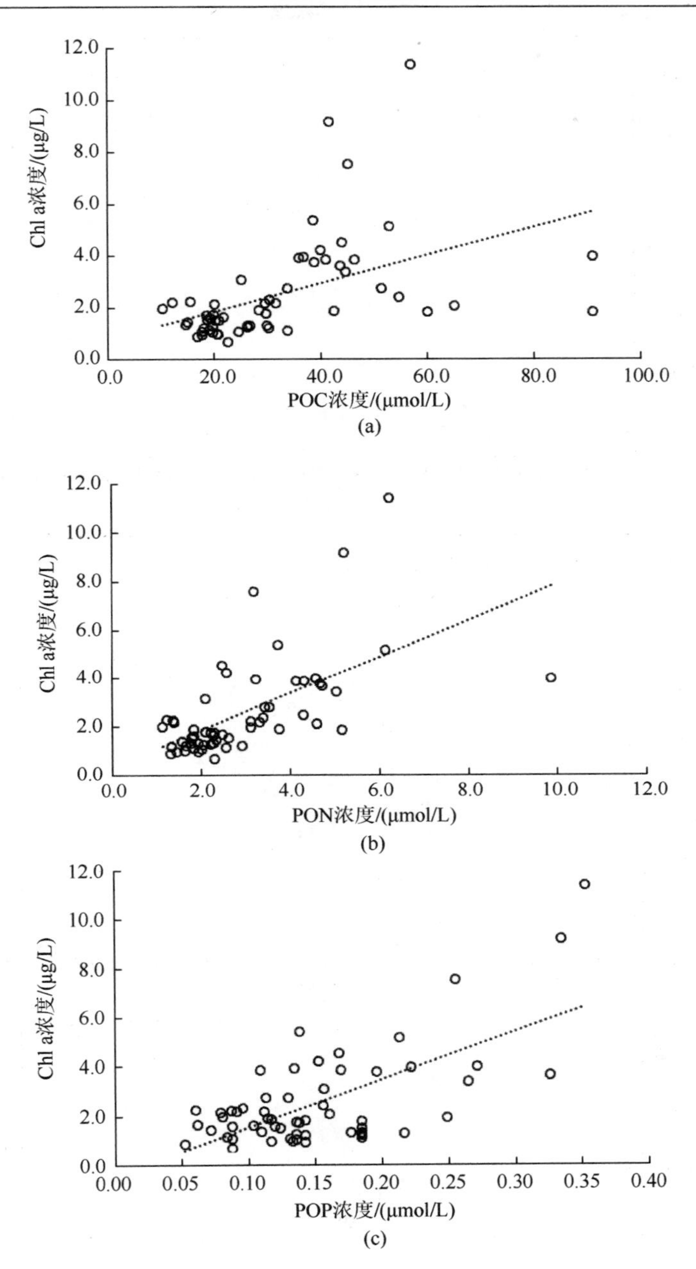

图 1.52　胶州湾 POC、PON、POP 与 Chl a 的相互关系

内的固定态铵是其主要组成部分，胶州湾表层沉积物中总氮、有机氮与总有机碳（total organic carbon，TOC）均显著相关，表明胶州湾各站位表层沉积物中有机质具有相似来源（图 1.54，图 1.55）。

与胶州湾水体中溶解态氮营养盐的分布特征一致，胶州湾表层沉积物中各形态氮在胶州湾的东北部都具有高值分布。东北部沿岸工业废水和生活污水中包括大量含氮物质，为沉积物提供了大量的氮源，是这一地区沉积物中氮含量较高的主要原因。

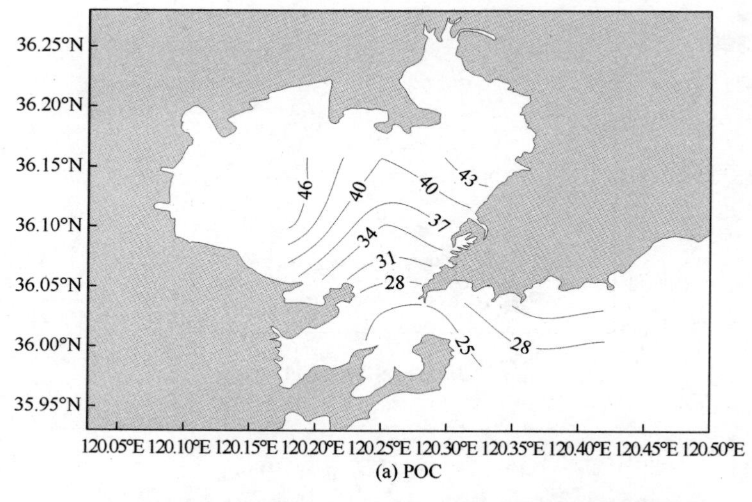

(a) POC

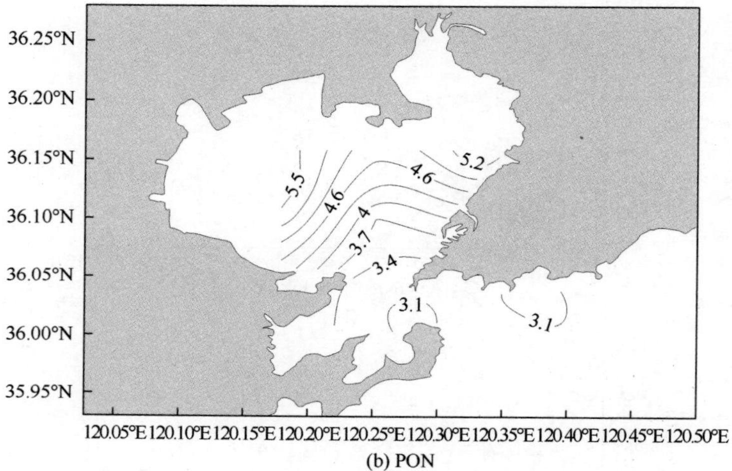

(b) PON

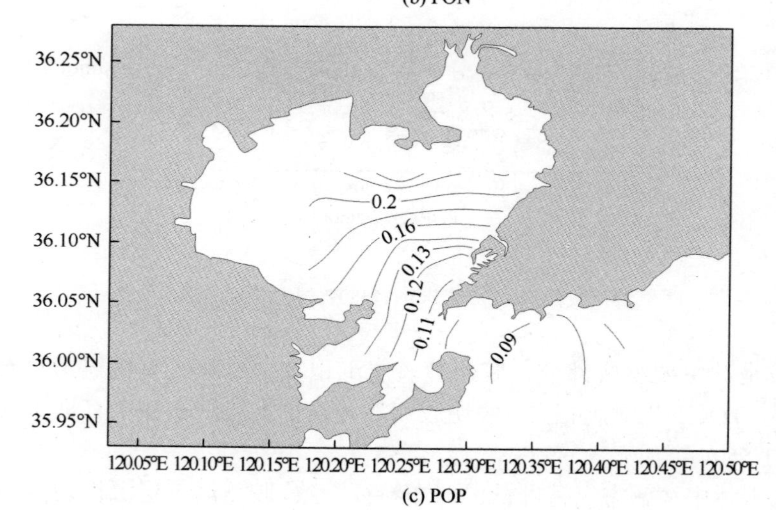

(c) POP

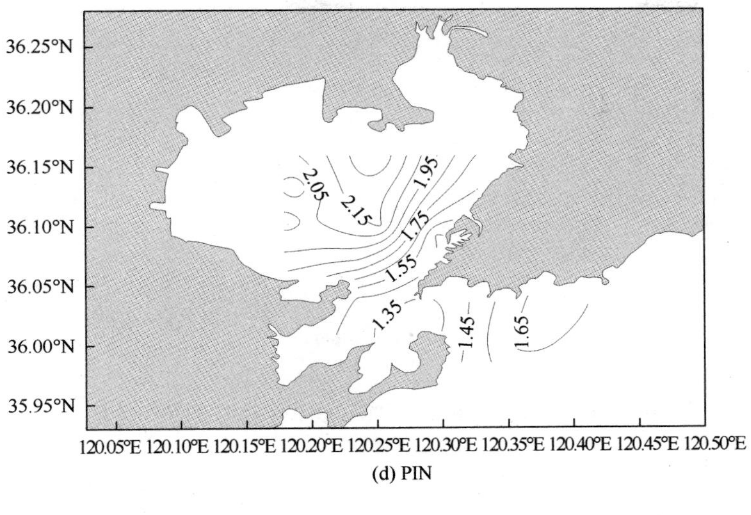

(d) PIN

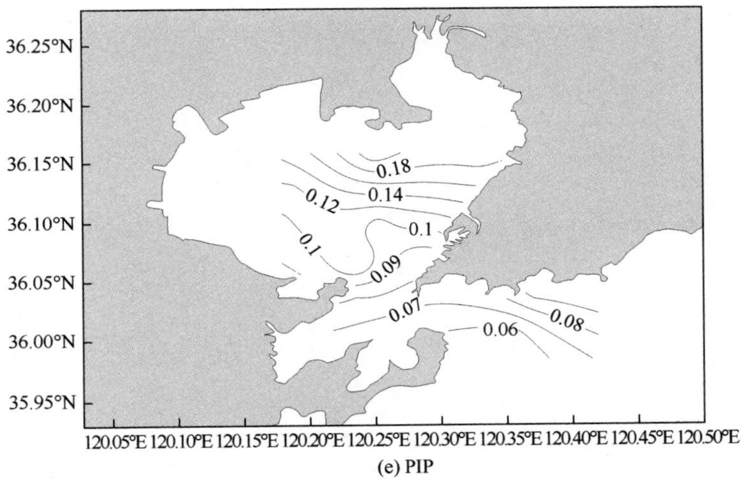

(e) PIP

图 1.53　胶州湾颗粒态碳、氮、磷年均浓度的平面分布（单位：μmol/L）

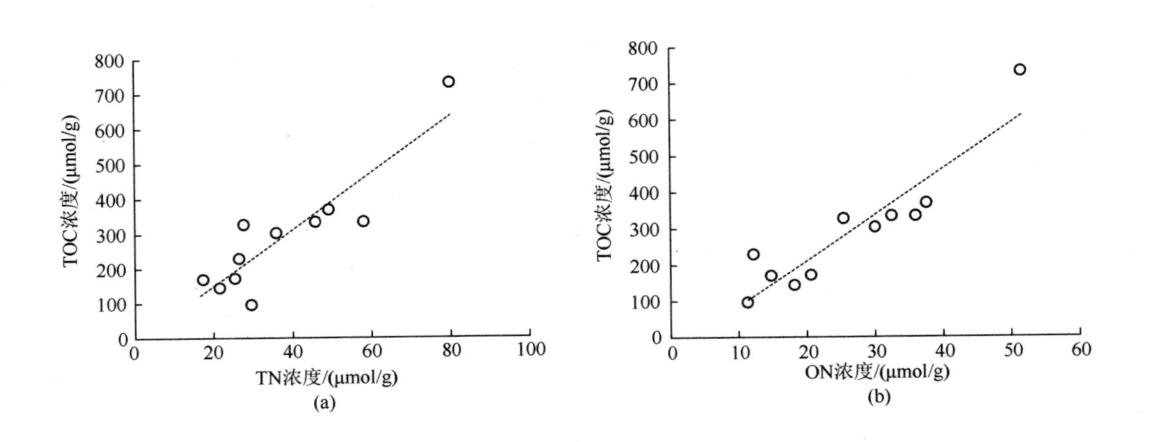

(a)　(b)

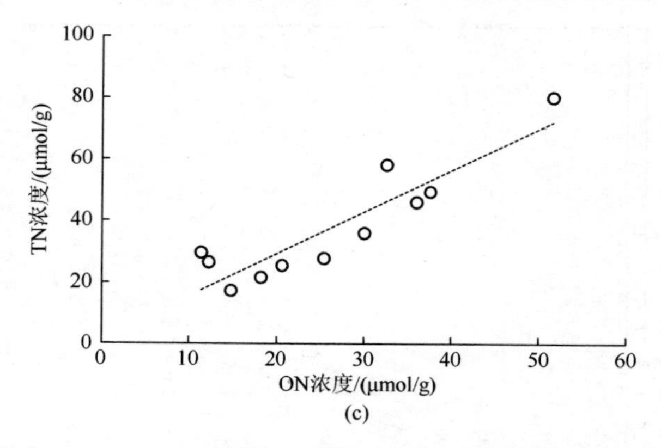

(c)

图 1.54 胶州湾沉积物中 TN、ON 与 TOC 的相互关系

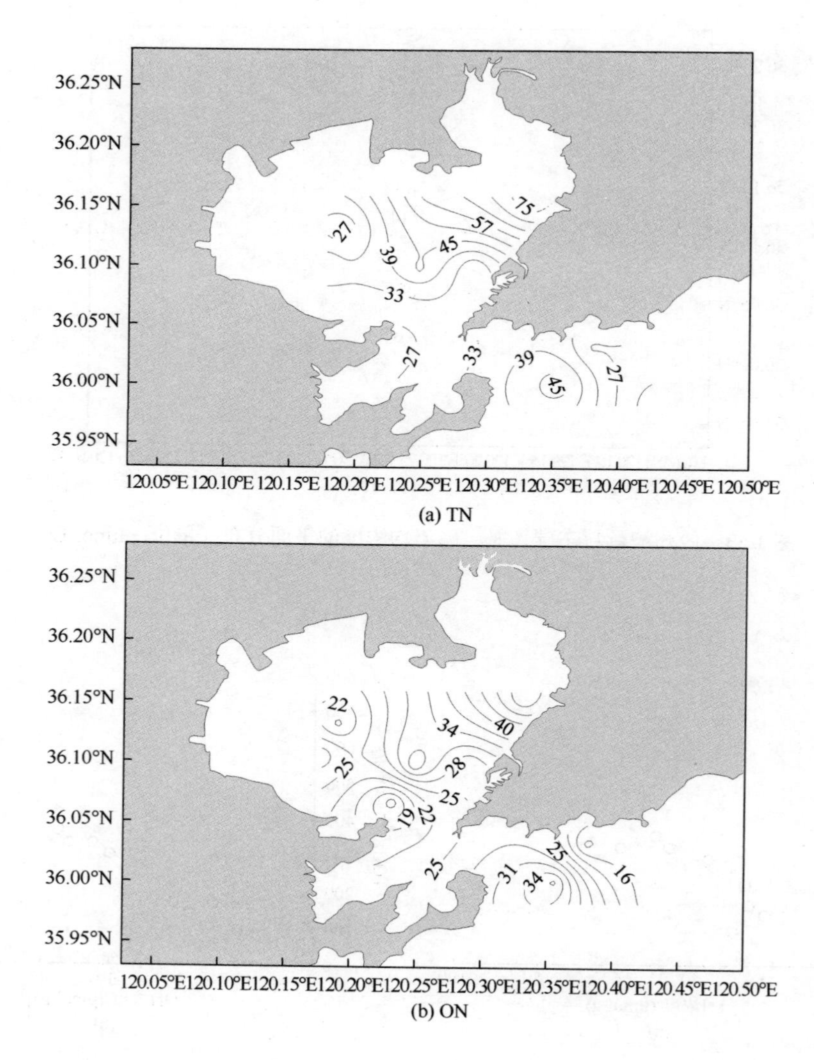

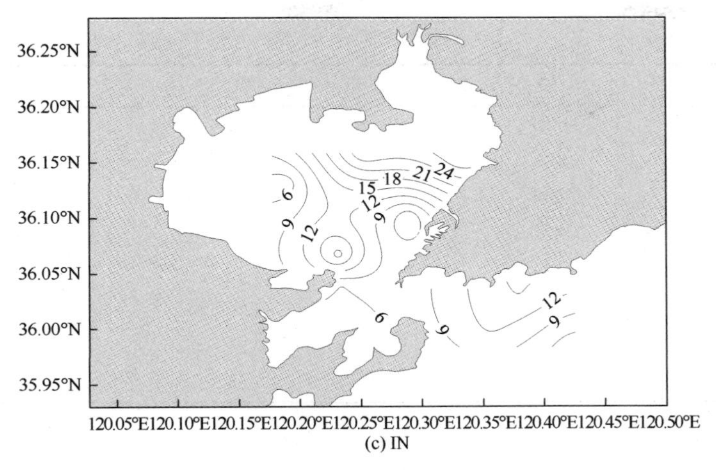

(c) IN

图 1.55　胶州湾表层沉积物中 TN、ON 和 IN 浓度的平面分布（单位：μmol/g）

2. 胶州湾表层沉积物中不同形态磷及其分布特征

磷是生物地球化学循环中不可或缺的生源要素之一，是海洋浮游植物生长和繁殖的必需成分。沉积物是磷的重要储库，河流输送是胶州湾沉积物中磷的主要来源。胶州湾表层沉积物中总磷（TP）的含量为 2.91～9.55 μmol/g，平均含量为 6.37 μmol/g，其中有机磷（OP）的平均含量为 3.73 μmol/g，无机磷（IP）的平均含量为 2.64 μmol/g，平均分别占 TP 的 59%和 41%（表 1.27），表明胶州湾表层沉积物中无机磷和有机磷对总磷均具有重要贡献。同期调查的水体底层颗粒磷的结果，同样显示颗粒有机磷的比例（60%）略高于颗粒无机磷（40%），表明了颗粒磷对沉积物中总磷的贡献或者沉积物再悬浮对底层颗粒物的贡献。与以往的研究相比，胶州湾表层沉积物中磷的主要存在形态由无机磷向无机磷和有机磷比例相当转变（Song，2010）。胶州湾有机磷含量并未发生明显改变，但无机磷的含量有所降低，造成了无机磷比例的下降，可能与近年来入湾河流磷的输入量、水体中磷酸盐浓度的降低有关。胶州湾磷的主要来源为河流输入，作为最大的入湾河流，大沽河自 1960 年代以来在上游河段兴修水利，泥沙被大量拦截，输沙量减少，同时径流量也有所降低，这对湾内磷浓度下降有直接影响。

胶州湾表层沉积物中有机磷（OP）与总有机碳（TOC）和有机氮（ON）均显著相关，同样表明胶州湾各站位表层沉积物中有机质具有相似来源（图 1.56）。胶州湾表层沉积物中总磷同样在湾的东北部都具有高值分布，但无机磷在湾内的东部整体较高，呈现向西部和湾口方向逐渐减小，自湾口外又逐渐增加的趋势。有机磷同样在湾东北部都具有高值分布，向湾东部和湾口逐渐降低，整体趋于一致（图 1.57）。

表 1.27　2016 年秋季胶州湾表层沉积物不同形态磷的含量（单位：μmol/g）

站位	TP	IP	OP
S3	2.91	1.82	1.09
S4	7.43	3.12	4.31
S5	9.55	3.00	6.55

续表

站位	TP	IP	OP
S6	6.60	2.62	3.98
S7	8.47	3.67	4.80
S8	7.59	3.47	4.11
S9	3.26	0.95	2.31
S10	6.39	3.18	3.21
S12	3.74	1.26	2.48
S13	8.79	3.37	5.43
S14	5.34	2.56	2.78

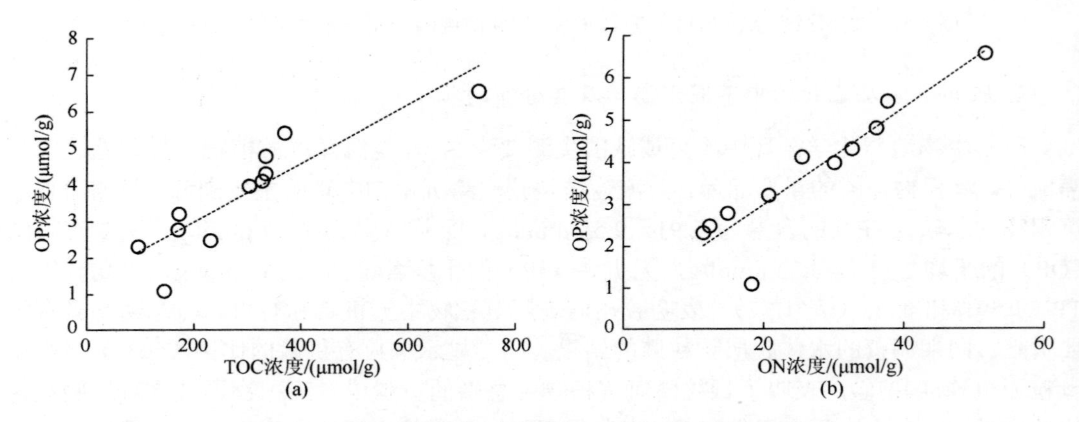

图 1.56　胶州湾沉积物中 OP 与 TOC、ON 的相互关系

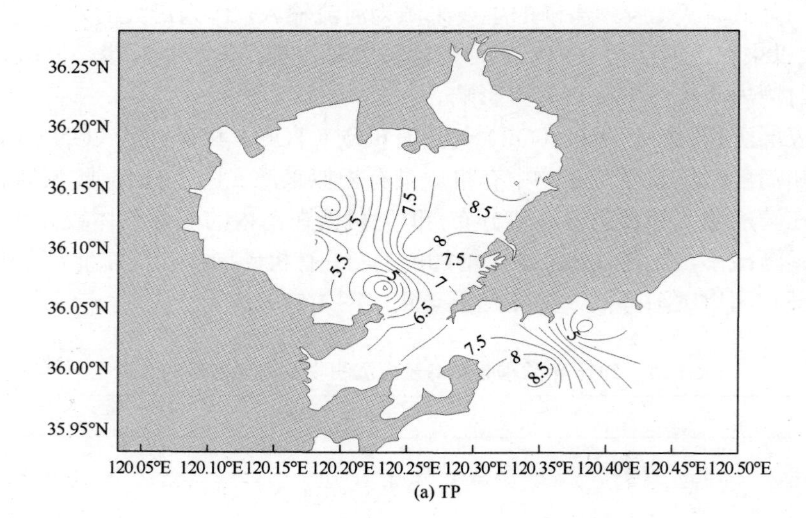

(a) TP

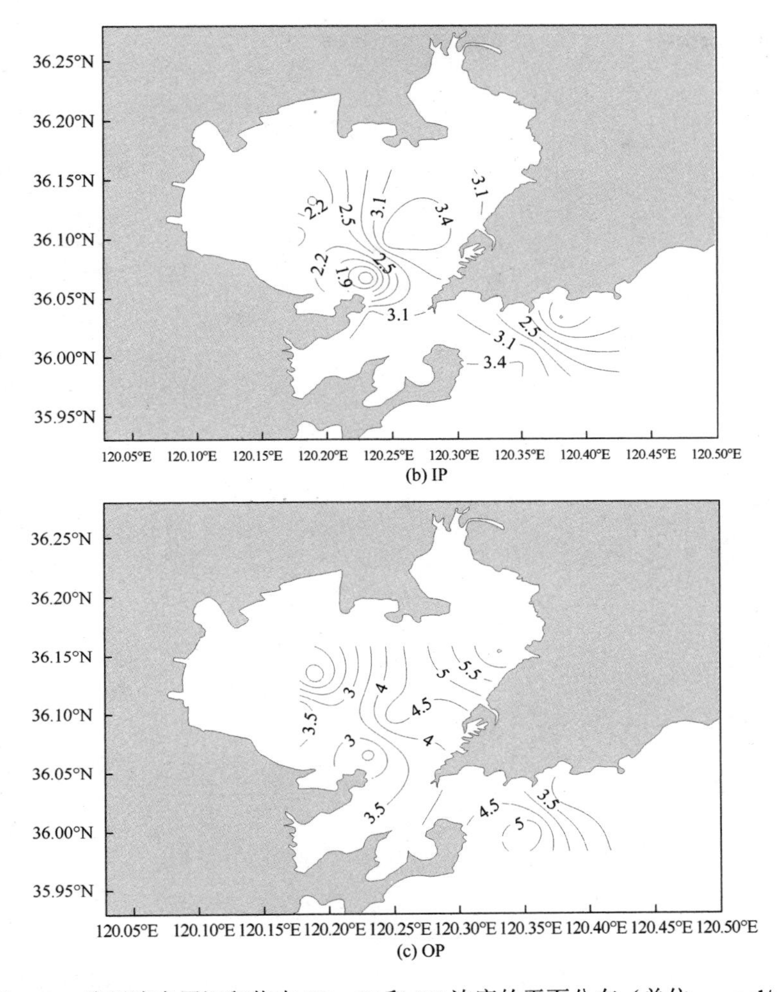

(b) IP

(c) OP

图 1.57　胶州湾表层沉积物中 TP、IP 和 OP 浓度的平面分布（单位：μmol/g）

二、大亚湾环境现状与变化特征

大亚湾周边无大型河流，20 多条区域性河流分布于流域范围内，但多以季节性输入为主，澳头港附近入海的淡澳河是大亚湾主要的径流输入，其流量远高于其他河流，对大亚湾的影响最为明显。作者团队于 2015～2018 年在大亚湾布设 15 个站位（图 1.58），展开夏、冬、春、秋 4 个季度航次调查。

（一）大亚湾溶解无机态营养盐的地球化学特征

1. 大亚湾溶解无机态营养盐的浓度、组成与季节变化特征

2015～2016 年大亚湾各季节表层、底层溶解无机态营养盐的浓度如表 1.28 所示。DIN 全年变化范围为 1.10～65.98 μmol/L，平均浓度为（11.29±8.05）μmol/L。其中，NO_3-N

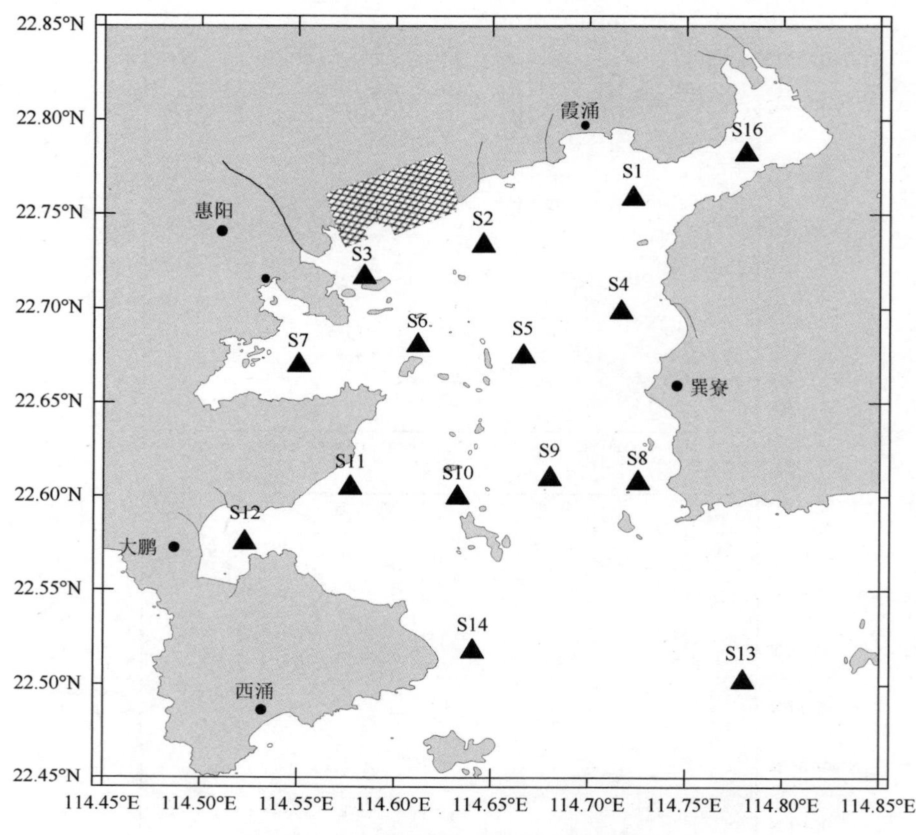

图 1.58　大亚湾海水及表层沉积物采样站位

全年变化范围为 0.44～43.3 μmol/L，平均浓度为（5.99±5.13）μmol/L；NH_4-N 全年变化范围为 0.20～18.78 μmol/L，平均浓度为（4.47±3.82）μmol/L；NO_2-N 全年变化范围为 0.00～5.39 μmol/L，平均浓度为（0.84±0.99）μmol/L。DIN 在 4 个季节的平均浓度分别为 11.4 μmol/L、8.5 μmol/L、10.7 μmol/L 和 10.9 μmol/L。DIN 在春季浓度最高，夏季最低，各个季节之间差异不大。其中，NO_3-N 在春季浓度水平为全年最高，而秋季最低，夏冬两季浓度相近。NH_4-N 在秋季含量较高，夏季含量稍低，各个季度差异均不大。NO_2-N 在各个季节含量均较低，其中冬季平均浓度最高，春季最低。DIP 在各个季节中平均含量为（0.42±0.78）μmol/L，年度变化范围为 0.04～8.10 μmol/L。DSi 的含量为 0.11～57.23 μmol/L，平均值为（16.68±10.65）μmol/L。

表 1.28　大亚湾溶解无机态营养盐各季节及年均浓度

季节	层次	温度/℃	盐度	NO_3-N /(μmol/L)	NO_2-N /(μmol/L)	NH_4-N /(μmol/L)	DIN /(μmol/L)	DIP /(μmol/L)	DSi /(μmol/L)
春季	表层	16.87±1.19	30.81±1.84	7.47±5.91	0.59±0.92	4.74±4.07	12.79±10.4	0.43±0.83	23.01±9.93
	底层	16.36±0.37	31.79±0.93	5.91±4.01	0.26±0.11	3.86±2.20	10.22±5.66	0.22±0.22	24.32±11.59

续表

季节	层次	温度/℃	盐度	NO_3-N /(μmol/L)	NO_2-N /(μmol/L)	NH_4-N /(μmol/L)	DIN /(μmol/L)	DIP /(μmol/L)	DSi /(μmol/L)
夏季	表层	30.24±0.79	29.18±4.22	6.66±11.62	0.69±1.55	2.85±4.40	9.53±17.01	0.64±2.15	12.48±14.88
	底层	27.81±1.81	30.81±1.91	4.72±2.48	0.64±0.77	2.62±3.23	7.45±4.97	0.18±0.12	20.54±9.74
秋季	表层	27.39±1.04	30.03±0.90	3.78±3.35	0.43±0.67	6.46±4.46	10.68±7.25	0.44±0.58	4.83±3.85
	底层	27.10±0.32	30.79±0.41	4.26±3.21	0.34±0.58	6.49±4.37	11.09±7.18	0.29±0.35	6.69±5.57
冬季	表层	18.68±0.75	33.48±0.49	5.51±3.11	1.88±1.18	3.52±2.61	10.91±2.39	0.55±0.21	18.38±5.20
	底层	17.34±4.84	31.42±8.7	6.91±3.24	1.80±0.71	3.04±1.46	11.75±2.39	0.54±0.17	20.37±3.04
年均	表层	23.14±0.97	30.88±1.51	5.92±4.36	0.91±0.83	4.48±2.94	10.98±7.55	0.52±0.81	14.90±5.90
	底层	22.03±1.21	31.21±2.67	5.45±1.87	0.76±0.38	4.09±2.43	7.29±4.76	0.31±0.18	18.01±2.85

DIN 各组分中，NO_3-N、NH_4-N、NO_2-N 与 DIN 的高值主要分布在大亚湾西北角的淡澳河河口区域，整体呈现湾顶向湾口逐步递减的趋势（图 1.59）；冬秋两季 NO_3-N 高值出现在湾口区域，湾顶浓度处于较低水平，且哑铃湾、大鹏澳与范和港内的 NO_3-N 浓度高于湾中区域（图 1.59a）。NO_2-N 的分布特征较为不同，湾内整体浓度较高且高值区由淡澳河河口延伸至东岸，表现为湾内浓度高于湾外（图 1.59b）。NH_4-N 在湾口区域也出现较高浓度分布，主要分布于三角洲区域（图 1.59c）。淡澳河河口区域 DIN 浓度极高并向湾口

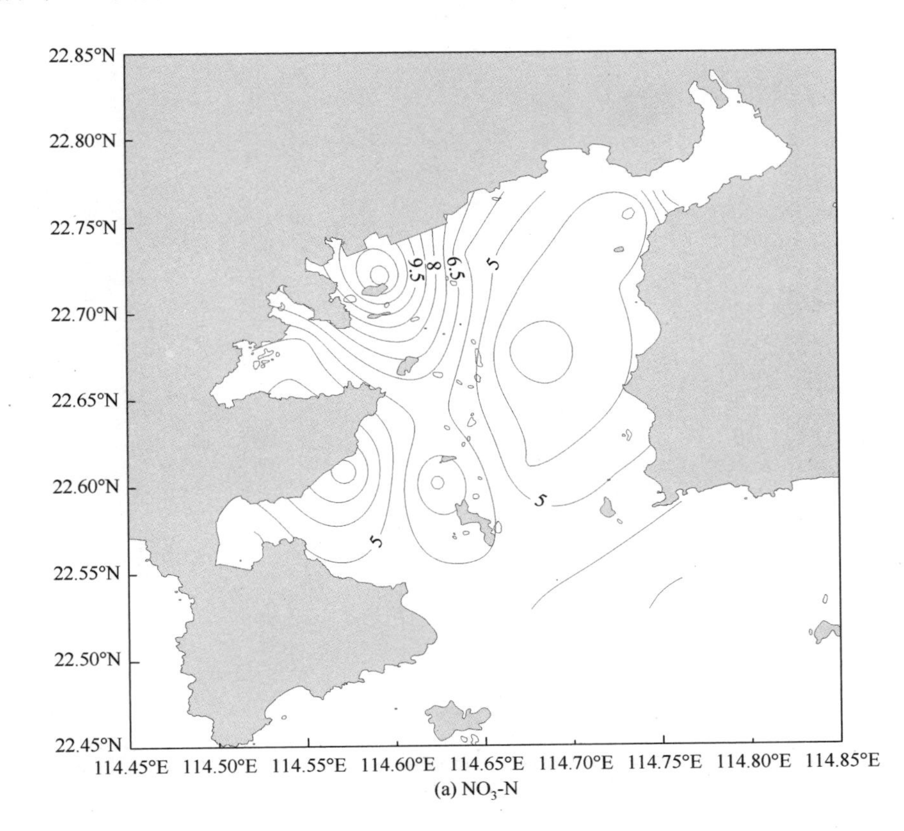

(a) NO_3-N

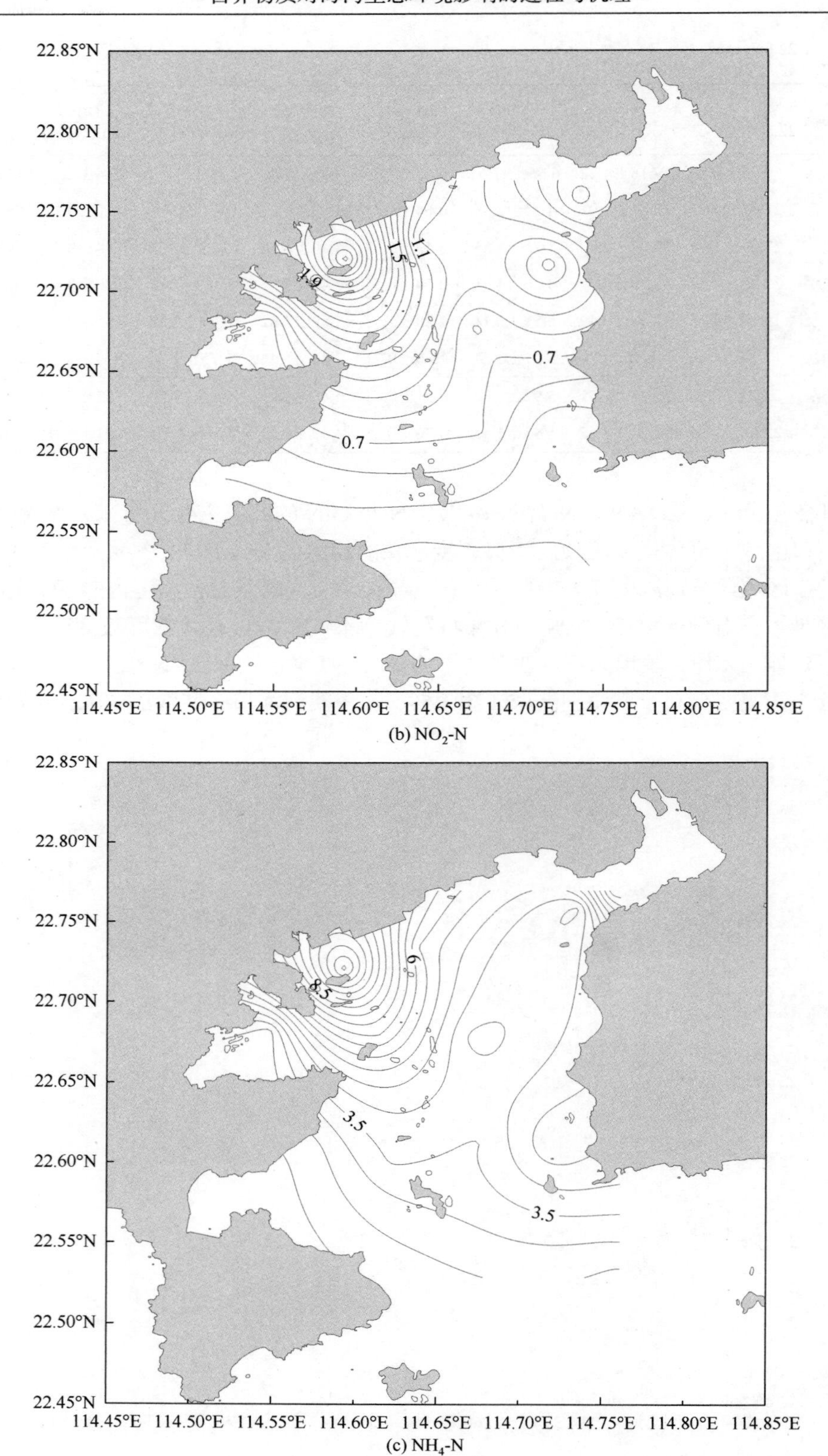
22.85°N
22.80°N
22.75°N
22.70°N
22.65°N
22.60°N
22.55°N
22.50°N
22.45°N
1.1
1.5
1.9
0.7
0.7
114.45°E 114.50°E 114.55°E 114.60°E 114.65°E 114.70°E 114.75°E 114.80°E 114.85°E
22.85°N
22.80°N
22.75°N
22.70°N
22.65°N
22.60°N
22.55°N
22.50°N
22.45°N
6
8.5
3.5
3.5
114.45°E 114.50°E 114.55°E 114.60°E 114.65°E 114.70°E 114.75°E 114.80°E 114.85°E

(b) NO_2-N

(c) NH_4-N

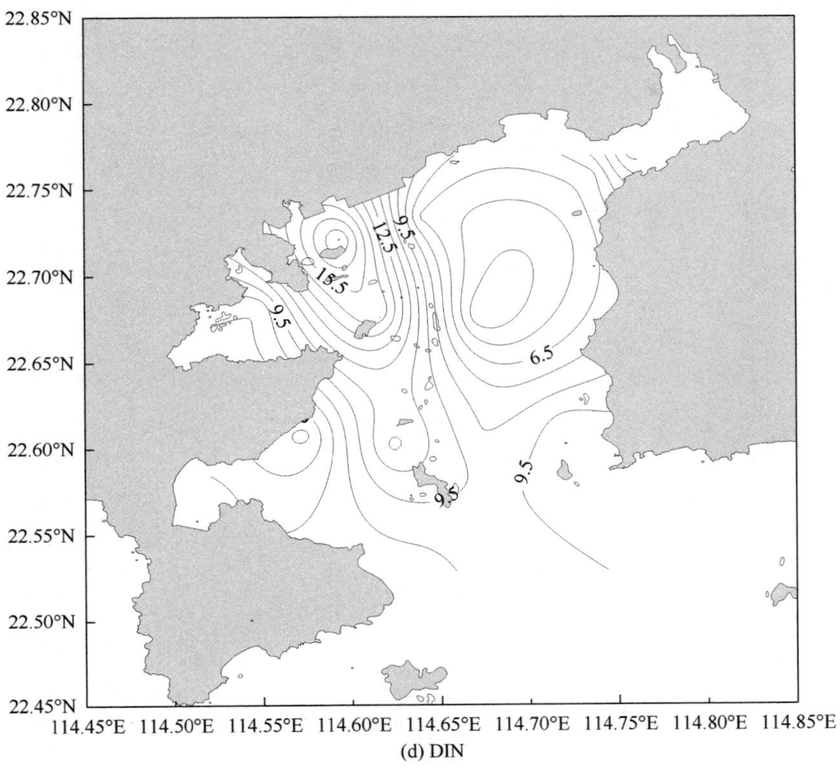
22.85°N
22.80°N
22.75°N
22.70°N
22.65°N
22.60°N
22.55°N
22.50°N
22.45°N
114.45°E
114.50°E
114.55°E
114.60°E
114.65°E
114.70°E
114.75°E
114.80°E
114.85°E
9.5
12.5
15.5
9.5
6.5
9.5
9.5
(d) DIN

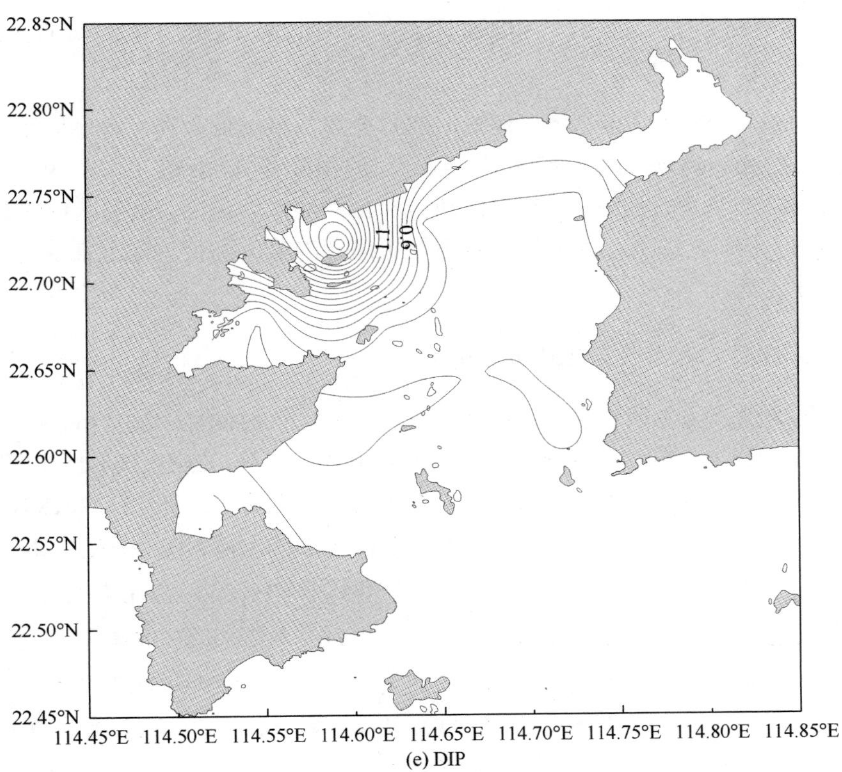
22.85°N
22.80°N
22.75°N
22.70°N
22.65°N
22.60°N
22.55°N
22.50°N
22.45°N
114.45°E
114.50°E
114.55°E
114.60°E
114.65°E
114.70°E
114.75°E
114.80°E
114.85°E
1.1
0.9
(e) DIP

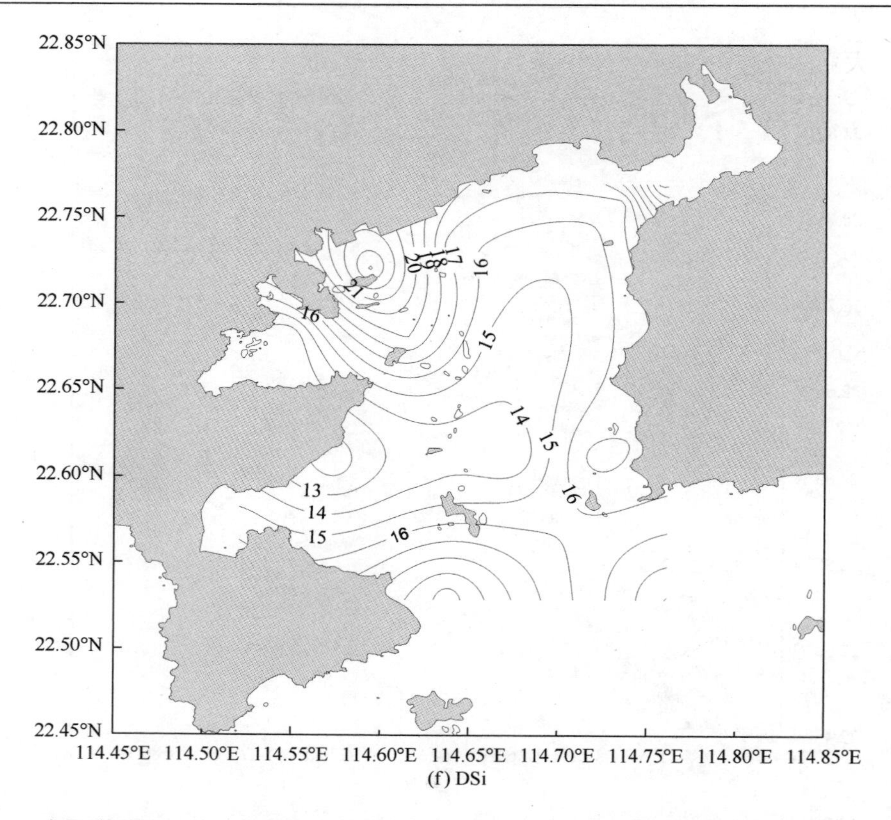

(f) DSi

图 1.59　大亚湾 NO_3-N 、 NO_2-N 、 NH_4-N 、DIN、DIP 和 DSi 年均浓度分布（单位：μmol/L）

递减（图 1.59d）。DIP 的分布整体呈淡澳河河口至澳头港区域最高，湾外最低，湾顶至湾口浓度下降的趋势，湾顶最高浓度分别达到湾口的 100 倍与 20 倍（图 1.59e）。DSi 总体上呈现湾内向湾外递减的趋势，在淡澳河河口和范和港浓度最高，东部区域的 DSi 浓度略高于西部（图 1.59f）。综上，大亚湾海水各无机态营养盐的高值均出现在湾内的西北部，向湾口和湾外递减。

2. 大亚湾溶解无机态营养盐的历史变化

通过搜集文献及历史调查资料，得到大亚湾 30 多年来 DIN、DIP 和 DSi 的变化情况（图 1.60）。20 世纪 80 年代中期至今，DIN 浓度呈升高趋势，2010 年 DIN 浓度有大幅度升高，且之后几年（2010～2012 年）一直稳定在较高浓度水平，2015～2018 年 DIN 浓度开始有小幅下降的趋势。大亚湾海水 DIN 各形态占比总体上以 NH_4-N 为主，NO_3-N 次之，NO_2-N 所占比例最低。部分年份出现 NO_3-N 含量高于 NH_4-N，2010 年以来，NO_3-N 占 DIN 的比例已超过 50%，高于 NH_4-N 占 DIN 的比例。从 20 世纪 90 年代到 21 世纪初，大亚湾海水 DIP 浓度年度平均值总体呈下降趋势。2005 年 DIP 大幅度升高，随后虽逐年下降，但仍高于 21 世纪初。2009 年 DIP 年均浓度较低，仅为 0.16 μmol/L，2010 年 DIP 浓度出现回升，此后 DIP 处于相对稳定状态，2010 年至今总体维持在 0.30 μmol/L 以上水平。

30多年来大亚湾DSi浓度无明显变化趋势，其浓度处于波动状态，1998年、1999年、2007年和2017～2018年DSi浓度较低。

(二)大亚湾溶解有机态营养盐的地球化学特征

2015～2016年大亚湾4个季节的溶解有机态营养盐平均浓度及比例如表1.29所示。大亚湾DOC的浓度为70.48～319.33 μmol/L，平均值为(132.46±32.20) μmol/L；TDN的浓度为4.86～157.64 μmol/L，平均值为(23.66±19.62) μmol/L；TDP的浓度为0.07～10.52 μmol/L，平均值为(0.60±0.97) μmol/L；DON的含量相比于DIN更高，其全年变

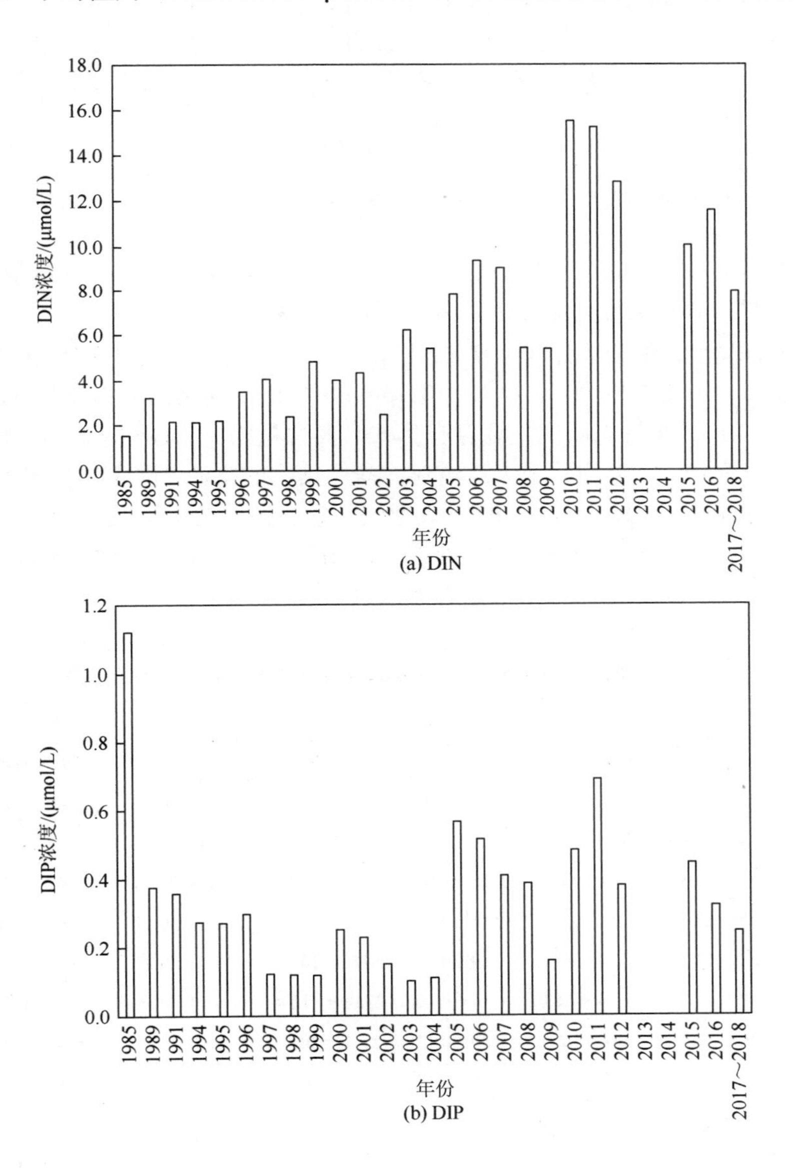

(a) DIN

(b) DIP

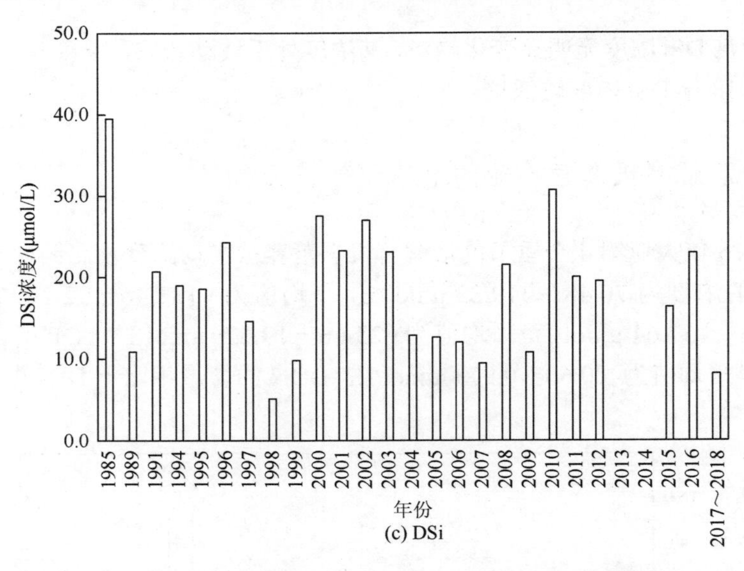

(c) DSi

图 1.60 1985～2018 年大亚湾 DIN、DIP 和 DSi 的年均浓度变化

化范围在 1.06～97.12 μmol/L，年均浓度达到（11.82±8.43）μmol/L。DON 浓度在秋季达到全年最高水平，春季浓度与之相近，冬季最低，仅秋季一半。

大亚湾 DOP 全年变化范围为 0.02～2.42 μmol/L，年均浓度为（0.21±0.22）μmol/L，DIP 在各个季节中平均浓度为（0.42±0.78）μmol/L，年度变化范围为 0.04～8.10 μmol/L。大亚湾海水中 DIP 是溶解态磷的主要存在形式，其含量约为 DOP 的 2 倍，但 DOP 仍是磷不可忽视的存在形式。以往关于大亚湾营养盐污染物的来源、构成和分布的研究侧重于无机态部分，而忽视了 DON 和 DOP 对大亚湾溶解态营养盐的贡献。实际上，近岸海域溶解有机态营养盐是营养物质循环的一个重要环节，不仅可以与无机态之间相互转化，而且是一类潜在的可被生物利用的重要营养源。

表 1.29 2015～2016 年各季节溶解有机态营养盐平均浓度及比例

季节	层次	平均浓度/(μmol/L)					比例	
		DOC	DON	DOP	TDN	TDP	DON/TDN	DOP/TDP
春季	表层	147.31±29.74	17.36±34.45	0.14±0.67	30.09±33.70	0.63±0.60	0.48±0.26	0.35±0.25
	底层	141.01±51.96	10.86±6.36	0.15±0.10	20.88±7.37	0.48±0.36	0.53±0.24	0.36±0.23
夏季	表层	130.66±38.86	16.40±24.81	0.28±0.62	26.78±39.55	0.94±2.76	0.61±0.28	0.50±0.21
	底层	100.16±23.21	6.96±6.23	0.11±0.08	14.64±6.66	0.29±0.13	0.44±0.30	0.39±0.21
秋季	表层	128.97±13.51	15.53±9.81	0.19±0.14	24.83±10.39	0.44±0.32	0.61±0.19	0.49±0.22
	底层	130.96±17.20	11.74±7.63	0.16±0.10	23.09±11.24	0.47±0.36	0.51±0.23	0.42±0.21
冬季	表层	128.90±24.91	8.61±5.24	0.30±0.12	19.43±5.75	0.86±0.26	0.42±0.21	0.36±0.12
	底层	123.91±23.57	6.06±4.73	0.26±0.10	17.53±3.76	0.77±0.21	0.32±0.19	0.34±0.12
年均	表层	134.22±21.13	14.62±13.60	0.23±0.20	25.57±20.39	0.72±0.86	0.53±0.15	0.42±0.13
	底层	124.44±21.41	8.91±3.87	0.17±0.05	19.04±5.44	0.51±0.21	0.45±0.13	0.38±0.12

大亚湾内 TDN 的季节分布与 DIN 较为一致，呈湾顶高、湾外低的特征，高值主要分布于湾顶淡澳河河口与范和港，且湾口浓度稍高于湾中区域（图 1.61a）。TDP 的分布特征与 TDN 较为相似（图 1.61b），淡澳河河口区域是其主要高值区。除河口外，湾内浓度较低且分布均匀，海区浓度大多低于 0.3 μmol/L，湾内基本高于 0.6 μmol/L。DOC 的浓度由湾顶向湾外逐渐下降（图 1.61c）。

DON 分布与 TDN 的并不明显类似，但高值主要出现于湾顶区域，淡澳河河口与澳头港区域为主要高值区，范和港内浓度水平也长期高于湾中（图 1.61d）。DOP 浓度由河口区域向湾中快速下降，DOP 的分布与 DON 具有一定差异，前者高值仅分布于河口区域且各季节 DON 的高值分布区与 DOP 不重叠，部分 DON 的湾中高值区甚至是 DOP 低值区（图 1.61e）。

对于半封闭性海湾而言，溶解态营养盐的分布受到河流的输入及海洋初级生产的季节性影响，湾内西北部的高值区可能来自淡澳河的输入和现场初级生产的贡献。一方面，淡澳河输入的营养盐比较丰富，浮游生物活动比较旺盛，可通过分泌代谢产物、浮游动物摄食和死亡后残体的分解等途径向海水中释放溶解态生源要素，同时测定的该区域 Chl a 的含量也较高，证实了该海域 DOC 的高值可能来自浮游植物的生产活动；另一方面，流经惠州大亚湾区等重要城镇的淡澳河本身的高浓度有机物污水也是造成西北部溶解态营养盐浓度较高的重要原因。综上，大亚湾溶解态氮呈湾顶高而湾外低的分布规律，高值区域全年主要分布于湾顶，而冬秋两季除湾顶外仍有其他高值区域。

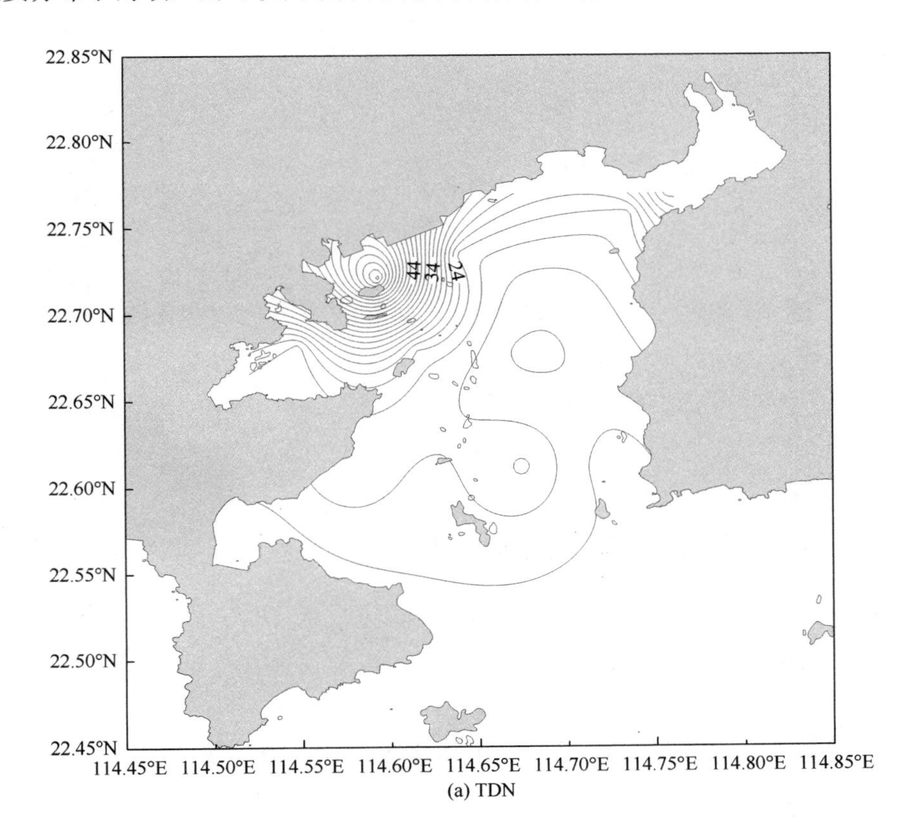

(a) TDN

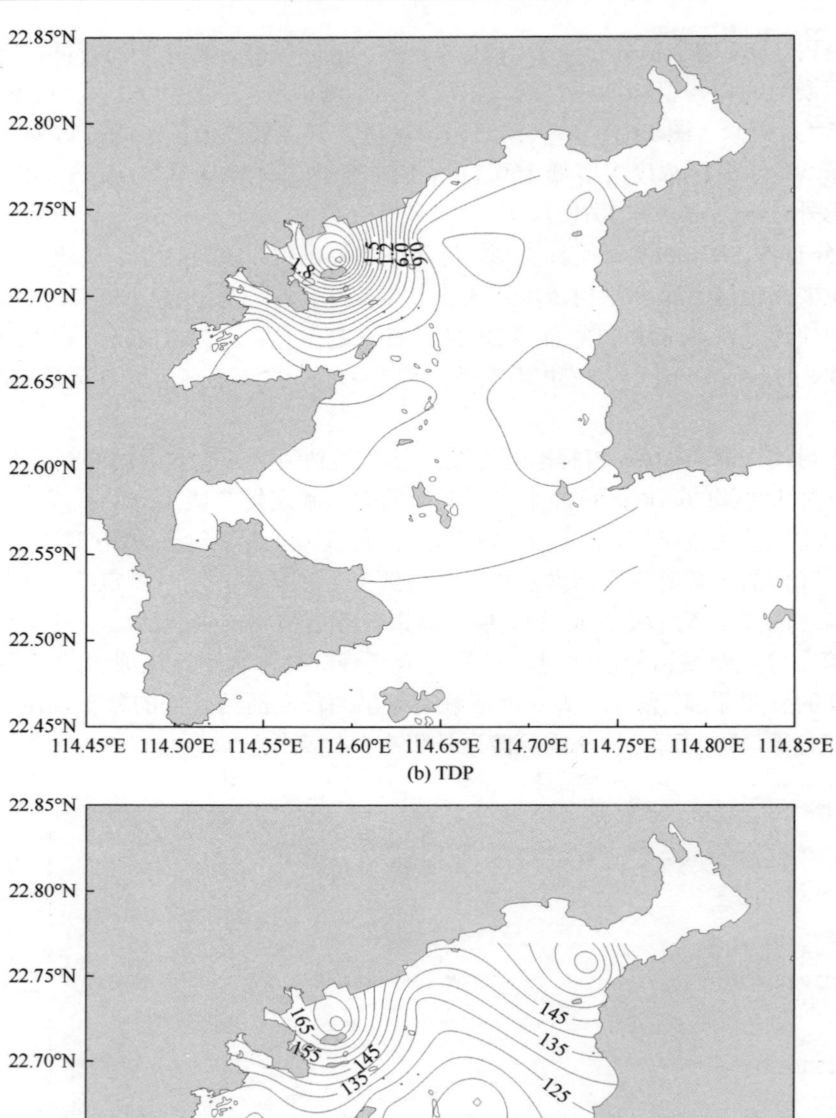
22.85°N
22.80°N
22.75°N
22.70°N
22.65°N
22.60°N
22.55°N
22.50°N
22.45°N
114.45°E 114.50°E 114.55°E 114.60°E 114.65°E 114.70°E 114.75°E 114.80°E 114.85°E
1.8

(b) TDP

22.85°N
22.80°N
22.75°N
22.70°N
22.65°N
22.60°N
22.55°N
22.50°N
22.45°N
114.45°E 114.50°E 114.55°E 114.60°E 114.65°E 114.70°E 114.75°E 114.80°E 114.85°E
165
155
145
135
125
145
135
125
115

(c) DOC

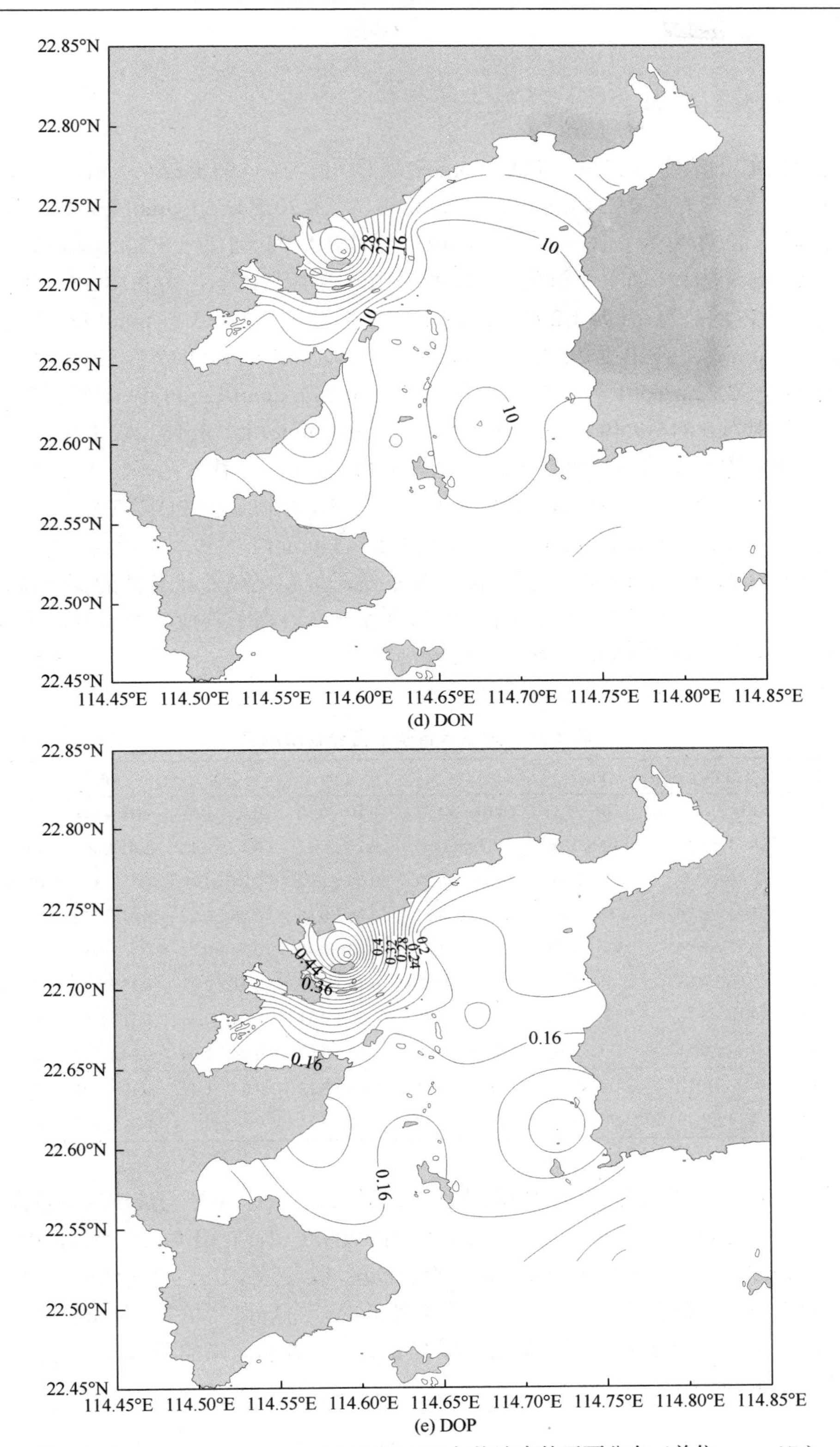

(d) DON

(e) DOP

图1.61　TDN、TDP、DOC、DON和DOP年均浓度的平面分布（单位：μmol/L）

（三）大亚湾颗粒态营养盐的地球化学特征

大亚湾 POC 的浓度为 12.36～144.07 μmol/L，平均值为（34.93±22.69）μmol/L（表 1.30）。大亚湾 PN 浓度为 2.63～26.24 μmol/L，平均浓度为（8.20±4.75）μmol/L。4 个季度 PON 浓度均相对较高，浓度为 0.16～21.11 μmol/L，平均浓度为（5.27±3.33）μmol/L，其含量占 PN 的 65.0%，是 PN 的主要组分；PIN 的变化范围小于 PON，为 0.18～13.81 μmol/L，年均浓度低于 PON，为（2.94±2.89）μmol/L。PP 浓度为 0.11～3.71 μmol/L，平均浓度为（0.39±0.37）μmol/L。PIP 是 PP 的主要成分，其年均占比达 PP 的 63.4%；PIP 的浓度变化范围为 0.06～2.22 μmol/L，平均浓度为（0.25±0.24）μmol/L；POP 浓度范围与均值均小于 PIP，分别为 0.04～1.49 μmol/L 和（0.14±0.16）μmol/L。具体见表 1.30。

大亚湾 PN 浓度夏季高、秋季低，春夏两季 PN 浓度高于秋冬两季，但夏季湾内浓度差异远大于其他 3 个季度。PIN 的季节变化趋势与 PN 相似，但 PON 在夏冬两季含量均较高，分别为（6.16±3.42）μmol/L 和（6.37±2.84）μmol/L；秋季含量为（3.24±2.36）μmol/L，为全年最低值。PP 浓度夏季高、冬季低，呈春夏高而秋冬低的变化特征，PIP 和 POP 均呈现相同变化规律。夏季湾内 PP 浓度差异显著高于其他 3 个季度，这与 PN 的季节变化一致，而 PIP 和 POP 的季节变化较一致。

表 1.30　大亚湾各季节营养物质浓度　（单位：μmol/L）

季节	参数	PIN	PON	PN	PIP	POP	PP	POC
春季	范围	0.31～11.95	0.16～21.11	4.05～24.31	0.10～0.68	0.05～0.58	0.19～1.26	26.72～63.14
	均值	4.11±2.53	5.48±3.76	9.59±3.69	0.27±0.11	0.15±0.12	0.41±0.20	40.35±19.95
夏季	范围	1.07～13.81	1.95～14.86	3.08～26.24	0.06～2.22	0.04～1.49	0.13～3.71	17.36～130.78
	均值	5.71±3.76	6.16±3.42	11.87±6.81	0.35±0.49	0.26±0.28	0.61±0.72	53.39±36.94
秋季	范围	0.45～3.94	0.17～10.39	2.63～12.21	0.12～0.49	0.04～0.22	0.18～0.68	14.44～41.01
	均值	1.66±0.83	3.24±2.36	4.90±2.22	0.24±0.09	0.11±0.05	0.35±0.13	31.21±8.25
冬季	范围	0.18～3.18	2.18～18.31	3.15～18.98	0.06～0.31	0.04～0.20	0.11～0.47	12.36～144.07
	均值	0.83±0.51	6.37±2.84	7.19±2.77	0.16±0.07	0.08±0.04	0.24±0.09	22.49±12.80
全年	范围	0.18～13.81	0.16～21.11	2.63～26.24	0.06～2.22	0.04～1.49	0.11～3.71	12.36～144.07
	均值	2.94±2.89	5.27±3.33	8.20±4.75	0.25±0.24	0.14±0.16	0.39±0.37	34.93±22.69

大亚湾 POC 年均浓度呈现由湾顶向湾外逐渐降低的趋势，主要与淡澳河大量人为输入的有机碳有关（图 1.62a）。PN 在湾顶淡澳河河口区域浓度较高，沿湾顶至湾口，PN 浓度逐步下降（图 1.62b）。PP 高值出现在淡澳河口至喜洲区域，湾外浓度远低于湾内（图 1.62c）。大亚湾颗粒态氮、颗粒态磷整体呈湾顶高而湾外低的分布规律，春季、夏季、秋季这一分布较显著，湾顶区域淡澳河口至澳头港区域浓度最高；各形态磷的季节分布特征较一致，高值区域基本重叠。

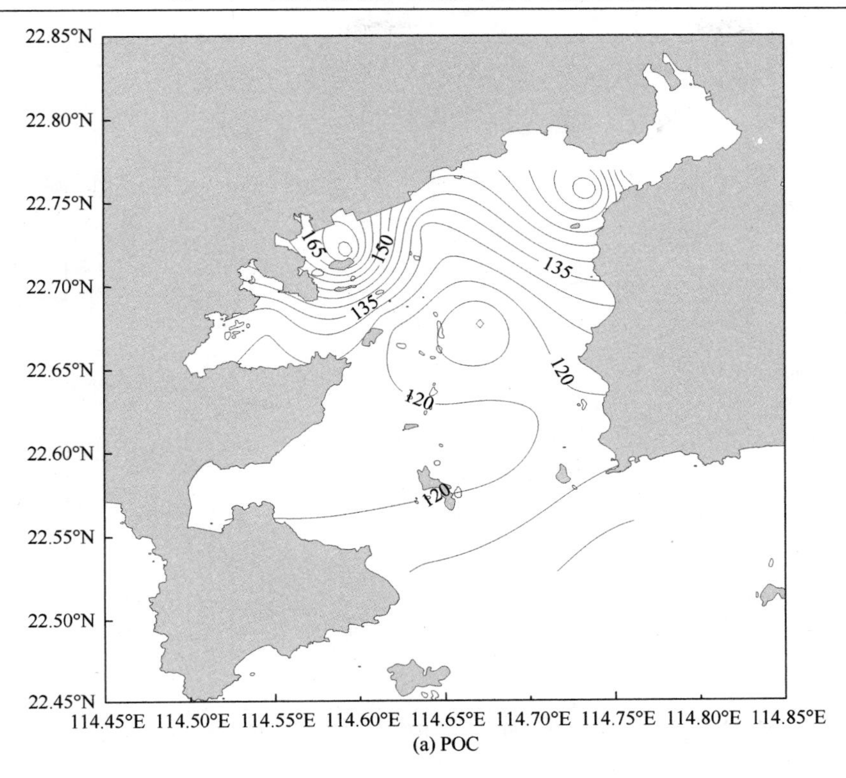
22.85°N
22.80°N
22.75°N
22.70°N
22.65°N
22.60°N
22.55°N
22.50°N
22.45°N
114.45°E 114.50°E 114.55°E 114.60°E 114.65°E 114.70°E 114.75°E 114.80°E 114.85°E
165
150
135
135
120
120
120
(a) POC

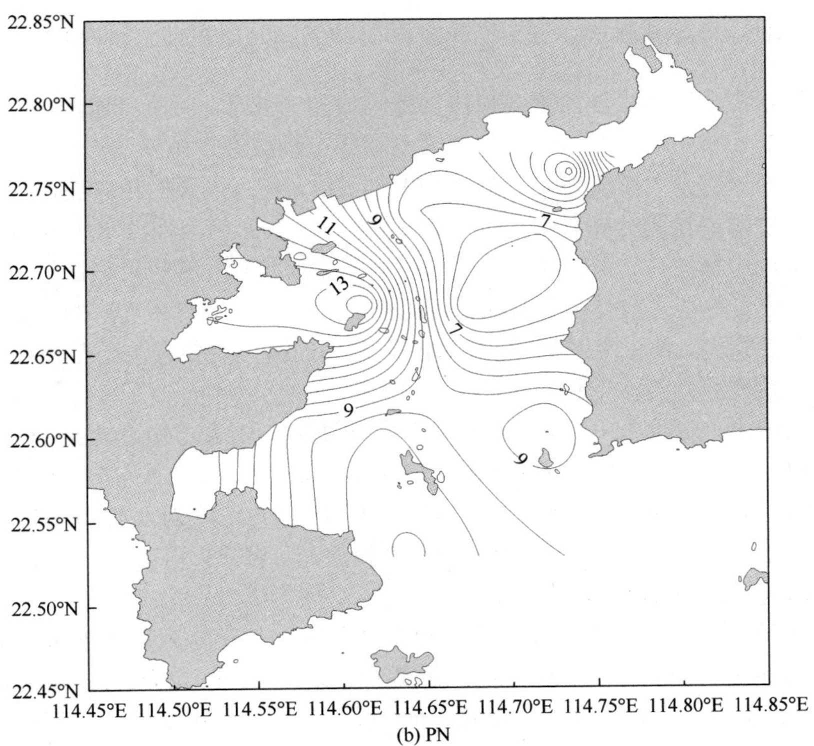
22.85°N
22.80°N
22.75°N
22.70°N
22.65°N
22.60°N
22.55°N
22.50°N
22.45°N
114.45°E 114.50°E 114.55°E 114.60°E 114.65°E 114.70°E 114.75°E 114.80°E 114.85°E
11
9
7
13
7
9
9
(b) PN

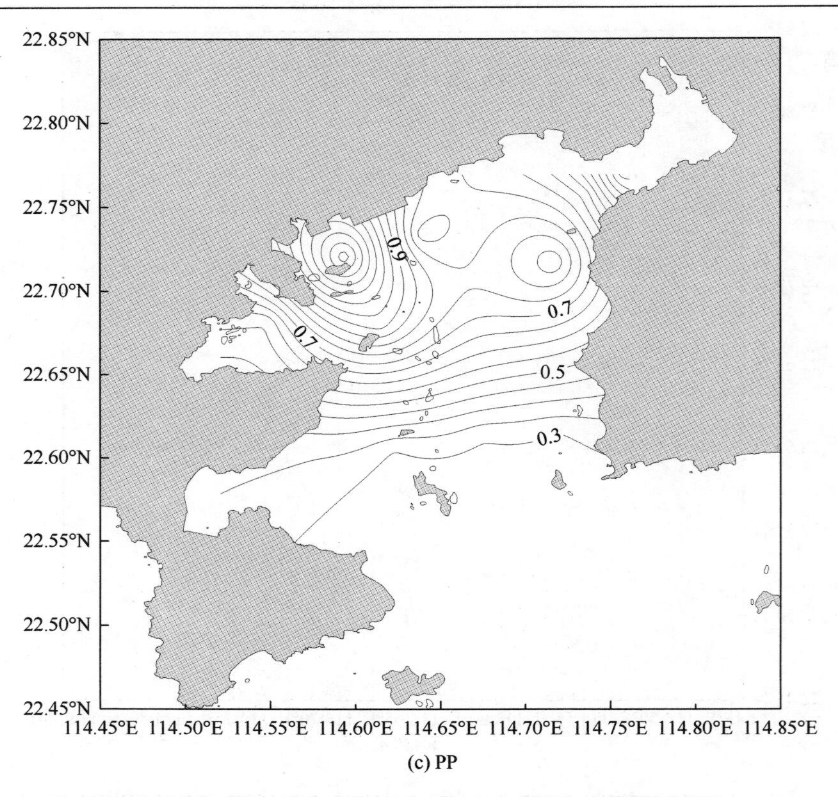

(c) PP

图 1.62　大亚湾 POC、PN 和 PP 年均浓度的空间分布（单位：μmol/L）

大亚湾海水中颗粒态生源要素高值出现在湾内的西北部，向湾口递减，高值区可能来源于浮游植物的初级生产。与溶解态生源要素相比，颗粒态生源要素更多地与生命活动、现场生产联系在一起。大亚湾 POC、PN 和 PP 与 Chl a 都有很强的相关性，因此浮游植物生产对颗粒态生源要素的分布有很大影响。总体而言，大亚湾湾顶海水中各形态营养盐的浓度显著高于湾中和湾口，高值区主要出现在湾西北部和东北部等近岸区域，尤其是淡澳河口区域，其分布特征主要受控于来源，西北部的高值主要来自淡澳河的陆源输入、哑铃湾网箱养殖和惠州港、澳头港等的生产活动，东北部的高值主要来源于范和港生活污水和稔山镇虾塘、鱼塘养殖污水的排放。

大亚湾与国内外海湾 PN、PP 的比较情况见表 1.31。由表可知，大亚湾年均 PN 浓度为 8.27 μmol/L，低于多凯湾（Dokai Bay）（Hamada et al.，2012），与胶州湾接近（丁东生等，2013），相比于其他海湾处于中等水平。大亚湾 PP 浓度为 0.39 μmol/L，与胶州湾相近，但低于其他海湾。PIP/PP 与其他海湾水平相近，但 PP/TP 相对低于胶州湾（Qi et al.，2011）与桑沟湾（Xu et al.，2017）。

大亚湾属于受径流影响相对较弱的半封闭性海湾，其受陆源影响水平较圣路易斯湾（Bay of St. Louis）（Cai et al.，2012）、多凯湾（Hamada et al.，2012）等受河流强烈影响的海湾低，因此其 PN、PP 含量相对较低；而与受外海水交换影响较大且河流影响较小的比阿特丽克斯湾（Beatrix Bay）（Gibbs et al.，2002）相比，其 PN 含量则相对较高。总的看来，相对国内外海湾，大亚湾 PN、PP 含量处于中等水平。

大亚湾 TDN、DIP、PN 及 PP 浓度有增加趋势（表 1.32）。2015～2016 年 DIN 浓度是 20 年前的 8 倍（王友绍等，2004），溶解态磷则有一定波动，但趋势不明显；PN 达到 2000 年浓度水平的 1.8 倍（丘耀文，2001），PP 的变化相对较小，使得颗粒态与溶解态 N/P 均呈上升趋势，富营养程度有所增强。4 个季度 PN/PP、PIN/PIP、DIN/DIP 变化如表 1.33 所示。大亚湾各季度 DIN/DIP 远大于 Redfield 比值，而颗粒态氮磷比值（PN/PP、PIN/PIP）偏离 Redfield 比值较小，仅 PON/POP 值较大，这与浮游生物自身特性相关；同时，在 DIN/DIP 值较高的春夏两季，PIN/PIP 值同样较高，这一特征与湾内叶绿素变化一致，氮磷比失衡从溶解态传递到颗粒物无机态，浮游植物的同化作用是可能的原因。可见，颗粒态营养盐可能是维持水体中各类营养盐比例平衡的一项重要缓冲。

表 1.31　国内外不同海湾 PN、PP 特征对比

海域	PN 浓度/(μmol/L)	PP 浓度/(μmol/L)	PIP/PP	PP/TP
比阿特丽克斯湾（Gibbs et al.，2002）	0.60	—	—	—
圣路易斯湾（Cai et al.，2012）	5.4～26.3	—	—	—
切萨皮克湾（Li et al.，2017）	—	0.75	33%～96%	—
多凯湾（Hamada et al.，2012）	19.9	1.06	—	—
胶州湾	8.06～9.04（丁东生等，2013）	0.42（Qi et al.，2011）	42%～73%（Qi et al.，2011）	47%（Qi et al.，2011）
桑沟湾（Xu et al.，2017）	—	0.06～1.88	57%～80%	47%
大亚湾（本书）	8.27	0.39	21%～82%（63.4%）	37%

注：胶州湾区域 PN 值仅为 9～10 月平均浓度；“—”表示没有对应的数值

表 1.32　大亚湾海水中氮与磷不同年度的变化

年份	浓度（μmol/L）											DIN/DIP	PN/PP	数据来源
	TDN	DIN	NH_4-N	NO_2-N	NO_3-N	DON	PN	TDP	DIP	DOP	PP			
1994～1995	—	1.39	0.38	0.09	0.92	—	—	—	0.50	—	—	2.8	—	王友绍等（2004）
1997～1998	—	—	—	—	—	—	—	0.61	0.07	0.53	0.36	—	—	丘耀文（2001）
2006～2007	13.2	4.66	—	—	—	8.54	4.37	0.27	0.13	0.14	0.42	35.8	10.4	施震和黄小平（2013）
2015～2016	24.5	11.29	4.60	0.90	6.11	12.90	8.20	0.67	0.46	0.21	0.39	24.5	21.0	本书

表 1.33　大亚湾不同季度海水氮磷比值

季节	DIN/DIP	PIN/PIP	PON/POP	PN/PP
夏季	54.7±27.6	26.9±13.6	34.7±21.1	27.9±13.4
冬季	24.2±7.5	5.3±2.1	84.9±47.1	33.1±8.11
春季	78.3±56.1	16.2±7.4	46±22.4	16.0±7.6
秋季	40.2±24.0	7.3±2.9	30.6±11.4	14.4±2.6
年均	49.1±39.7	13.2±11.1	49.5±36.3	24.2±12.5

（四）大亚湾表层沉积物营养盐的地球化学特征

大亚湾表层沉积物 TOC、TN 和 TP 的含量如表 1.34 所示。TOC 的含量为 0.38%～1.96%，平均值为（1.09±0.40）%；TN 的含量为 0.04%～0.25%，平均值为（0.14±0.06）%；TP 的含量为 0.023%～0.066%，平均值为（0.046±0.009）%。表层沉积物 TOC 春季相对较高，为（1.21±0.39）%；夏季较低，为（0.92±0.28）%，但各季节间没有显著差异。TN 春季较高，为（0.16±0.06）%；秋季较低，为（0.12±0.06）%，各季节间也没有显著差异。TP 各季节变化较小，夏季略高，为（0.050±0.008）%；冬季较低，为（0.041±0.010）%。表层沉积物中 TOC、TN 和 TP 具有显著的正相关性（$P<0.001$，图 1.63），表明三者可能具有相同的来源。

表 1.34　大亚湾表层沉积物中各季节的含量特征　（单位：%）

季节	参数	TOC	TN	TP
春季	范围	0.54～1.67	0.07～0.25	0.034～0.066
	均值	1.21±0.39	0.16±0.06	0.049±0.011
夏季	范围	0.38～1.28	0.04～0.22	0.030～0.058
	均值	0.92±0.28	0.15±0.05	0.050±0.008
秋季	范围	0.41～1.96	0.05～0.19	0.026～0.056
	均值	1.12±0.46	0.12±0.06	0.044±0.010
冬季	范围	0.41～1.43	0.05～0.21	0.023～0.052
	均值	1.08±0.35	0.14±0.06	0.041±0.010
全年	范围	0.38～1.96	0.04～0.25	0.023～0.066
	均值	1.09±0.40	0.14±0.06	0.046±0.009

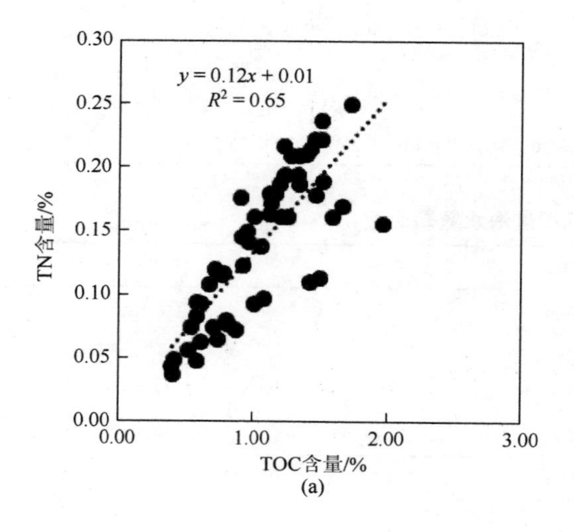

(a)

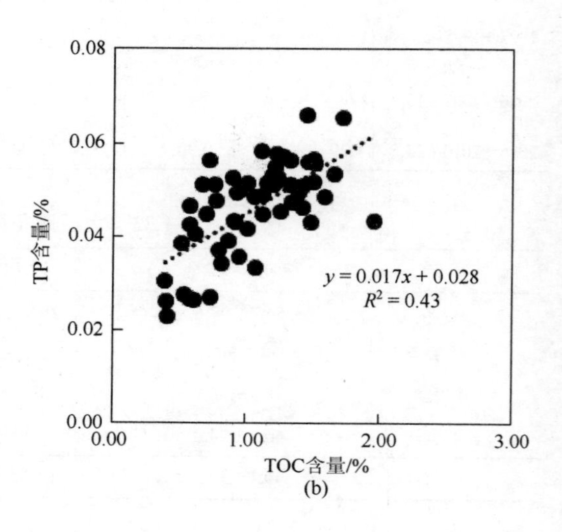

(b)

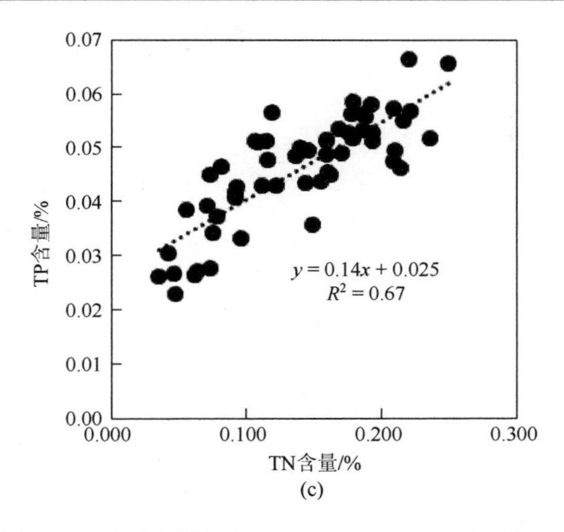

(c)

图 1.63　表层沉积物中 TOC、TN 和 TP 的相关性

TOC、TN 和 TP 的空间分布特征较为一致，高值出现在湾内的西北部，向东南、湾口和湾外递减，可能是由于西北部陆源排污、生活污水和工业废水在此沉积所致（图 1.64）。湾外由于受人为活动影响较小，TOC、TN 和 TP 均相对较低。

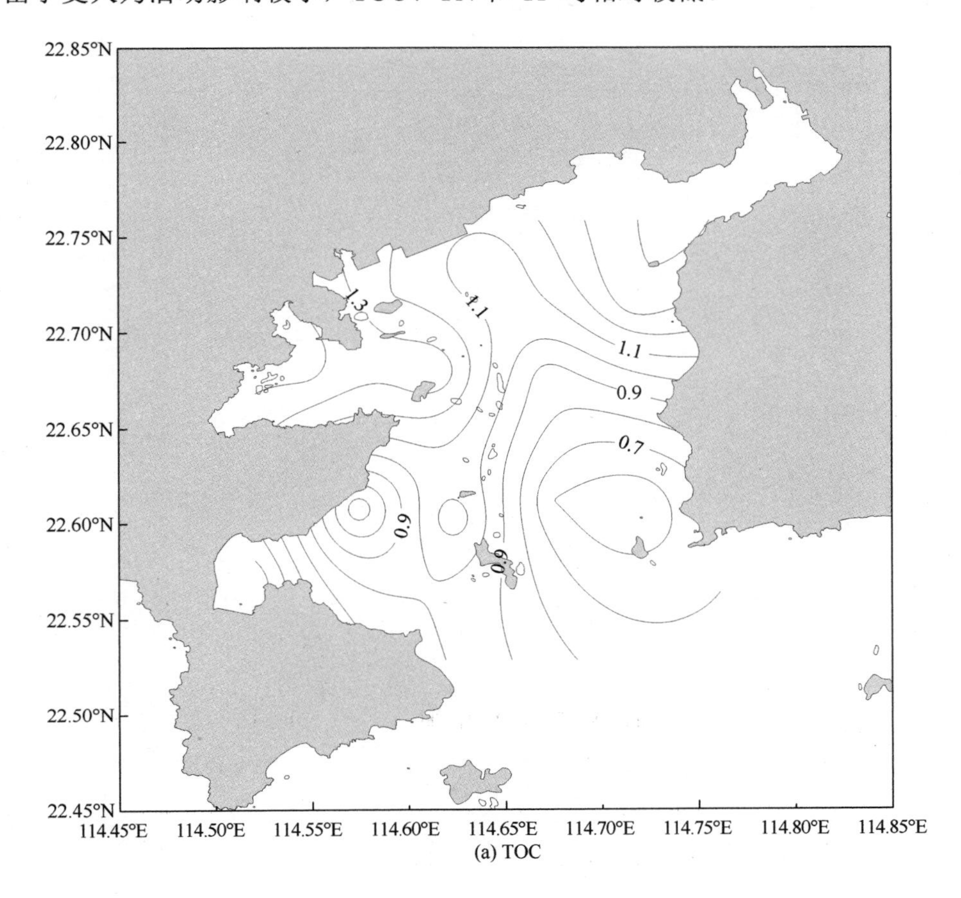

(a) TOC

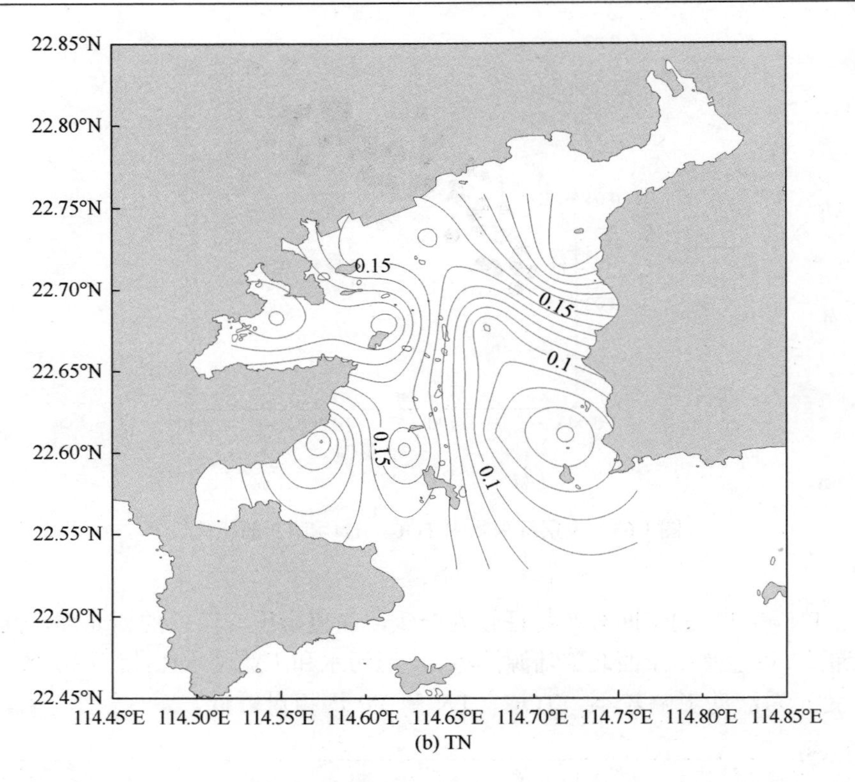

(b) TN

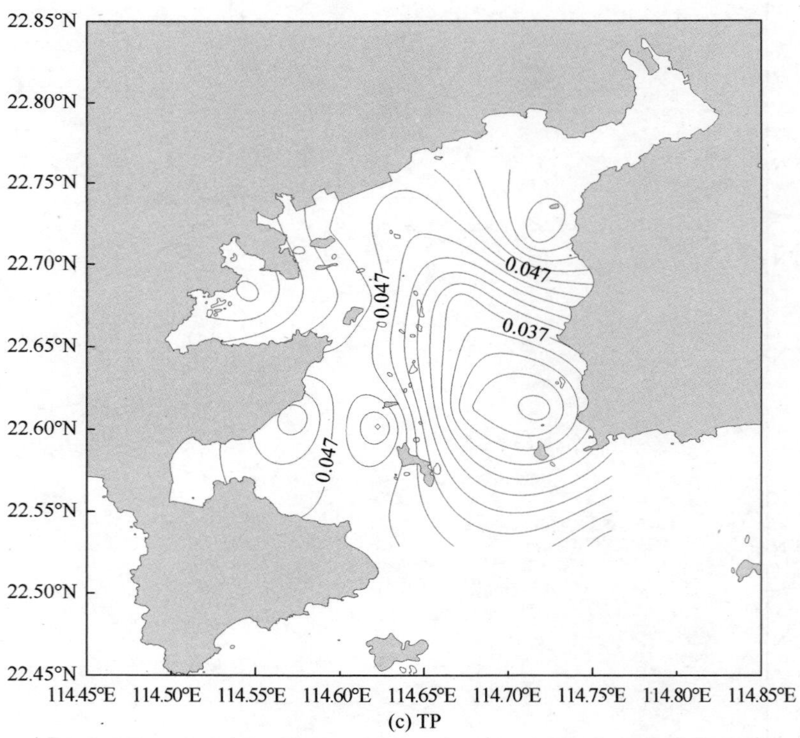

(c) TP

图 1.64　大亚湾表层沉积物中 TOC、TN 和 TP 含量的空间分布（单位：%）

第三节　海湾环境演变的过程与规律

一、胶州湾环境演变特征

海湾作为陆地与海洋相互作用最活跃的地带，其环境与生态系统易受人类活动的影响。本书以人类活动影响下的典型海湾——胶州湾为研究对象，分别在胶州湾湾内、湾口及湾外的 4 个典型站位采集了柱状沉积物（图 1.65）。其中 C3 站与 C4 站位于湾内，水深分别为 13 m 与 10 m，沉积类型为粉砂质黏土。C5 站与 C6 站分别位于湾口与湾外，水深分别为 21 m 与 22 m，沉积类型为粉砂质沙。在对柱状沉积物精确定年的基础上，对沉积物中有机碳、总氮、磷形态、生物硅、重金属及生态环境进行了综合分析，解析了胶州湾近百年的沉积环境演变过程。

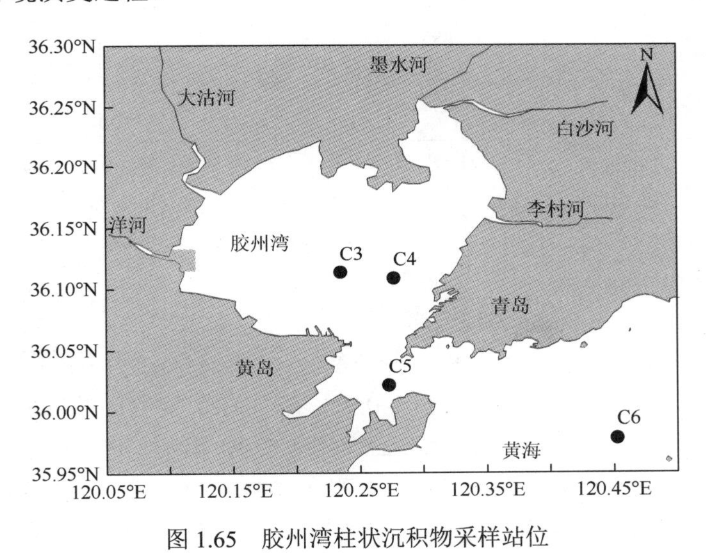

图 1.65　胶州湾柱状沉积物采样站位

（一）胶州湾柱状沉积物中生源要素的地球化学特征及人类活动的影响

1. 胶州湾有机质的来源与组成及其对百年环境变化的指示意义

（1）沉积速率

^{210}Pb 与过剩 ^{210}Pb 以对数对深度的形式呈现（图 1.66），C3 站（$r=-0.82$，$P<0.05$）、C4 站（$r=-0.82$，$P<0.001$）与 C6 站（$r=-0.99$，$P<0.01$）的 ^{210}Pb 值随着深度增加呈现明显的降低趋势。然而 C5 站的过剩 ^{210}Pb 随深度增加表现出波动的趋势。根据 CIC 模式计算，C4 站的平均沉积速率为 0.28 cm/a。C3 站和 C6 站的平均沉积速率为 0.64 cm/a 和 0.45 cm/a。C5 站前 38 cm 的沉积速率为 1.63 cm/a，38 cm 以下部分的沉积速率为 3.96 cm/a。据此推算 C3、C4、C5 和 C6 4 个站位沉积物的时间范围分别为：1923～2015 年、1726～2015 年、1980～2015 年和 1777～2015 年。

可以看出，C4 站（0.28 cm/a）的沉积速率低于 C3 站（0.64 cm/a）。这可能与地形位置的差异有关，其中 C4 站位于沧口水道与红岛水道的交汇处，在潮流波动时流速较快，从而不利于细粒沉积物在此沉积。与 C3、C4 和 C6 站相比，C5 站的沉积速率相对较高，这可能与大量的陆源输入及明显的海岸侵蚀有关。

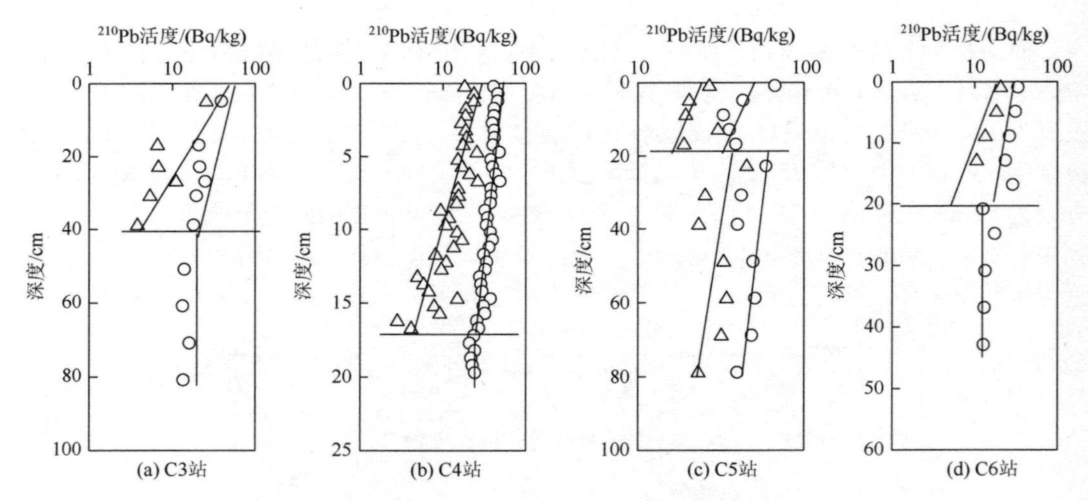

图 1.66　胶州湾 4 个站位沉积物中 ^{210}Pb 的活度变化

○：总 ^{210}Pb；△：过剩 ^{210}Pb

（2）胶州湾沉积物的地球化学参数

C3 站 TOC 与 TN 的含量范围分别为 0.14%～0.41%与 0.02%～0.05%。自 1923 年以来，TOC（$r = 0.92$，$P < 0.01$）与 TN（$r = 0.91$，$P < 0.01$）随时间的增加呈现明显的增加趋势，特别是最近的 15 年（上层的 10 cm）（图 1.67），指示了该区域的富营养化。该站 TOC 的埋藏通量（^{Flux}TOC）范围为 3.63～6.77 mmol/(m^2·d)，自 1923 年以来呈现增加的趋势（$r = 0.91$，$P < 0.01$）。TOC/TN 的值范围为 8.2～11.5，自 1923 年以来呈现增加的趋势（$r = 0.72$，$P < 0.01$）。δ^{13}C 与 δ^{15}N 的范围分别为–22.2‰～–20.4‰与 9.7‰～15.7‰。δ^{13}C 与 δ^{15}N 自 1923 年以来随时间的增加呈现下降的趋势（$r = 0.70$，$P < 0.01$）。

C4 站同样位于湾内，并且靠近胶州湾东岸。TOC 与 TN 的含量范围分别为 0.34%～0.74%与 0.03%～0.05%，明显高于 C3 站（$P < 0.05$）。有研究指出 TOC 与 TN 的空间分布通常受粒径的影响。考虑细粒径沉积物比粗粒径沉积物有更高的孔隙率，本书通过比较孔隙率的差异来对比这两个站位粒径的差异。结果显示 C3 站与 C4 站的孔隙率没有明显的差异（$P > 0.05$），表明了粒径不是影响胶州湾有机质含量的主要因素。此外，C3 站（8.2～11.5）的 TOC/TN 值明显低于 C4 站（11.4～16.4）（$P < 0.05$）。有机质在具有较低 TOC/TN 值时容易降解，这也是造成 C3 站 TOC 与 TN 含量较低的原因。C4 站的 TOC 含量在 1919 年以前随时间的增加而降低（$r = -0.32$，$P > 0.05$），而自 1919 年以来则表现为随时间增加而增加的趋势（$r = 0.76$，$P < 0.05$）（图 1.67）。自 1748～1812 年的 TOC 增加可能与陆源输入增加有关，这可以从这期间 δ^{13}C 的下降得以证实。该站 TOC 的埋藏通量范围为 2.39～

5.75 mmol/(m^2·d)，并且自 1919 年以来呈现增加的趋势（$r=0.79$，$P<0.05$）。TN 在 1919 年以前呈现下降的趋势（$r=-0.74$，$P<0.01$），但自此以后呈现增加的趋势（$r=0.79$，$P<0.05$）。TOC/TN 值在 1919 年以前呈现波动性变化，但自 1919 年以后呈现下降的趋势（$r=-0.88$，$P<0.01$）。该站 δ^{13}C 与 δ^{15}N 的范围分别为–22.8‰～–21.8‰与 7.2‰～17.6‰。δ^{13}C 在 1919 年之前（$r=-0.72$，$P<0.05$）与 1983 之后（$r=-0.93$，$P<0.05$）出现了两

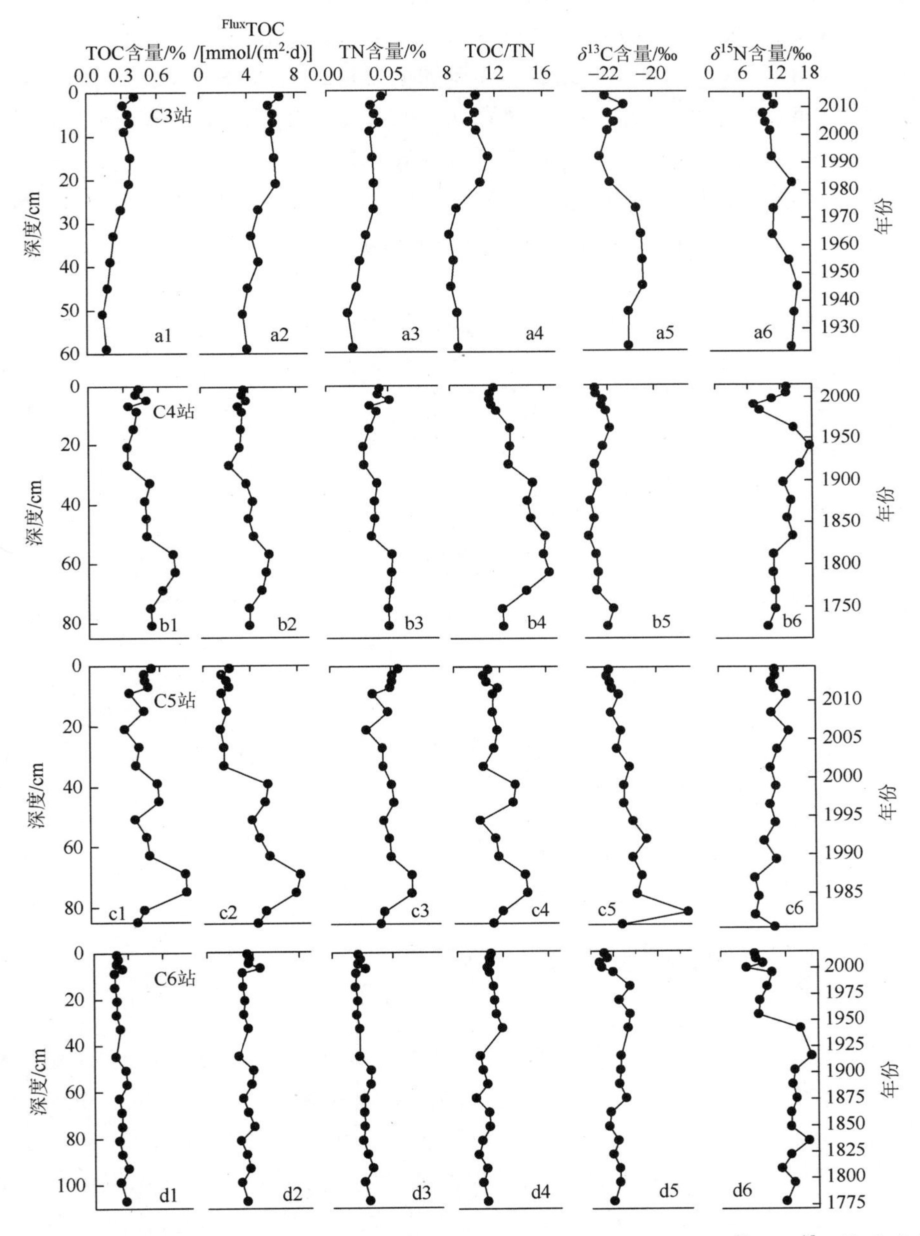

图 1.67　沉积物中 TOC、TOC 埋藏通量（^{Flux}TOC）、TN、TOC/TN 值、δ^{13}C、δ^{15}N 的垂直分布

C5 站 TOC 的埋藏通量×10

次下降。1919～1962 年出现的 $\delta^{13}C$ 增加（$r = 0.99$，$P < 0.05$），表明了陆源有机质的变化。此外，$\delta^{13}C$ 的下降可能与该时期中国北方 C3 植物（–26‰～–27‰）的广泛种植有关。$\delta^{15}N$ 在 1919 年之前（$r = 0.79$，$P < 0.01$）与 1983 之后（$r = 0.91$，$P < 0.05$）出现了两次增加。

C5 站位于湾口区，TOC 与 TN 含量范围分别为 0.30%～0.82%与 0.03%～0.07%。相对较高的 TOC 与 TN 可能与该站较高的沉积速率有关，较高的沉积速率有助于有机质的保存。该站的 TOC 与 TN 在 2003 年之前随时间波动，自 2003 年以后呈现增加的趋势（TOC，$r = 0.74$，$P < 0.05$；TN，$r = 0.80$，$P < 0.05$）（图 1.67）。TOC 埋藏通量的范围为 14.74～82.12 mmol/($m^2 \cdot d$)，并且自 1992 年以后呈现迅速的降低。TOC/TN 值的范围为 10.3～14.4，自 1980 年以来呈现降低的趋势（$r = -0.50$，$P < 0.05$）。$\delta^{13}C$ 自 1980 年以来呈现降低的趋势（$r = -0.72$，$P < 0.01$），而 $\delta^{15}N$ 则呈现增加的趋势（$r = 0.56$，$P < 0.05$）。$\delta^{13}C$ 的降低及 $\delta^{15}N$ 的增加可能与该区域密集的陆源输入有关。较高的 TN 含量及 $\delta^{13}C$ 与 $\delta^{15}N$ 之间明显的相关性（$r = -0.663$，$P < 0.05$）（表 1.35）也指示了该区域氮的高负荷。

表 1.35　TOC、TN、TOC/TN 值、$\delta^{13}C$ 及 $\delta^{15}N$ 各参数之间的相关性分析

参数	站位	TN	TOC/TN	$\delta^{13}C$	$\delta^{15}N$
TOC	C3	0.960**	0.831**	–0.799**	–0.732**
	C4	0.833**	0.668**		
	C5	0.942**	0.817**		–0.707**
	C6	0.957**			
TN	C3		0.644*	–0.615*	–0.788**
	C4				–0.573
	C5		0.582*		–0.700**
	C6		–0.502*		
TOC/TN	C3			–0.962**	
	C4			–0.510*	
	C5				–0.514*
	C6			–0.538*	–0.481*
$\delta^{13}C$	C3				
	C4				
	C5				–0.663**
	C6				

**$P < 0.01$ level（双尾）；*$P < 0.05$ level（双尾）

与其他 3 个站位相比，C6 站的 TOC（0.18%～0.30%）与 TN（0.02%～0.03%）含量相对较低，并且波动较小，这可能与较少的河流输入有关。这个区域的沉积物主要由海流携带胶州湾的沉积物沉积于此。TOC 与 TN 在 1916 年前后随时间波动（图 1.67）。1916 年之后 TOC 与 TN 的降低可能与增加的陆源物质稀释有关，这可以由变化的 $\delta^{13}C$（–22.6‰～–21.3‰）来证实。1916 年之前，$\delta^{13}C$ 随时间而波动，自 1916 年之后则表现为下降的趋势（$r = -0.72$，$P < 0.05$）。TOC 埋藏通量范围为 2.76～4.64 mmol/($m^2 \cdot d$)，其分布趋势与 TOC 一致。TOC/TN 值的范围为 9.6～11.9，在 1942 年以前呈现波动变化，之后则

呈现降低的趋势（$r=-0.90$，$P<0.01$）。$\delta^{15}N$ 的范围为 4.8‰～16.8‰，在 1916 年以前呈现波动变化，1916 年之后则呈现降低的趋势（$r=-0.82$，$P<0.01$）。C6 站的 $\delta^{15}N$ 在 1950 年之前出现高值，表明了这个时期明显的氮输入。较高的氮输入促进了初级生产力，随后导致了 1950 年之前的 $\delta^{15}N$ 高值。初级生产力的增加可能会降低表层溶解无机氮含量进而使 $\delta^{15}N$ 值增加。自 1916 年之后 $\delta^{13}C$ 与 $\delta^{15}N$ 的降低表明了湾外受陆源输入的影响开始增强。

（3）有机质的来源与组成

TOC/TN 值与 $\delta^{13}C$ 被广泛应用于海源与陆源有机质的区分。陆源与海源有机质的 TOC/TN 值范围分别为>20 与 4～10。陆源与海源有机质的 $\delta^{13}C$ 分别为–26‰与–19‰。4 个站位的 TOC 与 TN 之间存在明显的相关性，表明了无机氮的吸附影响较小。C3 站（$P<0.01$）、C4 站（$P<0.05$）与 C6 站（$P<0.05$）的 TOC/TN 值与 $\delta^{13}C$ 之间存在明显的相关性，表明了这两个参数可以应用于区分有机质的来源。胶州湾的 TOC/TN 值及 $\delta^{13}C$ 的范围分别为 8.2～16.4 与–22.8‰～–18.6‰，表明了有机质的来源为海陆混合源。值得注意的是，单独的陆源输入同样可以导致相应的 $\delta^{13}C$ 值（–22.8‰～–18.6‰）。例如，陆源 C3 植物（–27‰～–26‰）与 C4 植物（–16‰～–9‰）的混合可以导致 $\delta^{13}C$ 值为–22‰。然而，虽然玉米为北方主要的 C4 植物，由于陆源 C4 植物 TOC/TN 值（60～200）高于胶州湾有机质的 TOC/TN 值（<17），陆源 C4 植物的影响可以被忽略。因此，胶州湾的有机质来源为海陆混合源的判定是合理的。

不同的端元模型被成功运用于有机质来源的研究。本书采用 $\delta^{13}C$ 的二端元混合模型来区分胶州湾沉积物中的有机质来源，该模型一个重要假设是具体的海源与陆源端元值，另外一个重要的假设是在研究期间端元值没有发生明显的变化。二端元混合模型的结果表明 TOC 的主要组成为海源 TOC，C3、C4、C5 与 C6 站海源 TOC 的范围分别为 54%～80%、45%～61%、55%～79%与 49%～68%。1960 年之前湾内不同来源的有机质变化相对稳定。C3 站与 C4 站的陆源 TOC 贡献分别自 1964 年（$r=0.67$，$P<0.05$）与 1962 年（$r=0.88$，$P<0.05$）之后开始增加，而海源 TOC 的比例则呈下降的趋势（图 1.68）。C5

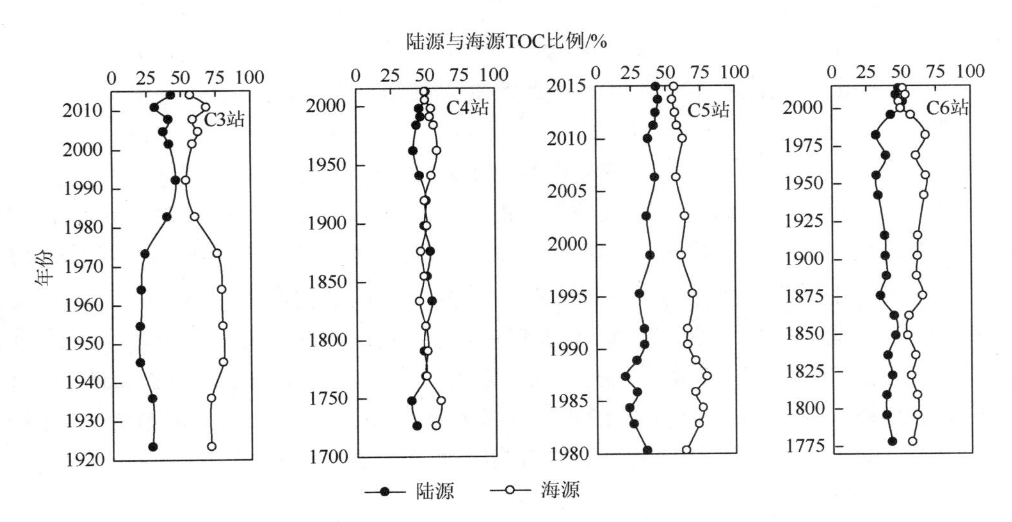

图 1.68　陆源与海源 TOC 比例的历史变化

站与 C6 站的陆源 TOC 分别自 2003 年（$r = 0.76$，$P < 0.05$）与 1955 年（$r = 0.71$，$P < 0.05$）开始增加。该期间 TOC/TN 值的增加及 $\delta^{13}C$ 的降低也表明了陆源有机质的增加。此外，C3 站的 $\delta^{13}C$ 与 TOC 之间呈现明显的负相关性（$r = -0.799$，$P < 0.01$）。在半封闭的系统，由人类活动引起的陆源输入增加是导致 TOC 增加的主要原因。

海洋中有机质的 $\delta^{13}C$ 组成由诸多因素控制，包括有机质的来源、浮游植物群落结构、初级生产力的改变及溶解无机碳的输入。当对比近岸站位（C4 站）与离岸站位（C3、C5 与 C6 站）时，$\delta^{13}C$ 值呈现明显的海向增加（$P < 0.01$）。根据之前的研究，海洋沉积物中 $\delta^{13}C$ 值的海向增加可能与海向增加的海洋有机质有关。当对比 C3、C5 与 C6 站的 $\delta^{13}C$ 值时，表现为海向降低。C3 站与 C5 站较高的 $\delta^{13}C$ 可能与富营养化及高初级生产引起的 CO_2 限制有关。在胶州湾内部，没有发现典型的河流 $\delta^{13}C$ 信号（$\delta^{13}C < -24.3‰$）。胶州湾是一个典型的富营养化海湾，藻华频繁发生，这可能会导致 $\delta^{13}C$ 值的增加。此外，河流输入的 TOC 也可能被原位产生的 TOC 所稀释。因此，胶州湾内部没有典型降低的 $\delta^{13}C$。另外，胶州湾的表层 CO_2 分压低于大气 CO_2 分压，表明该流域内降解的物质对溶解无机碳的 $\delta^{13}C$ 没有影响（Finkenbinder et al.，2015）。此外，胶州湾的浮游植物群落结构自 1954 年以来发生了明显的变化，也可能会影响 $\delta^{13}C$ 值。

$\delta^{15}N$ 的变化可以反映初级生产力的变化、有机质的来源及输入到海水中氮的同位素组成。结果表明，C3 站与 C4 站（湾内）的 $\delta^{15}N$ 值明显高于 C5 站（湾口）（$P < 0.01$）。湾口区域较低的 $\delta^{15}N$ 可能与该区域输入的污水与粪便（$\delta^{15}N$ 较高）相对较少有关。另外，C5 站的 TOC/TN 值与 $\delta^{13}C$ 没有明显的相关性，而 TOC/TN 值与 $\delta^{15}N$ 及 $\delta^{13}C$ 与 $\delta^{15}N$ 之间则表现为明显的相关性（$P < 0.05$）（表 1.35）。这可能是因为成岩作用或者人类扰动改变了这个区域的有机质组成。人类扰动可能是更重要的原因，这被 $\delta^{15}N$ 的数据进一步证实。C3、C4、C5 站相比 C6 站自 1942 年以后呈现明显的 $\delta^{15}N$ 富集（$P < 0.01$），这可能与含 $\delta^{15}N$ 较低的氮肥及污水中氨的输入增加有关。沉积物的元素及同位素组成与其他边缘海及海湾的对比如图 1.69 所示。这些区域大部分样品的 TOC/TN 值范围为 6～16，$\delta^{13}C$ 的范围为$-24.0‰$～$-20.0‰$，表明有机质来源为海陆混合源。胶州湾的平均 TOC/TN 值（11.48）高于渤海（8.33）、黄海（7.99）及东海内陆架（7.14）。由于胶州湾增加的 TOC 含量，其 TOC/TN 值也高于那些受人类影响的区域，如四十里湾（9.36）及墨西哥湾（7.13）。

（4）胶州湾在人类活动及气候变化影响下的环境响应

人类活动（包括化肥施用、污水排放、航运、水产养殖及森林砍伐等）对 TOC、TN 及其同位素的分布具有明显影响。自 1978 年改革开放以来，随着人口及 GDP 的增加人类活动大量开展（如航运、水产养殖、污水排放、氨氮排放及化肥施用）（图 1.70）。人口、青岛港吞吐量、渔业产值、水产养殖量的增加使排入胶州湾的工业及生活污水大量增加。虽然 1999 年之前的污水排放数据无法获取，但可以推测污水排放量随着人口的增加而增加。其中，2015 年的污水排放量为 1999 年的 2.6 倍，2015 年的氨氮排放量为 1.3×10^4 t。此外，随着农业与渔业的迅速发展，化肥的施用大量增加。与 1957 相比，2015 年的化肥施用量增加了 152 倍。

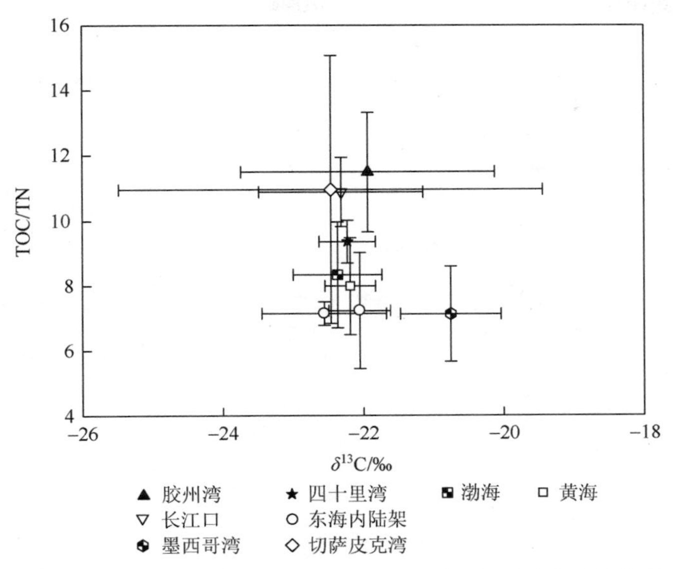

图 1.69　胶州湾沉积物中的TOC/TN及δ^{13}C与其他海湾的比较

以上的人类活动变化，在地球化学记录上也有体现。例如，C3、C4与C5站的TOC与TN分别自1923年、1919年及2003年呈现增加的趋势，指示了胶州湾遭受了严重的富营养化。然而，统计分析表明，C3站与C4站TOC与TN的增加没有被单一的人类活动所影响（$P>0.05$）。推测C3站与C4站TOC与TN的增加可能受到多种人类活动与气候变化的影响。相关性分析表明，C5站TOC的增加受到氨氮排放的显著影响（$r=0.77$，$P<0.05$）。此外，陆源TOC与污水排放量（$r=0.74$，$P<0.05$）、氨氮排放量（$r=0.80$，$P<0.05$）及港口吞吐量（$r=0.77$，$P<0.05$）之间呈现显著的正相关性，表明TOC的增加与这些人类活动有关。而TN的增加则受到了氨氮排放量（$r=0.78$，$P<0.05$）及污水排放量（$r=0.74$，$P<0.05$）的显著影响。另外，TOC与TN之间显著的正相关性（$P<0.01$），以及TOC与δ^{15}N之间显著的负相关性（$P<0.01$）表明了湾内与湾口区域TOC的增加受到了氮污染的影响。虽然人类活动对C6站的影响小于C5站，湾外区域的环境自1916年以来仍然发生了变化。例如，该区域的陆源TOC的增加受到化肥施用量的显著影响（$r=0.74$，$P<0.05$）。此外，人类活动对TOC埋藏通量的影响是复杂的。例如，C3站的TOC埋藏通量与化肥施用量之间存在显著的正相关性（$r=0.67$，$P<0.05$），而C5站则表现为显著的负相关性（$r=-0.89$，$P<0.05$）。然而C4站与C6站TOC埋藏通量没有受到单一人类活动的影响。这可能是因为TOC埋藏通量主要受TOC含量、沉积速率及沉积物孔隙率的共同影响。

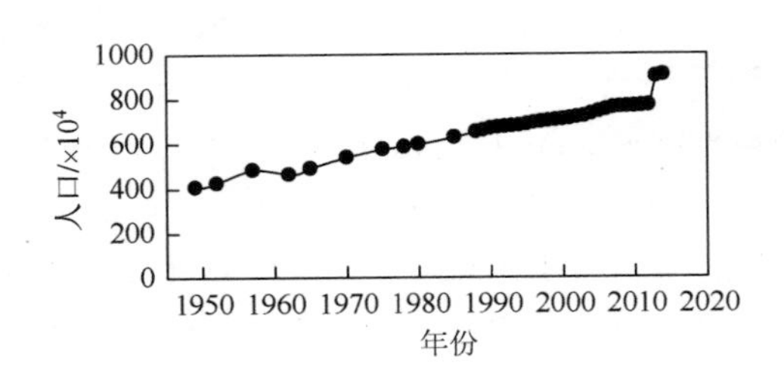

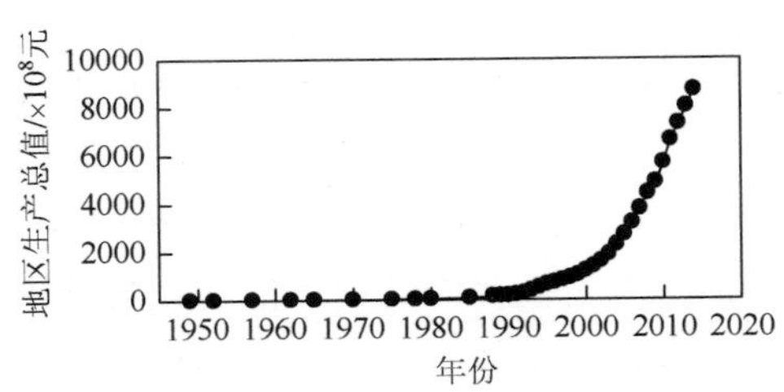

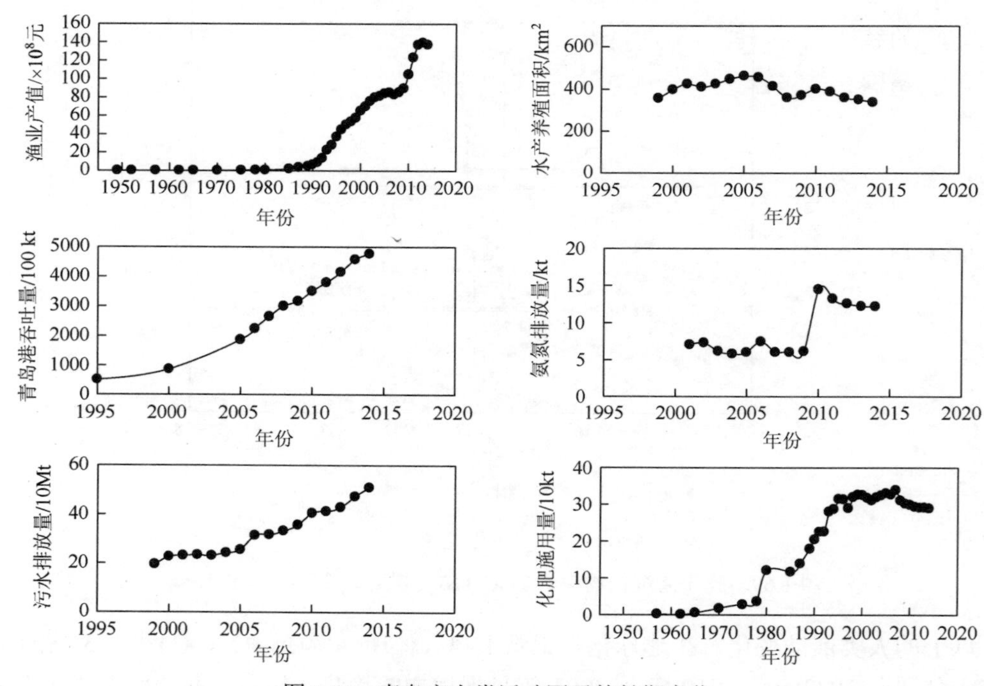

图 1.70　青岛市人类活动因子的长期变化

人类活动同样对 $\delta^{13}C$ 及 $\delta^{15}N$ 产生明显的影响。例如，化肥的施用对 $\delta^{13}C$ 产生明显的影响。统计分析表明，C3 站（$r=-0.66$，$P<0.05$）、C4 站（$r=-0.90$，$P<0.05$）、C5 站（$r=-0.65$，$P<0.05$）与 C6 站（$r=-0.85$，$P<0.05$）的 $\delta^{13}C$ 组成与化肥施用量之间呈现显著的负相关性。这是因为，化肥施用量及陆源 TOC 输入的增加可以导致 $\delta^{13}C$ 降低。此外，C5 站的 $\delta^{13}C$ 受污水排放量（$r=-0.78$，$P<0.05$）、氨氮排放量（$r=-0.76$，$P<0.05$）及港口吞吐量（$r=-0.87$，$P<0.05$）的显著影响。这是因为湾口区域受黄岛市及青岛市人类活动的影响。此外，青岛港也位于这个区域。之前有研究指出，污水排放与化肥的施用可以影响 $\delta^{15}N$。然而，统计分析表明，胶州湾 $\delta^{15}N$ 的变化没有受污水排放量及化肥施用的显著影响（$P>0.05$）。当然，这不意味着污水排放及化肥施用对 $\delta^{15}N$ 变化没有影响。C4 站与 C5 站自 1980 年以来 $\delta^{15}N$ 的增加可能是多种人类活动共同作用的结果。C4 站自 1726～1941 年较高的 $\delta^{15}N$（9.7‰～17.6‰）可能与污水排放及人类与动物的粪便（7‰～25‰）排放有关。然而，C3 站与 C6 站的 $\delta^{15}N$ 分别自 1923 年及 1916 年下降，这可能是因为相对于 C4 站与 C5 站，C3 站与 C6 站受污水排放的影响较小。

气候变化可以被 TOC、TN、TOC/TN 值及 $\delta^{13}C$ 良好的记录。降雨为重要的气候因子，本书应用降雨量的变化来讨论气候变化对胶州湾环境变化的影响。青岛市的降雨量自 1950～1976 年的 792 mm 下降至 1977～2015 年的 642 mm（图 1.71）。Rao 等（2017）指出降雨量与 $\delta^{13}C$ 呈现明显的负相关性。然而，只有 C5 站发现了这种负相关性（$r=-0.48$，$P<0.05$）。这可能是因为河坝的建设弱化了降雨对湾内的影响。另外，相关性分析表明，TOC 及其埋藏通量、陆源 TOC 的输入、TN 及 $\delta^{15}N$ 与降雨量之间没有显著的相关性($P>0.05$)。

这种较弱的统计关系可能与胶州湾周围其他人类活动有关（如河流输入、大坝建设）。此外，分样精度及定年的误差也可能对这种弱相关性产生影响。

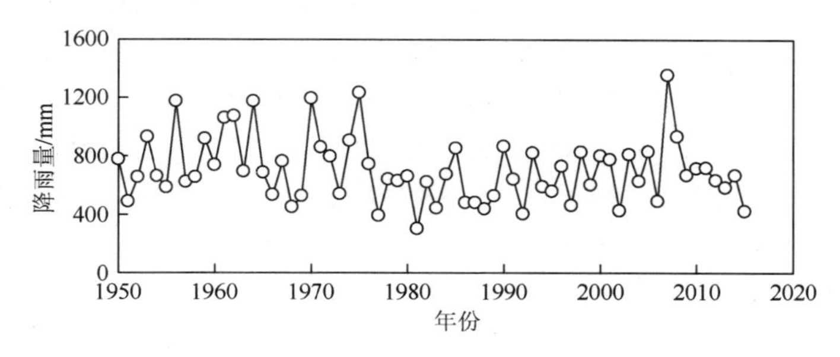

图 1.71　1950～2015 年胶州湾降雨量的变化

2. 胶州湾沉积物中磷形态演变特征

（1）胶州湾沉积物中各形态磷的演变

C3、C4、C5 与 C6 站 TP 的含量范围分别为 6.23～11.30 μmol/g、9.66～13.92 μmol/g、8.72～15.36 μmol/g 与 7.49～10.03 μmol/g。4 个站位中，IP 为磷的首要形态，其中 C3、C4、C5 与 C6 站的 IP 含量范围（占 TP 的比例）分别为 5.03～9.16 μmol/g（77.19%～86.87%）、7.80～11.08 μmol/g（74.09%～89.41%）、8.11～12.05 μmol/g（72.11%～92.99%）与 5.68～8.56 μmol/g（73.14%～90.66%）。4 个站位沉积物中 Ex-P 的含量范围为 0.33～1.14 μmol/g（4.12%～9.88%），Fe-P 的含量范围为 1.18～3.89 μmol/g（14.37%～33.36%），Ca-P 的含量范围为 0.80～3.39 μmol/g（7.99%～33.77%），De-P 的含量范围为 1.58～6.43 μmol/g（23.31%～50.52%），OP 的含量范围为 0.61～3.53 μmol/g（7.00%～27.89%）。柱状沉积物中 5 种形态 P 含量占 TP 平均百分比顺序依次为：De-P（35.75%）＞Fe-P（23.34%）＞OP（17.56%）＞Ca-P（17.17%）＞Ex-P（6.18%）。C4 站与 C6 站 Ex-P 的含量自 1980 年开始增加，而 C3 站与 C5 站则自 2000 年开始增加。C4 站与 C6 站 Fe-P 的含量自 1982 年开始增加，而 C3 站与 C5 站则分别自 1992 年与 2002 年开始增加。C3、C4 与 C5 站的 Ca-P 含量自 1973 年开始增加。C3 站的 De-P 含量自 1945 年开始明显增加。C3、C4 与 C5 站的 OP 分别自 1954 年、1920 年及 2002 年开始增加（图 1.72）。变异系数（*CV*）被广泛用于评估各形态 P 的剖面变化。C3、C4、C5 与 C6 站 OP 的 *CV* 分别为 29%、30%、34%与 24%。4 个站位 Ex-P 与 Fe-P 的 *CV* 均小于 18%。C4、C5 与 C6 站 Ca-P 与 De-P 的 *CV*＜24%。以上结果表明 C4、C5 与 C6 站的 OP 变化最为明显。此外，这也说明了 P 在埋藏过程中 OP、Ex-P、Fe-P 及 Ca-P 之间可以相互转化。

C3、C4、C5 与 C6 站 TOC/OP 值范围分别为 94～240（平均值为 151±49）、83～336（平均值为 204±66）、103～471（平均值为 216±115）与 73～276（平均值为 145±51）（图 1.73）。C3 站的 TOC/OP 值随着深度的增加而降低。然而，C4、C5 与 C6 站的 TOC/OP 值则随深度的增加而增加。此外，TOC/OP 值在 C3 站与 C4 站上层呈现波动变化。活性磷（$P_{reactive}$）被定义为 Ex-P、Fe-P、Ca-P 与 OP 四种形态 P 的含量加和。C3、C4、C5 与 C6 站 TOC/$P_{reactive}$ 的范围分别为 24～59、30～66、34～102 与 24～52。C3 站

TOC/$P_{reactive}$ 随着深度的增加而降低。然而，C4、C5 与 C6 站的 TOC/$P_{reactive}$ 则随深度的增加而增加。

沉积物中生物可利用性磷（BAP）被定义为 Ex-P、Fe-P 与 OP 含量之和。C3、C4、C5 与 C6 站 BAP 的含量范围分别为 3.40～5.71 μmol/g、4.71～7.69 μmol/g、3.23～7.16 μmol/g 与 2.65～4.34 μmol/g（图 1.74）。BAP 占 TP 的比例范围分别为 40.8%～60.8%（平均值为 49.8%）、47.1%～57.3%（平均值为 52.8%）、37.1%～55.4%（平均值为 48.2%）与 28.2%～52.5%（平均值为 39.8%）。其中 C3 站 BAP 的含量自 2007 年以来呈现增加的趋势（图 1.74），C4 站与 C5 站 BAP 的含量则自 1980 年呈现增加的趋势，而 C6 站的 BAP 自 1980 年以来则没有明显的变化。

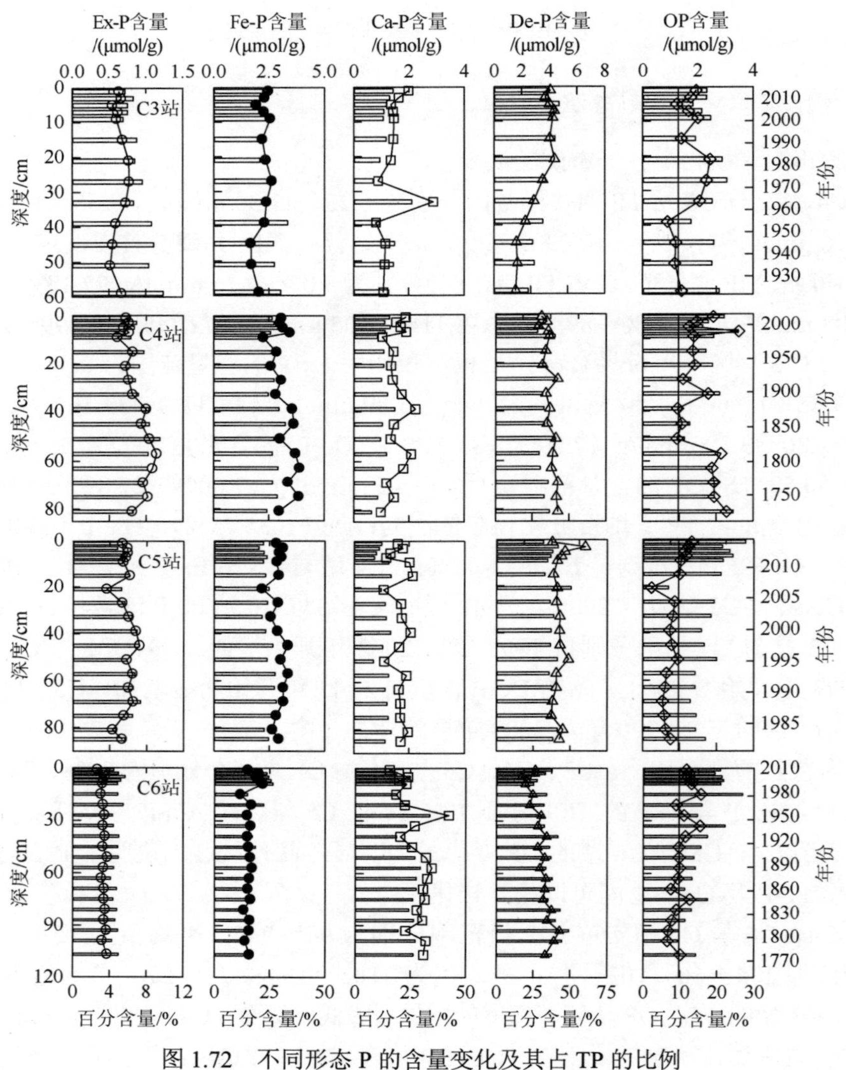

图 1.72　不同形态 P 的含量变化及其占 TP 的比例

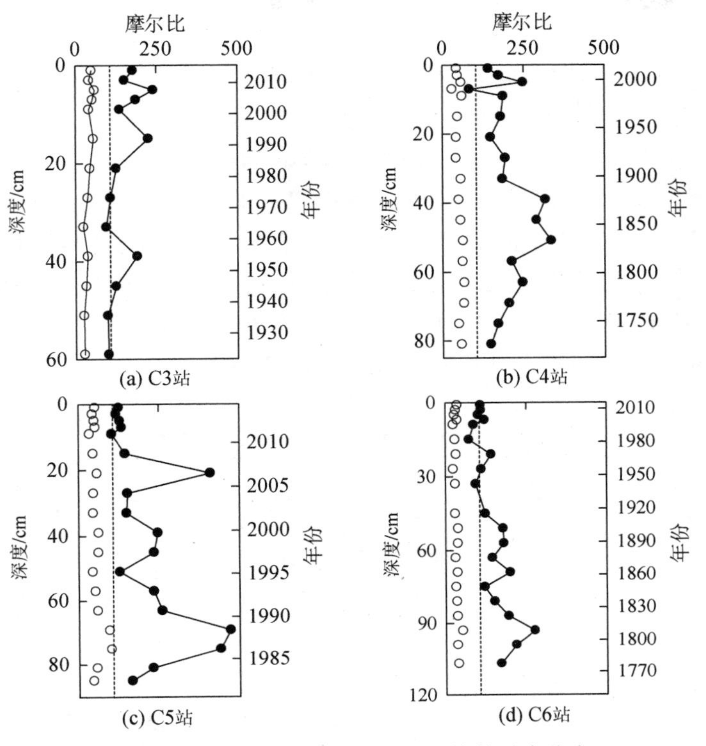

图 1.73 TOC/OP 与 $TOC/P_{reactive}$ 值的垂直分布

—●— TOC/OP ○ $TOC/P_{reactive}$ -------- Redfield 比值

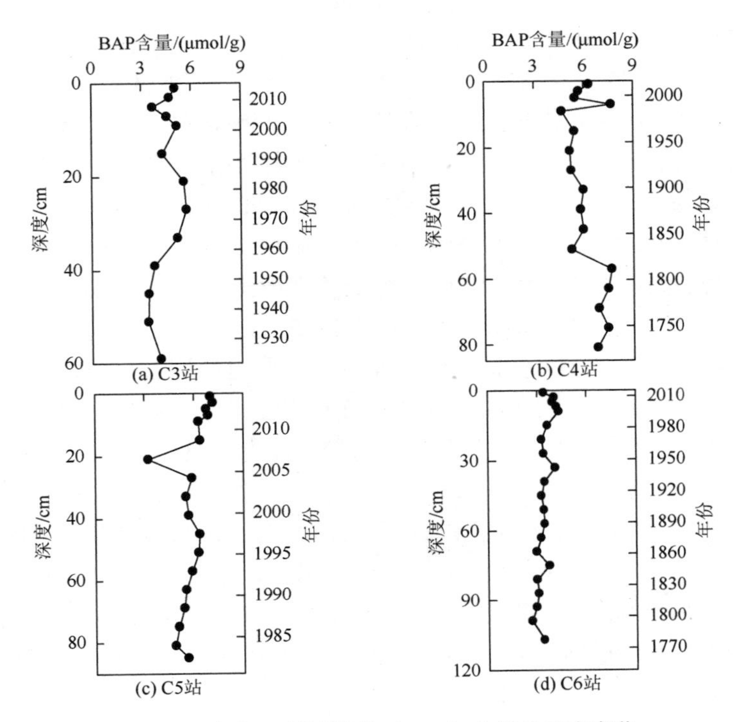

图 1.74 生物可利用性磷（BAP）含量的垂直变化

（2）沉积物中不同形态磷的来源

沉积物中的 Ex-P 主要以磷酸盐的形式吸附在矿物表面，可以直接被浮游植物利用。胶州湾的 Ex-P 占 TP 的比例相对较小（仅有 10%）（图 1.72），它可能成为限制浮游植物生长的潜在限制元素。C3、C4、C5 与 C6 站 Ex-P 的含量自 2000 年以来开始增加，这可能与排放的污水中富含溶解无机磷有关。统计数据显示青岛市的污水排放量自 1999～2014 年增加了 2.6 倍。湾内站位（C3、C4）较高含量的 Ex-P 可能与污水排放或者沉积物的再释放有关。靠近李村河口的 C4 站 Ex-P 的含量明显高于 C3 站（$P<0.0001$），进一步说明污水排放对湾内 Ex-P 的影响。Ex-P 与 TOC 之间表现出显著的正相关性（$r=0.78$，$P<0.0001$）（表 1.36），说明 TOC 对 Ex-P 的分布起控制作用。

表 1.36　沉积物中各形态 P 与 TOC 的相关性

参数	Fe-P	Ca-P	De-P	OP	IP	TP	TOC
Ex-P	0.91**	−0.30*	0.47**	0.49**	0.72**	0.73**	0.78**
Fe-P		−0.31*	0.51**	0.58**	0.77**	0.80**	0.80**
Ca-P			−0.04	−0.18	0.13	0.04	−0.17
De-P				0.42**	0.87**	0.82**	0.59**
OP					0.52**	0.74**	0.44**
IP						0.96**	0.76**
TP							0.74**

**$P<0.01$ level（双尾），$n=68$；*$P<0.05$ level（双尾），$n=68$

Fe-P 占 TP 的平均比例为 23.34%（图 1.72），明显高于长江口及其邻近海区（2.5%）与海南岛东岸（2.8%～7.4%）。这主要是因为长江口处于季节性低氧区，在还原条件下 Fe-P 可以从铁的氧化物或者氢氧化物上轻易脱附下来。胶州湾的 Fe-P 含量与长江口潮间带（23.7%）及阿拉伯海（25%）含量相当。C4 站与 C6 站的 Fe-P 含量自 1982 年开始增加，而 C3 站与 C5 站自 1992 年与 2002 年开始增加。自 1962～1997 年，总溶解磷酸盐增加了 2 倍。胶州湾的 Fe-P 的增加与总溶解磷酸盐的增加是一致的。这表明与 Ex-P 类似，Fe-P 的增加可能与青岛市排放的富营养污水有关，这是因为污水中丰富的胶体铁及有机质降解过程中提供的磷导致了 Fe-P 的增加。这也被 Fe-P 与 TOC 之间显著的正相关性所证实（$r=0.80$，$P<0.0001$）（表 1.36）。这种现象也在佛罗里达湾被报道，这与佛罗里达湾相对较高的 Fe-P 与淡水中丰富的颗粒、胶体铁及海草降解过程中提供的 P 有关。

Ca-P 主要由生物碎屑（包括海洋动物的骨骼、牙齿及贝壳碎片）转化形成的 P、碳酸钙结合的自生 P 或者自生碳酸盐氟磷灰石组成。Ca-P 的形成花费时间较长，并且主要形成于深海沉积物中。然而，反向风化过程可以缩短 Ca-P 的形成时间。同时，增强的有机质矿化也可以积累更多的 Ca-P。然而，Ca-P 与 TOC 之间没有明显的相关性（$P>0.05$）。因此，沉积物可能通过磷酸盐与矿物石英及方解石键合来截留正磷酸盐。此外，统计数据显示胶州湾的养殖面积自 1999 年的 356 km^2 增加到 2005 年的 462 km^2。渔业产值也从 1949 年的 2.3×10^6 元增加到 2014 年的 1.4×10^{10} 元。因此，胶州湾增加的 Ca-P 可能与密集的养殖活动有关。对海南岛东岸的磷形态研究发现 Ca-P 通常与 De-P 有相同的来源，并且可以转化为 OP。然而，胶州湾的 Ca-P 与 De-P，以及 Ca-P 与 OP 之间没有明显的相关性（$P>0.05$）（表 1.36）。因此，可以推断胶州湾 Ca-P 的主要来源为生物源。C6 站 Ca-P 的含量自 1956 年以来呈现下降的趋势，这可能与再矿化或者向 OP 的转化有关。

De-P 主要来源于河流输入的陆源物质。研究发现 Fe-P 自密西西比河口向墨西哥湾陆架运输的过程中发生降低的现象，而 De-P 呈现增加的趋势。胶州湾的 Fe-P 与 De-P 之间显著的负相关性也证实了这种现象（$r=-0.31$，$P<0.05$）。C3 站的 De-P 自 1945～1983 年呈现增加的趋势，之后则呈现下降的趋势，这可能与这个时期内大沽河输入量的变化有关。然而，De-P 在其他 3 个站位则表现出比较稳定的趋势（图 1.72），表明 De-P 为较惰性的 P 形态。De-P 占 TP 的比例范围为 23.32%～50.52%，平均值为 35.75%，低于长江口的潮间带区域（54.9%）及东海陆架区（70.4%）。这种差异可能是由来源于长江上游流域富含 De-P 的土壤侵蚀引起的。另外，在 De-P 与 TOC 之间存在明显的正相关性（$r=0.59$，$P<0.0001$）（表 1.36），表明 TOC 对 De-P 的分布也有影响。

OP 占 TP 的比例范围为 7.00%～27.89%，平均值为 17.56%，与长江口及邻近的东海含量（5.5%～26.3%，均值为 16.1%±5.1%）相当。C3、C4 与 C5 站的 OP 分别自 1954 年、1920 年及 2002 年开始增加（图 1.72），这与该期间 TOC 的含量变化是一致的。这个结果被 OP 与 TOC 的正相关性所证实（$r=0.44$，$P<0.00001$）（表 1.36）。这与先前的研究结果较为一致。另外，较高的 OP 含量与污水排放以及水产养殖碎屑有关。

胶州湾的 TP 含量在世界上其他河口及沿岸区域 TP 含量范围之内。胶州湾的 TP 含量（6.22～15.36 μmol/g）与大亚湾（8.06～15.48 μmol/g）及佛罗里达湾（1.22～14.63 μmol/g）是一致的，然而低于临近的四十里湾（15.04～21.09 μmol/g）及莱州湾（10.2～18.8 μmol/g）。这两个海湾略高的 TP 含量可能与养殖活动有关。此外，胶州湾的 TP 含量低于渤海（10.4～19.9 μmol/g）、黄海与东海陆架（10.45～26.26 μmol/g）、墨西哥湾（18.23～33.67 μmol/g）及亚马孙湾（14.93～23 μmol/g）。以上 4 个区域较高的 TP 含量可能与其周围的大河输入有关（富含 P）。例如，黄河、长江、密西西比河及亚马孙河的颗粒态 P 含量分别为 18 μmol/g、23 μmol/g、35 μmol/g 与 16.9～32.3 μmol/g。虽然胶州湾周边河流的颗粒态 P 含量较高（21～1220 μmol/g），这些河流的径流量仅为 $6.6\times10^8\ m^3/a$，远小于以上提到的知名大河。胶州湾的 TP 含量远小于极地区域（25.45～51.19 μmol/g）及太平洋中部（13.2～119 μmol/g），这可能与底层水中高含量的 P（3 μmol/L）被吸附在沉积物表面有关。

海洋输入的陆源有机质可以通过 TOC/OP 值来反映。TOC/OP 值也可以用来反映有机质的降解。海洋浮游植物的 TOC/OP 值接近 Redfield 比值（106），并且陆源植物的 TOC/OP 值高于海洋植物。TOC/OP 值高于 106 指示了陆源有机质的出现。此外，高的 TOC/OP 值也表明在有机质降解过程中 P 相对碳优先降解。

胶州湾 TOC/OP 值高于 Redfield 比值，因此推测陆源有机质可能是胶州湾有机质的主要组成部分。另外陆源 TOC 自 1980 年以来开始增加，这可能是导致胶州湾高 TOC/OP 值的原因。C4、C5 与 C6 站 TOC/OP 值的增加可能与深层沉积物中有机质降解时优先再生 OP 有关。对胶州湾有机质组成的研究表明，胶州湾的有机质来源主要为海源。因此，有机质降解过程中，优先再生 OP 可能导致了较高的 TOC/OP 值。C6 站的 TOC/OP 值低于其他站位，这可能与该站较丰富的难降解 OP 有关，或者与离岸沉积物中较多的细菌有关。C3 站与 C4 站上层 TOC/OP 值的变化可能与浅海环境氧化降解有机质再生 P 有关。C3 站的 TOC/OP 值近几年呈现明显的增加趋势（图 1.73），表明这一时期陆源 TOC 的输入增加。

OP 矿化后将变的更容易被生物利用。如果 OP 没有释放到上覆水中，则可以转化成 Ex-P、Fe-P 及 Ca-P。因此，Ex-P、Fe-P、Ca-P 及 OP 被定义为活性 P（$P_{reactive}$），TOC/$P_{reactive}$ 值被认为能更好地描述沉积物中 P 的地球化学行为。胶州湾的 TOC/$P_{reactive}$ 值远低于 Redfield 比值，表明了与 TOC 相比，胶州湾沉积物中出现了更多的 $P_{reactive}$。另外，有机质降解后转化为无机 P 更容易在低沉积速率与氧化环境中发生。例如，C3 站 TOC/$P_{reactive}$ 值随着深度的增加而降低（图 1.73），这可能与有机质降解过程中 OP 向 Ex-P 或者 Fe-P 的转化有关，表明了沉积物对 P 的有效扣押。这也被 OP 与 Ex-P 及 Fe-P 之间明显的相关性所证实（表 1.36）。

3. 胶州湾生物硅（biological silicate，BSi）的沉积记录及其环境意义

（1）BSi 的分布及其影响因素

沉积物中 BSi 的分布反映了海洋生产力的时空变化情况，与海洋硅质生产力有密切的关系，反映了营养物质的变化对海洋硅质浮游植物和其他浮游植物的影响。C3 站 BSi 的含量范围为 0.93%～1.54%（以 SiO_2 计），平均值为（1.18±0.17）%。该站的 BSi 含量在 1992 年以前呈现波动性变化（图 1.75），之后则呈现明显的增加趋势（$r = 0.84$，$P < 0.05$），至今增加了近 59%，反映了该区域近 20 年水体初级生产力的增加。同为湾内的 C4 站，其 BSi 含量范围为 0.91%～1.65%，平均值为（1.32±0.23）%。统计分析表明 C3 站与 C4 站 BSi 含量没有明显的差异（$P > 0.05$）。C4 站的 BSi 含量在 1962 年以前呈现波动性变化，此后则呈现降低的趋势（$r = -0.86$，$P < 0.05$）。这是因为，胶州湾的氮磷比自 1962～1998 年呈现增加趋势，而硅酸盐含量在 1960～1980 年保持在较低水平，自 1980～1990 年降低了 63.6%。在这种营养盐结构条件下，不利于硅藻的生长，因而减少了 BSi 的沉积。C5 站 BSi 的含量范围为 1.20%～2.49%，平均值为（1.69±0.34）%。该站的 BSi 含量在 2000 年以前呈现波动性变化，之后则呈现增加的趋势（$r = 0.96$，$P < 0.05$）。这是因为胶州湾的

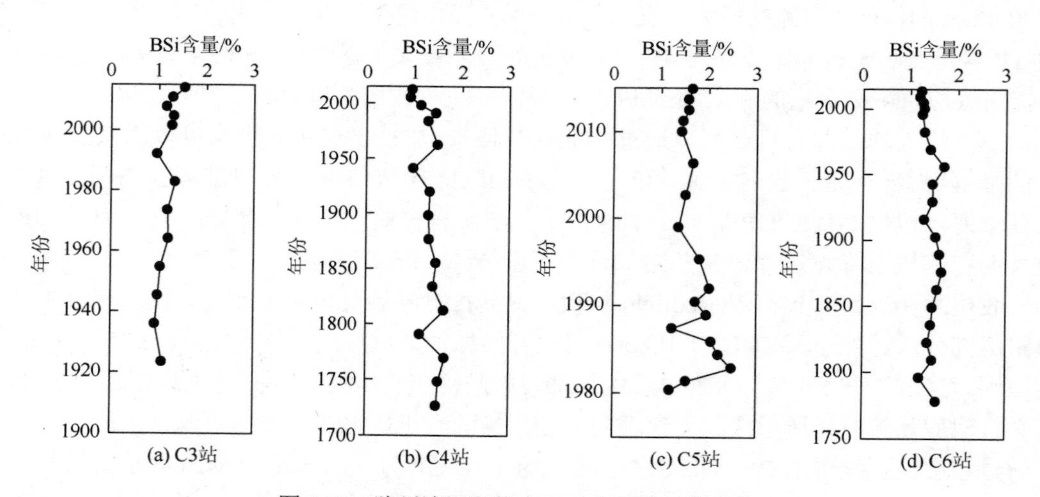

图 1.75　胶州湾沉积物中 BSi 含量的长期变化

氮磷比自 2000 年以后开始下降，而硅氮比有所上升（仍然低于 Redfield 比值），使 20 世纪 90 年代营养盐比例严重失衡，硅限制的状况有所缓解，进而有利于生物硅的沉积。C6 站位于湾外，其 BSi 的含量范围为 1.19%～1.71%，平均值为（1.42±0.16）%。该站的 BSi 含量在 1956 年以前呈现波动的变化，此后则呈现下降的趋势（$r=-0.91$，$P<0.05$），至今下降了 28%。湾外区域的陆源输入自 1956 年以来呈现增加的趋势，BSi 含量的降低可能是由陆源物质的稀释作用引起的。

（2）胶州湾与国内外海区 BSi 对比分析

本书调查研究得到胶州湾 BSi 的含量范围为 0.91%～2.49%，与已有的研究结果（0.44%～2.73%）相近。胶州湾的 BSi 含量高于四十里湾、渤海、黄海、东海、粤东海域、北部湾及大亚湾等区域（表 1.37）。这可能是因为胶州湾的富营养化导致该区域的生产力相对较高。但胶州湾的 BSi 含量远低于南海及其南部区域，这是因为南海总体水深较深，陆源物质输入对 BSi 含量的稀释作用影响较小。胶州湾的 BSi 含量与欧洲陆架边缘海比较接近，但远低于南大洋、东热带太平洋、东热带大西洋、秘鲁边缘海及罗斯海。这是因为胶州湾 BSi 的溶解速率较高，从而不利于 BSi 的保存。另外，沉积物中高 BSi 主要分布在营养物质丰富、初级生产力较高的上升流区，如秘鲁边缘海与罗斯海，其中位于南大洋的罗斯海，表层沉积物 BSi 含量高达 41%。

表 1.37　胶州湾沉积物中生物硅含量与其他海域的对比

研究区域	BSi 含量/%	
	平均值	含量范围
胶州湾*	1.42	0.91～2.49
胶州湾	1.90	0.44～2.73
渤海	0.92	0.54～1.24
四十里湾	0.56	0.25～1.01
黄海、东海	0.47	0.21～0.70
长江口邻近海域	0.63	0.37～0.94
东海内陆架	1.04	0.62～1.54
粤东海域	0.43	0.20～0.67
大亚湾	1.10	0.66～1.51
北部湾	1.10	0.58～1.68
南海	3.60	0～12.6
南海南部	4.96	0.33～9.00
南沙海域	2.08	0.84～4.91
欧洲陆架边缘海	1.4	—
南大洋	11.3	—
东热带大西洋	12.9	—
东热带太平洋	16.8	—
秘鲁边缘海	23.8	—
罗斯海	—	2～41

*此栏胶州湾的数据来自本书的调查研究，其余数据引自康绪明（2017）

（3）胶州湾沉积物中 BSi 的埋藏通量

生源要素的埋藏通量可以反映特定历史时期内环境的变化趋势，主要受沉积速率、生源要素的含量、沉积物孔隙率、微生物活性及生物扰动等因素的控制。C3 站 BSi 的埋藏通量范围为 3.23～5.07 mmol/(m^2·d)，平均值为 4.53 mmol/(m^2·d)。该站的埋藏通量自 1923～1992 年呈现明显的降低趋势（r = –074，P<0.05），此后则呈现明显的增加趋势（r = 0.83，P<0.05）（图 1.76）。C4 站 BSi 的埋藏通量范围为 1.56～2.68 mmol/(m^2·d)，平均值为 2.16 mmol/(m^2·d)。该站的埋藏通量在 1962 年以前呈现波动性变化，此后则呈现降低的趋势（r = –0.81，P<0.05）。C5 站 BSi 的埋藏通量范围为 10.68～47.67 mmol/(m^2·d)，平均值为 25.49 mmol/(m^2·d)。BSi 的埋藏通量自 1980～1999 年呈现降低的趋势（r = –0.63，P<0.05），此后则比较稳定。C6 站 BSi 的埋藏通量范围为 3.12～5.55 mmol/(m^2·d)，平均值为 4.34 mmol/(m^2·d)，在 1956 年之前呈现增加的趋势（r = 0.67，P<0.05），之后则呈现下降的趋势（r = –0.75，P<0.05）。统计分析表明，除 C3 站（r = 0.92，P>0.05）以外，C4（r = 0.89，P<0.001）、C5（r = 0.72，P<0.001）与 C6（r = 0.50，P<0.05）站 BSi 的埋藏通量与 BSi 含量之间存在显著的正相关性，表明 BSi 的埋藏通量受 BSi 含量的影响，但表现出区域差异性。另外，仅在 C6 站发现了 BSi 的埋藏通量与孔隙率之间明显的负相关性（r = –0.57，P<0.05），而在 C3（r = –0.52，P>0.05）、C4（r = –0.27，P>0.05）与 C5（r = 0.72，P<0.001）站之间不存在相关性。C5 站的 BSi 埋藏通量明显高于其他 3 个站位（P<0.001）。此外，C5 站 1992 年之前 BSi 的埋藏通量明显高于 1992 年以后（P<0.05），均表明 BSi 的埋藏通量受沉积速率的影响。

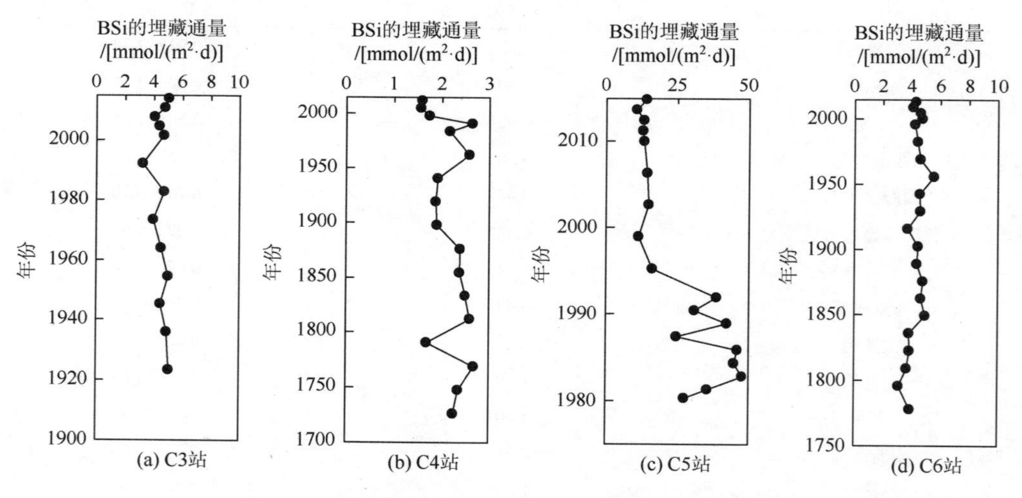

图 1.76　胶州湾生物硅（BSi）埋藏通量的长期变化

BSi 的埋藏通量可以量化进入沉积物中 BSi 的量，如果将其与初级生产力对比可推出 BSi 在水体运移过程中被分解返回水体的量。胶州湾的初级生产力平均值为 30.7 mmol C/(m^2·d)，根据 Redfield 比值推算，硅藻产生的 BSi 的量为 4.6 mmol/(m^2·d)。以 C3 站与 C4 站 BSi 埋藏通量的平均值 3.2 mmol/(m^2·d)作为胶州湾 BSi 的埋藏通量。由此计算，高达 69.6%的 BSi 被埋藏至沉积物中，仅有 30.4%被分解进入水体参与再循环。这可能是因为胶州湾水深较浅，上层产生的BSi尚未分解就已被埋藏在沉积物中。此外，C3站与C4站临近区域沉积物-水界面硅酸盐交换速率为2.8 mmol/(m^2·d)，该值小于BSi的埋藏通量，这将导致海水中的硅不断向沉积物迁移，造成水体中硅含量保持较低水平，使硅成为浮游植物的限制因子。这也进一步证明了BSi在沉积物中的积累是造成浮游植物硅限制的根本原因之一。

（4）BSi在沉积物中的稳定性

BSi在沉积物中的稳定性，是应用其重建古生产力需要重点考虑的问题之一。可以通过将BSi的含量进行累加后对时间进行回归分析，来检验BSi在沉积物中的稳定性。从胶州湾BSi含量之和（$\sum$BSi）与时间的回归分析可以看出（图1.77），BSi在沉积物中的稳定性较好，表明BSi能够完整地保存于沉积物中，可以用来反映近250年水体中BSi的保存情况，这也为BSi作为胶州湾生产力重建指标提供了论据。此外，BSi在沉积物中的稳定性还可以用来反应环境变化情况。C3、C4、C5与C6站的BSi含量之和分别自2001年、1983年、2010年及1996年开始出现了偏离趋势线的情况（图1.77）。这可能与硅藻密度变化有关，与20世纪80年代相比，90年代硅藻数量明显降低，不足80年代的1/2。但自1999年起硅藻密度显著提高，2002年硅藻密度超过1.2×10^{8}个/m^3。2001～2010年硅藻平均密度为20世纪90年代平均密度的5.4倍，为80年代的4.2倍。此外，C5站的BSi含量之和自1992年发生转折，这也从侧面反映了该区域沉积速率的改变。

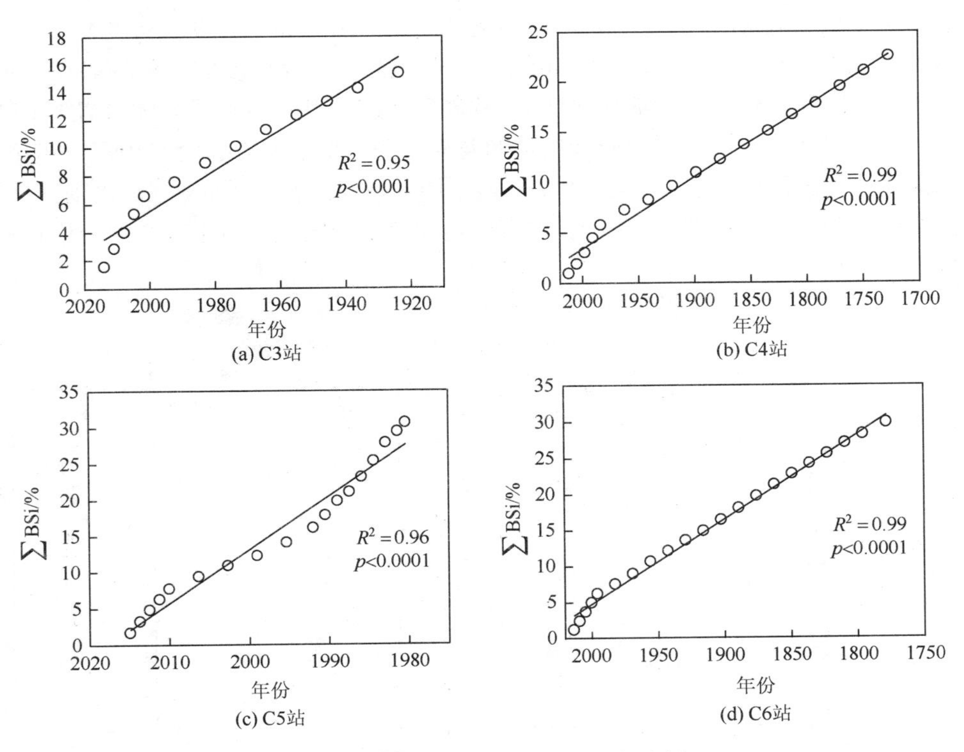

图1.77　$\sum$BSi与时间的线性回归分析

（5）胶州湾初级生产力的长期变化

胶州湾因受人类活动的影响较大，其初级生产力变化较为复杂。由于现场调查起步较晚，无法了解该区域1980年以前初级生产力的分布及变化情况。硅藻在胶州湾海域占浮游细胞总量的90%以上，属于优势藻种。因而本书以硅藻的含量作为水体中初级生产力的替代指标，来探讨胶州湾百年尺度水体初级生产力的变化情况。研究发现黄海沉积物中BSi含量与水体中硅藻数量之间存在明显的正相关性（$r=0.74$，$P<0.05$）。因此，BSi含量的变化能够很好地反映各年代水体中硅质浮游生物的含量。适用于硅藻重建的公式如下：

$$y=837.94x-670.47 \tag{1.18}$$

式中，x代表沉积物中BSi的含量（mg/g）；y代表硅藻密度（10^4个/m^3）。该公式已成功运用于同属黄海的桑沟湾水体近200年来硅藻含量的重建。鉴于胶州湾同属黄海的一部分，本书利用此公式重建胶州湾历年来水体中硅藻含量的变化，进而反映胶州湾初级生产力的变化情况。结果表明，C3站的硅藻密度范围为（0.71～1.12）×10^8个/m^3，自1923年以来硅藻密度呈现增加的趋势（$r=0.69$，$P<0.05$）（图1.78）。C4站的硅藻密度范围为（0.70～1.32）×10^8个/m^3，自1726年以来，硅藻密度呈现降低的趋势（$r=-0.62$，$P<0.05$）（图1.78）。C5站的硅藻密度范围为（0.94～2.02）×10^8个/m^3，自1980～2010年，硅藻密度呈现波动性变化，此后硅藻密度呈现增加的趋势（$r=0.96$，$P<0.05$）（图1.78）。C6站的硅藻密度范围为（0.94～2.02）×10^8个/m^3，在1956年以前，硅藻密度变化不大，之后则呈现降低的趋势（$r=-0.90$，$P<0.05$）（图1.78）。硅藻密度的变化趋势在一定程度上反映了相应阶段初级生产力的变化情况。从硅藻密度可以看出不同区域的初级生产力有较大差异，这可能与不同区域营养盐结构的差异有关。现场调查表明，1997～2010年胶州湾的氮磷比逐渐降低，硅氮比逐渐增加，但不同区域变化幅度不同，硅磷比则变化不大，不同区域仍呈现出不同程度的硅限制，这可能是导致不同区域初级生产力的变化趋势有差异的主要原因。

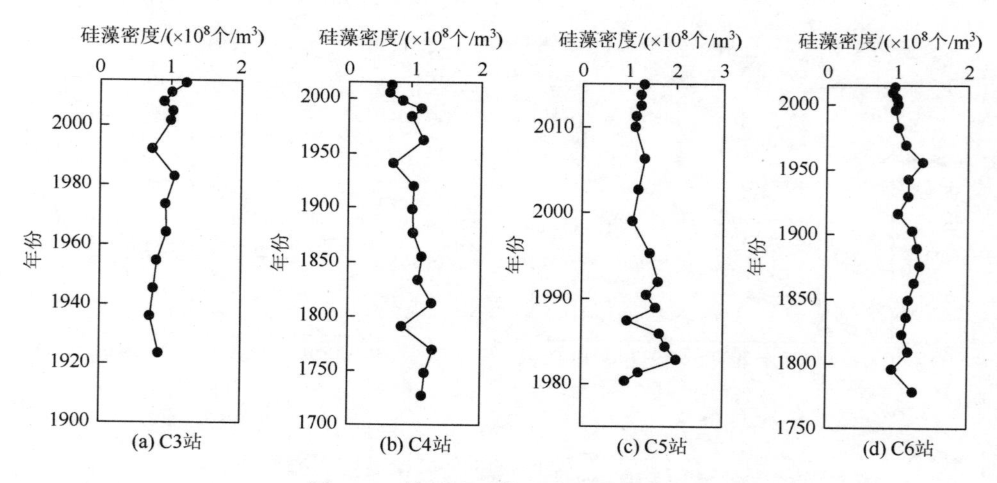

图1.78　胶州湾硅藻密度的长期变化

4. 沉积物中生源要素的人类源与自然源区分

根据实测值及历史时期生源要素的背景值，可有效区分人类活动与自然变化引起的生源要素累积通量的差异（宋金明和李学刚，2018）。根据不同区域沉积环境的差异，分别选取不同时期生源要素含量的平均值作为背景值。因 C3 站生源要素的沉积在 1954 年之前较稳定，因而选该阶段的平均值作为背景值。由实测值减去背景值即为人类活动引起的累积通量，结合沉积物质量累积速率的变化，C3 站 1963 以来 TOC、TN、TP 与 BSi 的累积通量分别在 19.18～29.64 g/(m²·a)，2.73～3.31 g/(m²·a)，2.15～2.79 g/(m²·a)与 70.75～110.05 g/(m²·a)变化。因人类活动导致的 TOC、TN、TP 与 BSi 的累积通量分别在 4.89～17.18 g/(m²·a)，0.8～1.6 g/(m²·a)，0.60～1.14 g/(m²·a)与 2.37～43.21 g/(m²·a)变化。人类活动对 TOC、TN、TP 与 BSi 的累积通量的贡献范围分别为 25.52%～57.97%，29.27%～49.04%，27.91%～42.11%与 3.36%～39.26%。人类活动引起的生源要素累积通量的明显增加始于 1980 年（图 1.79）。这是由于自 20 世纪 80 年代开始，沿岸工农业的迅猛发展，胶州湾的富营养化程度不断加重，作为与富营养化密切相关的生源要素，其埋藏通量不断增大。

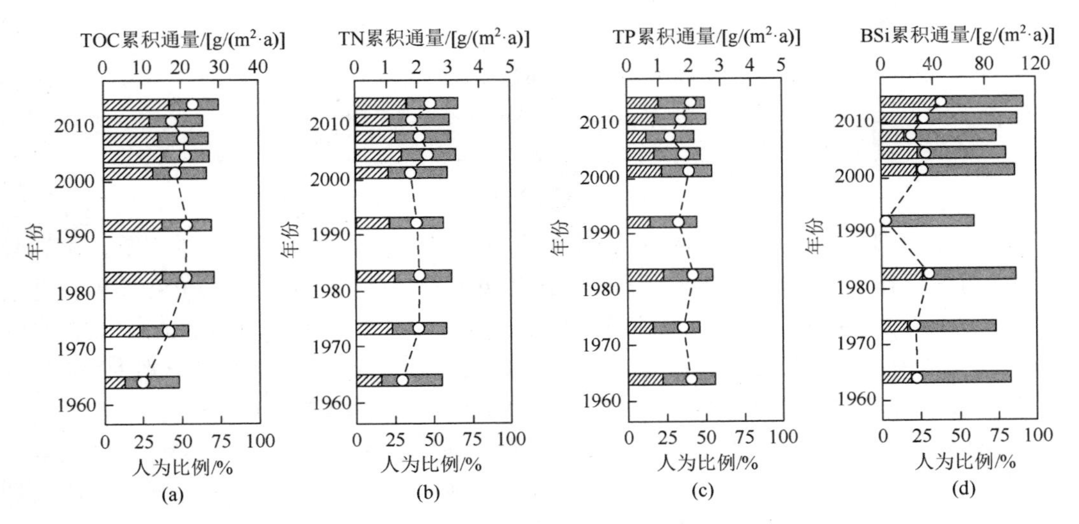

图 1.79　C3 站人类活动引起生源要素的累积通量及其贡献

C4 站在 1897 年之前虽然环境演变以自然演变为主，但生源要素沉积的变化较大（图 1.67），表明沉积环境不稳定，因而不应作为背景值。本书选取 1919～1940 年的平均值作为背景值。该站自 1961 年以来 TOC、TN、TP 与 BSi 的累积通量分别为 13.85～16.80 g/(m²·a)、1.32～1.72 g/(m²·a)、1.07～1.66 g/(m²·a)与 57.84～268.54 g/(m²·a)。因人类活动导致的 TOC、TN、TP 与 BSi 的累积通量分别为 0.38～5.48 g/(m²·a)、0.17～0.71 g/(m²·a)、0.36～0.85 g/(m²·a)与 0.55～22.31 g/(m²·a)。人类活动对 TOC、TN、TP 与 BSi 的累积通量的贡献范围分别为 2.73%～32.62%、13.03%～41.29%、32.37%～51.32%

与 1.62%～39.47%。其中人类活动对 BSi 累积通量的贡献自 1990 年下降（图 1.80），这是由于自 20 世纪 80 年代以来水利工程投入加大，水土保持效益显露，年均输沙量已大为减少，另外 Si 的水平自 80 年代中期到 90 年代晚期一直在降低，平均浓度降低了 2 倍（Wu et al.，2015）。这都会导致硅藻密度的下将，从而引起 BSi 累积通量的降低。但人类活动对 TOC、TN 与 TP 累积通量的贡献自 1990 年仍然表现为上升的趋势（图 1.80）。

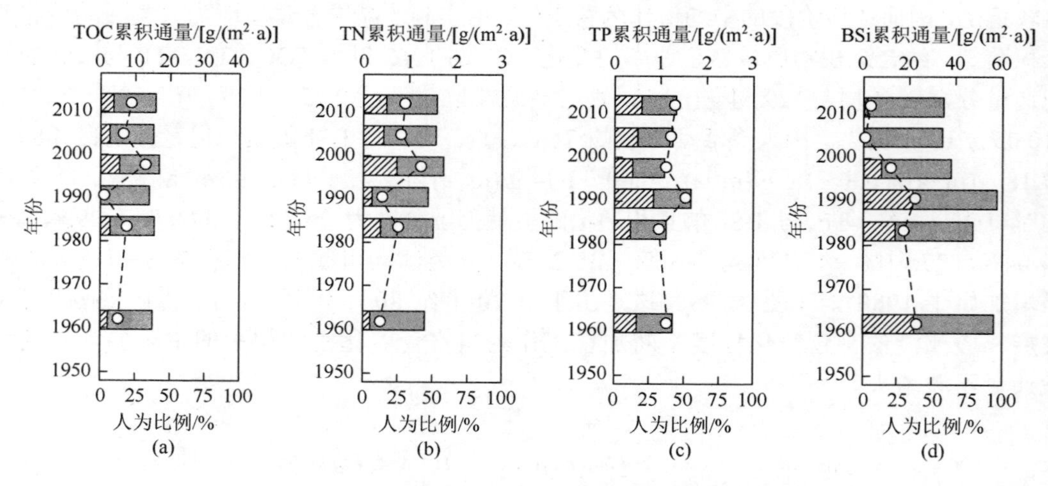

图 1.80　C4 站人类活动引起生源要素的累积通量及其贡献

总通量　人为通量　--○-- 人为比例

因 C5 站仅可追溯到 1980 年，而自 1949 年以来，人类活动的影响已经比较明显。因而选取 1980 年作为背景值不合适。而 C3 站位于湾内，同样受人类活动的影响，可选取 C3 站的背景值作为 C5 站的背景值。C5 站 1980 年以来 TOC、TN、TP 与 BSi 的累积通量分别为 64.57～359.68 g/(m^2·a)、6.40～29.62 g/(m^2·a)、5.81～18.40 g/(m^2·a)与 233.89～1044.05 g/(m^2·a)。因人类活动导致的 TOC、TN、TP 与 BSi 的累积通量分别为 27.21～282.75 g/(m^2·a)、1.34～19.22 g/(m^2·a)、1.45～8.80 g/(m^2·a)与 65.74～620.50 g/(m^2·a)。人类活动对 TOC、TN、TP 与 BSi 的累积通量的贡献范围分别为 42.14%～78.83%、21.02%～64.88%、25.03%～57.42%与 15.82%～59.43%。该站的沉积速率自 1992 年发生了明显降低，进而导致生源要素的累积通量也明显降低（图 1.81）。在 1992 年之前人类活动对 TOC、TN、TP 与 BSi 的累积通量的贡献分别高达 67%、53%、45%与 42%。这主要与这一时期人类活动的迅速发展及较高的沉积速率有关。由于沉积速率的降低，人类活动对 TOC、TN、TP 与 BSi 的累积通量的贡献在 1992～2002 年呈现下降的趋势，但自 2002 年至今，人类活动对 TOC、TN、TP 与 BSi 的累积通量的贡献又呈现线性的增加。

从 C6 站保守元素 Al 的结果可以看出，该站的自然环境变化较大，也不应选作背景值。同样选取 C3 站的背景值作为 C6 站的背景值。该站自 1955 年以来 TOC、TN、TP 与 BSi 的累积通量分别为 13.56～20.36 g/(m^2·a)、1.43～2.23 g/(m^2·a)、1.65～2.21 g/(m^2·a)与 89.53～121.61 g/(m^2·a)。因人类活动导致的 TOC、TN、TP 与 BSi 的累积通量分别为 0.66～6.37 g/(m^2·a)、0.07～0.76 g/(m^2·a)、0.21～0.77 g/(m^2·a)与 13.59～49.63 g/(m^2·a)。人类活动

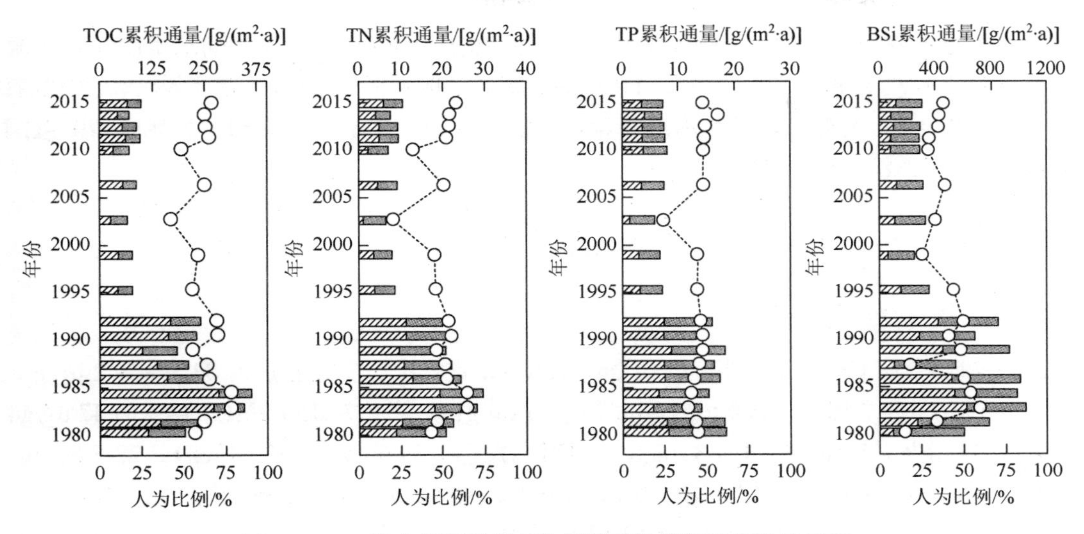

图 1.81　C5 站人类活动引起生源要素的累积通量及其贡献

总通量　人为通量　--○-- 人为比例

对 TOC、TN、TP 与 BSi 的累积通量的贡献范围分别为 4.90%～31.27%、4.86%～34.10%、12.66%～34.82%与 15.19%～40.81%。因该站位于湾外，人类活动对生源要素累积通量的贡献相对较低（图 1.82）。特别是 1995 年之前，人类活动对 TOC 与 TN 累积通量的贡献不足 10%。但自 1995 年之后人类活动对 TOC 与 TN 累积通量的贡献呈现增加的趋势，而对 TP 与 BSi 累积通量的贡献变化不大（图 1.82）。

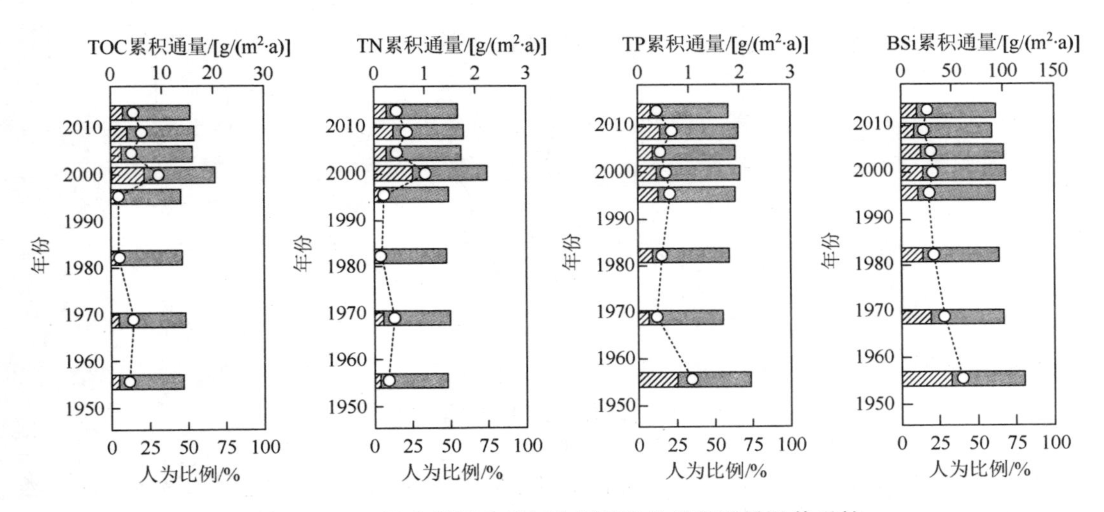

图 1.82　C6 站人类活动引起生源要素的累积通量及其贡献

总通量　人为通量　--○-- 人为比例

综上所述，因区域及沉积速率的差异，人类活动对生源要素累积的影响也有较大差异。近百年来人类活动对胶州湾 TOC、TN、TP 与 BSi 累积通量分别为 0.38～282.75 g/(m²·a)、

0.07～19.22 g/(m²·a)、0.21～8.80 g/(m²·a)与 0.55～620.50 g/(m²·a)。人类活动对胶州湾生源要素的贡献不容忽视，对 TOC、TN、TP 与 BSi 累积通量的贡献平均值高达 43.5%、37.2%、37.7%与 30.0%。人类活动引起生源要素累积通量的明显增加在湾内与湾外始于 20 世纪 80 或 90 年代，湾口始于 21 世纪初。

（二）胶州湾柱状沉积物中重金属的地球化学特征及人类活动影响

1. 重金属的分布特征

C3 站重金属 Cr、Mn、Ni、Cu、Zn、As、Cd 与 Pb 的含量分别为 31.8～59.2 μg/g、381.0～556.7 μg/g、13.7～28.0 μg/g、8.68～21.3 μg/g、35.45～74.15 μg/g、5.92～13.47 μg/g、0.19～0.41 μg/g 与 18.98～42.08 μg/g，平均值分别为 49.6 μg/g、477.4 μg/g、22.5 μg/g、16.1 μg/g、39.05 μg/g、10.13 μg/g、0.32 μg/g 与 24.38 μg/g。C5 站重金属 Cr、Mn、Ni、Cu、Zn、As、Cd 和 Pb 的含量分别为 59.38～96.91 μg/g、425～773 μg/g、27.51～51.97 μg/g、19.92～28.09 μg/g、65.3～112.4 μg/g、1.39～21.53 μg/g、0.11～0.47 μg/g 与 20.83～30.89 μg/g，平均值分别为 72.36 μg/g、629.1 μg/g、37.2 μg/g、24.70 μg/g、85.0 μg/g、13.75 μg/g、0.36 μg/g 与 24.7 μg/g。这两个站位的重金属分布趋势基本一致，其中 C3 站的重金属分布呈现比较类似的特征，在 1954 年之前比较稳定，1954～2001 年期间呈现增加的趋势（图 1.83）。

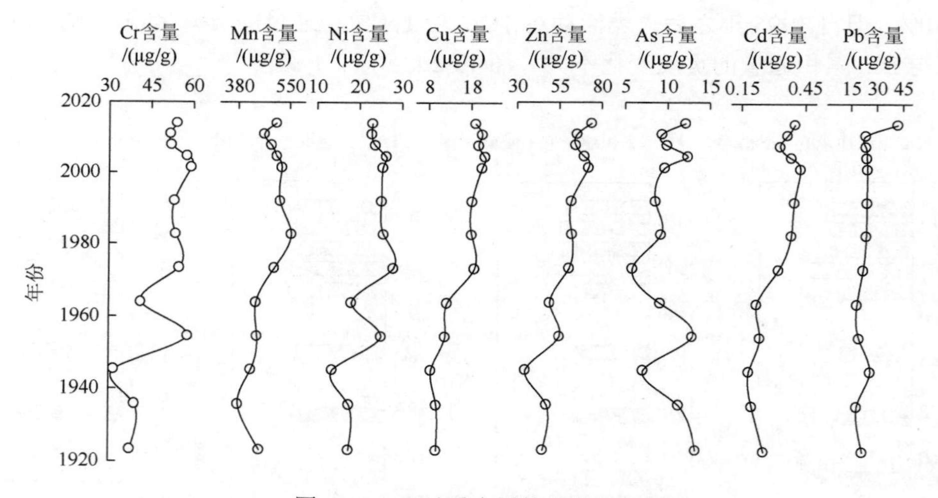

图 1.83　C3 站重金属的垂直分布

C5 站的重金属自 2002 年开始呈现增加的趋势（图 1.84）。可能是因为这一时期人类活动加剧使该湾的重金属污染明显加重。20 世纪七八十年代环胶州湾地区工农业的迅猛发展时期，自 1992 年开始，将青岛经济技术开发区扩展到黄岛区，并实行两区体制合一，这极大促进了当地的工农业发展。其中电镀场工业废水富含 Cr、Zn 与 Ni，而生活污水中则富含 Cu，对化肥与杀虫剂的使用又能促进 As 的增加。另外，自 2002 年开始，青岛市的机动车保有量驶入了高速增长期，每年以 10%的速度递增，汽车尾气的排放可能导致

Pb 排放的增加。另外 2001～2010 年 C3 站的重金属含量呈现降低的趋势，这主要得益于得力的管理和治污措施。但近几年重金属污染又呈现加重趋势。

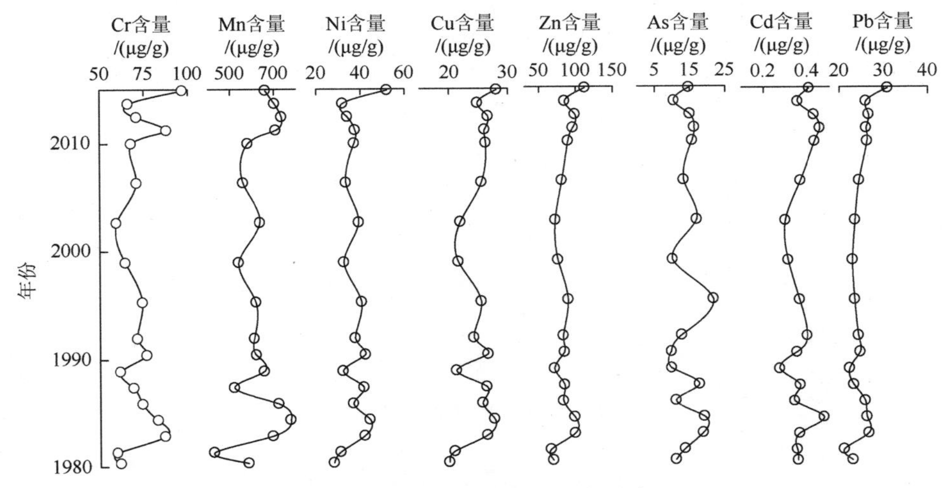

图 1.84　C5 站重金属的垂直分布

C4 站重金属 Cr、Mn、Ni、Cu、Zn、As、Cd 和 Pb 的含量分别为 48.3～77.0 μg/g、505.5～801.7 μg/g、21.95～35.71 μg/g、16.73～27.03 μg/g、59.45～138.04 μg/g、6.20～20.91 μg/g、0.26～0.51 μg/g 与 23.47～35.86 μg/g，平均值分别为 62.5 μg/g、591.5 μg/g、27.59 μg/g、21.73 μg/g、84.3 μg/g、11.09 μg/g、0.40 μg/g 与 26.86 μg/g。1983～1998 年该站位重金属含量呈现增加的趋势，随后呈现下降的趋势。这可能是改革开放以来，青岛经济的迅速发展，导致重金属含量增加。2000 年之后，重金属的降低则归因于初见成效的环境治理（图 1.85）。然而，1770 年之前，除 Cd 与 Ni 之外，其余重金属含量都呈现增加的趋势（图 1.85），推测该时期地表径流进入胶州湾的流域侵蚀物质较多，粗颗粒物逐渐沉积在近岸，向湾中部逐渐变细。1770～1983 年，重金属含量整体呈现降低的趋势。从近 150 年的海岸变迁可知，由于大面积的盐田养殖区及人工填海，胶州湾的面积在 150 年里缩小了 38%。较小的面积缩短了沉积物搬运区与沉积区的距离，使达到湾内区域沉积物中的中、粗粉砂含量增加，黏土含量减少，从而导致与流域侵蚀物质来源有关的元素含量呈现下降趋势。

C6 站位于湾外，该站的重金属 Cr、Mn、Ni、Cu、Zn、As、Cd 和 Pb 的含量分别为 20.74～49.78 μg/g、330.2～704.0 μg/g、16.0～66.4 μg/g、11.2～15.9 μg/g、41.6～94.3 μg/g、8.02～21.96 μg/g、0.13～0.35 μg/g 与 18.7～25.6 μg/g，平均值分别为 30.84 μg/g、467.0 μg/g、24.7 μg/g、13.5 μg/g、57.4 μg/g、12.49 μg/g、0.25 μg/g 与 22.0 μg/g（图 1.86）。该站的重金属含量在 1942 年之前比较稳定，其中 Cr、Mn、Zn、Cd 与 Pb 自 1942 年之后呈现明显的增加。而其他重金属含量则变化不大，这是因为人类活动对湾外的重金属污染影响较小。重金属 Pb 含量的增加，可能主要来源于大气沉降。

2. 重金属污染以及潜在生态风险评估

富集因子（enrichment factor，EF）被广泛应用于反映重金属污染。可以看出（表 1.38），

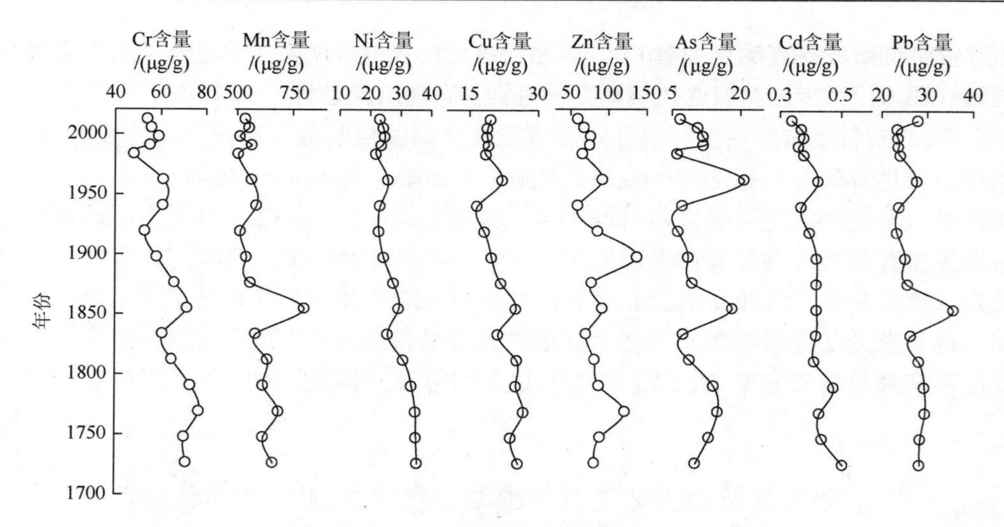

图 1.85　C4 站重金属的垂直分布

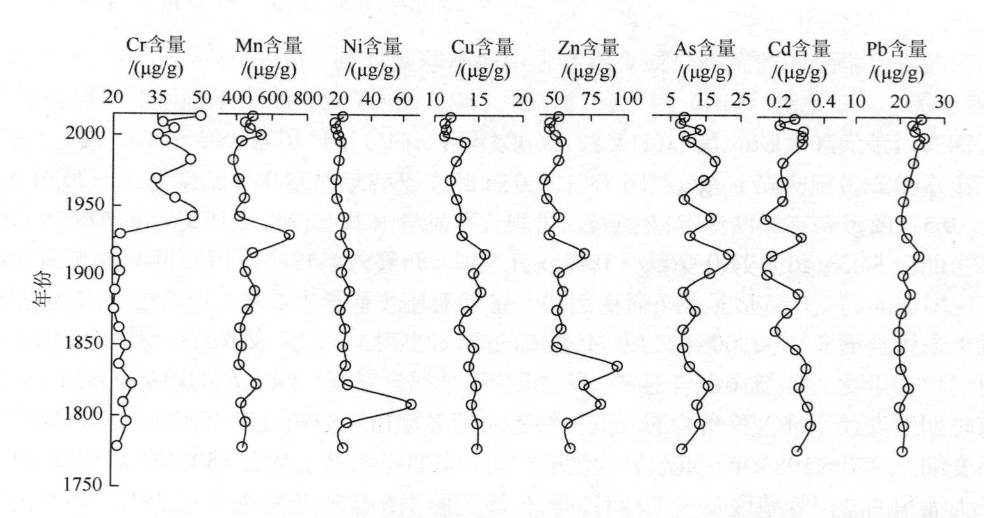

图 1.86　C6 站重金属的垂直分布

C3 站 Cu 与 As 表现出轻度富集（1.5＜EF＜3），其他元素则没有富集。C4 站的 As 也表现出轻度富集。C5 站的 Ni、Cu 与 As 表现出轻度富集。C6 站则表现为 Cr、As 的轻度富集。

表 1.38　各站位 EF 的平均值

站位	金属种类							
	Cr	Mn	Ni	Cu	Zn	As	Cd	Pb
C3	1.20	0.96	1.21	1.54	1.20	1.50	1.30	1.0
C4	1.21	1.03	1.16	0.84	1.33	1.61	1.37	0.99
C5	1.34	1.02	1.52	1.76	1.32	1.75	1.15	0.83
C6	1.89	1.25	0.92	0.97	0.87	1.60	0.90	0.88

从 EF 的长期变化可出，C3 站与 C4 站的重金属自 20 世纪 50 或 60 年代开始富集趋势加重（图 1.87）。C5 站的重金属自 20 世纪 90 年代开始表现为富集加重的趋势，而 C6 站则自 20 世纪 50 年代开始加重富集。另外，C3 站与 C5 站的 As 表现为富集加重的趋势，C4 站与 C6 站的 As 富集则有减缓的趋势。

潜在生态风险指数法是一种评价沉积物中重金属生态风险的方法，该方法同时考虑了沉积物中重金属含量、种类、毒性水平和水体对重金属污染的敏感性等 4 个因素，被广泛

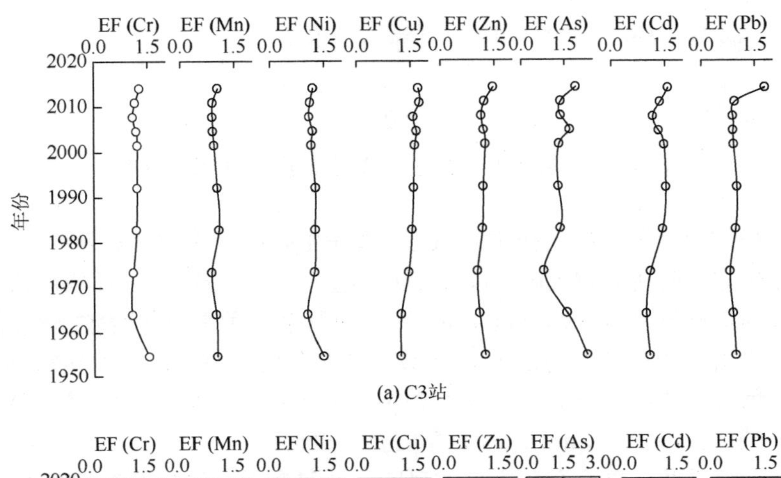

(a) C3站

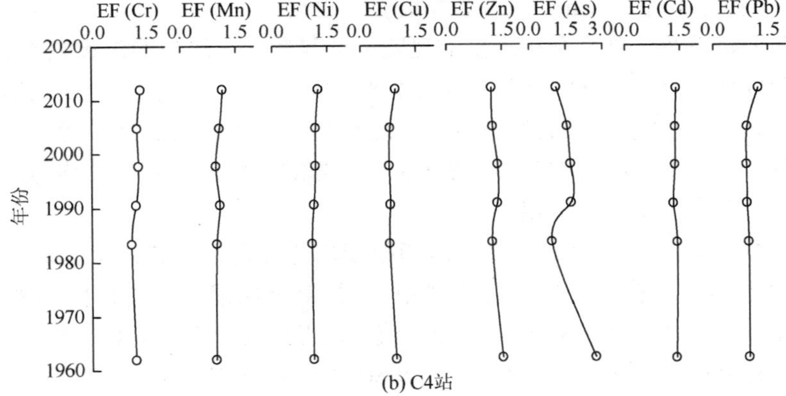

(b) C4站

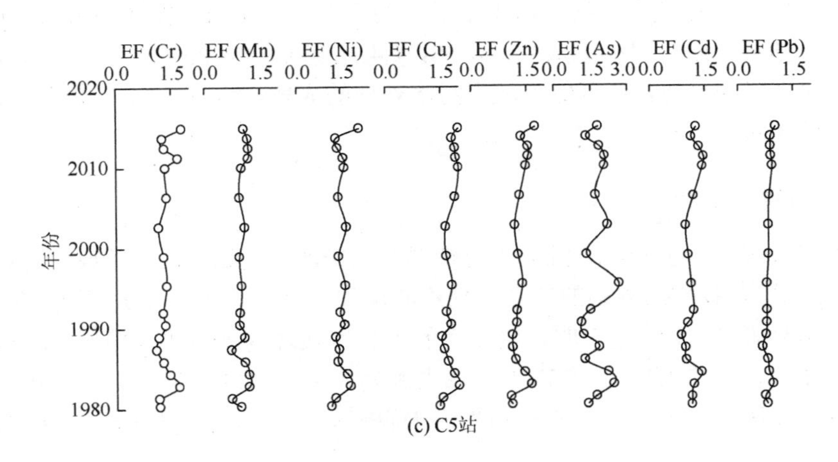

(c) C5站

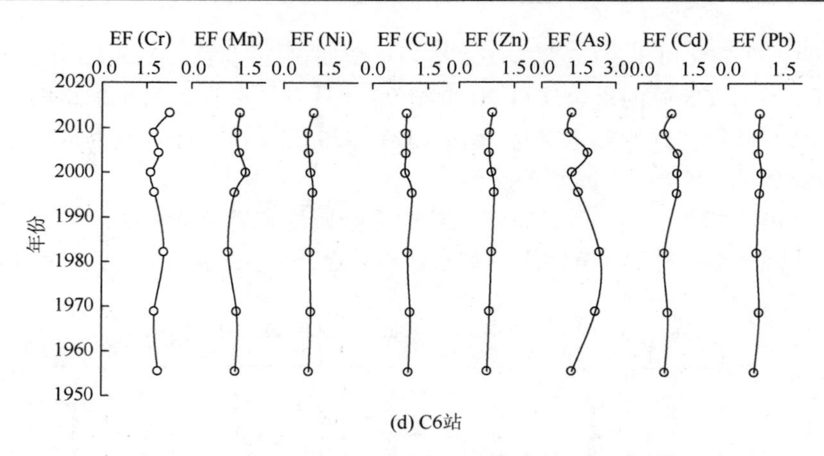

图 1.87　C3、C4、C5 与 C6 站重金属 EF 的垂直分布

应用于评价沉积物中重金属的潜在生态风险。潜在生态风险指数计算表明，胶州湾沉积物重金属的潜在生态风险主要由 Cd、As 和 Cu 引起，三者的潜在生态风险系数对总的潜在生态风险指数的贡献分别为 48%、21%和 10%，而其余 5 种重金属对胶州湾沉积物重金属的潜在生态风险指数的贡献仅为 21%。从数值计算角度看胶州湾 8 种重金属的潜在生态风险指数的贡献大小依次为 Cd（48.0%）＞As（21.0%）＞Cu（10.0%）＞Ni（8.5%）＞Pb（6.3%）＞Cr（3.4%）＞Zn（1.6%）＞Mn（1.3%）。

潜在生态风险系数（单个金属产生的风险）计算表明，胶州湾沉积物重金属 Cd 的潜在生态风险系数平均值为 49.6%，有中度的生态风险。而其余 7 种重金属的潜在生态风险系数均小于 40%，均属于较低的生态风险。这也与张兆永等（2015）对艾比湖的研究结果类似，表明沉积物中较高的 Cd、As 和 Cu 含量与潜在生态风险指数均与流域工业、农业生产中人为污染物的排放密切相关。

C3、C4、C5 与 C6 站的潜在生态风险指数平均值分别为 95.3、101.7、113.9 和 93.2。从总的生态危害程度来看，胶州湾沉积物中 8 种重金属潜在生态风险指数的平均值为 103.8，均属于较低的生态风险范畴。然而，值得注意的是，C3、C4、C5 与 C6 站的潜在生态风险指数值分别自 1963 年、1983 年、1980 年与 1955 年呈现增加的趋势（图 1.88）。这个结果与 EF 的趋势基本一致，这指示了该期间人类活动的增加（如污水排放）。值得注意的是，一些环保政策已初见成效。例如，C4 站除 Cu 与 Pb 外，其余重金属自 2000 年开始，呈现下降的趋势，这可能反映了污水处理的成效。然而，Cu 与 Pb 的增加应当引起当地政府的重视。

3. 重金属的来源分析

海洋生态系统中的重金属来源分为自然源与人类源（例如，工业排放、熔矿、污水排放、大气沉降等）。胶州湾周围的工业活动不断增加。因此，工业排放可能对胶州湾重金属的积累有明显影响。EF 值表明，胶州湾的重金属表现为不富集（EF＜1）至较低程度的富集（1＜EF＜3）。因此，胶州湾重金属来源为人类源与自然源的混合。其中 C4 站重金属的残渣态高达 37%～87%，表明自然源为胶州湾重金属的主要来源。自 20 世纪 50

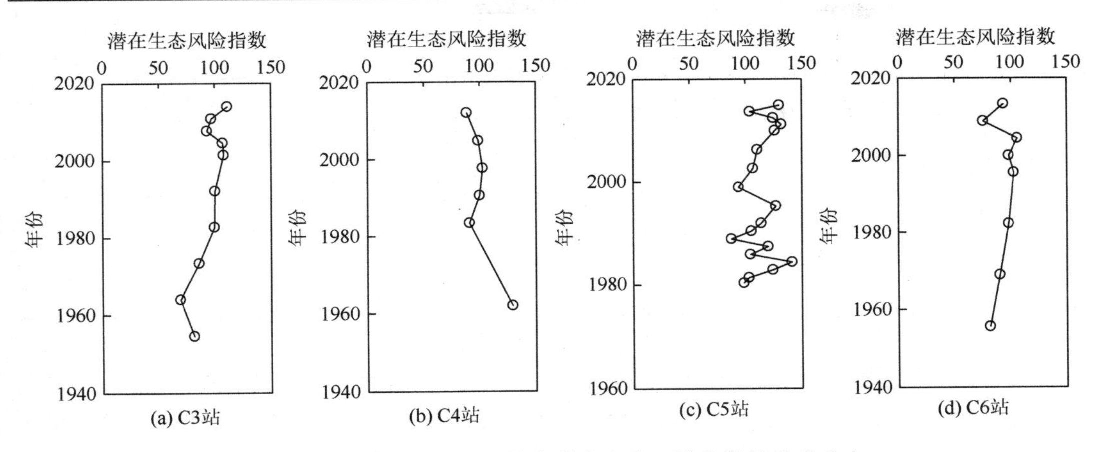

图 1.88　胶州湾柱状沉积物中潜在生态风险指数的垂直分布

年代以来，EF 表现为增加的趋势，这可能与密集的人类活动有关。例如，As 与 Cd 的增加可能与青岛市工业与农业活动的增加有关。

利用主成分分析法对沉积物中重金属的来源进行分析，基于主成分组分特征值，提取得到前 2 个因子的总方差贡献率为 70.97%，其中主成分 1（PC1）占了总变异量的贡献率为 46.39%，主成分 2（PC2）的贡献率为 24.58%（表 1.39）。因此，前 2 个主成分信息量代表了表层沉积物中绝大部分的信息。每个变量之间的相关程度及每个主成分都是由因子载荷给出的。

PC1 主要与 Fe、Ti、Cr、Mn、Cu、Zn、Cd 和 Pb 有关。其中 Mn、Zn、Cd 与 Pb 的含量较低或者与背景值接近，并与 Fe、Ti 等自然源元素相关，可能主要来自于自然源，如矿物风化及大气沉降。PC2 主要表现出与 Al、Ni 与 As 相关。并且 Ni 与 As 都表现出轻度富集的趋势，这可能与人类活动有关。特别是农业活动，如含 As 杀虫剂的应用及磷肥的使用都会导致 As 的增加。而 Ni 的增加则可能与船舶维护产生的废水有关。另外，Ni、Cu、Zn 与 PC1、PC2 都有一定程度的相关性，这也说明了这些元素来自于人类源与自然源。

表 1.39　重金属元素的主成分分析

元素	PC1	PC2	公因子方差
Al	0.21	0.82	0.71
Fe	0.74	0.55	0.84
Ti	0.71	0.40	0.66
Cr	0.84	0.21	0.75
Mn	0.76	0.29	0.66
Ni	0.44	0.71	0.69
Cu	0.84	0.45	0.91
Zn	0.72	0.45	0.72
As	–0.01	0.72	0.51

续表

元素	PC1	PC2	公因子方差
Cd	0.87	0.13	0.78
Pb	0.74	−0.10	0.55
特征值	5.1	2.7	—
方差/%	46.39	24.58	—
累积方差/%	46.39	70.97	—

基于有限数据对大气沉降及河流输入对胶州湾重金属输入的相对贡献进行了简单的计算。通过大气输入到胶州湾的 Mn、Pb、Zn、Cu、Ni 与 Cr 的通量（由大气沉降通量×胶州湾的面积）分别为 131.7 t/a、42.2 t/a、107.9 t/a、30.0 t/a、56.9 t/a 与 11.2 t/a。胶州湾周边的 5 个主要河流（大沽河、李村河、墨水河、海泊河与娄山河）输入到胶州湾的重金属通量通过 5 条河流的重金属浓度与年径流量数据计算获得。这 5 条河流输入到胶州湾的 Cr、Zn、Cu、As 与 Cd 的通量分别为 15.8 t/a、30.1 t/a、72.3 t/a、2.8 t/a 与 72.9 t/a。大气沉降对 Zn、Cu 与 Cr 的贡献分别 78.2%、30.0%与 41.4%。相应的河流贡献分别为 21.8%、70.0%与 58.6%。

4. 重金属的人类源与自然源区分

根据历史时期重金属的背景值与实测值，可以有效区分人类活动与自然变化引起的重金属累积通量的差异。C3 站重金属的沉积在 1954 年之前较稳定，因而选该阶段的平均值作为背景值。由实测值减去背景值即为人类活动引起的累积量，结合沉积物质量累积速率的变化，1954 年以来 C3 站 Cr、Mn、Ni、Cu、Zn、As、Cd 与 Pb 的累积通量分别为 340～612 mg/(m^2·a)、3611～4670 mg/(m^2·a)、150～266 mg/(m^2·a)、102～166 mg/(m^2·a)、408～585 mg/(m^2·a)、43～137 mg/(m^2·a)、1.8～3.4 mg/(m^2·a)与 156～301 mg/(m^2·a)。因人类活动导致的 Cr、Mn、Ni、Cu、Zn、As、Cd 与 Pb 的累积通量分别为 42～230 mg/(m^2·a)、171～1063 mg/(m^2·a)、15～94 mg/(m^2·a)、23～89 mg/(m^2·a)、54～236 mg/(m^2·a)、2～78 mg/(m^2·a)、0.005～0.6 mg/(m^2·a)与 0.5～166 mg/(m^2·a)。人类活动对 Cr、Mn、Ni、Cu、Zn、As、Cd 与 Pb 累积通量的贡献范围分别为 12%～39%、5%～25%、10%～42%、20%～55%、13%～42%、5%～57%、0.3%～16.5%与 0.3%～54.9%。1963～2001 年，人类活动对所有重金属累积的贡献呈现增加的趋势（图 1.89）。2001～2010 年，人类活动对除 Cu 以外的重金属累积的贡献呈现降低的趋势（图 1.89）。然而，2010 年至今，人类活动对所有重金属累积的贡献呈现增加的趋势，特别是对 Pb 的贡献，增加了将近 2 倍。2008～2016 年，青岛市机动车从 60 万辆增加到了 233.9 万辆，汽车尾气的排放可能是导致人类活动对 Pb 贡献增加的一个主要原因。

C4 站重金属的沉积在 1940 年之前变化较大，不宜作为背景值，因而选取 C3 站的背景值作为背景值。1961 年以来 C4 站 Cr、Mn、Ni、Cu、Zn、As、Cd 与 Pb 的累积通量分别为 177～232 mg/(m^2·a)、1718～2254 mg/(m^2·a)、81～99 mg/(m^2·a)、63～84 mg/(m^2·a)、217～352 mg/(m^2·a)、23～79 mg/(m^2·a)、1.2～1.6 mg/(m^2·a)与 79～106 mg/(m^2·a)。因人类

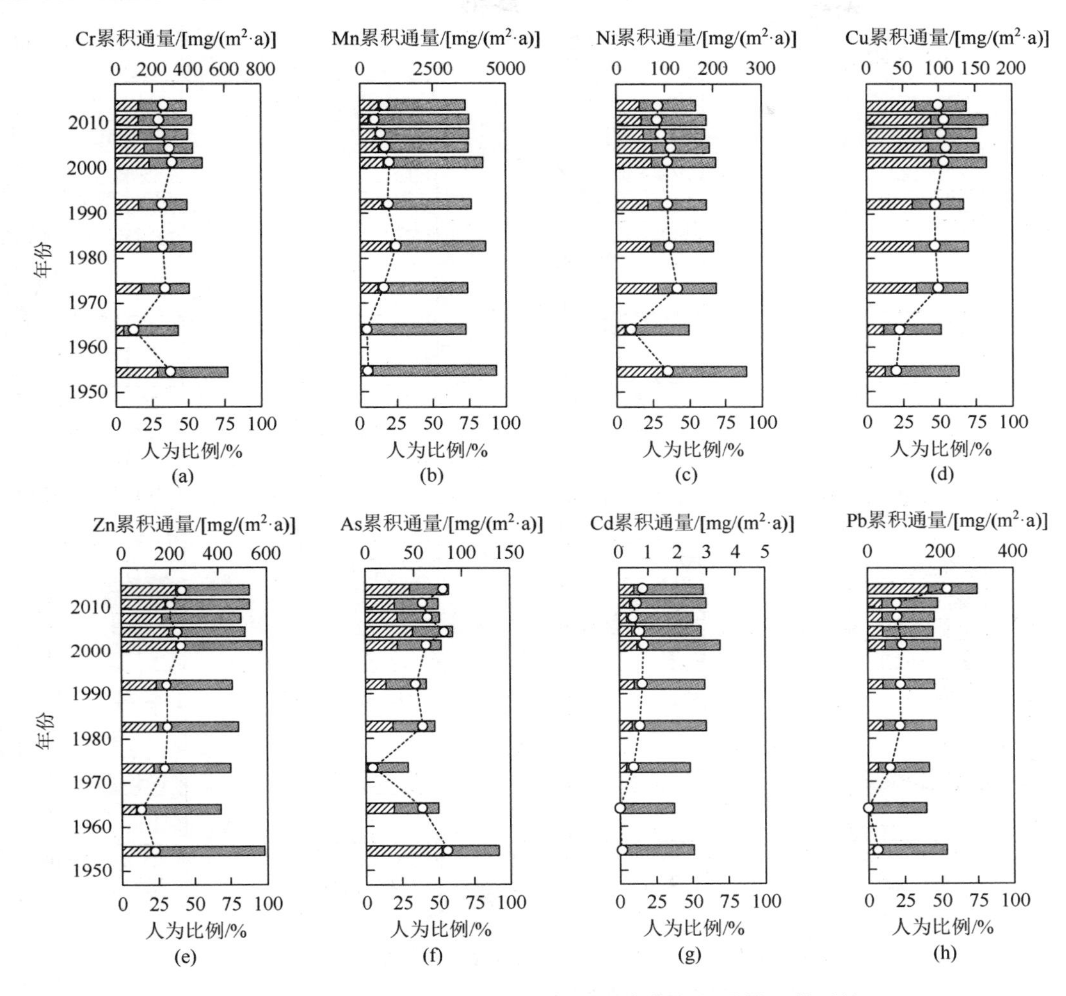

图 1.89　C3 站人类活动引起重金属元素的累积通量及其贡献

活动导致的 Cr、Mn、Ni、Cu、Zn、As、Cd 与 Pb 的累积通量分别为 44～95 mg/(m^2·a)、316～585 mg/(m^2·a)、21～36 mg/(m^2·a)、31～48 mg/(m^2·a)、60～188 mg/(m^2·a)、2～58 mg/(m^2·a)、0.4～0.8 mg/(m^2·a)与 16～33 mg/(m^2·a)变化。人类活动对 Cr、Mn、Ni、Cu、Zn、As、Cd 与 Pb 累积通量的贡献范围分别为 25%～41%、17%～26%、25%～37、49%～57%、27%～53%、9%～73%、35%～48%与 19%～32%。其中 1980～2000 年，人类活动对重金属的累积呈现增加的趋势，但 2000 年之后，随着一些环保措施的实施，人类活动对重金属 Cr、Mn、Ni、Zn、As 与 Cd 累积的贡献呈现下降的趋势（图 1.90）。然而人类活动对该站 Cu 与 Pb 累积的贡献并没有下降。

因 C5 站选取 1980 年作为背景值不合适。同样选取 C3 站的背景值作为 C5 的背景值。C5 站 1980 年以来 Cr、Mn、Ni、Cu、Zn、As、Cd 与 Pb 的累积通量分别为 984～3662 mg/(m^2·a)、9787～34935 mg/(m^2·a)、474～1939 mg/(m^2·a)、369～1245 mg/(m^2·a)、1265～4308 mg/(m^2·a)、

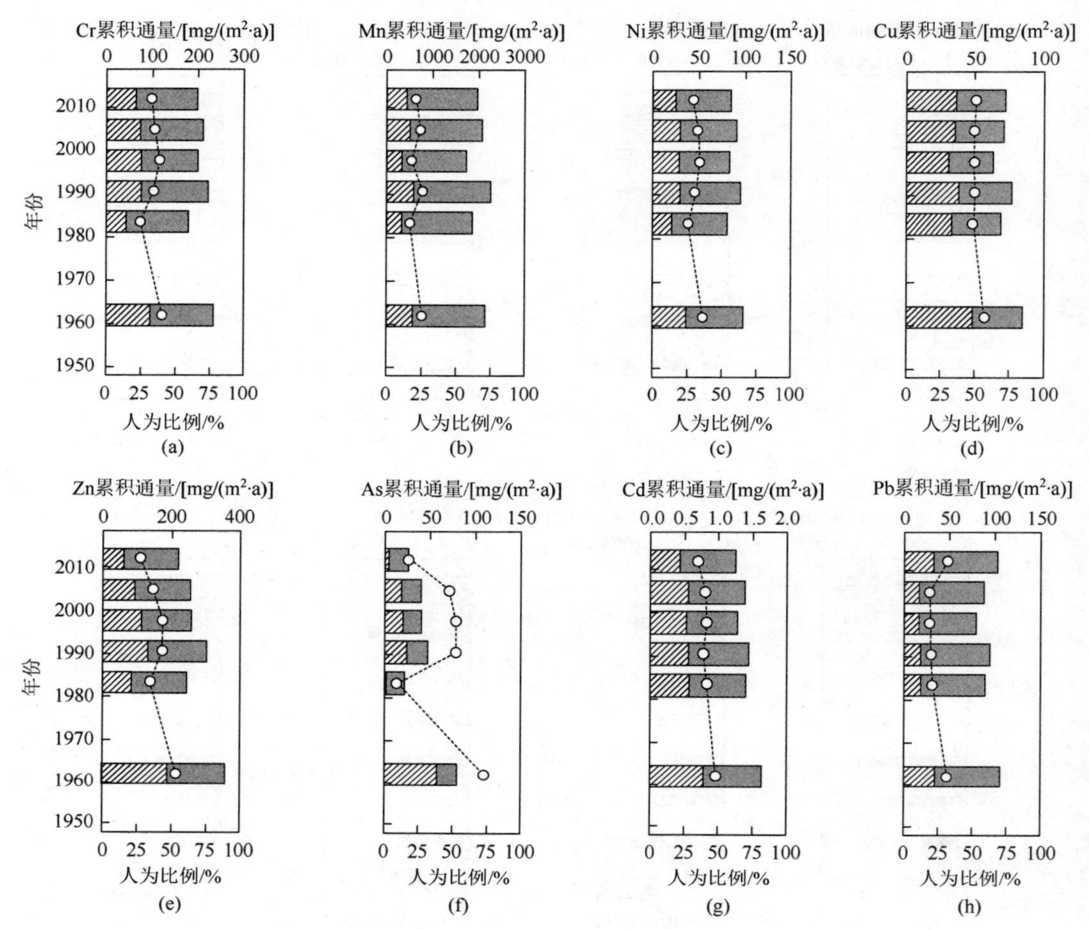

图 1.90　C4 站人类活动引起重金属元素的累积通量及其贡献

156～834 mg/(m^2·a)、5～21 mg/(m^2·a)与 387～1245 mg/(m^2·a)。因人类活动导致的 Cr、Mn、Ni、Cu、Zn、As、Cd 与 Pb 的累积通量分别为 445～2115 mg/(m^2·a)、318～15659 mg/(m^2·a)、231～1215 mg/(m^2·a)、217～798 mg/(m^2·a)、585～2400 mg/(m^2·a)、73～586 mg/(m^2·a)、1.6～11.0 mg/(m^2·a)与 70～322 mg/(m^2·a)变化。人类活动对 Cr、Mn、Ni、Cu、Zn、As、Cd 与 Pb 累积通量的贡献范围分别为 39%～63%、1.5%～46%、28%～52%、52%～66%、34%～62%、41%～74%、18%～53%与 9%～39%。在 2002 年之前，人类活动对重金属累积的贡献较为稳定。2002 年之后，因人类活动的增加，人类活动对重金属累积的贡献呈现明显的增加趋势（图 1.91）。

C6 站 1940 年之前除 Mn 之外，均呈现下降的趋势，表明自然环境在这之前发生了明显变化。因此选取 C3 站的背景值作为新的背景值。C6 站 1955 年以来 Cr、Mn、Ni、Cu、Zn、As、Cd 与 Pb 的累积通量分别为 246～378 mg/(m^2·a)、2871～4351 mg/(m^2·a)、133～173 mg/(m^2·a)、84～100 mg/(m^2·a)、313～410 mg/(m^2·a)、60～133 mg/(m^2·a)、1.5～2.5 mg/(m^2·a)与 150～206 mg/(m^2·a)。因人类活动导致的 Cr、Mn、Ni、Cu、Zn、As、Cd

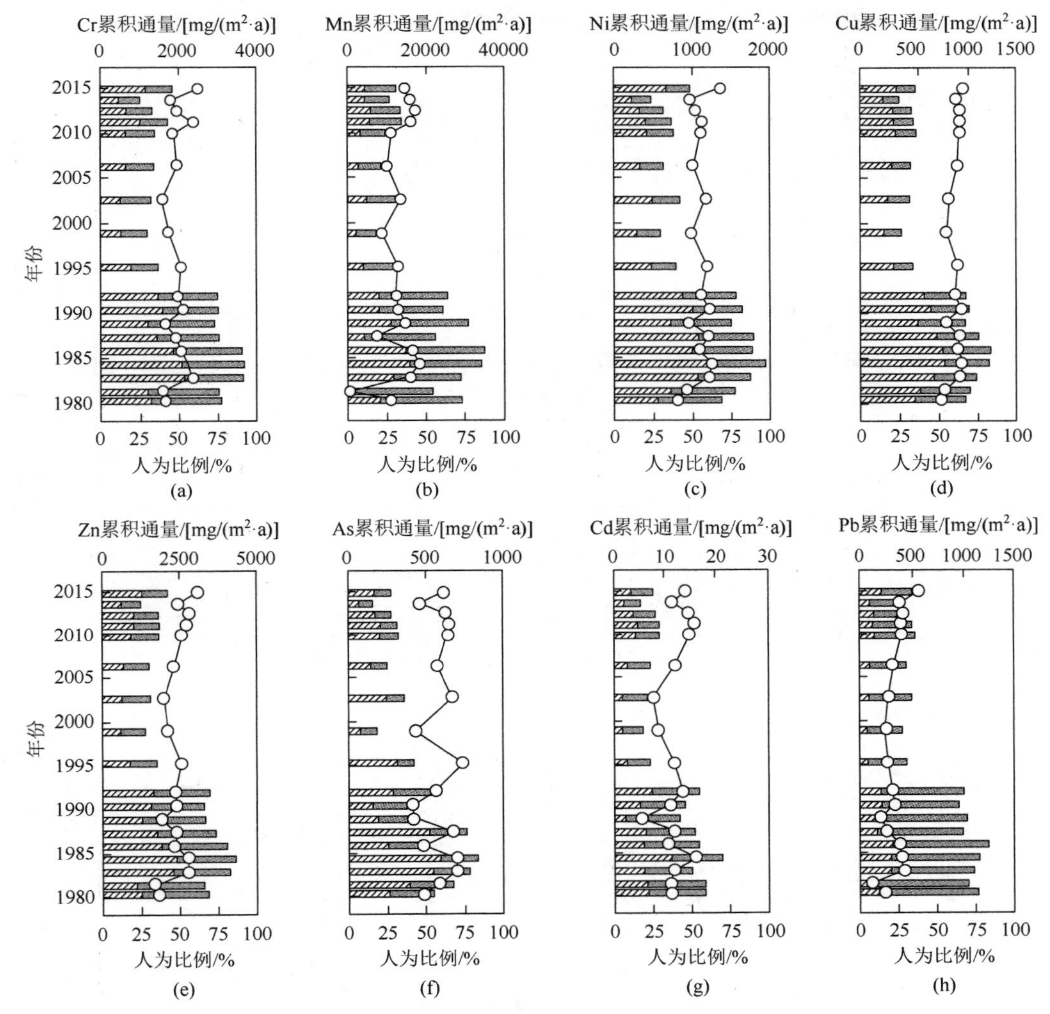

图 1.91　C5 站人类活动引起重金属元素的累积通量及其贡献

与 Pb 的累积通量分别为 83～203 mg/(m^2·a)、32～1286 mg/(m^2·a)、11～48 mg/(m^2·a)、12～29 mg/(m^2·a)、7～88 mg/(m^2·a)、18～91 mg/(m^2·a)、0.3～1.2 mg/(m^2·a)与 15～53 mg/(m^2·a)。人类活动对 Cr、Mn、Ni、Cu、Zn、As、Cd 与 Pb 累积通量的贡献范围分别为 34%～54%、1%～30%、8%～28%、15%～29%、2%～21%、30%～69%、22%～48%与 10%～26%。1955～1995 年，人类活动对重金属 Ni、Cu、Zn、Cd 与 Pb 累积的贡献呈现增加的趋势。1995～2008 年，人类活动对重金属 Cr、Ni、Cu、Zn、As、Cd 与 Pb 累积的贡献呈现降低的趋势。2008 年至今，人类活动对重金属累积的贡献又呈现增加的趋势（图 1.92）。

综上所述，人类活动对胶州湾重金属累积通量的贡献有较大差异，这可能与不同区域人类活动强度的差异有关，同时同一类人类活动对不同区域的影响也有较大差异。但人类活动引起的胶州湾重金属污染不容忽视，人类活动对胶州湾 4 个站位重金属 Cr、Mn、Ni、

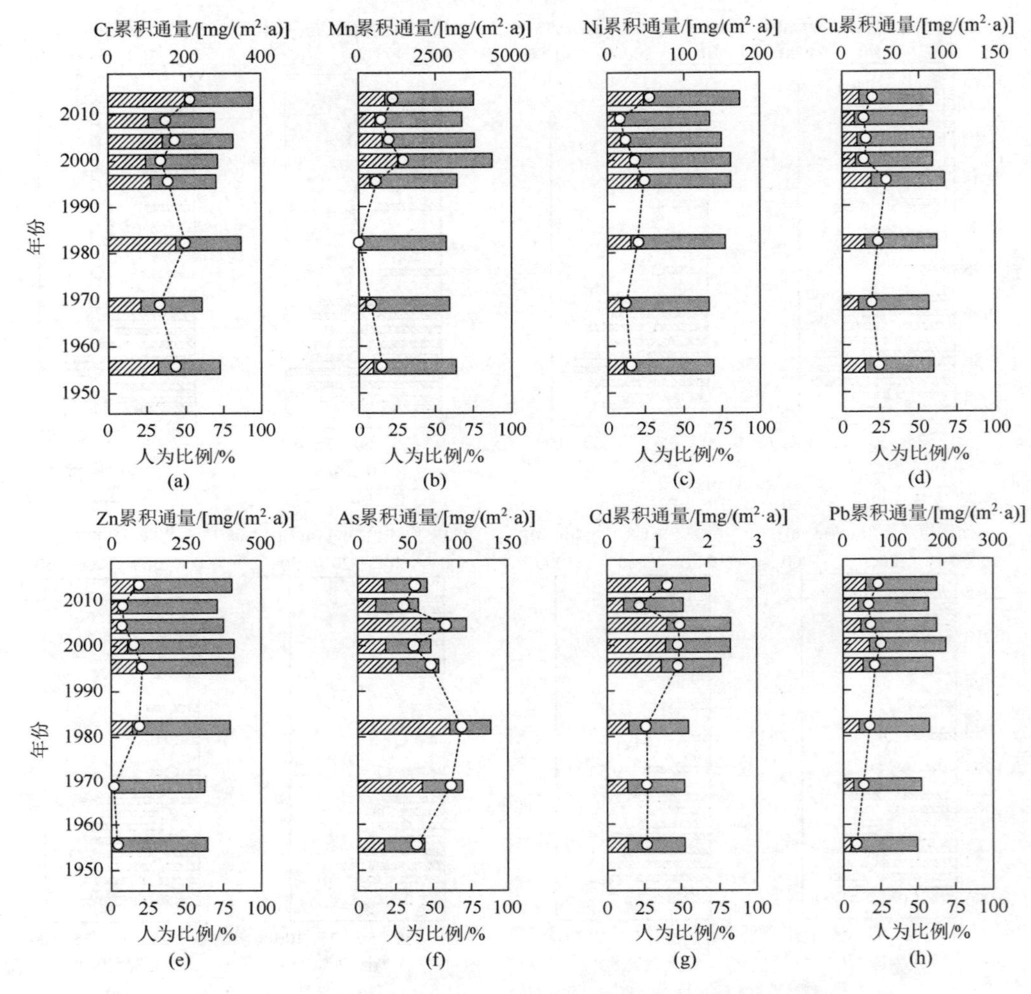

图 1.92　C6 站人类活动引起重金属元素的累积通量及其贡献

总通量　人为通量　人为比例

Cu、Zn、As、Cd 与 Pb 累积通量的贡献平均值高达 41.5%、23.5%、38.9%、48.0%、36.2%、49.8%、32.1%与 21.6%。

二、大亚湾环境演变特征

在 20 世纪 70 年代以前，大亚湾周边地区基本处于自然状态，沿岸居民较少，生态环境优良。自改革开放以来，大亚湾沿岸经济获得了迅猛发展，与此同时其生态环境也发生了较大变化。研究表明，受陆源输入影响，大亚湾水体已经由“贫营养-氮限制”发展成为“中营养-磷限制”，部分海域甚至还出现了富营养化。海水养殖则使得海湾沉积物中总有机碳含量明显升高，并且加剧了沉积物-海水界面间的营养盐释放通量，对上层水体具有潜在的污染效应。不仅如此，近 30 年来大亚湾还逐渐呈现出生物群落小型化、生物多样性降低、生物资源衰退等现象。

本书选取受人类活动影响显著的珠江三角洲地区的典型海湾——大亚湾为研究对象，聚焦于日渐显著的人为活动对海湾生态环境的重大影响这一议题，通过系统探究大亚湾沉积物岩芯（图 1.93）中重金属与痕量元素的含量水平与赋存状态，结合生源要素与年代学信息，获得了近百年来大亚湾沉积物中重金属与痕量元素生物地球化学化学特性的演变规律，阐释了人为活动与自然输入对近岸海湾生态系统的作用过程。

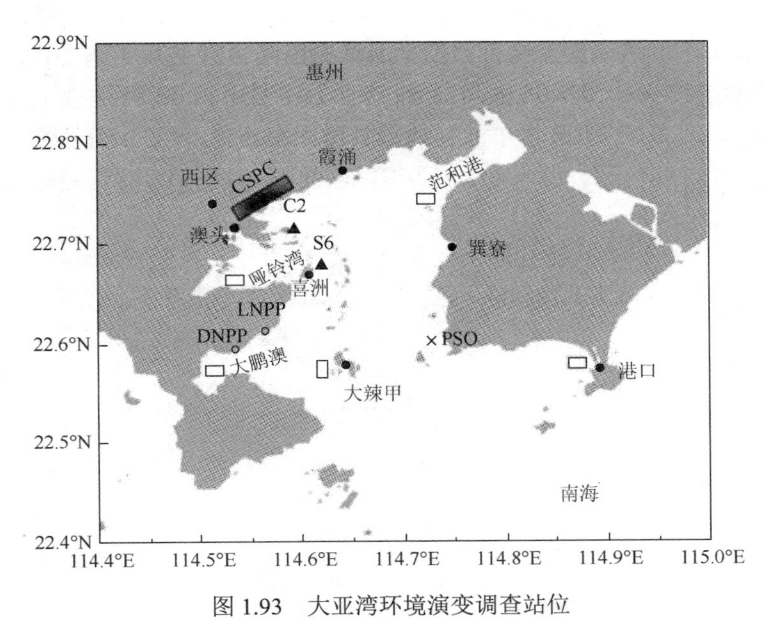

图 1.93　大亚湾环境演变调查站位

柱状沉积物采样站位（C2 和 S6）在图中用三角形标识，黑色矩形 CSPC 表示位于惠州·大亚湾经济技术开发区内的中海壳牌石油化工有限公司（CNOOC and Shell Petrochemical Company Limited，CSPC），×PSO 表示大亚湾石化排污口（Petrochemical Sewage Outlet，PSO），灰色阴影矩形表示网箱养殖区。DNPP 表示大亚湾核电站（Daya Bay Nuclear Power Plant），LNPP 表示岭澳核电站（Lingao Nuclear Power Plant）

（一）大亚湾有机质的沉积记录及其对人为活动的响应

1. 沉积物年代学与沉积速率

现代沉积物中的 ^{210}Pb 放射性活度在理想状态下应随着岩芯的深度而不断衰减，最终到达一定深度后基本稳定。由于物质供应、水文动力、生物活动等的差异，^{210}Pb 的垂向分布也会出现一定的差异。S6 沉积柱的 ^{210}Pb 放射性活度的垂直分布如图 1.94 所示。^{210}Pb 活度的垂直剖面基本以 30 cm 为界，明显分为两部分。在 0～30 cm 为 ^{210}Pb 的衰变区，在此区间内 ^{210}Pb 呈指数衰减变化，而 30 cm 以下为该沉积柱的 ^{210}Pb 本底区。根据该沉积柱 ^{210}Pb 放射性活度的垂直分布情况，计算出沉积速率为 0.44 cm/a。S6 沉积柱的 ^{210}Pb 放射性活度剖面表现出仅有一个衰变段（图 1.94），表明 S6 区域的环境相对较为稳定。岩芯 S6 位于大亚湾喜洲（许洲）岛附近，靠近哑铃湾口与大亚湾中部海域，水深为 8.7 m，沉积物以黏土质粉砂类物质为主。由于大亚湾附近无大河流输入，沉积作用受近岸陆源物质输送的影响较小，因此造成了 S6 沉积柱 ^{210}Pb 活度的两区分布模式，这种分布模式的特点是没有混合层，只有衰变层和本底层，生物活动和物理作用对沉积物的扰动和再改造影响相对较小。

由于 C2 沉积柱样品量有限，较难采样 γ 谱仪准确测定 ^{210}Pb 放射性活度，本书遂采用与 C2 沉积柱位置相近的池继松等（2005）所获得的历史资料（0.65 cm/a），作为 C2 沉积柱的沉积速率。比较 C2 沉积柱和 S6 沉积柱的沉积速率可以看出，C2 沉积柱沉积速率较高，可能由于其离岸最近，更易受陆源物质输入影响有关，而 S6 沉积柱沉积速率较低，可能因为其靠近于大亚湾中部，水动力条件较强。由于 S6 沉积柱采自 2015 年 7 月，基于 S6 沉积柱所得的沉积速率（0.44 cm/a），S6 沉积柱 0～62 cm 沉积物对应时间为 2015～1874 年，跨度为 141 年，处于 ^{210}Pb 定年的有效范围内。相应地，C2 沉积柱 0～92 cm 所对应的时间为 2015～1873 年，时间跨度为 142 年，也处于 ^{210}Pb 定年的有效范围内。

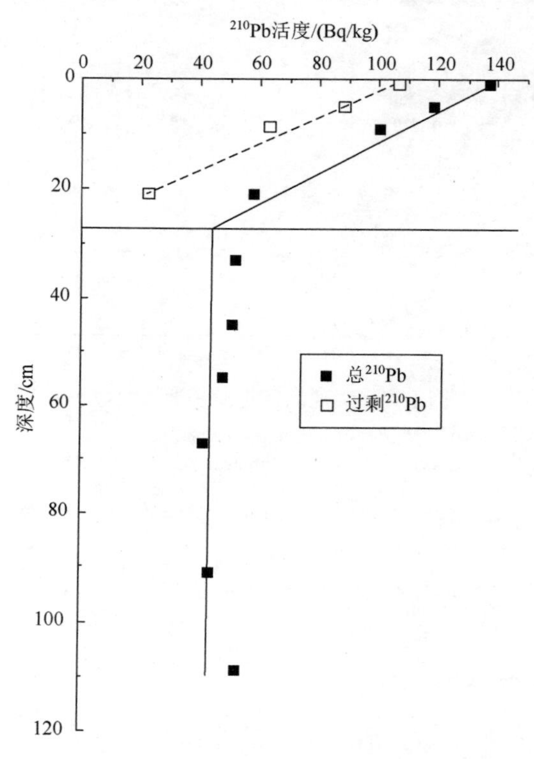

图 1.94　大亚湾 S6 沉积柱 ^{210}Pb 活度的垂直分布

2. 沉积物中有机质及其稳定同位素的地球化学特征

大亚湾沉积柱中的总有机碳（TOC）、总氮（TN）及其稳定同位素含量总结于表 1.40。C2 沉积柱 TOC 含量的变化为 0.79%～1.11%，平均达到 0.98%，TN 的变化范围为 0.10%～0.14%，平均为 0.12%。S6 沉积柱中的 TOC、TN 含量与 C2 沉积柱较为类似，TOC 和 TN 的变化范围分别为 0.84%～1.23%和 0.12%～0.18%，平均值分别为 0.98%和 0.14%。由于沉积物中 TOC、TN 含量与上层水体的初级生产力水平和物源特征密切相关，因此可初步判定，大亚湾 C2 沉积柱与 S6 沉积柱所处海域水体初级生产力较高，并且存在高有机质含量的沉积物在此沉降埋藏，与此同时，C2 沉积柱的 TOC/TN 也在两个沉积柱中较高，相应的变化范围为 7.39～9.17，平均达到 8.31。S6 沉积柱较低，为 6.73～7.23，平均为 7.00。就含量水平而言，大亚湾 S6 沉积柱 $\delta^{13}C$ 的平均含量最高，为–20.58‰，变化范围也较窄，为–20.87‰～–20.22‰。C2 沉积柱 $\delta^{13}C$ 的变化范围为–22.47‰～–20.79‰，平均达到–21.46‰，在本书的两个沉积柱中变化范围较宽。对于 $\delta^{15}N$ 而言，C2 沉积柱与 S6 沉积柱情形较为相似，其变化范围与平均含量分别为 5.18‰～8.52‰和 5.82‰～6.94‰，6.81‰和 6.50‰。

表 1.40　大亚湾 C2 和 S6 沉积柱总有机碳（TOC）、总氮（TN）及碳氮稳定同位素含量

柱位	含量	TOC/%	TN/%	TOC/TN	$\delta^{13}C$/‰	$\delta^{15}N$/‰
C2	最低值	0.79	0.10	7.39	–22.47	5.18
	最高值	1.11	0.14	9.17	–20.79	8.52
	平均值	0.98	0.12	8.31	–21.46	6.81
S6	最低值	0.84	0.12	6.73	–20.87	5.82
	最高值	1.23	0.18	7.23	–20.22	6.94
	平均值	0.98	0.14	7.00	–20.58	6.50

本书将沉积柱中有机质含量与沉积物年代学信息结合，获得了百年尺度下大亚湾沉积物中有机质变化的时间序列（图 1.95、图 1.96）。对于 C2 沉积柱而言，TOC 与 TN 在 20 cm（对应 1980 年）深度以下的沉积物中随深度的减少总体呈现逐步升高的趋势，同时伴随着 TOC/TN 与 $\delta^{15}N$ 的缓慢降低，而 $\delta^{13}C$ 则保持稳定，表明在 1980 年之前 C2 沉积柱中 TOC 与 TN 皆处于缓慢升高的趋势，但 TOC 的升高幅度略低于 TN（图 1.95）。而在 10～20 cm 阶段（对应 1980～2001 年）和 2～5 cm 阶段（对应 2007～2011 年），TOC、TN、$\delta^{13}C$ 与 $\delta^{15}N$ 同时出现了下降，TOC/TN 则存在显著升高，说明在 20 世纪八九十年代，C2 沉积柱中 TOC 与 TN 都经历了明显的降低，其中 TN 的降低相比 TOC 更为显著。值得注意的是，在 C2 沉积柱 4～9 cm 区间（对应 2001～2007 年），TOC、TN、$\delta^{13}C$ 与 $\delta^{15}N$ 具有一短暂但显著的升高过程，但 TOC/TN 在此期间呈现降低的趋势。

S6 沉积柱中 TOC 和 TN 的时间变化序列相比 C2 沉积柱较为简单，其有机质的时间变化序列较为清晰：在 20 cm 以深（对应 1970 年之前）的沉积物中，TOC、TN 和 TOC/TN 十分稳定，$\delta^{13}C$ 与 $\delta^{15}N$ 则具有波动变化。而在 1970 年后（对应 20 cm 以浅的沉积物），TOC 和 TN 出现了持续且稳定的升高趋势，同时伴随着 TOC/TN 的持续降低。$\delta^{13}C$ 在此时期内具有两段变化趋势，1970～2000 年 $\delta^{13}C$ 出现降低趋势，而 2000 年至今，$\delta^{13}C$ 则持续升高。而 $\delta^{15}N$ 的变化则与之并不同步，1980～2000 年 $\delta^{15}N$ 持续升高，而 2000 年至今 $\delta^{15}N$ 有所降低。

3. 沉积物有机质来源解析及与人类活动的耦合关系

（1）大亚湾沉积物中有机质来源解析

想要通过海洋沉积物指示水体生产力变化及人类活动影响，首先需要对沉积物中的物质来源进行区分。有机质碳/氮（TOC/TN）和碳同位素（^{13}C）是常见的沉积物生源要素

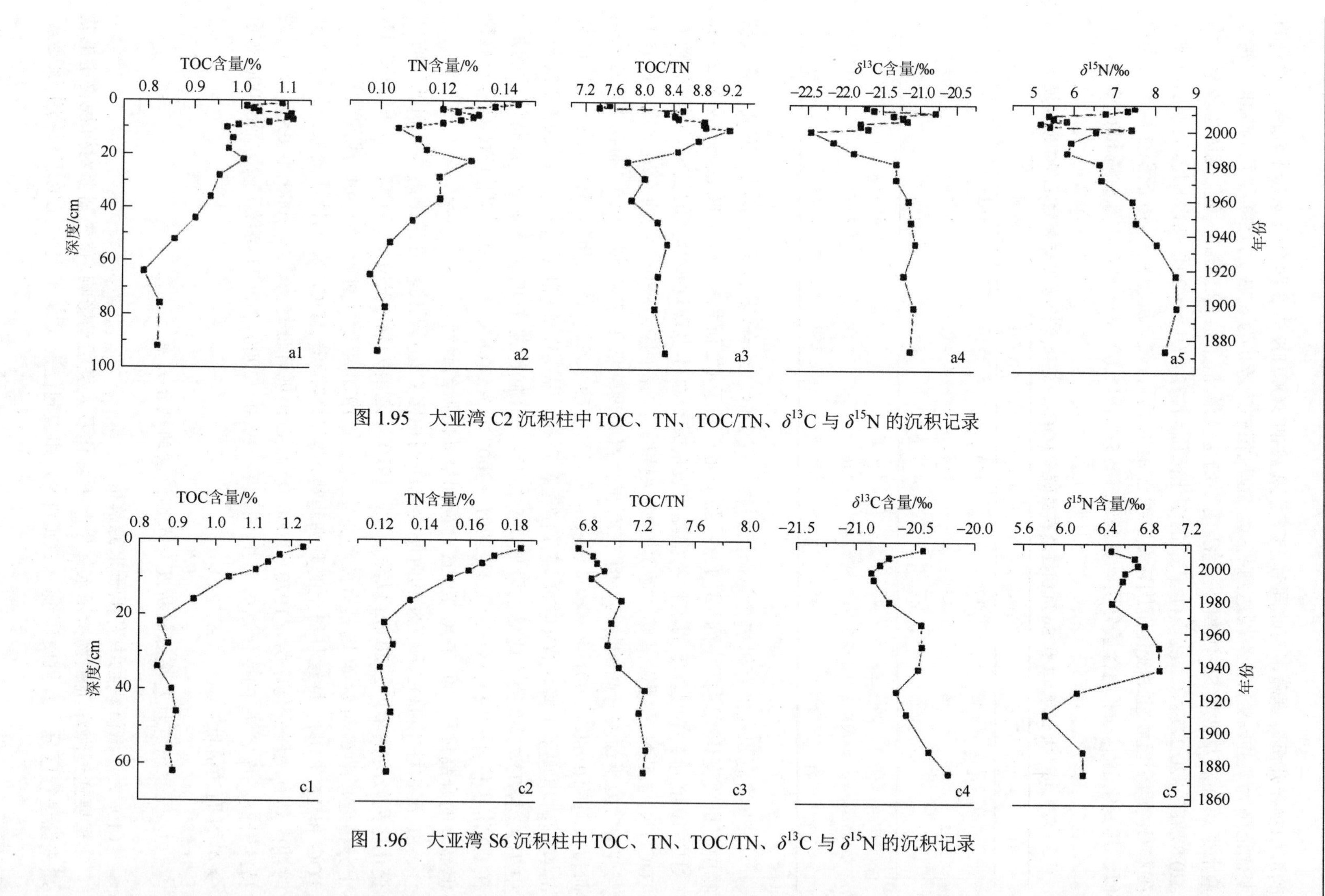

图 1.95　大亚湾 C2 沉积柱中 TOC、TN、TOC/TN、$\delta^{13}C$ 与 $\delta^{15}N$ 的沉积记录

图 1.96　大亚湾 S6 沉积柱中 TOC、TN、TOC/TN、$\delta^{13}C$ 与 $\delta^{15}N$ 的沉积记录

指标。海洋水生藻类富含蛋白质而缺乏纤维素，而陆地植物与之相反，因此海洋植物有机质的 TOC/TN 通常较低，在 4～10 左右，而陆地植物有机质 TOC/TN 一般大于 20。利用陆地植物和海洋植物有机质 TOC/TN 的差异，可区分沉积物中有机质的海、陆来源。$\delta^{13}C$ 主要反映了光合作用有机碳合成及碳源的同位素组成。不同类型光合作用固定的有机碳 $\delta^{13}C$ 也不同。陆地植物通过 C3 途径把大气 CO_2（$\delta^{13}C$ 约为–7‰）合成有机质，其 $\delta^{13}C$ 约为–27‰，而 C4 植物的 $\delta^{13}C$ 则是–14‰。一般来说，由于气候温暖湿润，C3 植物通常占据绝对地位，因此输入大亚湾海域的陆源有机物主要应以 C3 植物为主。而对于海洋藻类来说，其有机碳的 $\delta^{13}C$ 值通常是–19‰～–22‰，均值为–20.5‰。故陆源 C3 植物与海洋藻类之间的碳同位素差值为 5‰～7‰。所以 $\delta^{13}C$ 同样可作为区分有机质来源的良好指标。实际研究中 TOC/TN 和 $\delta^{13}C$ 值往往同时使用。本书综合利用 TOC、TN、TOC/TN、$\delta^{13}C$ 等生源要素指标，结合沉积物年代学信息，解析了大亚湾不同区域沉积物来源特性。

由 TOC、TN、TOC/TN 与 $\delta^{13}C$ 的垂直分布可以看出，C2 沉积柱中 TOC/TN 与 $\delta^{13}C$ 具有十分明显的“三段式”变化趋势（图 1.95）。首先，20 cm 以下（对应 1980 年以前）的沉积物具有十分稳定的 TOC/TN 与 $\delta^{13}C$，其中 TOC/TN 基本维持在 8.0～8.2，而 $\delta^{13}C$ 则稳定维持在–21.30‰～–21.00‰，与之对应的 TOC 与 TN 的变化范围分别为 0.79%～1.01%和 0.10%～0.13%。从 TOC/TN 与 $\delta^{13}C$ 的变化范围可以看出，1980 年之前 C2 沉积柱中的有机质基本以海洋来源为主。而在中间的 10～20 cm 区间内（对应 1980～2000 年），TOC/TN 迅速升高，在约 10 cm 处达到最高值（TOC/TN = 9.2），而 $\delta^{13}C$ 则显著降低，在约 10 cm 处达到最低值（$\delta^{13}C$ = –22.50‰），与此同时，TOC 与 TN 也表现出降低的趋势，变化范围分别为 0.97%～1.01%和 0.10%～0.13%。说明在 1980～2000 年，陆地植物有机质在 C2 沉积柱中的比例存在升高现象，但海源有机质依然占据主体地位。在这之后，TOC/TN 在 0～10 cm（对应 2000 年以后）急速下降，该沉积柱中的 TOC/TN 在表层更是降到了 7.2 左右，是整个沉积柱中 TOC/TN 的最低值，$\delta^{13}C$ 则波折上升，近表层处 $\delta^{13}C$ 最高达到–20.75‰，TOC 与 TN 也呈现波折上升的趋势，表层处含量分别高达 1.09%和 0.14%。以上表明 2000 年后陆地植物有机质减少十分显著，而海源有机质在此同一时期内却不断升高。

对于 S6 沉积柱来说，TOC、TN、TOC/TN 与 $\delta^{13}C$ 的垂直分布仅存在“两段式”的变化趋势。S6 沉积柱中，TOC 与 TN 在 20 cm 以深（对应 1970 年之前）的沉积柱中维持稳定，含量分别约为 0.87%和 0.12%。而 TOC/TN 与 $\delta^{13}C$ 则在 10 cm 以深（对应 1990 年之前）的沉积柱中基本保持恒定，分别约为 7.08 和–20.53‰。表明该站沉积环境在 1990 年之前一直处于稳定的状态。但在 10 cm 以浅（对应 1990 年之后）的沉积柱中，TOC/TN 开始持续而稳定地降低（6.73～6.92），对应着 TOC、TN 与 $\delta^{13}C$ 的持续升高（变化范围分别为 1.03%～1.23%，0.15%～0.18%和–20.86%～–20.43‰）。表明 1990 年以后，大亚湾 S6 沉积柱中的海源有机质比例开始逐步升高，陆源有机质的比例不断降低。

本书根据二端元混合模型，计算出了大亚湾沉积物中有机质各来源的贡献比例，具体方法如下：

$$f_T + f_M = 1 \tag{1.19}$$

$$f_T \cdot \delta^{13}C_T + f_M \cdot \delta^{13}C_M = \delta^{13}C \tag{1.20}$$

式中，f_T 和 f_M 代表沉积物中陆源有机碳和海源有机碳的贡献比例，而 $\delta^{13}C_T$ 和 $\delta^{13}C_M$ 分别代表陆源有机碳和海源有机碳端元的同位素特征值，参考历史资料与事例，本书分别选取–26.00‰和–19.00‰作为特征值。结合沉积物年代学信息，本书获得了大亚湾 C2 沉积柱和 S6 沉积柱陆源与海源有机碳贡献比例的历史变化。

相关结果表明，C2 沉积柱中总有机碳的陆源与海源组分变化较为明显，其中陆源有机碳的贡献比例为 26%～49%，而海源有机碳为 51%～74%，C2 沉积柱中有机碳以海源为主，这与大亚湾海域较少的陆源输入、较高的初级生产密切相关。在 1980 年之前，陆源与海源有机碳的相对比例十分稳定，陆源约占 30%，海源约占 70%，表明 1980 年之前，陆源有机碳的输入与海源有机碳的生成皆处于稳定的状态。而 1980 年之后的 30 多年间，存在两次陆源有机碳比例升高、海源有机碳比例降低的现象，分别发生在 1980～2000 年和 2010 年至今，初步认为该现象与人类活动（如工农业生产、土地改造等）不断加强及浮游植物群落演替有关。存在一次陆源有机碳比例降低、海源有机碳比例升高的现象，出现在 2000～2010 年（图 1.97），可能与当时陆源输入相较之前有所降低有关，需进一步研究以确证。

对于 S6 沉积柱来说，其沉积物中总有机碳的陆源与海源组分变化幅度较小，分别为 17%～27%和 73%～83%。1980～1990 年，发生了陆源有机碳比例升高、海源有机碳比例降低的现象，这一时间段与 C2 沉积柱第一次陆源有机碳比例升高、海源有机碳比例降低较为接近，说明该段时间内，由于人类活动的加强大亚湾诸多海域都发生了陆源有机碳输入增加的现象。而 1990 年至今，S6 沉积柱中有机质的陆源组分不断降低，海源组分不断升高，这与 C2 沉积柱 2000～2010 年的变化趋势总体一致，可能与环保措施实施，海洋环境恢复有关，但也需进一步研究。

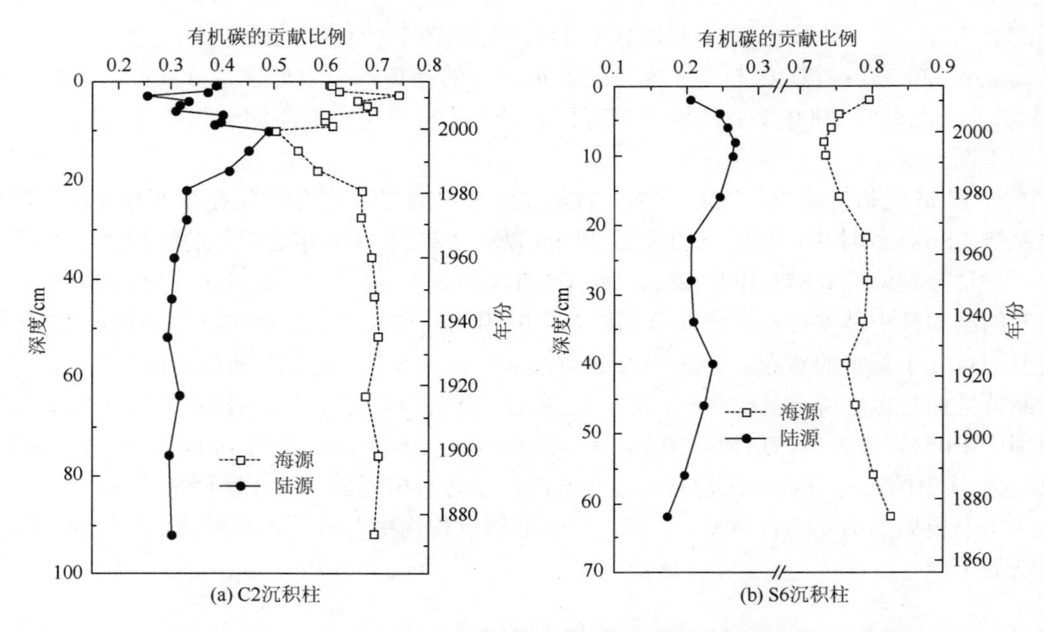

图 1.97　大亚湾 C2 沉积柱和 S6 沉积柱陆源与海源有机碳的贡献比例的记录

（2）人类活动对有机质来源的影响

本书的相关结果已经表明，大亚湾沉积柱中有机质含量水平（TOC、TN）、组成结构（TOC/TN）和物质来源（δ^{13}C、δ^{15}N）的显著变化肇始自 1980 年左右。造成大亚湾生态环境深刻变化的原因一方面在于全球气候演变的大背景，更重要的另一方面则在于日益显著的人类活动。

地区生产总值是衡量人类活动强度的良好指证。大亚湾地区在 20 世纪 70 年代之前沿岸居民较少，经济形式主要为自然经济，而自改革开放以后，大亚湾地区发展迅猛，目前已建有大亚湾核电站与岭澳核电站、广州石化原油码头、中海壳牌石油化工有限公司、惠州天然气发电厂等大型工业项目，发展成为石油化工、电子信息、汽车装备等优势产业集聚发展的珠江口东岸重要的临港工业基地。1995～2016 年惠州·大亚湾经济技术开发区的地区生产总值增长了 12 倍之多（图 1.98d）。而同一时期内，地区生产总值与沉积柱中 TN 和 δ^{15}N 含量呈现出显著的正相关关系（图 1.98a、图 1.98c），与 TOC/TN 则呈现出显著的负相关关系（图 1.98b）。由此可以看出，人类活动，即近 20 年来迅猛增长的工农业生产是造成大亚湾沉积柱中含氮化合物近 20 年来含量持续升高的关键因素。

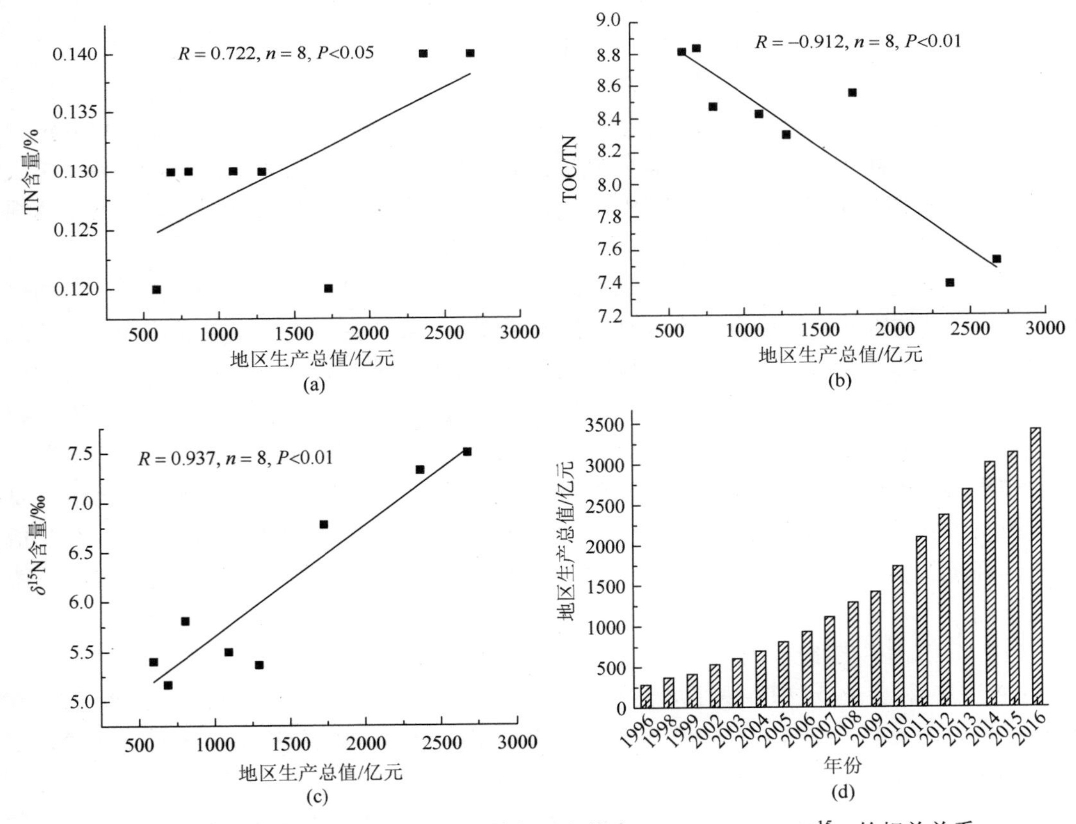

图 1.98　大亚湾近 20 年地区生产总值与沉积物中 TN、TOC/TN、δ^{15}N 的相关关系

地区生产总值数据来源：http://www.huizhou.gov.cn

总结以上研究结果，大亚湾生态环境在 20 世纪 70 年代末至 80 年代初开始发生较

大变化。在此之前，沉积柱中TOC、TN、$\delta^{13}C$和$\delta^{15}N$等多种参数基本保持稳定状态，而在此之后，TOC与TN含量都显著升高，同时伴随着TOC/TN的持续下降。与此同时，在1980年之前，大亚湾沉积柱中陆源与海源有机碳的相对比例稳定维持在3∶7左右。而在1980～2000年和2010年至今则出现了陆源有机碳比例升高，海源有机碳比例降低的现象。上述大亚湾沉积柱中TOC、TN、$\delta^{13}C$和$\delta^{15}N$等含量所发生的变化，与海湾周边的日益显著的人类活动密切相关。本书发现，大亚湾周边区域的生产总值与沉积柱中TN和$\delta^{15}N$呈现出显著的正相关关系，与TOC/TN则呈现出显著的负相关关系。由此可以看出，人类活动，即近20年来沿岸经济的迅猛增长，水产养殖业的快速发展，周边人口的急速增加，是造成大亚湾沉积柱中含氮化合物在近20年来含量持续升高的关键因素。

（二）大亚湾沉积物中痕量元素的地球化学特征及人类活动影响

1. 沉积物中痕量元素的地球化学特征

痕量元素（trace element）是对地球环境中含量稀少或分布稀散的化学元素的统称，通常可包括但并不限于：硒（Se）、锑（Sb）、碲（Te）、铋（Bi）、锗（Ge）、锡（Sn）、铟（In）、铊（Tl）、钨（W）、钒（V）、钼（Mo）、铀（U）、镉（Cd）等元素。在海洋环境中，痕量元素通常具有丰富的赋存形态和复杂的转化途径，是海洋物质构成的重要组分之一，对保障海洋生源要素的地球化学循环，维护海洋生态环境都具有深远的影响。由于痕量元素在水体和沉积物中的含量极低，加之其对海洋环境变化较为敏感，它们的生物地球化学行为及赋存形态等特性会因周围环境条件的改变而产生相应变化。

随着中国经济自改革开放以来的高速增长，特别是东部沿海地区由于社会生产力的迅猛发展、科学技术的持续进步及产业结构的不断调整，其社会结构已由以农业为主的传统乡村型社会向以工业（第二产业）和服务业（第三产业）等非农产业为主的现代城市型社会逐渐转变，即城市化进程正在逐步实现。在此过程中，沿海地区的海洋生态环境承载了经济发展与城市化带来的诸多不良后果，海水水质恶化、生态系统失衡等重大问题已经逐步显现。本节选取C2与S6两个沉积柱，主要阐述了广东大亚湾海域沉积物中主要重金属与痕量元素的地球化学分布特征、控制因素、与生态环境的耦合关系，以及在指征海洋环境演变规律上的功能，以期推动城市化影响下的海湾生态环境变迁历史的系统研究。

（1）沉积物中痕量元素的沉积记录

C2沉积柱与S6沉积柱中主要痕量元素V、Cr、Mn、Ni、Cu、Zn、Cd、Pb总含量分别总结于表1.41与表1.42。在所关注的众多痕量元素中，Mn具有最高的总体含量，在C2沉积柱与S6沉积柱中分别可达到574.73 μg/g和744.37 μg/g。Zn是含量第二高的痕量元素，在C2沉积柱与S6沉积柱中分别可达到196.91 μg/g和139.76 μg/g。而Cd则是含量最低的痕量元素，其在C2沉积柱与S6沉积柱中的平均水平分别为0.12 μg/g和0.13 μg/g。整体而言，C2沉积柱中的Cr、Ni、Cu、Zn、Pb含量要高于S6沉积柱中的相应含量，而S6沉积柱中的V、Mn、Cd则要高于C2沉积柱中的相应值。

表 1.41　大亚湾 C2 沉积柱中主要痕量元素的总含量

深度/cm	主要痕量元素总含量/(μg/g)							
	V	Cr	Mn	Ni	Cu	Zn	Cd	Pb
1	95.81	96.42	667.06	39.85	35.96	170.61	0.09	58.92
2	91.37	87.52	676.13	36.50	26.83	137.09	0.10	51.53
3	87.52	89.07	636.80	35.50	45.83	150.84	0.08	51.01
4	83.93	111.84	513.47	39.00	108.62	189.71	0.17	63.18
5	88.10	143.85	528.20	57.83	158.52	228.61	0.16	78.09
6	86.62	105.58	606.94	39.11	78.89	175.68	0.07	62.75
7	89.34	173.85	505.58	53.10	256.21	291.49	0.18	96.21
8	88.36	173.71	537.69	57.69	270.79	292.15	0.17	90.06
9	85.54	181.05	481.59	59.60	299.55	300.99	0.20	95.58
10	76.31	149.47	458.62	51.02	249.28	257.96	0.13	81.94
14	78.08	212.06	365.20	69.60	458.32	364.03	0.41	106.96
18	84.46	194.20	394.25	63.43	375.73	320.23	0.26	109.03
22	82.22	164.92	472.54	55.11	293.27	293.58	0.16	91.32
28	81.17	112.71	579.43	41.02	130.11	206.18	0.06	75.30
36	101.38	119.69	683.86	48.49	52.52	146.55	0.03	74.57
44	92.48	92.51	664.41	34.33	24.59	110.40	0.02	65.97
52	88.30	85.78	612.92	35.07	20.81	90.23	0.01	58.78
64	87.31	94.34	646.19	38.65	23.88	95.59	0.12	56.92
76	89.70	82.10	697.10	32.79	19.19	113.49	0.03	57.56
92	90.75	84.50	685.64	33.39	18.56	100.41	0.06	57.42
108	87.52	84.28	655.70	35.16	18.79	99.22	0.03	53.40
最小值	76.31	82.10	365.20	32.79	18.56	90.23	0.01	51.01
最大值	101.38	212.06	697.10	69.60	458.32	364.03	0.41	109.03
平均值	87.44	125.69	574.73	45.54	141.25	196.91	0.12	73.17
变异系数/%	6.42	33.62	17.62	25.05	97.42	44.06	78.65	25.50

表 1.42　大亚湾 S6 沉积柱中主要痕量元素的总含量

深度/cm	主要痕量元素总含量/(μg/g)							
	V	Cr	Mn	Ni	Cu	Zn	Cd	Pb
2	115.72	107.73	827.54	90.06	29.70	223.01	0.32	62.78
4	99.21	102.12	745.18	62.36	22.22	187.16	0.34	51.69
6	104.72	99.99	745.09	54.08	27.83	170.89	0.28	58.37
8	95.78	84.21	746.64	36.70	18.82	163.67	0.30	50.85
10	94.47	84.70	749.96	35.10	17.49	140.02	0.05	50.03
16	95.85	81.69	702.63	35.56	14.20	113.65	0.03	49.23

续表

深度/cm	主要痕量元素总含量/(μg/g)							
	V	Cr	Mn	Ni	Cu	Zn	Cd	Pb
22	86.24	71.61	657.16	29.96	12.26	125.64	0.03	44.63
28	89.09	74.43	640.83	30.41	13.20	115.88	0.02	44.49
34	84.36	71.43	684.92	31.21	11.06	121.93	0.11	42.49
40	85.92	73.26	744.14	31.14	9.49	115.81	0.01	38.84
46	88.85	77.34	799.85	34.39	9.32	113.24	0.06	39.14
56	89.24	80.23	799.96	33.09	11.96	119.11	0.06	42.87
62	87.05	77.04	805.22	32.23	9.22	126.87	0.11	40.22
68	89.90	79.33	772.02	32.40	9.09	119.69	0.04	39.44
最小值	84.36	71.43	640.83	29.96	9.09	113.24	0.01	38.84
最大值	115.72	107.73	827.54	90.06	29.70	223.01	0.34	62.78
平均值	93.31	83.22	744.37	40.62	15.42	139.76	0.13	46.79
变异系数/%	9.26	14.11	7.56	42.09	44.73	24.11	99.39	15.79

为了探索大亚湾中痕量元素的沉积历史和污染水平，本书获取了 C2 沉积柱与 S6 沉积柱中痕量元素总量的垂直分布情况，结合相应的沉积年代学信息，得到了近百年来大亚湾近岸与外部海域沉积物中痕量元素的沉积记录（图 1.99～图 1.102）。结果表明，大亚湾海域在近百年的历史阶段中，生态环境发生了较大程度的变化。其中近岸海域的环境演变可分为三个阶段，而外部海域则可分为两个阶段。

对于 C2 沉积柱中的 Cr、Ni、Cu、Zn、Cd、Pb 元素而言，其三段沉积记录历史可大致分为：①1980 年之前，具有相对稳定的总体含量与较低的富集因子（EF＜1.5），可认为尚未受到人类活动的影响；②1980～2000 年，总体含量与富集因子迅速上升，表明污染程度逐步加强，并在 2000 年左右达到最高；③2000 年之后，元素的总体含量较快回落，富集因子也恢复至背景值水平。然而，对于 V 和 Mn 而言，其沉积记录与以上元素有所不同，分别为：①1980 年之前，有相对稳定的总体含量与较低的富集因子（EF＜1.5），可认为尚未受到外部条件的影响；②1980～2000 年，总体含量与富集因子显著下降，至 2000 年左右达到最低值；③2000 年后，元素的总体含量逐步升高，富集因子也重新恢复至背景值水平（EF = 1）。S6 沉积柱中的痕量元素沉积记录大致可分为两个阶段。对于元素 V、Cr、Cu、Zn、Pb 而言，1980 年之前维持在相对稳定的沉积状态，具有相对稳定的总体含量与富集水平，1980 年后其总体含量与富集水平则逐步有所升高。Ni 和 Cd 与上述元素具有相似的沉积记录，不同之处在于 Ni 和 Cd 含量与富集显著提高是在 2000 年后。Mn 在 S6 沉积柱中具有颇为特别的沉积特征，1930 年前，Mn 处于稳定的沉积状态中，1930～1960 年，Mn 含量逐步降低，至 1960 年左右达到最低值，而 1960 年后 Mn 的含量水平与富集强度则有所升高。虽然 S6 沉积柱中的主要痕量元素的含量水平在近年来有所升高，但从富集水平角度来看，其富集因子皆低于 1.5，表明该区域的污染情况尚不显著。但对于 Ni、Zn、Pb、Cd 四种元素而言，其富集水平有超过 1.5 的情况，表明人为输入来源的元素进入大亚湾环境中，并在沉积物中沉降富集，并被生物地球化学指标记录下来。

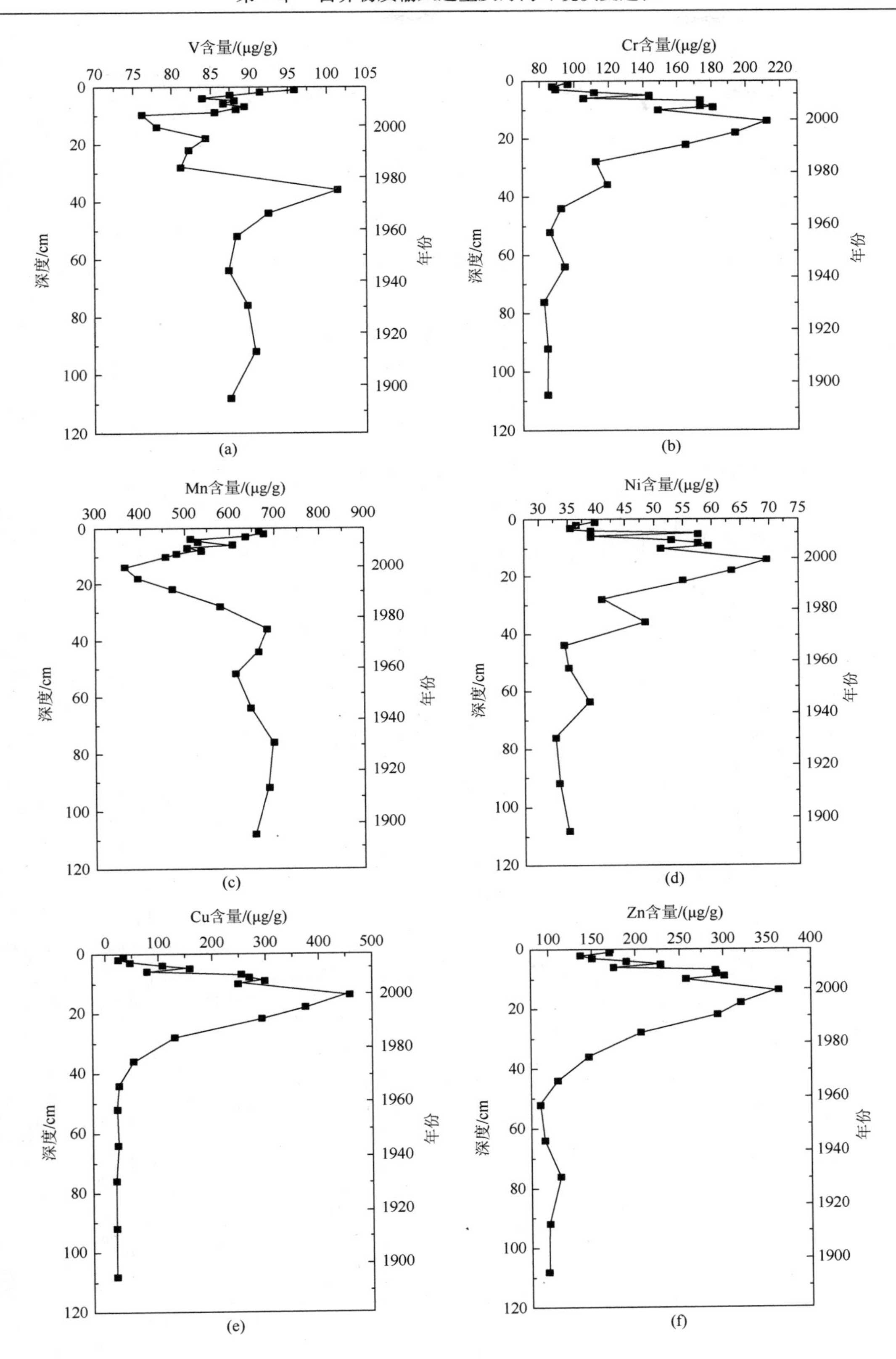
V含量/(μg/g)
70 75 80 85 90 95 100 105
深度/cm
年份
(a)
Cr含量/(μg/g)
80 100 120 140 160 180 200 220
深度/cm
年份
(b)
Mn含量/(μg/g)
300 400 500 600 700 800 900
深度/cm
年份
(c)
Ni含量/(μg/g)
30 35 40 45 50 55 60 65 70 75
深度/cm
年份
(d)
Cu含量/(μg/g)
0 100 200 300 400 500
深度/cm
年份
(e)
Zn含量/(μg/g)
100 150 200 250 300 350 400
深度/cm
年份
(f)

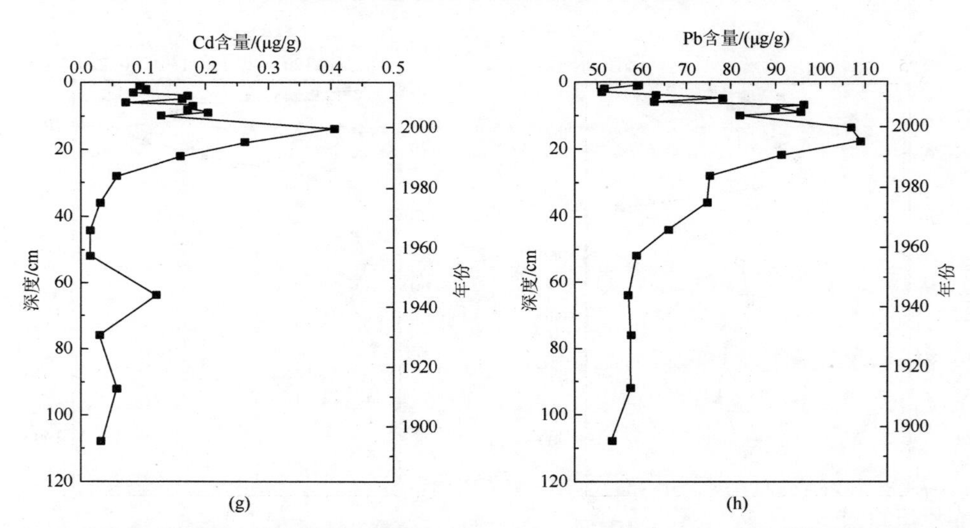

图 1.99　大亚湾 C2 沉积柱中痕量元素（V、Cr、Mn、Ni、Cu、Zn、Cd、Pb）的沉积记录

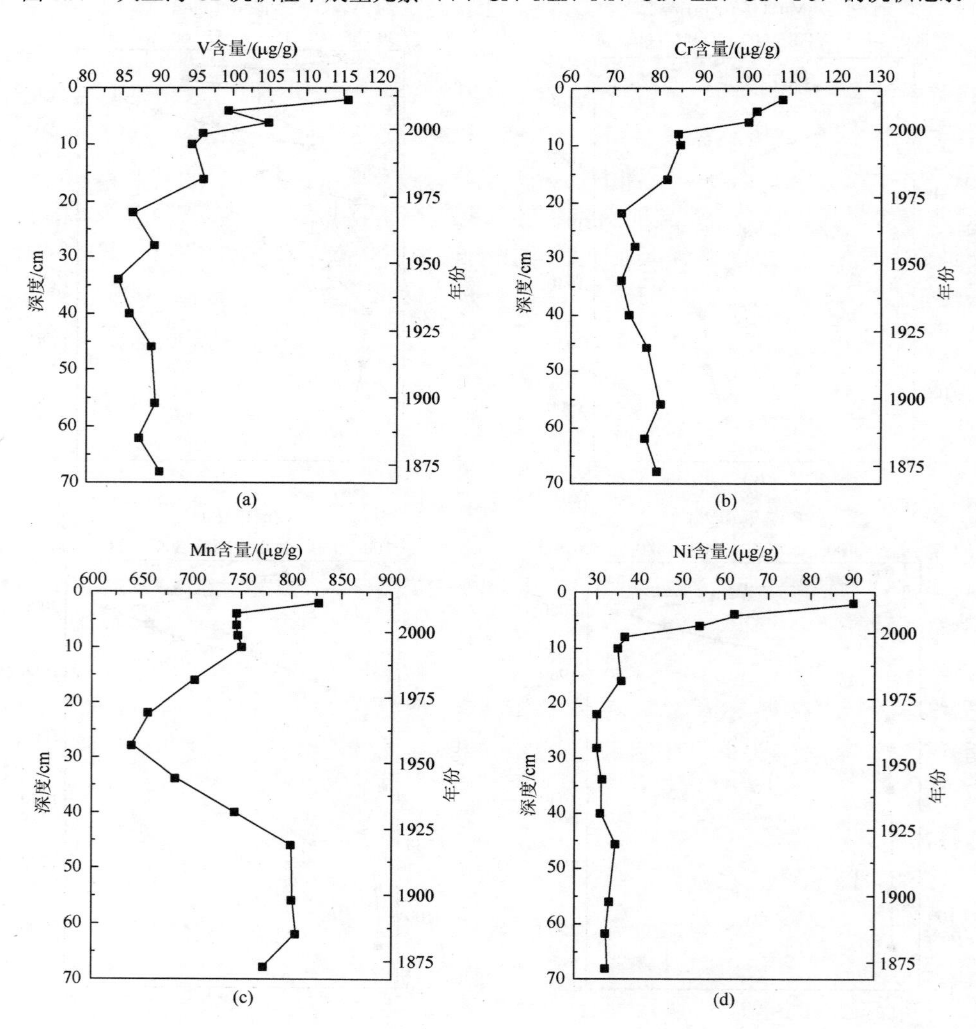

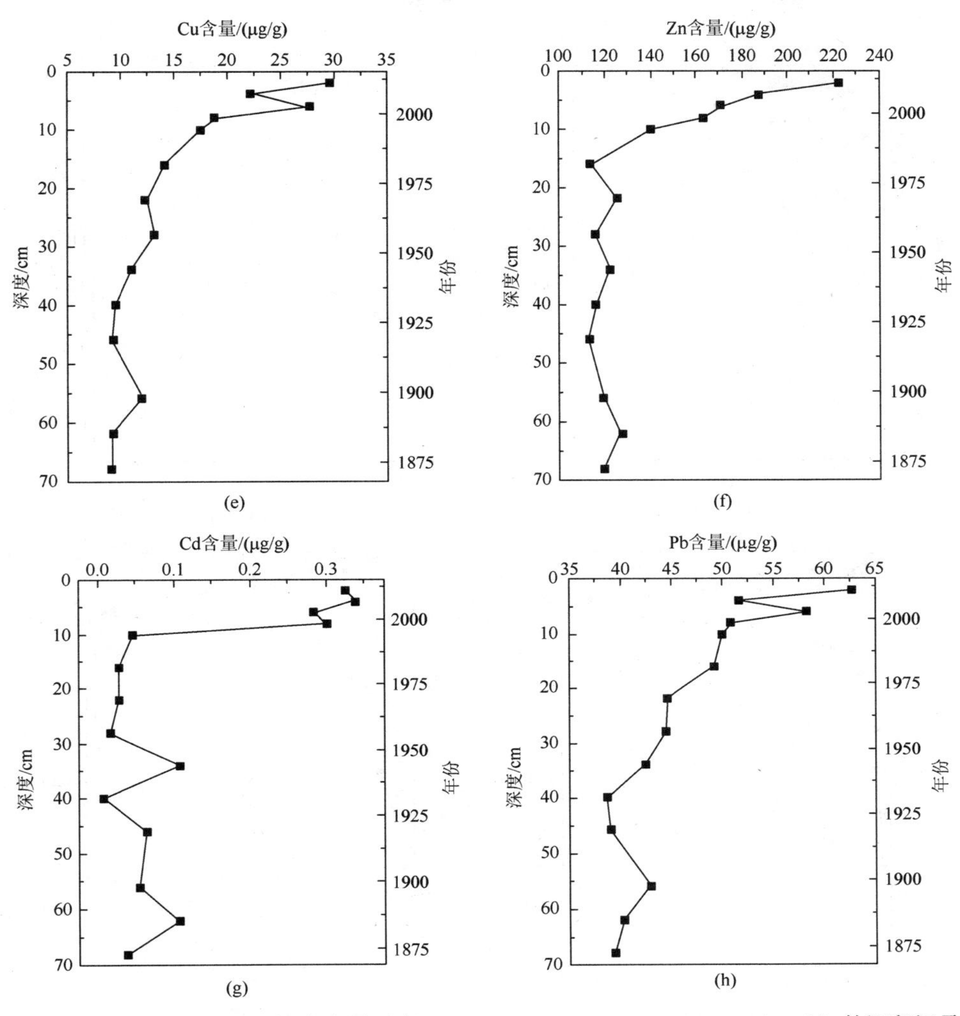

图 1.100　大亚湾 S6 沉积柱中痕量元素（V、Cr、Mn、Ni、Cu、Zn、Cd、Pb）的沉积记录

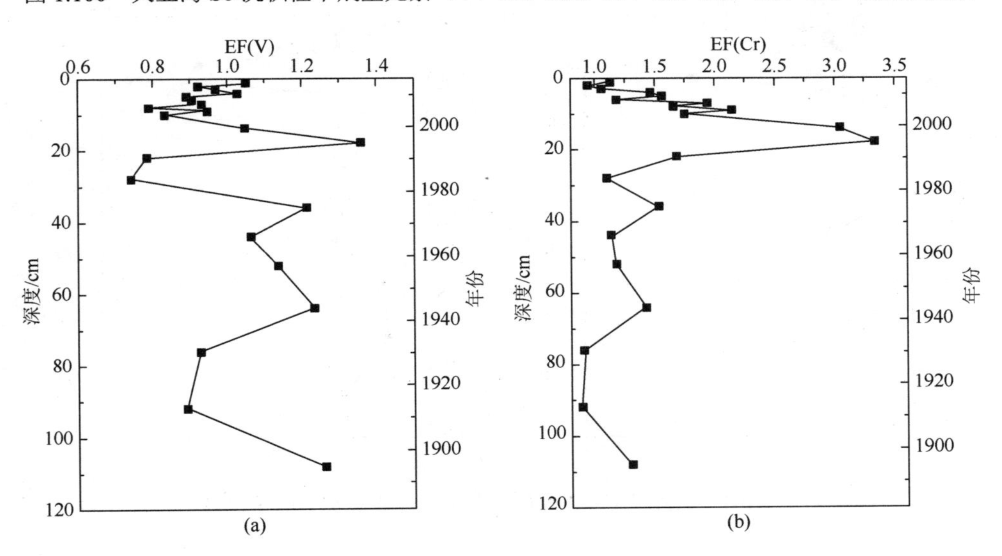

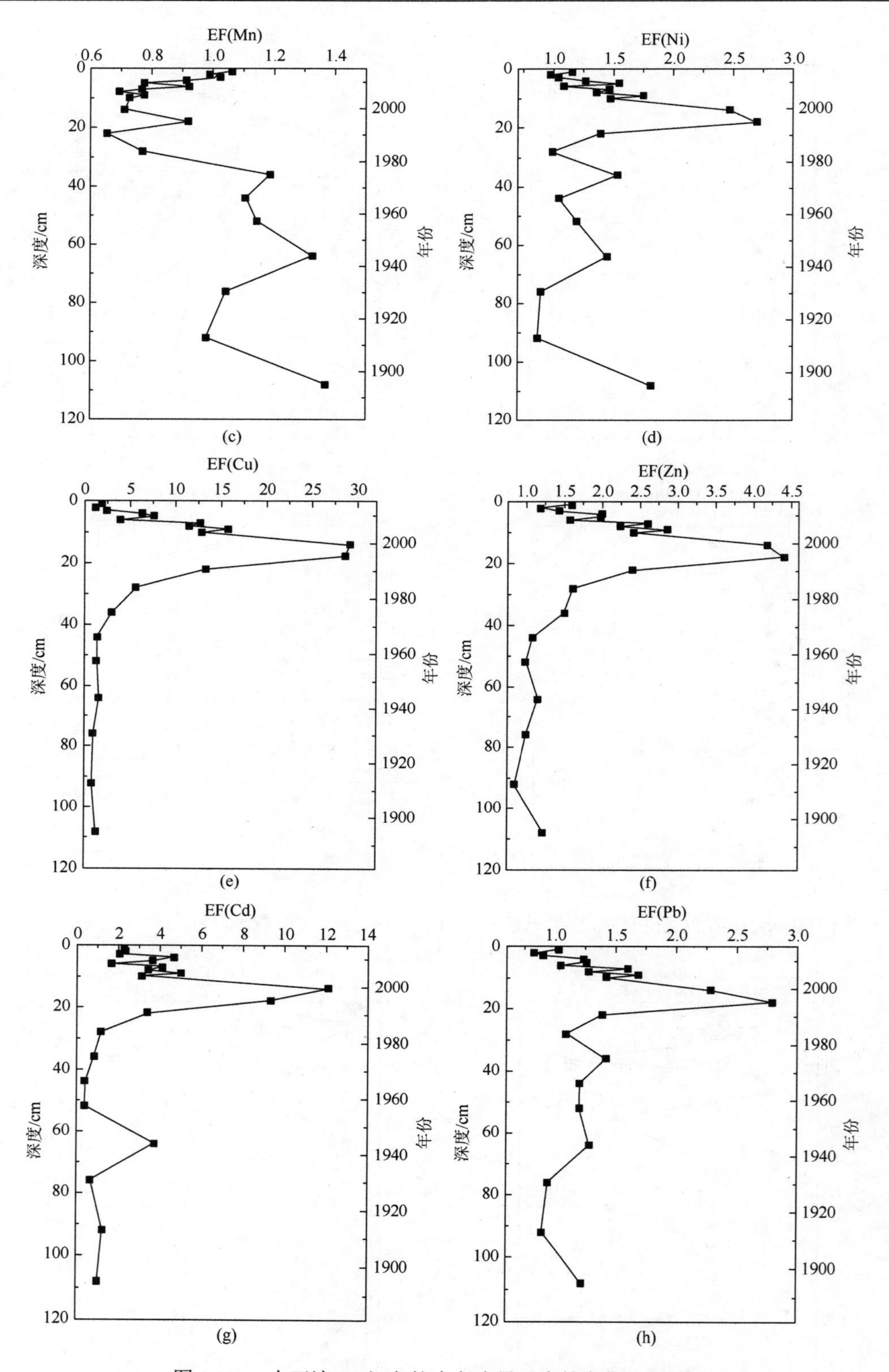

图 1.101　大亚湾 C2 沉积柱中各痕量元素的富集因子记录

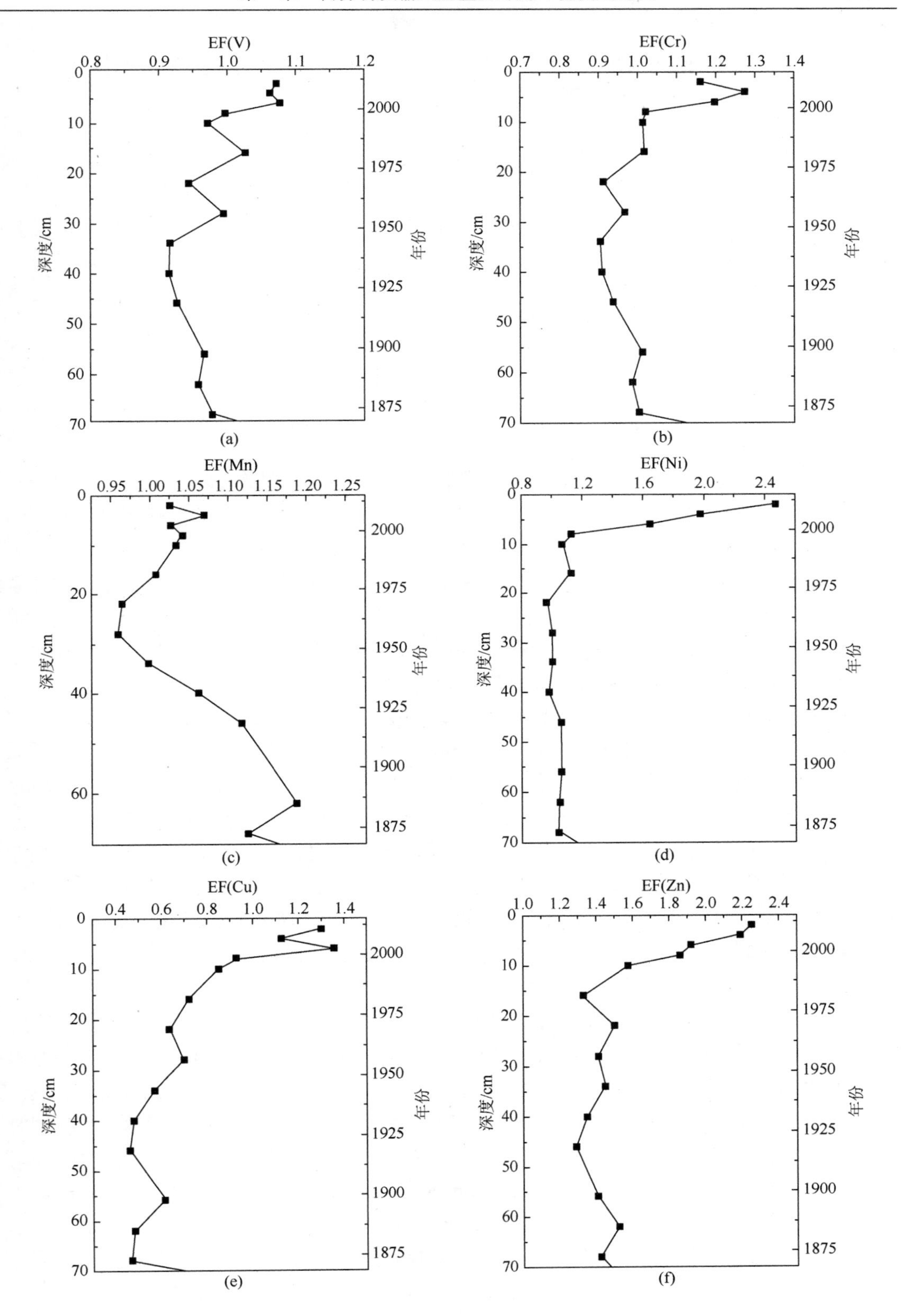
EF(V)
EF(Cr)
EF(Mn)
EF(Ni)
EF(Cu)
EF(Zn)
深度/cm
年份
(a)
(b)
(c)
(d)
(e)
(f)

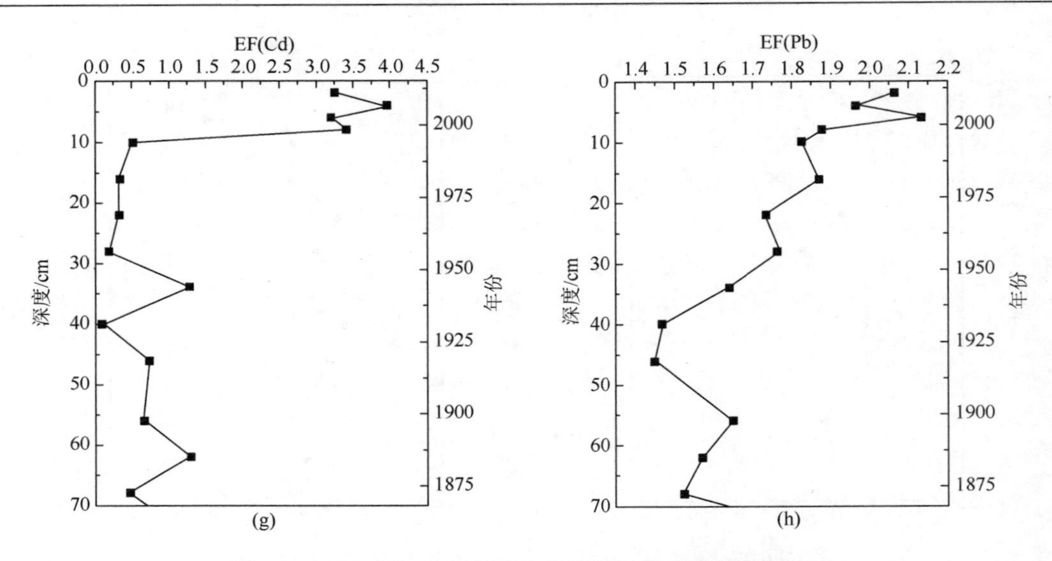

图 1.102　大亚湾 S6 沉积柱中各痕量元素的富集因子记录

（2）沉积物年际中痕量元素形态特征

沉积物中痕量元素的迁移性和生物可利用性与其化学形态密切相关。仅测定稀有元素的总含量尚不能有效地分析评判其迁移性和生物可利用性，为此，本书采用 BCR 连续提取法对具有代表性的 S6 沉积柱中痕量元素的化学赋存状态进行了系统分析。S6 沉积柱中痕量元素的化学形态垂直分布如图 1.103 所示，具体结果分析如下。

在本书所研究的痕量元素中，Mn 和 Sr 皆以酸可提取态（acid soluble fraction，F1）为主要存在形态，这一结果与许多在大亚湾和其他近岸海域的历史研究取得一致。具体来说，Mn 的酸可提取态可占总含量的 34.4%～48.5%（平均为 42.7%），其次为残渣态（residual fraction，F4）28.4%，可还原态（reducible fraction，F2）11.5%和可氧化态（oxidizable fraction，F3）17.4%。酸可提取态代表了沉积物中可直接进行离子交换和与碳酸盐结合的元素的总和，是沉积物中最为活跃，同时也是对环境变化最为敏感的化学形态。基于此，我们可以认为 Mn 和 Sr 在大亚湾沉积物中具有较为活跃的可迁移性。研究表明，Mn^{2+}与 Mg^{2+}、Ca^{2+}具有较为接近的离子半径，可置换碳酸盐矿物如白云石和方解石中的 Mg^{2+}、Ca^{2+}，因此酸可提取态的 Mn 极有可能来自于 Mg/Ca 碳酸盐矿物的分解。

酸可提取态的 Sr 占其总含量的 59.5%～77.8%（平均为 67.3%），是 Sr 在大亚湾 S6 沉积柱中的主要形态，其次为残渣态 12.0%～31.5%（平均为 24.0%），再次为可还原态 6.2%～10.2%（平均为 7.9%），可氧化态所占比例最低 0%～1.26%（平均为 0.8%）。大洋中的溶解态 Sr 及其同位素在通常情况下具备较为稳定而保守的化学性质和较长的存留时间（2～5 Ma）。然而，由于受到陆源物质输入的影响，Sr 在近岸的河口、海湾区域变得不保守。在密西西比河口混合区（Mississippi River mixing zone）的研究表明，碳酸盐类物质是沉积物中活性 Sr 的主要载体。不仅如此，铁锰氧化物的形成对波罗的海（Baltic Sea）中溶解态 Sr 的清除也具有重要影响，即铁锰氧化物可显著吸收水体中的溶解态 Sr，并通过沉降作用将其带入到沉积物中。因此，造成了沉积物中 Sr 主要以酸可提取态（与碳酸盐类物质结合）和可还原态（与铁锰氧化物结合）。

Pb 是对海洋环境具有高度毒性的元素。大亚湾 S6 沉积柱中 Pb 的化学赋存形态研究表明，Pb 主要以可还原态存在，比例为 40.2%～50.8%（平均为 44.5%），即 Pb 主要与铁锰氧化物结合而存在。S6 沉积柱中可还原态 Pb 与沉积物中 Fe 含量的显著正相关关系（$r=0.483$，$P<0.05$，$n=21$）也恰好进一步印证了这一关系。由于 S6 沉积柱中的 Pb 主要以可还原态而存在，因此在水体-沉积物的氧化还原条件发生改变时，这一组分的 Pb 将极有可能变得不稳定，其生物可利用性及化学活性将会增强，从而对海洋环境与海洋生物产生深远影响。大亚湾 S6 沉积柱中残渣态 Pb 比例为 30.1%～36.4%（平均为 34.2%），酸可提取态 Pb 和可氧化态 Pb 所占比例相对较低，分别为 6.5%～10.2%（平均为 8.5%），10.1%～18.4%（平均为 12.8%）。

除 Mn、Sr、Pb 外，大亚湾 S6 沉积柱中 Cr、Co、Cu、Ni、Sb、Ti、Tl、V 及 Zn 的主要化学赋存形态皆为残渣态，其所占元素总量的比例分别为 74.5%～83.3%（平均值为 79.2%）、44.1%～58.0%（平均值为 49.7%）、68.1%～90.4%（平均值为 79.5%）、64.9%～91.7%（平均值为 78.9%）、81.0%～92.9%（平均值为 87.1%）、96.7%～98.9%（平均值为 98.3%）、93.8%～95.7%（平均值为 95.1%）、83.9%～90.4%（平均值为 87.8%）及 59.6%～89.0%（平均值为 71.6%）。由以上结果可以看出，残渣态的 Ti 和 Tl 占据了其元素总量的 95%以上，其余三种活性态（酸可提取态、可还原态和可氧化态）所占比例尚不足 5%，说明 Ti 和 Tl 在大亚湾沉积物中的惰性较强，迁移转化与生物可利用性较弱。Cr、Co、Cu、V 和 Zn 5 种元素各化学形态的相对组成较为类似，在整个沉积柱中皆呈现出残渣态＞可氧化态＞可还原态＞酸可提取态的组成结构。众多的历史研究表明，沉积物中的活性态 Cu 以可氧化态为主，即主要与有机物结合而存在，这与水体中的溶解态 Cu 通常可与腐殖酸等有机化合物络合有关。由此可以推断，Cr、Co、V 和 Zn 4 种元素在大亚湾中也极可能易于与有机络合物结合，从而造成其可氧化态含量较高。

Ni、Sb 与 Cr、Co、Cu、V 和 Zn 略有不同，该两种元素在大亚湾 S6 站中一同呈现出残渣态＞可氧化态＞酸可提取态＞可还原态的组成结构。这一现象一方面表明，活性态的 Ni 和 Sb 也以有机结合态为主要存在；另一方面也说明，Ni、Sb 同 Cr、Co、Cu、V、Zn 等在可还原态和酸可提取态相对比例上的不同可能在于元素性质的差异，这有待进一步研究探讨。

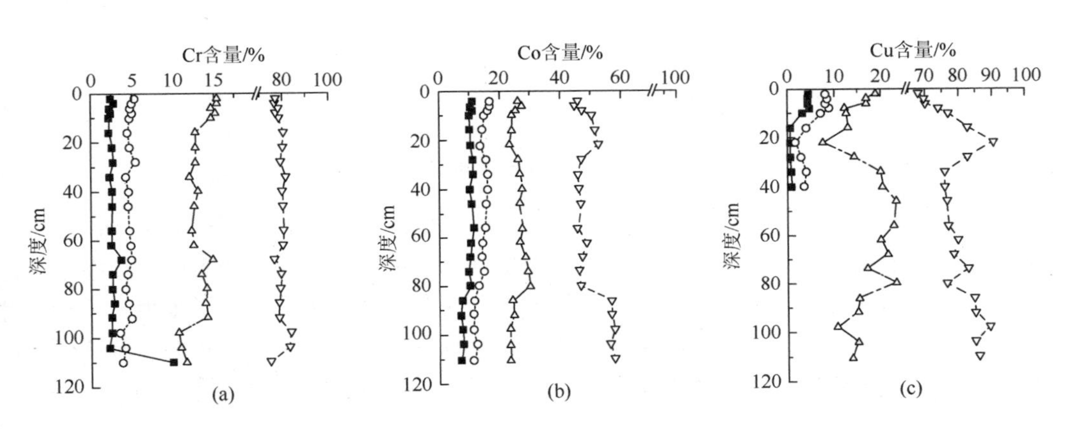

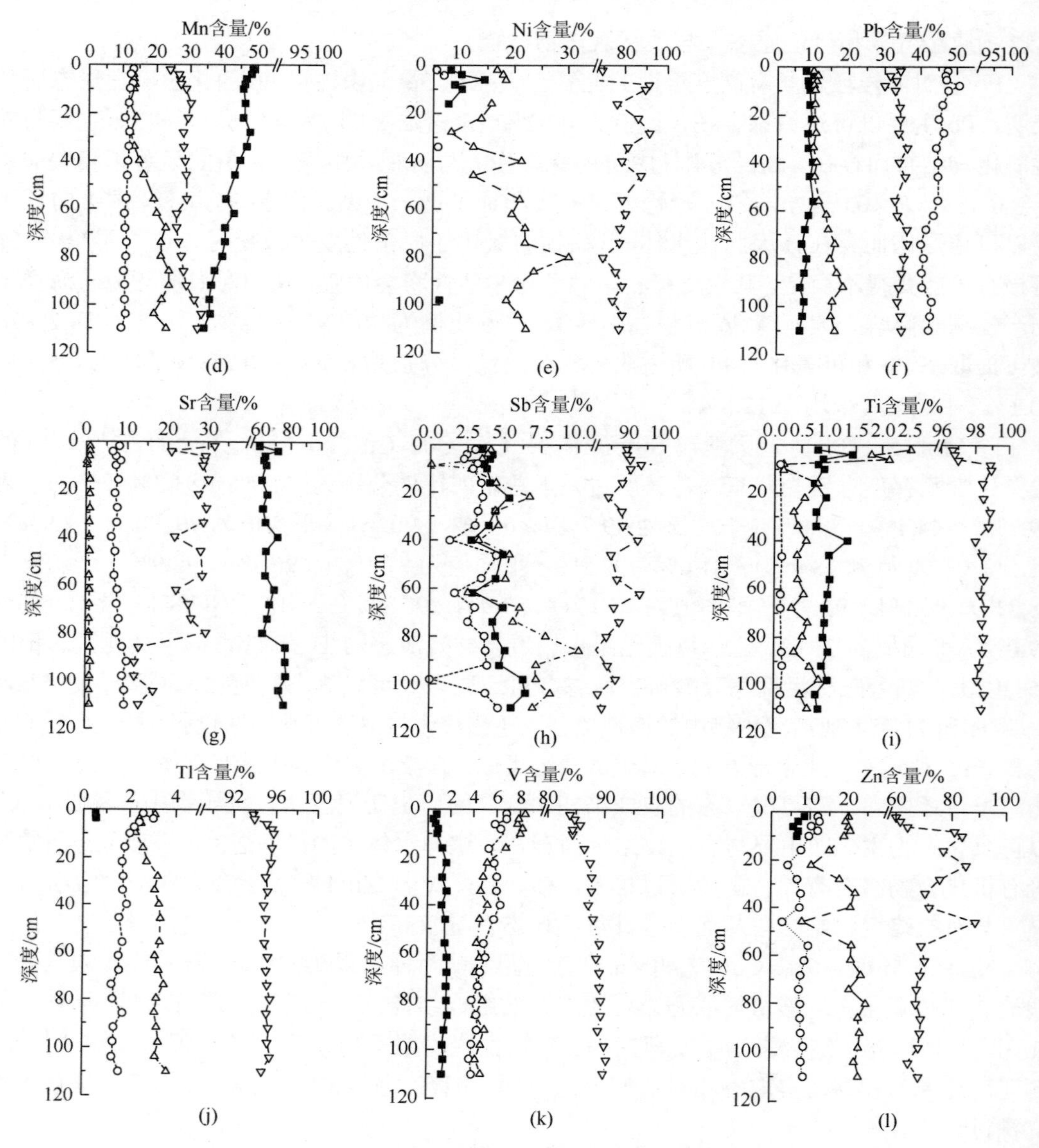

图 1.103　大亚湾 S6 沉积柱中痕量元素赋存形态

F1：酸可提取态，F2：可还原态，F3：可氧化态，F4：残渣态

—■— F1，----○---- F2，-·-△-·- F3，--▽-- F4

2. *沉积物中痕量元素来源解析及与人类活动的耦合关系*

海湾作为海岸带地区重要的组成，一方面，人类活动如近海油气资源开发、港口建设、捕鱼业和水产养殖业，沿海城市的工业废水和生活污水的排放，以及大面积滩涂围垦等已对海湾生态环境和生物栖息地构成严重威胁；另一方面，自然变化过程，如厄尔尼诺、拉尼娜、全球升温、海洋酸化等对我国生态环境和生物资源也产生了重大影响。海湾生态环境受人类活动与自然因素的双重影响，与人类生存环境和国民经济发展息息相关。

影响大亚湾海域水环境的污染源主要是沿岸乡镇的工业废水、生活污水、船舶含油污水等。据 1991 年的不完全统计，大亚湾沿岸 7 个乡镇工业废水年排放量约 68 万 t，生活污水约 167.7 万 t，船舶含油污水约 1 t。自 21 世纪以来，大亚湾海域海水养殖业发展迅猛。1997 年大鹏澳内有养殖网箱 1100 多个，而 1998 年则迅速增加至 1500 多个，到 2004 年则达到了 20 000 多个。网箱养鱼需要人工投饵，而饵料中约有 26%～70%没有被鱼类利用，最终进入水体环境，造成不同程度的污染。大亚湾沿岸地区由于经济增长迅速，人口激增，生活污水和工业污水排放逐年增加，也是造成沿岸环境污染的重要原因。早期大亚湾沿岸乡镇经济社会发展虽然对周边海域产生了一定的影响，但其影响范围及强度较为有限。近年来随着大亚湾沿岸经济的不断发展，其污染物的排放量有较大程度的增长。其中重金属元素的污染具有来源广泛、不易分解，环境累积效应明显等特点，而且对生物和人体具有较强毒性。许多学者对大亚湾海域环境中重金属进行了大量研究。在海洋生物方面，众多学者也对该海域生物体内重金属含量、变化趋势及其潜在生态危害进行了系统研究。20 世纪 90 年代中期大亚湾海域生物体中重金属含量较低、生态危害较为轻微，但随着人口数量不断增长和经济迅猛发展，海湾污染状况日益加剧。为全面了解和掌握大亚湾海洋生态环境状况、更好地保护生态环境及海域资源的健康可持续发展，本书以痕量元素为研究对象，通过对其含量水平与赋存状态的系统分析，结合大亚湾沉积年代学信息，阐释近年来大亚湾海域环境的演变过程，获得人类影响下近岸海湾生态系统环境演变的控制过程。

（1）大亚湾沉积物中痕量元素来源解析

本书利用主成分分析与相关分析的手段，对大亚湾 C2 沉积柱与 S6 沉积柱中的 9 种元素（Fe、V、Cr、Mn、Ni、Cu、Zn、Cd、Pb）及 3 种地球化学参数（TOC、δ^{13}C、黏土含量）进行统计学分析，以探讨众多元素与地球化学参数间的深层联系，最终解析沉积物中痕量元素的不同来源。

主成分分析结果表明，C2 与 S6 沉积柱中的 9 种元素（Fe、V、Cr、Mn、Ni、Cu、Zn、Cd、Pb）及 3 种地球化学参数（TOC、δ^{13}C、黏土含量）皆可分为两种主成分（PC1 和 PC2，图 1.104）。具体来讲，PC1 是 C2 沉积柱最重要的组成成分，可解释其 69.11%的变化。TOC、Cr、Ni、Cu、Zn、Cd 和 Pb 在 PC1 具有正载荷。由于 TOC 与上述元素皆与工业废物、海洋工程、生活污物等方面具有密切关系，因此可认为 Cr、Ni、Cu、Zn、Cd 和 Pb 的来源与人类活动密切相关。PC2 可解释 C2 沉积柱中 10.35%的变化，并在 V、Mn、Fe 具有正载荷。由于 Fe 通常被认为来自于基岩风化过程，因此 PC2 可认为与自然风化过程具有深层关系。在 S6 沉积柱中，主成分 1（PC1）可解释 72.50%的变化，而 PC2 仅能解释 10.96%的变化。TOC、V、Cr、Fe、Ni、Cu、Zn、Cd、Pb 在 PC1 上具有正载荷，表明 PC1 在 S6 沉积柱中代表了自然与人为来源的混合。而 δ^{13}C 则在 PC2 中具有正载荷，可认为 PC2 与陆源输入、海水养殖等有机物污染过程相关。由于 Mn 同时在 PC1 和 PC2 上都具有正载荷，说明了 Mn 在 S6 沉积柱中具有多种来源途径。

相关分析的结果（表 1.43、表 1.44）表明，在 C2 沉积柱中，Cr、Ni、Cu、Zn、Cd、Pb 相互具有显著的正相关关系（$P<0.01$），暗示该类元素在 C2 沉积柱中具有一致的物质来源，而这一结果与主成分分析的结果相似。不仅如此，Cr、Ni、Cu、Zn、Cd、Pb

与 $\delta^{13}C$ 皆具有显著的负相关关系（$P<0.01$）。通常而言，陆源有机碳具有较低的 $\delta^{13}C$ 值（−27‰），而海源有机碳具有相对较高的 $\delta^{13}C$ 值（−20‰）。因此据此推测，C2 沉积柱中的 Cr、Ni、Cu、Zn、Cd、Pb 元素皆与陆源有机碳密切相关。然而，V 和 Mn 两种元素则与 Cr、Ni、Cu、Zn、Cd、Pb 存在显著的负相关关系，与 $\delta^{13}C$ 存在显著的正相关关系。表明 C2 沉积柱中的 V 和 Mn 两种元素与 Cr、Ni、Cu、Zn、Cd、Pb 等元素具有迥异的物质来源，却与海洋有机物密切相关。对于 S6 沉积柱而言，V、Cr、Ni、Cu、Zn、Cd、Pb 相互存在显著的正相关关系，而又分别与 TOC 和 Fe 存在显著正相关，表明以上元素具有相似的物质来源，而该来源则极有可能为自然与人为的混合来源。

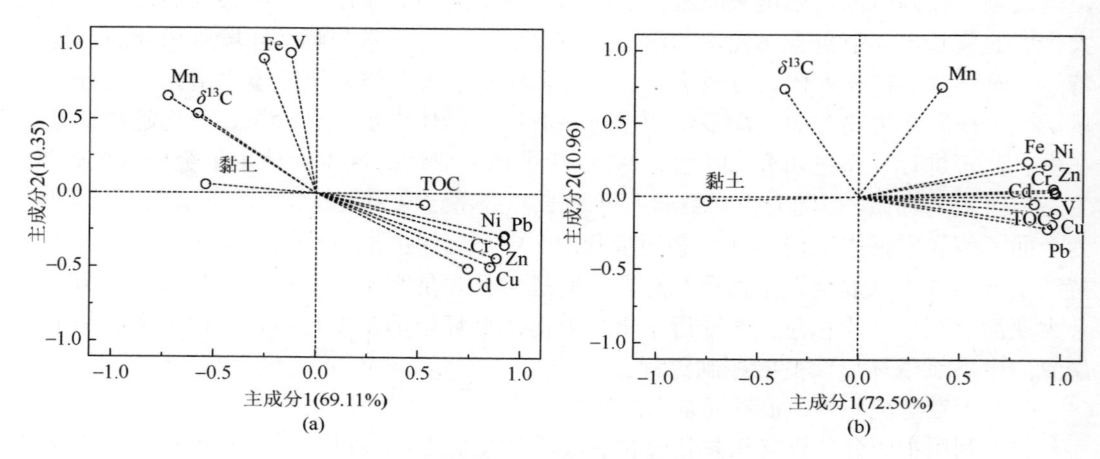

图 1.104　主成分分析载荷图

表 1.43　大亚湾 C2 沉积柱皮尔逊相关分析结果（$n=21$）

元素	Cr	Mn	Ni	Cu	Zn	Cd	Pb	TOC	$\delta^{13}C$	黏土	Fe
V	−0.466*	0.729**	−0.393	−0.603**	−0.537*	−0.540*	−0.424	−0.054	0.439*	0.215	0.829**
Cr		−0.907**	0.974**	0.980**	0.968**	0.864**	0.976**	0.442*	−0.715**	−0.471*	−0.523*
Mn			−0.863**	−0.947**	−0.913**	−0.865**	−0.874**	−0.398	0.694**	0.476*	0.771**
Ni				0.938**	0.929**	0.849**	0.939**	0.442*	−0.674**	−0.396	−0.462*
Cu					0.972**	0.888**	0.954**	0.392	−0.729**	−0.504*	−0.629**
Zn						0.856**	0.931**	0.573**	−0.738**	−0.451*	−0.628**
Cd							0.783**	0.382	−0.683**	−0.371	−0.624**
Pb								0.362	−0.679**	−0.492*	−0.452*
TOC									−0.406	−0.142	−0.398
$\delta^{13}C$										0.122	0.647**
黏土											0.266

* $p<0.05$；** $p<0.01$

表 1.44　大亚湾 S6 沉积柱皮尔逊相关分析结果（$n = 14$）

元素	Cr	Mn	Ni	Cu	Zn	Cd	Pb	TOC	$\delta^{13}C$	黏土	Fe
V	0.941**	0.383	0.923**	0.937**	0.893**	0.751**	0.937**	0.916**	−0.305	0.742**	0.850*
Cr		0.441	0.922**	0.922**	0.918**	0.839**	0.874**	0.949**	−0.323	−0.700**	0.731**
Mn			0.428	0.189	0.363	0.329	0.131	0.368	0.132	−0.406	0.539*
Ni				0.864**	0.933**	0.780**	0.829**	0.856**	−0.086	0.595*	0.826**
Cu					0.917**	0.827**	0.979**	0.929**	0.408	−0.644*	0.744**
Zn						0.909**	0.874**	0.941**	−0.238	−0.643*	0.776**
Cd							0.759**	0.893**	−0.309	0.562*	0.571*
Pb								0.889*	−0.399	−0.720**	0.750**
TOC									−0.493	−0.733**	0.747**
$\delta^{13}C$										0.318	−0.235
黏土											−0.594*

* $p<0.05$；** $p<0.01$

（2）人类活动对痕量元素来源的影响——以银和铅为例

1）Ag

对海洋环境中的浮游植物而言，Ag 是除 Hg 外毒性最强的元素，并且能够在众多的浮游植物和大型藻类中产生富集效应（Fisher et al.，1984）。Ag 已被列入欧盟生物杀灭剂指令（European Commission biocidal products directive），并且被美国环境保护署（US Environmental Protection Agency，USEPA）列为重要污染物之一。由于 Ag 具有广谱抗菌杀毒作用，因此在纳米材料中应用十分广泛，人类活动是沉积物中 Ag 的重要来源。Ag 在 C2 沉积柱中的垂直分布为中层极大值型（图 1.105），即痕量元素的总量在距离

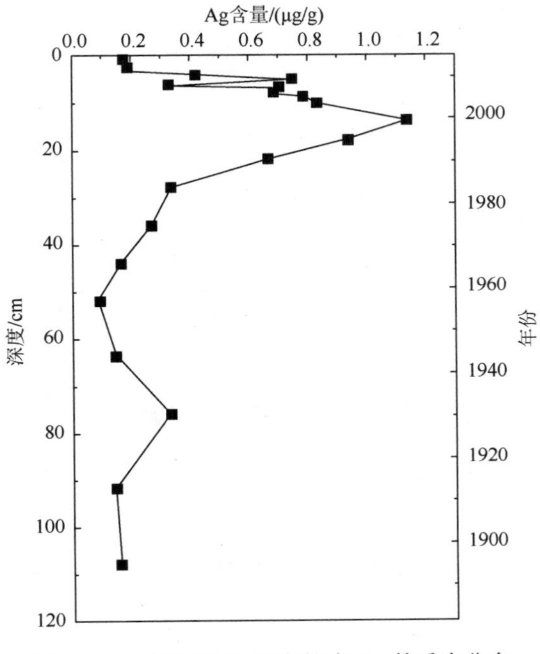

图 1.105　大亚湾 C2 沉积柱中 Ag 的垂直分布

表层 40 cm 以下层基本保持稳定，而在 40 cm 处开始迅速升高，至 14 cm 处达到峰值，然后又不断降低，至表层基本与 40 cm 以下层一致。我们利用相关分析法讨论了 Ag 的总体含量与 TOC、$\delta^{13}C$、$\delta^{15}N$ 等生源要素及环境参数的相关关系，结果在 C2 沉积柱中，发现 Ag 与 TOC 呈现显著正相关（图 1.106），与 $\delta^{13}C$ 呈现显著负相关（图 1.107）。Ag 与 TOC 呈现显著的正相关关系说明 Ag 在沉积物中易于与有机质等结合，形成可还原态的 Ag；而 Ag 与 $\delta^{13}C$ 呈现负相关，则说明 Ag 与海洋自生有机碳来源并不一致，而是与陆源有机质具有相近的来源。由此可以认为，C2 沉积柱中 Ag 来自于陆源输入，Ag 在沉积柱中的大量累积是人为活动不断加剧的反映。Ag 在进入水体环境后，易于与有机质结合，形成可还原态的 Ag。使得可还原态 Ag 在活性态 Ag（酸可提取态、可还原态和可氧化态的总和）总量中具有较高的比例（图 1.108）。

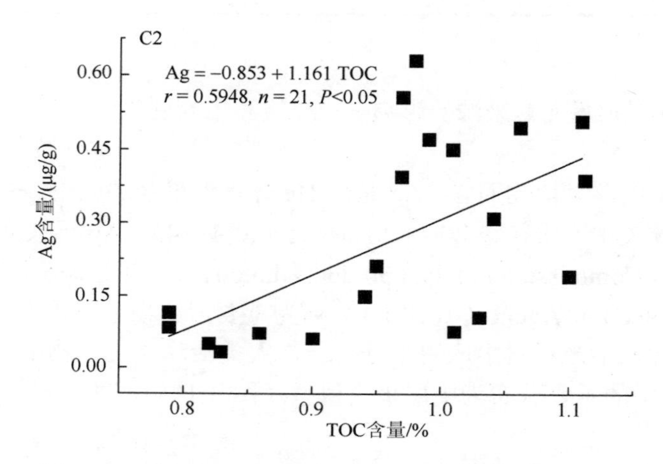

图 1.106　大亚湾 C2 沉积柱中 Ag 与 TOC 的正相关关系

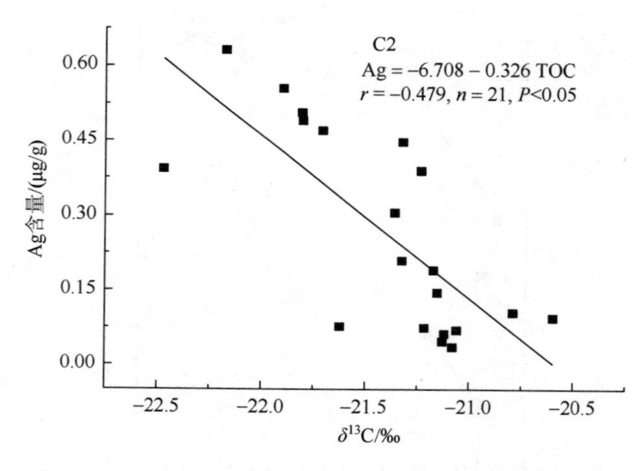

图 1.107　大亚湾 C2 沉积柱中 Ag 与 $\delta^{13}C$ 的负相关关系

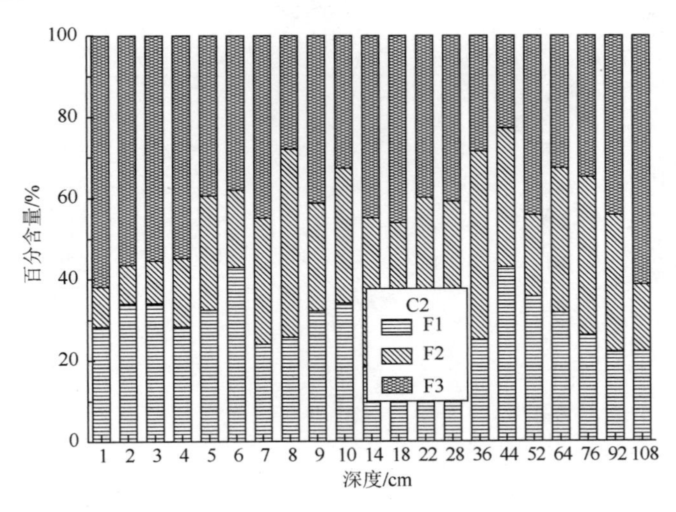

图 1.108　大亚湾 C2 沉积柱中 Ag 的赋存形态

F1：酸可提取态；F2：可还原态；F3：可氧化态

2）Pb

重金属在地表环境中的迁移形式是多种多样的。按照迁移介质的不同可分为两种基本类型。第一种是气态迁移，气态迁移是近代人类工业生产活动废弃物排放引起的重要形式之一；第二种是水迁移，元素可以溶液和胶体溶液随土壤水、地表水、地下水、裂隙水、岩石孔隙水等进行迁移。另外还可能存在固态和悬浮胶体吸附铅在水体中迁移的现象。海洋环境中的铅（Pb）恰好具有以上两种迁移途径，其主要来源在于两个方面：一是汽车尾气排放与燃煤释放；二是工业生产即金属冶炼、机械加工、印刷、油漆和涂料等工业排放，以及生活与农业污水排放。Pb 在 C2 站的垂直分布为中层极大值型，即痕量元素的总量在 20 cm 以下层基本保持稳定，而在 20 cm 左右处开始迅速升高，并达到峰值，然后又不断降低，至表层基本与 20 cm 以下层取得一致（图 1.109）。

相关分析结果显示，沉积物中的 Pb 在 S6 沉积柱和 C2 沉积柱与 TOC 呈现显著的正相关关系，相关系数与显著性水平分别为（$r=0.621$，$n=21$，$P<0.01$）和（$r=0.766$，$n=21$，$P<0.01$）。不仅如此，沉积物中的 Pb 还在 C2 沉积柱中与 $\delta^{13}C$ 呈显著负相关关系（$r=-0.586$，$n=21$，$P<0.01$），这一点同 Ag 在 C2 沉积柱与 $\delta^{13}C$ 所呈现的相关关系十分类似，说明 Ag 在 C2 沉积柱中与陆源有机质具有相同的来源。由大亚湾 C2 沉积柱中 Pb 的赋存状态（图 1.109）可以看出，酸可提取态（F1）与可氧化态（F3）在总含量中所占比例相对较低，而可还原态与残渣态在总含量中所占比例相对较高。若将酸可提取态、可还原态和可氧化态的总和视为活性态，则 Pb 是活性态含量所占比例最高的元素。由于高含量的活性形态不仅是沉积物中重金属污染的标志之一，更是衡量人类活动影响，探讨元素迁移转化的重要指标。因此可以认为，Pb 在大亚湾海域的沉积物中存在污染现象，而这一现象则很大程度上肇始自人类活动的不断加强。

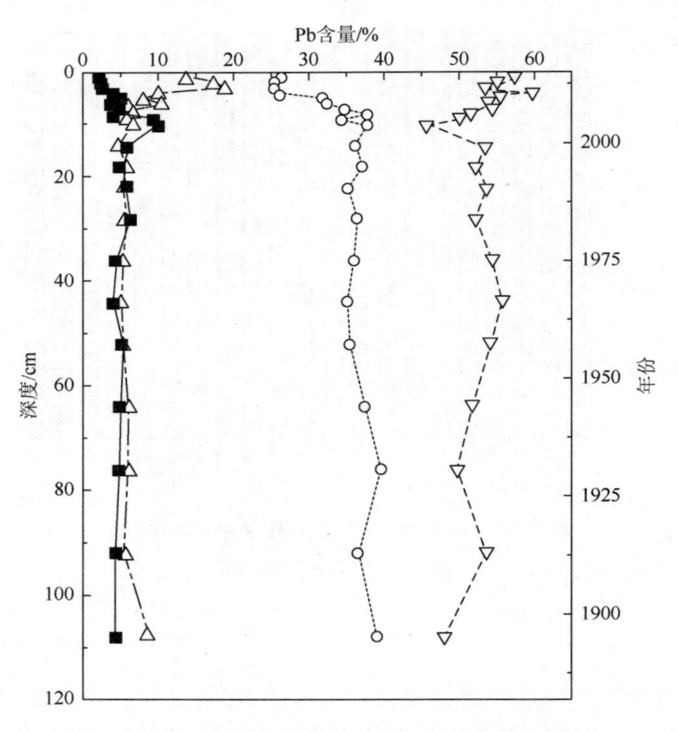

图 1.109 大亚湾 C2 沉积柱中 Pb 的赋存形态

F1：酸可提取态；F2：可还原态；F3：可氧化态；F4：残渣态

—■—F1 ----○----F2 —△—F3 --▽--F4

参考文献

毕言锋, 2006. 中国东部沿海的大气营养盐干、湿沉降及其对海洋初级生产力的影响[D]. 青岛: 中国海洋大学.

池继松, 颜文, 张干, 等, 2005. 大亚湾海域多环芳烃和有机氯农药的高分辨率沉积记录[J]. 热带海洋学报, 24: 44-52.

丁东生, 石晓勇, 曲克明, 等, 2013. 2008 年秋季胶州湾两航次生源要素的分布特征及其来源初步探讨[J]. 海洋科学, 37: 35-41.

韩丽君, 朱玉梅, 刘素美, 等, 2013. 黄海千里岩岛大气湿沉降营养盐的研究[J]. 中国环境科学, 33(7): 1174-1184.

姜晓璐, 2009. 东、黄海的大气干、湿沉降及其对海洋初级生产力的影响[D]. 青岛: 中国海洋大学.

康绪明, 2017. 胶州湾百年环境演变研究-人为/自然变化影响的甄别[R]. 青岛: 中国科学院海洋研究所博士后研究工作报告.

刘洁, 郭占荣, 袁晓婕, 等, 2014. 胶州湾周边河流溶解态营养盐的时空变化及入海通量[J]. 环境化学, 33(2): 262-268.

丘耀文, 2001. 大亚湾营养物质变异特征[J]. 海洋学报, 23: 85-93.

盛茂刚, 崔峻岭, 时青, 等, 2014. 青岛市环胶州湾各河流输沙特征分析[J]. 水文, 34(3): 92-96.

施震, 黄小平, 2013. 大亚湾海域氮磷硅结构及其时空分布特征[J]. 海洋环境科学, 32(6): 916-921.

宋金明, 李学刚, 2018. 海洋沉积物/颗粒物在生源要素循环中的作用及生态学功能[J]. 海洋学报, 40(10): 1-13.

宋金明, 段丽琴, 袁华茂, 2016. 胶州湾的化学环境演变[M]. 北京: 科学出版社: 1-400.

宋金明, 李学刚, 袁华茂, 等, 2018. 渤黄东海生源要素的生物地球化学[M]. 北京: 科学出版社: 1-810.

孙立娥, 王艳玲, 刘旭东, 2016. 2015 年胶州湾主要污染物入海通量研究[J]. 中国环境管理干部学院学报, 26(6): 66-69.

王友绍, 王肇鼎, 黄良民, 2004. 近 20 年来大亚湾生态环境的变化及其发展趋势[J]. 热带海洋学报, 23: 85-95.

邢建伟, 宋金明, 袁华茂, 等, 2017. 胶州湾生源要素的大气沉降及其生态效应研究进展[J]. 应用生态学报, 28(1): 353-366.

张兆永, 吉力力 • 阿不都外力, 姜逢清, 2015. 艾比湖表层沉积物重金属的来源、污染和潜在生态风险研究[J]. 环境科学, 36(2): 490-496.

朱玉梅, 2011. 东、黄海大气沉降中营养盐的研究[D]. 青岛: 中国海洋大学.

Beck A J, Rapaglia J P, Cochran J K, et al., 2007. Radium mass-balance in Jamaica Bay, NY: Evidence for a substantial flux of submarine groundwater[J]. Marine Chemistry, 106(3-4): 419-441.

Bureau D P, Gunther S J, Cho C Y, 2003. Chemical composition and preliminary theoretical estimates of waste outputs of rainbow trout reared in commercial cage culture operations in Ontario[J]. North American Journal of Aquaculture, 65(1): 33-38.

Burnett W C, Aggarwal P K, Aureli A, et al., 2006. Quantifying submarine groundwater discharge in the coastal zone via multiple methods[J]. Science of the Total Environment, 367(2-3): 498-543.

Burnett W C, Bokuniewicz H, Huettel M, et al., 2003. Groundwater and pore water inputs to the coastal zone[J]. Biogeochemistry, 66(1-2): 3-33.

Cai Y, Guo L, Wang X, et al., 2012. The source and distribution of dissolved and particulate organic matter in the Bay of St. Louis, northern Gulf of Mexico[J]. Estuarine, Coastal and Shelf Science, 96: 96-104.

Carrillo J H, Hastings M G, Sigman D M, et al., 2002. Atmospheric deposition of inorganic and organic nitrogen and base cations in Hawaii[J]. Global Biogeochemical Cycles, 16(4): 1076. DOI: 10.1029/2002GB001892.

Casareto B E, Niraula M P, Suzuki Y, 2012. Dynamics of organic carbon under different inorganic nitrogen levels and phytoplankton composition[J]. Estuarine, Coastal and Shelf Science, 102-103: 84-94.

Chen H Y, Chen L D, 2008. Importance of anthropogenic inputs and continental-derived dust for the distribution and flux of water-soluble nitrogen and phosphorus species in aerosol within the atmosphere over the East China Sea[J]. Journal of Geophysical Research Atmospheres, 113(D11). DOI: 10.1029/2007JD009491.

Chen H Y, Chen L D, Chiang Z Y, et al., 2010. Size fractionation and molecular composition of water-soluble inorganic and organic nitrogen in aerosols of a coastal environment[J]. Journal of Geophysical Research Atmospheres, 115(D22). DOI: 10.1029/2010JD014157.

Chen Y X, Chen H Y, Wang W, et al., 2015. Dissolved organic nitrogen in wet deposition in a coastal city(Keelung)of the southern East China Sea: Origin, molecular composition and flux[J]. Atmospheric Environment, 112: 20-31.

Cornell S E, 2011. Atmospheric nitrogen deposition: Revisiting the question of the importance of the organic component[J]. Environmental Pollution, 159(10): 2214-2222.

Cornell S, Mace K, Coeppicus S, et al., 2001. Organic nitrogen in Hawaiian rain and aerosol[J]. Journal of Geophysical Research Atmospheres, 106(D8): 7973-7984.

Cornell S, Rendell A, Jickells T, 1995. Atmospheric inputs of dissolved organic nitrogen to the oceans[J]. Nature, 376: 243-246.

Duce R A, Liss P S, Merrill J T, et al., 1991. The atmospheric input of trace species to the world ocean[J]. Global Biogeochemical Cycles, 5(3): 193-259.

Finkenbinder M S, Abbott M B, Finney B P, et al., 2015. A multi-proxy reconstruction of environmental change spanning the last 37, 000 years from Burial Lake, Arctic Alaska[J]. Quaternary Science Reviews, 126: 227-241.

Fisher N S, Bohe M, Teyssie J L., 1984. Accumulation and toxicity of Cd, Zn, Ag, and Hg in four marine phytoplankters[J]. Marine Ecology Progress Series, 18(3): 201-213.

Gao Y, 2002. Atmospheric nitrogen deposition to Barnegat Bay[J]. Atmospheric Environment, 36(38): 5783-5794.

Gibbs M, Ross A, Downes M, 2002. Nutrient cycling and fluxes in Beatrix Bay, Pelorus Sound, New Zealand[J]. New Zealand Journal of Marine and Freshwater Research, 36(4): 675-697.

Ham Y S, Tamiya S, 2007. Contribution of dissolved organic nitrogen deposition to total dissolved nitrogen deposition under intensive agricultural activities[J]. Water, Air, & Soil Pollution, 178(1-4): 5-13.

Hamada K, Ueda N, Yamada M, et al., 2012. Decrease in anthropogenic nutrients and its effect on the C/N/P molar ratio of suspended particulate matter in hypertrophic Dokai Bay(Japan)in summer[J]. Journal of Oceanography, 68(1): 173-182.

Hasegawa T, Kasai H, Ono T, et al., 2010. Dynamics of dissolved and particulate organic matter during the spring bloom in the Oyashio region of the western subarctic Pacific Ocean[J]. Aquatic Microbial Ecology, 60: 127-138.

He J, Balasubramanian R, Burger D F, et al., 2011. Dry and wet atmospheric deposition of nitrogen and phosphorus in Singapore[J].

Atmospheric Environment, 45(16): 2760-2768.

Huang Q, Guan Y P, 2012. Does the Asian monsoon modulate tropical cyclone activity over the South China Sea? [J]Chinese Journal of Oceanology and Limnology, 30(6): 960-965.

Kajino M, Aikawa M, 2015. A model validation study of the washout/rainout contribution of sulfate and nitrate in wet deposition compared with precipitation chemistry data in Japan [J]. Atmospheric Environment, 117: 124-134.

Lee Y W, Hwang D W, Kim G, et al., 2009. Nutrient inputs from submarine groundwater discharge(SGD)in Masan Bay, an embayment surrounded by heavily industrialized cities, Korea [J]. Science of the Total Environment, 407(9): 3181-3188.

Li J, Reardon P, Mckinley J P, et al., 2017. Water column particulate matter: A key contributor to phosphorus regeneration in a coastal eutrophic environment, the Chesapeake Bay[J]. Journal of Geophysical Research Biogeosciences, 122: 737-752.

Liu L, Zhang X Y, Wang S Q, et al., 2016. A review of spatial variation of inorganic nitrogen(N)wet deposition in China[J]. PLoS ONE, 11(1): e0146051. DOI: 10.1371/journal.pone.0146051.

Liu S M, Li X N, Zhang J, et al., 2007. Nutrient dynamics in Jiaozhou Bay[J]. Water, Air, & Soil Pollution: Focus, 7(6): 625-643.

Luo J, Wang X, Yang H, et al., 2011. Atmospheric phosphorus in the northern part of Lake Taihu, China[J]. Chemosphere, 84(6): 785-791.

Markaki Z, Loÿe-Pilot M D, Violaki K, et al., 2010. Variability of atmospheric deposition of dissolved nitrogen and phosphorus in the Mediterranean and possible link to the anomalous seawater N/P ratio[J]. Marine Chemistry, 120(1-4): 187-194.

Martino M, Hamilton D, Baker A R, et al., 2014. Western Pacific atmospheric nutrient deposition fluxes, their impact on surface ocean productivity[J]. Global Biogeochemical Cycles, 28(7): 712-728.

Matsumoto K, Yamamoto Y, Kobayashi H, et al., 2014. Water-soluble organic nitrogen in the ambient aerosols and its contribution to the dry deposition of fixed nitrogen species in Japan[J]. Atmospheric Environment, 95: 334-343.

Michael H A, Mulligan A E, Harvey C F, 2005. Seasonal oscillations in water exchange between aquifers and the coastal ocean[J]. Nature, 436(7054): 1145-1148.

Moore W S, 1976. Sampling ^{228}Ra in the deep ocean[C]//Deep Sea Research and Oceanographic Abstracts，Elsevier, 23(7): 647-651.

Nakamura T, Matsumoto K, Uematsu M, 2005. Chemical characteristics of aerosols transported from Asia to the East China Sea: An evaluation of anthropogenic combined nitrogen deposition in autumn[J]. Atmospheric Environment, 39(9): 1749-1758.

Paerl H W, 1995. Coastal eutrophication in relation to atmospheric nitrogen deposition: Current perspectives[J]. Ophelia, 41(1): 237-259.

Paerl H W, 1997. Coastal eutrophication and harmful algal blooms: Importance of atmospheric deposition and groundwater as “new” nitrogen and other nutrient sources[J]. Limnology and Oceanography, 42: 1154-1165.

Pan Y P, Wang Y S, Tang G Q, et al., 2012. Wet and dry deposition of atmospheric nitrogen at ten sites in Northern China[J]. Atmospheric Chemistry and Physics, 12: 6515-6535.

Qi X, Liu S, Zhang J, et al., 2011. Cycling of phosphorus in the Jiaozhou Bay[J]. Acta Oceanologica Sinica, 30(2): 62-74.

Qiao X, Xiao W, Jaffe D, et al., 2015. Atmospheric wet deposition of sulfur and nitrogen in Jiuzhaigou National Nature Reserve, Sichuan Province, China[J]. Science of the Total Environment, 511: 28-36.

Rao Z G, Guo W K, Cao J T, et al., 2017. Relationship between the stable carbon isotopic composition of modern plants and surface soils and climate: A global review[J]. Earth Science Reviews, 165: 110-119.

Santos I R, Burnett W C, Dittmar T, et al., 2009. Tidal pumping drives nutrient and dissolved organic matter dynamics in a Gulf of Mexico subterranean estuary[J]. Geochimica & Cosmochimica Acta, 73: 1325-1339.

Shi J H, Gao H W, Qi J H, et al., 2010. Sources, compositions, and distributions of water-soluble organic nitrogen in aerosols over the China Sea[J]. Journal of Geophysical Research Atmospheres, 115: D17303. DOI: 10.1029/2009JD013238.

Shi J H, Gao H W, Zhang J, et al., 2012. Examination of causative link between a spring bloom and dry/wet deposition of Asian dust in the Yellow Sea, China[J]. Journal of Geophysical Research Atmospheres, 117: D17. DOI: 10.1029/2012JD017983.

Song J M, 2010. Biogeochemical Processes of Biogenic Elements in China Marginal Seas[M]. Hang Zhou：Zhejiang University Press, 1-662.

Srinivas B, Sarin M M, 2013. Atmospheric deposition of N, P and Fe to the Northern Indian Ocean: Implications to C-and N-fixation[J]. Science of the Total Environment, 456-457: 104-114.

Sugiura S H, Marchant D D, Kelsey K, et al., 2006. Effluent profile of commercially used low-phosphorus fish feeds[J]. Environmental Pollution, 140: 95-101.

Tse K C, Jiao J J, 2008. Estimation of submarine groundwater discharge in Plover Cove, Tolo Harbour, Hong Kong by 222Rn[J]. Marine Chemistry, 111(3-4): 160-170.

Vicars W C, Sickman J O, Ziemann P J, 2010. Atmospheric phosphorus deposition at a montane site: Size distribution, effects of wildfire, and ecological implications[J]. Atmospheric Environment, 44(24): 2813-2821.

Violaki K, Zarbas P, Mihalopoulos N, 2010. Long-term measurements of dissolved organic nitrogen(DON)in atmospheric deposition in the Eastern Mediterranean: Fluxes, origin and biogeochemical implications[J]. Marine Chemistry, 120: 179-186.

Wang L, Qi J, Shi J, et al., 2013. Source apportionment of particulate pollutants in the atmosphere over the Northern Yellow Sea[J]. Atmospheric Environment, 70: 425-434.

Wang X X, Olsen L M, Reitan K I, et al., 2012. Discharge of nutrient wastes from salmon farms: Environmental effects, and potential for integrated multi-trophic aquaculture[J]. Aquaculture Environment Interactions, 2: 267-283.

Wu B, Lu C, Liu S M, 2015. Dynamics of biogenic silica dissolution in Jiaozhou Bay, western Yellow Sea[J]. Marine Chemistry, 174: 58-66.

Xu W, Li R, Liu S, et al., 2017. The phosphorus cycle in the Sanggou Bay[J]. Acta Oceanologica Sinica, 36: 90-100.

Yoshimura T, Ogawa H, Imai K, et al., 2009. Dynamics and elemental stoichiometry of carbon, nitrogen, and phosphorus in particulate and dissolved organic pools during a phytoplankton bloom induced by in situ iron enrichment in the western subarctic Pacific(SEEDS-II)[J]. Deep Sea Research Part II: Topical Studies in Oceanography, 56: 2863-2874.

Zhang J, Chen S Z, Yu Z G, et al., 1999. Factors influencing changes in rainwater composition from urban versus remote regions of the Yellow Sea[J]. Journal of Geophysical Research Atmospheres, 04(D1): 1631-1644. DOI: 10.1029/1998JD100019.

Zhang J, Liu M G, 1994. Observations on nutrient elements and sulphate in atmospheric wet depositions over the northwest Pacific coastal oceans-Yellow Sea[J]. Marine Chemistry, 47(2): 173-189.

Zhang J, Zhang G S, Bi Y F, et al., 2011. Nitrogen species in rainwater and aerosols of the Yellow and East China seas: Effects of the East Asian monsoon and anthropogenic emissions and relevance for the NW Pacific Ocean[J]. Global Biogeochemical Cycles, 25: GB3020. DOI: 10.1029/2010GB003896.

Zhang Y, Yu Q, Ma W, et al., 2010. Atmospheric deposition of inorganic nitrogen to the eastern China seas and its implications to marine biogeochemistry[J]. Journal of Geophysical Research Atmospheres, 115: D00K10. DOI: 10.1029/2009JD012814.

Zhang Y, Zheng L, Liu X, et al., 2008. Evidence for organic N deposition and its anthropogenic sources in China[J]. Atmospheric Environment, 42(5): 1035-1041.

Zhao X, Yan X, Xiong Z, et al., 2009. Spatial and temporal variation of inorganic nitrogen wet deposition to the Yangtze River Delta Region, China[J]. Water, Air, & Soil Pollution, 203(1-4): 277-289.

第二章　海湾营养物质迁移转化规律及其环境效应

过去几十年中，人类活动对近海水域营养物质浓度和组分结构产生了明显影响，海湾营养物质迁移转化过程正经历着前所未有的重大变化。与开阔海域相比，半封闭性海湾营养物质易长期滞留聚集，可能发生明显不同于开阔海域的迁移转化过程。尽管国内外学者就相关科学问题已开展了一些研究，但对营养物质在海湾长期滞留聚集条件下特殊的迁移转化过程与机理的认识仍十分有限，亟待深入开展相关研究。本章以胶州湾和大亚湾两个具代表性的半封闭性海湾为研究对象，初步探讨了海湾营养物质的迁移转化规律，试图揭示营养物质在海湾长期滞留引起的环境效应。结合第一章的相关内容，试图回答营养物质在半封闭性海湾长期滞留聚集条件下的迁移转化过程与机理，以及海湾湿地净化机制的两个关键科学问题。本章主要内容分 4 个方面：①营养物质的迁移转化过程与机理，包括颗粒态营养盐在海湾水体中的垂向迁移，海湾沉积物中与氮转化相关的微生物活性及群落结构，海湾沉积物中氮磷的赋存形态及关键酶活性的影响，海湾沉积物-海水界面营养物质交换；②海湾富营养化特征与机制，包括海湾富营养化的特征及海水营养盐结构的历史变化；③富营养化的环境效应，包括海湾溶解氧的时空特征及变化，海湾痕量金属的迁移转化过程与机理；④海湾湿地对营养物质的转化作用机制及净化效应，包括海湾湿地类型，空间分布与变化，湿地净化污染物的机理研究及影响因素分析，人类活动导致的海湾湿地对营养物质净化能力变化。

第一节　营养物质的迁移转化过程与机理

随着近些年社会经济的发展，沿海地区人类活动的加剧给海湾造成了一定的影响，特别是近些年由于水体富营养化导致的赤潮环境问题日趋严重，进一步了解海湾营养物质的迁移转化过程与机理十分必要。本节主要是以胶州湾和大亚湾为研究对象，分析了两个不同海湾的颗粒态营养盐在海湾水体中的垂向迁移，研究了海湾沉积物中氮转化相关的微生物活性及群落结构和海湾沉积物中氮磷的赋存形态及关键酶活性的影响，计算了海湾沉积物-海水界面营养物质交换速率，系统地了解了海湾营养物质的迁移转化过程和机理，为科学地认识人类活动对海湾营养物质迁移转化过程的影响提供基础。

一、颗粒态营养盐在海湾水体中的垂向迁移

浮游植物的光合作用主要把溶解无机碳和氮、磷、硅等营养盐等按照一定的比例（Redfield et al.，1963）转化成有机质，由此形成向下沉降的生源颗粒物质，当沉降颗粒物沉降到海底表层，促成了海洋生物地球化学循环驱动的“生物泵”过程。认知“生

物泵”所输送的碳和其他生源物质的生物地球化学通量对了解营养物质向沉积物的迁移过程具有重要意义。

(一)胶州湾颗粒态营养盐的垂向迁移

测定颗粒态生源要素的输出通量通常有两种方法：一是利用沉积物捕获器，二是利用 ^{234}Th-^{238}U 不平衡法。利用沉积物捕获器测得的通量，实际上是一个表观通量，并不能真正反映颗粒态生源要素的垂直转移通量，在计算海洋生物地球化学过程的收支平衡和估算沉积物的沉降通量时，真正有意义的是净通量，即表观通量扣除由于再悬浮引起的通量。本书对胶州湾沉积物捕获器所获取的沉降/再悬浮颗粒物中不同生源要素进行了研究，明确了再悬浮颗粒物占总颗粒物的比例并校准了颗粒态生源要素的沉降通量，初步阐明了再悬浮所引起的生源要素内部循环和释放机制。

在胶州湾进行了两个锚定式时间序列沉积物捕获器（McLane® Mark 78H）的沉降颗粒物采集工作，分别为 TS1（2016 年 7 月，水深 15 m，放置时间共 8 d）和 TS2（2016 年 11 月，水深 10.5 m，放置时间共 7 d）（图 2.1）。沉积物捕获器放置于海底之上 5 m，每 24 h 自动更换取样瓶。同时于湾内 6 个站位进行表层沉积物采样，分别为 S3、S4、S5、S6、S7 和 S8 站。

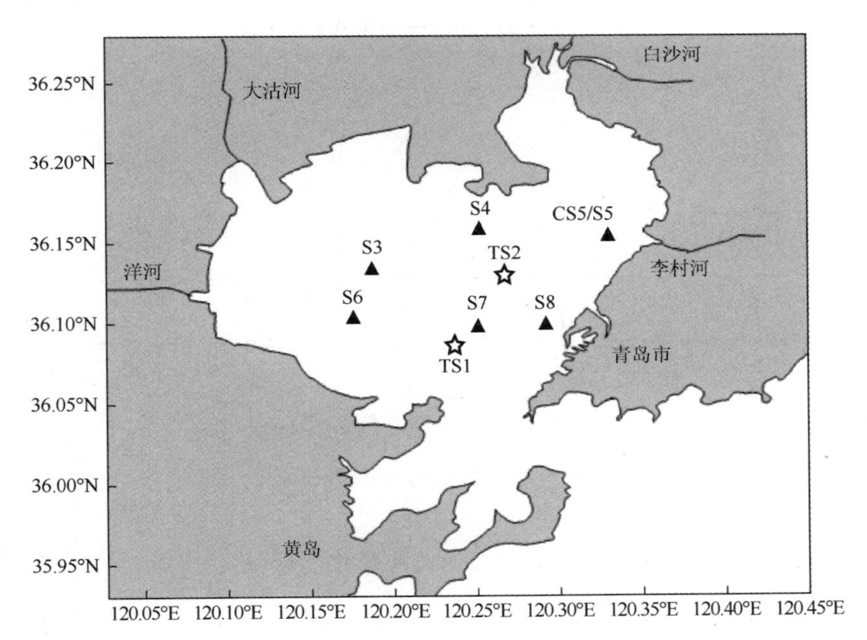

图 2.1 胶州湾沉积物捕获器布放站位和表层沉积物采样站位

☆为捕获器布放站位；▲为表层沉积物采样站位

1. 胶州湾沉降颗粒物的粒径分布特征

站位 TS1 和 TS2 的捕获器所采集的颗粒物平均中值粒径（D50）分别为（5.45±0.87）μm

和（5.91±0.47）μm，显著低于表层沉积物（SS）[（38.7±21.42）μm] 和柱状沉积物 CS5 [（9.94±0.46）μm] 的平均中值粒径。这种特征很形象地表达在粒径三元分布图中（图 2.2），即所有颗粒物的样品均位于三元图底部，而柱状沉积物样品列于三元图右侧（Folk & Ward，1957）。砂和黏土所占比例具有较大的变异性，其中表层沉积物的砂含量较高，明显大于柱状沉积物和沉降颗粒物。粉砂所占比例最高，但在颗粒物和沉积物之间并无显著性差异，变化范围为（54.18±8.82）%～（72.7±0.74）%。粒径三元分布图显示颗粒物和沉积物分别落于多个分类中，颗粒物主要为黏土，表层沉积物主要为砂质粉砂，柱状沉积物主要为粉砂（图 2.2）。

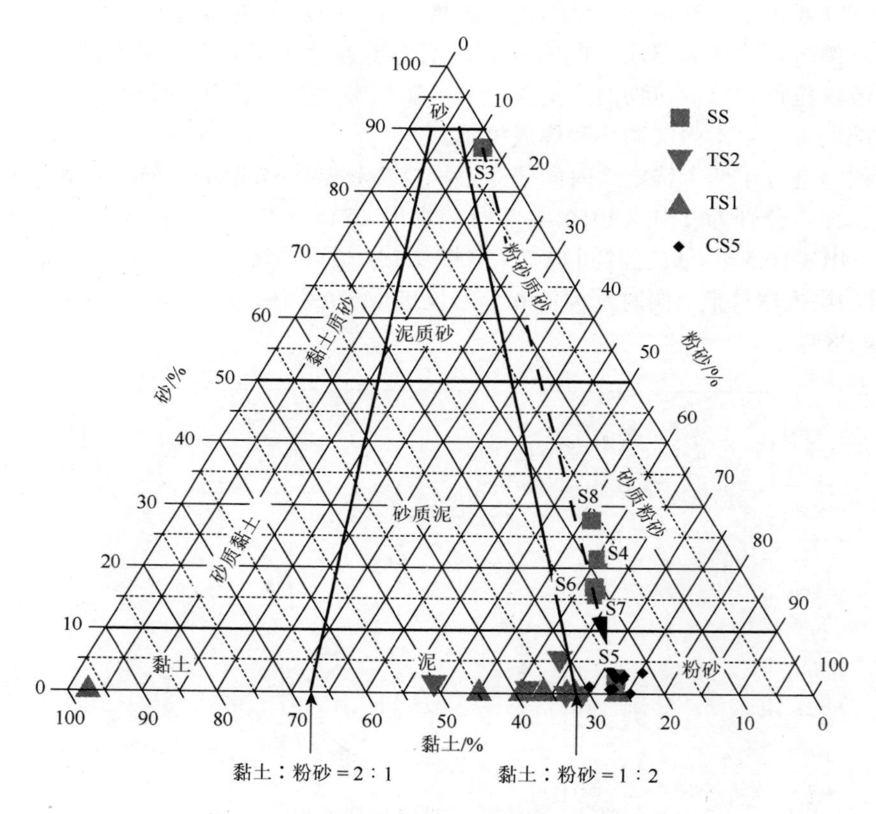

图 2.2　胶州湾沉降颗粒物的粒径三元分布图

2. 胶州湾沉降颗粒物中生源要素的来源与地球化学特征

作为沉降颗粒物的主要成分，自生生源颗粒的生成和破坏是生源要素从海水向沉积物迁移的主导因素（Ho et al.，2010）。两个沉积物捕获器站位所获沉降颗粒物中生源要素及胶州湾表层沉积物中生源要素含量列于表 2.1 中，TS1 站夏季沉降颗粒物中颗粒有机碳（POC）、总颗粒态氮（TPN）、总颗粒态磷（TPP）和颗粒生物硅（PBSi）的含量分别为 6.32 mg/g、1.15 mg/g、0.84 mg/g 和 5.46 mg/g，TS2 站秋季沉降颗粒物中 POC、TPN、TPP 和 PBSi 的含量分别为 6.07 mg/g、0.89 mg/g、0.77 mg/g 和 4.92 mg/g，秋季沉降颗粒物中各生源要素含量略低于夏季，但多数生源要素指标含量高于表层沉积物，说明上层水体来源的自生颗粒对颗粒物的贡献大于其对底层沉积物的贡献，即有机质从捕获器位置迁移进入沉积物及在沉积物-水界面停留的过程中发生了较大程度的降解。对比颗粒物和沉积物生源要素及粒径参数（D50，黏土和砂）/陆源指示元素（Al 和 Fe）的相关性（表 2.1），显示表层沉积物中总有机碳、总碳、有机氮、总氮、有机磷、总磷与粒径参数、Al/Fe 之间具有显著相关性，柱状沉积物 TC 和 IC 与粒径参数、Al/Fe 之间也具有显著相关性，而颗粒物的显著相关关系仅体现在 TS1-POP 和 TS2-TPP 与粒径参数之间，这说明沉积物中有机质和高表面积的矿物（黏土）颗粒之间的结合更为密切（Mayer，1994）。沉积物中与细颗粒矿物紧密结合的有机质由于滞留时间长而老化，其难降解程度有增大趋势（Pusceddu et al.，2005）。

用于指示有机质来源的生源要素计量比支持上述观点。捕获器颗粒物的 POC∶PON 在两个站位的均值分别为 6.86±0.47 和 8.3±0.27，为典型的浮游生物源特征，说明颗粒物有机质的主要来源是原位生成的菌藻类和水生植物。而表层沉积物的 POC∶PON 值为 10.42±1.04，指示来自陆源高等植物的份额较高（Liu et al.，2016a），即已经经过长途搬运和降解的陆源有机质比水环境自生的有机质具有更高的难降解程度，因此在相同的迁移和沉积物-水界面停留过程中剩余的外源有机质所占比例会逐步增大（Meyers et al.，1984），导致表层沉积物的 POC∶PON 值较高。另外，表层/柱状沉积物中的 PIC 含量分别为（1.32±0.22）mg/g 和（1.9±0.15）mg/g，显著低于颗粒物（3.27～4.61 mg/g），指示海底环境中钙质外壳易受到侵蚀，导致更多的有机质暴露于微生物和微型浮游生物的摄食中（van der Loeff & Boudreau，1997）。有机质的有氧矿化代谢所生成的 CO_2 会降低沉积物孔隙水中的 CO_3^{2-} 浓度，在碳酸钙超饱和的深度下加速其溶解（Emerson & Bender，1981），这导致了 POC/TC 和 POP/TPP 指标在沉积物/颗粒物之间的关系相反，即 C 的有机份额在沉积物中较高而 P 的有机份额在颗粒物中较高（表 2.1）。另外，沉积物中的无机碳（IC）存在形式多样，其尺寸跨度可从极细的残渣碎屑到完整的有孔虫、球石藻或其他产生 $CaCO_3$ 的有机体，但大多数 IC 的存在形式低于 63 μm（Gardner et al.，1985），因此更易再悬浮的细颗粒 IC 也是颗粒物 IC 含量较高的原因之一。

表 2.1　捕获器中沉降颗粒物和表层沉积物中生源要素含量特征（±标准误差）

参数	TS1（*n*＝8）夏季	TS2（*n*＝7）秋季	SS（*n*＝6）
PTC/(mg/g)	10.94±0.28	9.34±0.13	5.51±0.74
PIC/(mg/g)	4.61±0.17	3.27±0.19	1.32±0.22
POC/(mg/g)	6.32±0.14	6.07±0.11	4.19±0.66
POC/TC/%	57.86±0.67	65.07±1.63	74.17±5.35
TPN/(μg/g)	1154±124.48	887.26±30.5	464.43±87.39
PIN/(μg/g)	20.80±4.56	29.11±6.46	12.30±1.35
PON/(μg/g)	1133.2±124.22	858.15±27.79	452.13±87.56
PON/TPN/%	98.14±0.37	96.77±0.7	96.11±1.76

续表

参数	TS1（$n=8$）夏季	TS2（$n=7$）秋季	SS（$n=6$）
TPP/(μg/g)	835.18±18.24	770.66±11.46	687.52±59.11
PIP/(μg/g)	545.99±12.93	530.37±10.13	550.22±39.37
POP/(μg/g)	289.19±13.28	240.29±6.94	137.3±24.59
POP/TPP/%	34.57±1.18	31.18±0.81	19.10±2.98
PBSi/(mg/g)	5.46±0.50	4.92±0.35	4.29±0.93
PBSi：POC/(mol/mol)	0.37±0.03	0.35±0.02	0.46±0.09
PBSi：PON/(mol/mol)	2.48±0.21	2.89±0.25	5.06±0.83
PBSi：POP/(mol/mol)	20.83±1.41	22.66±1.37	42.47±10.48
POC：POP/(mol/mol)	56.99±1.75	65.49±1.69	90.84±15
POC：PON/(mol/mol)	6.86±0.47	8.30±0.27	10.42±1.04
POP：PON/(mol/mol)	0.12±0.01	0.13±0.01	0.12±0.01

沉积物中有机碳磷摩尔比值（POC：POP）被广泛用于解释 P 的沉积机制和有机质来源及降解特征。表层沉积物的 POC：POP 为 90.84±15，显著高于捕获器颗粒物的 POC：POP（56.99±1.75 和 65.49±1.69），其可能的原因为：沉积速率较低、滞留时间尺度长的沉积物相较颗粒物来说有机质降解程度高，富含 P 的难降解组分比例增大（Ingall & Cappellen，1990）。另外，本书沉积物和颗粒物的 POC：POP 均低于新生成的海洋浮游生物 POC：POP 的 Redfield 比值（106）和陆源高等植物的 POC：POP 范围（800～2050），可能受到底栖微生物的影响，其可利用碎屑有机质向低 POC：POP 值的生物量转化。研究显示细菌本身的 POC：POP 值可低至 50（Reimers et al.，1989），因此若沉积物中原位产生的细菌生物量更易再悬浮进入颗粒物，也可导致颗粒物具有更低的 POC：POP 值。

沉降颗粒物和表层沉积物的 PBSi 浓度约为 5 mg/g，与渤海及黄海表层沉积物的 PBSi 含量类似（Li et al.，2010b），但位于湖泊沉积物的下限，其变化范围为 0～61.5%（Frings et al.，2014）。同样，海洋表层沉积物在南大洋、太平洋赤道和北部地区，以及一些高营养盐和高初级生产力的上升流陆架边缘地区也具有较高的 PBSi 含量（4%～45%）（Pichevin et al.，2014）。可推测沉降颗粒物和表层沉积物中 PBSi 的低含量原因有三：一是河流侵蚀搬运而来的陆源碎屑对 PBSi 浓度具有稀释作用；二是 PBSi 的溶解作用，海水的硅酸盐非饱和状态使得硅藻等蛋白石生产者在沉降过程和沉积物-水界面的停留过程中被大量溶解，而再悬浮更进一步加剧了 PBSi 的溶解；三是陆源沉积物和海水的混合会促使 PBSi 发生反向风化作用，该机制在河口环境中被发现（Michalopoulos & Aller，1995），显示了较高的 PBSi 向自生黏土矿物的转化速率（Loucaides et al.，2010），因此对于陆源物质占表层沉积物主导来源的胶州湾来说，PBSi 的反向风化会进一步降低其含量。

作为沉降颗粒物和表层沉积物之间无显著差别的唯一有机指标，PBSi 的高保存率是主要原因（Liu et al.，2016b）。而且，根据不同深度沉积物捕获器中浮游生物和微型浮游动物的丰度统计，显示某些站位中硅藻所占比例随深度不断增大（Miquel et al.，2015）。对比显示沉降颗粒物和表层沉积物的 PBSi：POC 值均高于 PBSi：POC 的 Redfield 比值

（0.13），且 PBSi∶PON 和 PBSi∶POP 也都大于其对应的 Redfield 比值（Si∶N = 0.94、Si∶P = 15），同时表层沉积物的 PBSi∶POC、PBSi∶PON 和 PBSi∶POP 值也都高于沉降颗粒物同名参数，这是有机质矿化过程中 C、N 和 P 比 Si 更易流失所导致的（表 2.1）。类似地，依据沉降颗粒物和表层沉积物 POC∶POP、POC∶PON 和 POP∶PON 和相应的 Redfield 比值（C∶N∶P = 106∶16∶1）之间的对比关系，可推测出生源要素的保存率从高到低依次为 Si＞C＞N≥P，与前人对不同生源要素的矿化尺度研究结果高度一致（Boyd & Trull，2007）。另外，溶解态营养盐随深度的剖面变化也显示 N、P 的矿化深度较 Si 和 C 更浅（Brea et al.，2004）。值得注意的是本书研究区 P 的矿化速率是生源要素中最高的，因此与其相关的计量相比可有效指示有机质降解过程。

3. 沉降颗粒物中沉积物再悬浮比例

（1）质量守恒法

沉积物捕获器可以对总的颗粒物沉降通量进行直接计算，因为捕获器中累积的颗粒物质量、捕获器横截面积（0.5 m^2）及放置时间（24 h）是已知的（Matisoff et al.，2017）。由于捕获器收集了重新沉降的再悬浮颗粒，因此计为总沉降通量。假设初次沉降物质对捕获器内颗粒物和表层沉积物的贡献一致，那么捕获器中的沉降通量等于沉积物的堆积速率，即在捕获器中没有来自底部沉积物的再悬浮物质。反过来，如果捕获器中的沉降通量大于沉积物的堆积速率，那么二者之差便是底部沉积物的再悬浮引起的（Hilton，1985）。捕获器中的沉降通量比利用放射性测年法获得的沉积物堆积速率大，说明发生了显著的再悬浮作用。捕获器中再悬浮颗粒物的比例可按以下公式进行计算：

$$\%\text{Resuspended} = 100 \times \frac{\text{MAR}_\text{T} - \text{MAR}_\text{Longcore}}{\text{MAR}_\text{T}} \tag{2.1}$$

式中，MAR_T 指的是捕获器中的总沉降通量[g/(cm^2·y)]；$\text{MAR}_\text{Longcore}$ 是在捕获器位置处放射性测年法所确定的沉积物堆积速率[g/(cm^2·y)]。

尽管本书未进行放射性测年分析，但之前的研究显示胶州湾的沉积环境较为稳定，前人研究中的沉积速率和沉积物堆积速率可替代计算（Liu et al.，2010）。再悬浮站位 TS1 和 TS2 附近共有 6 处柱状沉积物的 ^{210}Pb 测年数据（Dai et al.，2007；齐君，2005）：其百年尺度的堆积速率分别为 0.77 g/(cm^2·y)（J39，36°09′20″N，120°14′10″E），0.65 g/(cm^2·y)（J37，36°07′26″N，120°13′20″E），0.33 g/(cm^2·y)（B3，36°07′07″N，120°15′04″E），0.51 g/(cm^2·y)（C2，36°05′36″N，120°14′10″E），0.25 g/(cm^2·y)（C4，36°06′00″N，120°17′30″E）和 1.73 g/(cm^2·y)（B6，36°06′07″N，120°18′14″E）。因此，取其均值（0.71±0.20）g/(cm^2·y)为 $\text{MAR}_\text{Longcore}$。

捕获器中的 MAR_T 显著高于柱状沉积物放射性测年所获得的 $\text{MAR}_\text{Longcore}$，站位 TS1 和 TS2 的沉降通量分别为（49.49±5.09）g/(cm^2·y)和（8.68±1.41）g/(cm^2·y)，说明胶州湾海洋环境具有明显的再悬浮过程（表 2.1）。公式（2.1）的计算结果显示再悬浮比例为 92%（TS2）到 99%（TS1），即再悬浮来源颗粒物占据了沉积物捕获器中的绝大部分。然而，该方法没有考虑部分捕获器所截获有机质已经在沉积物表面发生了一定程度的矿化作用，该部分并未囊括在沉积物堆积速率中，因此，质量守恒法可能会高估再悬浮作用。另外，柱状沉积物的地球化学过程、压实和测年方法的缺陷等都使得该方法具有较大的计算误差。

（2）OC 端元法

另一种计算再悬浮比例和矫正沉降通量的方法为 OC 端元法。该方法利用再悬浮颗粒物、初次沉降的/水体自身生成的净沉降颗粒物和捕获器中总颗粒物的 OC 含量来计算再悬浮比例［公式（2.2）］，其理论基础为再悬浮颗粒物的 OC 含量低于净沉降颗粒物的 OC 含量，二者混合为捕获器颗粒物的 OC 含量。另外，该方法还假设：①水体自身生成的颗粒物在沉降过程中不发生变化；②表层沉积物再悬浮之后，其化学组分也不发生变化；③沉降颗粒物的化学组分均匀分布。

$$\%\text{Resuspended} = \frac{R}{S} \times 100 = \frac{S - N}{S} \times 100 = \frac{f_S - f_N}{f_R - f_N} \times 100 \tag{2.2}$$

式中，N 为净沉降颗粒物通量[g/(cm^2·y)]；f_N 为 N 的 OC 含量（mg/g）；R 为再悬浮颗粒物通量[g/(cm^2·y)]；f_R 为 R 的 OC 含量（mg/g）；S 为沉积物捕获器中的总沉降颗粒物通量[g/(cm^2·y)]；f_S 为 S 的 OC 含量（mg/g）。

在实际计算中，f_R 通常选取表层沉积物的 OC 含量代替，f_N 则选取海洋表层浮游植物的 OC 含量代替（Hung et al.，2016），f_S 为沉积物捕获器中的 OC 含量实测值。浮游植物种类繁多，各类的 OC 含量不同，因此其 POC 平均含量未知，Hung 等（2016）利用东海总悬浮物浓度和其 OC 含量之间的线性关系计算得出 f_N 范围为 7.0%～28.1%，与已报道的主导浮游植物种类的 OC 含量（8.1%～16.8%）类似（Hung et al.，2013）。本书对 f_N 的取值进行敏感性分析，显示该变量对结果的影响并不明显，站位 TS1 和 TS2 的再悬浮比例波动范围分别为 96.8%～99.2%和 97.1%～99.3%，主要是因为捕获器颗粒物与表层沉积物的 OC 含量和海水表层浮游植物的 OC 含量差距极大。因此，选取均值 $f_N = 10\%$进行计算，结果分别为 TS1 的再悬浮比例为 97.8%，TS2 的再悬浮比例为 98.01%。在使用 OC 端元法计算再悬浮比例时，由于未考虑捕获器布置取样期间发生有机质降解，浮游植物 OC 含量的时间变化性，沉降和再悬浮颗粒物的有机质降解等问题，其计算结果具有多重不确定性（Hung et al.，2016）。

对比上述两种方法的结果，超过 90%的再悬浮比例均远大于新英格兰陆坡地区（15%～24%）（Hwang et al，2017），说明胶州湾水动力环境较为紊乱，可导致较大程度的颗粒物波动和再沉积，同时也使得胶州湾成为再悬浮研究的理想场所。然而，两种方法对站位 TS1 和 TS2 计算结果的对比关系恰好相反，这说明概念模型的差异可产生空间尺度上再悬浮程度量化结果的变化，进一步影响对相关元素循环和沉积机制的解释。

4. 胶州湾颗粒态生源要素的沉降通量

为矫正再悬浮对生源要素沉降通量的干扰，依据式（2.1）计算再悬浮比例和式（2.3）计算初次沉降通量（表 2.2）。

$$\text{CorrectedMAR} = \text{uncorrectedMAR} \times (1 - \%\text{Resuspended}/100) \tag{2.3}$$

结果显示 TS1 站位未校正的生源要素通量为沉积物堆积速率的 82.66～247.17 倍，校正后的生源要素通量为沉积物堆积速率的 0.83～2.47 倍，相差两个数量级；TS2 站位未校正的生源要素通量为沉积物堆积速率的 11.79～29.67 倍，校正后的生源要素通量与沉积物堆积速率类似或略大，即 0.95～2.37 倍。夏季，胶州湾 POC、TPN、PBSi 和 TPP 向沉积物的平均沉降通量分别为 6.96 mg/(cm²·y)、1.26 mg/(cm²·y)、5.95 mg/(cm²·y)和 0.91 mg/(cm²·y)，秋季 POC、TPN、PBSi 和 TPP 向沉积物的平均沉降通量分别为 1.06 mg/(cm²·y)、0.15 mg/(cm²·y)、0.85 mg/(cm²·y)和 0.13 mg/(cm²·y)。夏季的沉降通量高于秋季，季节差异可能与胶州湾初级生产力的季节变化有关，同期调查中与捕获器位置较接近的 S7 站，夏季的初级生产力（18.0 mg/m³·h）显著高于秋季（7.59 mg/m³·h），因此，夏季较高的生物生产力可能是各颗粒态营养盐产生较高沉降通量的原因。

表 2.2　胶州湾沉降颗粒物的表观沉降通量、经校正的沉降通量和表层沉积物的堆积速率

参数	TS1（$n=8$）	Corr-TS1	TS2（$n=7$）	Corr-TS2	SS（$n=6$）
MAR/[g/(cm²·y)]	49.49±5.09	1.09±0.16	8.68±1.41	0.17±0.03	0.71±0.20
POC-MAR/[mg/(cm²·y)]	316.20±35.1	6.96±1.12	53.41±8.77	1.06±0.17	2.97±0.43
TC-MAR/[mg/(cm²·y)]	548.60±63.3	12.07±2.03	81.30±12.73	1.62±0.25	3.91±0.48
PIC-MAR/[mg/(cm²·y)]	232.3±28.5	5.11±0.91	27.89±4.09	0.56±0.08	0.94±0.14
POP-MAR/[mg/(cm²·y)]	14.31±1.82	0.31±0.06	2.09±0.32	0.04±0.01	0.11±0.02
TPP-MAR/[mg/(cm²·y)]	41.33±4.06	0.91±0.13	6.69±1.04	0.13±0.02	0.50±0.04
PIP-MAR/[mg/(cm²·y)]	27.02±2.28	0.59±0.07	4.60±0.73	0.09±0.01	0.39±0.03
PON-MAR/[mg/(cm²·y)]	56.08±7.86	1.23±0.25	7.45±1.41	0.15±0.03	0.32±0.06
TPN-MAR/[mg/(cm²·y)]	57.11±8.08	1.26±0.26	7.70±1.49	0.15±0.03	0.33±0.06
PIN-MAR/[mg/(cm²·y)]	1.030±0.36	0.020±0.01	0.250±0.09	0.005±0.002	0.010±0.001
PBSi-MAR/[mg/(cm²·y)]	270.20±47.5	5.95±1.52	42.71±6.36	0.85±0.13	3.06±0.72

（二）大亚湾生物硅与颗粒磷的垂向输出

硅藻是大亚湾浮游植物的优势类群，是大亚湾初级生产力的主要贡献者，很大程度上决定着海湾的生物泵效率（王朝晖等，2005；Wang et al.，2008）。磷和硅都是硅藻生长必不可少的生源要素，它们在水体中的周转、循环过程势必影响大亚湾的初级生产力及生物泵效率。本节通过生物硅（BSi）和颗粒磷（TPP）含量的季节变化及其垂向输出通量揭示二者在大亚湾的循环过程和转化机制。

1. 大亚湾生物硅的含量及垂向输出

（1）样品采集与分析

样品采集：夏季和冬季样品分别于 2015 年 7 月和 12 月采集，春季和秋季样品于 2016 年 3 月和 10 月采集。采样站位覆盖大亚湾湾内至湾口不同区域（图 2.3）。其中，多数站位采集了表层和底层样品，靠近湾口的深水站位（S9、S10、S13、S14 和 Z3）采集了表层、中层和底层样品，湾内个别浅水站位（S3、S16）仅采集了表层样品。0.2 L 海水由采水瓶采集后立即用直径 47 mm、孔径 0.4 μm 的聚碳酸酯膜（polycarbonate membrane，PC 膜）过滤，并用约 10 ml Milli-Q 水洗盐，收集的颗粒物密封冷藏保存，带回实验室用于

BSi 的分析。此外，在每一层采集 1 L 天然海水用预先称重的直径 47 mm、孔径 0.4 μm 的 PC 膜过滤，收集的颗粒物密封冷冻保存，用于测定总悬浮颗粒物（TSP）浓度。

样品分析：载有 BSi 的 PC 膜在 50℃下烘干后，采用碱提取法测定其中的 BSi 含量（Ragueneau et al.，2005；Yang et al.，2015a）。简述如下：将 PC 膜置于 15 ml 聚乙烯材质的离心管中，加入 4 ml 0.2 mol/L 的 NaOH 溶液，摇匀后置于 100℃水浴中加热 40 min，使易溶出的 BSi 全部转化为 $Si(OH)_4$（Brzezinski & Nelson，1989），冷却后加入 1 ml 1.0 mol/L HCl 溶液，摇匀。将离心管在转速 3500 r/min 下离心 5 min，然后提取 1 ml 上清液用硅钼蓝分光光度法测定 Si 的浓度。将剩余溶液吸至约 1 ml，加入 6 ml 的 Mill-Q 水进行洗涤，离心后弃去上清液，重复 3 次，确保样品和离心管中不再残留 $Si(OH)_4$（Ragueneau et al.，2005）。将样品在 100℃下烘干后，用相同方法再次进行提取。BSi 含量为两次测量结果的差值（Yang et al.，2015a）。

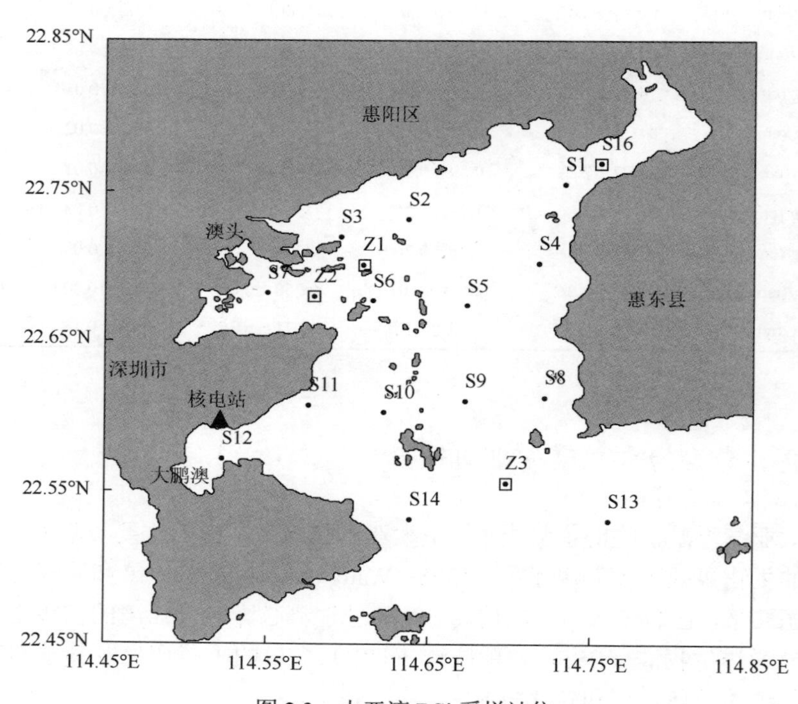

图 2.3　大亚湾 BSi 采样站位

Z1、Z2、Z3 及 S16 站夏季没有进行样品采集

（2）BSi 含量分布与季节变化

大亚湾 4 个季节 BSi 浓度的范围为 0.15～23.93 μmol/L，呈现出明显的空间差异和季节变化。春季，BSi 浓度范围为 0.15～9.98 μmol/L，平均值为（3.76±3.06）μmol/L。湾内 BSi 浓度要明显低于湾中和湾口（图 2.4）。若以 22.65°N 为界将大亚湾分为湾北部和湾南部（图 2.3），可以看出湾南部 BSi 浓度[(6.41±1.62)μmol/L]要明显高于湾北部[(0.83±0.64)μmol/L]。这与春季湾北部暴发了甲藻藻华有关，其中以 S4 站最为显著，表层叶绿素 a 高达 184 μg/L，甲藻丰度达 83%。夏季，BSi 浓度的范围为 1.47～23.93 μmol/L，平均值为（8.04±5.48）μmol/L，

由海湾北部向外迅速降低（图 2.5），其中 S6 站在采样期间暴发了硅藻藻华，导致其表层 BSi 浓度达到 23.93 μmol/L。秋季，BSi 浓度范围为 0.71～13.43 μmol/L，平均值为（5.51±3.11）μmol/L，大鹏澳附近站位（S11 和 S12）最高（>12.74 μmol/L）（图 2.6）。冬季，BSi 浓度范围为 0.98～8.69 μmol/L，平均值为（2.93±1.34）μmol/L，除了西北部的澳头养殖区，其余站位的 BSi 浓度都较低（<3.70 μmol/L）（图 2.7）。

从垂向分布上看，春季南部未受甲藻藻华影响的站位（22.65°N 以南），BSi 浓度表现为表层（平均为 7.05 μmol/L）高于底层（平均为 5.42 μmol/L）（t 检验，$P<0.05$）；相比之下，夏季除了硅藻藻华的 S6 站及湾内 S3 站外，其余站位表层 BSi 浓度（平均为 5.19 μmol/L）要小于底层（平均为 9.12 μmol/L）（t 检验，$P<0.05$），可能是夏季表层光照强烈、水温较高对硅藻生长有一定抑制作用。秋季和冬季，表层、底层的 BSi 浓度没有显示出区域性的差异。

从季节变化上看，大亚湾 BSi 浓度夏季最高、冬季最低（t 检验，$P<0.001$），秋季 BSi

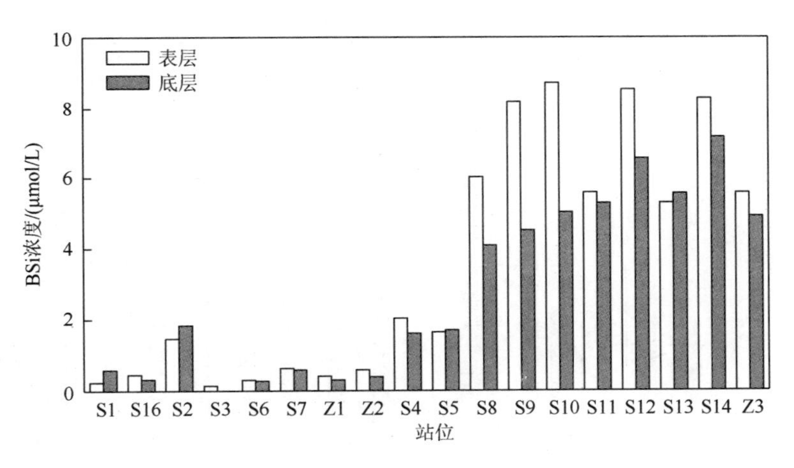

图 2.4　大亚湾春季 BSi 浓度

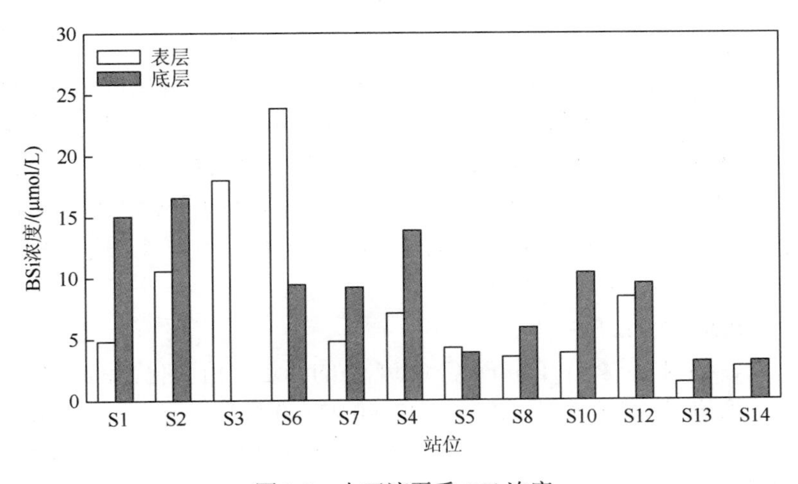

图 2.5　大亚湾夏季 BSi 浓度

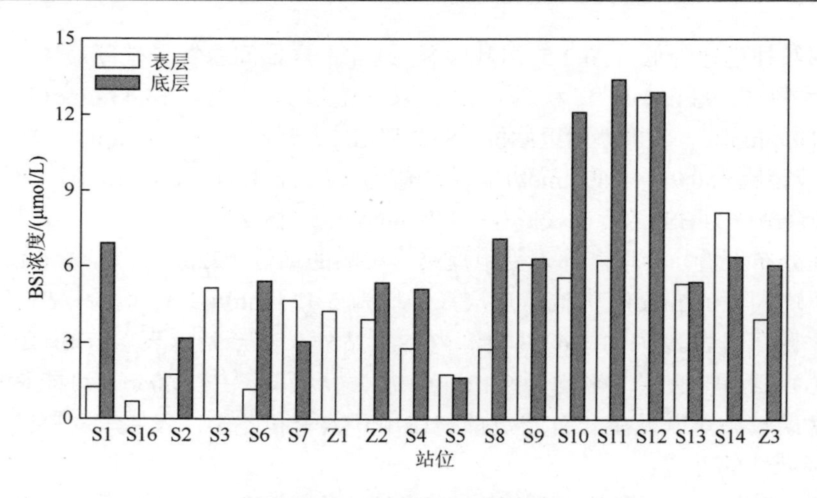

图 2.6　大亚湾秋季 BSi 浓度

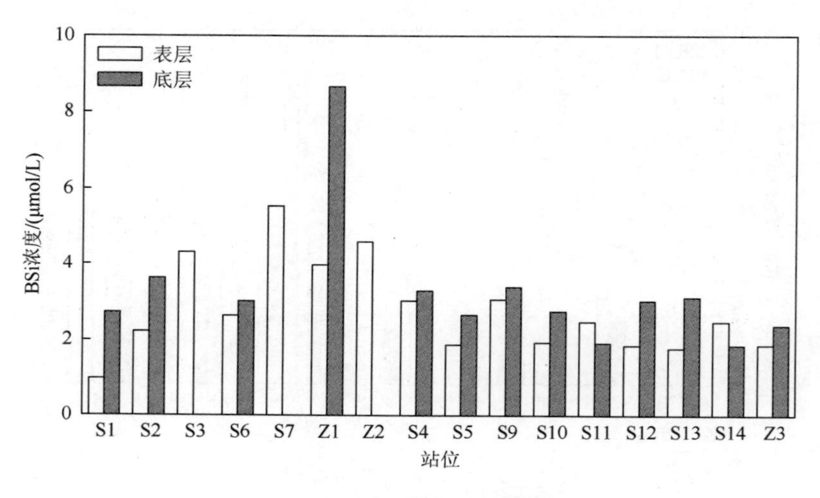

图 2.7　大亚湾冬季 BSi 浓度

浓度略高于春季（*t* 检验，$P<0.05$）。同航次大亚湾叶绿素 a 季节变化特征为春季＞夏季＞秋季＞冬季，除春季外（暴发甲藻藻华），其他季节 BSi 和叶绿素 a 有相同的变化趋势。

总体上，大亚湾 4 个季节 BSi 浓度高于邻近的南海北部 BSi 浓度（<0.50 μmol/L）（Cao et al.，2012）5 倍以上，也高于吕宋岛西部上升流区（<1.83 μmol/L）（Liu et al.，2012）和南海中南部（<0.36 μmol/L）（Yang et al.，2015a），表明大亚湾是典型的近岸高 BSi 生产力海域。

（3）BSi 与 POC 及 PN 的关系

春、夏、秋、冬 4 个季节 BSi/POC（Si/C）的摩尔比值变化范围分别为 0.01～0.58（0.18±0.16，平均值±标准偏差）、0.03～0.42（0.27±0.11）、0.02～0.72（0.27±0.16）和 0.07～0.57（0.30±0.09）（图 2.8a）。海洋中硅藻的 Si/C 值约为 0.13（Brzezinski，1985）。大亚湾不同季节均存在部分样品 Si/C 值高于 0.13 的现象，可能是受到沉积物再悬浮的影

响。本书研究表明，大亚湾表层沉积物中 Si/C 值介于 0.4～2.5，明显高于海洋硅藻体内 Si/C 值。在 4 个航次中，均观察到部分站位底层水 TSP 含量高于表层的现象，说明大亚湾不同季节沉积物再悬浮的确存在。同时，不同季节均有样品 Si/C 值远低于 0.13（图 2.8a），揭示了硅藻之外的浮游植物（如甲藻和蓝藻）可能在不同站位对初级生产力具有不可忽视的贡献。

春、夏、秋、冬 4 个季节 BSi/PN（Si/N）的摩尔比值变化范围分别为 0.02～2.22（0.82±0.71）、0.26～3.17（1.72±0.70）、0.11～4.43（1.57±1.07）和 0.71～2.41（1.35±0.48）（图 2.8b）。春季受甲藻藻华影响，大亚湾南部站位 Si/N（0.18±0.15）明显低于 Redfield 比值（Si/N = 1.0），表明部分 PN 由甲藻产生。湾北部站位 Si/N 值（1.39±0.50）和其他季节平均值较为接近（图 2.8b），高于 Redfield 比值。

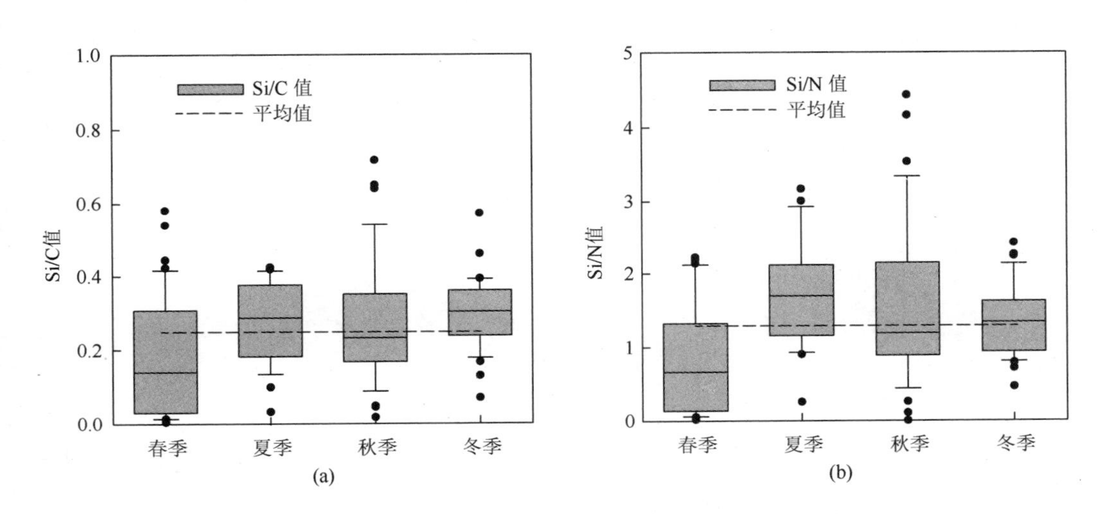

图 2.8　大亚湾 Si/C（a）、Si/N（b）值的季节变化

（4）BSi 的垂向输出

本节利用 ^{234}Th-^{238}U 不平衡法来估算大亚湾 BSi 的垂向输出通量。该方法此前已广泛应用于示踪上层海洋 BSi 和 POC 的垂向输出（Yang et al.，2015a）。对于开阔海域，短时间内海水环境较为稳定，^{234}Th-^{238}U 不平衡法应用中通常忽略物理过程（即平流和扩散）的影响（Savoye et al.，2006；Le Moigne et al.，2013）。但对于近岸海域特别是海湾，^{234}Th 梯度空间变化较大，平流和扩散过程对 ^{234}Th 清除和迁出计算的影响显著（Benitez-Nelson et al.，2000）。因此在计算大亚湾 BSi 的输出通量时，首先须建立包含平流和扩散过程的 ^{234}Th-^{238}U 不平衡模型。基于不可逆稳态清除模型计算的各物理过程对 ^{234}Th 输出通量（F_{Th}）的影响表明：春、夏、秋、冬 4 个季节平流项对 ^{234}Th 通量的贡献分别为（47±22）%、（35±17）%、（60±28）%和（44±27）%，扩散项贡献分别为（19±22）%、（24±9）%、（19±19）%和（29±22）%，两项贡献之和要明显高于南海海盆区物理过程对 ^{234}Th 输出通量的贡献（<10%）（Cai et al.，2008）。因此，采用包含平流和扩散过程的 ^{234}Th-^{238}U 不平衡模型获得的大亚湾 ^{234}Th 通量及生物硅通量更准确。

基于 ^{234}Th 的沉降通量，可以计算 BSi 的沉降通量（F_{BSi}）。计算方法如下：

$$F_{BSi} = F_{Th} \times \left(\frac{[BSi]}{Th_p} \right) \tag{2.4}$$

式中，[BSi]和 Th_p 分别表示输出界面 BSi 的浓度与颗粒态 ^{234}Th 的比活度，这里输出界面为沉积物-海水界面。根据不可逆稳态清除模型和式（2.4）可计算出 BSi 的沉降通量，该通量大于零（$F_{BSi}>0$）表示净沉降通量，小于零（$F_{BSi}<0$）表示净的再悬浮通量。结果表明，4 个季节不同站位 F_{BSi} 值介于−13.2～45.8 mmol Si/(m^2·d)，其中大部分站位均表现为净沉降通量，只有少数位于近岸浅水区的站位存在净再悬浮现象（图 2.9）。

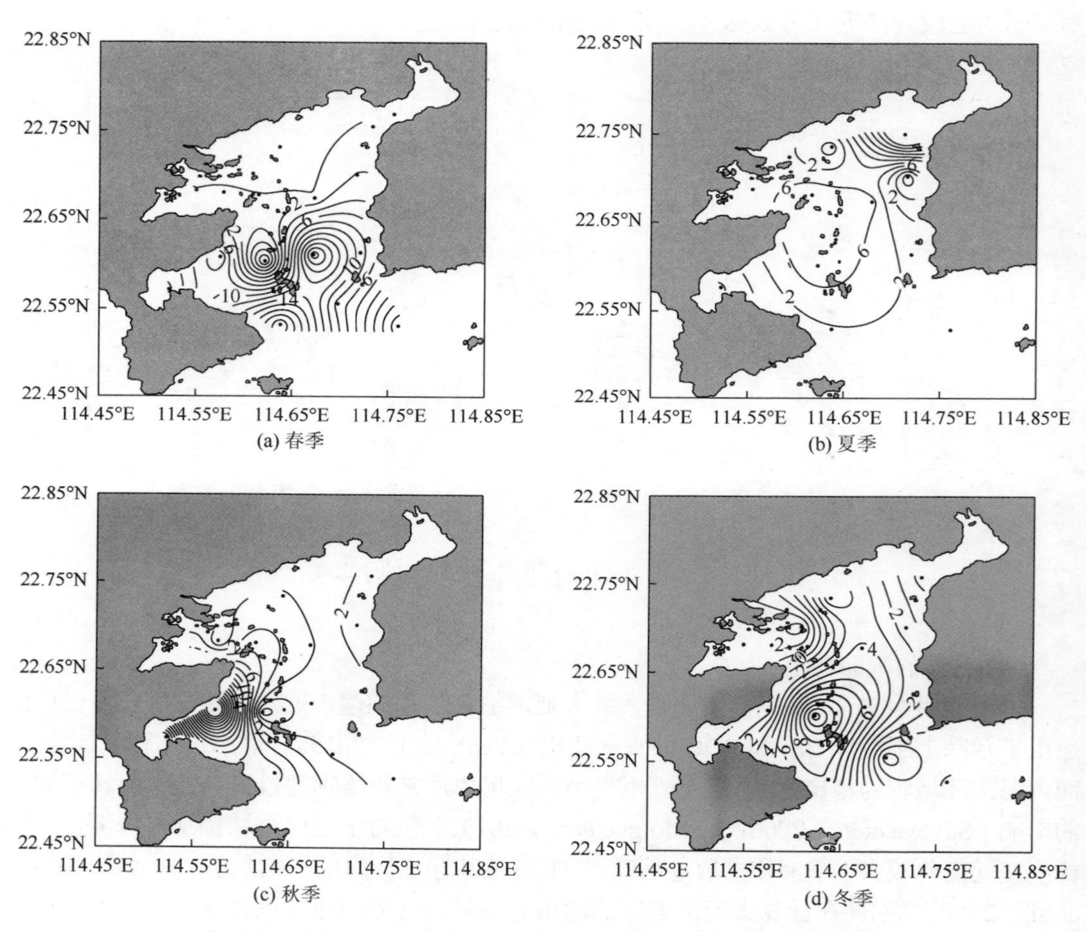

图 2.9　大亚湾春、夏、秋、冬 4 个季节 BSi 通量[单位：mmol Si/(m^2·d)]

春季大亚湾 BSi 的沉降通量为 0.08～21.16 mmol Si/(m^2·d)，平均值为 7.08 mmol Si/(m^2·d)（图 2.9a）；夏季 BSi 沉降通量为 0.75～45.84 mmol Si/(m^2·d)，平均值为 10.01 mmol Si/(m^2·d)（图 2.9b）；秋季 BSi 的沉降通量为 0.22～37.00 mmol Si/(m^2·d)，平均值为 8.30 mmol Si/(m^2·d)（图 2.9c）；冬季 BSi 沉降通量为 0.10～12.70 mmol Si/(m^2·d)，平均值为 4.19 mmol Si/(m^2·d)

（图 2.9d）。可见，尽管大亚湾海域夏季 BSi 浓度明显高于其他季节，但 BSi 沉降通量与其他季节的差异并不明显（t 检验，$P>0.05$）。可能是由于夏季海水层化明显，BSi 更易于在水体中溶解而参与再循环。春、夏、秋、冬 4 个季节 BSi 再悬浮通量平均值分别为（5.12±3.17）mmol Si/(m^2·d)、（7.97±3.80）mmol Si/(m^2·d)、（3.01±3.03）mmol Si/(m^2·d)和（1.95±1.16）mmol Si/(m^2·d)。

迄今，有关南海上层水体 BSi 输出通量的报道较少。在南海热带海域中尺度涡的衰退阶段，基于 ^{234}Th 方法获得了涡内和涡外 BSi 输出真光层（100 m）的通量分别为（0.18±0.15）mmol Si/(m^2·d)和（0.40±0.20）mmol Si/(m^2·d)（Yang et al.，2015a）。王丹娜（2012）在南海北部陆架和海盆区，用 ^{234}Th 示踪了不同季节真光层 BSi 的输出通量，最高的冬季平均值为（3.34±0.51）mmol Si/(m^2·d)（表 2.3）。对于中层水体，Dong 等（2016）在南海西沙海域用沉积物捕获器获得 500 m 层 BSi 的沉降通量最高可以达到（0.20±0.09）mmol Si/(m^2·d)。Li 等（2017）用沉积物捕获器估算了南海中部 1200 m 层 BSi 的沉降通量为（0.33±0.19）mmol Si/(m^2·d)。详细结果可见表 2.3。显然，大亚湾的 BSi 沉降通量明显高于邻近的南海海域，属于典型的 BSi 高输出海域。

表 2.3　南海不同海域及大亚湾生物硅沉降通量

区域	深度/m	方法	采样季节	BSi 通量 /[mmol Si/(m^2·d)]	数据来源
南海西沙海域	500	沉积物捕获器	冬季	0.20±0.09	Dong 等（2016）
南海中央海盆	1200	沉积物捕获器	年平均	0.33±0.19	Li 等（2017）
南海热带海域	100	^{234}Th-^{238}U 不平衡法	秋季	0.18±0.15～0.40±0.20	Yang 等（2015a）
南海北部陆架	50	^{234}Th-^{238}U 不平衡法	4 个季节	0.61±0.15～3.34±0.51	王丹娜（2012）
南海北部海盆	100	^{234}Th-^{238}U 不平衡法	4 个季节	0.24±0.04～0.59±0.10	王丹娜（2012）
大亚湾	5.5～19.5（平均 11）	^{234}Th-^{238}U 不平衡法	4 个季节	4.19±1.33～10.01±4.93	本书

（5）BSi、POC 和 PN 的垂向输出通量比较

为了探究 BSi 输出与其他生源要素的关系，利用同航次 POC 和 PN 数据计算了 POC 和 PN 的通量。春季、夏季、秋季、冬季大亚湾 POC 的平均输出通量分别为（30.2±30.4）mmol/(m^2·d)、（40.0±41.6）mmol/(m^2·d)、（30.9±43.8）mmol/(m^2·d)和（12.9±11.6）mmol/(m^2·d)；PN 的平均沉降通量分别为（5.82±5.91）mmol/(m^2·d)、（6.28±7.98）mmol/(m^2·d)、（3.41±3.93）mmol/(m^2·d)和（3.04±2.53）mmol/(m^2·d)。

夏季，BSi、POC 和 PN 在 TSP 通量中的比例最高，平均比例分别为 4.5%、7.3%和 1.4%。秋季，三者的比例比夏季的略低，分别为 4.2%、6.0%和 1.1%。春季为 2.2%、5.1%和 1.3%；冬季最低，平均比例分别为 1.5%、2.1%和 0.5%（图 2.10）。春、夏、秋、冬 4 个季节生源颗粒物沉降通量的比值 Si∶C∶N 分别为 0.8∶5.1∶1.0、1.5∶6.7∶1.0、1.6∶7.0∶1.0 和 1.4∶4.5∶1.0。除春季 Si 和 N 的输出与 Redfield 比值接近外，其他季节 Si 的输出通量均高于 N 的输出，说明大亚湾颗粒物沉降过程中硅比氮优先输出。

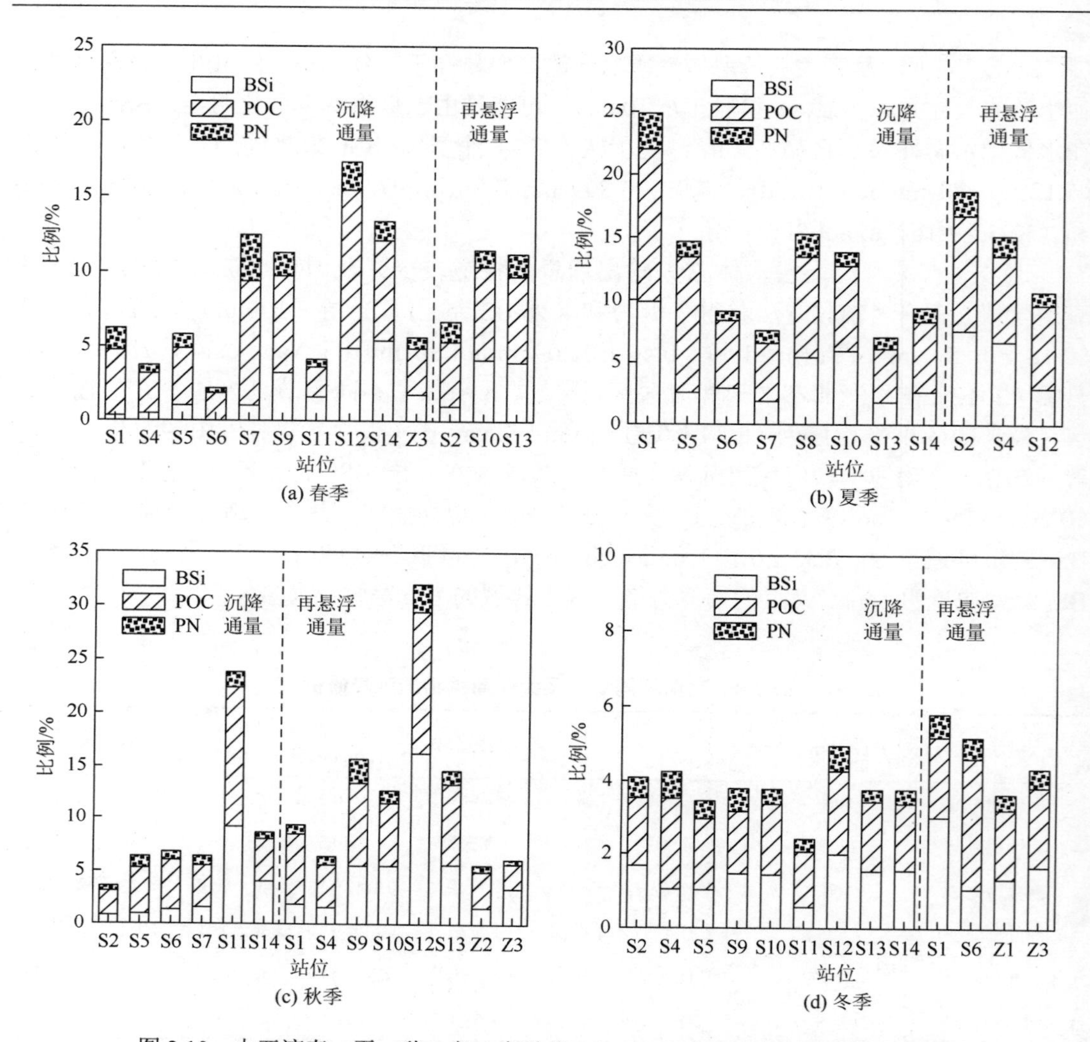

图 2.10　大亚湾春、夏、秋、冬 4 个季节 BSi、POC 和 PN 占 TSP 通量的比例

2. 大亚湾颗粒磷的含量及垂向输出

（1）样品采集与分析

样品采集：总颗粒磷（TPP）采样时间与 BSi 相同，4 个季节采样站位见图 2.11。海水由采水瓶采集后立即用直径 47 mm、孔径 0.4 μm 的聚碳酸酯膜过滤，并用约 10 ml Milli-Q 水洗盐，收集的颗粒物密封冷藏保存，带回实验室用于 TPP 的分析。

样品分析：将载有 TPP 的滤膜置于 60℃烘箱内烘干至恒重，然后采用 SEDEX 方法（Zhang & Huang，2011）对颗粒磷进行分级提取。根据 SEDEX 提取流程，将颗粒磷分为 5 种化学相态：①易吸附态磷（Lab-P）；②铁结合态磷（Fe-P）；③自生碳氟磷灰石，生源磷灰石和碳酸钙结合态磷（CFA-P）；④碎屑磷灰石（Detr-P）；⑤难分解有机磷（Org-P）。其中 Lab-P 包含无机磷（Lab-IP）和有机磷（Lab-OP），CFA-P 也包含无机磷（CFA-IP）和有机磷（CFA-OP）。TPP 为 5 种相态颗粒磷的总和。

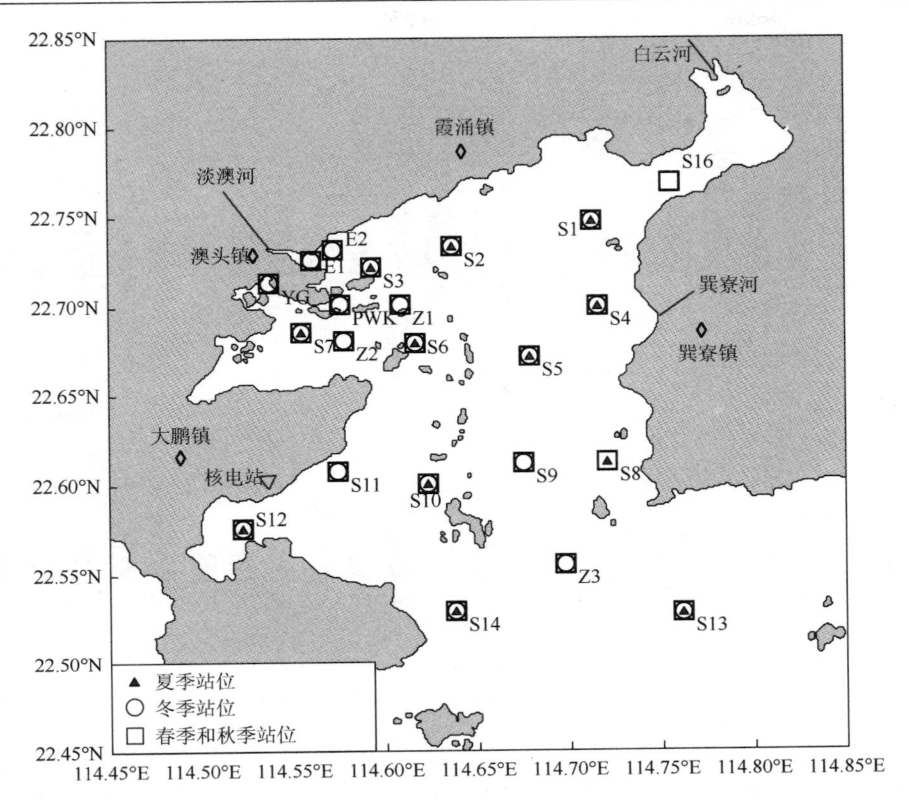

图 2.11 大亚湾总颗粒磷采样站位

PWK 为一排污口站，YG 为一渔港站

（2）TPP 含量分布与季节变化

春季，表层 TPP 浓度范围为 0.18～1.79 μmol/L，平均值为（0.45±0.40）μmol/L，呈现湾内高于湾外的分布趋势，最大值出现在淡澳河入海口附近的 E1 站位（图 2.12），表明淡澳河径流输入对 S3 站 TPP 有一定贡献。底层 TPP 浓度范围为 0.20～0.50 μmol/L，平均值为（0.29±0.07）μmol/L，无明显分布特征，最大值（0.50 μmol/L）出现在 TSP 浓度最高的 S6 站（图 2.12）。

Lab-P 是春季大亚湾 TPP 最主要的存在相态，占 TPP 的（45.04±12.19）%（图 2.12）。Lab-P 包含吸附于浮游植物细胞表面的磷酸盐（Lin et al.，2012）。春季浮游植物生长旺盛可能是 Lab-P 比例较高的原因。表层 Lab-P 呈现湾内高于湾外的分布趋势，而底层无明显分布规律。Org-P 和 Fe-P 分别占 TPP 的（34.48±8.33）%和（11.86±10.67）%。表层二者都呈现湾内高于湾外的分布趋势。CFA-P 占 TPP 的（7.75±4.81）%，表层最大值出现在 S4 站，底层最大值出现在 S1 站。Detr-P 是最惰性的颗粒磷组分，来源于陆源输入（Ruttenburg，1992）。Detr-P 在 5 种相态磷中比例最低，仅占 TPP 的（0.87±0.99）%，这与大亚湾无大径流量河流输入有关（徐恭昭等，1989）。表层 Detr-P 浓度呈现湾内高于湾外的趋势，最大值出现在淡澳河入海口。底层浓度最大值出现在 S6 站。

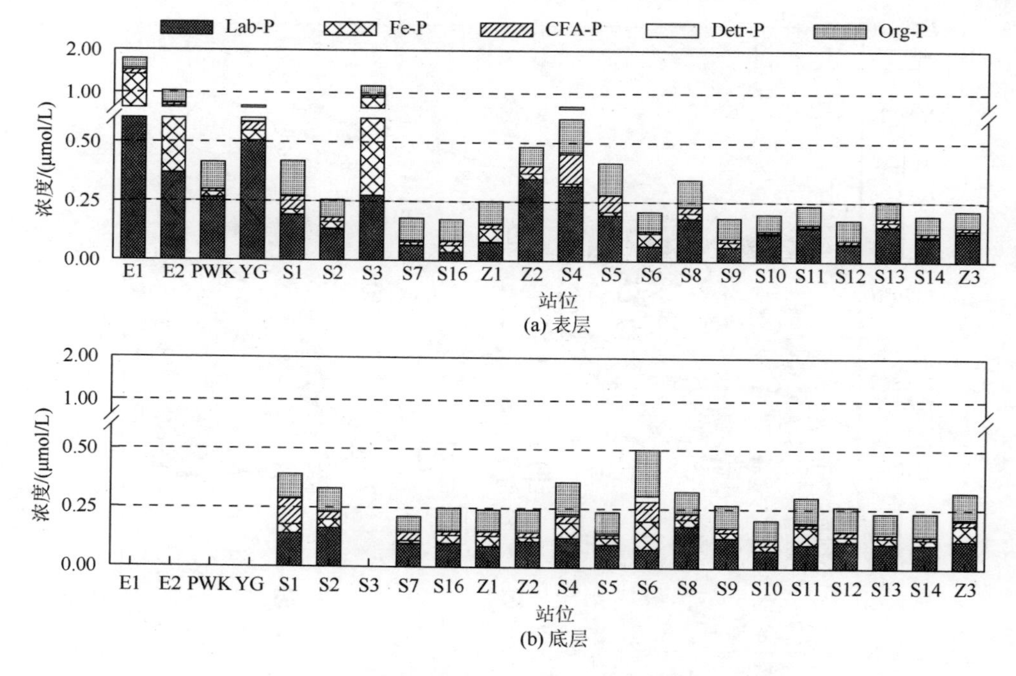

图 2.12　大亚湾春季表层和底层各相态颗粒磷浓度

夏季，表层 TPP 浓度范围为 0.16～2.19 μmol/L，平均值为（0.59±0.65）μmol/L，呈现湾内高于湾外的分布趋势，高值出现在近岸的 S3 站和硅藻藻华暴发的 S6 站（图 2.13）。底层 TPP 浓度范围为 0.33～0.99 μmol/L，平均值为（0.60±0.23）μmol/L。除了近岸几个站位外（S1、S2、S3、S6），底层 TPP 浓度均高于表层（图 2.13），这与 TSP 的分布特征相似，说明底层 TPP 受到沉积物再悬浮影响。夏季大亚湾表层、底层水体明显出现层化现象（韩舞鹰和马克美，1991），底层高 TPP 浓度并未影响到表层。

Lab-P 和 Org-P 是夏季 TPP 储库中的两种主要相态，分别占 TPP 的（36.3±16.8）%和（32.6±9.5）%（图 2.13）。表层 Lab-P 和 Org-P 具有相似分布特征，湾内高于湾外，且最大值出现在发生藻华的 S6 站。底层 Lab-P 最大值亦在 S6 站观测到，但 Org-P 最大值则出现在 S7 站和 S12 站。TSP 数据表明，S7 站和 S12 站底层可能受到沉积物再悬浮影响。由于沉积物中 Lab-P 比例很低（何桐等，2010），沉积物再悬浮可能对底层 Org-P 浓度影响较大，而对 Lab-P 影响较小。CFA-P 占 TPP 的（21.8±16.8）%，表层呈现湾内高于湾外的分布趋势，而底层无明显分布规律。Fe-P 占 TPP 的（7.7±2.3）%，表层呈现湾内高于湾外的分布趋势，底层 Fe-P 浓度高值区与 TSP 高值区吻合。Detr-P 是含量最低的颗粒磷相态，占 TPP 的（1.6±1.5）%，在表层和底层均呈现湾内高于湾外的趋势。

秋季，表层 TPP 浓度范围为 0.13～1.43 μmol/L，平均值为（0.37±0.37）μmol/L，呈现湾内高于湾外的分布趋势，最大值出现在淡澳河入海口附近站位（图 2.14）。底层 TPP 浓度范围为 0.16～0.48 μmol/L，平均值为（0.34±0.11）μmol/L。秋季，Lab-P 占 TPP 比例高达（48.2±12.1）%，其次为 Org-P，占 TPP 的（22.4±4.6）%。Fe-P 与 CFA-P 相近，分别占 TPP 的（12.8±8.7）%和（14.5±4.0）%。Detr-P 比例最低，为（2.1±0.8）%。

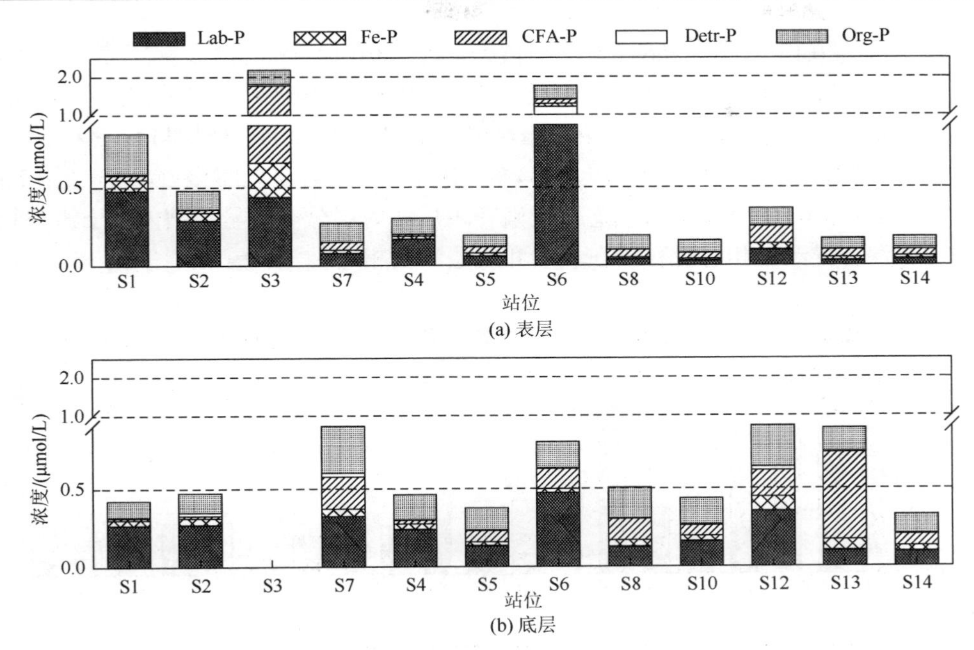

图 2.13 大亚湾夏季表层和底层各相态颗粒磷浓度

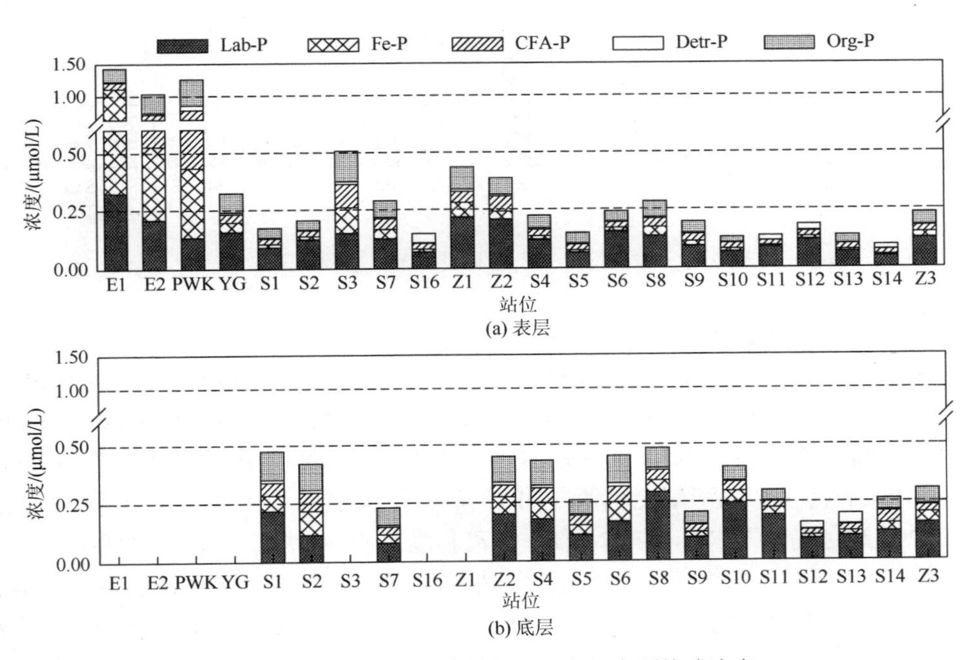

图 2.14 大亚湾秋季表层和底层各相态颗粒磷浓度

表层 5 种相态颗粒磷均呈现湾内高于湾外的分布趋势。底层 CFA-P、Detr-P 和 Org-P 均表现为湾内高于湾外，而 Lab-P 与 Fe-P 则无明显分布特征。

冬季，表层 TPP 浓度范围为 0.14～1.32 μmol/L，平均值为（0.41±0.38）μmol/L。TPP 浓度呈现湾内高于湾外的分布趋势，最大值出现淡澳河入海口附近站位（图 2.15）。底层

TPP 浓度范围为 0.14～0.61 μmol/L，平均值为（0.25±0.12）μmol/L。由于冬季水体垂向混合较强（韩舞鹰和马克美，1991），表层和底层 TPP 浓度相近。不同于其他季节，Org-P 是冬季 TPP 最主要的存在相态，占（46.59±9.65）%。Lab-P 占 TPP 比例与 Fe-P 相近，分别占 TPP 的（22.72±7.11）%和（21.19±7.64）%。Detr-P 依然是最少的颗粒磷相态（图 2.15），占 TPP 的（2.41±0.89）%。5 种相态颗粒磷在表层和底层分布均呈现湾内高于湾外趋势，较强的水体混合导致各相态颗粒磷在表层和底层浓度相近。

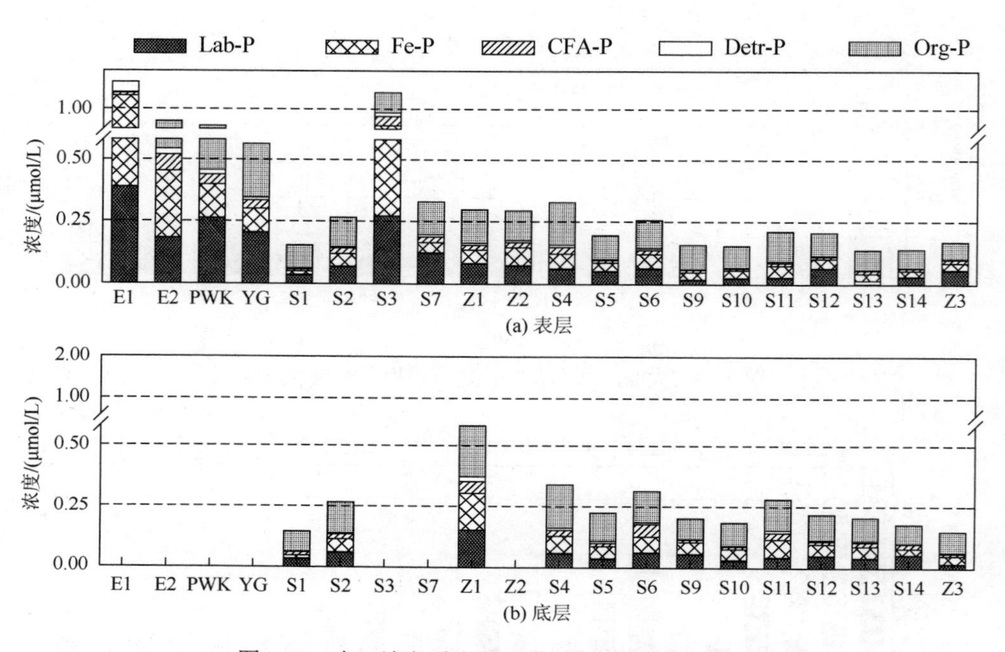

图 2.15　大亚湾冬季表层和底层各相态颗粒磷浓度

（3）生物可利用颗粒磷

生物可利用颗粒磷（bio-available phosphorus，BAP）一般是指 Lab-P、Fe-P 和 Org-P 的总和（Yang et al.，2016）。春、夏、秋、冬 4 个季节 BAP 占 TPP 的比例分别为（91.4±5.1）%、（76.7±16.7）%、（83.4±4.5）%和（90.5±2.9）%。在海洋中，浮游生物以 16∶1 比例（Redfield 比值）同化吸收海水中的溶解无机氮（DIN）和溶解无机磷（DIP）。4 个季节，大亚湾 DIN∶DIP 值远远高于 16∶1，春季和夏季偏离程度更明显（图 2.16），说明相对于氮，磷是大亚湾海域主要的限制性营养元素（王肇鼎等，2003）。假设这些 BAP 能够全部被转化成 DIP，则 DIN∶DIP 值将接近甚至低于 16∶1（图 2.16），从而使得磷不再是限制生物生长的营养元素。

在 BAP 所包含的三种相态磷当中，部分 Org-P 是难被生物利用的有机磷（Vink et al.，1997）。相比之下，Lab-P 和 Fe-P 是最为活跃，尤其是 Lab-P 中的无机磷（Lab-IP）和 Fe-P，它们能够通过解吸方式直接释放磷酸盐到海水中（Zhang & Huang，2011），因此是 TPP 中最有可能成为 DIP 来源的组分。这里将 Lab-IP 和 Fe-P 统称为可交换态磷（exchangeable particulate phosphorus，EPP）。在大亚湾水体中，EPP 的储量与 DIP 旗鼓相当（约为 DIP

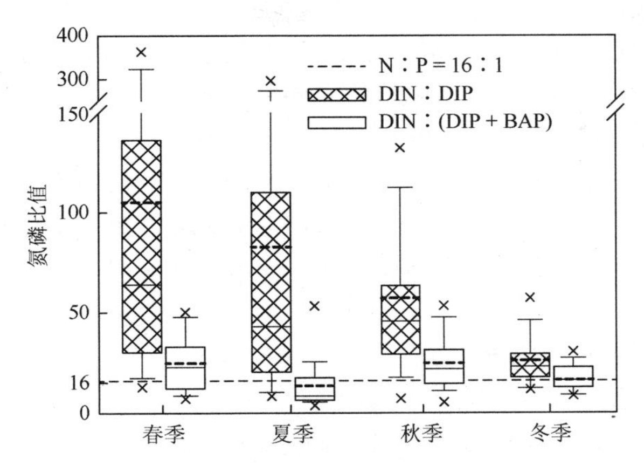

图 2.16　大亚湾 DIN：DIP 和 DIN：(DIP + BAP)值的季节变化

的 1.25 倍），如果它能够释放到海水中将很大程度上缓解水体磷限制的状况。为了探究 EPP 与 DIP 相互转化及浮游植物生长过程是否对该过程产生影响，这里引入磷酸盐分配系数（K_d）这一参数。分配系数 K_d 一般反映某一元素在溶解态和颗粒态之间的分配程度，常用对数 $\log K_d$ 表示。磷酸盐在 DIP 和 EPP 之间的分配系数，可用下式计算得到：

$$K_d = \frac{C_{\mathrm{EPP}}}{C_{\mathrm{DIP}} \times \mathrm{SPM}} \tag{2.5}$$

式中，C_{EPP} 和 C_{DIP} 分别表示 EPP 和 DIP 的浓度，单位为 μmol/L。

对于某一种元素，K_d 值大小会受颗粒物组成的影响（Yang et al.，2015b）。而对于大亚湾的悬浮颗粒物，尤其是生物生长旺盛的表层水，生源组分是颗粒物的重要来源。因此这里选用 Chl a 来代表颗粒物中的活性有机质，其在悬浮颗粒物中的比例可用 Chl a 与 TSP 的比值来表征，即 Chl a/TSP。结果表明，当 Chl a/TSP 值在 3.7 mg/g 以下，磷酸盐的 $\log K_d$ 值随着 Chl a/TSP 增加而增加；当 Chl a/TSP 值超过 3.7 mg/g，$\log K_d$ 值随 Chl a/TSP 值增加而降低（图 2.17）。这一结果说明，悬浮颗粒物生源活性有机组分含量的变化会影响

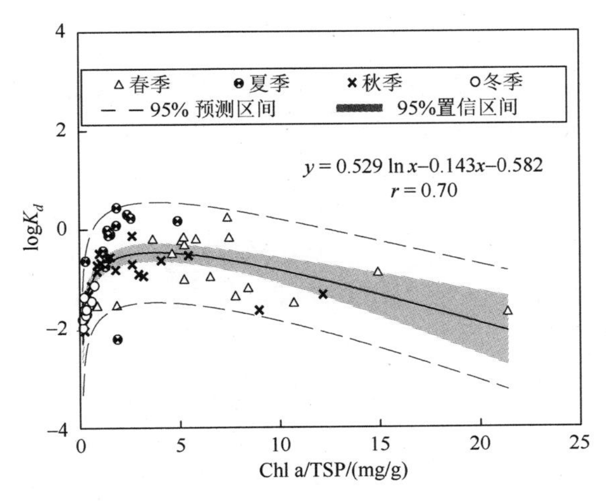

图 2.17　大亚湾表层 EPP 的 $\log K_d$ 值与 Chl a/TSP 值的关系

其对磷酸盐的吸附。而其中比较有趣的是，当活性有机组分比例超过某一阈值（3.7 mg/g）时，活性有机组分的增加反而削弱了颗粒物对磷酸盐的吸附，或者说使得部分原先吸附于悬浮颗粒物上的磷酸盐发生了解吸。在生产力旺盛的春夏季节，由于浮游植物的大量生长势必提高活性有机组分在颗粒物中的占比。这就意味着部分 EPP 发生解吸，从而补充水体接近耗尽的磷酸盐，形成负反馈。虽然目前并不了解活性有机组分升高为何会导致 EPP 的解吸，但这一过程可能是大亚湾水体磷酸一个重要的潜在补充机制，有助于揭示大亚湾低磷酸盐、高生产力的现象。

（4）大亚湾 TPP 的垂向输出通量

TPP 垂向输出通量估算：根据 ^{234}Th-^{238}U 不平衡的不可逆迁出模型可以计算大亚湾 TPP 的垂向输出通量。TPP 在沉积物-水界面上的沉降通量可通过下式计算得到：

$$F_{TPP} = F_{Th} \times \frac{TPP}{^{234}Th_P} \tag{2.6}$$

式中，F_{TPP}、F_{Th} 分别表示 TPP 和 ^{234}Th 在沉积物-水界面上的净沉降通量，$^{234}Th_P$ 表示颗粒态 ^{234}Th 的浓度。当 $F_{TPP}>0$，代表 TPP 为净沉降通量，$F_{TPP}<0$ 则说明出现净的 TPP 再悬浮。

从净沉降通量上看（$F_{TPP}>0$），夏季 TPP 净沉降通量最高，平均为（514±68）μmol/(m²·d)，春季[(412±21) μmol/(m²·d)]和冬季[(316±16) μmol/(m²·d)]次之，秋季 TPP 净沉降通量最低，为（267±20）μmol/(m²·d)。大亚湾 TPP 净沉降通量高于亚得里亚海的西北部海域[(185～203)μmol/(m²·d)，水深约 20 m]（Giani et al.，2001）和黄海中南部海域[218 μmol/(m²·d)，水深约 40 m]（张岩松等，2004）TPP 的净沉降通量。大亚湾夏季 TPP 净沉降通量与渤海桑沟湾相近[580 μmol/(m²·d)，水深约 8 m]（杨茜等，2004）。

部分站位出现 $F_{TPP}<0$，表明存在沉积物再悬浮作用向上层水体输送 TPP 过程。与净沉降通量季节变化特征相似，夏季 TPP 净再悬浮通量[(413±61) μmol/(m²·d)]最高，春季 TPP 净再悬浮通量为[(254±20) μmol/(m²·d)]，冬季 TPP 净再悬浮通量为[(140±8) μmol/(m²·d)]，秋季 TPP 净再悬浮通量[(118±6) μmol/(m²·d)]最低。

TPP 净沉降过程和净再悬浮过程的同时发生，说明大亚湾的沉积动力环境比较复杂。近岸浅水站容易出现再悬浮现象。基于 F_{TPP} 的空间分布特征假设采样范围以外的近岸海域都为再悬浮过程主导，由此得到春、夏、秋、冬 4 个季节发生再悬浮的海域面积分别为 365.8 km²、303.2 km²、534.8 km² 和 365.0 km²；而净沉降通量海域分别为 284.2 km²、346.8 km²、115.2 km² 和 285.0 km²。结合 4 个季节的 F_{TPP} 值和对应的海域面积，可计算得大亚湾 TPP 沉降通量和再悬浮通量分别为（1176±70）t/a 和（936±57）t/a。需要指出的是，颗粒磷的垂向输出和沉积物再悬浮输入是大亚湾水体磷储库最主要的源、汇项。这表明颗粒磷的垂向输出/输入将在很大程度上影响大亚湾的磷循环。

二、海湾沉积物中氮转化相关的微生物活性及群落结构

氮在自然界的循环转化过程，是生物圈内基本的物质循环之一。氮是生命活动必需的元素，是组成蛋白质、核酸等生物大分子及氨基酸、维生素等小分子化合物的重要成分

（Capone et al.，2006），是海洋生物生长的必需营养元素，同时还是控制全球不同生态系统物种组成、多样性、动态和功能的关键元素，也是陆地和海洋生产力的一种限制元素。由于日益加剧的人类活动（施肥、燃料燃烧和废水排放），每年通过河流和地下水输入到全球海洋的氮量由非工业时期的 26～41 Tg（Gruber & Sarmiento，1997）增至工业时期的 80 Tg，由人为因素产生的氮排放量逐渐超越了生物固氮量，引起了一系列环境问题，如富营养化、生物多样性的减少、温室气体浓度的增加等。

海洋氮循环是整个海洋生物地球化学循环中最关键的环节，海洋中化合态氮的收支取决于游离态氮气的固定和化合态氮的丢失（氮素去除），反硝化和厌氧氨氧化是沉积物在厌氧环境中氮素去除的两个关键途径。反硝化是指在厌氧微生物作用下，从 NO_3^- 开始，经过一系列的异化还原反应，将 NO_3^- 最终还原为游离态氮气的过程，从而实现生态系统中化合态氮的移除。厌氧氨氧化是指在厌氧条件下，无机化能自养细菌以 NO_2^- 为电子受体，NH_4^+ 为电子给体的微生物氧化还原过程，此过程的最终产物同样是游离态氮气。海湾是一个与海洋相连接的、半封闭的水域，由于海水与大陆径流淡水在海湾区域汇合，大量人为排放的活性氮输入其中，对海湾及邻近域氮循环的生物地球化学过程产生显著的影响，使氮循环失衡，进而影响近岸生态系统的整个生物地球化学循环过程，本书拟利用同位素示踪技术、海洋化学和微生物分子生态学的方法，采用野外采样和实验室测定相结合的手段，深入研究大亚湾沉积物中氮素去除的微生物群落结构，探索海湾沉积物氮素转化的模式及其环境发生机制。该研究将有助于更好地理解海湾微生物的脱氮过程和机制，为优化海湾的氮素管理和净化海湾的生态环境提供理论基础。

（一）反硝化和厌氧氨氧化活性分布

在大亚湾布设 4 个沉积物站位（图 2.18），通过 ^{15}N 同位素 MIMS 方法测定各站位沉积物反硝化速率（DNF）和厌氧氨氧化速率（ANA）（图 2.19），结果显示大亚湾夏季沉

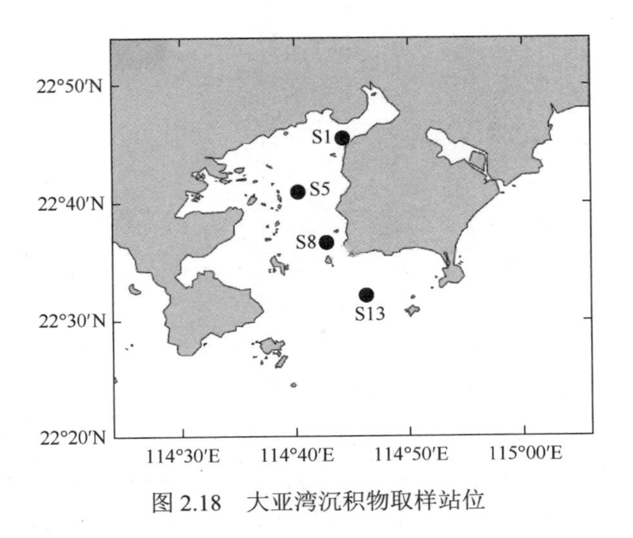

图 2.18　大亚湾沉积物取样站位

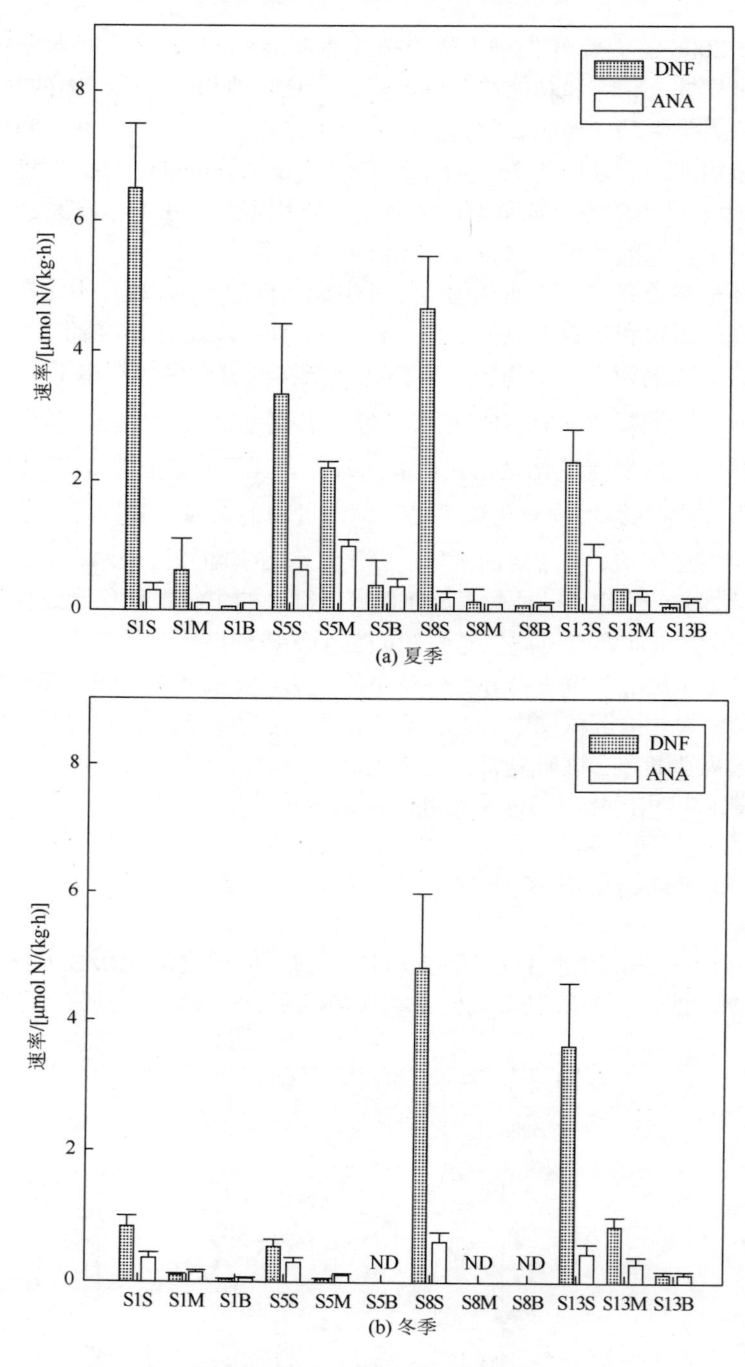

图 2.19　大亚湾沉积物反硝化和厌氧氨氧化活性分布图

样品名称后面字母 S 为表层，M 为中层，B 为底层沉积物

积物 DNF 和 ANA 变化范围分别为 0.018～6.50 μmol N/(kg·h) 和 0.08～0.99 μmol N/(kg·h)；大亚湾冬季沉积物中 DNF 和 ANA 变化范围分别为 0.01～4.79 μmol N/(kg·h) 和 0.02～

0.57 μmol N/(kg·h)。大亚湾沉积物反硝化发挥主导脱氮作用，此外，反硝化和厌氧氨氧化细菌活性随着沉积物垂向深度增加而降低。对比冬季样品速率，温度降低对沉积物反硝化细菌活性具有抑制作用。

（二）反硝化和厌氧氨氧化细菌基因丰度分布

采用 real-time Q-PCR 技术测定了大亚湾沉积物夏季、冬季反硝化和厌氧氨氧化细菌基因丰度（图 2.20），其中夏季沉积物反硝化细菌亚硝酸还原酶基因（*nirS*）丰度变化范围为 3.47×10^7～2.62×10^9 copies/g；厌氧氨氧化细菌基因（*ANA* 16S）丰度变化范围为 5.18×10^3～7.12×10^5 copies/g。冬季沉积物 *nirS* 丰度变化范围为 2.96×10^7～4.27×10^8 copies/g；*ANA* 16S 丰度变化范围为 2.64×10^4～1.99×10^5 copies/g。沉积物 *nirS* 丰度平均为 1×10^8，而 *ANA* 16S 只有 1×10^4，反硝化细菌广泛存在于沉积物中；夏季、冬季沉积物中脱氮微生物的丰度无明显变化。

（三）反硝化和厌氧氨氧化细菌群落结构

将反硝化和厌氧氨氧化细菌高通量测序序列进行 Mothur 软件分析，得到基于运算分类单元（operational taxonomic unit，OUT）的群落结构分析，分别挑选 TOP50 和 TOP25 的反硝化和厌氧氨氧化细菌 OTUs 进行进化树构建和热图分析。反硝化细菌主要以 α-变形菌和 γ-变形菌为主，多样性丰富，可以分为 10 簇。相对丰度最高的 OTU1，属于 γ-变形菌，与之前发现的珠江口沉积物反硝化类群相似。对比夏、冬航次沉积物样品中反硝化的

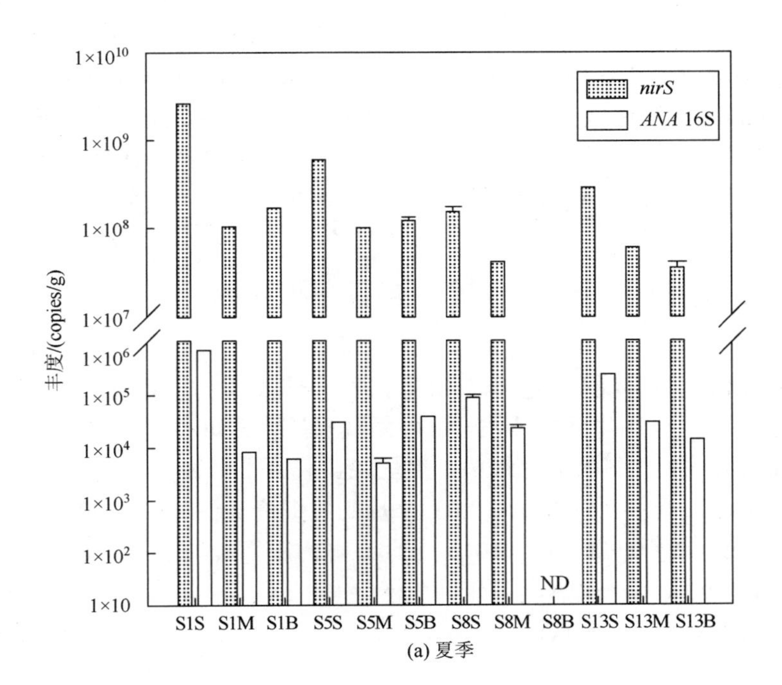

(a) 夏季

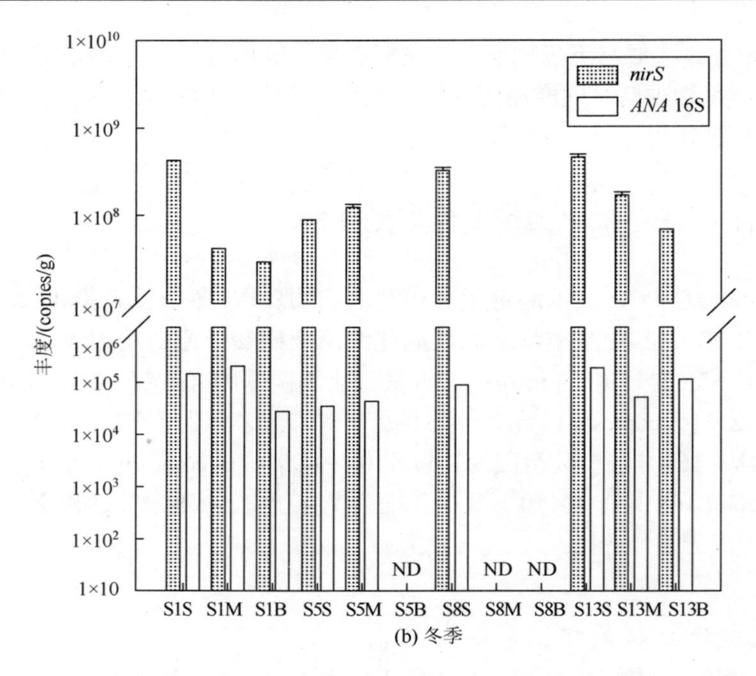

图 2.20　大亚湾沉积物反硝化和厌氧氨氧化细菌基因丰度分布图

群落结构，并未发现明显的变化，季节温度变化并未能改变反硝化细菌的群落结构。同样，对于不同深度的样品来说，反硝化群落结构相似，同样未出现明显的变化，但表层和中层沉积物的反硝化细菌相对丰度高于底层。

对比反硝化细菌的群落结构，厌氧氨氧化细菌的群落结构比较简单。自然环境中厌氧氨氧化细菌共存在 5 个属，包括：*Ca.*Kuennia、*Ca.*Brocadia、*Ca.*Jettenia、*Ca.*Scalindua 和 *Ca.*Anammoxoglobus。大亚湾沉积物中主要以 *Ca.*Scalindua 这一海洋属为主，还发现了少部分 *Ca.*Kuennia 和进化地位不明确类群。大亚湾沉积物厌氧氨氧化细菌与之前在阿拉伯海和南海发现的厌氧氨氧化细菌进化位置相似。对比夏、冬季节的群落结构，并没有明显的变化，主要都是 *Ca.*Scalindua。表层和中层沉积物较底层沉积物具有更高的相对丰度。

（四）环境参数与微生物活性、丰度、群落结构分析

将大亚湾沉积物的环境参数分别与反硝化和厌氧氨氧化细菌活性、丰度进行皮尔逊（Pearson）相关分析。反硝化细菌活性与深度呈现极显著的负相关（$r = -0.661$，$P < 0.01$），而与反硝化细菌活性和厌氧氨氧化细菌丰度呈现显著的正相关（$r = 0.481$，$P < 0.05$）。反硝化细菌丰度与 TN（$r = 0.516$，$P < 0.05$），反硝化细菌活性（$r = 0.705$，$P < 0.01$）和厌氧氨氧化细菌丰度（$r = 0.906$，$P < 0.01$）呈现显著的正相关关系，与 C/N（$r = -0.428$，$P < 0.05$）呈现负相关关系。厌氧氨氧化细菌活性与 NO_2^-（$r = 0.563$，$P < 0.05$）呈现显著正相关关系，与深度（$r = -0.451$，$P < 0.05$）和 C/N（$r = -0.428$，$P < 0.05$）呈现显著负

相关关系。厌氧氨氧化细菌丰度与 TN（$r = 0.494$，$P<0.05$）和反硝化细菌活性（$r = 0.623$，$P<0.01$）呈现显著正相关关系，而与 C/N（$r = -0.435$，$P<0.05$）呈现负相关关系。

反硝化和厌氧氨氧化细菌群落结构与环境参数的相关关系如图 2.21 所示，典范对应分析（canonical correspondence analysis，CCA）结果表明，NO_2^- 和 NH_4^+ 是影响反硝化细菌的群落结构的关键因素，而 NO_3^- 是影响厌氧氨氧化细菌的群落结构的关键因素。

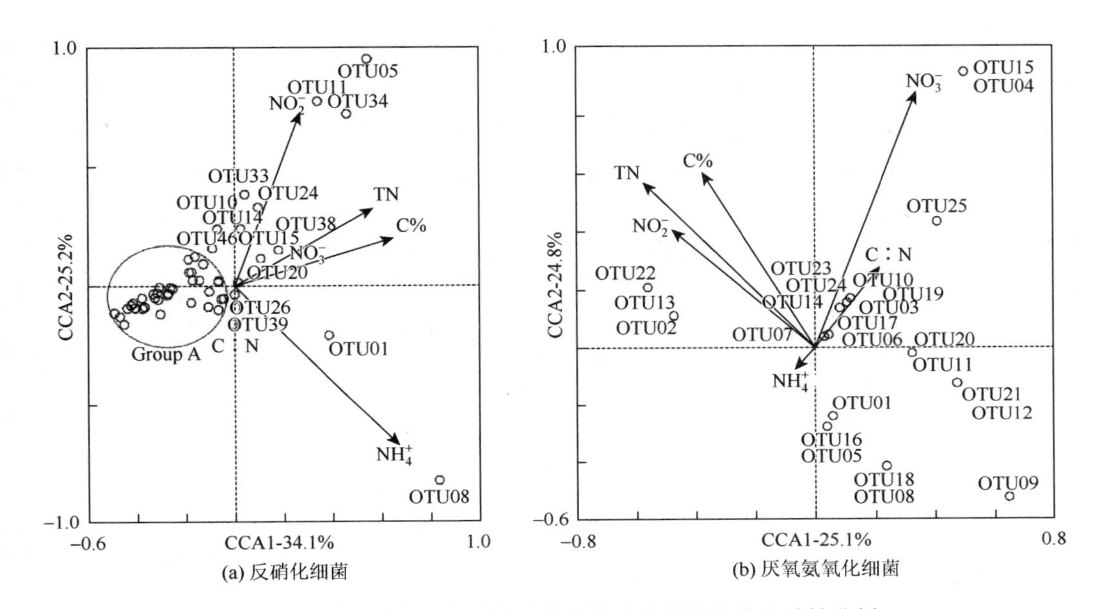

(a) 反硝化细菌　　(b) 厌氧氨氧化细菌

图 2.21 大亚湾沉积物环境参数与微生物群落结构相关性分析

三、海湾沉积物中氮磷的赋存形态及关键酶活性的影响

沉积物是海洋环境中氮磷的重要源与汇，沉积物中的氮磷在早期成岩过程中，在适宜的条件下，部分氮磷可以从沉积物中释放出来返回到水体中参与再循环，其余部分则以不同的结合形态保存在沉积物中。不同结合态的氮磷形成机制不同，在循环中所起的作用也不尽相同，其存在形态直接影响了参与海洋生物地球化学循环的进程和途径，因此沉积物中氮磷的形态研究可为评估其再生和转化等循环过程及释放潜力提供更为有效的信息。

（一）胶州湾沉积物中氮磷的赋存形态及影响因素

1. 胶州湾沉积物中总可水解氨基酸的分布特征

最初学者认为，沉积物中的氮均以有机结合形式存在，随着研究的深入，发现沉积物中固定的铵态氮在总氮中占一定的比例，学者们认识到沉积物中的氮是以多种形态存在的。沉积物中的有机氮是总氮的主要成分，它的组成比较复杂，其中氨基酸是其重要部分，还包括一定量的氨基糖、嘌呤、嘧啶、叶绿素及其衍生物、磷脂及维生素等。有机氮来源于生物体的碎屑、排泄物，以及人造的有机含氮污染物如含氮肥料、农药等。在有机氮中能确定名称的不到一半，很大一部分有机氮至今无法确定具体成分，而且某些有机氮性质非常稳定，很难分解，因此沉积物中有机氮的总量是很难进行直接测定的。沉积物中的有机氮除少量被埋藏外，大部分通过细菌等微生物的矿化作用得以再生，并通过成岩作用以各种形式向环境中释放。

胶州湾表层沉积物中总可水解氨基酸（THAA）的平均含量为 7.60 μmol/g（3.90～16.17 μmol/g）。与其他海湾和河口相比（表 2.4），胶州湾表层沉积物中氨基酸含量相对较低，推测与胶州湾水动力条件和水深较浅有关。胶州湾水深较浅，在风浪和潮流影响下，沉积物中有机质经过再悬浮作用重新进入水体，进行二次矿化过程，导致表层沉积物中氨基酸含量进一步降低。望角湾沉积物中氨基酸含量相对较高，是由于在缺氧环境下该海域有机质降解程度较慢，较多有机质沉降于沉积物中得以保存。

表 2.4　不同海域表层沉积物中总可水解氨基酸含量（THAA）对比

海域	THAA/(μmol/g)	数据来源
青岛胶州湾湾内	8.08±3.73	本书
青岛胶州湾湾外	6.33±3.77	本书
海南八门湾	18.7	Unger 等（2013）
大亚湾	13.5	牟德海等（2002）
美国布扎兹海湾	63.5	Henrichs 等（1987）
奥尔胡斯湾	74.7	Langerhuus 等（2012）
圣劳伦斯河河口	38.7±6.2	Colombo 等（1998）
北大西洋望角湾缺氧区	137.5±7.8	Burdige & Marten（1988）
南海陆架内侧	11.5±5.7	Zhang 等（2014）

注：表中数据主要为平均值±标准偏差，少数数据仅包括平均值

胶州湾表层沉积物中 THAA 的水平分布与 TOC、TN 和 ON 的分布一致，均呈现湾内高于湾外、湾内东部高于湾内西部的整体趋势（图 2.22）。东部海域沉积物中氨基酸含量较高与河口有机质的大量输入及上层水体较高的初级生产力（上覆水的高浮游植物丰度，3.96×10^3 cells/L，数据来源于胶州湾海洋生态系统研究站调查结果）有关，且胶州湾东北部海域有一较为封闭的环流结构（万修全等，2003），造成有机质不易向外输出，海源产生及河流输入的颗粒态有机质多数沉降于底层沉积物并逐渐累积。此外，沉积物中氨基酸的含量与沉积物颗粒大小密切相关，沉积物粒径越小越容易吸附有机质，胶州湾沉积物以黏土质粉砂为主，在湾内和湾外均有分布，且湾内黏土含量相对较高（汪亚平等，2000），因此湾内氨基酸含量相对湾外较高。湾口附近海水流速较高，对细颗粒沉积物有较强的搬运作用，沉积物以砂质为主（汪亚平等，2000），无法有效保存沉积物中有机质，因此沉积物中氨基酸含量较低。

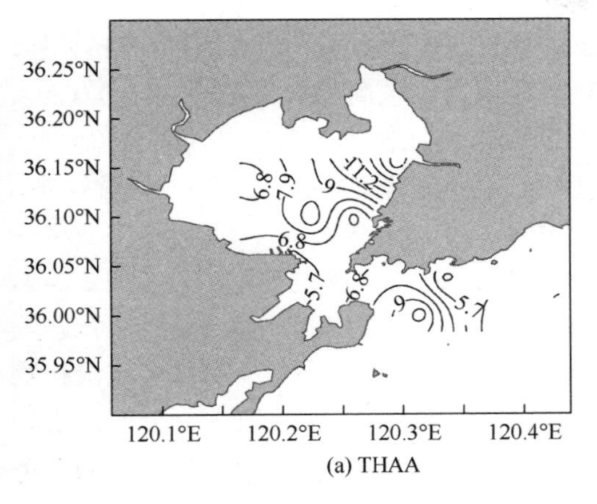

(a) THAA

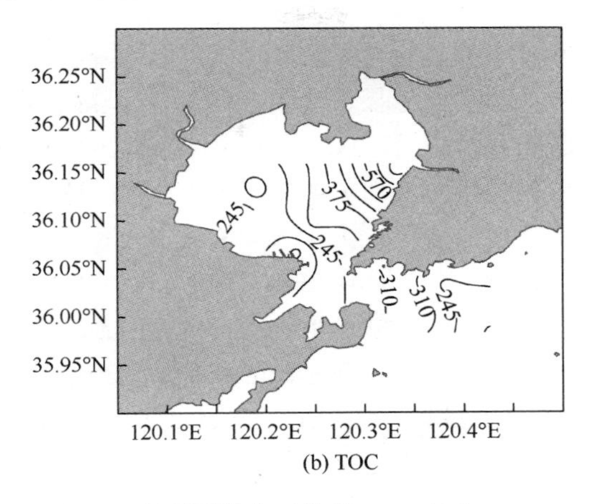

(b) TOC

图 2.22　2016 年秋季胶州湾表层沉积物中 THAA 及 TOC 的平面分布（单位：μmol/g）

表层沉积物氨基酸组成中甘氨酸（Gly）含量最高，其次为 L-丙氨酸（L-Ala）、L-天冬氨酸（L-Asp）和 L-缬氨酸（L-Val），以上氨基酸共占 THAA 的 46.91%（图 2.23）。根据浮游植物群落分析发现，2016 年秋季胶州湾水体中硅藻相对丰度平均高达 98%（数据来源于胶州湾海洋生态系统研究站），且硅藻细胞壁中富含甘氨酸（Gly）（Ittekkot et al.，1984a，1984b），从而导致沉积物有机质中甘氨酸含量较高。同时甘氨酸化学反应活性较低，营养价值较低不易被微生物吸收利用（Cowie & Hedges，1996），且微生物可通过利用浮游生物碎屑转化生成甘氨酸（Sigleo & Shultz，1993），这些过程都促使了甘氨酸的富集。此外，由于钙质生物来源的有机质富含天冬氨酸（Asp），Asp∶Gly 值低于 1 指示有机质来源主要为硅质生物（Ittekkot et al.，1984a，1984b）。胶州湾表层沉积物中 Asp∶Gly 值平均为 0.45±0.12，根据 Ittekkot 等（1984a，1984b）可证实胶州湾的沉积物有机质来源主要为硅质生物，且 Asp∶Gly 值相比颗粒物略高，推测硅藻死亡后经过了微生物降解，

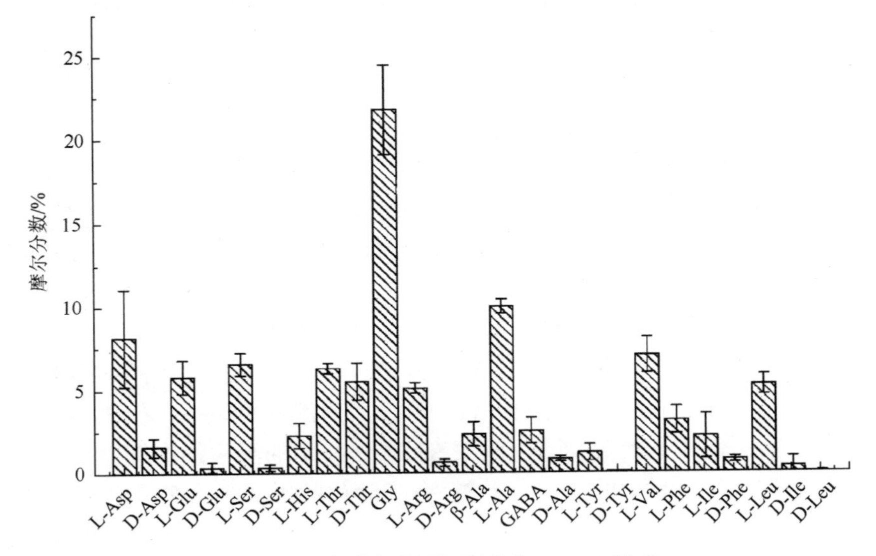

图 2.23　胶州湾表层沉积物中 THAA 组成

因此沉积物相对颗粒物含有更少的硅质物质。在氨基酸的构型方面，除苏氨酸（Thr）外，L-氨基酸含量显著高于相应D-氨基酸含量。D-氨基酸中占比较高的有D-苏氨酸（D-Thr）、D-天冬氨酸（D-Asp）和D-丙氨酸（D-Ala），分别占THAA的比例为5.52%、1.58%及0.83%。根据侧链基团对氨基酸分类，其中中性氨基酸（Gly、Ala、Val、Leu、Ile）占绝对优势，平均所占百分比为47%，酸性氨基酸（Asp、Glu）和羟基类氨基酸（Ser、Thr）占比16%～19%，碱性氨基酸（His、Arg）和芳香族氨基酸含量（Phe、Tyr）仅占5%～8%（图2.24）。此外非蛋白质氨基酸β-Ala和γ-Aba在沉积物氨基酸中可达2%和3%，与孟加拉湾海域（约2.7%和2.25%）（Fernandes et al.，2014）百分含量较为接近，略高于海南河口区域沉积物（约0.9%和1.1%）（Unger et al.，2013），并且沉积物中β-Ala和γ-Aba所占百分比高于颗粒物，表明颗粒物中有机质更多来源于生物自生，而沉积物的有机质经历了微生物的改造过程，其反应活性远低于颗粒物。

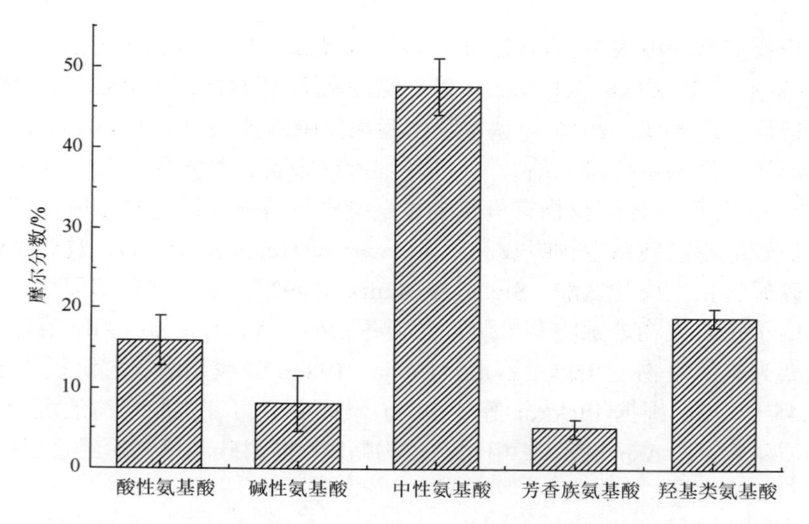

图2.24　胶州湾表层沉积物中酸性、碱性、中性、芳香族及羟基类氨基酸平均百分比含量

2. 胶州湾沉积物中有机氮的矿化特征及细菌对有机质矿化的贡献

根据胶州湾革兰氏阳性菌所占百分比及革兰氏阳性菌中D-Ala的碳归一化产率[96.7 nmol/(mg C)]，计算得出2016年秋季胶州湾表层沉积物中细菌对有机碳的贡献率为（29.35±18.73）%，表明细菌源有机质对沉积物中有机质具有较高贡献，也指示了在表层沉积物中细菌影响着有机质的迁移转化。细菌贡献率（有机碳）整体呈现湾外与湾内西部相近且相对高于湾内东部的趋势（图2.25）。孟加拉湾表层沉积物中的细菌对有机碳贡献率为3.0%～11.6%（Fernandes et al.，2014），低于胶州湾的贡献率，推测与孟加拉湾水层深度较大、微生物活性较低有关。湾内西部S3站、S9站的沉积物中细菌对有机碳的贡献率相对较高，分别为52.28%和77.55%。湾内东部海域S8站沉积物中细菌对有机碳的贡献率较低为14.83%。东北部S5站对细菌贡献率偏低是受高总有机碳含量的影响，稀释了细菌对有机碳的贡献作用。

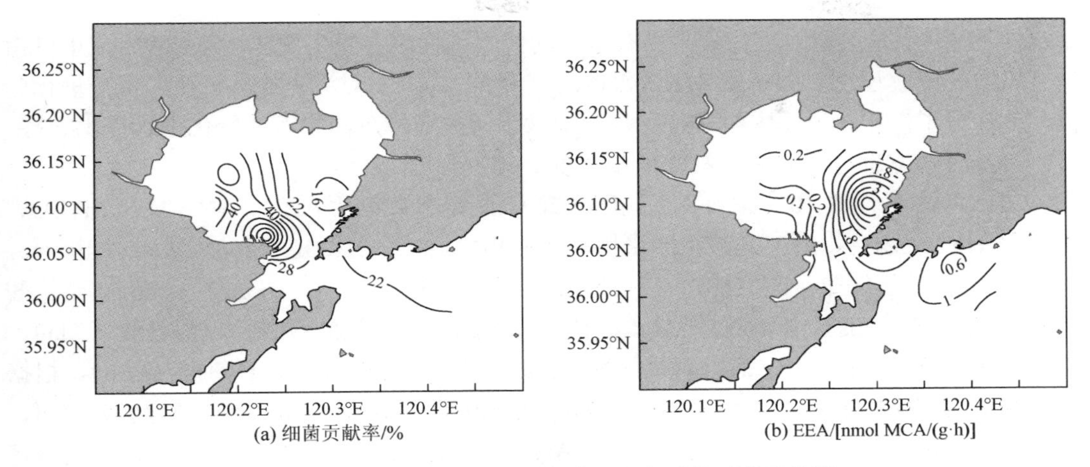

(a) 细菌贡献率/%　　(b) EEA/[nmol MCA/(g·h)]

图 2.25　胶州湾表层沉积物细菌对有机碳的贡献及分解

EEA 为胞外肽酶活性

沉积物中的底栖环境不同于真光层，真光层中的浮游植物可提供大量新鲜有机质，沉积物中异养细菌的能量和营养来源主要依靠从上层水体沉降的有机颗粒物，其产生的胞外酶可分解颗粒有机质，并对小分子有机质进行吸收利用。以细菌分泌的胞外肽酶解析细菌对沉积物中大分子氨基酸的分解作用，发现胶州湾表层沉积物中胞外肽酶活性为 0.06～4.27 nmol MCA/(g·h)，平均（0.81±1.31）nmol MCA/(g·h)，整体趋势为东部高于西部，在 S8 站出现最高酶活性[4.27 nmol MCA/(g·h)]，西部海域沉积物酶活性相对较低。结合细菌贡献率分析，湾内西部海域细菌贡献率高于东部，推测胞外肽酶活性与细菌贡献率具有一定相关性。东部海域较低的细菌贡献率指示了较低的细菌丰度，且有机质降解程度较高，同时 S8 站海域 N 限制明显（C/N = 11.8），均可能诱导了细菌分泌更高活性的胞外肽酶来分解有机质以获取营养物质（Pantoja et al.，2009）。同理，西部海域细菌含量丰富，且有机质较为新鲜，易于被微生物降解和吸收，较低的胞外肽酶活性即可满足细菌自身的营养需求。总之，胶州湾沉积物中细菌有机质是有机质重要的组成成分，其中湾内西部沉积物中细菌对有机质的贡献率高于湾内东部及湾外。胞外肽酶活性与细菌贡献率及有机质新鲜程度密切相关，难降解有机质可导致细菌分泌较高活性的胞外肽酶。

（二）大亚湾沉积物中氮磷的赋存形态及影响因素

1. 沉积物有机氮的组分特征

沉积物有机氮分为酸解态氮（AHN）和非酸解态氮（NHN）。通过酸解作用能够测定出的氮为酸解态氮，酸解态氮包括氨态氮（AN）、氨基糖氮（ASN）、氨基酸态氮（THAA）、酸解未知氮（HUN）。氨态氮包括无机形态的可交换态铵和固定态铵，可交换态铵一定条件下可以释放出来供生物吸收利用，而固定态铵镶嵌在沉积物中难以被生物吸收利用；氨基糖是构成多种生物聚合物的基本物质，氨基糖较难分解，易于在沉积物中富集（Niggemann & Schubert，2006）；氨基酸的分解快于氨基糖的降解，不同种类的氨基酸在保存过程中稳定性不同，氨基酸相对组成成分在有机质的成岩过程中会发生变化，氨基酸组成可以指示有机质的降解程度（Dauwe & Middelburg，1998）。本书对沉积物有机氮的组分进行分析，并探讨了沉积物氨基酸组成特征，为深入了解大亚湾沉积物氮的转化过程提供支持。

（1）酸解态氮与非酸解态氮含量及分布

2015 年 8 月设置 10 个采样站位（图 2.26）。测定参数包括 AHN、AN、ASN、THAA、HUN、NHN。沉积物水解氨基酸组成采用高效液相色谱法进行测定（e2685，Water Alliance，USA）。分析的水解氨基酸共检出 13 种，包括天冬氨酸（Asp）、谷氨酸（Glu）、丝氨酸（Ser）、组氨酸（His）、精氨酸（Arg）、甘氨酸（Gly）、苏氨酸（Thr）、丙氨酸（Ala）、酪氨酸（Tyr）、缬氨酸（Val）、苯丙氨酸（Phe）、异亮氨酸（Ile）、亮氨酸（Leu）。根据各类氨基酸官能团的不同，将氨基酸分为酸性氨基酸（Asp、Glu）；中性氨基酸（Val、Ala、Ile、Gly、Leu）；碱性氨基酸（His、Arg）；芳香族氨基酸（Tyr、Phe）；羟基类氨基酸（Ser、Thr）。

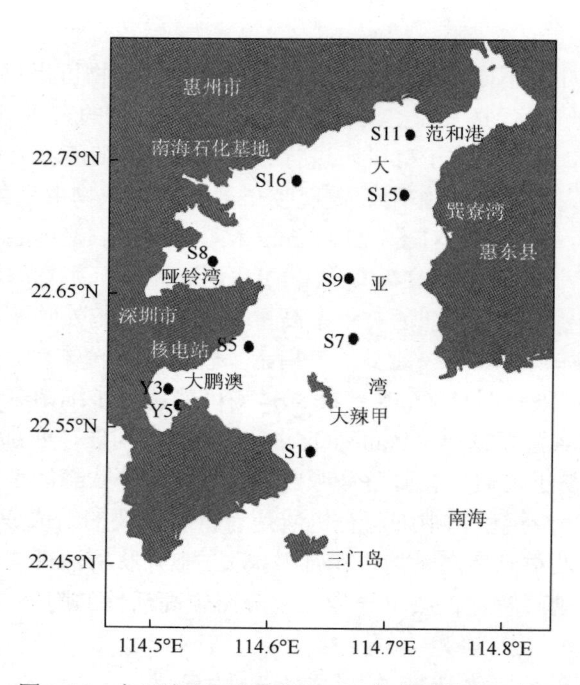

图 2.26　大亚湾表层沉积物 DON 分布采样点站位图

大亚湾沉积物 TN、AHN 和 NHN 含量见图 2.27，TN、AHN 和 NHN 的变化范围分别为 820.48～3138.62 mg/kg、283.52～1568.85 mg/kg 和 411.86～1569.78 mg/kg，平均含量分别为 1746.19 mg/kg、769.91 mg/kg 和 965.85 mg/kg。其中，TN、AHN 高值区出现在大亚湾西南大鹏澳网箱养殖区（Y3、Y5）、哑铃湾（S8）和东北范和港（S11、S15），而核电站附近海域（S5）和湾中部（S7、S9）TN、AHN 含量较低。AHN 占 TN 的比例范围为 30.78%～51.64%，平均为 42.76%，整个湾内 AHN 占 TN 的比例分布均匀（图 2.28）。

各酸解态氮组分含量及其占酸解态总氮的比例见图 2.29 和图 2.30，各组分氮含量变化范围较大，AN、ASN、THAA 和 HUN 的变化范围分别为 82.12～325.93 mg/kg、13.53～140.75 mg/kg、53.82～520.36 mg/kg 和 30.23～876.72 mg/kg，AN、ASN、THAA 和 HUN

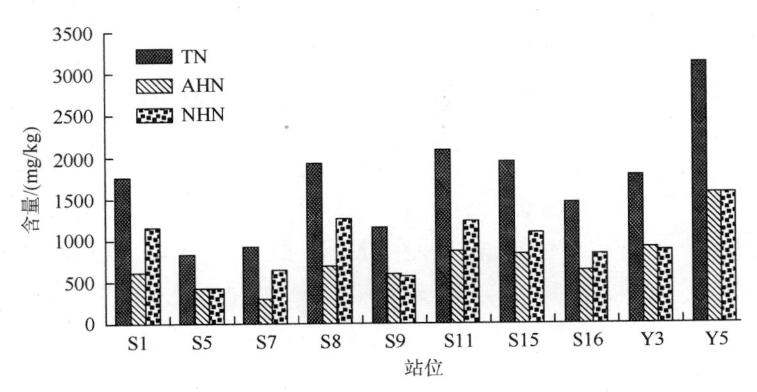

图 2.27　大亚湾沉积物中 TN、AHN 和 NHN 含量分布图

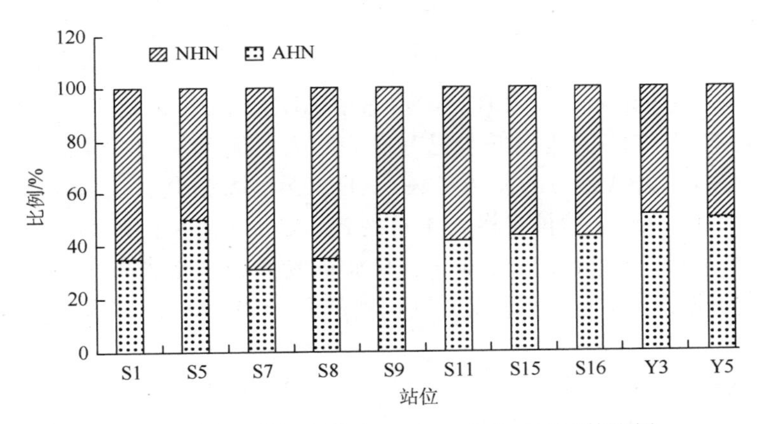

图 2.28　大亚湾沉积物中 AHN、NHN 占 TN 的比例

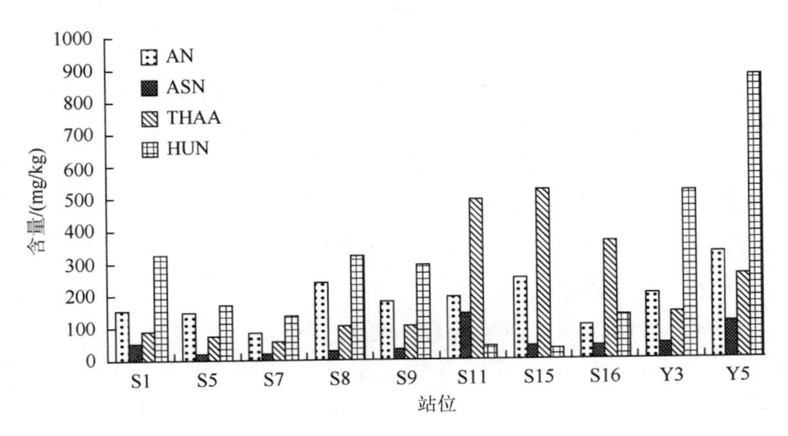

图 2.29　大亚湾沉积物中酸解态氮组分分布图

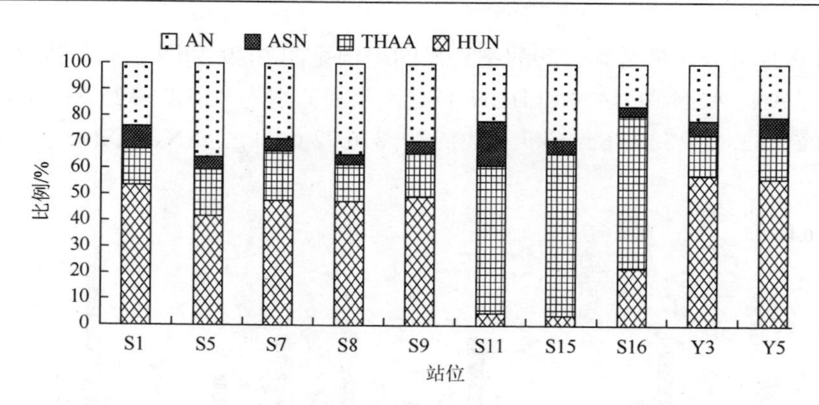

图 2.30　大亚湾沉积物中各组分（AN、ASN、THAA、HUN）占 AHN 的比例

占酸解态总氮的平均比例分别为 25.28%、6.63%、29.65%和 38.44%，HUN 占 AHN 的比例较大，ASN 占的比例较低，它们的含量表现为 ASN＜AN＜ THAA＜HUN。

大亚湾沉积物有机氮组分与环境因子的相关性如表 2.5 所示，AHN 与 TN、TP、有机质和 Chl a 显著正相关，与非酸解态氮相比，酸解态氮易于发生矿化作用，转化为无机氮供生物吸收利用。已有研究表明，沉积物中 AHN 占 TN 的比例变化范围为 45.54%～69.97%（Wang et al.，2012），本书中 AHN 占 TN 的比例为 42.76%，虽然大亚湾沉积物 AHN 占 TN 的比例低于已有研究结果，但沉积物 TN 含量基数较大，且 AHN 与 AN、ASN、THAA、HUN 正相关，AHN 含量增加会引起活性组分 AN、ASN、THAA 的含量增加，AHN 的再生潜力不可忽视。Chl a 浓度高的海区，底栖微藻生长活动活跃，底栖微藻代谢或死亡使富含有机质的物质在一定条件下发生埋藏或沉积，影响沉积物的物理化学反应，进而改变沉积物的氮形态，使 AHN 含量增大，因此 AHN 与 Chl a 正相关。

沉积物中 AN 与 TN、有机质和 Chl a 显著正相关，可能与 AN 的来源有关，AN 主要来源于沉积物中可交换态铵、固定态铵及酰胺、羟基和其他氨基酸、氨基糖、嘌呤、嘧啶的脱氨基作用，AN 含量随着 TN 含量的增加而增加，可能是由于 TN 含量增加，引起固定态铵的含量增加（de Lange，1992）。

沉积物 ASN 含量也随着 TN 含量的增加而增大，而对湖泊沉积物中 ASN 的研究表明，沉积物中 ASN 含量与 TN 无显著相关性（Wang et al.，2012）。ASN 主要来源于沉积物中的细菌和真菌的细胞壁，可以反映沉积物氮负荷变化对微生物活动的影响。随着 TN 含量的增加，细菌数量并不会线性增加，因为污染程度增加，反而会导致细菌减少（Wang et al.，2012）。因此，TN 含量增加对 ASN 含量的影响还没有定论。

氨基酸与沉积物其他理化性质正相关，大亚湾东北部 S11、S15、S16 站，THAA 占 AHN 的比例显著高于其他区域，可能与范和港地区发展的牡蛎养殖业有关，一方面，蛋白质类饵料添加沉降到沉积物中引起氨基酸含量增加；另一方面，牡蛎养殖排泄物引起沉积物有机质的积累，网箱养殖排入沉积物的氮中 65%以有机氮的形式存在（Hargreaves，1998）。沉积物中 HUN 与 TP、有机质显著正相关。

表 2.5　大亚湾沉积物有机氮组分与其他理化因素相关性

项目	TN	TP	有机质	Chl a	AHN	AN	ASN	THAA	HUN
AHN	0.944**	0.871**	0.951**	0.879**	1	0.868**	0.692*	0.409	0.727*
AN	0.846**	0.734	0.807**	0.787**		1	0.511	0.306	0.610
ASN	0.724*	0.545	0.554	0.501			1	0.542	0.262
THAA	0.443	0.126	0.479	0.341				1	−0.312
HUN	0.628	0.811**	0.652*	0.663*					1

**P<0.01；*P<0.05

（2）氨基酸组成特征分析

大亚湾沉积物 13 种氨基酸的摩尔分数见表 2.6，沉积物中氨基酸以 Gly 含量最高，占水解氨基酸的平均比例达到 33.61%，其次为 Glu，平均为 12.56%，含量较高的氨基酸有 Gly、Glu、Ser、Arg、Ala 和 Thr，占水解氨基酸的比例均大于 5%，Asp、His、Tyr、Phe、Ile、Leu 占水解氨基酸的比例为 2%～5%，而 Val 占水解氨基酸的比例低于 2%。各类氨基酸以中性氨基酸为主，占水解氨基酸的比例达到 51.27%，其次为酸性氨基酸，平均为 16.44%（图 2.31）。

表 2.6　大亚湾沉积物中 13 种氨基酸的摩尔分数　（单位：%）

站位	Asp	Glu	Ser	His	Arg	Gly	Thr	Ala	Tyr	Val	Phe	Ile	Leu
S1	3.76	11.87	7.56	4.72	7.25	34.62	4.82	9.32	4.27	2.99	2.75	1.49	4.58
S5	3.95	11.99	8.33	4.21	6.38	34.80	4.43	9.95	3.84	3.08	2.72	1.58	4.74
S7	3.53	12.77	8.20	4.68	6.99	31.76	7.07	10.20	3.99	2.41	2.42	4.81	1.17
S8	4.11	13.15	8.11	4.80	7.23	31.69	6.15	12.13	3.69	1.50	3.03	3.22	1.19
S9	3.52	11.97	7.24	5.06	8.79	28.62	7.03	11.86	3.50	2.07	4.83	3.24	2.27
S11	4.17	13.25	8.60	4.81	7.74	34.12	6.06	12.83	2.01	0.16	2.76	2.30	1.19
S15	4.17	14.15	8.54	4.68	7.31	32.60	7.12	13.04	2.06	0.19	2.81	2.01	1.32
S16	4.31	13.26	8.76	4.49	7.51	32.52	6.88	12.97	2.55	0.19	3.04	2.31	1.21
Y3	3.78	11.56	8.13	4.30	6.32	37.30	4.58	9.53	4.14	2.57	2.64	1.21	3.94
Y5	3.54	11.65	8.19	4.73	6.76	38.10	4.73	9.34	4.51	2.65	2.99	1.51	1.30

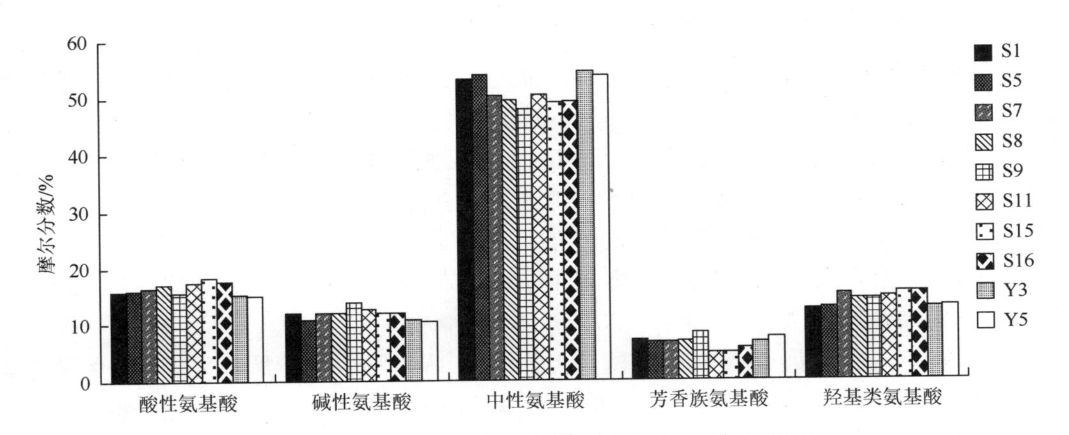

图 2.31　大亚湾沉积物中各类别氨基酸含量分布特征

大亚湾沉积物氨基酸组分中以 Gly 含量最高，这与牟德海等（2002）对大亚湾沉积物柱状样氨基酸组成的研究结果一致。大亚湾沉积物较高的 Gly 含量与沿岸污染物的输入、氨基酸之间相互转化及动物对 Gly 的合成等因素有关。然而，在网箱养殖区 Y3 站、Y5 站，Gly 的摩尔分数达到 35%以上，远远高于中国近海表层沉积物中 Gly 的含量（12.6%）（王丽玲等，2009），表明网箱养殖对 Gly 含量影响较大。在氨基酸保存过程中，Tyr、Glu、Arg、Phe 在细胞质中富集，易优先分解，而 Gly、Ser、Ala 一般在硅藻细胞壁中富集，这使得它们在沉降和分解过程中受到保护（Dauwe & Middelburg，1998）。大亚湾沉积物中 Glu、Ser、Arg、Ala 和 Thr 含量较高，占水解氨基酸的比例均大于 5%，而 Asp、His、Tyr、Phe、Ile、Leu、Val 含量较低，易于分解的 Glu 含量为 12.56%，仅次于 Gly 的含量，Ser 主要来源于鸡蛋、鱼、大豆，与人类活动密切相关，在沉积物中含量为 8.17%。通过与荷兰北海（Dauwe & Middelburg，1998）、我国长江口、琼东南沿岸（王丽玲等，2009）及浙江近海（卢冰等，1988）沉积物中氨基酸组成比较，发现沉积物中同种氨基酸在不同生态系统中含量差异较大，沉积物中氨基酸组成除受官能团或分子大小引起个体氨基酸稳定性不同的影响外，还受来源、保存条件、生物的选择性吸收及沉积环境（温度、pH 等）的影响（Dauwe & Middelburg，1998）。

根据官能团不同将沉积物氨基酸组分进行分类，沉积物各类氨基酸含量表现为中性氨基酸＞酸性氨基酸＞羟基类氨基酸＞碱性氨基酸＞芳香族氨基酸，与中国近海沉积物中氨基酸的组成对比，中性氨基酸和酸性氨基酸含量相近，其他类氨基酸差异较大，大亚湾沉积物羟基类氨基酸含量高于碱性氨基酸，而中国近海沉积物中羟基类氨基酸含量最低，可能与氨基酸的来源和输入方式有关（赵钰等，2013）。氨基酸的组成差异也可以用来判断沉积环境，一般酸性氨基酸/中性氨基酸值为 0.167，为中性环境；酸性氨基酸/中性氨基酸值为 0.333，为碱性环境（马兰花等，1999）。大亚湾沉积物中，酸性氨基酸/中性氨基酸为 0.28～0.37，平均为 0.32，表明采样区域沉积物为中性偏碱性，与调查沉积物 pH 为 7.67～8.06 的结果相符。碱性环境有利于酸性氨基酸与黏土或腐殖质结合，提高了酸性氨基酸在沉积物中的稳定程度，利于酸性氨基酸在沉积物中保存（赵钰等，2013）。

2. 沉积物中有机氮的矿化特征

沉积物有机氮矿化是水环境中氮循环的原动力之一，矿化产生的无机氮在一定条件下可以释放进入上覆水体，成为二次污染源。因此，沉积物有机氮矿化与内源污染及近海生态系统富营养化密切相关。本书探讨与沉积物中有机氮转化密切相关的沉积物特征——蛋白酶、脲酶的活性，同时采用室内淹水培养法研究有机氮矿化特征。

（1）沉积物蛋白酶和脲酶活性及其分布

研究区域见图 2.26。蛋白酶和脲酶活性分别用茚三酮比色法（蔡红和沈仁芳，2005）、苯酚钠-次氯酸钠比色法（Qin et al.，2010）测定。

蛋白酶是一类作用于肽键的水解酶，能引起蛋白质、肽类的分解，而脲酶能促进含氮有机物尿素分子酰胺态氮的水解，蛋白酶和脲酶是两种参与沉积物氮循环的关键酶。有机质为分泌酶的微生物提供能量和物质，同时有机质又是酶的底物，因此，有机质对沉积物酶活性有重要影响。沉积物蛋白酶和脲酶活性分布见图 2.32，由图 2.32a 可知，蛋白酶活性空间差异较大，变化范围为 106.87～1530.05 mg/(kg·d)，平均活性为 459.06 mg/(kg·d)。蛋白酶活性呈现由西南养殖区（S7、Y3、Y5）向湾中部逐渐减小，湾中部向东北区域逐渐增大的趋势，总体为湾中部较低，沿岸区域较高。沉积物脲酶活性变化范围为 49.89～190.34 mg/(kg·d)，平均活性为 108.44 mg/(kg·d)（图 2.32b）。脲酶活性低于沉积物蛋白酶活性，且脲酶活性空间差异较小，高值区出现于东北部范和港（S11、S15）和西南大鹏澳殖区（Y3、Y5），同时在湾口 S1 站脲酶活性也较高。

大亚湾表层沉积物蛋白酶和脲酶活性与环境因子相关性如表 2.7 所示，蛋白酶和脲酶活性与有机质、TN 显著正相关，与普遍认为的高有机质导致高酶活性的结果一致。同时，沉积物总氮含量的增加可以诱导蛋白酶和脲酶的产生（齐继薇等，2014）。大亚湾沉积物蛋白酶和脲酶活性高值区出现于东北部范和港（S11、S15）区域、西南大鹏澳养殖区（Y3、Y5），沉积物营养状况对酶活性空间分布有重要影响，酶活性可以指示沉积物污染状况。Fabiano 和 Danovaro（1998）也发现脲酶参与海洋沉积物中有机质的转化，水解酶活性随外源污染负荷的增加而升高。蛋白酶和脲酶活性与沉积物 Chl a 显著正相关，藻类在生长过程中会分泌蛋白酶、脲酶等一系列酶（Solomon et al.，2010）。

蛋白酶活性与 DON 含量相关性未达到显著水平，可能蛋白酶活性的高低不仅依赖于 DON 含量的高低，更依赖于 DON 的组成。沉积物蛋白酶活性与有机质含量、总氮含量及沉积物其他性质有关，其中沉积物蛋白质含量及其溶解性决定着蛋白酶活性（Zhou et al.，2009）。

本书中脲酶活性与 DON 和溶解游离氨基酸（DFAA）显著正相关，DON 和 DFAA 是沉积物有机氮中活跃组分，易被初级生产者、细菌等分解利用，在外源营养物质排放得到控制的情况下，对 DON 的分解利用是海湾沉积物向水体释放营养盐的重要形式之一。即脲酶活性的大小可反映沉积物活性有机氮组分引起二次污染的风险程度。

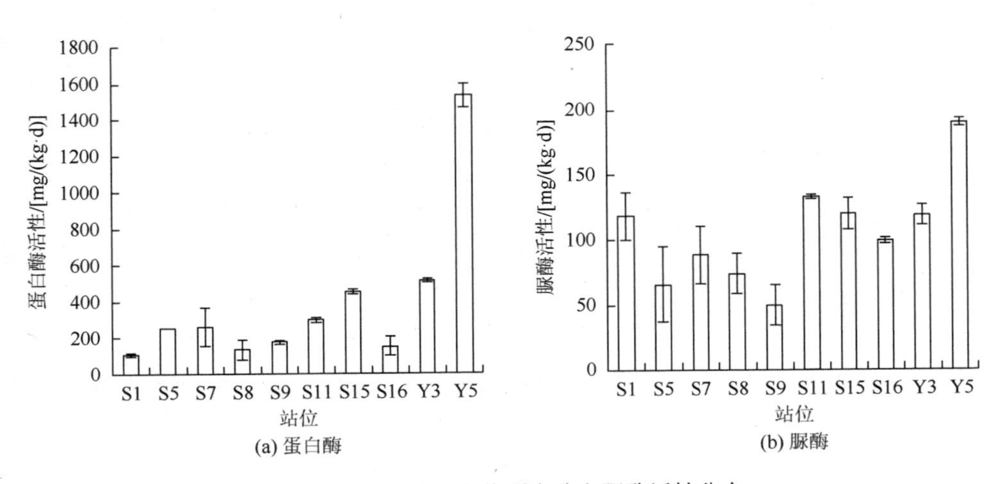

图 2.32　大亚湾沉积物蛋白酶和脲酶活性分布

表 2.7　大亚湾沉积物蛋白酶、脲酶与环境因子的相关性

项目	有机质	TN	TP	叶绿素 a	DON	DFAA
蛋白酶	0.905**	0.761*	0.942**	0.951**	0.618	0.798**
脲酶	0.815**	0.866**	0.763*	0.803**	0.567*	0.570*

**P<0.01；*P<0.05

（2）沉积物有机氮矿化特征

采用淹水培养法研究有机氮矿化特征。取 10 g 风干土壤加入 100 ml 陈化海水（v：m = 10：1；陈化海水为 2012 年印度洋采集的海水），加入 250 ml 锥形瓶中，用锡箔纸将锥形瓶密封，在温度为 28～30℃的培养箱中培养，分别于 0 d、7 d、14 d 和 21 d 取出各个站位的两个重复样，振荡离心过滤，取滤液测定 NH_4-N 和 NO_2-N + NO_3-N 含量。矿化氮（mineralisable nitrogen，MN）含量为培养一段时间后 NH_4-N 和 NO_2-N + NO_3-N 总含量与 0 d 时 NH_4-N 和 NO_2-N + NO_3-N 总含量之差，本书研究矿化氮含量为培养 21 d 后产生的 NH_4-N 和 NO_2-N + NO_3-N 总含量。

沉积物矿化氮分布特征见表 2.8，可以看出，初期有机氮矿化速率较快，矿化作用主要发生在前 7 d，矿化率达到 90%以上，此后保持相对稳定。经过 21 d 的培养，MN 含量变化范围为 69.01～221.67 mg/kg，平均含量为 138.41 mg/kg，占 TN 的比例变化范围为 5.04%～10.90%，平均为 8.18%。MN 高值区位于大鹏澳养殖区（Y3、Y5）、范和港（S11、S15）和北部南海石化基地（S16）。沉积物有机氮矿化以生成 NH_4-N 为主，含量变化范围为 60.40～205.34 mg/kg，平均为 125.93 mg/kg。NO_2-N + NO_3-N 是矿化氮的另外两种形态，NO_2-N + NO_3-N 的含量在 7 d 时达到最大值，14 d 和 21 d 有小幅下降，最终含量变化范围为 6.19～18.19 mg/kg。

沉积物中氮矿化能力直接关系沉积物的潜在可释放氮量，以及对水体富营养化的贡献量（赵钰等，2013）。通过淹水培养法得到沉积物 MN 与有机质、TN、蛋白酶、脲酶显著正相关（表 2.9）。有机质、TN 对沉积物有机氮矿化有重要影响，有机质、TN 都是反映沉积物营养状况的指标，沉积物营养程度高，其潜在可利用氮含量也较高。有机质矿化过程实质是微生物通过酶的作用将大分子有机氮转化为小分子氮（Fabiano & Danovaro，1998），蛋白酶作用于蛋白质的肽键，使蛋白质分解成氨基酸，最后释放出 NH_4-N，脲酶催化尿素酰胺分子分解生成 NH_4-N，在底物充足的情况下，酶活性的增加可以促进 NH_4-N 含量的增加。矿化过程生成的 NO_2-N + NO_3-N 与沉积物有机质显著正相关，虽然淹水培养法抑制 NO_2-N + NO_3-N 的产生，但研究结果也表明，NO_2 -N + NO_3-N 含量随污染程度升高而增大。

矿化氮与有机氮各组分的相关性见表 2.10，NH_4-N 和 MN 与 DON、DFAA、AHN、NHN、AN、THAA 均显著正相关，NO_2-N + NO_3-N 与 DON、DFAA、AHN、AN 显著正相关。不同组分有机氮可分解性和生物可利用性存在差异，有机氮的形态、含量将影响矿化氮的量。DON 和 DFAA 作为有机氮活性组分，容易发生矿化作用转化为无机氮供生物吸收利用。酸解态氮中的 AN、THAA 是矿化氮的重要组分，以蛋白质为主要存在形式的氨基酸是沉积物中的主要组成，各类有机氮矿化速率的大小顺序为 THAA＞ASN＞HUN。

表 2.8　大亚湾沉积物矿化氮含量　（单位：mg/kg）

站位	7 d			
	NH_4-N	NO_2-N + NO_3-N	MN	MN/TN/%
S1	93.17	4.48	97.65	5.55
S5	52.59	8.92	61.54	7.50
S7	42.86	6.38	49.24	5.35
S8	75.02	18.33	93.35	4.83
S9	111.67	5.15	116.82	10.09
S11	146.03	7.85	153.88	7.36
S15	171.44	9.92	181.36	9.36
S16	83.34	12.72	96.06	6.59
Y3	108.52	9.63	118.15	6.34
Y5	183.18	15.49	198.66	6.33
站位	14 d			
	NH_4-N	NO_2-N + NO_3-N	MN	MN/TN/%
S1	93.30	3.86	97.16	5.53
S5	66.76	7.77	74.53	9.08
S7	55.61	7.79	63.40	6.88
S8	85.08	13.37	98.45	5.10
S9	107.33	9.11	116.44	10.06
S11	159.74	8.47	168.21	8.05
S15	182.90	17.30	200.21	10.33
S16	131.04	5.37	136.41	9.36
Y3	144.20	12.43	156.63	8.80
Y5	195.79	16.36	212.15	6.76
站位	21 d			
	NH_4-N	NO_2-N + NO_3-N	MN	MN/TN/%
S1	96.41	6.22	102.63	5.84
S5	62.87	6.19	69.78	8.51
S7	60.40	8.61	69.01	7.49
S8	83.43	14.01	97.44	5.04
S9	105.64	11.97	117.61	10.16
S11	161.70	10.04	171.74	8.21
S15	193.044	18.19	211.24	10.90
S16	126.66	7.14	133.80	9.18
Y3	163.85	11.48	175.33	9.85
Y5	205.34	16.33	221.67	7.06

表 2.9　大亚湾沉积物矿化氮与环境因子相关性

参数	有机质	TN	TP	蛋白酶	脲酶
NH_4-N	0.857**	0.794**	0.571	0.683*	0.784**
NO_2-N + NO_3-N	0.672*	0.617	0.483	0.568	0.370
MN	0.863**	0.799**	0.578	0.691*	0.771**

** $P<0.01$；* $P<0.05$

表 2.10 大亚湾沉积物矿化氮与有机氮组分相关性

项目	DON	DFAA	AHN	NHN	AN	ASN	THAA	HUN
NH_4-N	0.682*	0.730*	0.860**	0.644*	0.715*	0.642*	0.729*	0.364
NO_2-N + NO_3-N	0.700*	0.706*	0.637*	0.531	0.840**	0.228	0.404	0.317
MN	0.699*	0.745*	0.864**	0.651*	0.741*	0.626	0.721*	0.369

** $P<0.01$；* $P<0.05$

3. 沉积物磷的形态分布及含量

酸提取态磷（HCl-P）活性较低，主要为钙结合态的磷灰石磷；碱提取态磷（NaOH-P）活性最高，主要为铁铝结合态的非磷灰石磷（Ruban et al.，2001）。对不同季节不同区域的沉积物磷形态含量进行分析，可为深入了解大亚湾沉积物磷负荷状况及磷的迁移转化提供依据。

作者团队于 2015 年 8 月，2016 年 1 月、4 月、10 月对大亚湾进行了夏、冬、春、秋四季航次的采样调查，采样站位见图 2.33。采样期间分别于 8 月的 S6 站，4 月的 S4 站，10 月的 S10 站发现了赤潮现象。

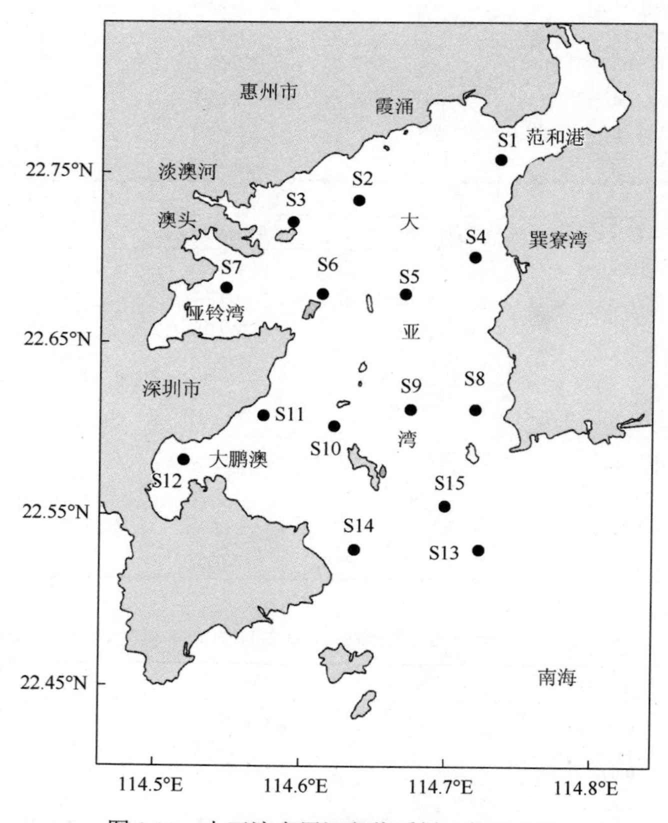

图 2.33 大亚湾表层沉积物采样站位分布图

大亚湾表层沉积物的NaOH-P与HCl-P含量的全年变化范围分别为23.93～102.95 mg/kg和143.49～346.95 mg/kg，年均值分别为（55.61±18.51）mg/kg和（244.38±44.89）mg/kg。HCl-P占无机磷（IP）的81.98%，是IP的主要成分。这可能是因为海相沉积物中铁的反应活性下降，而钙的反应活性上升，海洋沉积物中的无机磷以钙结合态的酸提取态磷为主（翁焕新等，2004）。

大亚湾沉积物NaOH-P含量的季节变化规律表现为：春季＞夏季＞冬季＞秋季，且季节差异十分显著（$P<0.01$）。其中，夏季变化范围为44.45～68.57 mg/kg，均值为（58.22±6.77）mg/kg；冬季变化范围为23.93～80.29 mg/kg，均值为（52.70±15.98）mg/kg；春季变化范围为36.24～102.95 mg/kg，均值为（68.43±22.26）mg/kg；秋季变化范围为23.87～69.56 mg/kg，均值为（43.09±16.36）mg/kg。

NaOH-P含量的空间分布特征呈现出近岸高于湾内及湾口的趋势（图2.34）。NaOH-P含量高值区主要集中在大亚湾北部沿岸。夏季NaOH-P含量的最高值位于S4站，次高值位于S6站。冬季NaOH-P含量的最高值位于S4站，而次高值位于S10站。春季NaOH-P含量最高值位于S7站，次高值位于S1站。秋季NaOH-P含量最高值位于S10站，次高值位于S4站，且最高值与次高值接近。NaOH-P含量低值区同样集中在湾中及湾口区域。除春季NaOH-P含量最低值位于S13站外，夏、冬、秋三季的NaOH-P含量最低值皆位于S9站。NaOH-P的空间分布趋势表明其主要受到了网箱养殖的影响，并且NaOH-P分别在夏季、春季及秋季节观测到赤潮发生的S6、S4和S10站亦具有较高的值，也表明浮游植物的大量沉降是NaOH-P高值区形成的原因。

大亚湾沉积物HCl-P含量的季节变化规律表现为：秋季＞夏季＞春季＞冬季，但差异性分析并不显著（$P>0.05$）。其中，夏季变化范围为143.49～332.32 mg/kg，均值为（250.02±43.88）mg/kg；冬季变化范围为143.72～287.06 mg/kg，均值为（223.52±41.08）mg/kg；春季变化范围为154.07～324.82 mg/kg，均值为（248.47±41.61）mg/kg；秋季变化范围为163.71～346.95 mg/kg，均值为（255.49±49.94）mg/kg。

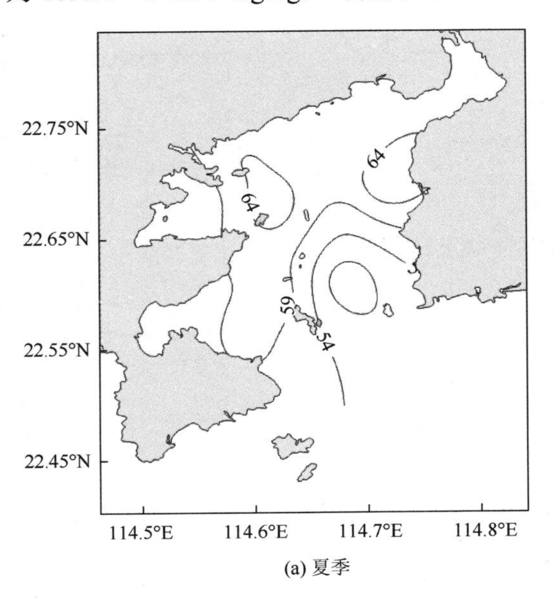

(a) 夏季

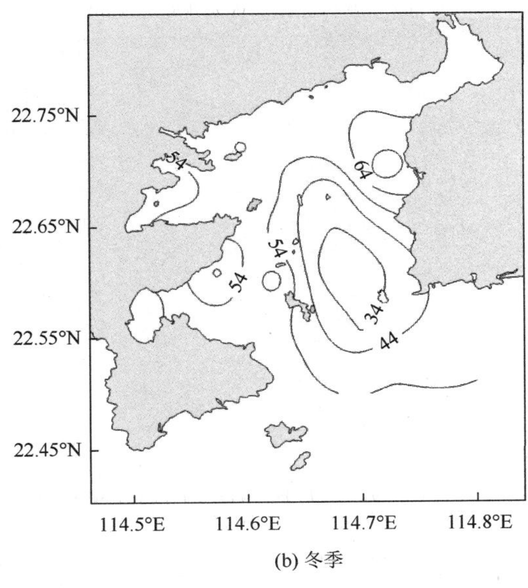

(b) 冬季

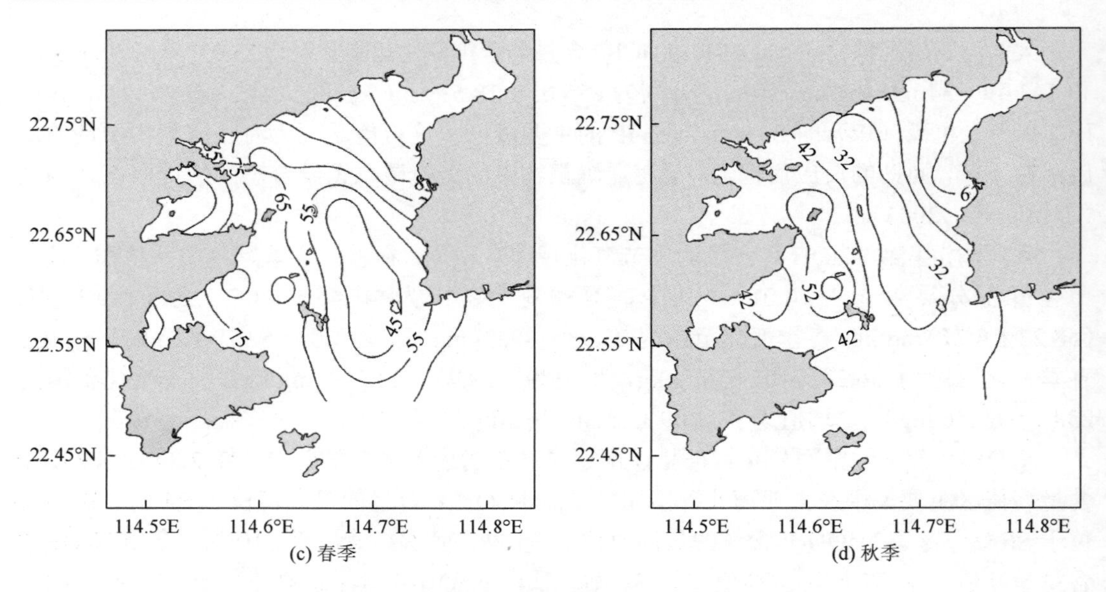

(c) 春季　　　　(d) 秋季

图 2.34　大亚湾沉积物 NaOH-P 的分布（单位：mg/kg）

HCl-P 的空间分布表现为从西北部近岸向湾中区域递减（图 2.35）。夏冬两季 HCl-P 含量的最高值位于 S3 站，次高值位于 S7 站。而春秋两季 HCl-P 含量的最高值则位于 S7 站，次高值位于 S3 站。HCl-P 含量四季的最低值皆稳定于 S8 站。HCl-P 主要由自生磷灰石及碎屑磷灰石组成，其中碎屑磷灰石主要来自于陆源输入，自生磷灰石的形成量随磷负荷的上升而增多（Froelich et al.，1988）。因此 HCl-P 的高值区主要受到了径流输入及养殖活动的影响。

与国内外其他海湾及河口沉积物相比（表 2.11），低活性的 HCl-P 的含量皆处于相对较低的水平，但活性较高的 NaOH-P 的含量较高，与厦门西港区域相近。

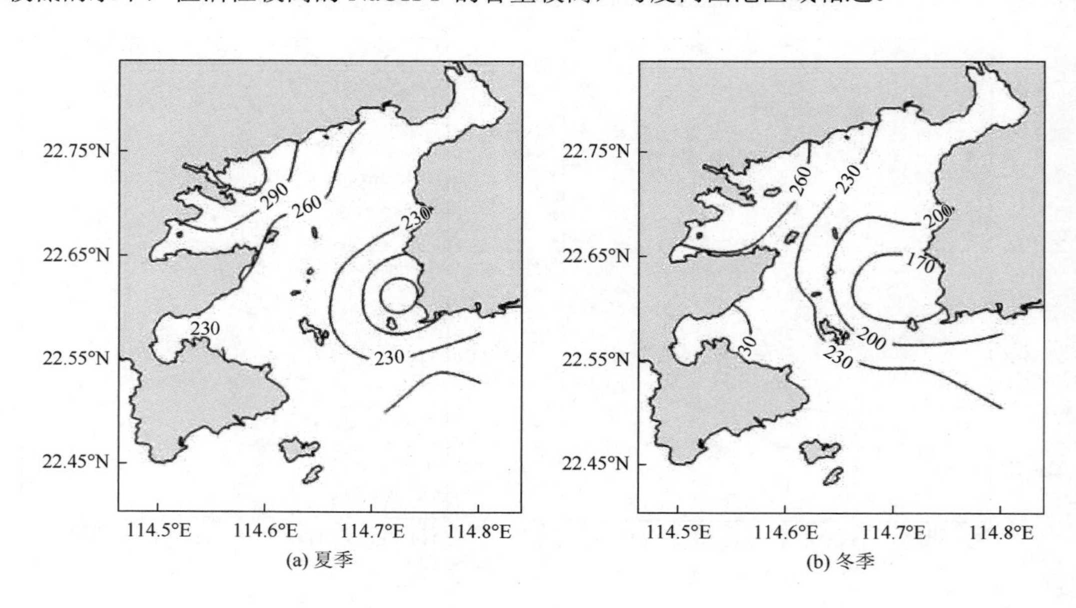

(a) 夏季　　　　(b) 冬季

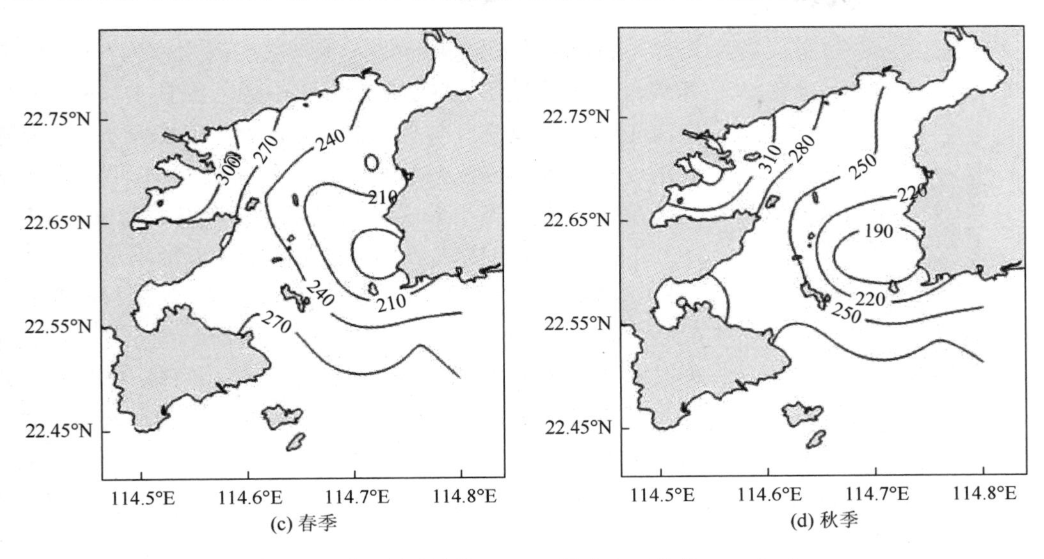

图 2.35　大亚湾沉积物 HCl-P 的分布（单位：mg/kg）

表 2.11　大亚湾与国内外其他河口海湾沉积物磷含量的比较

海域	NaOH-P 含量/(mg/kg)	HCl-P 含量/(mg/kg)	数据来源
大亚湾	23.93～102.95	143.49～346.95	本书
长江口	4.17～52.76	186.88～431.69	胡晓婷等（2016）
厦门西港	57～96	200～407	陈淑美和傅天保（1991）

四、海湾沉积物-海水界面营养物质交换

海洋沉积物的间隙水作为联系海底沉积物与上覆水营养物质的重要媒介，反映了海洋底质的地球化学循环状态，在国外得到了较早和较系统的研究。国内对胶州湾和大亚湾等地的沉积物-海水耦合研究进行了一些初步工作。海洋生态系统中各种生物的生长发育都离不开海洋中的营养物质，当外部的营养物质输入减少时，从沉积物中释放的营养物质可以成为满足初级生产力的重要因素（蔡立胜等，2004），而且也受环境因素如 DO、盐度、pH 等的影响。因此，本书探讨胶州湾和大亚湾沉积物-海水界面营养物质交换速率及其对关键环境因素的响应，有利于认知海湾生态系统营养物质的迁移过程及其控制因素。

（一）胶州湾沉积物-海水界面营养物质的交换

分别于春、夏、秋和冬季采集胶州湾各站位表层沉积物和上覆水，同时测定上覆水的温度、盐度、pH 和 DO，模拟原位条件进行实验室培养实验。由于不同站位上覆水温度存在差别，实验室无法单独控制，因此培养温度取各站上覆水体平均温度作为培养温度，其他初始条件控制与现场条件一致。培养开始前，将沉积柱与底层海水均置于预先恒温的培养箱中，底层海水温度达到培养温度时，向沉积柱中缓慢加入 4 L 上覆水，避光

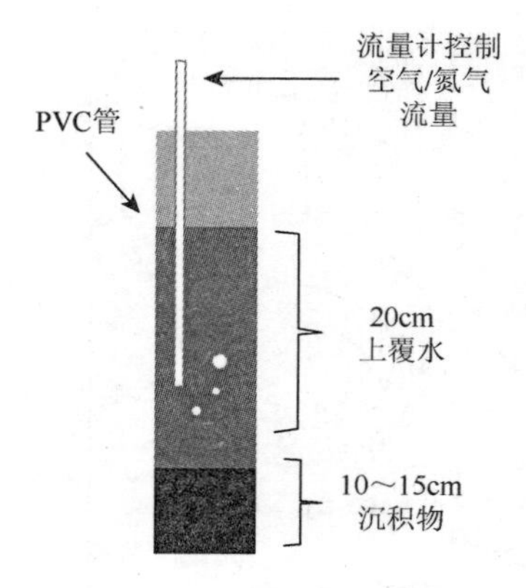

图 2.36 实验装置示意图

培养，另取一有机玻璃管加入等量底层海水作为对照组，培养装置简化图见图 2.36。向上覆水中通入经预实验确定的一定流量的空气或空气与氮气的混合气体，使培养水体的溶解氧浓度接近各站原位溶解氧条件。实验过程中，以 24 h 为间隔用多参数台式测量仪对上覆水体的温度、盐度、pH 和 DO 进行监测。电极法条件下测定的 DO 值经碘量法校正。

培养稳定 6 h 后开始采集水样，将第一次采样时刻作为起始点，培养 3～4 d，每隔 5～24 h 取样，培养开始阶段采样时间点较为密集（间隔 5～12 h），随后每隔 16～24 h 取样，每次取样 40 ml，用 0.45 μm 醋酸纤维膜过滤后，加氯仿−20℃保存。每次取完水样后加入原站位采集的等体积底层海水，保证培养过程中上覆水体积不变，依据式（2.7）、式（2.8）计算沉积物-海水界面硅的交换速率：

$$M_i = V \times C_i + \Delta V_{取} \times (C_{i-1} - C_0) - V \times C_0 \tag{2.7}$$

$$F = 24 \times (\mathrm{d}M/\mathrm{d}t)/A \tag{2.8}$$

式中，M_i 为 t_i 时间内沉积物-海水界面营养盐的交换量（μmol）；$\Delta V_{取}$ 为取样体积（L）；V 为培养过程中上覆水体积（L）；C_0 为底层海水营养盐浓度（μmol/L）；C_i、C_{i-1} 为 t_i、t_{i-1} 时刻实验组上覆水营养盐浓度（μmol/L）；F 为沉积物-海水界面营养盐的交换速率[μmol/(m²·d)]；$\mathrm{d}M/\mathrm{d}t$ 为交换量随时间变化的斜率（μmol/h）；A 为交换面积，即 $\pi(D_{内}/2)^2 = 0.02\ \mathrm{m}^2$。

将营养盐交换量随时间变化曲线线性部分的斜率代入式（2.8）可以求得各季节不同营养盐在胶州湾沉积物-海水界面的交换速率，结果如表 2.12 所示。胶州湾沉积物全年平均均表现为水体营养盐的源，其中 4 个季节均表现为 SiO_3-Si 源，而 DIN 和 PO_4-P 在不同季节的迁移方向并不一致。胶州湾多数站位沉积物-海水界面无机氮主要以 NH_4-N 和 NO_3-N 的形式进行交换，春、夏、秋季胶州湾沉积物主要表现为水体 DIN 和 PO_4-P 的源，其中夏季源的强度最高，春秋季较低，冬季则整体表现为 DIN 和 PO_4-P 的汇，表明温度是决定胶州湾营养盐源、汇格局和强度的重要原因。

表 2.12 不同季节胶州湾沉积物-海水界面营养盐的交换速率[单位：μmol/(m²·d)]

季节	沉积物-海水界面交换速率				
	NO_3-N	NO_2-N	NH_4-N	PO_4-P	SiO_3-Si
夏季	−714～1560（804）	−41～941（−134）	112～26064（4146）	−20～861（111）	947～4889（1819）
冬季	−657～637（−134）	−117～−20（−60）	−1334～463（−466）	−128～−14（−78）	43～827（378）
春季	−450～748（240）	−54～11（−23）	−418～756（139）	−15～12（3）	430～1308（853）
秋季	−299～639（233）	−102～12（−24）	92～750（326）	−7.1～33（13）	230～1403（826）
年均	286	−60	1036	12	969

注：括号内为季节平均值

对比中国近海不同海区的DIN在沉积物–海水界面交换速率的研究结果（表2.13），可以看出，本书研究结果与渤海、东海和之前胶州湾的研究结果较为接近，但显著小于桑沟湾养殖海区和黄河口湿地，可能与养殖区和黄河口湿地沉积物累积了更多的有机质和植物碎屑有关。

表2.13　中国近海不同海域沉积物–海水界面NO_3-N、NO_2-N和NH_4-N的交换速率

[单位：μmol/(m^2·d)]

调查海域	研究方法	NO_2-N	NO_3-N	NH_4-N	数据来源
胶州湾	实验室培养法	–117～941	–714～1560	–1334～26064	本书
东海	现场培养法	–156～27	–6632～132	–927～2347	石峰（2003）
胶州湾	实验室培养法	5～670	–2000～2800	–500～1600	蒋凤华等（2004）
桑沟湾养殖海区	扩散法	641	3302	37633	蔡立胜等（2004）
浙江近海（赤潮前）	现场培养法	–30～–20	–1330～–680	–650～1690	胡佶等（2007）
浙江近海（赤潮后）	现场培养法	–110～50	50～820	–450～980	胡佶等（2007）
渤海	船基沉积物培养法	65	614	628	王修林等（2007）
黄河口湿地	实验室培养法	–1200～2100	–22800～144000	–9160～6940	李玲玲（2010）

表2.14列出了中国近海不同海域沉积物–海水界面PO_4-P的交换速率，可以看出，本书研究结果与蒋凤华等（2003）的结果较为接近。比较浙江近海赤潮前后测得的沉积物–海水界面PO_4-P的交换速率，可以看出赤潮暴发前后沉积物–海水界面PO_4-P的交换方向相反，赤潮暴发前沉积物表现为水体PO_4-P的汇，而赤潮暴发后沉积物则表现为PO_4-P的源，且其交换速率明显较大。由此可推知，生物作用能加快沉积物中磷的循环，且能影响其迁移方向。

表2.14　中国近海不同海域沉积物–海水界面PO_4-P的交换速率

调查海域	研究方法	沉积物–海水界面交换速率/[μmol/(m^2·d)]	数据来源
胶州湾	实验室培养法	–128～861	本书
胶州湾	实验室培养法	0.1～90	蒋凤华等（2003）
大亚湾养殖水域	扩散法	2.53	丘耀文等（1999）
渤海莱州湾	现场培养法	67～68	陈洪涛等（2003）
东海	现场培养法	–105.4～32.8	石峰（2003）
浙江近海（赤潮前）	现场培养法	–60～–10	胡佶等（2007）
浙江近海（赤潮后）	现场培养法	80～1260	胡佶等（2007）
渤海	船基沉积物培养法	0.4～77	王修林等（2007）
胶州湾	原样培养	–1～170	张学雷等（2004）
桑沟湾	原样培养	10	张学雷等（2004）
黄河口湿地	实验室培养法	–300～45	李玲玲（2010）

表2.15为中国近海不同海域沉积物–海水界面SiO_3-Si的交换速率。从表中可以看出，

在中国近海，沉积物中的硅通常表现为向水体释放，这证明在近海海域沉积物基本表现为水体 SiO_3-Si 的源。比较浙江近海赤潮前后测得的沉积物-海水界面 SiO_3-Si 的交换速率，可以看出生物作用能加快沉积物中硅的循环速度。

表 2.15　中国近海不同海域沉积物-海水界面 SiO_3-Si 的交换速率

调查海域	研究方法	沉积物-海水界面交换速率/[μmol/(m²·d)]	数据来源
胶州湾	实验室培养法	43～4889	本书
胶州湾	实验室培养法	1000～5000	蒋风华等（2003）
大亚湾养殖水域	扩散法	47.96	丘耀文等（1999）
东海	现场培养法	140～25400	石峰（2003）
浙江近海（赤潮前）	现场培养法	850～2320	胡佶等（2007）
浙江近海（赤潮后）	现场培养法	2740～9230	胡佶等（2007）
渤海	船基沉积物培养法	2220～4317	王修林等（2007）
大亚湾	实验室培养法	1870～6024	何桐等（2010）
珠江口	实验室培养法	−1967～3883	吕莹等（2006）

根据测得的不同类型沉积物对应的营养盐交换速率与张帆（2011）对胶州湾潮滩 NO_3-N、NO_2-N 和 NH_4-N 交换速率的调查结果，结合胶州湾不同类型沉积物所占的比例，估算出胶州湾沉积物-海水界面各类营养盐的交换通量。从表 2.16 可知，胶州湾沉积物表现为水体 DIN、PO_4-P 和 SiO_3-Si 的源，年交换通量分别为 2.64×10^8 mol/a、2.76×10^7 mol/a 和 133×10^9 mol/a。胶州湾春、夏、秋、冬季的平均初级生产力分别为 248 mg C/(m²·d)、836 mg C/(m²·d)、286 mg C/(m²·d)和 102 mg C/(m²·d)，根据 Redfield 比值进行估算可知，沉积物-海水界面交换的营养盐分别可提供维持初级生产力所需 N（39.2%）、P（6.6%）和 Si（19.7%）。

表 2.16　胶州湾各季节沉积物-海水界面间营养盐的交换通量

季节	沉积物-海水界面交换通量		
	DIN	PO_4-P	SiO_3-Si
夏季/(mmol/d)	1.64×10^9	3.69×10^7	6.50×10^8
冬季/(mmol/d)	-2.12×10^8	-2.20×10^7	1.32×10^8
春季/(mmol/d)	1.27×10^9	0.91×10^7	3.04×10^8
秋季/(mmol/d)	1.68×10^8	5.54×10^6	3.71×10^8
全年/(mol/a)	2.64×10^8	2.76×10^7	1.33×10^{11}

（二）环境因子对胶州湾沉积物-海水界面营养盐迁移转化的影响

沉积物-海水界面营养盐的交换主要与间隙水和上覆水中营养盐的浓度、氧化还原条件、沉积物物理化学特性等多种环境因子有关，这些影响因子相互影响，关系复杂。根据相关环境因子的不同性质，将其分为以下 4 类进行讨论。①与底层物化条件相关的参数：盐度、pH 和 DO；②与扩散过程相关的参数：沉积物间隙水和底层水体中营养盐浓度；③表层沉积物 TOC、Chl a、TN、TP、BSi 和 C/N 等相关参数；④与沉积物本身性质相关的参数：表层沉积物的黏土含量、D_{50} 和含水率。

1. 底层盐度、pH 和 DO

胶州湾沉积物-海水界面无机氮、磷酸盐和硅酸盐的交换速率与盐度均不存在显著相关性。实际上，盐度是影响沉积物-海水界面营养盐交换的重要环境因子，随着盐度的升高，沉积物对 NH_4-N 的吸附作用、硝化作用和反硝化作用减弱（Rysgaard et al.，1999）。对长江口的调查也表明，盐度是调控沉积物-海水界面 NH_4-N 交换的关键因子（Chen et al.，2005）。对河口的研究表明，盐度较低的环境下沉积物对 P 的吸附能力较强（Sundareshwar & Morris，1999），而在低盐度条件下，沉积物中硅酸盐更容易溶解并向水体迁移（石峰，2003）。然而，本书研究表明盐度对胶州湾沉积物-海水界面营养盐的交换影响并不显著，这可能是因为胶州湾底层盐度变化较小，最大盐度差不到 1，所以盐度对胶州湾沉积物-海水界面营养盐的交换影响较小。

pH 对沉积物-海水界面 N 迁移转化的影响机制较为复杂，不同 pH 条件下，沉积物中生物群落的活性、结构及丰度存在差异，而沉积物-海水界面 N 的迁移转化受微生物活动调控，因此 pH 是影响沉积物-海水界面 N 迁移转化的重要因子。胶州湾沉积物-海水界面 NO_3-N（$r = 0.62$，$P = 0.008$，$n = 17$）、NO_2-N（$r = 0.561$，$P = 0.029$，$n = 15$）和 NH_4-N（$r = 0.756$，$P = 0.001$，$n = 16$）的交换速率与 pH 均呈显著正相关。研究表明低 pH 有利于反硝化作用的进行，而碱性条件下以硝化作用为主（Widdicombe et al.，2009），然而，张洁帆等（2009）对渤海的调查则表明 pH 低时偏于氧化环境，以氨氮的硝化为主，pH 高时偏于还原环境，以反硝化为主，因此 pH 越大，沉积物-海水界面 NO_3-N 的交换速率越大，而 NH_4-N 的交换速率越小。另外其他研究表明 pH 与底层 N 交换不存在显著相关性（Deng et al.，2014）。本书研究表明随着 pH 的升高，胶州湾沉积物-海水界面 NO_3-N、NO_2-N 和 NH_4-N 的交换速率均呈上升趋势，这可能是因为水体 pH 与温度耦合（$R = 0.92$，$P < 0.001$，$n = 17$），水体 pH 的升高伴随着温度的上升，而高温条件有利于沉积物中营养盐向水体迁移，所以随着 pH 的上升，无机氮在沉积物-海水界面的交换速率呈增大趋势。

pH 是影响沉积物中固相磷溶解过程的重要环境因子，在低 pH 条件下，底泥中的可提取态 P 含量较高，因此低 pH 有利于沉积物-海水界面磷的交换（Andersson et al.，2016）。但同时随着 pH 值的升高，沉积物中铁锰氧化物对 PO_4-P 的吸附能力减弱，有利于 PO_4-P 的释放。本书同样发现胶州湾沉积物-海水界面磷的交换速率与 pH 存在显著正相关关系（$r = 0.78$，$P < 0.001$，$n = 16$），证实了 pH 可能更多的通过影响沉积物中铁锰氧化物对 PO_4-P 的吸附，从而影响了胶州湾沉积物-海水界面磷酸盐的交换。

底层水体 pH 与胶州湾沉积物-海水界面 SiO_3-Si 交换速率存在显著正相关关系（$r = 0.81$，$P < 0.001$，$n = 16$），证实了硅酸盐在碱性条件下更容易溶出进入水体的现象。

在低氧条件下，NH_4-N 是 DIN 的主要赋存形态，而在富氧条件下，有机质矿化产生的NH_4-N容易被氧化为NO_3-N，因此高DO条件下NO_3-N的交换占主导，低DO条件下，沉积物-海水界面DIN主要以NH_4-N的形态进行交换。沉积物-海水界面NO_3-N（$r=-0.633$，$P=0.006$，$n=17$）、NO_2-N（$r=-0.575$，$P=0.025$，$n=15$）和NH_4-N（$r=-0.612$，$P=0.012$，$n=16$）的交换速率与底层DO均呈显著负相关，这同样可能是因为底层DO与温度耦合，DO越低，温度越高，沉积物中可交换态氮的溶解、扩散速率及有机氮的矿化速率越大，从而促进沉积物-海水界面NO_3-N、NO_2-N和NH_4-N的交换。

在沉积物中，PO_4-P在沉积物-海水界面的交换受DO的影响显著，在好氧条件下，沉积物表层的铁锰氧化物含量较高，对P具有强吸附作用，水体中PO_4-P较易向沉积物迁移，当环境中DO较低时，随着铁锰氧化物的还原，对PO_4-P的吸附作用下降，沉积物中PO_4-P更容易向水体迁移。胶州湾底层DO与沉积物-海水界面磷的交换速率呈显著负相关（$r=-0.798$，$P<0.001$，$n=16$），同样证明了DO通过影响沉积物中的铁锰氧化物的氧化还原条件影响沉积物-海水界面PO_4-P的交换。

DO对沉积物-海水界面SiO_3-Si交换的影响机制还不明确，部分研究发现富氧条件下，沉积物中铁的氧化物能吸附SiO_3-Si，从而抑制沉积物中硅酸盐向水体释放（Loder et al.，1978）。然而其他的研究并没有发现DO对沉积物-海水界面硅交换的影响（van der Loeff et al.，1984）。另外，DO变化时耦合的温度变化可能导致了沉积物-海水界面SiO_3-Si交换速率的变化，而DO本身对沉积物-海水界面SiO_3-Si的交换没有显著影响（石峰，2003）。胶州湾底层水体DO与沉积物-海水界面SiO_3-Si的交换速率存在显著负相关性（$r=-0.861$，$P<0.001$，$n=16$），考虑同一季节（不存在显著温度差异）沉积物-海水界面SiO_3-Si的交换速率与底层DO不存在显著相关性，因此胶州湾沉积物-海水界面SiO_3-Si交换速率随DO的变化可能是由温度所引起的。

2. 沉积物间隙水和底层水体中营养盐浓度

间隙水与上覆水之间营养盐扩散过程主要由二者的浓度差决定，上覆水中营养盐的浓度影响到沉积物-海水界面上的营养盐的浓度梯度，从而影响扩散的速度和方向。夏季胶州湾底层NO_3-N的交换速率与间隙水中NO_3-N浓度存在较弱正相关关系（$r=0.68$，$P=0.096$，$n=7$），符合扩散原理。然而底层NO_3-N的交换速率与底层NO_3-N浓度差（$r=0.50$，$P=0.254$，$n=7$）和底层NO_3-N浓度（$r=0.65$，$P=0.112$，$n=7$）均不存在显著相关关系，同样夏、冬季沉积物-海水界面NO_2-N、NH_4-N和PO_4-P的交换速率与其底层浓度、间隙水浓度及底层浓度差之间也不存在显著相关关系，因此扩散作用可能并不是影响胶州湾沉积物-海水界面无机氮、无机磷交换的主要过程。但胶州湾沉积物-海水界面SiO_3-Si的释放速率与间隙水中SiO_3-Si浓度在夏季（$r=0.68$，$P=0.055$，$n=8$）和冬季（$r=0.83$，$P=0.006$，$n=9$），以及和底层SiO_3-Si浓度差（夏季$r=0.71$，$P=0.049$，$n=8$；冬季$r=0.85$，$P=0.004$，$n=9$）都存在较为显著的正相关关系，证实胶州湾底层SiO_3-Si的交换受扩散过程调控。

3. 表层沉积物的TOC、Chl a、TN、TP、BSi和C/N

一般而言，沉积物中有机质矿化能使间隙水中营养盐浓度升高，从而促进沉积物中营养盐向水体释放。针对莫比尔湾（Mobile Bay）的研究表明，营养盐交换速率的最大值一般发生在富含有机质的沉积物中（Cowan et al.，1996）。然而夏季胶州湾沉积物-海水界面NO_3-N、NO_2-N和NH_4-N的交换速率与表层沉积物的TOC含量均不存在显著相关关系，这表明底层有机质对界面无机氮交换的影响较小，考虑夏季胶州湾表层沉积物中TOC与Chl a呈显著正相关（$r=0.95$，$P<0.001$，$n=10$），即沉积物中有机质含量越高，底栖微藻的丰度越高，而底栖微藻的同化作用会掩盖沉积物中无机氮的释放量，使得其界面交换速率下降（Tyler et al.，2003）。因此在探究夏季胶州湾沉积物-海水界面营养盐的交换时，需要协同考虑有机质的矿化作用和底栖藻类的同化作用。本次结果显示NH_4-N的最大释放速率及NO_3-N和NO_2-N的最大吸收速率均发生在有机质含量最高的S5站，由此可推知，在富含有机质的沉积物中，有机质的矿化作用可能是调控NH_4-N交换的主要过程，而底栖藻类的同化作用对底层NO_3-N和NO_2-N交换的影响较为显著。冬季胶州湾沉积物-海水界面NO_3-N、NO_2-N和NH_4-N的交换速率与表层沉积物的TOC含量均不存在显著相关性，这可能是因为冬季底层水温较低，有机质的降解作用较弱，因此对冬季沉积物-海水界面NO_3-N、NO_2-N和NH_4-N的交换影响较小。

夏季、冬季表层沉积物中TOC与沉积物中PO_4-P的交换速率在两个季节呈现两种完全不同的相互关系，夏季呈一定正相关（$r=0.64$，$P=0.121$，$n=7$），冬季则呈显著负相关（$r=-0.666$，$P=0.050$，$n=9$）。在夏季，沉积物中TOC含量较低的站位矿化作用也相对较弱，对DO的消耗也较低，沉积物中铁锰氧化物的吸附作用相对较强，表现出较低的交换速率。而TOC含量较高的站位矿化作用显著，对DO的消耗增加，沉积物中铁锰氧化物的吸附作用减弱，表现出向水体释放PO_4-P。冬季底层温度较低，矿化作用整体较弱，同时冬季水体DO含量增加，导致沉积物中铁锰氧化物的吸附作用增强，此时沉积物对PO_4-P的吸附作用受Fe^{3+}和TOC含量的共同控制，沉积物中TOC含量越高，对PO_4-P的吸附容量越高（刘敏等，2002），因此在冬季，TOC的吸附作用占据更为重要的作用，导致其与PO_4-P的交换速率表现为正相关。

夏季沉积物-海水界面SiO_3-Si的交换速率与表层沉积物中TOC呈显著正相关（$r=0.91$，$P=0.002$，$n=8$），这表明在有机质丰富的底质环境中，沉积物中的硅酸盐更容易向水体迁移。沉积物中SiO_3-Si的释放速率与有机质的降解相关，但比较生物灭活前后沉积物中硅的交换情况，发现沉积物中SiO_3-Si的释放一般不受微生物活动的影响，由此推测有机质的降解作用能使底质更加疏松，从而促进沉积物中活性硅的溶解和释放（Abe et al.，2014）。考虑夏季胶州湾沉积物中TOC与含水率、黏土含量均呈显著相关（$r>0.65$，$P<0.05$），沉积物中有机质可能是通过影响生物活动改变土质，从而促进沉积物中可交换态硅的溶解和释放。在冬季，沉积物-海水界面SiO_3-Si的交换速率与表层沉积物的TOC并不存在显著相关关系（$r=-0.26$，$P=0.507$，$n=9$），这表明冬季沉积物中有机质的矿化对底层SiO_3-Si交换的影响较小。

如前所述，夏季胶州湾表层沉积物中TOC与Chl a变化一致，即底栖微藻的丰度越高，沉积物中有机质含量越高，因此协同考虑有机质的矿化作用和底栖微藻的同化作用。夏季沉积物-海水界面NO_3-N、NO_2-N和NH_4-N的交换速率与沉积物表层Chl a含量均不存在显著相关关系，底栖藻类的同化作用对底层NO_3-N和NO_2-N交换的影响较为显著。冬季胶州湾沉积物-海水界面 NO_3-N 的交换速率与表层 Chl a 之间不存在显著相关关系，而 NO_2-N 和 NH_4-N 的交换速率与沉积物表层 Chl a 存在较弱正相关关系。随着表层沉积物中 Chl a 的增多，沉积物-海水界面 NH_4-N 的释放速率变大。结合相关分析可知，随着表层沉积物中 Chl a 含量的升高，沉积物中 C/N 呈降低趋势，即沉积物中 Chl a 含量越高，海洋内源有机质含量越高，有机质的活性越强，沉积物中有机氮更容易被矿化生成 NH_4-N，因此底层 NH_4-N 交换速率呈上升趋势。随着表层沉积物 Chl a 含量的增加，NO_2-N 的交换速率也呈增大的趋势。NO_2-N 是硝化和反硝化作用共同的中间产物，考虑 NO_2-N 与 NH_4-N 随 Chl a 变化的趋势一致，而 NH_4-N 和 NO_2-N 分别为是硝化作用的底物和中间产物，因此冬季 NO_2-N 的交换速率可能主要受硝化作用调控。夏季和冬季胶州湾沉积物-海水界面 PO_4-P 的交换速率与表层沉积物的 Chl a 含量均不存在显著相关关系，表明底栖藻类不是影响胶州湾底层 PO_4-P 交换的主要过程。夏季胶州湾沉积物-海水界面 SiO_3-Si 的交换速率与沉积物表层的 Chl a 含量呈显著正相关（$r=0.95$，$P<0.001$，$n=8$），而且表层沉积物中的 Chl a 与 TOC 显著相关（$r=0.95$，$P<0.01$，$n=10$），这是因为高的生产力有利于有机质的积累，而丰富的有机质能为生产者补给营养物质，所以丰富的有机质通常与高生产力耦合。另外，Chl a 作为初级生产的重要指标，在一定程度上能表征沉积物中的生物扰动，利于沉积物中 BSi 的溶出（Boon et al.，1998），因此表层 Chl a 含量越高，沉积物中硅的释放速率越大。冬季沉积物-海水界面 SiO_3-Si 的交换速率与沉积物表层 Chl a 含量无显著相关性。

一般而言，沉积物中 TN 含量越高，沉积物中可交换态氮的含量越高，而 NH_4-N 是有机氮矿化的主要产物，因此在 TN 含量丰富的沉积物中 NH_4-N 更容易从沉积物向水体释放。胶州湾沉积物-海水界面 NO_3-N 和 NH_4-N 的交换速率与表层沉积物中 TN，PO_4-P 的交换速率与表层沉积物中的 TP 均不存在显著相关关系，这表明表层沉积物中 TN、TP 对胶州湾底层无机氮和无机磷的交换影响较小。夏季（$r=0.70$，$P=0.080$，$n=7$）和冬季（$r=0.74$，$P=0.024$，$n=9$）SiO_3-Si 的释放速率均与胶州湾表层沉积物中 BSi 呈一定正相关。底质 BSi 是水体 SiO_3-Si 的主要来源，因此随着底质 BSi 含量的增加，沉积物中可交换态硅的溶解速度变大，更容易向上覆水体迁移。

C/N 能表征有机质活性，是影响底层营养盐迁移转化的重要环境因子。研究表明富氮有机质更容易被微生物降解，高 C/N 的沉积物更容易吸收水体中的 NO_3-N。而本书中夏季、冬季沉积物-海水界面 NO_3-N、NO_2-N 和 NH_4-N 的交换速率与表层沉积物的 C/N 均不存在显著相关性，表明沉积物的 C/N 对胶州湾底层无机氮循环影响很小。夏季胶州湾沉积物-海水界面 PO_4-P 的交换速率与表层沉积物 C/N 呈显著负相关（$r=-0.908$，$P=0.005$，$n=7$），富氮有机质具有更高活性且更容易降解，因此 C/N 值越小，有机磷越容易被降解为 PO_4-P 进入水体，同时有机质的矿化消耗了 DO，沉积物对 PO_4-P 的吸附也减弱，同样也造成了沉积物向水体 PO_4-P 的释放。而冬季底层 PO_4-P 的交换速率与表层沉积物中的 C/N 含量之间不存在显著相关，可能是冬季胶州湾表层沉积物中有机质的矿化作用较弱，有机质的活性对沉积物-海水界面 PO_4-P 交换的影响较小所致。

4. *表层沉积物特性*

表层沉积物与间隙水之间的交换发生在固液界面，含水率在一定程度上反映了表层沉积物的疏松程度，因此含水率在一定程度上表征了溶解和扩散过程的难易程度。夏季胶州湾沉积物-海水界面 NO_3-N 的交换速率均与表层沉积物的含水率存在一定的正相关关系（$r=0.71$，$P=0.076$，$n=7$），表明随着胶州湾表层沉积物含水率的增加，沉积物-海水界面 NO_3-N 的交换速率呈上升趋势，进一步证实了夏季沉积物-海水界面 NO_3-N 的交换受溶解和扩散过程控制。夏季 NO_2-N 的交换速率与表层沉积物中含水率不存在相关关系。NO_2-N 是硝化作用和反硝化作用的共同中间产物，在环境中不稳定，容易被转化为 NO_3-N 和 N_2-N，因此其交换速率与表层沉积物含水率的关系并不明显。NH_4-N 的交换速率与表层沉积物中含水率也不存在相关关系，进一步证实夏季胶州湾沉积物-海水界面 NH_4-N 的交换受扩散过程影响较小。冬季沉积物-海水界面 NO_3-N、NO_2-N 和 NH_4-N 的交换速率与沉积物含水率之间均不存在显著相关性，冬季底层温度较低时，扩散和溶解速率较慢，扩散和溶解等物理过程对冬季胶州湾底层无机氮循环的影响并不显著。夏季和冬季胶州湾沉积物-海水界面磷的交换速率与表层沉积物的含水率不存在显著相关关系，表明含水率不是影响胶州湾底层 PO_4-P 交换的主要因素。夏季沉积物-海水界面 SiO_3-Si 的交换速率与表层沉积物的含水率存在显著正相关关系（$r=0.96$，$P<0.001$，$n=8$），证实了沉积物-海水界面的硅酸盐交换受溶解和扩散过程控制。

黏土矿物和 D_{50} 均是表征沉积物粒径的重要指标，黏土矿物粒径小，比表面积较大，是吸附-解吸和溶解等物理过程发生的重要场所，而 D_{50} 能表征沉积物的平均粒径，是影响吸附-解吸和扩散过程的重要环境因子。夏季、冬季沉积物-海水界面 NO_3-N、NO_2-N 和 NH_4-N 的交换速率与表层沉积物的黏土含量、D_{50} 之间均不存在显著相关关系，显示胶州湾表层沉积物的黏土含量和 D_{50} 对沉积物-海水界面 N 交换的影响很小，这表明沉积物粒径分布对夏季底层 NO_3-N、NO_2-N 和 NH_4-N 交换的影响较小。夏季和冬季沉积物-海水界面 PO_4-P 的交换速率与表层沉积物中黏土含量、D_{50} 同样均不存在显著相关关系，说明沉积物-海水界面 PO_4-P 的交换受表层沉积物黏土含量与粒径的影响较小，进一步表明沉积物的物理特性对沉积物-海水界面 PO_4-P 交换的影响较小，PO_4-P 在沉积物-海水界面上的交换主要受到界面上铁锰氧化物的吸附-解吸作用所控制。夏季、冬季沉积物-海水界面 SiO_3-Si 交换速率与黏土含量之间均不存在显著相关关系，本书发现 BSi 与沉积物间隙水中 SiO_3-Si 浓度显著相关，因此胶州湾沉积物间隙水中 SiO_3-Si 可能主要来自硅质生物残体的溶解，而非含硅黏土矿物。夏季和冬季沉积物-海水界面 SiO_3-Si 交换速率与沉积物的 D_{50} 均不存在显著相关关系，但是随着 D_{50} 的增大，沉积物-海水界面的 SiO_3-Si 的交换速率呈降低趋势。这是因为沉积物 D_{50} 越大，比表面积越小，不利于沉积物可交换态硅的溶解，这也说明 SiO_3-Si 的交换作用受溶解过程所控制。

（三）大亚湾沉积物-海水界面营养物质的交换

沉积物以两种方式向水体提供营养物质，一种是沉积物颗粒在底流作用下再悬浮，另一种是沉积物-海水界面溶解态营养物质交换过程。近海生态系统沉积物营养盐释放是水体中营养盐的重要内源（Alkhatib et al.，2013）。

1. 沉积物-海水界面溶解态无机氮的交换速率

（1）溶解态无机氮

大亚湾海域不同季节径流及降雨量不同，水动力条件也有差异，因此营养盐交换速率和交换通量存在着季节性的变化。大亚湾溶解无机氮的交换速率在夏季、冬季、春季和秋季分别为 94.69～837.68 μmol/(m^2·d)、0.64～2845.94 μmol/(m^2·d)、−68.69～2261.66 μmol/(m^2·d)和 1652.75～1427.28 μmol/(m^2·d)，平均值分别为 546.83 μmol/(m^2·d)、402.36 μmol/(m^2·d)、348.87 μmol/(m^2·d)和 213.54 μmol/(m^2·d)（图 2.37）。平均交换速率在夏季略高于其他季节，这可能与夏季较大的径流量和湿沉降有关。整体来说，4 个季节的交换速率从湾顶到湾口呈降低趋势。夏季、冬季和春季交换速率均为正值，表明 DIN 由沉积物向水体释放，而秋季的部分站位交换速率为负值，表明在这些地点 DIN 由水体向沉积物扩散。

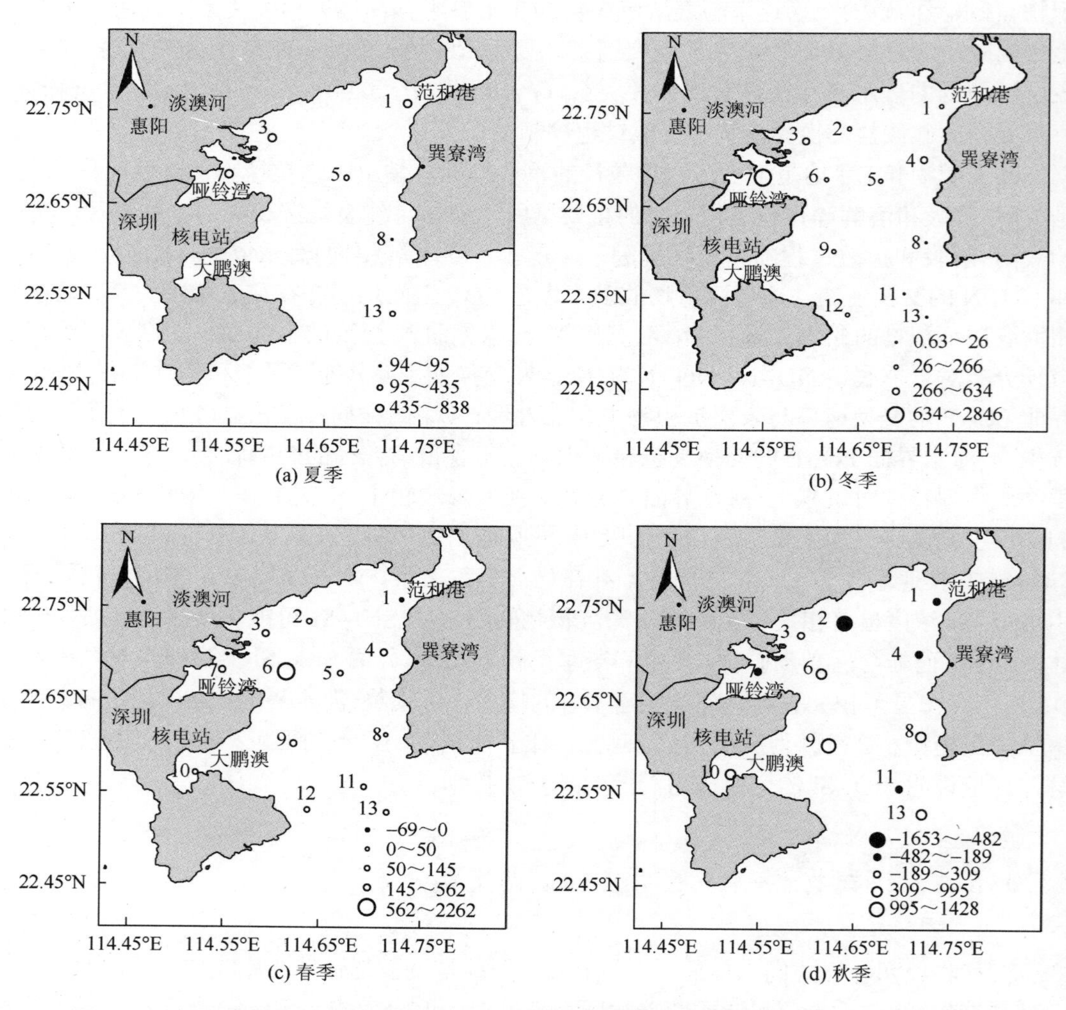

图 2.37　大亚湾沉积物-海水界面溶解态无机氮交换速率的变化特征[单位：μmol/(m^2·d)]

大亚湾铵盐的交换速率在夏季、冬季、春季和秋季分别为 91.62～848.69 μmol/(m^2·d)、5.08～2935.31 μmol/(m^2·d)、38.83～2381.58 μmol/(m^2·d)和−1736.79～1410.35 μmol/(m^2·d)，平均值分别为 552.41 μmol/(m^2·d)、436.99 μmol/(m^2·d)、393.07 μmol/(m^2·d)和 132.36 μmol/(m^2·d)（图 2.38）。夏季铵盐交换速率较高而秋季交换速率较低。铵盐交换速率大体从湾顶到湾口降低，并且在海湾北部及西部较高。夏季、冬季和春季交换速率均为正值，表明铵盐由沉积物向水体释放，秋季的部分站位交换速率为负值，表明在这些地点铵盐由水体向沉积物扩散。在大亚湾，溶解无机氮的交换主要由铵盐的交换控制。

大亚湾硝酸盐的交换速率在夏季、冬季、春季和秋季分别为−16.49～5.23 μmol/(m^2·d)、2.67～76.51 μmol/(m^2·d)、−185.92～22.09 μmol/(m^2·d)和 2.35～170.66 μmol/(m^2·d)，平均值分别为−5.24 μmol/(m^2·d)、34.60 μmol/(m^2·d)、−46.93 μmol/(m^2·d)和 63.07 μmol/(m^2·d)（图 2.39）。在夏季和春季多数站位硝酸盐交换速率为负值，说明硝酸盐从水体向沉积物扩散，可能是由于夏季和春季底层沉积物处于较还原的环境，硝化作用受抑制，表层间隙水

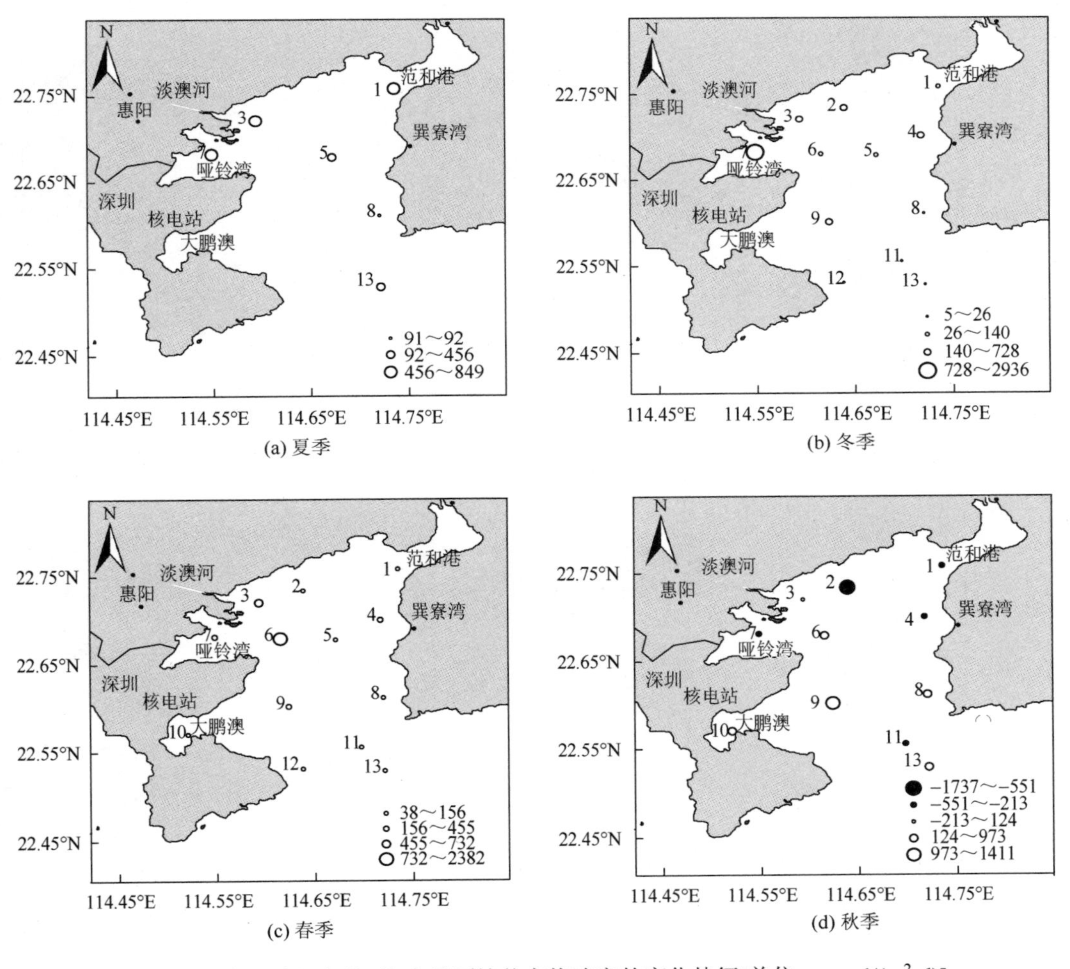

图 2.38　大亚湾沉积物-海水界面铵盐交换速率的变化特征[单位：μmol/(m^2·d)]

中硝酸盐含量较低，促进了硝酸盐从上覆水向沉积物扩散。而在冬季和秋季硝酸盐交换速率为正值，说明硝酸盐从沉积物往水体释放。冬季和秋季，在海湾北部和西部，硝酸盐交换速率较高，可能是由于污水排放及水产养殖的影响，造成沉积物中硝酸盐富集。

大亚湾亚硝酸盐的交换速率在夏季、冬季、春季和秋季分别为–4.27～2.56 μmol/(m^2·d)、0.41～57.04 μmol/(m^2·d)、–9.33～15.55 μmol/(m^2·d)和 0.80～45.97 μmol/(m^2·d)，平均值分别为–0.34 μmol/(m^2·d)、17.05 μmol/(m^2·d)、2.72 μmol/(m^2·d)和 18.11 μmol/(m^2·d)（图 2.40）。交换速率在夏季和春季部分站位为负值，说明亚硝酸盐从水体向沉积物沉降，而在冬季和秋季为正值，说明这两个季节亚硝酸盐从沉积物向水体扩散。在夏季、冬季和秋季，亚硝酸盐交换速率从湾顶到湾口降低，而在春季亚硝酸盐交换速率在湾口较高。

（2）沉积物-海水界面无机态磷酸盐交换速率的变化特征

大亚湾无机态磷酸盐的交换速率在夏季、冬季、春季和秋季分别为 8.69～54.43 μmol/(m^2·d)、0.46～31.13 μmol/(m^2·d)、–388.91～63.22 μmol/(m^2·d)和–83.31～78.29 μmol/(m^2·d)，平均值分别为 22.54 μmol/(m^2·d)、6.16 μmol/(m^2·d)、–20.26 μmol/(m^2·d)和 1.05 μmol/(m^2·d)（图 2.41）。

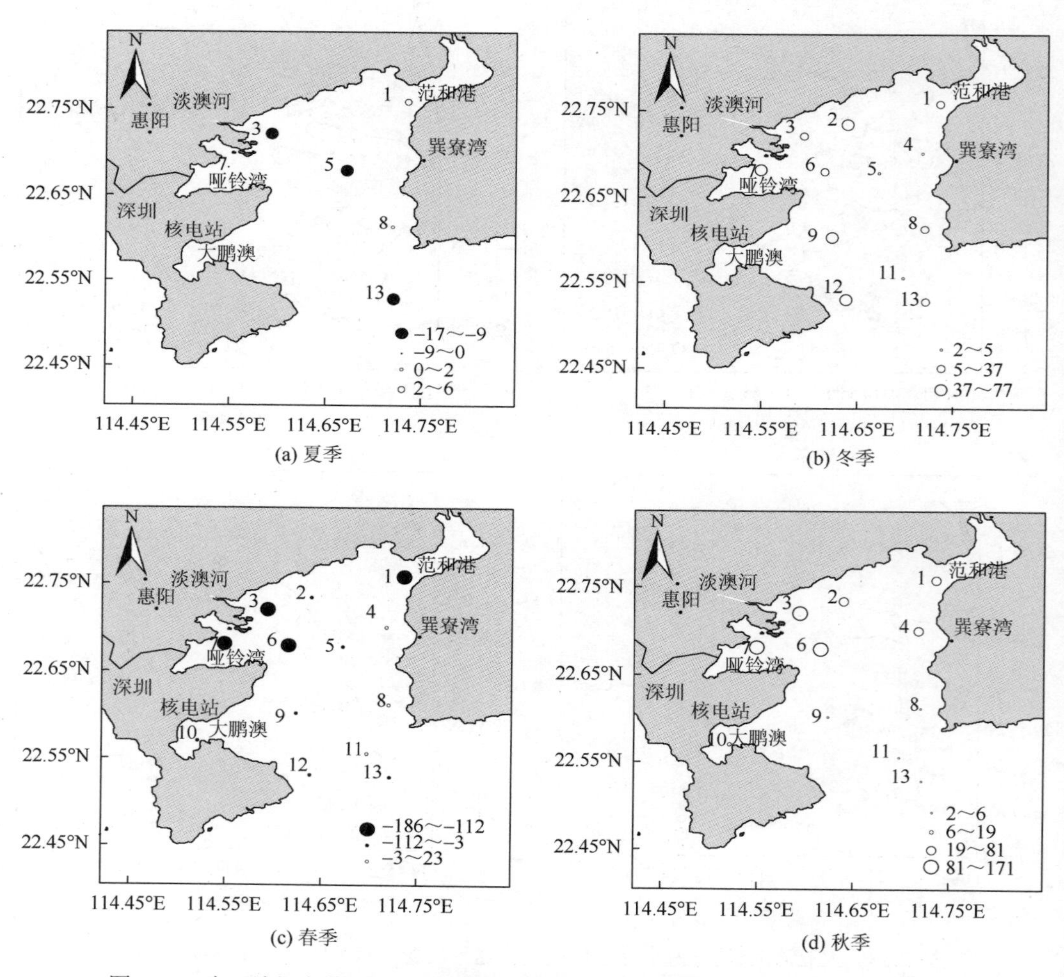

图 2.39　大亚湾沉积物-海水界面硝酸盐交换速率的变化特征[单位：μmol/(m^2·d)]

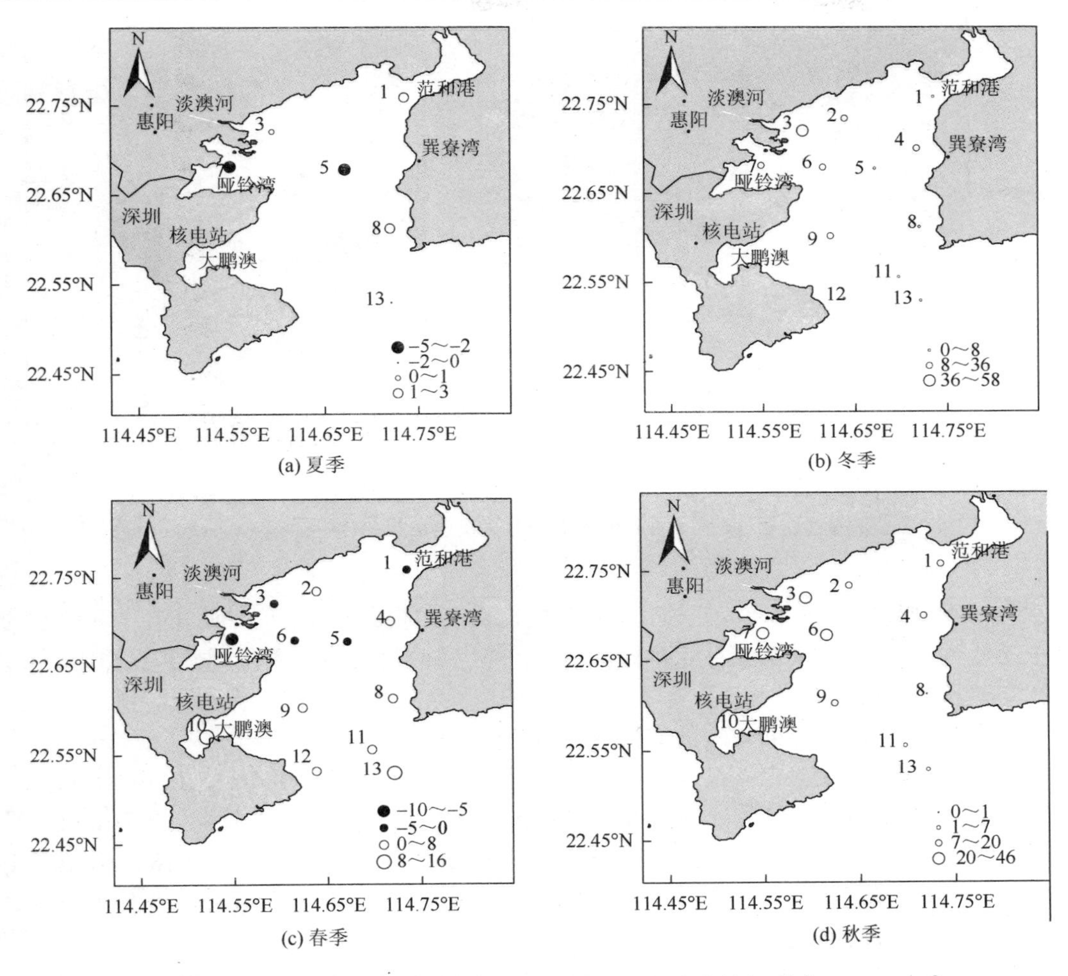

图 2.40　大亚湾沉积物-海水界面亚硝酸盐交换速率的变化特征[单位：μmol/(m²·d)]

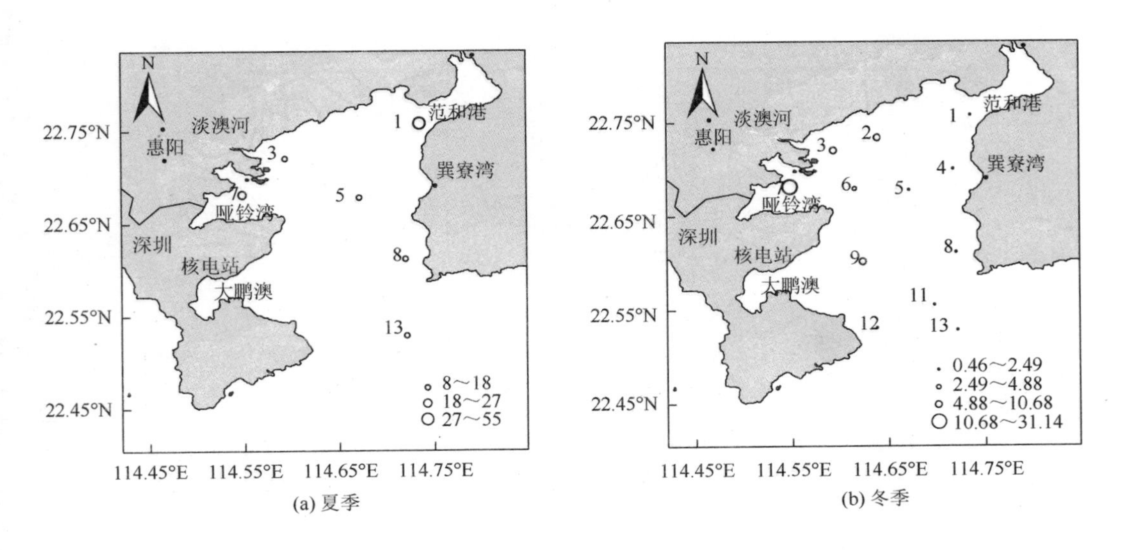

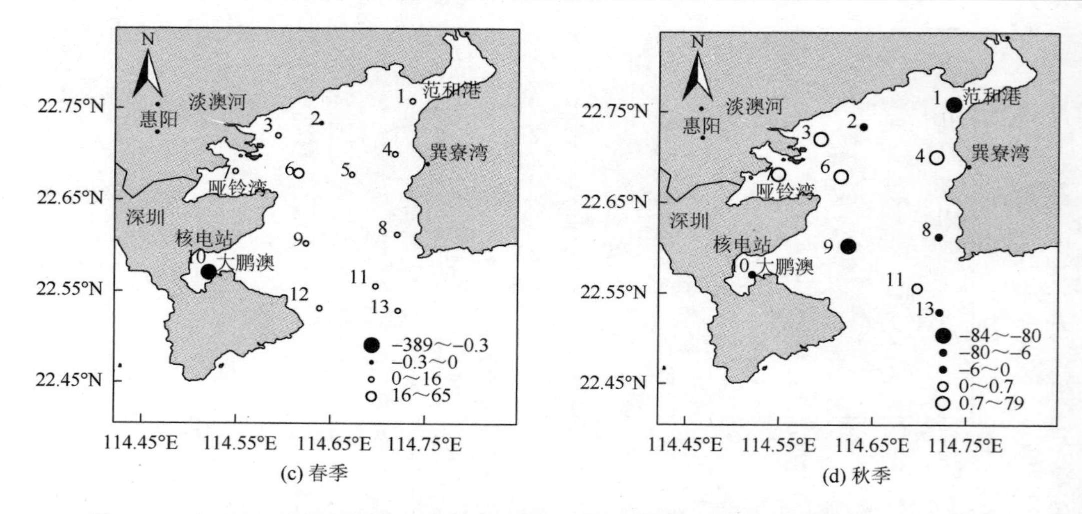

(c) 春季　　(d) 秋季

图 2.41　大亚湾沉积物-海水界面无机态磷酸盐交换速率的变化特征[单位：μmol/(m²·d)]

夏季和冬季磷酸盐交换速率为正值，说明磷酸盐从沉积物向水体扩散，而在春季和秋季的部分站位为负值，说明磷酸盐从水体向沉积物沉降。磷酸盐交换速率在夏季和春季比较高，而在冬季和秋季较低。

（3）沉积物-海水界面硅酸盐交换速率的变化特征

大亚湾硅酸盐的交换速率在夏季、冬季、春季和秋季分别为 50.08～637.19 μmol/(m^2·d)、190.98～2352.25 μmol/(m^2·d)、117.55～1559.85 μmol/(m^2·d)和−754.34～1164.44 μmol/(m^2·d)，平均值分别为 257.28 μmol/(m^2·d)、935.62 μmol/(m^2·d)、720.19 μmol/(m^2·d)和 365.18 μmol/(m^2·d)（图 2.42）。仅在秋季的个别站位为负值，其他均为正值，说明一般情况下，在各个季节大亚湾沉积物都表现为释放硅酸盐，为硅酸盐的内源。

大亚湾沉积物-海水界面营养盐 4 个季节的交换通量见表 2.17，DIN 和 SiO_3-Si 全年来看

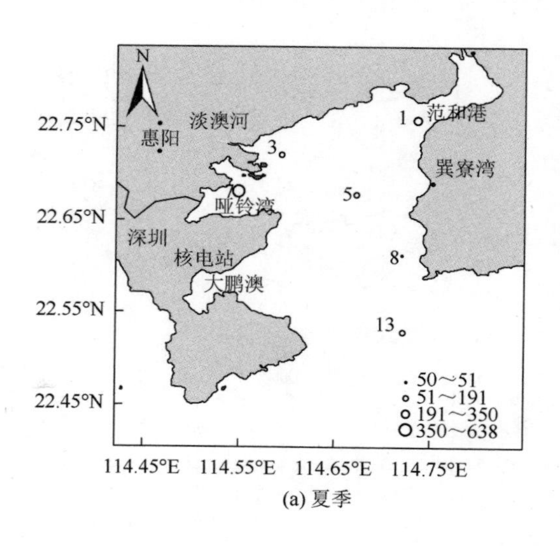

(a) 夏季

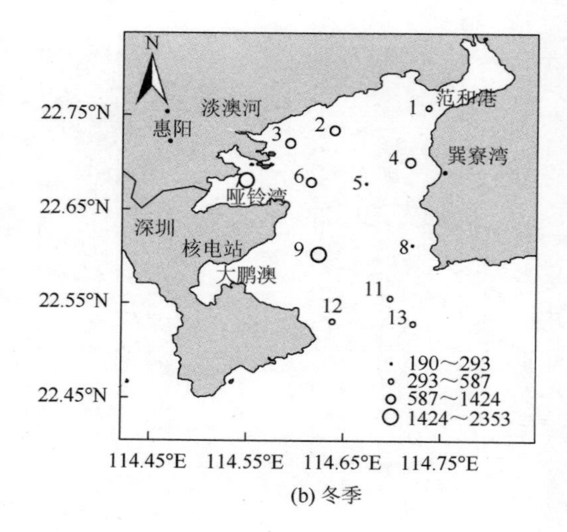

(b) 冬季

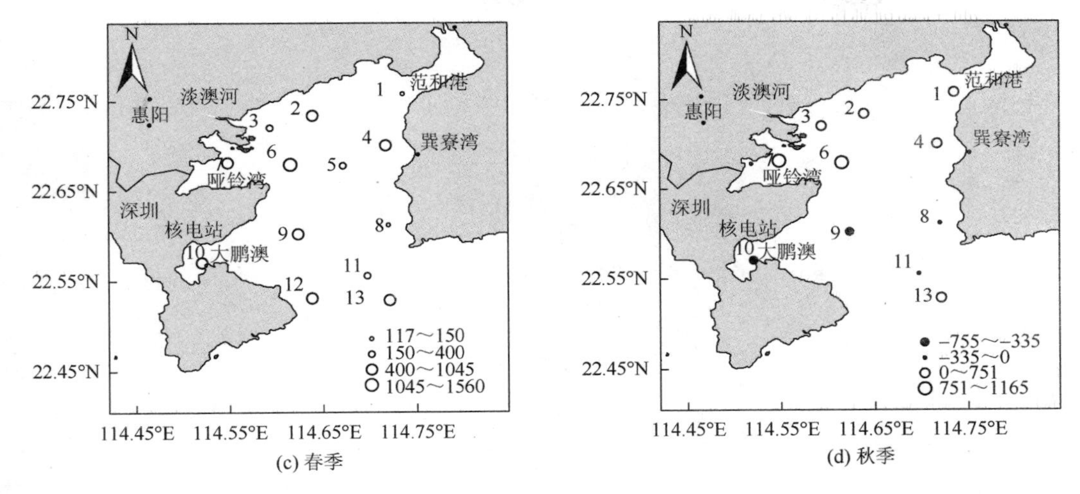

(c) 春季　(d) 秋季

图 2.42　大亚湾沉积物-海水界面硅酸盐交换速率的变化特征[单位：μmol/(m²·d)]

是由沉积物向水体释放，年通量分别为 8.1×10^7 mol/a 和 1.2×10^8 mol/a，而 PO_4-P 是由水体向沉积物沉积，年通量为 1.6×10^5 mol/a。

综上，在不同季节，营养盐在大亚湾沉积物-海水界面的迁移方向不一致。SiO_3-Si 和 DIN 均是由沉积物向水体运移。PO_4-P 在冬季和春季从水体向沉积物迁移，在夏季和秋季由沉积物向水体扩散。全年平均的 DIN、PO_4-P、SiO_3-Si 交换速率分别为 330.33 μmol/(m²·d)、−1.33 μmol/(m²·d)、570 μmol/(m²·d)，总的来说，沉积物是 PO_4-P 的汇，而是 DIN 和 SiO_3-Si 的源。

表 2.17　大亚湾营养盐交换通量

季节	DIN	PO_4-P	SiO_3-Si
夏季/(mmol/d)	3.3×10^8	1.2×10^7	1.5×10^8
冬季/(mmol/d)	2.2×10^8	-2.4×10^6	5.6×10^8
春季/(mmol/d)	2.1×10^8	-1.2×10^7	4.3×10^8
秋季/(mmol/d)	1.3×10^8	6.0×10^5	2.2×10^8
全年/(mol/a)	8.1×10^7	-1.6×10^5	1.2×10^8

（4）大亚湾不同区域沉积物-海水界面营养盐交换速率的变化特征

根据大亚湾的海域情况，将大亚湾分为湾顶、湾中和湾口进行分区域探讨沉积物-海水界面营养盐交换速率的变化特征（图 2.43）。

沉积物-海水界面 DIN 交换速率在湾中区域最大，略大于湾顶，湾口最低（表 2.18）；SiO_3-Si 的界面交换速率在湾顶区域最高，向湾口区域逐渐降低。在三个区域，DIN 和 SiO_3-Si 均为从沉积物向水体转移。PO_4-P 在顶部和湾口由沉积物向水体扩散，而在湾中部，由水体向沉积物转移，并交换速率较大。

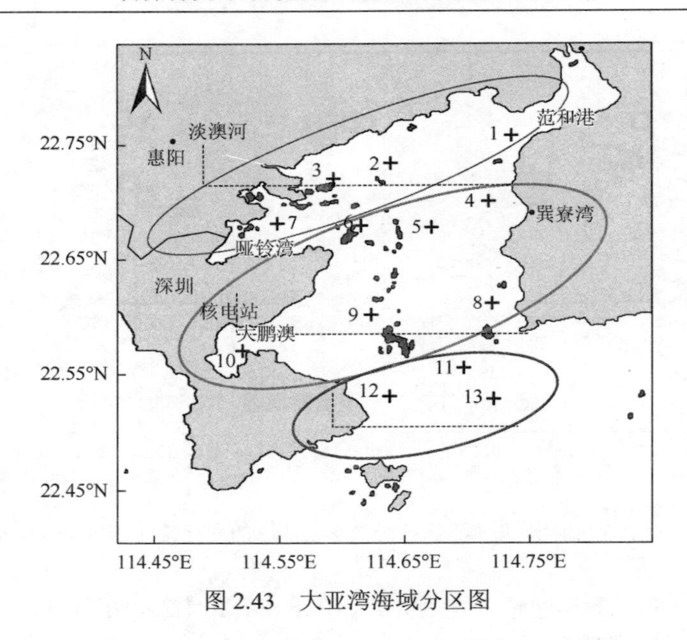

图 2.43　大亚湾海域分区图

表 2.18　不同区域营养盐交换速率　[单位：μmol/(m²·d)]

区域	夏季			冬季			春季			秋季			年平均		
	DIN	PO_4-P	SiO_3-Si	DIN	PO_4-P	SiO_3-Si	DIN	PO_4-P	SiO_3-Si	DIN	PO_4-P	SiO_3-Si	DIN	PO_4-P	SiO_3-Si
湾顶	791	31.4	637	886	−12.4	1174	241	8.8	632	−433	15.6	733	371	10.9	794
湾中	247	11.9	99	180	−1.9	1007	532	−79.6	784	673	−10.2	111	408	−20.0	500
湾口	379	17.2	190	−18	1.6	499	127	1.6	711	359	0.1	264	212	5.1	416

2. 环境因子对沉积物-海水界面营养盐迁移转化的影响

环境因子如溶解氧、盐度和 pH 会影响沉积物-海水界面营养盐的迁移转化过程，为弄清其影响程度，开展了室内模拟实验进行探讨。

设定 DO 分别为 2.4 mg/L、4.8 mg/L 及 7.3 mg/L，盐度（SS）= 33，pH = 7.8，温度 T = 22.5℃。DO 条件对铵盐、亚硝酸盐、硝酸盐和磷酸盐在沉积物-海水界面的交换速率影响比较显著。缺氧条件有利于铵盐、亚硝酸盐、总溶解无机氮及磷酸盐的交换，而富氧条件有利于硝酸盐的交换。较高的含氧量有利于 NH_4-N 的硝化作用，令沉积物中 NO_3-N 含量增加，而较低的含氧量会抑制 NH_4-N 的硝化作用，并且促进 NO_3-N 的氨化，从而抑制 NO_3-N 向水体扩散，促进 NH_4-N 向水体扩散。较高的含氧量有利于 PO_4-N 被吸附在含铁氧化物的沉积物中而被保留下来，导致沉积物间隙水中的 PO_4-N 浓度减小，从而限制其向上覆水的扩散。缺氧条件下硅酸盐交换速率略低于中氧和富氧条件（图 2.44，图 2.45）。

设定盐度梯度，分别为 23、28 及 33，pH = 7.9，DO = 5.0 mg/L，温度 T = 22.5℃。盐度对营养盐交换速率的影响较显著。高盐度有助于铵盐、亚硝酸盐及硅酸盐的交换，而不利于硝酸盐和磷酸盐的交换。当盐度增加时，铵盐等可与更多的阴离子形成离子对，降低了其在沉积物上的吸附容量，导致营养盐从沉积物中扩散出来，增大了营养盐的交换通量（图 2.46，图 2.47）。

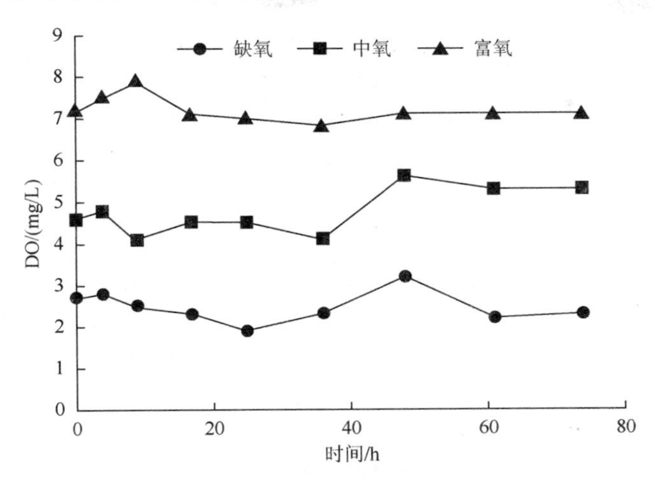

图 2.44　大亚湾室内模拟实验中溶解氧的变化情况

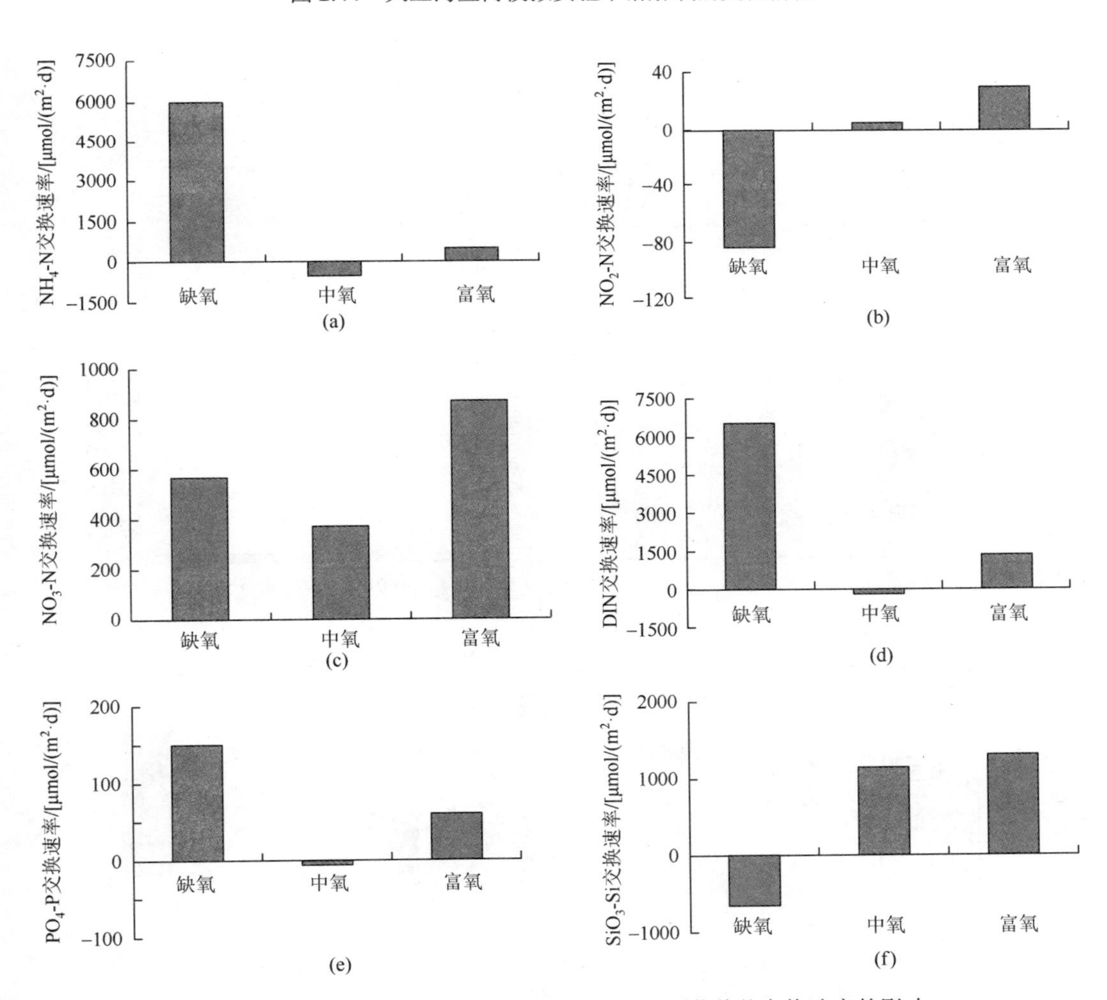

图 2.45　大亚湾溶解氧变化对沉积物-海水界面营养盐交换速率的影响

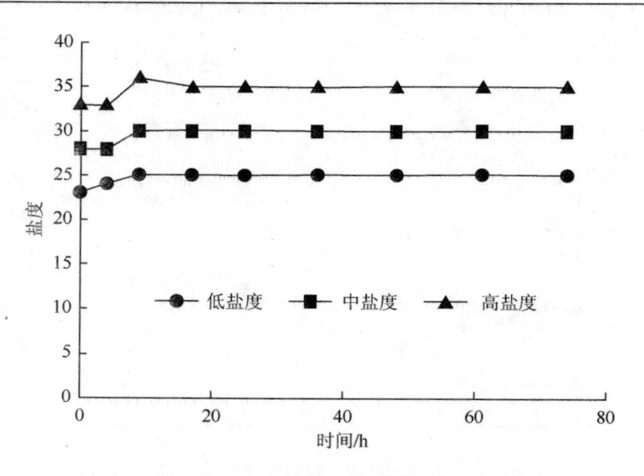

图 2.46　大亚湾室内模拟实验中盐度的变化情况

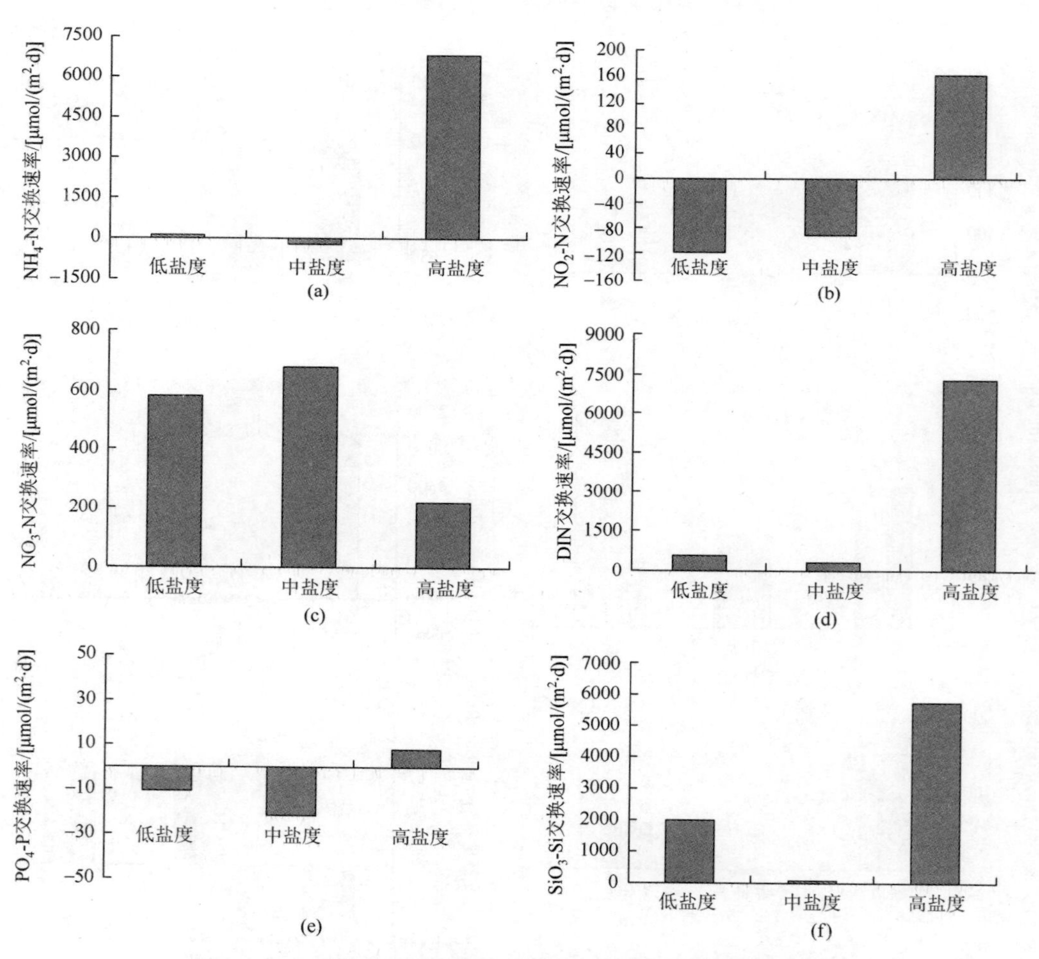

图 2.47　大亚湾盐度对沉积物-海水界面营养盐交换速率的影响

设定 pH 分别为 7.5、7.8 及 8.3，DO = 5.0 mg/L，SS = 33，温度 T = 22.5℃。pH 对铵

盐交换速率影响差别不大，而对硝酸盐、亚硝酸盐、磷酸盐及硅酸盐交换速率的影响比较显著（图 2.48，图 2.49）。

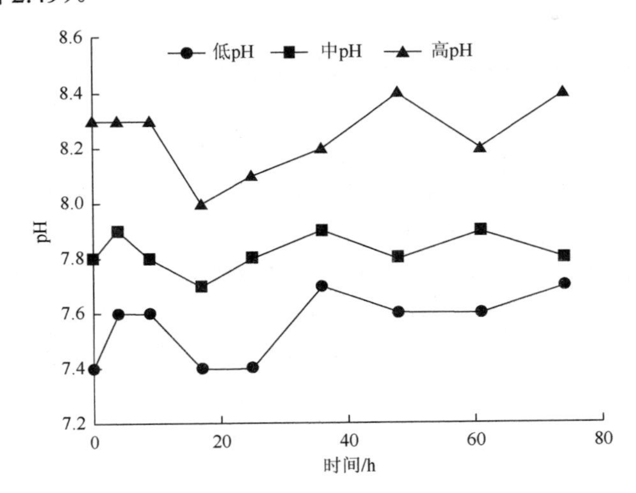

图 2.48　大亚湾室内模拟实验中 pH 的变化情况

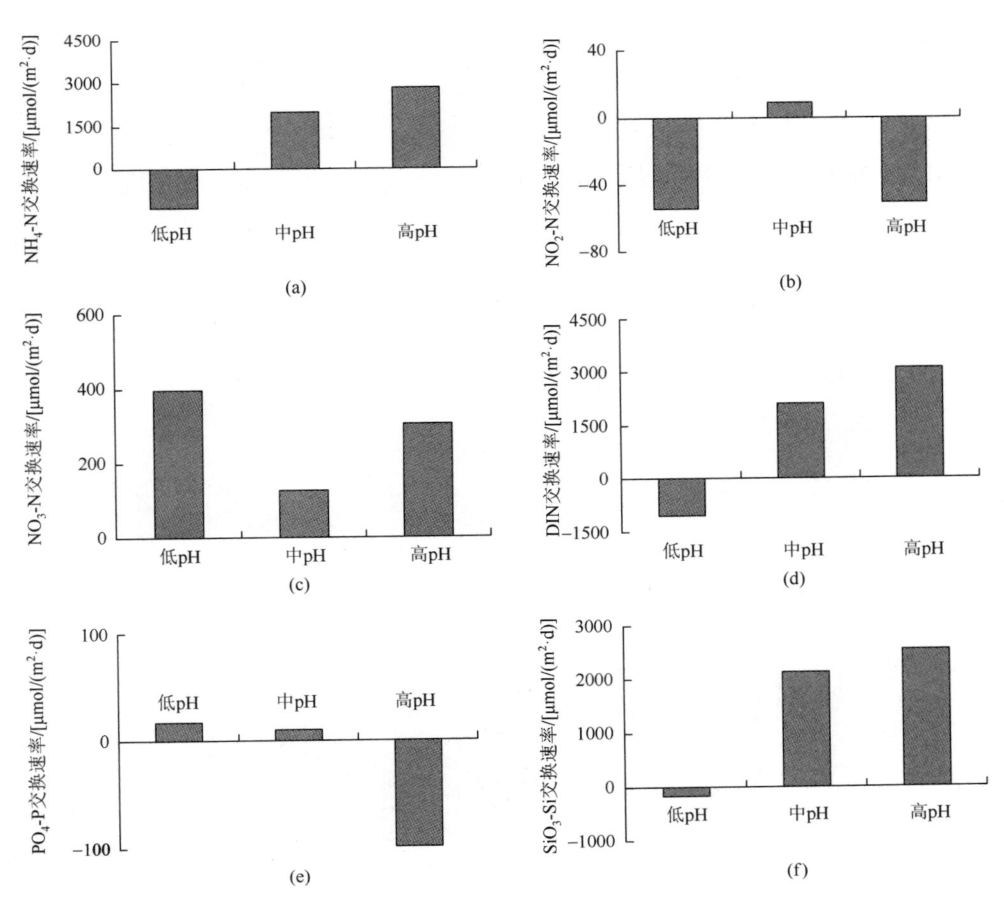

图 2.49　大亚湾 pH 对沉积物-海水界面营养盐交换速率的影响

第二节　海湾富营养化特征与机制

30 多年来，我国营养盐入海通量持续增加，沿岸海域特别是海湾富营养化程度比较严重，导致了一系列的生态系统异常响应，包括赤潮频发、底层水体缺氧、营养盐的循环与利用加快等。人类活动带来的营养盐输入，以及海湾特有的自然属性，共同决定了其富营养化特征的差异和程度。我国海湾的营养物质水平和富营养化程度表现出较明显的多样性，这一方面受沿岸开发强度、污染源输入规模、管理模式等人为因素的影响；另一方面可能与海湾自身的地貌形态、水动力条件、水交换周期等自然因素有关。我国大型海湾 DIN、DIP 和 COD 等富营养化状态指标明显高于小型海湾，主要因为前者对流域污染物的受纳量远高于后者（李俊龙等，2016）。我国胶州湾和大亚湾的富营养化特征如何，营养盐结构如何变化，是否具有差异？弄清该两个海湾的富营养化特征与机制，可为我国海湾的管理提供参考。

一、海湾富营养化特征

（一）胶州湾富营养化特征

从 2015～2016 年胶州湾营养盐结构来看（图 2.50），胶州湾海域水体中 DIN/DIP、Si/DIN 和 Si/P 的全年平均值分别为 67、0.52 和 22，其中 DIN/DIP 明显偏离了 Redfield 比值，在季节上以秋冬季更为明显，DIN/DIP 分别高达 115 和 83，而 Si/DIN 和 Si/P 值偏离程度相对较小。按照 1995 年 Justić 提出的营养盐化学计量限制标准：①若 Si/P＞22 和 N/P＞22，则为磷限制；②若 N/P＜10 和 Si/N＞1，则为氮限制；③若 Si/P＜10 和 Si/DIN＜1，则为硅限制，胶州湾全年整体表现为磷限制的状态。

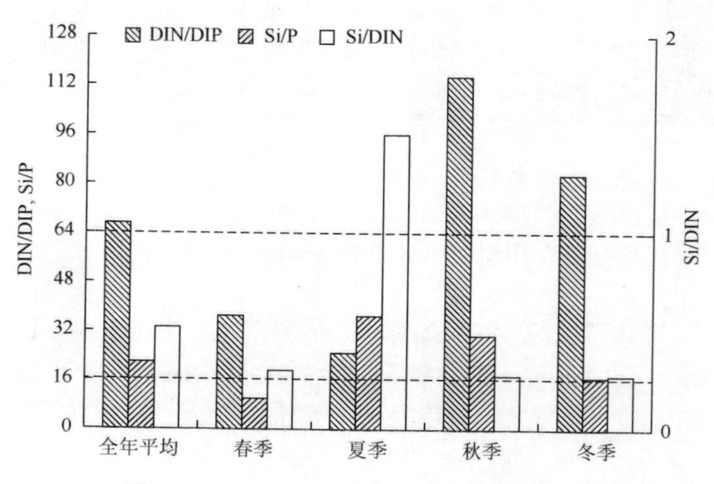

图 2.50　2015～2016 年胶州湾营养盐结构图

郭卫东等（1998）基于我国近岸海域富营养化普遍受营养盐限制的这一特征，提出了新型的富营养化分级标准及相应的评价模式（表 2.19），并运用该模式对胶州湾水体进行评价，结果显示在 20 世纪 90 年代初期胶州湾海域水体处于贫营养状态。康美华（2014）同样应用该模型对 2013 年胶州湾海域进行了富营养化评价，发现胶州湾海域表层海水处于磷限制潜在性富营养（Ⅵp）水平，底层海水及整个海域均处于磷限制中度营养（Ⅳp）水平。胶州湾营养盐的分布很不均匀，具有明显的区域性，若以整个胶州湾营养盐的平均值来讨论其富营养化特征，将掩盖营养盐区域分布具有明显不均匀性这一事实，根据胶州湾营养盐的物源和水动力条件将胶州湾调查海域细分为 5 个海域，即湾内西部海域、湾内东部海域、湾内中部海域、湾口海域和湾外海域。基于 2015～2016 年的调查结果和同样的营养级划分原则，对胶州湾进行区域性富营养化评价，结果如表 2.20 所示。胶州湾湾内西部海域和湾内东部海域处于磷限制潜在性富营养水平，而胶州湾其他海域的水体富营养化程度较低。

表 2.19　营养级的划分原则

级别	营养级	DIN	PO_4-P	DIN/DIP
I	贫营养	＜14.28	＜0.97	8～30
II	中度营养	14.28～21.41	0.97～1.45	8～30
III	富营养	＞21.41	＞1.45	8～30
Ⅳp	磷限制中度营养	14.28～21.41	—	＞30
Ⅴp	磷中等限制潜在性富营养	＞21.41	—	30～60
Ⅵp	磷限制潜在性富营养	＞21.41	—	＞60
$Ⅳ_N$	氮限制中度营养	—	0.97～1.45	＜8
$Ⅴ_N$	氮中等限制潜在性富营养	—	＞1.45	4～8
$Ⅵ_N$	氮限制潜在性富营养	—	＞1.45	＜4

注：数据来源于郭卫东等（1998）

表 2.20　2015～2016 年胶州湾不同海域富营养化评价

区域	DIN	PO_4-P	SiO_3-Si	DIN/DIP	Si/DIN	Si/P	营养级
湾内西部	16.0	0.23	6.33	118	0.48	30	Ⅳp
湾内东部	28.2	0.43	7.34	73	0.34	18	Ⅳp
湾内中部	8.90	0.20	3.87	56	0.55	21	—
湾口	6.69	0.15	2.99	51	0.68	23	—
湾外	6.08	0.13	2.48	58	0.78	29	—

（二）大亚湾富营养化特征

从 2015～2016 年大亚湾营养盐结构来看，大亚湾海域水体中 DIN/DIP、Si/DIN 和 Si/P 的全年平均值分别为 59、2.18 和 108，其中 DIN/DIP 和 Si/P 明显偏离了 Redfield 比值，在季节上以春夏季更为明显，DIN/DIP 分别高达 100 和 60，Si/P 分别高达 209 和 154，而 Si/DIN 值偏离程度相对较小。按照 1995 年 Justić 提出的营养盐化学计量限制标准：①若 Si/P＞22 和 N/P＞22，则为磷限制；②若 N/P＜10 和 Si/N＞1，则为氮限制；③若 Si/P＜10 和 Si/DIN＜1，则为硅限制，大亚湾全年整体表现为磷限制的状态。

针对大亚湾现场调查，我们分区域讨论大亚湾的富营养化时空变化特征。从表 2.21 可以看出，大亚湾湾顶呈现磷中等限制潜在性富营养（V_P），而湾中和湾口的水体富营养化程度较低。这是由于湾顶区域，沿岸营养盐输入量较大，且水体滞留时间较长，导致营养盐停留时间较长，积累较多，使其富营养化状况不断增加；而湾中和湾口受到陆域营养盐输入的影响较少，且水体滞留时间较短，导致其处于非富营养化状态。同样，营养盐输入量增多是造成河口海湾一系列富营养化症状的主要原因，但存在区域的差异，主要是跟水体滞留时间等有关。例如，潮差小于 2.5 m 的河口海湾，其营养盐转化效率明显高于潮差大于 2.5 m 的河口海湾（李俊龙等，2016）。

表 2.21　2015～2016 年大亚湾不同海域富营养化评价

区域	DIN	PO_4-P	SiO_3-Si	DIN/DIP	Si/DIN	Si/P	营养级
湾顶	23.91	1.67	18.95	48	1.33	69	V_P
湾中	9.30	0.26	14.91	71	2.45	132	—
湾口	8.74	0.26	15.36	59	2.76	123	—

二、海湾富营养化机制

（一）胶州湾海水营养盐结构的历史变化

通过资料搜集和整理分析，分析了近 30 多年来胶州湾营养盐结构的长期变化规律。DIN/DIP 受 DIN 和 DIP 的共同影响，整体呈现波动状态，自 20 世纪 90 年代开始 DIN/DIP 逐渐增加，至 2001 年达到了 83 的峰值，之后开始逐渐降低，2004 年降低到 22，已接近 Redfield 比值。但 DIN/DIP 自 2004 年又开始升高，2007 年后虽然 DIN 和 DIP 均呈下降趋势，但 DIP 的降低程度高于 DIN，导致 DIN/DIP 在 2013 以后显著增加，2013 年、2015～2016 年及 2017～2018 年分别增加到 78、66 和 105。30 多年来胶州湾 Si/P 整体较为稳定，呈小幅波动，但与 DIN/DIP 的变化一致，由于自 2007 年 DIP 的降低程度较为明显，特别是 2013 以来 DIP 降低到 30 多年来最低水平，导致 Si/P 在此期间显著升高（图 2.51）。

整体而言，胶州湾 30 多年来营养盐浓度和结构发生了显著的变化，自 1985 年来，胶州湾总溶解无机氮、磷酸盐和硅酸盐的浓度呈现波动上升的趋势，但 2007 年胶州湾营养盐浓度达到峰值后开始下降。胶州湾海域水体中营养盐浓度的变化与其陆源输入密切相关。在 20 世纪 80 年代初期，胶州湾沿岸的各条入湾小河基本处于干涸状态，陆源输入对胶州湾海水中溶解态无机盐含量的影响比较小，整个胶州湾湾内水体中营养盐的含量趋于均匀（康美华，2014）。近几十年来，胶州湾海域降水量增加，加之人类活动的影响，胶州湾周边的河流，河水充盈，流量增加，河流水质也多处于富营养状态（Liu et al.，2005；董兆选等，2010），入湾河流携带了大量的营养盐。陆源输入已经成为胶州湾海域水体中溶解态无机盐的主要影响因素，对胶州湾海域内水体中营养盐的影响十分显著。刘洁等（2014）在 2011～2012 年对胶州湾周边河流营养盐入海通量的研究表明，DIN、PO_4-P、SiO_3-Si 入海通量分别为 373.74×10^3 mol/d、7.08×10^3 mol/d、73.16×10^3 mol/d，对比 2004 年胶州湾 DIN 和 PO_4-P 入海通量，分别为 2348.34×10^3 mol/d 和 35.35×10^3 mol/d，因此在针对胶州湾富营养化实施了多项陆源污染物减排、流域污染综合整治与生态修复措施后，青岛市排入胶州湾的无机氮和磷的总量明显降低，使得胶州湾水体中营养盐浓度在 2007 年后开始降低。虽然整体胶州湾总溶解无机氮、磷酸盐和硅酸盐的浓度均呈降低趋势，但其中以磷酸盐下降的幅度最大，而总溶解无机氮和硅酸盐下降稍缓，导致营养盐结构发生了相应的变化，自 2007 年以来特别是近年来 DIN/DIP 和 Si/P 比显著增加，营养盐比例失衡更加严重，胶州湾海域整体上由原来的硅限制转变为磷限制的状态。

（二）大亚湾海水营养盐结构的历史变化

大亚湾海水各营养盐浓度比值长期变化见图 2.52，30 多年，大亚湾海水 DIN/DIP 呈

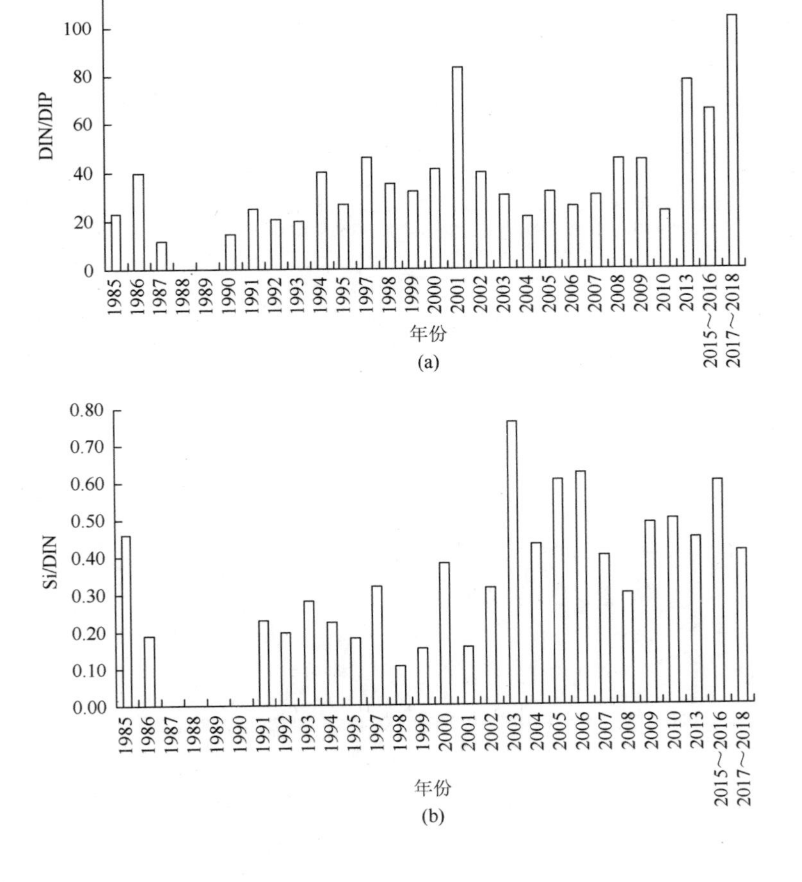

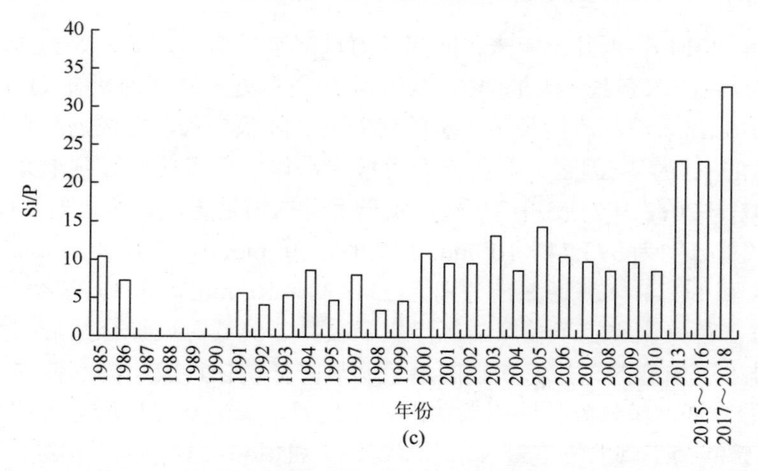

(c)

图 2.51　1985～2016 年胶州湾海水年平均 DIN/DIP、Si/DIN 和 Si/P 的变化

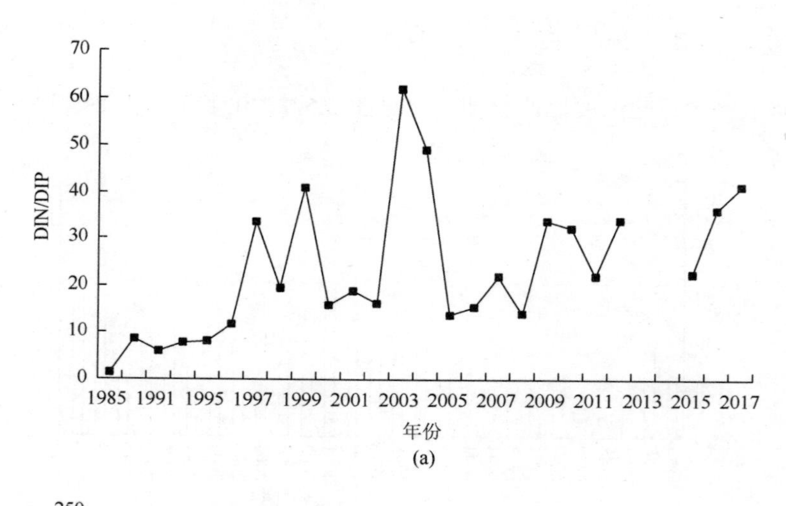

(a)

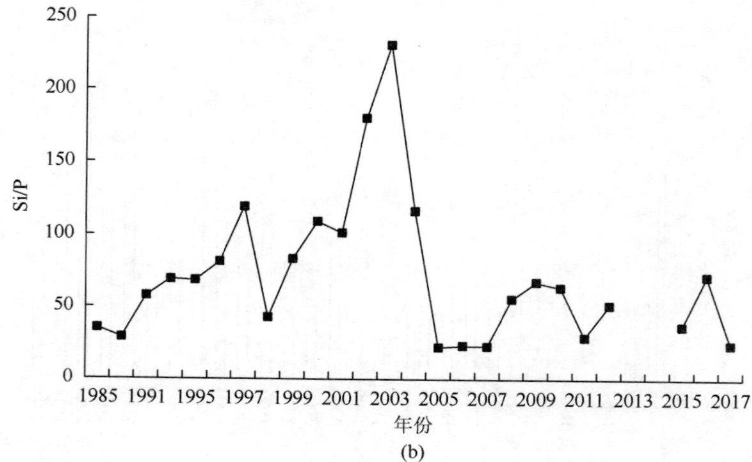

(b)

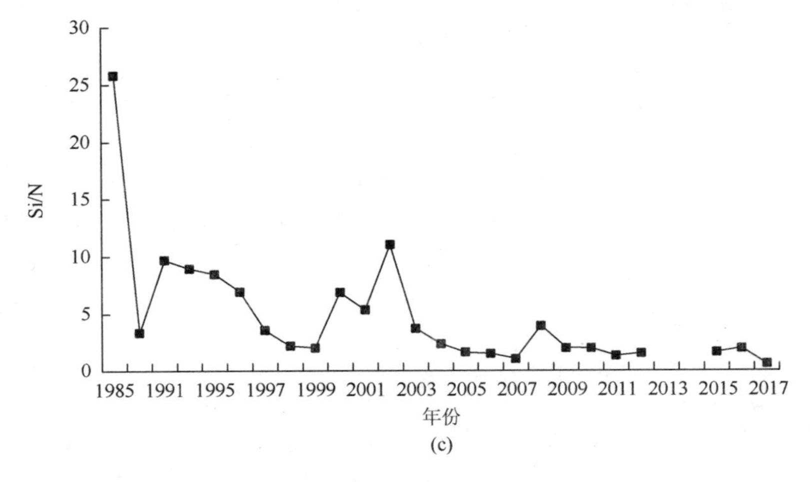

图 2.52　大亚湾海水各营养盐浓度比值的长期变化

现出增大的趋势，从 20 世纪 80 年代 1.4 上升到近几年的大于 20。Si/P 先上升后下降，最高比值达到 230，近几年维持在约 30。Si/N 呈下降趋势，从 1985 年的 25.81 下降到近几年 1.5 左右。根据 Redfield 比值（N∶Si∶P＝16∶16∶1），结合 Justić（1995）提出的评价化学计量阈值标准：①若 Si/P 和 N/P 均＞22，则为磷限制；②若 N/P＜10 和 Si/N＞1，则为氮限制；③若 Si/P＜10 和 Si/N＜1，则为硅限制。可以得出，大亚湾海域已经由 20 世纪 80 年代的氮限制，进入 21 世纪后转变为磷限制。

第三节　富营养化的环境效应

水体富营养化除了导致溶解氧（DO）的降低外，也可能对痕量金属的释放过程和生物有效性特征产生影响。此外，海湾环境下水体盐度波动范围较大，对痕量金属的迁移转化也会产生一定影响。本节以胶州湾和大亚湾两个具代表性的半封闭性海湾为研究对象，分析了溶解氧的时空特征及变化，并研究了海湾痕量金属的迁移转化特征，最后利用模拟实验分析了痕量金属的迁移行为规律。

一、海湾溶解氧的时空特征及变化

溶解氧是海水水质分析中的重要参数之一，它是好氧生物的生存基础。影响海水中溶解氧的因素有多种，物理方面有海气交换、海水动力、温度、盐度等；化学方面有有机物合成、化学物质的氧化还原反应等；生物方面有生物生长、繁殖和新陈代谢等。而与此同时，溶解氧的大小又反过来影响海水中各种物质的转化（徐恭照等，1989；王友绍，2014）。如果能从溶解氧的时空变化中探究出一些规律，将有利于更好地掌握海洋自然环境的变化。

2015 年 8 月～2018 年 2 月，针对胶州湾和大亚湾水域的溶解氧分布特征分别开展了 8 个航次不同季节的综合调查。采样点分布图如图 2.53 和图 2.54 所示。

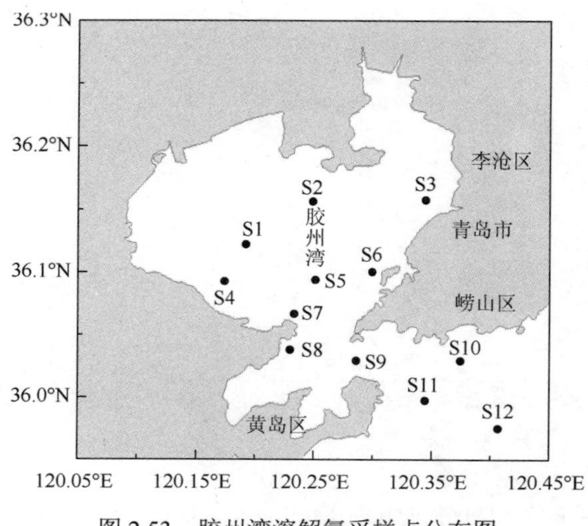

图 2.53　胶州湾溶解氧采样点分布图

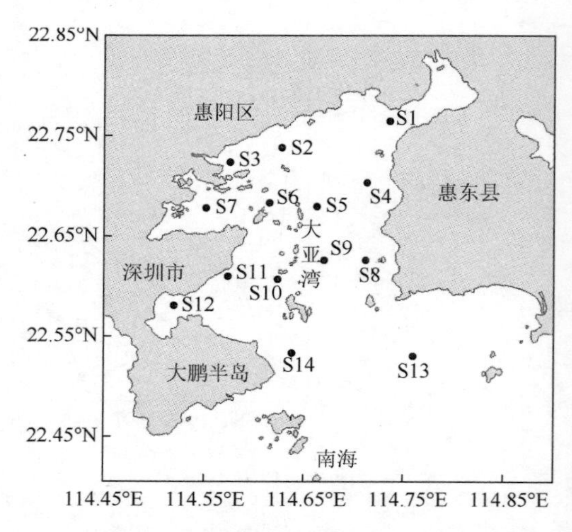

图 2.54　大亚湾溶解氧采样点分布图

（一）胶州湾溶解氧的时空特征及变化

图 2.55 为 2015～2016 年胶州湾 4 个季节航次的表层、底层 DO 等值线分布图。春季胶州湾表层 DO 变化范围为 9.18～9.77 mg/L，平均值为 9.31 mg/L，底层 DO 的变化范围为 8.12～8.59 mg/L，平均值为 8.30 mg/L；夏季胶州湾表层 DO 变化范围为 6.04～8.22 mg/L，平均值为 7.16 mg/L，底层 DO 的变化范围为 6.44～7.79 mg/L，平均值为 7.33 mg/L；秋季胶州湾表层 DO 变化范围为 7.55～9.22 mg/L，平均值为 8.20 mg/L，底层 DO 的变化范围为 7.60～9.16 mg/L，平均值为 8.02 mg/L；冬季胶州湾表层 DO 变化范围为 9.40～12.42 mg/L，平均值为 10.06 mg/L，底层 DO 的变化范围为 9.25～11.21 mg/L，平均值为 10.21 mg/L。

胶州湾表层的 DO 浓度比底层高。春季海水的表层、底层 DO 差异大，而夏季、秋季和冬季海水的表层、底层 DO 差异小。春季表层海水的 DO 较高值出现在湾口，而底层 DO 较高值出现在湾内；夏季表层、底层的 DO 分布较一致，湾口及湾外 DO 较高，湾内较低；秋季表层 DO 较高值出现在湾内西部，而底层 DO 的较高值出现在湾口；冬季表层、底层的 DO 分布相对一致，湾内 DO 高于湾口和湾外。

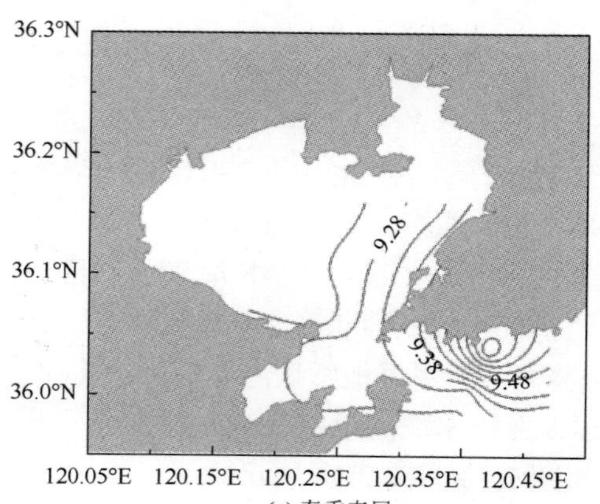

(a) 春季表层

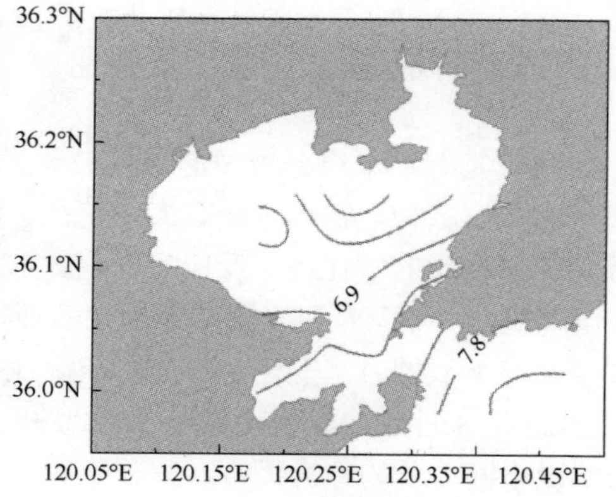

(b) 夏季表层

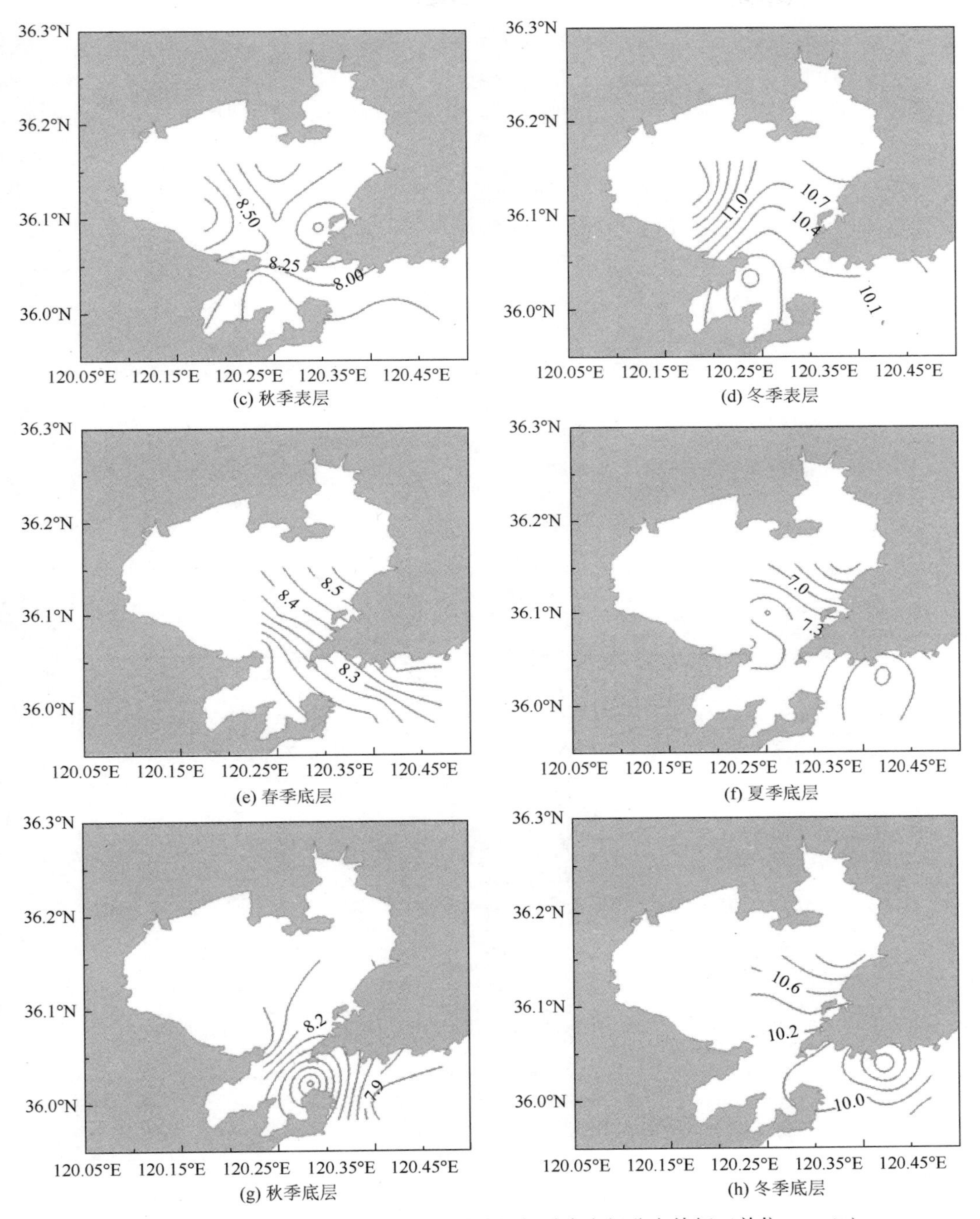

图 2.55　2015～2016 年胶州湾水域的溶解氧季度空间分布特征（单位：mg/L）

图 2.56 为 2017～2018 年胶州湾 4 个季节航次的表层、底层 DO 等值线分布图。春季胶州湾表层 DO 变化范围为 7.62～9.18 mg/L，平均值为 8.34 mg/L，底层 DO 的变化范围为 7.68～9.84 mg/L，平均值为 8.72 mg/L；夏季胶州湾表层 DO 变化范围为 6.36～8.10 mg/L，平均值为 7.52 mg/L，底层 DO 的变化范围为 6.06～7.56 mg/L，平均值为

7.21 mg/L；秋季胶州湾表层 DO 变化范围为 6.94～8.32 mg/L，平均值为 7.67 mg/L，底层 DO 的变化范围为 7.46～7.68 mg/L，平均值为 7.57 mg/L；冬季胶州湾表层 DO 变化范围为 10.44～11.31 mg/L，平均值为 10.89 mg/L，底层 DO 的变化范围为 10.45～11.06 mg/L，平均值为 10.70 mg/L。

垂直空间上，春季的表层、底层 DO 差异较大，而夏季、秋季和冬季的表层、底层 DO 差异较小。水平范围内，春季表层、底层海水的 DO 都是湾外高于湾内；夏季表层、底层的 DO 较低值都出现在湾内东北部，而湾口及湾内西部的 DO 浓度较高；秋季、冬季的表层、底层海水 DO 分布都是湾内高于湾口及湾外。

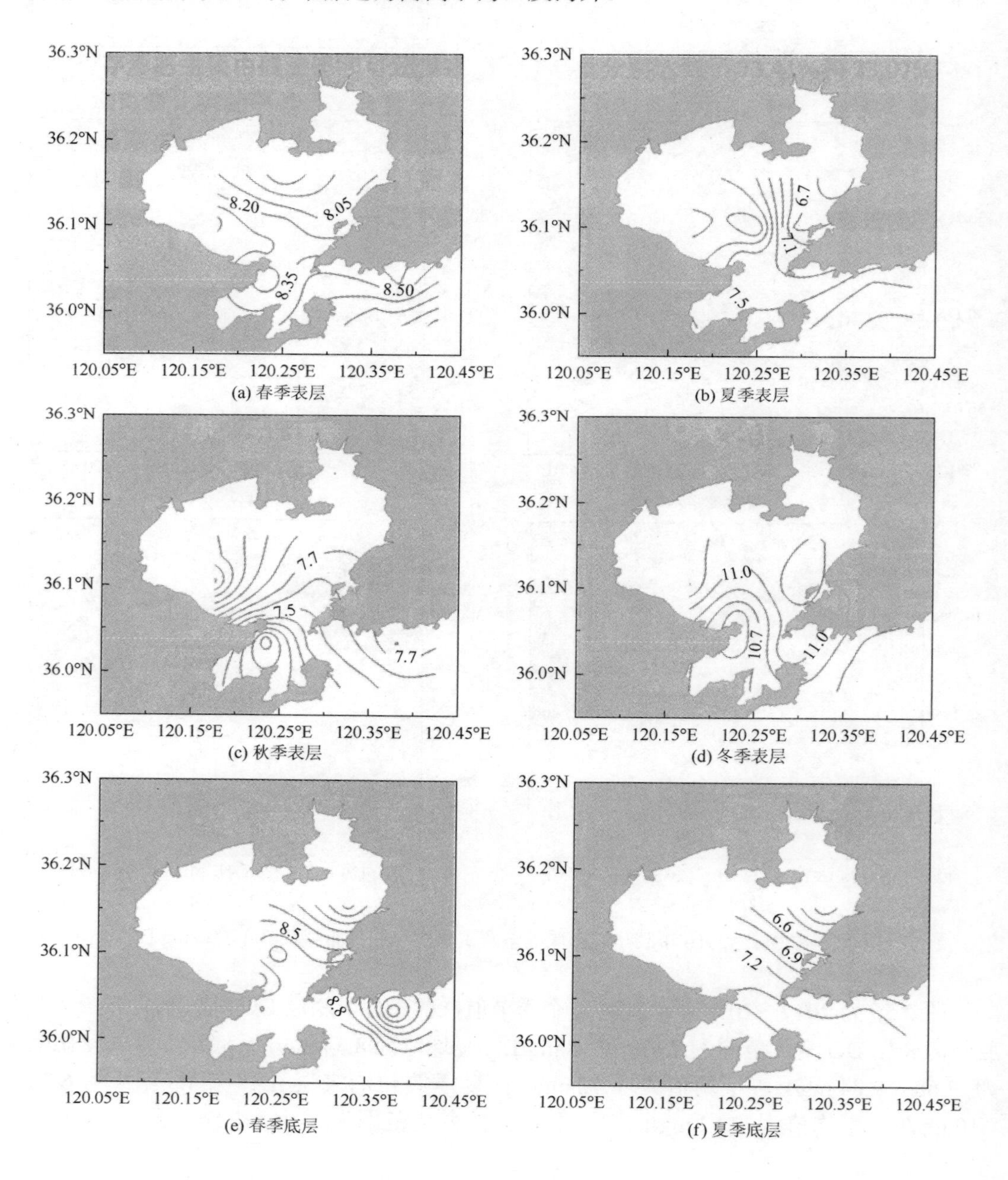

(a) 春季表层　(b) 夏季表层

(c) 秋季表层　(d) 冬季表层

(e) 春季底层　(f) 夏季底层

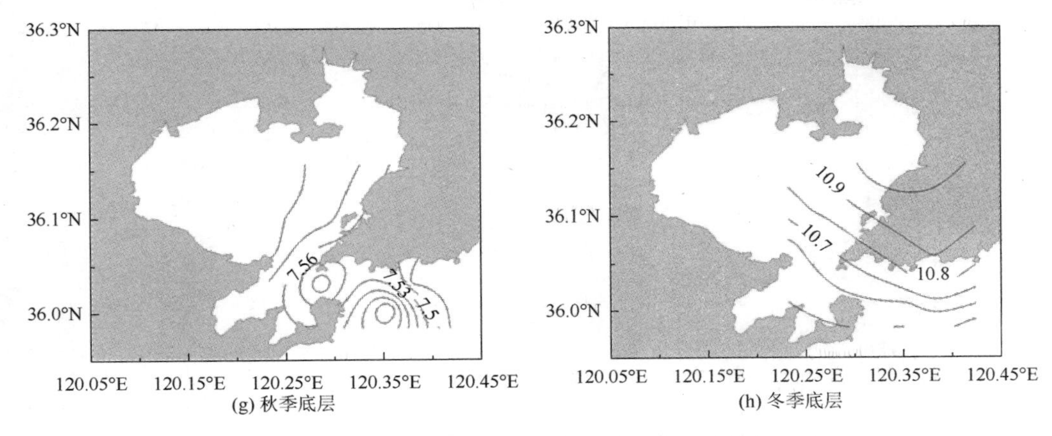

图 2.56　2017～2018 年胶州湾水域的溶解氧季度空间分布特征（单位：mg/L）

通过分析比较 2015～2016 年和 2017～2018 年胶州湾春季、夏季、秋季和冬季 8 个季节航次的海水 DO 数据发现，海水表层、底层 DO 的最大值都是出现在冬季，最小值出现在夏季，胶州湾不同季节的海水 DO 浓度由高到低依次是：冬季＞春季＞秋季＞夏季。

水平范围内，2016 年春季表层、底层海水的较高 DO 浓度分别出现在湾内和湾外，2017 年春季表层、底层海水的较高 DO 值都出现在湾外。夏季表层、底层海水的 DO 分布都是湾外高于湾内，且较低 DO 主要出现在湾内东北角。秋季表层海水的 DO 是湾内高于湾外，而底层海水的 DO 分布表明，湾口 DO 较低，而湾内和湾外的 DO 都比较高。冬季湾内 DO 高于湾口及湾外。

通过调查胶州湾的溶解氧历史数据发现（龚信宝等，2015；王文松，2013；李乃胜等，2006；孙松和孙晓霞，2011），表层溶解氧的波动范围为 6～11 mg/L；而底层溶解氧数据较少，浓度波动范围为 6～11 mg/L，跟表层浓度相比没有明显变化（图 2.57）。对比 2015～2018 年的溶解氧数据发现，溶解氧浓度的波动范围在历史数据波动范围内，但春季海水的表层、底层溶解氧差异大，而夏季、秋季和冬季海水的表层、底层溶解氧差异小。

（二）大亚湾溶解氧的时空变化及变化

图 2.58 为 2015～2016 年大亚湾 4 个季节航次的海水表层、底层 DO 等值线分布图。春季大亚湾表层 DO 变化范围为 7.03～14.72 mg/L，平均值为 9.60 mg/L，底层 DO 的变化范围

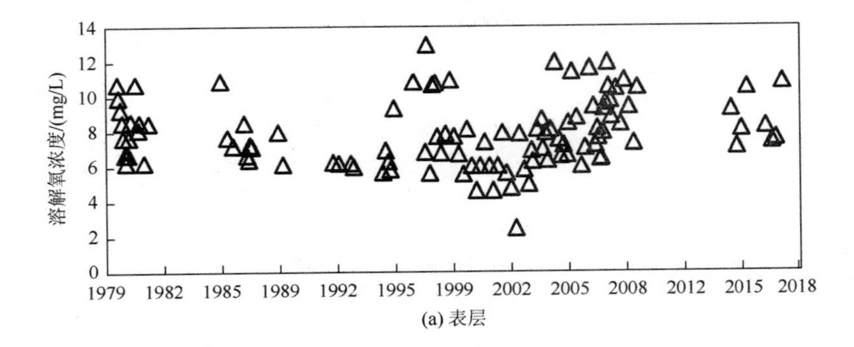

(a) 表层

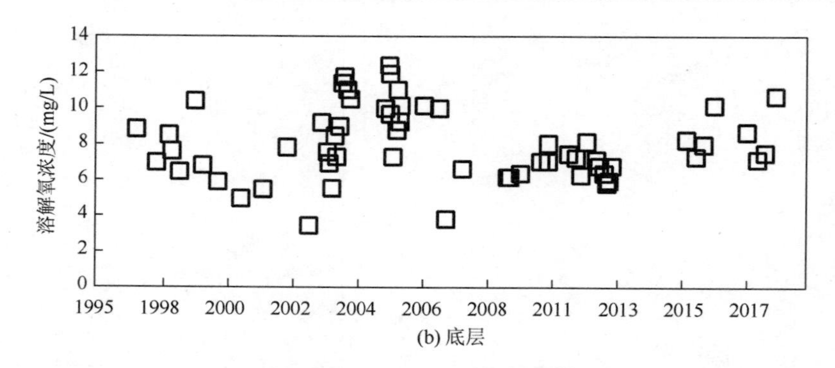

(b) 底层

图 2.57　胶州湾历年海水溶解氧变化图

为 6.97～11.25 mg/L，平均值为 8.21 mg/L；夏季大亚湾表层 DO 变化范围为 7.64～13.17 mg/L，平均值为 9.63 mg/L，底层 DO 的变化范围为 2.20～10.85 mg/L，平均值为 5.94 mg/L；秋季大亚湾表层 DO 变化范围为 5.25～10.38 mg/L，平均值为 7.19 mg/L，底层 DO 的变化范围为 4.99～10.33 mg/L，平均值为 6.65 mg/L；冬季大亚湾表层 DO 变化范围为 7.86～9.01 mg/L，平均值为 8.48 mg/L，底层 DO 的变化范围为 7.82～8.67 mg/L，平均值为 8.21 mg/L。

通过对比大亚湾表层和底层的 DO 浓度可知，表层 DO 含量高于底层，而不同季节的表层、底层 DO 的差异显著。夏季海水的表层、底层 DO 差异大，而春季、秋季和冬季海水的表层、底层 DO 差异小。水平范围内，春季、秋季和冬季湾顶的 DO 较低，湾口西南沿岸 DO 较高；夏季湾顶沿岸 DO 较高，湾口东南角较低。值得注意的是，S6 站的夏季底层 DO 为 2.22 mg/L，而春季、秋季和冬季的 DO 值为正常浓度范围值，说明大亚湾底层存在区域性的缺氧现象。

图 2.59 为 2017～2018 年大亚湾 4 个季节航次的表层、底层 DO 等值线分布图。春季大亚湾表层 DO 变化范围为 6.77～9.19 mg/L，平均值为 7.62 mg/L，底层 DO 的变化范围为 6.31～7.82 mg/L，平均值为 7.11 mg/L；夏季大亚湾表层 DO 变化范围为 7.15～12.72 mg/L，平均值为 9.85 mg/L，底层 DO 的变化范围为 4.19～7.72 mg/L，平均值为

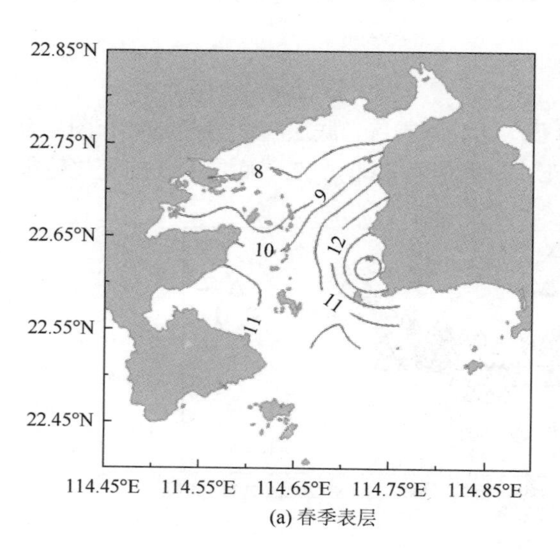

(a) 春季表层

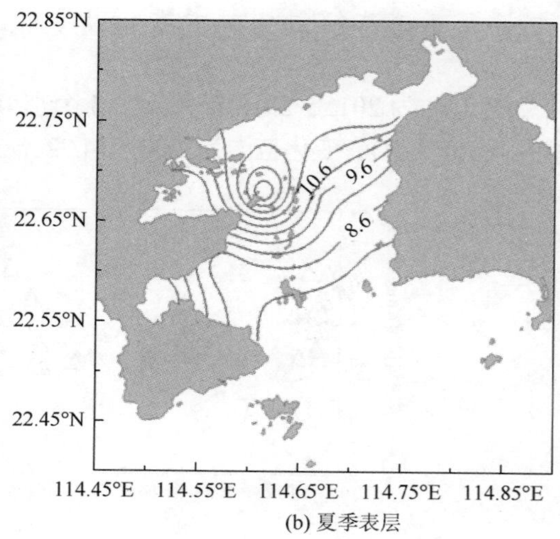

(b) 夏季表层

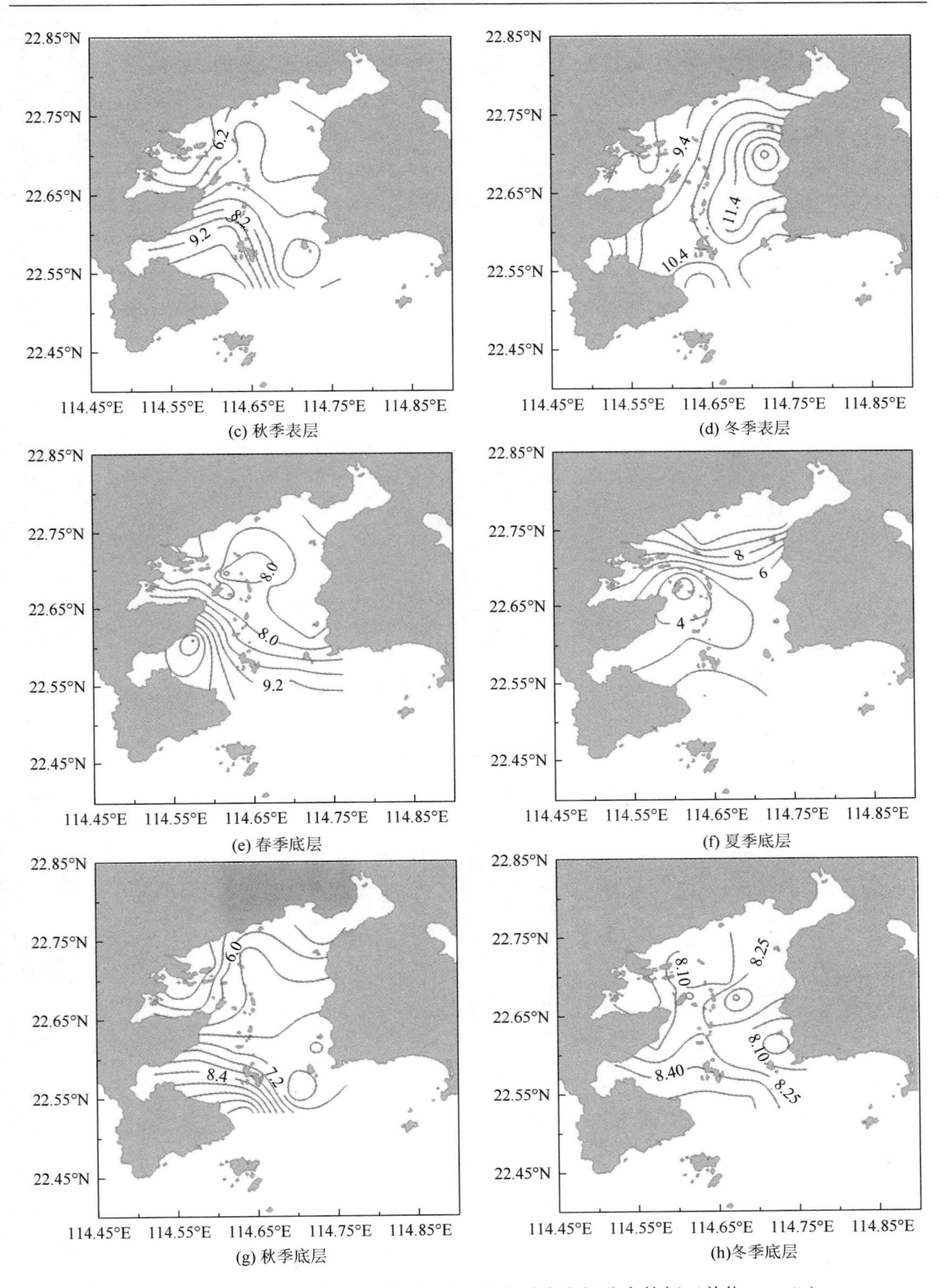

(c) 秋季表层

(d) 冬季表层

(e) 春季底层

(f) 夏季底层

(g) 秋季底层

(h)冬季底层

图 2.58　2015～2016 年大亚湾水域的溶解氧季度空间分布特征（单位：mg/L）

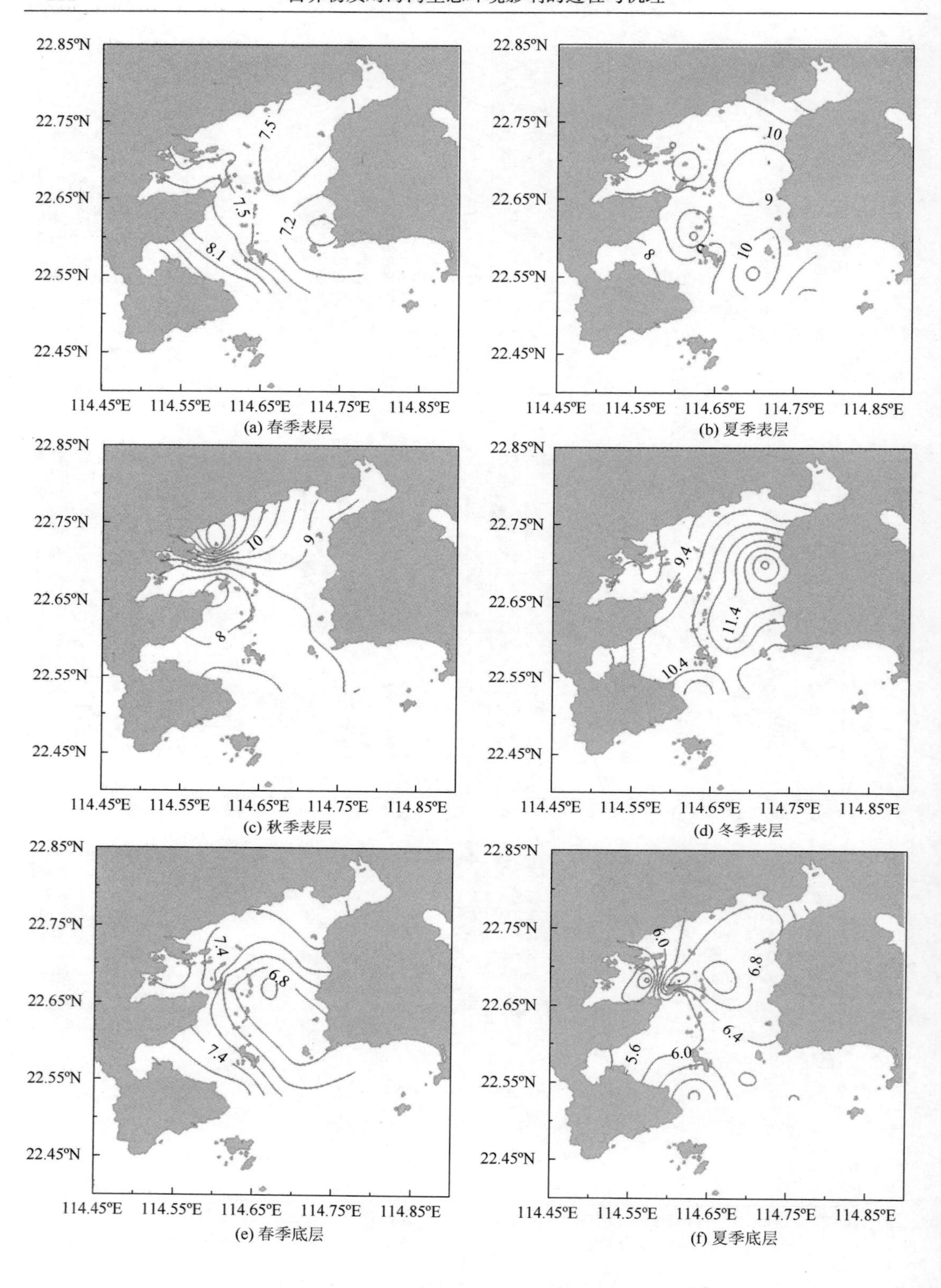

(a) 春季表层　(b) 夏季表层
(c) 秋季表层　(d) 冬季表层
(e) 春季底层　(f) 夏季底层

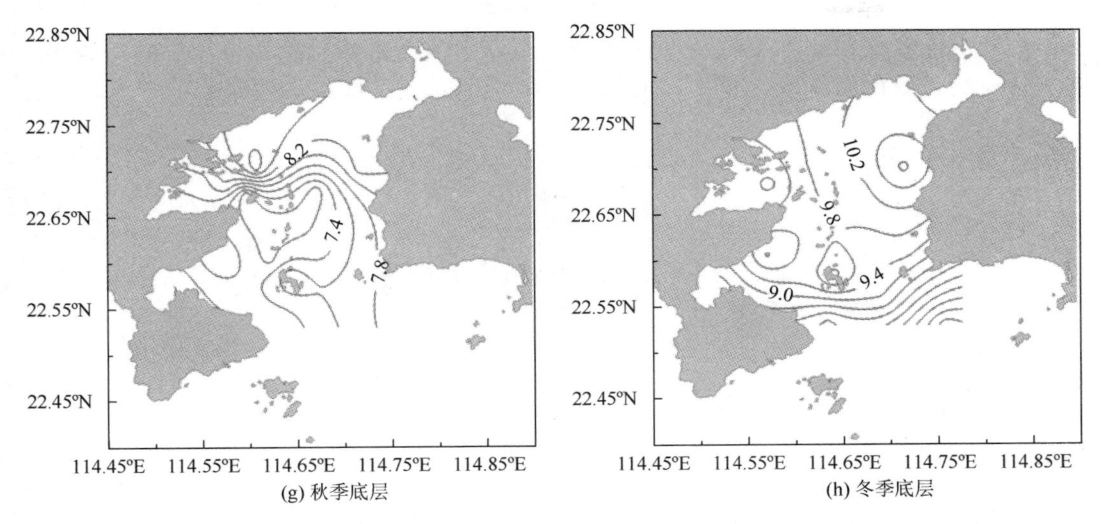

图 2.59　2017～2018 年大亚湾水域的溶解氧季度空间分布特征（单位：mg/L）

6.15 mg/L；秋季大亚湾表层 DO 变化范围为 7.24～12.63 mg/L，平均值为 8.57 mg/L，底层 DO 的变化范围为 6.99～8.68 mg/L，平均值为 7.68 mg/L；冬季大亚湾表层 DO 变化范围为 8.77～13.12 mg/L，平均值为 10.22 mg/L，底层 DO 的变化范围为 5.98～11.09 mg/L，平均值为 9.35 mg/L。

2017～2018 年大亚湾航次结果与 2015～2016 年的类似，垂直空间上，海水的表层 DO 较底层更高；春季、秋季的表层、底层 DO 差异小，而夏季、冬季的表层、底层 DO 差异较大。通过大亚湾表层、底层 DO 的浓度对比可知，表层海水的 DO 含量高于底层，而夏季海水的表层、底层 DO 差异大，而春季、秋季的表层、底层海水 DO 差异小；水平范围内，春季湾口西南沿岸 DO 较高，夏季西部沿岸 DO 较低，秋季湾顶 DO 高于湾口，冬季内湾 DO 较低。

通过分析比较 2015～2016 年和 2017～2018 年大亚湾春季、夏季、秋季和冬季 8 个季节航次的海水 DO 数据发现，海水表层、底层 DO 最大值出现在冬季，最小值出现在夏季。此外，春季海水 DO 浓度也比较高。因此，大亚湾海水 DO 浓度大小依次是：冬季＞春季＞秋季＞夏季。

水平范围内，春季湾口西南角的 DO 较高；夏季湾顶及东北岸 DO 较高；秋季、冬季 DO 的水平空间分布差异性较大，表现出一定的不规律性。2016 年秋季湾口西南角的 DO 较高，但 2017 年秋季湾顶 DO 更高。2016 年冬季湾口及其西南角的 DO 较高，而 2018 年冬季海湾东岸及东北部的 DO 较高。此外，对比两个夏季航次的 DO 数据发现，2017 年夏季底层 DO 浓度有所升高（DO = 4.19 mg/L），且相对缺氧的范围有所缩小，说明大亚湾夏季底层海水存在季节性的区域性缺氧现象。

通过调查大亚湾 30 多年的溶解氧数据发现（徐恭照等，1989；王友绍，2014；孟雪娇等，2016；王友绍等，2004；黄道建等，2012），表层溶解氧的波动范围为 5～9 mg/L；而底层的溶解氧浓度比表层略微降低，波动范围为 5～8 mg/L（图 2.60）。对比 2015～2018 年的溶解氧数据发现，溶解氧浓度的波动范围在历史数据波动范围内，但垂直空间上，海水的表层溶解氧浓度较底层更高。不同季节的溶解氧分布特征不同，春季、秋季的表层、底层溶解氧差异小，而夏季、冬季的表层、底层溶解氧差异较大。

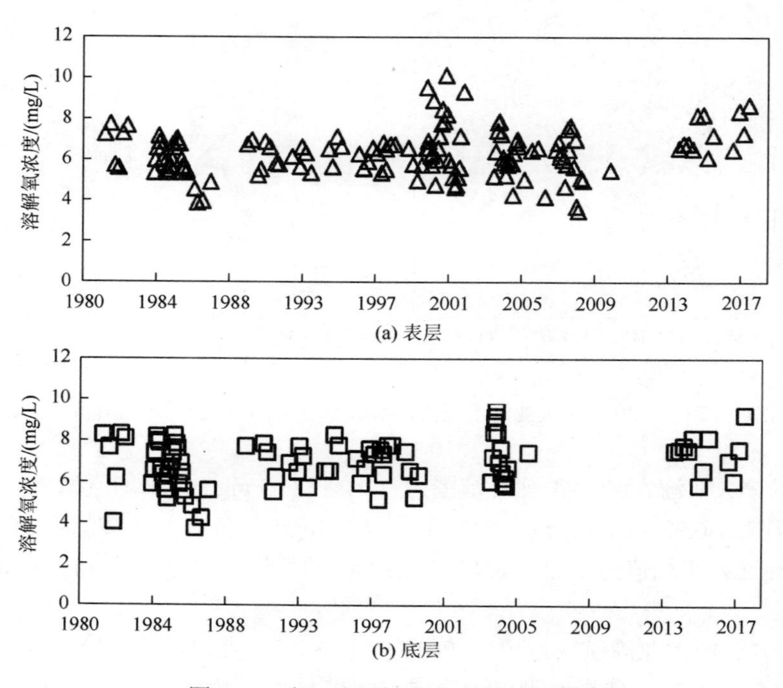

图 2.60 大亚湾历年海水溶解氧变化图

二、海湾痕量金属的迁移转化过程与机理

研究海湾痕量金属的水平、形态及其生物有效性，对于揭示痕量金属在不同交换条件下的迁移转化过程与机理有重要意义（Gu，2017；Liang et al.，2018）。因此，本书针对胶州湾和大亚湾开展了野外调查实验，研究了胶州湾和大亚湾海域的痕量金属污染特征，再利用室内微宇宙模拟实验，研究了痕量金属在不同环境条件下的释放特征及生物有效性。

环境分析通常只对环境介质中痕量金属污染物的总量或总浓度进行测定，这样可提供水体或沉积物受重金属污染的状况。然而大量生物实验与毒理研究表明，痕量金属元素的生物毒性及它们在生物体内、生态环境中的迁移转化过程与其在环境中的赋存形态有着密切的关系（Bonsignore et al.，2018；Ouali et al.，2018）。单纯测定痕量金属元素的总量往往很难表征其污染特性和生态危害。因此，有必要对环境中特别是沉积环境中痕量金属的形态进行提取和测定。

沉积物的痕量金属形态提取是指依次用提取能力不同的各种提取剂对沉积物中痕量金属的不同形态进行连续提取，再利用电感耦合等离子体质谱仪（ICP-MS）或原子吸收（荧光）仪对各提取液中的痕量金属进行测定。常用的形态提取法有 BCR 形态提取法和 Tessier 形态提取法。连续提取通常依次采用中性、弱酸性、中酸性、强酸性提取剂对沉积物中痕量金属进行提取，随着提取步骤的深入，提取条件也不断加强。

分别于2016年秋季和2015年夏季采集了胶州湾和大亚湾的上覆水样和表层沉积物样（图2.53，图2.54），上覆水样在过滤后直接冷藏保存，待测，而表层沉积物样在冷冻条件下尽快运回实验室，进行预处理和测定。

（一）胶州湾痕量金属状况

1. 胶州湾上覆水痕量金属分布特征

分析胶州湾上覆水中痕量金属的浓度发现，Cr、Cu、Zn、As、Cd和Pb的浓度范围分别是0.25～0.55 μg/L、1.26～2.80 μg/L、4.49～15.16 μg/L、2.59～4.15 μg/L、0.11～0.52 μg/L和0.32～1.50 μg/L，平均浓度分别是0.37 μg/L、1.79 μg/L、9.42 μg/L、3.27 μg/L、0.17 μg/L和0.70 μg/L。《海水水质标准》（GB 3097—1997）中一类海水的Cr、Cu、Zn、As、Cd和Pb浓度限值分别为：50 μg/L、5 μg/L、20 μg/L、20 μg/L、1 μg/L和1 μg/L。因此，胶州湾海水中痕量金属元素Cr、Cu、Zn、As和Cd的含量达到海水一类标准，而S3站和S12站的海水Pb含量分别为1.5 μg/L和1.0 μg/L，略高于一类海水标准限值，但仍低于二类海水标准限值5 μg/L。所以，胶州湾海水中痕量金属浓度较低（图2.61）。

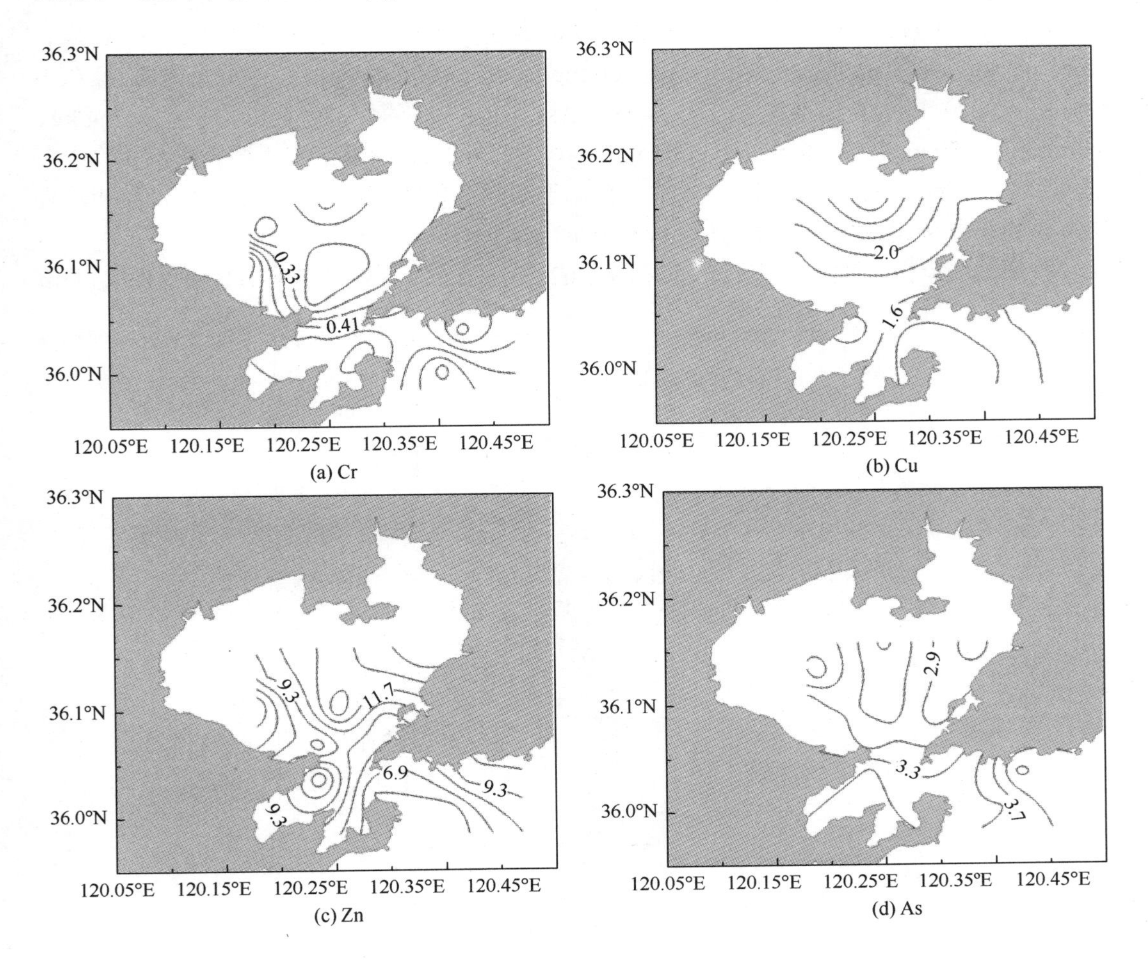

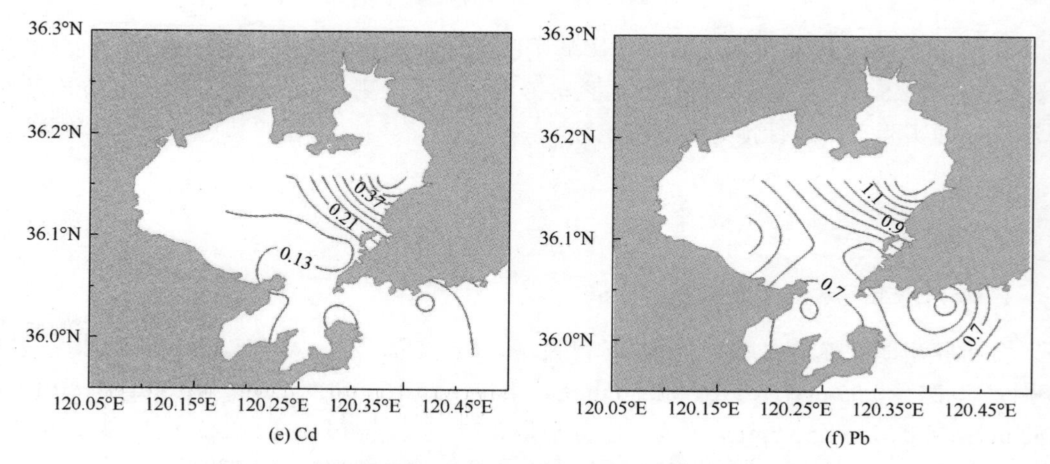

图 2.61 胶州湾海水中痕量金属的空间分布（单位：μg/L）

2. 胶州湾沉积物痕量金属的分布特征

分析胶州湾表层沉积物中痕量金属的浓度发现，Cr、Cu、Zn、As、Cd 和 Pb 的含量范围分别是 7.82～29.68 mg/kg、13.88～28.88 mg/kg、19.22～65.97 mg/kg、2.52～7.45 mg/kg、0.04～0.10 mg/kg 和 6.22～19.68 mg/kg，平均含量依次为 17.19 mg/kg、18.55 mg/kg、40.70 mg/kg、4.20 mg/kg、0.06 mg/kg 和 12.03 mg/kg。《海洋沉积物质量》（GB 18668—2002）中一类标准中 Cr、Cu、Zn、As、Cd 和 Pb 的含量限值分别是：80 mg/kg、35 mg/kg、150 mg/kg、20 mg/kg、0.5 mg/kg 和 60 mg/kg。所以，胶州湾表层沉积物中痕量金属 Cr、Cu、Zn、As、Cd 和 Pb 的含量低于海洋沉积物质量标准中的限值，胶州湾表层沉积物痕量金属含量的总体趋势为 Zn＞Cu＞Cr＞Pb＞As＞Cd。

胶州湾表层沉积物痕量金属分布见图 2.62 和图 2.63。S3、S10、S11 和 S12 站的沉

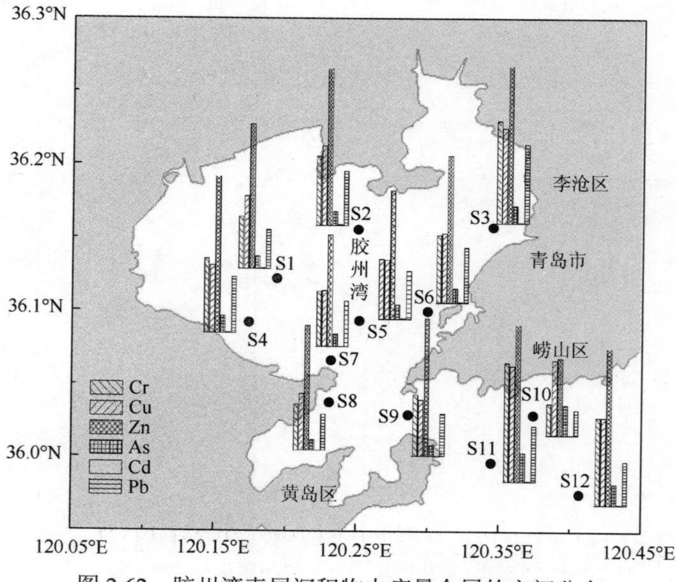

图 2.62 胶州湾表层沉积物中痕量金属的空间分布

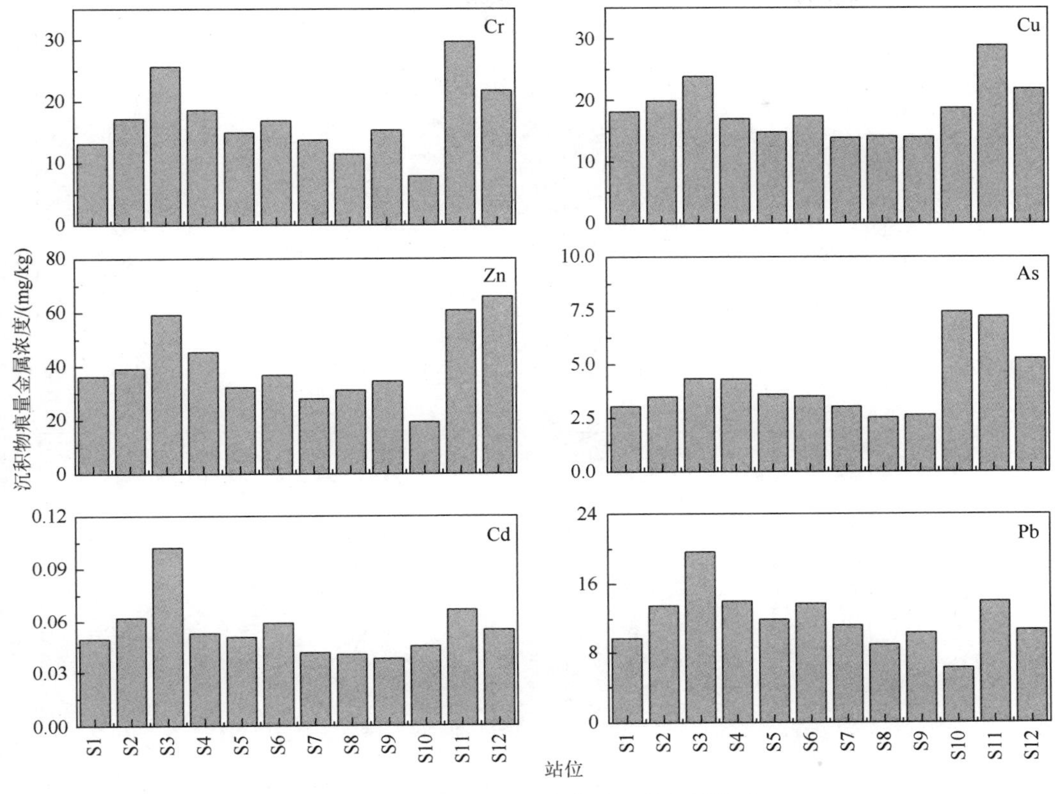

图 2.63　胶州湾表层沉积物中痕量金属浓度

积物中痕量金属含量较高。其中，S3 站 Cr、Zn、Cd 和 Pb 含量较高；S10 站的 As 含量较高；S11 和 S12 站的 Cr、Cu、Zn 和 As 的含量较高。空间上看，湾口 S10、S11 和 S12 站及湾内东侧的 S3 站的痕量金属含量较高，需要引起注意。

3. 胶州湾沉积物痕量金属的赋存形态特征

从图 2.64 可知，在胶州湾表层沉积物中 Cr 的主要形态是残渣态，其次是可氧化态、可还原态和可溶解态，12 个站位各形态平均百分含量为 67.47%、16.89%、15.20%和 0.44%。其中 S10 站沉积物中 Cr 的生物有效态百分含量最高，达到 47.75%。Cu 的主要形态是可还原态，其次是残渣态、可氧化态和可溶解态，各形态的平均百分含量分别是 41.67%、31.64%、23.85%和 2.84%。各站位沉积物都具有较高的 Cu 生物有效态百分含量，范围达到 51.53%～79.35%。其中，S1、S2、S3、S4、S5、S6、S7、S8、S10 和 S11 站的生物有效态百分含量超过 60%，说明这些站位的 Cu 具有较高的释放风险。Zn 的主要形态是残渣态和可还原态，形态百分含量分别达到 39.12%和 30.36%，而可氧化态和可溶解态的百分含量分别为 15.54%和 14.98%。其中，S1、S10 和 S11 站的生物有效态百分含量超过 70%，说明这些站点的 Zn 具有较高的释放风险。As 的主要形态是残渣态，其次是可氧化态、可还原态和可溶解态，形态百分含量分别为 90.04%、5.14%、3.68%和 1.14%。相对其他金属元素，As 的生物有效性很低，全部采样站位的 As 的生物有效态百分含量范围为4.63%～17.91%，

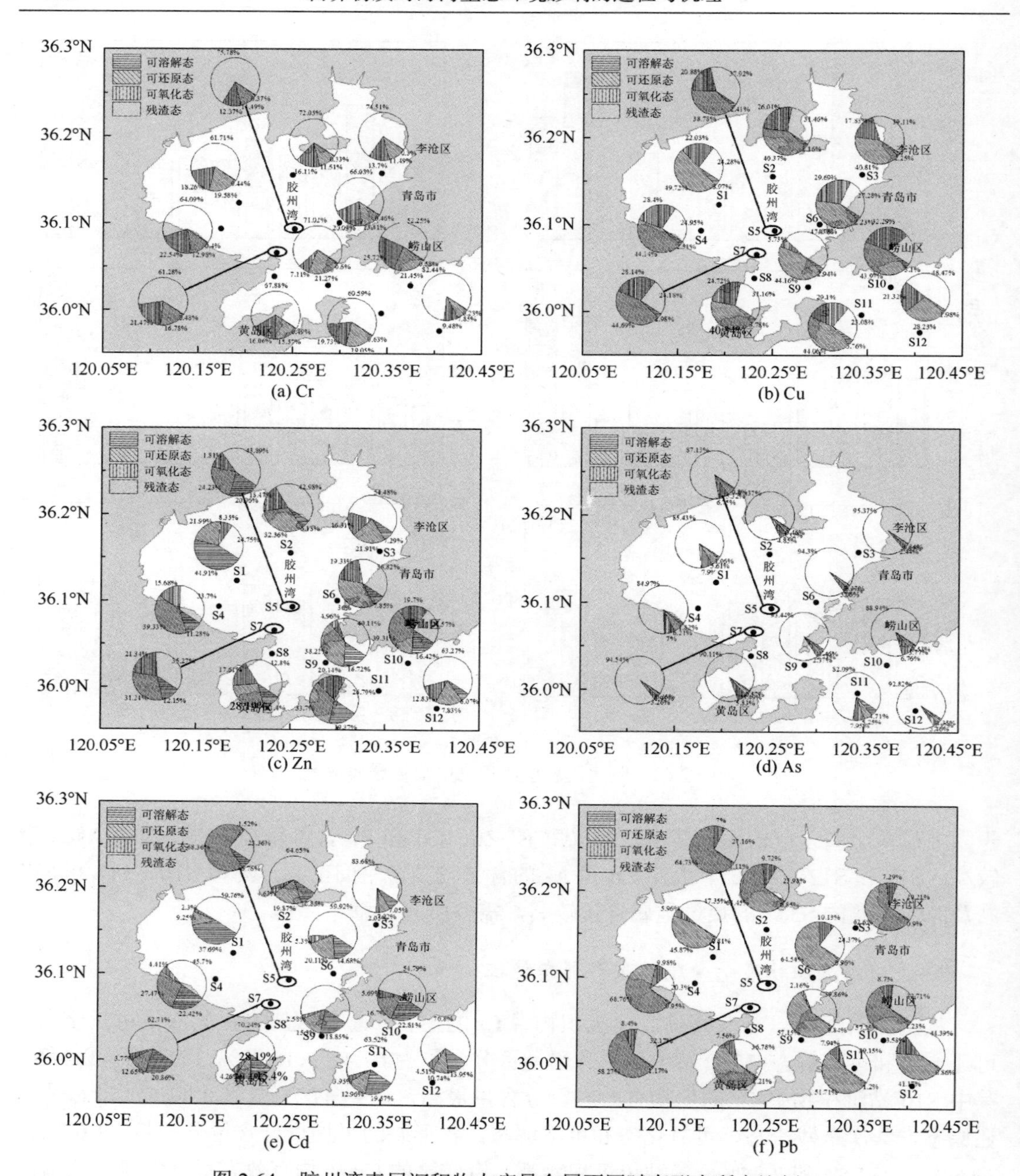

图 2.64　胶州湾表层沉积物中痕量金属不同赋存形态所占比例

说明胶州湾沉积物中 As 的元素的积累受人类活动影响小。Cd 的主要形态是残渣态，其次是可还原态、可溶解态和可氧化态，这 4 种形态的百分含量依次是 59.45%、19.23%、17.58% 和 3.74%。生物有效态百分含量范围为 16.32%～76.64%，表现出较大差异性。生物有效性最高的点为 S5，百分含量达到 76.64%，说明该点受人类活动影响较大。Pb 的赋存形态主要由可还原态和残渣态，百分含量分别达到了 57.50%和 33.29%，而可氧化态和可溶解态的平均百分含量分别为 8.20%和 1.01%。因此，Pb 的生物有效态百分含量主要取决于可还原态的百分含量。Pb 的生物有效态百分含量范围是 52.65%～79.70%，各采样点都呈现较高的 Pb 生物有效性。

各金属元素的生物有效态平均百分含量依次为 Cu（68.36%）＞Pb（66.71%）＞Zn（60.88%）＞Cd（40.55%）＞Cr（32.53%）＞As（9.96%），因此，胶州湾沉积物中生物有效态百分含量较高的 Cu、Pb、Zn 和 Cd 在痕量金属污染防治过程中需引起关注。

（二）大亚湾痕量金属状况

1. 大亚湾上覆水痕量金属分布特征

分析大亚湾上覆水中痕量金属的浓度发现，Cr、Cu、Zn、As、Cd 和 Pb 的浓度范围分别是 0.15～1.64 μg/L、0.74～7.41 μg/L、1.05～43.90 μg/L、0.69～2.05 μg/L、0.03～0.30 μg/L 和 0.07～2.85 μg/L，平均浓度分别是 0.67 μg/L、2.40 μg/L、8.03 μg/L、1.27 μg/L、0.12 μg/L 和 0.72 μg/L。《海水水质标准》（GB 3097—1997）中一类海水的 Cr、Cu、Zn、As、Cd 和 Pb 浓度限值分别为：50 μg/L、5 μg/L、20 μg/L、20 μg/L、1 μg/L 和 1 μg/L。所以，大亚湾海水存在区域性的 Cu、Zn 和 Pb 污染。大亚湾海水中痕量金属的空间分布如图 2.65

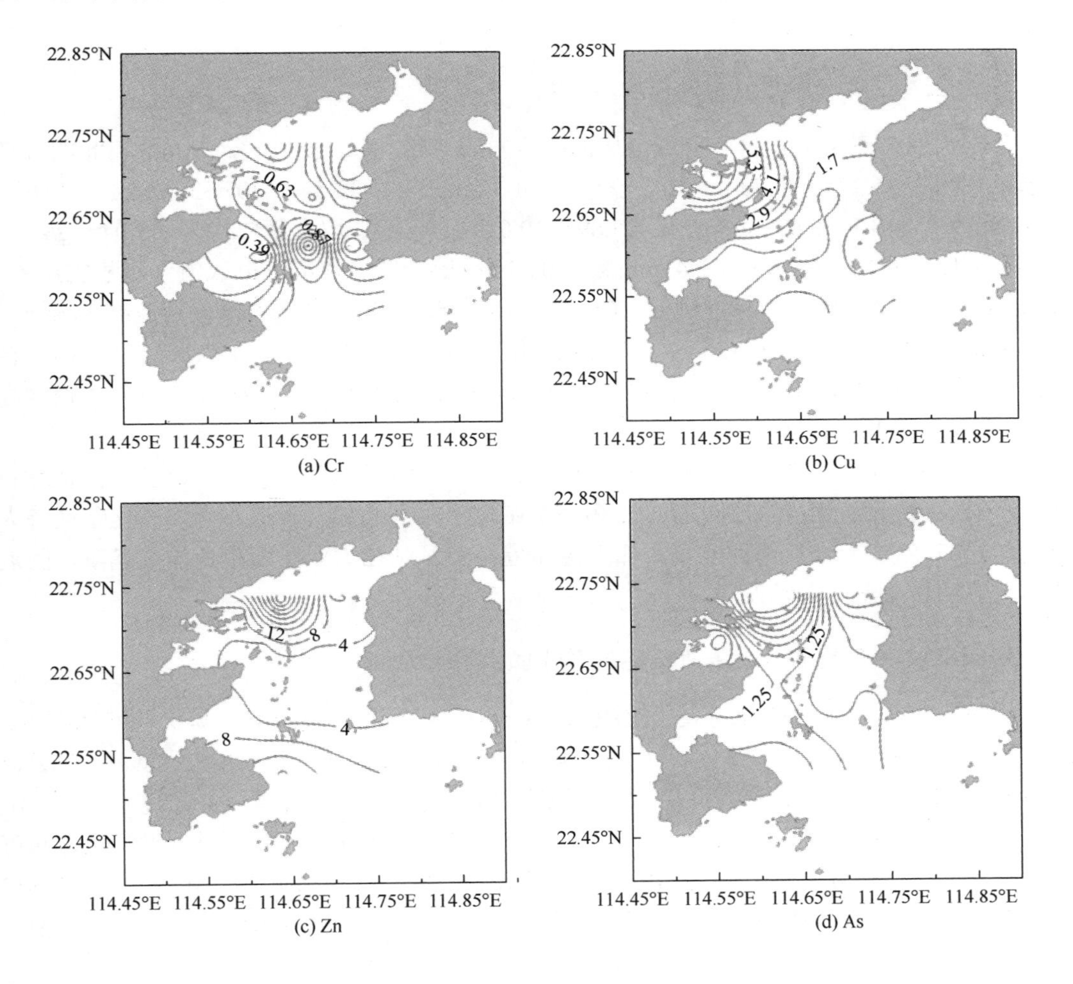

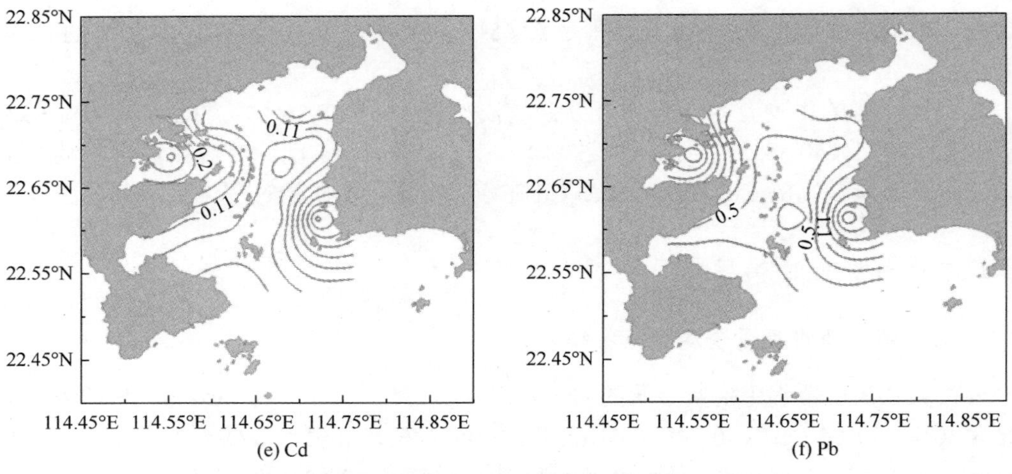

图 2.65　大亚湾海水中痕量金属的空间分布（单位：μg/L）

所示，海湾沿岸地区的海水中痕量金属浓度较高，尤其是海湾西北部、北部和东部。Cu 污染主要出现在惠州港附近海域，而 Zn 污染主要集中在靠近南海石化基地的附近，Pb 污染则出现在平潭电厂附近海域。

2. 大亚湾沉积物中痕量金属的分布特征

分析大亚湾表层沉积物中痕量金属的浓度发现，Cr、Cu、Zn、As、Cd 和 Pb 的含量范围分别是 36.37～90.23 mg/kg、9.54～61.32 mg/kg、33.54～207.33 mg/kg、7.80～28.43 mg/kg、0.13～0.43 mg/kg 和 15.89～30.01 mg/kg，平均含量依次为 65.04 mg/kg、24.58 mg/kg、111.65 mg/kg、12.41 mg/kg、0.23 mg/kg 和 22.64 mg/kg。《海洋沉积物质量》（GB 18668—2002）中一类标准中 Cr、Cu、Zn、As、Cd 和 Pb 的含量限值分别是：80 mg/kg、35 mg/kg、150 mg/kg、20 mg/kg、0.5 mg/kg 和 60 mg/kg。所以，大亚湾表层沉积物中存在区域性的 Cr、Cu、Zn 和 As 污染。大亚湾表层沉积物中痕量金属含量的总体趋势为 Zn＞Cr＞Cu＞Pb＞As＞Cd。

如图 2.66 和图 2.67 所示，S1、S2、S3、S7 和 S12 站的沉积物中痕量金属含量较高。其中，S1 站靠近东北角的范和港；S2 和 S3 站位于海湾北部，附近有南海石化基地等人类活动；S7 站位于大亚湾西北角，靠近惠州港；S12 站在大亚湾西南角的大鹏澳，附近的养殖活动和旅游业非常发达。

3. 大亚湾沉积物痕量金属的赋存形态特征

从图 2.68 可知，在大亚湾表层沉积物中 Cr 的主要形态是残渣态，其次是可氧化态、可还原态和可溶解态，14 个站位各形态平均百分含量为 86.71%、8.09%、3.88%和 1.32%。其中 S4、S8、S9、S10、S11 和 S12 站沉积物中 Cr 的可氧化态含量较高，说明这些点沉积物中 Cr 的生物有效性较高。Cu 的主要形态是残渣态，其次是可还原态、可氧化态和可溶解态，各形态百分含量分别为 45.84%、25.90%、23.13%和 5.13%。其中 S1 站和 S12 站沉积物中 Cu 的残渣态较低，说明这两个站位受人类活动影响较大，使得沉积物中

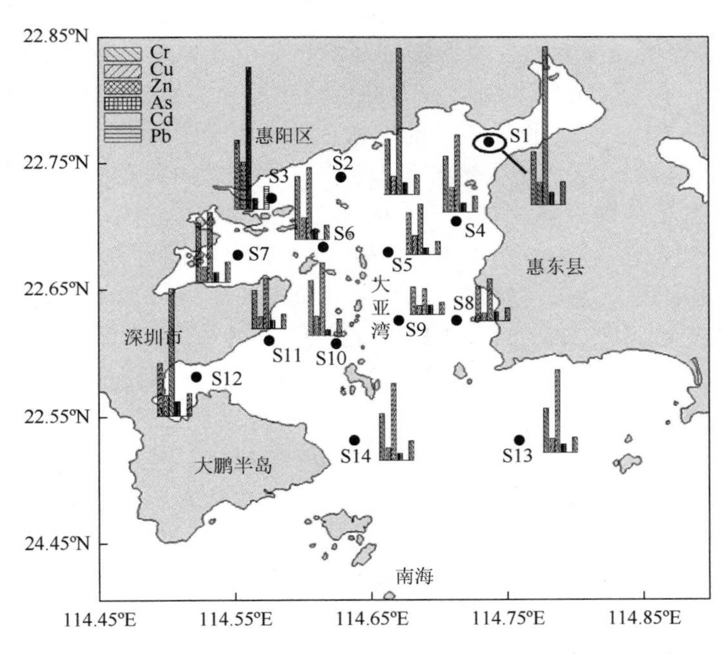

图 2.66　大亚湾表层沉积物痕量金属的空间分布

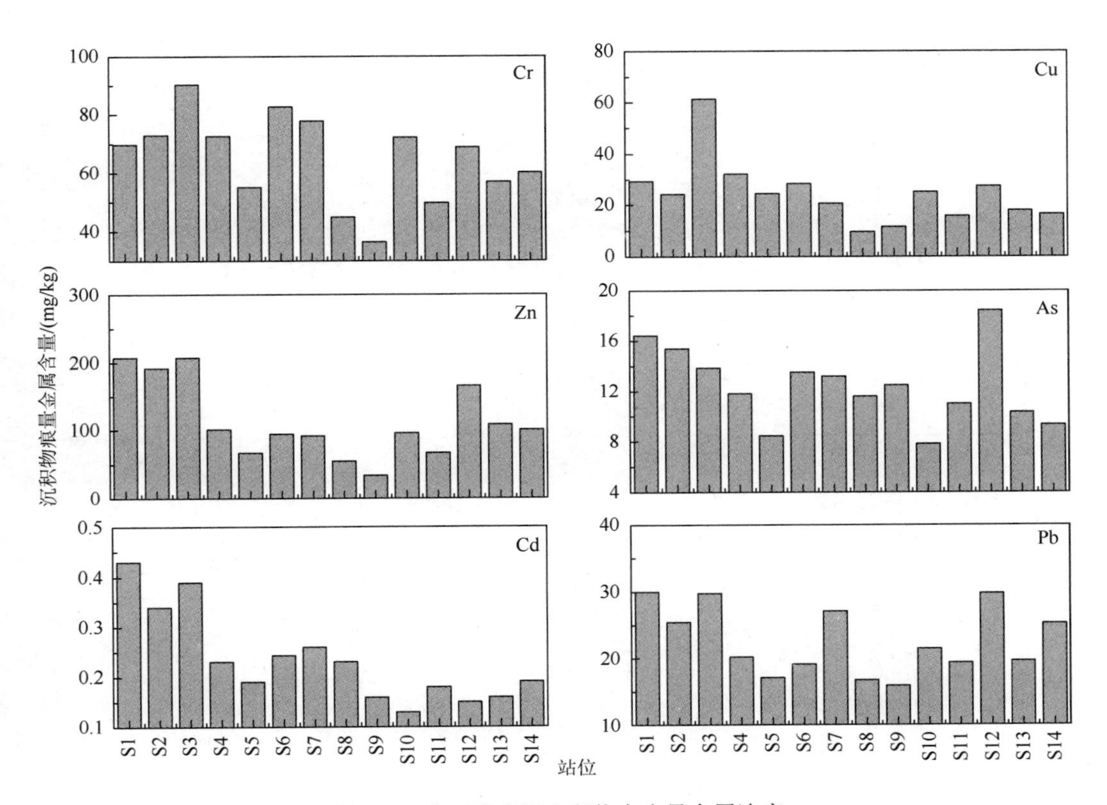

图 2.67　大亚湾表层沉积物中痕量金属浓度

Cu 的生物有效性较高。Zn 的主要形态是残渣态和可还原态，形态百分含量分别达到 52.40%和 43.60%，而可氧化态和可溶解态的百分含量分别为 2.11%和 1.89%。其中，S5、S6、S7、S8、S9、S10、S12 和 S13 站的生物有效态百分含量超过 50%，说明这些站位的 Zn 具有较高的风险。As 的主要形态是残渣态，其次是可氧化态、可还原态和可溶解态，各形态百分含量分别为 67.26%、14.78%、12.04%和 5.92%。相对其他金属元素，As 的生物有效性较低，全部采样站位的 As 的生物有效态百分含量范围为 21.83%～39.53%。Cd 的主要形态是可溶解态，其次是残渣态、可还原态和可氧化态。这 4 种形态的百分含量依次是 38.53%、31.86%、20.12%和 9.49%。生物有效态百分含量最低为 59.41%，出现在 S8 站；生物有效性最高出现在 S7 站，生物有效态百分含量达到 81.12%。Pb 的赋存形态主要由残渣态和可还原态，百分含量分别达到了 73.41%和 23.07%，而可溶解态和可氧化态的平均百分含量分别为 2.70%和 0.82%。因此，Pb 的生物有效态百分含量主要取决于可还原态的百分含量。Pb 的生物有效态百分含量范围是 18.01%～37.20%，S9 站的生物有效性最高，而 S2 站最低。

残渣态痕量金属极为稳定，一般不参与生物地球化学循环，因此，生物有效性的计算一

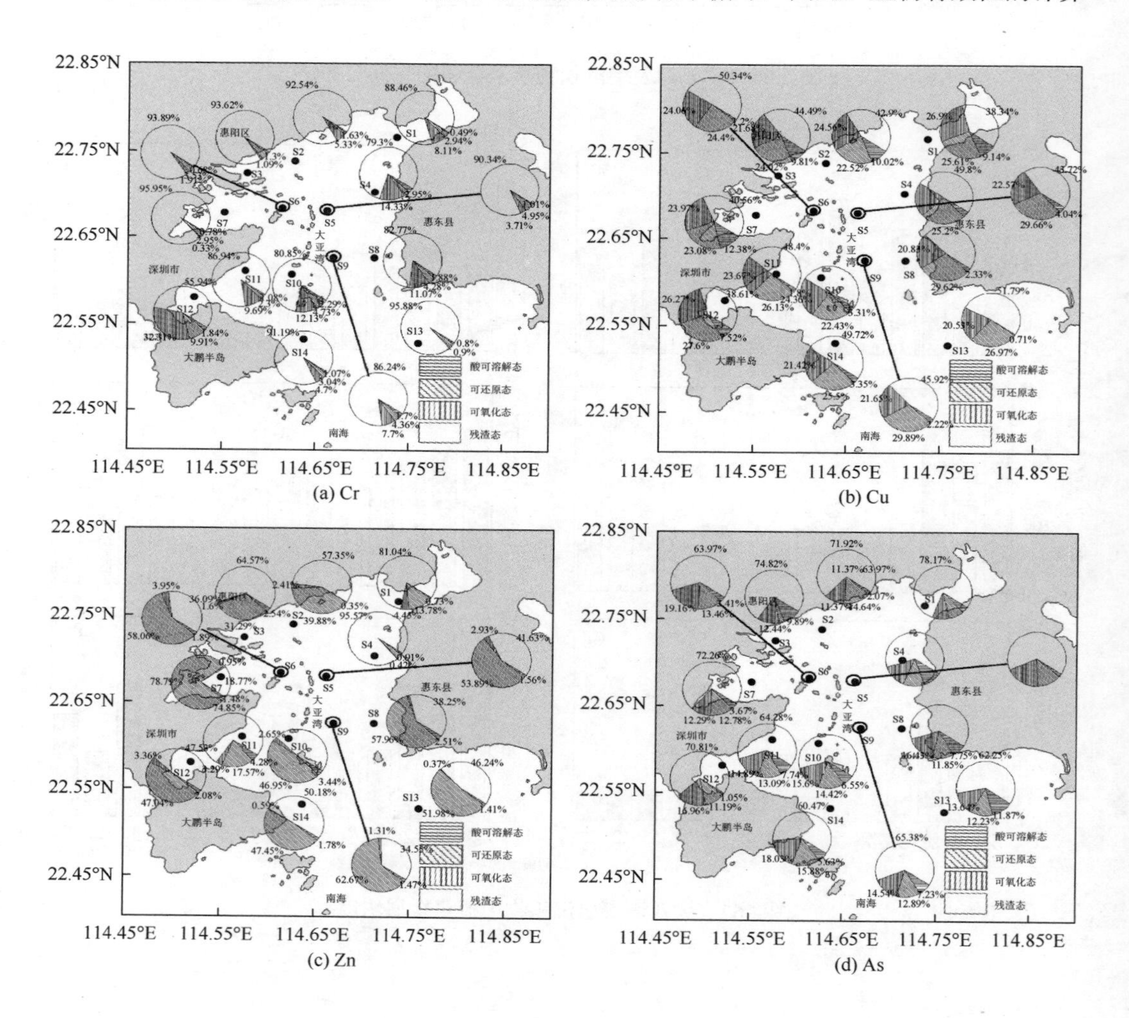

(a) Cr　(b) Cu　(c) Zn　(d) As

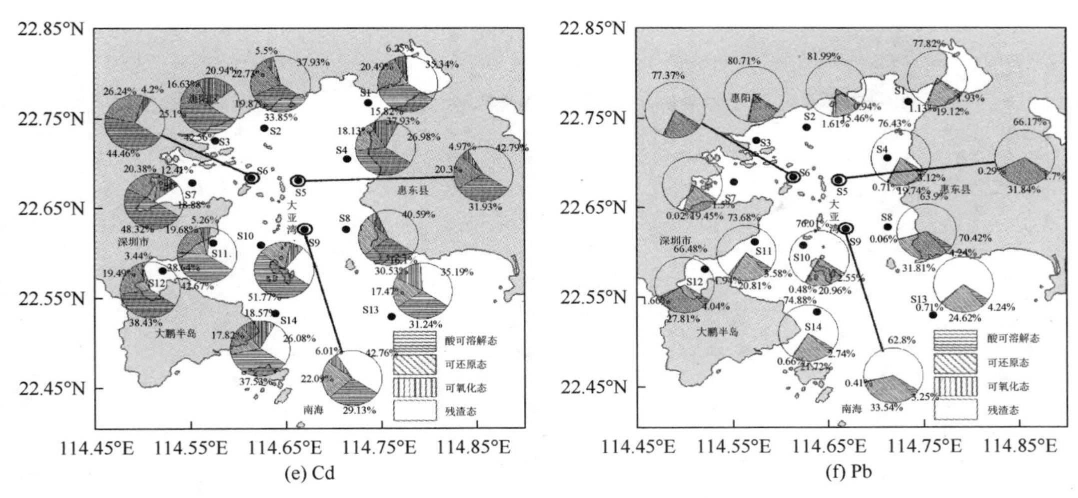

(e) Cd　　　　(f) Pb

图 2.68　大亚湾表层沉积物中痕量金属不同赋存形态所占比例

般不考虑残渣态的含量。所以，对于残渣态为主的元素，即使其总量较高，也不能断定其对水生生物和环境会造成较大危害；相反，可还原态和可氧化态的痕量金属在受到 pH 和氧化还原电位等环境因素影响时，可能再次解离、释放进入上覆水中，造成水体“二次污染”。因此，沉积物中生物有效性含量较高的 Cu、Zn 和 Cd 在痕量金属污染防治过程中值得关注。

（三）富营养化条件下海湾痕量金属的迁移转化过程与机理

根据前期研究发现，由于营养盐的输入造成大亚湾区域性的水体富营养化现象，而水体富营养化会进一步引起水体缺氧。海湾条件下，除了大量输入的氮和磷，以及富营养化引起的水体缺氧会影响痕量金属的迁移转化之外，盐度也可能是影响痕量金属迁移转化的重要因素。微宇宙模拟系统，是一种模拟真实自然环境条件下的室内微宇宙生态模拟实验系统（Santos et al.，2018）。因此，运用微宇宙模拟系统，研究水体氮、磷、盐度和溶解氧变化条件下痕量金属的迁移转化过程有非常重要的意义。

采集大亚湾表层沉积物，在冷藏条件下运回实验室，然后过筛去除杂质颗粒和动植物残体，最后装入到不同的反应器中。通过调整人工海水中的相关添加物质，改变上覆水中的氮、磷和盐度水平。具体来说，氮营养盐控制实验组中，调整人工海水中添加的硝酸钠，使得海水中氮含量分别为 2 μmol/L、50 μmol/L 和 200 μmol/L；磷营养盐控制实验组中，调整人工海水中添加的磷酸二氢钠，使得海水中磷含量分别为 0.1 μmol/L、2.5 μmol/L 和 10 μmol/L；盐度控制实验组中，调整人工海水中添加的氯化钠，使得海水中盐度分别为 15、25 和 35。溶解氧（DO）的改变则是通过充入不同浓度的氮气，使得海水中溶解氧浓度分别为 0～2 mg/L、2～4 mg/L 和 4～6 mg/L。微宇宙模拟实验的开展周期为 60 d，每隔 10 d 采集一次上覆水和表层沉积物，并测定相关的环境参数 DO、pH 和 Eh。

1. 富营养化条件下上覆水中痕量金属的浓度特征

如图 2.69 所示，实验开始的最初阶段（反应开始后 10 d 以内），上覆水中痕量金属

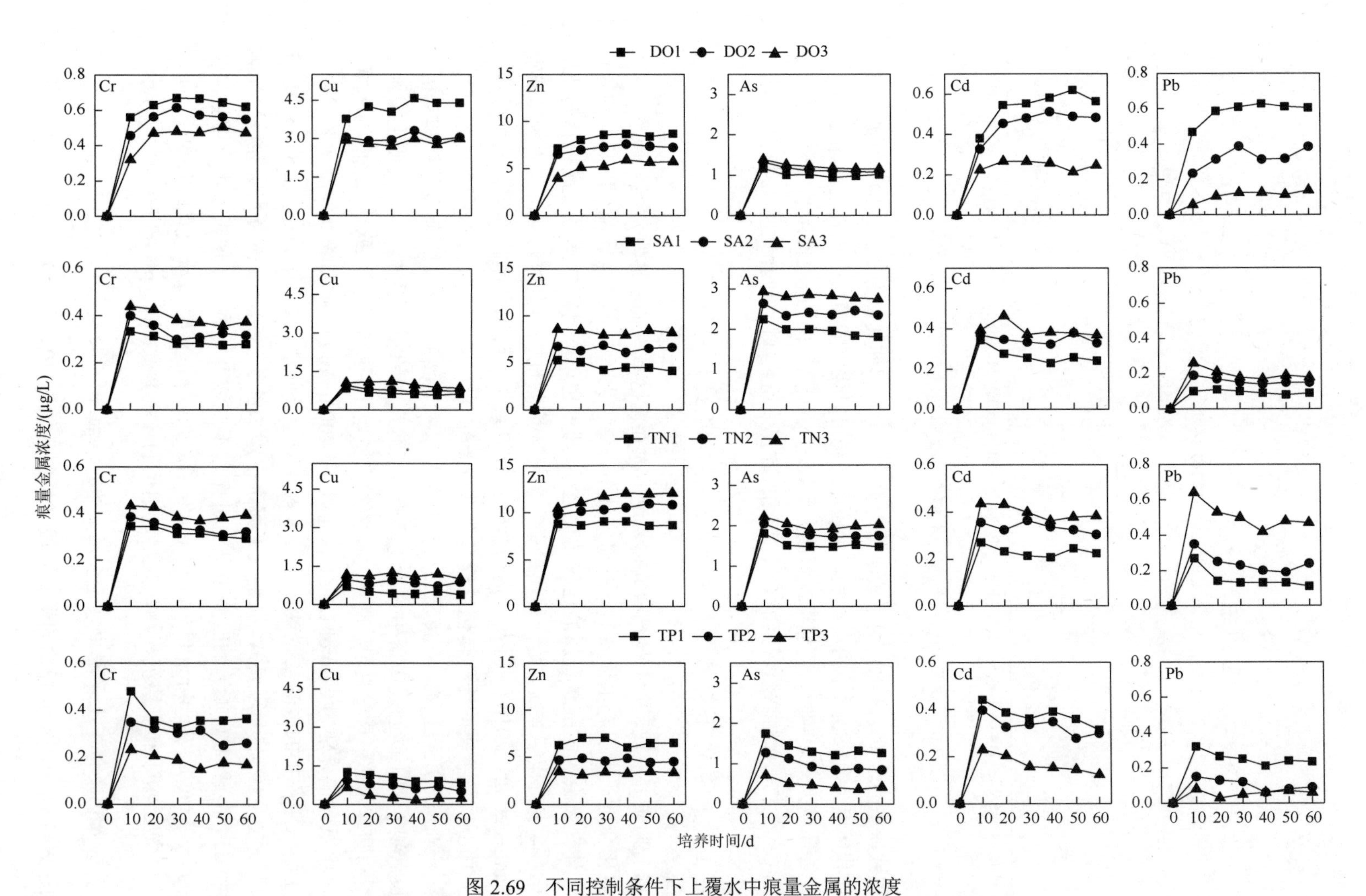

图 2.69　不同控制条件下上覆水中痕量金属的浓度

DO1：0～2 mg/L；DO2：2～4 mg/L；DO3：4～6 mg/L；SA1：15；SA2：25；SA3：35；
TN1：2 μmol/L；TN2：50 μmol/L；TN3：200 μmol/L；TP1：0.1 μmol/L；TP2：2.5 μmol/L；TP3：10 μmol/L

Cr、Cu、Zn、As、Cd 和 Pb 的浓度有着较大程度的上升。在反应进行 10 d 之后，上覆水中痕量金属的浓度相对比较稳定。由于人工海水中痕量金属元素的初始浓度为 0，所以反应开始后上覆水中痕量金属浓度的升高应该是沉积物中痕量金属的释放导致的。10 d 后，上覆水中痕量金属的浓度相对稳定，但是不同控制条件下的痕量金属浓度有较大差异。

当溶解氧为 0～2 mg/L 时，上覆水中痕量金属 Cr、Cu、Zn、Cd 和 Pb 的浓度高于 DO 为 2～4 mg/L 和 4～6 mg/L 时上覆水中的痕量金属浓度，说明 DO 越低，越能促进沉积物中痕量金属 Cr、Cu、Zn、Cd 和 Pb 向上覆水中的释放。当盐度为 35 时，上覆水中 Zn 和 As 的浓度明显高于盐度为 25 和 15 条件下上覆水中的浓度，而 Pb、Cd、Cu 和 Cr 的浓度在盐度的影响下变化不明显。随着氮营养盐浓度的升高，上覆水中 Zn、Pb 和 Cd 的浓度也有上升，但是上覆水中 Cu、As 和 Cr 的浓度随氮营养盐浓度的变化却不明显。与氮营养盐的促进释放作用相反，磷营养盐的输入降低了上覆水中金属离子的浓度。因为磷酸根与金属离子之间会形成金属磷酸盐沉淀，导致被释放的金属离子会重新沉淀，进入沉积物。因此，磷营养盐浓度越高，上覆水中 Cr、Cu、Zn、As、Cd 和 Pb 的浓度反而越低。

此外，根据沉积物水相界面的元素扩散通量计算公式，可计算各控制条件下，痕量金属元素 Cr、Cu、Zn、As、Cd 和 Pb 通过沉积物-海水相界面的扩散通量。当通量值大于 0 时，表示元素的扩散方向是从沉积物向上覆水；小于 0 时，表示元素的扩散方向是从上覆水进入沉积物。通量结果见表 2.22，在 0～10 d 内的痕量金属扩散通量都大于 0，说明这阶段痕量金属元素通过沉积物-海水相界面的迁移过程主要是由沉积物向上覆水释放的过程。而 10～30 d 的时间内，痕量金属界面扩散通量急剧下降，部分实验条件下的扩散通量结果小于 0，说明在实验开展后期，痕量金属在沉积物海水相间的浓度开始达到相对平衡的状态。在 30 d 以后，痕量金属的界面扩散通量进一步下降，大部分的金属扩散通量结果位于 0 值上下，说明痕量金属从沉积物释放的过程进一步弱化，在沉积物-海水相间的相对平衡已经基本形成。

表 2.22　沉积物-海水相界面的痕量金属扩散通量　[单位：nmol/(m²·d)]

培养时间	痕量金属	溶解氧控制组			盐度控制组			氮营养盐控制组			磷营养盐控制组		
		DO1	DO2	DO3	SA1	SA2	SA3	TN1	TN2	TN3	TP1	TP2	TP3
0～10 d	Zn	83.59	76.35	46.89	62.14	79.41	101.02	103.37	115.00	122.87	73.53	54.97	40.64
	Pb	1.72	0.86	0.21	0.37	0.70	0.96	1.00	1.29	2.36	2.36	0.55	0.30
	Cd	2.59	2.23	1.53	2.34	2.52	2.69	1.85	2.43	3.01	2.97	2.70	1.56
	Cu	44.92	36.33	35.01	10.02	11.33	12.53	8.23	11.69	13.84	14.79	11.09	7.67
	As	11.88	13.45	14.13	22.89	26.82	29.85	18.42	20.91	22.66	17.75	12.95	7.30
	Cr	8.22	6.68	4.70	4.90	5.87	6.46	5.05	5.64	6.34	3.41	5.11	7.05
10～30 d	Zn	16.92	8.97	14.61	−12.33	1.41	−7.40	2.94	6.11	15.27	9.40	−1.29	−0.35
	Pb	0.52	0.57	0.25	0.00	−0.15	−0.30	−0.52	−0.44	−0.52	−0.52	−0.11	−0.11
	Cd	1.18	1.04	0.28	−0.60	−0.25	−0.16	−0.39	0.05	−0.25	−0.55	−0.42	−0.50
	Cu	3.28	−1.19	−2.74	−2.51	−2.03	0.84	−3.22	−0.36	0.95	−2.33	−2.09	−4.57
	As	−0.13	−0.16	−0.11	−0.19	−0.17	−0.06	−0.25	−0.21	−0.24	−0.34	−0.26	−0.19
	Cr	1.62	2.35	2.35	−0.76	−1.47	−0.82	−0.47	−0.70	−0.70	−0.65	−0.68	−2.26

续表

培养时间	痕量金属	溶解氧控制组			盐度控制组			氮营养盐控制组			磷营养盐控制组		
		DO1	DO2	DO3	SA1	SA2	SA3	TN1	TN2	TN3	TP1	TP2	TP3
30～60 d	Zn	1.39	−0.31	5.84	−1.17	−2.94	2.94	−4.70	5.99	3.64	−6.70	−0.70	−0.94
	Pb	−0.01	−0.01	0.05	−0.04	0.00	0.00	−0.07	0.04	−0.11	−0.11	−0.11	0.04
	Cd	0.07	0.01	−0.13	−0.10	−0.03	−0.02	0.07	−0.41	−0.11	−0.33	−0.25	−0.22
	Cu	4.22	1.21	3.40	−0.02	−0.45	−3.11	−0.48	−0.95	−2.74	−2.39	−2.92	−0.24
	As	−0.05	−0.03	−0.01	−0.14	−0.05	−0.09	0.00	−0.02	0.09	−0.03	−0.06	−0.04
	Cr	−0.72	−0.97	−0.12	−0.03	0.23	−0.15	−0.29	−0.23	0.12	−0.29	−0.65	0.53

注：DO1 为 0～2 mg/L；DO2 为 2～4 mg/L；DO3 为 4～6 mg/L；SA1 为 15；SA2 为 25；SA3 为 35；TN1 为 2 μmol/L；TN2 为 50 μmol/L；TN3 为 200 μmol/L；TP1 为 0.1 μmol/L；TP2 为 2.5 μmol/L；TP3 为 10 μmol/L

2. 富营养化条件下沉积相中痕量金属的生物有效性特征

利用 BCR 形态提取法，将不同时间节点采集到的沉积物进行赋存形态提取，得到的酸可溶解态、可还原态和可氧化态的总含量即为生物有效态含量，结果如图 2.70 所示。厌氧条件下，沉积物中痕量金属的生物有效性有着不同程度的增加。当 DO 范围为 0～2 mg/L 时，Cr、Cu、Zn、As、Cd 和 Pb 的生物有效性升高最高，依次高于 DO 为 2～4 mg/L 和 4～6 mg/L 时的痕量金属生物有效性。随着盐度的增加，沉积物中 Zn、Pb、As 和 Cr 的生物有效态含量有着较明显的升高。当盐度为 35 时，痕量金属的生物有效性高于盐度为 25 和 15 时。营养盐的输入也会增加沉积物中痕量金属的生物有效性。当氮营养盐浓度为 200 μmol/L 时，沉积物中痕量金属 Zn、As、Pb 和 Cd 的生物有效性增加显著，当磷营养盐浓度为 10 μmol/L 时，痕量金属 Zn、As 和 Cr 的生物有效性也有显著增加。

对比 4 种控制条件可知：厌氧条件最能提高沉积物中 Cu 和 Cr 的生物有效性，高盐条件最能提高 As 的生物有效性，氮营养盐的升高最能增加 Zn、Cd 和 Pb 的生物有效性。当溶解氧为 0～2 mg/L 时，Cu 的生物有效态含量从 13.19 mg/kg 增加至 15.96 mg/kg，Cr 的生物有效态可从 11.52 mg/kg 增加至 15.03 mg/kg。盐度为 35 时，As 的生物有效态含量有 13.86 mg/kg 升高至 17.65 mg/kg。当氮营养盐浓度为 50 μmol/L 时，Zn、As 和 Cr 的生物有效态可分别增加 36.80%、13.81%和 15.26%。

3. 富营养化条件下痕量金属的释放浓度与其生物有效性的相关性

为了分析不同水环境条件下，沉积物痕量金属的生物有效性对痕量金属释放的影响，利用线性回归分析研究了沉积物中 Cr、Cu、Zn、As、Cd 和 Pb 的生物有效态含量和其上覆水中的浓度，结果如图 2.71 和表 2.23 所示。在溶解氧控制条件下，Cr、Cu、Zn、Cd 和 Pb 的生物有效性和上覆水浓度存在较强相关性，R^2 值分别为 0.83、0.95、0.69、0.60 和 0.63，说明在缺氧条件下，沉积物中 Cr、Cu、Zn、Cd 和 Pb 的释放主要取决于痕量金属的生物有效性。在盐度升高的条件下，沉积物中 Zn 和 Cd 的生物有效性对其上覆水中的浓度起决定作用。随着氮营养盐浓度的增加，沉积物中 Cu、Zn、Cd 和 Pb 的生物有效态含量增加，导致沉积物中痕量金属的释放，造成上覆水中痕量金属浓度的增加。在磷营

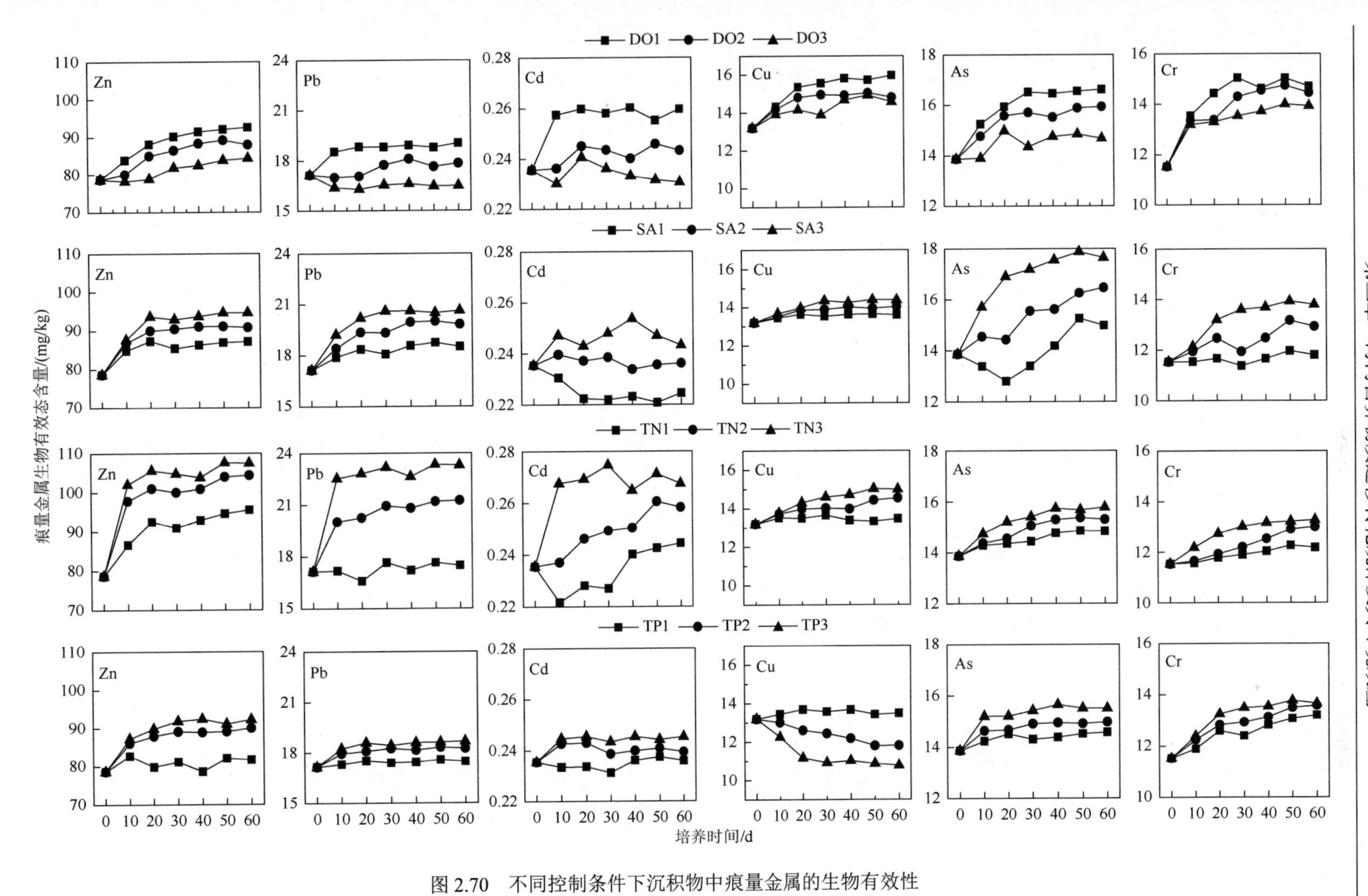

图 2.70　不同控制条件下沉积物中痕量金属的生物有效性

DO1：0～2 mg/L；DO2：2～4 mg/L；DO3：4～6 mg/L；SA1：15；SA2：25；SA3：35；TN1：2 μmol/L；TN2：50 μmol/L；TN3：200 μmol/L；TP1：0.1 μmol/L；TP2：2.5 μmol/L；TP3：10 μmol/L

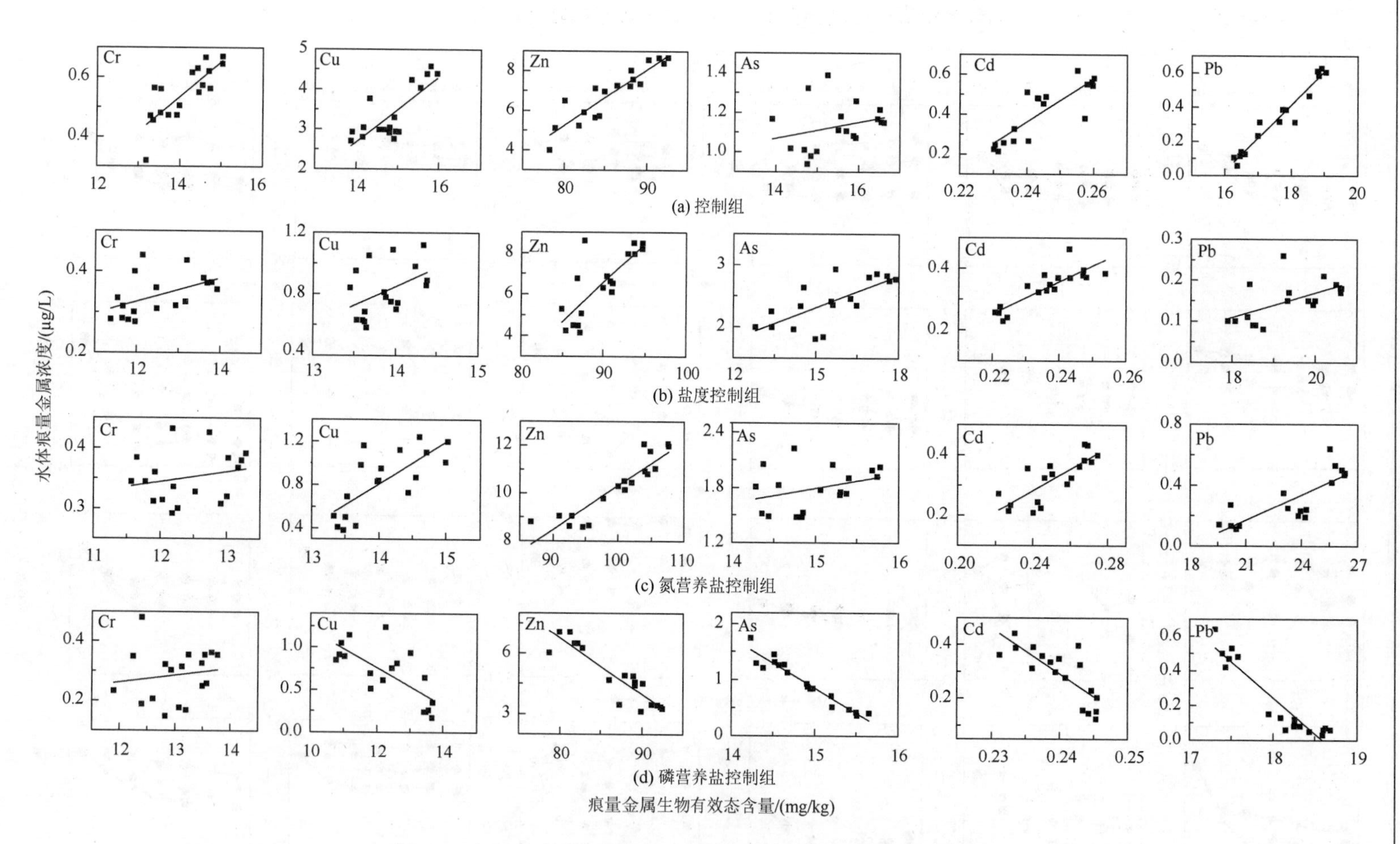

图 2.71　沉积物中痕量金属的生物有效性与上覆水中浓度的线性拟合

养盐浓度控制条件下，沉积物中Cu、Zn、As、Cd和Pb的生物有效性对痕量金属的释放影响呈显著负相关关系，说明沉积物中痕量金属的生物有效态含量增加会降低上覆水中痕量金属浓度。这主要的原因是过多的磷离子会与金属离子相结合，形成金属磷酸盐沉淀，沉降到沉积物表面。而这部分的痕量金属在环境条件发生改变时可能会被释放出来。因此，沉降到沉积物中的金属磷酸盐沉淀是导致上覆水中痕量金属浓度降低和沉积物中痕量金属生物有效性增加的主要原因。

表2.23　沉积物中痕量金属的生物有效性与上覆水中浓度间的线性拟合参数

控制实验	元素	拟合方程	R^2	P	控制实验	元素	拟合方程	R^2	P
溶解氧控制组	Zn	$y=3.00x+65.16$	0.83	6.10×10^{-6}	盐度控制组	Zn	$y=1.64x+79.15$	0.60	8.03×10^{-4}
	Pb	$y=4.90x+15.95$	0.95	2.9×10^{-11}		Pb	$y=11.34x+17.67$	0.30	4.83×10^{-2}
	Cd	$y=0.07x+0.22$	0.69	7.78×10^{-5}		Cd	$y=0.14x+0.19$	0.71	2.21×10^{-4}
	Cu	$y=0.77x+12.27$	0.60	1.89×10^{-3}		Cu	$y=0.83x+13.20$	0.15	1.46×10^{-1}
	As	$y=1.86x+13.35$	0.19	0.37		As	$y=2.99x+8.35$	0.48	6.89×10^{-1}
	Cr	$y=5.51x+11.09$	0.63	2.26×10^{-3}		Cr	$y=8.17x+9.73$	0.19	0.90
氮盐控制组	Zn	$y=4.49x+53.54$	0.82	1.05×10^{-3}	磷盐控制组	Zn	$y=-3.00x+101.39$	0.82	1.09×10^{-8}
	Pb	$y=12.00x+19.73$	0.65	4.67×10^{-4}		Pb	$y=-2.13x+18.53$	0.88	5.14×10^{-9}
	Cd	$y=0.18x+0.20$	0.60	4.56×10^{-3}		Cd	$y=-0.04x+0.25$	0.58	6.55×10^{-5}
	Cu	$y=1.42x+12.88$	0.52	1.82×10^{-3}		Cu	$y=-2.36x+13.95$	0.49	8.92×10^{-5}
	As	$y=0.75x+13.67$	0.07	0.70		As	$y=-1.05x+15.88$	0.92	4.89×10^{-11}
	Cr	$y=3.15x+11.31$	−0.01	0.53		Cr	$y=0.90x+12.76$	−0.04	0.96

第四节　海湾湿地对营养物质的转化作用机制及净化效应

湿地是重要的物质资源，更是环境资源，湿地类型、空间分布与变化对海湾环境起着至关重要的作用。基于空间分析技术手段探讨滨海的变化对大尺度范围研究海湾湿地对营养物质转化和净化效应具有重要意义。

一、海湾湿地类型、空间分布与变化

湿地具有“地球之肾”的美称，在营养物质的转化和净化方面具有重要的作用。本书通过遥感卫星图片、海图及补充现场测量等数据来源，借助空间分析技术手段，探讨胶州湾和大亚湾湿地的类型、空间分布与变化，为后期研究海湾环境变迁、营养物质转化提供参考。

（一）胶州湾湿地分布及变化

结合1935年、1966年、1986年、2000年、2008年、2018年测绘的海图和遥感卫星图片，根据现场勘察的海岸线资料，推测胶州湾历史（1935 年）和现状（2018 年）的湿地分布情况如图 2.72～图 2.74 所示。

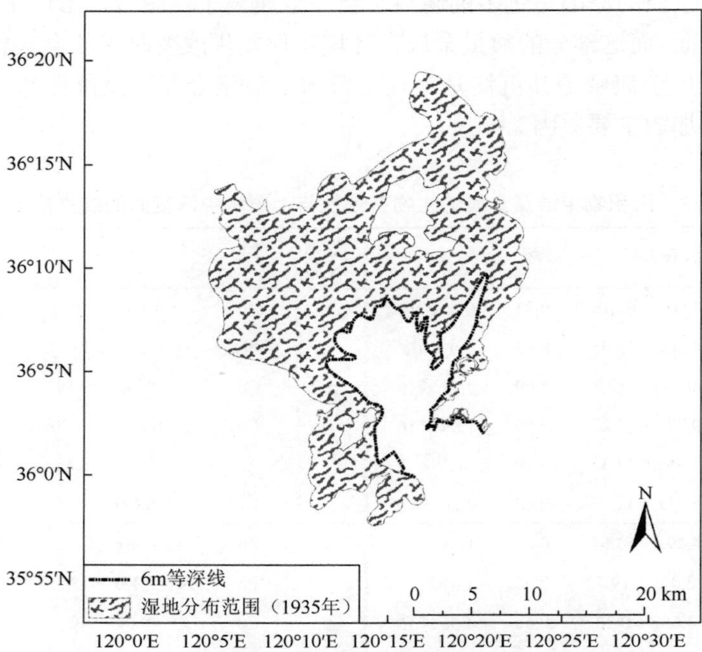

图 2.72 历史时期（1935 年）胶州湾的湿地分布范围

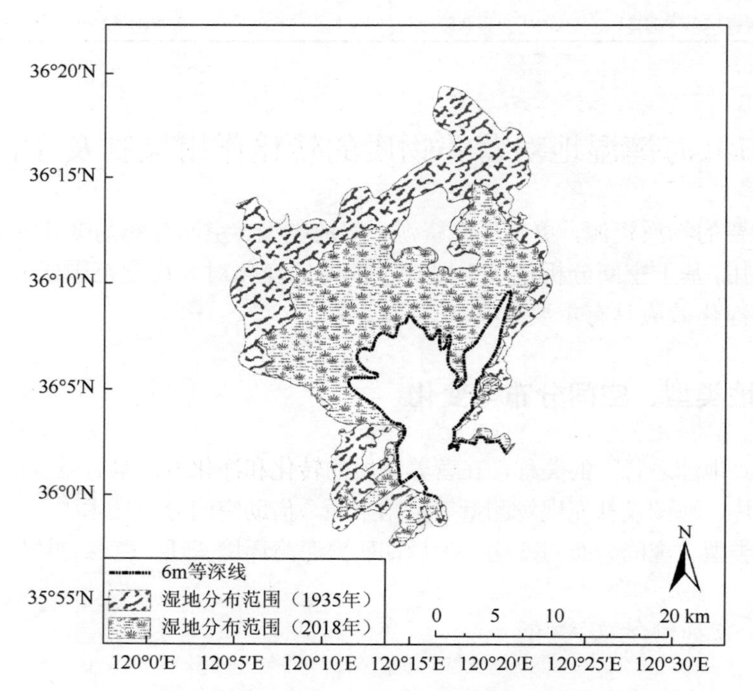

图 2.73 1935 年和 2018 年胶州湾的湿地分布空间变化

根据计算，1935 年胶州湾湿地面积为 418.8 km^2，2018 年为 278.5 km^2，可以看出，由于城市扩张，导致胶州湾的湿地面积减少了 140.3 km^2，减少了 33.5%。

同时，结合不同时期海湾的海图、遥感卫星图片和现场测量，获取胶州湾海岸线和湿地的变化情况。

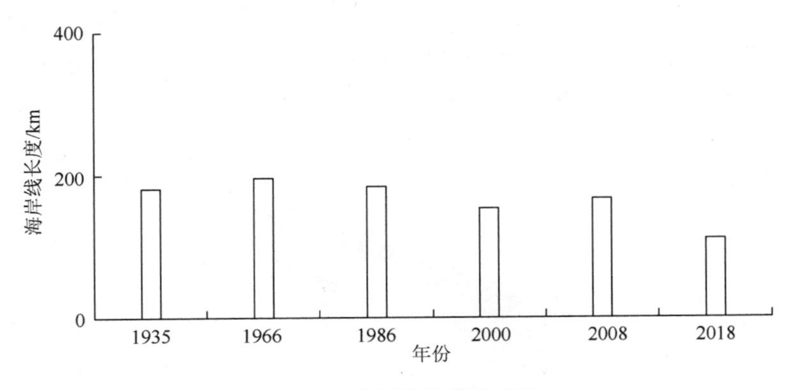

图 2.74　胶州湾海岸线变化

1935 年，胶州湾的海岸线长度为 181.0 km，2018 年减少为 110.8 km，减少了 38.8%。不同历史时期海岸线长度和海湾面积的统计如表 2.24 所示，海湾面积变化具体见图 2.75。

表 2.24　胶州湾不同历史时期的海岸线长度和海湾面积

年份	海岸线长度/km	海湾面积/km^2
1935	181.0	492.0
1966	195.9	401.5
1986	184.2	345.5
2000	153.4	323.6
2008	167.4	318.7
2018	110.8	313.1

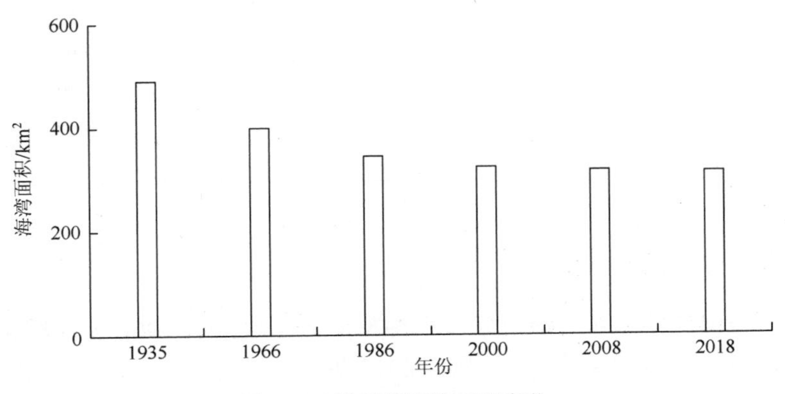

图 2.75　胶州湾海湾面积变化

（二）大亚湾湿地分布及变化

1. 1986 年大亚湾湿地分布

本书以 1986 年测量的海图为基础，提取海岸线与零米线之间的潮间带滩涂和 6 m 水深以浅湿地为研究区域。通过对历史海图的扫描、配准，基于 3S 技术提取湿地信息，并结合实地调查结果、地形图及土地利用数据进行分析和校正，结果如图 2.76 所示。

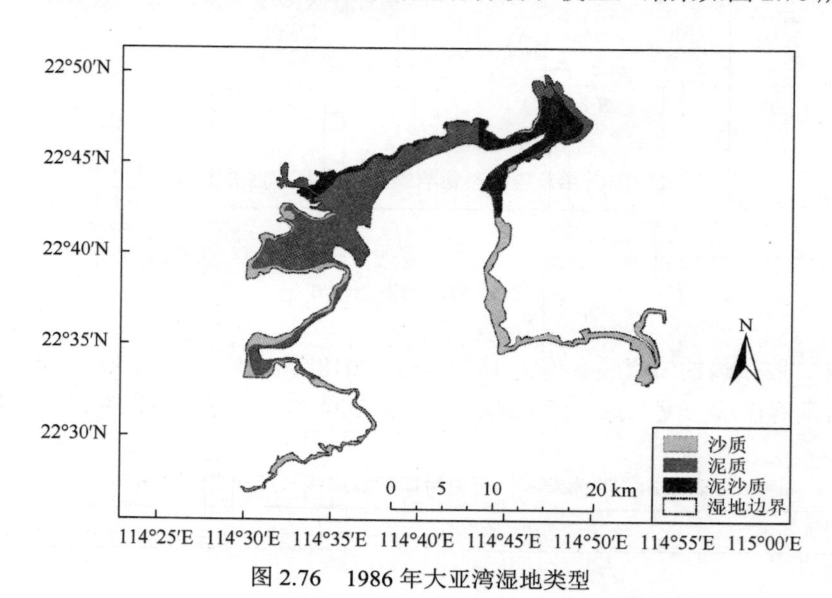

图 2.76　1986 年大亚湾湿地类型

根据统计，1986 年大亚湾湿地类型主要为沙质、泥沙质和泥质滨海湿地，基本未受到人类活动干扰。从图中可以看出，湿地分布类型从海湾外围向湾内依次为沙质、泥沙质和泥质，其中以泥质潮间带湿地为主。主要湿地面积如表 2.25 所示。

表 2.25　1986 年大亚湾主要湿地面积统计　（单位：km^2）

序号	湿地类型	面积
1	沙质	57.00
2	泥沙质	35.90
3	泥质	114.38
总计	—	207.28

2. 2015 年大亚湾湿地分布

根据统计，2015 年大亚湾湿地分布范围内的土地类型有沙质、泥沙质和泥质湿地，以及城市建设用地、养殖池塘和游艇码头，2015 年大亚湾的主要湿地类型如图 2.77 所示，主要湿地类型的面积如表 2.26 所示。

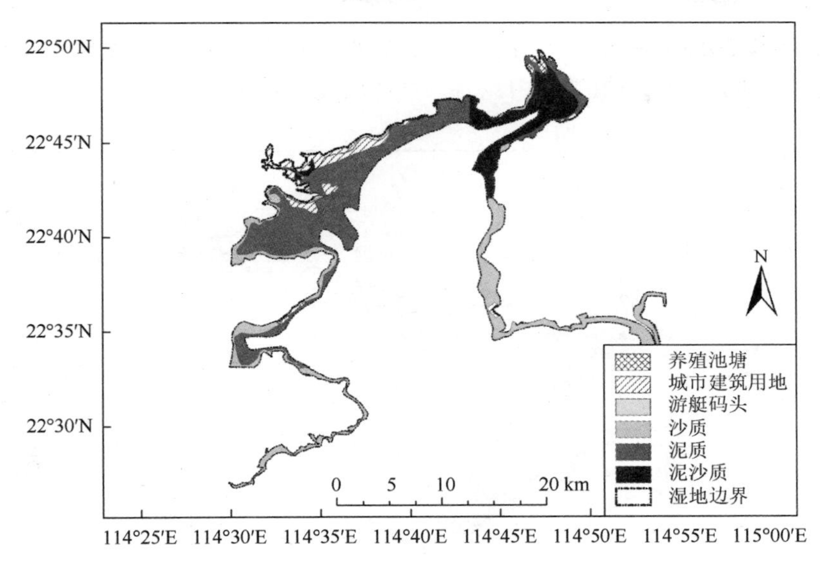

图 2.77　2015 年大亚湾湿地类型

表 2.26　2015 年大亚湾主要湿地类型面积统计　（单位：km^2）

序号	湿地类型	面积
1	沙质	54.11
2	泥沙质	36.76
3	泥质	92.93
4	城市建设用地	20.73
5	养殖池塘	2.37
6	游艇码头	0.38
总计	—	207.28

3. 大亚湾湿地历史和现状变化

可以看出，相比 1986 年，大亚湾的湿地面积减少了 23.48 km^2，占湿地总面积的 11.32%，主要减少的湿地为泥质和沙质类型，分别为 21.45 km^2 和 2.89 km^2，具体见表 2.27。

表 2.27　大亚湾 1986～2015 年湿地面积变化　（单位：km^2）

序号	湿地类型	2015 年	1986 年	变化
1	沙质	54.11	57	2.89
2	泥沙质	36.76	35.9	−0.86
3	泥质	92.93	114.38	21.45
4	城市建设用地	20.73	0	−20.73
5	养殖池塘	2.37	0	−2.37
6	游艇码头	0.38	0	−0.38

对 1986 年和 2015 年两期湿地分布图进行叠加，可以看出，湿地变化主要发生在大亚湾北部开发区一带，土地利用类型由泥滩、沙滩转变为城市建设用地，具体见图 2.78。

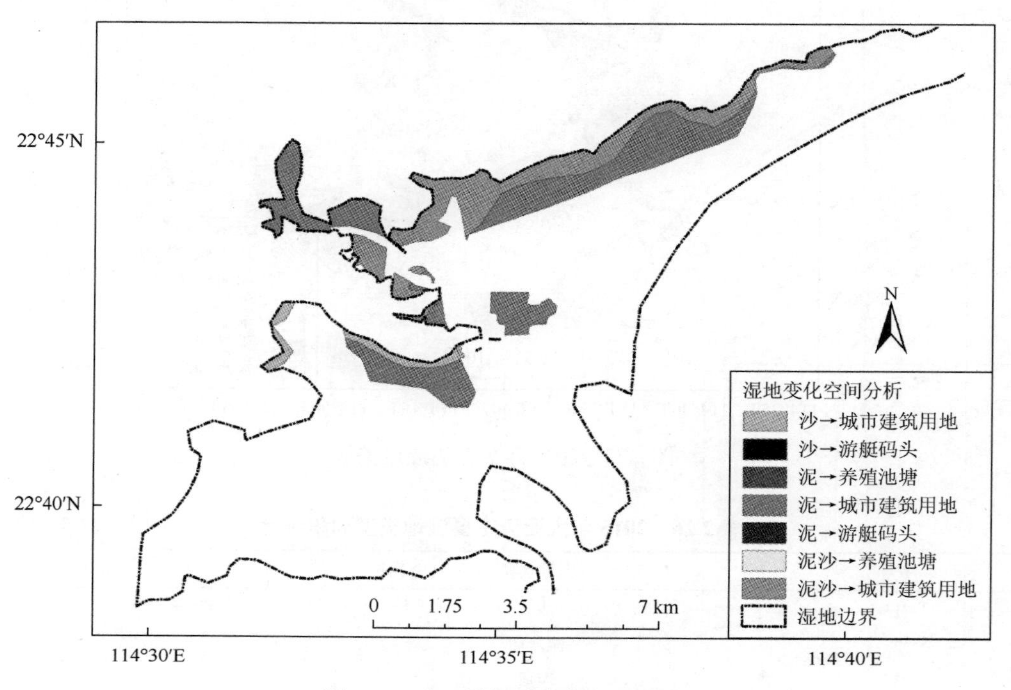

图 2.78 大亚湾湿地变化主要区域

二、湿地净化污染物的机理研究及影响因素分析

湿地水文条件对湿地的形成和湿地生态系统功能影响显著（Gusyev & Haitjema，2011）。潮间带地下水与海水的相互作用尤为强烈，水文动力学更为复杂（Cahoon et al.，2006），潮间带地下水在调节湿地的盐度分布和营养物质运输方面起着重要的作用，进一步影响着湿地的生态区划和生产力（Morris，1995）。为了防止潮汐和波浪对原有海岸带的侵蚀、抵御海水入侵等，在海滩近岸构筑防波堤已成为常用手段，这虽然在一定程度上改变了地下水的水质和水量，但对生态环境造成了不利影响。

本小节主要研究了胶州湾潮间带 4 种不同类型湿地中海水-地下水交换对营养物质交换的作用及堤防对大亚湾盐灶地区净化营养物质能力的影响，结合野外观测和数值模拟的手段探讨了不同湿地类型和防波堤等对海水-地下水交换及其所携带的营养物质的影响。

（一）胶州湾典型潮间带湿地海水-地下水交换对营养物质交换的作用

1. 研究方法

据 2015 年的野外调查，胶州湾潮间带主要有 4 种湿地类型（图 2.79），包括沙滩、粉砂淤泥滩（以下简称泥滩）、潮汐沼泽（以下简称潮沼）和河口潮间带，面积分别为 18 km^2、78 km^2、0.65 km^2 和 14 km^2，泥滩面积最大而潮沼面积最小。

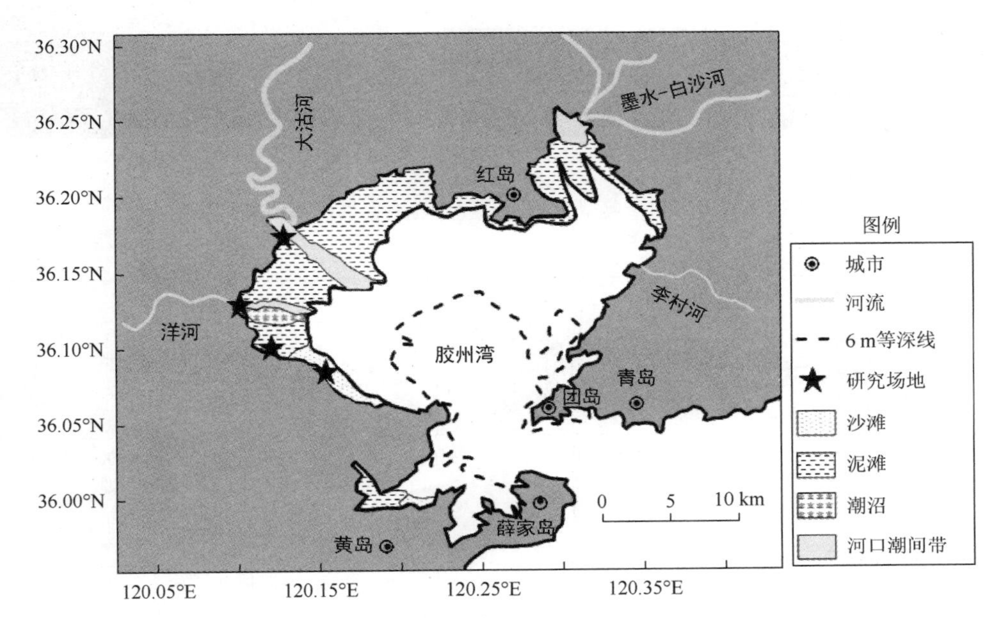

图 2.79　胶州湾潮间带湿地和 4 个典型湿地剖面研究场地分布图

由于胶州湾北海岸（红岛）和东海岸多为基岩海岸，所以选取的 4 个典型湿地剖面均位于西海岸（图 2.79）。在每个湿地剖面建立海水-地下水监测系统，监测潮间带湿地中的地下水水位、温度和盐度。沙滩、泥滩、潮沼和河口潮间带剖面的观测时段分别为 2015 年 7 月 11 日 21 时至 7 月 28 日 21 时、7 月 9 日 20 时至 7 月 29 日 20 时、7 月 14 日 6 时至 7 月 28 日 17 时和 7 月 13 日 19 时至 7 月 28 日 19 时。监测频率为每小时一次。沙滩和泥滩剖面垂直于海岸线，分别安装了 6 口和 8 口对井（图 2.80a～2.80b，图 2.81a～图 2.81b）。在潮沼和河口潮间带剖面，各安装了 6 口单井（图 2.80c～图 2.80d，

(a) 沙滩

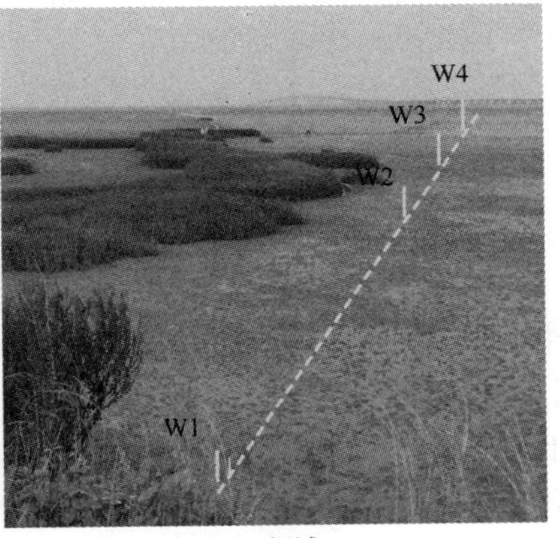

(b) 泥滩

(c) 潮沼

(d) 河口潮间带

图 2.80　胶州湾 4 个典型湿地剖面野外场地实景及观测井位置图

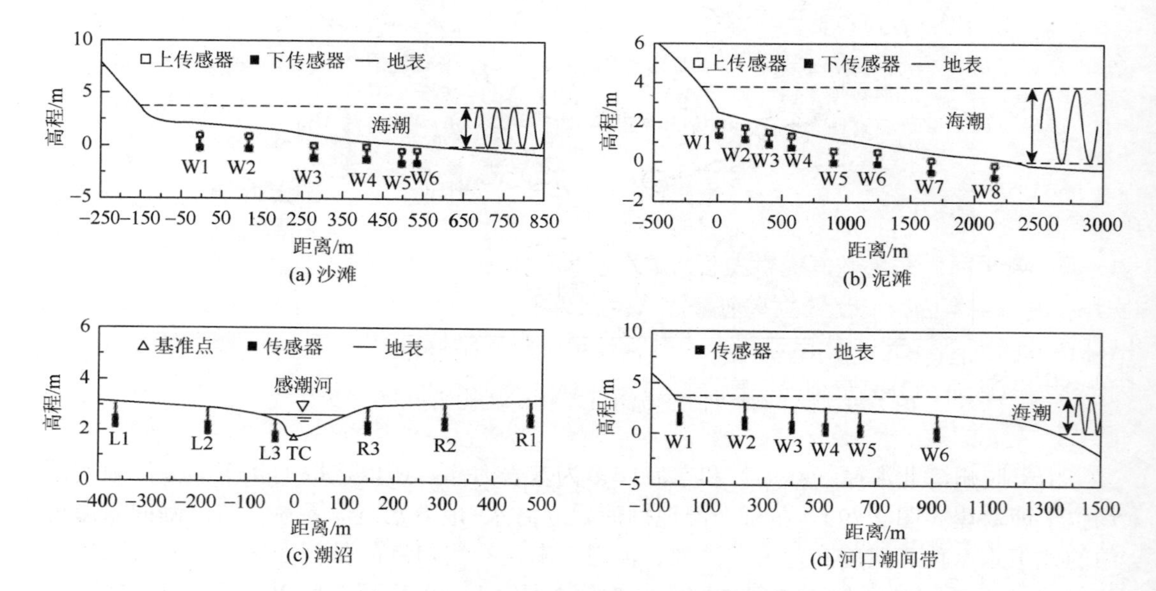

图 2.81　胶州湾 4 个湿地剖面地形及观测井位置图

高程基准点为海潮观测数据的最低点

图 2.81c～图 2.81d）。每个剖面的地形由电子全站仪测量，垂向渗透系数（K_v）通过原位竖管降水头实验（Li et al.，2010a；Wang et al.，2014）获得。

采集每个剖面的海水、地下水（取样深度离地表约 0.5 m）及胶州湾大沽河河水以测定营养物质浓度，其中地下水的采集使用蠕动泵或直插式孔隙水采样器 Pushpoint 抽取。

2. 海水–地下水交换速率

利用实测水头、盐度和渗透系数等数据，由广义达西定律计算得到的 4 个湿地剖面的海水流入量（Inflow）和海底地下水排泄（SGD）如图 2.82 所示。最大的 SGD 发生在沙滩（7.63 cm/d），其次是泥滩、然后是河口潮间带，潮沼湿地剖面的 SGD 最低（3.6×10^{-3}cm/d）。海水流入量的范围为 2.7×10^{-3}～1.0 cm/d，最小值和最大值分别发生在潮沼和泥滩。此外，图 2.82 还表明 SGD 与垂向渗透系数的几何平均值、算术平均值有很好的相关性。

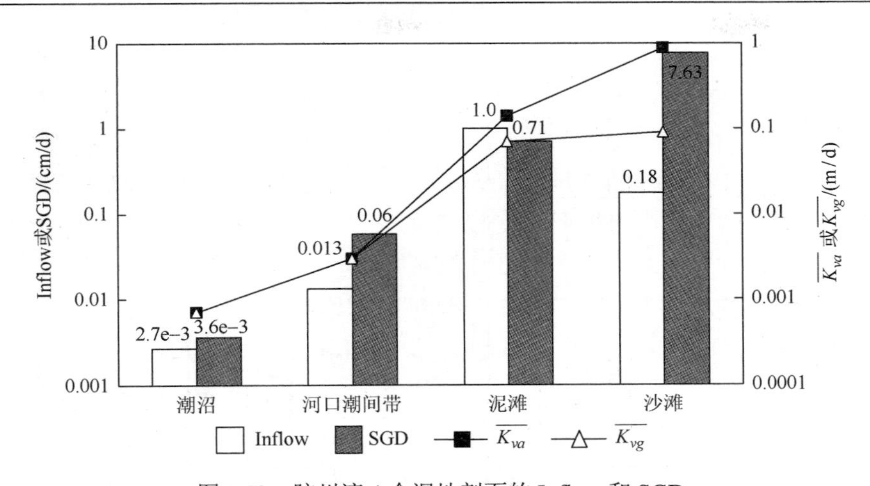

图 2.82　胶州湾 4 个湿地剖面的 Inflow 和 SGD

纵轴为对数坐标。$\overline{K_{va}}$ 和 $\overline{K_{vg}}$ 分别是垂向渗透系数的算数平均值和几何平均值

3. 营养物质分布与交换

（1）营养物质浓度空间变化

本书采集了 4 种类型湿地剖面的地下水、海水和大沽河水样品，其中沙滩 23 个，泥滩 5 个，潮沼 5 个，河口潮间带 4 个。这些样品的营养物质浓度分析结果如图 2.83 所示。所有地下水样品中 NO_3-N 浓度的变化范围为 0.36～864 μmol/L，85%的样品符合《地下水质量标准》（GB/T 14848—2017）中Ⅱ类水的标准，其余样品满足Ⅲ类水的标准，表明地下水中 NO_3-N 的含量较低。4 种类型湿地地下水中 NO_3-N 的平均浓度均高于海水（图 2.83a）。沙滩、潮沼和河口潮间带地下水中 NO_2-N 的含量符合Ⅲ类水的标准，但泥滩的 NO_2-N 很高，超过了Ⅴ类水的标准（343 μmol/L，图 2.83b）。亚硝酸盐含量在泥滩中尤其高的原因可能是：一方面，内陆来源的硝酸盐（主要来源于农药和化肥）在向海运移的过程中，在缺氧条件下发生反硝化作用，使得大部分硝态氮发生转化含量降低，而亚硝态氮含量升高；另一方面，河口潮间带中含有大量的甲壳类动物、鱼等生物遗体，这些有机质被微生物分解为氨氮，而后在较强的海水-地下水作用下转化为了 NO_2-N。

在沙滩和泥滩剖面，地下水和海水中都没有检测到 NH_4-N（图 2.83c），而在潮沼和河口潮间带剖面，地下水和海水中的 NH_4-N 浓度非常高，其变化范围为 37～1494 μmol/L。NH_4-N 含量的差异可能是由于湿地水动力条件的差异造成的。沙滩和泥滩剖面的海水、

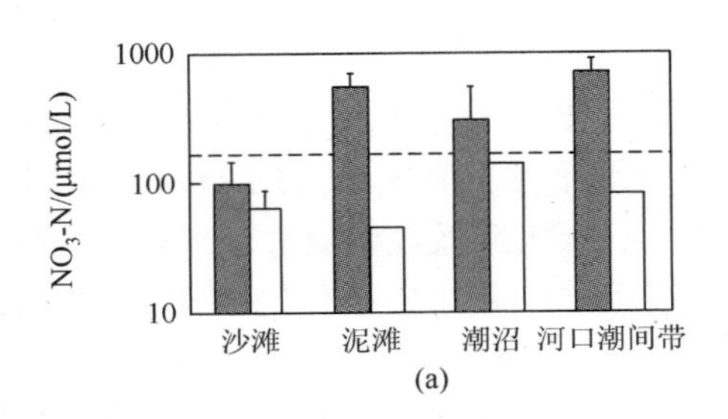

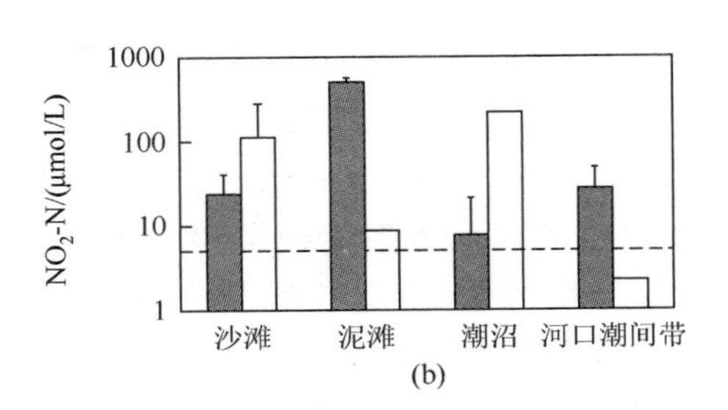

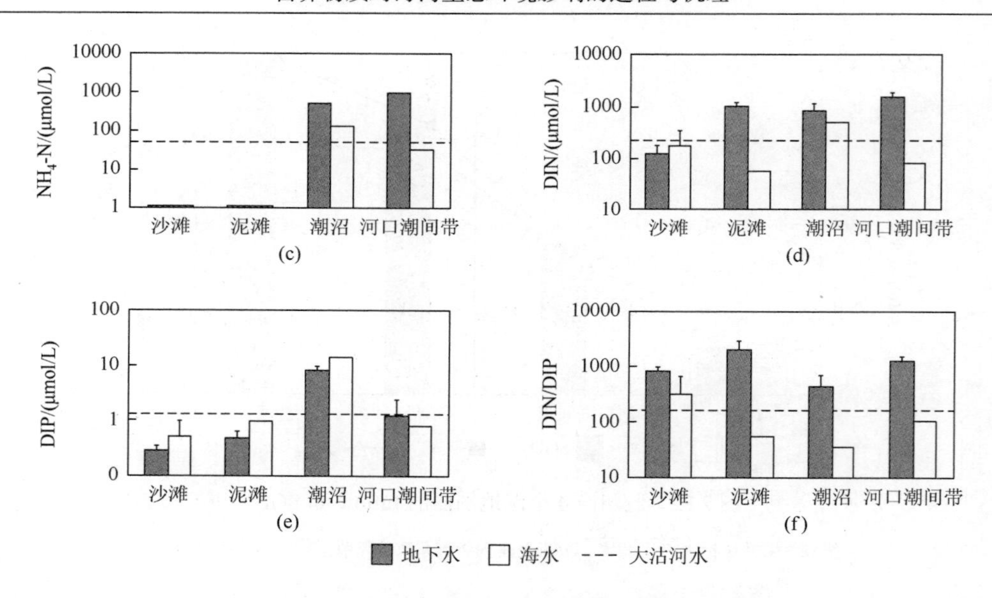

图 2.83　胶州湾 4 种类型湿地的营养物质含量分布图

灰色和白色列分别表示地下水和海水中营养物质的平均浓度，黑色虚线表示大沽河样品中营养物质的浓度，误差棒表示标准差

地下水交换速率远高于潮沼和河口潮间带的，因此，沙滩和泥滩剖面空气或海水中的氧化物比潮沼和河口潮间带处的更容易、更快速地进入含水层，从而氧化 NH_4-N 使其含量降低。图 2.84 显示沙滩和泥滩地下水中的氧化还原电位（ORP）明显高于潮沼和河口潮间带的。Swarzenski 等（2007）在林奇（Lynch）湾也观察到沿海地下水中没有 NH_4-N，他们认为这种现象是沿海含水层与海水快速交换/能量混合的额外证据。

进一步分析表明，NO_3-N/DIN 与 $\overline{K_{va}}$ 成正比（图 2.84）。这一结果可被解释如下。在潮沼和河口潮间带，$\overline{K_{va}}$ 较小，水交换速率慢，水流及营养物质在湿地中滞留的时间长。随着滞留时间的增加，咸淡水混合带地下水溶解氧消耗也会增加，这增大了反硝化作用和/或厌氧氨氧化的速率，有利于脱氮（Gonneea & Charette，2014）。潮沼和河口潮间带富含有机质，为反硝化提供了充足的碳源。此外，颗粒有机质的降解通过铵化作用可以源源不断地产生铵根离子，在缺氧条件下很难被氧化。因此，潮沼和河口潮间带地下水中无机氮的主要存在形式为 NH_4-N，NO_3-N 比例较低。特别地，与河口潮间带相比，潮沼剖面的 $\overline{K_{va}}$ 更小，水体滞留时间更长、有机质含量更高，因此，潮沼中的 NH_4-N 含量高于河口潮间带的。与沙滩和泥滩相比，潮沼和河口潮间带地下水中高含量的 NH_4-N 使海水中 NH_4-N 的浓度也较高（图 2.83c）。在沙滩，$\overline{K_{va}}$ 最大，水交换速率快，所以地下水的滞留时间最短，不利于营养物质的降解反应或衰减（Kroeger & Charette，2008），这也许可以解释为什么沙滩中地下水是由 80%的 NO_3-N 和 20%的 NO_2-N 组成的。泥滩的情况类似于沙滩，泥滩 $\overline{K_{va}}$ 较沙滩低，因此水交换速率较沙滩低（滞留时间较长），有机物含量较沙滩高，导致泥滩中参与反硝化的硝酸盐比例较沙滩大，在微好氧环境中，颗粒有机物分解产生的 NH_4-N 被迅速氧化成 NO_2-N，导致泥滩中亚硝酸盐含量较高。调查结果验证了 Gonneea 和 Charette（2014）的预测，即“湿地的水文条件通过控制水的滞留时间和输送的反应物，一定程度上控制了地下河口的营养物质循环”。

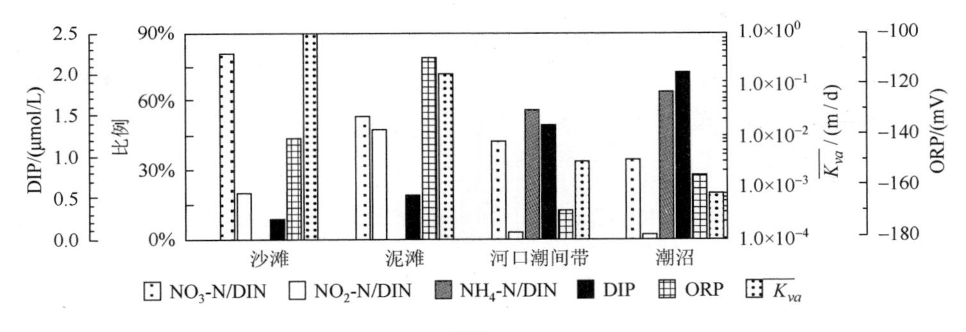

图 2.84　4 种典型湿地的 $\overline{K_{va}}$、ORP 和营养物质数据对比

右纵坐标轴表示 ORP 和 $\overline{K_{va}}$，左纵坐标表示不同氮素形态（NO_3-N、NO_2-N 和 NH_4-N）与 DIN 的比值及 DIP

在潮沼及河口潮间带，相对缺氧的咸淡水过渡带使得铁的氧化性矿物等难以形成，故无机磷很少被吸附（Slomp & van Cappellen，2004；Spiteri et al.，2008），所以潮沼及河口潮间带中的 DIP 含量要高于其他两个湿地剖面。此外，泥滩、潮沼和河口潮间带剖面地下水中的 DIN 含量分别是海水中的 19、1.8 和 20 倍（图 2.83d），在沙滩剖面地下水中的 DIN 含量比海水低 30%。沙滩海水中的 DIN 含量高于地下水，这可能是受附近扇贝养殖区的影响。除河口潮间带外，海水中 DIP 的含量是地下水中的 2～7 倍（图 2.83e）。DIN 与 DIP 的比值远大于 Redfield 比值（16∶1）（图 2.83f），特别是在地下水中，这可能会导致近岸水体转化为磷限制的环境。

（2）营养物质交换速率

根据实测水头、盐度和渗透系数等数据估计的 SGD 营养物质输出速率和海水营养物质输入速率如图 2.85 所示。可以看出，SGD 所携带的 DIN 和 DIP 输出速率的大小排序均为：沙滩＞泥滩＞河口潮间带＞潮沼。沙滩和泥滩的 SGD 营养物质通量比潮沼和河口潮间带的大 1～2 个数量级。海水营养物质输入速率的大小排序均为：泥滩＞沙滩＞潮沼＞河口潮间带。沙滩和泥滩的营养物质输入速率比其他 2 个剖面的大一个数量级。

这 4 个剖面共同之处在于 SGD 所携带的 DIN 输出速率总是大于海水流入沉积物时 DIN 的输入速率。在泥滩和潮沼，SGD 和 Inflow 相差不大（图 2.82），较大的 DIN 输出速率是因为地下水中 DIN 浓度高于海水的（图 2.83d）。在沙滩和河口潮间带，SGD 大于 Inflow，而地下水中 DIN 的平均浓度分别是海水的 0.7 倍和 20 倍。因此，DIN 输出速率在沙滩约为其输入速率的 31 倍，在河口潮间带输出速率约为输入速率的 86 倍。尽管沙滩的 SGD 速率是泥滩的 10 倍左右（图 2.82），但泥滩中的平均 DIN 浓度约为沙滩的 9 倍（图 2.83d）。因此泥滩的 DIN 输出速率[7.4 mmol/(m^2·d)]与沙滩的[9.5 mmol/(m^2·d)]相当。由于沙滩面积远小于泥滩，如果将结果外推至整个潮间带，则从泥滩输出的 DIN 通量将达到沙滩的 3 倍。

除潮沼和泥滩外，另外 2 个剖面 DIP 输出速率比 DIP 输入速率大。在沙滩和河口潮间带，SGD 比 Inflow 高出一个数量级。海水和地下水中的 DIP 浓度为同一数量级，因此这 2 个地方的 DIP 输出速率比 DIP 输入速率大一个数量级。在泥滩和潮沼，SGD 和 Inflow 差别不大，泥滩海水中的 DIP 浓度是地下水的 2 倍，潮沼海水中的 DIP 浓度是地下水的 7.4 倍。因此，泥滩的 DIP 输入速率略大于 DIP 输出速率，但二者数量级相同。而潮沼的 DIP 输入速率则是其输出速率的 6 倍。过量流入的 DIP 可以被潮沼的植物吸收。图 2.80c 显示，潮沟右侧比左侧分布的植物更多，这很可能是右侧地下水 DIP 浓度远低于左侧的原因。

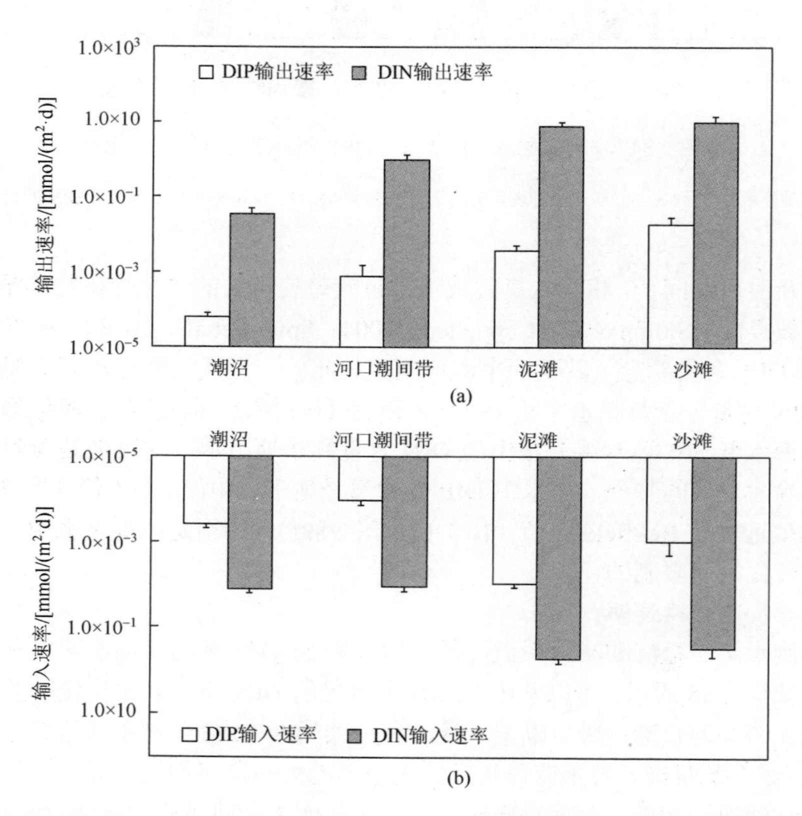

图 2.85 胶州湾 4 种典型湿地中 SGD 所携带的营养物质输出速率及海水所携带的营养物质输入速率

（二）大亚湾红树林湿地中地下水流动对营养物质迁移转化的影响

红树是亚热带和热带地区重要的滨海湿地植物，它们是由陆地生态系统向海洋生态系统过渡的重要环节，生长在河口潮间带区域（Lagomasino et al., 2014; Ghiglieri et al., 2012）。因为潮间带周期性的受到海水的淹没，红树林受海水和地下水的双重影响。海水入渗量受潮周期（大小潮波动）、沉积物渗透系数、生物扰动造成的大孔隙形成的优先流、地形坡度等的影响，其定量评估难度很大（Schwendenmann et al., 2006）。Santoro（2010）综述了有关在海水-沉积物交界面微生物氮循环的研究，指出有关微生物氮循环的研究应该结合海岸带水文地质相关的研究。本节结合海岸带地下水的研究和氮循环相关的研究，旨在探讨红树林湿地海水-地下水相互作用对沉积物中氮循环过程的影响。

1. *研究方法*

大亚湾海底多为平坦的黏土和粉砂质沉积物，西岸多为基岩性海岸，东岸多为细沙性沙滩（Wang et al.，2006）。大亚湾的潮汐属于非规则半日潮，平均和最大的海潮波幅分别为 1.03 m 和 2.6 m。本研究的野外观测时间持续了一个大小潮周期（15 d）。

研究区为红树林湿地（图 2.86），属于广东省红树林重点自然保护区，位于大亚湾的东北角，范和港的北段，稔山镇的西侧。研究区红树林面积约为 8000 亩（约为 5.3 km^2），其中土生的红树林面积 1200 亩，种植的红树林 6800 亩。红树林主要树种有：无瓣海桑、蜡烛果、老鼠簕、木榄、秋茄树和海榄雌等。

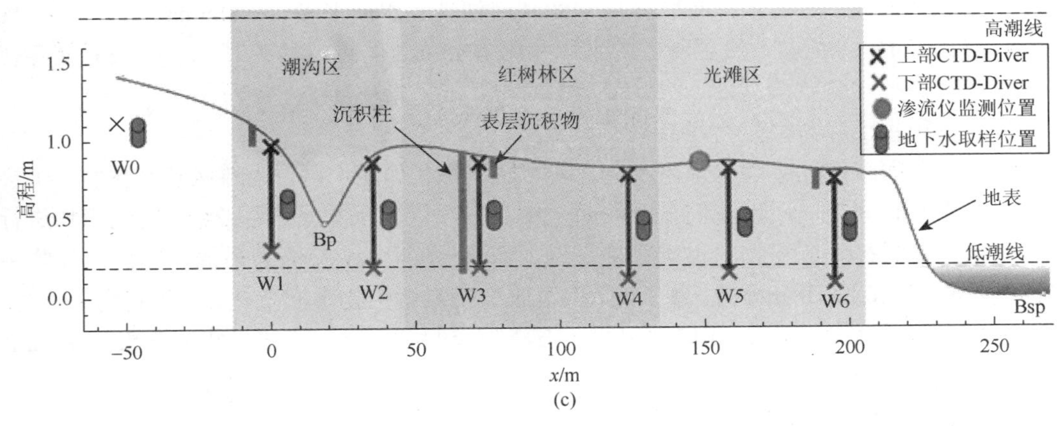

图 2.86　（a）水样采样方案井布置图；（b）照片展示潮间带两个水动力子区：红树林区和光滩区；（c）潮间带监测井（W）剖面设置示意图

×表示上下监测井传感器位置，监测地下水水头、温度和盐度。其中 W0 井为后加的单井，用来监测防波堤处盐度和水头变化，而 W1～W6 均为对井；微生物沉积物采样分别在 W1、W3 和 W6 的表层 2 cm 处进行，在 W3 井处附近（距离约 0.5 m）采集了一根长度 75 cm 的沉积柱，用来测定潮间带垂向微生物活性。点 Bp 和 Bsp 分别表示潮沟底部（$x = 18.42$ m，$z = 0.47$ m）和垂向相对零坐标位置（$x = 270.5$ m，$z = 0.0$ m）。W1 点设为 x 轴的零点

（1）剖面设置

典型红树林潮间带剖面按照有无潮沟和红树林生长，可以分为潮沟区、红树林区和光滩区（图 2.86）。表 2.28 为图 2.86 所示剖面的地形数据。

表 2.28 大亚湾红树林湿地剖面 7 个监测井的位置信息及沉积物特性

取样井	x/m	z/m	上井高程	下井高程	Rs/%	沉积物类型	K_v/(m/s)
W0	−53.00	1.420	1.120	NA	19.96	黏土淤泥（含腐殖质）	1.21×10^{-8}
W1	0	1.020	0.970	0.300	41.94	淤泥	9.82×10^{-7}
W2	35.06	0.908	0.858	0.188	48.08	淤泥	8.85×10^{-7}
W3	71.56	0.907	0.857	0.187	48.13	淤泥含腐殖质	1.85×10^{-7}
W4	122.67	0.827	0.777	0.107	52.52	淤泥含腐殖质	9.32×10^{-8}
W5	157.56	0.867	0.817	0.147	50.33	淤泥	7.96×10^{-7}
W6	270.50	0.801	0.751	0.081	53.95	淤泥	8.17×10^{-7}

注：Rs 为表层淹没时间比，即淹没的时间除以总的监测时间

（2）观测井安装

根据潮间带的长度，在该湿地剖面上安装了 6 对监测井。然后利用全站仪测量每口对井之间的平距、斜距及夹角等，利用皮尺测量井坑的深度、传感器探头到地表的高度等。每个监测井中放置两对校正过的地下水传感器（CTD-Diver，Solinst 公司），该仪器能同时记录地下水的水压、温度及电导率。

（3）孔隙水样品采集

在低潮期间开展取样工作，主要包括潮间带地下水、海水和沉积物。潮间带的地下水样是利用 Pushpoint 取样器在距离井 0.5～1 m，地表以下 0.3 m 深的地方抽取。同时期，用取样瓶在水面以下 10～15 cm 深的地方采集海水样品。内陆地下水直接从内陆淡水井水面以下 5 m 处抽取。所有水样在取样后立即利用便携式水质多参仪（Hanna，HI 9829）现场检测溶解氧 DO 和 pH。然后所有的水样利用 0.45 μm 的过滤薄膜过滤后，最后储存在冰箱中直到进行实验室检测。

（4）沉积物土柱与微生物样品采集

红树林潮间带往往会因为地形不同，各个子区域（如潮沟区、光滩区和红树林区）会有不同的淹没时间比，所以我们在潮间带上中下三个区域采集了表层 2 cm 的沉积物进行横向对比。红树林区沉积物的渗透系数最低，海水-地下水交换能力最弱，因此沉积物中溶解氧垂向变化应该十分显著。鉴于此，为了研究脱氮微生物垂向变化，量化其脱氮能力，在红树林区靠近 W3 的位置，我们利用树脂玻璃制成的沉积物采样器采集了一根长 75 cm，宽 9.8 cm 的沉积柱。

（5）定量海水-地下水交换速率

根据在对井处实测的水头、盐度和渗透系数等数据，用考虑密度效应的广义达西定律来计算对井处的垂向水流速度，作为海水-地下水交换速率 J。

2. 海水-地下水交换速率

图 2.87 展示了取样时间段各井位处的地下水排泄速率和海水的入渗速率。图 2.88 为

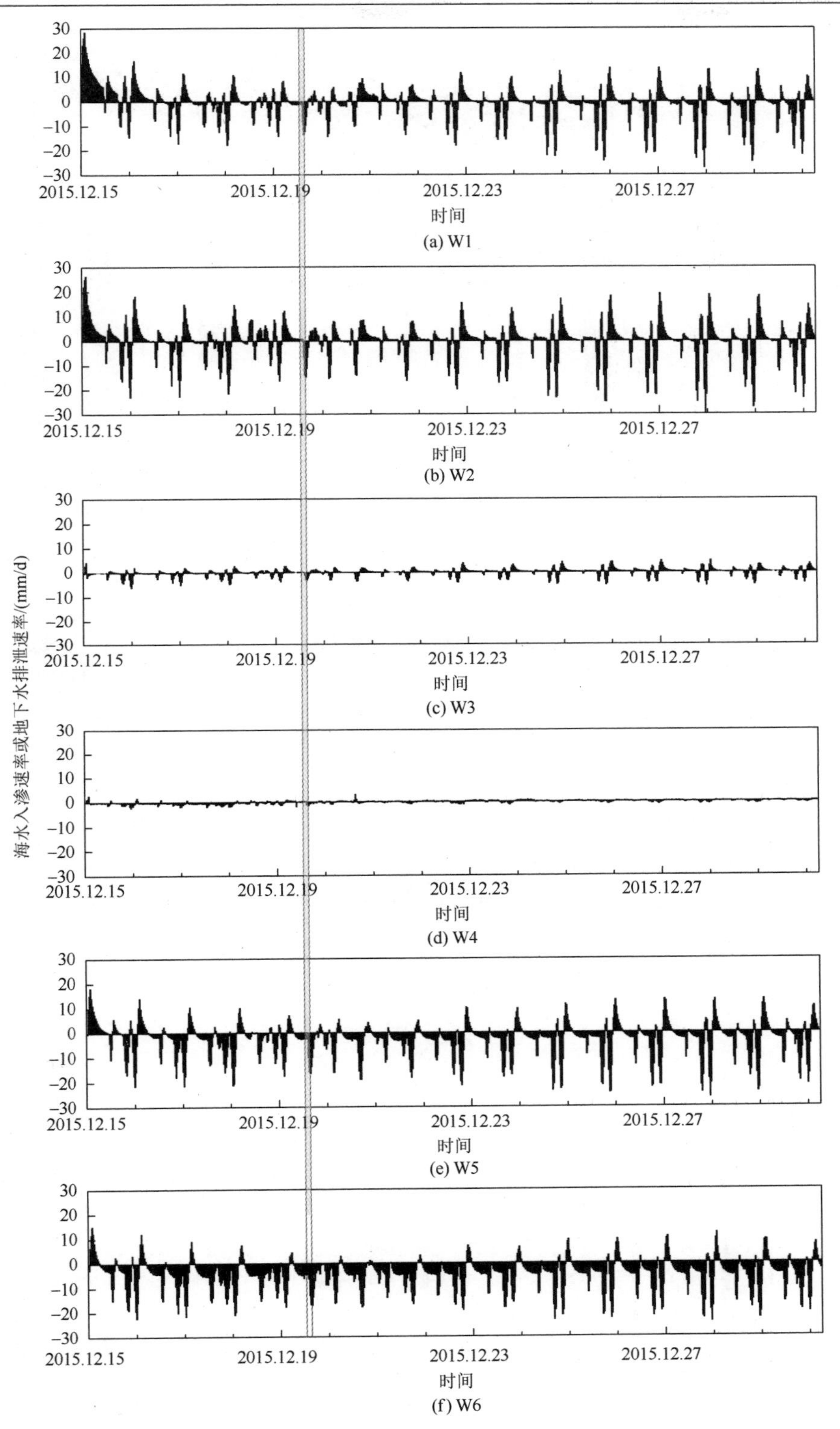

图 2.87　海水-地下水在 6 个对井的交换速率的时间序列

垂向浅灰色条带为取样时段

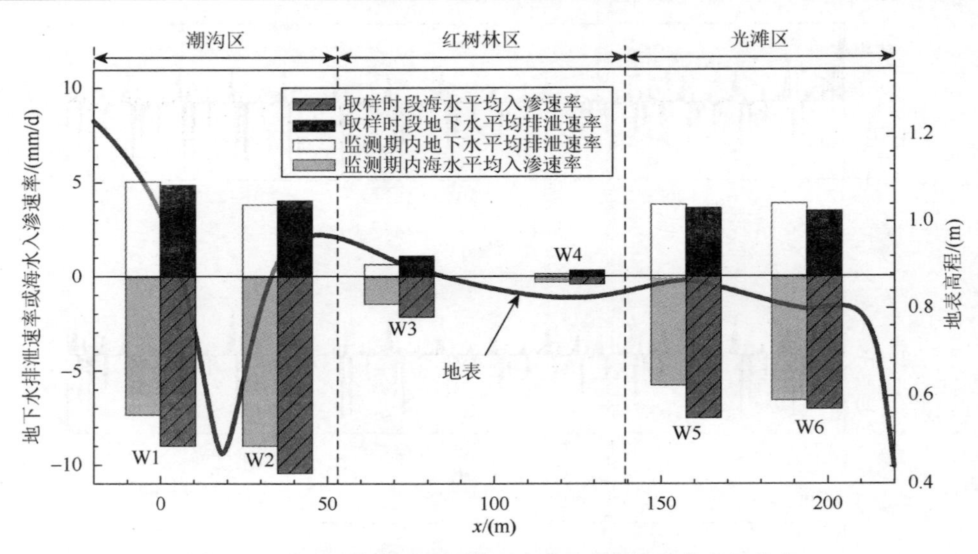

图 2.88　大亚湾潮间带断面海水-地下水交换速率空间分布

海水-地下水在一个大小潮周期上和取样时段平均的交换速率，二者大小很接近。从 3 个区的角度来看，潮沟区有更大的交换速率（包括海水入渗速率和地下水排泄速率）。W2 处的入渗速率最大（11 mm/d），约是排泄速率的 2.6 倍。相比而言，红树林区的交换速率最小，如 W4 处的海水入渗速率（0.4 mm/d）和地下水排泄速率（0.4 mm/d）均为最小。这是因为 W4 处的水力坡度和渗透系数均比其他区域低。

3. *无机氮浓度分布*

无机氮（包括 NO_3-N、NH_4-N 和 NO_2-N）的空间变化如图 2.89 所示，具体取值见表 2.29。内陆地下水水井中无机氮的浓度最大（30.3 μmol/L），是潮间带地下水平均浓度（6.6 μmol/L）

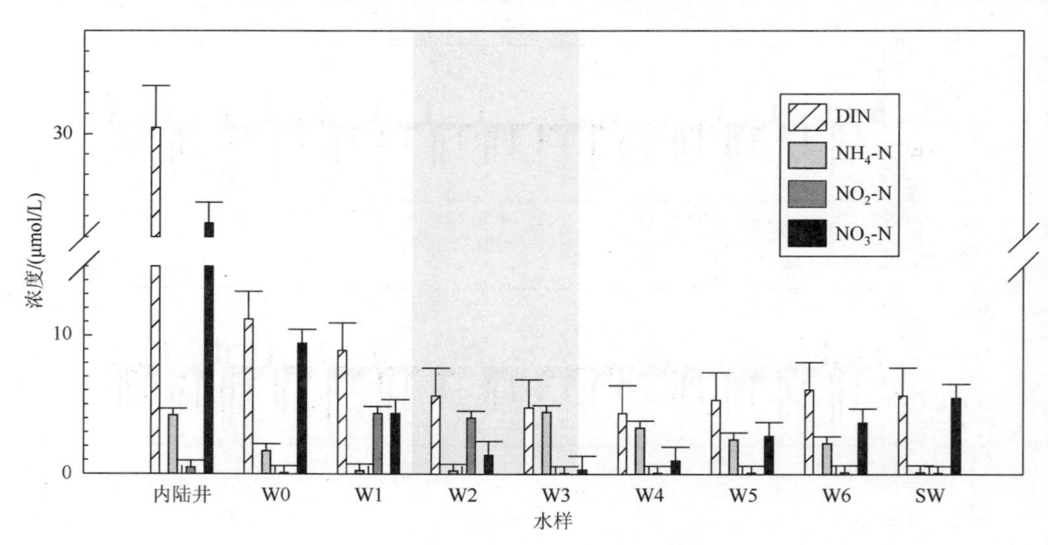

图 2.89　水样中无机氮的浓度

误差棒表示检测仪器的检出限

的 4.6 倍，是海水的 5.53 倍。在潮间带地下水中，潮沟区和光滩区地下水的无机氮浓度要比红树林区的高。水样中 DIN 值最高区域的 NO_3-N、NO_2-N 和 NH_4-N 浓度分别为 25.65 μmol/L、0.46 μmol/L 和 4.20 μmol/L。DIN 值最低的区域在红树林区，NO_3-N、NO_2-N 和 NH_4-N 的值分别为 0.31 μmol/L、0.043 μmol/L 和 4.44 μmol/L。在这些无机氮种类中，NO_3-N 的含量是最高的，其平均浓度为 6.01 μmol/L，最大浓度为内陆井中的 25.65 μmol/L（表 2.29）。无机氮浓度的最低值出现在红树林区，这里经历了最弱的水交换（更低的沉积物渗透率），说明红树林区是微生物脱氮活动的热点。

表 2.29　水样中无机氮浓度

水样	取样时间	NO_3-N/(μmol/L)	NO_2-N/(μmol/L)	NH_4-N/(μmol/L)
内陆井	2015-12-24 16：10	25.65	0.460	4.20
W0	2015-12-25 13：47	9.45	0.070	1.66
W1	2015-12-20 13：20	4.35	4.348	0.22
W2	2015-12-20 13：31	1.37	4.043	0.22
W3	2015-12-20 16：10	0.31	0.043	4.44
W4	2015-12-20 15：51	0.97	0.065	3.33
W5	2015-12-20 15：33	2.74	0.087	2.50
W6	2015-12-20 15：20	3.71	0.130	2.22
海水	2015-12-20 16：20	5.48	BDL	BDL

注：BDL 表示低于检出限

海水-地下水交换率的准确评估对于营养盐浓度和氮转化速率之间的相关性分析至关重要。本书采用对井法和渗流仪来测量海水-地下水交换率。同时在计算过程中考虑地下水流的密度效应以尽量减少可能的误差。

图 2.90 显示了海水-地下水交换速率与无机氮浓度的相关性。地下水的排泄速率与 DIN（$R^2 = 0.61$）之间存在显著的正相关关系，表明潮间带的氮主要为陆源。大亚湾东北部湾的海水盐度较外部大亚湾海水低，而 ^{224}Ra 活性高［参见 Wang 等（2018）中的图 2 和图 5］，可能指示内陆地下水排放量较其他地区多。但是大亚湾东北部也有很多细小的河流输入，查明内陆地下淡水或河流是否为主要氮源仍需进一步研究。大的地下水排泄可能携带丰富的无机氮，并从潮间带排到海里。海水入渗速率与 NH_4-N 之间存在显著的负相关（$R^2 = 0.78$），表明较高的海水入渗速率促进了高溶解氧的海水渗入沉积物中，促进了 NH_4-N 的消耗。

在潮沟区检测到了较高的溶解氧、水交换速率、NO_2-N 和 NO_3-N 浓度。在潮沟区的地下水中，NO_3-N 是 DIN 的主要形式，NH_4-N 浓度要远低于其他区域。这表明潮沟区的硝化作用很强，特别是氨氧化过程。硝化培养试验也表明，潮沟区的氨氧化速率和亚硝酸盐氧化速率要高于红树林区和光滩区（图 2.91）。潮沟区高的水交换导致了高 NH_4-N 低氧的地下水和高溶解氧海水的强烈混合。混合后的水有比较短的水体滞留时间和较高的硝化潜力。这些结果与潮沟区监测的结果也是一致的。该结果也显示在监测井 W1 和 W2 处，溶解氧和海水入渗速率相对较高。

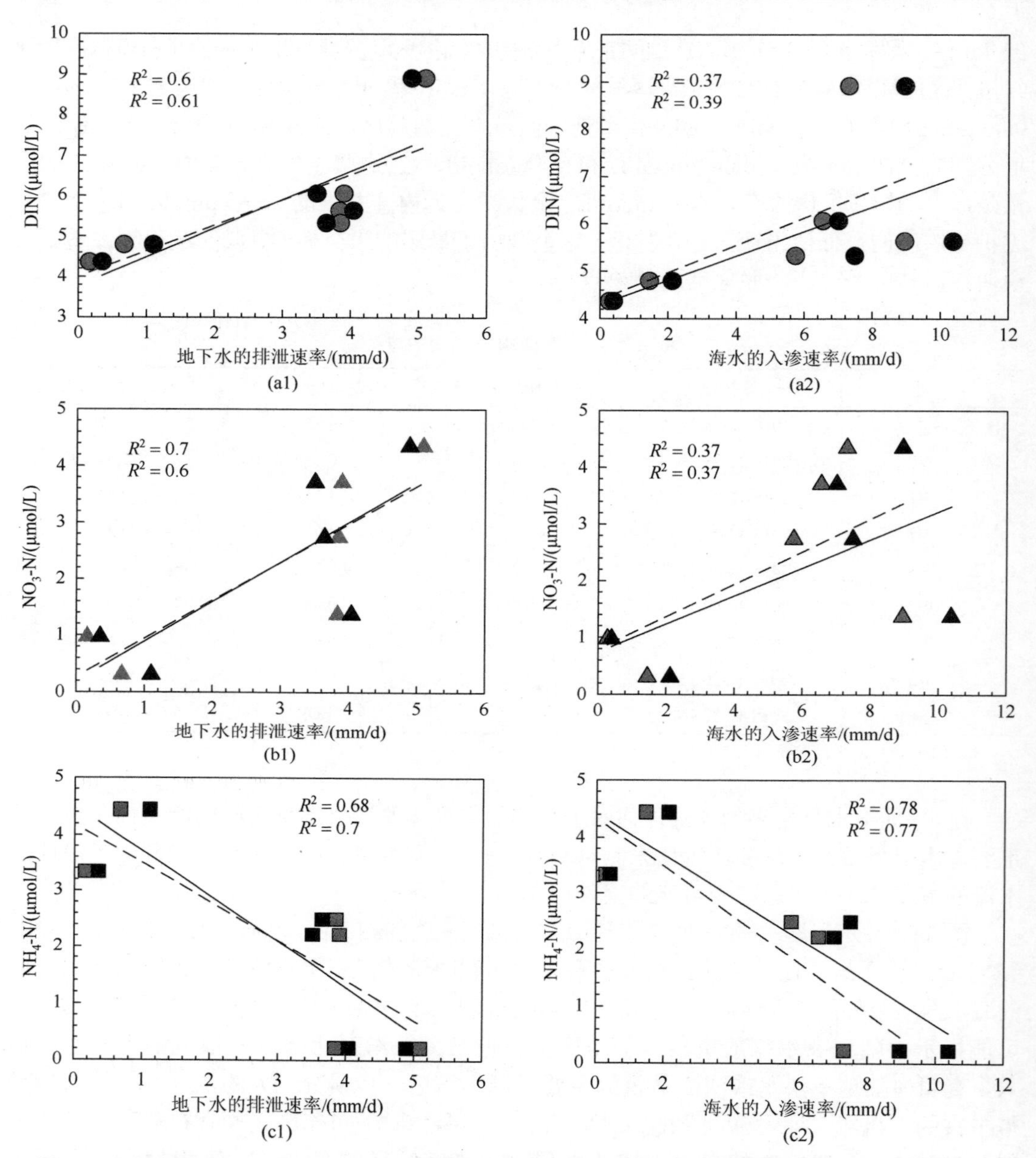

图 2.90　大亚湾潮间带区海水-地下水的交换速率与孔隙水样品中不同无机氮组分浓度相关性分析

实线表示取样段的交换速率；虚线表示一个大小潮的平均交换速率

有趣的是，最大的反硝化速率却出现在 W1 区，那里海水的入渗速率最高，表明硝化作用可能与反硝化作用在潮沟区发生了耦合。反硝化作用在缺氧沉积物中最常见，而氧化环境中也有研究报道发生强的反硝化作用，比如，在沉积物或悬浮颗粒的表面。Kim 等（2017）的研究表明，硝化作用产生的电子受体（NO_2-N 和 NO_3-N）将提高反硝化细菌和厌氧氨氧化细菌的活性。W1 区表层沉积物反硝化速率较高，地下水中氧浓度也较高。Gao 等（2009）在底泥中观察到有反硝化作用发生，而那里的溶解氧浓度高达 90 μmol/L。在潮沟区，更短的地下水滞留时间，更多的氧气进入，也许会导致潮沟区脱氮能力衰减。NO_2-N 是氮循环的中间环节的重要产物，但在以前对地下河口的氮调查中，很少对其进行测量（Santoro，2010）。在潮沟区，NH_4-N 通过硝化作用转化为 NO_2-N，但进一步从 NO_2-N 氧化到 NO_3-N 可能受到了微生物生长必需物质（如有机物）的抑制。

在红树林区，地下水中的 DIN 以 NH_4-N 为主（4.44 μmol/L），地下水中的 DO、NO_2-N 和 NO_3-N 浓度均低于其他区域（图 2.89）。红树林区地下水中 NH_4-N 的积累可能受多种环境变量和不同微生物过程的影响，如总氮矿化，NH_4-N 固定，硝化，厌氧氨氧化和异化硝酸盐还原，等等。土壤的低渗透性导致了红树林区较低的海水-地下水交换速率。说明地下水循环在红树林区受到了限制，导致地下水在红树林区停留时间更长。虽然本书没有对湿地沉积物中地下水的滞留时间（或地下水年龄）进行数值模拟，但 Boehm 等（2004）均推测出较低的地下水排泄速率会导致更长的地下水滞留时间。

反硝化和氨氧化过程是红树林区脱氮的两个主要过程。在红树林沉积物区，潜在的反硝化速率［1.78～9.15 nmol N/(g·h)］均明显（$P<0.01$）高于氨氧化速率［0.29～1.09 nmol N/(g·h)］。反硝化细菌在表面沉积物中表现出更高的活性，那里存在充足的基质（如有机物质和 NO_3^-）。氨氧化细菌的活性和丰度又受到有机物供应的强烈影响（Lisa et al.，2014）。因此，被限制的净氮矿化率，更低的硝化和氨氧化速率，以及更高的 DNRA（硝酸盐异化还原为铵）和反硝化速率，造就了红树林区较高的脱氮速率。

4. 潜在的氨氧化、亚硝酸盐氧化和反硝化速率

图 2.91 为三个表层沉积物（取自 W1、W3 和 W6）和沉积柱表层（10 cm，SCS）、中层（40 cm，SCM）和底层（70 cm，SCB）的潜在硝化速率分布规律。取样具体位置参见图 2.86c。硝化速率分别由氨氧化速率（ammonium oxidation rate，AOR）和亚硝酸盐氧化

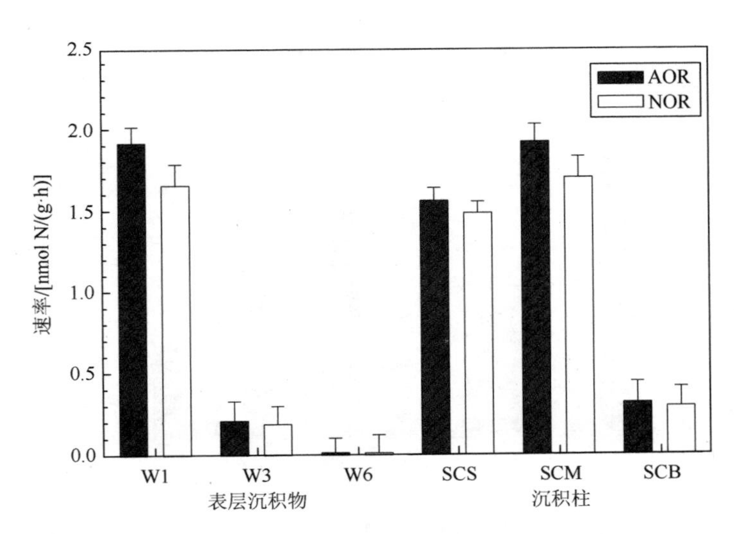

图 2.91　潜在的氨氧化速率（AOR）和亚硝酸盐氧化速率（NOR）

样品名分别是 W1，W3，W6，SCS（沉积柱表层），SCM（沉积柱中层）和 SCB（沉积柱底层）。每个样品重复测定了三次，误差棒表示 3 次测定值的标准偏差

速率（nitrite oxidation rate，NOR）组成。硝化速率沿海向减小，在 W6 表层达到最小值［AOR 和 NOR 均为 0.02 nmol N/(g·h)］。有趣的是，AOR 和 NOR 随着深度的增加先增大［SCM：AOR，1.93 nmol N/(g·h)；NOR，1.71 nmol N/(g·h)］，然后减小到底部的 0.32 nmol N/(g·h)（AOR）和 0.29 nmol N/(g·h)（NOR）。在所有表层的样品中，AOR 和 NOR 的变化范围分别是 0.02～2.04 nmol N/(g.h)和 0.02～1.8 nmol N/(g·h)。

潜在反硝化速率（denitrification rates，DNF）的最高值为 9.16 μmol N/(kg·h)，发生在沉积柱表层，约是 W6 处潜在反硝化速率［1.78 μmol N/(kg·h)］的 6 倍。脱氮过程的计算表明，反硝化作用贡献了 90%的 N_2 产出，剩余 10%的贡献为氨氧化作用。反硝化速率在垂向上有明显的分布类型变化，随着沉积柱的深度增加，反硝化速率逐渐变小，最低值为 3.03 μmol N/(kg·h)。平均反硝化速率约为 5.47 μmol N/(kg·h)，平均厌氧氨氧化（ammonium oxidation，ANA）速率约为 0.69 μmol N/(kg·h)。二者脱氮（N_2 产出）速率分别为 0.23 g/(d·m^3)和 1.84 g/(d·m^3)。红树林湿地潮间带平均脱氮速率则为二者之和，即 2.07 g/(d·m^3)。

红树林湿地的潜在厌氧氨氧化（ANA）速率普遍都比较低，小于 1.10 μmol N/(kg·h)，在垂向上也没有明显的分布规律。但是红树林沉积柱中厌氧氨氧化速率是陆向 W1 处［0.46 nmol N/(kg·h)］和海向 W6 处（0.29 μmol N/(kg·h)）的 2～4 倍之多（图 2.92）。总之，反硝化为脱氮过程中的主要作用，最大脱氮速率为 9.16 μmol N/(kg·h)，平均脱氮速率为 5.60 μmol N/(kg·h)。根据反硝化速率和硝化速率，我们认为硝化过程应该是产生 NO_2^- 的重要源头，NO_2^- 是沉积物表层反硝化和氨氧化过程中必备的中间产物。

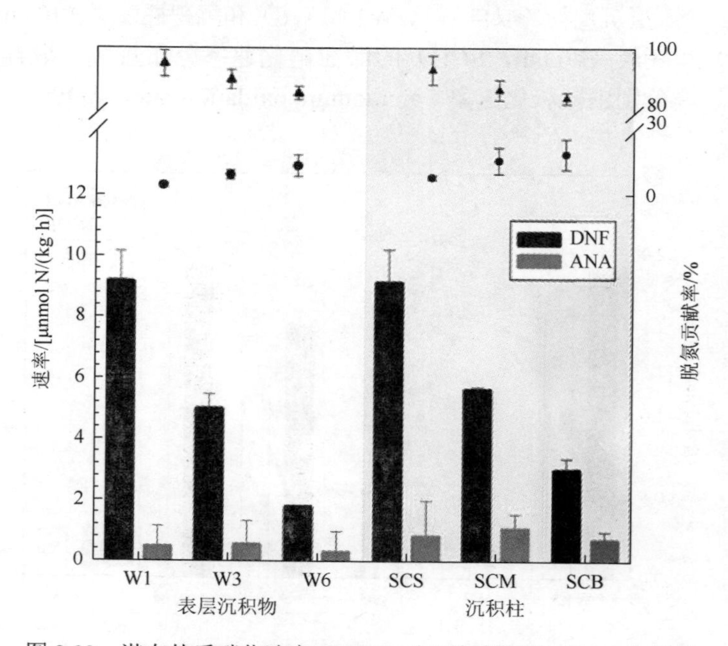

图 2.92 潜在的反硝化速率（DNF）和厌氧氨氧化（ANA）速率

上部表示对脱氮过程的相对贡献率，反硝化和厌氧氨氧化对每个样品氮损失的相对贡献分别用上部的三角形和圆点表示。样品名分别是 W1，W3，W6，SCS（沉积柱表层），SCM（沉积柱中层）和 SCB（沉积柱底层）。每个样品重复测定了三次，误差棒表示 3 次测定值的标准偏差

5. 硝化、厌氧氨氧化和反硝化细菌丰度

红树林区表层沉积柱（SCS）具有除古菌氨单氧酶（amoA）外所有基因的最高丰度（图 2.93）。通过对 amoA 基因拷贝数的量化，可以评价出氨氧化细菌（ammonia oxidation bacteria，AOB）与氨氧化古菌（ammonia-oxidizing archaea，AOA）的基因丰度。最高的 AOA 基因拷贝数出现在 W1 的表层沉积物中，为 3.45×10^5copies/g，最低在 SCB 中检测到，是 W1 的 1/3 左右。最高的 AOB 基因丰度在 SCS 发现，为 6.35×10^5copies/g。相比之下，SCB 的 AOB 基因丰度最低，比 SCS 低 5 倍。相同样品的 AOA 和 AOB 基因丰度相似。此外，在表层沉积物中 AOA 和 AOB 基因丰度较高，随着沉积深度增加而降低。

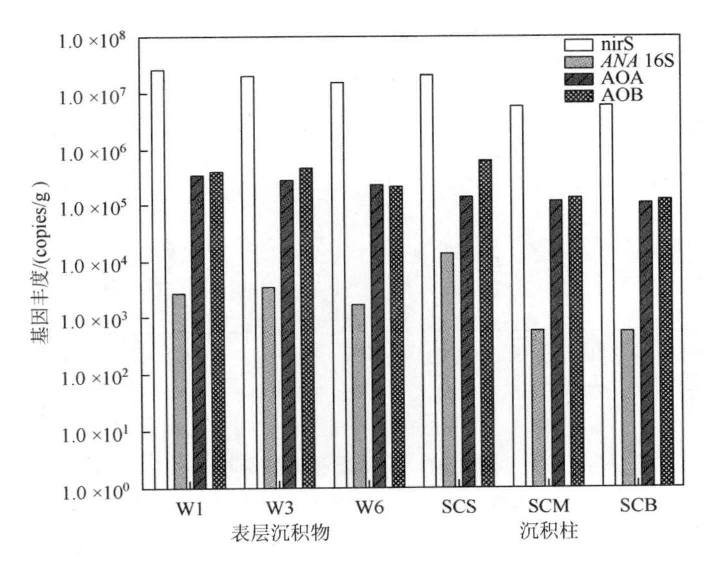

图 2.93　通过定量聚合酶链反应（qPCR）获取的反硝化细菌亚硝酸还原酶（nirS）、厌氧氨氧化细菌（*ANA* 16S）、氨氧化古菌（AOA）和氨氧化细菌（AOB）基因丰度

样品名分别是 W1，W3，W6，SCS（沉积柱表层），SCM（沉积柱中层）和 SCB（沉积柱底层）。每个样品重复测定了三次，误差棒表示 3 次测定值的标准偏差

结果还表明，最高的 nirS 基因丰度出现在 SCS，为 2.65×10^7copies/g。这是 W3 表层值（1.55×10^7copies/g）和 SCB 值（5.95×10^6copies/g）的 1.7 倍和 4.5 倍。近红外光谱的 nirS 反硝化细菌（nirS-harboring denitrifiers）的丰度随沉积深度的增加而减小。最高的厌氧氨氧化细菌的 16S rRNA 最高丰度在 SCS 中发现，为 1.4×10^4copies/g。而在 SCB 中发现的丰度最低，要比 SCS 低一个数量级。反硝化细菌 nirS 的平均基因丰度约为 1.58×10^7copies/g，而厌氧氨氧化细菌的基因丰度约 3.83×10^3copies/g。这些结果与潜在的反硝化和厌氧氨氧化率呈正相关（图 2.94）。

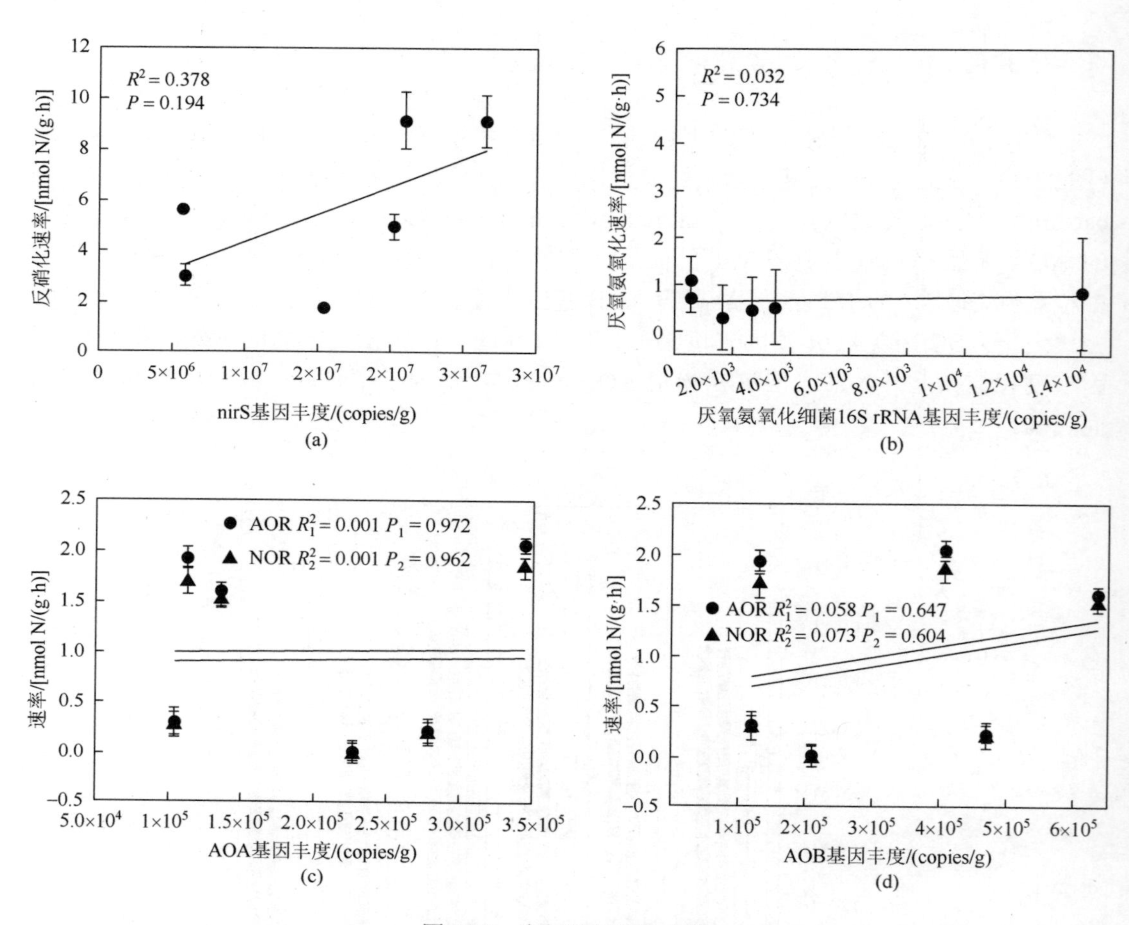

图 2.94　皮尔逊相关性分析

每个样品重复测定了三次，误差棒表示 3 次测定值的标准偏差

潜在氨氧化速率变化范围为 0.02～2.04 μmol N/(g·h)，潜在亚硝酸盐氧化速率变化范围为 0.02～1.87 μmol N/(g·h)。本书在潮间带得到的硝化速率明显比 Zheng 等（2016）报道的结果［平均值为 1.5 nmol N/(g·h)］要高，说明硝化速率也许与有机氮的矿化有关。微生物实验结果显示氨氧化细菌（AOB）基因丰度（1.04×10^5～3.45×10^5copies/g）与氨氧化古菌（AOA）相似（1.21×10^5～6.35×10^5copies/g）。本书实验得到的氨氧化细菌和氨氧化古菌基因丰度与前人在珠江口潮间带得到的基因丰度大小一致。例如，前人研究得出 AOA 变化范围为 1.62×10^4～1.30×10^5copies/g，AOB 变化范围为 1.33×10^5～2.89×10^5copies/g（Lee et al.，2016）。然而有的研究发现在咸水含水层中 AOB 是 AOA 的近 30 倍之多，而在淡水含水层中，AOB 却只有 AOA 的 1/10（Santoro et al.，2008），即 AOB 和 AOA 的比例与盐度呈现正相关性。但是在本书中，却没有发现类似的规律。主要原因可能是在红树林湿地中，长期咸淡水相互作用，导致其混合比较均匀，微生物对这种混合咸水并不存在特别明显的分层现象。

潜在的反硝化是脱氮的主要途径，它贡献了约 90%的氮损失。在本书中，潜在的反硝化速率［1.78～9.16 nmol N/(g·h)］显著（P<0.01，n = 12）高于厌氧氨氧化速率［0.29～1.10 nmol N/(g·h)］。这些结果与以前的研究一致：潜在反硝化速率为 0.64～7.8 nmol N/(g·h)，反硝化对氮损失的相应贡献约为 80%（Zheng et al.，2016）。一般情况下，红树林区的沉积物可能比河口沉积物含有更多的有机物，而红树林区沉积物的反硝化速率要高于长江口的沉积物［夏季 7 月平均为 2.31 nmol N/(g·h)，冬季 1 月为 1.75 nmol N/(g·h)］（Deng et al.，2015）。因为在潮间带沉积物中有丰富的有机物（电子供体），厌氧氨氧化速率可能无法高于反硝化速率。但相反，有机质却抑制了 NH_4^+ 通过厌氧氨氧化的去除，因为它们能降低厌氧氨氧化细菌丰度（Molinuevo et al.，2009）。

在所有沉积物样品中，厌氧氨氧化活性变化范围为 0.29～1.09 nmol N/(g·h)，占脱氮总量的 10%。这与前人有关潮间带沉积物的厌氧氨氧化研究结果一致［变化范围为 0.16～0.66 nmol N/(g·h)］。在表层沉积物中，尽管存在着溶解氧和有机物的限制，但其厌氧氨氧化率较高。Molinuevo 等（2009）报道了厌氧氨氧化和反硝化过程可以共存在一个良好的控制环境（合适的 COD，亚硝酸盐，硝酸盐，铵，pH 和温度）。然而，本书却未观察到潜在反硝化速率和厌氧氨氧化速率之间的相关性（图 2.95）。这表明由于反硝化和厌氧氨氧化复杂的竞争（竞争 NO_3^-）与合作关系（反硝化可为厌氧氨氧化提供 NO_2^- 和 NH_4^+），厌氧氨氧化和反硝化的耦合在复杂的红树林湿地沉积物中可能就不存在。

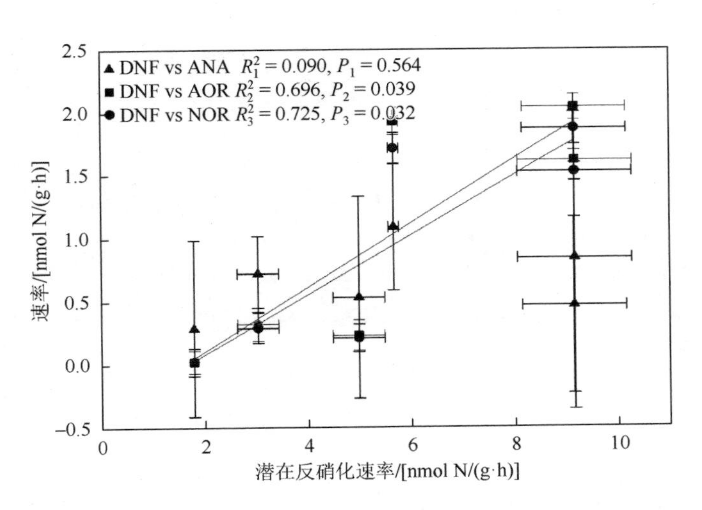

图 2.95 潜在反硝化速率与厌氧氨氧化速率、氨氧化速率和亚硝酸盐氧化速率之间的皮尔逊相关性分析

每个样品重复测定了三次，误差棒表示 3 次测定值的标准偏差

本书选取一个典型的红树林潮间带断面，由 3 个水动力子区域组成，分别为潮沟区、红树林区和光滩区。野外现场水化学观测结果表明，3 个子区域具有明显不同的物理化学环境，比如，潮沟区的沉积物渗透系数最高，红树林区的渗透系数和溶解氧浓度均最低。而地下水水位的监测结果也表明，不同子区的海水-地下水交换速率存在很大差异，其排序为：潮沟区＞光滩区＞红树林区。海水-地下水的交换速率与地下水无机氮（DIN）浓

度存在显著正相关性。比如，红树林区交换速率最低，地下水中 DIN 的浓度也最低，但是氨氮浓度却异常的高，表明红树林区在低氧环境中反硝化作用比较强。

从不同氮形态之间的转化速率来看，潮沟区的硝化速率最高，而红树林区的厌氧氨氧化速率最高。主要原因是潮沟区更强的水交换使得富含更多氧气的海水更快地入渗到沉积物中，促进了氮的硝化作用。而水交换很弱的红树林区则限制了海水中氧气的进入，加上红树林区沉积物中存在丰富的有机物，这使得红树林区成了适合反硝化和厌氧氨氧化微生物生长的区域。和氮相关的微生物基因丰度也验证了上述的结论。在红树林湿地潮间带中，反硝化和厌氧氨氧化是脱氮的两个主要过程（图 2.96），对脱氮的贡献率分别为 90%和 10%，其相应的脱氮速率分别为 1.84 g/(d·m^3)和 0.23 g/(d·m^3)。

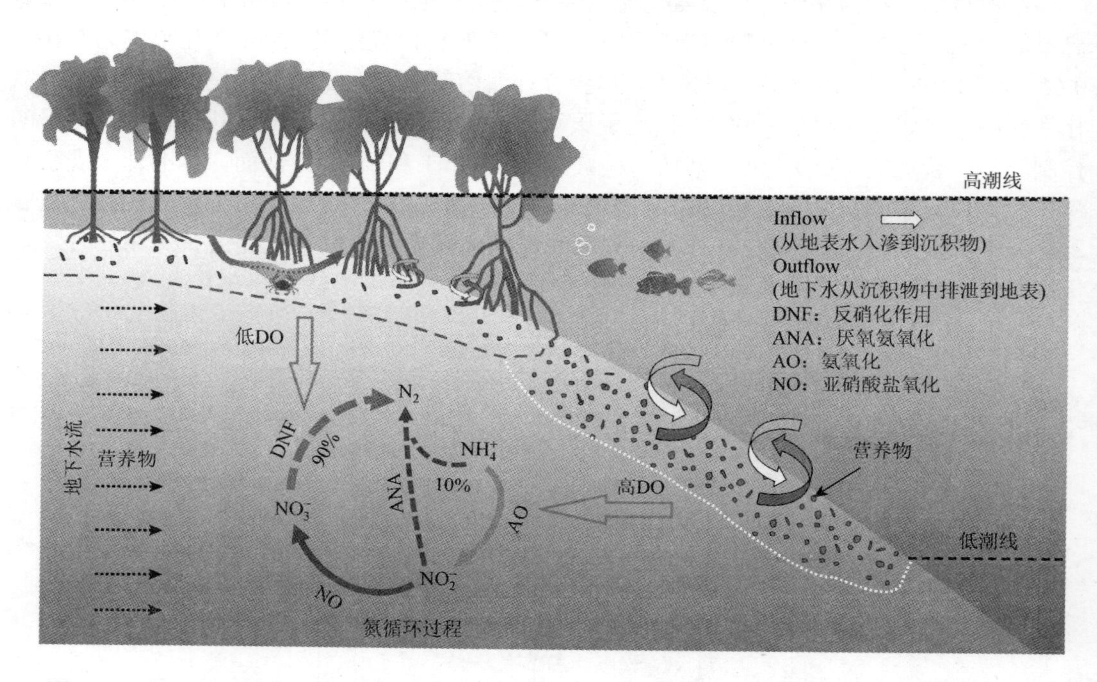

图 2.96　大亚湾红树林湿地潮间带海水-地下水相互作用与氮循环和微生物作用过程耦合概念图

其中反硝化作用占微生物脱氮总量的 90%，厌氧氨氧化占微生物脱氮总量的 10%

总之，本书通过水文、水化学和微生物等学科交叉研究，发现周期性海水-地下水的交互作用控制了沉积物的水化学环境，影响了与氮相关的微生物种类和活性，进而对整个微生物的脱氮过程有重要影响。本书的结论是否适用于其他地区的红树林，有待未来进一步研究验证。另外，本书只考虑了一个大小潮周期的时间尺度，在未来的研究中应该进一步考虑季节性变化，这主要是因为水力梯度能随水文周期发生显著的季节性变化（Charette，2007；Michael et al.，2005）。特别地，由于螃蟹洞在很大程度上有助于红树林湿地海水-地下水交换，通过系统的野外实验取样和数值模型量化螃蟹洞的影响，将是一件重要的富有挑战性的工作。

（三）海湾潮间带湿地微生物驱动的脱氮过程

潮间带区域作为海陆交界面，同时也是陆源淡水释放与海水入侵的混合地带，在元素循环过程中发挥着重要的作用。由于孔隙较小且电子传质过程受阻，普遍认为低渗透性沉积物中的微生物活性较弱（Lima & Sleep，2007），而最近的研究表明低渗透性沉积物可使得微生物免受高浓度污染物及代谢产物的毒害作用（Lima & Sleep，2007），在污染物去除过程中发挥着重要的作用，同时也有着丰富的微生物多样性（Wu et al.，2018）。然而潮间带低渗透性沉积物中微生物脱氮机制尚不明确。因此，本节对大亚湾稔山潮间带低渗透性沉积物的微生物脱氮过程进行了研究。

1. 潮间带孔隙水理化参数分布特征

2016 年 9 月，在大亚湾稔山潮间带区域采集了 4 个沉积柱，如图 2.97 所示，研究海陆交界面即潮间带脱氮活性及脱氮微生物活性、多样性分布。

理化参数是影响微生物活性的重要因素，因此，对潮间带孔隙水进行了理化参数分析。如图 2.98a 所示，潮间带界面的孔隙水盐度为 19～31，由于取样点附近有河流输入，在近海湾发生混合，随海浪或潮汐输入潮间带的其实为海水和河水混合物，同时，近海端元深层海水的入侵，导致交界面底层盐度高于表层盐度。氧化还原电位（oxidation-reduction potential，ORP）在交界面上随深度增加而增大（图 2.98e），与海水入侵活动相吻合。在研究剖面，NO_3^- 浓度的变化范围为 0～44 μmol/L，平均浓度为 4.9 μmol/L（图 2.98c），NO_2^- 浓度的变化范围为 0.1～27μmol/L，平均浓度为 2.6 μmol/L（图 2.98d），而 NH_4^+，除最左面的沉积柱外，总体呈现出较低水平（图 2.98b），这可能是随淡水释放携带的有机物在近陆地端元矿化释放，而在流动过程中被 O_2 或金属氧化物氧化所消耗（Couturier et al.，2017）。

2. 潮间带湿地微生物脱氮活性分布

大亚湾稔山潮间带的微生物脱氮活性的变化范围为 1.5～3.5μmol N/(kg·h)（图 2.98f），

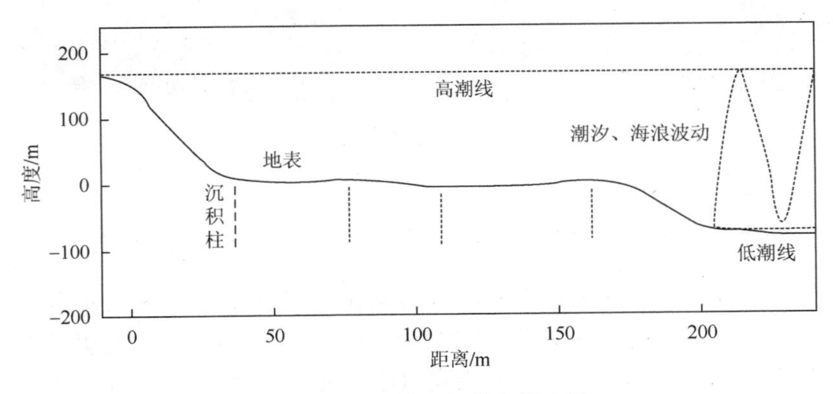

图 2.97　大亚湾潮间带取样点图

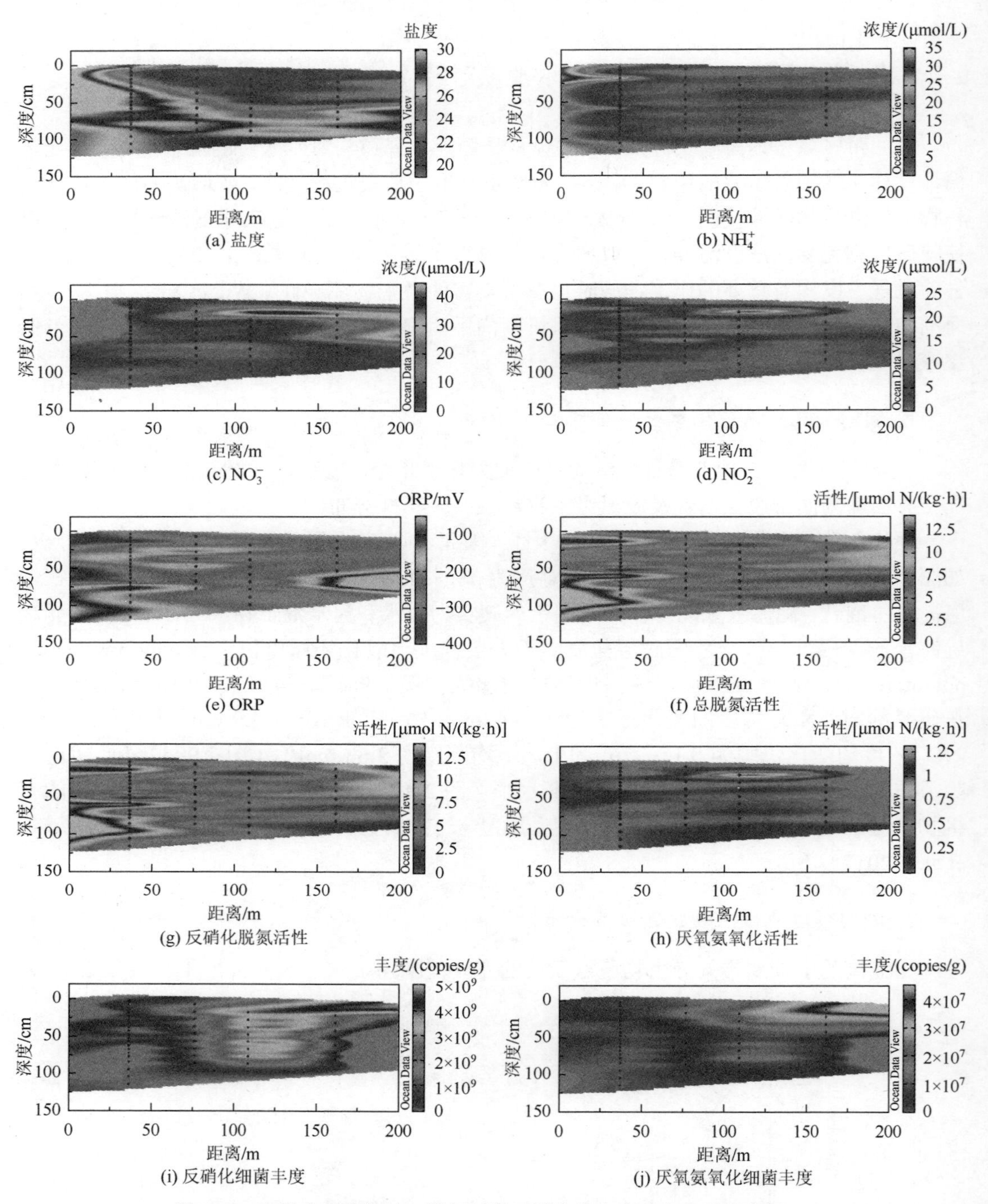

图 2.98　取样点理化特性、脱氮活性及微生物丰度分布（后附彩图）

其中，反硝化的脱氮活性变化范围为 0.61～13.47μmol N/(kg·h)（图 2.98g），而厌氧氨氧化活性则呈现较低水平，仅在左起第一和第三个沉积柱被检测到。这表明，反硝化过程是大亚湾潮间带微生物驱动的脱氮过程的主要组成部分，贡献了 99%的脱氮量。反硝化过程的中间产物亚硝酸盐是厌氧氨氧化过程的底物，亚硝酸盐的代谢途径使得反硝化过程与厌氧氨氧化过程存在竞争关系（$r=-0.35$，$P<0.05$），这可以解释硝酸盐和亚硝酸盐与厌氧氨氧化速率呈显著正相关（$r=0.57$，$P<0.05$；$r=0.69$，$P<0.05$），而并未观察到反硝化速率与所探究环境因子之间的显著性相关关系。

3. 潮间带湿地微生物丰度分布

基于 nirS 基因的反硝化细菌的丰度变化范围为 $4.48\times10^5\sim4.81\times10^9$copies/g，平均丰度为 1.21×10^9copies/g（图 2.98i），而厌氧氨氧化细菌 16S rRNA 的基因丰度变化范围为 $1.36\times10^5\sim4.37\times10^7$copies/g，平均丰度为 7.56×10^6copies/g，两种微生物的高值区均出现在近海端，且随着深度和盐度的增加而减小（$r=-0.55$，$P<0.05$；$r=-0.36$，$P<0.05$；$r=-0.64$，$P<0.05$；$r=-0.55$，$P<0.05$）。反硝化细菌丰度高于厌氧氨氧化细菌 1～2 个数量级，表明稔山潮间带区域提供了一个更利于反硝化细菌生长的环境。

4. 脱氮微生物丰度及多样性分布

（1）反硝化细菌丰度及多样性分布

反硝化细菌的主要 OTU 在系统发育上可以分为 8 个不同的簇，基于序列相似度，大亚湾稔山潮间带的反硝化菌主要归属于 γ-变形菌（38.7%），α-变形菌（18.6%）及 β-变形菌（3.5%），表明这个剖面反硝化细菌的多样性较高；反硝化细菌在潮间带呈现较稳定的分布模式，这可能与低渗透性赋予沉积物的相对稳定的理化环境有关，同时，反硝化细菌多种呼吸代谢途径也为其在不同环境中的稳定分布提供了有利的条件。而从环境因子与反硝化细菌群落结构分布的关系可以看出，盐度（$F=0.02$，$P<0.05$）是影响反硝化细菌群落结构组成的主要因素。

（2）厌氧氨氧化细菌多样性分布及特征

厌氧氨氧化细菌的主要 OTU 在系统发育上归属于 *Ca.* Brocadia，*Ca.* Kuenenia 及 *Ca.* Scalindua 三个不同的属，且 *Ca.* Scalindua（28.9%）是这个界面最重要的组成成分，其次是 *Ca.* Brocadia（23.4%）和 *Ca.* Kuenenia（21.7%），这三个属的共同存在也表明了厌氧氨氧化细菌在研究剖面的高多样性；而 RDA 分析则表明盐度（$F=6.4$，$P<0.05$）是影响厌氧氨氧化细菌群落结构组成的主要因素。

三、人类活动导致的海湾湿地对营养物质净化能力变化

随着社会经济的发展，填海造地和堤防建设等人类活动增加，影响了海湾湿地本身对营养物质的净化能力。本小节主要在胶州湾和大亚湾各选取了一个典型剖面，用野外观测和数值模拟的方法，分析人类活动如填海造地和堤防建设导致的海湾湿地对营养物质净化能力变化。

（一）填海造地对胶州湾泥滩净化营养物质能力的影响

1. 背景介绍

胶州湾是位于中国山东半岛南部的一个半封闭性海湾。随着胶州湾西岸海岸工程及开

发项目的迅速发展，原始海岸越来越少，大部分淤泥质海滩被渔业养殖、盐田等所取代（于宁等，2010）。由于自然演变及人为活动等原因，胶州湾的水域面积一直在慢慢减少。自1863年以来，胶州湾水域面积的减小主要是由于人类活动，特别是1935年以后，胶州湾的水域面积减小速度急剧加快，平均减小速度达 2.95 km^2/a，远超过了 1863～1935 年间的平均减小速度（0.21 km^2/a）（马立杰等，2014）。

胶州湾潮间带主要有 4 种不同类型湿地，包括沙滩、泥滩、河口潮间带、潮沼。它们各自面积分别为 18 km^2、78 km^2、14 km^2 和 0.65 km^2，其中泥滩面积最大，所占比例为 70.5%。因此本书在胶州湾西海岸红石崖街道选取一典型泥滩剖面进行研究，位置如图 2.99 所示。

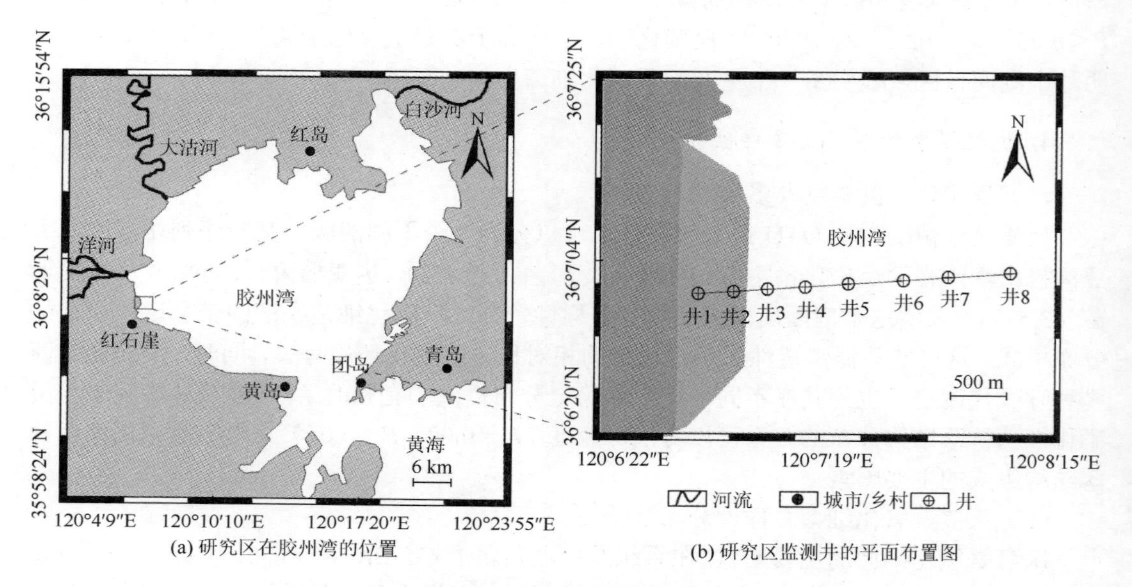

(a) 研究区在胶州湾的位置　　(b) 研究区监测井的平面布置图

图 2.99　研究区地理位置

胶州湾基岩以上沉积物从表层到底部可分为 5 个基本工程地质层：第 1 层为淤泥质土层，第 2 层为粉质黏土，第 3 层为中粗砂，第 4 层为粉质黏土，第 5 层为粗-砾砂。而距离该剖面 2 km 的钻孔资料显示，研究区主要包含第 1 层、第 3 层和第 5 层（白伟明，2005）。

2. 野外观测和室内试验

如图 2.99 所示，在泥质潮滩潮间带剖面共布置了 8 口观测对井，剖面长度约 2500 m。在每个对井中放置两个已经预先设置好的水压水温和电导率自动观测仪 LTC-Diver，每隔一小时记录一次地下水压强、电导率和温度。同时，在 W1 附近地表放置一个气压监测仪（Baro-Diver）同步测定气压数据。海滩地形及 8 组“对井”中传感器的具体位置由电子全站仪（TS-800）测量（图 2.100），监测时间段为 2015 年 7 月 9 日 20 时到 2015 年 7 月 29 日 19 时，将近 20 天。各观测井之间的距离、地表高程及传感器的高程如表 2.30 所示。通过原位定水头和降水头竖管实验法测得研究区表层沉积物的垂向渗透系数如表 2.31 所示。

表 2.30　地表高程、上下 LTC-Divers 的高程以及各井之间的距离

位置点	距离/m	地表高程/m	上 LTC-Diver 高程/m	下 LTC-Diver 高程/m
W0	0.00	6.000	NA	NA
W1	40.81	2.450	2.350	1.825
W2	235.61	2.050	1.950	1.425
W3	453.65	1.732	1.624	1.099
W4	616.32	1.530	1.471	0.895
W5	935.43	1.114	0.961	0.436
W6	1277.63	0.805	0.550	0.025
W7	1697.31	0.400	0.290	−0.398
W8	2246.04	0.000	−0.110	−0.635
海潮井	2350.00	−0.403	NA	NA

注：NA 表示数据不适用或者没有测量，W0 表示地形突变点

表 2.31　胶州湾泥滩剖面各井位处的表层沉积物垂向渗透系数

泥滩	W1	W2	W3	W4	W5	W6	W7	W8	$\overline{K_{va}}$	$\overline{K_{vg}}$
K_v（m/d）	0.03	0.31	0.01	0.02	0.03	0.02	0.22	0.45	0.14	0.07

注：$\overline{K_{va}}$ 和 $\overline{K_{vg}}$ 分别是垂向渗透系数的算数平均值和几何平均值

3. 模型建立与应用

（1）模拟区域

根据已有文献和资料显示，研究区在 1966～1985 年填海造地情况比较严重，在该地区填海造地垂直于海岸方向的长度为 2.0 km（胶州湾湾口为 3.1 km），高度约为 3.5 m。通过结合野外填海造地的实际情况和有关地层岩性资料（白伟明，2005），将研究区适当概化，建立填海造地前后垂直于海岸线的二维垂向剖面模型。模型将以填海造地后的海岸线为原点，模型左边界和右边界向内陆和海向分别延伸 3.0 km。海底含水层厚约 28 m，潮间带含水层厚度可达 31 m。根据含水层介质性质，将研究区的含水层从上到下概化为如下 5 层：第 1 层（表层）为淤泥或黏土层，海向厚约 1 m；第 2 层为中砂层，厚约 4 m；第 3 层为淤泥或黏土层，厚约 6 m，第 4 层为粗砂或砾石层，厚约 13 m；第 5 层为淤泥或黏土层，厚约 4 m。另外，模拟区域网格剖分为 41 行 1441 列，模型共计 59 081 结点、115 200 个三角形单元。网格横向水平方向步长 0.5～6.0 m，垂向步长 0.25 m～1.0 m，在潮间带咸淡水交界处及上表层区域网格剖分加密。根据实际观测，填海造陆后的潮间带表层可分为 3 个岩性区域，−3000～−2000 m 和 0～1473 m 为淤泥或黏土，−2000～0 m 填海造地区域为中砂，其余为砂质黏土。

（2）模拟结果

利用 MARUN 数值模拟软件（Li & Boufadel，2010）进行了数值模拟。图 2.100 为填海造地后一个大小潮周期 4 个典型时刻的地下水流场图。填海造地后的一个大小潮周期过程中，高潮期间海水流入含水层，低潮时地下水通过海陆交界面流出含水层，相比于填海

造地前，填海造地后的咸淡水交界面整体向海向移动约 3.0 km。填海造地改变了整个潮间带的地下水的盐度分布和流动系统。

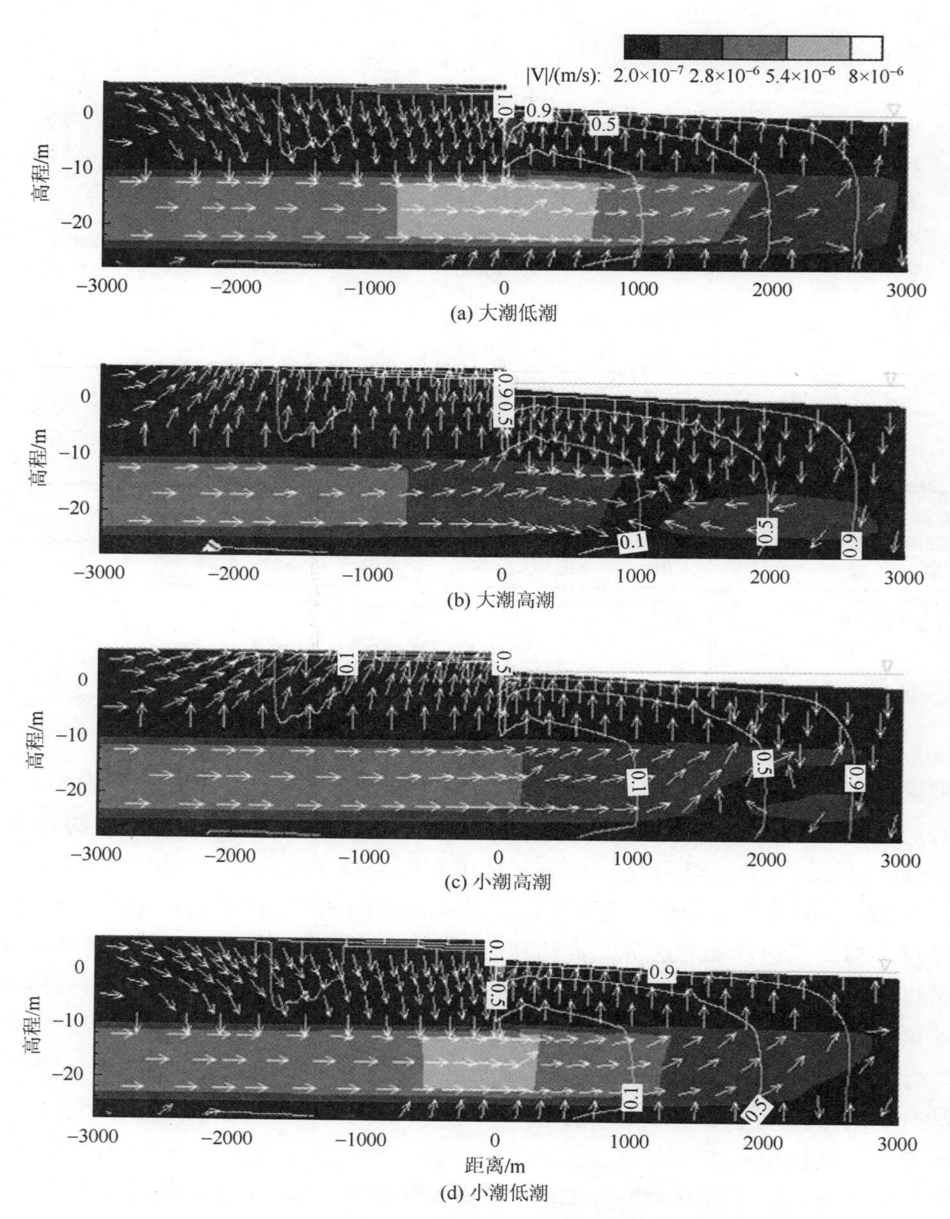

图 2.100　填海造地后 4 个典型时刻的地下水流场的数值模拟结果图

白色箭头仅表示地下水流向，灰色条带表示地下水平均流速，白线表示地下水盐度等值线

图 2.101 为填海造地后一个大小潮周期内平均流速和盐度分布图。图中可以看出，在一个大小潮周期中，填海造地后整个潮间带都形成了一个大尺度的地下水向海水的排泄区域。

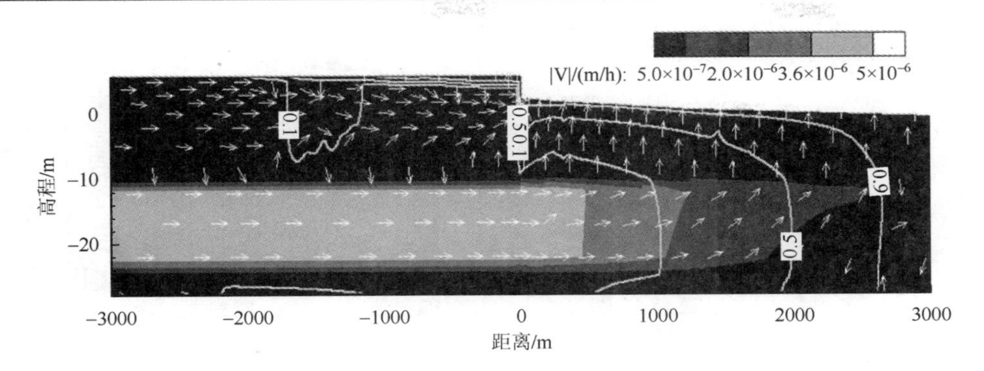

图 2.101　填海造地后一个大小潮周期地下水平均流速、水位及盐度分布的数值模拟结果图

白色箭头仅表示地下水流向，灰色条带表示地下水平均流速，白线表示地下水盐度等值线

通过数值模拟计算得到，填海造地前整个剖面上的地下水排泄量（SGD）和海水流入含水层的量（RSGD）分别为 8.61 m^2/d 和 6.38 m^2/d。填海造地后整个剖面上的 SGD 和RSGD分别为7.65 m^2/d和3.90 m^2/d。由于填海造地导致RSGD量减少了38%（表2.32）。

表 2.32　填海造地前后的 SGD 等参数的数值模拟结果　（单位：m^2/d）

模型类型	Q_F	SGD	RSGD
填海造地前	1.63	8.61	6.38
填海造地后	1.56	7.65	3.90

注：Q_F 表示模型左边界淡水流入量；SGD 表示上边界的地下水排泄量；RSGD 表示上边界海水流入含水层的量

图 2.102 显示 2015 年 7 月在胶州湾泥质潮滩采集的营养盐数据（Ws 表示海水，其余为观测井）。地下水中的硝态氮和亚硝态氮含量远高于海水（图 2.102a），各井地下水中硝态氮和亚硝态氮之和的平均值为 1049.46 μmol/L，海水为 54.29 μmol/L。地下水中无机磷的平均值为 0.52 μmol/L（图 2.102b），海水中无机磷的平均值为 0.97 μmol/L，地下水和海水中无机磷含量相差不大。地下水中 DIN/DIP 值远超过了 Redfield 比值。地下水中的氮量明显高于海水，显示营养物质具陆源性。

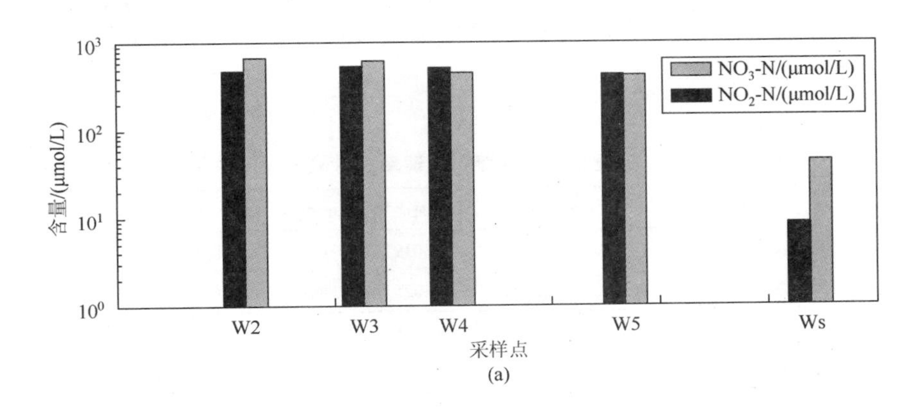

(a)

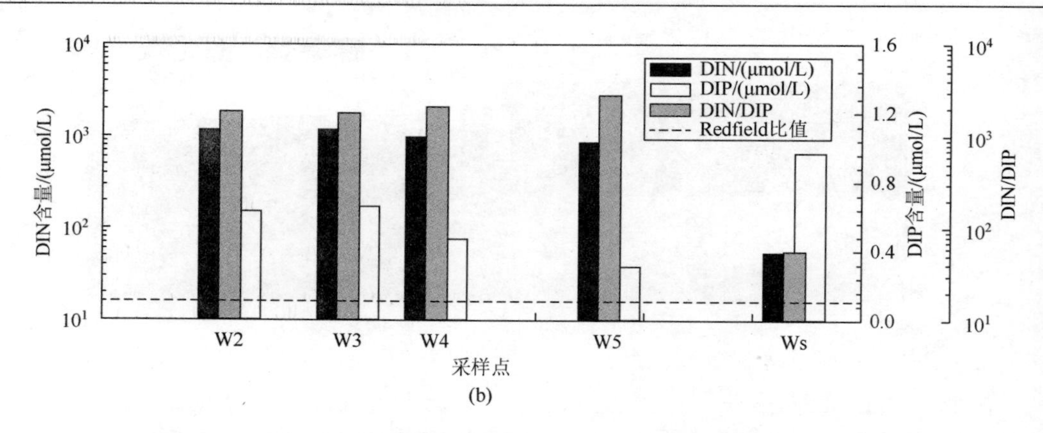

图 2.102 胶州湾泥质潮滩中 NO_3-N、NO_2-N 及 DIN 和 DIP 含量分布

表 2.33 表示潮间带的海水输入和 SGD 输出所携带的营养盐量。SGD 输出所携带的 DIN 为海水输入到沉积物中的量的 36 倍，而 SGD 输出所携带的 DIP 与海水输入到沉积物中的量相当。

表 2.33 胶州湾泥滩 SGD 输出和海水输入所携带的营养盐量［单位：mmol/(m·d)］

营养物质	海水输入	SGD 输出
DIN	2.12×10^2	7.68×10^3
DIP	3.78	3.52

4. 胶州湾湿地面积及脱氮量变化

依据目前现有的遥感卫星图片和岸线资料，根据现场勘察，推测胶州湾的湿地历史和现状分布。

根据前面的研究结果可知，由于城市扩张，1935 年以来，2018 胶州湾的湿地面积减少了约 140.3 km^2。表 2.34 为国内外对河口和海湾的脱氮速率的一些研究结果，杨晶等（2011）的研究表明，胶州湾泥质潮滩脱氮速率为 0.0064～0.0699 g/(m^2·d)，据此可以估算出由于填海造地导致的胶州湾湿地的脱氮减少量为 0.9～9.8 t/d，约占胶州湾总脱氮量的 33.5%。

表 2.34 潮滩脱氮速率统计表

国家	研究区	沉积物类型	脱氮速率/[g/(m^2·d)]	方法	参考文献
美国	得克萨斯州科帕诺湾	淤泥质潮滩	0.0197～0.0306	氮同位素示踪法	Hou 等（2012）
	密西西比河	淤泥质潮滩	0.0252～0.0784	N_2/Ar 比率法	Lehrter 等（2011）
中国	胶州湾大沽河口	泥质潮滩	0.0064～0.0699	乙炔抑制法	杨晶等（2011）
	上海长江口	泥质潮滩	0.0681～0.4918	乙炔抑制法	李佳霖等（2009）

续表

国家	研究区	沉积物类型	脱氮速率/[g/(m^2·d)]	方法	参考文献
中国	福建闽江口	潮沼湿地	0.0091～0.0349	乙炔抑制法	汪旭明等（2015）
	上海长江口	淤泥质潮滩	0.291～0.353	氮同位素示踪法	Song 等（2013）
	广东大亚湾	红树林潮沼	2.07	氮同位素示踪法	Xiao 等（2018）
西班牙	塔霍河口	淤泥质潮滩	0.0165～0.0198	氮同位素示踪法	Lars 等（2001）

综上所述，填海造地对胶州湾湿地净化营养物质能力的减弱主要体现在两个方面：①人类填海造地活动改变了该区域的地下水流动系统。初步研究表明由填海造地后海水再循环量（即 RSGD）减少了 38%。由海水再循环流入沉积物所携带的营养盐也随着减小。②受人类活动影响，1935 年以来，估算出由于填海造地导致胶州湾湿地的脱氮量减少 0.9～9.8 t/d，约占总脱氮量的 33.5%。

（二）堤防建设对大亚湾盐灶地区净化营养物质能力的影响

1. 背景介绍

大亚湾盐灶村位于大亚湾西岸、白沙湾南岸、深圳市龙岗区盐灶村庙仔角（图 2.103）。地处亚热带海洋季风带，气候温和湿润，年平均气温 22.4°C，多年平均降雨量为 1933.2 mm，多年平均蒸发量 1322 mm（吴志斌，2006）。研究区周边地形以中低山和低山丘陵为主。庙仔角在龙岗区东部澳头湾南部，产头滩与坝岗滩之间。因岬上原有一小庙得名。呈三角形，向西北突出，海拔 18.6 m，基岩为花岗岩。表层被黄沙黏土，灌木、杂草覆盖。东部沿岸为岩石滩，西部是防波堤。盐灶剖面即位于庙仔角西部。

在剖面防波堤附近的钻孔岩芯资料显示，地层基底为花岗岩，表层 0～6 m 为棕色粉土、粉砂层，土质松散，6～8.4 m 为灰色含贝壳亚砂土，8.4～11.6 m 为砂砾层或含砾砂层，砾石直径 3～10 cm，11.6～16.8 m 为黄色亚砂土。

2. 野外观测和室内试验

庙仔角盐灶海滩为砾石型海滩，表面可见粗粒型鹅卵石，潮间带坡度 1°～3°，宽度百米以内。2015 年 12 月 16 日～12 月 29 日在垂直海岸线方向选取了典型监测剖面（图 2.103，图 2.104），共安装了 5 口监测井。W1 内陆一侧为防波堤，W1 和 W2 处生长有矮小的红树林。另外，在内陆一侧约 250 m 处设内陆地下水监测井一口，观测海潮的传感器位于大亚湾淡澳河口，距剖面直线距离约 10 km，同时用 Baro-Diver 监测气压和气温等的变化。场地地形及监测井位置利用全站仪测量（表 2.35）。

所用监测井为“对井”（Hou et al，2016），监测时间间隔为 0.5 h。地下水压力数据经大气补偿转化为观测点压力水头，电导率根据联合国教科文组织关于海洋学标准公式转化为盐度（Fofonoff & Millard，1983）。同样，在每口观测井附近进行原位降水头实验来获取海滩表层垂向渗透系数（K_v），结果如表 2.36 所示，海滩表层沉积物主要为粉砂和亚砂土。

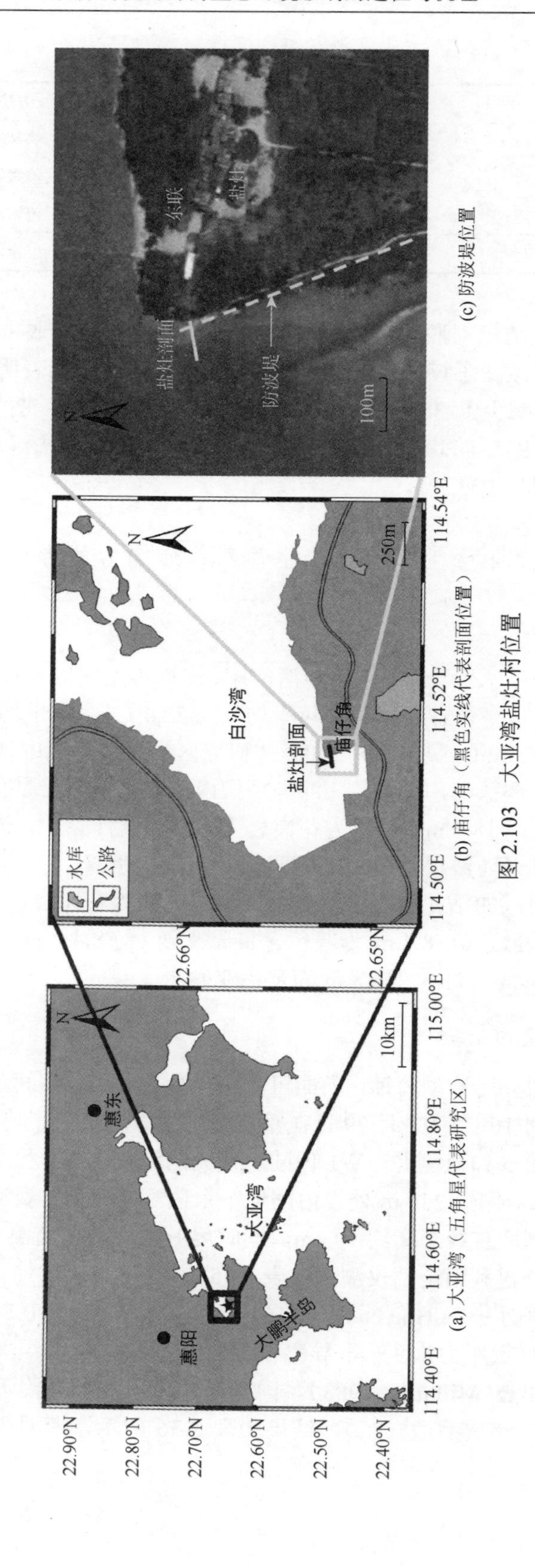

(a) 大亚湾（五角星代表研究区）

(b) 庙仔角（黑色实线代表剖面位置）

(c) 防波堤位置

图 2.103 大亚湾盐灶村位置

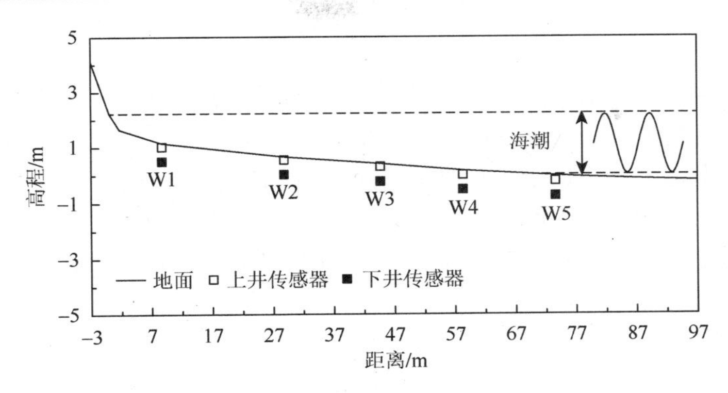

图 2.104　大亚湾盐灶监测剖面地形及观测传感器位置

表 2.35　观测井及传感器位置

井号	x/m	地表高程 z/m	上井传感器高程/m	下井传感器高程/m
W1	8.71	1.15	1.03	0.50
W2	28.79	0.65	0.55	0.03
W3	44.67	0.41	0.30	−0.22
W4	58.34	0.14	2.2×10^{-3}	−0.52
W5	73.56	−0.04	−0.22	−0.75

表 2.36　大亚湾盐灶监测剖面垂向渗透系数与对应岩性

井号	W1	W2	W3	W4	W5	$\overline{K_{va}}$	$\overline{K_{vg}}$
K_v/(m/d)	1.20	0.74	0.10	0.12	0.18	0.87	0.28
岩性	细砂	粉砂	亚砂土	亚砂土	亚砂土	粉砂	亚砂土

3. 模型建立与应用

（1）模拟区域

根据野外现场勘察结果，结合地层岩性，将研究区适当概化，建立垂直于海岸线的二维剖面模型，忽略沿海岸线方向的水流。坐标系 z 轴正向竖直向上，观测到的海潮最低点设为 z 轴零点；向海向为 x 轴正向，观测期间海潮最高点对应的地表处设为 x 轴零点。潮间带长 70 m，下部海床平坦，模型向海向延伸 200 m。模型左边界为位于内陆的一口监测井，距 x 轴零点 250 m。海底含水层厚 13 m，潮间带含水层厚度可达 16 m。向内陆方向地表高度逐渐增大，下伏花岗岩类岩体为隔水边界。根据含水层介质性质，含水层概化为上中下三层：上层为粉砂层，海向厚 6 m；中层为砂砾相间层，厚 4 m；下层为亚砂土层，厚 5 m。另外，由于沙滩表层可见砾石分布，将模型潮间带区域表层 5 cm 设置为高渗透层。模拟区域网格剖分为 50 行 408 列，每个四边形网格剖分为两个三角形单元，模型共计 20 400 结点、39 886 个三角形单元。网格横向步长 0.5～3.0 m，垂向高度 0.05～0.64 m，在潮间带及上表层区域网格剖分加密。

（2）模拟结果

分考虑与不考虑堤坝的两种情况，分别利用 MARUN 数值模拟软件（Li & Boufadel, 2010）进行了数值模拟。在 306.5 h 内的平均盐度及水位分布的数值模拟结果如图 2.105 所示。从模拟结果可以看出，考虑堤坝时，0.1 和 0.5 盐度比的等值线向海移动，而 0.9 等值线向内陆方向移动，咸淡水混合带面积减小。不考虑堤坝时，由海潮引起的潮上带区域地下水位壅高现象不复存在，平均水位比考虑堤坝的情况明显增高。

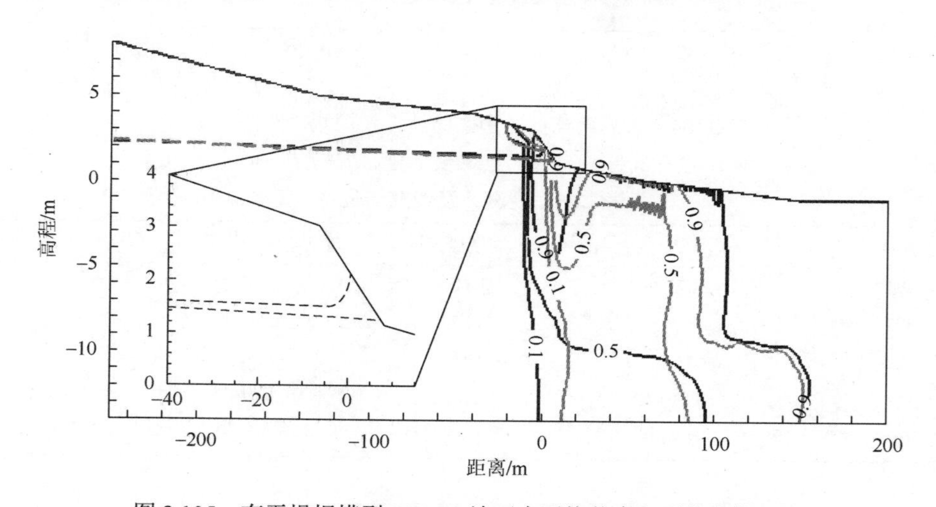

图 2.105　有无堤坝模型 306.5 h 地下水平均盐度与平均水位对比

黑色表示不考虑堤坝，灰色表示考虑堤坝，虚线表示水位，等值线标签 0.1、0.5 和 0.9 表示地下水盐度与海水盐度的比值，放大图为水位对比图

有无堤坝时观测期间内的平均流场的数值模拟结果如图 2.106 所示，图中可以看出，有堤坝时堤坝附近的地下水流动系统发生了变化。相比有堤坝的流场，无堤坝模型结果存在两个高流速区域，一个位于潮间带上部，另一个位于砂砾相间层的潮间带区域，可见堤

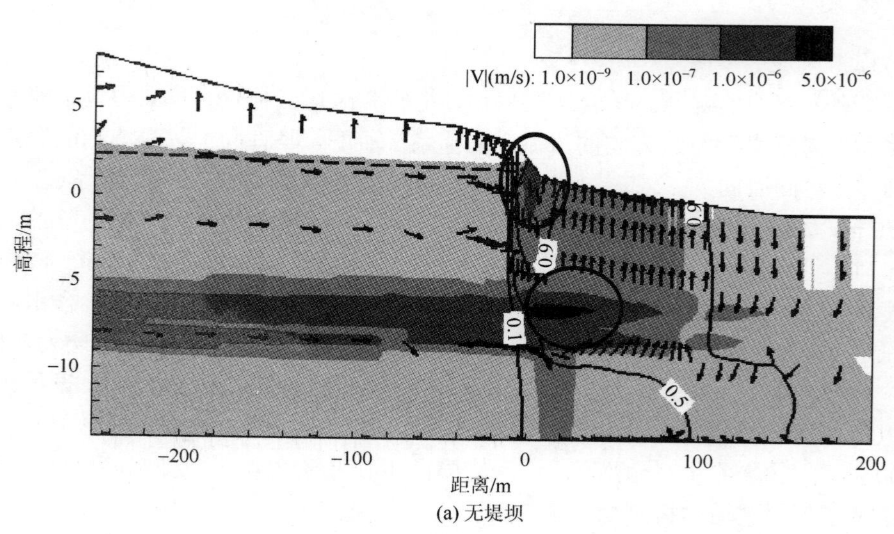

(a) 无堤坝

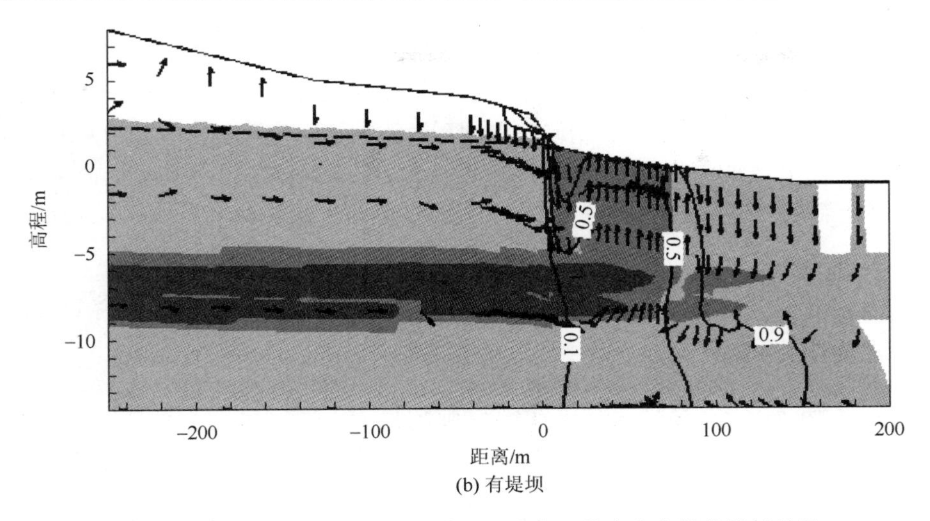

(b) 有堤坝

图 2.106　观测期间地下水平均流速、水位及盐度分布数值模拟结果

黑色箭头仅表示地下水流向，灰色条带表示地下水平均流速，黑色虚线表示潜水面，带有标签的黑线表示地下水盐度和海水盐度比值等值线，图（a）中黑色圆圈表示相对于图（b）的高速流动区域

坝修建后，研究区内地下水的平均流速有所减小，数值模拟的结果表明研究区内所有节点观测期间内平均流速的均值为 2.6×10^{-7}m/s，与无堤坝时相比减少了 29%。

观测期间潮间带区域平均地下水排泄量计算结果如表 2.37 所示。从表 2.37 可以看出，整个剖面 SGD 中很大比例为 RSGD。有堤模型相对于无堤模型，RSGD 减小了 26%。RSGD 的减少会显著影响其对营养物质的净化能力。

表 2.37　不同模型 SGD 计算结果　（单位：m^2/d）

模型	Q_F	SGD	SGDW	FSGD	RSGD	QT	QD
无堤坝	0.51	1.82	1.42	0.25	1.57	1.56	0.1
有堤坝	0.63	1.54	1.39	0.38	1.16	0.93	0.23

注：Q_F 表示模型左边界淡水流入量；SGDW 为井 W1 至 W5 间的 SGD；Q_T 表示海潮引起的 SGD；Q_D 表示密度差异引起的 SGD

4. 大亚湾湿地脱氮量变化

根据图 2.77、图 2.78 及表 2.27，可以得出，湿地面积的变化主要发生在大亚湾开发区一带。

相比 1986 年，大亚湾 2015 年的湿地面积减少了 23.48 km^2，主要减少的湿地面积为泥质和沙质类型，减少量分别为 21.45 km^2 和 2.89 km^2。主要原因是土地利用类型由泥滩、沙滩转变为城市建设用地及大面积红树林泥质类型湿地的退化。根据本书前面得出的大亚湾泥质红树林湿地的脱氮速率为 2.07 g/(m^2·d)，可估算出大亚湾泥质湿地退化导致脱氮量减少了约 44.3 t/d，占总湿地面积脱氮量的 18.7%。

根据大亚湾盐灶剖面的野外观测结果，分别建立有堤坝模型和无堤坝模型，对潮间带含水层在潮汐作用下的地下水动态特征进行数值模拟，主要结论有：①考虑堤坝后，海潮引起的上部盐羽缩小，盐水楔向陆地方向移动。②有堤坝模型的 RSGD 相对于无堤坝模型减小了约为 26%。③相比于无堤坝模型，有堤坝模型的陆源营养物质输入量增大而 SGD 输出的 DIP 和 DSi 量都减小，表明修建堤坝后海湾湿地净化营养物质能力减弱。从 1986 年到 2015 年，大亚湾的湿地面积减少了 23.48 km^2，估算出大亚湾泥质湿地脱氮量减少了约为 44.3 t/d，该减少的脱氮量约占总湿地面积脱氮量的 18.7%。

参 考 文 献

白伟明, 2005. 胶州湾工程地质环境特征研究[D]. 青岛: 中国海洋大学.

蔡红, 沈仁芳, 2005. 改良茚三酮比色法测定土壤蛋白酶活性的研究[J]. 土壤学报, 42 (2): 306-313.

蔡立胜, 方建光, 董双林, 2004. 桑沟湾养殖海区沉积物-海水界面氮、磷营养盐的通量[J]. 海洋水产研究, (4): 57-64.

陈洪涛, 刘素美, 陈淑珠, 等, 2003. 渤海莱州湾沉积物-海水界面磷酸盐的交换通量[J]. 环境化学, (2): 110-114.

陈淑美, 傅天保, 林建云, 1991. 厦门西港表层沉积物磷的形态与分布[J]. 应用海洋学学报, (3): 235-239.

董兆选, 娄安刚, 崔文连, 2010. 胶州湾海水营养盐的分布及潜在性富营养化研究[J]. 海洋湖沼通报, (3): 149-156.

龚信宝, 韩萍, 张龙军, 等, 2015. 胶州湾春季4月份表层海水 pCO_2 分布及控制因素分析[J]. 中国海洋大学学报（自然科学版）, (4): 95-102.

郭卫东, 章小明, 杨逸萍, 等, 1998. 中国近岸海域潜在性富营养化程度的评价[J]. 台湾海峡, 17 (1): 64-70.

韩舞鹰, 马克美, 1991. 大亚湾海水混合交换特征[J]. 海洋科学, 15 (2): 64-67.

何桐, 谢健, 余汉生, 等, 2010. 大亚湾表层沉积物中磷的形态分布特征[J]. 中山大学学报（自然科学版）, 49 (6): 126-131.

胡佶, 张传松, 王修林, 等, 2007. 东海春季赤潮前后沉积物-海水界面营养盐交换速率的研究[J]. 环境科学, (7): 1442-1448.

胡晓婷, 程吕, 林贤彪, 等, 2016. 长江口及其邻近海域沉积物磷的赋存形态和空间分布[J]. 环境科学学报, 36 (5): 1782-1791.

黄道建, 綦世斌, 于锡军, 2012. 大亚湾春季溶解无机碳的分布特征[J]. 生态科学, (1): 76-80.

蒋风华, 王修林, 石晓勇, 等, 2003. 胶州湾海底沉积物-海水界面磷酸盐交换速率和通量研究[J]. 海洋科学, (5): 50-54.

蒋风华, 王修林, 石晓勇, 等, 2004. 溶解无机氮在胶州湾沉积物-海水界面上的交换速率和通量研究[J]. 海洋科学, (4): 18-24.

康美华, 2014. 胶州湾生源要素的时空分布特征研究[D]. 青岛: 中国海洋大学.

李佳霖, 白洁, 高会旺, 等, 2009. 长江口海域夏季沉积物反硝化细菌数量及反硝化作用[J]. 中国环境科学, 29 (7), 756-761.

李俊龙, 郑丙辉, 张铃松, 等, 2016. 中国主要河口海湾富营养化特征及差异分析[J]. 中国环境科学, 36 (2): 506-516.

李玲玲, 2010. 黄河口湿地沉积物中营养盐分布及交换通量的研究[D]. 青岛: 中国海洋大学.

李乃胜, 于洪军, 赵松龄, 2006. 胶州湾自然环境与地质演化[M]. 北京: 海洋出版社.

刘洁, 郭占荣, 袁晓婕, 等, 2014. 胶州湾周边河流溶解态营养盐的时空变化及入海通量[J]. 环境化学, 33 (2): 262-268.

刘敏, 侯立军, 许世远, 等, 2002. 长江河口潮滩表层沉积物对磷酸盐的吸附[J]. 地理学报, (4): 397-406.

卢冰, 龚敏, 唐运千, 1988. 浙江近海沉积物中的氨基酸[J]. 海洋学报（中文版）, 10 (6): 704-711.

吕莹, 陈繁荣, 杨永强, 等, 2006. 春季珠江口内营养盐剖面分布和沉积物-水界面交换通量的研究[J]. 地球与环境, 34 (4): 1-6.

马兰花, 段毅, 宋之光, 1999. 南沙海域柱状沉积物中氨基酸组成和含量特征与古环境[J]. 沉积学报, 17 (S1): 794-797.

马立杰, 杨曦光, 祁雅莉, 等, 2014. 胶州湾海域面积变化及原因探讨[J]. 地理科学, 34: 365-369.

孟雪娇, 欧阳通, 徐汉文, 2016. 大亚湾溶解氧分布特征及环境影响因子研究[J]. 海洋技术学报, (3): 98-101.

牟德海, 黄长江, 张春, 等, 2002. 大亚湾沉积物中氨基酸的垂直分布-沉积物柱样 W0 中的游离氨基酸[J]. 分析测试学报, 21 (3): 4-7.

潘金培, 蔡国雄, 1996. 中国科学院南海海洋研究所大亚湾海洋生物综合实验站研究年报[M]. 北京: 科学出版社.

齐继薇, 刘长发, 刘远, 等, 2014. 双台河口潮滩湿地不同植被沉积物脲酶、蛋白酶、磷酸酶活性及其与氮、磷含量关系[J]. 水生态学杂志, 35 (4): 1-7.

齐君, 2005. 胶州湾现代沉积速率与沉积物中重金属的累积分析[D]. 青岛: 中国科学院海洋研究所.

丘耀文, 王肇鼎, 高红莲, 等, 1999. 大亚湾养殖水域沉积物-海水界面营养盐扩散通量[J]. 热带海洋, (3): 83-90.

石峰, 2003. 营养盐在东海沉积物-海水界面交换速率和交换通量的研究[D]. 青岛: 中国海洋大学.

孙松, 孙晓霞, 2011. 胶州湾生态系统长期变化图集[M]. 北京: 海洋出版社.

万修全, 鲍献文, 吴德星, 等, 2003. 胶州湾及其邻近海域潮流和污染物扩散的数值模拟[J]. 海洋科学, (5): 31-36.

汪旭明, 任洪昌, 李家兵, 等, 2015. 河口区淡水和微咸水潮汐沼泽湿地沉积物反硝化作用[J]. 环境科学学报, 35 (12): 3917-3926.

汪亚平, 高抒, 贾建军, 2000. 胶州湾及邻近海域沉积物分布特征和运移趋势[J]. 地理学报, (4): 449-458.

王朝晖, 陈菊芳, 徐宁, 等, 2005. 大亚湾澳头海域硅藻、甲藻的数量变动及其与环境因子的关系[J]. 海洋与湖沼, 36 (2): 186-192.

王丹娜, 2012. 南海北部生源硅的分布特征、季节变化及输出通量研究[D]. 厦门: 厦门大学.

王丽玲, 胡建芳, 唐建辉, 2009. 中国近海表层沉积物中氨基酸组成特征及生物地球化学意义[J]. 海洋学报, 31 (6): 161-169.

王文松, 2013. 胶州湾春、夏季表层水体 pCO_2 分布及季节演变[D]. 青岛: 中国海洋大学.

王修林, 辛宇, 石峰, 等, 2007. 溶解无机态营养盐在渤海沉积物-海水界面交换通量研究[J]. 中国海洋大学学报 (自然科学版), (5): 795-800.

王友绍. 2014. 大亚湾生态环境与生物资源[M]. 北京: 科学出版社.

王友绍, 王肇鼎, 黄良民, 2004. 近 20 年来大亚湾生态环境的变化及其发展趋势[J]. 热带海洋学报, (5): 85-95.

王肇鼎, 练健生, 胡建兴, 等, 2003. 大亚湾生态环境的退化现状与特征[J]. 生态科学, 22 (4): 313-320.

翁焕新, 张兴茂, 吴能友, 等, 2004. 海洋沉积物中铁-磷积累的环境生物地球化学过程[J]. 科学通报, 49 (9): 898-904.

吴志斌, 2006. 深圳龙岗区突发性地质灾害成因浅析[J]. 中国水运 (理论版), 3 (2): 106-107.

徐恭照, 等, 1989. 大亚湾环境资源[M]. 合肥: 安徽科学技术出版社.

杨晶, 张桂玲, 赵玉川, 等, 2011. 胶州湾河口潮滩沉积物中 N_2O 的产生和释放及其影响因素[J]. 环境科学学报, 31 (12): 2723-2732.

杨茜, 杨庶, 宋娴丽, 等, 2014. 桑沟湾夏、秋季悬浮颗粒物的沉降通量及再悬浮的影响[J]. 海洋学报, 36 (12): 85-90.

于宁, 郭佩芳, 吕忻, 等, 2010. 胶州湾海岸线的演变与发展对策研究[J]. 海洋湖沼通报, (4): 79-86.

张帆, 2011. 胶州湾贝类增养殖潮滩沉积物-水界面氮、磷交换通量研究[D].青岛: 中国海洋大学.

张洁帆, 李清雪, 陶建华, 2009. 渤海湾沉积物和水界面间营养盐交换通量及影响因素[J]. 海洋环境科学, (5): 492-496.

张学雷, 朱明远, 汤庭耀, 等, 2004. 桑沟湾和胶州湾夏季的沉积物-水界面营养盐通量研究[J]. 海洋环境科学, (1): 1-4.

张岩松, 章飞军, 郭学武, 等, 2004. 黄海夏季水域沉降颗粒物垂直通量的研究[J]. 海洋与湖沼, 35 (3): 230-237.

赵钰, 单保庆, 唐文忠, 2013. 海河流域重污染河流表层沉积物氨基酸组成特征[J]. 环境科学学报, 33 (11): 3075-3082.

Abe K, Nakagawa N, Abo K, et al., 2014. Dissolution of silica accompanied by oxygen consumption in the bottom layer of Japan's central Seto Inland Sea in summer[J]. Journal of Oceanography, 70 (3): 267-286.

Alkhatib M, Giorgio P A, Gelinas Y, 2013. Benthic fluxes of dissolved organic nitrogen in the lower St. Lawrence estuary and implications for selective organic matter degradation[J]. Biogeosciences, 10 (11): 7609-7622.

Andersson K O, Tighe M K, Guppy C N, et al., 2016. The release of phosphorus in alkaline vertic soils as influenced by pH and by anion and cation sinks[J]. Geoderma, 264: 17-27.

Benitez-Nelson C R, Buesseler K O, Crossin G, 2000. Upper ocean carbon export, horizontal transport, and vertical eddy diffusivity in the southwestern Gulf of Maine[J]. Continental Shelf Research, 20: 707-736.

Boehm A B, Shellenbarger G G, Paytan A, 2004. Groundwater discharge: Potential association with fecal indicator bacteria in the surf zone[J]. Environmental Science & Technology, 38 (13): 3558-3566.

Bonsignore M, Manta D S, Mirto S, et al., 2018. Bioaccumulation of heavy metals in fish, crustaceans, molluscs and echinoderms from the Tuscany coast[J]. Ecotoxicology and Environmental Safety, 162: 554-562.

Boon A R, Duineveld G C A, 1998. Chlorophyll a as a marker for bioturbation and carbon flux in southern and central North Sea sediments[J]. Marine Ecology Progress Series, 162: 33-43.

Boyd P W, Trull T W, 2007. Understanding the export of biogenic particles in oceanic waters: Is there consensus? [J]. Progress in Oceanography, 72: 276-312.

Brea S, Álvarez-Salgado X A, Álvarez M, et al., 2004. Nutrient mineralization rates and ratios in the eastern South Atlantic[J]. Journal of Geophysical Research: Oceans, 109: C05030.

Brzezinski M A, 1985. The Si：C：N ratio of marine diatoms: interspecific variability and the effect of some environmental variables[J]. Journal of Phycology, 21: 347-57.

Brzezinski M A, Nelson D M, 1989. Seasonal changes in the silicon cycle within a Gulf Stream warm-core ring[J]. Deep Sea Research Part A: Oceanographic Research Papers, 36: 1009-1030.

Burdige D J, Martens C S, 1988. Biogeochemical cycling in an organic-rich coastal marine basin: 10. The role of amino acids in sedimentary carbon and nitrogen cycling[J]. Geochimica & Cosmochimica Acta, 52 (6): 1571-1584.

Cahoon D R, Hensel P F, Spencer T, et al., 2006. Coastal wetland vulnerability to relative sea-level rise: Wetland elevation trends and process controls. [M]//Verheven J T A, Beltman B, Bobbink R, et al.Wetlands And Natural Resource Management. Berlin: Springer: 271-292.

Cai P, Chen W, Dai M, et al., 2008. A high-resolution study of particle export in the southern South China Sea based on ^{234}Th: ^{238}U disequilibrium[J]. Journal of Geophysical Research, 113: C04019.

Cao Z, Frank M, Dai M, et al., 2012. Silicon isotope constraints on sources and utilization of silicic acid in the northern South China Sea[J]. Geochimica & Cosmochimica Acta, 97: 88-104.

Capone D G, Popa R, Flood B, et al., 2006. Follow the nitrogen[J]. Science, 313: 708-709.

Charette M A. 2007. Hydrologic forcing of submarine groundwater discharge: Insight from a seasonal study of radium isotopes in a groundwater-dominated salt marsh estuary[J]. Limnology and Oceanography, 52 (1): 230-239.

Chen Z, Wang D, Xu S, et al., 2005. Inorganic nitrogen fluxes at the sediment-water interface in tidal flats of the Yangtze Estuary[J]. Acta Geographica Sinica, 60 (2): 328-336.

Colombo J C, Silverberg N, Gearing J N, 1998. Amino acid biogeochemistry in the Laurentian Trough: Vertical fluxes and individual reactivity during early diagenesis[J]. Organic Geochemistry, 29 (4): 33-945.

Couturier M, Tommi-Morin G, Sirois M, et al., 2017. Nitrogen transformations along a shallow subterranean estuary[J]. Biogeosciences, 14 (13): 3321-3336.

Cowan J L W, Pennock J R, Boynton W R, 1996. Seasonal and interannual patterns of sediment-water nutrient and oxygen fluxes in Mobile Bay, Alabama (USA): Regulating factors and ecological significance[J]. Marine Ecology Progress Series, 141 (1-3): 229-245.

Cowie G L, Hedges J I, 1996. Digestion and alteration of the biochemical constituents of a diatom Thalassiosira weissflogii ingested by an herbivorous zooplankton (*Calanus pacificus*)[J]. Limnology and Oceanography, 414: 581-594.

Dai J, Song J, Li X, et al., 2007. Environmental changes reflected by sedimentary geochemistry in recent hundred years of Jiaozhou Bay, North China[J]. Environmental Pollution, 145: 656-667.

Dauwe B, Middelburg J J, 1998. Amino acids and hexosamines as indicators of organic matter degradation state in North Sea sediments[J]. Limnology and Oceanography, 43 (5): 782-798.

de Lange G J, 1992. Distribution of exchangeable, fixed, organic and total nitrogen in interbedded turbiditic/pelagic sediments of the Madeira Abyssal Plain, eastern North Atlantic[J]. Marine Geology, 109 (1): 95-114.

Deng F, Hou L, Liu M, et al., 2015. Dissimilatory nitrate reduction processes and associated contribution to nitrogen removal in sediments of the Yangtze Estuary[J]. Journal of Geophysical Research-Biogeosciences, 120: 1521-1531.

Deng H G, Wang D Q, Chen Z L, et al., 2014. Vertical dissolved inorganic nitrogen fluxes in marsh and mudflat areas of the Yangtze Estuary[J]. Journal of Environmental Quality, 43 (2): 745-752.

Dong Y, Li Q P, Wu Z, et al., 2016. Variability in sinking fluxes and composition of particle-bound phosphorus in the Xisha area of the northern South China Sea[J]. Deep Sea Research Part Ⅰ: Oceanographic Research Papers, 118: 1-9.

Emerson S, Bender M, 1981. Carbon fluxes at the sedimentwater interface of the deep sea: Calcium carbonate preservation[J]. Journal of Marine Research, 39: 139-162.

Fabiano M, Danovaro R, 1998. Enzymatic activity, bacterial distribution, and organic matter composition in sediments of the ross sea (Antarctica)[J]. Applied and Environmental Microbiology, 64 (10): 3838.

Fernandes L, Garg A, Borole D V, 2014. Amino acid biogeochemistry and bacterial contribution to sediment organic matter along the western margin of the Bay of Bengal[J]. Deep Sea Research Part I: Oceanographic Research Papers, 83: 81-92.

Fofonoff N P, Millard Jr R C, 1983. Algorithms for the computation of fundamental properties of seawater[J]. Unesco Technical Papers in Marine Science, 44 (4): 203-209.

Folk R L, Ward W C, 1957. Brazos River bar [Texas]; A study in the significance of grain size parameters[J]. Journal of Sedimentary Research, 27: 3-26.

Frings P J, Clymans, Jeppesen E, et al., 2014. Lack of steady-state in the global biogeochemical Si cycle: Emerging evidence from lake Si sequestration[J]. Biogeochemistry, 117: 255-277.

Froelich P N, Arthur M A, Burnett W C, et al., 1988. Early diagenesis of organic matter in Peru continental margin sediments: Phosphorite precipitation[J]. Marine Geology, 80 (3): 309-343.

Gao H, Schreiber F, Collins G, et al., 2009. Aerobic denitrification in permeable Wadden Sea sediments[J]. The International Society for Microbial Ecology Journal, 5 (4): 417-426.

Gardner W D, Southard J B, Hollister C D, 1985. Sedimentation, resuspension and chemistry of particles in the northwest Atlantic[J]. Marine Geology, 65: 199-242.

Ghiglieri G, Carletti A, Pittalis D, 2012. Analysis of salinization processes in the coastal carbonate aquifer of Porto Torres (NW Sardinia, Italy)[J]. Journal of Hydrology, 432-433: 43-51.

Giani M, Boldrin A, Matteucci G, et al., 2001. Downward fluxes of particulate carbon, nitrogen and phosphorus in the north-western Adriatic Sea[J]. Science of the Total Environment, 266 (1-3): 125-134.

Gonneea M E, Charette M A, 2014. Hydrologic controls on nutrient cycling in an unconfined coastal aquifer[J]. Environmental Science & Technology, 48 (24): 14178-14185.

Gruber N, Sarmiento J L, 1997. Global patterns of marine nitrogen fixation and denitrification[J]. Global Biogeochemical Cycles, 11: 235-266.

Gu Y G, 2017. Heavy metal fractionation and ecological risk implications in the intertidal surface sediments of Zhelin Bay, South China[J]. Marine Pollution Bulletin, 129 (2): 905-912.

Gusyev M A, Haitjema H M, 2011. Modeling flow in wetlands and underlying aquifers using a discharge potential formulation[J]. Journal of Hydrology, 408 (1-2): 91-99.

Hargreaves J A, 1998. Nitrogen biogeochemistry of aquaculture ponds[J]. Aquaculture, 166 (3-4): 181-212.

Henrichs S M, Farrington J W, 1987. Early diagenesis of amino acids and organic matter in two coastal marine sediments[J]. Geochimica & Cosmochimica Acta, 51 (1): 1-15.

Hilton J, 1985. A conceptual framework for predicting the occurrence of sediment focusing and sediment redistribution in small lakes[J]. Limnology and Oceanography, 30: 1131-1143.

Ho T Y, Chou W C, Wei C L, et al., 2010. Trace metal cycling in the surface water of the South China Sea. Vertical fluxes, composition, and sources[J]. Limnology and Oceanography, 55: 1807-1820.

Hou L, Li H, Zheng C, et al., 2016. Seawater-groundwater exchange in a silty tidal flat in the south coast of Laizhou Bay, China[J]. Journal of Coastal Research, 74 (74): 136-148.

Hou L, Liu M, Carini S A, et al., 2012. Transformation and fate of nitrate near the sediment-water interface of Copano Bay[J]. Continental Shelf Research, 35 (1): 86-94.

Hung C C, Chen Y F, Hsu S C, et al., 2016. Using rare earth elements to constrain particulate organic carbon flux in the East China Sea[J]. Scientific Reports, 6: 33880.

Hung C C, Tseng C W, Gong G C, et al., 2013. Fluxes of particulate organic carbon in the East China Sea in summer[J]. Biogeosciences, 10: 6469-6484.

Hwang J, Manganini S J, Park J, et al., 2017. Biological and physical controls on the flux and characteristics of sinking particles on the Northwest Atlantic margin[J]. Journal of Geophysical Research-Oceans, 122: 4539-4553.

Ingall E D, Cappellen P V, 1990. Relation between sedimentation rate and burial of organic phosphorus and organic carbon in marine sediments[J]. Geochimica & Cosmochimica Acta, 54: 373-386.

Ittekkot V, Degens E T, Honjo S, 1984a. Seasonality in the fluxes of sugars, amino-acids, and amino-sugars to the deep ocean: Panama Basin[J]. Deep Sea Research Part A: Oceanographic Research Papers, 319: 1071-1083.

Ittekkot V, Deuser W G, Degens E T, 1984b. Seasonality in the fluxes of sugars, amino-acids, and amino-sugars to the deep ocean: Sargasso Sea[J]. Deep Sea Research Part A: Oceanographic Research Papers, 319: 1057-1069.

Justić D, Rabalais N N, Turner R E, 1995. Stoichiometric nutrient balance and origin of coastal eutrophication[J]. Marine Pollution Bulletin, 30 (1): 41-46.

Kim H, Lee K, Lim D, et al., 2017. Widespread anthropogenic nitrogen in northwestern Pacific ocean sediment[J]. Environmental Science & Technology, 51 (11): 6044-6052.

Kroeger K D, Charette M A, 2008. Nitrogen biogeochemistry of submarine groundwater discharge[J]. Limnology and Oceanography, 53 (3): 1025-1039.

Lagomasino D, Price R M, Herrera S J, et al., 2014. Connecting groundwater and surface water sources in groundwater dependent coastal wetlands and estuaries: Sian Ka'an Biosphere Reserve, Quintana Roo, Mexico[J]. Estuaries and Coasts, 38 (5): 1744-1763.

Langerhuus A T, Roy H, Lever M A, et al., 2012. Endospore abundance and D：L-amino acid modeling of bacterial turnover in holocene marine sediment (Aarhus Bay)[J]. Geochimica & Cosmochimica Acta, 99: 87-99.

Lars D M O, Nils R P, Lars P N, et al., 2001. Denitrification in exposed intertidal mud-flats, measured with a new ^{15}N-ammonium spray technique[J]. Marine Ecology Progress Series, 209: 35-42.

Le Moigne F A C, Henson S A, Sanders R J, et al., 2013. Global database of surface ocean particulate organic carbon export fluxes diagnosed from the ^{234}Th technique[J]. Earth System Science Data, 5: 163-187.

Lee K H, Wang Y F, Wang Y, et al., 2016. Abundance and diversity of aerobic/anaerobic ammonia/ammonium-oxidizing microorganisms in an ammonium-rich aquitard in the Pearl River Delta of South China[J]. Microbial Ecology, 76: 81-91.

Lehrter J C, Beddick D L, Devereux R, et al., 2011. Sediment-water fluxes of dissolved inorganic carbon, O_2, nutrients, and N_2 from the hypoxic region of the Louisiana continental shelf[J]. Biogeochemistry, 109 (1-3): 233-252.

Li H L, Boufadel M C, 2010. Long-term persistence of oil from the Exxon Valdez spill in two-layer beaches[J]. Nature Geoscience, 3 (2): 96-99.

Li H L, Sun P P, Chen S, et al., 2010a. A falling-head method for measuring intertidal sediment hydraulic conductivity[J]. Ground Water, 48 (2): 206-211.

Li H, Wiesner M G, Chen J, et al., 2017. Long-term variation of mesopelagic biogenic flux in the central South China Sea: Impact of monsoonal seasonality and mesoscale eddy[J]. Deep Sea Research Part Ⅰ: Oceanographic Research Papers, 126: 62-72.

Li L, Liu S, Zhou Z, Chao L, 2010b. Distribution of biogenic elements in the southern and central Bohai Sea sediments[J]. Marine Sciences, 34: 59-68.

Liang X X, Tian C G, Zong Z, et al., 2018. Flux and source-sink relationship of heavy metals and arsenic in the Bohai Sea, China[J]. Environmental Pollution, 242 (B): 1353-1361.

Lima G da P, Sleep B E, 2007. The spatial distribution of eubacteria and archaea in sand-clay columns degrading carbon tetrachloride and methanol[J]. Journal of Contaminant Hydrology, 94 (1-2): 34-48.

Lin P, Guo L D, Chen M, et al., 2012. The distribution and chemical of dissolved and particulate phosphorus in the Bering Sea and the Chukchi-Beaufort Seas[J]. Deep Sea Research Part II: Topical Studies in Oceanography, 81: 79-84.

Lisa J A, Song B, Tobias C R, et al., 2014. Impacts of freshwater flushing on anammox community structure and activities in the New River Estuary, USA[J]. Aquatic Microbial Ecology, 72: 17-31.

Liu J, Ye S, Allen Laws E, et al., 2016a. Sedimentary environment evolution and biogenic silica records over 33, 000 years in the Liaohe delta, China[J]. Limnology and Oceanography, 62: 474-489.

Liu J, Zang J, Zhao C, et al., 2016b. Phosphorus speciation, transformation, and preservation in the coastal area of Rushan Bay[J]. Science of the Total Environment, 565: 258-270.

Liu S M, Zhang J, Chen H T, et al., 2005. Factors influencing nutrient dynamics in the eutrophic Jiaozhou Bay, North China[J].

Progress in Oceanography, 66: 66-85.

Liu Y, Dai M, Chen W, et al., 2012. Distribution of biogenic silica in the upwelling zones in the south china sea[J]. Advances in Geosciences, 28: 55-65.

Liu Y, Wang Y, Gao J, et al., 2010. Specific activity distribution patterns of lead-210 and sediment accumu-lation rates in the Jiaozhou Bay in Shandong Province, China[J]. Acta Oceanologica Sinica, 32: 83-93.

Loder T C, Lyons W B, Murray S, et al., 1978. Silicate in anoxic pore waters and oxidation effects during sampling[J]. Nature, 273 (61): 373-384.

Loucaides S, Michalopoulos P, Presti M, et al., 2010. Seawater-mediated interactions between diatomaceous silica and terrigenous sediments: Results from long-term incubation experiments[J]. Chemical Geology, 270: 68-79.

Matisoff G, Watson S B, Guo J, et al. 2017. Sediment and nutrient distribution and resuspension in Lake Winnipeg[J]. Science of the Total Environment, 575: 173-186.

Mayer L M, 1994. Surface area control of organic carbon accumulation in continental shelf sediments[J]. Geochimica & Cosmochimica Acta, 58: 1271-1284.

Meyers P A, Leenheer M J, Eadie B J, et al., 1984. Organic geochemistry of suspended and settling particulate matter In Lake-Michigan[J]. Geochimica & Cosmochimica Acta, 48: 443-452.

Michael H A, Mulligan A E, Harvey C F, 2005. Seasonal oscillations in water exchange between aquifers and the coastal ocean[J]. Nature, 436 (7054): 1145-1148.

Michalopoulos P, Aller R C, 1995. Rapid clay mineral formation in Amazon Delta sediments-reverse weathering and oceanic elemental cycles[J]. Science, 270: 614-617.

Miquel J C, Gasser B, Martín J, et al., 2015. Downward particle flux and carbon export in the Beaufort Sea, Arctic Ocean; the role of zooplankton[J]. Biogeosciences, 12: 1247-1283.

Molinuevo B, García M C, Karakashev D, et al., 2009. Anammox for ammonia removal from pig manure effluents: Effect of organic matter content on process performance[J]. Bioresource Technology, 100 (7): 2171-2175.

Morris J T, 1995. The mass balance of salt and water in intertidal sediments: Results from North Inlet, South Carolina[J]. Estuaries, 18 (4): 556-567.

Niggemann J, Schubert C J, 2006. Sources and fate of amino sugars in coastal Peruvian sediments[J]. Geochimica & Cosmochimica Acta, 70 (9): 2229-2237.

Ouali N, Belabed B E, Chenchouni H, 2018. Modelling environment contamination with heavy metals in flathead grey mullet Mugil cephalus and upper sediments from north African coasts of the Mediterranean Sea[J]. Science of the Total Environment, 639: 156-174.

Pantoja S, Rossel P, Castro R, et al., 2009. Microbial degradation rates of small peptides and amino acids in the oxygen minimum zone of Chilean coastal waters[J]. Deep sea Research Part II: Topical Studies in Oceanography, 56 (16): 1019-1026.

Pichevin L E, Ganeshram R S, Geibert W, et al., 2014. Silica burial enhanced by iron limitation in oceanic upwelling margins[J]. Nature Geoscience, 7: 541-546.

Pusceddu A, Grémare A, Escoubeyrou K, et al., 2005. Impact of natural storm and anthropogenic trawling sediment resuspension on particulate organic matter in coastal environments[J]. Continental Shelf Research, 25: 2506-2520.

Qin S, Hu C, Dong W, 2010. Nitrification results in underestimation of soil urease activity as determined by ammonium production rate[J]. Pedobiologia-International Journal of Soil Biology, 53 (6): 401-404.

Ragueneau O, Savoye N, del Amo Y, et al. 2005. A new method for the measurement of biogenic silica in suspended matter of coastal waters: Using Si: Al ratios to correct for the mineral interference[J]. Continental Shelf Research, 25: 697-710.

Redfield A C, Ketchum B H, Richards F A, 1963. The influence of organisms on the composition of sea-water[M]//Hill M N. The Comparative and Descriptive Oceanography. New York: John Wiley & Sons.

Reimers C E, Kastner M, Garrison R E, 1989. The role of bacterial mats in phosphate mineralization with particular reference to the Monterey Formation[M]//Burnett W C, Riggs S R. Genesis of Neogene to Modern Phosphorites. Cambridge: Cambridge

University Press.

Ruban V, Lópezsánchez J F, Pardo P, et al., 2001. Development of a harmonised phosphorus extraction procedure and certification of a sediment reference material[J]. Journal of Environmental Monitoring, 3 (1): 121-125.

Ruttenberg K C, 1992. Development of a sequential extraction method for different forms of phosphorus in marine sediments[J]. Limnology and Oceanography, 37 (7): 1460-1482.

Rysgaard S, Thastum P, Dalsgaard T, et al., 1999. Effects of salinity on NH_4^+ adsorption capacity, nitrification, and denitrification in Danish estuarine sediments[J]. Estuaries, 22 (1): 21-30.

Santoro A E, 2010. Microbial nitrogen cycling at the saltwater-freshwater interface[J]. Hydrogeology Journal, 18 (1): 187-202.

Santoro A E, Francis C A, de Sieyes, et al., 2008. Shifts in the relative abundance of ammonia-oxidizing bacteria and archaea across physicochemical gradients in a subterranean estuary[J]. Environmental Microbiology, 10 (4): 1068-1079.

Santos A C C, Choueri R B, Pauly G D E, et al., 2018. Is the microcosm approach using meiofauna community descriptors a suitable tool for ecotoxicological studies? [J]. Ecotoxicology and Environmental Safety, 147: 945-953.

Savoye N, Benitez-Nelson C R, Burd A B, et al., 2006. ^{234}Th sorption and export models in the water column: A review[J]. Marine Chemistry, 100: 234-249.

Schwendenmann L, Riecke R, Lara R J, 2006. Solute dynamics in a North Brazilian mangrove: The influence of sediment permeability and freshwater input[J]. Wetlands Ecology and Management, 14 (5): 463-475.

Sigleo A C, Shultz D J, 1993. Amino acid composition of suspended particles, sediment-trap material, and benthic sediment in the Potomac Estuary[J]. Estuaries, 163A: 405-415.

Slomp C P, van Cappellen P, 2004. Nutrient inputs to the coastal ocean through submarine groundwater discharge: Controls and potential impact. Journal of Hydrology[J], 295 (1-4): 64-86.

Solomon C M, Collier J L, Berg G M, et al., 2010. Role of urea in microbial metabolism in aquatic systems: A biochemical and molecular review[J]. Aquatic Microbial Ecology, 59 (1): 67-88.

Song G D, Liu S M, Marchant H, et al., 2013. Anaerobic ammonium oxidation, denitrification and dissimilatory nitrate reduction to ammonium in the East China Sea sediment[J]. Biogeosciences, 10 (11): 6851-6864.

Spiteri C, Slomp C P, Tuncay K, et al., 2008. Correction to “Modeling biogeochemical processes in subterranean estuaries: Effect of flow dynamics and redox conditions on submarine groundwater discharge of nutrients” [J]. Water Resources Research, 44 (2): 282-288.

Sundareshwar P V, Morris J T, 1999. Phosphorus sorption characteristics of intertidal marsh sediments along an estuarine salinity gradient[J]. Limnology and Oceanography, 44 (7): 1693-1701.

Swarzenski P W, Simonds F W, Paulson A J, et al., 2007. Geochemical and geophysical examination of submarine groundwater discharge and associated nutrient loading estimates into Lynch Cove, Hood Canal, WA[J]. Environmental Science & Technology, 41 (20): 7022-7029.

Tyler A C, Mcglathery K J, Anderson I C, 2003. Benthic algae control sediment-water column fluxes of organic and inorganic nitrogen compounds in a temperate lagoon[J]. Limnology and Oceanography, 48 (6): 2125-2137.

Unger D, Herbeck L S, Li M, et al., 2013. Sources, transformation and fate of particulate amino acids and hexosamines under varying hydrological regimes in the tropical Wenchang/Wenjiao Rivers and Estuary, Hainan, China[J]. Continental Shelf Research, 57: 44-58.

van der Loeff M M R, Boudreau B P, 1997. The effect of resuspension on chemical exchanges at the sediment-water interface in the deep sea—A modelling and natural radiotracer approach[J]. Journal of Marine Systems, 11: 305-342.

van der Loeff M M R, Anderson L G, Hall P O J, et al., 1984. The asphyxiation technique-an approach to distinguishing between molecular-diffusion and biologically mediated transport at the sediment water interface[J]. Limnology and Oceanography, 29 (4): 675-686.

Vink S, Chambers R M, Smith S V, 1997. Distribution of phosphorus in sediments from Tomales Bay, California[J]. Marine Geology, 139 (1-4): 157-179.

Wang S R, Jiao L X, Jin X C, 2012. Characteristics of organic nitrogen fractions in sediments of the shallow lakes in the middle and lower reaches of the Yangtze River area in China[J]. Water and Environment Journal, 26 (4): 473-481.

Wang X, Li H, Yang J, et al., 2014. Measuring in situ vertical hydraulic conductivity in tidal environments[J]. Advances in Water Resources, 70: 118-130.

Wang X, Li H, Zheng C, et al., 2018. Submarine groundwater discharge as an important nutrient source influencing nutrient structure in coastal water of Daya Bay, China[J]. Geochimica & Cosmochimica Acta, 225: 52-65.

Wang Y S, Lou Z P, Sun C C, et al., 2006. Multivariate statistical analysis of water quality and phytoplankton characteristics in Daya Bay, China, from 1999 to 2002[J]. Oceanologia, 48: 193-211.

Wang Y S, Lou Z P, Sun C C, et al., 2008. Ecological environment changes in Daya Bay, China, from 1982 to 2004[J]. Marine Pollution Bulletin, 56 (11): 1871-1879.

Widdicombe S, Dashfield S L, Mcneill C L, et al., 2009. Effects of CO_2 induced seawater acidification on infaunal diversity and sediment nutrient fluxes[J]. Marine Ecology Progress Series, 379 (7): 59-75.

Wu Y, Xu L, Wang S, et al., 2018. Nitrate attenuation in low-permeability sediments based on isotopic and microbial analyses[J]. Science of The Total Environment, 618: 15-25.

Xiao K, Wu J, Li H L, et al., 2018. Nitrogen fate in a subtropical mangrove swamp: Potential association with seawater-groundwater exchange[J]. Science of the Total Environment, 635C, 586-597.

Yang B, Liu S M, Wu Y, et al., 2016. Phosphorus speciation and availability in sediments off the eastern coast of Hainan Island, South China Sea[J]. Continental Shelf Research, 118: 111-127.

Yang W F, Chen M, Zheng M F, et al., 2015a. Influence of a decaying cyclonic eddy on biogenic silica and particulate organic carbon in the tropical South China Sea based on ^{234}Th-^{238}U disequilibrium[J]. PLoS ONE, 10 (8): e0136948. DOI: 10.1371/journal.pone.0136948.

Yang W F, Guo L D, Chuang C Y, et al., 2015b. Influence of organic matter on the adsorption of ^{210}Pb, ^{210}Po and ^{7}Be and their fractionation on nanoparticles in sea water[J]. Earth and Planetary Science Letters, 423: 193-201.

Zhang H, Moffett K B, Windham-Myers L, et al., 2014. Hydrological controls on methylmercury distribution and flux in a tidal marsh[J]. Enviromental Science & Technology, 48: 6795-6804.

Zhang J Z, Huang X L, 2011. Effect of temperature and salinity on phosphate sorption on marine sediments[J]. Environmental Science & Technology, 45 (16): 6831-6837.

Zheng Y, Hou L, Liu M, et al., 2016. Tidal pumping facilitates dissimilatory nitrate reduction in intertidal marshes[J]. Scientific Reports, 6: 21338.

Zhou M Y, Chen X L, Zhao H L, et al., 2009. Diversity of both the cultivable protease-producing bacteria and their extracellular proteases in the sediments of the South China Sea[J]. Microbial Ecology, 58 (3): 582-590.

第三章 营养物质变化对海湾生物群落结构及其演替的影响机理

海湾因其特殊的自然环境和经济价值，是受人类活动影响较为显著的区域。人类活动主要通过物质排放、围填海等途径干扰海湾物质的收支平衡，影响海湾生态系统的物质循环和能量流动，并导致海湾生态系统的变化。已有的不少观测资料显示，伴随着高强度人类活动的干扰，海湾出现水体营养物质含量增加、组分结构变化、主要营养盐空间分布发生变化等一系列现象，同时也观察到部分海湾存在浮游生物群落结构改变、优势种更替、优势种群个体微型化、生物量上升、多样性下降等变化趋势，但是，二者之间的关联机制至今仍不甚了解，揭示并阐明海湾生物群落结构对营养物质浓度、形态和组分结构变化的响应机制，将有助于准确把握海湾生态环境的演变规律，以浮游生物群落为立足点为海湾生态环境管理提供科学依据，保障海湾健康、可持续的发展。

本章围绕“营养物质变化对海湾生物群落结构及其演替的影响机理”这一科学问题，以人类活动引起的海湾营养物质变化为切入点，以海湾生物群落变化对营养物质的响应及其作用机制为核心，重点研究营养物质浓度、形态和组分结构与浮游植物群落结构和功能，营养物质浓度、形态和组分结构与浮游动物群落结构、浮游植物群落结构与浮游动物群落结构之间的相互作用及作用机制，探索由人类活动引起的营养物质输入对海湾生态系统的影响机理。依托胶州湾和大亚湾这两个差异性显著的半封闭性海湾，通过现场考察、现场受控实验和室内模拟实验，开展海湾营养物质浓度、形态和组分结构变化对浮游植物群落结构的影响研究，阐明浮游植物关键种群对营养物质变化的响应机制；探索浮游动物群落结构对营养物质和浮游植物群落结构变化的响应规律及影响机理；通过历史观测资料和地球化学反演指标，揭示海湾生物群落结构的历史演变规律；古今结合，阐明海湾生物群落结构变化对人类活动的响应机制，为回答海湾食物网结构及其能量传递对营养物质变化的响应规律这一关键科学问题奠定基础，为海湾生态系统的健康可持续发展和生态系统水平下的综合管理提供科学依据。

本书以胶州湾和大亚湾这两个半封闭性海湾为例，通过对比和互补性研究，形成具有较普遍推广意义的科学认识。胶州湾和大亚湾分别处于温带和亚热带，在营养物质输入、生物群落结构、人类活动干扰类型等方面存在一定差异，但二者都是受人类活动影响显著的海湾，其对比性研究具有重要的科学意义。胶州湾地理位置介于 35°55′～36°18′N、120°04′～120°23′E，是南黄海西部一个中型的半封闭性海湾。近百年来，随着胶州湾地区经济的不断发展，胶州湾的环境状况也在不断改变，例如，养殖污废、生活污水及工农业污水的排放，导致胶州湾的营养盐含量显著增加，东北部河口区已出现明显的富营养化现象，整个海域也有富营养化的趋势，赤潮频发（Fan，1988；王艳玲等，2011）；在营养盐含量不断增加的同时，营养盐的结构也发生了显著的改变，在过去 50 年间，胶州湾的无机氮含量增加了 4 倍，磷酸盐含量增加了 1.4 倍，但硅酸盐浓度一直保持在较低水平，导致浮游植物的生长存在潜在的磷限制和硅限制（Han et al.，2011；Yang et al.，2002），生物多样性降低，且浮游植物出现小型化趋势（Yuan et al.，2016）。大亚湾地理位置介于 22.45°～22.83°N、114.50～114.89°E，是南海北部一个较大的山地溺谷型半封闭性海湾。自 20 世纪 80 年代起，大亚湾周边南海石油化工厂、大型核电站、港口码头等基础建设日渐兴起，人口成倍增长，旅游业、养殖业成为重要产业之一（王友绍等，2004）。在人类活动影响下，大亚湾逐渐从贫营养状态转变为中营养甚至富营养状态，农业化肥、海水养殖、生活污水和工业废水的排放导致大亚湾溶解无机氮（DIN）含量不断增加（Sun et al.，2003），局部海域富营养化加重，赤潮频繁发生。自 1999 年 10 月起，随着政府相关部门规定禁止使用含磷洗涤制品，海水中的磷酸盐含量相对减少，引起大亚湾生物生长的营养盐限制因子从潜在的氮限制逐渐转变为潜在的磷限制（Wu et al.，2017），营养盐结构的改变促使浮游植物群落呈现小型化趋势，生物多样性降低（Wang et al.，2008）。另外，核电站温排水对核电站以东沿岸海域的海水温度有明显影响，2 km 范围内升温可达 2℃，由此引起了海域生态群落结构的变化（林昭进和詹海刚，2000）。

针对海湾营养物质变化对生物群落结构的影响这一科学命题，在营养物质变化方面，以 N、P、Si 和有机营养组分为核心，重点研究营养物质浓度（现场浓度和高低浓度状态下）、形态（如无机形态和有机形态等）和组分结构（如 N/P 等）变化对生物群落结构的影响。在浮游植物群落结构方面，重点研究浮游植物种类组成和密度、优势种、叶绿素 a 及其粒级结构等的季节、年际和空间变化，辅以无机碳吸收速率、无机氮吸收速率、碱性磷酸酶活性、生物固氮速率、细菌脱氮速率等变化特征，全面揭示营养物质变化情况下浮游植物群落结构的响应及其作用机制。在浮游动物群落结构方面，以浮游动物群落结构、丰度、多样性指数、优势种优势度为重点，研究浮游动物时空分布格局和群落演替过程及其与浮游植物群落演替的关系。通过室内模拟实验研究营养物质和浮游植物生化组成变化对浮游动物生长的影响，关注不同营养物质条件下经典食物链（小型浮游植物—中型浮游动物等）和微食物环（微型、超微型浮游植物、细菌-原生动物等）的相互关系，揭示营养物质和浮游植物群落结构变化对浮游动物群落结构的影响及其作用机制。研究中以现场调查和观测、现场受控实验和室内模拟实验相结合，其中现场调查和观测在胶州湾和大亚湾各开展了 8 个航次、覆盖 2 个完整的春、夏、秋、冬季节的现场综合调查（图 3.1，图 3.2），重点获取海湾营养物质和生物群落结构的现状及二者的关系；现场受控实验依托现场考察航次实施，主要开展营养物质示踪和加富培养实验，获取生物吸收、营养转化等过程的动力学信息；室内模拟实验以代表种为对象，揭示营养物质变化对海湾群落结构的可能影响及作用机制。与此同时，通过古今结合，借助两个海湾长时间定点观测资料，以及沉积物岩芯中同位素、地球化学指标和生物指标的综合运用，重建近百年来生物生产力和群落结构演替的变化，从营养物质和生物群落结构历史演变的角度加以印证，形成有关海湾营养物质与生物群落结构相互作用关系的认识。

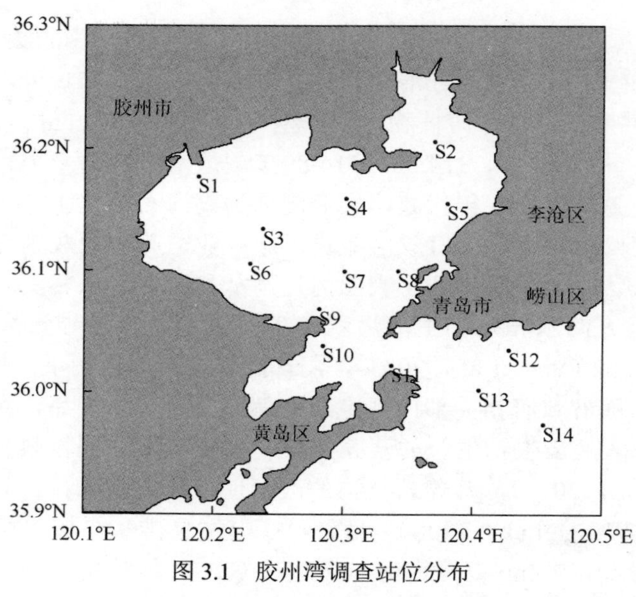

图 3.1　胶州湾调查站位分布

S1 站和 S2 站未采集水样

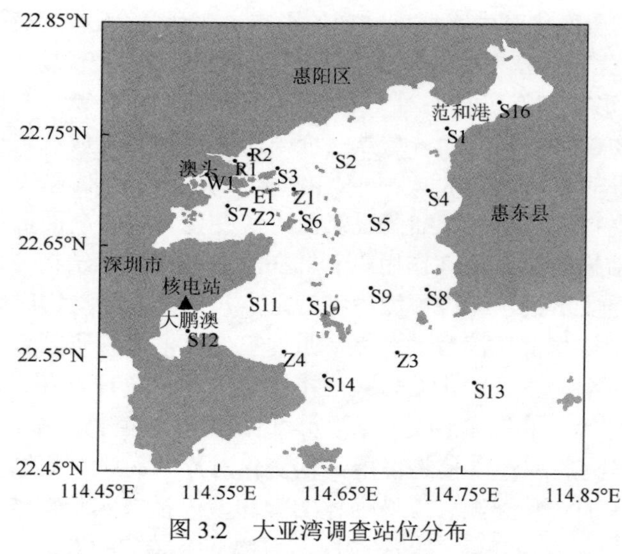

图 3.2　大亚湾调查站位分布

Z 系列站为 2015 年夏季之后各航次增加的采样站位

第一节　营养物质变化对海湾浮游植物群落结构的影响机理

浮游植物是支撑海洋生态系统的基础，浮游植物的丰度、群落结构等特征与环境因子密不可分，同时浮游植物群落结构也在一定程度上反映了海洋生态环境的变化。当光照和温度适宜时，营养物质能够成为浮游植物生长的限制因子，营养物质相对比例的变化会改变浮游植物群落结构，影响浮游植物生物量，还可能限制净初级生产力（Hecky & Kilham，1988），因而开展营养物质变化对海湾浮游植物群落结构的影响机理研究具有重要意义。不同种类的浮游植物在不同的生活时期有着各自独特的营养需求，营养物质的浓度及其比例会对浮游植物群落结构产生调节作用。目前增长评估法是研究浮游植物营养物质限制最常用且有效的方法，而营养盐加富培养实验是主要的研究手段。氮、磷和硅等生源要素最初被认为是限制海洋和淡水生态系统浮游植物生长的主要营养元素，浮游植物营养物质的限制可以分为绝对含量限制和相对含量限制。一般认为活性硅酸盐、溶解无机氮、活性磷酸盐浓度分别为 2 μmol/L、1 μmol/L 和 0.1 μmol/L 是浮游植物生长所需的最低阈值（Fisher et al.，1992）。Redfield 最早提出了有关浮游植物营养物质相对含量限制的概念，认为浮游植物生长所需的营养物质最适摩尔比为 N∶Si∶P＝16∶16∶1。对切萨皮克湾的浮游植物生长限制性营养物质的研究表明，冬季和春季切萨皮克湾的浮游植物受磷和硅的限制，夏季受氮限制（Fisher et al.，1992）。对南海部分海域也开展了相关研究，如原位培养实验表明珠江口浮游植物的生长受磷限制，外海为氮限制，中间过渡区为磷、硅协同限制（Yin et al.，2001）。另有研究表明，南海北部外海为氮限制（Chen et al.，2004）；南海海盆的浮游植物生长受氮、磷协同限制，且氮限制早于磷限制（Xu et al.，2008）；南沙群岛和西沙群岛海域夏季浮游植物的生长表现为氮限制或者氮、磷协同限制（陈露等，2015）。对于受人类活动强烈影响的胶州湾和大亚湾而言，揭示浮游植物对营养物质和其他环境因子变化的响应机制，对于认识驱动海湾浮游植物群落演替的环境因素具有重要意义。

一、浮游植物群落结构的季节变化及影响因素

（一）胶州湾浮游植物群落结构的季节变化及其与环境因子的关系

作者团队于 2015 年 7 月（夏季）、2016 年 1 月（冬季）、2016 年 4 月（春季）和 2016 年 11 月（秋季）对胶州湾浮游植物群落结构（浅水III型浮游生物网）进行了调查研究，分析了胶州湾浮游植物群落结构的季节变化特征及其与环境因子的关系。

1. 浮游植物种类组成的季节变化

胶州湾浮游植物类群以硅藻为主，其次为甲藻，金藻和未定类仅在个别季节少量出现。4 个季节的调查中共鉴定出浮游植物 125 种，其中硅藻 95 种，占 76%，甲藻 28 种，占 22.4%，金藻和未定类各 1 种，占 1.6%。从季节变化看，秋季浮游植物总种类数、硅藻种类数和甲藻种类数最多，分别为 84 种、65 种和 18 种，夏季浮游植物总种类数、硅藻种类数和甲藻种类数最少，分别为 37 种、27 种和 10 种（表 3.1）。春季和冬季的浮游植物总种类数、硅藻种类数和甲藻种类数相差不大。

表 3.1　胶州湾浮游植物种类数量的季节变化　（单位：种）

类群	春季	夏季	秋季	冬季	总种数
硅藻门（Bacillariophyta）	56	27	65	57	95
甲藻门（Pyrroptata）	14	10	18	10	28
金藻门（Chrysophyta）	1	0	1	1	1
未定类（Uncertain taxa）	0	0	0	1	1
总计	71	37	84	69	125

胶州湾浮游植物种类数的空间分布表现出不同的季节变化特征（图 3.3）。夏季各站位浮游植物种类数相对较少（5～25 种），秋季各站位浮游植物种类数相对较多（35～52 种）。从空间分布看，春季和秋季浮游植物种类数的空间分布较为均匀，分别为 21～34 种和 35～52 种。夏季和冬季浮游植物种类数的最小值都出现在胶州湾西部和北部海区。夏季浮游植物种类数的最小值出现在胶州湾北部的 S4 站和东北部大沽河入海口的 S3 站，均为 5 种。冬季浮游植物种类数的最小值出现在胶州湾的西部和北部海区，S3 站、S4 站和 S6 站的浮游植物种类数分别为 19 种、18 种、15 种。

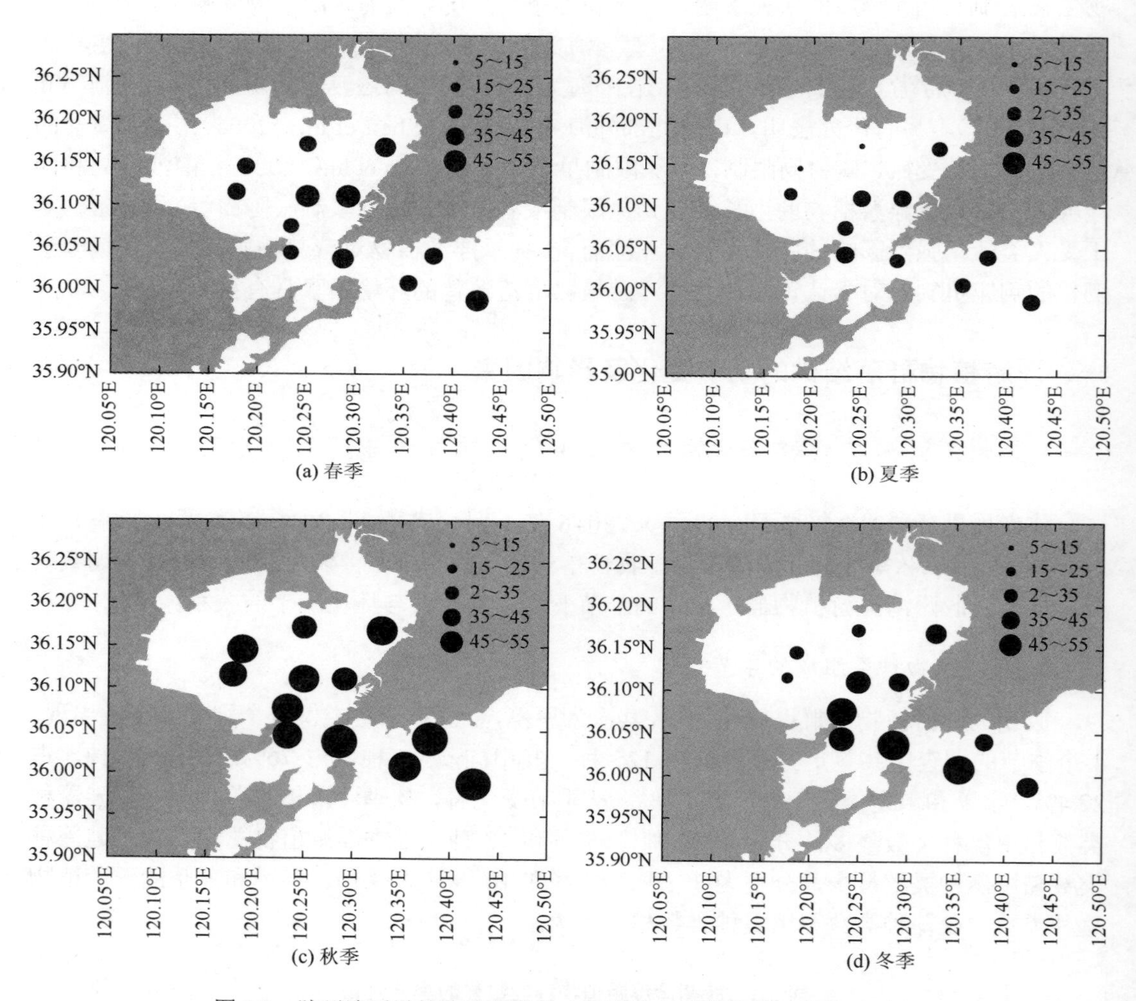

(a) 春季 (b) 夏季 (c) 秋季 (d) 冬季

图 3.3 胶州湾浮游植物种类数的空间分布与季节变化（单位：种）

2. 浮游植物丰度的季节变化

胶州湾浮游植物丰度具有明显的季节和空间变化特征（图 3.4）。春季浮游植物总体丰度较低，高值区出现在胶州湾北部和东北部，平均丰度为 1.18×10^2 cell/L，最大值出现在胶州湾北部的 S4 站，为 3.53×10^2 cell/L，最小值出现在 S11 站，为 0.36×10^2 cell/L。

夏季浮游植物平均丰度为 3.39×10^2 cell/L，最大值出现在 S12 站，为 6.64×10^2 cell/L，北部区域的 S3、S4 和 S5 站形成浮游植物丰度的低值区，其丰度分别为 0.96×10^2 cell/L、0.29×10^2 cell/L 和 0.92×10^2 cell/L。秋季浮游植物丰度分布相对较为均匀，平均丰度为 17.66×10^2 cell/L，最大值出现在 S5 站，为 39.58×10^2 cell/L，最小值出现在 S11 站，为 10.48×10^2 cell/L。冬季浮游植物平均丰度为 2.85×10^2 cell/L，最大值出现在 S3 站，为 6.81×10^2 cell/L，最小值出现在 S4 站，为 0.93×10^2 cell/L。浮游植物丰度受温度、盐度、捕食者下行控制等因子的影响，春季浮游植物丰度较低可能与浮游动物及菲律宾蛤仔较强的下行控制作用有关。从全年来看，本次调查浮游植物丰度始终处于较低的水平。

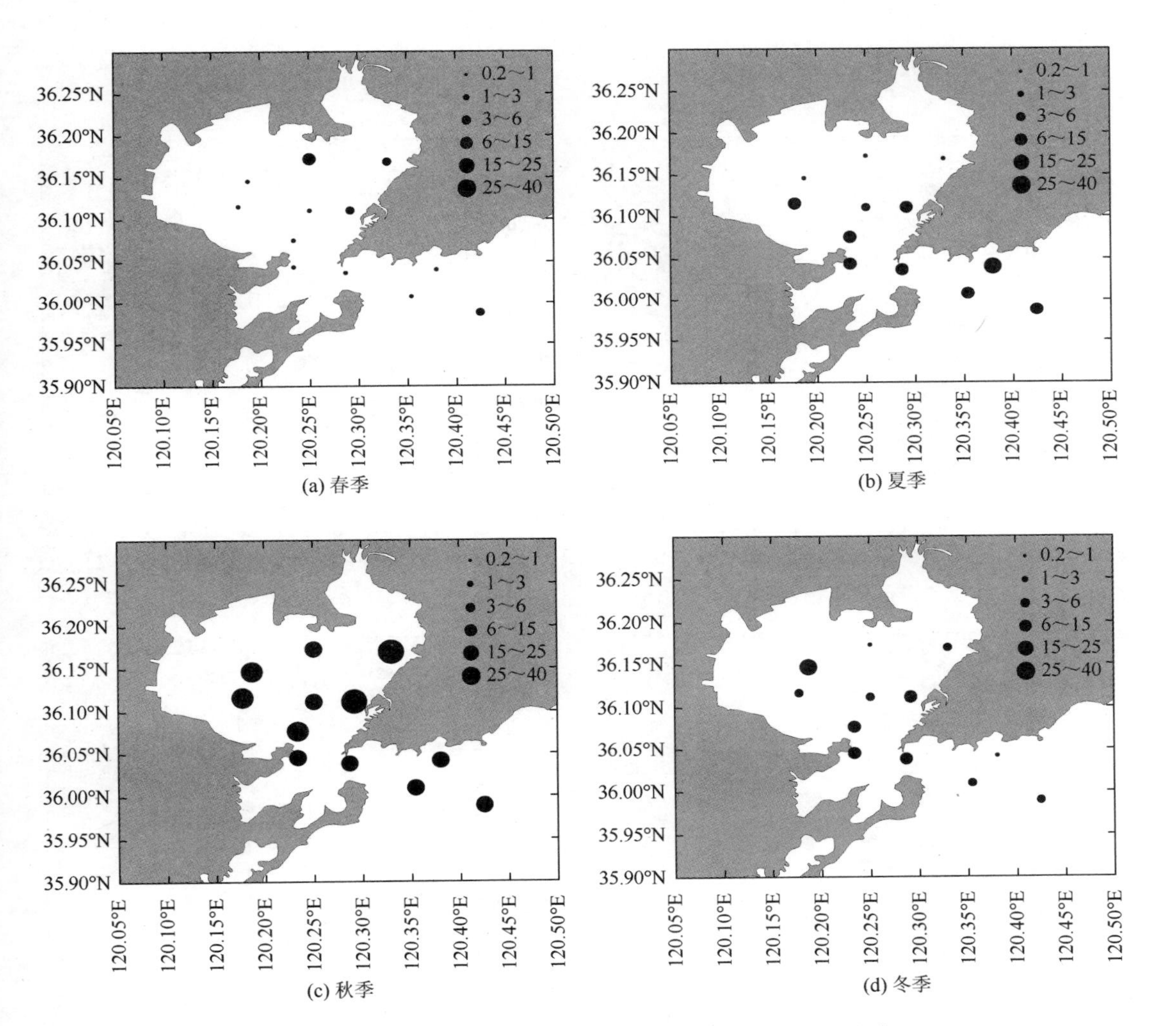

图 3.4　胶州湾浮游植物丰度的空间分布与季节变化（单位：$\times10^2$ cell/L）

春季、秋季和冬季胶州湾浮游植物中绝大部分为硅藻，所以这三个季节硅藻丰度的空间分布特征和浮游植物丰度的空间分布特征相似（图 3.5）。夏季是胶州湾甲藻丰度较高的季节，调查中发现 7 个站位甲藻的丰度高于硅藻，故硅藻丰度的空间分布和浮游植物丰度的空间分布在夏季并不相似。与浮游植物丰度分布相比，夏季硅藻在湾中南部形成了一个相对高值的区域。甲藻的丰度和硅藻的丰度具有截然不同的季节变化特征和空间分布特点（图 3.6）。胶州湾甲藻以暖水种、广温广盐种和低盐近岸种为主，随着水温升高、盐度下降，夏季甲藻丰度达到最高。春季甲藻平均丰度为 0.15×10^2 cell/L，最大值出现在 S4 站，为 0.60×10^2 cell/L。夏季是甲藻丰度最大的季节，平均丰度为 1.73×10^2 cell/L。湾北部的 S4 站和 S5 站甲藻丰度较低，仅为 0.05×10^2 cell/L 和 0.08×10^2 cell/L，最大值出现在 S12 站，为 5.10×10^2 cell/L。秋季甲藻平均丰度为 0.23×10^2 cell/L，最小值出现在 S5 站，为 0.09×10^2 cell/L，最大值出现在 S13 站，为 0.43×10^2 cell/L。冬季所有站位的甲藻丰度均很低，平均丰度仅为 0.02×10^2 cell/L。胶州湾东北部的 S5 站全年甲藻丰度都较低。

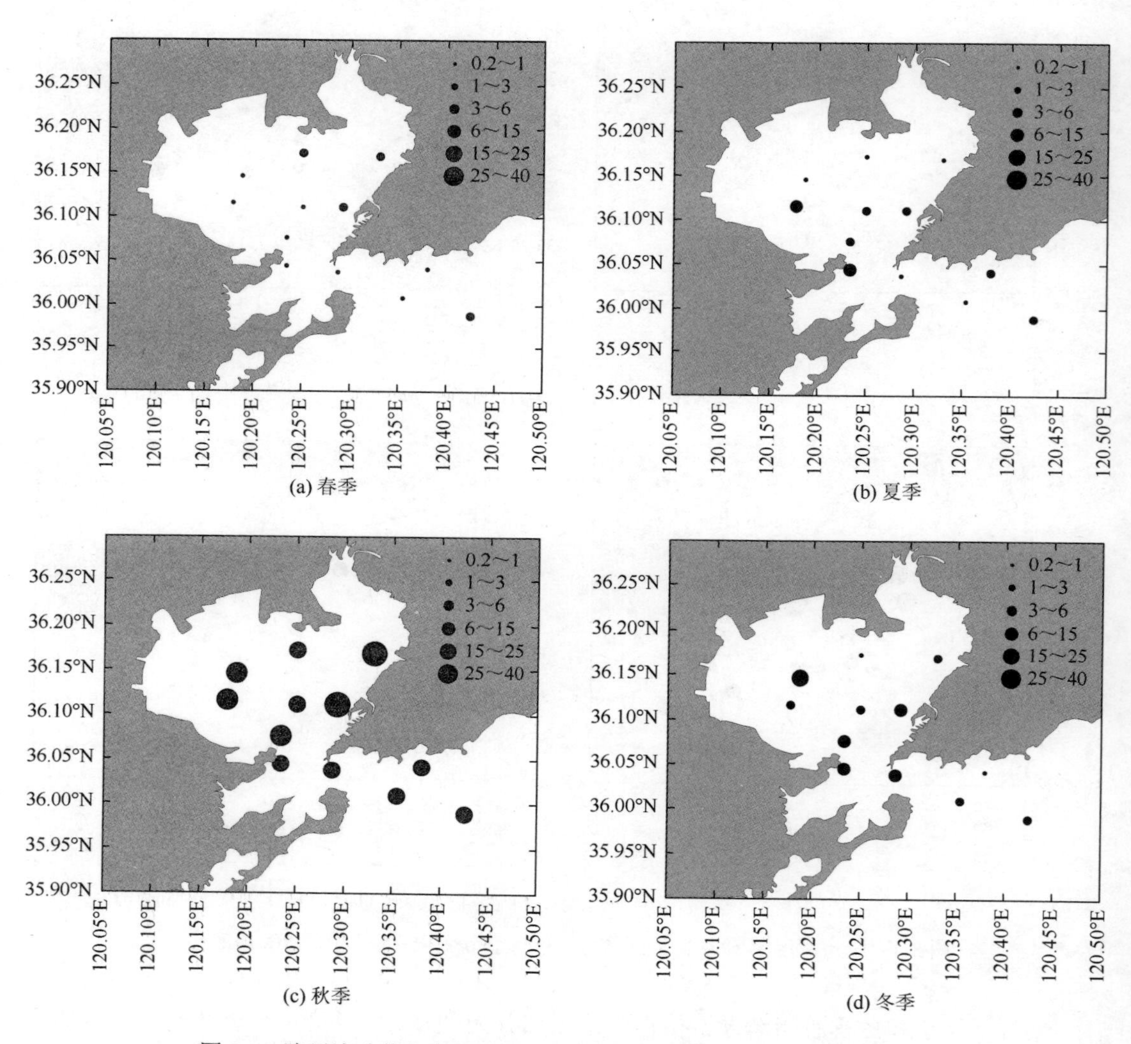

图 3.5 胶州湾硅藻丰度的空间分布与季节变化（单位：$\times10^2$ cell/L）

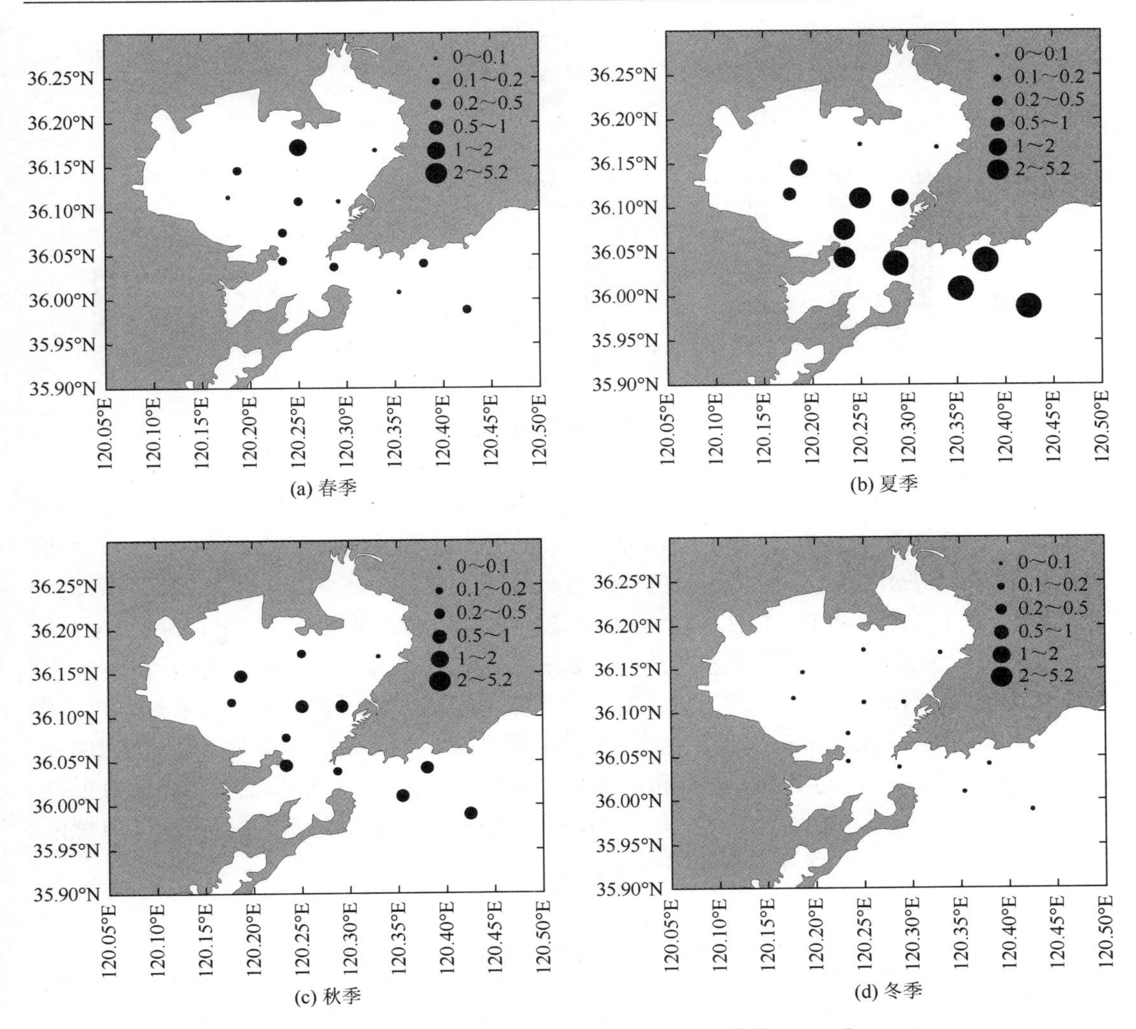

图 3.6　胶州湾甲藻丰度的空间分布与季节变化（单位：$\times 10^2$ cell/L）

春季虽然甲藻丰度较低，但硅藻丰度也很低，故 S9、S10 站甲藻/硅藻仍能达到 0.5 以上。夏季甲藻/硅藻平均可达 1.46，其中 S11、S12、S13、S14、S3、S7 和 S9 站的甲藻/硅藻均大于 1，其比值分别为 2.70、3.32、5.16、1.29、1.56、1.02、1.17。秋季和冬季甲藻/硅藻全年都较低（图 3.7）。

3. 浮游植物优势种的季节变化

胶州湾浮游植物优势种具有显著的季节差异（表 3.2）。春季的优势种有 9 种，除了夜光藻之外均为硅藻。其中派格辊形藻（*Bacillaria paxillifera*）、中肋骨条藻（*Skeletonema costatum*）和夜光藻（*Noctiluca scintillans*）的优势度分别为 0.41、0.11 和 0.11，平均丰度分别为 0.35×10^2 cell/L、0.30×10^2 cell/L 和 0.13×10^2 cell/L。夏季的优势种也有 9 种，其中 4 种为甲藻，5 种为硅藻。其中，梭形角藻（*Ceratium fusus*）和粗刺角藻（*Ceratium horridum*）的优势种分别为 0.29 和 0.25，二者在所有站位均出现，平均丰度分别为 0.08×

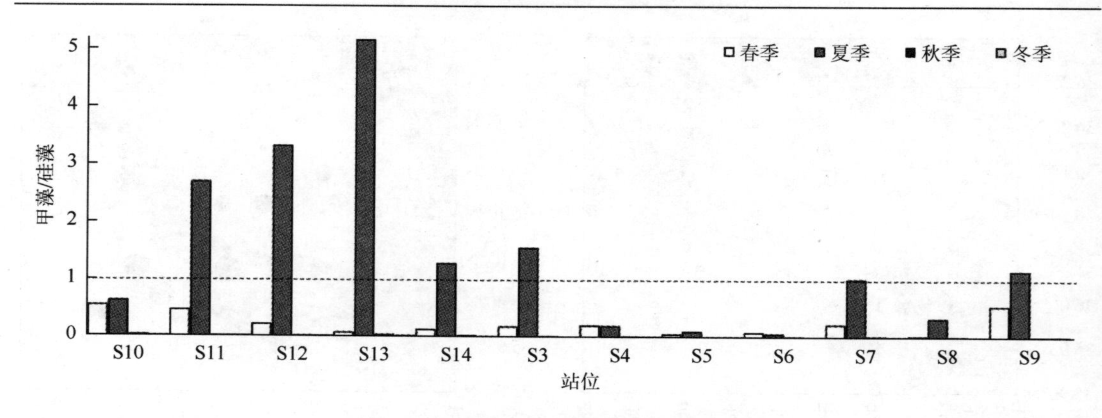

图 3.7　胶州湾甲藻/硅藻比的季节变化

10^2 cell/L 和 0.07×10^2 cell/L。秋季的 12 种优势种均为硅藻，其中密联角毛藻（*Chaetoceros densus*）、派格辊形藻（*Bacillaria paxillifera*）、威氏圆筛藻（*Coscinodiscus wailesii*）和旋链角毛藻（*Chaetoceros curvisetus*）的优势度分别为 0.16、0.15、0.14 和 0.10，其平均丰度分别为 3.51×10^2 cell/L、1.43×10^2 cell/L、2.44×10^2 cell/L 和 2.23×10^2 cell/L。冬季的 5 种优势种也都是硅藻，其中派格辊形藻（*Bacillaria paxillifera*）的优势度达到 0.65，平均丰度为 1.25×10^2 cell/L。总的来说，胶州湾全年浮游植物优势种较多，除了冬季的派格辊形藻（*Bacillaria paxillifera*），其余浮游植物的优势度也都不高。全年来看，浮游植物多样性指数在秋季最高，达 4.16，春季和夏季均为 3.37，冬季的多样性指数最低，仅为 2.37。夏季和秋季的均匀度指数均为 0.65，其次为春季的 0.55，冬季的均匀度指数最低，仅为 0.39。综合来看，冬季是胶州湾浮游植物多样性最低的季节（表 3.3）。

表 3.2　胶州湾浮游植物优势种组成的季节变化

季节	类群	优势种	出现频率	优势度
春季	硅藻	派格辊形藻（*Bacillaria paxillifera*（Müller）Hendey）	1.00	0.41
	硅藻	中肋骨条藻（*Skeletonema costatum*（Greville）Cleve）	0.83	0.11
	甲藻	夜光藻（*Noctiluca scintillans*（Macartney）Kofoid & Swezy）	1.00	0.11
	硅藻	圆筛藻（*Coscinodiscus* sp.）	1.00	0.04
	硅藻	中华齿状藻（*Odontella sinensis*（Greville）Grunow）	1.00	0.03
	硅藻	威氏圆筛藻（*Coscinodiscus wailesii* Gran & Angst）	1.00	0.02
	硅藻	虹彩圆筛藻（*Coscinodiscus oculus-iridis* Ehrenberg）	1.00	0.02
	硅藻	具槽帕拉藻（*Paralia sulcata*（Ehrenberg）Cleve）	0.42	0.02
	硅藻	角毛藻（*Chaetoceros* sp.）	0.58	0.02
夏季	甲藻	梭形角藻（*Ceratium fusus*（Ehrenberg）Dujardin）	1.00	0.29
	甲藻	粗刺角藻（*Ceratium horridum*（Cleve）Gran）	1.00	0.25
	硅藻	派格辊形藻（*Bacillaria paxillifera*（Müller）Hendey）	0.83	0.07
	硅藻	矮小短棘藻（*Detonula pumila*（Castracane）Gran）	0.83	0.03
	硅藻	翼鼻状藻（*Proboscia alata*（Brightwell）Sündstrom）	0.83	0.03

续表

季节	类群	优势种	出现频率	优势度
夏季	甲藻	扁平多甲藻（*Protoperidinium depressum*（Bailey）Balech）	0.83	0.03
	硅藻	圆筛藻（*Coscinodiscus* sp.）	0.42	0.03
	甲藻	夜光藻（*Noctiluca scintillans*（Macartney）Kofoid & Swezy）	0.83	0.02
	硅藻	旋链角毛藻（*Chaetoceros curvisetus* Cleve）	0.67	0.02
秋季	硅藻	密联角毛藻（*Chaetoceros densus* Cleve）	1.00	0.16
	硅藻	派格棍形藻（*Bacillaria paxillifera*（Müller）Hendey）	1.00	0.15
	硅藻	威氏圆筛藻（*Coscinodiscus wailesii* Gran & Angst）	1.00	0.14
	硅藻	旋链角毛藻（*Chaetoceros curvisetus* Cleve）	1.00	0.10
	硅藻	笔尖根管藻（*Rhizosolenia styliformis* Brightwell）	1.00	0.05
	硅藻	浮动弯角藻（*Eucampia zodiacus* Ehrenberg）	0.92	0.04
	硅藻	聚生角毛藻（*Chaetoceros socialis* Lauder）	0.67	0.03
	硅藻	透明辐杆藻（*Bacteriastrum hyalinum* Lauder）	1.00	0.03
	硅藻	柔弱角毛藻（*Chaetoceros debilis* Cleve）	0.83	0.03
	硅藻	萎软几内亚藻（*Guinardia flaccida*（Castracane）Peragallo）	1.00	0.03
	硅藻	洛氏角毛藻（*Chaetoceros lorenzianus* Grunow）	0.92	0.02
	硅藻	掌状冠盖藻（*Stephanopyxis palmeriana*（Greville）Grunow）	0.92	0.02
冬季	硅藻	派格棍形藻（*Bacillaria paxillifera*（Müller）Hendey）	1.00	0.65
	硅藻	念珠直链藻（*Melosira moniliformis*（Muell.）Agardh）	0.75	0.07
	硅藻	卡氏角毛藻（*Chaetoceros castracanei* Karsten）	0.92	0.04
	硅藻	中肋骨条藻（*Skeletonema costatum*（Greville）Cleve）	0.75	0.03
	硅藻	舟形藻（*Navicula* sp.）	0.92	0.03

表 3.3　胶州湾浮游植物多样性指数及均匀度指数的季节变化

参数	春季	夏季	秋季	冬季
多样性指数	3.37	3.37	4.16	2.37
均匀度指数	0.55	0.65	0.65	0.39

4. 浮游植物群落结构与环境因子的关系

浮游植物群落结构的季节变化与温度、营养盐、夏季降水等环境因子的变化密切相关。水温会影响浮游植物总生物量、粒级结构及优势种的演替过程。营养盐的浓度和结构会影响浮游植物的粒级结构，抑制某些浮游植物类群的生长。此外，盐度、降水、径流、大气沉降等环境因子也会对浮游植物群落结构的季节变化产生影响。这些环境因子之间往往相互影响，共同作用于浮游植物群落结构的季节变动。例如，胶州湾的盐度、硅酸盐含量主要受河流径流的影响，硝酸盐含量主要受径流及大气沉降的影响。径流和大气沉降等环境因子可以通过改变海水中的营养盐浓度和结构来影响浮游植物群落结构的变化。

春季胶州湾浮游植物大体可分为 3 个类群（图 3.8），位于胶州湾西部区域的 S3 站和 S6 站受硅酸盐、溶解氧和水温的影响较大，其群落中含有较高丰度的威氏圆筛藻（*Coscinodiscus wailesii*）、新月柱鞘藻（*Cylindrotheca closterium*）和诺氏海链藻（*Thalassiosira nordenskioldii*）。S4、S5、S7 和 S9 含有较高的叶绿素，其群落中含有较高丰度的角毛藻（*Chaetoceros* sp.）、密联角毛藻（*Chaetoceros densus*）和尖刺伪菱形藻（*Pseudo-nitzschia pungens*）。湾口和湾外站位受盐度的影响较大，群落中星脐圆筛藻（*Coscinodiscus asteromphalus*）的丰度较高。

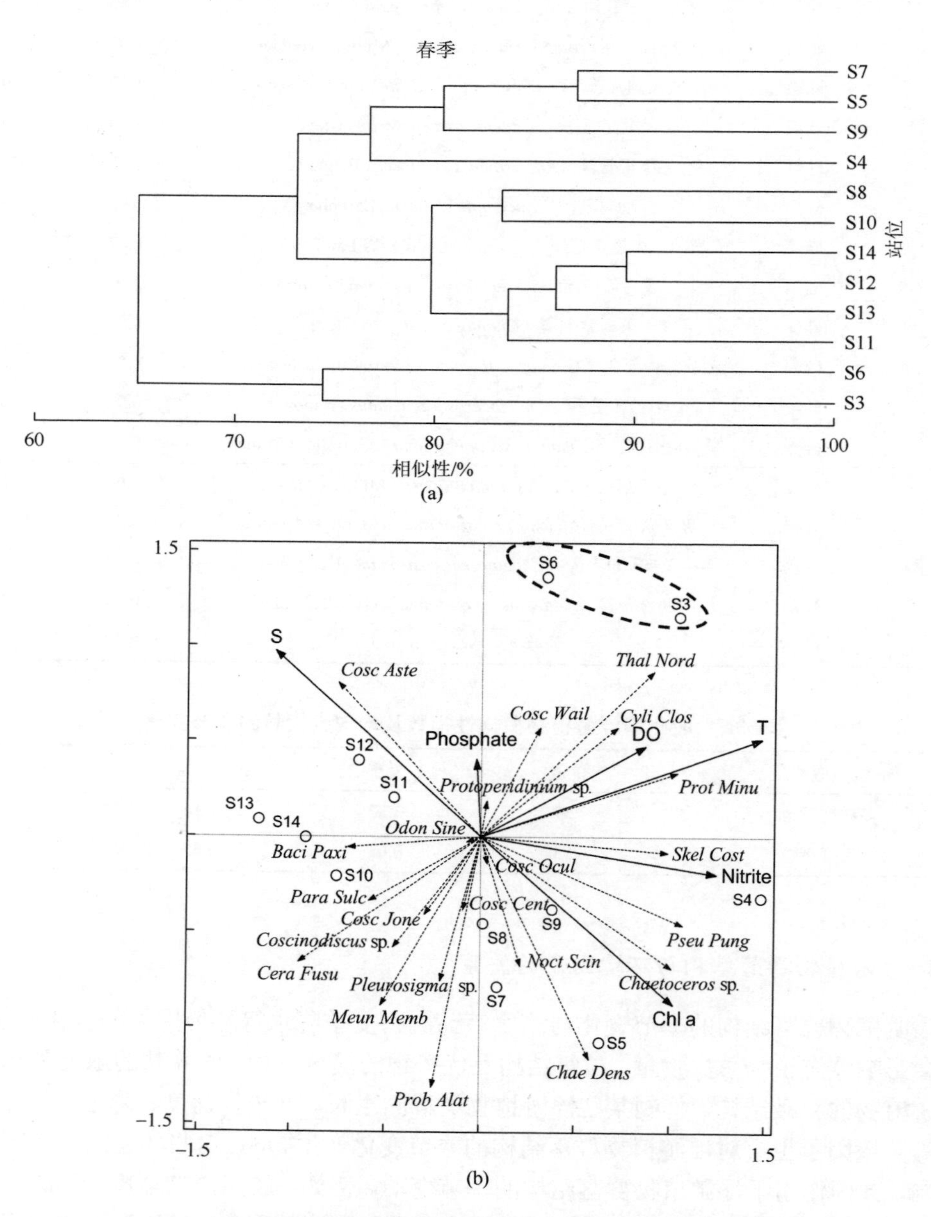

图 3.8　春季胶州湾浮游植物群落结构及其与环境因子的关系

夏季胶州湾浮游植物群落中 S3 站和 S4 站表现出和其他站位截然不同的特点，这两个站的温度较高，各项营养盐浓度也较高，但浮游植物种类数均仅有 5 种，且丰度较低。S3 站的主要种类为梭形角藻（*Ceratium fusus*）和粗刺角藻（*Ceratium horridum*），而 S4 站的主要种类为圆筛藻（*Coscinodiscus* sp.）。湾内的 S5、S6、S7 和 S8 站含有较高丰度的旋链角毛藻（*Chaetoceros curvisetus*）、琼氏圆筛藻（*Coscinodiscus jonesianus*）、浮动弯角藻（*Eucampia zodiacus*）和泰晤士扭鞘藻（*Streptotheca tamesis*），而湾口和湾外的站位则以较高丰度的甲藻为主要群落特征（图 3.9）。

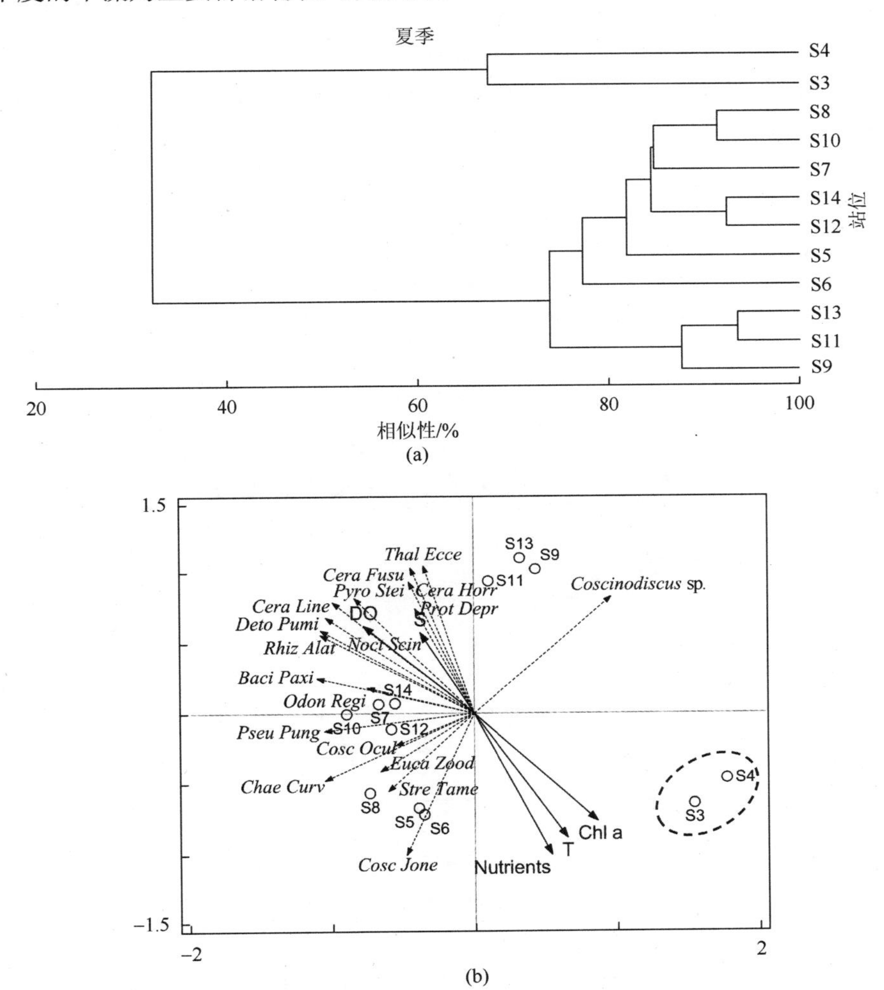

图 3.9　夏季胶州湾浮游植物群落结构及其与环境因子的关系

秋季胶州湾浮游植物大体可以分为 2 个类群，湾内沿岸的 S4、S5、S6 和 S8 四个站位具有较高含量的营养盐和叶绿素，浮游植物丰度也较高，其优势浮游植物主要有格氏圆筛藻（*Coscinodiscus granii*）、笔尖根管藻（*Rhizosolenia styliformis*）、洛氏角毛藻（*Chaetoceros lorenzianus*）和派格辊形藻（*Bacillaria paxillifera*）等。其余站位则具有相对较低的营养盐含量，浮游植物组成变化较大（图 3.10）。

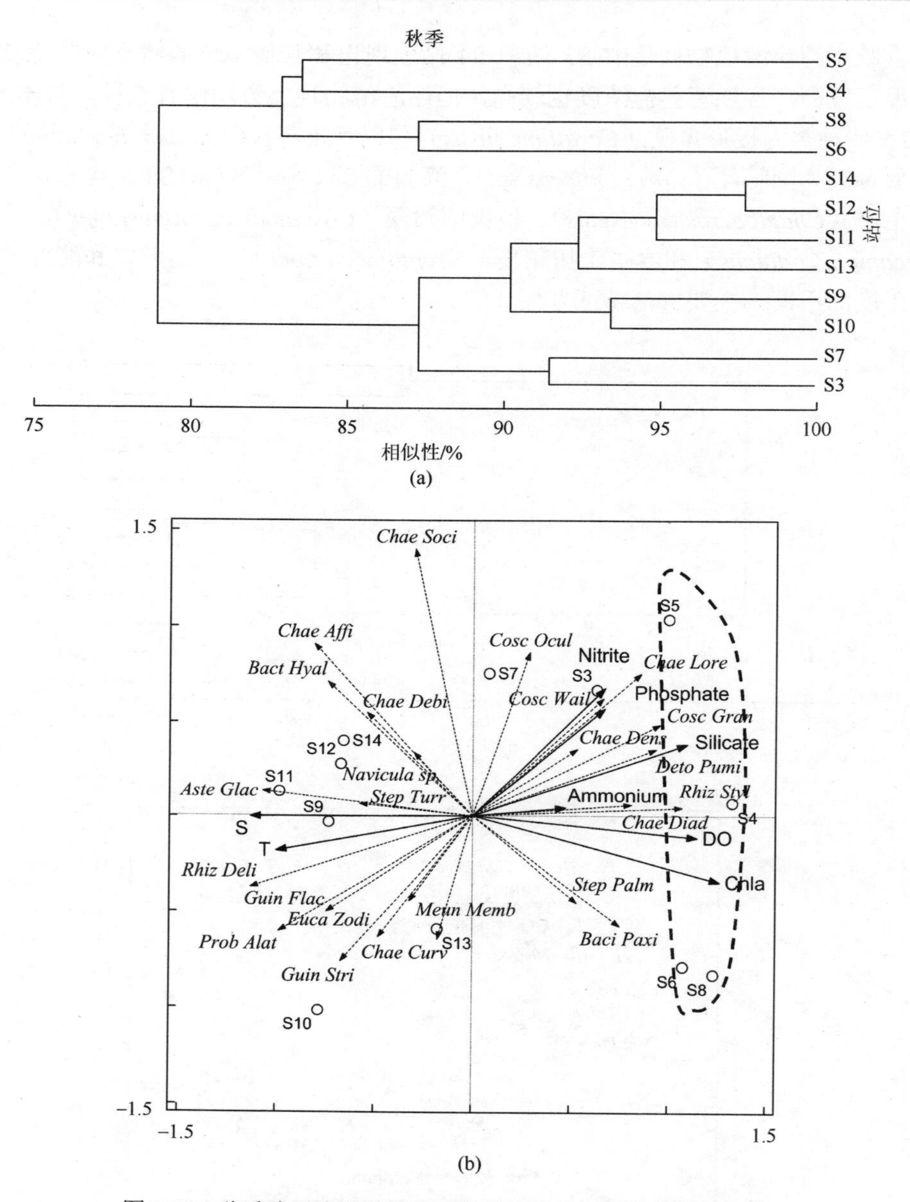

图 3.10　秋季胶州湾浮游植物群落结构及其与环境因子的关系

冬季胶州湾浮游植物总体丰度较低，S3 站和 S6 站相较于其他站位其溶解氧、叶绿素、硝酸盐和亚硝酸盐的浓度均较高，这两个站位浮游植物的丰度特别是硅藻的丰度较高，其中念珠直链藻（*Melosira moniliformis*）丰度最高。S4、S5 和 S8 站具有较高浓度的铵盐、磷酸盐和硅酸盐，其浮游植物群落中具有较高丰度的诺氏海链藻（*Thalassiosira nordenskioldii*）和加拉星平藻（*Asteroplanus karianus*）。湾外站位受温度和盐度的影响较大，群落中具槽帕拉藻（*Paralia sulcata*）、派格辊形藻（*Bacillaria paxillifera*）和柔弱角毛藻（*Chaetoceros debilis*）的丰度较高（图 3.11）。

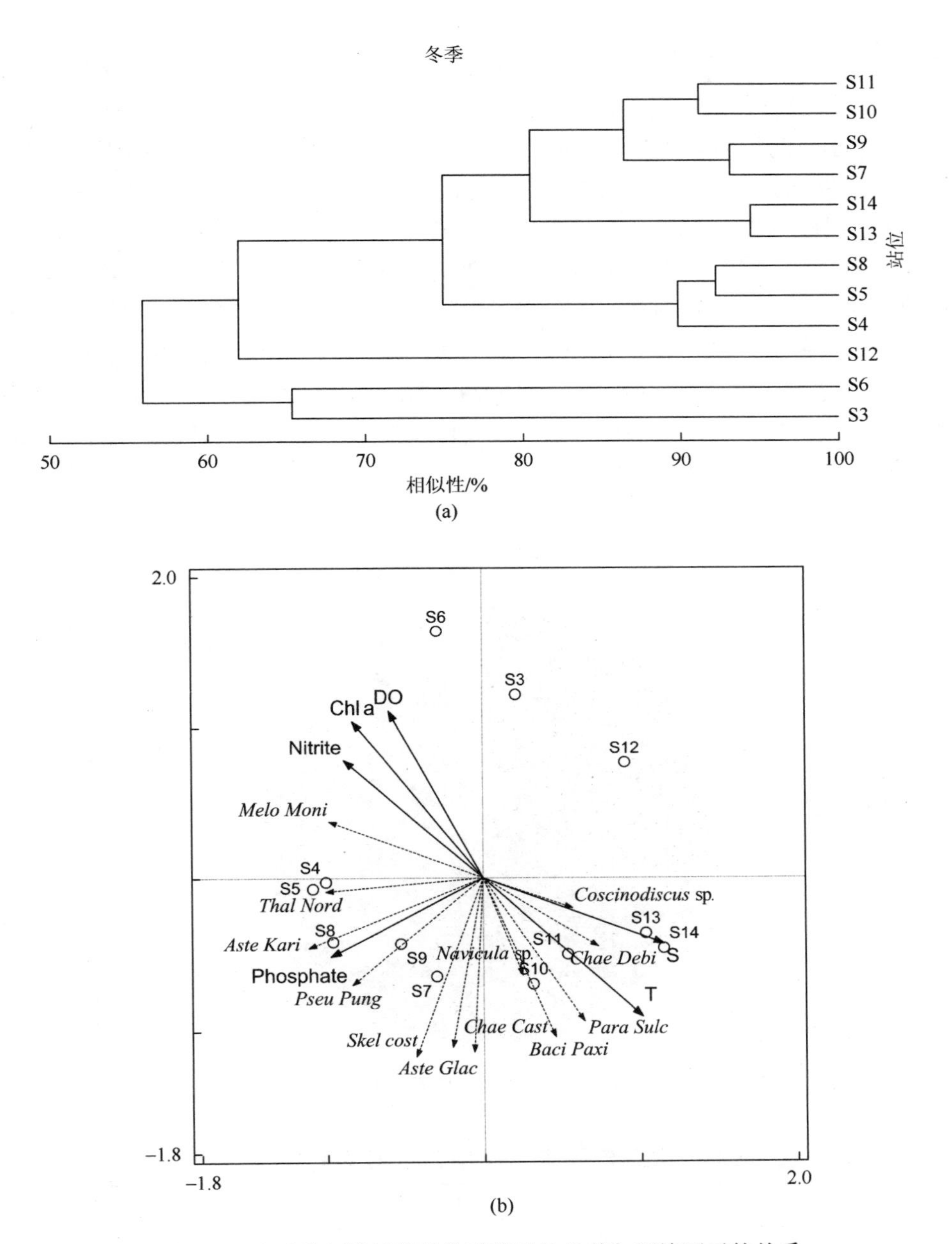

图 3.11　冬季胶州湾浮游植物群落结构及其与环境因子的关系

（二）大亚湾浮游植物群落结构的季节变化及其与环境因子的关系

2015 年 8 月（夏季）、2015 年 12 月（冬季）、2016 年 3 月（春季）和 2016 年 10 月（秋季）对大亚湾浮游植物群落结构进行了调查研究（分层水系），分析了大亚湾浮游植物群落结构的季节变化及其与环境因子的关系。

1. 浮游植物种类组成及季节变化

大亚湾浮游植物种类以硅藻为主要类群，其次为甲藻，还有少量的蓝藻、绿藻和着色鞭毛藻。4 个季节的调查共鉴定出浮游植物 156 种（含变种、变形），其中硅藻 94 种，占 60.3%；甲藻 52 种，占 33.3%；蓝藻 5 种，占 3.2%；绿藻 3 种，占 1.9%；着色鞭毛藻 2 种，占 1.3%（图 3.12）。

大亚湾表层、底层水体中浮游植物总种数及其空间分布具有季节性差异，各站位浮游植物种数变化范围为 4～32 种。冬季最多，共发现 85 种，表层平均种类数为（14±6）种，底层（12±5）种；春季共发现 76 种，表层平均种类数为（14±5）种，底层为（17±3）种；夏季共 74 种，表层平均种类数为（16±4）种，底层（21±3）种；秋季共 80 种，表层平均种类数为（19±6）种，底层（21±5）种（表 3.4）。除冬季外，其他季节底层水体的浮游植物种数平均值均大于表层，相差 2～5 种。

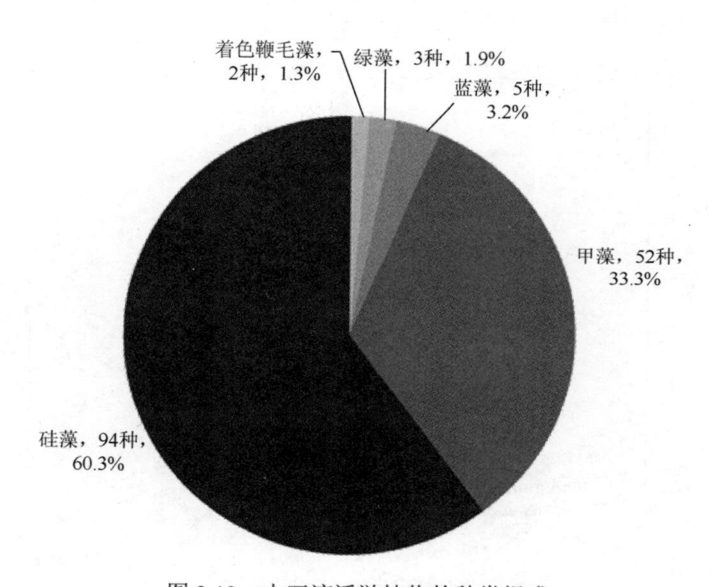

图 3.12　大亚湾浮游植物的种类组成

表 3.4　大亚湾浮游植物各类群种类数及季节变化　　（单位：种）

类群	夏季	冬季	春季	秋季	总种数
硅藻门（Bacillariophyta）	36	54	44	50	94
甲藻门（Pyrroptata）	32	28	27	25	52
蓝藻门（Cyanophyta）	3	2	3	3	5
绿藻门（Chlorophyta）	3	1	0	0	3
着色鞭毛藻门（Cryptophyceae）	0	0	2	2	2
总计	74	85	76	80	156

从大亚湾浮游植物种类数的时空变化看，夏季由于陆地径流较大，混合作用较强，浮游植物种类数空间分布比较均匀，表层浮游植物种类数基本为 11～25 种，底层为 18～25 种（图 3.13b，图 3.14b）。春季、秋季和冬季则表现出明显的区域差异，春季湾中部和湾口表层水体的浮游植物种类数为 11～25 种，明显多于湾顶表层（大多为 4～18 种），底层种类数比表层分布较为均匀，种数为 11～25 种（图 3.13a，图 3.14a）；秋季湾东北部表层的浮游植物种类数为 4～18 种，明显低于其他区域（大多为 18～32 种），底层各区域的种数差异较小，大多数站位为 18～25 种（图 3.13c，图 3.14c）；冬季湾西北部淡澳河河口附近海域浮游植物种类数为 11～25 种，明显大于其他区域（大多为 4～11 种）（图 3.13d，图 3.14d）。

2. 浮游植物丰度组成及季节变化

大亚湾 4 个季节浮游植物的数量变化范围较大，除夏季 S6 站高达 889.3×10^4 cells/L 外，其他站位介于（0.4～322.5）×10^4 cells/L。夏季 S6 站中肋骨条藻（*Skeletonema costatum*）、极小海链藻（*Thalassiosira minima*）和念珠藻（*Nostoc* sp.）等三种多细胞链状藻类集中暴

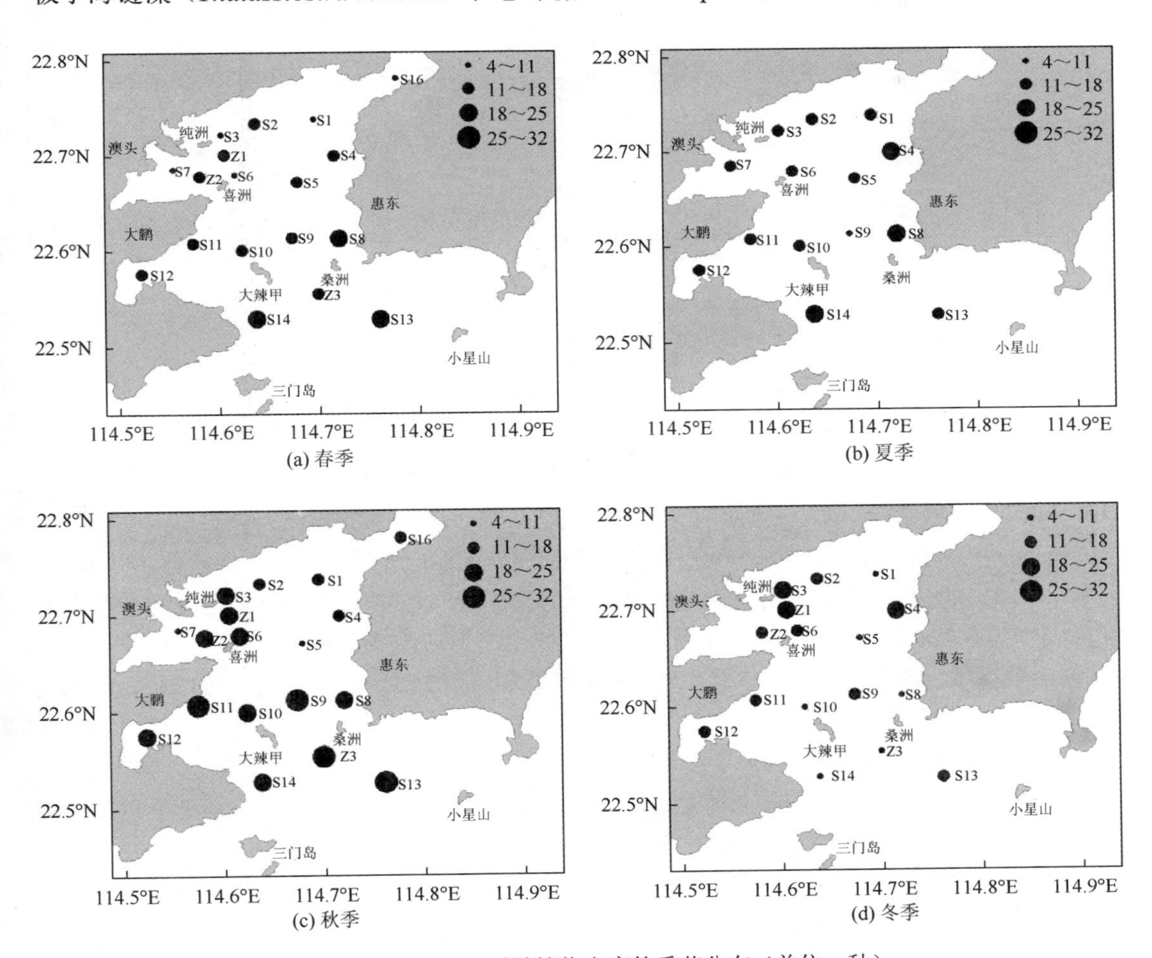

图 3.13 大亚湾表层浮游植物丰度的季节分布（单位：种）

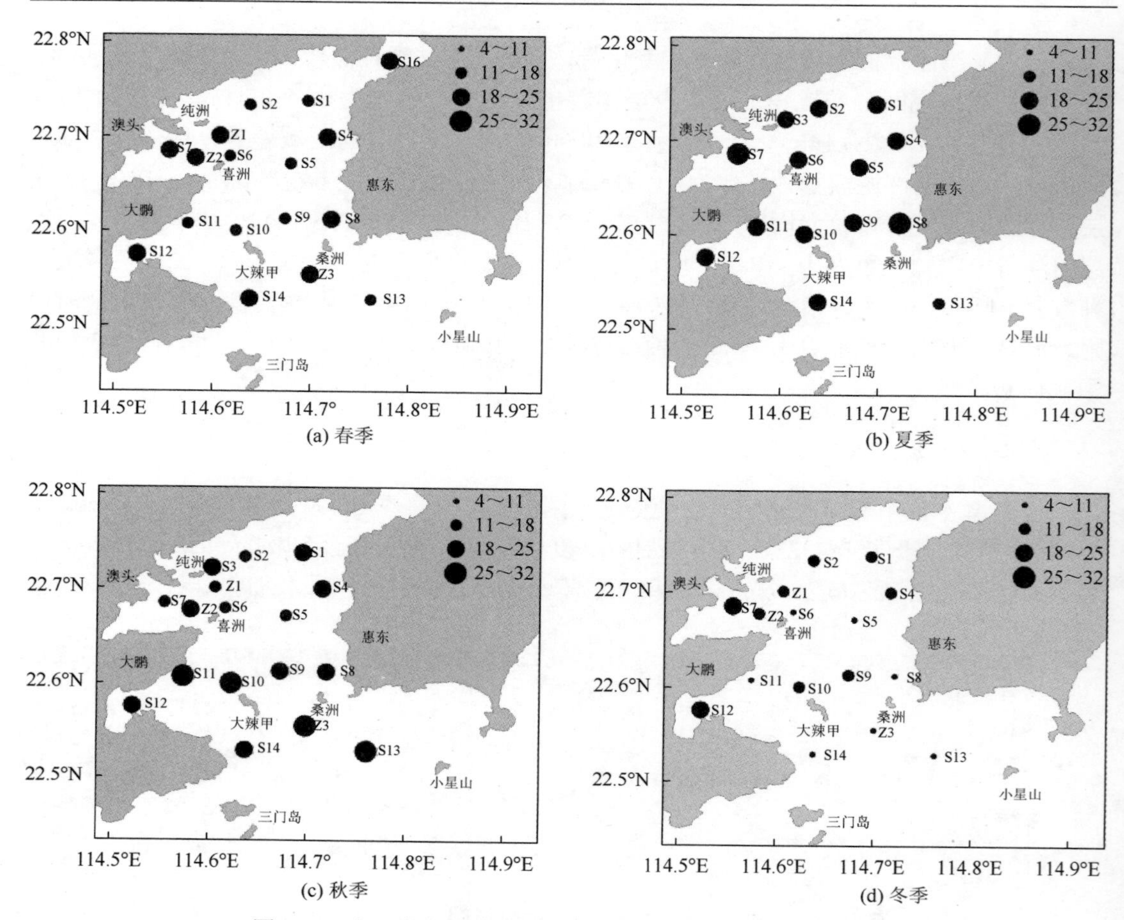

(a) 春季　(b) 夏季

(c) 秋季　(d) 冬季

图 3.14　大亚湾底层浮游植物丰度的季节分布（单位：种）

发，导致浮游植物丰度远高于其他站位。从浮游植物丰度的季节变化看，夏季平均丰度最高，表层、底层平均丰度分别为（98.5±242.3）×10^4 cells/L 和（50±50.3）×10^4 cells/L；春季次之，表层、底层平均丰度分别为（51.9±50.3）×10^4 cells/L 和（42.2±23.4）×10^4 cells/L；秋季表层、底层平均丰度分别为（22.4±24.6）×10^4 cells/L 和（25.6±20.5）×10^4 cells/L；冬季最小，表层、底层平均丰度分别为（8.8±12.2）×10^4 cells/L 和（6.1±9.8）×10^4 cells/L。表层、底层浮游植物丰度的空间分布趋势大致相似，但不同季节浮游植物丰度的空间分布差异显著，春季在湾西北淡澳河河口附近出现丰度低值，夏季在该区域则出现高值，冬季和夏季均在湾西北部淡澳河河口附近出现浮游植物丰度峰值，秋季则在湾西北大鹏湾及湾口丰度较高（图 3.15，图 3.16）。

4 个季节大亚湾浮游植物的丰度组成存在较显著的差异，丰度占优势的主要是硅藻，但随着季节和站位的变化，甲藻和蓝藻在部分区域暴发并占据优势类群地位。春季甲藻在湾东部沿岸及湾西北部部分海域占据优势，主要种为血红裸甲藻（*Gymnodinium sanguineum*）；夏季大部分站位硅藻为优势类群，部分区域甲藻或蓝藻较多；秋季在湾顶和湾中部海域蓝藻占比很高，主要是铜绿微囊藻（*Microcystis aerugrinosa*）暴发所致；冬季甲藻和蓝藻比例较高的区域呈斑点状分布（图 3.17，图 3.18）。

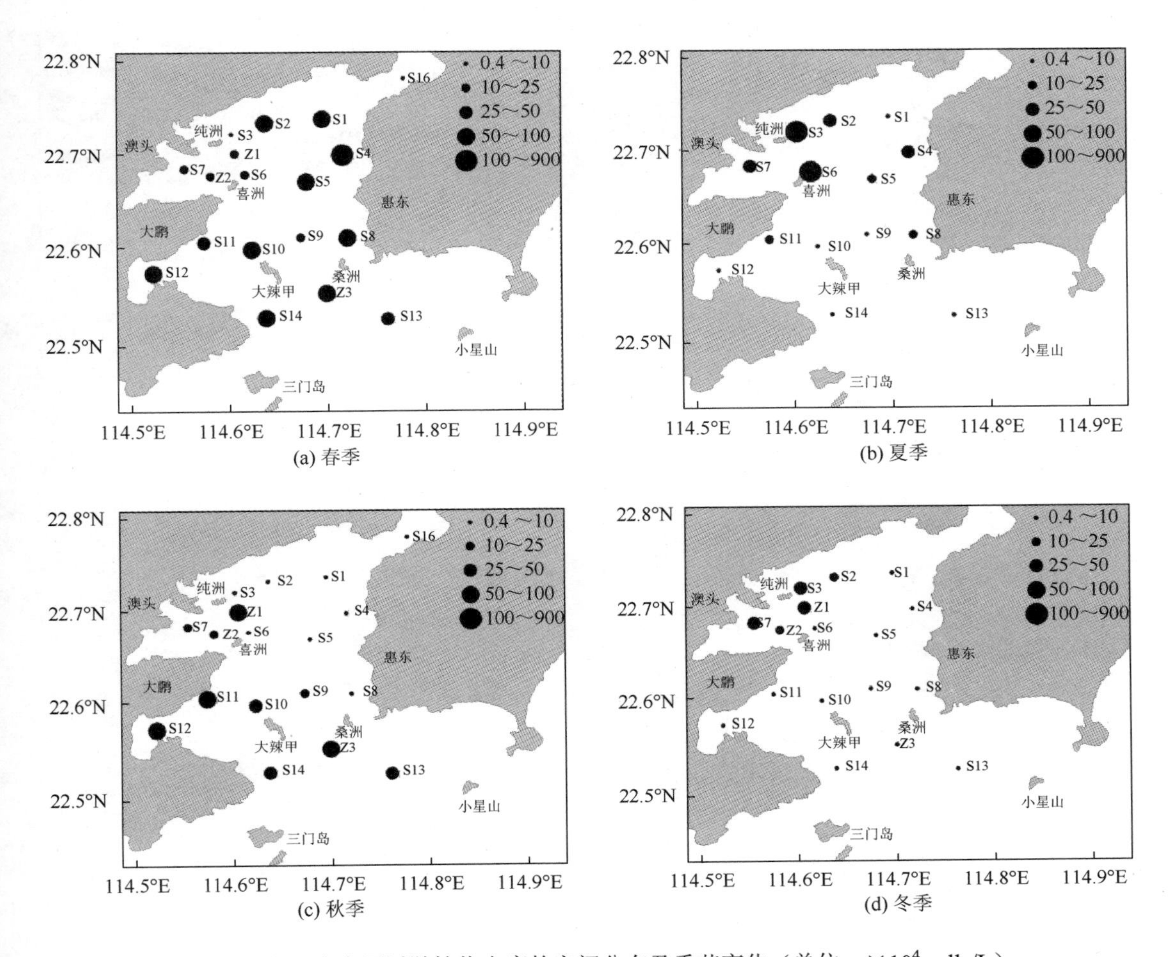

图 3.15　大亚湾表层浮游植物丰度的空间分布及季节变化（单位：$\times 10^4$ cells/L）

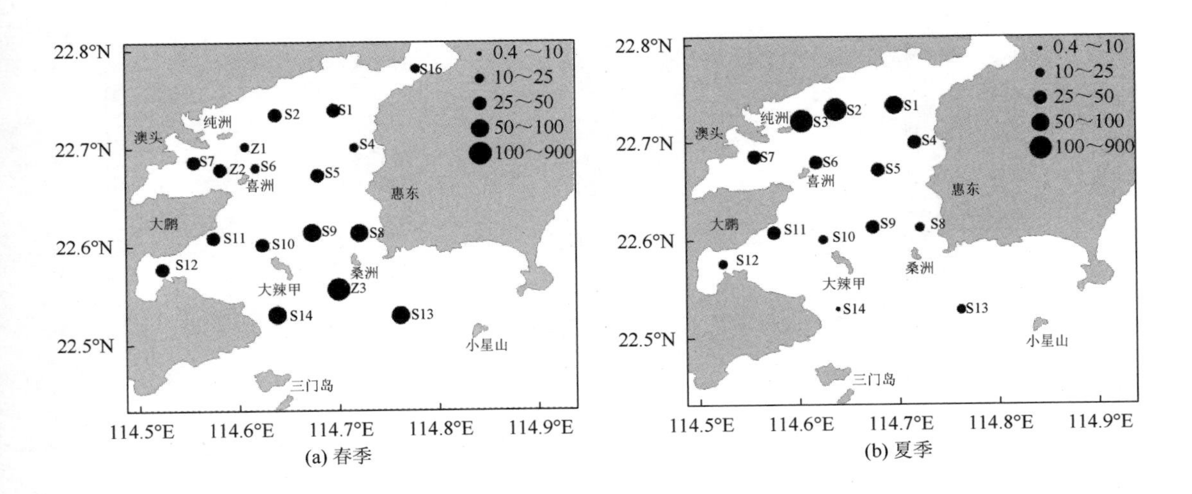

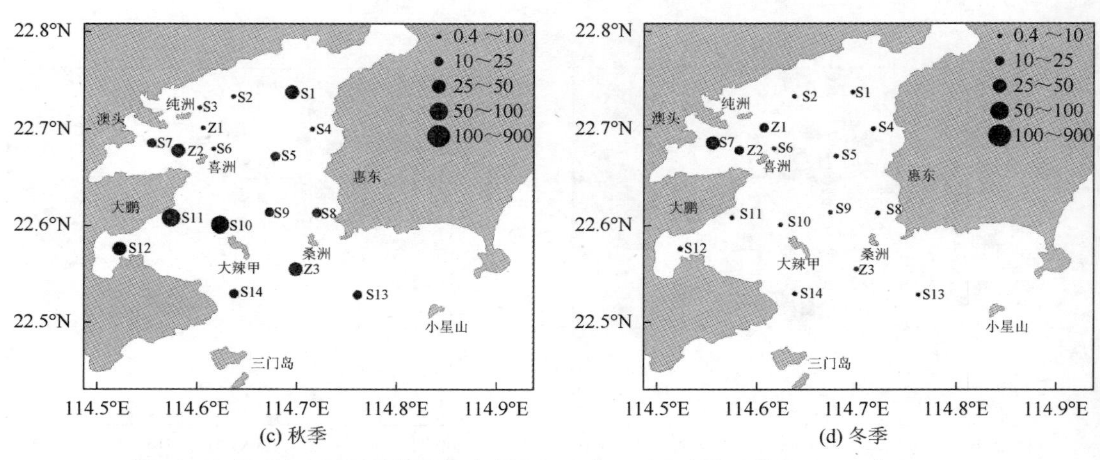

图 3.16　大亚湾底层浮游植物丰度的空间分布及季节变化（单位：$\times 10^4$ cells/L）

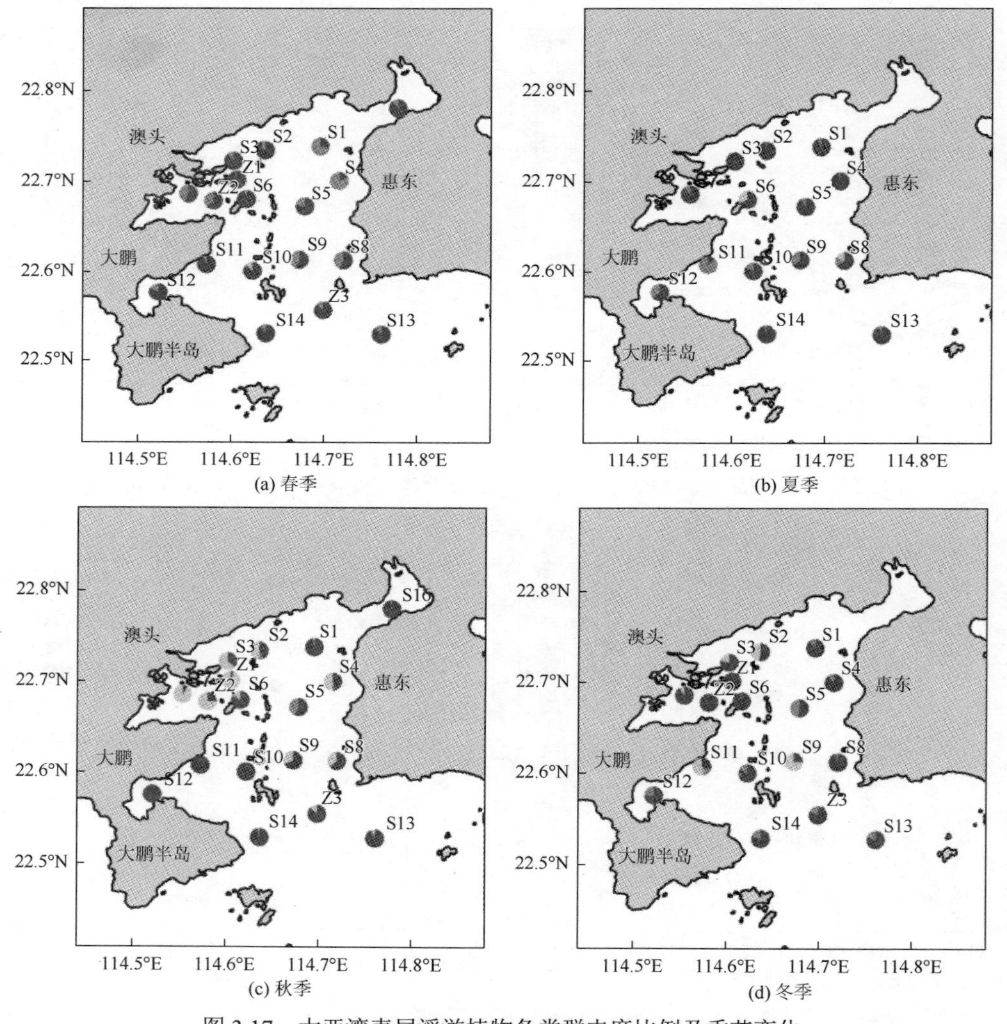

图 3.17　大亚湾表层浮游植物各类群丰度比例及季节变化

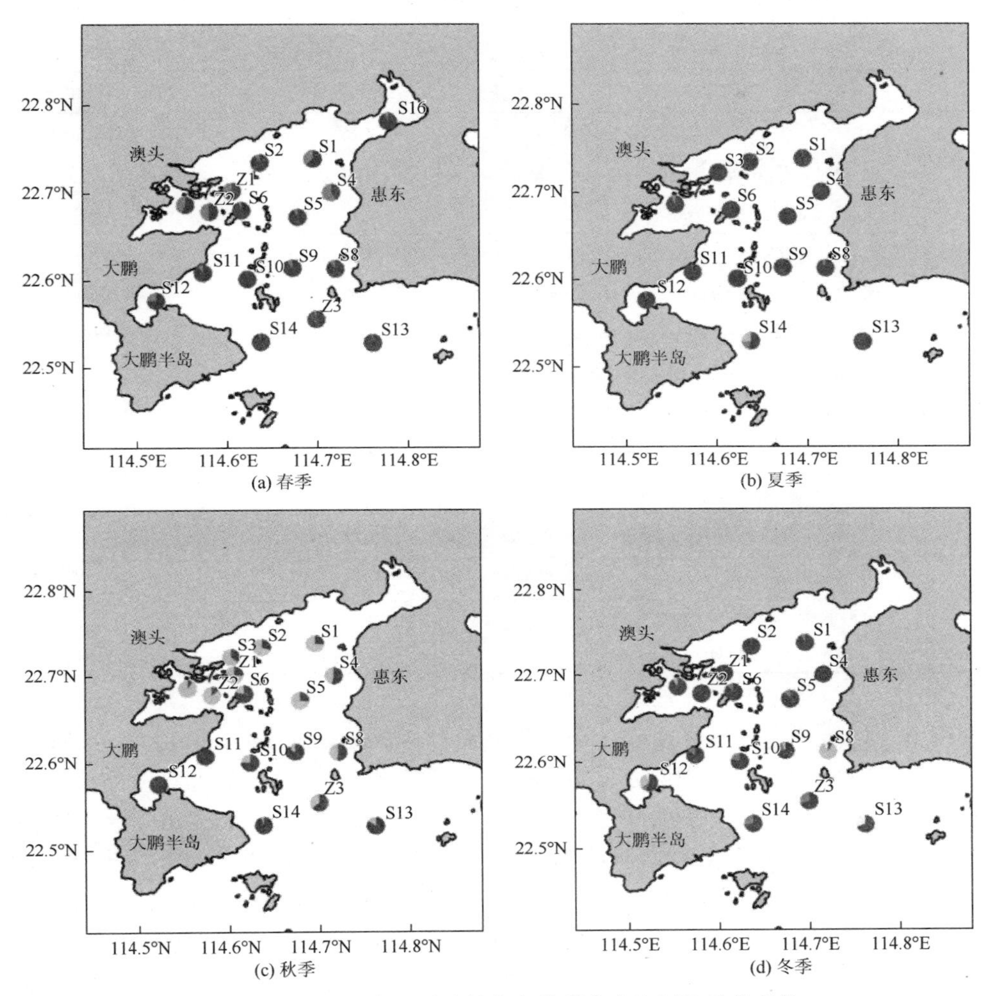

图 3.18　大亚湾底层浮游植物各类群丰度比例及季节变化

3．浮游植物优势种的季节变化

大亚湾浮游植物优势种组成存在季节差异，与丰度组成相对应，春季优势种包括 3 种硅藻和 1 种甲藻，秋季优势种包括 6 种硅藻和 1 种蓝藻，夏季和冬季优势种均为硅藻。中肋骨条藻在 4 个季节均为优势种，它是一种广温、广盐的近岸性硅藻，在我国沿海较为常见，较易引发赤潮（表 3.5）。

表 3.5　大亚湾浮游植物优势种组成及季节变化

季节	优势种	优势度	平均丰度/($\times10^4$ cells/L)
春季	绕孢角毛藻（*Chaetoceros cinctus*）	0.52	28.3±23.2
	根状角毛藻（*Chaetoceros radicans*）	0.04	2.3±2.6
	中肋骨条藻（*Skeletonema costatum*）	0.13	9.5±11.9
	血红裸甲藻（*Gymnodinium sanguineum*）	0.22	12.1±29.5

续表

季节	优势种	优势度	平均丰度/(×10^4 cells/L)
夏季	中肋骨条藻（*Skeletonema costatum*）	0.25	18.2±20.2
	圆海链藻（*Thalassiosira rotula*）	0.04	3.1±4
	极小海链藻（*Thalassiosira minima*）	0.42	37.6±115.4
秋季	窄隙角毛藻（*Chaetoceros affinis* var. *affinis*）	0.13	3.3±5.4
	拟旋链角毛藻（*Chaetoceros pseudocurvisetus*）	0.07	2.5±4.7
	根状角毛藻（*Chaetoceros radicans*）	0.05	1.9±3.5
	优美拟菱形藻（*Pseudonitzschia delicatis*）	0.03	0.7±1
	中肋骨条藻（*Skeletonema costatum*）	0.04	1.4±2.4
	菱形海线藻（*Thalassionema nitzschioides*）	0.18	4.3±4.6
	铜绿微囊藻（*Microcystis aerugrinosa*）	0.20	6.7±11.9
冬季	扭布纹藻（*Gyrosigma distortum*）	0.02	0.3±0.8
	中肋骨条藻（*Skeletonema costatum*）	0.14	2.5±5
	菱形海线藻（*Thalassionema nitzschioides*）	0.03	0.3±0.6
	圆海链藻（*Thalassiosira rotula*）	0.08	0.6±0.8

春季第一优势种为沿岸半咸水种绕孢角毛藻（*Chaetoceros cinctus*），优势度高达 0.52，平均丰度为（28.3±23.2）×10^4 cells/L；血红裸甲藻和中肋骨条藻的优势度也较大，分别为 0.22 和 0.13，平均丰度分别为（12.1±29.5）×10^4 cells/L 和（9.5±11.9）×10^4 cells/L，其中血红裸甲藻是易引发赤潮的物种。夏季第一优势种为极小海链藻，是中国沿海常见的优势种，优势度高达 0.42，平均丰度为（37.6±115.4）×10^4 cells/L，其次为中肋骨条藻，优势度为 0.25，平均丰度为（18.2±20.2）×10^4 cells/L；秋季最主要优势种是铜绿微囊藻（*Microcystis aerugrinosa*）和菱形海线藻（*Thalassionema nitzschioides*）。铜绿微囊藻是淡水种，但在咸淡水中也有分布（Lehman et al.，2005），偏好高温，是形成有害藻华的物种之一，会产生有害毒素并促使水中溶解氧降低，导致动物死亡，本次调查中铜绿微囊藻主要分布在湾顶盐度较低的区域；菱形海线藻是硅藻广布种，分布在极地以外的世界沿岸海域。冬季最主要优势种为中肋骨条藻，优势度为 0.14，平均丰度为（2.5±5）×10^4 cells/L（表 3.5）。显然，大亚湾浮游植物优势种主要以赤潮种为主，浮游植物群落存在季节演替，即使是同一优势种，其季节间的丰度差异也很大，这与环境压力的变化有关，包括浮游动物群落结构变化、营养盐输入的季节变化、温盐及光照的季节性变化等。

4. 浮游植物群落结构的分布格局

浮游植物群落结构随季节变化和优势种的变迁而发生变化，利用 R 语言可根据各区域物种距离进行约束聚类，将大亚湾各季节的浮游植物群落分为若干群体。

春季可大致分为三大群落：①椭圆围绕的区域，绕孢角毛藻优势度很大；②湾西北和湾东北部，优势种为绕孢角毛藻和血红裸甲藻，特别是血红裸甲藻占比很高；③湾西南部大鹏湾及湾口，优势种为绕孢角毛藻、中肋骨条藻、血红裸甲藻及铜绿微囊藻共存（图 3.19）。

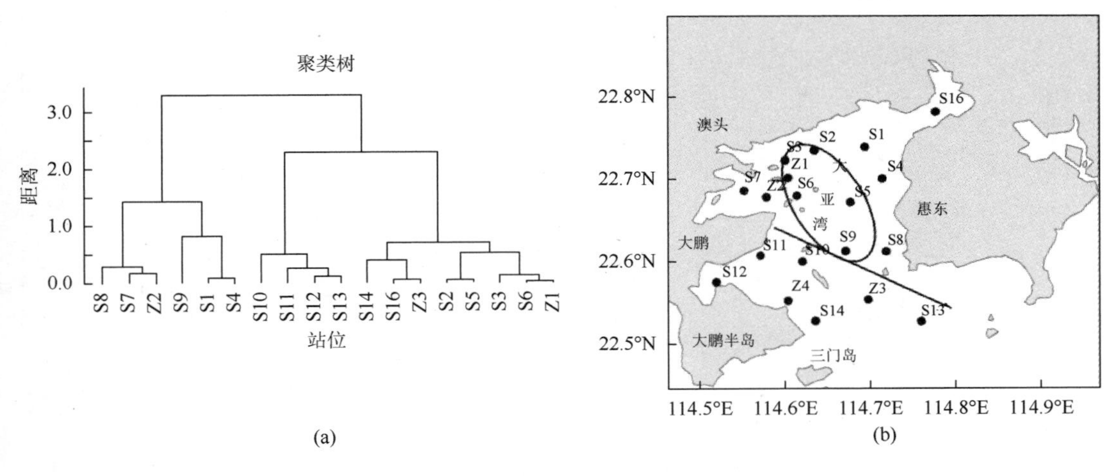

图 3.19　春季大亚湾浮游植物群落结构的划分

夏季可大致分为两大群落：①湾东北部区域，以中肋骨条藻占绝对优势；②湾西部区域及湾口，极小海链藻优势度很大，其次为中肋骨条藻（图 3.20）。

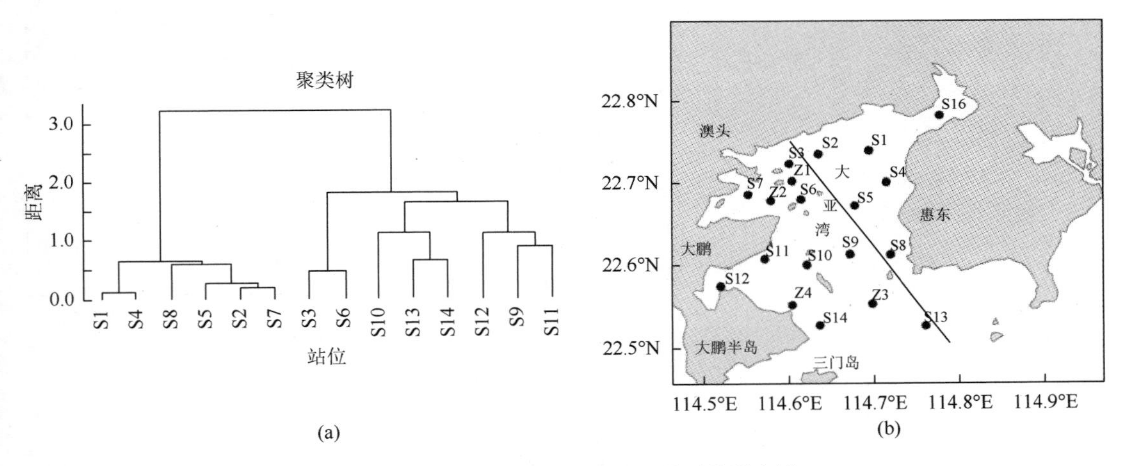

图 3.20　夏季大亚湾浮游植物群落结构的划分

秋季主要分为两种类型群落：①湾西北部淡澳河河口及湾东部沿岸区域，优势种为铜绿微囊藻；②湾中部、西南部及湾口区域，硅藻占主导地位，包括窄隙角毛藻、拟旋链角毛藻、根状角毛藻和菱形海线藻（图 3.21）。

冬季主要分为两大群落：①湾西北和湾西南部，优势种主要是铜绿微囊藻和中肋骨条藻；②湾东部、中部和湾口，没有特别的优势种，物种分布较为均匀，其中 S9 站束毛藻优势度较大（图 3.22）。

5. 浮游植物分布与环境因子的关系

为探究环境因子对浮游植物类群及优势种分布的影响，选取各季节优势种和各类群跟

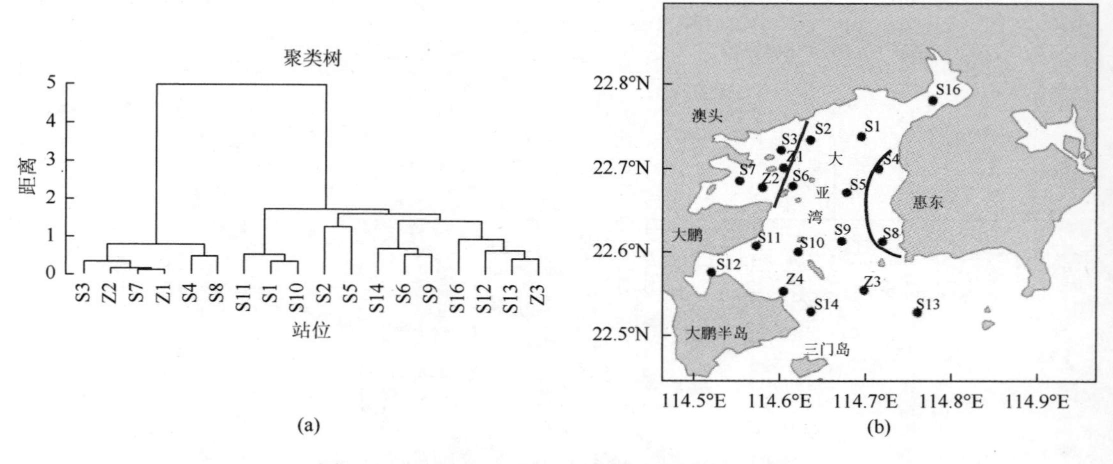

图 3.21　秋季大亚湾浮游植物群落结构的划分

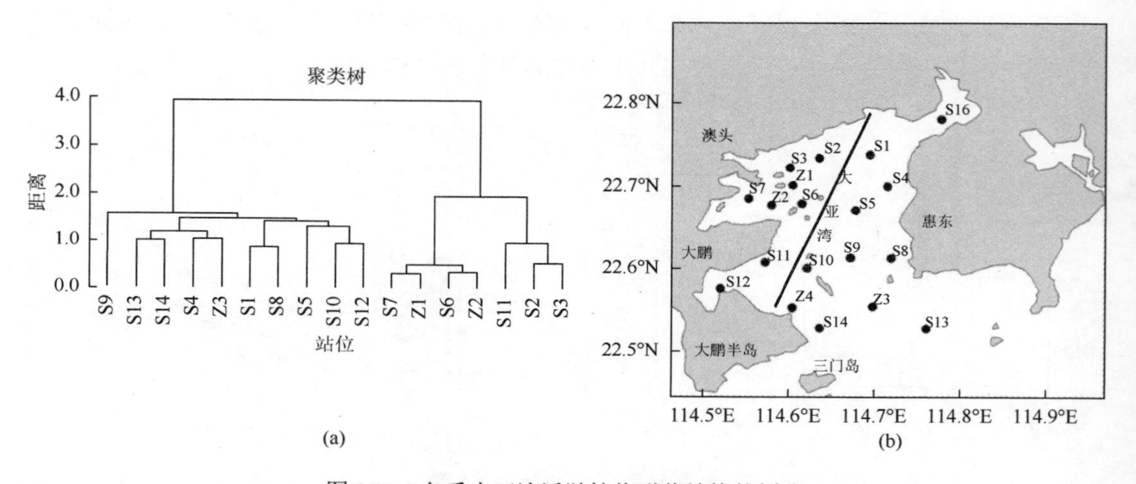

图 3.22　冬季大亚湾浮游植物群落结构的划分

环境因子进行相关性分析，得到相关性矩阵，利用 R 语言“vegan 包”选择各季节优势种和各类群跟环境因子进行典范对应分析（CCA）（Oksanen et al.，2016）。在 CCA 排序图内，环境因子用箭头表示，箭头连线的长度代表某个环境因子与群落分布和种类分布间相关程度的大小，连线越长，相关性越大。箭头连线和排序轴的夹角代表某个环境因子与排序轴相关性的大小，夹角越小，相关性越高，反之越低。

春季的分析结果表明，血红裸甲藻与溶解有机磷和化学需氧量显著正相关，对硅藻分布影响较大的环境因子有盐度和铵盐（图 3.23a）。从春季 CCA 分析结果看，环境因子对优势种和浮游植物类群分布的总解释量分别为 86%（$P<0.001$）和 88%（$P<0.001$），表明排序结果可以接受环境因子对浮游植物分布的解释量。比较而言，与浮游植物优势种分布相关性最大的因素为溶解有机磷（$r^2=0.75$，$P<0.001$），其次为硅酸盐（$r^2=0.57$，$P<0.001$）和 COD（$r^2=0.56$，$P<0.05$）；与浮游植物类群分布相关性最大的因子同样为溶解

有机磷（$r^2 = 0.76$，$P<0.001$），其次为 COD（$r^2 = 0.56$，$P<0.05$）。显然，春季溶解有机磷对浮游植物分布有较大的影响（图 3.23b，图 3.23c）。

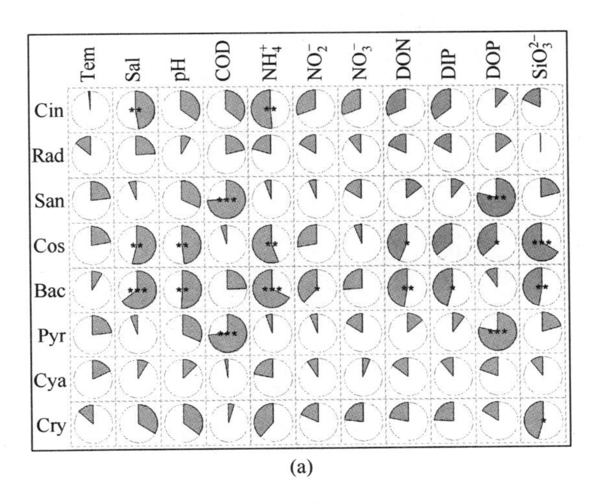

(a)

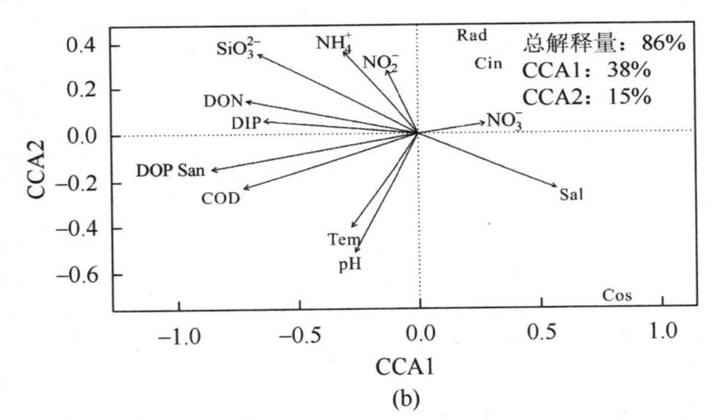

(b)

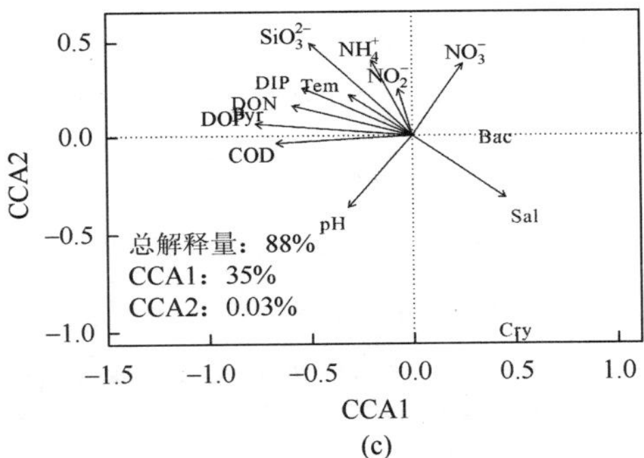

(c)

图 3.23　春季浮游植物类群及优势种与环境因子的相关性分析和 CCA 分析结果

饼图表示环境因子与优势种相关性，灰色扇形面积占圆形比例表示相关性的大小，顺时针画灰色扇形表示正相关，反之则为负相关，如 Cin 和 Sal 的相关性约为 0.5，Cin 和 NH_4^+ 的相关性约为–0.5；*表示显著性的大小，*表示 $P<0.05$，**表示 $P<0.01$，***表示 $P<0.001$；环境因素包括水温（Tem），盐度（Sal），酸碱度（pH），铵盐（NH_4^+），亚硝酸盐（NO_2^-），硝酸盐（NO_3^-），溶解无机磷（DIP），硅酸盐（SiO_3^{2-}），化学需氧量（COD），溶解有机氮（DON），溶解有机磷（DOP）；优势种包括绕孢角毛藻（Cin），血红裸甲藻（San），中肋骨条藻（Cos），根状角毛藻（Rad）；浮游植物类群包括硅藻（Bac），甲藻（Pyr），蓝藻（Cya），着色鞭毛藻（Cry）

夏季的分析结果表明，第一优势种极小海链藻与化学需氧量、铵盐、硝酸盐和亚硝酸盐显著正相关，表明夏季淡水输入无机态氮对极小海链藻生长有重要影响；蓝藻与化学需氧量的正相关性较大，表明蓝藻主要在有机物含量较高的环境中生长（图 3.24a）。CCA 分析结果中，环境因子对优势种和浮游植物类群分布的总解释量分别为 92%（$P<0.001$）和 74%（$P<0.01$），表明排序结果可以接受环境因子对物种分布的解释量。比较而言，与浮游植物优势种分布相关性最大的因素为 COD（$r^2 = 0.66$，$P<0.01$），其次为亚硝酸盐（$r^2 = 0.66$，$P<0.01$）；与浮游植物类群分布相关性最大因子为酸碱度（$r^2 = 0.82$，$P<0.05$），其次为 COD（$r^2 = 0.69$），酸碱度能够较好地反映浮游植物类群分布，浮游植物高的地方由于光合作用强烈，酸碱度较高。显然，夏季 COD 与浮游植物分布的相关性最大（图 3.24b，图 3.24c）。

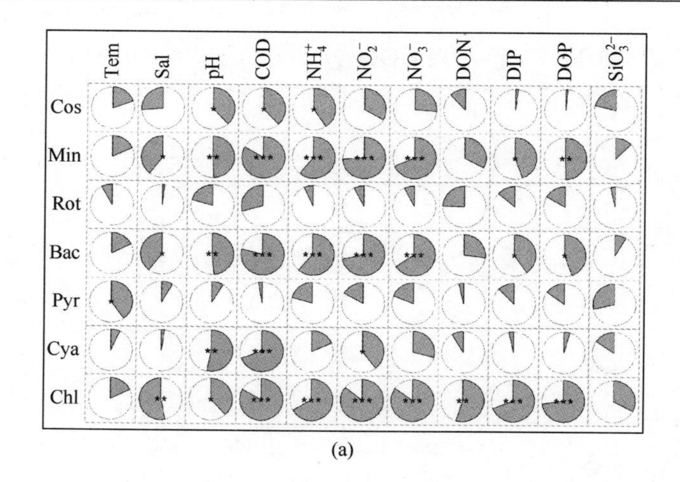

(a)

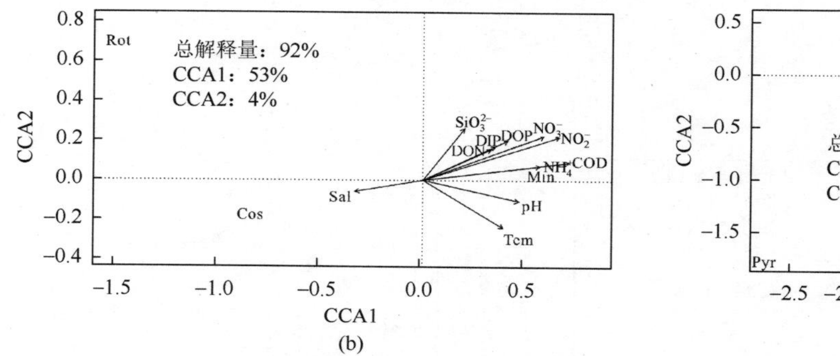

(b)

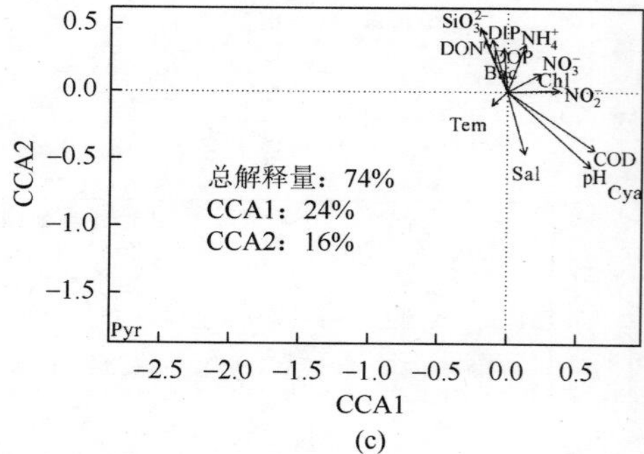

(c)

图 3.24　夏季浮游植物类群及优势种与环境因子的相关性分析和 CCA 分析结果

环境因素包括水温（Tem），盐度（Sal），酸碱度（pH），铵盐（NH_4^+），亚硝酸盐（NO_2^-），硝酸盐（NO_3^-），溶解无机磷（DIP），硅酸盐（SiO_3^{2-}），化学需氧量（COD），溶解有机氮（DON），溶解有机磷（DOP）；优势种包括中肋骨条藻（Cos），极小海链藻（Min），圆海链藻（Rot）；浮游植物类群包括硅藻（Bac），甲藻（Pyr），蓝藻（Cya），绿藻（Chl）

秋季相关性分析结果表明，窄隙角毛藻与水温显著正相关，表明窄隙角毛藻可能对温度较为敏感（图 3.25a）。秋季 CCA 的分析结果中，环境因子对优势种和浮游植物类群分布的总解释量分别为 58%（$P<0.05$）和 52%，表明解释变量包含的环境因子能够较好地解释浮游植物的分布，但存在其他潜在因素。比较而言，酸碱度与浮游植物分布的相关性最大，与浮游植物优势种和类群的相关性 r^2 分别为 0.44（$P<0.05$）和 0.39（$P<0.05$）；其次为温度，与浮游植物优势种和类群的相关性 r^2 分别为 0.43（$P<0.05$）和 0.29（图 3.25b，图 3.25c）。这与秋季处于季风转换、冷热交替时期，温度对物种分布的影响较为显著有关。

冬季相关性分析结果表明，菱形海线藻与铵盐和溶解有机磷相关性较大（图 3.26a）。CCA 分析结果中，环境因子对优势种和浮游植物类群分布的总解释量分别为 65%（$P<0.01$）和 55%，表明排序结果可以接受环境因子对优势种分布的解释量，但存在其他因素对浮游植物类群分布的影响。解释变量包含的环境因子与优势种分布相关性均不显著，其中化学需氧量与优势种分布相关性最大（$r^2=0.36$），但在限定的环境因子中，硅酸盐与浮游植物类群分布的相关性最大（$r^2=0.59$，$P<0.01$），其次为 COD（$r^2=0.27$），与优势种

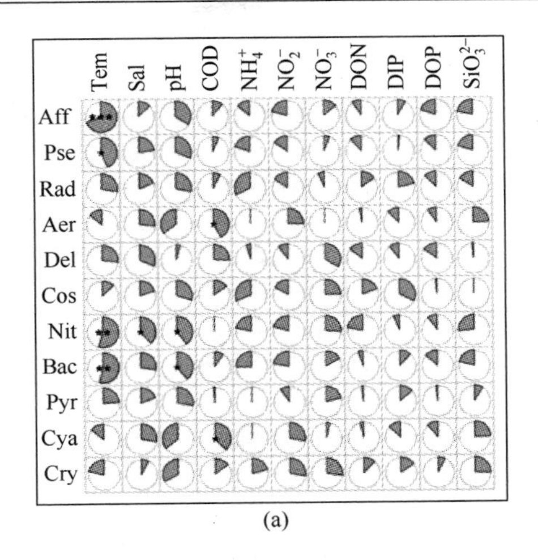

(a)

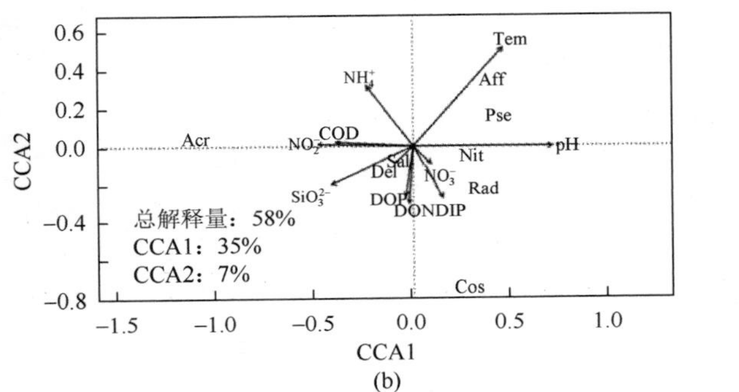

(b)

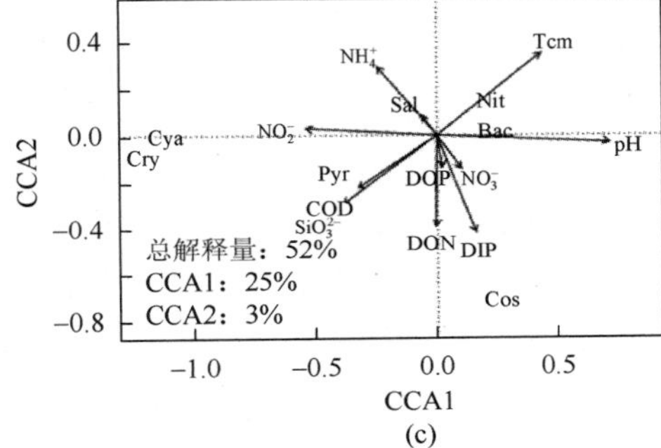

(c)

图 3.25　秋季浮游植物类群及优势种与环境因子的相关性分析和 CCA 分析结果

环境因素包括水温（Tem），盐度（Sal），酸碱度（pH），铵盐（NH_4^+），亚硝酸盐（NO_2^-），硝酸盐（NO_3^-），溶解无机磷（DIP），硅酸盐（SiO_3^{2-}），化学需氧量（COD），溶解有机氮（DON），溶解有机磷（DOP）；优势种包括窄隙角毛藻（Aff），拟旋链角毛藻（Pse），根状角毛藻（Rad），铜绿微囊藻（Aer），优美拟菱形藻（Del），中肋骨条藻（Cos），菱形海线藻（Nit）；浮游植物类群包括硅藻（Bac），甲藻（Pyr），蓝藻（Cya），着色鞭毛藻（Cry）

和类群相关性较大的环境因子产生差异的原因可能与冬季优势种的优势度相对较小有关（图 3.26b，图 3.26c）。

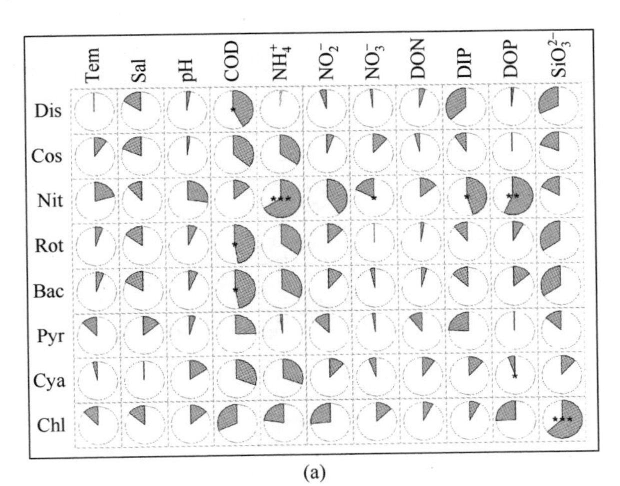

(a)

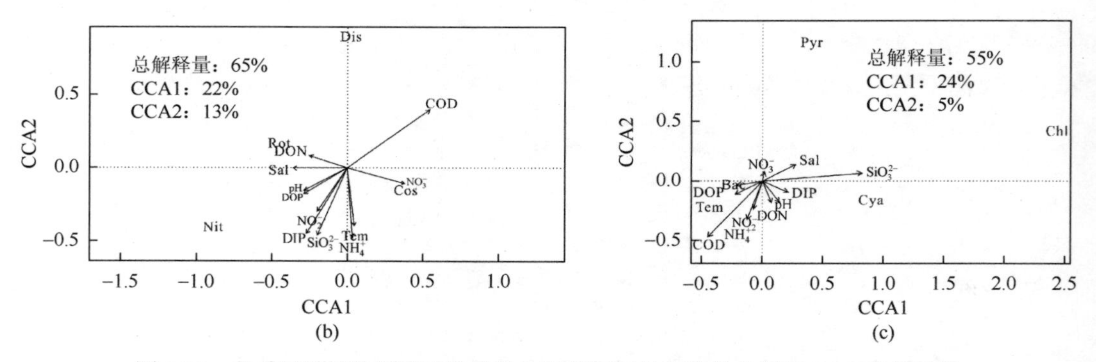

图 3.26 冬季浮游植物类群及优势种与环境因子的相关性分析和 CCA 分析结果

环境因素包括水温（Tem），盐度（Sal），酸碱度（pH），铵盐（NH_4^+），亚硝酸盐（NO_2^-），硝酸盐（NO_3^-），溶解无机磷（DIP），硅酸盐（SiO_3^{2-}），化学需氧量（COD），溶解有机氮（DON），溶解有机磷（DOP）；优势种包括扭布纹藻（Dis），中肋骨条藻（Cos），菱形海线藻（Nit），圆海链藻（Rot）；浮游植物类群包括硅藻（Bac），甲藻（Pyr），蓝藻（Cya），绿藻（Chl）

（三）胶州湾和大亚湾生物固氮作用的时空变化

生物固氮作用是海洋氮循环的重要环节之一，也是维持海洋新生产力的氮源。对于近岸海湾等富营养的海洋环境，固氮作用是否发生？固氮速率主要受什么因素所调控？其对新氮的贡献有多大？这一系列科学问题仍有待解决。本书运用 $^{15}N_2$ 示踪法实测获得胶州湾和大亚湾的生物固氮速率，揭示了 2 个海湾生物固氮速率的时空变化特征及环境影响因素，评估了生物固氮对海湾新氮收支的贡献。

1. 胶州湾生物固氮速率的时空变化及其与无机营养盐的关系

胶州湾表层平均生物固氮速率与邻近黄海海域的报道值相当（Zhang et al.，2012），其季节变化规律为：夏季＞春季≈冬季＞秋季。胶州湾生物固氮速率也具有较大的空间变化。春季时，生物固氮速率的空间变化表现为：湾内[4.37±2.63 μmol/(m³·d)]＞湾中[1.80±1.20 μmol/(m³·d)]＞湾外[0.68±0.53 μmol/(m³·d)]。夏季时，湾中的生物固氮速率[4.34±2.67 μmol/(m³·d)]明显高于湾内[3.48±2.95 μmol/(m³·d)]和湾外[1.28±0.74 μmol/(m³·d)]（图 3.27）。

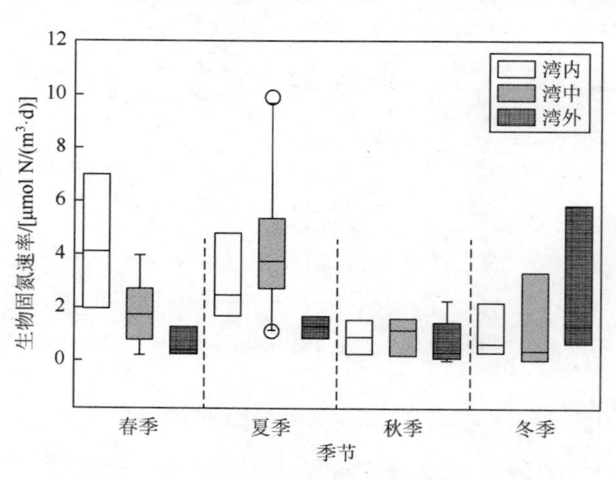

图 3.27 胶州湾生物固氮速率的区域与季节变化

在胶州湾，除 S7 站和 S9 站外，其他站位表层、底层的生物固氮速率差异不明显。秋季时，湾内、湾中及湾外表层生物固氮速率的均值差异不显著，湾中部表层生物固氮速率[1.02±0.74 μmol/(m^3·d)]略高于湾内[0.89±0.66 μmol/(m^3·d)]和湾外[0.81±0.80 μmol/(m^3·d)]。冬季时，表层生物固氮速率呈现出湾内[1.12±1.24 μmol/(m^3·d)]向湾中[1.81±2.71 μmol/(m^3·d)]及湾外[3.26±3.81 μmol/(m^3·d)]增加的趋势（图 3.28）。胶州湾水深较浅，表层、底层生物固氮速率的差异较小。通过地下水输入、径流输入及大气沉降等途径，每年输入胶州湾的新氮通量约为 3360 t（郭占荣等，2013；刘洁等，2014；朱玉梅，2011）。根据各季节实测的生物固氮速率平均值，可估算出每年由生物固氮作用输入胶州湾的新氮通量为 305 t，约占胶州湾外源性新氮总输入通量的 9%。

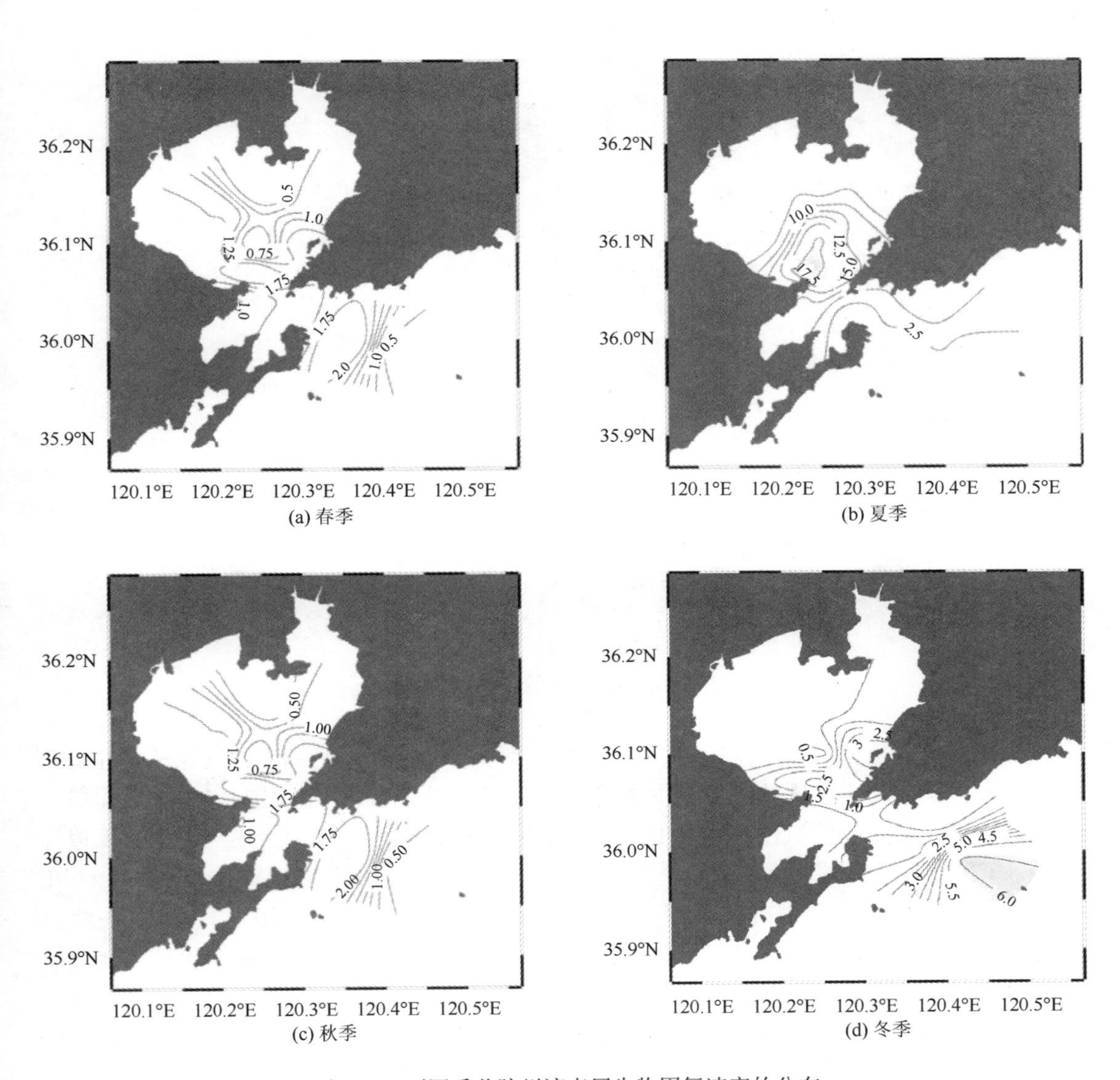

图 3.28　不同季节胶州湾表层生物固氮速率的分布

春季、夏季在胶州湾开展的生物固氮速率粒级分布实验结果显示，春季时，＞10 μm 粒级生物对胶州湾的生物固氮速率贡献较大，其中 S4 站，＞10 μm 粒级生物的贡献达到 85%；夏季的情况则不同，＜10 μm 粒级生物对生物固氮作用的贡献更大（图 3.29）。需要指出的是，实测获得的生物固氮速率粒级分布未必完全等同于固氮生物的粒级分布。对于有机营养盐丰富的近海海湾，异养固氮细菌是重要的固氮生物，尽管异养固氮细菌粒径较小，但可以通过多种形式主动或被动地与生源、非生源颗粒物结合（Bombar et al.，2016），进而影响固氮酶活性的表达和生物固氮速率的粒级分布。

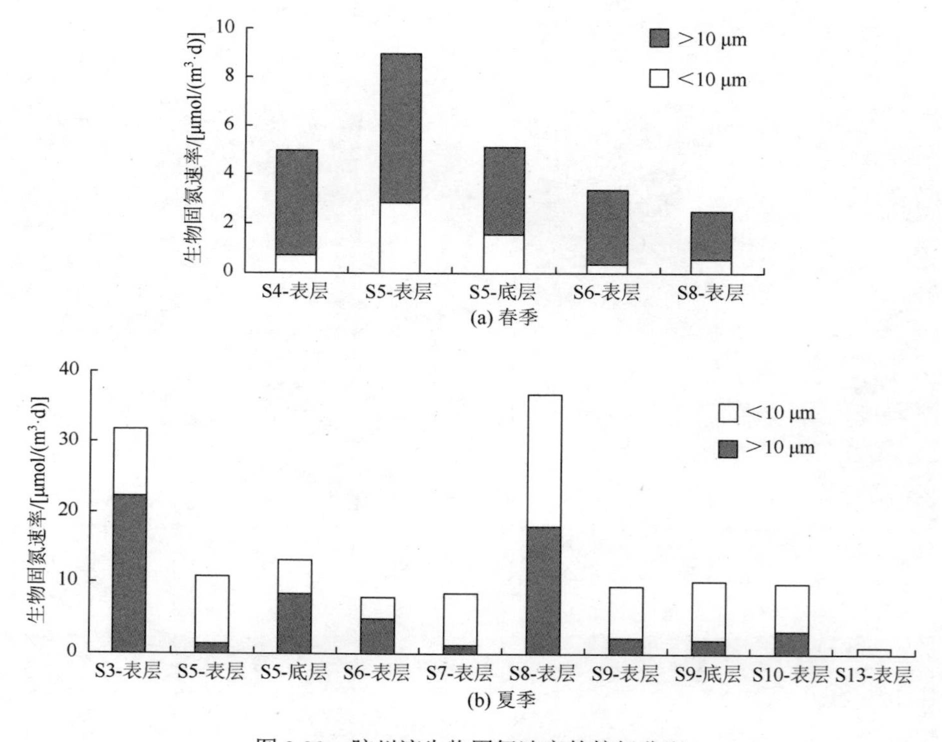

图 3.29 胶州湾生物固氮速率的粒级分配

无机营养盐加富培养实验表明，额外添加溶解无机氮对胶州湾的生物固氮速率并无明显的抑制效果，而无机磷的添加对生物固氮速率有一定的刺激作用（图 3.30），因而要完全限制近岸水体生物固氮作用的发生，无机氮营养盐浓度可能需要达到相当高的“阈值”。Knapp（2012）的研究发现，硝酸盐和铵盐只有在浓度分别达到 30 μmol/L 和 200 μmol/L 时，才会表现出对自养生物固氮速率的明显抑制。最新的研究结果指出，某些固氮生物进行生物固氮作用可能并非完全出于对氮营养的需求，而是为了维持细胞内稳定的氧化还原环境，因而生物固氮活动可能本质上不会受到外部环境无机氮浓度的影响（Bombar et al.，2016）。因此，周围水体环境条件未必直接影响生物固氮作用，但微环境变化可能会在微生物介导的氮循环过程中起着更重要的作用。

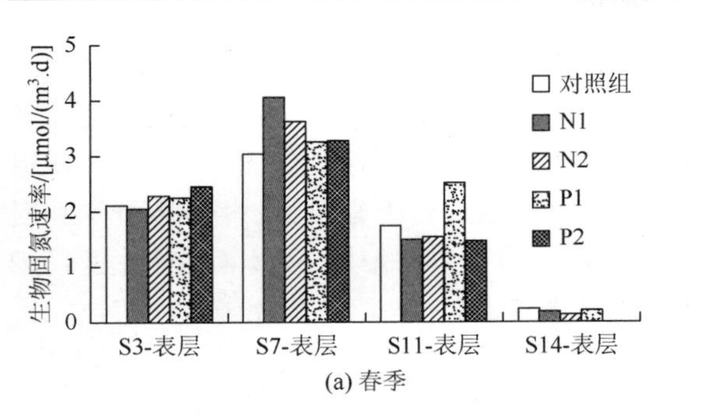

(a) 春季

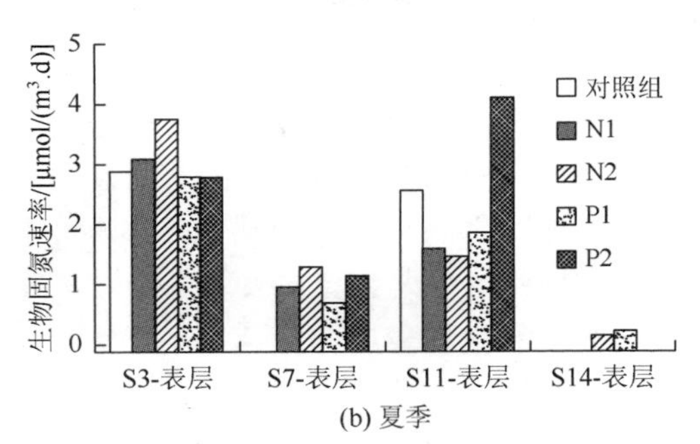

(b) 夏季

图 3.30　胶州湾生物固氮速率对无机营养盐添加的响应

对照组：不添加任何营养盐；N1：以 5 μmol/L 的终浓度添加 KNO_3 溶液；N2：以 25 μmol/L 的终浓度添加 KNO_3 溶液；P1：以 0.5 μmol/L 的终浓度添加 KH_2PO_4 溶液；P2：以 2.5 μmol/L 的终浓度添加 KH_2PO_4 溶液

2. 大亚湾生物固氮速率的时空变化及无机营养盐调控

全年而言，大亚湾表层生物固氮速率为 0.5～27.3 μmol/(m³·d)，平均值为 8.1 μmol/(m³·d)。总体上看，大亚湾水体生物固氮速率明显高于邻近南海开阔海域（Chen et al.，2014），表明大亚湾是一个非典型的固氮生境。之所以称其为非典型生境，是因为大亚湾沿岸人口稠密，受人类活动的影响明显，近年来大亚湾的无机营养盐含量不断升高，无机营养盐水平已从改革开放之前的贫营养状态转变为当前的中营养状态，且伴随着氮磷比值失衡的现象。本书研究结果却表明，大亚湾的固氮作用总体上并未受到高含量无机氮营养盐的抑制，这与以往在寡营养开阔大洋水体获得的认识不同，暗示近岸水体的固氮生物组成及固氮调控机制有其特殊性。

大亚湾生物固氮速率表现出明显的时空变化特征。春夏季的平均生物固氮速率明显高于秋冬季（图 3.31）。春季时，大亚湾东侧海域的表层生物固氮速率明显高于西侧海域，离岸较近站位测得的表层生物固氮速率明显高于湾中部站位（图 3.32）。夏季大亚湾表层

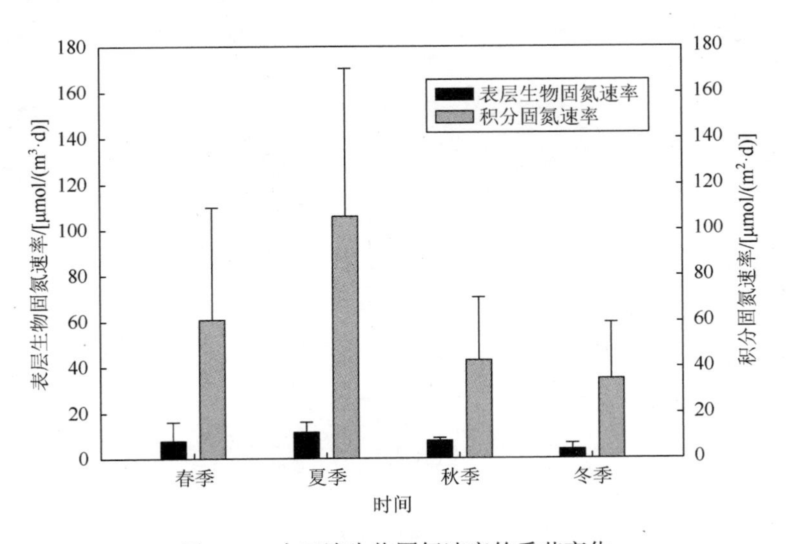

图 3.31　大亚湾生物固氮速率的季节变化

生物固氮速率的分布同春季类似。值得一提的是，2016 年夏季在 S6 站观测到硅藻水华，绝对优势种为极小海链藻，与之相对应地是表层生物固氮速率高达 102 μmol/(m^3·d)，比非水华站位高出两个数量级，也是调查期间观测到的生物固氮速率最高值。显然，固碳作用与固氮作用之间存在某种耦合关系，固碳作用并非单向地抑制固氮作用。相较于春季和夏季，秋季和冬季大亚湾的表层生物固氮速率无明显的空间分布规律。整体而言，大亚湾湾顶和湾中的生物表层固氮速率高于湾口附近海域（图 3.32）。大亚湾水深较浅，表层、底层生物固氮速率总体上无显著差异，在大多数站位，底层的生物固氮速率仅略低于表层。除生物固氮作用外，大亚湾其他新氮的来源主要包括径流、大气沉降等（邹伟等，2011），其中生物固氮引入的氮总量约为 187 t，约占大亚湾新氮来源输入总量的 8%。

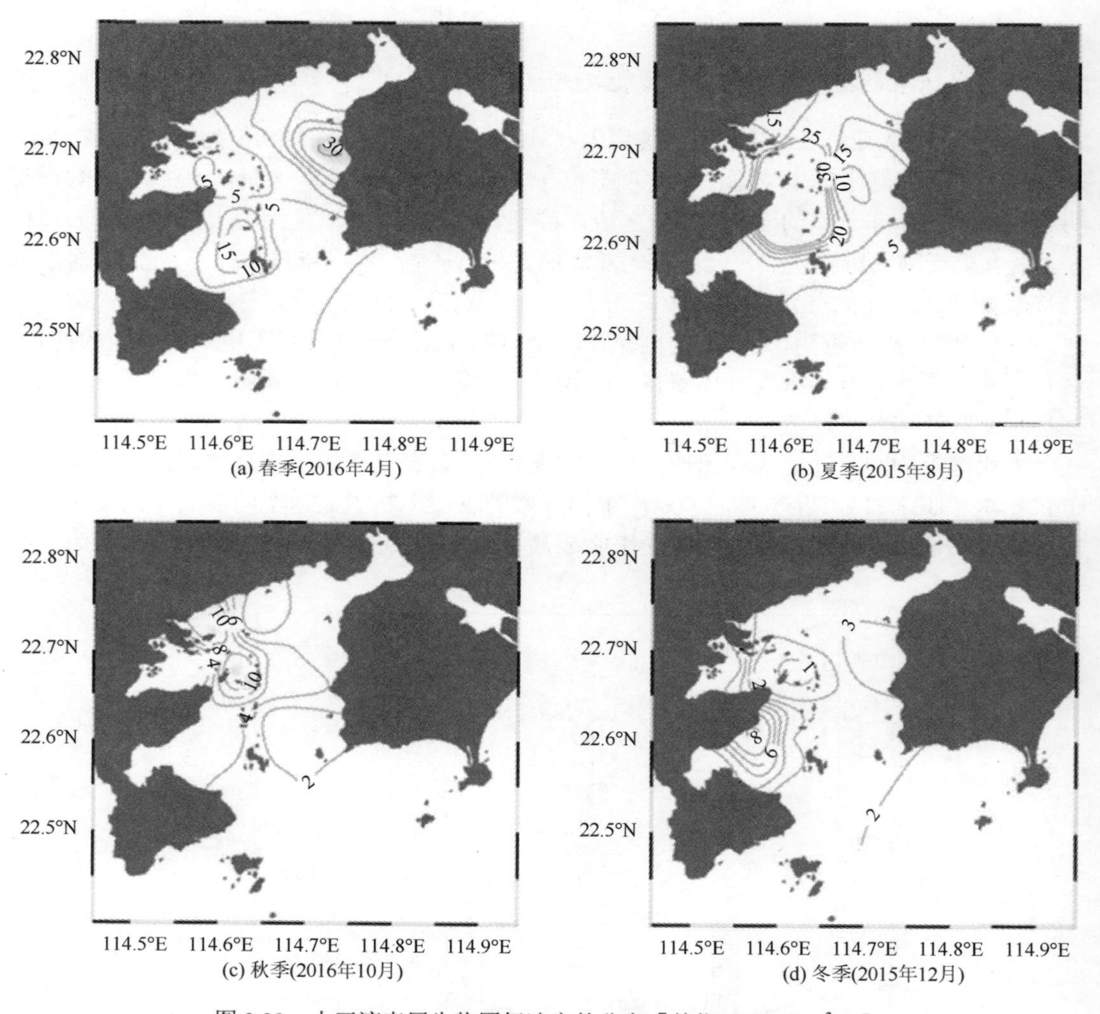

图 3.32　大亚湾表层生物固氮速率的分布［单位：μmol/(m^3·d)］

2015 年 8 月（夏季）和 2017 年 4 月（春季）在部分站位进行了生物固氮作用的粒级研究，以 10 μm 粒径将大亚湾固氮生物进行了区分，测定了不同粒径固氮生物对大亚湾生物固氮作用的贡献。研究结果表明，大亚湾的生物固氮作用主要贡献者为较大的粒径（>10 μm）生物，其平均贡献率在春季和夏季分别为57%和8%。2015年8月间，>10 μm粒级的生物是生物固氮作用的主要贡献者，其中S7站高达86%（图3.33）。2017年4月间，>10 μm粒级的生物仍是生物固氮速率的主要贡献者，但在位于湾顶的S1站，较小粒级的固氮贡献却不可忽视（图3.33）。就固氮生物粒径而言，以束毛藻为主的丝状蓝藻通常具有较大的粒径，而较小的固氮生物（如异养固氮细菌等）虽然自身粒径较小，但也可能与颗粒物共存分布在更大的粒级上（Bombar et al.，2016），因而实测的生物固氮速率通常分布在一个较广的粒级范围。近年来有研究指出，沿岸海域固氮生物种类组成多样，既包括自养型的蓝藻，也包括大量的异养固氮细菌或其他类型的固氮微生物，这些异养固氮微生物往往可能成为固氮生物的优势种类（Bombar et al.，2016；Farnelid et al.，2011）。当然，不能排除自养固氮生物（如束毛藻）的重要性，如束毛藻也被长期视作大亚湾的赤潮种之一（李涛等，2008）。结合历史数据与最新的观测结果，推测大亚湾的固氮生物群落组成正在逐渐发生变化。

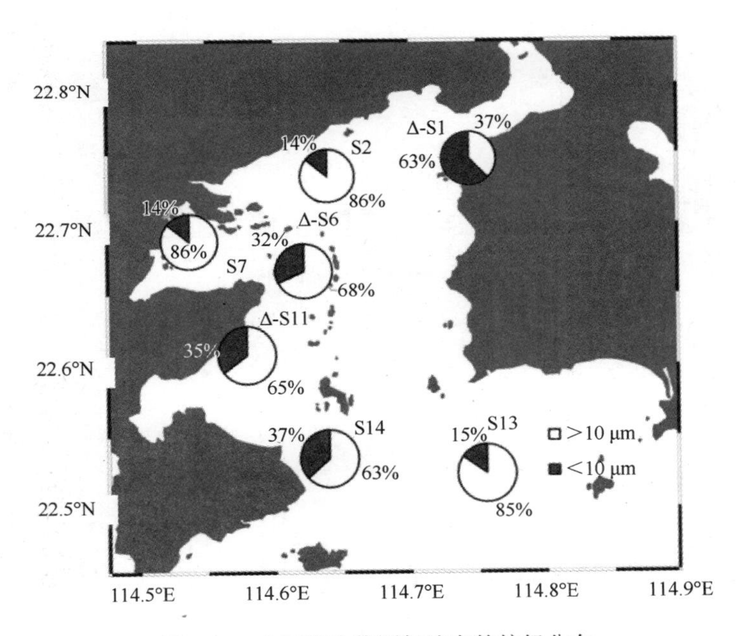

图3.33　大亚湾生物固氮速率的粒级分布

S2，S7，S13，S14站为2015年8月测定结果；Δ-S1，Δ-S6，Δ-S11是2017年4月测定结果

大亚湾生物固氮速率的时空分布受多种因素共同调控。在开阔大洋，通常将水温、营养盐、微量元素含量等视作影响水体生物固氮作用的主要调控因子（Capone et al.，2005；Karl et al.，2012），对于无机营养盐含量更为丰富的近海海湾，生物固氮作用的调控因素可能更加复杂。大亚湾夏季的水温明显高于其他季节，这可能是夏季生物固氮速率明显高于其他季节的原因之一。研究表明，异养固氮细菌是大亚湾固氮生物群落的一个重要组成部分，而海洋异养细菌的活性受水温的影响一般比较显著。从这个意义上说，水温应对大

亚湾生物固氮速率的分布产生一定的影响，但由于大亚湾位于亚热带，四季水温差异较小，水温不太可能成为生物固氮作用的决定性因素。

无机营养盐是海湾生态系统的基础，其含量多寡在很大程度上决定着海湾生产力及物质能量传递。整体而言，大亚湾无机营养盐的时空分布同生物固氮速率的时空分布之间未表现出明显的相关性。为探究大亚湾氮、磷营养盐对生物固氮作用的影响，开展了氮、磷营养盐加富培养实验（图 3.34）。总体上看，并未观察到无机营养盐添加对生物固氮速率有显著的刺激效果。大亚湾的无机营养盐正在经历一个日益加剧的失衡状态，即随着无机氮含量的不断升高，氮、磷营养盐比值不断升高。碱性磷酸酶的研究结果也表明，大亚湾浮游植物可能会利用水体中的溶解有机磷。多种海洋固氮生物已被发现具有利用溶解有机磷的能力，以此来缓解生物固氮作用所需磷匮乏的限制。显然，大亚湾的固氮生物也可能通过利用溶解有机磷来维持生物固氮作用。

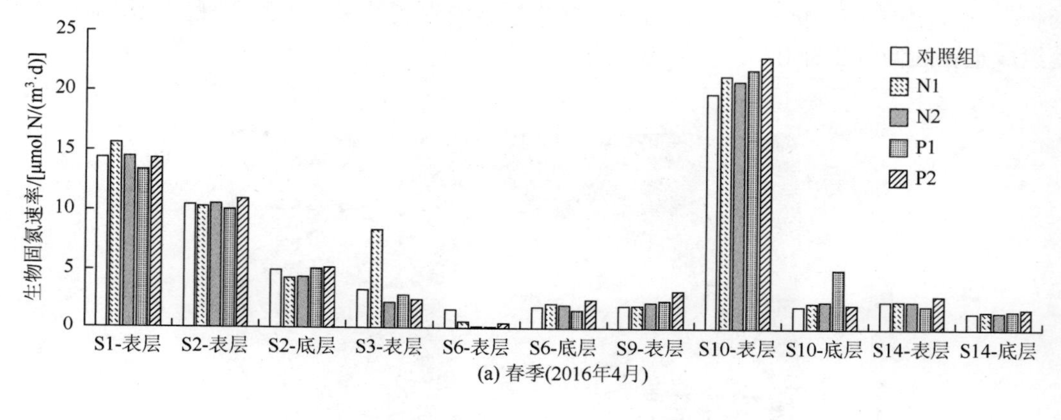

(a) 春季(2016年4月)

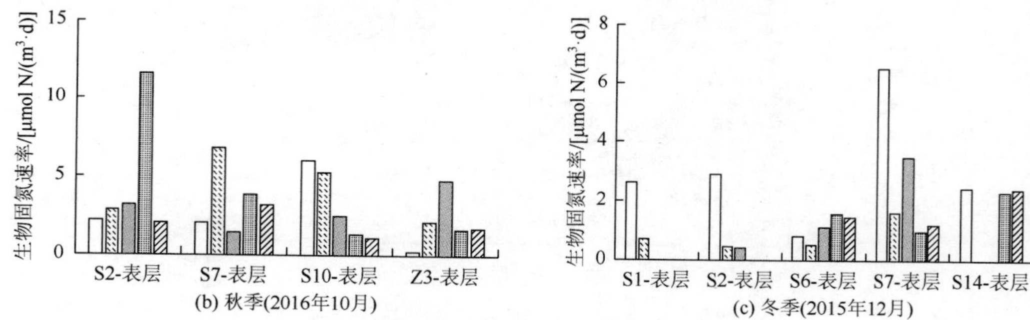

(b) 秋季(2016年10月)　(c) 冬季(2015年12月)

图 3.34　大亚湾无机营养盐加富对生物固氮速率的影响

N1：以 5 μmol/L 的终浓度添加 KNO_3 溶液；N2：以 25 μmol/L 的终浓度添加 KNO_3 溶液；P1：以 0.5 μmol/L 的终浓度添加 KH_2PO_4 溶液；P2：以 2.5 μmol/L 的终浓度添加 KH_2PO_4 溶液

二、无机营养盐组成变化对浮游植物的影响

（一）浮游植物代表种对 N/P 失衡的响应

近年来，近海富营养化问题日益突出，水体的 N/P 与 Redfield 比（16∶1）相比有不

同程度的偏离。营养盐结构的改变导致生源要素供给的比例失衡，引起浮游植物元素组成、生化组成、粒级结构等发生一系列的变化。本节研究了浮游植物代表种在 N/P 失衡的情况，其元素组成、营养物质组成、含量及群体粒级结构的变化（陈蕾，2015）。

1. N/P 失衡对浮游植物元素组成的影响

将实验藻种三角褐指藻（PT）、中肋骨条藻（SC）分别置于对照组（自然海水按照 f/2 培养基要求添加各培养液）、高 N/P（自然海水按照 f/2 培养基要求添加除 PO_4^{3-} 之外的各培养液，N/P＞16）和低 N/P（自然海水按照 f/2 培养基要求添加除 NO_3^- 之外的各培养液，N/P＜16）三种条件下进行培养，分析培养 5 d 和 15 d 后三角褐指藻和中肋骨条藻 C、N、P 含量及 C/P、C/N 和 N/P 的变化。

三角褐指藻和中肋骨条藻在 N/P 失衡的培养条件下，P 含量的变化幅度大于 N 含量，即 P 含量比 N 含量表现出更大的不稳定性(图 3.35)。高 N/P 组的 N 含量因培养液中 PO_4^{3-} 的不足受到影响，而低 N/P 组的 P 含量并没有受到 NO_3^- 不足的影响，由此可以认为，微藻生长对 P 的限制更敏感。一般认为，P 主要存在于 RNA 中，而 N 主要存在于蛋白

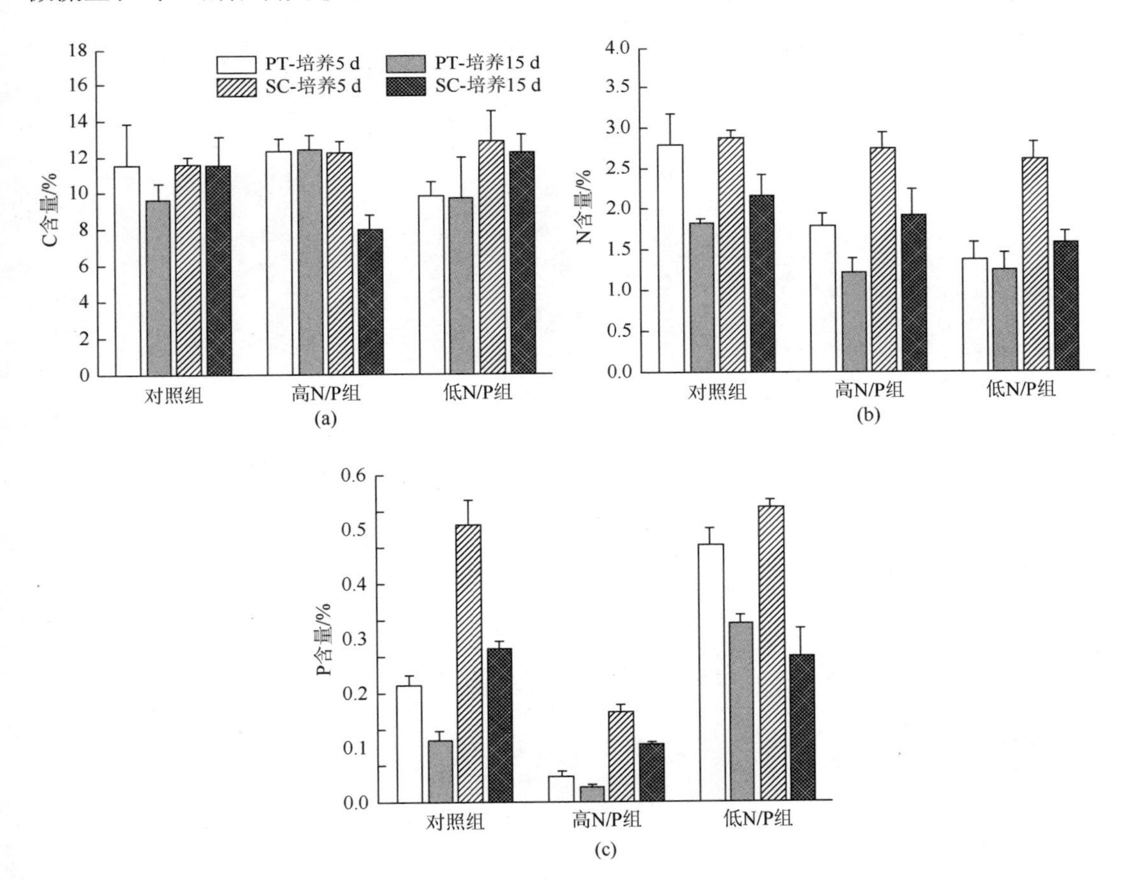

图 3.35 三角褐指藻（*Phaeodactylum tricornutum*，PT）和中肋骨条藻（*Skeletonema costatum*，SC）在不同 N/P 条件下（对照组、高 N/P 组和低 N/P 组）培养 5 d 和 15 d 后藻体 C 含量（a）、N 含量（b）和 P 含量（c）的变化

质和氨基酸中，蛋白质一般构成有机体的固有结构，这可能是 N 含量表现出更稳定的原因。另外，由于 RNA 控制着蛋白质的合成，因此 P 也在一定程度上影响了有机体对 N 的吸收。

中肋骨条藻的元素组成（C/P、C/N 和 N/P）在对照组、高 N/P 组和低 N/P 组培养条件下变动幅度均小于三角褐指藻（图 3.36），说明 N/P 失衡对中肋骨条藻的影响比三角褐指藻要小，这意味着以中肋骨条藻为饵料的植食者受 N/P 失衡的影响要小于以三角褐指藻为饵料的植食者。具体来看，中肋骨条藻和三角褐指藻在高 N/P 条件下 C/P 相对于对照组大幅度增加，在低 N/P 条件下，C/N 相对于对照组大幅度增加（图 3.36）。

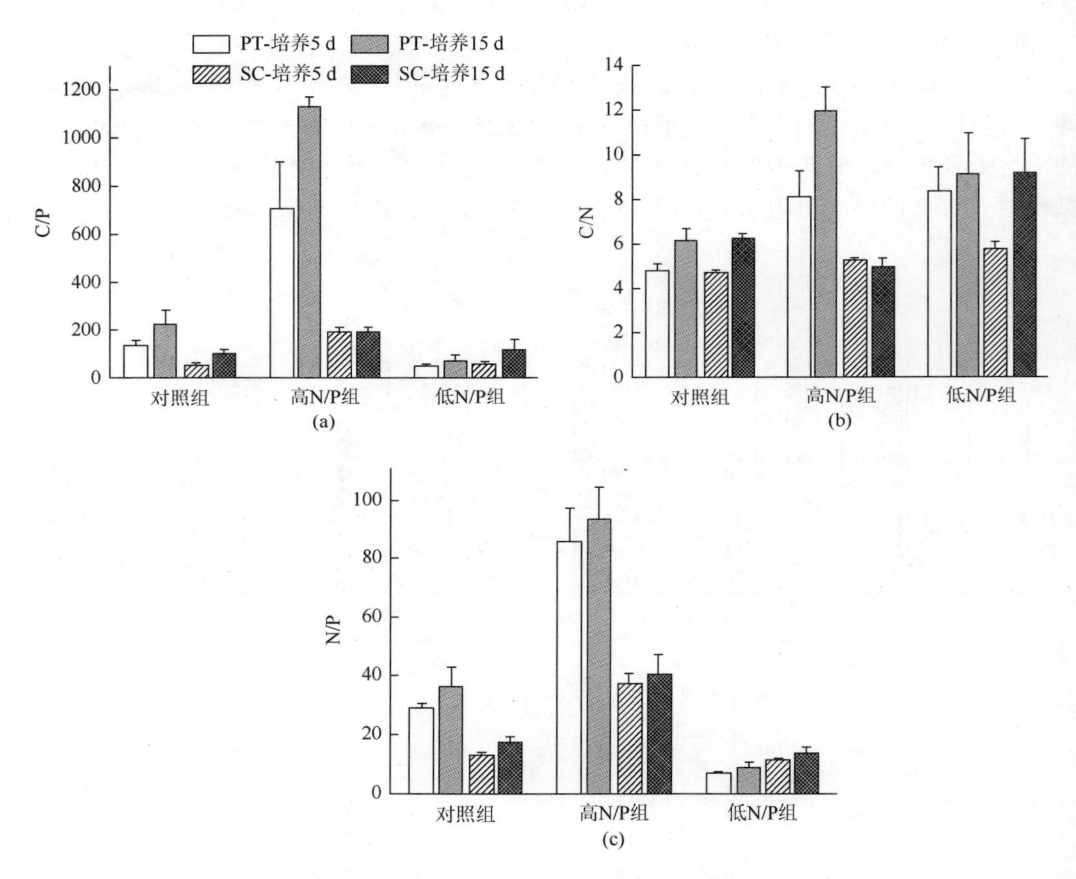

图 3.36　三角褐指藻（*Phaeodactylum tricornutum*，PT）和中肋骨条藻（*Skeletonema costatum*，SC）在不同 N/P 条件下（对照组、高 N/P 组和低 N/P 组）培养 5 d 和 15 d 后藻体 C/P（a）、C/N（b）、N/P（c）的变化

2. N/P 失衡对浮游植物生化组成的影响

N/P 失衡影响了海区的营养盐结构，导致浮游植物的元素组成发生改变，进而可影响浮游植物营养物质（如蛋白质、脂肪酸等）的组成和含量（Koch et al.，2012）。这种影响会导致浮游植物的食物品质下降，进一步影响植食性浮游动物的生长、发育等生理过程

（Schoo et al.，2013）。在长时间尺度上，这种影响可能会导致海洋生物群落发生缓慢演替，进而对整个生态系统产生深远影响。

（1）N/P 失衡对浮游植物氨基酸和蛋白质组成及含量的影响

不同培养条件下，三角褐指藻和中肋骨条藻的氨基酸和蛋白质含量发生了很大变化。三角褐指藻和中肋骨条藻中所有氨基酸（中肋骨条藻半胱氨酸除外）和总氨基酸（AA）的含量在三种培养条件下的变化趋势相同，均为对照组＞高 N/P 组＞低 N/P 组（表 3.6）。一般而言，微藻蛋白质的营养价值取决于蛋白质含量、氨基酸组成及必需氨基酸能否满足动物的营养需求（Brown et al.，1997）。在 N/P 失衡特别是低 N/P 条件下，三角褐指藻和中肋骨条藻的氨基酸含量明显降低，这种变化对其作为饵料的营养价值产生了明显影响，并可能进一步影响植食性浮游动物的生长、发育和繁殖。

表 3.6　三角褐指藻（*Phaeodactylum tricornutum*，PT）和中肋骨条藻（*Skeletonema costatum*，SC）在不同 N/P 培养条件下（C：对照组；H：高 N/P 组；L：低 N/P 组）的氨基酸组成及含量

氨基酸种类	氨基酸含量/(mg/g)					
	PT-C 组	PT-H 组	PT-L 组	SC-C 组	SC-H 组	SC-L 组
天冬氨酸	14.1±0.0	7.2±0.2	2.9±0.0	6.8±0.1	3.6±0.1	2.4±0.1
苏氨酸	6.7±0.0	3.6±0.1	1.6±0.0	3.2±0.1	1.7±0.1	1.2±0.1
丝氨酸	6.6±0.0	3.5±0.0	1.67±0.0	3.3±0.1	2.3±0.1	1.5±0.1
谷氨酸	17.0±0.0	10.4±0.4	3.5±0.1	9.6±0.1	5.2±0.1	3.1±0.0
甘氨酸	7.3±0.4	3.8±0.0	1.7±0.0	4.1±0.1	2.3±0.0	1.6±0.1
丙氨酸	9.5±0.0	5.3±0.1	2.1±0.0	4.7±0.0	2.4±0.1	1.5±0.0
半胱氨酸	2.7±0.1	2.2±0.1	1.7±0.1	0	0	0
缬氨酸	8.2±0.1	4.4±0.2	2.3±0.0	3.4±0.1	1.7±0.1	1.1±0.1
甲硫氨酸	1.6±0.2	0.8±0.0	0.4±0.1	1.0±0.0	0.9±0.1	0.8±0.0
异亮氨酸	6.6±0.1	3.2±0.1	1.±0.0	3.2±0.0	1.6±0.0	1.0±0.0
亮氨酸	10.8±0.3	5.4±0.1	2.2±0.0	5.5±0.2	2.7±0.0	1.7±0.0
酪氨酸	4.2±0.2	2.2±0.1	0.9±0.0	2.1±0.1	0.9±0.0	0.6±0.0
苯丙氨酸	6.9±0.3	3.5±0.1	1.5±0.0	3.7±0.1	1.9±0.1	1.3±0.0
组氨酸	3.3±0.1	2.3±0.1	1.4±0.0	3.8±0.0	3.1±0.2	2.7±0.0
赖氨酸	6.9±0.1	3.5±0.1	1.5±0.0	3.5±0.0	1.9±0.1	1.3±0.0
精氨酸	7.3±0.0	3.9±0.1	1.3±0.0	3.1±0.0	1.3±0.0	0.8±0.0
脯氨酸	6.7±0.1	4.1±0.1	1.2±0.0	2.5±0.1	1.1±0.1	0.9±0.1
总氨基酸	119.7±1.9	65.1±1.9	27.8±0.5	60.9±1.2	33.5±1.2	22.6±0.6

（2）N/P 失衡对浮游植物脂肪酸组成及含量的影响

三角褐指藻和中肋骨条藻的总脂肪酸（total fatty acid，TFA）和单不饱和脂肪酸（monounsaturated fatty acid，MUFA）含量在 3 种培养条件下的变化趋势一致，均为低 N/P 组＞高 N/P 组＞对照组。多不饱和脂肪酸（polyunsaturated fatty acid，PUFA）的变化趋势也一致，为低 N/P 组＞对照组＞高 N/P 组（表 3.7）。三角褐指藻和中肋骨条藻多不饱和脂肪酸 EPA（C20∶5ω3）在不同培养条件下的变化趋势分别为对照组＞高 N/P 组＞低 N/P 组和低 N/P 组＞对照组＞高 N/P 组。两种藻 DHA（C22∶6ω3）在不同培养条件下的变化趋势也不一样，三角褐指藻 DHA 的变化趋势为低 N/P 组＞高 N/P 组＞对照组，中肋骨条藻 DHA 的变化趋势为低 N/P 组＞对照组＞高 N/P 组（表 3.7）。总的来说，低 N/P 条件下三角褐指藻和中肋骨条藻的 TFA、PUFA、MUFA 和饱和脂肪酸（saturated fatty acid，SFA）的含量都显著增加，但不同种类的藻、不同种类的脂肪酸对不同 N/P 培养条件的响应规律存在不同。

表 3.7　三角褐指藻（*Phaeodactylum tricornutum*，PT）和中肋骨条藻（*Skeletonema costatum*，SC）在不同 N/P 培养条件下（C：对照组；H：高 N/P 组；L：低 N/P 组）脂肪酸组成及含量

名称	脂肪酸含量/(μg/g)					
	PT-C 组	PT-H 组	PT-L 组	SC-C 组	SC-H 组	SC-L 组
C14∶0	2 549.8	3 684.7	4 942.0	2 741.0	2 216.5	7 709.7
C15∶0	77.5	181.9	205.0	165.4	220.6	623.4
C15∶1	145.9	112.9	76.7	50.1	32.8	98.8
C16∶0	4 803.1	10 185.8	18 484.5	1 596.6	1 925.5	6 081.0
C16∶1	8 275.3	24 287.6	34 832.6	1 182.8	2 064.7	7 999.5
C17∶0	3 031.2	16.9	21.9	182.5	80.5	397.2
C17∶1	589.0	477.9	142.7	38.2	11.6	9.7
C18∶0	134.9	372.9	445.2	525.7	695.2	628.6
C18∶1	196.2	938.9	2 169.7	376.2	371.4	462.2
C18∶2ω6	805.8	784.8	1 022.7	144.4	118.0	283.3
C18∶3ω3	142.1	94.3	127.3	34.4	49.4	28.1
C20∶0	14.6	39.4	37.5	102.8	121.6	202.5
C20∶2	44.1	99.1	106.2	37.0	22.1	23.1
C20∶3ω6	169.7	109.1	249.4	22.5	40.3	25.2
C20∶5ω3	10 833.1	10 710.5	10 176.7	145.6	41.3	225.3
C22∶0	105.8	121.1	135.1	49.2	20.5	49.9
C22∶1ω9	138.0	137.5	84.4	100.5	104.8	144.8
C24∶0	1 092.8	1 241.7	1 326.3	311.6	383.7	345.7
C22∶6ω3	664.2	673.1	1 013.4	300.5	163.8	318.9
TFA	33 813.3	54 270.1	75 599.2	8 107.1	8 684.3	25 657.0
SFA	11 809.7	15 844.4	25 597.5	5 674.9	5 664.3	16 038.0
MUFA	9 344.5	25 954.8	37 306.0	1 747.8	2 585.2	8 715.1
PUFA	12 659.0	12 470.9	12 695.7	684.4	434.9	903.9

（二）无机营养盐组成变化对浮游植物生物量的影响

由于陆源物质输入和水产养殖业发展等的影响，大亚湾的氮磷比值明显升高，磷通常被认为是大亚湾浮游植物生长的主要限制因子（宋星宇等，2004；Wang et al.，2008），但仍存在一些争议，如在大亚湾大鹏澳进行的原位培养实验表明，同时添加氮、磷能促进浮游植物的生长，单独添加氮或磷却不起作用（杨雪等，2016）；大亚湾南澳的中尺度培养实验也表明，单独添加氮或磷都不能促进浮游植物的生长，只有同时添加氮、磷才起作用（Xu et al.，2014）；南澳的培养加富实验表明营养盐对浮游植物的影响存在季节差异，如春季硝态氮对叶绿素 a 含量和初级生产力的促进较大，夏季和秋季硝态氮对叶绿素 a 含量的潜在影响可能受磷酸盐含量的影响（朱艾嘉等，2008）；在南海北部进行的现场加富实验表明，多种营养盐共同限制了浮游植物的生长，营养盐浓度的改变不仅影响浮游植物生物量，而且对浮游植物粒级结构和群落结构也有显著影响（彭欣等，2006）。目前在大亚湾开展的营养盐添加对浮游植物群落结构影响的研究较少，少量的研究表明，磷对浮游植物并没有表现出明显的限制性效应，如南澳春季至夏季浮游植物优势种翼根管藻模式变型（*Rhizosolenia alata* f. *genuina*）、丹麦细柱藻（*Leptocylindrus danicus*）和绕孢角毛藻（*Chaetoceros cinctus*）之间的演替可能受氮、磷共同控制；夏季优势种菱形海线藻（*Thalassionema nitzschioides*）和威氏海链藻（*Thalassiosira weissflogii*）之间的演替可能受营养条件外的因素控制（朱艾嘉等，2009）。夏季氮磷比值较高的实验组未出现磷限制现象，氮磷比值的变化对浮游植物种类组成也没有显著影响，但秋季时氮对浮游植物的种类组成有较明显的潜在影响（朱艾嘉等，2009）；另外，在大亚湾南澳进行的中尺度培养实验表明，硅藻和甲藻是培养体系的优势种（Xu et al.，2014）。

为了探讨大亚湾浮游植物生长受单一元素限制（氮、磷和硅）或协同限制的可能，以及无机营养盐对大亚湾浮游植物群落结构的影响，2015 年 8 月进行了无机营养盐加富培养实验，共设置 5 个处理组，分别为添加无机氮硅组（NSi）、添加无机氮磷组（NP）、添加无机磷硅组（PSi）、添加无机氮磷硅组（NPSi）和不添加任何营养盐的对照组，每个处理组设置 3 个平行样。采样站位包括湾内的 S1 站和 S3 站、湾口的 S8 站和湾外的 S14 站。研究了总叶绿素 a 和镜检微型浮游植物（较大粒级），以此探讨无机营养盐对大亚湾浮游植物生长和群落结构的影响。

1. 无机氮、磷、硅对总叶绿素 a 的影响

总叶绿素 a 在无机营养盐加富培养实验前后的变化情况见图 3.37。对于湾内 S1 站，PSi 组和 NPSi 组的叶绿素 a 显著增加，增加程度较为一致且最高，NP 组叶绿素 a 也显著增加，但 NSi 组变化不明显，说明 S1 站浮游植物对磷的依赖性比较高。湾内 S3 站初始的叶绿素 a 含量和营养盐含量均很高，加富后，叶绿素 a 发生了不同程度的降低，其中对照组和 PSi 组降低得最快。加富后，NPSi 组、NSi 和 NP 组的叶绿素 a 显著高于对照组，而 PSi 组不明显，说明 S3 站浮游植物对无机氮营养盐更为依赖。在湾口 S8 站，仅 NSi 和 NPSi 组在加富后叶绿素 a 显著增加，NP 和 PSi 组变化不明显，说明该站浮游植物的生

长并不存在单一的营养盐限制，而是氮和硅共同调控着浮游植物的生长。在湾外的 S14 站，NSi、NP 和 NPSi 组的叶绿素 a 显著增加，其中 NPSi 组和 NP 组增加最多，PSi 组无明显变化，说明该站浮游植物主要受到氮、磷的协同限制或者氮限制，且氮限制强度高于磷。

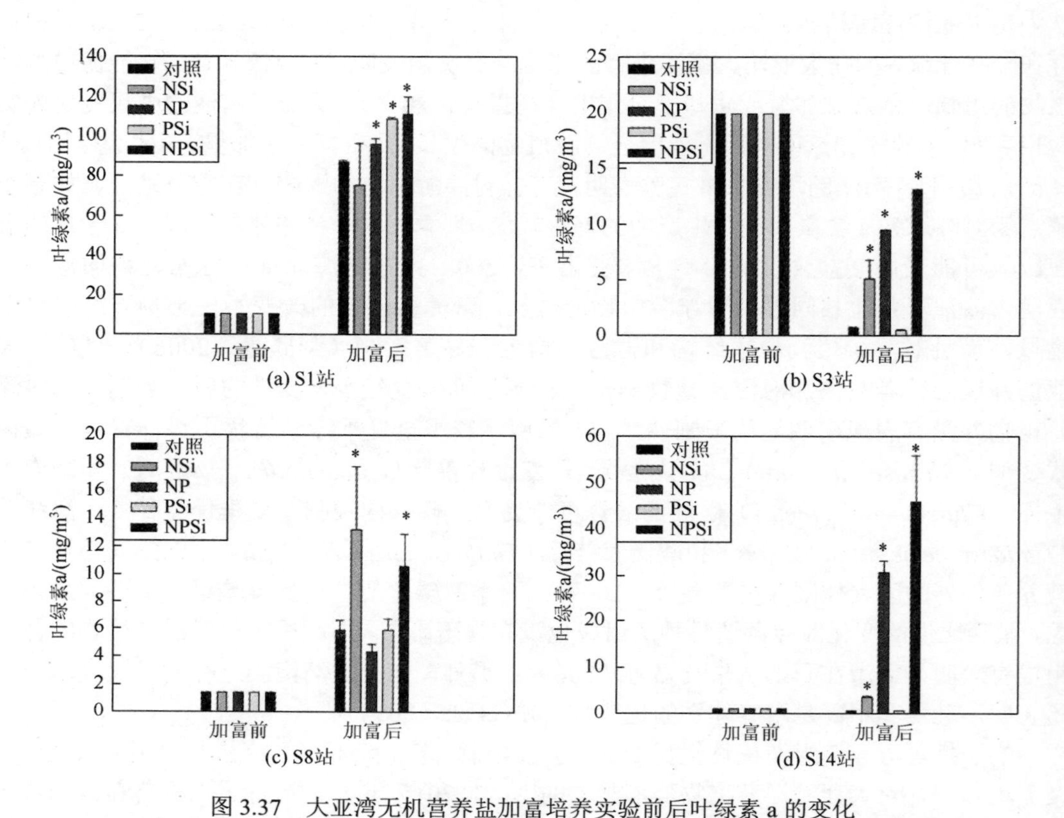

图 3.37　大亚湾无机营养盐加富培养实验前后叶绿素 a 的变化

对照：不添加任何营养盐的对照组；NSi：添加无机氮硅组；NP：添加无机氮磷组；PSi：添加无机磷硅组；NPSi：添加无机氮磷硅组

2. 无机氮、磷、硅对浮游植物群落结构的影响

无机氮、磷、硅加富前后，浮游植物的种类组成发生了显著的变化（表 3.8）。聚类分析结果表明，在 S1 站，NP 组和 NPSi 组浮游植物群落结构的变化相似，对照组和 PSi 及 NSi 组的群落结构变化相似。在 S3 站，对照组和 NP 组的群落结构变化相似，另外三组结果类似，可能反映了在氮、磷输入较高背景下，浮游植物群落结构对硅酸盐的依赖更强。在 S8 站，对照组和 NP 组浮游植物群落结构的变化相似，NSi 组和 PSi 组相似。在 S14 站，对照组和 NSi 组浮游植物群落结构变化相似，NP 组和 NPSi 组的浮游植物发生显著增长。

对于所有站位，硅藻基本占浮游植物的 60%～90%，添加无机营养盐后，总体表现为硅藻比甲藻在生长竞争中处于优势地位（S3 站除外，图 3.38，图 3.39）。具体而言，S1 站加富后对照组的硅藻占比为 68%，NSi 组为 61%，NP、PSi 和 NPSi 组的比例则分别增加至95%、98%和87%；对于甲藻，对照组为32%，而NP、PSi和NPSi组的甲藻比例分别为5%、2%和13%，说明磷可以显著促进该站硅藻的生长。在S3站，培养后对照组的硅藻占比为91%，NSi、NP、PSi和NPSi组的硅藻占比变化不大（NP）或者降低，分别为79%、96%、86%和89%；对于甲藻，对照组的甲藻比例为2%，NSi、NP、PSi和NPSi组的甲藻比例则分别明显增加至8%、4%、14%和11%，表明加富后甲藻在生长竞争中处于有利地位。在S8站，加富后对照组的硅藻比例为84%，NSi、NP、PSi组的硅藻比例分别增加至98%、90%和98%；对照组的甲藻比例为16%，NSi、NP、PSi组甲藻比例分别降低至2%、10%和1%，仅NPSi组甲藻比例明显增加至21%。在S14站，加富后对照组的硅藻比例为57%，NSi、NP、PSi和NPSi组的硅藻比例分别增加至85%、88%、93%和73%，表明无机氮、磷、硅的加富均有利于硅藻的生长；对于甲藻，对照组为43%，NSi、NP、PSi和NPSi组的甲藻比例大幅度降低，分别为15%、12%、7%和27%，加富后甲藻在竞争中处于劣势地位。

表3.8　大亚湾无机营养盐加富培养前后浮游植物的群落结构参数

站位	样品	*S*	*N*	*D*	*J'*	*H'*	1-Lambda'
S1	对照	10	72	2.10	0.67	1.56	0.66
	NSi	10	175	1.74	0.40	0.92	0.37
	NP	9	270	1.42	0.63	1.40	0.67
	PSi	10	64	2.16	0.62	1.43	0.63
	NPSi	8	203	1.31	0.68	1.43	0.69
S3	对照	8	31	2.03	0.84	1.75	0.80
	NSi	6	1348	0.69	0.19	0.35	0.14
	NP	8	55	1.74	0.75	1.56	0.74
	PSi	13	527	1.91	0.27	0.69	0.26
	NPSi	6	377	0.84	0.41	0.73	0.33
S8	对照	7	36	1.67	0.78	1.52	0.75
	NSi	5	24	1.25	0.84	1.36	0.73
	NP	8	65	1.67	0.89	1.85	0.83
	PSi	4	21	0.98	0.68	0.94	0.55
	NPSi	13	527	1.91	0.27	0.69	0.26
S14	对照	7	18	2.07	0.92	1.79	0.86
	NSi	5	19	1.35	0.80	1.29	0.69
	NP	8	203	1.31	0.68	1.43	0.69
	PSi	8	194	1.32	0.55	1.16	0.56
	NPSi	9	156	1.58	0.66	1.46	0.65

注：*S*为种类；*N*为数量；*D*为丰富度指数；*J'*为Pielou均一度指数；*H'*为香农指数

从优势种群看（图3.39），在S1站，加富前浮游植物的优势种主要有中肋骨条藻（*Skeletonema costatum*）、圆海链藻（*Thalassiosira rotula*）、菱形海线藻（*Thalassionema nitzschioides*），比例分别为60.7%、22.7%和7.6%，加富后浮游植物优势种主要有绕孢角毛藻（*Chaetoceros cinctus*）、菱形海线藻、极小海链藻（*Thalassiosira minima*）、锥状斯氏藻（*Scrippsiella trochoidea*）、圆海链藻。在 S3 站，加富前浮游植物优势种为极小海链藻、中肋骨条藻，比例分别为 92.1%和 5.6%，加富后优势种为绕孢角毛藻、极小海链藻、菱形海线藻、锥状斯氏藻。在 S8 站，加富前优势种为中肋骨条藻、极小海链藻、菱形海线藻、锥状斯氏藻，比例分别为 39.4%、10.1%、6.4%和 5.5%，加富后优势种为绕孢角毛藻、极小海链藻、中肋骨条藻、锥状斯氏藻、圆海链藻、菱形海线藻。在 S14 站，加富前优势种为优美拟菱形藻（*Pseudonitzschia delicatis*）、中肋骨条藻、圆海链藻和极小海链藻，比例分别为 30.5%、18.3%、15.3%和 11.5%，加富后优势种为菱形海线藻、锥状斯氏藻、绕孢角毛藻、极小海链藻、圆海链藻、中肋骨条藻、海链藻（*Thalassiosira* sp.）。

3. 无机氮、磷、硅对浮游植物优势种丰度的影响

营养盐加富不仅对浮游植物群落结构的演替影响显著，而且对浮游植物优势种的丰度也有明显影响。这里以绕孢角毛藻和锥状斯氏藻这两个优势种进行说明（图 3.40）。

对于绕孢角毛藻，在 S1 站经加富培养后，PSi 和 NPSi 组的丰度显著增加，而 S3 站和 S14 站各处理组的丰度明显降低，可能与 S3 站初始的浮游植物丰度较高有关；随着培

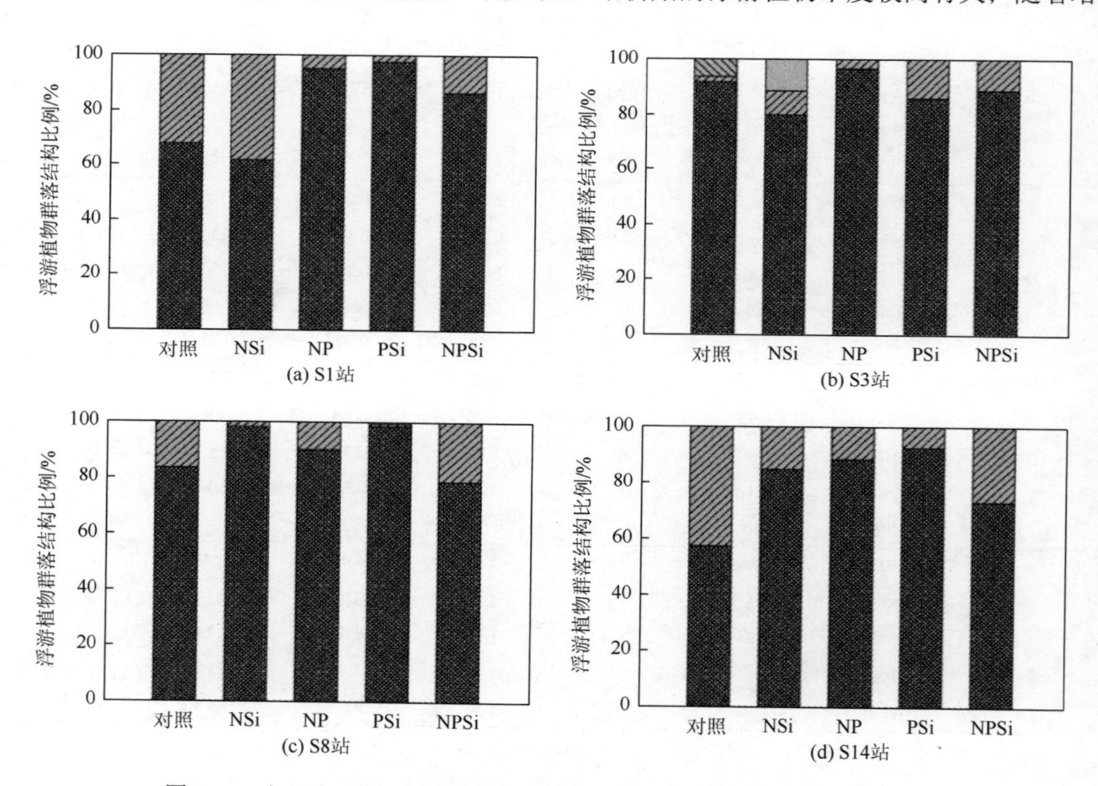

图 3.38　大亚湾无机营养盐加富培养硅藻、甲藻、蓝藻、绿藻比例的变化

对照：不添加任何营养盐的对照组；NSi：添加无机氮硅组；NP：添加无机氮磷组；PSi：添加无机磷硅组；NPSi：添加无机氮磷硅组

硅藻；甲藻；蓝藻；绿藻

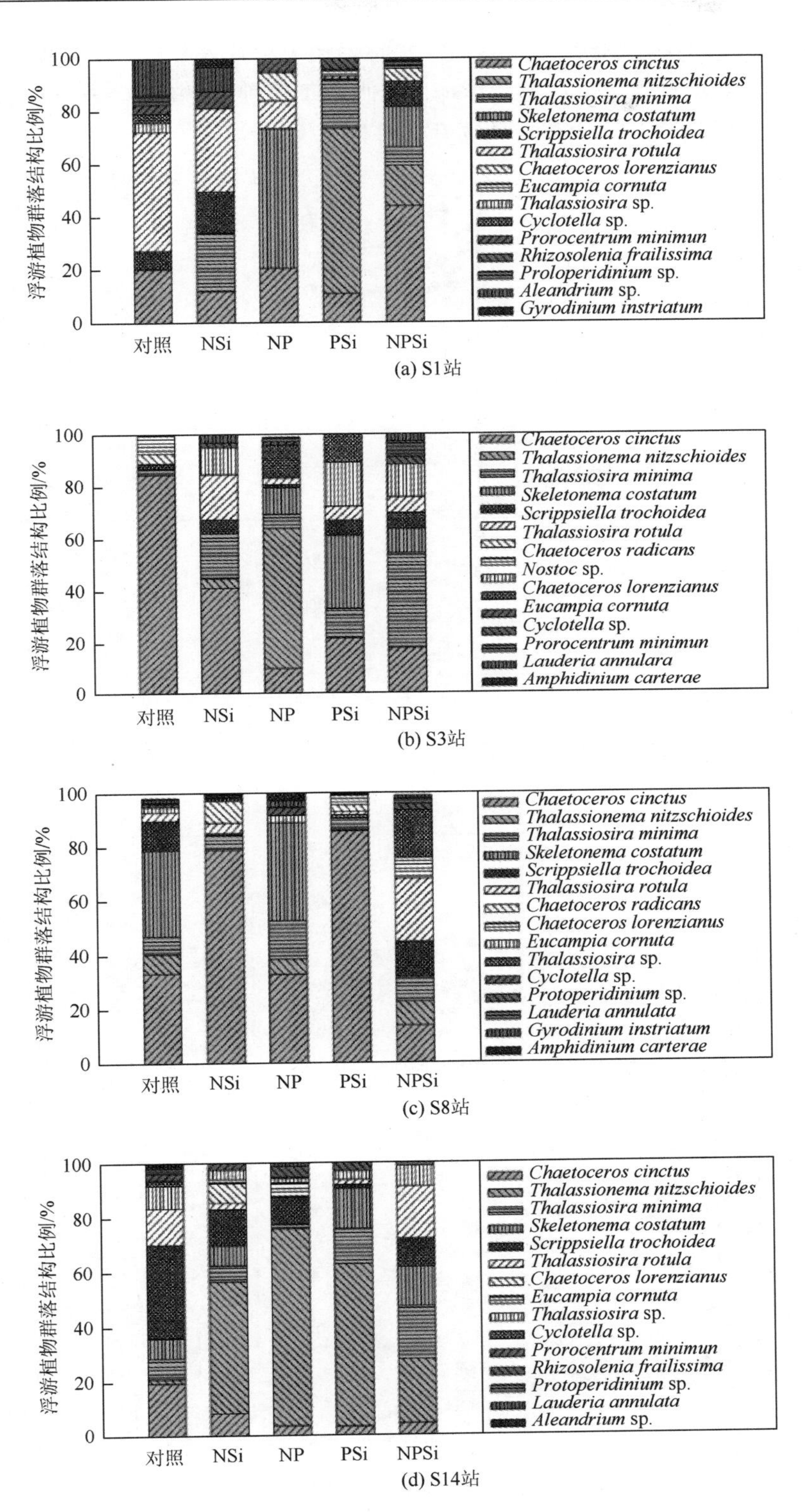

图 3.39　大亚湾无机营养盐加富培养浮游植物的群落结构

养时间延长，浮游植物逐渐处于衰败期，此时添加无机营养盐就不会起到促进作用。在S8站，NSi和PSi处理组的丰度显著增加，其他处理组则丰度降低，表明添加无机营养盐可以促进绕孢角毛藻在与其他浮游植物竞争时处于优势地位。

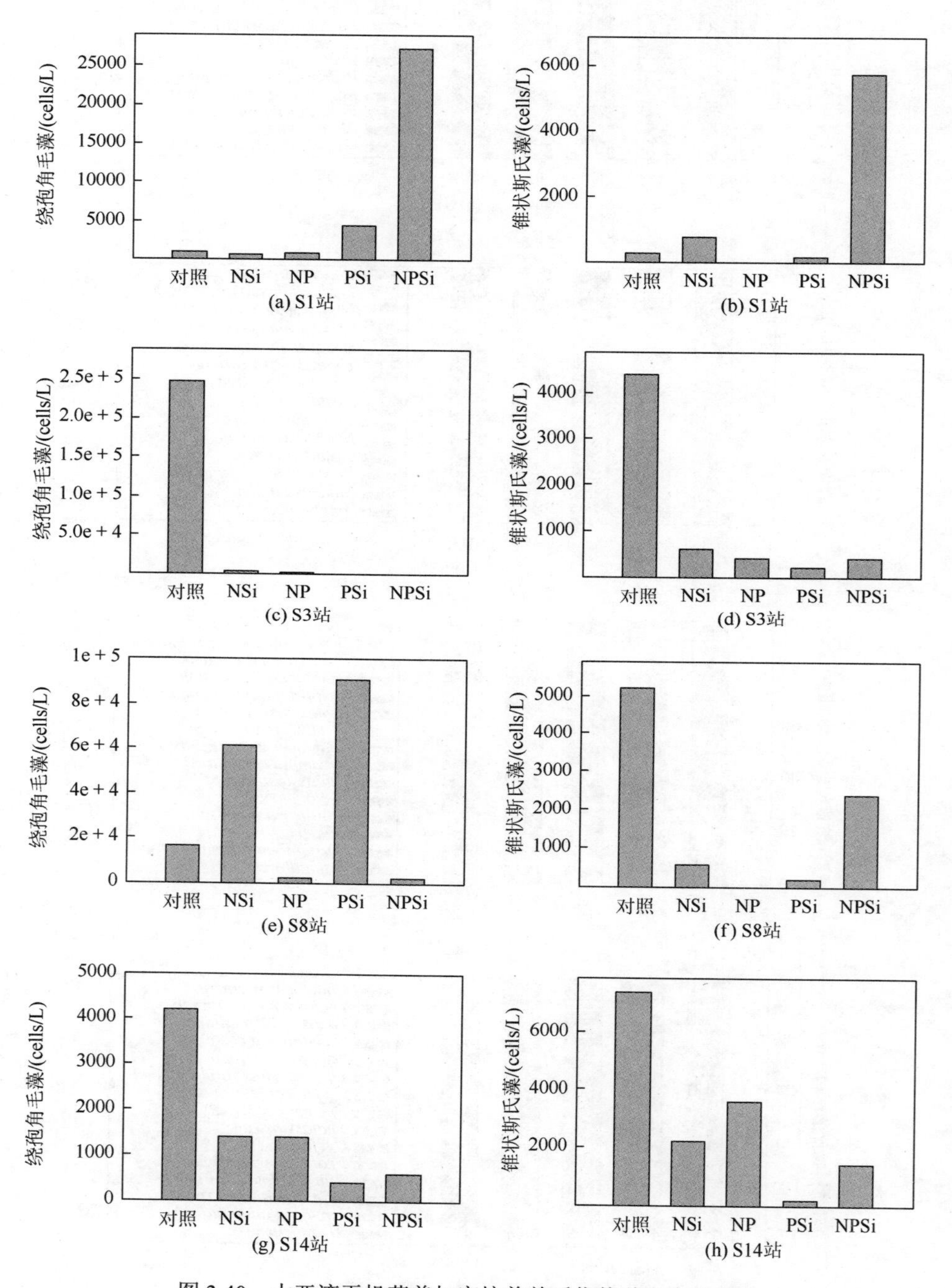

图 3.40　大亚湾无机营养加富培养前后优势种丰度的变化

对照：不添加任何营养盐的对照组；NSi：添加无机氮硅组；NP：添加无机氮磷组；PSi：添加无机磷硅组；NPSi：添加无机氮磷硅组

对于锥状斯氏藻，S1 站培养后 NPSi 组的丰度明显增加，其他处理组表现不明显。在 S3、S8 和 S14 站，各个处理组的丰度都明显低于对照组，表明当培养体系中无机营养盐丰富时，锥状斯氏藻在与其他浮游植物的生长竞争中处于劣势地位，它们可能更适宜在贫无机营养盐的状况下生存。

大亚湾不同区域浮游植物生长的限制性无机营养因子存在差异，其中湾内 S1 站浮游植物对无机磷的依赖性比较高，S3 站对无机氮依赖性较高；湾中部（S8 站）浮游植物的生长可能受无机氮、磷、硅的共同调控；湾外（S14 站）主要受无机氮、磷的协同限制，且氮限制的强度高于磷。从大亚湾浮游植物群落结构看，硅藻占浮游植物的 60%～90%，添加无机营养盐后，硅藻总体上比甲藻在生长竞争中处于优势地位（S3 站除外）。

（三）无机营养盐组成变化对碳、氮生物吸收的影响

1. 无机营养盐组成变化对无机碳生物吸收的影响

2017 年春、夏、秋和 2018 年冬 4 个季节对大亚湾无机碳生物吸收速率进行了研究，利用 ^{14}C 示踪法实测获得表层和底层无机碳生物吸收速率，探讨无机营养组分变化对碳生物吸收的影响，以及浮游植物对营养物质变化的响应。

大亚湾无机碳生物吸收速率存在明显的季节差异，其季节变化规律为：春季＞夏季＞秋季＞冬季，而且各季节无机碳生物吸收速率的空间变化模式类似，其区域分布特征为：河口＞湾内＞湾中＞湾口（图 3.41）。在大亚湾西北部的淡澳河影响区，春、夏、秋 3 个季节的无机碳生物吸收速率均较高，说明河口输入的营养物质对碳生物吸收有明显的促进作用。该区域春季时无机碳生物吸收速率更是高达 400 mg/(m^3·d)，可能与春季淡澳河径流量增加导致的营养物质输入增加有关。冬季时，大亚湾无机碳生物吸收速率的高值出现在范和港附近海域，淡澳河附近海域的无机碳生物吸收速率相对降低（图 3.41），可能与冬季淡澳河径流量较小有关（孙丽华等，2003）。

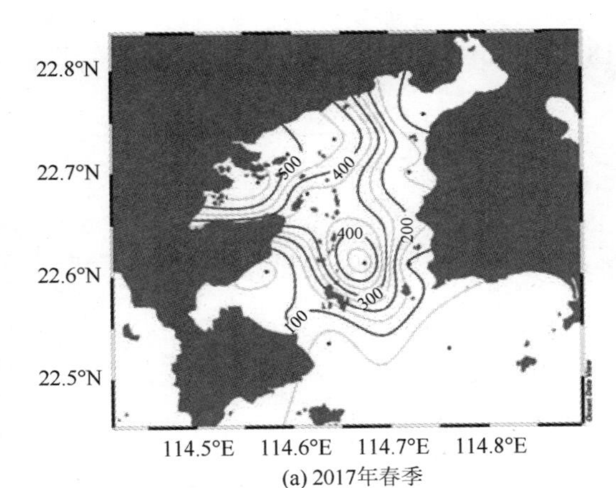

(a) 2017年春季

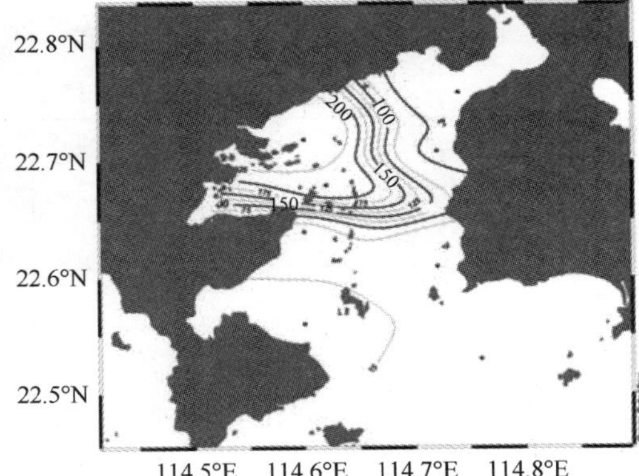

(b) 2017年夏季

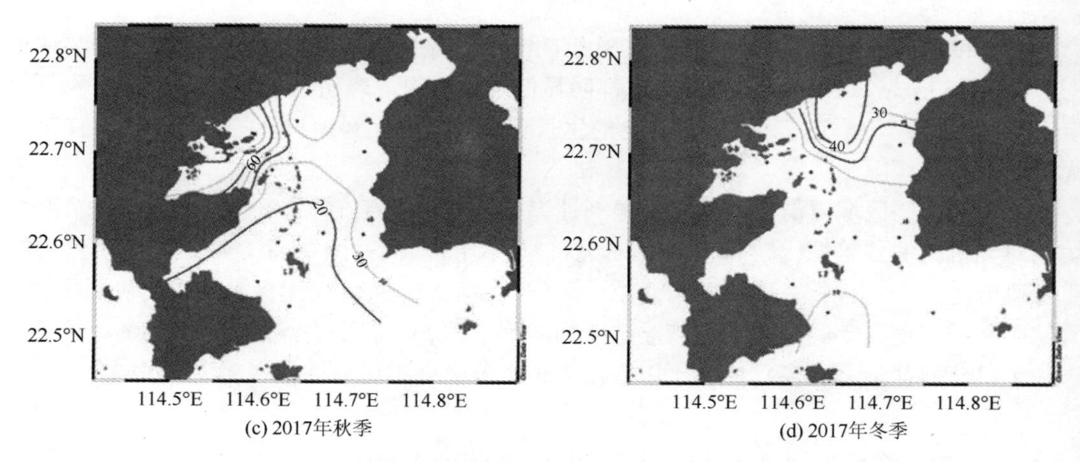

(c) 2017年秋季　(d) 2017年冬季

图 3.41　4 个季节大亚湾表层无机碳生物吸收速率的空间变化［单位：mg/(m³·d)］

4 个季节中，大亚湾的无机碳生物吸收速率均与 DIN 呈现显著的正相关关系（$y = 4.33x + 55.66$，$P<0.005$），尤其是春季（图 3.42），说明在春季浮游植物生长旺盛时，氮源是限制大亚湾浮游植物生长的主要因素。与无机氮营养盐不同，无机碳生物吸收速率与 DIP、活性硅酸盐（Si）含量之间均不存在显著的相关性，说明无机磷和硅酸盐可能不是影响大亚湾无机碳生物吸收速率的主要因素。无机碳生物吸收速率与 DIN/DIP 在 4 个季节均不存在显著的相关性，但如果将 4 个季节的数据合并考虑，则可看到无机碳生物吸收速率与 DIN/DIP 之间表现出显著的正相关（$y = 1.11x + 145.29$，$P<0.05$）（图 3.42），进一步说明无机氮是大亚湾无机碳生物吸收的主要调控因素。

2017 年春季和夏季，对大亚湾 S1、S9 和 S14 站不同深度层次的水体分别进行了无机氮（KNO_3，添加浓度为 25 μmol/L）和无机磷（KH_2PO_4，添加浓度为 2.5 μmol/L）的加富实验。结果表明，无机营养盐加富对不同站位无机碳生物吸收速率的影响并不一致。与分别位于湾内和湾中的 S1 站和 S9 站相比，添加无机营养盐对湾口 S14 站的无机碳生物吸收有更明显的促进作用（表 3.9）。这种空间上的变化与海水本身无机营养盐含量的空间变化有关，湾口区主要受外海水影响，陆地径流输入的营养盐对湾口的影响较小，导致湾口区无机营养盐含量普遍较低（姜歆等，2018），进而限制了浮游植物对无机碳的生物吸

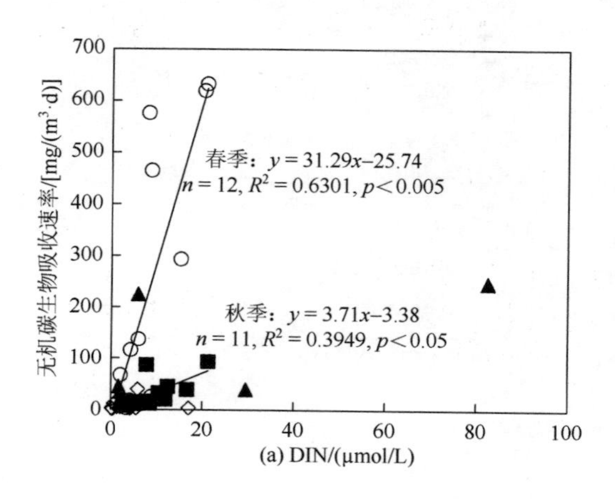

(a) DIN/(μmol/L)

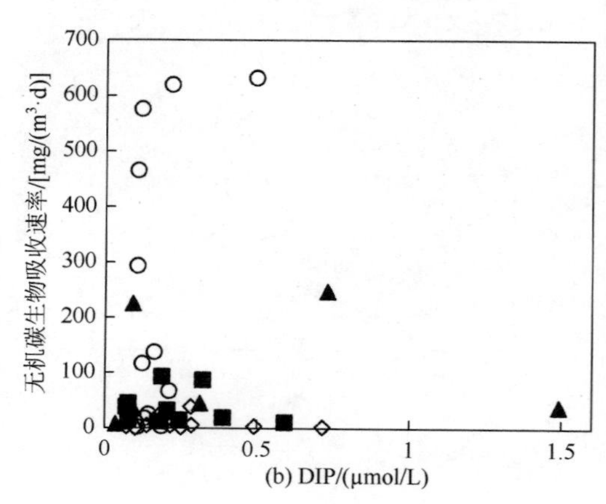

(b) DIP/(μmol/L)

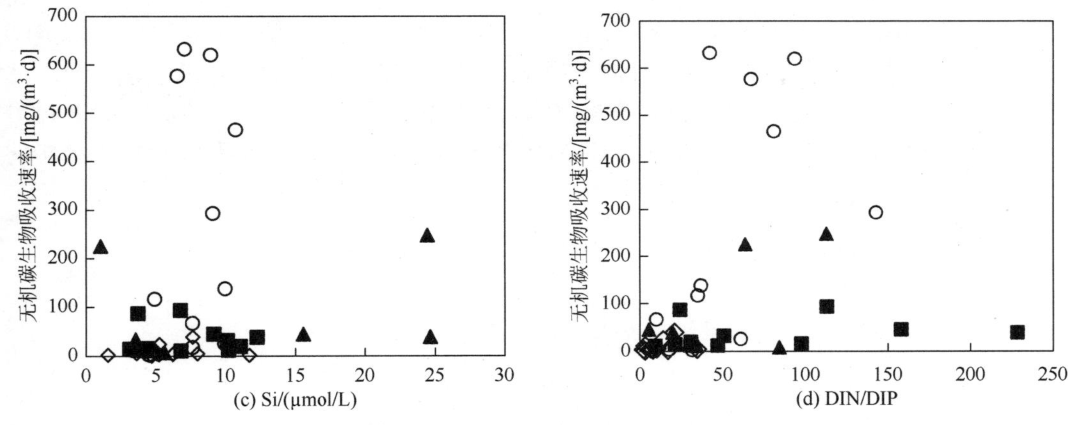

图 3.42　大亚湾 4 个季节无机碳生物吸收速率与主要营养盐的关系

○2017 年春季；▲2017 年夏季；■2017 年秋季；◇2018 年冬季

收。此外，即使是同一站位，不同季节添加无机营养盐对无机碳生物吸收速率的影响也不尽相同。春季更多表现为氮限制，而夏季可能为氮、磷的共同限制。这可能是由于春季浮游植物快速繁殖消耗了大量无机营养盐，导致夏季水体营养盐不足以支持浮游植物的持续快速生长（表 3.9）。

表 3.9　2017 年春季、夏季无机营养盐加富实验结果

站位	深度/m	2017 年春季			2017 夏季		
		+N	+P	+N+P	+N	+P	+N+P
S1	0		+		+	+	
S9	0	+					+
	8	+	+		nd	nd	nd
	15					++	
S14	0	++	++				
	20	++			++	+	++

注：+N，仅添加无机氮；+P，仅添加无机磷；+N+P，同时添加无机氮和无机磷；+，表示无机碳生物吸收速率比对照组增加 10%以上；++，表示无机碳生物吸收速率比对照组增加 50%以上；nd，没有数据

2017 年春季，对大亚湾 S1 站和 S14 站表层水体同时开展了 DIN（KNO_3）和 DIP（KH_2PO_4）不同浓度梯度的加富实验。结果表明，不同浓度的 DIN 或者 DIP 加富，对 S1 站和 S14 站的无机碳生物吸收速率都有一定程度的促进作用，尤其是在相对贫营养的 S14 站更明显（图 3.43a）。随着不同浓度 DIN、DIP 的添加，DIN/DIP 值随之发生改变。S1 站表层水体初始的 DIN/DIP 值为 9.8，低于经典的 Redfield 比值。添加了 DIN 后，DIN/DIP 值增加，无机碳生物吸收速率随之提高。当 DIN/DIP 值约为 250 时，无机碳生物吸收速率达到最高值，随后有所降低并趋于稳定（图 3.43b）。添加 DIP 对 S1 站无机碳生物吸收速率则没有显著的促进作用（图 3.43c）。值得注意的是，S14 站现场海水初始的 DIN/DIP 值为 17.6，与 Redfield 比值接近，此时添加 DIN、DIP 均可促进无机碳的生物吸收速率，并且在 DIN/DIP 值接近 350 时无机碳生物吸收速率达到最高值（图 3.43b）。两个站位无

机碳吸收对 DIN/DIP 的响应存在差异，同样可以佐证 S1 站由于藻类大量繁殖导致 DIN 的过度损耗，而湾口的 S14 站由于外海水影响，浮游植物可能受氮、磷的共同限制。从 DIN、DIP 加富实验结果可以看出，最适宜大亚湾浮游植物吸收无机碳的 DIN/DIP 值可能远高于 Redfield 比值，且不同站位的适宜比值不尽相同，可能与浮游植物群落结构的差异有关。

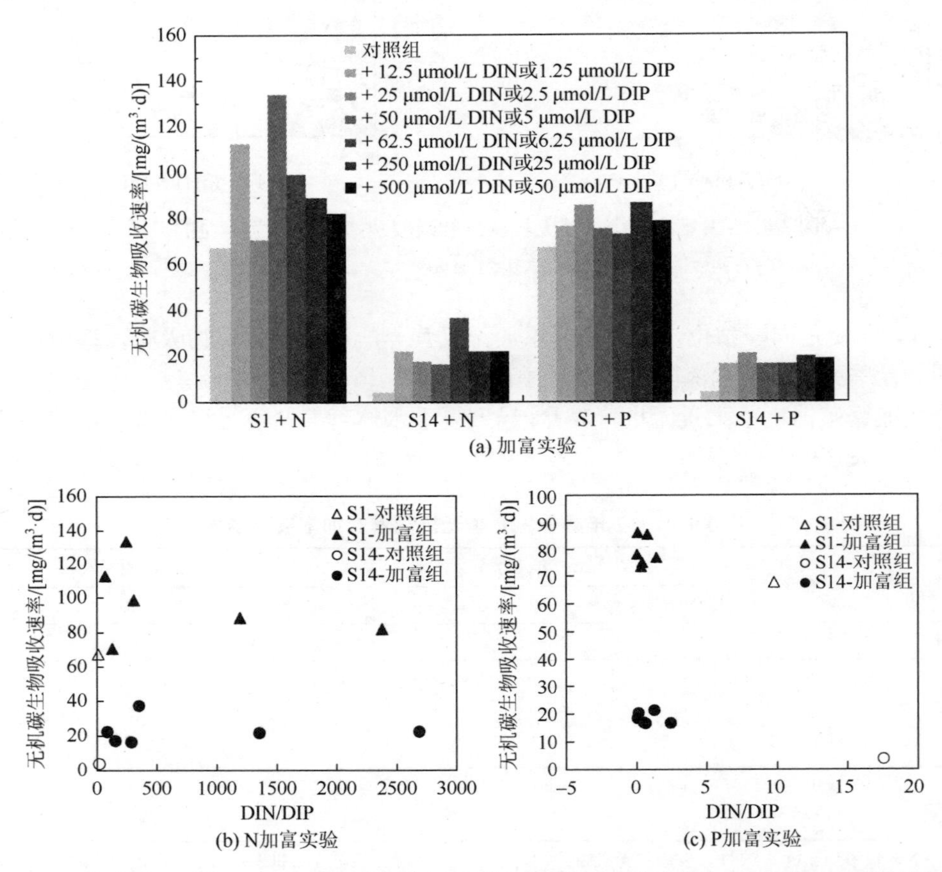

图 3.43　2017 年春季大亚湾 S1 站和 S14 站表层水体添加不同浓度无机营养盐对无机碳生物吸收速率的影响

DIN 添加浓度分别为 12.5，25，50，62.5，250 和 500 μmol/L；DIP 添加浓度分别为 1.25，2.5，5，6.25，25 和 50 μmol/L

2. 无机营养盐组成对无机氮生物吸收的影响

无机氮是海洋生物生长的必需营养盐，在很大程度上决定着海洋生态群落净生产力和海洋生物资源的可持续利用。通过利用 ^{15}N 丰度＞98%的 $K^{15}NO_3$ 和 $(^{15}NH_4)_2SO_4$ 作为示踪剂，结合现场受控培养实验，揭示了胶州湾和大亚湾硝酸盐和铵盐生物吸收速率的季节和空间变化，以及无机营养盐组成对无机氮生物吸收的影响。

（1）胶州湾无机氮生物吸收速率

硝酸盐（NO_3^-）生物吸收速率：春季 NO_3^- 绝对吸收速率 $\rho_{NO_3^-}$ 介于 0.003～0.599 μmol/(L·d)，平均为（0.061±0.102）μmol/(L·d)；夏季 $\rho_{NO_3^-}$ 介于 0.008～1.389 μmol/(L·d)，

平均为（0.216±0.352）μmol/(L·d)；秋季 $\rho_{NO_3^-}$ 介于 0.002～1.292 μmol/(L·d)，平均为（0.078±0.230）μmol/(L·d)；冬季 $\rho_{NO_3^-}$ 介于 0～0.160 μmol/(L·d)，平均为（0.011±0.029）μmol/(L·d)。硝酸盐的生物吸收主要受水温和光照的影响。由于地理位置的因素，胶州湾温度要低于大亚湾，同时温度的季节变化更明显，由此导致胶州湾各季节的 $\rho_{NO_3^-}$ 均低于同时期的大亚湾。若以内湾口为界，将胶州湾分为湾内和湾外两个区域，除夏季 $\rho_{NO_3^-}$ 的高值出现在湾外海区之外，其余三个季节的高值均出现在湾内区域（图 3.44）。胶州湾表层、底层 $\rho_{NO_3^-}$ 的季节变化规律均表现为夏季最高，春秋次之，冬季最低的特征，且底层 $\rho_{NO_3^-}$ 要低于表层，表明光照强度对 NO_3^- 的吸收存在一定影响（图 3.45）。

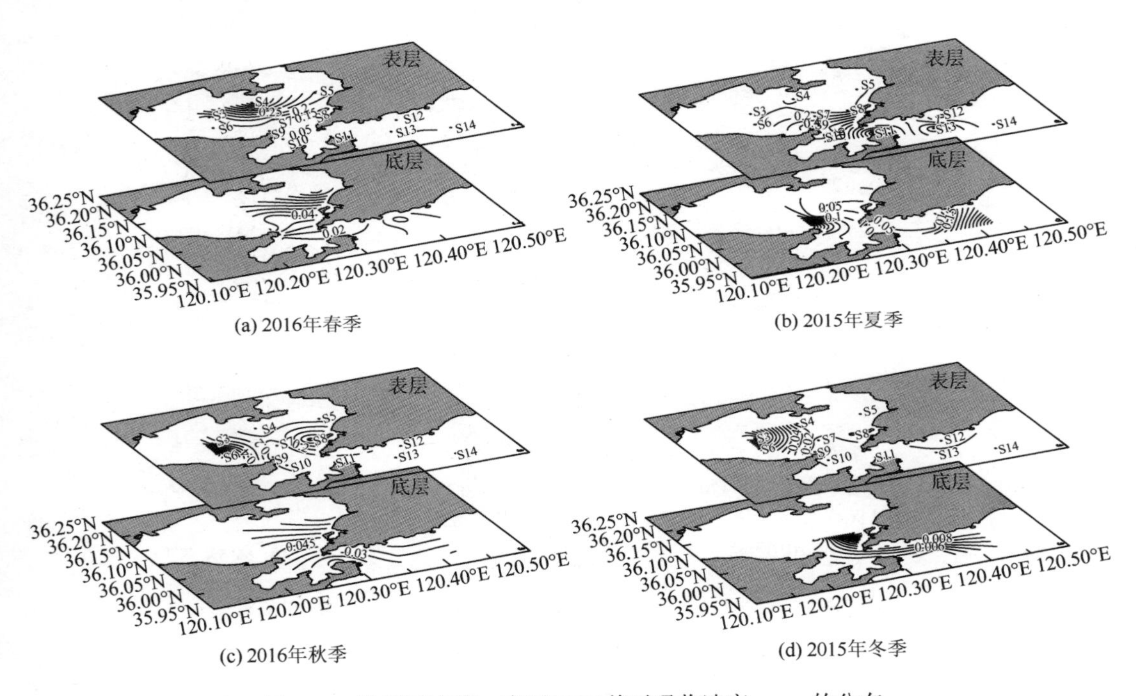

(a) 2016年春季　(b) 2015年夏季

(c) 2016年秋季　(d) 2015年冬季

图 3.44　胶州湾表层、底层 NO_3^- 绝对吸收速率 $\rho_{NO_3^-}$ 的分布

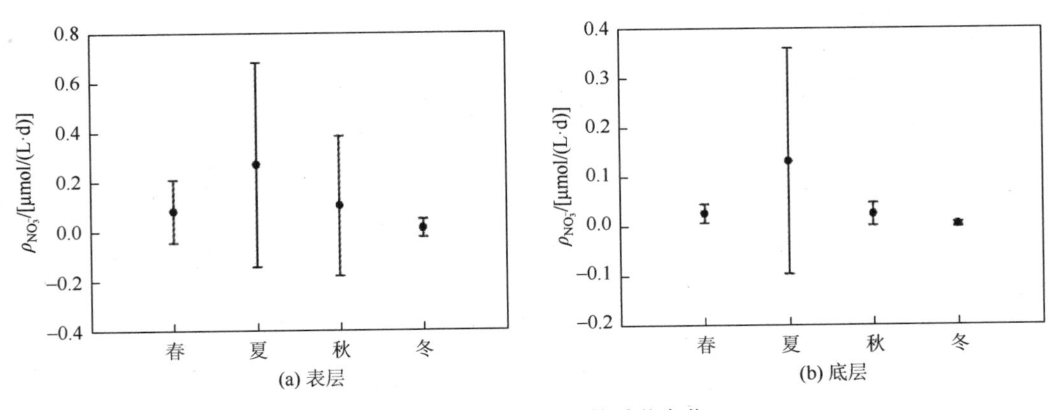

(a) 表层　(b) 底层

图 3.45　胶州湾 $\rho_{NO_3^-}$ 的季节变化

铵盐（NH_4^+）生物吸收速率：春季 NH_4^+ 绝对吸收速率 $\rho_{NH_4^+}$ 介于0.068～12.433 μmol/(L·d)，平均为（1.686±2.462）μmol/(L·d)；夏季 $\rho_{NH_4^+}$ 介于0.021～7.170 μmol/(L·d)，平均为（0.782±1.330）μmol/(L·d)；秋季 $\rho_{NH_4^+}$ 介于0.016～2.742 μmol/(L·d)，平均为（0.722±0.703）μmol/(L·d)；冬季 $\rho_{NH_4^+}$ 介于0.001～0.304 μmol/(L·d)，平均为（0.055±0.078）μmol/(L·d)。除春季外，胶州湾 $\rho_{NH_4^+}$ 均要低于大亚湾。与 $\rho_{NO_3^-}$ 空间分布一致的是，只有夏季的 $\rho_{NH_4^+}$ 高值出现在湾外海区，其余三季均表现为湾内高于湾外（图3.46）。

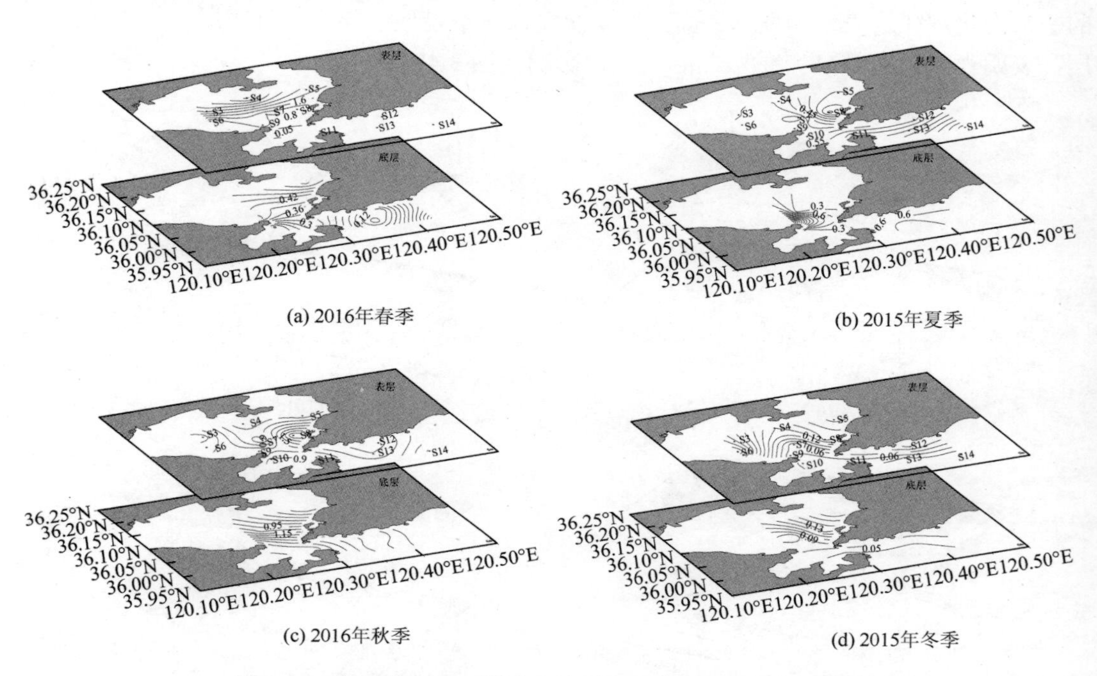

(a) 2016年春季　(b) 2015年夏季

(c) 2016年秋季　(d) 2015年冬季

图3.46　胶州湾表层、底层 NH_4^+ 绝对吸收速率 $\rho_{NH_4^+}$ 的分布

由图3.47可以看出，$\rho_{NH_4^+}$ 表现为：春季＞夏季≈秋季＞冬季，且表层与底层的季节

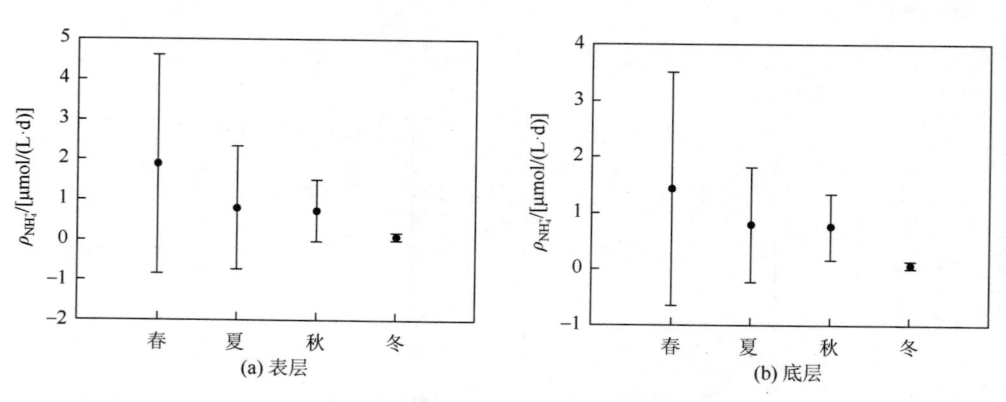

(a) 表层　(b) 底层

图3.47　胶州湾 $\rho_{NH_4^+}$ 的季节变化

变化规律完全一致。胶州湾 NH_4^+ 吸收的高值是由于水体中 NH_4^+ 出现高值所致，春季采样时正值小雨天气，陆地径流加大，铵盐吸收速率出现高值。对于胶州湾 NH_4^+ 吸收速率表现出来的夏、秋、冬三季底层吸收速率与表层接近的情况，可能与胶州湾 NH_4^+ 吸收存在光抑制现象有关，即光照强度在 30%～50%时铵盐的吸收速率反而要高于 100%光照强度。

无机营养盐组成对 $\rho_{NO_3^-}$ 和 $\rho_{NH_4^+}$ 的影响：分别用胶州湾四季表层、底层硝酸盐和铵盐生物吸收速率对 NO_3^-、NH_4^+、DIP、DIN/DIP、NO_3^- / NH_4^+ 作图，除 NH_4^+ 浓度抑制 NO_3^- 的生物吸收外（图 3.48），未发现与其他环境参数存在明显的相关关系。根据表 3.10 可知，胶州湾浮游植物在 4 个季节均会优先吸收 NH_4^+，其中夏、冬两季的优先性更为明显。胶州湾 NO_3^-、NH_4^+ 的周转时间都表现为夏季周转最快，这与夏季浮游植物生长活跃，吸收营养盐较快有关。春、秋两季硝酸盐和铵盐的周转时间比较一致，冬季周转最慢。冬季 NO_3^- 储量大，因此 NO_3^- 周转时间较长。

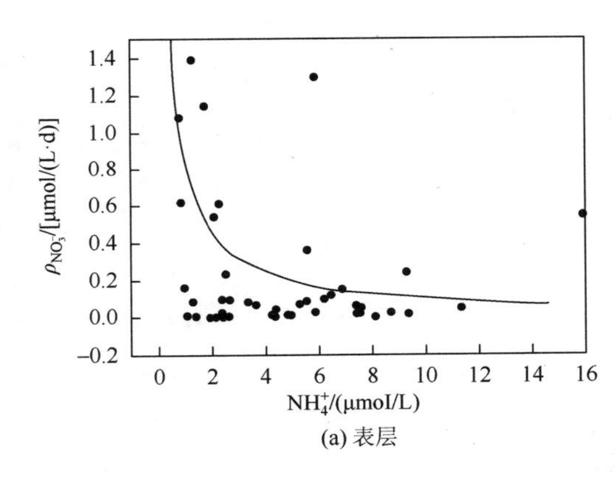

(a) 表层

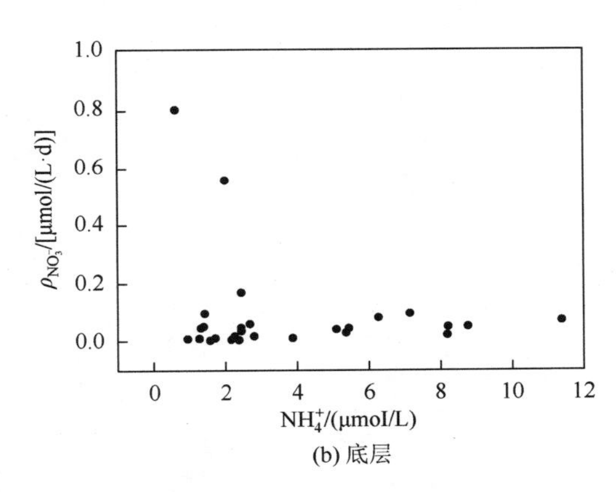

(b) 底层

图 3.48　胶州湾 $\rho_{NO_3^-}$ 与 NH_4^+ 浓度的关系

表 3.10　胶州湾 4 个季节 NO_3^- 和 NH_4^+ 的相对优先指数（RPI）与周转时间（τ）

季节	$RPI_{NO_3^-}$	$RPI_{NH_4^+}$	$\tau_{NO_3^-}$ / d	$\tau_{NH_4^+}$ / d
春季	0.14	2.07	59.05	4.55
夏季	0.42	2.81	14.56	2.25
秋季	0.16	1.67	54.28	6.64
冬季	0.22	3.23	736.13	52.86

（2）大亚湾无机氮的生物吸收速率

硝酸盐（NO_3^-）生物吸收速率：春季 NO_3^- 绝对吸收速率 $\rho_{NO_3^-}$ 介于 0.002～9.516 μmol/(L·d)，平均为（0.980±2.013）μmol/(L·d)，受 S10 站、S14 站高值影响，略高于湖光岩玛珥湖（张国维等，2015）和太湖（杨柳等，2011）测得的 0.408 μmol/(L·d)；夏季 $\rho_{NO_3^-}$ 介于 0.004～14.845 μmol/(L·d)，平均为（1.230±2.740）μmol/(L·d)；秋季 $\rho_{NO_3^-}$

介于 0.003～6.408 μmol/(L·d)，平均为（0.633±1.294）μmol/(L·d)；冬季 $\rho_{NO_3^-}$ 介于 0.006～5.342 μmol/(L·d)，平均为（0.299±0.782）μmol/(L·d)。春、秋两季 $\rho_{NO_3^-}$ 的高值出现在湾中（S10 站、S11 站），夏、冬两季的高值出现在湾内（S6 站、Z2 站），整体表现出西部高、东部低的特征。硝酸盐的绝对吸收速率在春、秋两季呈现底高表低的趋势，夏、冬两季则呈现表高底低的趋势（图 3.49）。由图 3.50 可以看出，大亚湾表层 $\rho_{NO_3^-}$ 的季节变化表现为春夏最高，秋季次之，冬季最低。底层 $\rho_{NO_3^-}$ 表现为夏季最高，而春、秋、冬三季相差不大。表层年均值为 0.90 μmol/(L·d)，底层年均值为 0.59 μmol/(L·d)，除冬季外，其余三个季节的表层 $\rho_{NO_3^-}$ 均要高于底层。

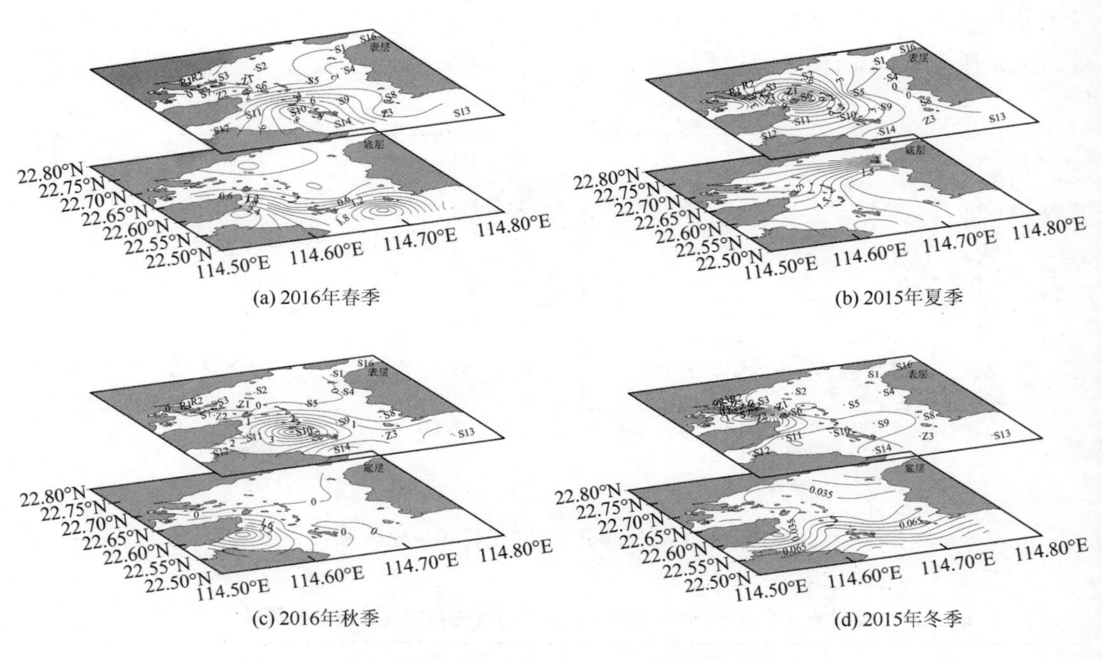

图 3.49　大亚湾表层、底层 NO_3^- 绝对吸收速率 $\rho_{NO_3^-}$ 的分布

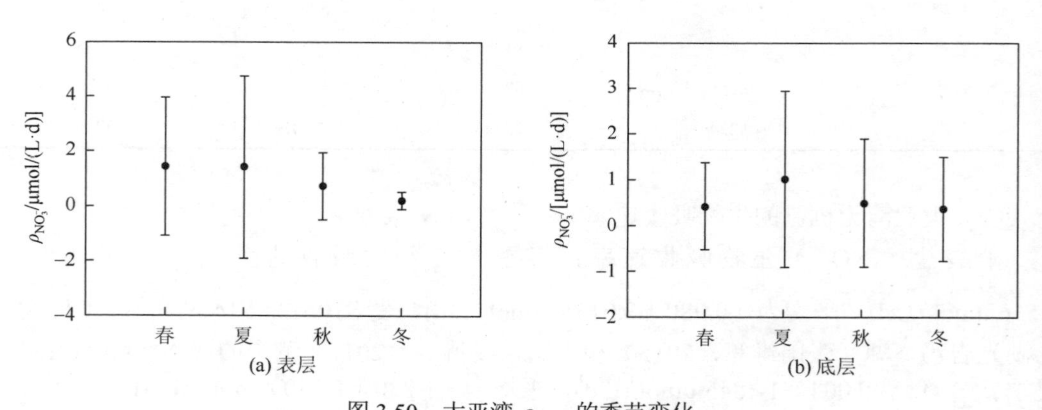

图 3.50　大亚湾 $\rho_{NO_3^-}$ 的季节变化

铵盐（NH_4^+）生物吸收速率：春季 NH_4^+ 绝对吸收速率 $\rho_{NH_4^+}$ 介于 0.015～8.118 μmol/(L·d)，平均为（1.022±1.465）μmol/(L·d)，略低于湖光岩玛珥湖（张国维等，2015）的 2.532μmol/(L·d)；夏季 $\rho_{NH_4^+}$ 介于 0.090～8.733 μmol/(L·d)，平均为（1.056±1.538）μmol/(L·d)；秋季 $\rho_{NH_4^+}$ 介于 0.205～7.768 μmol/(L·d)，平均为（1.878±1.697）μmol/(L·d)；冬季 $\rho_{NH_4^+}$ 介于 0.055～3.262 μmol/(L·d)，平均为（0.765±0.651）μmol/(L·d)。同 NO_3^- 吸收速率相一致，春、秋两季 $\rho_{NH_4^+}$ 的高值出现在湾中，而夏、冬两季高值出现在湾内，整体表现为西部高、东部低的特征（图 3.51）。春、秋、冬三季 $\rho_{NH_4^+}$ 呈现表高底低趋势，夏季由于 S6 站浮游植物水华的影响，底层 $\rho_{NH_4^+}$ 出现高值，呈现底高表低趋势。对于 2016 年秋季表层出现的 $\rho_{NH_4^+}$ 高值，通过比较水体中 NH_4^+ 浓度数据发现，2016 年秋季表层 NH_4^+ 含量要比其他航次高出一个数量级，而底层含量与其他季节基本一致（表 3.11）。相对较高的 NH_4^+ 浓度可以有效地促进浮游植物对 NH_4^+ 的吸收，从而导致秋季湾中表层出现了 NH_4^+ 吸收速率的高值。大亚湾海水温度较高，有利于有机质氧化而产生铵态氮，特别是秋季，春、夏两季高生产力所产生有机质的分解会使得 NH_4^+ 含量高于 NO_3^-。在氮循环过程中，当达到热力学平衡时，氮基本上是以 NO_3^- 形式存在。根据大亚湾无机氮营养盐组成可以看出，春、夏、冬三季 NO_3^- 含量高于 NH_4^+，而秋季 NH_4^+ 含量却高于 NO_3^-，说明水体中的有机质正处在氧化分解的初级阶段，NH_4^+ 还没有充分转化为 NO_3^- 就被浮游植物吸收消耗掉了。由图 3.52 可以看出，大亚湾表层 $\rho_{NH_4^+}$ 表现为秋季最高，其他三个季节基本一致。底层 $\rho_{NH_4^+}$ 同样表现为秋季最高，其次为夏季，春、冬季较低且相差不大。表层 $\rho_{NH_4^+}$ 的年均值

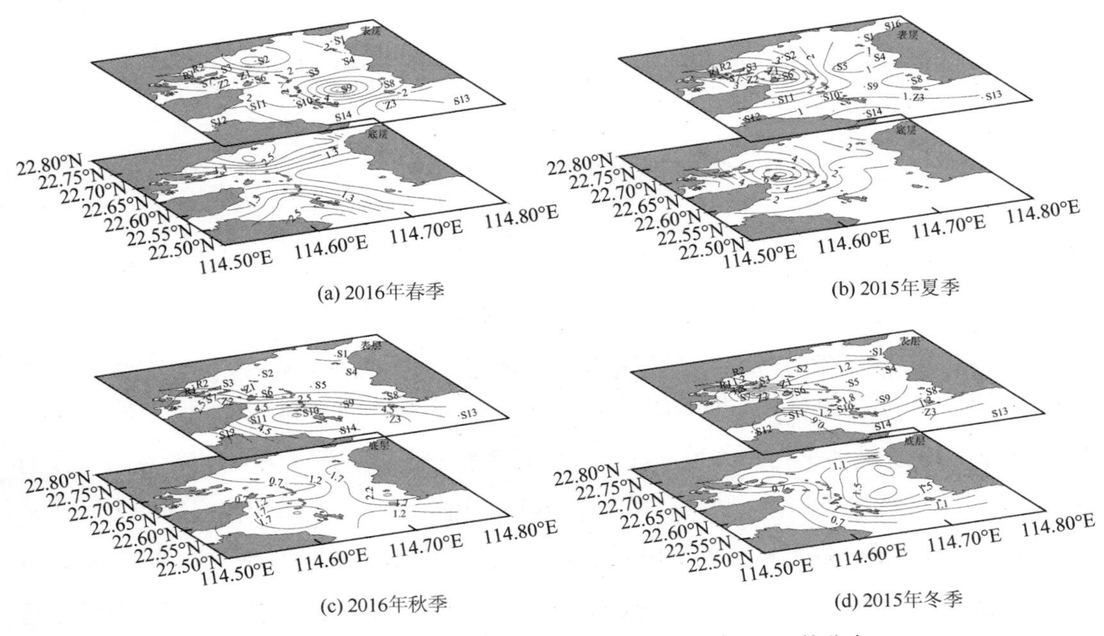

图 3.51　大亚湾表层、底层 NH_4^+ 绝对吸收速率 $\rho_{NH_4^+}$ 的分布

为 1.21 μmol/(L·d)，底层年均值为 0.94 μmol/(L·d)。与 $\rho_{NO_3^-}$ 不同的是，大亚湾除夏季外，其余季节表层的 $\rho_{NH_4^+}$ 均要高于底层。

表 3.11 大亚湾 4 个季节无机氮营养盐含量

季节	层位	NO_2^- /(μmol/L)	NO_3^- /(μmol/L)	NH_4^+ /(μmol/L)
春季	表层	0.63（0.12～3.64）	8.41（1.68～16.36）	5.81（0.17～14.60）
	底层	0.28（0.07～0.62）	6.58（0.99～13.91）	4.22（0.83～11.32）
夏季	表层	0.80（0.03～5.39）	7.65（0.01～43.30）	3.17（0.44～17.29）
	底层	0.76（0.15～2.91）	5.66（1.50～17.65）	2.33（0.53～9.20）
秋季	表层	1.38（0～13.56）	7.12（0.12～25.82）	17.25（0.47～119.60）
	底层	0.59（0～2.49）	4.18（0.44～11.12）	6.57（1.79～18.78）
冬季	表层	1.94（0.78～3.99）	6.08（1.85～11.94）	3.6（1.07～11.44）
	底层	2.02（0.83～4.32）	6.95（3.12～14.70）	3.04（1.06～6.53）

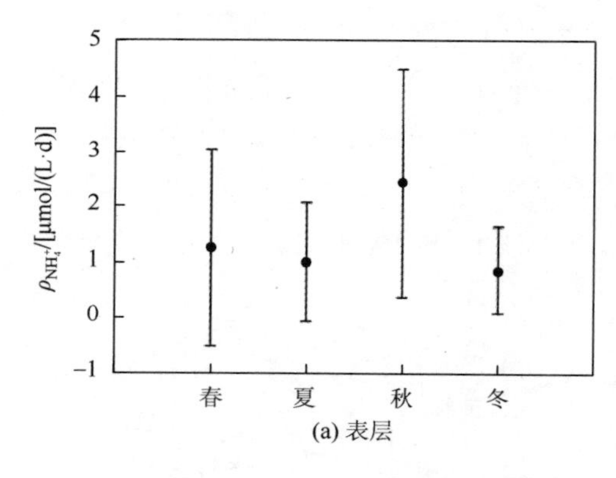

(a) 表层

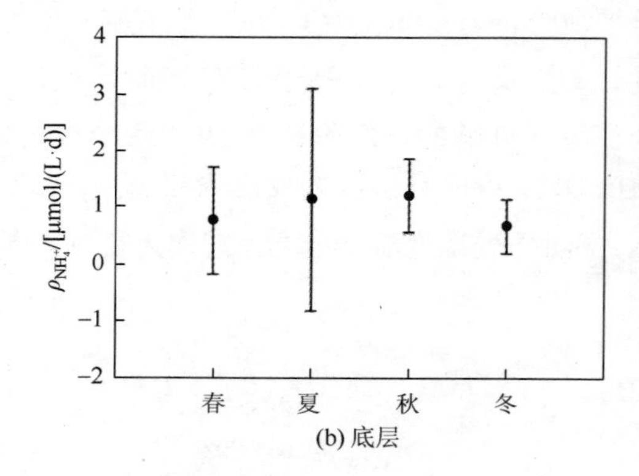

(b) 底层

图 3.52 大亚湾 $\rho_{NH_4^+}$ 的季节变化

无机营养盐组成对 $\rho_{NO_3^-}$ 和 $\rho_{NH_4^+}$ 的影响：分别用大亚湾四季表层、底层的硝酸盐和铵盐生物吸收速率对 NO_3^-、NH_4^+、DIP、DIN/DIP、NO_3^- / NH_4^+ 作图可以发现，$\rho_{NO_3^-}$ 与 NH_4^+ 浓度呈负相关关系（图 3.53），表明无论表层、底层，铵盐浓度对硝酸盐的吸收都存在抑制作用，因而大亚湾相对较低的硝酸盐生物吸收速率是受铵盐浓度的影响。另外，$\rho_{NO_3^-}$ 与[NO_3^-]/[DIP]呈线性正相关关系，且表层相关性强于底层（图 3.54）。由于该拟合线的截距接近于 0，若斜率为 k，则 $\rho_{NO_3^-} = k\cdot[NO_3^-]/[DIP]$，即 $\tau_{NO_3^-} = [DIP]/k$，说明大亚湾硝酸盐的周转速率很大程度取决于 DIP 的含量与变化。根据 4 个季度表层、底层 $\rho_{NO_3^-}$ 与[NO_3^-]/[DIP]拟合关系得到的 k 值，可计算出年平均状况下大亚湾底层 NO_3^- 的周转速率是表层的 4.5 倍。同样地，大亚湾底层 NH_4^+ 的周转速率约为表层的 3.2 倍（图 3.55）。将大

亚湾四季 $\rho_{NO_3^-}/\rho_{NH_4^+}$ 与 $[NO_3^-]/[NH_4^+]$ 作图，同样可得到一条相关性显著的拟合线（图 3.56）。根据 $\rho_{NO_3^-}/\rho_{NH_4^+}=k\cdot[NO_3^-]/[NH_4^+]$ 可得：$\tau_{NH_4^+}=k\cdot\tau_{NO_3^-}$。由于表层、底层的 k 值相近，说明光照强度对无机氮周转时间的影响不大。相对优先指数 RPI 可以用于表征哪一种氮源是浮游生物优先利用的形式，对于 NO_3^- 来说，它的相对优先指数就是硝酸盐绝对吸收速率占总吸收速率的比例除以硝酸盐含量占总氮含量的比例。如果相对优先指数等于 1，表明浮游生物对该营养盐的吸收正比于营养盐的提供量，如果 RPI 数值大于或小于 1，则说明相对于提供量而言，生物具有较快或较慢的吸收速率。根据表 3.12 可知，大亚湾浮游植物在 4 个季节均会优先吸收 NH_4^+，其中冬季的优先性更为明显。就周转时间来看，NO_3^-、NH_4^+ 都表现为夏季周转最快，这与夏季浮游植物生长活跃，吸收营养盐较快有关，也与夏季水体中营养盐含量较低相一致。

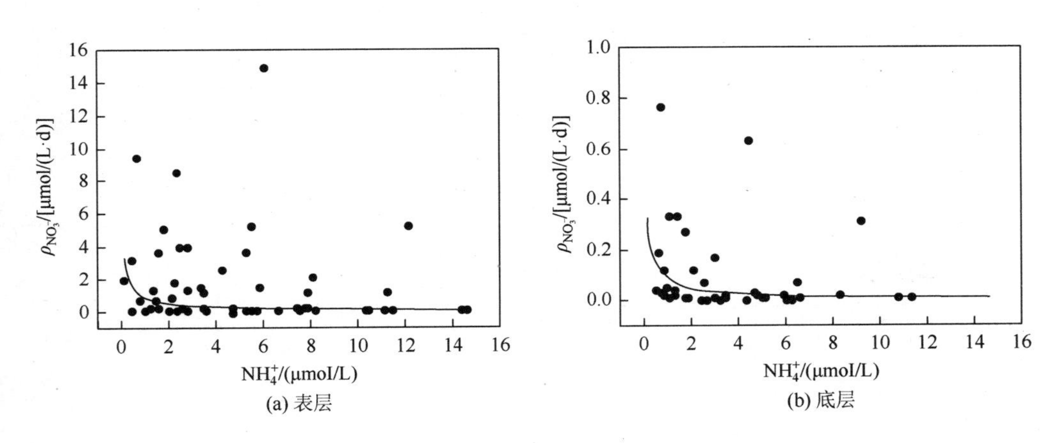

图 3.53　大亚湾 $\rho_{NO_3^-}$ 与 NH_4^+ 浓度的关系

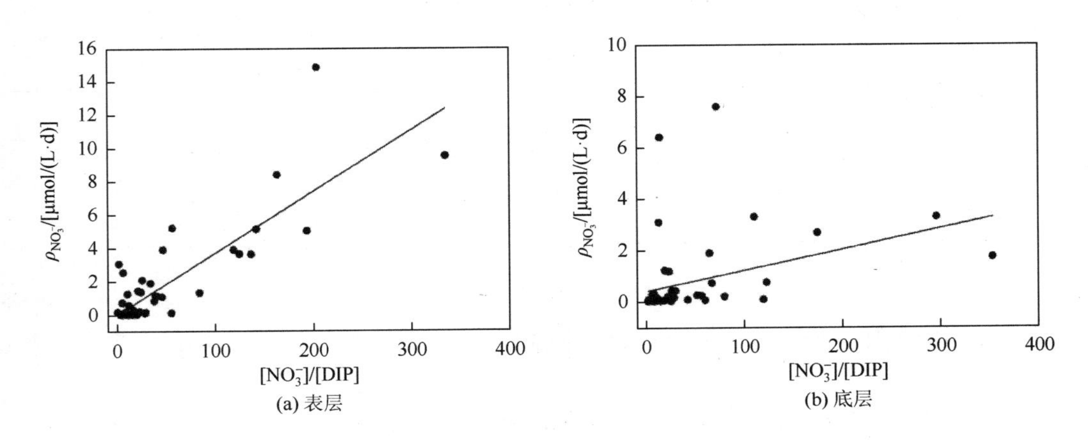

图 3.54　大亚湾 $\rho_{NO_3^-}$ 与 $[NO_3^-]$/[DIP]的关系

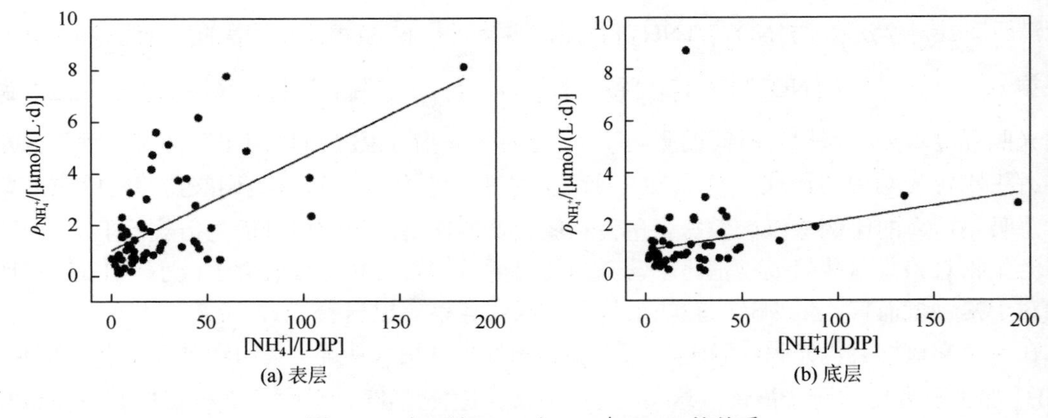

图 3.55 大亚湾 $\rho_{NH_4^+}$ 与[NH_4^+]/[DIP]的关系

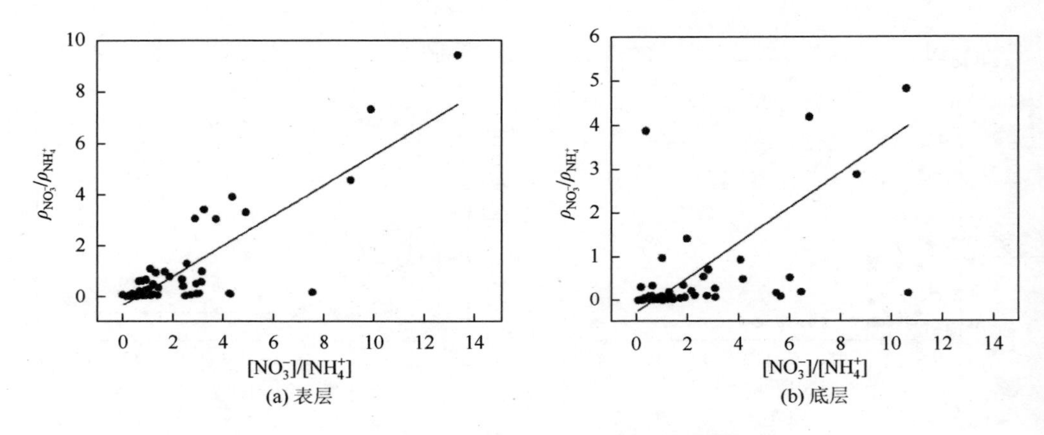

图 3.56 大亚湾 $\rho_{NO_3^-}$ / $\rho_{NH_4^+}$ 与[NO_3^-]/[NH_4^+]的关系

表 3.12 大亚湾 4 个季节 NO_3^- 和 NH_4^+ 的相对优先指数（RPI）与周转时间（τ）

季节	$RPI_{NO_3^-}$	$RPI_{NH_4^+}$	$\tau_{NO_3^-}$ /d	$\tau_{NH_4^+}$ /d
春季	0.62	1.18	3.53	2.66
夏季	0.69	1.29	1.31	0.88
秋季	0.39	1.13	7.95	5.23
冬季	0.14	2.84	45.86	2.84

三、有机营养组分变化对浮游植物的影响

（一）浮游植物酶活性对磷形态转化的响应

1. 胶州湾浮游植物碱性磷酸酶对不同磷形态的响应

近年来，由于河流径流和泥沙排放量大幅减少（Liu et al.，2005），河流输入的总磷

通量也呈降低趋势，这意味着胶州湾海水的磷缺乏程度可能会日趋加重。尽管基于胶州湾海水氮、磷的长期监测数据表明胶州湾浮游植物的生长受 P 所限制（Liu et al.，2010），但至今仍缺乏可以准确反映胶州湾浮游植物 P 缺乏程度的综合指标。这里通过探讨浮游植物碱性磷酸酶活性（alkaline phosphatase activity，APA）与 DIP 之间的关系，结合 DIP、DOP 和 APA 参数（最大反应速率 V_{max} 和半饱和常数 K_m），揭示胶州湾不同季节浮游植物群落的 P 丰缺状态。

胶州湾的 Chl a 含量介于 0.6～15.2 μg/L，夏季最高。在 4 个季节中，Chl a 含量的高值分别出现在西北沿岸（冬季）、东北沿岸（春季和夏季）和湾东部（秋季），均是受河流输入影响强烈的区域（图 3.57）。从异养细菌（HB）的丰度和空间变化看，冬季异养细菌丰度低于其他三个季节，异养细菌的空间分布规律与 Chl a 类似，即从北部沿岸海域向湾外逐渐降低（图 3.57）。

胶州湾总 APA（以 V_{max} 表示）含量表现出明显的空间和季节差异。春季最高［40.4～111.5 nmol/(L·h)］，其次为秋季［47.8～109.5 nmol/(L·h)］和夏季［42～129.8 nmol/(L·h)］，冬季最低［31.3～66.7 nmol/(L·h)］。尽管冬季胶州湾的 DIP 浓度最低，但 APA 水平也较低。对于温带海湾，总 APA 的季节变化可能不仅与磷酸盐浓度有关，可能还与水温有密切关系。夏季时，尽管浮游植物生长消耗了大量磷酸盐，但胶州湾的 DIP 浓度仍然很高，估计与夏季携带高浓度营养盐的河流径流输入有关。因此，胶州湾夏季较高的 APA 活性和较低的 DOP 浓度是浮游植物利用 DOP 储库维持高生产力的结果。逐步回归分析显示，Chl a 是解释 APA 变化的关键环境因子，证明浮游植物是胶州湾碱性磷酸酶的主要贡献者。

从 APA 的相态分布看，总 APA［129.8 nmol/(L·h)］和溶解态 APA［76 nmol/(L·h)］的最高值均出现在夏季湾外区域；冬季溶解态 APA 占总 APA 的比例较高，平均为 52.4%，其他三个季节则是颗粒态 APA 占主导（图 3.58）。胶州湾溶解态 APA 在不同站位和季节

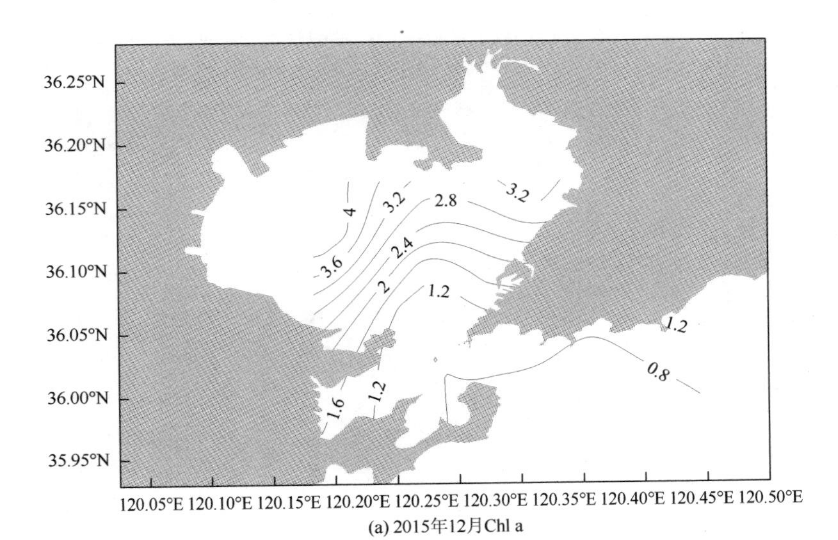

(a) 2015年12月Chl a

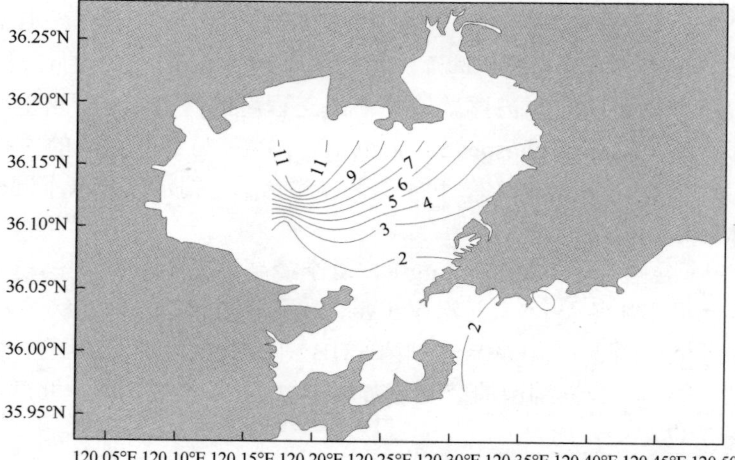

(b) 2015年12月HB

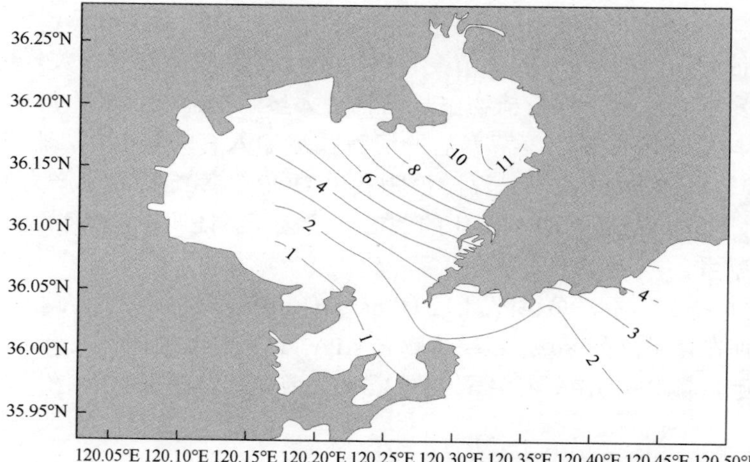

(c) 2016年4月Chl a

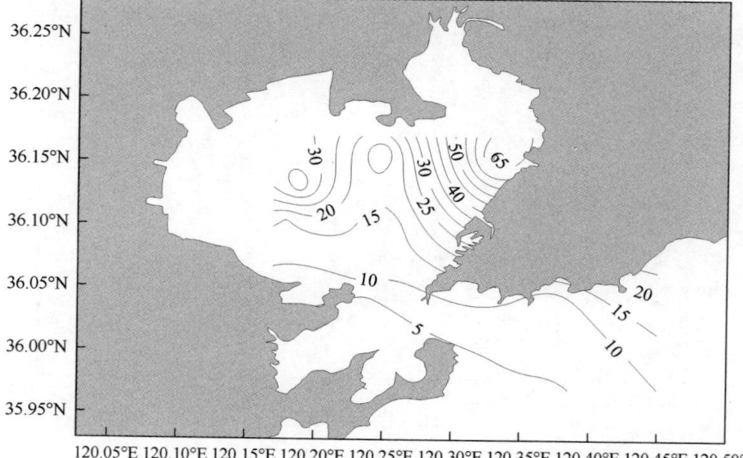

(d) 2016年4月HB

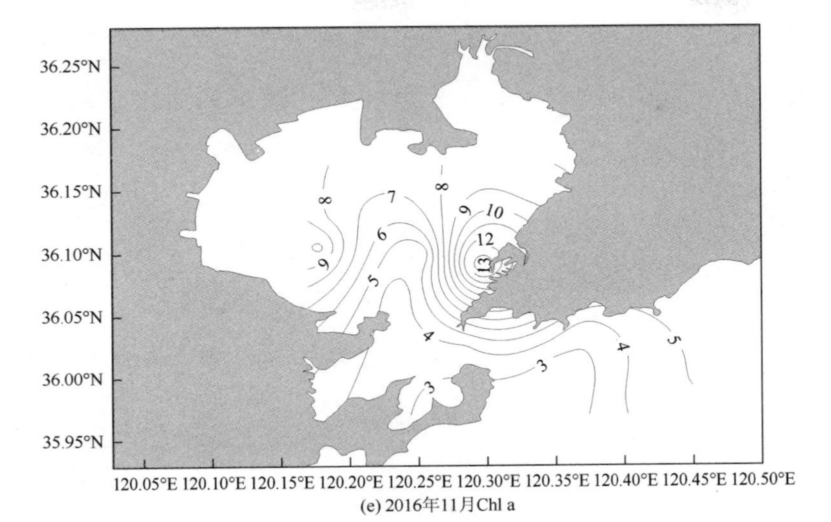

(e) 2016年11月Chl a

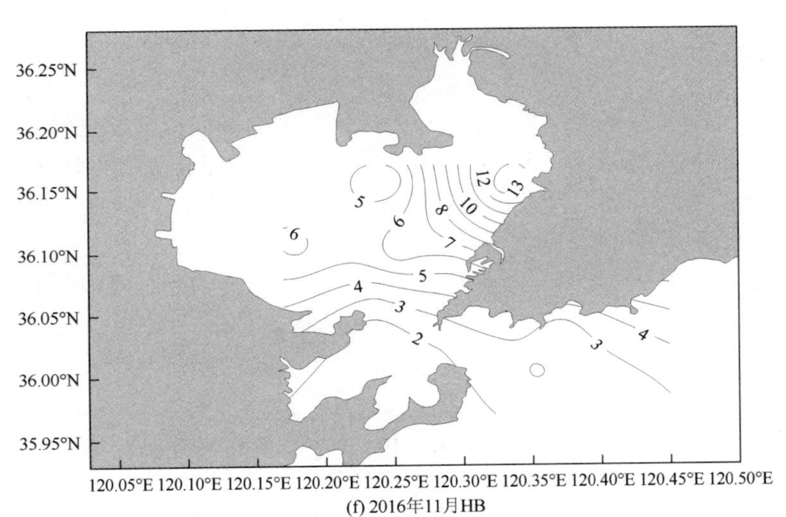

(f) 2016年11月HB

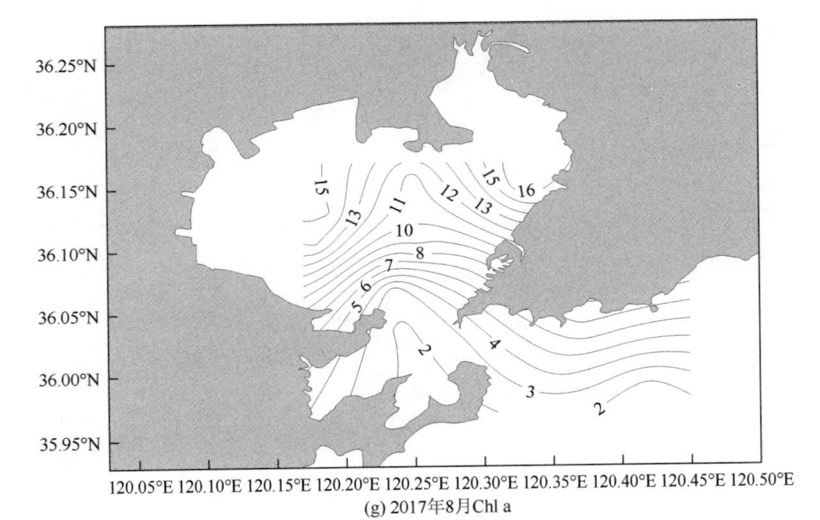

(g) 2017年8月Chl a

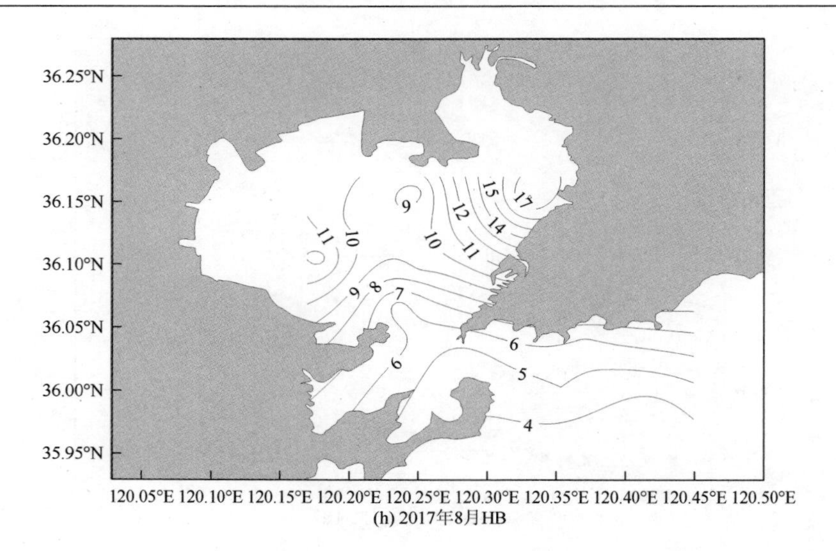

(h) 2017年8月HB

图 3.57　胶州湾 4 个季节表层水 Chl a（μg/L）和 HB 丰度（$\times10^5$ cells/ml）的空间变化

基本维持稳定，意味着溶解态 APA 存在一个持续产生的过程，或者它们在海湾中可以长时间存活。胶州湾水体的滞留时间约为 42 d（史经昊，2010），根据 Koch 等（2009）的研究结果，较长的水体滞留时间有助于溶解态 APA 的积累和保持活性。根据溶解态 APA 可在较长时间内保持活性这一特性，结合无机磷现存量，可以反映出浮游生物群落的 P 限制状况（Li et al.，1998）。对于胶州湾而言，冬季浮游植物受到磷限制的可能性较小，但春、夏、秋季的浮游植物可能处于持续 P 缺乏的状态。

胶州湾的总 APA 和 DIP 之间不存在明显的相关关系，但对总 APA 进行归一化后，其与 DIP 呈现反双曲线关系（图 3.59）。根据这一关系，胶州湾的 APA 在 DIP 为 0.25 μmol/L 时会出现由高值向低值的转折，因此，在 DIP 浓度大于 0.2 μmol/L 条件下测得的主要是

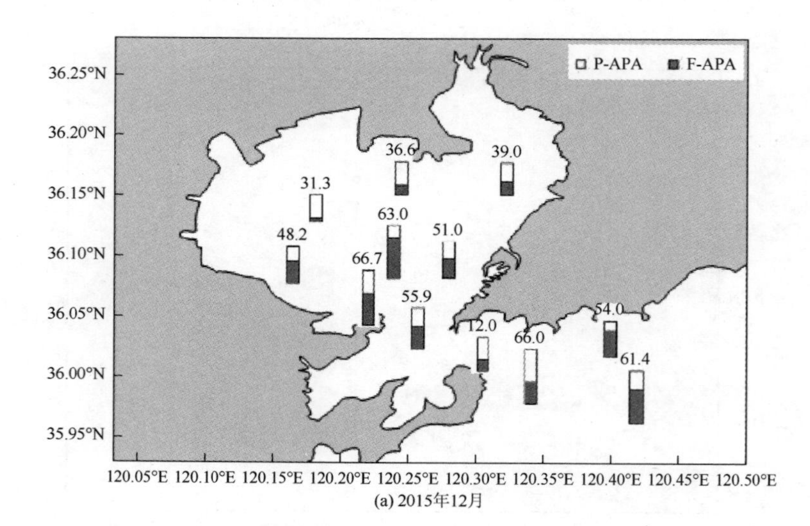

(a) 2015年12月

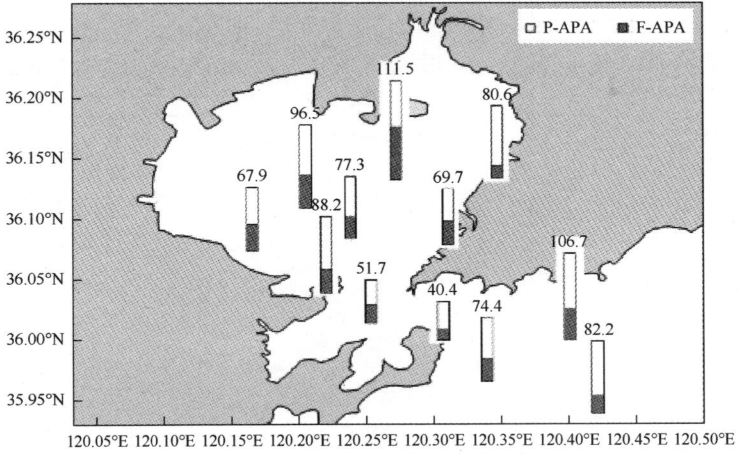

(b) 2016年4月

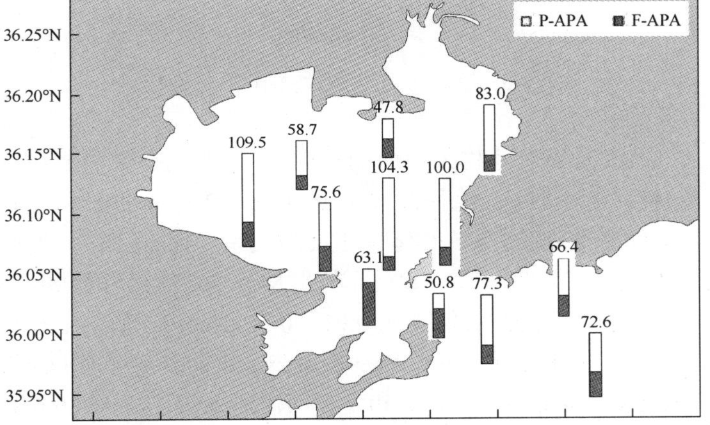

(c) 2016年11月

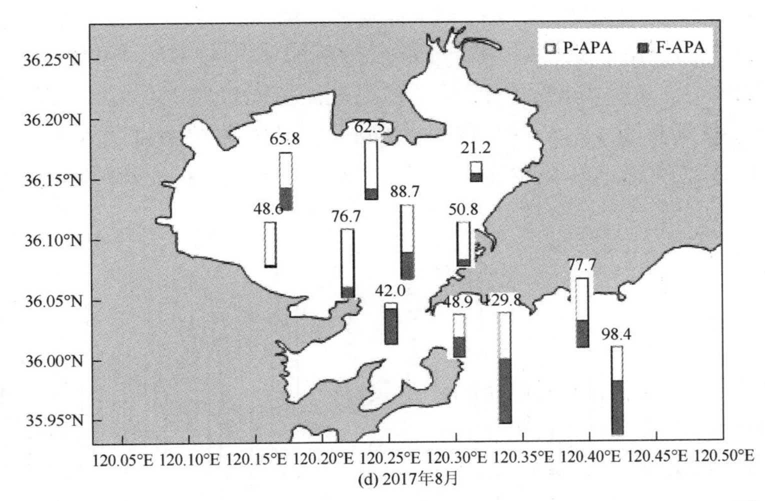

(d) 2017年8月

图 3.58　胶州湾 4 个季节表层颗粒态 APA（P-APA）和溶解态 APA（F-APA）的空间变化

图中数字为总 APA 含量[nmol/(L·h)]

低活性的保守型酶，而诱导酶在 DIP 低于 0.2 μmol/L 时才会被合成。上述估计出的调控胶州湾 APA 水平的 DIP 阈值落在文献报道的 0.01～1 μmol/L 范围内（Lomas et al.，2010）。

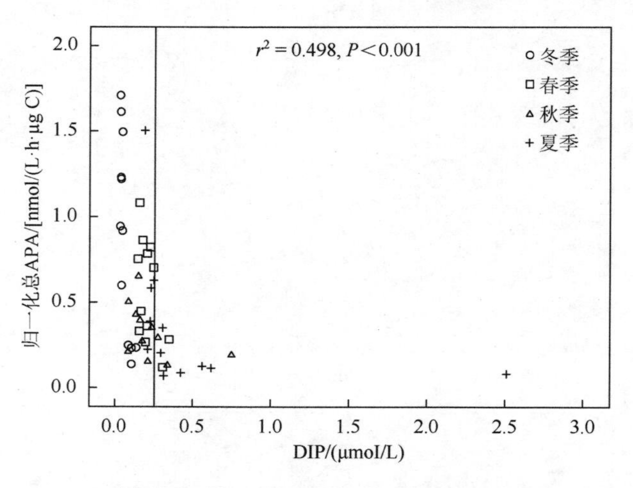

图 3.59 归一化总 APA 和 DIP 的关系

半饱和常数 K_m 是衡量酶对底物亲和性的指标，K_m 值越小说明酶对底物的亲和力越大。从胶州湾的 K_m 看，冬季时 K_m 值最高（平均值为 182.8 nmol/L），夏季最低（平均值为 35.1 nmol/L），与 DOP 浓度的季节变化呈相反的关系。比较而言，沿岸区域一般具有较高的 APA 含量和较低的 K_m 值（图 3.60）。在北太平洋副热带环流区（NPSG）和南太平洋副热带环流（SPSG）得到的 K_m 值落在 0.01～0.56 μmol/L 范围内（Duhamel et al.，2011），与胶州湾的 K_m 值（0.00～0.30 μmol/L）接近，远低于凯尔特海（Celtic Sea）（34.2～3143.0 μmol/L）（Davis & Mahaffey，2017）和北大西洋副热带环流区（NASG）和南大西洋副热带环流区（SASG）的 K_m 值（分别为 789 μmol/L 和 565 μmol/L）（Mather et al.，2008）。这些生态系统具有相似的 DOP 浓度，但 K_m 值变化很大，说明不同水体具有不同底物/酶的亲和力和浮游生物群落，这些环境条件都会影响酶亲和力水平（Williams & Jochem，2006）。一般来说，低 K_m 值表示酶能与生物可利用 DOP 轻易结合，在较低底物浓度下 DOP 的水解速率就能接近 V_{max}。APA 和 K_m 之间存在负相关关系说明浮游植物群落可以通过提高酶的周转率来快速地转化生物可利用 DOP（Unanue et al.，1999）。在胶州湾，K_m

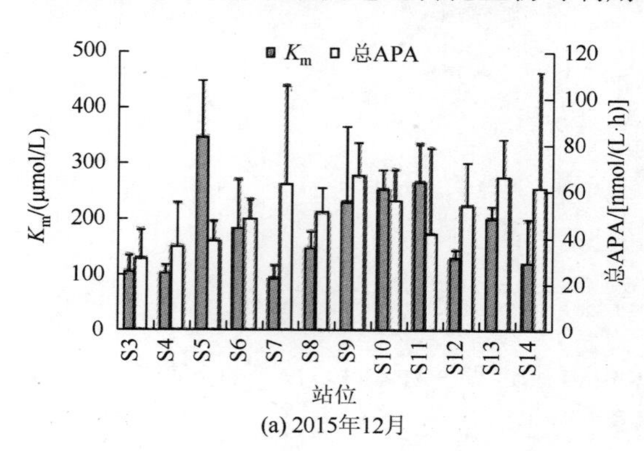

(a) 2015年12月

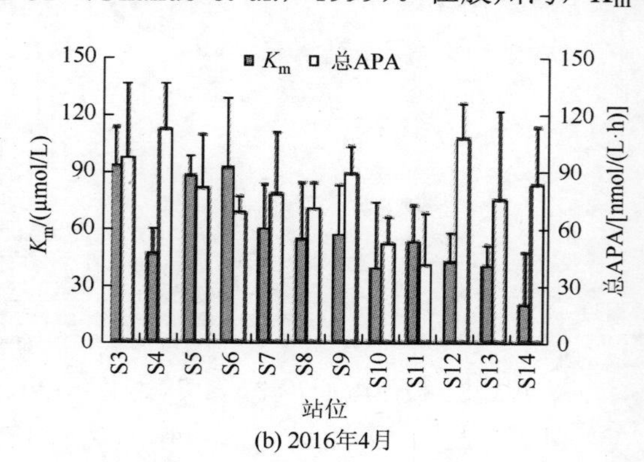

(b) 2016年4月

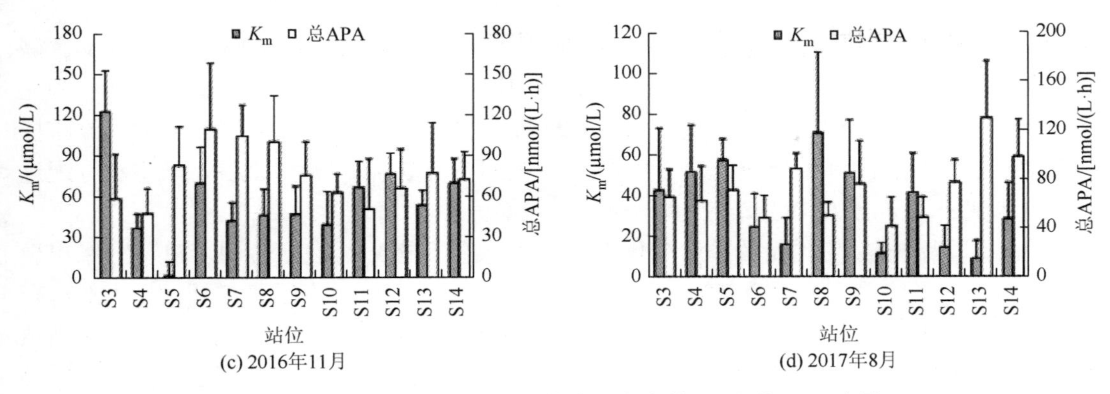

图 3.60 胶州湾 4 个季节各站位表层水中的 K_m 和总 APA 含量

与总 APA（图 3.61）和 DOP 都呈负相关关系，说明胶州湾浮游植物不仅可以通过提高 V_{max} 来增加酶活性，还能通过增强底物亲和力来快速高效地利用 DOP。

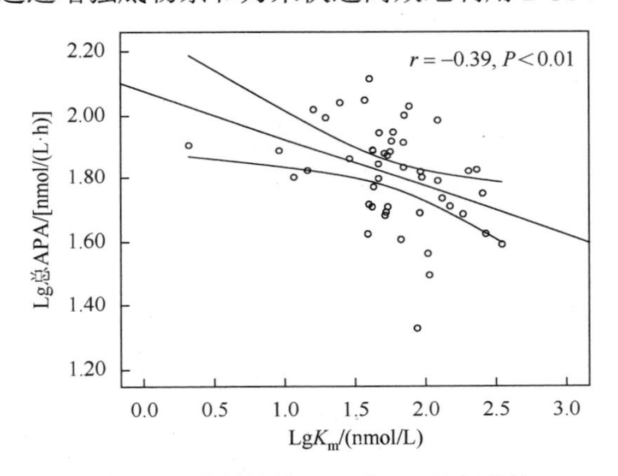

图 3.61 胶州湾总 APA 与 K_m 的相关性

综合胶州湾碱性磷酸酶活性的变化可以看出，胶州湾碱性磷酸酶活性从冬季到夏季的逐渐上升对应着浮游植物对磷需求的季节变化，浮游植物是溶解态和颗粒态碱性磷酸酶的主要贡献者。归一化后的 APA 与 DIP 之间呈现反双曲线关系，说明胶州湾海水中同时存在保守型和诱导型碱性磷酸酶。胶州湾整个浮游植物群落在春、夏、秋季受到的 P 胁迫较为严重且持续时间较长，浮游植物可能通过增加酶的合成、提高酶的亲和力来应对磷缺乏状况，而在冬季由于生物生长需求的降低，浮游植物受到 P 限制的状况得到缓解。

2. 大亚湾浮游生物碱性磷酸酶对不同磷形态的响应

Redfield 比值通常作为判断海洋生态系统是否受到磷限制的基准，如果 DIN 与 DIP 的比值大于 16∶1，则浮游生物的生长倾向于 P 缺乏或 P 限制状态（Redfield et al.，1963）。然而，环境的这一特征可能无法代表整个浮游植物群落对 P 的需求状况，主要有两方面的原因，其一是某些浮游植物种类的营养需求可能偏离 Redfield 比值，其二是部分藻类可以利用 DOP 等其他形态的 P（Nicholson et al.，2006）。研究表明，不少近海浮游植物可以吸收利用 DOP，而且 DOP 也是异养细菌磷和碳的主要来源（Kirchman et al.，2000）。碱性磷酸酶是海洋环境中最主要的有机磷水解酶，其活性高低反映了海水中有机磷转化为无机磷的潜力，而浮游植物和细菌是碱性磷酸酶的重要提供者。通过分析浮游生物（浮游植物和细菌）的 APA，有助于揭示浮游植物群落的磷营养状况、细菌在 APA 产生和分配过程中所起的作用，以及 DOP 向 DIP 转化的潜在能力。

大亚湾浮游植物生物量的季节变化表明，冬季除了在淡澳河口 S3 站 Chl a 含量出现高值外（5 μg/L），其他站位的 Chl a 含量均＜1 μg/L（图 3.62）。春季采样期间在大亚湾东北部巽寮湾 S4 站发生了血红裸甲藻（*Gymnodinium sanguineum*）赤潮，其 Chl a 浓度高达 183 μg/L。秋季时，大鹏澳（S12 站）的 Chl a 含量最高，可能与该区域鱼类、虾和贝类养殖业较为发达有关。

大亚湾异养细菌（HB）丰度的季节变化显示，冬季 HB 明显低于春季、秋季；3 个季节 HB 的空间分布均表现出从近岸向湾外逐渐减少的规律。冬季大亚湾异养细菌丰度的最高值出现在湾顶，春季出现在湾北部的 S4 站（58.1×10^5 cells/ml），秋季出现在湾西北部沿岸和大鹏澳南部的 S12 站（图 3.62）。

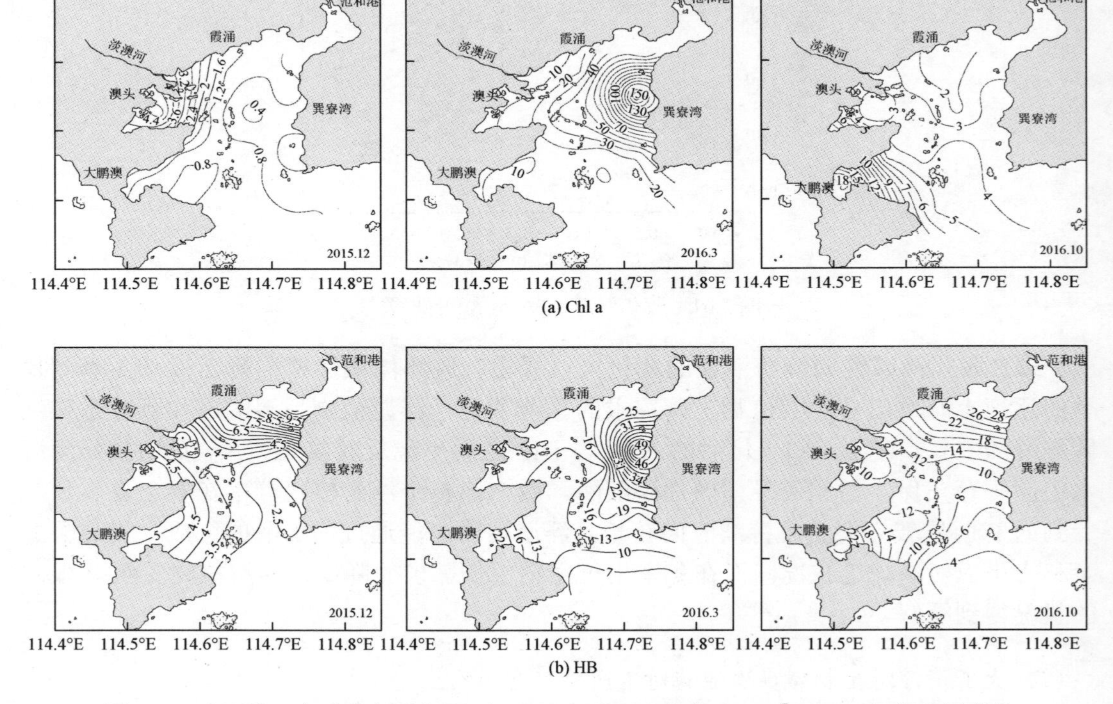

图 3.62　大亚湾 3 个季节表层水 Chl a（μg/L）和 HB 丰度（$\times10^5$ cells/ml）的空间变化

大亚湾的总 APA（以最大反应速率 V_{max} 表示）表现出明显的季节和空间变化。春季的 APA［225.8～1692.2 nmol/(L·h)］最高，秋季［62～193.1 nmol/(L·h)］和冬季［47.2～138 nmol/(L·h)］次之，与 Chl a 和异养细菌丰度的季节变化规律相一致。浮游生物生长过程中对 P 的高需求可能会诱导碱性磷酸酶的合成（Hoppe，2003）。大亚湾春季 APA 出现大幅增加，同时伴随着较低的 DOP 浓度和较高的浮游生物量，可能反映了浮游生物通过碱性磷酸酶合成来克服环境 DIP 缺乏的一种策略（Huang et al.，2005）。此前的研究也表明，DIP 的耗尽和 DOP 的降低往往与 APA 的增加有关（Labry et al.，2005），当春季水体 DIP 浓度较低，但浮游植物和细菌对磷的需求较大时，作为磷最大储库的 DOP 被碱性磷酸酶矿化后产生磷酸盐，成为春季高初级生产力和细菌生产力的重要磷来源（Labry et al.，2016）。

从 APA 的相态分布看，春季 S4 站出现了总 APA［1692.2 nmol/(L·h)］和溶解态 APA［1532.2 nmol/(L·h)］的最高值；冬季时溶解态 APA 为主要存在相态，占总 APA 的比例为 66.3%，但春季和秋季时则是颗粒态 APA 为主要相态，分别占总 APA 的 55.1%和 63.4%（图 3.63）。春季采样期间在巽寮湾遭遇到血红裸甲藻的小规模赤潮，由于海水中溶解营养物质（DIN、DOP、DOC）浓度很高，且溶解态 APA 占总 APA 的比例较高，意味着浮游植物的 P 缺乏状态得到了缓解（Li et al.，1998），这也是水华末期的典型特征。以前的研究表明，水华期间的 APA 水平最高（Lomas et al.，2010），一旦种群开始死亡，大部分 APA 将转化至溶解相（Koch et al.，2009），这与本书研究结果一致。较高溶解态 APA 的存在一方面可能与细胞裂解过程中浮游植物释放出大量的溶解态 APA 有关，另一方面可

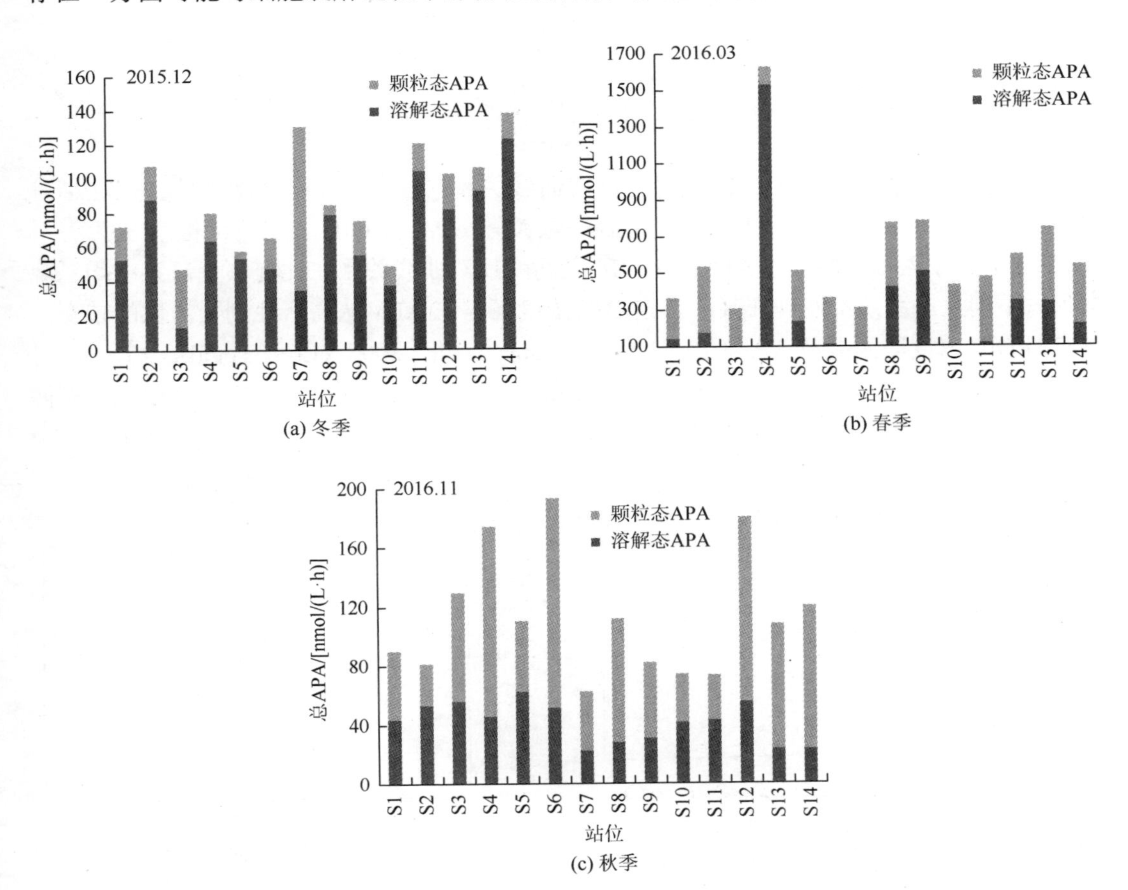

(a) 冬季

(b) 春季

(c) 秋季

图 3.63　冬、春、秋季大亚湾表层水中颗粒态 APA 和溶解态 APA 的空间变化

能与异养细菌的活动有关。春季时，大亚湾溶解态 APA 和活细菌之间具有显著的正相关关系（图 3.64），与 Labry 等（2016）在欧讷河（Aulne）和埃洛恩河（Elorn）河口观察到的情况类似，说明部分溶解态 APA 来自有代谢活性细菌产生的酶（Kellogg et al.，2011）。在巽寮湾赤潮末期，存在大量“新鲜”的可利用有机碳库，它们刺激了细菌的生长，使活细菌丰度激增，进而产生了更多的溶解态碱性磷酸酶。因此，在水华事件中，细菌（特别是活性细菌）在溶解态碱性磷酸酶的产生过程中可能起到重要作用。

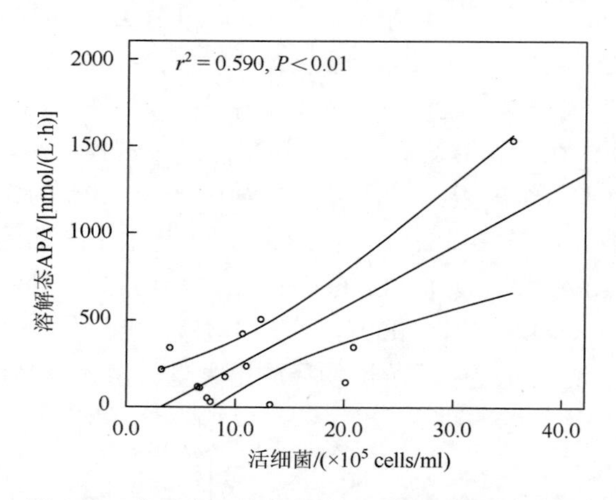

图 3.64　春季大亚湾溶解态 APA 与活细菌的关系

大亚湾颗粒态 APA 与 DIP 之间呈反双曲线关系（图 3.65a），当将颗粒态 APA 对 Chl a 和异养细菌的生物量进行归一化后，颗粒态 APA 与 DIP 之间呈线性负相关关系（图 3.65b）。APA（或颗粒态 APA）和 DIP 之间的反双曲线关系在此前不少研究中均已观察到。不同生态系统都发现在某一特定 DIP 浓度下存在 APA 从高活性到低活性的转变，对应的 DIP 浓度即为调节 APA 的 DIP 阈值（Labry et al.，2005；Lomas et al.，2010）。对于大亚湾而言，调节 APA 的 DIP 阈值约为 0.2 μmol/L。Nausch（1998）曾指出 DIP 阈值有两种形成机制，其一是 APA 在 DIP 浓度小于 0.2 μmol/L 时大幅增加，说明碱性磷酸酶主要由

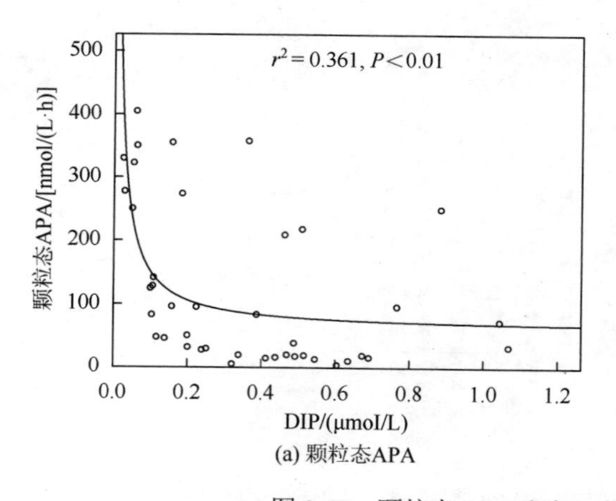

(a) 颗粒态APA

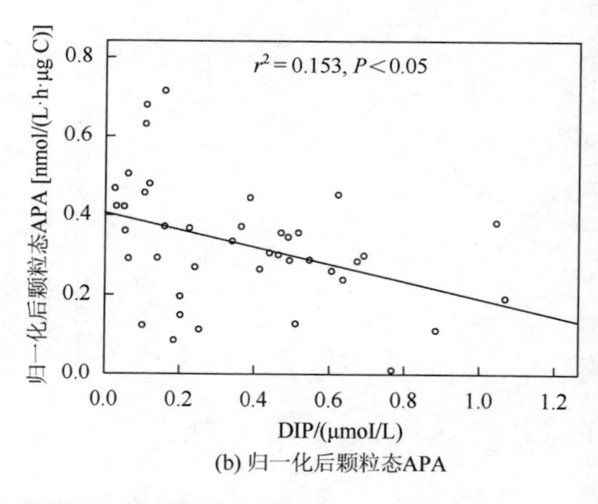

(b) 归一化后颗粒态APA

图 3.65　颗粒态 APA 和归一化后颗粒态 APA 与 DIP 的关系

低 DIP 诱导产生；其二是当 DIP 浓度高于 0.2 μmol/L 时，APA 维持在低而稳定的水平，说明存在保守型碱性磷酸酶（Sato et al.，2013）。对于大亚湾而言，在 DIP 浓度高于 0.2 μmol/L 环境中仍然可以检测到较高的 APA，意味着大亚湾部分碱性磷酸酶可能以保守型存在，它们对环境 DIP 浓度的变化并不像诱导型那样敏感（Mackey et al.，2012）。

为反映单细胞水平上浮游植物的磷生理状态，开展了 ELF@97 标记浮游植物细胞情况的研究（Dyhrman & Palenik，1999），冬、春、秋季大亚湾浮游植物优势种的酶标记荧光（enzyme labeled fluorescence，ELF）标记率见表 3.13。硅藻是大亚湾全年的优势类群，硅藻 ELF 标记率的季节变化情况与总 APA 的季节变化类似相似。冬季的菱形海线藻、春季的中肋骨条藻和秋季的洛氏角毛藻（*Chaetoceros lorenzianus*）分别是这三个季节的优势种，它们的 ELF 标记率也与总 APA 的季节变化相似。这意味着硅藻可能主导着大亚湾浮游生物 APA 的变化。对硅藻 ELF 标记率与环境因子之间进行逐步回归分析表明，DIP 和水温是解释硅藻 ELF 标记率的关键环境因素。比较而言，甲藻的 ELF 标记率高于硅藻，但不同种类间存在差异。春季时裸甲藻在 S4 站大量增殖，此时 ELF 的标记率高达 69.3%。在冬、春、秋三个季节中，甲藻的 ELF 标记率普遍高于硅藻，这与文献报道的情况一致（Dyhrman & Ruttenburg，2006）。Nicholson 等（2006）对蒙特雷湾（Monterey Bay）（DIP 浓度为 2～15 μmol/L）的研究发现，76%的甲藻会表达 APA，而只有 1%的硅藻被 ELF 标记。硅藻和甲藻 ELF 标记率的差异可能与这两类生物生化组成的不同有关，甲藻的 DNA（由磷酸酯构建）和蛋白质的比值为 10∶1，远远大于硅藻等真核生物中的 1∶1（Meseck et al.，2009）。因此，甲藻可通过酶介导来吸收更多的 DIP（Rees et al.，2009），以维持它们相对较高的 P 需求。在大亚湾的 ELF 样品中，很多种类甲藻的碱性磷酸酶都位于细胞内，这是保守型碱性磷酸酶的典型特征（Dyhrman & Palenik，1999）。部分研究认为，甲藻产生的碱性磷酸酶仍以诱导型为主，它们可高效合成更多的碱性磷酸酶，从而在 P 的吸收利用方面比其他浮游植物更有优势，这也为春季甲藻水华的发生提供了新的解释（Ou et al.，2006）。

表 3.13　冬、春、秋季大亚湾浮游植物优势种的 ELF 标记率

种类	冬季			春季			秋季		
	总细胞	标记细胞	ELF 标记率%	总细胞	标记细胞	ELF 标记率%	总细胞	标记细胞	ELF 标记率%
硅藻（Bacillario phyta）									
新月筒柱藻（*Cylindrotheca closterium*）	237	112	47.3	10	7	70.0	25	15	60.0
微小海链藻（*Thalassiosira exigua*）	76	42	55.3	323	149	46.1	82	43	52.4
海洋斜纹藻（*Pleurosigma pelagicum*）	156	95	60.9	2	1	50.0	—	—	—
菱形海线藻（*Thalassionema nitzschioides*）	480	119	24.8	23	20	87.0	821	288	35.1
小环藻（*Cyclotella* spp.）	223	41	18.4	64	4	6.3	25	10	25.0
小细柱藻（*Leptocylindrus minimus*）	10	4	40.0	24	15	62.5	30	13	43.3
圆筛藻（*Coscinodiscus* spp. ）	159	21	13.2	10	2	20.0	5	1	20.0
洛氏角毛藻（*Chaetoceros lorenzianus*）	40	12	30.0	25	7	28.0	2310	582	25.2
尖刺伪菱形藻（*Pseudo-nitzschia pungens*）	52	12	23.1	19	7	36.8	157	66	42.0

续表

种类	冬季			春季			秋季		
	总细胞	标记细胞	ELF 标记率%	总细胞	标记细胞	ELF 标记率%	总细胞	标记细胞	ELF 标记率%
根管藻（*Rhizosolenia* spp.）	80	33	41.3	178	127	71.3	107	58	54.2
中肋骨条藻（*Skeletonema costatum*）	419	4	1.0	12114	7082	58.5	61	22	36.1
甲藻（Pyrrophyta）									
微小原甲藻（*Prorocentrum minimum*）	35	17	48.6	15	6	40.0	11	8	72.7
亚历山大藻（*Alexandrium* spp.）	21	18	85.7	3	2	66.7	10	7	70.0
锥状斯氏藻（*Scrippsiella trochoidea*）	30	23	76.7	1	0	0.0	—	—	—
裸甲藻（*Gymnodinium* spp.）	11	7	63.6	2510	1740	69.3	23	20	87.0
五角原多甲藻（*Protoperidinium quinquecorne*）	8	7	87.5	8	6	75.0	—	—	—
隐藻（Cryptophyta）									
伸长斜片藻（*Plagioselmis prolonga*）	—	—	—	—	—	—	1150	12	1.0

综上，在冬、春、秋季期间，大亚湾的 APA 在已报道的沿岸水体中处于较高水平。颗粒态 APA 与 DIP 呈反双曲线关系，说明同时存在诱导型和保守型碱性磷酸酶。大亚湾调控 APA 的 DIP 阈值约为 0.2 μmol/L。在春季水华衰亡期间，溶解态 APA 为主要存在相态，可能与藻类细胞裂解和细菌碱性磷酸酶的释放有关。在大亚湾，硅藻是主要的浮游植物类群，硅藻 ELF 标记率显示出与 APA 相同的季节变化规律，意味着硅藻主导着大亚湾浮游生物 APA 的变化。结合 APA 水平、DIP 浓度和硅藻 ELF 标记率，可以推断大亚湾的浮游植物在春季可能受到较严重的 P 胁迫，此时浮游植物通过碱性磷酸酶的水解作用从 DOP 库获取 DIP，补充自身生长对 P 的需求。

（二）有机营养组分对浮游植物粒级和群落结构的影响

分析大亚湾浮游植物群落结构的长期变化规律，找出关键营养盐要素是理解生态环境变化的关键，也是调控水体营养输入和改善生态环境的基础。通过近 10 多年来大亚湾环境因子、浮游植物、浮游动物的历史资料，结合不同季节的现场调查研究和营养盐加富和稀释受控实验，了解有机营养组分对浮游植物群落结构、优势种和粒级结构的影响。

1. 营养盐结构改变对水华种由硅藻向甲藻演替的影响

过去 10 多年中，大亚湾 DIN 的组成结构发生了明显变化，2008 年 DIN 浓度处于高峰且硝态氮（NO_3-N）占主导地位，但在 2010 年 DIN 相对较低，铵态氮（NH_4-N）的贡献则明显提高（图 3.66）。从浮游植物群落结构看，甲藻在总浮游植物丰度中所占比例 2008 年和 2010 年明显提高（图 3.67），并且主要集中在澳头（S7 站）、大鹏澳（S11 站和 S12 站）及河口附近（S1 站和 S6 站）。与此同时，浮游植物优势种由硅藻向甲藻转化。2008 年以柔弱菱形藻（*Nitzschia delicatissima*）和窄隙角毛藻（*Chaetoceros affinis*）为主；2010 年锥状丝氏藻（*Scrippsiella trochoidea*）和叉状角藻（*Ceratium furca*）成为优势种。

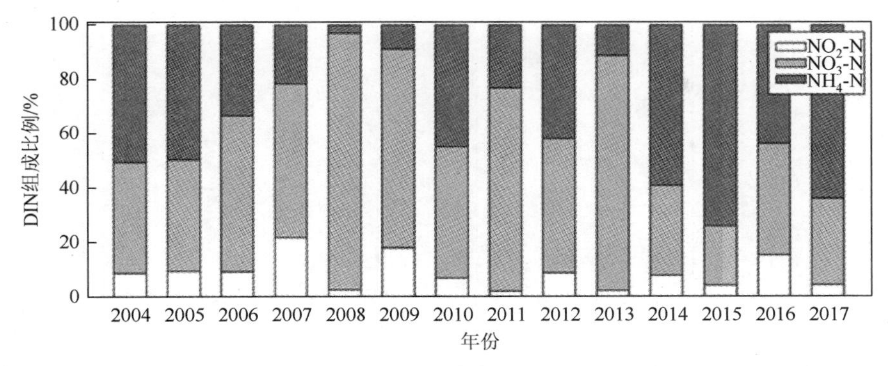

图 3.66 2004～2018 年大亚湾 DIN 组成的变化

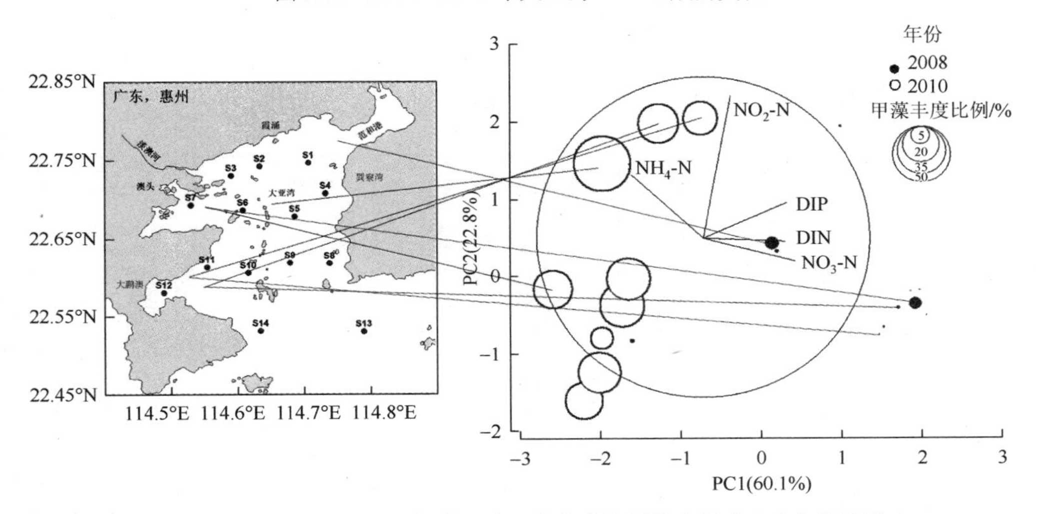

图 3.67 2008 年和 2010 年大亚湾甲藻丰度比例的空间分布和年际变化

2015～2016 年的现场调查表明，淡澳河口（S3 站）同时具有高浓度的有机和无机营养盐，DIN、DON、DIP 和 DOP 浓度分别高达 214.72 μmol/L、191.66 μmol/L、8.10 μmol/L 和 2.41 μmol/L。大鹏澳养殖区（S12 站）具有高浓度的有机营养盐，其中秋季的 DON 浓度明显高于整个海湾的平均值。湾中（S10 站）和湾口（S13 站）的营养水平低于或接近于整个海湾的平均值，表明它们受人类活动的影响较小（图 3.68）。

从浮游植物群落组成看，淡澳河附近站位的浮游植物细胞丰度出现剧烈的季节波动，夏季接近 3500 cells/ml，以中肋骨条藻和极小海链藻为优势种，秋季细胞丰度不足 500 cells/ml，铜绿微囊藻（*Microcystis aeruginosa*）占优势（丰度百分比达到 60%）。与淡澳河附近海域不同，湾中和湾口的浮游植物细胞丰度总体稳定，硅藻占绝对优势（图 3.69）。

对比营养盐和浮游植物的空间变化可以看出，淡澳河口（S3 站）和大鹏澳养殖区（S12 站）附近存在大量营养物质的输入，并影响到该区域浮游植物的群落结构。由于输入的营养组分同时包含无机和有机营养组分，它们所起的具体作用仍有待厘清。

2. 有机营养组分和陆源输入对大亚湾浮游植物群落结构的影响

为了区分无机和有机营养盐在大亚湾浮游植物群落结构变化中所起的作用，选择营养

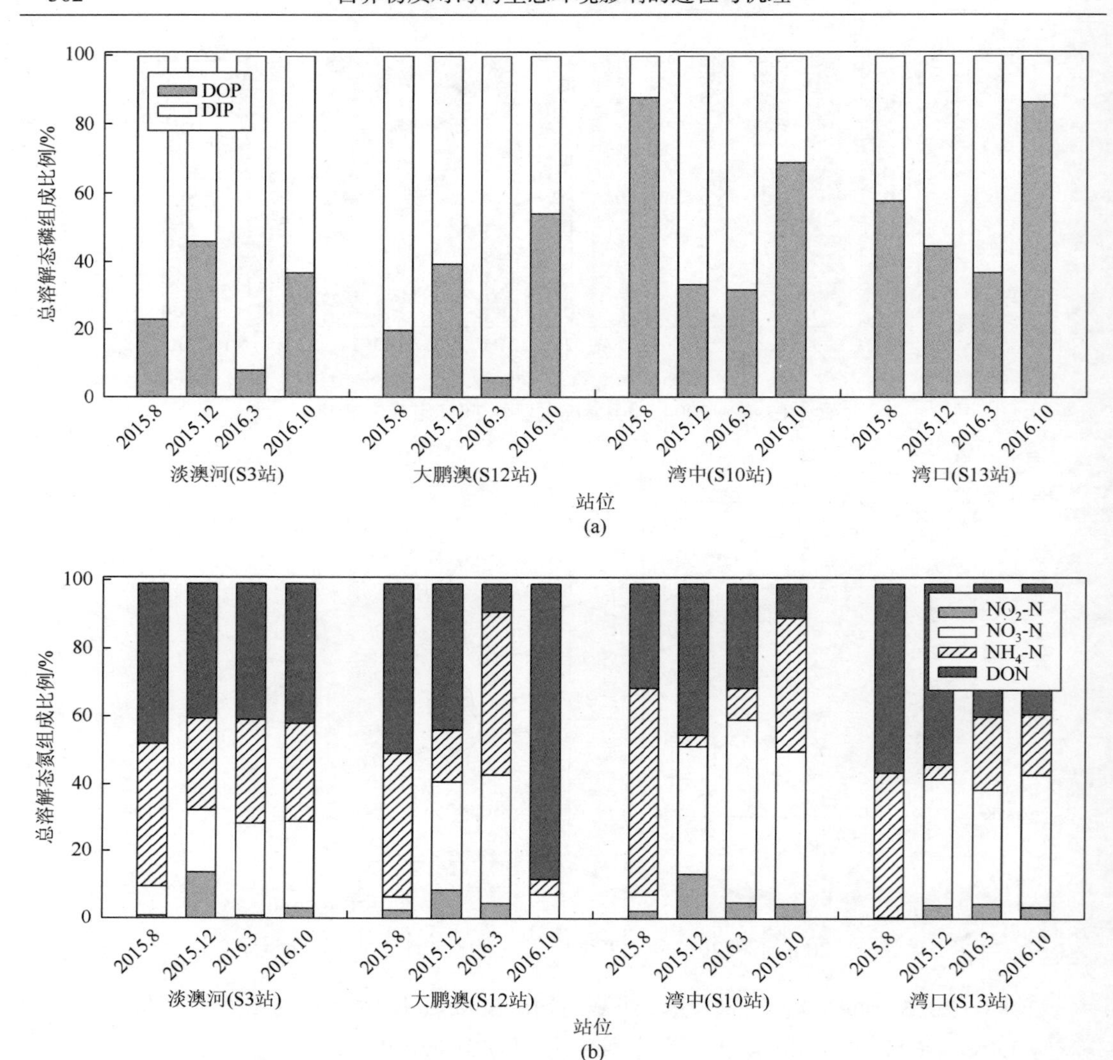

图 3.68　2015～2016 年大亚湾淡澳河口、大鹏澳、湾中和湾口溶解营养盐组成

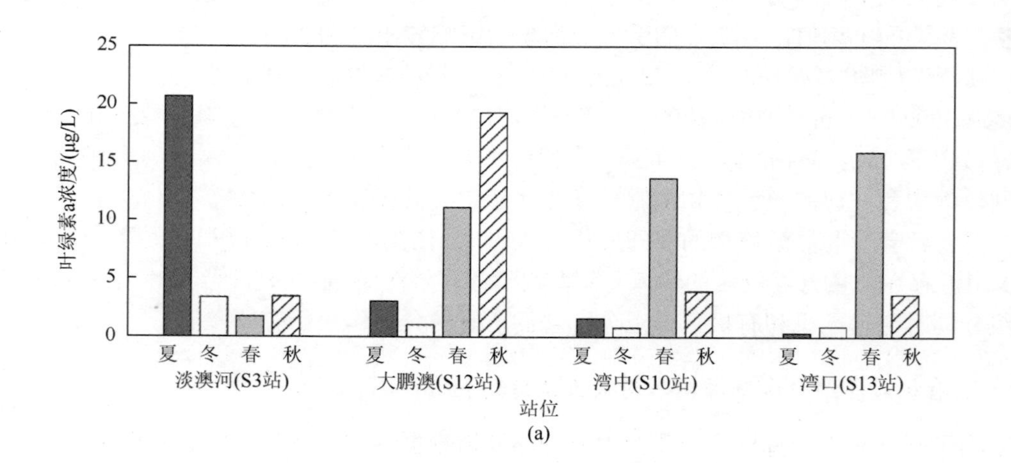

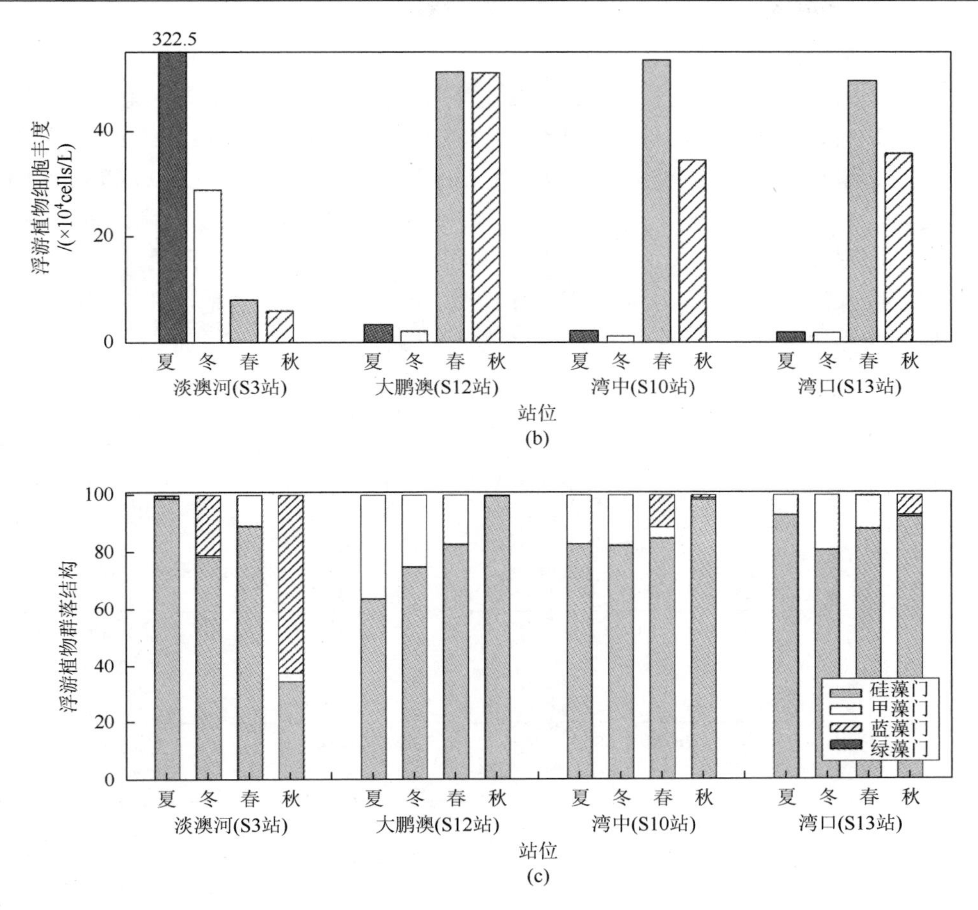

图 3.69　2015～2016 年大亚湾淡澳河口、大鹏澳、湾中和湾口的浮游植物叶绿素 a 浓度、细胞丰度和群落结构

盐背景浓度较低且浮游植物群落结构较稳定的 S10 站，开展了无机和有机营养盐加富培养实验，同时以淡澳河口（S3 站）和大鹏澳养殖区（S12 站）的预过滤海水（＜0.2 μm）作为营养来源，对 S10 站的浮游植物群落（经 200 μm 筛绢过滤采集）进行培养（表 3.14），研究无机和有机营养盐在影响浮游植物粒级结构和种类组成中所起的作用。

（1）浮游植物粒级结构对有机营养盐的响应

在不同季节开展的加富培养实验中，单独添加或共同添加有机氮（Urea）和有机磷（ATP）均可显著促进浮游植物的生长，而无机氮（DIN）和无机磷（DIP）只有在共同添加时才起到显著促进作用。另外，有机营养盐添加明显改变了叶绿素 a 的粒级（即浮游植物的粒级）结构，添加 Urea 导致微型浮游植物（nano-Chl a）比例增加，而添加 ATP 导致超微型浮游植物（pico-Chl a）比例升高（图 3.70）。显然，有机营养组分不仅可以促进浮游植物生物量的增长，同时会改变浮游植物的粒级结构，促进小粒级浮游植物（nano-Chl a 和 pico-Chl a）的快速生长。

（2）小型（micro）浮游植物群落结构对有机营养盐的响应

在 2016 年秋季的加富培养实验中，从各门类浮游植物所占的比例看，添加 Urea 后甲藻比例明显增加，添加 DIP 后蓝藻比例明显增加（图 3.71）。浮游植物群落初始时以硅藻占绝对优势，优势种为角毛藻和菱形海线藻，培养结束后，铜绿微囊藻（蓝藻）和锥状斯氏藻（甲藻）成为优势种，而硅藻的优势种依然是角毛藻和菱形海线藻。2017 春季加富培养实验的结果与 2016 秋季类似，甲藻丰度在添加 ATP 和同时添加 Urea 和 ATP 的情况下明显提高，且在同时添加 Urea 和 ATP 培养结束后，甲藻占浮游植物丰度比例达到 50%，代表种微小原甲藻占 32%（图 3.72）。加富前优势种为小拟菱形藻、薄壁几内亚藻、中心圆筛藻和多纹膝沟藻，培养后优势种发生了改变，硅藻优势种为角毛藻和细弱圆筛藻，甲藻优势种为微小原甲藻。

表 3.14　单一营养和陆源混合营养加富培养实验设计

时间	2016.10	2017.04	2017.10
无机组	DIN（NO_3^-）	DIN（NO_3^-）	DIN（NO_3^-）
	DIP（PO_4^{3-}）	DIP（PO_4^{3-}）	NH_4^+
	DIN + DIP	DIN + DIP	—
有机组	Urea	Urea	Urea
	—	ATP	AA（混合）
	—	Urea + ATP	ATP
陆源输入	淡澳河（S3）	巽寮湾（S4）	淡澳河（S3）
	—	大鹏澳（S12）	大鹏澳（S12）

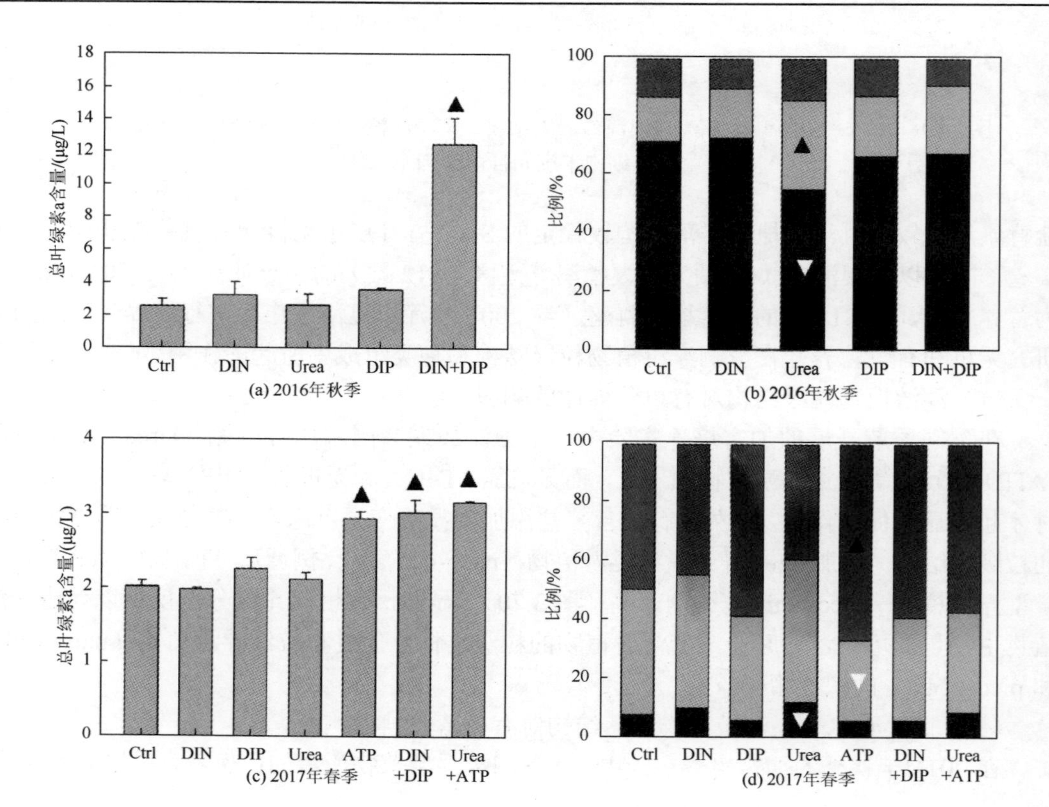

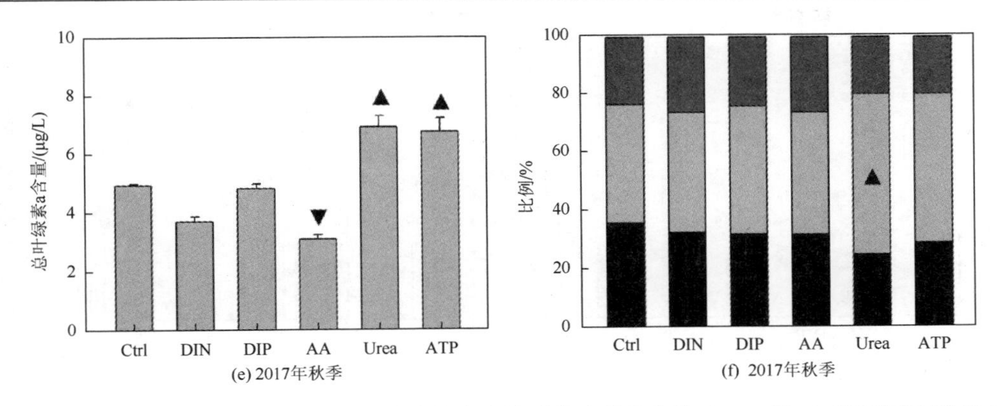

图 3.70　大亚湾无机和有机营养盐加富培养实验前后总叶绿素含量（a，c 和 e）和不同粒级 Chl a 所占比例（b，d 和 f）的变化

Ctrl：对照组；▲：显著高于对照组；▼：显著低于对照组；■ 小型；■ 微型；■ 超微型

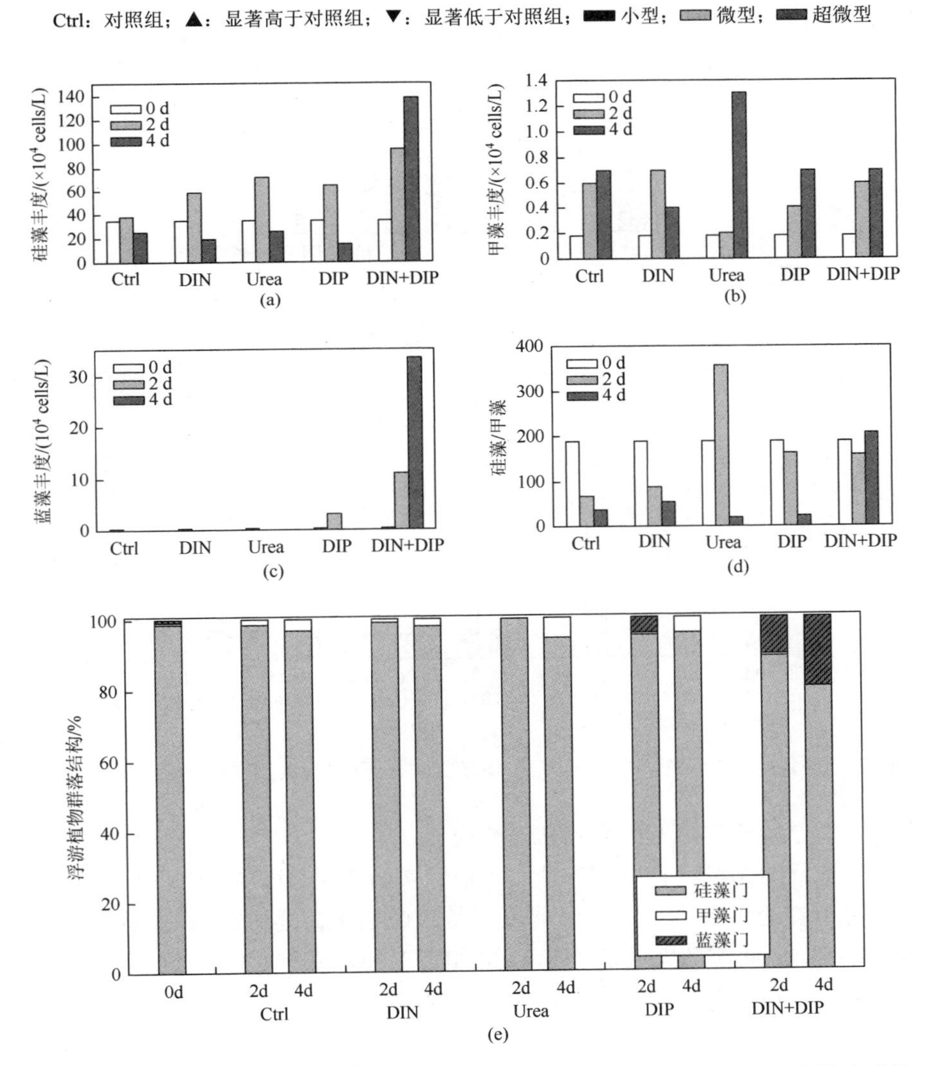

图 3.71　2016 年秋季大亚湾小型浮游植物丰度和群落结构在无机和有机营养盐加富培养实验前后的变化

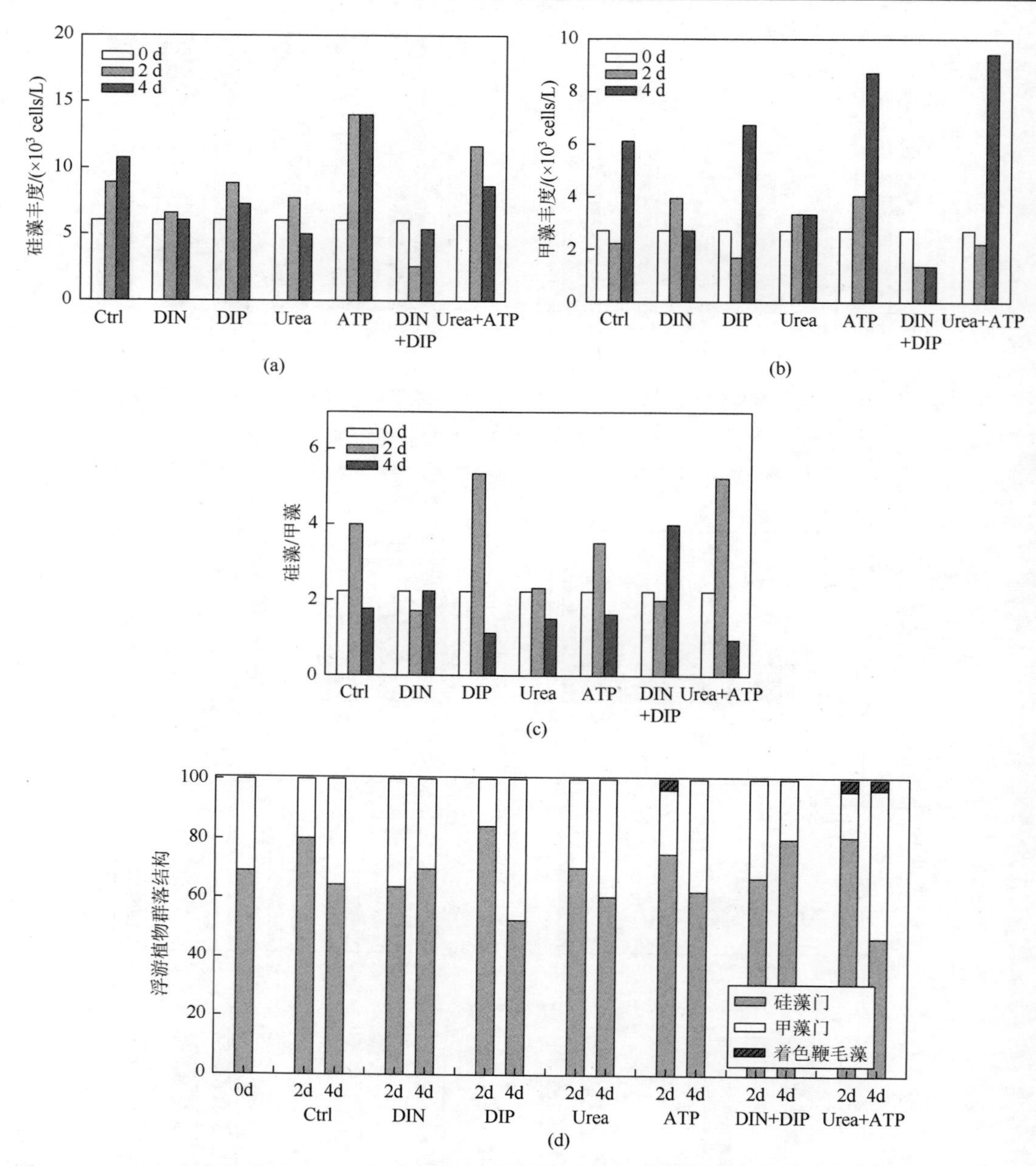

图 3.72　2017 年春季大亚湾小型浮游植物丰度和群落结构在无机和有机营养盐加富培养实验前后的变化

（3）超微型浮游植物对有机营养盐的响应

不同季节进行的无机和有机营养盐加富培养实验表明，添加 Urea 和 ATP 可以显著促进超微型浮游植物的生长，不论是聚球藻还是超微型真核浮游植物均表现出类似的变化（图 3.73，图 3.74），而添加无机氮（NO_3^- 和 NH_4^+）和氨基酸（AA）则不仅无法起到促进作用，反而会抑制超微型浮游植物生长（图 3.74）。

（4）浮游植物粒级结构和种类组成对陆源营养盐输入的响应

2016 年秋季开展了淡澳河口（S3 站）海水培养 S10 站浮游植物的实验，淡澳河口海水

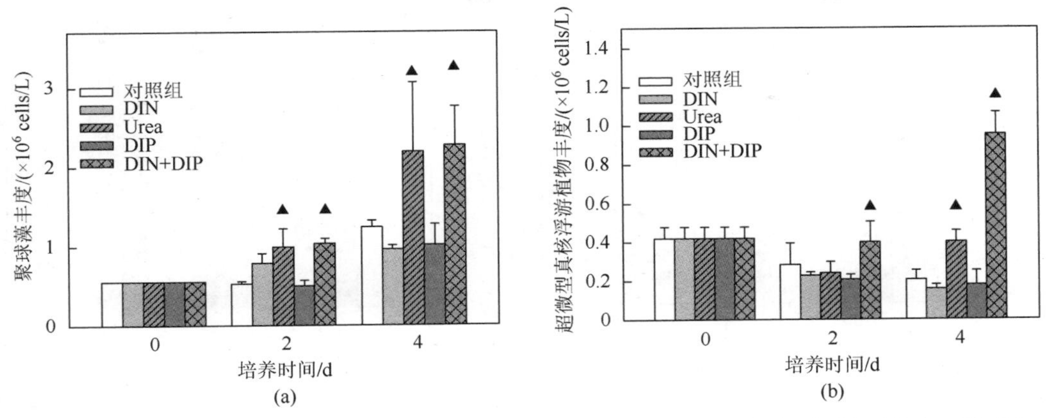

图 3.73　2016 年秋季大亚湾添加无机和有机营养盐加富培养实验前后超微型浮游植物丰度的变化

▲：显著高于对照组

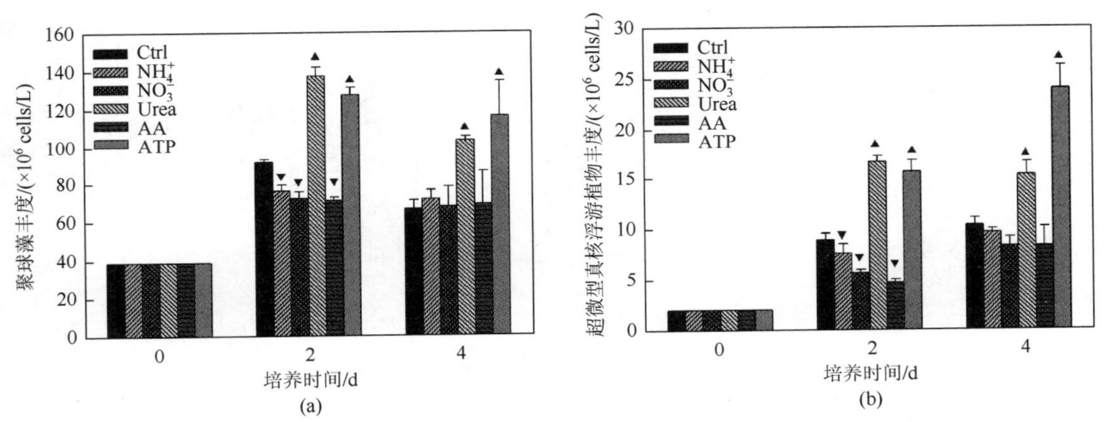

图 3.74　2017 年春季大亚湾添加无机和有机营养盐加富培养前后超微型浮游植物丰度的变化

▲：显著高于对照组；▼：显著低于对照组

的添加比例分别为 10%、20%和 40%。结果表明，添加河口高营养盐水体能显著促进浮游植物生物量的增加，但浮游植物的粒级结构没有发生明显的改变（图 3.75）。值得注意的是，2016 年秋季 S3 站海水的 DIN 和 DIP 浓度明显高于 DON 和 DOP，因而上述浮游植物的响应更多地体现了无机营养盐的影响。与 2016 年秋季实验结果不同，2017 春季和秋季开展的大

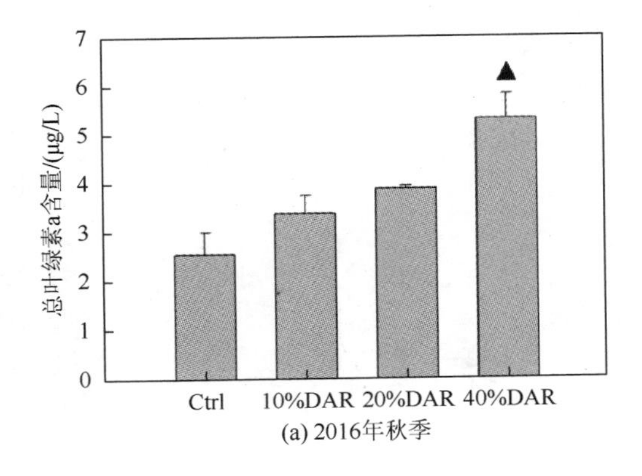

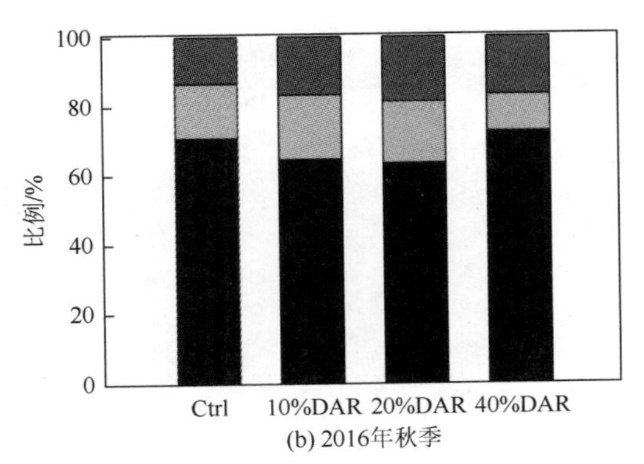

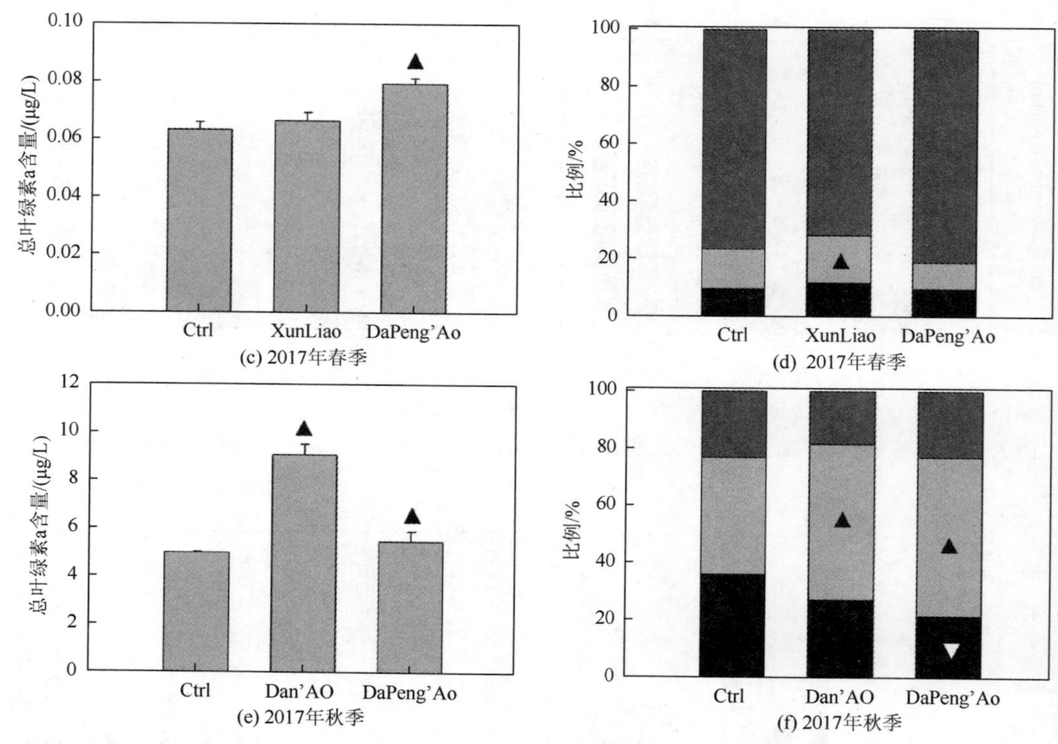

图 3.75　大亚湾陆源输入加富培养实验前后总 Chl a 含量（a，c 和 e）和不同粒级 Chl a 所占比例（b，d 和 f）的变化

Ctrl：对照组；10%DAR：将淡澳河水与湾中部海水按照 1∶9 混合（20%DAR 与 40%DAR 同理）；Dan'Ao：淡澳河口（S3 站）；DaPeng'Ao：大鹏澳海水养殖（S12 站）；Xunliao：巽寮湾；▲：显著高于对照组；▼：显著低于对照组；■ 小型；■ 微型；■ 超微型

鹏澳养殖区（S12 站）和淡澳河口（S3 站）海水添加实验结果表明，添加了这些高营养盐海水后，浮游植物生物量得以明显地增加，同时小粒级浮游植物的比例也有所提高（图 3.75）。

2016 秋季加富培养实验中，添加了不同比例的淡澳河口水体均能促进各门类浮游植物的生长，甲藻和蓝藻的丰度在河口水混合比例较低的情况下提高更多，而且甲藻和蓝藻在浮游植物群落中的比例也得以提高（图 3.76）。加富前浮游植物的优势种为角毛藻和菱形海线藻，加富培养后优势种除角毛藻和菱形海线藻外增加了铜绿微囊藻和锥状斯氏藻。2017 年春季进行的添加大鹏澳海水培养实验结果表明，加富后明显促进了硅藻的生长，而巽寮湾海水的添加促进了着色鞭毛藻的增加（图 3.77）。

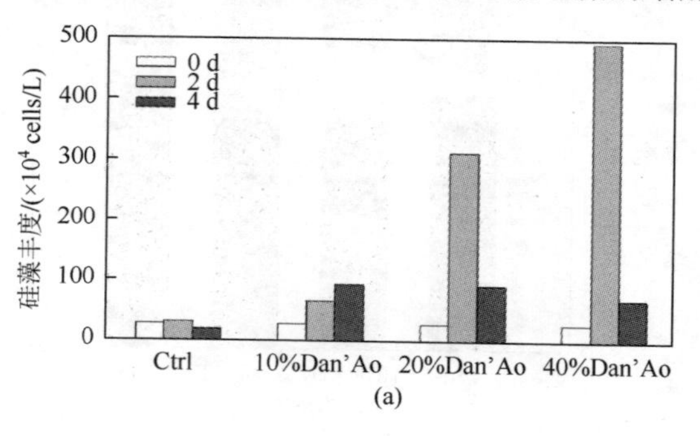

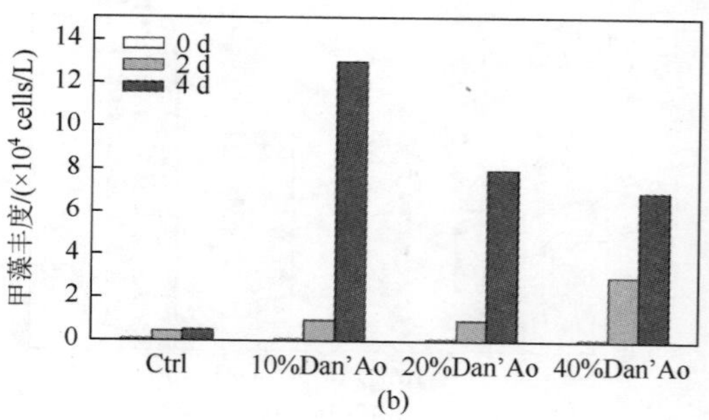

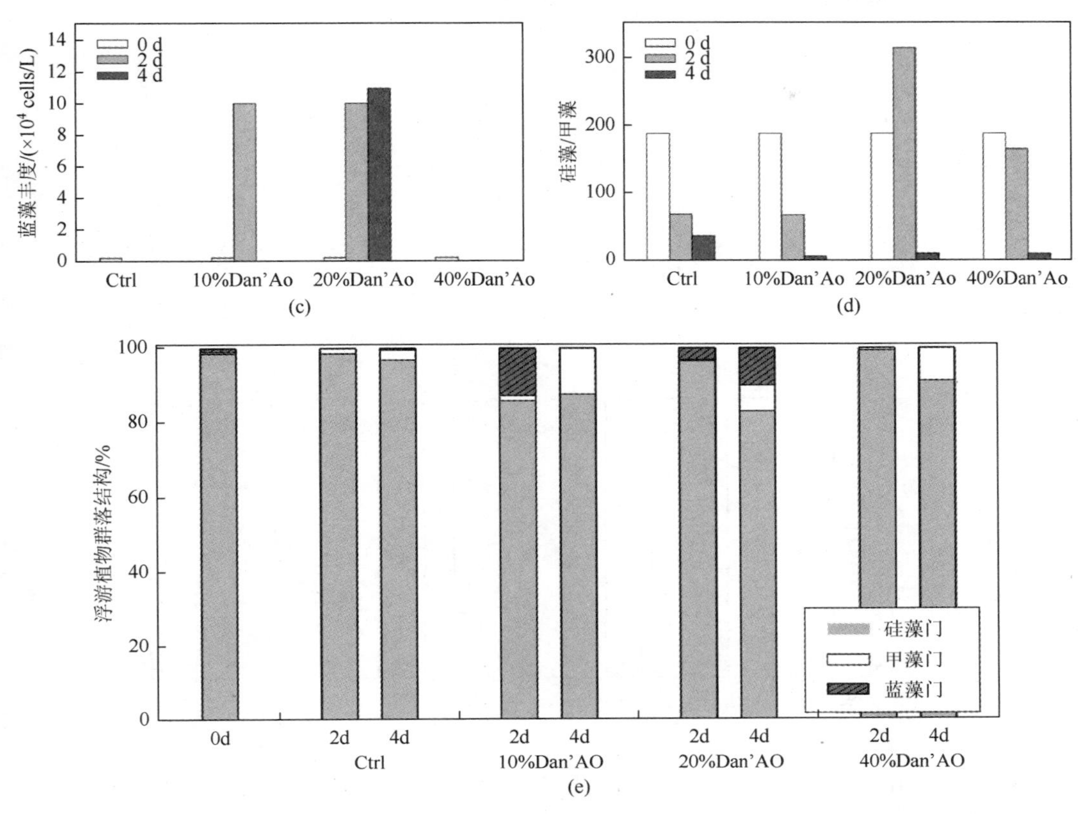

图 3.76 2016 年秋季添加淡澳河口海水前后对小型浮游植物丰度和群落结构的影响

Ctrl：对照组；10%Dan'Ao：将淡澳河水与湾中部海水按照 1∶9 混合，20% Dan'Ao 与 40% Dan'Ao 同理

2017 秋季进行的加富培养实验结果表明，与添加大鹏澳养殖区（S12 站）海水相比，添加淡澳河口（S3 站）海水更能显著地促进超微型浮游植物生长（图 3.78）。

从上述研究结果可以看出，淡澳河输入的溶解无机和有机营养盐对大亚湾浮游植物群落粒级结构有着重要影响。为了了解陆源营养盐输入对湾内生态系统产生显著影响的营养盐阈值，作者团队于 2018 年 1 月再次开展了淡澳河口（S3 站）预过滤海水的添加培养实验，将淡澳河口（S3 站）海水按照 1%、25%、10%、20%和 40%的最终比例添加至湾中（S10 站）天然海水中，经培养后观察浮游植物群落结构的变化（表 3.15）。

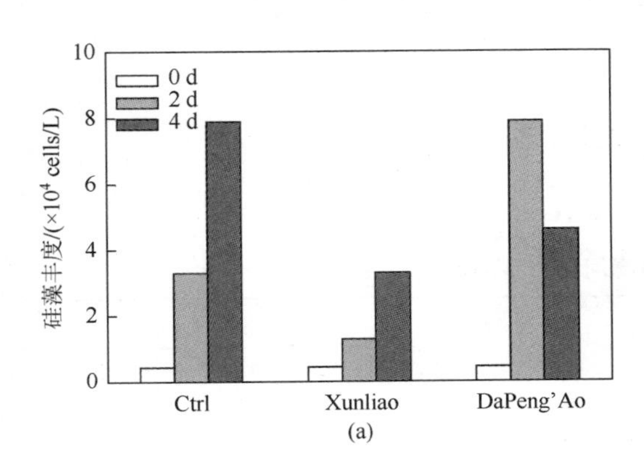

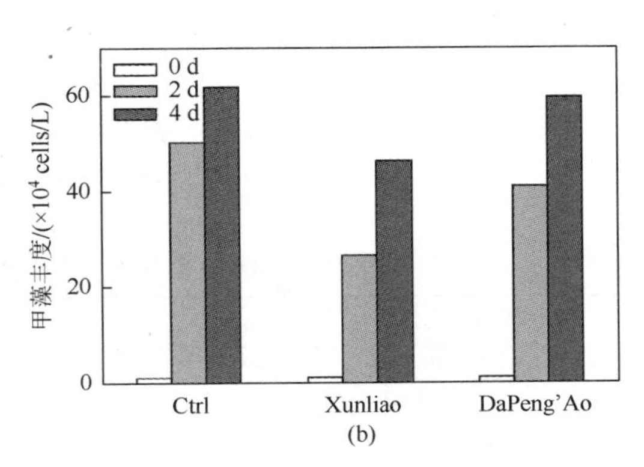

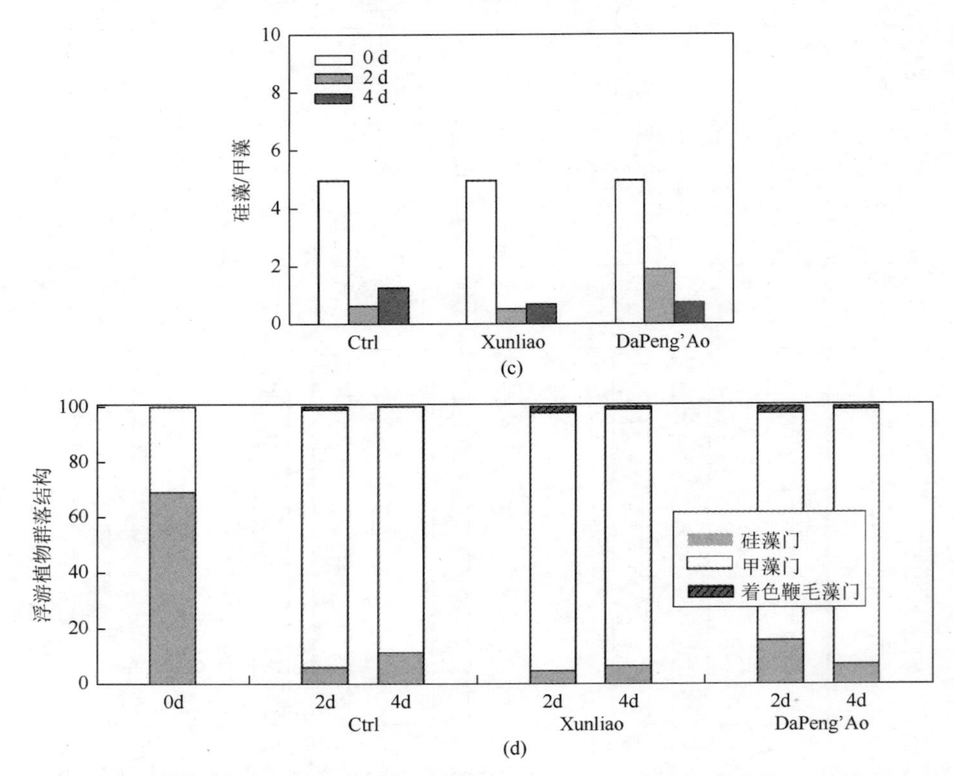

图 3.77　2017 年春季添加巽寮湾和大鹏澳海水前后对小型浮游植物丰度和群落结构的影响

Ctrl：对照组；DaPeng'Ao：大鹏澳养殖区（S12 站）；Xunliao：巽寮湾（S4 站）

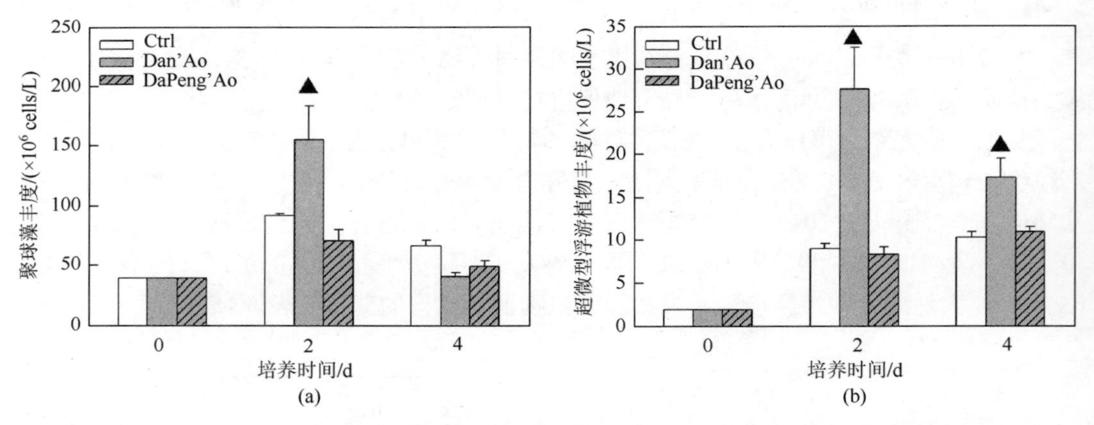

图 3.78　2017 年秋季添加淡澳河口和大鹏澳海水前后超微型浮游植物丰度的变化

Ctrl：对照组；Dan'Ao：淡澳河口（S3 站）；DaPeng'Ao：大鹏澳养殖区（S12 站）；▲：显著高于对照组

表 3.15　2018 年冬季大亚湾淡澳河口海水加富培养实验设计

参数	实验组					
淡澳河口海水添加比例/%	1%	2%	5%	10%	20%	40%
培养体积/L	2.4	2.4	2.4	2.4	2.4	2.4

实验结果表明，添加 1%～40%的淡澳河口海水后浮游植物的粒级结构发生了明显的改变。添加较低比例（≤5%）的淡澳河口海水明显提高了小型浮游植物的贡献，当添加的淡澳河口海水比例大于 10%时，小型浮游植物的贡献在培养第 2 天时显著低于对照组（图 3.79）。微型浮游植物比例的变化与小型浮游植物的变化相反，添加较高比例的淡澳河口海水有利于微型浮游植物的生长，当添加比例大于 10%时，微型浮游植物在总生物量中的贡献显著高于对照组，且这种变化在培养第 1 天即可观察到（图 3.79）。超微型浮游植物叶绿素 a 占总叶绿素 a 的比例相对稳定，表明添加不同比例的淡澳河口海水对超微型浮游植物的影响较小（图 3.79）。

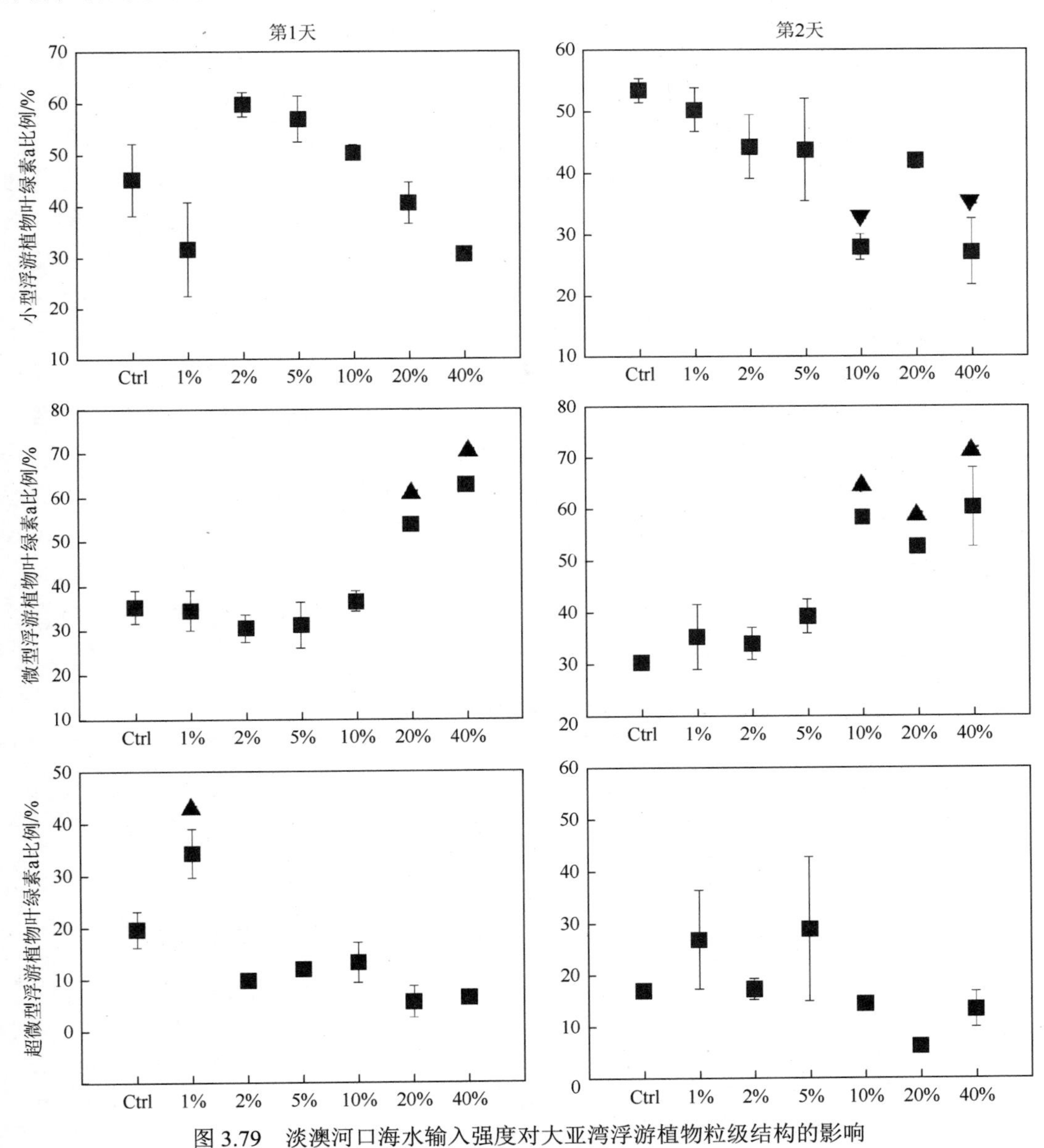

图 3.79　淡澳河口海水输入强度对大亚湾浮游植物粒级结构的影响

▲：显著高于对照组；▼：显著低于对照组

对大亚湾浮游植物群落进行无机和有机营养盐及陆源输入营养盐加富培养实验表明，以 Urea 和 ATP 为代表的有机营养盐对大亚湾浮游植物群落结构起重要作用，无机营养盐虽然可以促进浮游植物生物量的增长，但不会改变浮游植物的粒级结构和种类组成。有机营养盐则会优先促进超微型和微型浮游植物的生长，从而改变浮游植物群落的粒级结构，同时促进浮游植物群落结构向甲藻和蓝藻转变。

（三）有机营养组分对浮游细菌生长和代谢的影响

1. 溶解有机组分对异养细菌生长的作用

异养细菌是海洋有机物的主要消耗者，也是微食物环的主要类群（Azam et al.，1983）。在近海生态系统中，细菌生产力占总初级生产力的 10%～50%（Fuhrman et al.，1980）。研究表明，细菌对海洋有机碳具有重要影响（Zhang et al.，2013），同时也可以吸收有机磷和无机磷（Sebastian et al.，2012；Amin et al.，2012）。细菌对有机或者无机营养组分的利用与浮游植物密切相关，如在沉积物中发现异养细菌与浮游植物具有紧密联系的证据（Fietz et al.，2011），在西北太平洋发现硅藻与古菌具有潜在交互作用（Iverson et al.，2012）。大亚湾海洋环境复杂，目前对大亚湾浮游异养细菌的分布有少量报道（Wu et al.，2014；姜歆等，2018），但对人类活动输入有机物质对异养细菌的影响研究仍十分缺乏。在大亚湾南澳进行的中宇宙培养实验表明，α-变形菌和 β-变形菌是最主要的异养细菌，氮是这些异养细菌生长的限制性因子，而非磷（Xu et al.，2014），无机磷加富后异养细菌丰度增加可能是低氮磷比导致更多的能量流向微食物环所致（Kirchman & Wheeler，1998）。2016～2018 年，分别在胶州湾和大亚湾进行了 1 次和 4 次的现场加富培养实验，研究添加有机营养组分、淡澳河口海水、大鹏澳养殖区海水、湾外海水对异养细菌生长的影响（表 3.16），探讨人为因素（如石化基地、外源营养盐输入）和自然因素（海水入侵）在其中所起的作用。异养细菌丰度通过核酸染料 SYBR Green I 染色，并利用流式细胞仪侧向角散射信号和 SYBR 绿色荧光信号（FL1，530±15 nm）的双参数图来计数。

表 3.16　有机营养盐和富营养海水加富培养的实验设计

实验时间	2016 年 10 月（大亚湾 S13 站）	2017 年 4 月（大亚湾 S10、S13 站）	2017 年 8 月（大亚湾 S13、S14 站）	2017 年 8 月（胶州湾 S8、S9、S13 站）	2017 年 10 月（大亚湾 S10 站）	2018 年 1 月（大亚湾 S10 站）
对照组	对照组（Ctrl）	对照组（Ctrl）	对照组（Ctrl）	对照组（Ctrl）	对照组（Ctrl）	对照组（Ctrl）
无机组	DIN（NO_3^-）	DIN（NO_3^-）	—	DIN（NO_3^-）	DIN（NO_3^-）	DIN（NO_3^-）
	DIP（PO_4^{3-}）	DIP（PO_4^{3-}）	—	DIP（PO_4^{3-}）	NH_4^+	DIP（PO_4^{3-}）
	DIN + DIP	DIN + DIP	—	—	—	DIN + DIP
有机组	Urea（尿素）	Urea（尿素）	Urea（尿素）	Urea（尿素）	Urea（尿素）	Urea（尿素）
	—	ATP	ATP	ATP	AA（Asp，Gly，Glu，Gla）	ATP
	—	UREA + ATP	Glucose（葡萄糖）	—	ATP	UREA + ATP
代表点源	—	—	S13 底层海水	李村河（S8）	淡澳河（S3）大鹏澳（S12）	淡澳河（S3）

（1）营养盐加富对胶州湾异养细菌生长的影响

2017 年 8 月在胶州湾河口（S8 站）、湾口（S9 站）和湾外（S13 站）三个站进行了营养盐加富培养实验。结果表明，无论是在湾外、湾口或是湾内，ATP 都能显著促进异养细菌的生长，同时尿素对异养细菌生长也有一定的促进作用。另外，磷可能是调控湾外和湾内异养细菌生长重要环境因子，在湾外 S13 站，ATP 和无机磷均能显著刺激异养细菌生长，证实了磷在限制异养细菌生长中起到了重要作用（图 3.80a）；在湾口 S9 站，尿素和 ATP 也明显激发了异养细菌的生长（图 3.80b）；在河口 S8 站，尽管初始的异养细菌丰度较高（5×10^9 cell/L），但添加 ATP 和无机磷也都明显刺激了异养细菌的生长，同样意味着磷对该区域异养细菌生长的重要性（图 3.80c）。

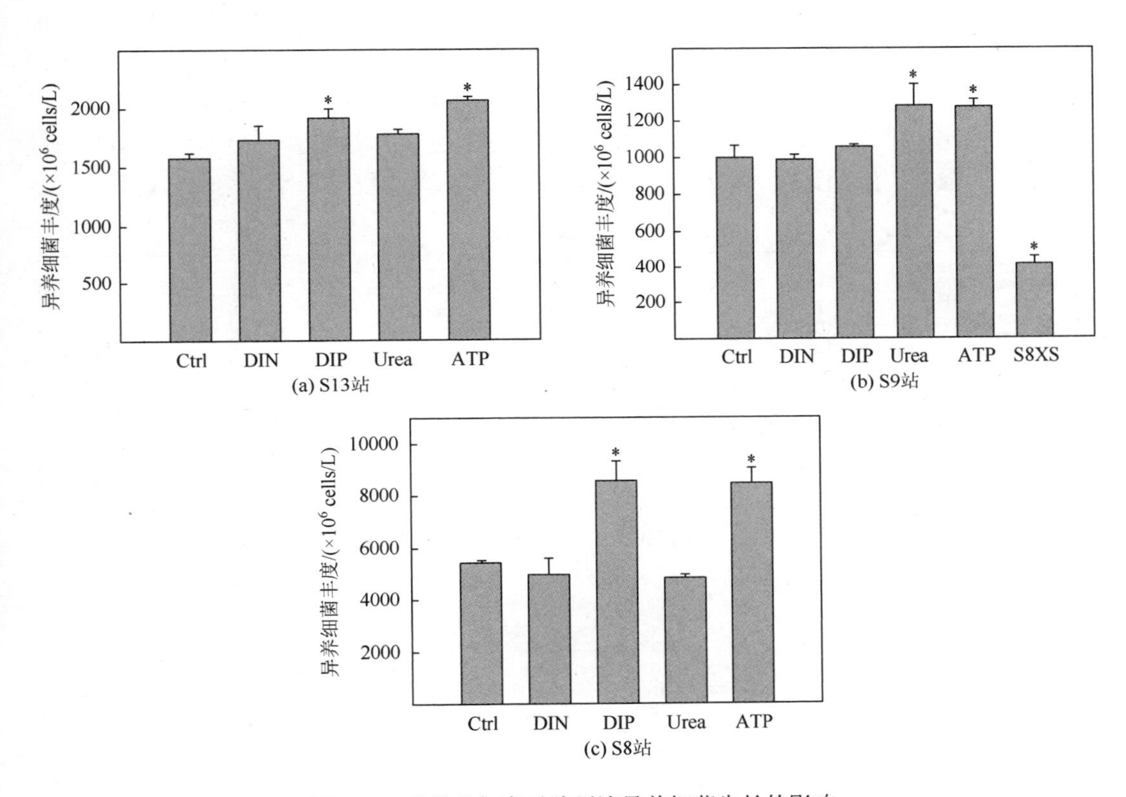

图 3.80　营养盐加富对胶州湾异养细菌生长的影响

*表示处理组与对照组在 0.05 水平上具有显著性差异。Ctrl：不添加任何营养盐的对照组；DIN：添加无机氮组；DIP：添加无机磷组；Urea：添加尿素组；ATP：添加有机磷组；S8XS：添加 S8 站表层海水稀释组

（2）有机营养盐加富对大亚湾异养细菌生长的影响

2017 年 4 月在湾中部 S10 站进行的营养盐加富培养实验结果表明，培养 2 d 后对照组和各处理组的异养细菌都明显增加，不论单独添加无机磷、无机氮或同时添加无机氮和无机磷都可以显著促进异养细菌的生长；单独添加 ATP 或同时添加 ATP 和尿素也可以显著促进浮游异养细菌丰度的增加。培养 3 d 后各处理组异养细菌的丰度都明显降低，无机氮、无机磷和同时添加无机氮和无机磷的异养细菌丰度依然显著高于对照组，但单独添加尿素

或 ATP，以及同时添加尿素和 ATP 的情况下，异养细菌的丰度与对照组没有显著差异。因此，ATP、尿素的添加在前期对异养细菌生长起到明显作用，与添加无机营养盐的效果类似（图 3.81a）。2018 年 1 月在湾中部 S10 站进行的营养盐加富培养实验表明，培养 2 d 后对照组和处理组的异养细菌丰度都明显增加，添加 ATP 和同时添加尿素和 ATP 都显著促进了异养细菌的生长。比较而言，无机磷、无机氮或同时添加无机氮和无机磷情况下，浮游异养细菌的丰度与对照组相比变化不大。培养 3 d 后各处理组异养细菌的丰度都明显低于培养 2 d 后的结果，仅有 ATP 和同时添加尿素和 ATP 的情况下显著促进了异养细菌的生长（图 3.81c）。显然，异养细菌丰度明显受到 ATP 的影响，而尿素、无机氮、无机磷的影响较不显著。由于这两次实验均在相同站位进行了相同的添加处理，而这两个季节异养细菌的初始丰度和营养盐状况相差不大，两次实验均表明，ATP 可以显著促进异养细菌的生长，只是异养细菌丰度发生增长的时间存在一定差异。2017 年 10 月在湾中部 S10 站开展的营养盐加富培养实验结果表明，培养 2 d 后各处理组的细菌丰度都明显增加，但与对照组相比，仅添加尿素和 ATP 的情况下显著地促进了异养细菌生长，其中 ATP 的激发作用最为强烈，添加铵盐、硝酸盐和氨基酸对异养细菌的影响很小。培养 3 d 后，尽管

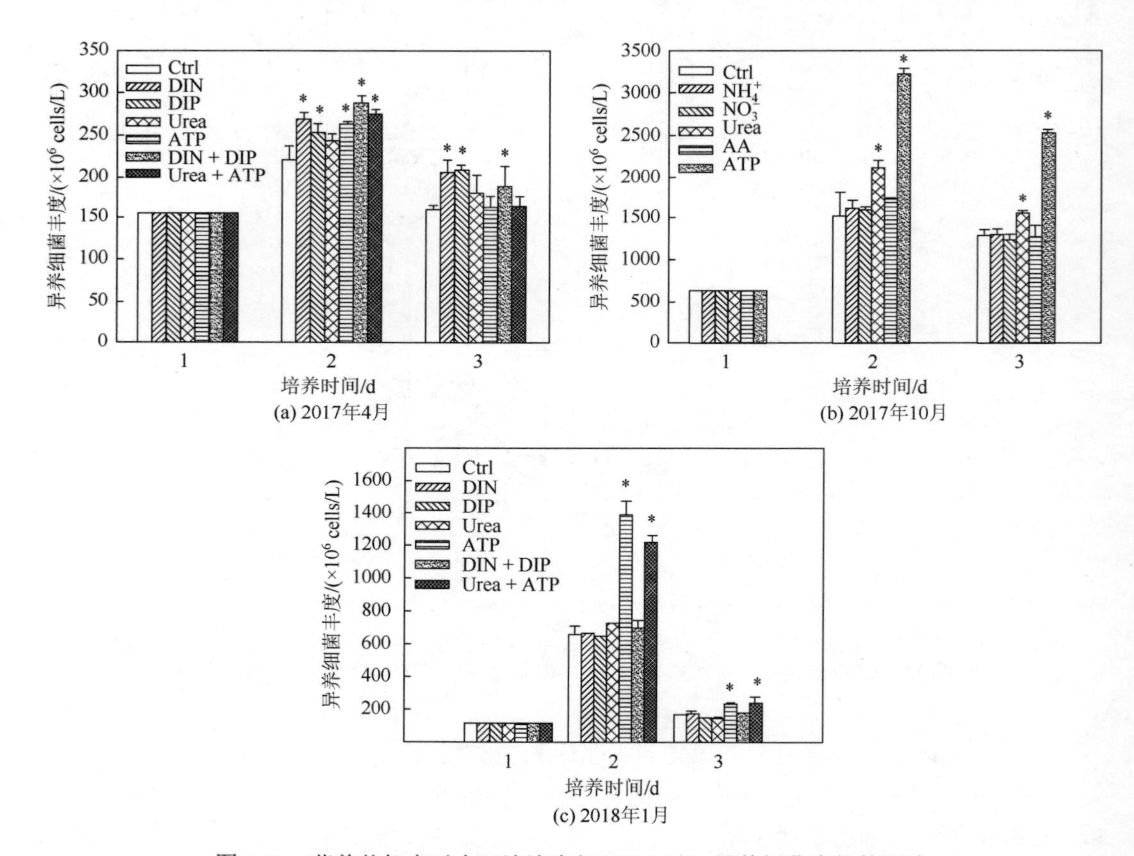

图 3.81 营养盐加富对大亚湾湾中部（S10 站）异养细菌生长的影响

*表示处理组与对照组在 0.05 水平上具有显著性差异。Ctrl：不添加任何营养盐的对照组；DIN：添加无机氮组；DIP：添加无机磷组；Urea：添加尿素组；ATP：添加 ATP 组；DIN + DIP：同时添加无机氮和无机磷组；Urea + ATP：同时添加尿素和 ATP 组；NH_4^+：添加铵盐组；NO_3^-：添加硝酸盐组；AA：添加混合氨基酸组

各处理组的异养细菌丰度比之前稍有所降低，但同样可以看出添加尿素和 ATP 后，异养细菌丰度明显比对照组高，其中 ATP 的促进作用强于尿素（图 3.81b）。以上三个实验结果表明，对于湾中部 S10 站而言，尽管不同季节的响应稍有差别，但尿素和 ATP 均会明显促进异养细菌的生长，与超微型浮游植物的变化情况类似。

2016 年 10 月在湾口 S13 站进行的营养盐加富培养实验表明，培养 2 d 后各处理组的细菌丰度都明显增加，与对照组相比，添加尿素和同时添加无机氮和无机磷均可显著促进异养细菌的生长，单独添加无机氮或无机磷则没有明显效果。培养 3 d 后，各处理组的异养细菌丰度比之前稍有增加，而且同样是添加尿素和同时添加无机氮和无机磷才能促使异养细菌丰度显著增加（图 3.82a）。2017 年 4 月在湾口 S13 站进行的营养盐加富培养实验表明，培养 2 d 后各处理组的细菌丰度都有所增加，与对照组相比，单独添加无机氮、无机磷或同时添加无机氮和无机磷都显著地促进了异养细菌的生长，单独添加尿素、ATP 或同时添加尿素和 ATP 则没有明显的效应；培养 3 d 后各处理组的细菌丰度比之前稍有降低，与对照组相比，单独添加尿素、ATP 或同时添加尿素和 ATP，以及同时添加无机氮和无机磷均促进了异养细菌的生长，单独添加无机氮和无机磷则没有明显效果，说明在培养后期尿素和 ATP 可以促进异养细菌的生长（图 3.82b）。2017 年 8 月在湾口 S13 站（图 3.82c）和 S14 站（图 3.82d）开展的有机营养盐加富培养实验表明，添加尿素和 ATP 对异养细菌的

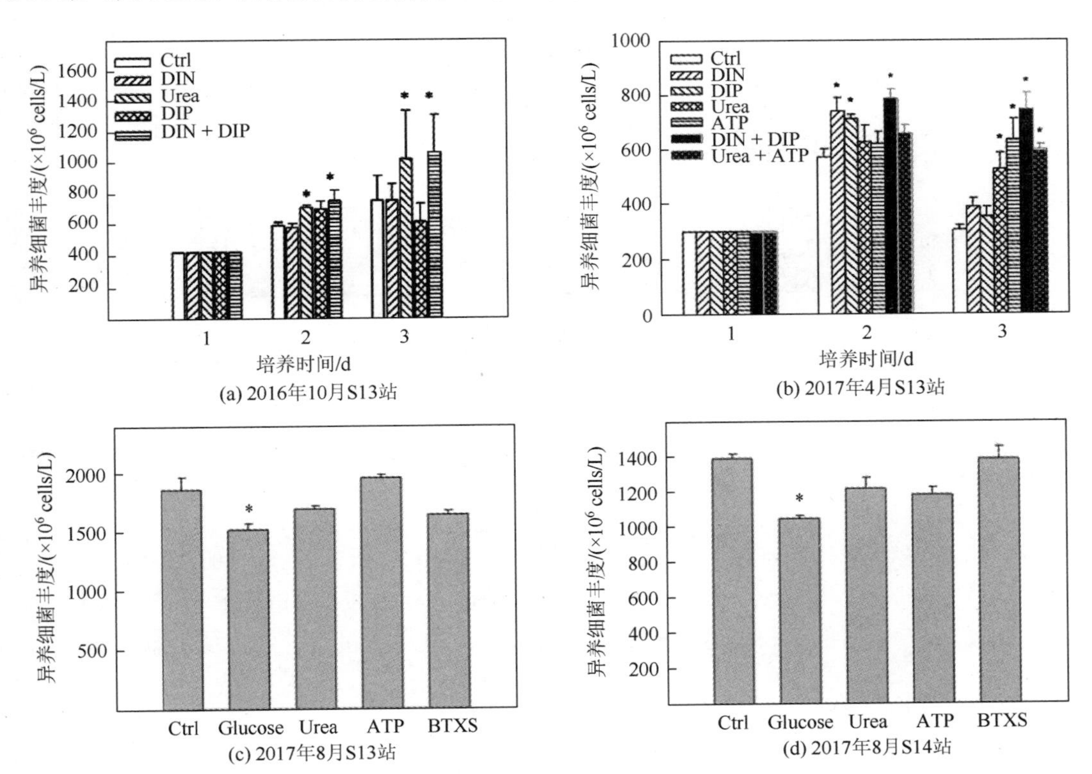

图 3.82　营养盐加富对大亚湾湾口站位（S13 和 S14 站）异养细菌生长的影响

*表示处理组与对照组在 0.05 水平上具有显著性差异。Ctrl：不添加任何营养盐的对照组；DIN：添加无机氮组；DIP：添加无机磷组；Urea：添加尿素组；ATP：添加 ATP 组；DIN + DIP：同时添加无机氮和无机磷组；Urea + ATP：同时添加尿素和 ATP 组；Glucose：添加葡萄糖组；BTXS：底层海水稀释组

生长没有产生明显影响，添加葡萄糖则显著降低异养细菌丰度，且两个站位异养细菌的响应情况类似。在这两个站位进行的底层海水添加实验（BTXS 组）表明，添加底层海水也没有明显促进异养细菌的生长。以上实验结果表明，有机营养组分（尿素和 ATP）可以明显促进大亚湾湾中和湾外异养细菌的生长，ATP 对湾中部异养细菌的影响比尿素更加明显，尿素对湾外异养细菌的影响比 ATP 更为明显。

（3）添加近岸富营养海水对大亚湾异养细菌生长的影响

2017 年 10 月开展的淡澳河口和大鹏澳养殖区海水的添加培养实验表明，培养 2 d 后，添加大鹏澳养殖区（S12 站）海水和淡澳河口（S3 站）海水均能显著促进湾中部（S10 站）异养细菌的生长；培养 3 d 后，各处理组间异养细菌丰度的差异变小，可能与细菌生长在培养一段时间后受到一定抑制有关（图 3.83a）。2018 年 1 月开展的淡澳河口（S3 站）海水添加梯度稀释培养实验表明，培养 2 d 后异养细菌随着淡澳河口海水添加比例的增加而显著增加；培养 3 d 后，异养细菌丰度随着添加比例增加表现出先增加而后降低的趋势，在淡澳河口海水添加比例为 10%时异养细菌丰度最大（图 3.83b）。结合营养盐加富实验结果可以看出，添加近岸富营养海水本质上可能是因为增加了有机营养盐含量，从而对异养细菌的生长产生了促进作用。

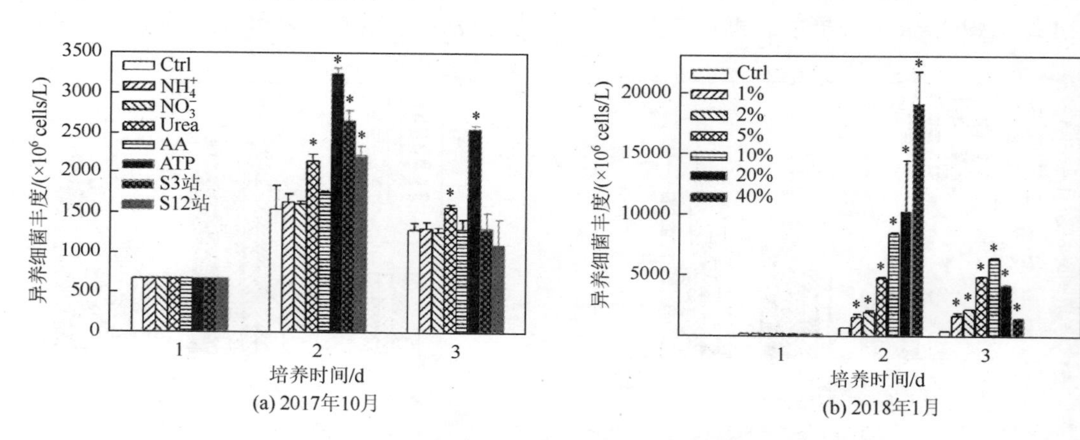

图 3.83　添加近岸富营养海水对异养细菌生长的影响

*表示处理组与对照组在 0.05 水平上具有显著性差异。Ctrl：不添加任何营养盐的对照组；Urea：添加尿素组；ATP：添加 ATP 组；NH_4^+：添加铵盐组；NO_3^-：添加硝酸盐组；AA：添加混合氨基酸组；1%～40%：淡澳河口海水稀释组

营养盐加富培养实验证明，以 ATP 和尿素为代表的有机营养组分可明显促进大亚湾和胶州湾异养细菌的生长。添加近岸富营养海水的培养实验表明，近岸富营养海水的加入同样可促进异养细菌的生长，这种促进作用可能主要来自有机营养组分的贡献。

2. 溶解有机物及其组成对生物固氮作用的影响

以往对于海洋生物固氮作用环境调控因子的探讨主要集中于水温、无机常量营养盐、痕量元素等，这些要素对寡营养开阔大洋生物固氮作用的调控作用已基本形成共识（Karl et al.，2012）。与开阔大洋不同，对于环境条件独特的近海海湾，溶解有机物（dissolved organic matter，DOM）及其组成扮演的角色可能更加重要，它们对生物固氮作用的影响在过去的研究中长期被忽视了。从能量来源的角度看，海洋固氮生物并不局限于自养型，可能包含极为复杂的类型，其中异养固氮细菌是重要的一部分（Bombar et al.，2016；Farnelid et al.，2011）。异养固氮细菌不但在开阔海洋中广泛分布，而且在近岸水体更是常常成为固氮类群的主体（Farnelid et al.，2011）。生物固氮作用是一个高耗能过程，因此，较为有效地利用溶解有机物对于海洋环境的异养固氮生物至关重要(Moisander et al.,2014)。

在大亚湾，春季（2016 年 4 月）和夏季（2015 年 8 月）生物固氮速率与溶解有机碳浓度之间表现出显著的线性正相关关系（图 3.84）。与此同时，溶解有机碳浓度与叶绿素含量、初级生产力等要素之间也具有显著的正相关关系。大亚湾溶解有机物的含量、季节变化和粒径分布受陆源输入、生物活动和人类活动的共同影响。近岸区域的溶解有机物主要来自陆源有机物输入和当地生物生产，其中陆源有机物主要以陆地植物形成的木质素和纤维素为主，生物可利用性较低，而由海洋生物（特别是浮游植物）新鲜生产的有机物往往具有更高的生物可利用性（Hansen et al.，2016）。在环境具有较高溶解有机物的背景下，可能仅有部分有机物是可供给固氮生物直接或间接利用的，因而这部分溶解有机物的含量及其组成将在很大程度上影响异养固氮过程。对于大亚湾而言，春季、夏季生物可利用溶解有机碳的含量和分布广泛地受到浮游植物生长的影响，因而生源溶解有机物是调控大亚湾生物固氮作用的主要因素之一。

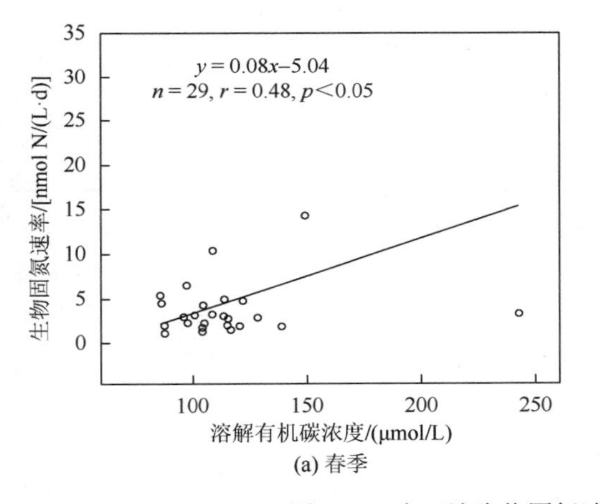

(a) 春季

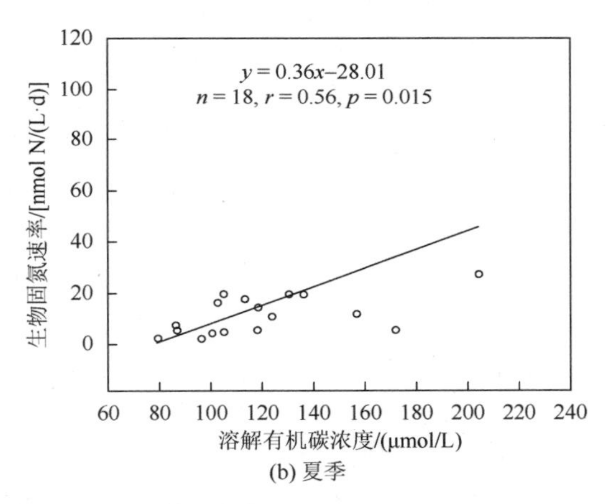

(b) 夏季

图 3.84　大亚湾生物固氮速率和溶解有机碳浓度的关系

在胶州湾，尽管未观察到生物固氮速率与溶解有机碳浓度之间存在显著的相关关系，但加富培养实验的结果显示，添加特定组成的溶解有机碳可促进胶州湾的生物固氮速率（图 3.85），说明溶解有机物对胶州湾的生物固氮作用同样起到一定的影响。在胶州湾的 S7 站和 S14 站，表层溶解有机碳浓度分别高达 128 μmol/L 和 125 μmol/L，在加富培养实验中额外添加的溶解有机碳仅占现场溶解有机碳的约 4%，但生物固氮速率却对添加的溶解有机物响应明显。比较而言，溶解有机氮组分的添加产生的激发效应较不明显。近年来，溶解有机物对生物固氮作用的调控逐渐被认识到并日益得到重视（Bonnet et al.，2013），这种影响可能不仅仅局限在近岸海域，考虑开阔大洋广泛分布着异养固氮细菌，推测溶解有机物对海洋水体固氮作用的调控具有普遍性（Moisander et al.，2014）。

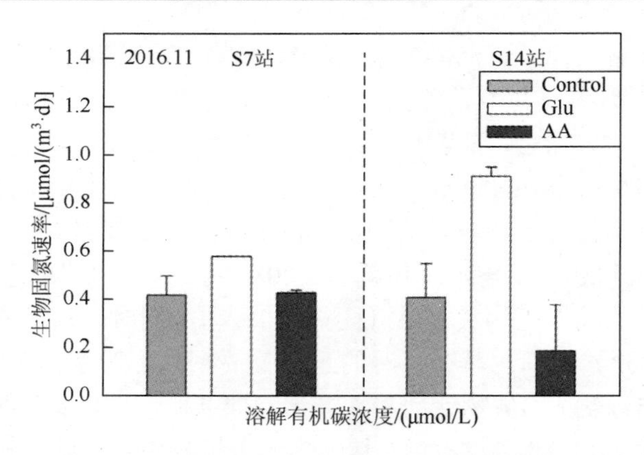

图 3.85　添加溶解有机物对胶州湾生物固氮速率的影响

Control：对照组；Glu：39%葡萄糖 + 29%乙酸钠 + 32%丙酮酸钠；AA：20%亮氨酸 + 23%谷氨酸 + 56%丙氨酸；各组分均以 5 μmol/L 的终浓度进行添加

现场受控实验所观察到的溶解有机物及其组成对生物固氮速率的影响，得到胶州湾和大亚湾固氮生物种类组成证据的支持。基于固氮基因丰度的分析结果表明，胶州湾和大亚湾的固氮生物组成复杂，但是两个海湾水体固氮生物的组成却具有共同的特点，即异养固氮细菌是固氮生物重要的组成部分。在海洋环境中，异养固氮细菌往往会以多种形式与颗粒物（生源、非生源）结合（Bombar et al.，2016），进而影响生物固氮速率的粒级分布。与此同时，固氮生物的组成可能也会随着浮游植物初级生产力的季节变化而变化。一方面，自养固氮生物也可能具有利用溶解有机物作为能量来源的能力（Benavides et al.，2017），另一方面，溶解有机物可能会影响固氮基因的表达，进而影响生物固氮速率（Benavides et al.，2018）。目前，有关溶解有机氮与生物固氮作用之间的关系仍有待更深入的探讨。从源汇角度看，一方面固氮生物会将部分新固定的氮以溶解有机氮形式释放到环境水体（Glibert & Bronk，1994），另一方面部分溶解有机氮可能会促进生物固氮作用，但其作用机制并不明确（Benavides et al.，2018）。在大亚湾的研究中，并未观察到生物固氮速率与溶解有机氮浓度之间存在显著的相关关系，加富培养实验也没有观察到溶解有机氮添加对生物固氮速率的提高作用，有待未来进一步深入验证。

胶州湾和大亚湾溶解有机物的组成及含量在一定程度上调控着生物固氮速率的时空分布。在胶州湾，尽管生物固氮速率与溶解有机物浓度之间未观察到存在显著的相关性，但加富培养实验中添加生物可利用性较高的溶解有机磷后，生物固氮速率也得到了明显提高，证实溶解有机物的生物可利用性是影响生物固氮速率的关键因素之一。大亚湾的生物固氮速率与溶解有机碳含量、溶解有机碳与叶绿素含量在春季、夏季具有明显的正相关关系，表明大亚湾浮游植物释放的溶解有机物可激发固氮作用。

3. 有机物及其组成对细菌反硝化作用的调控

2015 年夏季，作者团队就大亚湾溶解有机物（DOM）和颗粒有机物（POM）来源和组成对水体细菌反硝化作用的影响开展了研究，探讨反硝化过程中 DOM 和 POM 的差异化作用，揭示近岸海域细菌反硝化作用的调控机制和碳氮循环的耦合关系。研究中，水体

反硝化速率采用 $^{15}NO_3^-$ 示踪培养法进行测定，通过代谢产物 $^{29}N_2$ 和 $^{30}N_2$ 的产生速率计算出反硝化作用的表观反硝化速率（apparent denitrification rate，ADR）（曾健等，2014）。为了消除海水中 NO_3^- 背景浓度的差异的影响，将实测获得的 ADR 对 NO_3^- 浓度进行了归一化处理。由于自然环境中反硝化作用对 NO_3^- 浓度的典型半饱和常数为 2.5 μmol/L（Dalsgaard et al.，2013；Jensen et al.，2009），因而当 NO_3^- 浓度达到 6.5 μmol/L 时，硝酸盐将不再是反硝化作用的限制性因子。这里以 6.5 μmol/L 为界限，当海水的 NO_3^- 背景浓度高于 6.5 μmol/L 时，可近似认为 ADR 和归一化后的反硝化速率（NDR）相等；当海水 NO_3^- 背景浓度低于 6.5 μmol/L 时，假设反硝化作用符合一级反应动力学，由下式对表观反硝化速率进行归一化处理：$\mathrm{NDR} = \mathrm{ADR} \times 6.5 / [\mathrm{NO_3^-}]_{\mathrm{bulk}}$。

（1）溶解有机物对海水环境细菌反硝化作用的影响

以 DOC 含量与荧光光谱结合来区分大亚湾溶解有机物的来源和组成。DOM 三维荧光光谱的平行因子分析（parallel factor analysis，PARAFAC）表明，大亚湾 DOM 主要包含 3 种不同的组分：C1 组分在 260/460 nm 和 355/460 nm 的激发/发射波长处出现荧光强度峰值，呈典型的陆源类腐殖质特征（Stedmon et al.，2003）；C2 组分的荧光强度峰值出现在 285/494 nm 和 385/494 nm 处，属于陆源类腐殖质或类富里酸物质（Stedmon & Markager，2005）；C3 组分在 240/390 nm 和 310/390 nm 的激发/发射波长处出现峰值，属于典型的生源类蛋白质物质（Stedmon Markager，2005）。显然，C1 和 C2 组分为陆源 DOM，对应的 DOC 含量可用 tFDOC 表示；C3 组分为海源自生 DOM，对应的 DOC 含量用 bFDOC 表示；非荧光组分的 DOC 含量用 nFDOC 表示。由于 C1、C2 和 C3 组分的荧光强度均与 DOC 浓度之间具有显著的线性正相关关系，且当 C1、C2 和 C3 组分的荧光强度为零时，对应的 DOC 浓度均为 81 μmol/L，说明研究海域水体中存在浓度恒定的非荧光 DOM 组分。因此，各荧光组分对应的有机碳含量（FDOC）可由下式计算获得：$\mathrm{FDOC}_i = (\mathrm{DOC} - 81) \times Q_i / \sum_1^3 Q_i$（$Q_i$ 为各荧光组分对应的荧光强度）。

将归一化后的反硝化速率与总 DOC 浓度进行回归分析发现，二者之间并不存在显著的相关性（$P > 0.2$），说明 DOM 含量本身并不是调控大亚湾水体反硝化潜力的主要因素。有研究指出，尽管 DOM 是绝大多数异养微生物反硝化代谢的能量来源（Battin et al.，2009），但当水体中 DOC 浓度较高时，DOM 对反硝化代谢活性的影响将变得不重要（Baker & Vervier，2004；Herrman et al.，2008）。如果以反硝化代谢反应经典的化学计量关系进行计算（Richards，1965），在研究设置的培养周期内，大亚湾反硝化作用需要的有机碳浓度仅为 7 μmol/L，占夏季海水 DOC 浓度的比例不足 10%，说明大亚湾海水的 DOM 含量完全可满足反硝化代谢的需求。

DOM 组成也是影响反硝化代谢的潜在因素之一。研究表明，NDR 与 tFDOC 浓度、tFDOC 占总 DOC 的比例之间具有一定的正相关性（图 3.86a，图 3.86b），而与 bFDOC 的相关性不明显。因此，tFDOC 组分似乎更有利于反硝化代谢的利用，并且与 bFDOC 组分和总 DOC 相比，对反硝化代谢的调控作用更强。尽管传统观点认为，tFDOC 组分比 bFDOC 组分更难以被微生物降解和利用（Sanderson，2011），但实际上陆源有机质对于反硝化作用而言并不一定是惰性的。有研究表明，诸如芳香类、腐殖质类或者富里酸类的典型陆源有机质同样可以维持甚至激发某些特定种类反硝化细菌的代谢活性（Pfenning & McMahon，1996）。对湖泊有机物的研究也表明，陆源 DOM 中易降解组分的绝对含量反而高于藻类自生 DOM 的易降解组分含量（Guillemette et al.，2013）。因此，对于大亚湾而言，陆源输入的 DOM 对反硝化作用具有潜在的生物可利用性。大亚湾的 NDR 与 nFDOC 之间也具有一定的相关性，但 NDR 随着 nFDOC 占总 DOC 比例的增加而下降，说明与 tFDOC 和 bFDOC 组分相比，nFDOC 组分较难被反硝化细菌利用（图 3.86c）。

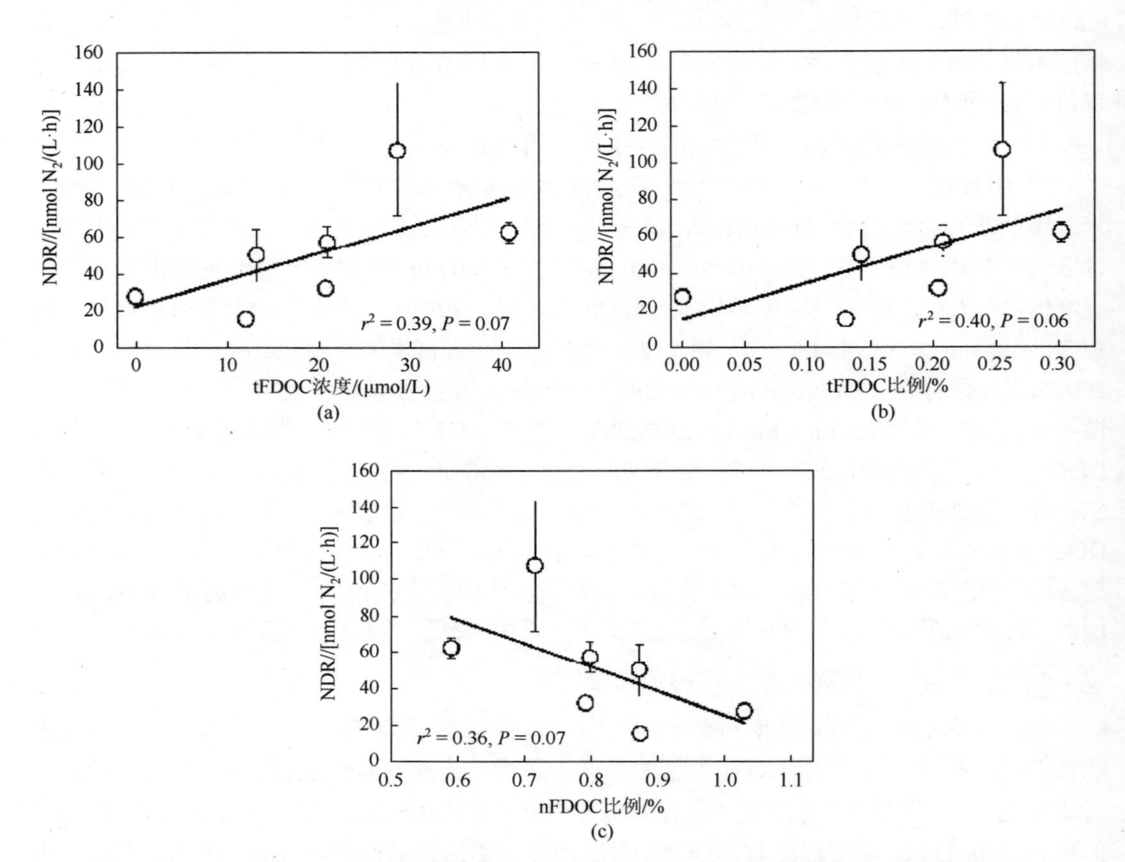

图 3.86　大亚湾归一化的反硝化速率（NDR）与不同来源 DOM 组分之间的关系

（2）颗粒有机物对海水环境细菌反硝化作用的影响

根据悬浮颗粒有机物的 $\delta^{13}C_{POC}$ 和 $\delta^{15}N_{PN}$ 特征，大亚湾海水中的 POM 由陆源有机质、河口水生有机质和海洋自生有机质混合构成。通过三端元混合模型，可计算出不同来源 POM 的相对贡献：

$$
\begin{aligned}
&f_{ter} + f_{est} + f_{mar} = 1 \\
&\delta^{13}C_{ter} \times f_{ter} + \delta^{13}C_{est} \times f_{est} + \delta^{13}C_{mar} \times f_{mar} = \delta^{13}C_{d} \\
&\delta^{15}N_{ter} \times f_{ter} + \delta^{15}N_{est} \times f_{est} + \delta^{15}N_{mar} \times f_{mar} = \delta^{15}N_{d}
\end{aligned}
\tag{3.1}
$$

式中，f 代表不同来源 POM 的贡献比例；ter、est 和 mar 分别代表陆源、河口及海洋自生组分。计算过程中 $\delta^{13}C$、$\delta^{15}N$ 的端元取值分别为陆源有机组分（−24.5‰、0.7‰）、河口组分（−29.0‰、15.0‰）、海洋自生组分（−16.9‰、9.0‰）。各组分 POC 含量由式（3.1）计算出的份额分别乘以总 POC 含量计算获得。陆源和河口组分统一视为陆源 POC，以 tPOC 表示，海洋自生组分以 bPOC 表示。

大亚湾的 NDR 与总 POC 含量之间不存在显著的相关性（$P>0.2$），但 NDR 随着陆源 POC（tPOC）含量的增加而下降，随着海洋自生 POC（bPOC）含量的增加而增加（图 3.87a，图 3.87b）。另外，NDR 与 bPOC 占总 POC 的比例之间具有显著的线性正相关关系（图 3.87c）。类似的情况在北部湾也同样存在。这些关系表明，海洋藻类自生 POM 不仅有利于反硝化作用的发生，而且对海湾反硝化代谢起着主导调控作用。此前在陆地生态系统的研究中也有类似报道，如湿地土壤的反硝化速率随着土壤有机质中多糖类含量的增加而加强（Dodla et al.，2008）；河流沉积物中具有低 C/N 的 POM 会促进反硝化代谢活性（Stelzer et al.，2014）。

POM 可以通过两种途径来调控海水环境的反硝化作用，其一是通过影响吸附于悬浮颗粒物的反硝化细菌丰度（Alldredge & Cohen，1987），其二是通过降解释放 DOM 来影响游离态反硝化细菌的生长和代谢（Stelzer et al.，2015）。在水生环境中，细菌等微生物倾向于吸附在悬浮颗粒物或聚合物上（Kellogg & Deming，2014），这些颗粒态介质往往

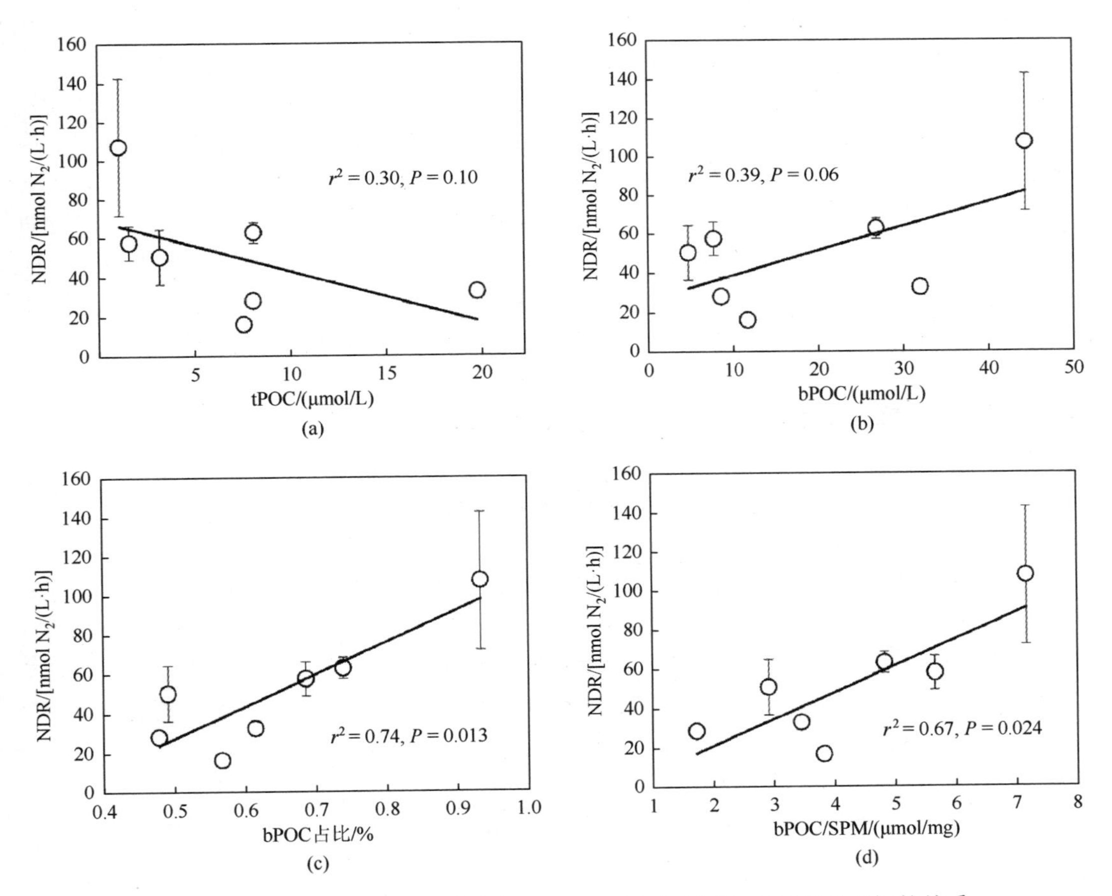

图 3.87　大亚湾归一化反硝化速率（NDR）与不同来源 POM 组分之间的关系

具有低氧的微环境，有利于微生物厌氧代谢的发生（Klawonn et al.，2015）。如果将 bPOC 含量对悬浮颗粒物（SPM）含量进行归一化处理，可以发现大亚湾的 NDR 与 bPOC/SPM 之间同样具有显著的线性正相关关系（图 3.87d），说明 SPM 中有机质含量的增加，不仅可以提高吸附的反硝化细菌丰度，同时还可以促进颗粒物上反硝化细菌的代谢活性（Xia et al.，2016），因此，颗粒物及其易降解程度对于近岸水体的细菌反硝化起着重要作用。

与 DOM 相比，POM 对近岸水体反硝化作用的调控更为重要，原因可能与 POM 比 DOM 具有更高的易降解程度有关。夏季大亚湾的 bPOC 含量（平均为 27.3 μmol/L）是 bFDOC 含量（平均为 8.0 μmol/L）的 3.4 倍，是海洋生源有机碳的主要储库。另外，与 POM 相比，DOM 往往具有更高的 C/N 和较老的年龄（Guo et al.，1996），意味着 DOM 更多是难降解的有机质。由于 POM 比 DOM 更加新鲜，因而成为细菌反硝化作用优先利用的有机碳源。

第二节 次级生产者对营养物质变化的响应机制

浮游动物是生活在自由水域，自主游动能力较弱，靠随波漂流运动的小型动物，主要借助海水的运动而传播。浮游动物的种类组成、数量分布与海流、水团、生态环境变化等密切相关，可作为海洋环境变化的生物指标之一。浮游动物在海洋食物网中起着重要作用，其种类和数量的变化直接影响海洋次级生产力的变化。浮游动物摄食浮游植物，它们本身又是许多鱼类及仔鱼、稚鱼的主要摄食对象，一些种类还是渔业上的直接捕获对象，其分布和数量变动可作为探索鱼群和寻找渔场的科学依据（黄凤鹏等，2010）。因此，浮游动物在海洋生态系统能量流动和物质循环中起着承上启下的作用，浮游动物通过摄食浮游植物对初级生产力具有一定的控制，同时作为经济型海产生物的主要摄食对象，对海洋渔业资源的稳定、种群补充及可持续发展有着重要意义（Frost，1987；Urban et al.，2001）。

一、浮游动物群落结构的季节变化及影响因素

（一）胶州湾浮游动物群落结构的季节变化及其调控因素

受环境条件变化和生活习性的影响，胶州湾浮游动物的丰度、种类组成和群落结构表现出明显的季节变化。于 2015 年 7 月（夏季）、2016 年 1 月（冬季）、2016 年 4 月（春季）和 2016 年 11 月（秋季）对胶州湾浮游动物群落结构（浅水 I 型浮游生物网）进行了调查研究，分析了胶州湾浮游动物群落结构的季节变化特征及其与环境因子的关系。

1. 浮游动物丰度的季节变化

胶州湾浮游动物丰度的空间分布具有不同的季节性特征（图 3.88）。春季是一年中浮游动物丰度最大的季节，平均丰度达 808.38 个/m^3。由于大量植食性浮游动物和滤食性贝类的摄食，导致春季的浮游植物丰度总体看来处于较低的水平。总的来看，湾内沿岸的

S3、S4、S5、S6 和 S8 站的丰度相对较低，向湾中及湾外呈递增的趋势，最小值出现在 S6 站，为 216.67 个/m^3，最大值出现在 S12 站，为 1777.39 个/m^3，其种群中出现了大量的中华哲水蚤（*Calanus sinicus*）和八斑芮氏水母（*Rathkea octopunctata*）。夏季浮游动物丰度较春季有较为明显的下降，平均丰度仅 120.10 个/m^3，湾西部和湾中南部形成一个小的高值区，向湾北、湾外呈递减的趋势。最大值出现在 S7 站，为 264.29 个/m^3，最

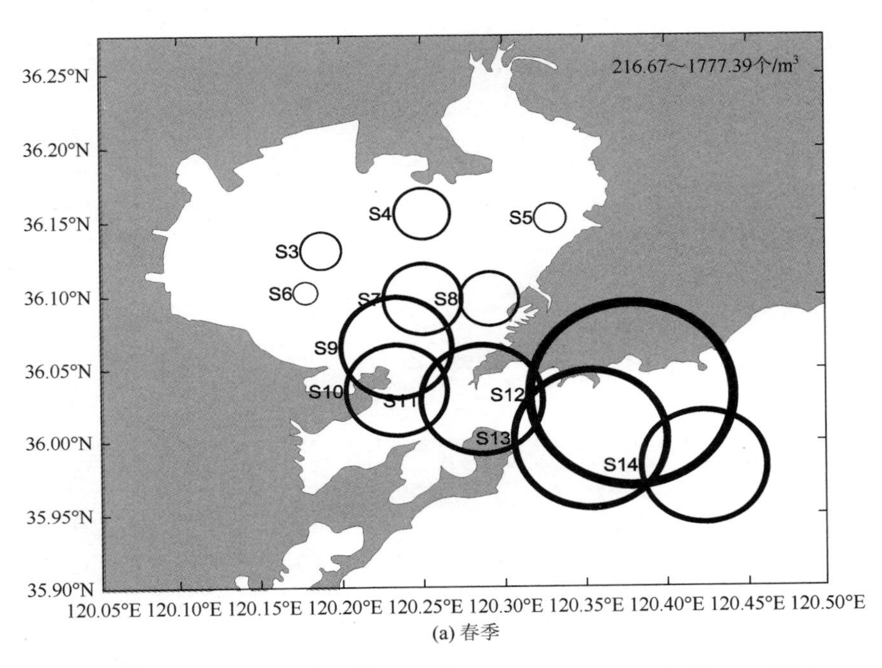

(a) 春季

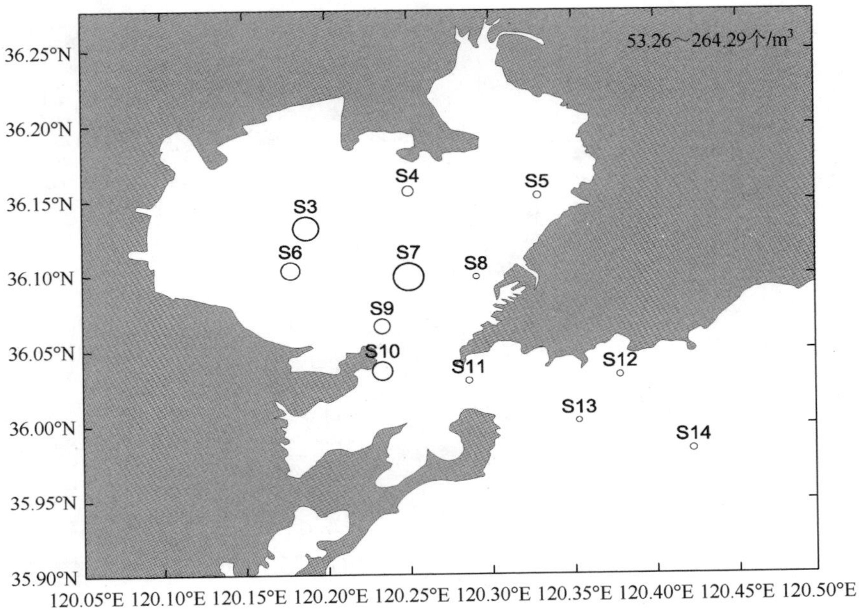

(b) 夏季

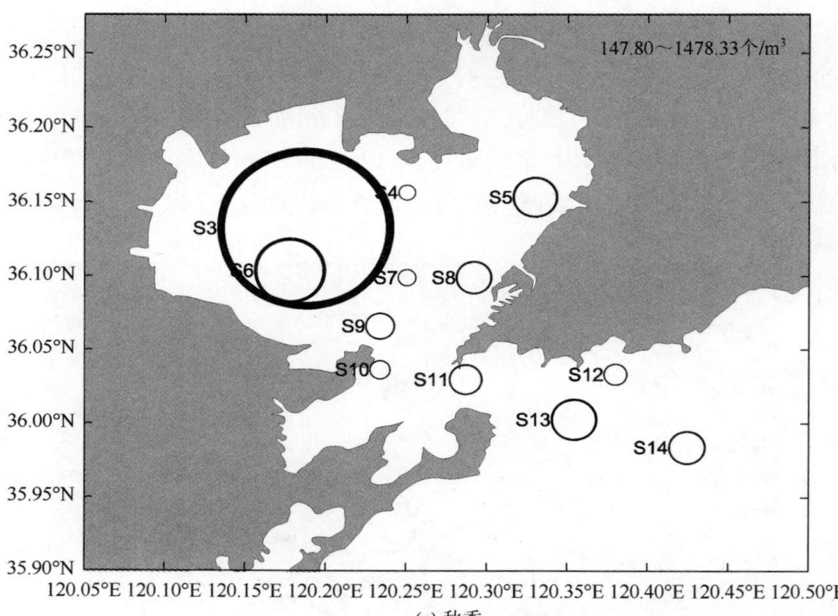

(c) 秋季

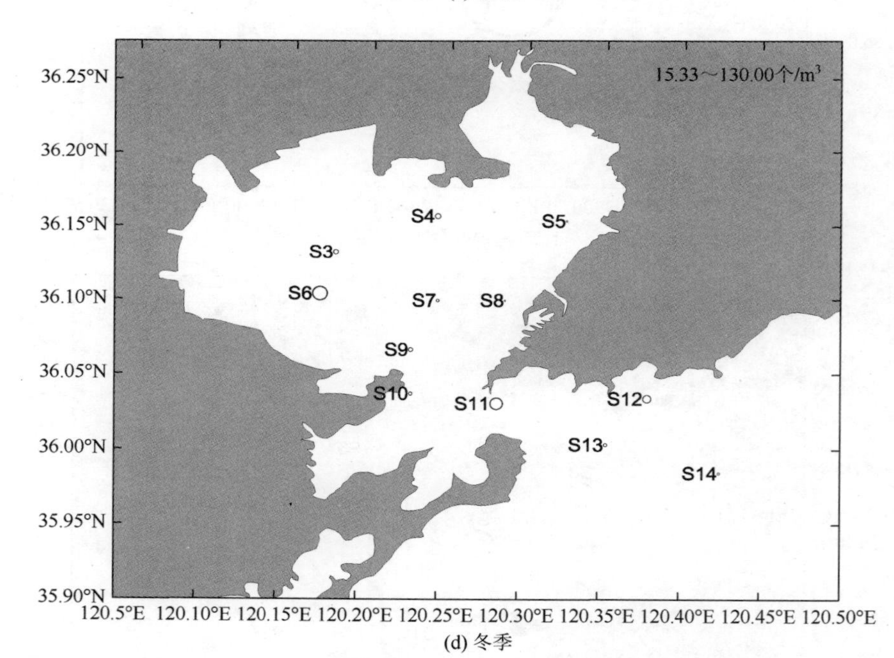

(d) 冬季

图 3.88　胶州湾浮游动物丰度的空间分布与季节变化

图中圆圈代表浮游动物丰度

小值出现在 S13 站，仅 53.26 个/m^3。秋季胶州湾浮游动物丰度有所恢复，平均丰度达到 390.20 个/m^3，最大值出现在湾西部的 S3 站，为 1478.33 个/m^3，其中绝大多数为小拟哲水蚤（*Paracalanus parvus*），最小值出现在 S4 站，为 147.80 个/m^3。冬季是一年中浮游动物丰度最低的季节，平均丰度仅 50.53 个/m^3，所有站位浮游动物的丰度都较低，没有表现出明显的空间分布趋势，最大值出现在 S6 站，为 130.00 个/m^3，最小值出现在 S8 站，仅为 15.33 个/m^3。

春季的主要浮游动物类群是桡足类，其平均丰度达到 521.25 个/m^3，其次是水母类，平均丰度为 181.50 个/m^3，毛颚类的平均丰度为 57.10 个/m^3。夏季毛颚类、桡足类、被囊类和水母类的丰度都较低，浮游动物中主要是各种海洋生物的幼体，包括短尾类幼体、长尾类幼体和磁蟹幼体等。秋季的主要类群为桡足类，平均丰度为 215.22 个/m^3，个别站位出现了大量的小拟哲水蚤（*Paracalanus parvus*）。冬季所有浮游动物类群的丰度都较低，丰度较高的是桡足类和毛颚类，平均丰度分别为 26.73 个/m^3 和 18.06 个/m^3（图 3.89）。

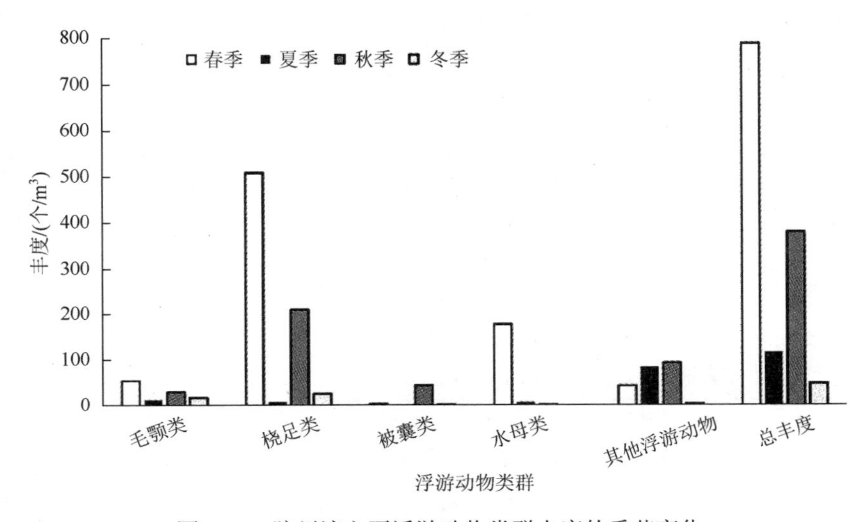

图 3.89　胶州湾主要浮游动物类群丰度的季节变化

2. 浮游动物优势种的季节变化

胶州湾浮游动物优势种组成具有不同的季节特征（表 3.17），4 个季节均出现的优势种为强壮箭虫（*Sagitta crassa*）。春季的优势种有 6 种，其中 5 种为桡足类，1 种为毛颚类。中华哲水蚤（*Calanus sinicus*）、八斑芮氏水母（*Rathkea octopunctata*）和墨氏胸刺水蚤（*Centropages mcmurrichi*）的优势度较高，分别为 0.39、0.23 和 0.18，平均丰度分别为 287.47 个/m^3、175.83 个/m^3 和 109.24 个/m^3，其中 S12 站中华哲水蚤的丰度为 973.91 个/m^3。夏季的优势种有 6 种，其中海洋生物幼体有 3 种，分别是短尾类幼体（Brachyura larva）、长尾类幼体（Macrura larva）和磁蟹幼体（Porcellana larva），优势度分别为 0.37、0.11 和 0.10，三者的平均丰度为 43.84 个/m^3、11.29 个/m^3 和 19.76 个/m^3。另外夏季强壮箭虫（*Sagitta crassa*）的优势度也较高，为 0.13。秋季的优势种有 8 种，其中桡足类 4 种，被囊类 1 种，毛颚类 1 种，幼体 2 种。棘皮动物长腕幼虫、小拟哲水蚤、强壮箭虫和中华哲水蚤的优势度较大，分别为 0.26、0.20、0.12 和 0.11，其平均丰度分别为 70.2 个/m^3、160.4 个/m^3、31.1 个/m^3 和 28 个/m^3。冬季的优势种有 5 种，其中毛颚类 1 种，桡足类 2 种，幼体 1 种，被囊类 1 种。强壮箭虫和中华哲水蚤的优势度较大，分别为 0.48 和 0.26，平均丰度分别为 18.06 个/m^3 和 19.55 个/m^3。全年来看，春季虽然浮游动物丰度较大，但是物种数较少，多样性较低，多样性指数仅为2.47。夏季和秋季浮游动物丰度不大，但物种数较多，浮游动物多样性相对较高，多样性指数分别为3.29和3.60。冬季的浮游动物丰度最低，物种数也较少，是一年中浮游动物多样性最低的季节，多样性指数仅为2.33（表3.18）。

表3.17 胶州湾浮游动物优势种组成的季节变化

季节	优势种	出现频率	优势度
春季	中华哲水蚤（*Calanus sinicus*）	1.00	0.39
	八斑芮氏水母（*Rathkea octopunctata*）	0.92	0.23
	墨氏胸刺水蚤（*Centropages mcmurrichi*）	1.00	0.18
	强壮箭虫（*Sagitta crassa*）	1.00	0.05
	小拟哲水蚤（*Paracalanus parvus*）	1.00	0.05
	双毛纺锤水蚤（*Acartia bifilosa*）	1.00	0.02
夏季	短尾类幼体（Brachyura larva）	1.00	0.37
	强壮箭虫（*Sagitta crassa*）	0.92	0.13
	长尾类幼体（Macrura larva）	1.00	0.11
	磁蟹幼体（Porcellana larva）	0.92	0.10
	鸟喙尖头溞（*Penilia avirostris*）	0.92	0.03
	瘦尾胸刺水蚤（*Centropages tenuiremis*）	0.75	0.02
秋季	棘皮动物长腕幼虫（Ophiopluteus larva）	0.83	0.26
	小拟哲水蚤（*Paracalanus parvus*）	1.00	0.20
	强壮箭虫（*Sagitta crassa*）	1.00	0.12
	中华哲水蚤（*Calanus sinicus*）	1.00	0.11
	异体住囊虫（*Oikopleura dioica*）	1.00	0.07
	多毛类幼体（Polychaeta larva）	1.00	0.05
	近缘大眼剑水蚤（*Corycaeus affinis*）	1.00	0.04
	太平洋纺锤水蚤（*Acartia pacifica*）	1.00	0.02
冬季	强壮箭虫（*Sagitta crassa*）	1.00	0.48
	中华哲水蚤（*Calanus sinicus*）	1.00	0.26
	小拟哲水蚤（*Paracalanus parvus*）	1.00	0.06
	长腕幼虫（*Ophiopluteus larva*）	0.67	0.05
	异体住囊虫（*Oikopleura dioica*）	0.58	0.02

表3.18 胶州湾浮游动物多样性指数及均匀度指数的季节变化

参数	春季	夏季	秋季	冬季
多样性指数	2.47	3.29	3.60	2.33
均匀度指数	0.51	0.61	0.57	0.51

3. 浮游动物群落结构与环境因子的关系

受到理化环境因子、上行控制、下行控制和人类活动等因素的共同影响，胶州湾浮游动物群落结构表现出不同的季节特征。

春季胶州湾浮游动物大体可分为3个类群（图3.90），湾内西部的S6站受温度和高浓度营养盐的影响较大，其群落中具有较高丰度的沿岸种太平洋真宽水蚤（*Eurytemora pacifica*），丰度高达146.67个m^3。湾内沿岸的S3、S4、S5和S8站，受营养盐、溶解氧、温度和叶绿素的影响较大，种群中含有较高丰度的太平洋真宽水蚤（*Eurytemora pacifica*）和双毛纺锤水蚤（*Acartia bifilosa*）。湾中、湾口和湾外站位受湾外海水影响较大，种群中具有较高丰度的八斑芮氏水母（*Rathkea octopunctata*）、中华哲水蚤（*Calanus sinicus*）、墨氏胸刺水蚤（*Centropages mcmurrichi*）、小拟哲水蚤（*Paracalanus parvus*）。

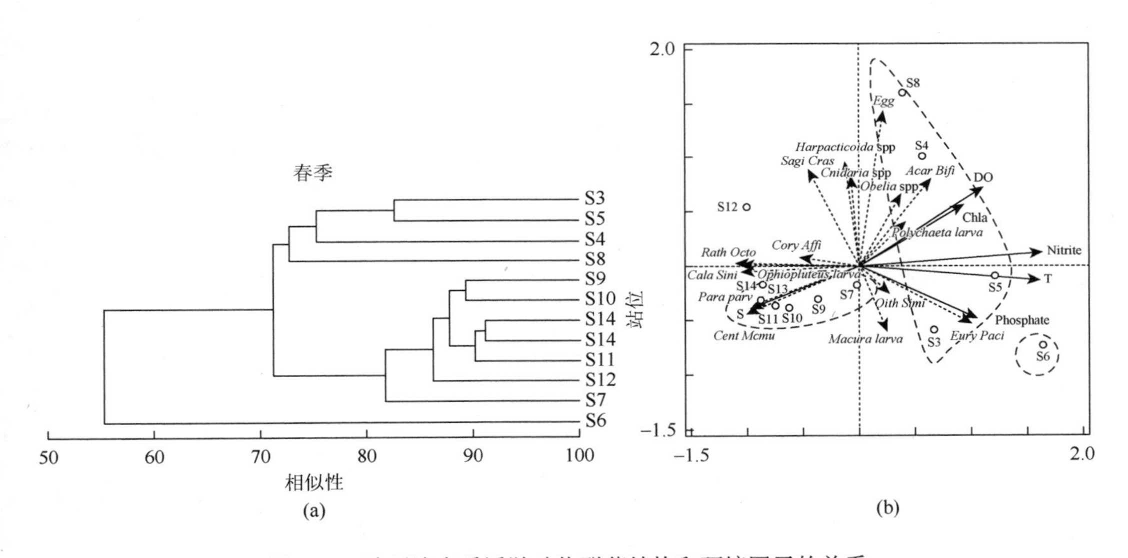

图3.90 胶州湾春季浮游动物群落结构和环境因子的关系

夏季胶州湾浮游动物丰度较低，但多样性较高。总体来说，湾外站位受盐度和溶解氧的影响较大，而湾内受温度、营养盐和叶绿素的影响较大。浮游动物群落结构特征不是很明确，大体来看，湾内群落中长尾类幼体、短尾类幼体及磁蟹幼体的丰度相对较高，而中华哲水蚤则主要出现在水深较深的站位（图3.91）。

秋季胶州湾浮游动物大体可以分为两个类群（图3.92）。湾内沿岸的S3、S5和S6站受叶绿素、溶解氧和高浓度营养盐的影响，其种群中具有较高丰度的异体住囊虫（*Oikopleura dioica*）、小拟哲水蚤（*Paracalanus parvus*）和太平洋纺锤水蚤（*Acartia pacifica*）。湾口、湾中和湾外的站位则受盐度、温度的影响较大，其群落中棘皮动物长腕幼虫（Ophiopluteus larva）、多毛类幼虫（Polychaeta larva）、帚虫辐轮幼虫（Actinotroch larva）等丰度较高。

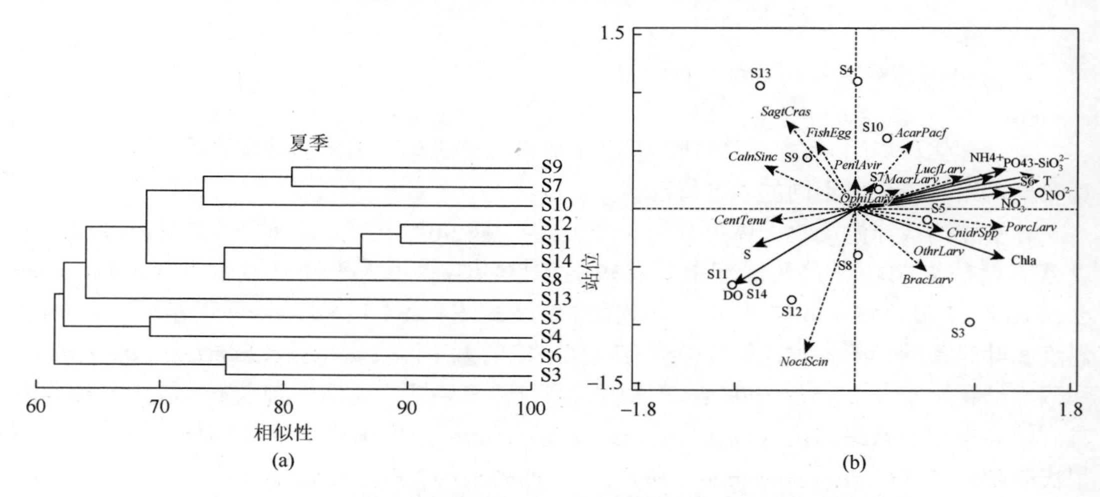

图 3.91　胶州湾夏季浮游动物群落结构和环境因子的关系

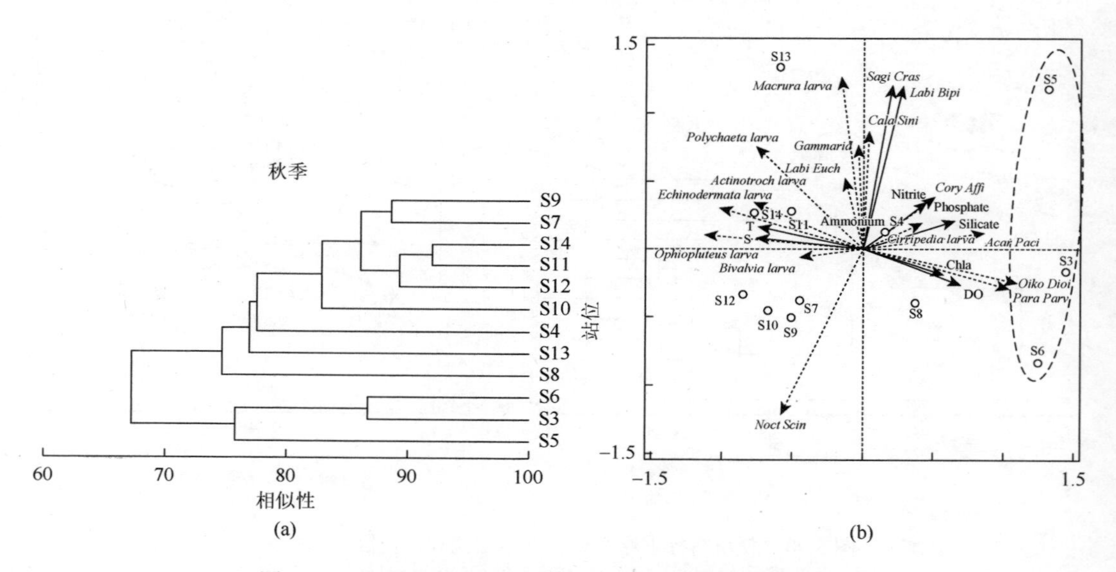

图 3.92　胶州湾秋季浮游动物群落结构和环境因子的关系

冬季胶州湾浮游动物群落划分较为明确，群落明显分为两个类群（图 3.93）。湾内沿岸站位受营养盐、叶绿素、溶解氧的影响，群落以较高丰度的太平洋真宽水蚤（*Eurytemora pacifica*）和中华哲水蚤（*Calanus sinicus*）为主要特征。湾外站位受盐度及盐度的影响较大，群落中具有较高丰度的棘皮动物长腕幼虫（Ophiopluteus larva）、夜光虫（*Noctiluca scintillans*）、异体住囊虫（*Oikopleura dioica*）和强壮箭虫（*Sagitta crassa*）。

（二）大亚湾浮游动物群落结构的季节变化及其调控因素

大亚湾位于南海北部，是我国亚热带海域重要的海湾之一。大亚湾浮游动物总体呈现

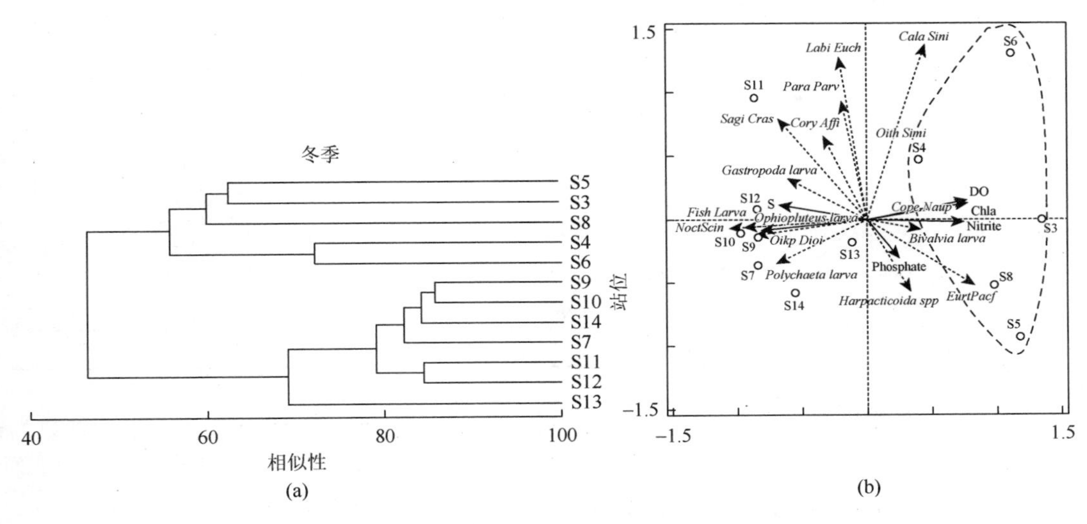

图 3.93 胶州湾冬季浮游动物群落结构和环境因子的关系

亚热带海湾浮游动物群落结构的特点，但在人类活动和外海水入侵的共同影响下，浮游动物生态类群复杂多样，并且具有明显的季节变化。2015 年 8 月至 2018 年 1 月期间，在大亚湾开展了 8 个航次的调查研究，通过浅水II型浮游生物网（网口内径 31.6 cm，网身长 140 cm，网目孔径 0.160 mm）的垂直拖网采集浮游动物（尹健强等，2008），并参照文献进行浮游动物种类的鉴定（郑重和陈孝麟，1966），对浮游动物的种类组成、生态群落特征、空间分布及季节变化进行了研究，并通过与历史资料的对比，分析了影响大亚湾浮游动物群落结构季节变化的环境因素。

1. 浮游动物的种类组成及季节变化

大亚湾的浮游动物共鉴定出 188 种（含 9 种浮游幼虫），分为 13 类，其中桡足类种数最多，为 95 种，其次是水螅水母类 44 种，其他类群的种数由多到少依次为毛颚类、浮游幼虫类、被囊类、十足类、介形类、枝角类、栉水母类、多毛类、端足类和软体动物翼足纲。另外，在春季、夏季和秋季都采集到 1 种甲藻，即夜光藻（*Noctiluca scintillans*）（表 3.19）。

表 3.19 大亚湾中型浮游动物的种类组成及季节变化 （单位：种）

	春季	夏季	秋季	冬季	总种数
桡足类（Copepods）	56	57	62	64	95
枝角类（Cladocerans）	2	2	0	1	3
被囊类（Tunicates）	2	3	3	6	7
毛颚类（Chaetognaths）	7	6	8	9	9
水螅水母类（Hydromedusae）	11	32	18	21	44
栉水母类（Ctenophores）	1	1	1	2	3
多毛类（Polychaetes）	2	1	1	3	3

续表

	春季	夏季	秋季	冬季	总种数
十足类（Decapods）	4	6	5	5	6
端足类（Amphipods）	0	1	0	1	2
介形类（Ostracods）	1	3	4	3	4
软体动物翼足纲（Pteropods）	1	2	1	1	2
甲藻（Dinoflagellates）	1	1	0	0	1
浮游幼虫类（Larvae）	5	6	9	7	9
总计	93	121	112	123	188

浮游动物种类数及其空间变化存在明显季节差异。春季最少，共 93 种，平均种数为(38±9)种，主要分布在湾口西侧海域和大鹏澳内。秋季种数较高，共 112 种，平均为(51±10）种，分布较为均匀，湾内中部海域和湾口两侧海域种数较多。夏季和冬季种数最多，分别为 121 种和 123 种，平均为（44±15）种和（45±12）种，夏季主要集中在湾中至湾口海域和湾外两侧海域，冬季主要集中在湾西侧海域，且越靠近湾口种数越多（图 3.94）。所有季节的浮游动物均以桡足类最多，水螅水母类次之，其次为毛颚类或浮游幼虫类。

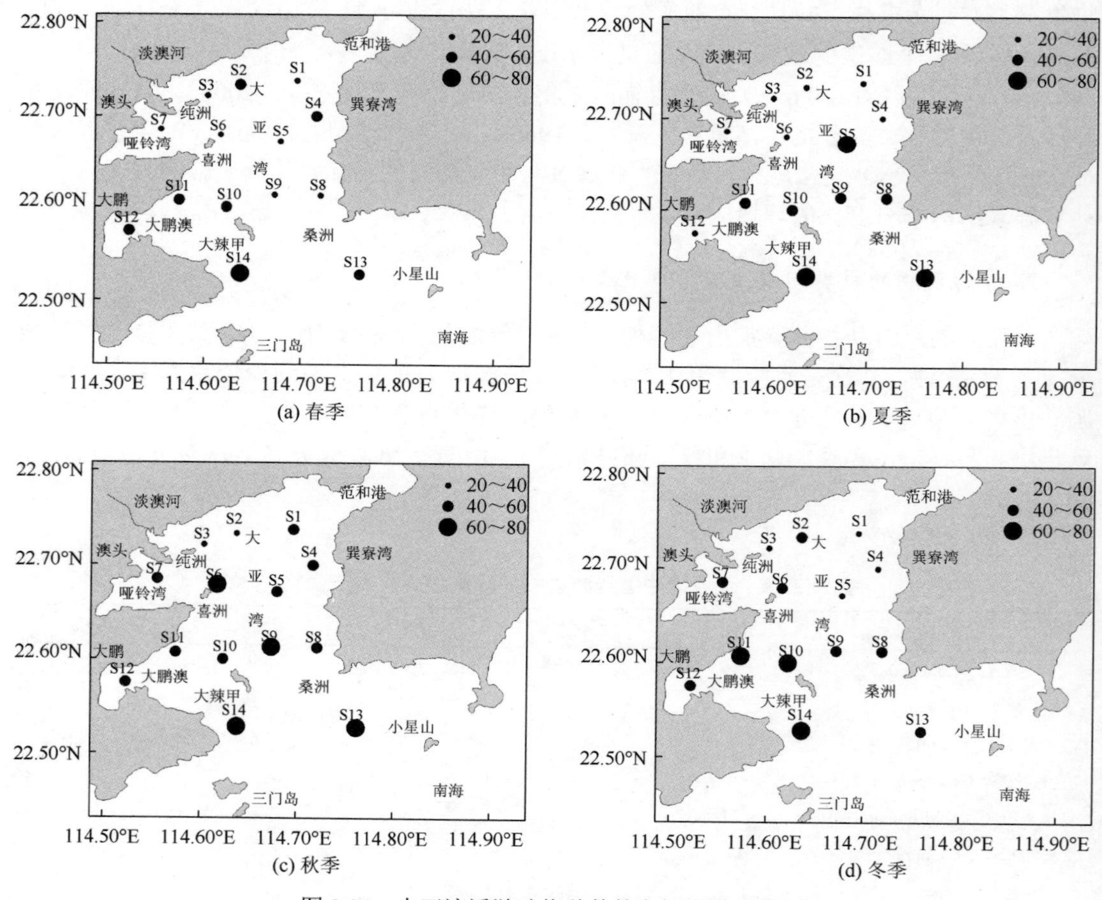

图 3.94　大亚湾浮游动物种数的空间和季节变化

2. 浮游动物的丰度及季节变化

大亚湾浮游动物丰度以夏季最高，平均值达到（29089±20150）个/m^3，其次为春季和秋季，平均值分别为（18427±11297）个/m^{3}和（14617±69023）个/m^3，冬季最少，平均值为（12283±9073）个/m^3。春季和夏季浮游动物主要聚集在湾顶西北侧靠近澳头（S7 站）和淡澳河（S3 站和 S6 站）附近海域。秋季主要聚集在湾顶沿岸海域，其中东北部范和港附近海域丰度最高。冬季浮游动物丰度均较低，湾中部略高于其他区域（图 3.95）。

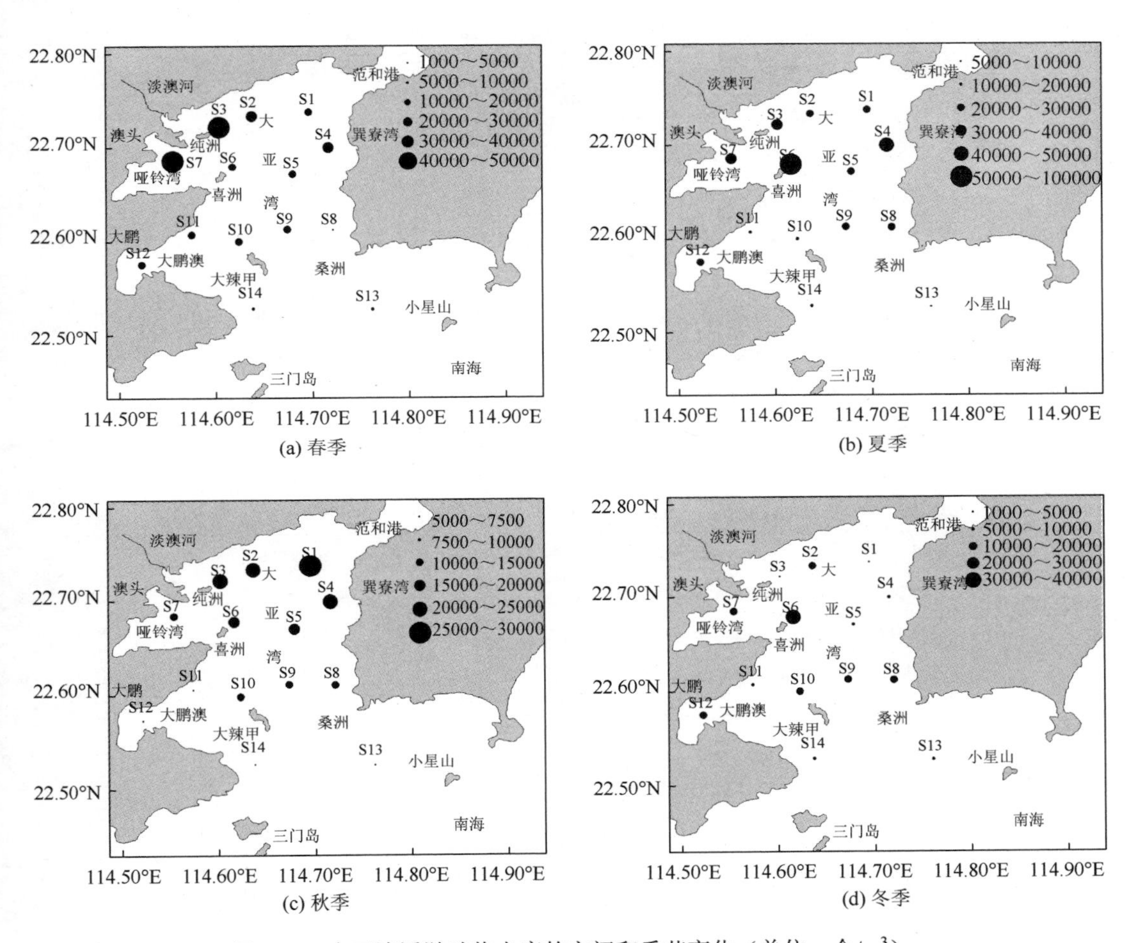

图 3.95　大亚湾浮游动物丰度的空间和季节变化（单位：个/m^3）

3. 浮游动物优势种的季节变化

在所有季节中，小拟哲水蚤（*Paracalanus parvus*）、强额拟哲水蚤（*Parvocalanus crassirostris*）、瘦拟哲水蚤（*Paracalanus gracilis*）和红住囊虫（*Oikopleura rufescens*）均为优势种（表 3.20）。春季第一优势种为夜光藻（*Noctiluca scintillans*），优势度为 0.268，其丰度占整个海湾的 28.9%，第二优势种为拟长腹剑水蚤（*Oithona similis*），优势度为 0.095。春季的优势浮游动物还包括伪肥胖三角溞（*Pseudevadne tergestina*）及其他长腹剑

水蚤（*Oithona* spp.）。夏季的主要优势浮游动物是强额拟哲水蚤、红住囊虫和瘦拟哲水蚤，它们的优势度和丰度百分比相近，分别为 0.147、0.121、0.115 和 14.67%、13.02%、11.48%。夜光藻也是夏季的优势种，但优势度仅为 0.021，丰度百分比为 9.91%。秋季的主要优势种是强额拟哲水蚤、拟长腹剑水蚤和瘦拟哲水蚤，三者的优势度均大于 0.1，丰度百分比均大于 10%。红住囊虫和小拟哲水蚤是冬季的主要优势种，优势度和丰度百分比分别大于 0.1 和 10%。

表 3.20　大亚湾中型浮游动物优势种的季节变化

季节	优势种	优势度	平均丰度/(个/m³)	百分比/%
春季	夜光藻（*Noctiluca scintillans*）	0.268	5326±5523	28.9
	拟长腹剑水蚤（*Oithona similis*）	0.095	1876±1991	10.18
	小拟哲水蚤（*Paracalanus parvus*）	0.057	1134±1059	6.16
	伪肥胖三角溞（*Pseudevadne tergestina*）	0.049	1063±1796	5.77
	强额拟哲水蚤（*Parvocalanus crassirostris*）	0.049	897±1031	4.87
	瘦拟哲水蚤（*Paracalanus gracilis*）	0.049	966±926	5.24
	坚长腹剑水蚤（*Oithona rigida*）	0.045	884±1014	4.8
	短角长腹剑水蚤（*Oithona brevircornis*）	0.034	678±824	3.68
	瘦长腹剑水蚤（*Oithona tenuis*）	0.034	623±645	3.38
	红住囊虫（*Oikopleura rufescens*）	0.033	607±525	3.29
	微驼背隆哲水蚤（*Acrocalanus gracilis*）	0.031	567±520	3.08
夏季	强额拟哲水蚤（*Parvocalanus crassirostris*）	0.147	4267±2467	14.67
	红住囊虫（*Oikopleura rufescens*）	0.121	3788±5207	13.02
	瘦拟哲水蚤（*Paracalanus gracilis*）	0.115	3340±1808	11.48
	小拟哲水蚤（*Paracalanus parvus*）	0.087	2517±1563	8.65
	锥形宽水蚤（*Temora turbinata*）	0.08	2326±2172	7.99
	长尾住囊虫（*Oikopleura longicauda*）	0.047	1483±1942	5.1
	长尾类幼体（*Macruran larvae*）	0.031	887±515	3.05
	夜光藻（*Noctiluca scintillans*）	0.021	2884±7487	9.91
秋季	强额拟哲水蚤（*Parvocalanus crassirostris*）	0.135	1980±1108	13.55
	拟长腹剑水蚤（*Oithona similis*）	0.116	1700±1552	11.63
	瘦拟哲水蚤（*Paracalanus gracilis*）	0.114	1660±895	11.36
	红住囊虫（*Oikopleura rufescens*）	0.082	1201±1437	8.22
	长尾住囊虫（*Oikopleura longicauda*）	0.068	994±831	6.8
	小拟哲水蚤（*Paracalanus parvus*）	0.052	765±349	5.23
	坚长腹剑水蚤（*Oithona rigida*）	0.042	712±1023	4.87
	长尾类幼体（*Macruran larvae*）	0.035	510±306	3.49
	短角长腹剑水蚤（*Oithona brevircornis*）	0.035	509±293	3.48
	弓角基齿哲水蚤（*Clausocalanus arcuicornis*）	0.032	497±815	3.4

续表

季节	优势种	优势度	平均丰度/(个/m³)	百分比/%
秋季	短尾类幼体（*Brachyura larvae*）	0.03	444±354	3.04
	多毛类幼体（*Polychaeta larvae*）	0.027	395±390	2.7
	长尾基齿哲水蚤（*Clausocalanus furcatus*）	0.022	345±686	2.36
冬季	红住囊虫（*Oikopleura rufescens*）	0.148	1823±1365	14.84
	小拟哲水蚤（*Paracalanus parvus*）	0.127	1562±973	12.72
	强额拟哲水蚤（*Parvocalanus crassirostris*）	0.099	1210±719	9.85
	瘦拟哲水蚤（*Paracalanus gracilis*）	0.083	1017±792	8.28
	拟长腹剑水蚤（*Oithona similis*）	0.079	968±1039	7.88
	长尾住囊虫（*Oikopleura longicauda*）	0.062	768±633	6.25
	短角长腹剑水蚤（*Oithona brevircornis*）	0.062	760±1376	6.19
	锥形宽水蚤（*Temora turbinata*）	0.054	713±1284	5.8
	瘦尾胸刺水蚤（*Centropages tenuiremis*）	0.039	484±428	3.94
	短尾类幼体（*Brachyura larvae*）	0.028	339±271	2.76

4. 浮游动物群落的分布格局

春季大亚湾的浮游动物群落可分为三大群体，分别位于湾口东侧海域（S8、S9 和 S13 站）、大鹏澳至湾口西侧海域（S10、S11、S12 和 S14 站）和湾顶近岸海域（S2、S3、S5 和 S7 站）。夜光藻大量分布在各个区域，而湾口东侧海域以小拟哲水蚤为优势种，大鹏澳至湾口西侧海域以红住囊虫和拟长腹剑水蚤为优势种，湾顶近岸海域伪肥胖三角溞较丰富，可能与春季温度升高、降雨量增加有关（图 3.96a）。

夏季大亚湾的浮游动物群落可分为两大群体（图 3.96b），分别位于湾中部至湾口西侧海域、湾顶沿岸及大鹏澳海域。前者的主要优势种为强额拟哲水蚤和锥形宽水蚤，后者出现大量的红住囊虫。夏季陆地径流增加，陆源营养物质的输入促使了浮游植物的生长，从而激发了滤食性红住囊虫的大量繁殖。

秋季大亚湾的浮游动物群落结构比较复杂，河口（S3 站）、澳头（S7 站）和大鹏澳（S12 站）附近海域的优势浮游动物是强额拟哲水蚤和拟长腹剑水蚤，湾口内侧（S8、S9、S10 和 S11 站）至湾口东侧（S13 站）海域的主要种类为强额拟哲水蚤和瘦拟哲水蚤，长尾基齿哲水蚤（*Clausocalanus furcatus*）是湾外东侧海域的第一优势种（图 3.96c）。

冬季大亚湾盛行东北季风，外海水入侵湾内，水体混合作用加强，此时浮游动物群落也表现出较为均匀地分布，红住囊虫和小拟哲水蚤广布在湾外至湾顶的所有海域（图 3.96d）。

大亚湾 4 个季节共鉴定出浮游动物 188 种（含 9 种浮游幼虫），分为 13 类，其中桡足类种数最多（95 种），其次是水螅水母类（44 种）；春、夏、秋季均存在夜光藻。从季节变化看，夏季和冬季浮游动物种数最多，春季最少。大亚湾全年的优势种为小拟哲水蚤（*Paracalanus parvus*）、强额拟哲水蚤（*Parvocalanus crassirostris*）、瘦拟哲水蚤（*Paracalanus*

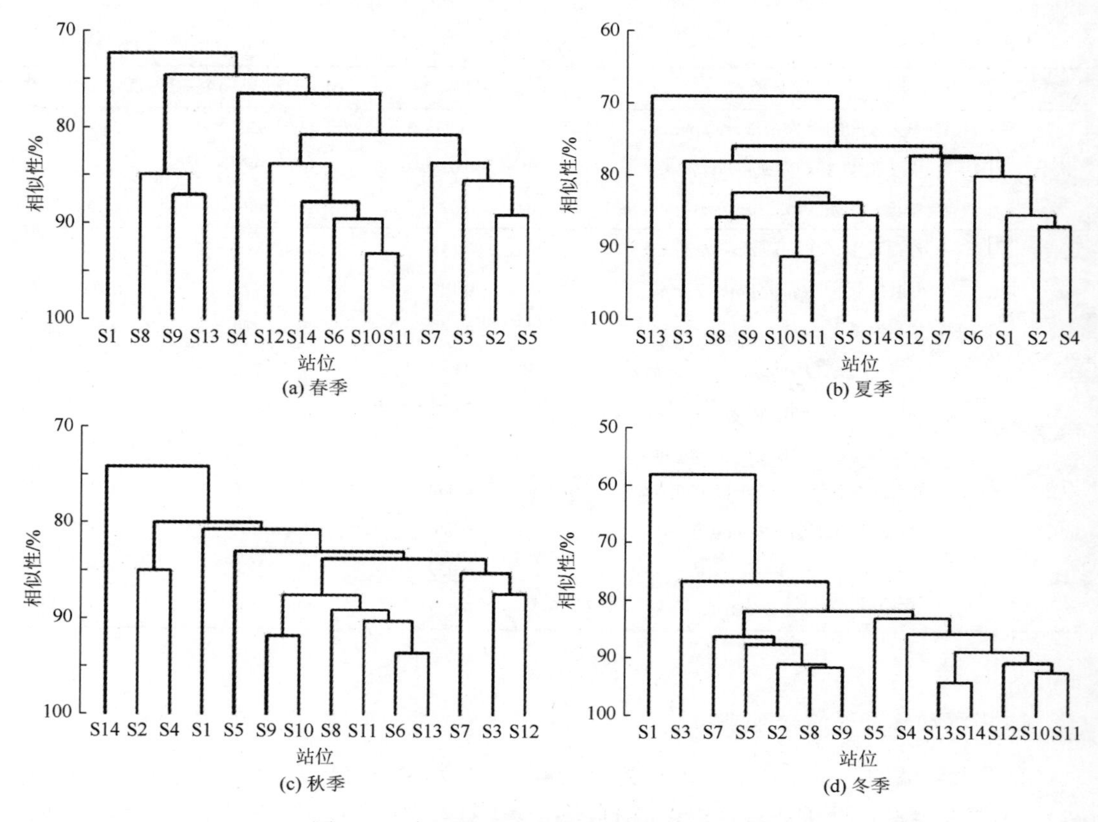

图 3.96　大亚湾浮游动物群落结构及季节变化

gracilis）和红住囊虫（*Oikopleura rufescens*），夜光藻在春季和夏季成为优势种。大亚湾浮游动物群落结构受到外源输入（河口区和养殖区）和南海水入侵的共同影响。春季、夏季和秋季外海水入侵较弱，湾顶沿岸的浮游动物群落成为相对独立的群体，冬季南海水影响加强，整个海湾的浮游动物群落分布较均匀。

二、浮游动物对营养物质变化的响应

（一）N/P 失衡对胶州湾浮游动物代表种摄食、生长和繁殖的影响

近年来，人类活动导致的近海富营养化问题日益突出，营养盐结构的改变导致浮游植物的元素组成、营养组成和粒级结构均受影响。作为植食性浮游动物的主要饵料，浮游植物饵料质量的下降必然会对捕食者产生影响。本节研究了 N/P 失衡条件培养的饵料对浮游动物生长、发育、繁殖等生理过程的影响（陈蕾，2015）。

1. N/P 失衡对浮游动物生长的影响

营养结构的改变将导致浮游植物对 C、N、P 的吸收偏离 Redfield 比值，影响到浮游植物体内的元素组成、营养物质（如蛋白质、脂肪酸等）组成及含量，以及浮游植物的粒

级结构，导致它们作为饵料的食物品质下降，从而引起植食性浮游动物生长率的降低（Jensen & Verschoor，2004）。

若以体长作为浮游动物生长的衡量指标，中华哲水蚤在不同N/P饵料培养下，第11天时三种处理组的体长存在显著差异（Kruskal-Wallis 检验，$P<0.01$），其体长排序依次为高N/P组<低N/P组<对照组，在高N/P（P限制）饵料条件下，中华哲水蚤体长显著低于对照组和低N/P组。在第11天时，对照组中60%的个体发育到了C1期，而在低N/P组和高N/P组，C1期的比例分别为50%和20%（图3.97）。

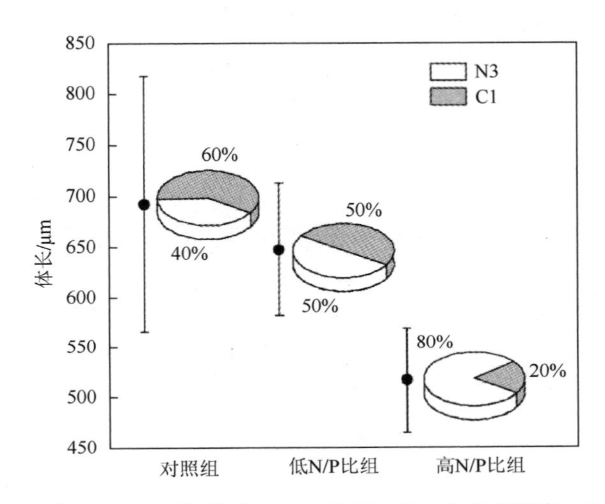

图3.97 中华哲水蚤在不同N/P比饵料培养下（对照组、高N/P比组和低N/P比组）第11天时的体长和发育期比例

N3：无节幼体3期；C1：桡足幼体1期

N/P失衡饵料也会对褶皱臂尾轮虫的生长产生影响（图3.98）。N/P失衡条件下，褶皱臂尾轮虫在前25 h的最大面积均小于对照组；36 h以后，低N/P组的最大面积高于对照组，高N/P组的最大面积在整个实验过程中均处于较低的水平。

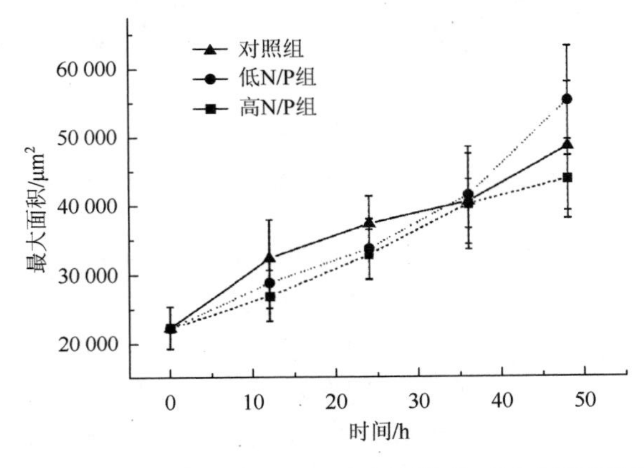

图3.98 褶皱臂尾轮虫在不同N/P饵料培养下最大面积的变化

不同 N/P 条件下培养的藻类对不同种类浮游动物的生长和发育产生了不同的效应。总的来说，高 N/P 条件下培养的藻类喂食浮游动物时，在大多数情况下浮游动物生长受到的影响都较大。中华哲水蚤第 11 天时的体长变化趋势均为对照组＞低 N/P 组＞高 N/P 组，这与氨基酸总量、蛋白质总量及必需氨基酸总量在三个处理组间的变化趋势是一致的。褶皱臂尾轮虫在整个实验过程中的最大面积均以高 N/P 组最低，这可能与高 N/P 组饵料的总脂肪酸和不饱和脂肪酸含量在三个处理组中较低有关。低 N/P 组的褶皱臂尾轮虫在约 36 h 后最大面积增加（大于对照组），可能是因为低 N/P 组饵料总脂肪酸和不饱和脂肪酸含量在三个处理组中均为最高造成的。与这些结果类似，Urabe 等（2003）发现大气中 CO_2 浓度的增加虽然提高了浮游植物的生产力，但是同时也提高了 C/P，导致浮游植物的食物质量降低，从而影响到水蚤（*Daphnia*）的生长。

2. N/P 失衡对浮游动物繁殖的影响

给中华哲水蚤提供不同 N/P 的饵料，观察它们 5 天的产卵率和卵的孵化率。除了第 4 天外，高 N/P 组中华哲水蚤的产卵率在其他 4 天均高于对照组，低 N/P 组中华哲水蚤的产卵率则始终低于对照组。随着实验的进行，中华哲水蚤卵的孵化率也表现出一定的变化趋势。除了第 2 天外，高 N/P 组中华哲水蚤在其他 4 天的孵化率均低于对照组；第 4 天和第 5 天时，中华哲水蚤卵的孵化率在三个处理组的情况为：高 N/P 组＜低 N/P 组＜对照组。在 N/P 失衡的情况下，中华哲水蚤卵的孵化率均降低（图 3.99）。

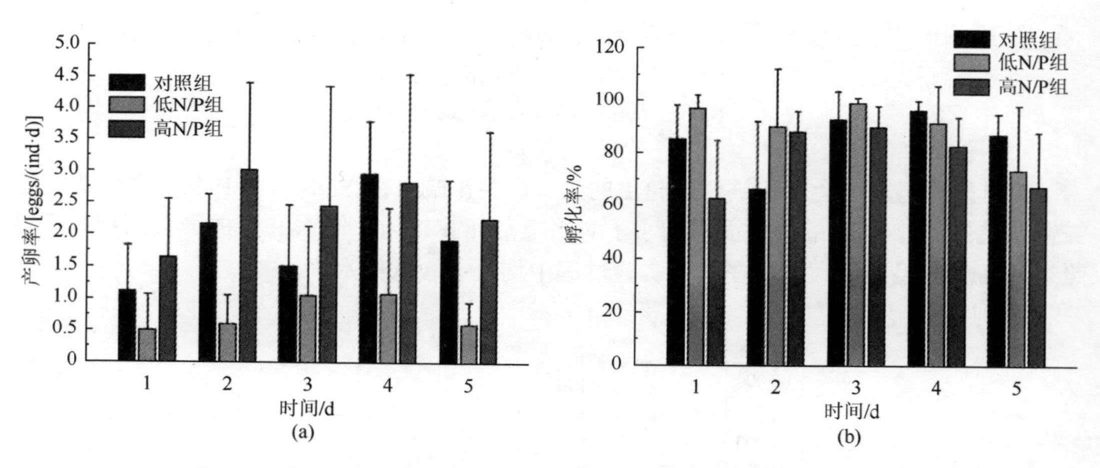

图 3.99　中华哲水蚤在不同 N/P 饵料培养后产卵率和卵孵化率的变化

褶皱臂尾轮虫 3 个处理组的怀卵量存在显著差异（$P<0.01$），且高 N/P 组和低 N/P 组的怀卵量都比对照组表现出显著的降低（图 3.100）。

显然，营养结构的改变影响了浮游动物的繁殖，但对不同种类浮游动物的影响程度不同。研究表明，甲壳类浮游动物个体在不同发育期对不同化学元素的需求不同。浮游动物身体生长更需要含 P 丰富的物质，如磷脂和核糖体，而生殖器官的发育则更需要含 N 丰富的物质，如氨基酸。中华哲水蚤的产卵率在高 N/P 组较高、低 N/P 组较低，可能是因

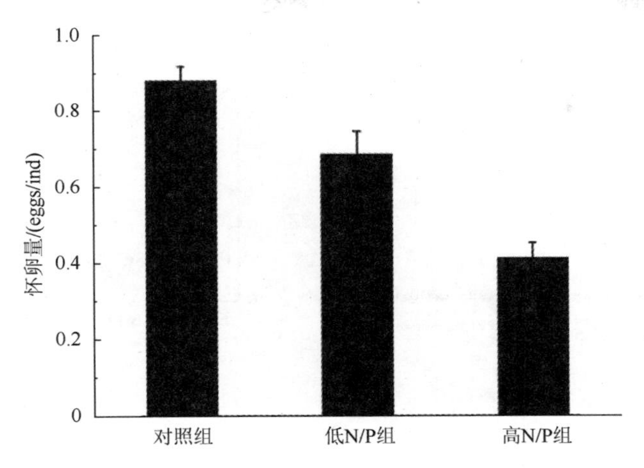

图 3.100　褶皱臂尾轮虫在不同 N/P 饵料培养下怀卵量的变化

为低 N/P 组较低的 N/P 阻碍了中华哲水蚤生殖系统的发育，导致产卵率的降低。中华哲水蚤的孵化率却以低 N/P 组较高，则可能与低 N/P 组饵料总脂肪酸和不饱和脂肪酸含量较高有关。另外，低 N/P 饵料的 P 含量相对较高，而 P 含量有利于促进生物的生长，这也可能是中华哲水蚤低 N/P 组孵化率高的另一个原因。

（二）降雨过程对胶州湾浮游动物生长、发育的影响

2017 年 6 月 7 日～7 月 14 日，针对降雨对胶州湾浮游生物群落的影响，在胶州湾东北部 S5 站进行了一个多月的调查研究，期间共进行了 10 次现场调查。

1. 降雨对胶州湾东北部营养盐浓度和结构的影响

6 月 7 日～7 月 14 日，青岛市共发生 4 次明显的降雨过程，分别发生在 6 月 5 日～6 日、6 月 23 日～24 日、7 月 1 日～2 日和 7 月 6 日，最大降雨量分别达到了 7.3 mm、17.9 mm、14.5 mm 和 31.3 mm（图 3.101）。表层 DIN 浓度对降雨的响应较为明显，共出现了 4 个峰值，分别出现在 6 月 7 日～13 日、6 月 27 日、7 月 3 日和 7 月 10 日。最小值出现在 6 月 19 日，仅 2.20 μmol/L，最大值出现在 7 月 10 日，达到了 31.94 μmol/L。从时间上看，DIN 4 个峰值恰好都出现在 4 次降雨过后，体现了降雨引发营养盐输入对 DIN 的影响。底层的 DIN 也出现 3 个峰值，分别在 6 月 7 日、7 月 3 日和 7 月 10 日。表层 PO_4-P 和表层 SiO_3-Si 具有相似的变化趋势，三个峰值分别出现在 6 月 7 日～13 日、6 月 27 日和 7 月 10 日～14 日。表层 PO_4-P 最大值出现在 7 月 10 日，为 1.20 μmol/L，表层 SiO_3-Si 最大值出现在 7 月 14 日，达到 16.28 μmol/L。底层 PO_4-P 和 SiO_3-Si 的变化趋势也较相似，峰值分别出现在 6 月 7 日、7 月 3 日和 7 月 10 日～14 日。

降雨对地表的冲刷作用可将大量淡水和营养物质输送到海洋，从而在短时间内对近海的水温、盐度和营养盐造成显著影响。王伟（2013）以 2012 年台风“达维”对青岛地区带来的强降雨事件为背景，研究了强降雨对胶州湾营养物质输入、浓度及组成的影响。结果显示，在强降雨过程中，通过河流和湿沉降输入的生源要素 DIN、SiO_3-Si、PO_4-P 通量

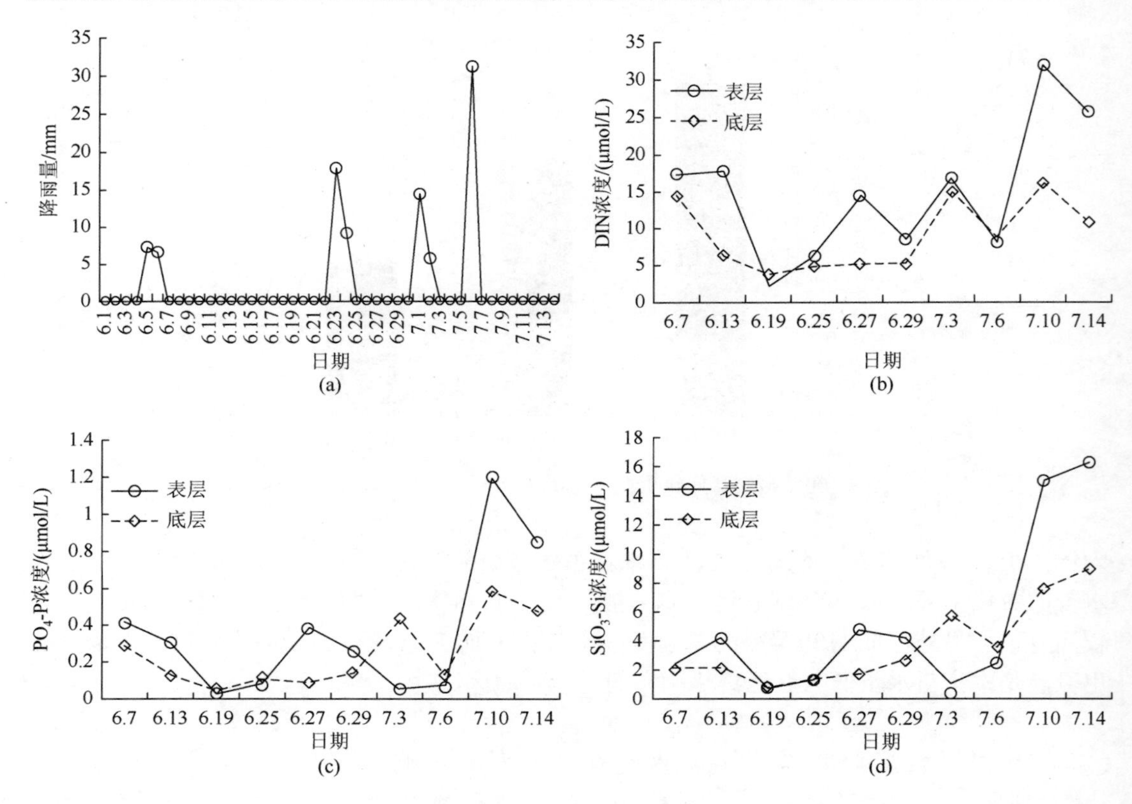

图 3.101　2017 年夏季胶州湾东北部 S5 站降雨量（a）和营养盐（b. DIN；c. PO_4-P；d. SiO_3-Si）浓度的变化

分别是降雨前的 2.7 倍、19.7 倍和 25.6 倍（强降雨之后 1 天和强降雨之前 15 天比较）。造成胶州湾的营养盐结构也发生了明显改变，N∶Si∶P 从降雨前的 24∶8∶1 变化为降雨后的 19∶10∶1，更接近于 Redfield 比值，意味着更适宜浮游植物的生长。降雨后的富营养化程度加剧，EI 指数平均值由降雨前的 4.35±6.40 升高到降雨后的 13.71±21.20。显然，降雨提供了大量适宜浮游植物生长的生源要素，同时也改变了海区的营养盐浓度和结构。

2. 降雨对胶州湾浮游生物群落结构的影响

降雨会在短时间内导致水温、盐度等环境因子发生剧烈变化，改变营养盐浓度和组成，影响浮游植物初级生产力水平和浮游植物群落结构，进而引起浮游动物群落发生相应的变化。如 Roman 等（2005）的研究中发现，降雨引起的水文、理化环境及物理环境的改变会引起近海浮游生物群落组成发生变化，优势种发生更替，影响浮游生物群落的稳定性。

在胶州湾的研究中，表层硅藻丰度在 6 月 25 日有一定程度的上升，丰度峰值出现在 7 月 3 日，达到 6.65×10^6 cell/L，其他时间对降雨带来的营养盐输入响应并不明显。表层甲藻的峰值也出现在 7 月 3 日，丰度为 3.69×10^4 cell/L，另外 7 月 14 日甲藻丰度也有明显的升高。7 月 3 日表层、底层浮游植物和硅藻丰度较高时，表层、底层 DIN、底层 PO_4-P 和 SiO_3-Si 的浓度都较高，但是表层 PO_4-P 和 SiO_3-Si 的浓度较低，可能是浮游植物大量生长对营养盐消耗的结果。浮动弯角藻（*Eucampia zodiacus*）在 S5 站的丰度一直较高，其丰度峰值出现在 6 月 25 日，丰度达 9.96×10^5 cell/L。7 月 3 日出现了中肋骨条藻（*Skeletonema costatum*）的水华，丰度达到了 6.65×10^6 cell/L，占到了群落总丰度的 96%。甲藻中的主要种类是纤细原甲藻（*Prorocentrum gracile*），其峰值也出现在 7 月 3 日（图 3.102）。值得指出的是，浮游植物对 6 月 5 日～6 日和 7 月 6 日降雨的响应并不明显，一方面可能是因为采样时间间隔差异所致，另一方面可能是因为不同时间浮游植物种类不同，对营养盐输入具有不同的响应所致。

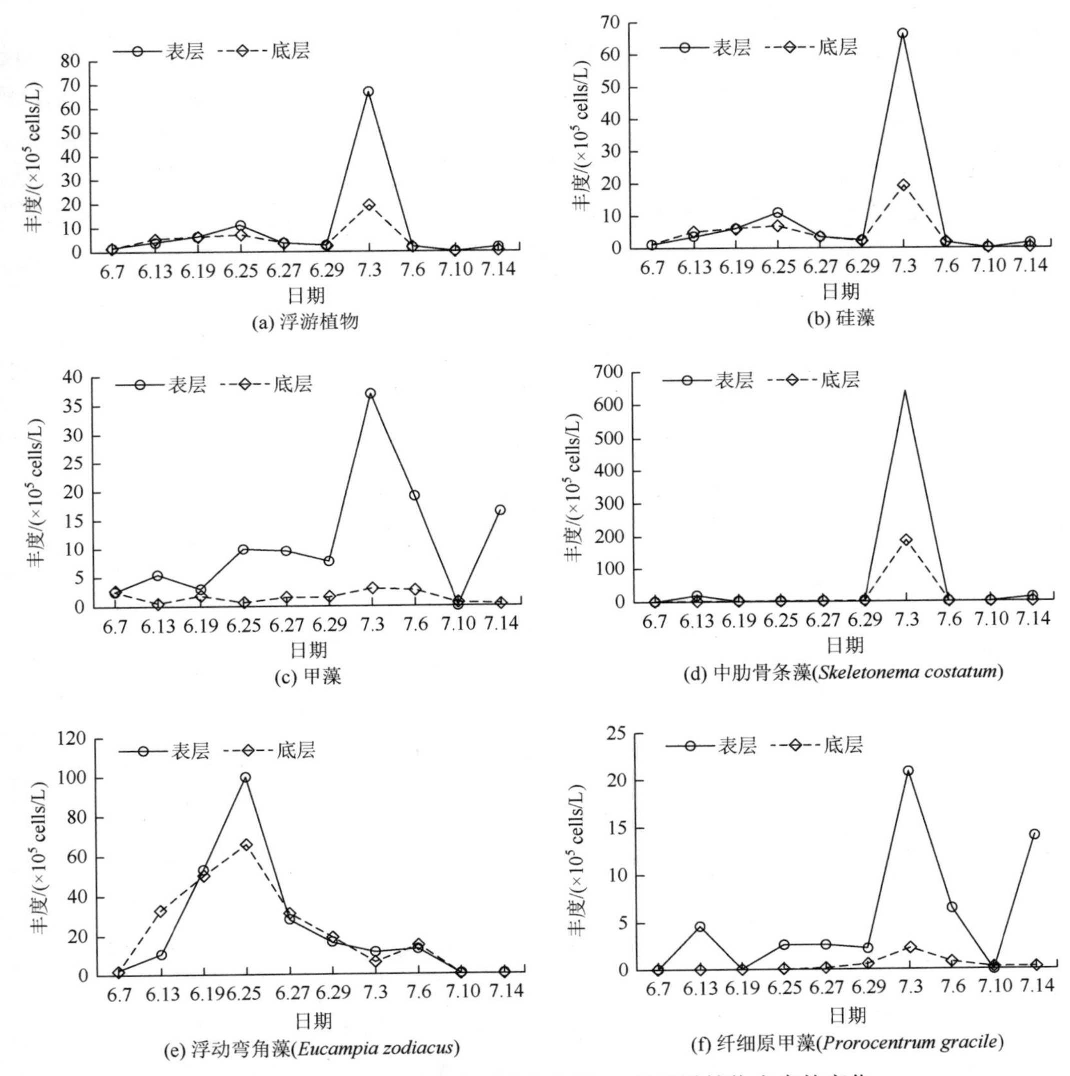

图 3.102　2017 年夏季胶州湾东北部 S5 站浮游植物丰度的变化

调查过程中浮游动物丰度在 7 月 6 日和在 7 月 10 日都处于较高的水平，分别达到了 3373.33 个/m^3 和 3512.50 个/m^3。从种类组成上看，7 月 6 日浮游动物群落中的主要种类是异体住囊虫（*Oikopleura dioica*）和小拟哲水蚤（*Paracalanus parvus*），丰度分别为

1213.33 个/m³和 906.67 个/m³；7 月 10 日群落中的主要种类是小拟哲水蚤（*Paracalanus parvus*），丰度达到 2580.00 个/m³，占浮游动物总丰度的 73.45%（图 3.103）。从时间上看，降雨出现在 7 月 1 日，7 月 3 日时浮游植物丰度对营养盐输入做出了明显的响应，有了丰富的食物，植食性的异体住囊虫和小拟哲水蚤丰度迅速上升，在 7 月 6 日异体住囊虫的丰度达到峰值。7 月 10 日异体住囊虫丰度急剧下降，而小拟哲水蚤的丰度继续上升，达到峰值。异体住囊虫和小拟哲水蚤都是植食性的浮游动物。7 月 6 日和 7 月 10 日 S5 站平均水温大约在 25℃，这时异体住囊虫大约只需要不到 2 d 能完成一个世代周期（实验室培养结果），而小拟哲水蚤的世代周期在 20℃以上大约需 15～24 d（Liang & Uye，1996）。从发育时间看，异体住囊虫因较短的世代周期能更快对浮游植物水华做出响应，随着异体住囊虫的暴发及小拟哲水蚤丰度的持续增加，水体中的浮游植物被大量消耗，且小拟哲水蚤可能会摄食异体住囊虫的卵及幼体，异体住囊虫在与小拟哲水蚤的竞争中逐渐趋于劣势，随着小拟哲水蚤丰度在 7 月 10 日达到峰值（2580.00 个/m³），异体住囊虫丰度下降到 0 个/m³。从时间上看，浮游植物和浮游动物峰值的出现体现了初级生产者和次级生产者对环境因子变化响应的时滞，而植食性浮游动物大量繁殖后浮游植物水华迅速消退，表明植食性浮游动物对初级生产力具有强大的下行控制作用。

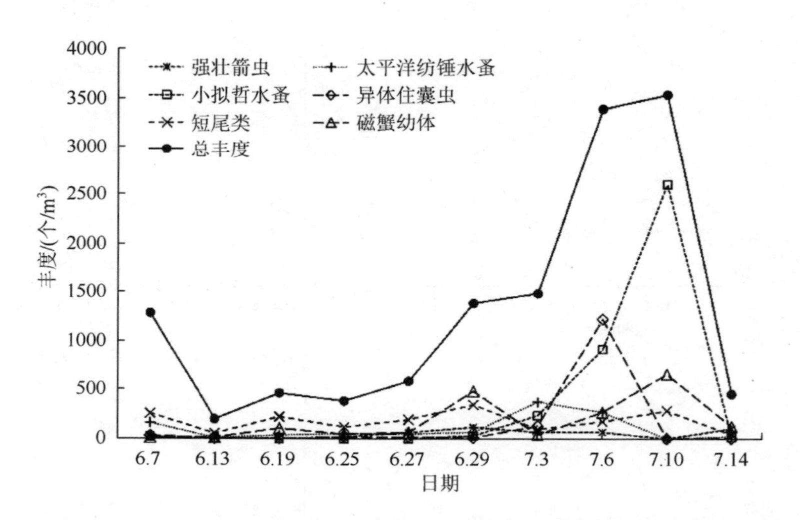

图 3.103　2017 年夏季降雨过程中胶州湾东北部 S5 站浮游动物丰度的变化

第三节　生物群落结构演替规律

随着周边地区经济的飞速发展，人类活动对海湾生态环境的影响日益增强。有研究表明，自 1863 年以来，由于盐田开发和围海造陆，胶州湾面积减少了 1/3（Yuan et al.，2016），潮间带面积在过去的半个世纪里锐减了 70%（杨世伦等，2003）。沿岸生活污水、养殖废水的大量排放促使海湾的营养盐不断增加，导致赤潮频发（Dai et al.，2007）。通过定点区域的长时间系列观测，可以揭示海湾生态群落结构对人类活动响应的年际变化规律。另外，人类活动产生的效应也会引起海湾沉积环境的改变，通过研究沉积物中不同组分含量和性质的变化也可以反演更长时间尺度上海湾生态环境的变化历史。例如，沉积物中的生物硅源自放射虫、硅藻、硅鞭毛藻等海洋硅质生物（Tréguer & de La Rocha，2013），其含量与当地硅质浮游生物的生长密切相关，可作为反演硅质生物生产力变化的指标（李健和王汝建，2004）。沉积物的总有机碳（TOC）、总氮（TN）及其同位素组成则是重建初级生产力和氮循环过程的重要指标（Schelske & Hodell，1995）。甲藻是海洋生态系统中重要的浮游植物类群，其种类和数量仅次于硅藻，也是沿海地区引发赤潮和贝类毒素污染的重要微藻。甲藻孢囊（cyst）是指水体中的甲藻在某一时期失去鞭毛和游动能力而形成的不动细胞，是许多甲藻生活史的一个重要阶段，也是它们度过不良环境的一种休眠方式（王朝晖，2007）。孢囊的形成、孢囊在沉积物中的休眠及在环境条件适宜时的萌发等具有重要的生态学意义。甲藻孢囊由于具有孢粉质壁，可长期完整地保存在沉积物中，因而在一定程度上提供了海洋环境甲藻演变的历史，为揭示海洋浮游植物群落结构的变化进程提供了可能（Dale，2001）。

一、浮游生物群落结构的年际变化规律及影响因素

（一）胶州湾浮游生物群落结构的年际变化规律及影响因素

1. 浮游植物群落年际变化规律及其影响因素

（1）浮游植物群落年际变化规律

胶州湾浮游植物丰度总体呈现增加的趋势，但年际间波动较大。1998 年之前，浮游植物丰度维持在一个较低的水平，从 1999 年开始，浮游植物丰度明显增加。峰值出现在 2011 年，达 12700×10^4 cells/m^3 以上，次高峰出现在 2002 年（图 3.104）。

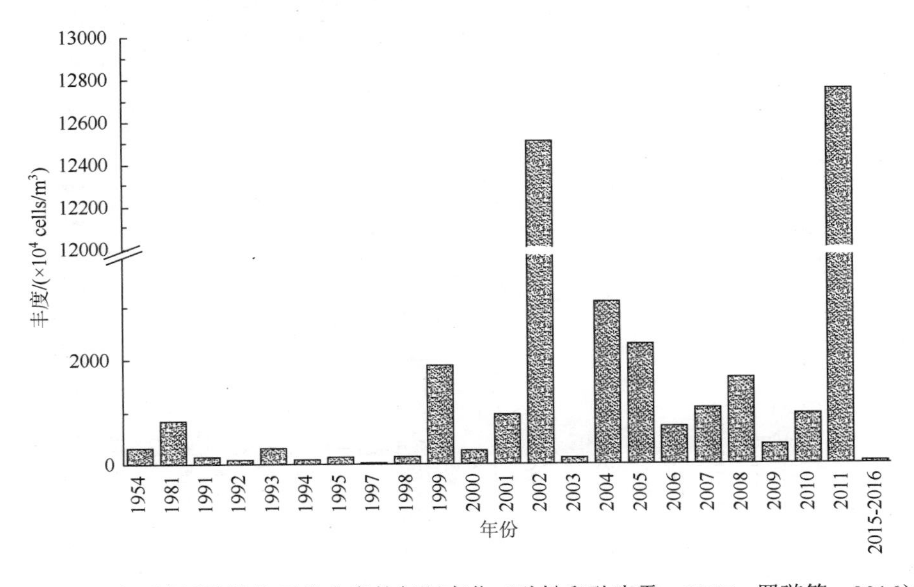

图 3.104　胶州湾浮游植物平均丰度的年际变化（孙松和孙晓霞，2015；罗璇等，2016）

1981 年以来胶州湾硅藻丰度、甲藻丰度和甲藻/硅藻的年际变化规律如图 3.105 所示。硅藻的变化规律与胶州湾浮游植物总丰度的变化基本一致，表明硅藻在胶州湾浮游植物类群组成中一直占绝对优势。胶州湾浮游植物主要以链状和营群体生活的硅藻为主，但营单独生活的硅藻自 2000 年后数量也呈现增加的趋势。胶州湾甲藻数量所占比例尽管较低，但近年来呈明显上升趋势。甲藻丰度峰值出现在 2011 年，超过 470×10^4 cells/m^3。胶

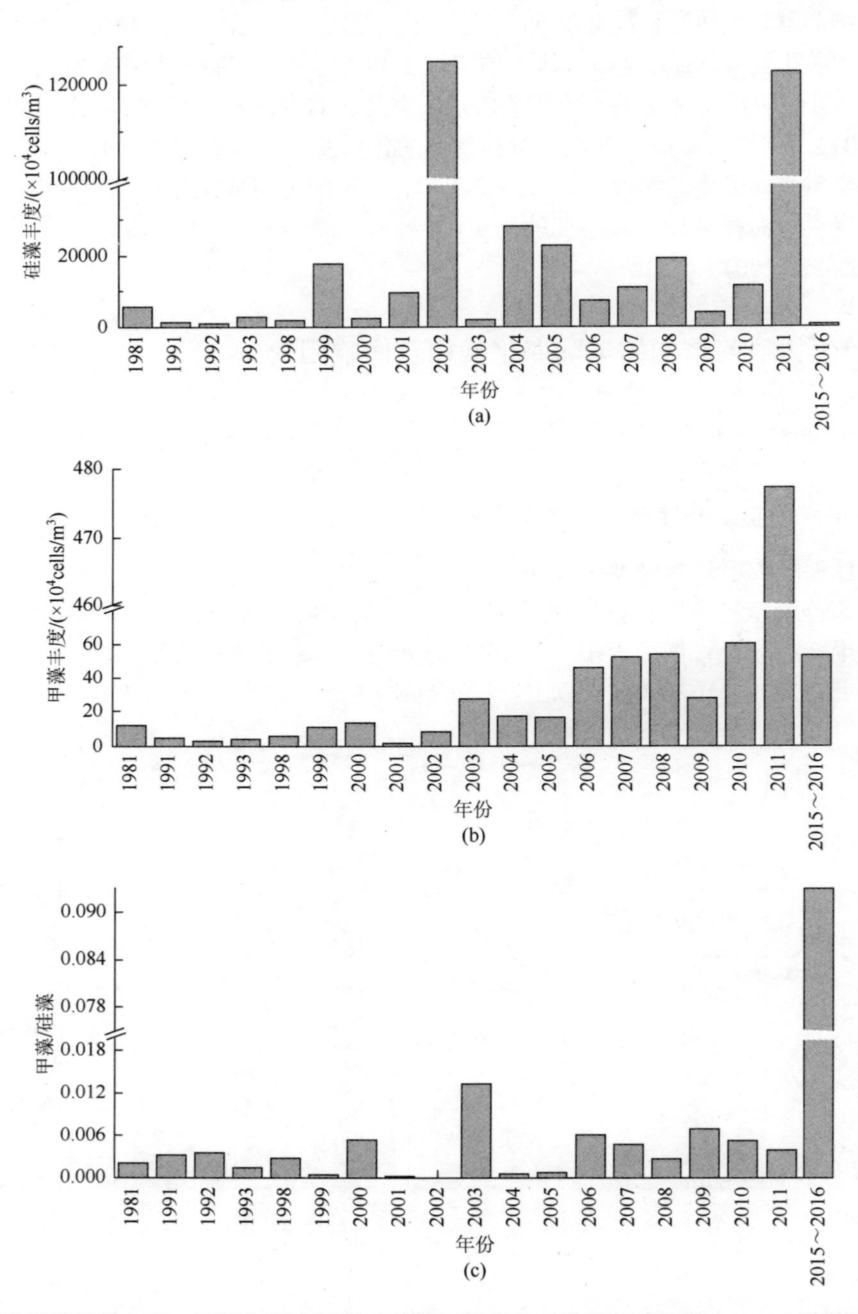

图 3.105　胶州湾硅藻丰度、甲藻丰度及甲藻/硅藻的年际变化（孙松和孙晓霞，2015；罗璇等，2016）

州湾甲藻/硅藻也呈现明显增加的趋势，自 2003 年之后，甲藻经常成为胶州湾夏季一些站位的优势种类。2015～2016 年，胶州湾甲藻/硅藻达到 0.09，其中 2015 年 7 月 7 个站位的甲藻丰度都超过了硅藻，梭形角藻和粗刺角藻是绝对优势种。从空间分布格局上看，甲藻分布的高值区呈现从湾外向湾内蔓延的规律，甲藻的数量和分布范围都在扩大（孙松和孙晓霞，2015）。

近 60 多年来，胶州湾浮游植物优势种的更替比较明显（表 3.21）。中肋骨条藻是最常见的优势种，在 20 世纪 50 年代和 80 年代的夏季或秋季常成为优势种群。从 20 世纪 90 年代开始，中肋骨条藻数量明显增加，且在一年中的大部分季节居优势地位。另外，从 20 世纪 90 年代开始，加拉星杆藻和诺登海链藻常在冬季大量出现，成为重要优势种。星脐圆筛藻在夏季常常大量出现，成为夏季的优势种。尖刺拟菱形藻和奇异菱形藻常在春季、秋季大量出现，由于春季、秋季胶州湾浮游植物数量相对较少，这两种硅藻很容易就成了重要的优势种。同 1954 年和 1981 年相比，窄隙角毛藻、菱形海线藻、刚毛根管藻和辐射圆筛藻等数量相对下降，已不再成为优势种群（吴玉霖等，2005）。2015～2016 年，营群体性生活的派格辊形藻在春季和冬季分别占浮游植物总丰度的 41.11%和 64.60%。总体上看，胶州湾中肋骨条藻、角毛藻等小型链状硅藻数量呈现增加趋势，甲藻类浮游植物数量增加、分布范围扩大，表明胶州湾浮游植物群落对气候变化和人类活动的综合影响已有所响应（孙松和孙晓霞，2015）。

表 3.21　胶州湾浮游植物优势种的年际变化

年份	春季	夏季	秋季	冬季
1954	斯氏根管藻（33.3%） 辐射圆筛藻（12.5%）	中肋骨条藻（79.3%）	星脐圆筛藻（16%） 窄隙角毛藻（9.3%）	星脐圆筛藻（25.6%） 菱形海线藻（16.7%） 日本星杆藻（17.6%）
1981	密联角毛藻（40.3%） 刚毛根管藻（10.3%）	双凹梯形藻（9.6%）	中肋骨条藻（25.4%） 日本星杆藻（11.9%） 窄隙角毛藻（10.7%）	窄隙角毛藻（12.8%） 扁形角毛藻（11.9%）
1992	日本星杆藻（36.8%）	格氏圆筛藻（88.4%）	长耳盒形藻（21.5%） 柔弱角毛藻（20.3%） 尖刺拟菱形藻（14.3%）	中肋骨条藻（40.4%） 翼根管藻印度变型（17.9%）
1993	尖刺拟菱形藻（69.5%）	旋链角毛藻（62%）	笔尖根管藻（12.6%） 扁形角毛藻（10.5%）	柔弱根管藻（70.1%） 日本星杆藻（8.9%）
1994	日本星杆藻（36.6%）	尖刺拟菱形藻（30.9%） 中肋骨条藻（22.3%） 旋链角毛藻（15.9%）	中肋骨条藻（32.1%） 星脐圆筛藻（18.4%） 浮动弯角藻（11%）	柔弱根管藻（96.2%）
1995	布氏双尾藻（30.6%） 孔圆筛藻（24%）	旋链角毛藻（71.9%） 爱氏辐环藻（12.7%）	笔尖根管藻（30.3%） 日本星杆藻（15.7%）	中肋骨条藻（46.3%） 加拉星杆藻（22.5%）
1997	尖刺拟菱形藻（28.4%）	脆根管藻（17.6%） 中肋骨条藻（17.2%）	中肋骨条藻（73.5%）	扁形角毛藻（46.3%） 密联角毛藻（14.5%）
1998	加拉星杆藻（74.4%） 中肋骨条藻（21.3%）	爱氏辐环藻（75.7%） 中肋骨条藻（13.2%）	孔圆筛藻（39.7%） 旋链角毛藻（10.8%）	加拉星杆藻（57.8%） 中肋骨条藻（30.9%）
1999	旋链角毛藻（40%） 爱氏辐环藻（17.4%） 浮动弯角藻（16.7%）	中肋骨条藻（91.8%） 浮动弯角藻（7%）	笔尖根管藻（19%） 洛氏角毛藻（14.2%） 中肋骨条藻（13.3%）	加拉星杆藻（97.6%）

续表

年份	春季	夏季	秋季	冬季
2000	密联角毛藻（74.3%）	旋链角毛藻（81.3%） 威氏圆筛藻（9.5%）	中肋骨条藻（57.2%） 奇异菱形藻（16.6%）	尖刺拟菱形藻（45.3%） 浮动弯角藻（24.2%） 日本星杆藻（14%）
2001	尖刺拟菱形藻（65.2%） 爱氏角毛藻（24.8%）	中肋骨条藻（96.7%）	中肋骨条藻（55.1%） 圆海链藻（30.1%）	诺登海链藻（76.9%） 中肋骨条藻（18.1%）
2002	中肋骨条藻（15.5%） 柔弱角毛藻（13.5%） 奇异菱形藻（11.5%）	星脐圆筛藻（79.4%） 旋链角毛藻（11.3%）	柔弱根管藻（18.5%） 尖刺拟菱形藻（15.2%） 奇异菱形藻（14%） 中肋骨条藻（11.2%）	诺登海链藻（32.6%） 中肋骨条藻（56%）
2003	并基角毛藻（27.3%） 日本星杆藻（24.5%） 中肋骨条藻（14.5%）	旋链角毛藻（21.4%） 星脐圆筛藻（37.1%）	奇异菱形藻（27.1%） 中肋骨条藻（11.8%） 洛氏角毛藻（11.1%）	中肋骨条藻（71.3%）
2015～2016	派格辊形藻（41.11%） 中肋骨条藻（13.61%）	梭形角藻（28.51%） 粗刺角藻（24.87%）	密联角毛藻（15.78%） 派格辊形藻（15.20%） 威氏圆筛藻（13.51%） 旋链角毛藻（10.49%）	派格辊形藻（64.60%） 念珠直链藻（9.00%）

注：括号内数据为该藻数量占浮游植物总量的百分比

资料来源：吴玉霖等（2005）；2015～2016 年数据为本书研究结果

（2）浮游植物群落年际变化的影响因素

水温是影响浮游植物群落结构非常重要的环境因子。自 1900 年至今 100 多年来，胶州湾地区四季平均气温呈上升趋势，受气温升高的影响，胶州湾水温也呈明显升高趋势。水温的变化会引起浮游植物群落结构的变化。研究表明，胶州湾许多区域分粒级叶绿素 a 浓度与贡献率均与水温呈现显著的相关性，主要表现为微型和微微型浮游植物与水温之间呈现显著的正相关关系，而小型浮游植物与水温之间呈现显著的负相关关系，说明冷水中较大个体或链状的浮游植物所占比例较高，而暖水中较小个体浮游植物占据优势（孙松和孙晓霞，2015）。胶州湾原来的优势种如窄隙角毛藻、菱形海线藻、刚毛根管藻等在 20 世纪 90 年代数量明显下降，一些广温性种类如尖刺拟菱形藻、奇异菱形藻、中肋骨条藻、波状石鼓藻、洛氏角毛藻等数量上升明显。

人类活动导致的海水营养盐结构变化也可以改变浮游植物的群落结构。从 20 世纪 60 年代到 90 年代，胶州湾的 PO_4-P、NO_3-N、NH_4-N 和 DIN 浓度分别增加了 1.4 倍、4.3 倍、4.1 倍和 3.9 倍。营养盐结构的变化导致浮游植物中甲藻类生物增加、浮游植物群落结构改变，并通过食物链级联效应影响到初级消费者（吴玉霖等，2005）。

浮游植物的年际波动还可能与胶州湾贝类筏式养殖及菲律宾蛤仔底播养殖有关。胶州湾自 20 世纪 80 年代中期起迅速发展起贝类筏式养殖和菲律宾蛤仔底播养殖，至 90 年代中期达到高峰。这期间浮游植物数量明显呈现出逐年下降的变化趋势，反映出滤食性贝类对浮游植物数量有很强的控制作用。1997 年开始，因病害等原因，扇贝大规模灾难性死亡，筏式养殖业出现大滑坡并迅速萎缩，1998 年后胶州湾浮游植物数量得以恢复并呈迅速增加的态势。从周年变化看，蛤仔的生长旺季在春、秋两季，胶州湾叶绿素浓度冬、夏季高，春、秋季低，二者刚好吻合，说明蛤仔能通过下行控制作用影响胶州湾的浮游植物及初级生产过程（吴玉霖等，2005）。

2. 浮游动物群落的年际变化规律及影响因素

（1）浮游动物群落的年际变化规律

近 40 年来，胶州湾浮游动物生物量总体呈现明显的上升趋势。1977～1978 年、1991～2000 年、2001～2010 年、2011～2016 年浮游动物的季度月平均生物量分别为 0.10 g/m^3、0.10 g/m^3、0.37 g/m^3 和 1.67 g/m^3。20 世纪 70 年代与 90 年代的生物量基本持平，2000 年之后，浮游动物生物量显著增加，2010 年之后增加幅度更加明显，为 20 世纪 90 年代的 16.7 倍，最高值出现在 2015 年，达到 2.99 g/m^3（图 3.106）。

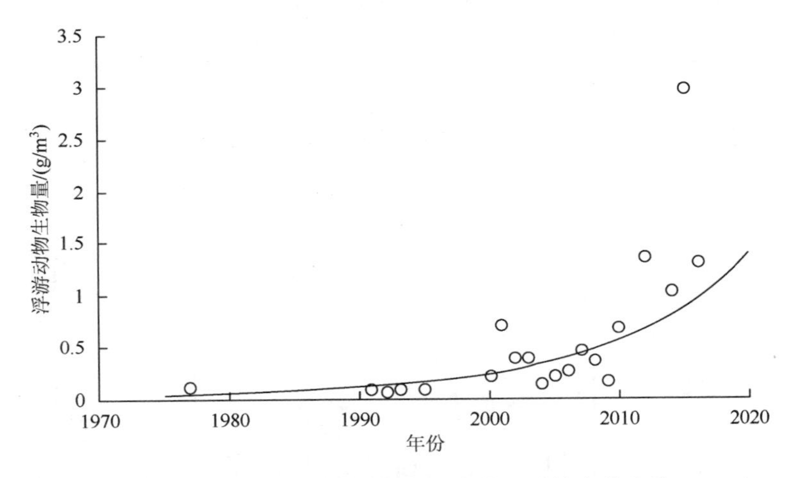

图 3.106　胶州湾浮游动物生物量的年际变化（孙松和孙晓霞，2015）

胶州湾浮游动物丰度的年际变化规律如图 3.107 所示。1991～2001 年，浮游动物

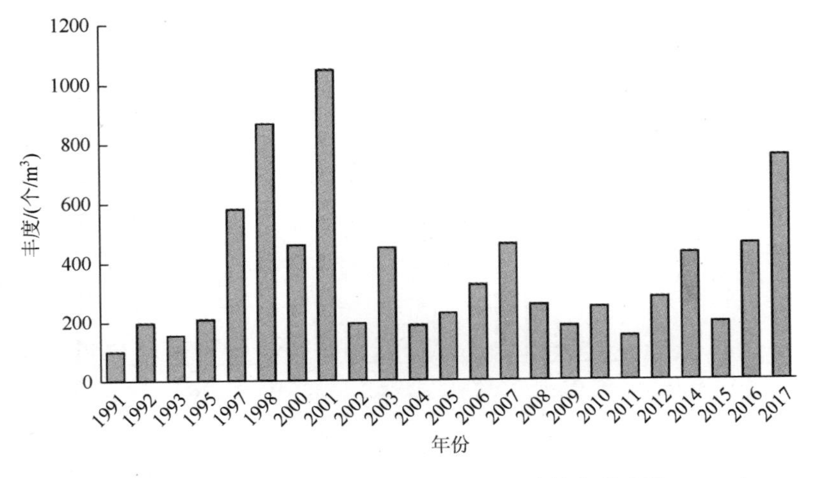

图 3.107　胶州湾浮游动物丰度的年际变化（孙松和孙晓霞，2015）

丰度呈现升高的趋势，2001 年的平均丰度达到 1000 个/m^3。2002 年之后浮游动物丰度呈波动状态，2009～2017 年，平均丰度又呈逐渐增加的趋势。胶州湾浮游动物丰度和生物量的变化趋势不同，可能是因为浮游动物的种类组成发生变化，水母等较大个体浮游动物的数量增加，引起浮游动物数量和生物量的变化并不完全一致（孙松和孙晓霞，2015）。

自 1991 年以来，以中华哲水蚤为优势种的大型桡足类的数量呈现波动式变化规律（图 3.108），峰值出现在 2017 年，达到 510 个/m^3。胶质生物类的毛颚类的丰度呈现波动变化的规律，而被囊类和小型水母类都表现出较为明显的增加趋势。2001～2010 年和 2011～2017 年胶州湾被囊类丰度分别是 1991～1995 年被囊类丰度的 6.85 倍和 18.17 倍。2001～2010 年和 2011～2017 年水母类丰度分别是 1991～1995 年水母类丰度的 5.25 倍和 12.70 倍。与 20 世纪 90 年代相比，2000 年之后胶州湾水母类浮游动物增加了近 20 种，暖水性种类拟杯水母、球形侧腕水母等增加明显，广温性种类半球杯水母、五角水母等亦显著增加。

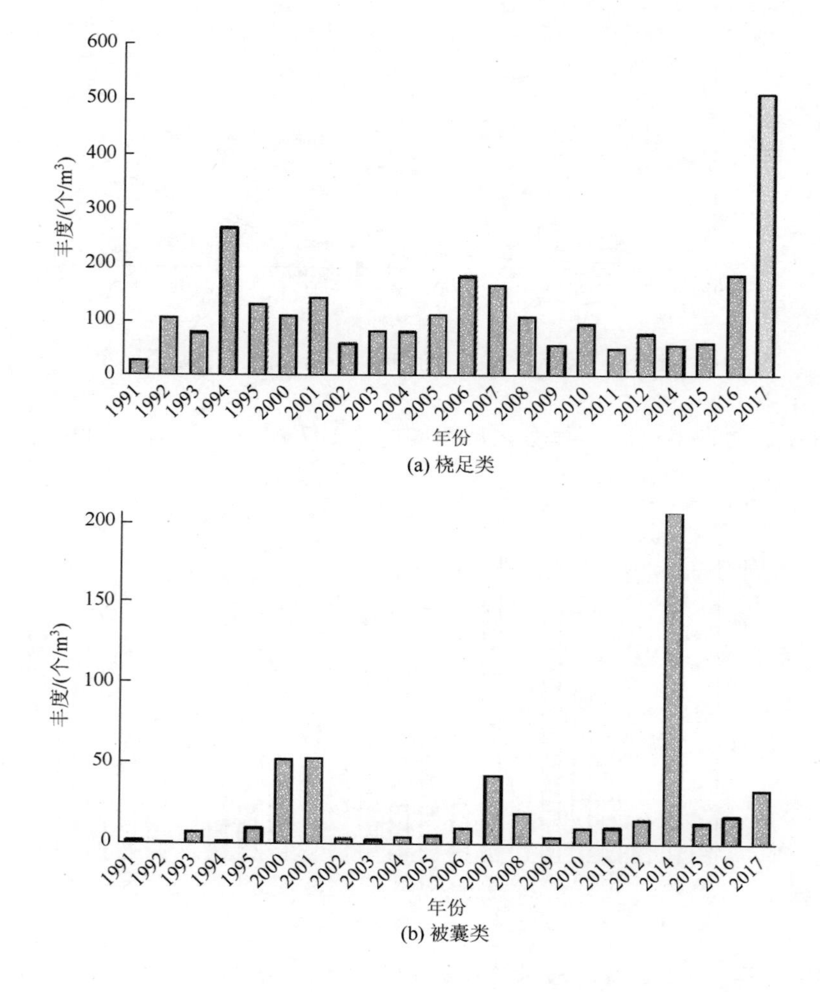

(a) 桡足类

(b) 被囊类

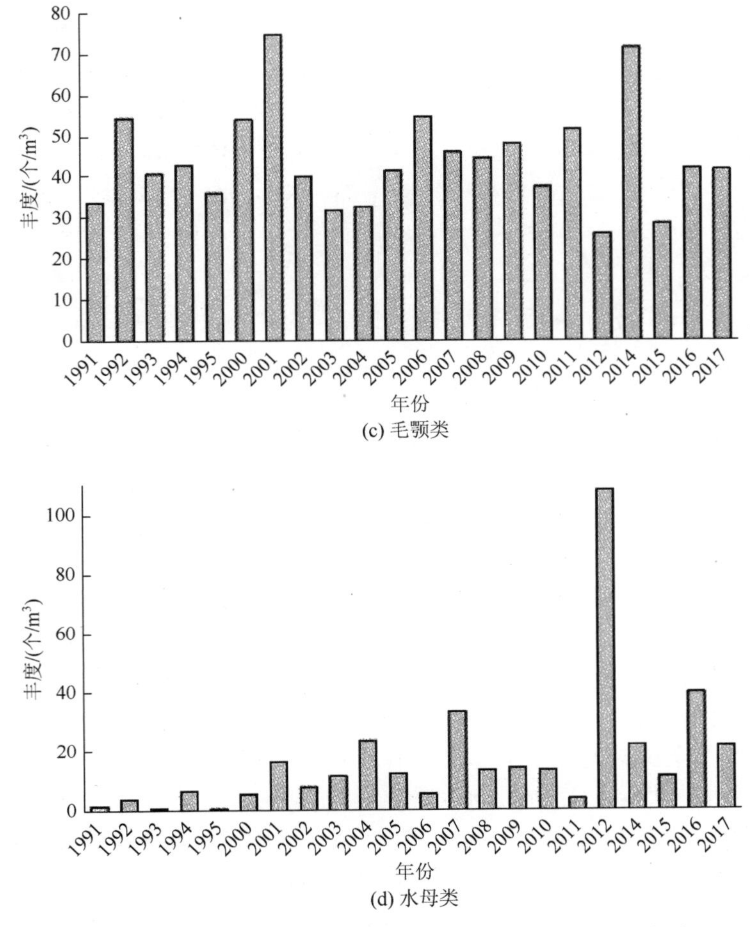

(c) 毛颚类

(d) 水母类

图 3.108　胶州湾主要浮游动物类群丰度的年际变化（孙松和孙晓霞，2015）

（2）浮游动物群落年际变化的影响因素

与浮游植物类似，温度同样是影响胶州湾浮游动物群落结构最重要的环境因子之一。胶州湾浮游动物生物量和数量在过去几十年间均呈现增加的趋势，以春季尤为显著。同期对胶州湾气象水文要素的长期变化研究显示，胶州湾升温最显著的季节为冬季和春季。根据胶州湾浮游动物优势类群的长期变化可以确定，春季浮游动物生物量增加的主要贡献者是水母类、被囊类和其他生物幼体。受到温度升高的影响，暖水性水螅水母类如拟杯水母、球形侧腕水母等增加明显，而广温性种类如半球杯水母、五角水母等亦显著增加（孙松和孙晓霞，2015）。

除了气候变化外，胶州湾浮游动物的变化规律可能受人类活动的影响更大一些。从上行控制来看，人类活动导致的海水营养盐结构变化也可以通过改变浮游植物群落结构、营养组成等进一步影响浮游动物的群落结构。浮游植物丰度和平面分布格局直接影响浮游动物的时空分布和群落结构。从下行控制的角度看，由于渔业资源减少，胶州湾浮游动物被上一营养级捕食的压力减小。二者的共同作用引起浮游动物生物量和丰度的升高（孙松和孙晓霞，2015）。

胶州湾浮游动物群落结构变化最显著的特征是水螅水母类丰度的显著增加。关于水母数量增加的原因，当前有很多假设，包括气候变化、富营养化、过度捕捞、水产养殖、水利工程修建、生物入侵等。不同区域水母增加的原因非常复杂，由于任何一个单一的原因都难以解释水母在全球范围内大量暴发的现象，目前更倾向于多因素共同作用的推测。在很多近海区域，人类活动对近海环境的影响增加，水母的暴发是对这种变化的一种综合响应（孙松等，2011）。

（二）大亚湾浮游生物群落结构的年际变化规律及其影响因素

自 20 世纪 80 年代开始，对大亚湾进行了浮游植物和浮游动物调查，包括 1982～1986 年大亚湾环境调查、1985～1989 年大亚湾核电站海洋生态零点调查（18 个站）、1991～1995 年大亚湾西部生态调查（12 个站）和 1998 年以后大亚湾海洋生物综合实验站生态网络调查（12 个站）。浮游植物的调查数据和资料在 1998 年以后比较系统连贯，浮游动物的调查数据则在 2001 年后较全。大多数的调查分别以 4 月、7 月、10 月和 1 月（跨年度）代表春、夏、秋、冬 4 个季节。浮游植物采样由原来采用浅水Ⅲ型浮游生物网（网长 140 cm、网口面积 0.1 m^2、筛绢孔径 0.077 mm）到现在改为采水器采水，浮游动物采样由原来的浅水Ⅰ型浮游生物网（网长 145 cm、网口面积 0.2 m^2、筛绢孔径 0.505 mm）变更为浅水Ⅱ型浮游生物网（网长 140 cm、网口面积 0.08 m^2、筛绢孔径 0.169 mm）。自 2004 年起，国家海洋局在全国沿海选取典型海区作为重点监控对象，大亚湾也位列其中，于每年 7～8 月进行生态监测，浮游植物和浮游动物分别采用浅水Ⅲ型和浅水Ⅰ型浮游生物网进行采样。大亚湾生态网络监测站位共 12 个，其中 6 个站位于大鹏澳网箱养殖区附近（2 个）、核电站排水口附近（2 个）、澳头养殖区（1 个）和范和港附近海域（1 个），另外 6 个站位于大亚湾湾口（2 个）、中央海域（2 个）和湾东部海域（2 个）。基于不同年份数据可比较的基础上，浮游植物和浮游动物数据均采用每年 7～8 月使用浅水Ⅲ型和浅水Ⅰ型浮游生物网所采集样品的结果，其中 1994～2003 年的数据来源于大亚湾海洋生物综合实验站的生态网络调查（1995 年、1996 年和 1997 年的数据缺失），2004～2017 年的数据来源于大亚湾生态监控区。

1. 浮游植物群落结构的年际变化特征

大亚湾浮游植物种类繁多，分别隶属于蓝藻门（Cyanophyta）、硅藻门（Bacillariophyta）、甲藻门（Pyrophyta）、金藻门（Chrysophyta）、黄藻门（Xanthophyta）等，其中硅藻类是大亚湾浮游植物的主体，占 70%以上，其次是甲藻类。20 世纪 80 年代始的调查结果表明，大亚湾浮游植物种类组成基本相近，主要以暖水性种类为主，其次是广温性种类，但进入 90 年代以来，浮游植物种类逐渐减少，近年来更为明显。例如，1984～2014 年的部分年份，夏季大亚湾浮游植物种类数由近百种下降到 60 多种。1994～2017 年，夏季大亚湾浮游植物的平均种数呈现降低（1998 年）—升高（2000 年）—降低（2006 年）—升高（2013 年）的变化趋势（图 3.109），不同站位之间浮游植物种数波动较大，变化范围可从不足 10 种变化至 50 种。

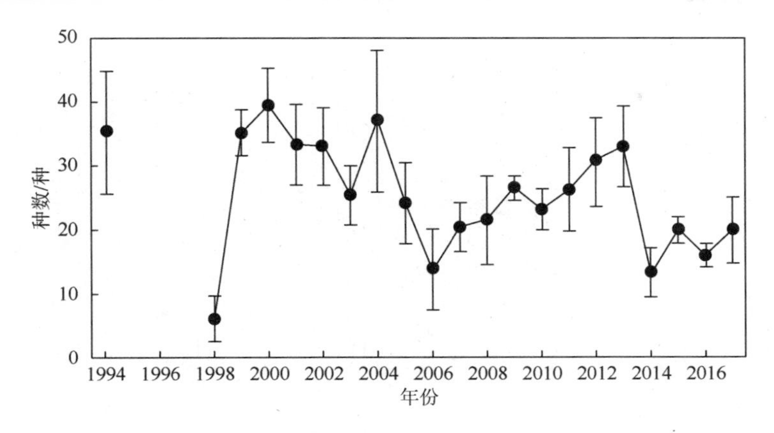

图 3.109　1994～2017 年夏季大亚湾浮游植物种数的年际变化

1994～2003 年的数据来源于大亚湾海洋生物综合实验站的生态网络调查，2004～2017 年的数据来源于大亚湾生态监控区

1994～2017 年，夏季大亚湾浮游植物的平均丰度波动较大，某些年份的丰度较高，如 2000 年、2005 年、2008 年、2013 年和 2015～2017 年均超过 1000×10^4 cells/m^3，其他年份的变化范围在（500～1000）$\times10^4$ cells/m^3（图 3.110）。2008 年浮游植物密度高达（22552.98±23934.69）$\times10^4$ cells/m^3，高值区主要出现在大亚湾湾口和湾中海区。数据统计分析结果表明，1994 年和 2004 年的浮游植物丰度差异显著（$P=0.003$），2004 年和 2014 年的差异也显著（$P=0.002$），但 1994 年和 2014 年差异不显著（$P>0.05$）。

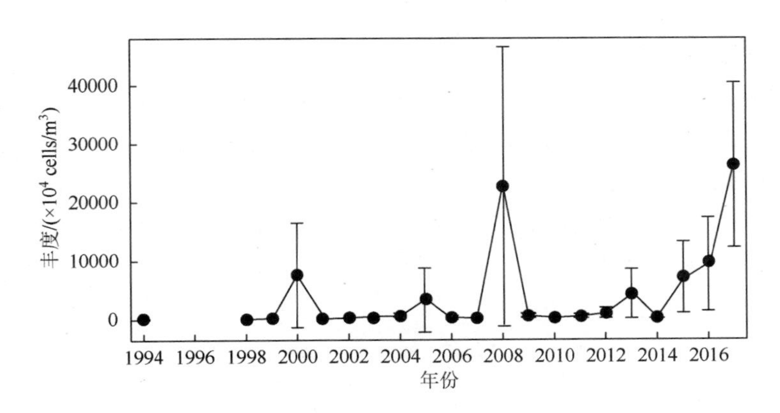

图 3.110　1994～2017 年夏季大亚湾浮游植物丰度的年际变化

1994～2003 年的数据来源于大亚湾海洋生物综合实验站的生态网络调查，2004～2017 年的数据来源于大亚湾生态监控区

浮游植物细胞丰度由硅藻、甲藻和其他藻类共同贡献，但各年份均以硅藻为主，甲藻次之，甲藻丰度占浮游植物总丰度一般不超过 10%。硅藻丰度的年际波动较大，而甲藻丰度则呈上升趋势。例如，1994 年、2004 年和 2014 年硅藻占浮游植物总丰度的比例从 96.78%、93.53%下降到 63.46%，甲藻比例则从 3.21%（1994 年）、5.78%（2004 年）上升到 36.33%（2014 年）（图 3.111）。

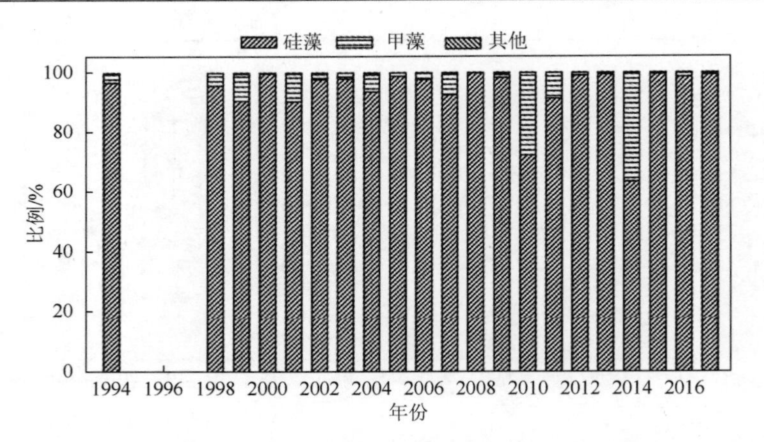

图 3.111　1994～2017 年夏季大亚湾浮游植物各类群丰度占总丰度比例的年际变化

1994～2003 年的数据来源于大亚湾海洋生物综合实验站的生态网络调查，2004～2017 年的数据来源于大亚湾生态监控区

大亚湾浮游植物优势种类多，其中多为硅藻，不同季节既有交叉又有演替，夏季以耐高温和盐度适应能力较强的种类占优势，如近岸种柔弱拟菱形藻（*Pseudo-nitzschia delicatissima*）、中肋骨条藻（*Skeletonema costatum*）和菱形海线藻（*Thalassionema nitzschioides*）等为优势种（孙翠慈等，2006）。1994～2017 年，夏季大亚湾的浮游植物优势种群没有明显变化，柔弱拟菱形藻为海区丰度最高的种类，其在 2008 年丰度达到最大值，占浮游植物总丰度的 93.26%，并且年际变化趋势与总丰度的变化趋势较一致（图 3.112a）。2000 年后，柔弱拟菱形藻占浮游植物总丰度比例呈上升趋势（图 3.112b）。

2. 浮游动物群落结构的年际变化特征

大亚湾海域浮游动物种类多，既有营浮游生活的水母类、桡足类、枝角类、毛颚类、被囊类和樱虾类等终生性浮游动物，也出现多种浮游幼虫种类。桡足类种类最多，其次是水母类、毛颚类和浮游幼虫等。大亚湾浮游动物群落的组成基本稳定，未出现明显的变动。1994～2017 年，夏季大亚湾浮游动物种数和分布变化都较大，2004 年之前的种数较低，其后较高（图 3.113）。种数的变化一方面受自然因素的影响，也不排除人为鉴定种类和计数结果不同的因素。

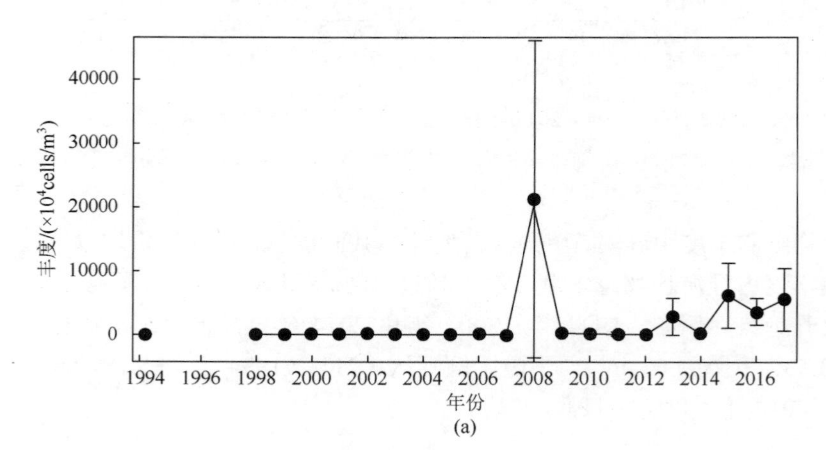

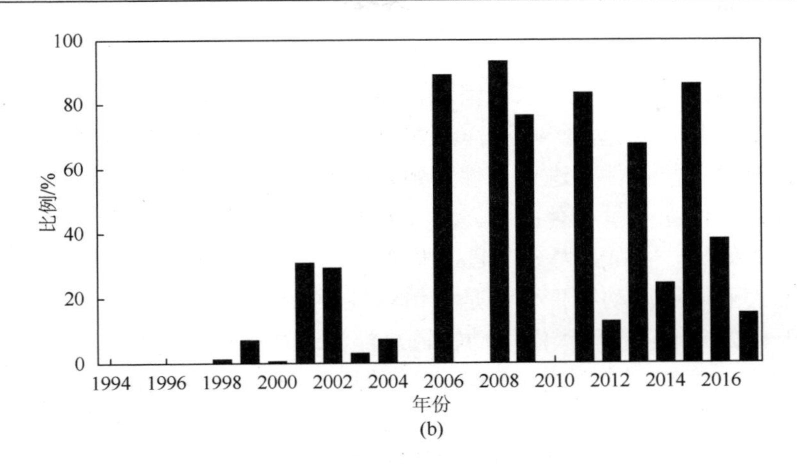

图 3.112　1994～2017 年夏季大亚湾柔弱拟菱形藻（*Pseudo-nitzschia delicatissima*）丰度（a）及其占浮游植物总丰度比例（b）的年际变化

1994～2003 年的数据来源于大亚湾海洋生物综合实验站的生态网络调查，2004～2017 年的数据来源于大亚湾生态监控区

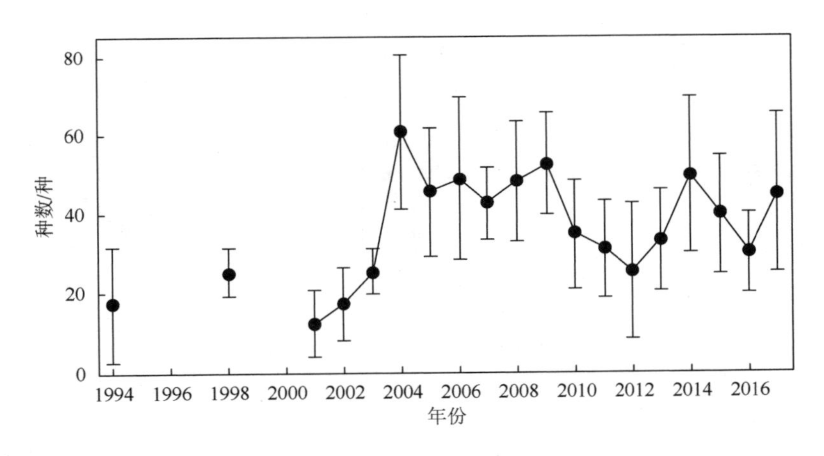

图 3.113　1994～2017 年夏季大亚湾浮游动物种数的年际变化

1994～2003 年的数据来源于大亚湾海洋生物综合实验站的生态网络调查，2004～2017 年的数据来源于大亚湾生态监控区

1994～2017 年，夏季大亚湾的浮游动物生物量（湿重）和丰度呈现上升（2005 年之前）—下降（2005～2007 年）—上升（2008～2009 年）—下降的波动状态，二者的年际变化趋势相吻合，2005 年、2009 年、2011 年和 2013 年浮游动物生物量均超过 200 mg/m^3（图 3.114a），2005 年和 2009 年浮游动物平均丰度超过 1000 个/m^3（图 3.114b），一般高生物量的年份也出现浮游动物的高丰度（$R = 0.58$，$P < 0.05$）。2009 年浮游动物的生物量和丰度最高，分别达（318±259）mg/m^3 和（1880±1559）个/m^3。

浮游动物常根据体内含水量的多少或是否为高营养层次生物的主要食物来源分为饵料组和非饵料组，非饵料组主要是由水母类和浮游被囊类组成，体内含水量多，定为胶质类浮游动物。水母生长速度快、天敌少，蔓延十分迅速。它们会大量猎杀和摄食浮游动物，以及鱼类的卵和幼体，一旦暴发，会使得水域中浮游生物的数量短时间内大量减少。由于水母和许多鱼类及其仔鱼存在摄食竞争，因此当水母大量增加时，食物链中原本该流向鱼类的那部分能量被水母消耗，导致鱼类仔鱼和稚鱼无法正常生长发育，使得渔业资源得不到及时补充，影响海洋渔业资源的形成。胶质浮游动物中的海樽类在足够的饵料和合适的温盐条件下进行无性繁殖，大量暴发，可能对鱼类洄游起着阻碍作用，并严重堵塞网目，使渔获量显著减少。近 20 年浮大亚湾游动物丰度仍以非胶质类浮游动物类群占主要优势，平均值为 83.24%，胶质类浮游动物占浮游动物总丰度的平均值为 16.74%，说明大亚湾浮游动物主要还是以饵料性浮游动物为主（图 3.115），出现波动状态。在 2005 年和 2010 年，胶质类浮游动物占总浮游动物丰度比例高达 43.77%和 62.69%。胶质类浮游动物丰度在整个浮游动物丰度中的比例在上升，从 2000s 到 2010s，非胶质类浮游动物丰度比例从 87.19%下降到 75.86%，而胶质类浮游动物丰度从 12.81%上升到 24.14%（图 3.116）。虽然胶质类浮游动物的比例上升，但其丰度在下降。1994～2017 年水母类和浮游被囊类的丰度呈现波动状态，后者在 2005 年和 2010 年出现显著的高峰值。

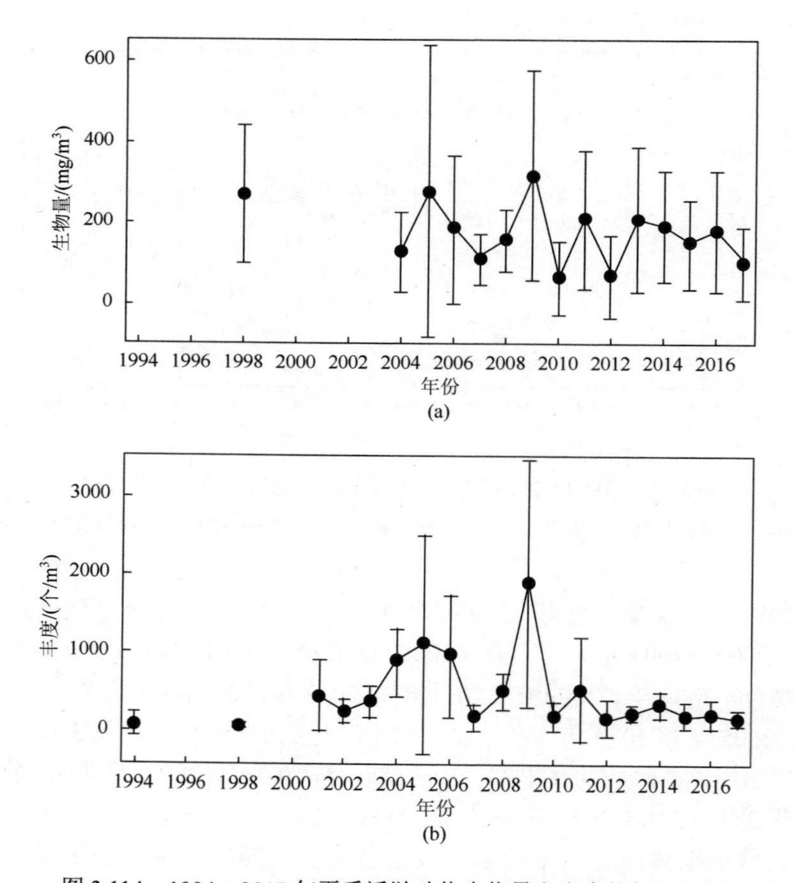

图 3.114 1994～2017 年夏季浮游动物生物量和丰度的年际变化

1994～2003 年的数据来源于大亚湾海洋生物综合实验站的生态网络调查，2004～2017 年的数据来源于大亚湾生态监控区

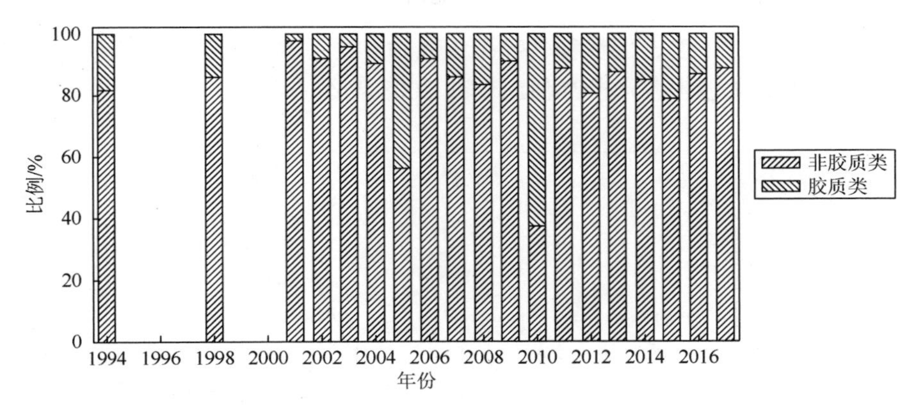

图 3.115　大亚湾胶质类和非胶质类浮游动物丰度占总浮游动物总丰度比例的变化

1994～2003 年的数据来源于大亚湾海洋生物综合实验站的生态网络调查，2004～2017 年的数据来源于大亚湾生态监控区

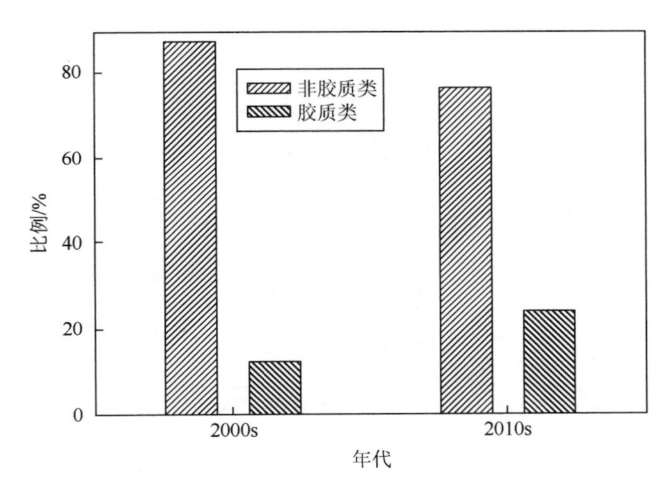

图 3.116　大亚湾两个时期胶质类和非胶质类浮游动物丰度占浮游动物总丰度比例的变化

1994～2003 年的数据来源于大亚湾海洋生物综合实验站的生态网络调查，2004～2017 年的数据来源于大亚湾生态监控区

桡足类和枝角类是饵料性浮游动物的主要贡献者。桡足类是大亚湾浮游动物种类最多的类群，其丰度占浮游动物总丰度的比例为 2.66%～35.04%，1994～2017 年的平均比例为 16.33%。枝角类在调查期间共出现两种：鸟喙尖头溞（*Penilia avriostris*）和肥胖三角溞（*Pseudevadne tergestina*），丰度也比较高，占浮游动物总丰度的平均比例为 34.69%，其中 2001 年、2006 年和 2011 年的比例高达 60%以上，出现了枝角类暴发的现象。桡足类和枝角类是大亚湾浮游动物数量的主要贡献者，尽管 1994～2017 年的波动较大，但占浮游动物总丰度比例达 51.02%。

大亚湾浮游动物优势种组成简单，季节变化明显，单一种的优势地位显著。桡足类的红纺锤水蚤（*Acartia erythraea*）和枝角类的鸟喙尖头溞（*Penilia avirostris*）是主要的优势种之一。红纺锤水蚤是大亚湾浮游动物中出现频率较高和分布较广泛的种类，鸟喙尖头溞主要出现在大鹏澳和澳头附近水域，以及核电站排水口附近，二者丰度的年际变化趋势相似，高值年份均出现在 2009 年，并且数量分布变化大（图 3.117）。1994～2017 年，夏季浮游动物总生物量、丰度、优势种鸟喙尖头溞和红纺锤水蚤的高值均出现在2009年，与浮游植物总密度和柔弱拟菱形藻高值出现在2008年不同。

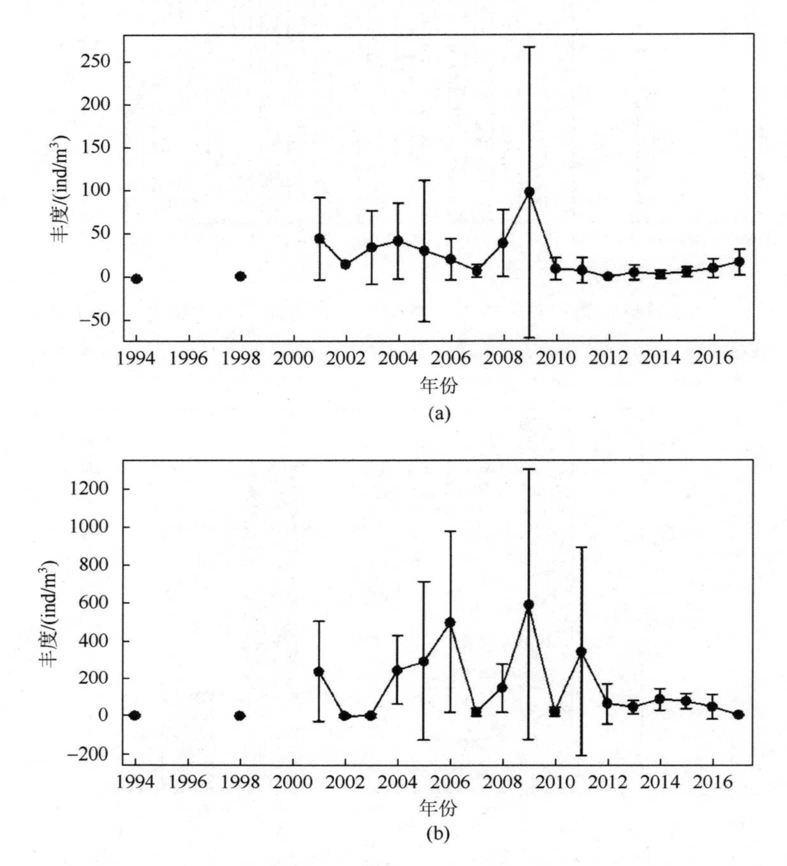

图3.117　1994～2017年夏季大亚湾红纺锤水蚤（a）和鸟喙尖头溞（b）丰度的年际变化

1994～2003年的数据来源于大亚湾海洋生物综合实验站的生态网络调查，2004～2017年的数据来源于大亚湾生态监控区

3. 影响大亚湾浮游生物群落结构年际变化的因素

大亚湾浮游生物群落结构年际变化受人类活动和气候变化的影响。大亚湾浮游生物对低温、低盐和高营养盐的环境响应，暖温带种增多并且存活时间长，浮游植物数量异常增加，浮游动物的数量增加稍滞后，优势种单一突出，从而改变浮游生物群落结构。2008年与2007年、2009年相比，大亚湾出现了明显的低温低盐和高总氮浓度，其中湾口海域特别明显。海水中营养盐浓度的高低是浮游植物生长繁殖的主要决定因子。N、P更是营养盐中的关键元素，它们大约以16∶1（Redfield比）的原子数比例被浮游植物吸收。2008年大亚湾湾口、湾中和湾内的N/P分别为59、105和42，说明湾口和湾中比湾内水体更明显地受到沿岸流携带输入的低温低盐和高营养盐的影响。浮游植物丰度高值区分布也主要出现在湾口和湾中海域，柔弱拟菱形藻异常增加。2008年夏季大亚湾浮游动物种类增多，不仅有西南季风导致外海水携带的大洋种，而且存在一定数量的暖温带种。中

华哲水蚤（*Calanus sinicus*）是一种广泛分布于西北太平洋大陆架海域的桡足类，在海洋生态系统物质循环和能量流动中起着重要作用。东北季风期间中华哲水蚤随闽浙沿岸流进入大亚湾，1～4 月均有出现并且丰度较高；之后随着海水温度升高，5 月始丰度降低，并逐渐消失。中华哲水蚤在大亚湾的分布主要受湾内潮汐流的影响，1 月从西南部进入，2 月扩散到整个海湾，3 月呈斑块状分布，4～5 月从湾口退出。中华哲水蚤在大亚湾的滞留时间与闽浙沿岸流的种群输送和温度有关，当温度高于 26°C 时，因耐受不了高温而死亡消失。1998～2009 年的年际变化结果表明，2008 年夏季大亚湾底层水温仍比较低，为中华哲水蚤度夏提供了避难场所，因而仍然有一定数量的中华哲水蚤存在。

大亚湾核电站 1994 年建成运行，每年约排放冷却水 $2.91\times10^7\ m^3$，其附近海域的水温在 1994 年后明显上升，大鹏澳海区的年平均水温上升约 0.4℃，大亚湾的年平均水温上升了 0.34℃，且水温的最大升幅为 2.30℃，出现在夏季（郝彦菊和唐丹玲，2010）。排水口的表层水温夏季最高达 35℃，受核电站温排水的影响，温跃层的持续时间明显延长。在大亚湾，来自核电站的高温冷却水会加剧水体层化现象和水文动力条件的变化，最重要的是水温的升高可能会对某些藻类有明显影响。如 1994 年后，大亚湾浮游植物种类逐渐减少，群落中的暖水性种类和数量有增加的趋势，甲藻所占比例也在上升（郝彦菊和唐丹玲，2010；Li et al.，2011）。核电站运行后，甲藻类的角藻属细胞数量有较大的增加。叉状角藻（*Ceratium furca*）、梭形角藻（*Ceratium fusus*）和夜光藻（*Noctiluca scintillans*）等是引起赤潮的主要种类，其数量的大幅增长预示发生甲藻赤潮的可能性正在增大。另外，核电站运行后甲藻数量出现的高峰时间提前。以往甲藻数量的高峰期多在冬末春初，但近年来，甲藻数量的高峰值出现在春、夏季节，暗示春、夏季发生甲藻赤潮的可能性正在增大（Li et al.，2011）。近 20 年的数据分析表明，甲藻在浮游植物中的比例也在提高。现场调查和室内模拟升温和加富培养实验结果表明，大亚湾海域水温升高和营养盐加富均可造成小粒级浮游植物（<20 μm）所占比例的提高，因此大亚湾核电站附近海水升温和营养盐输入均可能导致浮游植物粒级结构呈小型化趋势，并可能对食物网能量流动与物质循环、生态系统的结构稳定性及海洋渔业的产量造成潜在影响。大亚湾浮游动物中的枝角类对核电站温排水的响应也较明显，在大多数年份调查中，枝角类占浮游动物总丰度的比例超过桡足类，特别是鸟喙尖头溞数量激增。从短期时间尺度上，出现鸟喙尖头溞的暴发。每隔 3～4 d 在核电站附近大鹏澳海域进行的调查表明，鸟喙尖头溞的数量远高于其他优势种，如红纺锤水蚤和肥胖箭虫（*Sagitta enflata*）等。大亚湾枝角类数量的增加一方面与种类自身的繁殖方式有关，当温度和食物适宜时，枝角类的种类可以进行孤雌生殖，另一方面近年来大亚湾核电站附近水温升高，浮游植物小型化，有利于枝角类种类以孤雌生殖方式增加种群数量。

大亚湾大鹏澳和澳头网箱养殖水域浮游生物的群落结构也受到生态环境改变的影响。养殖水域营养盐增加，导致浮游植物的异常增殖及过度集中，多样性降低，种间比例并不均匀，群落结构单一；浮游动物多样性降低，桡足类和枝角类数量减少，但水母类的丰度增加。1994～2017 年的数据表明，大亚湾浮游生物群落结构已经在人类活动和气候变化共同驱动下发生了改变。

二、近百年来浮游生物群落结构的演替及作用机制

（一）胶州湾沉积环境和初级生产力的变化及作用机制

利用 2015 年夏季在胶州湾湾中 C3 站（36.11°N，120.24°E，水深 15 m，即图 3.1 中的 S7 站）和 C4 站（36.11°N，120.61°E，水深 6 m，即图 3.1 中的 S3 站）采集的沉积物岩芯，通过放射性核素 ^{210}Pb 和 ^{137}Cs 确定沉积物年代，结合有机碳、氮含量及其稳定同位素的历史变化，揭示近百年来胶州湾沉积环境和初级生产力的变化状况，探讨影响胶州湾沉积环境和初级生产力变化的作用机制。

1. 近百年来胶州湾沉积环境的变化

胶州湾 C3 岩芯的质量累积速率为 0.023～0.269 g/(cm^2·a)，平均为 0.124 g/(cm^2·a)；C4 岩芯的质量累积速率为 0.022～0.362 g/(cm^2·a)，平均为 0.206 g/(cm^2·a)。虽然两个岩芯的质量累积速率变化较大，但其变化趋势基本相同（图 3.118）。由于 C4 岩芯的时间分辨率要高于 C3 岩芯，以下以 C4 岩芯的变化进行讨论。总体上看，胶州湾近百年的沉积速率呈上升趋势，但不同时期出现一些波动，基本可以分为四个阶段：第一阶段为 1935 年之前，沉积速率基本稳定，平均质量累积速率为（0.03±0.01）g/(cm^2·a)；第二阶段为 1935～1969 年，期间沉积速率呈现先上升的趋势，并在20世纪40年代末和50年代初达到峰值[0.19 g/(cm^2·a)]，随后在 20 世纪 60 年代初下降到 0.12 g/(cm^2·a)；第三个阶段为 1970 年至 90 年代初，期间沉积速率出现第二个峰值，质量累积速率达到 0.28 g/(cm^2·a)；第四个阶段从 90 年代中期持续至今，沉积速率持续上升（图 3.118）。

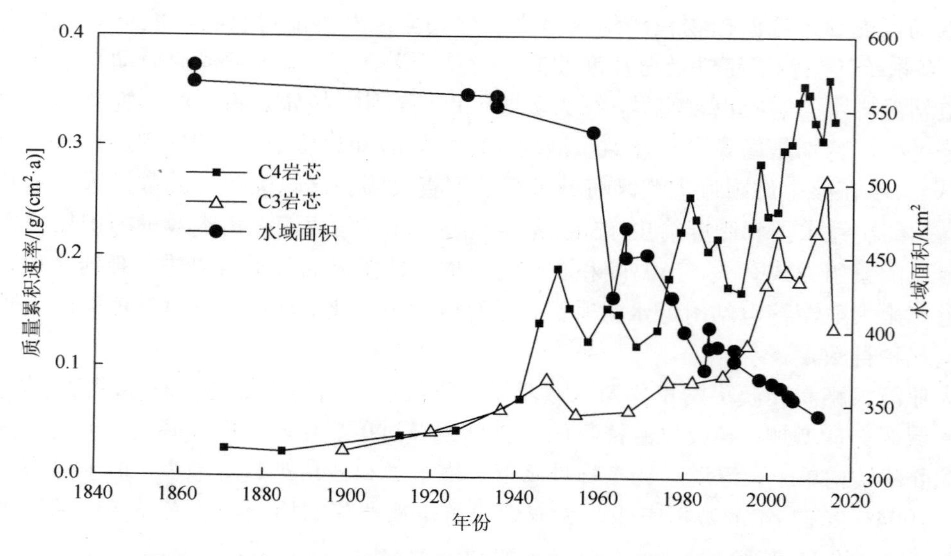

图 3.118　胶州湾沉积物质量累积速率及水域面积随时间的变化

胶州湾沉积物的主要来源包括海洋生源颗粒物、河流输入及围海造陆等工程引入的泥沙（戴纪翠等，2006）。胶州湾沿岸有十几条河流，其中输沙量较大的有大沽河、南胶莱河和洋河。研究表明，20 世纪 50 年代至 80 年代，胶州湾主要河流的入海流量呈下降趋势（汪亚平和高抒，2007），意味着经河流输入胶州湾的泥沙在减少。这显然无法解释胶州湾岩芯反映出的沉积速率增加的现象，导致胶州湾沉积速率增加的原因可能与盐田开垦和围海造陆等人类活动有关。研究表明，在过去一百多年间，由于盐田开垦和围海造陆等人类活动，胶州湾水域的面积减少，由此造成输入胶州湾的泥沙增多，引起沉积速率的增加。胶州湾水域面积的减少主要始于 1940 年左右，从 1960 年以后出现较大幅度的减少（马立杰等，2014）。胶州湾水域面积减少的时间节点与两个岩芯中沉积速率出现显著增加的时间相一致。对比过去 150 年来 C3 和 C4 岩芯沉积物质量累积速率与胶州湾水域面积的关系可以发现，二者呈现出很好的镜像关系（图 3.118）。将沉积物质量累积速率和水域面积的变化进行相关性分析也表明，二者在两个岩芯中都呈现出良好的负相关关系（图 3.119），进一步证实人类活动引起的胶州湾水域面积减小是沉积物质量累积速率升高的主要原因。

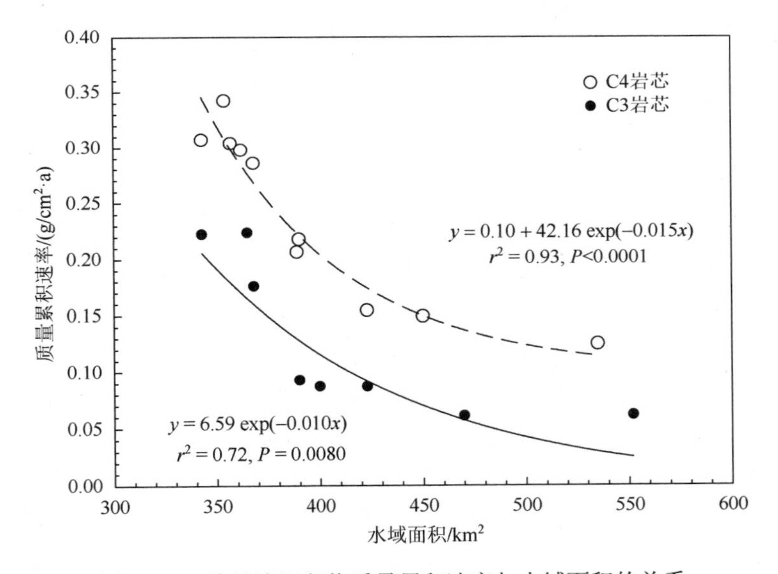

图 3.119　胶州湾沉积物质量累积速率与水域面积的关系

近百年来，胶州湾水域面积的减少主要与政府主导实施的一系列海域开发利用密切相关，主要包括盐田开发、水产养殖和围海造陆三个方面。1935～1969 年，80%的水域面积减少是由盐田的开发利用所致。在这段时间内，胶州湾的沉积物质量累积速率出现了小幅度的增加，但增加速度较慢。1969～1990 年，受经济政策影响，除了盐田的持续开发外，胶州湾沿岸的海水养殖开始兴起，导致这一时期的沉积物质量累积速率明显升高。1990 年以后，旅游业和工业成为胶州湾沿岸经济的主要产业（李长胜和贾志明，2006），围海造陆成为水域面积减少的主因（马立杰等，2014）。相应地，胶州湾的沉积物质量累积速率在 1990 年以后进入了新一轮的快速增加时期（图 3.118）。显然，胶州湾沉积物质量累积速率的变化很好地记录了不同时期海洋经济政策实施对海湾沉积环境的影响，且不同政策导致的沉积效应不同，围海造陆造成了胶州湾沉积物质量累积速率的最快速增加，海水养殖的效应次之，盐田开发的影响最小。

2. 近百年来胶州湾初级生产力的变化

胶州湾 C4 岩芯沉积物的 C/N 为 8.0～11.1，平均值为 9.3，表现出陆源有机物和海源有机物混合的特征。由陆源有机物和海源有机物 C/N 的端元值计算获得的海源有机碳（C_m）含量显示，从 20 世纪 40 年代末开始，胶州湾的海源有机物含量开始增加（图 3.120），也就是说，胶州湾的初级生产力从人类活动明显影响胶州湾水域面积即开始出现了明显的提高，但二者的关联机制如何仍有待进一步研究。

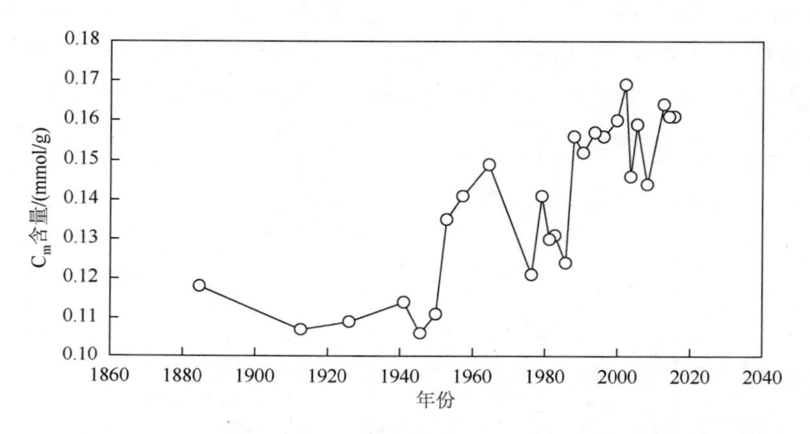

图 3.120　胶州湾沉积物中海源有机碳（C_m）含量随时间的变化

胶州湾 C4 岩芯沉积有机物的 $\delta^{13}C_{TOC}$ 测值为−23.3‰～−21.2‰，平均值为−22.0‰。对休斯效应校正后，$\delta^{13}C_{TOC\,(corr)}$ 值为−22.6‰～−19.1‰，平均值为−20.9‰。从 $\delta^{13}C_{TOC\,(corr)}$ 的时间变化看，可以分成两个阶段：第一阶段为 1940 年之前，该期间 $\delta^{13}C_{TOC\,(corr)}$ 值基本稳定，反映出 1940 年之前胶州湾的初级生产力处于自然变动的状态，受人类活动的影响很小；第二个阶段为 20 世纪 40 年代至今，$\delta^{13}C_{TOC\,(corr)}$ 值尽管存在波动，但总体上呈增加趋势，说明 70 多年来，人类活动的影响促使胶州湾的初级生产力持续提高（图 3.121）。

（二）大亚湾初级生产力和硅藻生产力变化的沉积记录

利用 2015 年 7 月在大亚湾北部湾顶 C1 站（22.75°N，114.71°E，水深 8.0 m，即图 3.2 中的 S1 站）和南部湾口 C6 站（22.53°N，114.76°E，水深 19.6 m，即图 3.2 中的 S13 站）采集的沉积物岩芯，通过放射性核素 ^{210}Pb 和 ^{137}Cs 确定沉积物年代，应用沉积物中 BSi、TOC、TN 含量，以及碳、氮同位素组成（$\delta^{13}C$ 和 $\delta^{15}N$）构建了近百年来大亚湾初级生产力和硅藻生产力的变化，探讨影响大亚湾初级生产力和硅藻生产力历史变化的驱动因素。

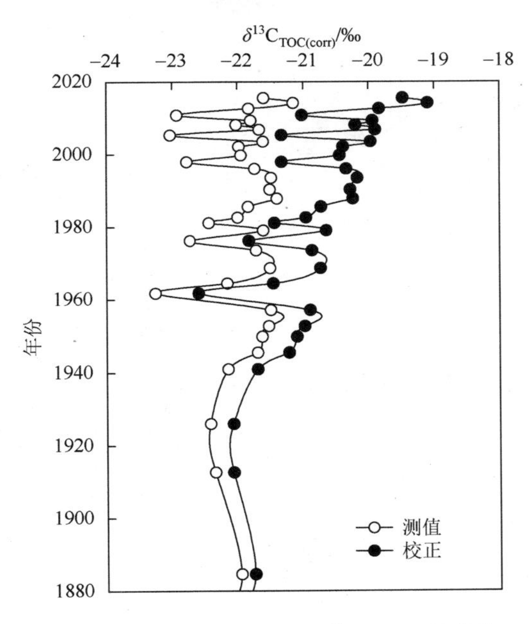

图 3.121 胶州湾 C4 岩芯 $\delta^{13}C_{TOC(corr)}$的变化

1. 近百年来大亚湾初级生产力的变化

大亚湾的颗粒有机碳存在陆源和海源两种来源，为揭示海洋初级生产力的变化，需要区分并定量海源有机物的含量。海源有机物通常富含蛋白类物质，C/N 较低，一般为 5～8，陆源有机物则富含纤维素，C/N 较高，一般高于 20（Meyers，1997）。大亚湾 C1 岩芯有机物的 C/N 为 10～13.1，平均值为 11.5；C6 岩芯有机物的 C/N 为 4.9～11.9，平均值为 7.3，体现出陆源有机物和海源有机物混合的结果。两个站位 C/N 均呈现混合 TOC 的特征。以文献报道的东江有机物 C/N 平均值（22.9±6.6）（李星，2015）和海源有机物 C/N 典型比值（贾国东等，2002）作为端元，结合实测的沉积物岩芯 TOC 和 TN 含量，计算获得沉积物中海源有机碳（C_m）含量。C1 岩芯的 C_m 含量为 0.13～0.35 mmol/g，平均值为 0.25 mmol/g；C6 岩芯的 C_m 含量为 0.21～0.35 mmol/g，平均值为 0.27 mmol/g。从时间变化看，20 世纪 60 年代之前，C_m 虽然具有一定的波动，但基本稳定在较低水平；自 60 年代之后，C1 和 C6 岩芯的 C_m 含量都表现出明显的增加趋势，尤其是在 90 年代以来增加速率更为明显（图 3.122）。近期的研究表明，大亚湾受人类活动的显著影响可追溯至 70 年代。如果将 70 年代以前 C_m 含量作为自然环境变化的影响（即环境基线），那么，两个岩芯海源有机物含量的历史变化说明近 40～50 年来大亚湾的初级生产力在人类活动影响下出现了明显的升高趋势。

海源和陆源有机物的碳同位素组成通常也有较大差异，一般海源有机物比陆源有机物富集重同位素（即 ^{13}C）更多，导致海源有机物的 $\delta^{13}C$ 值要高于陆源有机物。一般而言，海源有机物的 $\delta^{13}C$ 值为−16‰～−20‰，陆源有机物的 $\delta^{13}C$ 值则为−24‰～−30‰（Thornton & McManus，1994；Meyers，1997）。根据沉积有机物的碳同位素组成，可以区分出陆源和海源有机碳的贡献，进而探讨海源有机物的历史变化。

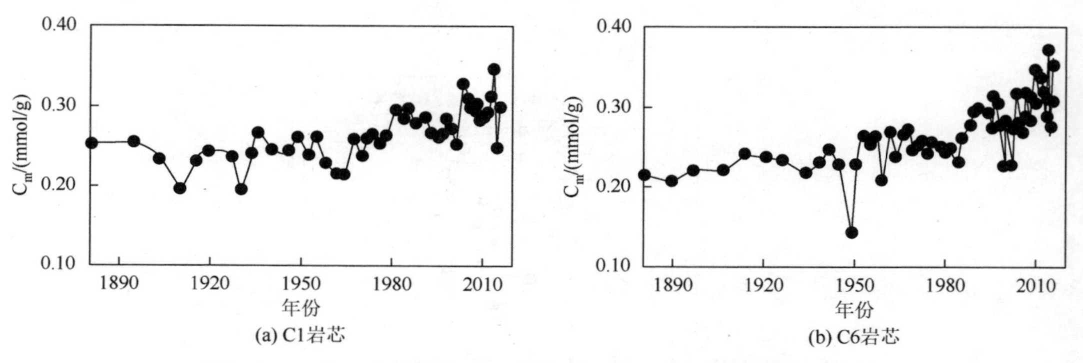

图 3.122　大亚湾沉积物岩芯中海源自生有机碳含量的历史变化

大亚湾 C1 岩芯的 $\delta^{13}C_{TOC}$ 值为–21.1‰～–21.9‰，平均值为–21.6‰；C6 岩芯的 $\delta^{13}C_{TOC}$ 值为–22.7‰～–21.3‰，平均值为–21.8‰（图 3.123）。工业革命以来，化石燃料的大量燃烧导致大气二氧化碳含量急剧升高，同时也导致大气二氧化碳的 $\delta^{13}C$ 值越来越小，这一现象称为“休斯效应”（Suess effect）（Friedli et al.，1986）。休斯效应会引起海水 DIC 的 $\delta^{13}C$ 值降低，并通过浮游植物光合作用影响合成的有机物，因而在分析有机物 $\delta^{13}C$ 值的长时间变化时，需要对休斯效应进行校正（Friedli et al.，1986）。根据 Verburg（2007）建立的有机物 $\delta^{13}C$ 值校正公式，可计算出休斯效应校正后的 $\delta^{13}C$ 值（$\delta^{13}C_{TOC\,(corr)}$）。大亚湾 C1 岩芯的 $\delta^{13}C_{TOC\,(corr)}$ 值为–21.4‰～–19.4‰，平均值为–20.5‰；C6 岩芯的 $\delta^{13}C_{TOC\,(corr)}$ 值为–21.90‰～–19.16‰，平均值为–20.6‰。从 $\delta^{13}C_{TOC\,(corr)}$ 的时间变化看，20 世纪 60 年代之前，大亚湾 C1 和 C6 岩芯的 $\delta^{13}C_{TOC\,(corr)}$ 值在很小的范围内波动，基本代表了自然环境的变化趋势。自 20 世纪 70 年代存在明显的人类活动开始，$\delta^{13}C_{TOC\,(corr)}$ 值逐步增加，进入 90 年代末期 $\delta^{13}C_{TOC\,(corr)}$ 增速加剧（图 3.123）。由于 $\delta^{13}C_{TOC\,(corr)}$ 值随着初级生产力

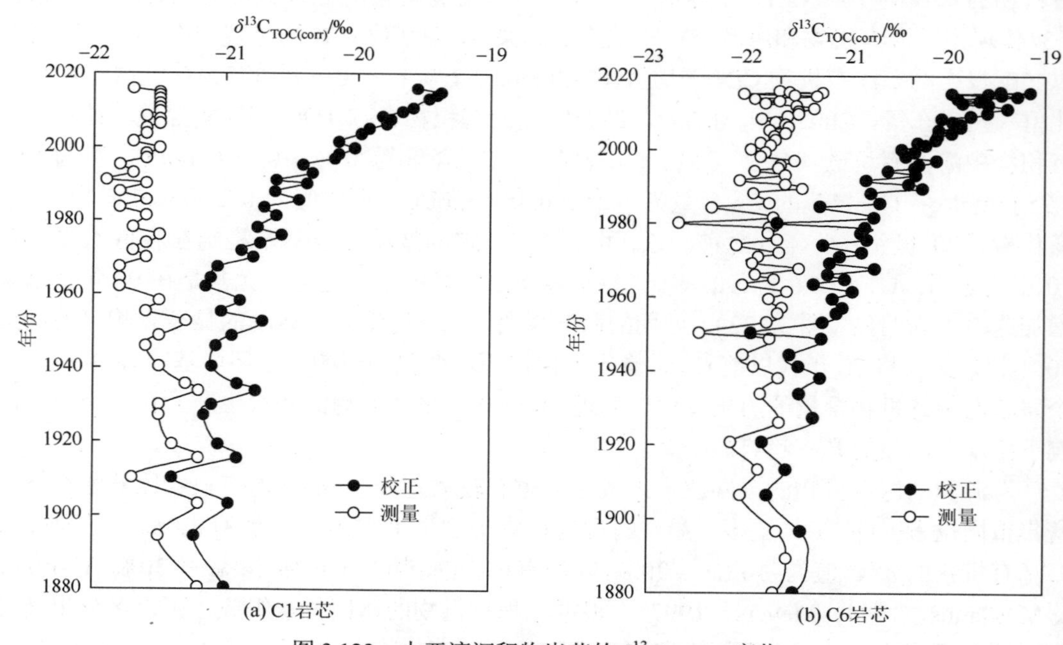

图 3.123　大亚湾沉积物岩芯的 $\delta^{13}C_{TOC(corr)}$ 变化

的提高而增加，因此，$\delta^{13}C_{TOC\,(corr)}$值的变化特征揭示出大亚湾在人类活动影响下初级生产力在20世纪70年代到90年代出现了明显的提高，进入21世纪后，初级生产力的提高更加显著。$\delta^{13}C_{TOC\,(corr)}$的变化与$C_m$含量的变化十分吻合，相互印证了近百年来大亚湾初级生产力的变化规律及人类活动的促进效应。

大亚湾营养盐状况的变化可能是近50年来初级生产力提高的主要驱动力。自20世纪60年代起，广东省的化肥施用量呈现迅速增加的趋势（黄振雄，1994），基本与大亚湾初级生产力的提高同期。进一步分析发现，化肥的年施用量与C_m含量和$\delta^{13}C_{TOC\,(corr)}$值都具有显著的线性正相关关系（图3.124），证实化肥的大量使用导致输入大亚湾的营养盐增加，促进了大亚湾浮游植物的生长，进而提高初级生产力。

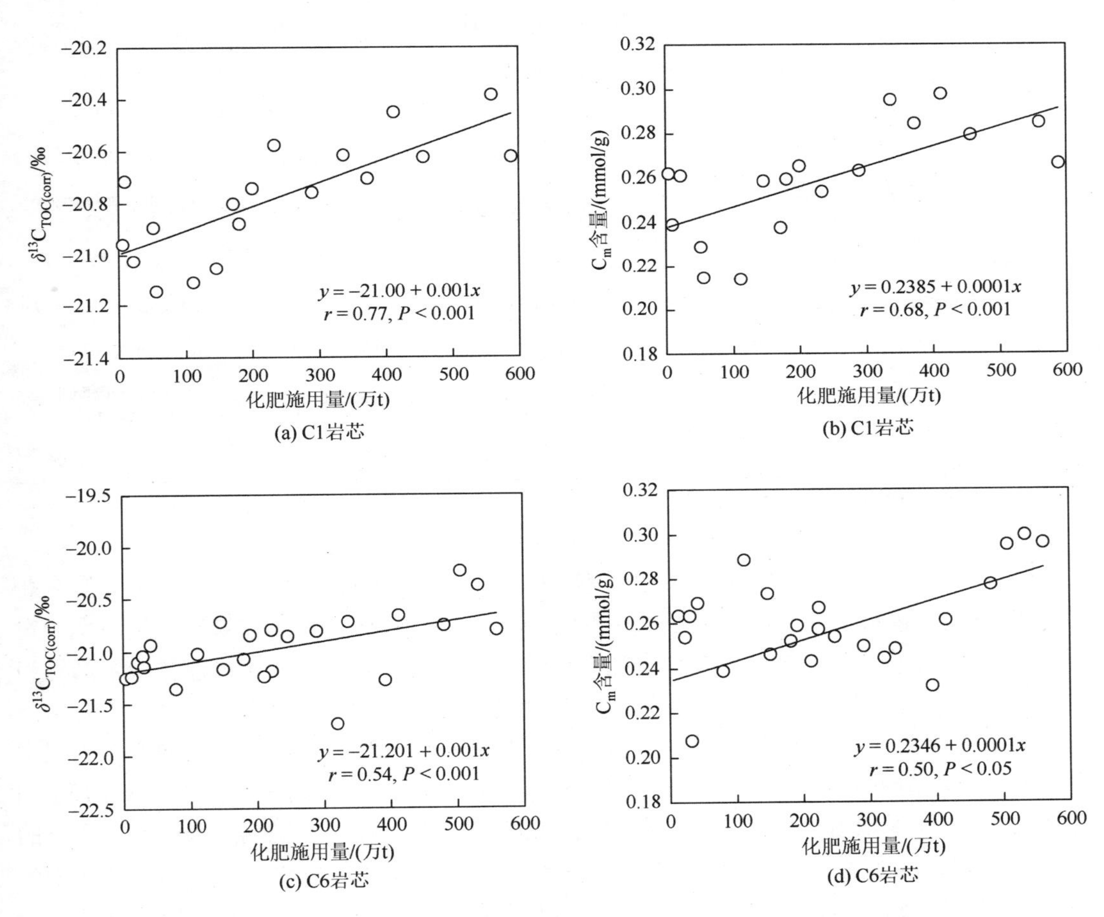

图3.124　大亚湾C1和C6岩芯$^{13}C_{TOC\,(corr)}$、C_m与广东省化肥施用量的关系

2. 近百年来大亚湾硅藻生产力的变化

大亚湾C1和C6岩芯生物硅含量（BSi%，质量分数）为1.02%～2.68%，平均值为1.55%，稍高于中国其他近岸海域的报道值，如黄海、渤海、东海、北部湾等，但总体低于白令海北部、加利福尼亚湾、大洋等海域的报道值（表3.22）。C1岩芯生物硅含量为

1.02%～2.65%，平均值为 1.55%；C6 岩芯生物硅含量为 1.11%～2.68%，平均值为 1.64%，两个岩芯的生物硅平均含量相近。

表 3.22　不同海区沉积物中生物硅的含量

海域	水深/m	提取方法	生物硅含量*/%	数据来源
大亚湾	11	2 mol/L Na_2CO_3	1.02～2.68（1.61）	本书
黄海	44	2 mol/L Na_2CO_3	0.21～0.46（0.43）	Liu 等（2002）
渤海南部	18	2 mol/L Na_2CO_3	0.25～0.58（0.37）	Liu 等（2002）
渤海	—	2 mol/L Na_2CO_3	0.17～1.12（0.64）	江辉煌（2012）
东海	—	2 mol/L Na_2CO_3	0.30～0.70	叶曦雯（2002）
北部湾	—	2 mol/L Na_2CO_3	0.58～1.68（1.1）	刘芳（2008）
长江口	—	2 mol/L Na_2CO_3	0.38	叶曦雯（2002）
胶州湾	7	5% Na_2CO_3	0.36～0.61（0.51）	叶曦雯（2002）
白令海北部	—	2 mol/L Na_2CO_3	3.9	Banahan & Goering（1986）
加利福尼亚湾	1331	1% Na_2CO_3	3.7～11.7（7.2）	Demaster（1981）
印度洋北部	4451	2 mol/L Na_2CO_3	3～27	Rabouille 等（1997）
大西洋南部	约 3200	2 mol/L Na_2CO_3	0.5～13（5.0）	Michael 等（2013）
大洋	4418	2 mol/L Na_2CO_3	6.5～38（21）	Cappellen 和 Qiu（1997）
罗斯海	1213	1% Na_2CO_3	0.7～21（6.5）	Demaster 等（1996）

* 括号中的数值代表平均值

C1 和 C6 岩芯生物硅含量的年代际变化表现出一定的差异。C1 岩芯位于大亚湾东北部近岸，受人类活动影响比较明显。20 世纪 60 年代之前，C1 岩芯生物硅含量出现一定波动，总体上没有明显的增加或降低趋势（图 3.125a）。20 世纪 60 年代前初级生产力和生物硅的稳定趋势表明大亚湾在20世纪60年代之前硅藻对初级生产力的贡献尽管有所波动，但属于自然变化。20 世纪 60 年代到 90 年代生物硅含量与初级生产力的变化表现出不同的趋势，初级生产力增加，但硅藻初级生产力基本保持稳定（图 3.122、图 3.123 和图 3.125），可能揭示出早期人类活动对大亚湾的影响主要是通过氮肥输入来改变大亚湾的营养结构（图 3.124），提高了大亚湾的营养盐水平，同时也可能促进了适宜高 N/P 环境中甲藻等浮游植物的生长。20 世纪 90 年代末以来，C1 岩芯的生物硅含量呈下降趋势，与初级生产力的变化趋势相反，反映了随着人类活动营养盐排放的加剧，进一步提高了大亚湾的 N/P（施震和黄小平，2013），导致甲藻等对初级生产力的贡献有所提升，但硅藻初级生产力则受到一定程度抑制。

C6 站位于湾口，受南海外海水的影响比 C1 站更明显。该站位沉积物岩芯近百年来的生物硅含量虽然有所波动，但总体上没有出现增加或降低的趋势（图 3.125b）。与 C1 岩芯类似，自 20 世纪 70 年代至 20 世纪 90 年代人类活动开始影响大亚湾，湾口的硅藻初级生产力水平也未发生明显的变化，进一步证实人类活动对大亚湾生产力的影响可能主要是通过改变营养盐结构来促进甲藻等浮游植物的优先生长。20 世纪 90 年代末至今，C6 岩芯的硅藻初级生产力也没有发生明显的变化，意味着人类活动加剧的营养盐结构异化对湾口硅藻初级生产过程的影响仍然很小。

总体而言，人类活动对大亚湾硅藻初级生产力的影响可划分为两个阶段：第一阶段是自 20 世纪 70 年代开始至 20 世纪 90 年代，该阶段代表了人类活动影响的初期，期间大亚湾硅藻初级生产力受到的影响很小，营养盐的输入初步促进了甲藻等浮游植物初级生产力的提高；第二阶段是 20 世纪 90 年代末至今，日益增强的人类活动加剧了大亚湾营养结构的异化，进一步提高了甲藻等生物的生产力，并可能逐步抑制了硅藻的生产，导致硅藻初级生产力对初级生产力的贡献在大亚湾不同区域表现出不同的响应，在人类活动影响明显的近岸区域，硅藻初级生产力受到抑制，而在受人类活动影响较小的湾口区域，硅藻初级生产力受到的影响微弱。

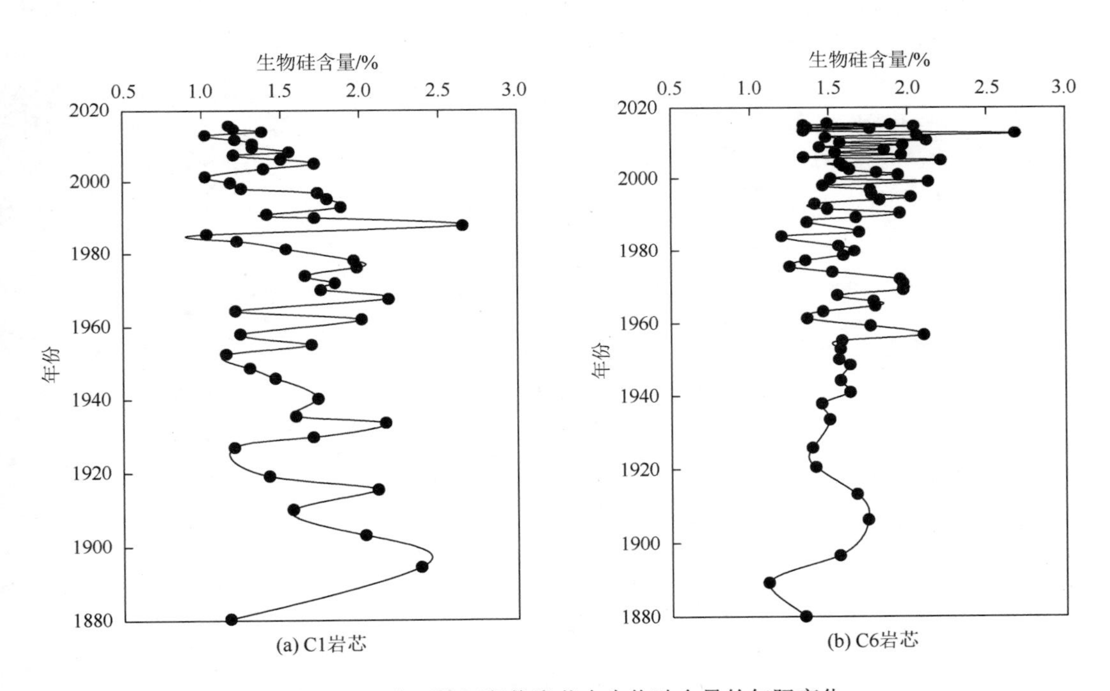

图 3.125 大亚湾沉积物岩芯中生物硅含量的年际变化

对比胶州湾和大亚湾初级生产力的时间变化可以看出，尽管主导这两个海湾的人类活动类型存在差异，但它们都引起了初级生产力的提高，这对于探讨其他海湾生态环境变化的作用机制具有借鉴意义。从胶州湾和大亚湾初级生产力发生变化的时间节点看，二者存在较大的时间差异。人类活动引起的胶州湾初级生产力变化出现在 20 世纪 40 年代，而对大亚湾初级生产力的明显影响则出现在 20 世纪 70 年代，因此，不同海湾初级生产力对人类活动影响的响应存在时间变化，这可能与不同海湾营养状况变化和浮游生物群落组成变化的不同有关。

（三）大亚湾沉积物甲藻孢囊的变化及其揭示的甲藻种群演替规律

近 30 年来，随着大亚湾沿岸经济的迅速发展和人口的快速增长，各种人类活动如围填海、陆源排污、海水养殖和热污染等对海洋环境的影响越来越大。人类活动加快了大亚湾的富营养化进程，导致水体营养盐结构发生改变，浮游植物群落结构异常，甲藻相对于硅藻获得了更快的增长，不仅甲藻的种类和数量在不断增加，甲藻赤潮发生的频率也随之增加（表 3.23）。已有研究表明，沉积物中的孢囊可以追溯海区富营养化的历史变化（Andersen & Keafer，1987；Nuzzo & Montresor，1999；Dale et al.，1999），例如，Dale 等（2002）通过研究挪威养殖海域沉积物中 100 多年来甲藻孢囊的分布情况指出，孢囊是反映养殖区富营养化历史变化的有效指标，孢囊数量的增加、物种多样性的降低及某些特定孢囊类型的大量增加是海域富营养化的标志。

本节以大亚湾沉积物甲藻孢囊为研究对象，利用 2015 年 7 月在大亚湾不同区域采集的 C1、C4 和 C6 岩芯，开展了甲藻孢囊属种组成及其垂直分布特征的研究，分析甲藻孢囊与环境因子的相关性，探究环境因素对孢囊分布的影响，结合 ^{210}Pb 年代学信息、沉积物粒度分析和相关海域赤潮历史记录，分析近百年来大亚湾甲藻孢囊的分布特征与甲藻种群的演替规律，重建浮游生物群落结构的历史演变过程，力图阐明人类活动等对大亚湾生态环境变化的影响。

表 3.23　1983～2015 年大亚湾赤潮发生记录

时间	区域	赤潮物种	最大面积/km^2	参考文献
1984-03	大亚湾	细长翼根管藻	不详	吴天灵（2009）
1985-03	大亚湾	细长翼根管藻	不详	吴天灵（2009）
1987-01	大亚湾	束毛藻	不详	梁玉波（2012）
1987-08	大亚湾、大辣甲岛以南至大鹏澳	汉氏束毛藻	1	梁玉波（2012）
1988-03	深圳大亚湾	夜光藻	不详	梁玉波（2012）
1991-03	大亚湾	细长翼根管藻	不详	吴天灵（2009）
1991-05	大亚湾	中肋骨条藻	不详	吴天灵（2009）
1992-04	深圳大亚湾外小星山附近海域	夜光藻	5	梁玉波（2012）
1998-09	大亚湾	锥状斯氏藻	16	梁玉波（2012）
1998-11	深圳大亚湾	红色中缢虫	2	梁玉波（2012）
1999-05	大亚湾	五角原多甲藻	不详	吴天灵（2009）
2000-08	深圳坝光至惠阳澳头海域	锥状斯氏藻、原多甲藻	20	梁玉波（2012）
2000-09	深圳大亚湾海域	锥状斯氏藻、夜光藻	30	梁玉波（2012）
2001-07	深圳大亚湾近岸海域	中肋骨条藻、菱形藻	242	梁玉波（2012）
2001-09	深圳坝光村沿岸海域	脆根管藻、伪菱形藻	2	梁玉波（2012）
2003-07	深圳惠州大亚湾海域	海洋卡盾藻	5	梁玉波（2012）
2003-08	深圳惠州大亚湾东升网箱养殖区海域	海洋卡盾藻、锥状斯氏藻	15	梁玉波（2012）

续表

时间	区域	赤潮物种	最大面积/km²	参考文献
2004-06	澳头湾海域	红海束毛藻类	100	王雨等（2012）
2004-07	深圳大亚湾澳头港及东联重件码头附近海域	锥状斯氏藻	60	梁玉波（2012）
2004-07	深圳大亚湾附近海域	锥状斯氏藻	15	梁玉波（2012）
2004-08	东升、哑铃湾坝光至惠阳东升海域	锥状斯氏藻、五角原多甲藻	1	王雨等（2012）
2005-09	大亚湾衙前海域	海洋卡盾藻、锥状斯氏藻	10	王雨等（2012）
2006-07	澳头、东升和惠州港	锥状斯氏藻	20	广东省海洋与渔业局（2007）
2007-07	哑铃湾坝光至澳头	锥状斯氏藻、海洋卡盾藻	6	王雨等（2012）
2008-07	深圳坝光附近海域	伪菱形藻、角毛藻	5	梁玉波（2012）
2010-08	大亚湾	锥状斯氏藻	20	广东省海洋与渔业局（2011）
2010-08	坝光白沙湾	锥状斯氏藻	4	广东省海洋与渔业局（2011）
2011-02	大鹏澳、七星湾	血红哈卡藻	6	广东省海洋与渔业局（2012）
2011-04	东山	血红哈卡藻	2	广东省海洋与渔业局（2012）
2011-06	马鞭洲	微小原多甲藻、球形棕囊藻	20	广东省海洋与渔业局（2012）
2011-08	东升	锥状斯氏藻、海洋卡盾藻	15	广东省海洋与渔业局（2012）
2012-07	东山	锥状斯氏藻	8	广东省海洋与渔业局（2013）
2012-08	七星湾	锥状斯氏藻	3	广东省海洋与渔业局（2013）
2014-04	马鞭洲	血红哈卡藻	8	广东省海洋与渔业局（2015）
2014-04	马鞭洲以北和澳头湾	血红哈卡藻、多纹膝沟藻	100	广东省海洋与渔业局（2015）
2014-04	坝光	多纹膝沟藻	3	广东省海洋与渔业局（2015）
2015-07	澳头至惠州港	锥状斯氏藻	不详	广东省海洋与渔业局（2016）

1. 沉积物的粒度组成特征

为探讨沉积物粒度及沉积速率等对沉积物中甲藻孢囊的影响，开展了岩芯中沉积物粒度组成的研究，结果示于图 3.126。C1 岩芯砂的含量较低，为 0%～1.07%，粉砂和黏土的比例较大，大于 95%，其中粉砂含量为 54.41%～60.14%，黏土含量为 39.33%～45.50%。C1 岩芯的平均粒径 M_z 为 7.66%～7.96%，中值粒径 M_d 为 7.54%～7.81%，分选系数 σ_i 为 1.46%～1.65%，分选较差。中值粒径和平均粒径除表层较高外，垂向上呈小幅度下降的趋势。C6 岩芯的沉积物粒度比 C1 岩芯更粗，砂、粉砂和黏土的百分含量分别为 2.92%～42.37%、40.04%～67.71%和 17.59%～31.12%。C6 岩芯的平均粒径 M_z 和中值粒径 M_d 分别为 4.32%～7.17%和 5.19%～7.07%，分选系数为 1.80%～3.72%，大部分沉积物分选差，小部分分选较差，20 cm 以浅的沉积物粒度基本没有变化，但 20 cm 以深有小幅变化。C4 岩芯的沉积物大部分以黏土为主，且粒径变化幅度不大，但在 17～20 cm 处存在剧烈波动，说明该岩芯可能受到了强烈的外界干扰。

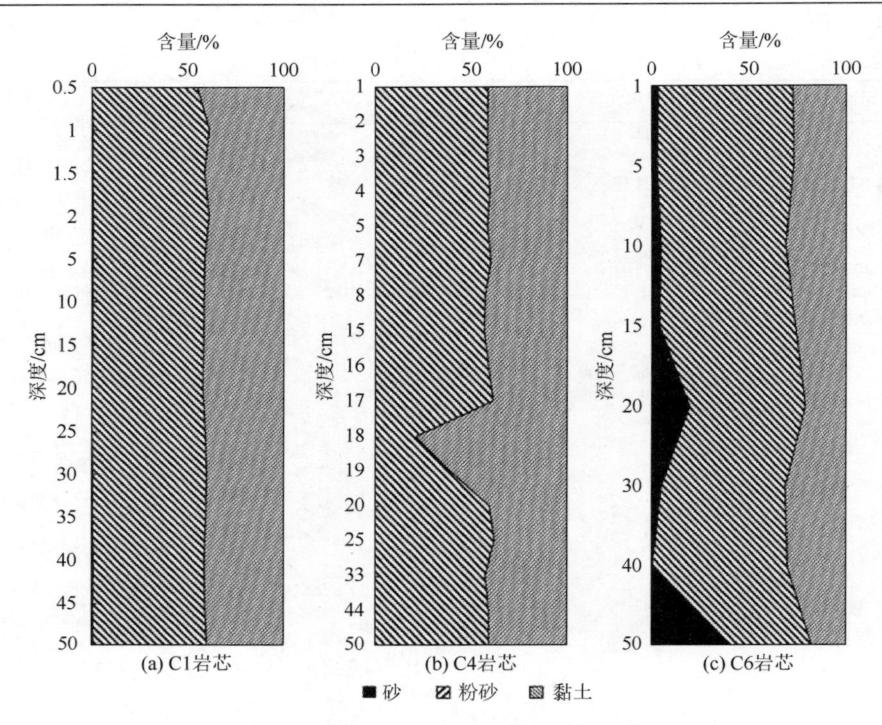

图 3.126　大亚湾 C1、C4 和 C6 岩芯沉积物的粒度组成

2. 甲藻孢囊的垂直分布特征

大亚湾 C1、C4 和 C6 三根岩芯共鉴定出甲藻孢囊有 57 种，以及 3 种未鉴定种，孢囊总丰度为 27～900 cysts/g DW，孢囊总丰度及种类数均表现出明显随年代增加逐渐降低的趋势，但各站位孢囊的群落结构特征存在不同。

（1）C1 岩芯

C1 岩芯位于大亚湾东北部靠近范和港一带，该岩芯共鉴定出甲藻孢囊 52 种和 3 种未鉴定种，其中自养型 23 种、异养型 29 种，优势种孢囊包括具刺膝沟藻、多边舌甲藻、锥状斯氏藻、长形原多甲藻、原多甲藻 sp.2 和削瘦伏尔甘藻等（$Y>0.02$）。孢囊总丰度为 23～470 cysts/g DW，平均丰度为 149 cysts/g DW，最高值出现在 1.5 cm 深度处（对应年份为 2013 年左右），最低值出现在 50 cm 深度处。自养型孢囊丰度为 11～300 cysts/g DW，平均丰度为 67 cysts/g DW。异养型孢囊丰度为 6～222 cysts/g DW，平均丰度为 69 cysts/g DW。异养型孢囊与自养型孢囊的数量比例（H：A）为 0.14～3.57，平均值为 1.16，自养型和异养型孢囊交替占优势。孢囊的种类多样性指数为 1.37～4.34，平均值为 3.19，呈现出随沉积物年龄增加缓慢降低的趋势。总体上看，C1 岩芯的孢囊总丰度、种类数及自养型和异养型孢囊丰度都随着沉积物年龄的增加呈上升趋势（图 3.127）。对 C1 岩芯甲藻孢囊丰度进行聚类分析发现（图 3.128），垂向上可分为两个区（ANOSIM，$R=0.42$，$P<0.01$），其中 I 区为表层至 19.5 cm 深度区间（该区又可分为两个亚区，即 0～10 cm 和 10.5～19.5 cm 区间），对应的年份为 1935 年至今（10 cm 深度对应的年份为 1990 年），II 区为 20 cm 到 50 cm 的深度区间，对应的年份为 1935 年之前。从甲藻孢囊丰度的变化看，

1990年后（10 cm以浅）孢囊丰度有明显上升，孢囊丰度为61～470 cysts/g DW，平均值为176 cysts/g DW，最高值出现在次表层1.5 cm深度处（约为2013年）。在Ⅰ区同时还发现存在较高丰度的有毒有害甲藻孢囊，如产PSP毒素的微小亚历山大藻、产YTX毒素的网状原角管藻和具刺膝沟藻、易引发大亚湾赤潮的锥状斯氏藻和长形原多甲藻等。Ⅱ区孢囊总丰度的变化不明显，丰度为32～134 cysts/g DW，平均为67 cysts/g DW，明显低于Ⅰ区，而且有毒有害种的孢囊丰度也较低。

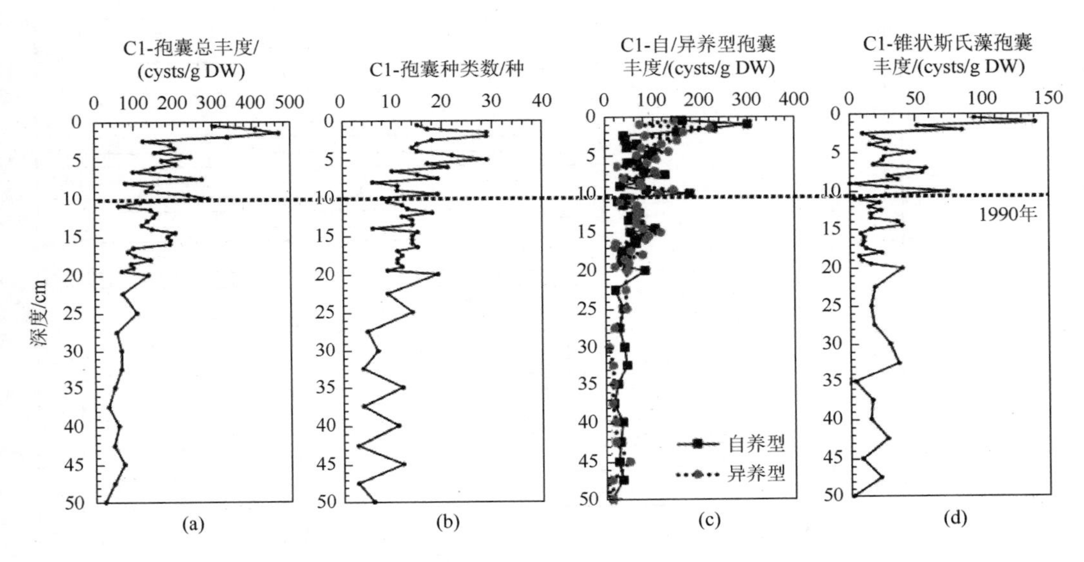

图3.127　大亚湾C1岩芯沉积物中甲藻孢囊的垂直分布

（2）C4岩芯

C4岩芯位于大亚湾西北侧近岸，靠近网箱养殖区，受人类活动影响显著。C4岩芯共鉴定出甲藻孢囊36种和3种未鉴定种，其中自养型14种、异养型22种，优势种为锥状斯氏藻、具刺膝沟藻、多边舌甲藻、长形原多甲藻和原多甲藻sp.2（$Y>0.02$）。孢囊丰度为136～900 cysts/g DW，最高值出现在8 cm深度，最低值出现在22 cm深度（对应年份约为1975年）。C4岩芯虽然孢囊种类不多，但是丰度却比较高（图3.129）。聚类分析的结果表明，垂直方向上可以大致分为两个区（ANOSIM，$R=0.34$，$P<0.01$），Ⅰ区为表层到18 cm深度区间（对应于1978年），Ⅱ区为18 cm以深（图3.130）。Ⅰ区的甲藻孢囊丰度随深度增加呈现先增加而后降低的趋势，最高值出现在8 cm深度处，该深度以锥状斯氏藻孢囊占绝对优势，意味着当年可能发生了锥状斯氏藻赤潮。Ⅰ区的甲藻孢囊丰度为334～900 cysts/g DW，H∶A值为0.24～2.61，平均值为0.89，尽管锥状斯氏藻是第一优势种，但主要仍以异养型孢囊占优势。Ⅱ区的孢囊种类和数量随深度增加均呈降低趋势，丰度为136～430 cysts/g DW，孢囊种类数为6～14种，主要以自养型孢囊占优势。

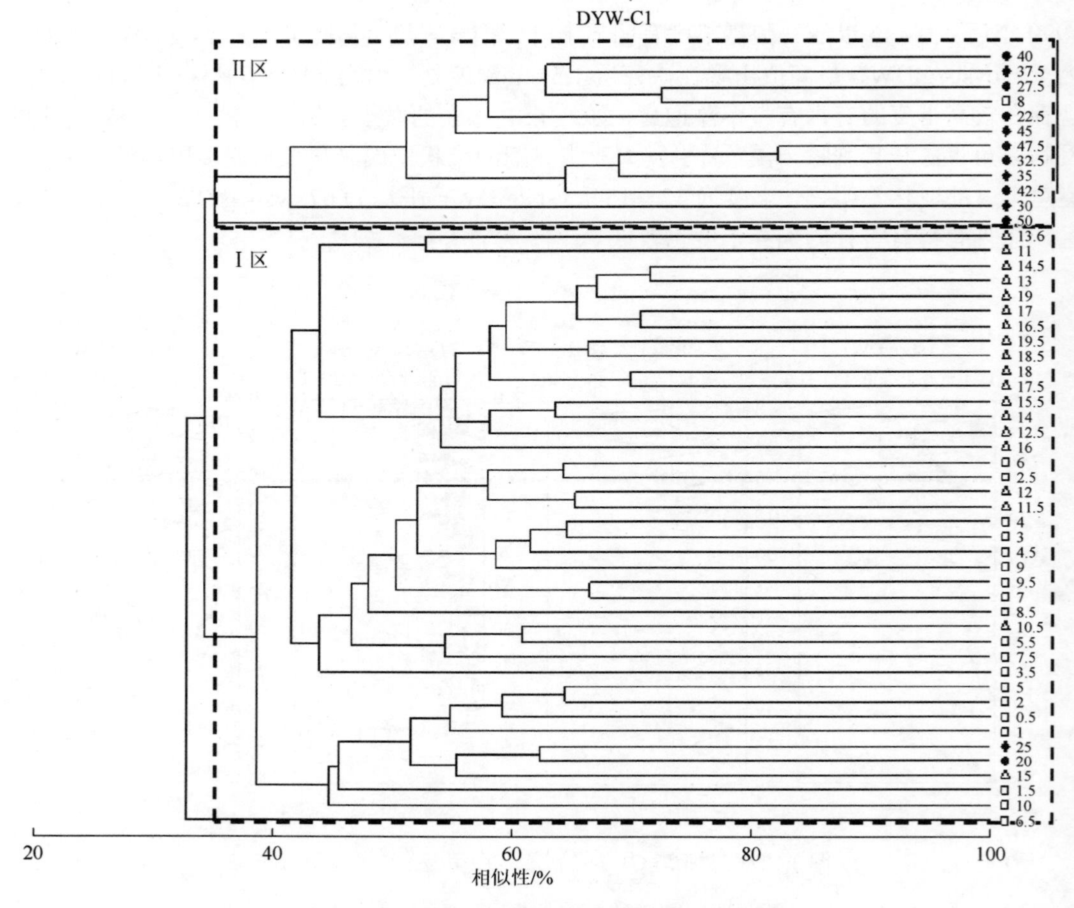

图 3.128　C1 岩芯甲藻孢囊丰度聚类分析结果

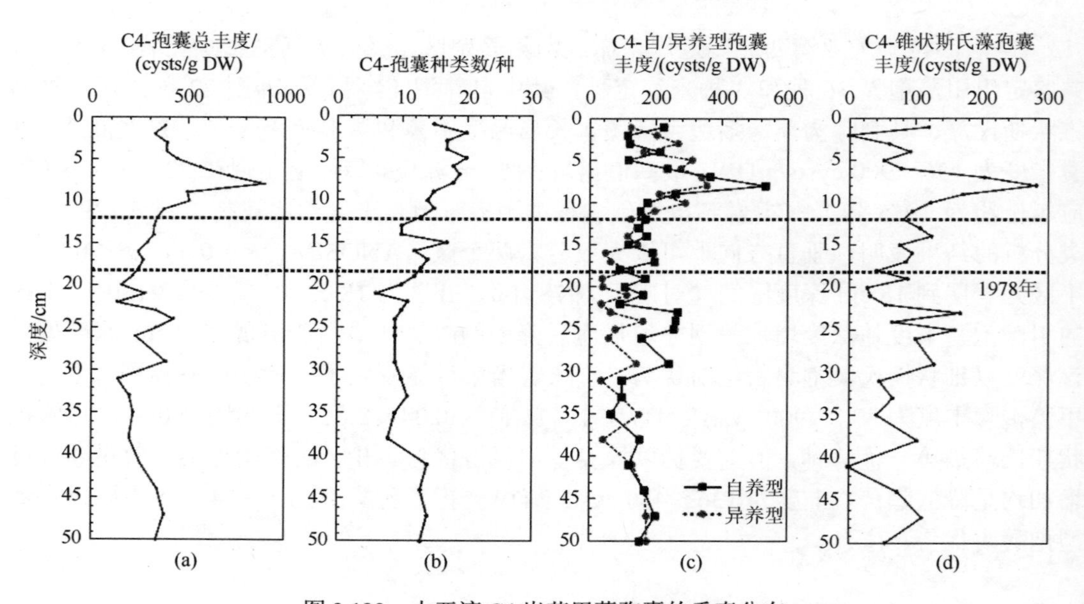

图 3.129　大亚湾 C4 岩芯甲藻孢囊的垂直分布

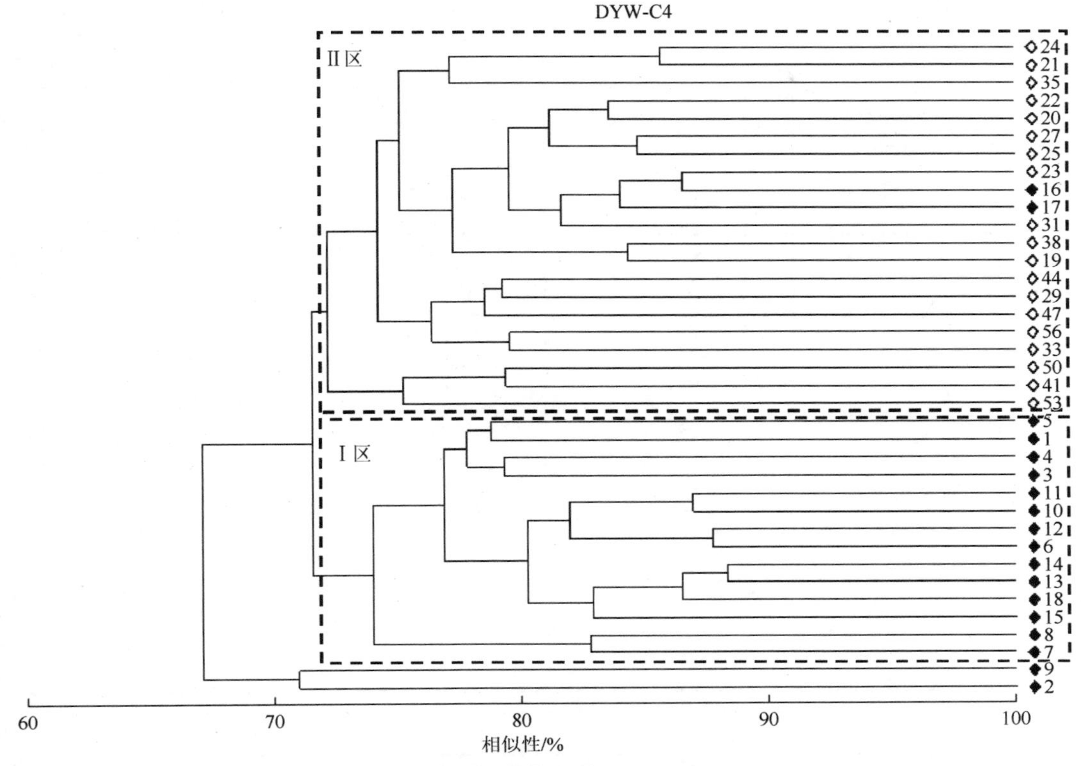

图 3.130　大亚湾 C4 岩芯甲藻孢囊丰度的聚类分析结果

（3）C6 岩芯

C6 岩芯位于大亚湾湾口，受外海水影响较大。C6 岩芯甲藻孢囊的种类多样性显著低于 C1 岩芯，共鉴定出甲藻孢囊 32 种（含 2 种未鉴定种），其中自养型 12 种、异养型 18 种，优势种为锥状斯氏藻、三脊泊松藻和长形原多甲藻（Y>0.02）。甲藻孢囊的总丰度较低，为 49～394 cysts/g DW，平均丰度为 142 cysts/g DW，最高值出现在 2 cm 深度处（对应于 2004 年）。C6 岩芯的 H∶A 值为 0～1.25，平均值为 0.61，除极个别层位的 H∶A 值大于 1 外，绝大多数样品的 H∶A 值均小于 1，即该岩芯整体上以自养型孢囊占优势。C6 岩芯自养型孢囊丰度为 20～268 cysts/g DW，平均丰度为 87 cysts/g DW；异养型孢囊丰度为 0～108 cysts/g DW，平均丰度为 50 cysts/g DW。无论是孢囊总丰度、种类数还是自养型和异养型孢囊丰度均在 1990 年以后出现明显上升趋势（图 3.131）。该岩芯甲藻孢囊的种类多样性指数为 1.25～3.55，平均值为 2.42，呈现出缓慢的上升趋势。聚类分析的结果表明，C6 岩芯可分为两个区（ANOSIM，$R=0.23$，$P<0.01$），Ⅰ区为表层至 17 cm 深度区间（对应于 1990 年），Ⅱ区为 18～50 cm 深度区间（图 3.132）。Ⅰ区的甲藻孢囊丰度为 94～394 cysts/g DW，平均丰度为 192 cysts/g DW，自 1990 年后（17 cm 深度）孢囊丰度有明显上升趋势，最高值出现在 2 cm 深度处（对应于 2014 年），该区有毒有害甲藻孢囊种类少，网状原角管藻、具刺膝沟藻、长形原多甲藻等孢囊仅在个别深度出现。Ⅱ区的甲藻孢囊丰度随深度的变化较小，总丰度为 49～188 cysts/g DW，平均丰度为 117 cysts/g DW，种类数也较少。

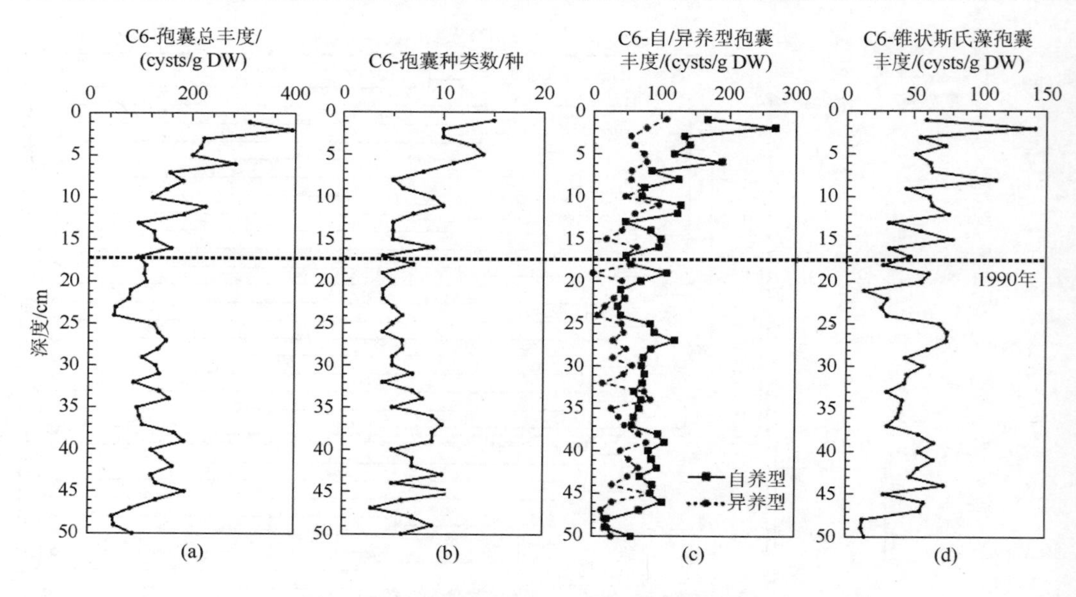

图 3.131 大亚湾 C6 岩芯甲藻孢囊的垂直分布

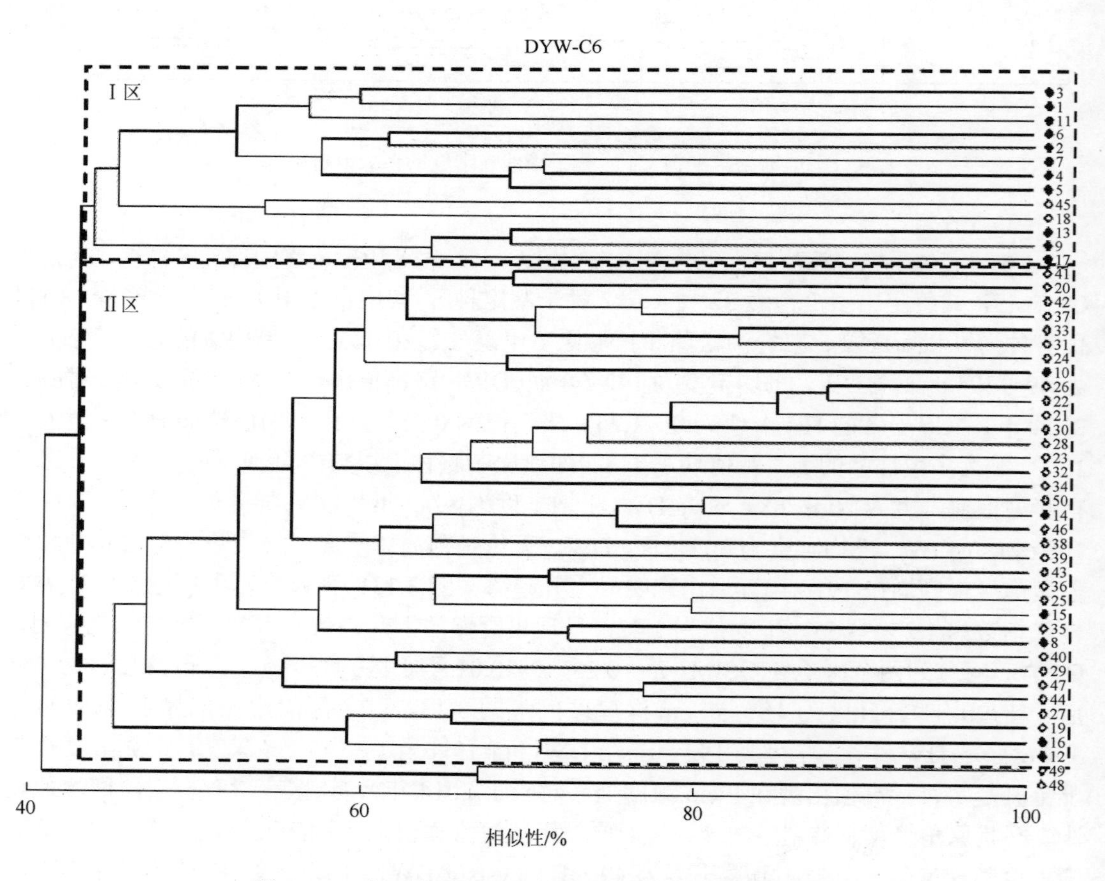

图 3.132 大亚湾 C6 岩芯甲藻孢囊丰度的聚类分析结果

3. 甲藻孢囊对人类活动影响的指示

甲藻孢囊由于具有坚硬的孢囊壁，能抵御病毒、细菌、寄生物和捕食者的攻击，能较好地保存在沉积物中，因而通过沉积物中甲藻孢囊的研究，可以反演海洋生态环境的变化情况，孢囊数量的增加、物种多样性的降低及某些特定孢囊类型的大量增加都可以成为富营养化的指示（Dale et al.，2002）。

从 C1、C4 和 C6 岩芯甲藻孢囊丰度的时间变化看，大亚湾甲藻孢囊丰度整体上在近 20 年左右呈上升趋势，特别是湾内近岸 C4 岩芯的变化尤为明显，但不同岩芯甲藻孢囊丰度开始出现增加的准确年份存在一定的差别，反映出大亚湾不同区域受人类活动影响而开始产生生态系统变化的时间及影响程度存在不同（图 3.133）。

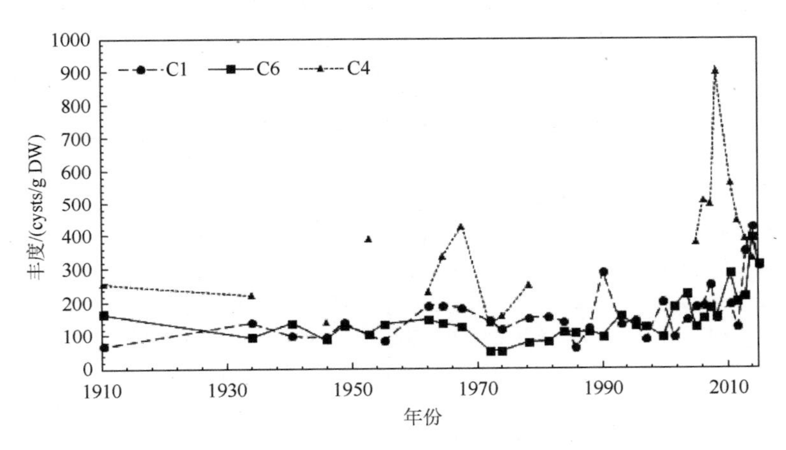

图 3.133　大亚湾 C1、C4 和 C6 岩芯甲藻孢囊丰度的时间变化

甲藻孢囊中自养型孢囊与异养型孢囊的数量比也是指示生态环境变化的一个重要指标。C1、C4 和 C6 岩芯中异养型孢囊和自养型孢囊的比例分别为 0.14～3.57、0.24～2.61 和 0～1.25，平均值分别为 1.16、0.89 和 0.61，说明 C1 岩芯的甲藻孢囊以异养型孢囊为主，而 C6 岩芯以自养型孢囊占优，可能意味着 C1、C4、C6 岩芯受环境的干扰不同。研究表明，异养型甲藻孢囊相对含量增加是指示工业污染和富营养化的重要指标，某些单一小型自养型孢囊数量和相对含量的上升是养殖型富营养化的标志（Shin et al.，2011；Matsuoka et al.，2003）。大亚湾的 C1 和 C4 站位于内湾，更多受到网箱养殖、陆源排污等人类活动的影响，C6 站位于湾口，可能更多受到气候变化、水文气象等因素的影响。

Wang 等（2011）研究指出，大亚湾锥状斯氏藻孢囊的丰度和比例随着营养水平的增加而提高，因而可作为富营养化的标志。锥状斯氏藻孢囊是大亚湾的绝对优势种，其丰度高值主要出现在澳头附近海域（C4 站附近）。该海域是大亚湾的网箱养殖区，经常暴发锥状斯氏藻赤潮。与另外两个岩芯相比，C4 岩芯锥状斯氏藻孢囊丰度和比例上升起点早，且上升趋势更为明显，说明澳头附近海域富营养化严重，其受人类活动的影响可追溯至 1978 年。影响澳头附近海域的人类活动除大规模的围填海活动外，还包括网箱养殖、陆源排污等。C1 和 C6 岩芯锥状斯氏藻孢囊的丰度虽然低于 C4 岩芯，但自 1990 年后也存在明显的上升趋势，时间上也与大亚湾甲藻赤潮发生的历史相一致，如锥状斯氏藻赤潮自1990年以来频繁在大亚湾发生（表3.23），同样佐证了20世纪90年代以来大亚湾水体的富营养化状况。

从甲藻孢囊优势种的变化看，C1岩芯1990年前的优势种为具刺膝沟藻、多边舌甲藻、锥状斯氏藻、长形原多甲藻、原多甲藻，而1990年后优势种的种类增多，包括微小亚历山大藻、具刺膝沟藻、多边舌甲藻、锥状斯氏藻、长形原多甲藻、五角原多甲藻、原多甲藻等。C6岩芯1990年前的优势种为具刺膝沟藻、锥状斯氏藻、三脊泊松藻和长形原多甲藻，而1990年后优势种为微小亚历山大、锥状斯氏藻、三脊泊松藻、原多甲藻。显然，1990年后C1和C6岩芯甲藻孢囊的优势种都发生了改变，孢囊种类数呈增加趋势，如1990年后发现了此前未见到的具指膝沟藻、膜状膝沟藻和宽刺原多甲藻等，说明在人类活动影响下，不但大亚湾的甲藻孢囊丰度提高，而且甲藻孢囊的群落结构也发生了改变。

参考文献

陈蕾, 2015. N/P比失衡对海洋浮游生物的影响及其沿食物网的传递[D]. 北京: 中国科学院大学.

陈露, 戴明, 肖雅元, 等, 2015. 南沙群岛海域夏季营养盐对浮游植物生长的限制[J]. 生态学杂志, 34 (5): 1342-1350.

戴纪翠, 宋金明, 郑国侠, 2006. 胶州湾沉积环境演变的分析[J]. 海洋科学进展, 24 (3): 397-406.

广东省海洋与渔业局, 2007. 2006年广东省海洋环境质量公报[Z]. 广州: 广东省海洋与渔业局.

广东省海洋与渔业局, 2011. 2010年广东省海洋环境质量公报[Z]. 广州: 广东省海洋与渔业局.

广东省海洋与渔业局, 2012. 2011年广东省海洋环境状况公报[Z]. 广州: 广东省海洋与渔业局.

广东省海洋与渔业局, 2013. 2012年广东省海洋环境状况公报[Z]. 广州: 广东省海洋与渔业局.

广东省海洋与渔业局, 2015. 2014年广东省海洋环境状况公报[Z]. 广州: 广东省海洋与渔业局.

广东省海洋与渔业局, 2016. 2015年广东省海洋环境状况公报[Z]. 广州: 广东省海洋与渔业局.

郭占荣, 马志勇, 章斌, 等, 2013. 采用$^{(222)}$Rn示踪胶州湾的海底地下水排泄及营养盐输入[J]. 地球科学, 38 (5): 1073-1080.

郝彦菊, 唐丹玲, 2010. 大亚湾浮游植物群落结构变化及其对水温上升的响应[J]. 生态环境学报, 19 (8): 1794-1800.

黄凤鹏, 孙爱荣, 王宗灵, 等, 2010. 胶州湾浮游动物的时空分布[J]. 海洋科学进展, 28 (3): 332-341.

黄振雄, 1994. 广东使用化肥88年的历史回顾[J]. 热带亚热带土壤科学, (3): 183-188.

贾国东, 彭平安, 傅家谟, 2002. 珠江口近百年来富营养化加剧的沉积记录[J]. 第四纪研究, 22 (2): 158-165.

江辉煌, 2012. 渤海沉积物中生源要素的研究[D]. 青岛: 中国海洋大学.

姜歆, 柯志新, 向晨晖, 等, 2018. 大亚湾夏季和冬季超微型浮游生物的时空分布及环境调控[J]. 生态科学, 37 (2): 1-10.

李健, 王汝建, 2004. 南海北部一百万年以来的表层古生产力变化: 来自ODP1144站的蛋白石记录[J]. 地质学报, 78 (2): 228-233.

李涛, 刘胜, 黄良民, 等, 2008. 大亚湾红海束毛藻赤潮生消过程研究[J]. 海洋环境科学, 27 (3): 224-227.

李星, 2015. 东江干流有机质的碳氮同位素分布特征及溯源应用[D]. 广州: 暨南大学.

李长胜, 贾志明, 2006. 城市主导产业及其选择研究——以青岛制造业主导产业的选择为例[J]. 青岛科技大学学报 (社会科学版), 22 (2): 5-10.

梁玉波, 2012. 中国赤潮灾害调查与评价 (1933—2009)[M]. 北京: 海洋出版社.

林昭进, 詹海刚, 2000. 大亚湾核电站温排水对邻近水域鱼卵、仔鱼的影响[J]. 热带海洋学报, 19 (1): 44-51.

刘芳, 2008. 北部湾水体及沉积物中生物硅的研究[D]. 厦门: 厦门大学.

刘洁, 郭占荣, 袁晓婕, 等, 2014. 胶州湾周边河流溶解态营养盐的时空变化及入海通量[J]. 环境化学, 33 (2): 262-268.

罗璇, 孙晓霞, 郑珊, 等, 2016. 2011年胶州湾网采浮游植物群落结构及其环境影响因子[J]. 海洋与湖沼, 47 (5): 915-923.

马立杰, 杨曦光, 祁雅莉, 等, 2014. 胶州湾海域面积变化及原因探讨[J]. 地理科学, 34 (3): 365-369.

彭欣, 宁修仁, 孙军, 等, 2006. 南海北部浮游植物生长对营养盐的响应[J]. 生态学报, 26 (12): 3959-3968.

施震, 黄小平, 2013. 大亚湾海域氮磷硅结构及其时空分布特征[J]. 海洋环境科学, 32 (6): 916-921.

史经昊, 2010. 胶州湾演变对人类活动的响应[D]. 青岛: 中国海洋大学.

宋星宇, 黄良民, 张建林, 等, 2004. 大鹏澳浮游植物现存量和初级生产力及 N：P 值对其生长的影响[J]. 热带海洋学报, 23 (5): 34-41.

孙翠慈, 王友绍, 孙松, 等, 2006. 大亚湾浮游植物群落特征[J]. 生态学报, 19 (8): 1794-1800.

孙丽华, 陈浩如, 彭云辉, 2003. 大亚湾大鹏澳周边河流中营养盐的分布及入海通量的估算[J]. 台湾海峡, 22 (2): 211-217.

孙松, 孙晓霞, 2015. 海湾生态系统的理论与实践——以胶州湾为例[M]. 北京: 科学出版社.

孙松, 李超伦, 张光涛, 等, 2011. 胶州湾浮游动物群落长期变化[J]. 海洋与湖沼, 42 (5): 625-631.

汪亚平, 高抒, 2007. 胶州湾沉积速率: 多种分析方法的对比[J]. 第四纪研究, 27 (5): 787-796.

王朝晖, 2007. 中国沿海甲藻孢囊与赤潮研究[M]. 北京: 海洋出版社.

王伟, 2013. 强降雨对胶州湾生源要素的补充作用及浮游植物丰度和种群结构的影响[D]. 青岛: 中国海洋大学.

王艳玲, 安文超, 许颖, 2011. 胶州湾海域水质现状评价[J]. 环境科学与管理, 36 (9): 164-167.

王友绍, 王肇鼎, 黄良民, 2004. 近 20 年来大亚湾生态环境的变化及其发展趋势[J] . 热带海洋学报, 23 (5): 85-95.

王雨, 林茂, 林更铭, 等, 2012. 大亚湾生态监控区的浮游植物年际变化[J]. 海洋科学, 36 (4): 86-94.

吴天灵, 2009. 大亚湾海域休眠期浮游植物的萌发及其与赤潮形成之间的关系[D]. 广州: 华南师范大学.

吴玉霖, 孙松, 张永山, 2005. 环境长期变化对胶州湾浮游植物群落结构的影响[J]. 海洋与湖沼, 36 (6): 487-498.

杨柳, 章铭, 刘正文, 2011. 太湖春季浮游植物群落对不同形态氮的吸收[J]. 湖泊科学, 23 (4): 605-611.

杨世伦, 陈启明, 朱骏, 等, 2003. 半封闭海湾潮间带部分围垦后纳潮量计算的商榷——以胶州湾为例[J]. 海洋科学, 27 (8): 43-47.

杨雪, 王朝晖, 马长江, 等, 2016. 大亚湾微表层浮游植物对无机氮磷的响应[J]. 生态科学, 35 (1): 34-40.

叶曦雯, 2002. 胶州湾中生物硅的研究[D]. 青岛: 中国海洋大学.

尹健强, 黄晖, 黄良民, 等, 2008. 雷州版到灯楼角珊瑚礁海区夏季的浮游动物[J]. 海洋与湖沼, 39 (2): 131-138.

曾健, 陈敏, 郑敏芳, 等, 2014. ^{15}N 示踪法测定海洋反硝化速率中 $^{29}N_2$ 浓度的准确定量[J]. 海洋学报, 36: 10-17.

张国维, 李长玲, 黄翔鹄, 等, 2015. 湖光岩玛珥湖春季浮游植物对溶解态氮的吸收[J]. 湖泊科学, 27 (3): 527-534.

郑重, 陈孝麟, 1966.中国海洋枝角类的初步研究Ⅰ.分类[J].海洋与湖沼, 8 (2): 168-179.

朱艾嘉, 黄良民, 林秋艳, 等, 2009. 氮、磷对大亚湾大鹏澳海区浮游植物群落的影响Ⅱ. 种类组成[J]. 热带海洋学报, 28 (6): 103-111.

朱艾嘉, 黄良民, 许战洲, 2008. 氮、磷对大亚湾大鹏澳海区浮游植物群落的影响Ⅰ.叶绿素 a 与初级生产力[J]. 热带海洋学报, 27 (1): 38-45.

朱玉梅, 2011. 东、黄海大气沉降中营养盐的研究[D].青岛: 中国海洋大学.

邹伟, 王珩瑜, 高建玲, 2011. N, P 通过大气干湿沉降方式向大亚湾输入量研究[J]. 海洋环境科, 30: 843-846.

Alldredge A L, Cohen Y, 1987. Can microscale chemical patches persist in the sea? Microelectrode study of marine snow, fecal pellets [J]. Science, 235: 689-691.

Amin S A, Parker M S, Armbrust E V, 2012. Interactions between diatoms and bacteria[J]. Microbiologyand Molecular Biology Reviews, 76 (3): 667-684.

Andersen D M, Keafer B A, 1987. An endogenous annual clock in the toxic marine dinoflagellate Gonyaulax tamarensis[J]. Nature, 325 (6105): 616-617.

Azam F, Fenchel T, Field J G, et al., 1983. The ecological role of water-column microbes in the sea[J]. Marine Ecology Progress Series, 10: 257-263.

Baker M A, Vervier P, 2004. Hydrological variability, organic matters supply and denitrification in the Garonne River ecosystem[J]. Freshwater Biology, 49: 181-190.

Banahan S, Goering J J, 1986. The production of biogenic silica and its accumulation on the southeastern Bering Sea shelf[J]. Continental Shelf Research, 5 (1): 199-213.

Battin T J, Kaplan L A, Findlay S, et al., 2009. Biophysical controls on organic carbon fluxes in fluvial networks[J]. Nature Geosciences, 1: 95-100.

Benavides M, Berthelot H, Duhamel S, et al., 2017. Dissolved organic matter uptake by Trichodesmium in the Southwest Pacific[J]. Scientific Reports, 7: 41315.

Benavides M, Martias C, Elifantz H, et al., 2018. Dissolved organic matter influences N_2 fixation in the New Caledonian lagoon (Western Tropical South Pacific)[J]. Frontiers in Marine Science, 5. DOI: 10.3389/fmars.2018.00089.

Bombar D, Paerl R W, Riemann L, 2016. Marine non-cyanobacterial diazotrophs: Moving beyond molecular detection[J]. Trends in Microbiology, 24 (11): 916-927.

Bonnet S, Dekaezemacker J, TurkKubo K A, et al., 2013. Aphotic N_2 fixation in the eastern tropical South Pacific Ocean[J]. PLoS ONE, 8 (12): e81265.

Brown M R, Jeffrey S W, Volkman J K, et al., 1997. Nutritional properties of microalgae for mariculture[J]. Aquaculture, 151 (1-4): 315-331.

Capone D G, Burns J A, Montoya J P, et al., 2005. Nitrogen fixation by *Trichodesmium* spp.: An important source of new nitrogen to the tropical and subtropical North Atlantic Ocean[J]. Global Biogeochemical Cycles, 19 (2): 854-854.

Cappellen P V, Qiu L, 1997. Biogenic silica dissolution in sediments of the Southern Ocean. II. Kinetics[J]. Deep Sea Research Part II: Topical Studies in Oceanography, 44 (5): 1109-1128.

Chen Y L L, Chen H Y, Karl D M, et al., 2004. Nitrogen modulates phytoplankton growth in spring in the South China Sea[J]. Continental Shelf Research, 24: 527-541.

Chen Y L L, Chen H Y, Lin Y H, et al., 2014. The relative contributions of unicellular and filamentous diazotrophs to N_2 fixation in the South China Sea and the upstream Kuroshio[J]. Deep Sea Research Part I: Oceanographic Research Papers, 85 (2): 56-71.

Dai J, Song J, Li X, et al., 2007. Environmental changes reflected by sedimentary geochemistry in recent hundred years of Jiaozhou Bay, North China[J]. Environmental Pollution, 145 (3): 656-667.

Dale B, 2001. Marine dinoflagellate cysts as indicators of eutrophication and industrial pollution: A discussion[J]. Science of the Total Environment, 264 (3): 235-240.

Dale B, Dale A L, Jansen J H F, 2002. Dinoflagellate cysts as environmental indicators in surface sediments from the Congo deep-sea fan and adjacent regions[J]. Palaeogeography, Palaeoclimatology, Palaeoecology, 185 (3-4): 309-338.

Dale B, Thorsen T A, Fjellsa A, 1999. Dinoflagellate cysts as indicators of cultural eutrophication in the Oslofjord, Norway[J]. Estuarine, Coastal and Shelf Science, 48 (3): 371-382.

Dalsgaard T, de Brabandere L, Hall P O J, 2013. Denitrification in the water column of the central Baltic Sea[J]. Geochimica & Cosmochimica Acta, 106: 247-260.

Davis C, Mahaffey C, 2017. Elevated alkaline phosphatase activity in a phosphate-replete environment: Influence of sinking particles[J]. Limnology and Oceanography, 62: 2389-2403.

Demaster D J, 1981. The supply and accumulation of silica in the marine environment[J]. Geochimica & Cosmochimica Acta, 45 (10): 1715-1732.

Demaster D J, Ragueneau O, Nittrouer C A, 1996. Preservation efficiencies and accumulation rates for biogenic silica and organic C, N, and P in high-latitude sediments: The Ross Sea[J]. Journal of Geophysical Research: Oceans, 101 (C8): 18501-18518.

Dodla S K, Wang J J, DeLaune R D, et al., 2008. Denitrification potential and its relation to organic carbon quality in three coastal wetland soil[J]. Science of the Total Environment, 407: 471-480.

Duhamel S, Björkman K, Wambeke F, et al., 2011. Characterization of alkaline phosphatase activity in the North and South Pacific Subtropical Gyres: Implications for phosphorus cycling[J]. Limnology and Oceanography, 56 (4): 1244-1254.

Dyhrman S, Palenik B, 1999. Phosphate stress in cultures and field populations of dinoflagellate Prorocentrum minimum detected by a single-cell alkaline phosphataseassay[J]. Applied and Environmental Microbiology, 65 (7): 3205-3212.

Dyhrman S, Ruttenberg K, 2006. Presence and regulation of alkaline phosphataseactivity in eukaryotic phytoplankton from the coastal ocean: Implications for dissolved organic phosphorus remineralisation[J]. Limnology and Oceanography, 51: 1381-1390.

Fan Z, 1988. Jiaozhou Bay seriously polluted[J]. Marine Pollution Bulletin, 19 (11): 553.

Farnelid H, Andersson A F, Bertilsson S, et al., 2011. Nitrogenase gene amplicons from global marine surface waters are dominated by genes of non-cyanobacteria[J]. PLoS ONE, 6 (4): e19223.

Fietz S, Martínez-Garcia A, Rueda G, et al., 2011. Crenarchaea and phytoplankton coupling in sedimentary archives: Common trigger or metabolic dependence? [J]. Limnologyand Oceanography, 56 (5): 1907-1916.

Fisher T R, Peele E R, Ammerman J W, et al., 1992. Nutrient limitation of phytoplankton in Chesapeake Bay[J]. Marine Ecology Progress Series, 82 (1): 51-63.

Friedli H, Lötscher H, Oeschger H, et al., 1986. Ice core record of the $^{13}C/^{12}C$ ratio of atmospheric CO_2 in the past two centuries[J]. Nature, 24 (6094): 237-238.

Frost B W, 1987. Grazing control of phytoplankton stock in the open subarctic Paific Ocean: A model assessing the role of mesozooplankton particularly the large calanoid copepods *Neocalanus* spp. [J]. Marine Ecology Progress Series, 39 (1): 49-68.

Fuhrman J A, Ammerman J W, Azam F., 1980. Bacterioplankton in the coastal euphotic zone-distribution, activity and possible relationships with phytoplankton[J]. Marine Biology, 60 (2-3): 201-207.

Glibert P M, Bronk D A, 1994. Release of dissolved organic nitrogen by marine diazotrophic cyanobacteria, *Trichodesmium* spp. [J]. Applied and Environmental Microbiology, 60 (11): 3996-4000.

Guillemette F, McCallister S L, del Giorgio P A, 2013. Differentiating the degradation dynamics of algal and terrestrial carbon with within complex natural dissolved organic carbon in temperate lakes[J]. Journal of Geophysical Research: Biogeoscience, 118. DOI: 10.1002/jgrg.20077.

Guo L, Santschi P H, Cifuentes L A, et al., 1996. Cycling of high-molecular-weight dissolved organic matter in the Middle Atlantic Bight as revealed by carbon isotopic (^{13}C and ^{14}C)signatures[J]. Limnology and Oceanography, 41: 1242-1252.

Han H, Li K, Wang X, et al., 2011. Environmental capacity of nitrogen and phosphorus pollutions in Jiaozhou Bay, China: Modeling and assessing[J]. Marine Pollution Bulletin, 63 (5-12): 262-270.

Hansen A M, Kraus T E C, Pellerin B A, et al., 2016. Optical properties of dissolved organic matter (DOM): Effects of biological and photolytic degradation[J]. Limnology and Oceanography, 61 (3). DOI: 10.1002/lno.10270.

Hecky R E, Kilham P, 1988. Nutrient limitation of phytoplankton in freshwater and marine environments: A review of recent evidence on the effects of enrichment [J]. Limnology and Oceanography, 33 (4): 796-822.

Herrman K S, Bouchard V, Moore R H, 2008. Factors affecting denitrification in agricultural headwater streams in northeast Ohio, USA[J]. Hydrobiologia, 598: 305-314.

Hoppe H, 2003. Phosphatase activity in the sea[J]. Hydrobiologia, 493: 187-200.

Huang B, Ou L, Hong H, et al., 2005. Bioavailability of dissolved organicphosphorus compounds to typical harmful dinoflagellate *Prorocentrum donghaiense* Lu[J]. Marine Pollution Bulletin, 51 (8-12): 838-844.

Iverson V, Morris R M, Frazar C D, et al., 2012. Untangling genomes from metagenomes: Revealing an uncultured class of marine Euryarchaeota[J]. Science, 335 (6068): 587-590.

Jensen M M, Petersen J, Dalsgaard T, et al., 2009. Pathways, rates, and regulation of N_2 production in the chemocline of an anoxic basin, Mariager Fjord, Denmark[J]. Marine Chemistry, 113: 102-113.

Jensen T C, Verschoor A M, 2004. Effects of food quality on life history of the rotifer *Brachionus calyciflorus* Pallas[J]. Freshwater Biology, 49 (9): 1138-1151.

Karl D M, Church M J, Dore J E, et al., 2012. Predictable and efficient carbon sequestration in the North Pacific Ocean supported by symbiotic nitrogen fixation[J]. Proceedings of the National Academy of Sciences of the United States of America, 109 (6): 1842-1849.

Kellogg C T E, Deming J W, 2014. Particle-associated extracellular enzyme activity and bacterial community composition across the Canadian Arctic Ocean[J]. FEMS Microbiological Ecology: 89: 360-375.

Kellogg C T E, Carpenter S D, Renfro A A, et al., 2011. Evidence for microbial attenuation of particle flux in the Amundsen Gulf and Beaufort Sea: Elevated hydrolytic enzyme activity on sinking aggregates[J]. Polar Biology, 34 (12): 2007-2023.

Kirchman D L, Wheeler P A, 1998. Uptake of ammonium and nitrate by heterotrophic bacteria and phytoplankton in the sub-Arctic Pacific[J]. Deep Sea Research Part I : Oceanographic Research Papers, 45: 347-365.

Kirchman D L, Meon B, Cottrell M T, et al., 2000. Carbon versus iron limitation of bacterial growth in the California upwelling regime[J].Limnology and Oceanography, 45: 1681-1688.

Klawonn I, Bonaglia S, Brüchert V, et al., 2015. Aerobic and anaerobic nitrogen transformation processes in N_2-fixing cyanobacterial aggregates[J]. The ISME Journal, 9: 1456-1466.

Knapp A N, 2012. The sensitivity of marine N_2 fixation to dissolved inorganic nitrogen[J]. Frontiers in Microbiology, 3: 374.

Koch M, Kletou D, Tursi R, 2009. Alkaline phosphatase activity of water columnfractions and seagrass in a tropical carbonate estuary, Florida Bay[J]. Estuarine, Coastal and Shelf Science, 83 (4): 403-413.

Koch U, Martin-Creuzburg D, Grossart H P, et al., 2012. Differences in the amino acid content of four green algae and their impact on the reproductive mode of *Daphnia pulex*[J]. Fundamental and Applied Limnology, 181 (4): 327-336.

Labry C, Delmas D, Herbland A, 2005. Phytoplankton and bacterial alkaline phosphatasectivities in relation to phosphate and DOP availability within the Girondeplume waters (Bay of Biscay)[J]. Journal of Experimental Marine Biology and Ecology, 318 (2): 213-225.

Labry C, Delmas D, Youenou A, et al., 2016. High alkaline phosphatase activity in phosphate replete waters: The case of two macrotidal estuaries[J]. Limnology and Oceanography, 61 (4): 1513-1529.

Lehman P W, Boyer G, Hall C, et al., 2005. Distribution and toxicity of a new colonial microcystis aeruginosa bloom in the San Francisco bay estuary, California[J]. Hydrobiologia, 541 (1): 87-99.

Li H, Veldhuis M, Post A, 1998. Alkaline phosphatase activities among planktonic communities in the northern Red Sea[J]. Marine Ecology Progress Series, 173: 107-115.

Li T, Liu S, Huang L M, 2011. Diatom to dinoflagellate shift in the summer phytoplankton community in a bay impacted by nuclear power plant thermal effluent[J]. Marine Ecology Progress Series, 424: 75-85.

Liang D, Uye S, 1996. Population dynamics and production of the planktonic copepods in a eutrophic inlet of the Inland Sea of Japan. III. *Paracalanus* sp. [J]. Marine Biology, 127 (2): 219-227.

Liu S, Ye X, Zhang J, et al., 2002. Problems with biogenic silica measurement in marginal seas[J]. Marine Geology, 192 (4): 383-392.

Liu S, Zhang J, Chen H, et al., 2005. Factors influencing nutrient dynamics in the eutrophic Jiaozhou Bay, North China[J]. Progress in Oceanography, 66 (1): 66-85.

Liu S, Zhu B, Zhang J, et al., 2010. Environmental change in Jiaozhou Bay recorded by nutrient components in sediments[J]. Marine Pollution Bulletin, 60: 1591-1599.

Lomas M, Burke A, Lomas D, et al., 2010. Sargasso Sea phosphorus biogeochemistry: An important role for dissolved organic phosphorus (DOP)[J]. Biogeosciences, 7: 695-710.

Mackey K R M, Mioni C E, Ryan J P, et al., 2012. Phosphorus cycling in the red tideincubator region of Monterey Bay in response to upwelling[J]. Frontiers in Microbiology, 3 (33).

Mather R, Reynolds S, Wolff G A, et al., 2008. Phosphorus cycling in the North and South Atlantic Ocean subtropical gyres[J]. Nature Geoscience, 1: 439-443.

Matsuoka K, Joyce L B, Kotani Y, et al., 2003. Modern dinoflagellate cysts in hypertrophic coastal waters of Tokyo Bay, Japan[J]. Journal of Plankton Research, 25 (12): 1461-1470.

Meseck S, Alix J, Wikfors G, et al., 2009. Differences in the soluble, residual phosphate concentrations at which coastal phytoplankton species up-regulate alkaline-phosphatase expression, as measured by flow-cytometric detection of ELF-97® fluorescence[J]. Estuaries and Coasts, 32 (6): 1195-1204.

Meyers P A, 1997. Organic geochemical proxies of paleoceanographic, paleolimnologic, and paleoclimatic processes[J]. Organic Geochemistry, 27 (5-6): 213-250.

Michael S, Ola H, Gerhard K, 2013. Silica cycle in surface sediments of the South Atlantic[J]. Deep Sea Research Part I: Oceanographic Research Papers, 45 (7): 1085-1109.

Moisander P H, Serros T, Paerl R W, et al., 2014. Gammaproteobacterial diazotrophs and *nifH* gene expression in surface waters of the South Pacific Ocean[J]. The ISME Journal, 8 (10): 1962-1973.

Nausch M, 1998. Alkaline phosphatase activities and the relationship to inorganic phosphate in the Pomeranian bight (southern Baltic Sea)[J]. Aquatic Microbial Ecology, 16: 87-94.

Nicholson D, Dyhrman S, Chavez F, et al., 2006. Alkaline phosphatase activity in the phytoplankton communities of Monterey Bay and San Francisco Bay[J]. Limnology and Oceanography, 51 (2): 874-883.

Nuzzo L, Montresor M, 1999. Different excystment pattern in two calcareous cyst-producing of the dinoflagellates genus *Scrippsiella*[J]. Journal of Plankton Research, 21 (10): 2009-2018.

Oksanen J, Blanchet F G, Kindt R, et al., 2016. Vegan: Community Ecology Package. R Package Version 2.3—5[EB/OL]. http://cran.r-project.org/package=vegan.

Ou L, Huang B, Lin L, et al., 2006. Phosphorus stress of phytoplankton in the Taiwan Strait determined by bulk and single-cell alkaline phosphatase activity assays[J]. Marine Ecology Progress Series, 327 (8): 95-106.

Pfenning K S, McMahon P B, 1996. Effect of nitrate, organic carbon, and temperature on potential denitrification rates in nitrate-rich riverbed sediments[J]. Journal of Hydrology, 187 (3-4): 283-295.

Rabouille C, Gaillard J F, Tréguer P, et al., 1997. Biogenic silica recycling in surficial sediments across the Polar Front of the Southern Ocean (Indian Sector)[J]. Deep Sea Research Part II: Topical Studies in Oceanography, 44 (5): 1151-1176.

Redfield A, Ketchum B, Richards F, 1963. The influence of organisms on the composition of sea water[M]//Hill M N. The Sea: Ideas and Observations on Progress in the Study of the Seas. NewYork: Wiley-Interscience.

Rees A P, Hope S B, Widdicombe C E, et al., 2009. Alkaline phosphatase activity in the western English Channel: Elevations induced by high summertime rainfall[J]. Estuarine, Coastaland Shelf Science, 81 (4): 569-574.

Richards F A, 1965. Chemical Oceanography[M]. New York: Academic Press.

Roman M, Zhang X, McGilliard C, et al., 2005. Seasonal and annual variability in the spatial patterns of plankton biomass in Chesapeake Bay[J]. Limnology and Oceanography, 50 (2): 480-492.

Sanderson K, 2011. Lignocellulose: A chewy problem[J]. Nature, 474: S12-S14.

Sato M, Sakuraba R, Hashihama F, 2013. Phosphate monoesterase and diesterase activities in the North and South Pacific Ocean[J]. Biogeosciences, 10: 7677-7688.

Schelske C L, Hodell D A, 1995. Using carbon isotopes of bulk sedimentary organic matter to reconstruct the history of nutrient loading and eutrophication in Lake Erie[J]. Limnology and Oceanography, 40 (5): 918-929.

Schoo K L, Malzahn A M, Krause E, et al., 2013. Increased carbon dioxide availability alters phytoplankton stoichiometry and affects carbon cycling and growth of a marine planktonic herbivore[J]. Marine Biology, 160 (8): 2145-2155.

Sebastian M, Pitta P, Gonzalez J M, et al., 2012. Bacterioplankton groups involved in the uptake of phosphate and dissolved organic phosphorus in a mesocosm experiment with P-starved Mediterranean waters[J]. Environmental Microbiology, 14 (9): 2334-2347.

Shin H H, Yoon Y H, Kim Y O, et al., 2011. Dinoflagellate cysts in surface sediments from southern coast of Korea[J]. Estuaries and Coasts, 34 (4): 712-725.

Stedmon C A, Markager S, 2005. Resolving the variability in dissolved organic matter fluorescence in a temperate estuary and its catchment using PARAFAC analysis[J]. Limnology and Oceanography, 50: 686-697.

Stedmon C A, Markager S, Bro R, 2003. Tracing dissolved organic matter in aquatic environments using a new approach to fluorescence spectroscopy[J]. Marine Chemistry, 82: 239-254.

Stelzer R S, Scott J T, Bartsch L A, 2015. Buried particulate organic carbon stimulates denitrification and nitrate retention in stream sediments at the groundwater-surface water interface[J]. Freshwater Science, 34: 161-171.

Stelzer R S, Scott J T, Bartsch L A, et al., 2014. Particulate organic matter quality influences nitrate retention and denitrification in stream sediments: Evidence from a carbon burial experiment[J]. Biogeochemistry, 119: 387-402.

Sun L H, Chen H R, Peng Y H, et al., 2003. Distribution and fluxes of nutrients from main riversinto sea of Dapeng'ao, Daya Bay[J]. Journal of Oceanography in Taiwan Strait, 22: 211-217.

Thornton S F, McManus J, 1994. Application of organic carbon and nitrogen stable isotope and C/N ratios as source indicators of organic matter provenance in estuarine systems: Evidence from the Tay Estuary, Scotland[J]. Estuarine, Coastal and Shelf

Sciences, 38 (3): 219-233.

Tréguer P, de La Rocha C, 2013. The world ocean silica cycle[J]. Annual Review of Marine Science, 5: 477-501.

Unanue M, Ayo B, Agis M, et al., 1999. Ectoenzymatic activity and uptake of monomers in marine bacterioplankton described by a biphasic kinetic model[J]. Microbial Ecology, 37 (1): 36-48.

Urabe J, Togari J, Elser J J, 2003. Stoichiometric impacts of increased carbon dioxide on a planktonic herbivore[J]. Global Change Biology, 9 (6): 818-825.

Urban R J, Dagg M, Peterson J, 2001. Copepod grazing on phytoplankton in the Pacific sector of the Antartic Polar Front[J]. Deep Sea Research Part II: Topical Studies in Oceanography, 48: 4224-4246.

Verburg P, 2007. The need to correct for the Suess effect in the application of δ^{13}C in sediment of autotrophic Lake Tanganyika, as a productivity proxy in the Anthropocene[J]. Journal of Paleolimnology, 37 (4): 591-602.

Wang Y S, Lou Z P, Sun C C, et al., 2008. Ecological environment changes in Daya Bay, China, from 1982 to 2004[J]. Marine Pollution Bulletin, 56 (11): 1871-1879.

Wang Z H, Mu D H, Li Y F, et al., 2011. Recent eutrophication and human disturbance in Daya Bay, the South China Sea: Dinoflagellate cyst and geochemical evidence[J]. Estuarine, Coastal and Shelf Science, 92 (3): 403-414.

Williams C, Jochem F, 2006. Ectoenzyme kinetics in Florida Bay: Implications for bacterial carbon source and nutrient status[J]. Hydrobiologia, 569: 113-127.

Wu M L, Wang Y S, Wang Y T, et al., 2017. Scenarios of nutrient alterations and responses of phytoplankton in a changing Daya Bay, South China Sea[J]. Journal of Marine Systems, 165: 1-12.

Wu M L, Wang Y T, WangY S, et al., 2014. Influence of environmental changes on picophytoplankton and bacteria in Daya Bay, South China Sea[J]. Ciencias Marinas, 40 (3): 197-210.

Xia X, Liu T, Yang Z, et al., 2016. Enhanced nitrogen loss from rivers through coupled nitrification-denitrification caused by suspended sediment[J]. Science of the Total Environment, 579: 47-59.

Xu J, Yin K, He L, et al., 2008. Phosphorus limitation in the northern South China Sea during late summer: Influence of the Pearl River[J]. Deep Sea Research Part I: Oceanographic Research Papers, 55: 1330-1342.

Xu Z H, Guo Z R, Xu X, et al., 2014. The impact of nutrient enrichment on the phytoplankton and bacterioplankton community during a mesocosm experiment in Nan'ao of Daya Bay[J]. Marine Biology Research, 10 (4): 374-382.

Yang D F, Gao Z H, Chen Y, et al., 2002. Examination of silicate limitation of primary production in Jiaozhou Bay, North China[J]. Chinese Journal of Oceanology and Limnology, 20 (3): 208-225.

Yin K D, Qian P Y, Wu M C S, et al., 2001. Shift from P to N limitation of phytoplankton growth across the Pearl River estuarine plume during summer[J]. Marine EcologyProgress Series, 221: 17-28.

Yuan Y, Song D, Wu W, et al., 2016. The impact of anthropogenic activities on marine environment in Jiaozhou Bay, Qingdao, China: A review and a case study[J]. Regional Studies in Marine Science, 8 (2): 287-296.

Zhang R, Chen M, Cao J, et al., 2012. Nitrogen fixation in the East China Sea and southern Yellow Sea during summer 2006[J]. Marine Ecology Progress Series, 447: 77-86.

Zhang R, Weinbauer M G, Tam Y K, et al., 2013. Response of bacterioplankton to a glucose gradient in the absence of lysis and grazing[J]. FEMS Microbiology Ecology, 85 (3): 443-451.

第四章　海湾生态系统功能对生态环境变化的响应机制

海湾生态系统功能主要是指海湾生态系统内部的能量传递和物质循环，包括营养结构、食物关系、生产效率、能流与物质循环机制等。人为活动，无论生活居住、工程建设还是污染物排放，都可直接或间接对海湾生态环境产生影响，导致其生态系统结构和功能退化，不能正常运转，甚至崩溃。人类活动影响下营养物质输入引起海湾生态环境变化，从而影响生态系统功能，系统内生产过程、营养结构与物质循环功能对生态环境变化的响应机制，过去研究尚少。

本章根据973计划项目执行期间（2015～2019年）组织实施的现场观测、采样分析和培养实验所获的数据，结合历史资料进行综合分析，以胶州湾和大亚湾为例，从基础生产过程、生产效率、生物粒径谱、营养结构与营养级变化、食物链传递、食物网，以及生态系统稳定性等角度，系统阐述人类活动影响下海湾生态环境变化，以及营养物质输入对海湾生态系统功能的影响机理，为深入研究海湾生态系统关键过程对环境变化的响应，更好地开发和保护海湾生态资源提供科学依据。

第一节　海湾食物网结构对生态环境变化的响应

以胶州湾和大亚湾两个典型海湾为代表，利用C、N稳定同位素方法，分析海湾生态环境变化对浮游食物网结构的影响；基于生物粒径谱和生物量谱理论，阐释海湾环境变化及人类活动影响下食物网结构和功能的响应特征。结合传统摄食分析和分子生物学方法，弄清典型海湾浮游动物功能群的营养结构及其影响因素，找出不同时期影响食物网结构的关键环节，明确不同生物类群在海湾生态系统中的地位和功能。根据食物网结构变化特征及模拟实验结果，探讨海湾生态环境变化影响下经典食物链的潜在变化与响应机制。

一、基于C、N稳定同位素分析海湾生态环境变化对浮游食物网结构的影响

海洋生物的营养级表示其在海洋生态系统食物链/食物网中的位置，营养级的波动可反映海洋生态系统动态的多种信息，是认识和管理生态系统的重要指标。营养级既强调了系统内各物种的功能地位，也反映了物质和能量在生态系统中流动和传递的模式。浮游动物的平均营养级变化能够反映浮游生态系统群落结构的变化，也能反映水环境的改变对初级生产力向上传递的影响等。研究表明，1950～1994年全球海洋渔获物的营养级以每10年0.03～0.10的速度下降（Pauly et al.，1998）。海湾生态系统渔获物的平均营养级下降得更快，例如，从1959～2011年，莱州湾的渔业资源平均营养级从4.4下降到了3.4，平均以每10年0.19的速度下降（张波等，2015）。由捕捞或环境变化引起的渔业资源种类组成的变化，是导致海洋生态系统营养级下降的重要原因；长寿命、高营养级的底层鱼

的种类逐渐被短寿命、低营养级的上层鱼类和无脊椎动物种类所替代，是海洋生态系统的一个比较普遍的变化规律（Pauly et al.，1998；Tang et al.，2003）。研究生态系统结构和功能的变化趋势，分析其驱动机制，对生态环境保护和管理具有十分重要的意义。

水生生物的食性和营养级以前一般通过胃（肠）含物镜检的方法来确定，但是有些食物会被快速消化，镜检分类困难，而且这种方法也不能明确消费者同化了哪些食物。C、N稳定同位素技术可以弥补胃含物镜检方法的不足，已经被广泛应用到水生生态系统的食物网研究中（蔡德陵等，1999）。稳定同位素作为一种天然的示踪物，为研究特定生态系统中各种生物种群之间的摄食关系，以及营养物质和能量流动这一生态学难题提供了新的研究手段。动物组织的稳定同位素组成取决于其食物同位素的组成。一般情况下，捕食者的C稳定同位素比值 δ^{13}C 与其食物比较接近，从被捕食者到捕食者，δ^{13}C 的相对丰度变化较小，约 0.1‰～0.4‰，可用于分析食性和栖息地变化。而生物组织的N稳定同位素比值 δ^{15}N 在相邻营养级间差值较为恒定，约 3‰～4‰，可用于分析生物的营养级。

（一）胶州湾生态系统的C、N稳定同位素特征及其影响因素

分别于2015年12月（冬季）、2016年4月（春季）、2016年11月（秋季）和2017年8月（夏季）对胶州湾悬浮颗粒有机物，网采浮游动物的C、N稳定同位素进行了测量和分析。并根据网采浮游动物不同类群的 δ^{13}C、δ^{15}N 特征，构建了不同季节浮游动物群落的营养级结构，分析了湾内外不同海域浮游动物营养级结构的差异。在胶州湾共布设采样站位12个，站位分布见图4.1。

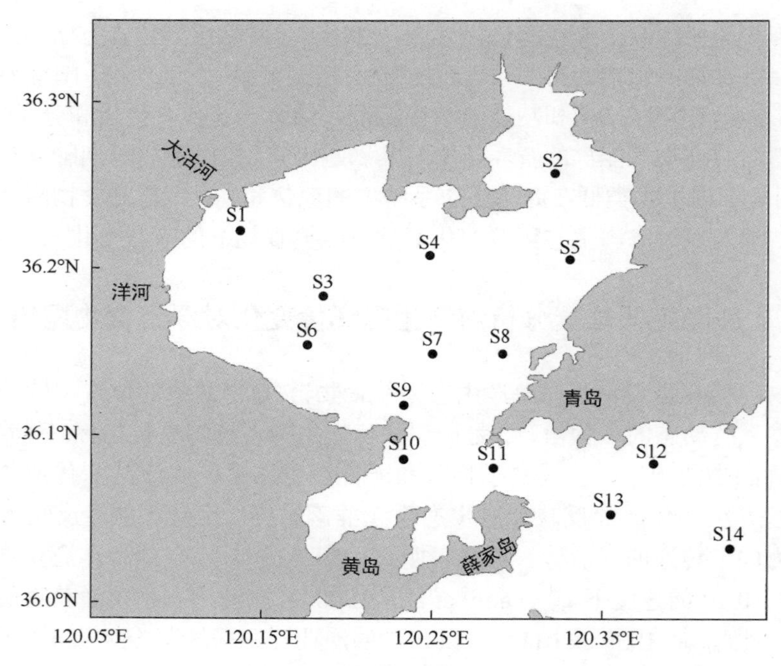

图4.1　胶州湾采样站位分布图

其中S1和S2站因水太浅，没有采样

1. 悬浮颗粒有机物的 δ^{13}C、δ^{15}N 时空特征

胶州湾悬浮颗粒有机物（POM）的 δ^{13}C 值变动范围为–28.7‰～–19.52‰，平均为–23.07‰。各季节的分布差异很大，春季表现为湾内高于湾外，湾内的东北部出现最高值；夏季和冬季表现为湾内小于湾外，且在冬季湾内外差异最明显；秋季胶州湾 POM 的 δ^{13}C 值分布比较均匀，没有明显的异常值区（图 4.2）。春季湾内东北部的高 δ^{13}C 值与其高叶绿素 a 浓度有关。冬季胶州湾内外 POM 的 δ^{13}C 值差异最显著，而且湾内的值都比较低，接近陆源输入有机物的特征，这说明胶州湾冬季采样期间，悬浮颗粒有机物中陆源输入来源的比例最大。胶州湾悬浮颗粒有机物的 δ^{15}N 值变动范围为–2.93‰～11.74‰，平均为 4.42‰。各个季节的分布规律比较一致，高值区出现在湾内的西北部，而在湾内的东北部的 S5 站则都表现出最低的 δ^{15}N 值。这可能体现了胶州湾湾内两种不同类型的外源污染。一般来讲，生活污水经过充分降解后其富营养化废水一般具有较高的 δ^{15}N 值，所以近海 POM 的 δ^{15}N 值是从近岸到远岸逐渐降低，胶州湾的总体分布符合这个规律。但是，当污水没有被充分处理，或者水体含有较高浓度的铵态氮的时候，水体 POM 的 δ^{15}N 值则会显示出较低的值（Sato et al.，2006；Bardhan et al.，2017）。本书研究结果显示，胶州湾东北部近岸四季均存在较低的 δ^{15}N 值，表明该区域常年受城市排放的超标污水的影响，同步测定的营养盐的分析结果也显示该区域一般具有最高的铵态氮浓度。POM 超低的 δ^{15}N 值在胶州湾也应是反映污水超标排放的一个良好指标。

从 4 个季节的平均值来看（表 4.1），冬季悬浮颗粒物的 δ^{13}C 值最小，平均值为–25.22‰；夏季最高，平均为–21.82‰。这表明冬季陆源有机质对水体悬浮颗粒有机物的贡献最大。POM 的 δ^{15}N 值季节性波动不大，秋季均值最高，平均为 5.37‰，夏季最低，平均为 3.88‰。4 个季节的 δ^{15}N 值均清晰的展现出从湾内到湾外逐渐降低的趋势，表现出湾内受陆源有机质输入的影响较大。总的来看，胶州湾 POM 的 δ^{13}C 值受各种因素的影响较大，时空动态变化剧烈，而 δ^{15}N 值比较稳定，更适合作为环境受外源污染的指标。

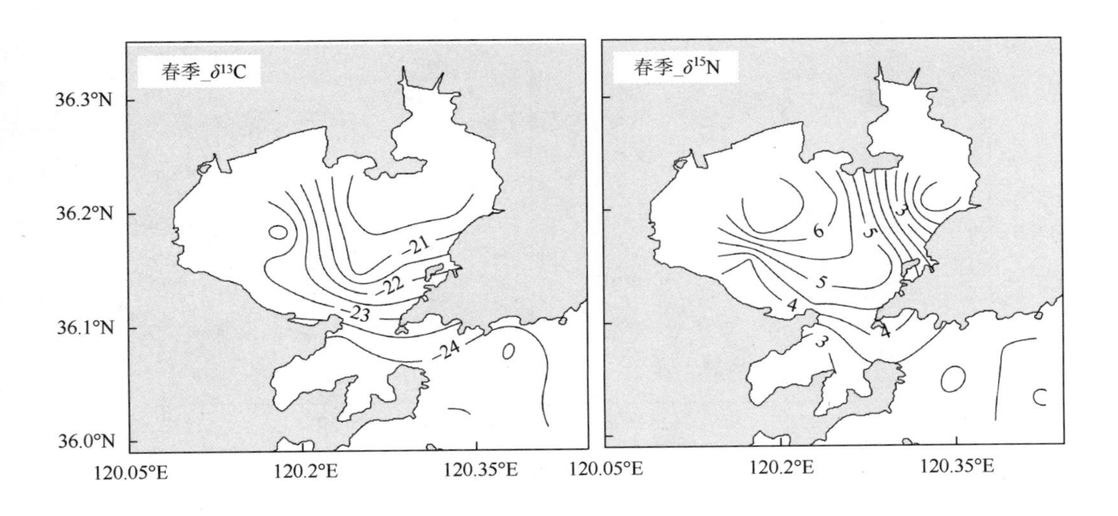

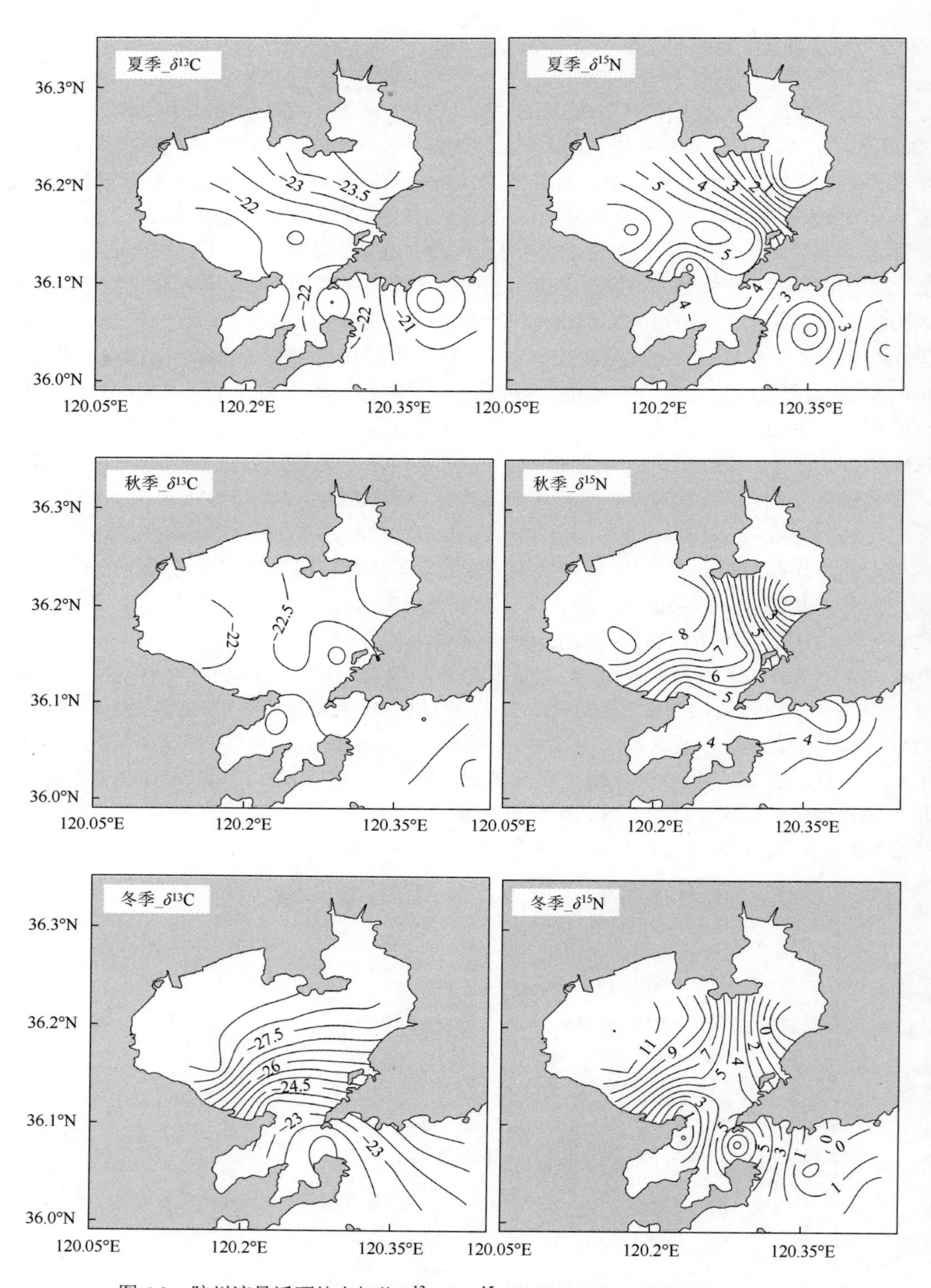

图 4.2　胶州湾悬浮颗粒有机物 $\delta^{13}C$ 和 $\delta^{15}N$ 值的时空分布特征（单位：‰）

表 4.1 胶州湾表层悬浮颗粒有机物的 δ^{13}C、δ^{15}N 和 C/N 等参数的季节平均值

季节	T/℃	盐度	总悬浮固体浓度/(mg/L)	Chl a 浓度/(μg/L)	δ^{13}C/‰	δ^{15}N/‰	C/N
春	10.30	31.13	25.25	3.54	−22.75	4.23	7.90
夏	27.41	30.15	11.47	5.14	−21.82	3.88	6.64
秋	15.28	31.15	6.26	6.33	−22.47	5.37	8.38
冬	6.28	30.96	14.95	1.82	−25.22	4.21	8.94

2. 浮游动物主要类群的 δ^{13}C、δ^{15}N 时空特征

同一季节不同浮游动物类群的 δ^{13}C 值分布规律大致相同。胶州湾春季浮游动物的生物量较高，以大个体的中华哲水蚤占绝对优势。春季胶州湾小型浮游动物、大型哲水蚤和箭虫的 δ^{13}C 值平均分别为−22.64‰、−23.48‰和−22.2‰，湾内各类群的 δ^{13}C 值在春季均高于湾外站位，表明在春季水体浮游生态系统的 δ^{13}C 值主要受到富营养化带来的 δ^{13}C 值升高效应的影响（图 4.3）。夏季浮游动物的生物量较低，多以小型浮游动物和浮游幼虫组成，在湾内的多个站位不能分拣出足够量的大型哲水蚤类进行稳定同位素的测定。夏季胶州湾小型浮游动物、大型哲水蚤和箭虫的 δ^{13}C 值平均分别为−20.51‰、−20.54‰和−20.25‰，不同区域之间的 δ^{13}C 值差异不明显。秋季胶州湾小型浮游动物、大型哲水蚤和箭虫的 δ^{13}C 值平均分别为−20.36‰、−19.92‰和−20.57‰，湾内外浮游动物的 δ^{13}C 值的差异在秋季最为显著，表现为湾内到湾外逐步增加，最低值出现在湾内西北部的 S3 站或 S6 站，表明该区域当时受陆源有机质输入的影响最大。秋季出现的箭虫个体都非常小，δ^{13}C 值也明显低于小型浮游动物和大型哲水蚤类，表明箭虫在秋季与其他类浮游生物类群之间的捕食-被捕食关系不紧密。胶州湾冬季小型浮游动物、大型哲水蚤

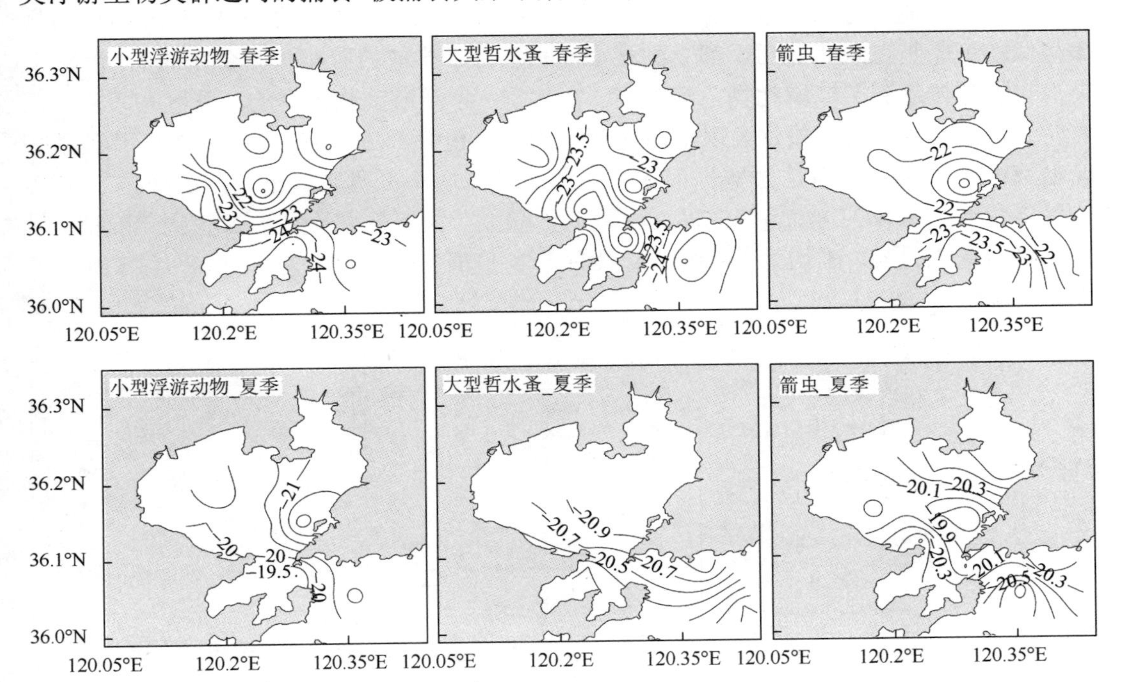

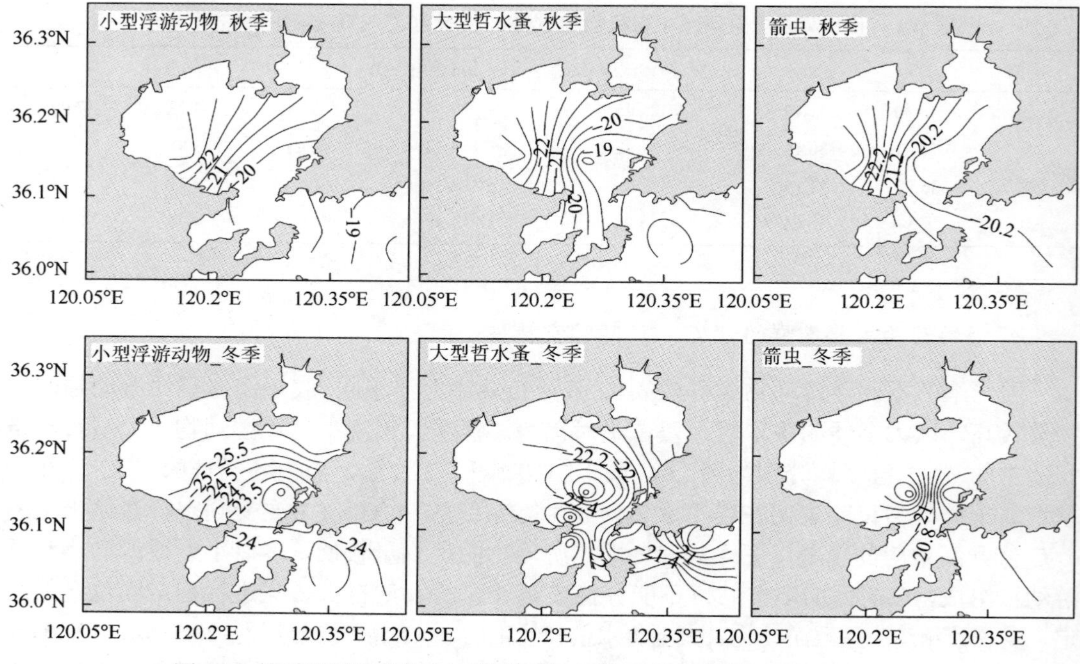

图 4.3　胶州湾浮游动物主要类群 δ^{13}C 值的季节分布特征（单位：‰）

和箭虫的 δ^{13}C 值平均分别为–24.19‰、–21.88‰和–20.98‰，小型浮游动物的 δ^{13}C 值显著低于其他类群和种类，尤其在湾内的近岸站位有显著低 δ^{13}C 值出现，表明陆源有机质对浮游动物饵料的贡献在冬季最大。

春季和夏季胶州湾各浮游动物类群的 δ^{15}N 值空间分布湾内外差异不明显，在湾内东北部均出现低值，尤以夏季最为明显（图 4.4）。这与悬浮颗粒有机物的 δ^{15}N 值分布规律相似，可能是在东北部四季都受到城市高氨氮污水排放的影响，其带来的低 δ^{15}N 效果沿食物链传递到了浮游动物各营养级。在秋季，各浮游动物类群的高值区均发生在湾内西北角的浅水地带，整体表现出湾内高于湾外的趋势。在冬季，小型浮游动物的值表现出湾内高于湾外，但是大型哲水蚤和箭虫的分布规律不明显。小型浮游动物的 δ^{15}N 值周年变动范围为 3.18‰～11.27‰，平均为 6.42‰；大型哲水蚤的 δ^{15}N 值周年变动范围为 3.44‰～11.71‰，平均为 7.46‰；箭虫的 δ^{15}N 值周年变动范围为 7.53‰～13.57‰，平均为 9.91‰。

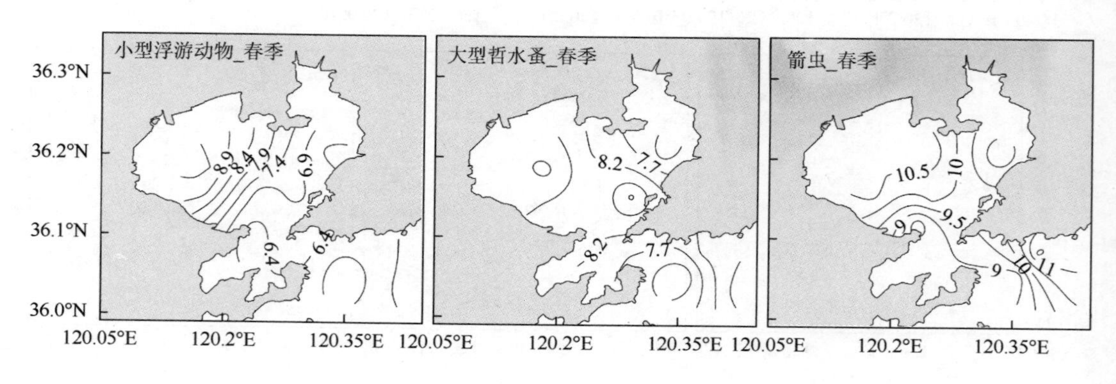

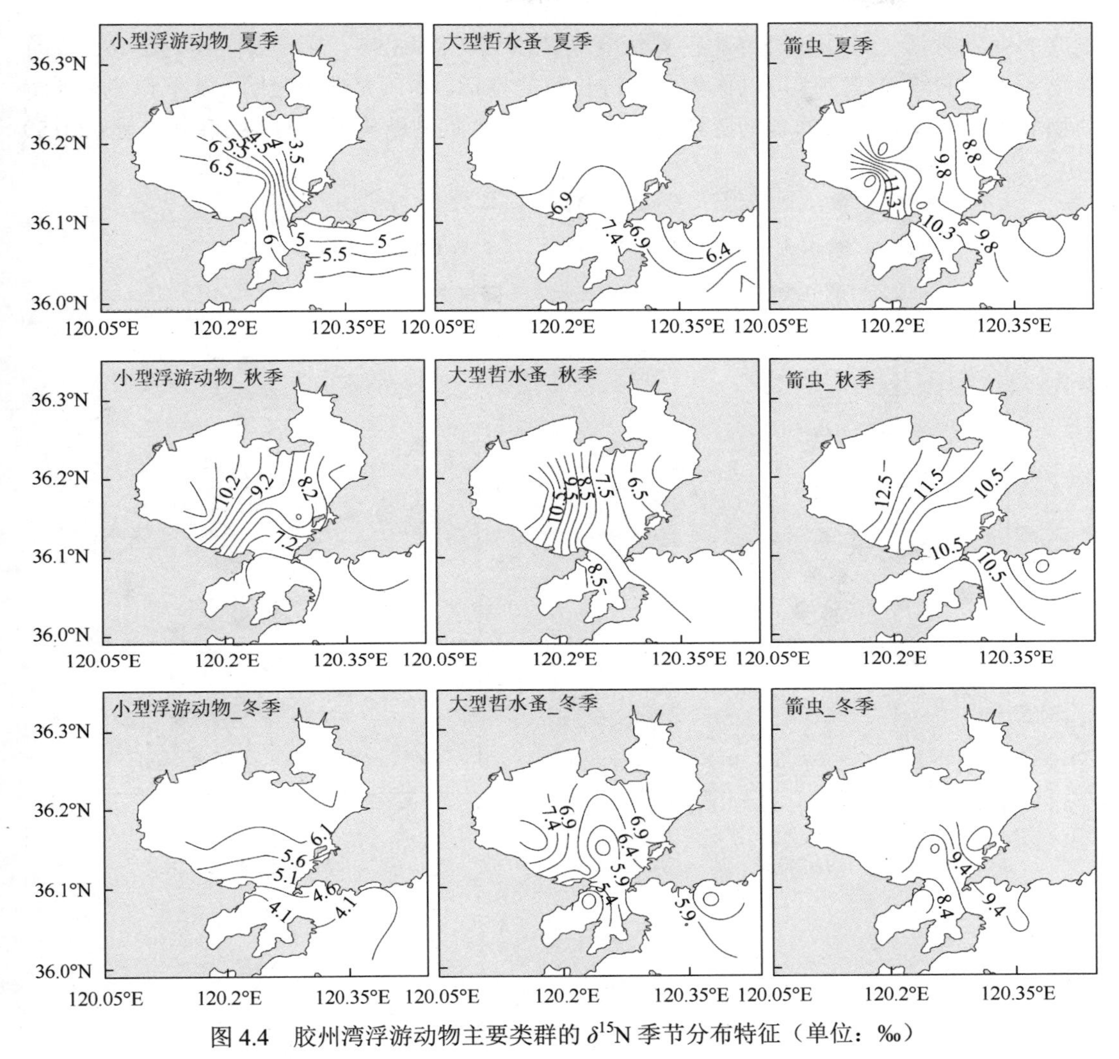

图 4.4　胶州湾浮游动物主要类群的 δ^{15}N 季节分布特征（单位：‰）

3. 生态环境变化对胶州湾浮游动物营养级特征的影响

本书以小型浮游动物作为基线生物，分析了胶州湾浮游动物各类群的营养级水平（图 4.5）。胶州湾的大型哲水蚤基本为中华哲水蚤（*Calanus sinicus*）的成体，其营养级变动范围为 1.37～2.73，平均 2.23，略高于小型浮游动物的营养级。大个体箭虫基本为强壮滨箭虫（*Aidanosagitta crassa*），其只在春季或湾外被采集到，营养级变动范围为 2.66～3.96，平均为 3.20。小个体箭虫多为强壮滨箭虫的幼体，也占据了较高的营养生态位，营养级平均为 3.02。浮游幼虫只在夏季大量出现，其营养级比较低，磁蟹幼体和蟹类大眼幼体的营养级平均分别为 1.99 和 2.09。

春季胶州湾的浮游动物营养级变动范围为 1.97～3.52，营养级跨度为 1.55。大型哲水蚤的营养级和小个体箭虫的营养生态位在春季重叠比较明显。夏季浮游动物各类群的总变动范围为 1.46～3.94，营养级差异 2.48。秋季各类群的营养级变动范围为 1.37～3.44，营养级差异为 2.07。值得注意的是，秋季浮游动物的碳氮稳定同位素变动范围最大，显示其更广的食物来源。冬季各类群的营养级变动范围为 1.8～3.96，营养级差异为 2.16。浮游动物各类群的营养级跨度可以作为食物链长度的指标，本研究结果表明，夏季和冬季浮游动物群落结构均有较长的食物链结构，尤其以夏季食物网结构最为复杂。麻秋云等（2015）

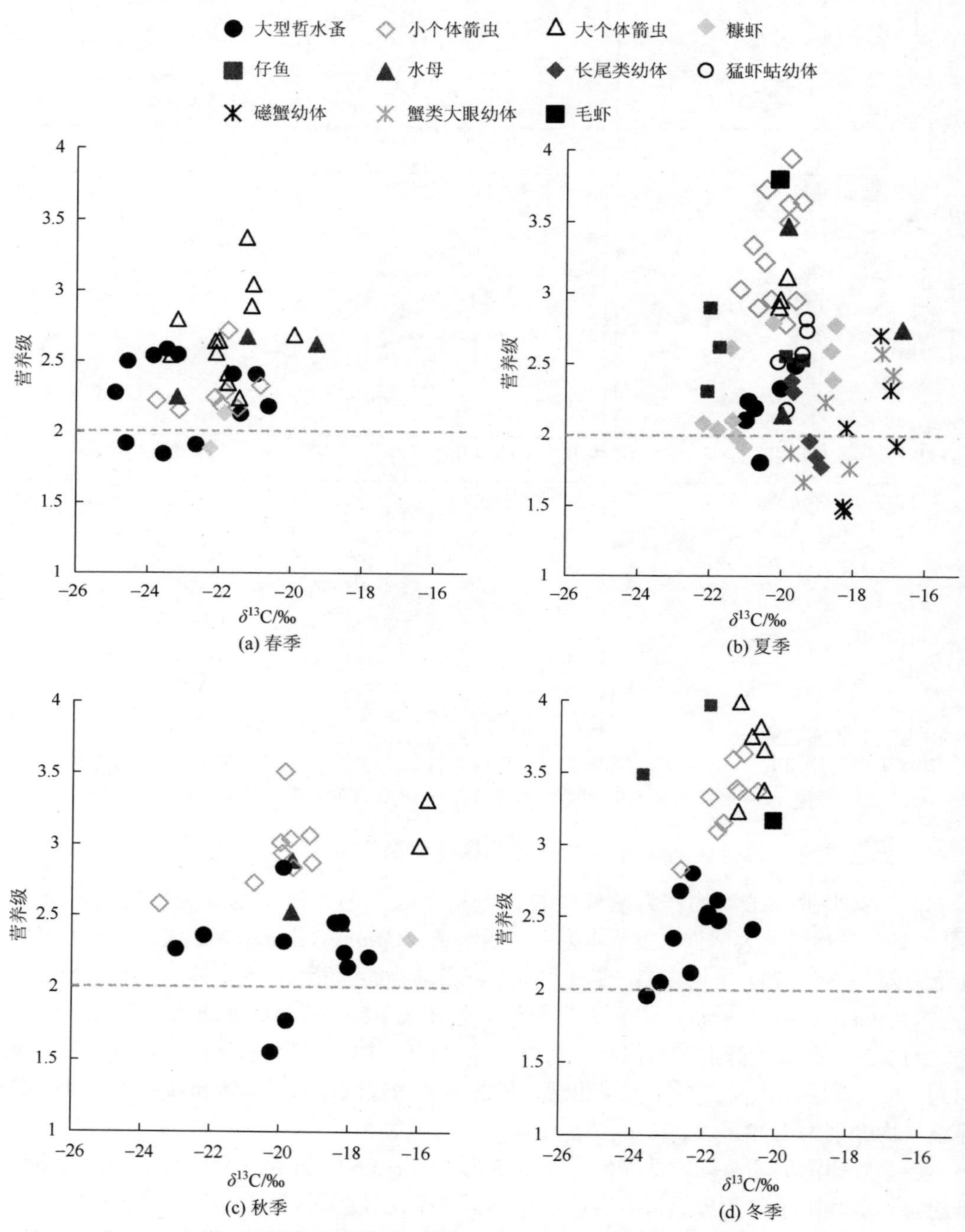

图 4.5 胶州湾浮游动物主要类群的 $\delta^{13}C$ 值与营养级的季节特征

以小型浮游动物的 $\delta^{15}N$ 为基线

应用稳定同位素示踪技术，分析了胶州湾主要渔业生物的碳氮同位素，并计算了营养级。从次级生产者浮游动物到顶级捕食者鱼类，胶州湾主要生物种类的营养级范围是 1.1～4.03。本研究箭虫的营养级最高接近于 4，表明在浮游动物类群内部，营养级的分化也很大。

从湾内外站位的对比情况来看，湾外的网采浮游动物一般具有更丰富的种类组成，各类群之间营养生态位的差异也高于湾内（图 4.6）。春季胶州湾浮游动物生物量极高，同位素分析结果显示，春季湾内各类群的营养生态位重叠明显，营养级差异不大。大个体的中华哲水蚤成体在春季大量出现，但稳定同位素的分析结果显示，箭虫类好像不能有效捕食这些大型哲水蚤，在湾内的站位其表现出比中华哲水蚤成体更低或相近的营养级。夏季，大量的浮游幼虫出现在湾外的站位，主要为长尾类幼体、猛虾蛄幼体、磁蟹幼体和蟹类大眼幼体，这可能是因为夏季为虾蟹类的繁殖季节。但是，在湾内则未能发现这些幼体的存在，这直接导致夏季湾外的浮游食物网的复杂性远高于湾内。秋季的浮游动物群落结构相对简单，在靠近青岛市区的站位，网采浮游动物都是一些小型个体，没有采到大个体的哲水蚤和箭虫。总体来说，在受陆源输入影响严重的湾内水域，浮游动物群落结构简单，浮游动物各优势类群之间的营养级差异减小。

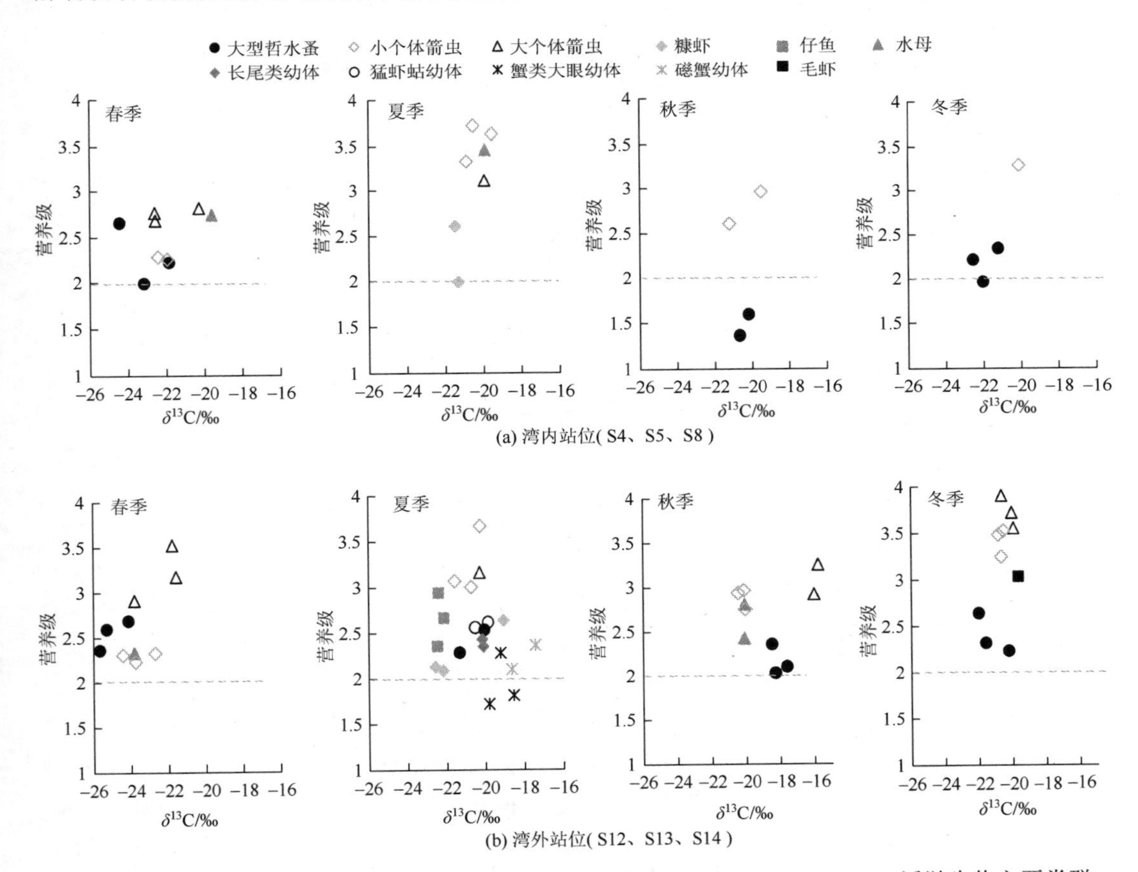

图 4.6　不同季节胶州湾湾内站位（S4、S5、S8）、湾外站位（S12、S13、S14）浮游生物主要类群营养级对比

以小型浮游动物的 $\delta^{15}N$ 为基线

（二）大亚湾浮游生态系统的 C、N 稳定同位素特征及其表征的营养级结构

分别于 2015 年 8 月（夏季）、12 月（冬季）、2016 年 4 月（春季）和 2016 年 10 月（秋季）对大亚湾悬浮颗粒有机物，网采浮游动物的 C、N 稳定同位素进行了不同季节测量和分析。根据浮游动物不同类群的 δ^{13}C、δ^{15}N 特征，分析了外源输入强度差异对浮游动物营养级结构的影响。在大亚湾共布设站位 17 个，采样站位分布见图 4.7，其中 S1～S14 站在 4 个季节都有采集，Z1～Z3 站只在春季、秋季和冬季采样。

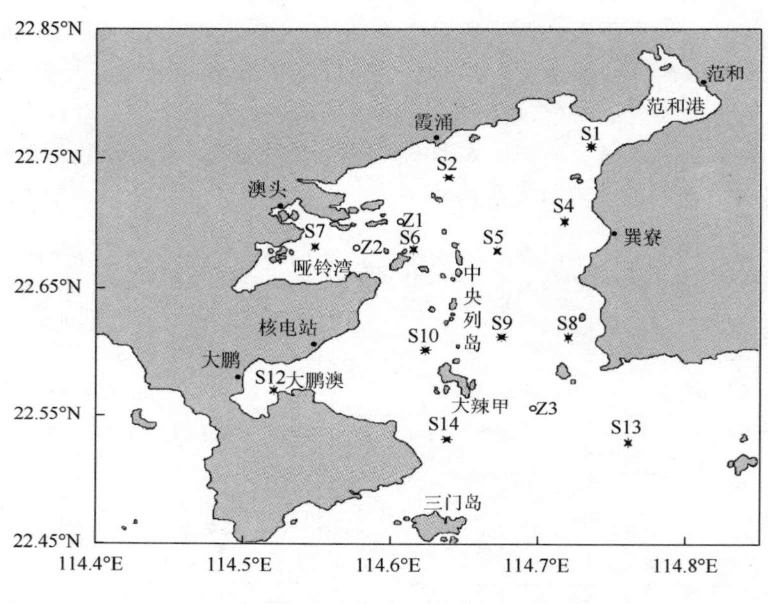

图 4.7　大亚湾采样站位分布图

1. 悬浮颗粒有机物的 δ^{13}C、δ^{15}N 时空特征

夏季和冬季大亚湾表层悬浮颗粒有机物的平均 δ^{13}C 值分别为−17.41‰和−22.13‰，且夏季显著高于冬季，存在明显的季节变化。从湾内到湾外逐渐减小，在湾内西北部富营养化高的水域，悬浮颗粒有机物的 δ^{13}C 值显著升高，在夏季水华发生的站位，δ^{13}C 值最高到达−13.69‰。夏季和冬季，悬浮颗粒有机物的 δ^{13}C 值均与叶绿素 a 的浓度呈显著正相关关系，表明悬浮颗粒有机物的 δ^{13}C 值主要受到浮游植物的生长率或生物量的影响。在大亚湾，水体的富营养化程度与悬浮颗粒有机物的 δ^{13}C 值密切相关。表层悬浮颗粒有机物的 δ^{15}N 的分布比较复杂，夏季和冬季悬浮颗粒有机物的 δ^{15}N 平均值分别为 6.87‰和 5.06‰。在夏季，δ^{15}N 值出现湾口和淡澳河口两个低值区，而冬季只有淡澳河口一个低值区（图 4.8）。分析表明，淡澳河口周边的高浓度铵态氮可能对淡澳河口附近悬浮颗粒有机物的 δ^{15}N 值产生了重要影响。悬浮颗粒有机物的 C、N 稳定同位素的分析结果，反映出大亚湾明显受富营养化和人类活动污染排放的影响。

大亚湾表层悬浮颗粒有机物的 $\delta^{13}C$ 值在春季和秋季均表现为湾内低于湾外，平均值分别为−19.77‰和−20.36‰（图 4.8）。春季悬浮颗粒有机物的 $\delta^{13}C$ 最小值出现在湾内西北

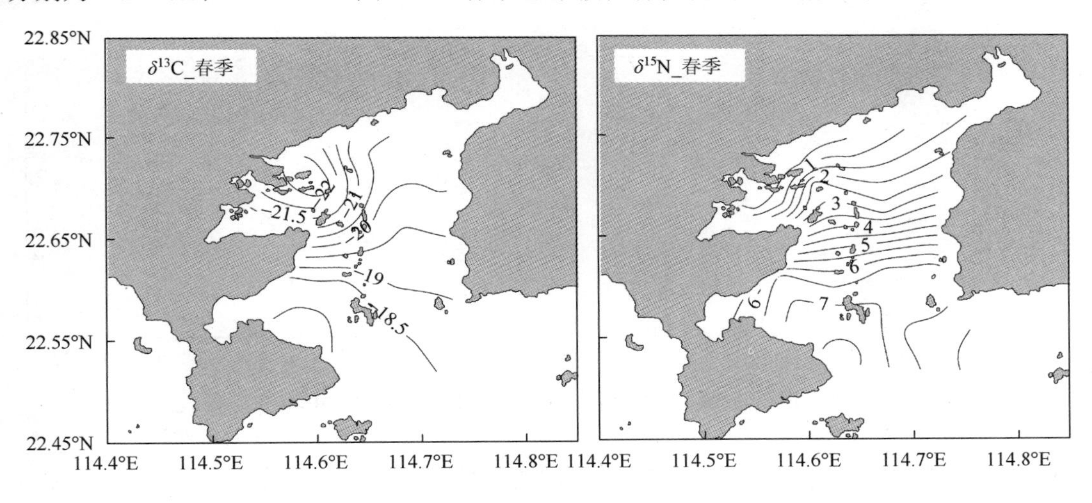

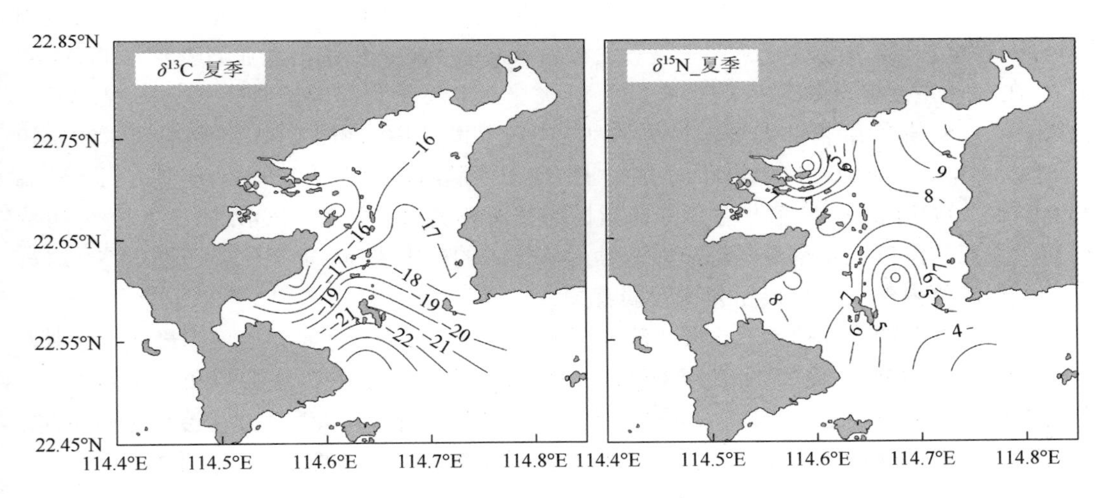

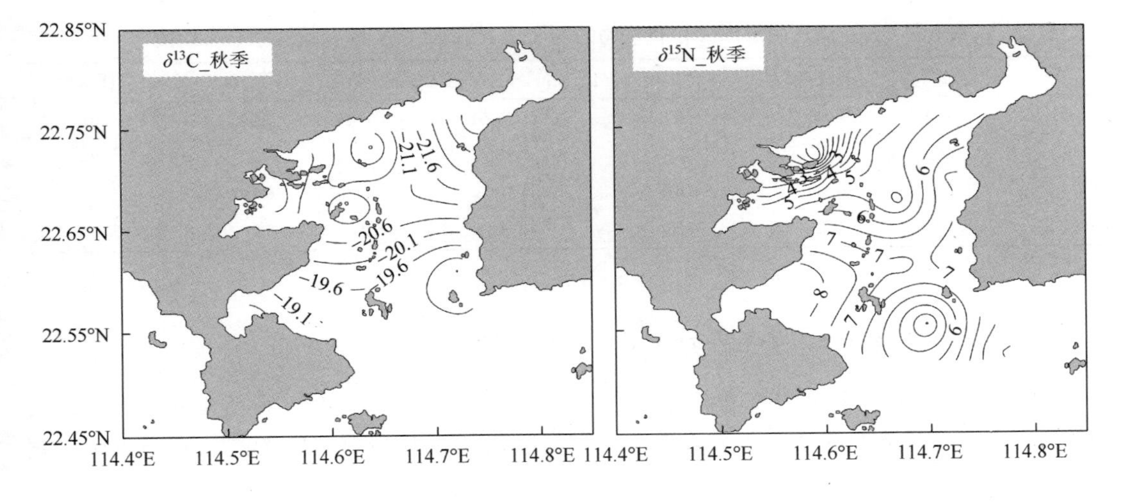

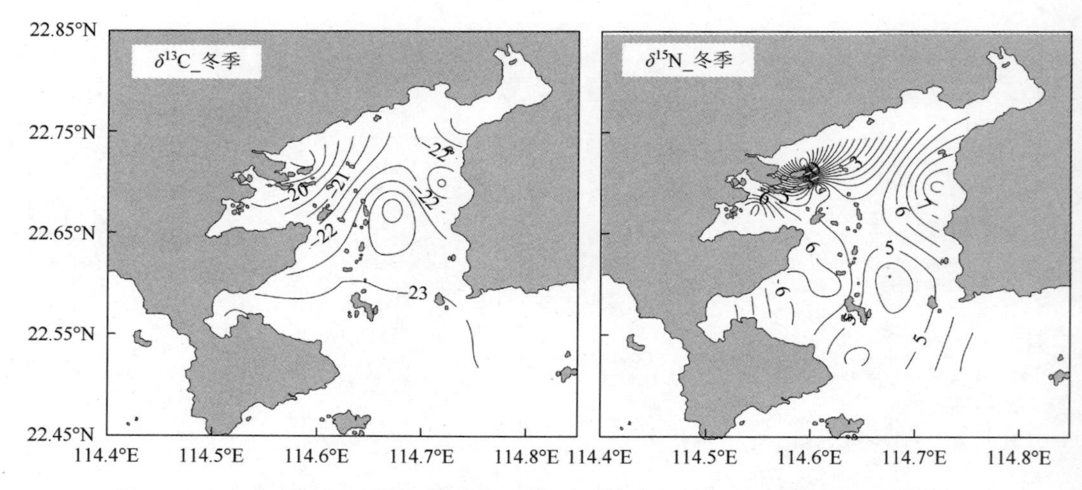

图 4.8　大亚湾表层悬浮颗粒有机物的 $\delta^{13}C$ 和 $\delta^{15}N$ 值的时空分布特征（单位：‰）

部的 S3 站，秋季 $\delta^{13}C$ 最小值发生在范和港的湾口处，这些水域均受陆源淡水输入影响比较大，POM 的低 $\delta^{13}C$ 值也显示了陆源输入的特征。春季 POM 的 $\delta^{13}C$ 值与盐度显著正相关（$P<0.01$），秋季则与叶绿素 a 显著正相关（$P<0.05$），反映出大亚湾表层水 POM 的 $\delta^{13}C$ 在春季主要受淡水输入的影响，而在秋季则主要受到浮游植物生长的影响。表层 POM 的 $\delta^{15}N$ 值在春季和秋季基本表现为从湾内到湾外逐渐增加，平均分别为 4.09‰和 6.10‰。春季、秋季 POM 的 $\delta^{15}N$ 最小值均出现在淡澳河口附近的 S3 站，分别达到 0.57‰和 0.07‰。POM 的 $\delta^{15}N$ 值与各营养盐指标均呈显著负相关关系。POM 的 $\delta^{15}N$ 值分布特征显示大亚湾湾内在春季受陆源高营养盐污水输入的严重影响，而且影响范围较广，这与春季大亚湾湾内外水体交换能力比较弱有关。

从 4 个季节的平均值来看，大亚湾表层 POM 的 $\delta^{13}C$ 值夏季最高、冬季最低，分别为 −17.41‰和−22.13‰；而 $\delta^{15}N$ 值春季最低、夏季最高，均值分别为 4.09‰和 6.87‰。初步分析表明，POM 的 $\delta^{13}C$、$\delta^{15}N$ 值在不同季节受制约的因子有差异，春季主要受陆源低 $\delta^{13}C$、$\delta^{15}N$ 输入的影响，而其他季节受浮游植物生长及外海海水入侵的影响（表 4.2）。

表 4.2　大亚湾表层悬浮颗粒有机物的 $\delta^{13}C$、$\delta^{15}N$ 和 C/N 等参数的季节平均值

季节	T/℃	盐度	总悬浮固体浓度/(mg/L)	Chl a 浓度/(μg/L)	$\delta^{13}C$/‰	$\delta^{15}N$/‰	C/N	样本数
春	16.90	30.85	9.07	33.01	−19.77	4.09	7.11	14
夏	30.24	29.17	3.89	15.46	−17.41	6.87	9.39	14
秋	27.48	30.13	6.88	4.53	−20.36	6.10	8.41	14
冬	18.74	33.55	8.83	3.15	−22.13	5.06	8.93	14

2. 大亚湾浮游动物主要类群的 $\delta^{13}C$、$\delta^{15}N$ 特征

本书主要分析了秋季和冬季浮游动物各主要类群的 $\delta^{13}C$、$\delta^{15}N$ 特征，并据此分析大亚湾浮游食物网结构的空间差异。浮游动物样品由浅水 II 型浮游生物网从底层到表层垂

直拖曳多次获得，获得的浮游动物样品用 180 μm 的筛绢分离，置于过滤海水中静置约 0.5 h，待其排空肠道食物后再用筛绢富集，置于液氮中保存。在实验室中，分拣各浮游动物优势类群，主要关注小型浮游动物、大型哲水蚤和箭虫。小型浮游动物是指在解剖镜下不易分拣的个体，其主要组成包含小型桡足类、枝角类、浮游幼虫、被囊类和箭虫幼体等，在浮游食物网分析中处于较低的营养级。大型哲水蚤主要是纺锤水蚤（*Acartia* sp.）、亚强次真哲水蚤（*Subeucalanus subcrassus*）的成体，这些大型哲水蚤主要靠附肢和口器滤食水体中的浮游植物，营养级水平一般也比较低。箭虫的种类主要有肥胖软箭虫（*Ferosagitta enflata*）、百陶带箭虫（*Zonosagitta bedoti*）和柔弱滨箭虫（*Aidanosagitta delicata*）等，都是主动捕食的肉食性类群，一般被认为位于网采浮游动物的营养级顶端。

大亚湾秋季小型浮游动物、大型哲水蚤和箭虫的 δ^{13}C 值平均分别为−17.27‰、−17.63‰和−18.58‰；δ^{15}N 平均分别为 9.00‰、8.89‰和 10.27‰。浮游动物各类群 δ^{13}C、δ^{15}N 的水平分布规律相近，总体上看湾内高于湾外，但在湾底部个别区域出现 δ^{13}C、δ^{15}N 的低值（图 4.9）。特别是在受淡澳河淡水输入影响的 S3 站，各类群的 δ^{15}N 值均在此处显示了异常低值，表明河口附近悬浮颗粒有机物的低 δ^{15}N 值影响整个浮游动物各类群。秋季

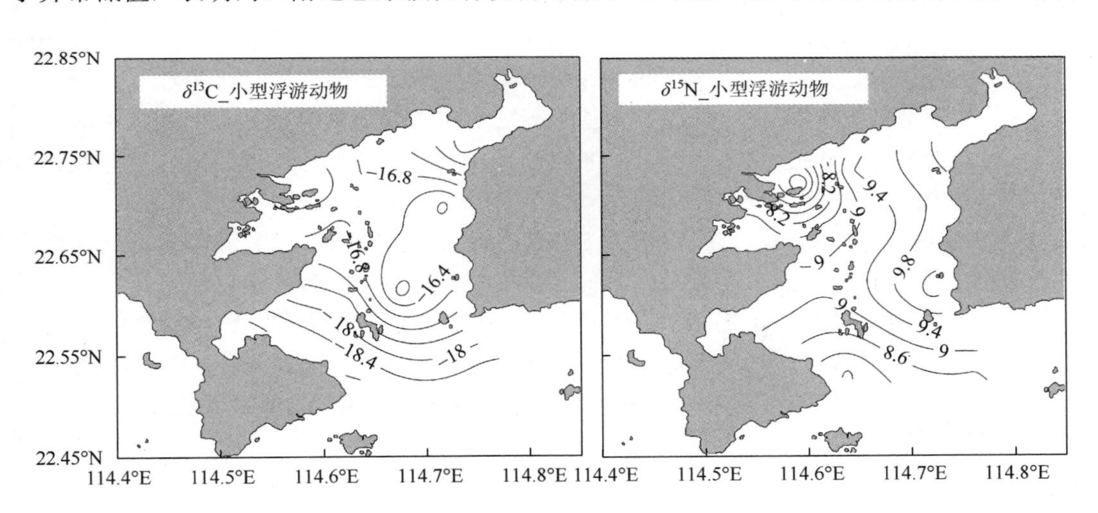

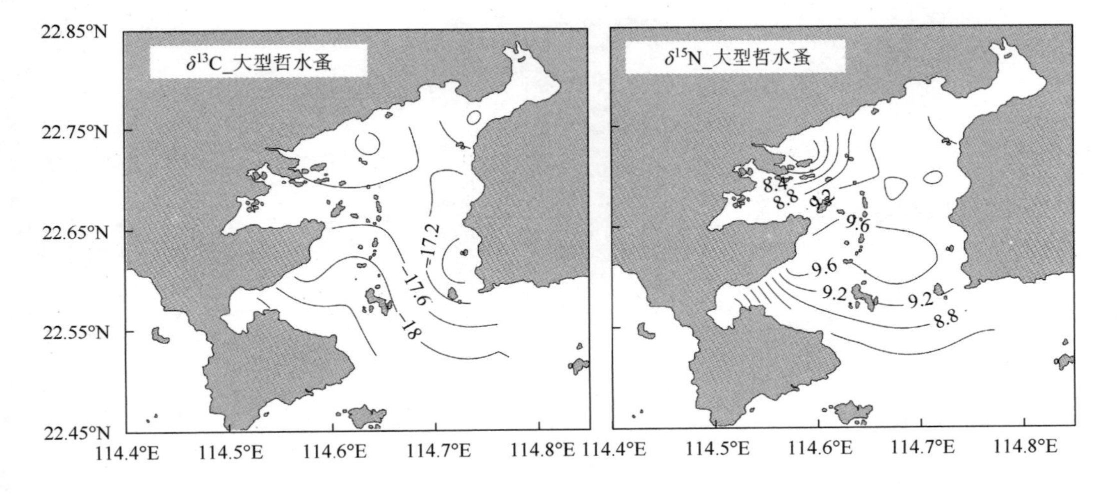

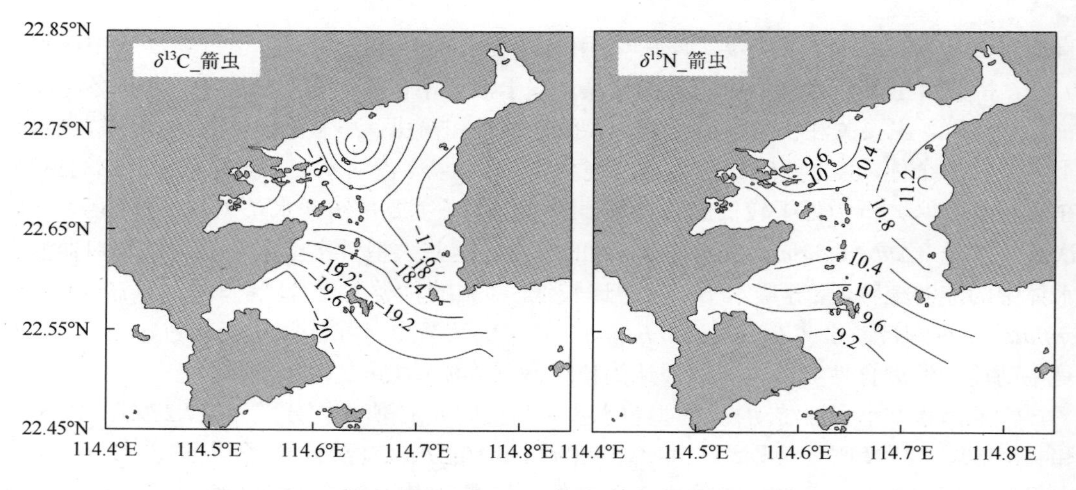

图 4.9　大亚湾秋季浮游动物主要类群的 $\delta^{13}C$ 和 $\delta^{15}N$ 值的分布特征（单位：‰）

大亚湾的箭虫以小个体的百陶带箭虫或柔弱滨箭虫等硬箭虫为主，而肥胖软箭虫只在少数几个站位分拣到。箭虫的 $\delta^{15}N$ 值显著高于小型浮游动物和大型哲水蚤，符合 $\delta^{15}N$ 值随营养级升高的规律，但是其 $\delta^{13}C$ 值略低于这两个类群，具体原因尚待进一步研究。

冬季大亚湾小型浮游动物、大型哲水蚤和箭虫的 $\delta^{13}C$ 值平均分别为–20.15‰、–18.64‰和–18.53‰；$\delta^{15}N$ 平均分别为 8.34‰、8.80‰和 11.24‰，水平分布规律与悬浮颗粒有机物的特征相近（图 4.10）。各浮游动物类群在大亚湾西北部湾内表现出较高的 $\delta^{13}C$ 值，特别是小型浮游动物，在哑铃湾的 S7 站达到–15.59‰，这表明富营养化的水域浮游植物的生长受碳限制的影响导致 $\delta^{13}C$ 值升高，并且沿食物链传递，反映在各浮游动物类群中。冬季各浮游动物类群的 $\delta^{15}N$ 值特征与秋季也很相似，在湾内淡澳河口附近，表现出显著的低值。$\delta^{15}N$ 的最低值均发生在最靠近河口的 S3 站，小型浮游动物的 $\delta^{15}N$ 值仅有 4.19‰。大亚湾冬季的箭虫群体以大个体的肥胖软箭虫为主，其 $\delta^{13}C$ 和 $\delta^{15}N$ 值均为最高。

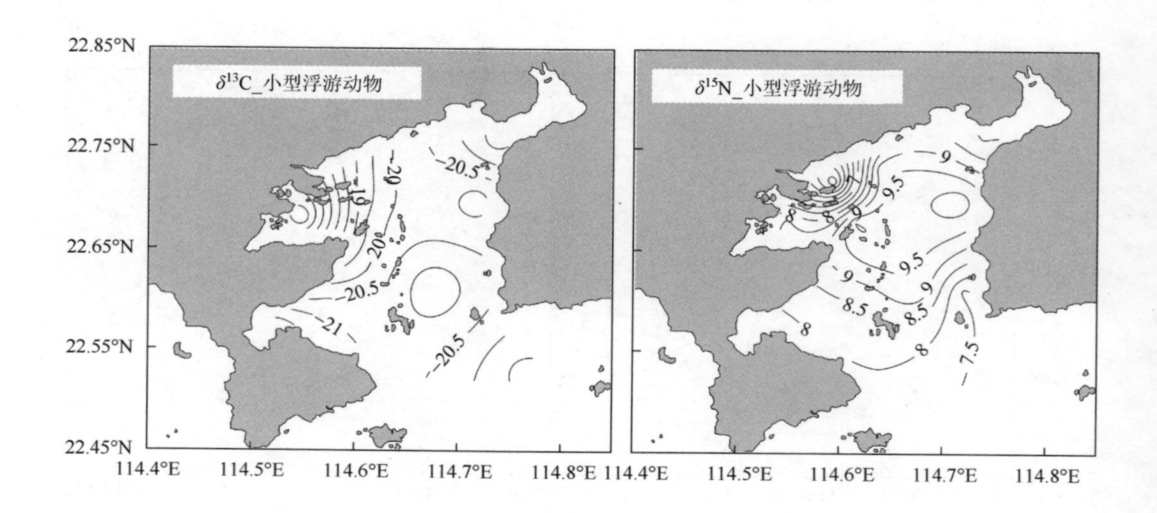

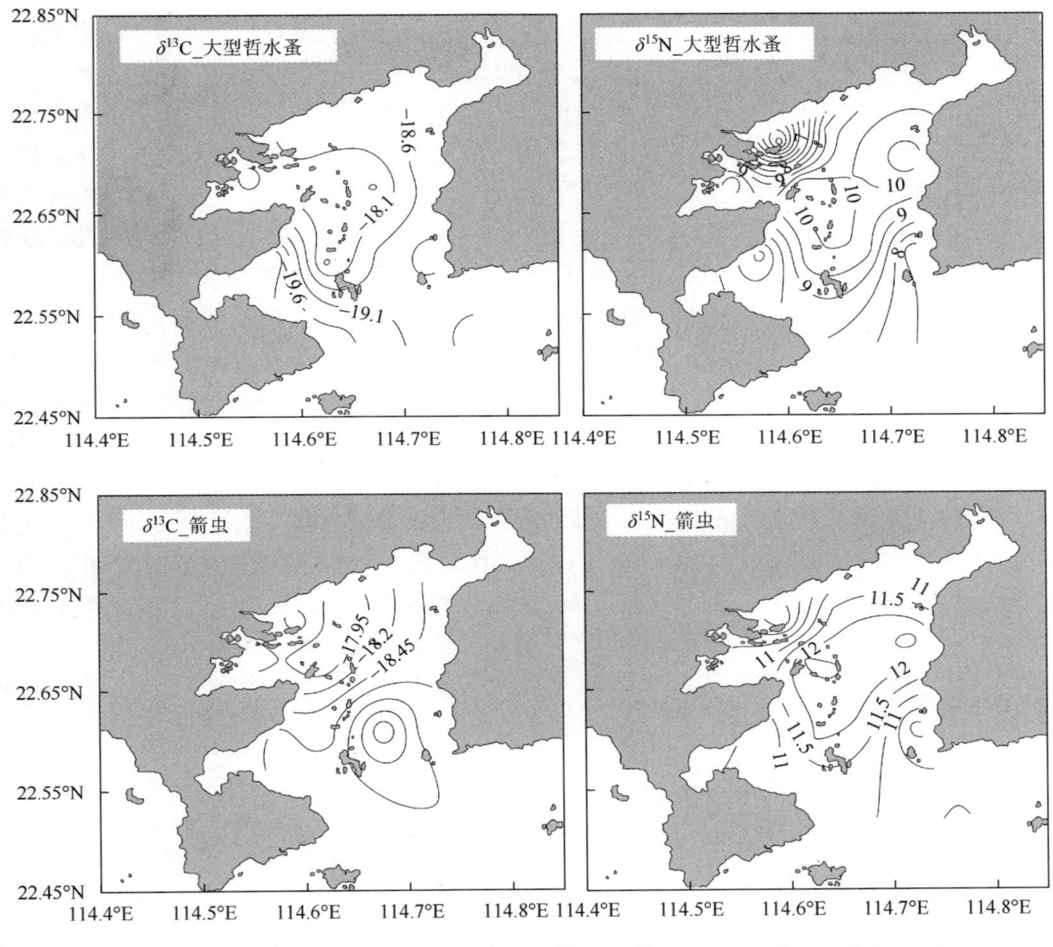

图 4.10 大亚湾冬季浮游动物主要类群的 $\delta^{13}C$ 和 $\delta^{15}N$ 值的分布特征（单位：‰）

从秋季和冬季的分析结果来看，浮游动物各类群的 $\delta^{13}C$、$\delta^{15}N$ 值的空间分布差异显著。例如，小型浮游动物的 $\delta^{15}N$ 值差异在秋季和冬季分别达到 4.19‰和 6.10‰，而箭虫的 $\delta^{15}N$ 值空间差异分别达到 2.83‰和 3.5‰；有文献（Peterson & Fry，1987；Fry，2006）报道表明，一个营养级的 $\delta^{15}N$ 值富集系数平均为 3.4‰，这些空间本底值的差异会极大影响营养级的估算。在利用稳定同位素值来研究大亚湾浮游生物营养级结构的空间差异时，应充分考虑本底值不同带来的影响，最好是每个站位都有对应的基线值。在大亚湾，稳定同位素值的最大干扰因素来自于西北部淡澳河的低 $\delta^{15}N$ 值输入。相对而言，高营养级的箭虫的 $\delta^{13}C$、$\delta^{15}N$ 值受本底值差异的影响较小。

3. 生态环境变化对大亚湾浮游动物营养级特征的影响

利用稳定同位素技术构建水生生态系统的食物网结构需要选择恰当的基准生物，以更准确地阐释食物网各阶层的营养关系。本书以小型浮游动物作为基线生物（设其营养级为 2），分析了各类群的营养级水平（图 4.11）。

秋季大亚湾以箭虫和水母占据高营养级，糠虾、莹虾与大型哲水蚤的营养级相近。肥胖软箭虫的营养级平均为2.45，变动范围为2.21～2.69；小个体硬箭虫主要为百陶带箭虫和柔弱滨箭虫组成，营养级平均为2.32，变动范围为2.01～2.65；大型哲水蚤的营养级平均为1.97，变动范围为1.26～2.22。总体来看，各浮游生物类群的营养级差异不大，以箭虫和水母占据较高营养级，莹虾、糠虾和大型哲水蚤的营养级相近。S12站的糠虾和大型哲水蚤均表现出较低的营养级，这可能是由于该站位靠近湾口，大型浮游动物由湾外迁移而来，湾外浮游动物的体δ^{13}C、δ^{15}N本底值较低，导致营养级估算结果被低估。

在大亚湾冬季，大个体肥胖软箭虫的营养级平均为2.84，波动范围为2.61～3.42；小个体硬箭虫平均营养级为2.44，变动范围1.92～2.81；大型哲水蚤的营养级平均为2.13，变动范围为1.71～2.51。肥胖软箭虫、莹虾和水母在湾底淡澳河口附近均表现出了全大亚湾最高的营养级，该区域异常低的δ^{15}N本底值显然影响了该区域浮游动物营养级的估算，导致营养级估算结果偏大。冬季各个站位糠虾的δ^{13}C值显著高于其他类群，而δ^{15}N显著低于其他类群，其食物来源或栖息地与其他浮游动物类群或有显著差异，该季节的糠虾群体可能由湾外随海流大量迁移而来（图4.11）。比较秋季和冬季浮游动物的营养级结构，秋季浮游动物各类群的营养生态位分化小，整体食物链较短。而冬季各类群间的差异则比较清晰，拥有较大体型的肥胖软箭虫的营养级显著高于稍小个体的硬箭虫类。秋季大亚湾浮游动物群落结构的营养级跨度为2.09，而冬季为2.32，表明冬季浮游生态系统有更长的食物链。

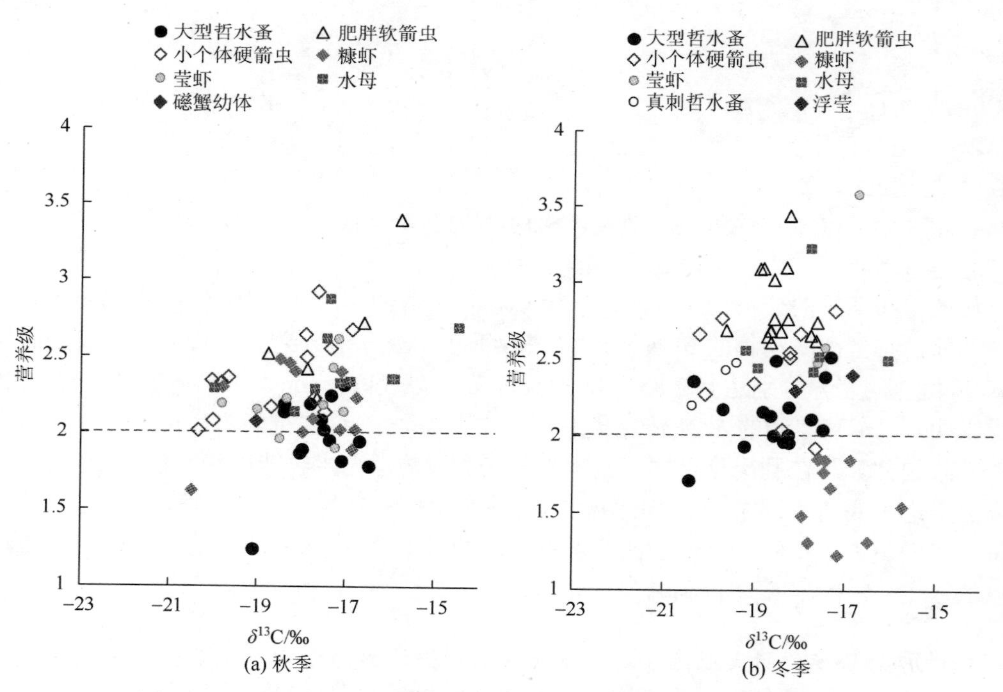

图4.11　大亚湾秋季和冬季浮游动物主要类群的δ^{13}C值与营养级特征

以小型浮游动物的δ^{15}N为基线

从春季、秋季和冬季湾内外典型水域的对比来看，湾内外浮游动物食物网结构也呈现明显的季节差异（图 4.12）。不同类群的营养级春季在湾内外均显示了较大的分化，在湾内以水母和糠虾占据最高营养级，而在湾外则以肥胖软箭虫占据最高营养级，湾内外最大营养级分别为 3.69 和 3.48。秋季湾内外各类群生态位的差异均明显比春季和冬季小，浮游生态系统显示出较短的食物链，湾内外最高营养级分别为 2.69 和 2.43。冬季湾外浮游动物类群的多样性及生态位差异均显著高于湾内，湾内外最大营养级分别为 2.65 和 3.07。春季和秋季，大亚湾湾内浮游动物群落间的营养级分化高于湾外，而在冬季则相反。湾口与敞水区的网采浮游动物具有更复杂的食物网结构和更长的食物链。

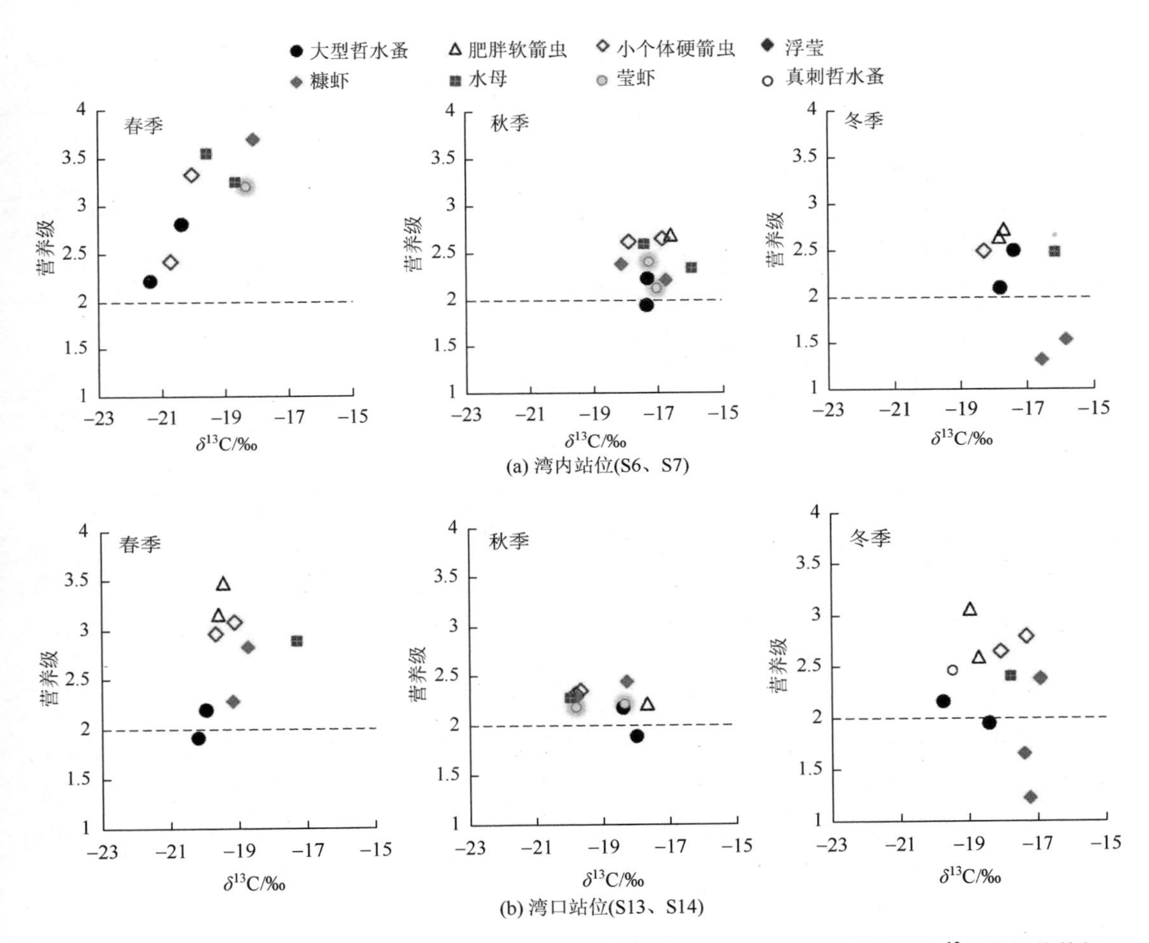

图 4.12　大亚湾湾内站位（S6、S7）和湾口站位（S13、S14）浮游动物主要类群的 $\delta^{13}C$ 值与营养级

以小型浮游动物的 $\delta^{15}N$ 为基线

二、生物粒径谱表征海湾生态系统功能及其对生态环境变化的响应

生物粒径谱是通过生物类群或群落的生物量与生物个体大小之间的关系，描述生物类群或群落的整体属性，给人们以区别于传统物种分类的崭新视角，成为生态学研究，尤其

是水生生态学研究的热点（周林滨等，2010）。生物粒径谱研究已经历了半个多世纪的发展和多个领域的应用，为认识海湾生态系统的结构与功能的时空变动和长期变化提供了重要参考。本部分内容，总结了作者在海洋生物粒径谱研究领域多年的积累和理解，根据973计划项目的实测数据分析结果，综合阐述粒径谱方法在海洋生态系统研究中的应用，尤其关注简化粒径谱方法在长期历史数据再分析中的应用，粒径谱方法比较不同海湾生态系统结构与功能、表征同一生态系统结构与功能季节变化及其对外部干扰的响应，浮游生物粒径谱和整体生物粒径谱的联合应用，阐释营养盐输入增加背景下海湾生态系统稳定性维持机制。

（一）生物粒径谱在海湾生态系统研究中的应用

1. 主要粒径谱类型

自1967年粒径谱（particle size spectrum）概念提出以来，粒径谱理论及其应用不断发展和扩大，粒径谱理论的发展过程具有明显与理论模型研究同步的特点。新的粒径谱表示方法的出现，往往伴随着新的粒径谱理论模型的提出。周林滨等（2010）对粒径谱类型及其应用进行了较好地总结，现简要概述如下。

Kerr模型和Sheldon模型：假设捕食者与被捕食者的个体大小相互关联，且生物生长和新陈代谢与个体大小密切相关。Kerr（1974）根据此营养过程观点，构建理论模型，从理论上解释了Sheldon等（1972）所观测到的Sheldon型粒径谱模式（生物量在以2为底的对数化横坐标轴上的分布）。同样，Sheldon等（1977）以捕食者与被捕食者大小及其相互作用的效率，构建简单的理论模型，用于解释所观测到的Sheldon型粒径谱。

P-D模型：Platt和Denman（1977）采用与Kerr（1974）相同的理论方法，将以对数化生物量为纵坐标，对数化粒径为横坐标所得到的谱线称为非标准化生物量谱，并提出标准化生物量（normalized biomass）概念。某一粒径级的生物量除以该粒径级的宽度，就得到标准化生物量。在双对数坐标中，以标准化生物量为纵坐标，以粒径大小为横坐标，以线性回归描述得出一条直线，称为P-D型粒径谱或标准化粒径谱。标准化生物量的提出，使生物量分布不再依赖粒径间隔的大小；在量纲上，标准化生物量类似于数量密度（numerical density）。标准化粒径谱具有能积分的优点，有利于量化数据所得出的系统结构的变化。

T-D模型：Boudreau等（1991）用生态动力学解释系统层次的生产力粒径谱（production size spectrum）与生物量谱，认为生物量谱上穹顶形状（dome-like）的出现表达了系统中不同营养级（trophic level）的属性，而不同生态系统粒径谱穹顶形状的差异，反映了生态系统中捕食者-被捕食者之间相互作用的特性。Thiebaux和Dickie（1992，1993）考虑生物量谱中穹顶形状的生物量连续出现的现象，结合营养级的观点，重新分析P-D模型，所有模型参数采用异速生长形式（allometric form，即 $Y = Y_0M^b$，Y 表示与大小相关的参数因变量，如捕食死亡率、生产率等；M 表示生物大小；Y_0 为回归常数；b 为异速生长指数，$b \neq 1$）（Brown et al.，2004），得出完全异速生长形式的模型，该模型除了包含线性项，还包含有描述穹顶形生物量的数学项（倒置抛物线）。该数学项具有周期性，反映在粒径谱上，表示形状相同的穹顶形生物量在固定的粒径间隔重复出现。并进一步指出，不同的生物量穹顶对应于不同营养级的生物类群。在海洋生态系统中，这些类群往往是指浮游植物、浮游动物和鱼类。如图 4.13 所示。

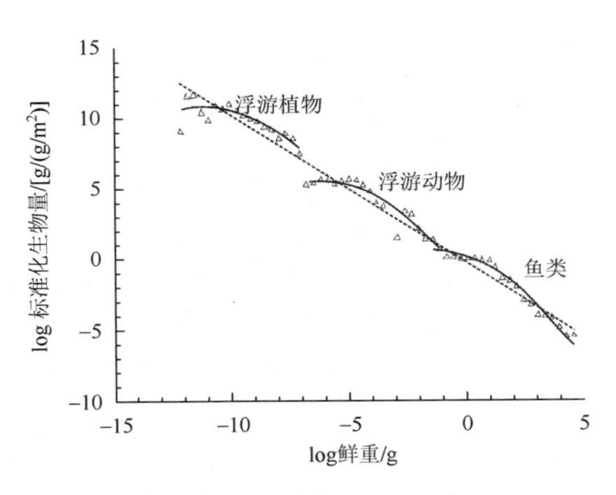

图 4.13　安大略湖 T-D 型生物量谱

虚线为标准化生物量谱线（线性项）。3 条抛物线对应于浮游植物、浮游动物和鱼类 3 个营养类群，具有同样的曲率，相邻抛物线之间的水平与垂直距离为常数。引自周林滨等（2010）

以上模型的发展构成了粒径谱理论框架，可以看出，捕食者与被捕食者之间的营养关系和异速生长关系是粒径谱理论研究的核心。捕食营养关系继承了以传统的物种分类为基础的特点，而异速生长关系不再受分类束缚，作为新陈代谢理论的主要组成部分，也是粒径谱研究的重要理论支撑。从粒径谱理论的发展过程可以看出，异速生长关系在粒径谱理论研究中的重要性越来越明显。Kerr 和 Dickie（2001）对粒径谱理论的发展历史、现象及其理论基础进行了详细、系统的阐述，有兴趣的读者可以参阅。粒径谱基本理论框架构建之后，对粒径谱形成机制及其影响因素的理论探讨并没有停止。

粒径谱理论研究始终没有脱离捕食营养关系，因为生物粒径谱表示的系统中各粒径生物的生物量分布，也是系统能量在整个生物群落分布的体现。捕食营养关系作为能量流动的直接驱动力，是研究粒径谱形成过程，尤其是粒径谱动态过程所必须考虑的因素。然而，多数模型所涉及的捕食营养关系不同于传统的捕食营养关系，因为营养级的划分由生物的粒径大小决定，不再依赖于物种分类。值得注意的是，单一粒径谱只表示某一时刻系统的粒径结构，表征系统所处的状态，一般不能指示粒径谱形成的原因。然而，粒径谱理论研究以达到稳定这一特殊状态为目标，试图反推阐明粒径谱形成的内在机制，体现出稳定状态假设对粒径谱研究的重要性。

2. 粒径谱理论的应用

尽管粒径谱理论的细节还存在争议，粒径谱也有很多变型，然而，粒径依赖的群落属性仍得到了广泛的认可，粒径谱理论在水生生态系统与生物资源评估方面也得到了愈来愈多的应用。

（1）粒径谱与生态系统描述及生态环境监测

随着粒径谱理论的发展，粒径谱理论被应用于多个领域，其中，生物群落的描述、比较和预测就是其重要应用之一。Kerr（1974）首次用理论模型解释所观测到的浮游生态系统粒径组成的规则性时，指出粒径谱理论可用于评估外部胁迫对生态群落的效应。粒径谱理论在生态系统描述及监测方面的应用，主要基于粒径谱的斜率、截距、谱线剩余方差等参数，可用于表征生物群落的粒径结构，指示生态系统健康状况和环境特性。

处于理论上稳定状态的生物群落的标准化粒径谱是一条斜率为–1 的直线（Platt & Denman，1977）。斜率为–1 表示生物量在整个粒径谱范围内为常数；斜率大于–1 时，表示生物量随粒径的增大而增加；斜率小于–1 时表示生物量随粒径的增大而减小（Macpherson & Gordoa，1996）。斜率偏离–1 的程度表示群落偏离稳定状态的程度。谱线在纵坐标轴上的截距可以表示群落生物的丰度（Stead et al.，2005）。同样，围绕谱线的剩余方差也表征了群落偏离稳定状态的程度。

T-D 模型除了考虑系统整体的标准化粒径谱直线，还用穹顶形谱线描述不同营养层位（trophic positions）生物类群的粒径分布，能够更充分和完整地表达实际观测到的水生生物粒径谱结构（Kerr & Dickie，2001）。其中穹顶形谱线的曲率与生物新陈代谢、捕食者与被捕食者平均个体大小比例、生态转化效率有关；在各营养类群内，偏离穹顶形谱线的程度（偏差），则可能表征单个物种之间的相互作用（Kerr & Dickie，2001）。

因此，作为个体生理、营养功能、物种相互作用等不同层次生态效应叠加的结果，生物粒径谱不仅可以用于生物群落结构的描述，进而比较同一生物群落特征在时间上的变化，以及不同生物群落之间的特征对比，也可以根据粒径谱对外部环境胁迫的响应，用于生态环境监测。尽管粒径谱的环境监测功能存在局限性，但过去 50 多年的研究表明，粒径谱是描述生态系统（尤其是水生生态系统）的良好工具。

（2）粒径谱与潜在鱼类产量估算

粒径谱理论的另一项重要应用是海洋与淡水生态系统不同营养级生物产量，尤其是潜在鱼类产量的估算。利用粒径谱模型估算鱼类产量，符合基于生态系统的渔业管理对生态指标的需求，相对于传统的基于分类的鱼类产量估算模型，具有明显的优势。首先，它可以避开烦琐的分类工作，不需要具体区分各物种间的营养关系。其次，构建粒径谱所需的数据，非常接近于所获得的原始数据的形式，且更容易用自动化方式获得粒径数据。周林滨等（2010）已详细地分析评述了 Sheldon 模型、Borgmann 鱼类产量估算模型、T-D 模型等在鱼类产量评估中的应用及其优缺点，在此不再赘述。需要指出的是以上三种模型及其变形，往往不能用于单种鱼类产量的预测，这是粒径谱模型不可能完全取代传统方法用于鱼类产量预测及渔业管理的原因之一。尽管预测不是粒径谱模型的主要目的，但是渔业资源管理需要尽可能多的方式提供参考，故基于粒径谱模型的鱼类产量预测可被看作独立的有用参考之一。

（3）简化粒径谱及其在海洋生态系统描述和监测方面的应用

尽管用粒径谱理论描述和监测水生生态系统状态，促进了对水生生态系统生态过程的新认识，并且该方法相比其他分类方法具有省时省力的优点，然而要获取生态系统完整生物群落的详细粒径结构信息，往往需要较高的设备和技术要求，难以推广应用，更不适用于对历史数据的再分析，无法对接管理的需求。这就需要对粒径谱进行简化，降低对样品采集及分析的技术要求。

在海洋浮游生态系统中，海洋生物个体大小与营养级的高低具有较好的正相关关系，诸如浮游植物、浮游动物、鱼类等生物类群的粒径信息，在 T-D 型粒径谱中，往往对应不同的穹顶形谱线，占据不同的营养层位。在水生生物粒径谱研究实践中，这些生物类群也常被简化为单个粒径级，据此 Zhou 等（2013）提出简化粒径谱（simplified abundance size spectrum，SASS）方法。在仅需要知道浮游生态系统主要生物类群丰度数据的情况下，就可以根据获取丰度数据所用的采样及分析方法，经验性地确定不同生物类群的粒径范围，构建简化粒径谱，表征生态系统属性。简化粒径谱构建方法如下。

如果生物类群 T 拥有 N 个生物个体，其粒径大小范围为 S_{min}–S_{max}，那么，S_{min} 和 S_{max} 的几何平均值 S 就定义为该生物类群生物个体的名义粒径大小（nominal size）：

$$S=\sqrt{S_{\max}\times S_{\min}} \tag{4.1}$$

确定不同生物类群的粒径范围之后，类群 T 的标准化丰度（normalized abundance）（N_n）（事实上等同于标准化生物量）的计算公式如下：

$$N_n=\frac{N\times S}{S_{\max}-S_{\min}}=N\times\frac{\sqrt{S_{\max}\times S_{\min}}}{S_{\max}-S_{\min}} \tag{4.2}$$

S 可以用等效球径（equivalent spherical diameter，ESD）、体积等其他生物量表示。以 N_n 为纵坐标变量，S 为横坐标变量，N_n 随 S 在双对数图（log/log plot）上的分布就称为简化粒径谱（图 4.14a）。简化粒径谱参数由最小二乘法回归分析得到，回归方程如下：

$$\log N_n=\alpha+\beta\log S$$

其中，log 表示取对数（如以 10 为底）；α 为回归直线的截距；β 回归直线的斜率。

用 SASS 参数——截距 α、斜率 β 和回归确定系数 R（或 R^2）描述生态系统属性。其中截距 α 表征生物丰度和系统生产力，较高的截距表示较高的生物丰度和系统生产力，反之亦然。斜率 β 表征生物群落或生态系统能量传递效率。回归确定系数描述生物量沿回归谱线分布的拟合程度和系统稳定性，较高的 R^2 值表征较均匀的生物量分布和较稳定的状态。

利用 2007 年 8 月南海北部微微型浮游植物（0.2～2 μm）、小型浮游植物（10～160 μm）、中型浮游动物（160～2000 μm）和大型浮游动物（505～8000 μm）丰度数据构建了简化粒径谱（图 4.14b）。粒径谱参数能够指示浮游生态系统属性的变化，可以把南海北部浮游生态系统清晰地分为若干类型，即珠江冲淡水或上升流影响核心区域、珠江冲淡水或上升流影响核心区域的邻近沿岸区域、深海区域，黑潮影响区域和陆架外海区域。并且，简化粒径谱方法能够检测出珠江口外浮游生态系统对冲淡水的快速响应（Zhou et al.，2013）。

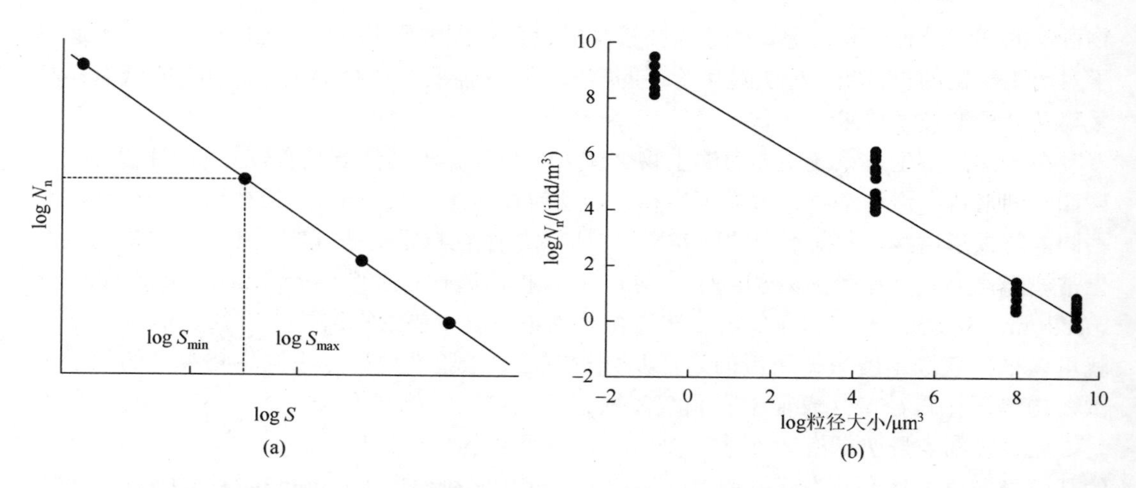

图 4.14 简化粒径谱示意图（a）及南海北部（2007 年 8 月）浮游生物简化粒径谱（b）（Zhou 等，2013）

根据简化粒径谱构建的方法与原则，用网筛把南海东北部浮游动物分为 160～355 μm、355～600 μm、600～1250 μm、1250～2000 μm 和 2000～4000 μm 五个粒径级，并记录各粒径级浮游动物数量，构建浮游动物粒径谱。粒径谱参数较好地指示了珠江冲淡水和粤东上升流的影响（Zhou et al.，2015）。

同样根据简化粒径谱方法，使用 973 计划项目的实测数据，构建浮游生物粒径谱和包含渔业资源生物的综合生物粒径谱，表征胶州湾和大亚湾生态系统食物网结构与功能；用简化粒径谱方法，再分析 20 多年来大亚湾湾内与湾口浮游植物和浮游动物丰度数据，指示人类活动引起的营养盐输入对大亚湾浮游生态系统的影响。

（二）胶州湾和大亚湾生物粒径谱的比较及其对生态环境变化的响应

1. 胶州湾与大亚湾浮游生物粒径谱的时空变化

胶州湾夏季（2015 年 7 月）、冬季（2016 年 1 月）浮游生物数据和大亚湾夏季（2015 年 7 月）、冬季（2015 年 12 月）浮游生物数据，都来自于 973 计划项目。其中，胶州湾浮游植物为浅水III型浮游生物网采集，大亚湾浮游植物为水采浮游植物（采水 1 L，用卢戈氏液固定）。微微型浮游生物（包括异养细菌、聚球藻和微微型光合真核生物）由流式细胞仪测定。浮游动物由浅水 II 型浮游生物网垂直拖网采集，用甲醛固定。浮游生物样品用筛网分为 160～355 μm、355～600 μm、600～1250 μm 和 1250～2000 μm 四个粒径级。定义微微型浮游生物粒径范围为 0.2～2 μm，水采浮游植物粒径范围为 10～160 μm，网采浮游植物粒径范围为 10～250 μm。浮游动物粒径谱构建参考 Zhou 等（2015），浮游生物粒径谱构建参考 Zhou 等（2013）。

胶州湾湾内浮游动物粒径谱、浮游植物和浮游动物粒径谱及综合浮游生物粒径谱，与湾口没有明显差异。然而，胶州湾夏季浮游动物粒径谱截距明显高于冬季，斜率小于冬季

（图 4.15a）。表明胶州湾夏季浮游动物群落生产力高于冬季，夏季小粒径级浮游动物明显多于冬季。夏季浮游动物斜率值接近理论稳定值–1，而冬季斜率值则显著高于理论斜率值，能量在大粒径浮游动物中累积，可能与高营养级鱼类的摄食压力较小有关。胶州湾综合浮游生物粒径谱斜率（图 4.15b）在两个季节都接近理论稳定值–1，表明胶州湾浮游生态系统接近理论稳定状态。

相比较而言，大亚湾浮游动物粒径谱具有较高的截距和较小的斜率。表明大亚湾浮游动物群落生产力相对较高，但能量传递效率较低（图 4.16）。胶州湾浮游生态系统可能处于相对较好的状态。

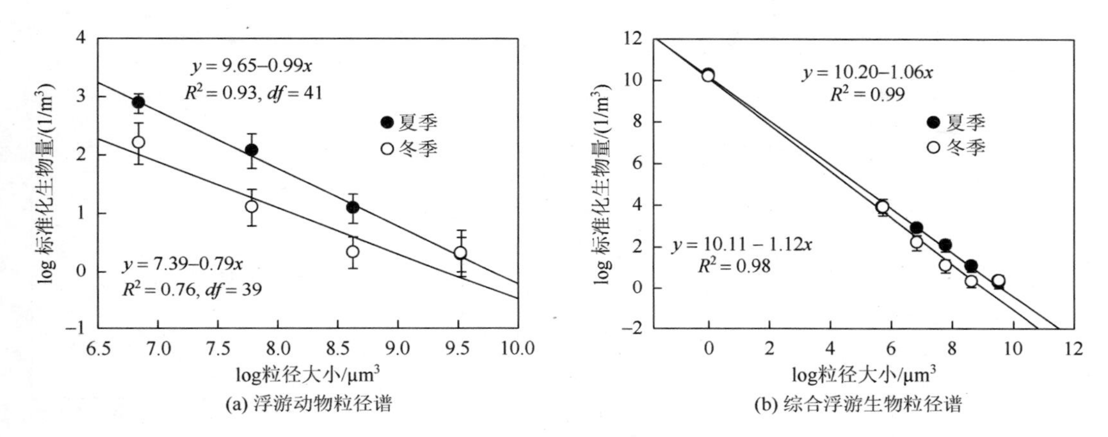

图 4.15 胶州湾浮游生物粒径谱季节变化

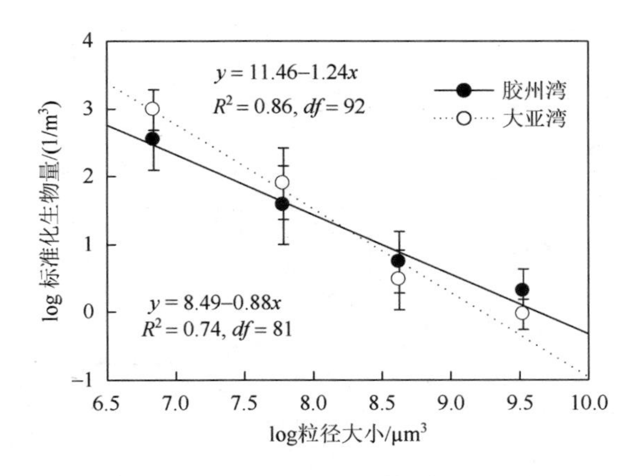

图 4.16 胶州湾与大亚湾浮游动物粒径谱比较

结果表明夏季大亚湾湾内浮游生物粒径谱截距大于湾口，斜率小于湾口［图 4.17（a～c）］，表明受人类活动影响明显的湾内具有更高的系统生产力，但湾内从浮游植物到浮游动物，以及浮游动物内部的能量传递效率较低，能量在浮游植物堆积，向浮游动物传递受阻。冬季，大亚湾湾内与湾口浮游生物粒径谱截距与斜率无显著差异［图 4.17（d～f）］。

对比夏冬两季，大亚湾浮游生物粒径谱存在明显季节差异。冬季，粒径谱截距明显较

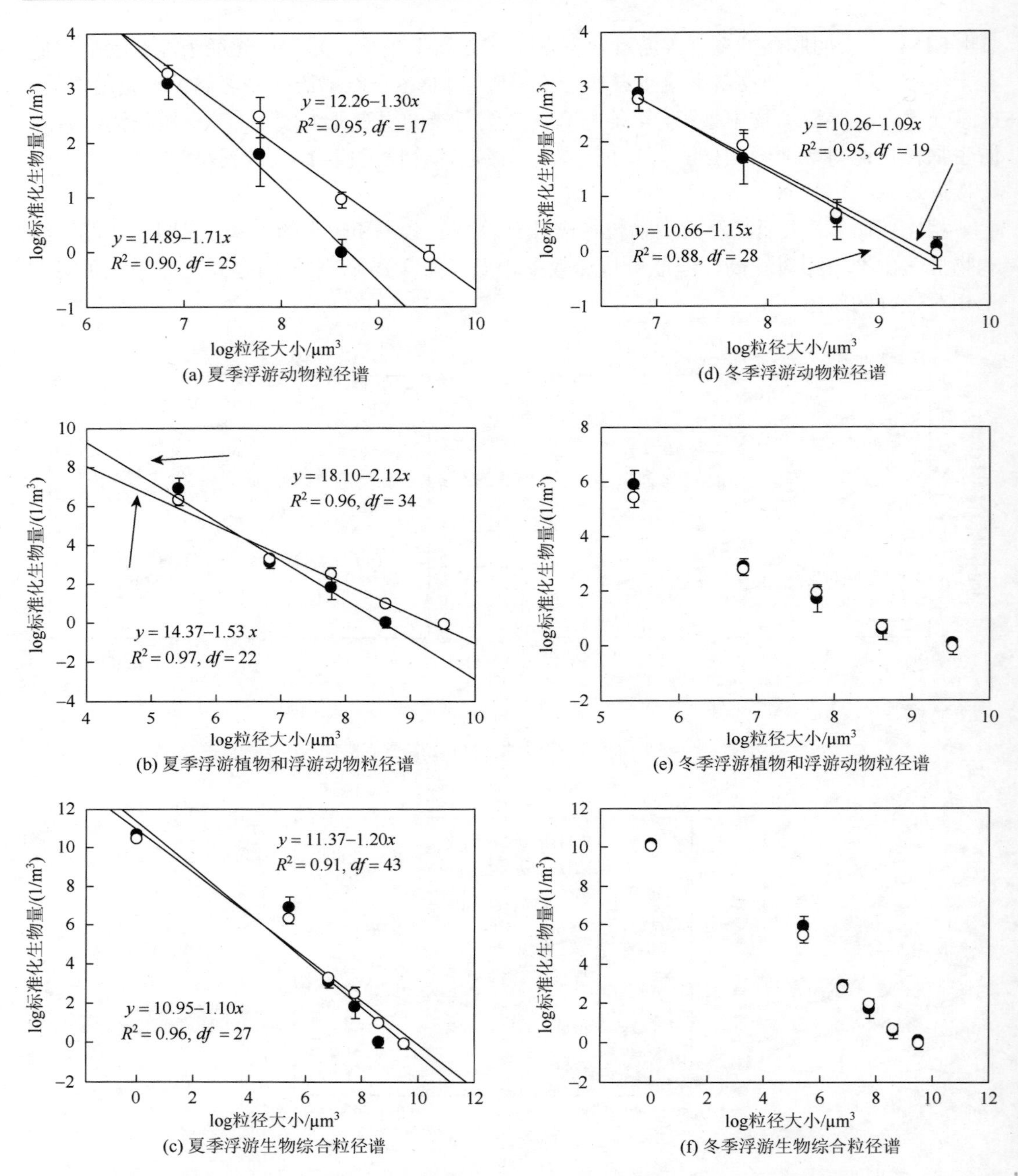

图 4.17　夏季（2015 年 7 月）和冬季（2015 年 12 月）大亚湾湾内与湾口浮游生物粒径谱

●湾内；○湾口

低，斜率增大，更接近于理论稳定值–1，表明冬季系统生产力降低，从浮游植物到浮游动物，以及浮游动物内部能量传递效率提高，更接近于理论稳定状态。这说明，大亚湾浮游生态系统在夏季更容易响应人类活动引起的营养物质输入（图 4.18），或者说与夏季地表径流与地下水输入带来的高营养盐有关。

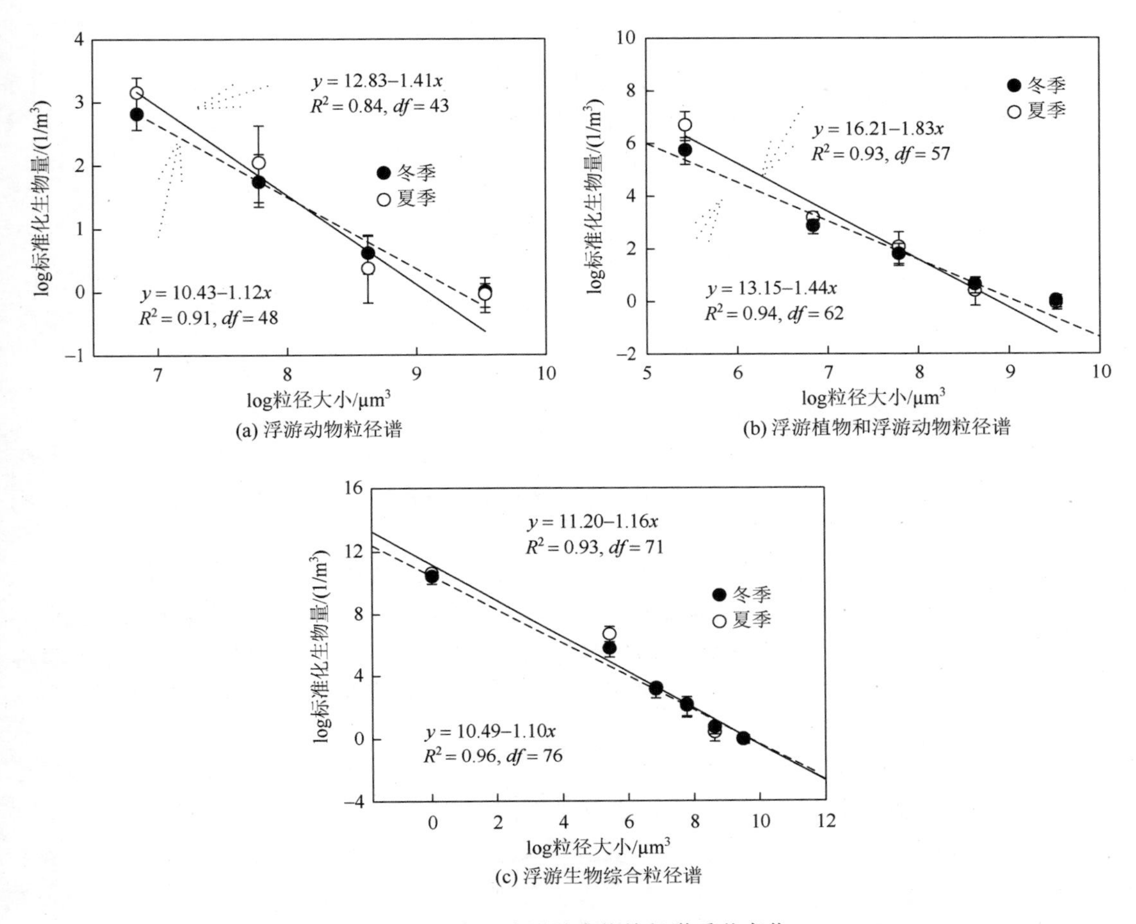

图 4.18　大亚湾浮游生物粒径谱季节变化

2. 胶州湾与大亚湾渔业生物粒径谱特征

大亚湾、胶州湾渔业生物学测定数据由徐姗楠博士提供。这里所指“渔业生物”包含鱼类、底栖甲壳类（虾、虾蛄、蟹等）、头足类。调查船为钢质渔船，功率 135 kW，取样网具为单船有翼单囊底层拖网，网口周长 102 m，网衣全长 50 m，上纲长 51 m，下纲长 51 m，网囊网目尺寸 2 cm，每站拖网 1 h，拖速 3.4 节，白天作业。渔获样品在现场进行分类鉴定，并对各个生物种类进行渔业生物学测定。生物个体体重从 0.5 g 开始，乘以 2 确定第一个粒径级 0.5～1.0 g，1.0 g 乘以 2，确定第二个粒径级 1.0～2.0 g，依次类推，设定粒径级，以粒径间隔的下限为粒径级生物的名义个体大小，假设渔业资源生物体积（m^3）与重量（kg）的平均换算系数为 1050 kg/m^3，鱼体体重换算为等效球径（μm^3）。

结果表明夏季大亚湾湾口渔业生物粒径谱与湾内差异明显，湾内具有较多小个体渔业生物，这对应于湾内相对高生产力的状况（图 4.19a）。冬季大亚湾湾口与湾内渔业生物粒径谱无明显差异（图 4.19b），与冬季浮游生物粒径谱无明显空间差异的状况相吻合。

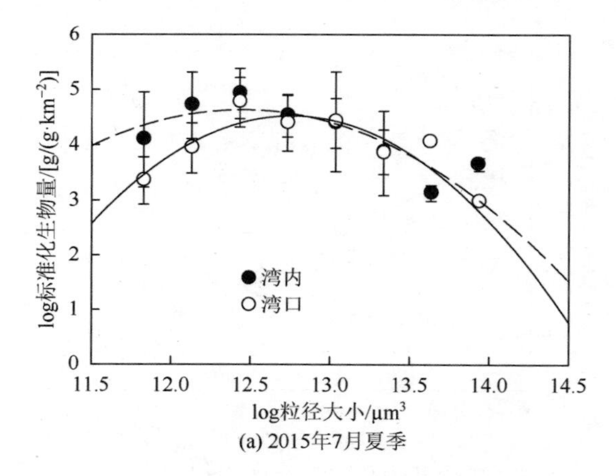

(a) 2015年7月夏季

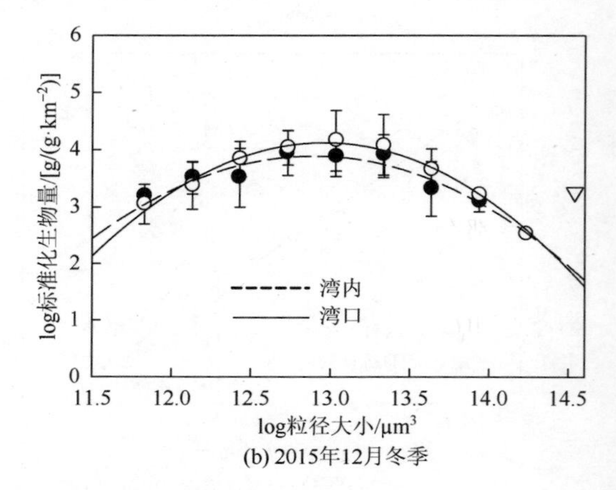

(b) 2015年12月冬季

图 4.19　大亚湾渔业生物粒径谱

空心三角形为异常点 S11 站位捕获三条黑鲷

两个季节大亚湾渔业生物粒径谱特征表明，夏季大亚湾明显具有更高丰度的小型渔业生物量（<32 g），与夏季高生产力的状况相吻合。大亚湾两个季节渔业生物粒径谱都具有明显的穹顶形谱线，反映了渔业生物在生态系统中占据独特的营养层位，群落内部具有良好的营养结构（图 4.20a）。鱼类及头足类在渔业生物中的占比，在夏季和冬季分别为（68±21）%和（43±40）%。

胶州湾渔业生物粒径谱穹顶形谱线发育不完整，在冬季尤为突出（图 4.20b）。反映出两个海湾具有明显不同的渔业生物粒径结构。胶州湾夏冬季鱼类和头足类在渔业生物中的占比存在显著（$P=0.001$）的差异，夏季占比为（31±20）%，冬季占比则高达（85±24）%。总体而言，大亚湾小粒径渔业生物丰度高于胶州湾，胶州湾具有较大个体的鱼类（>128 g）。

本书大亚湾和胶州湾渔业生物粒径谱仅有一个穹顶形谱线，对应于小型的渔业生物，这与切萨皮克湾的鱼类粒径谱双穹顶形谱线，具有明显区别。很有可能说明这两个海湾的渔业资源都受到了较大的压力，大个体渔业生物因捕捞而被移出生态系统。

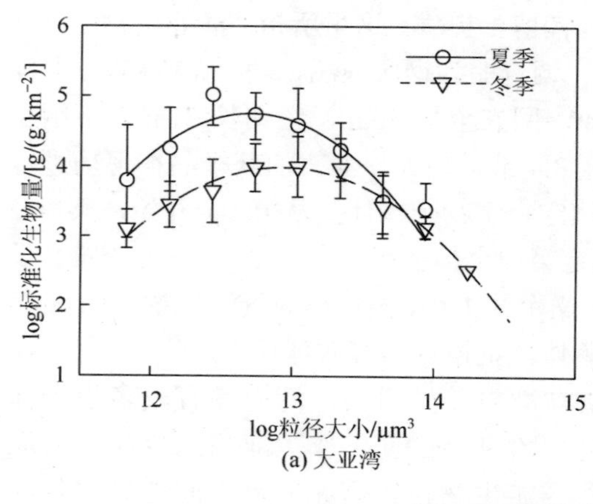

(a) 大亚湾

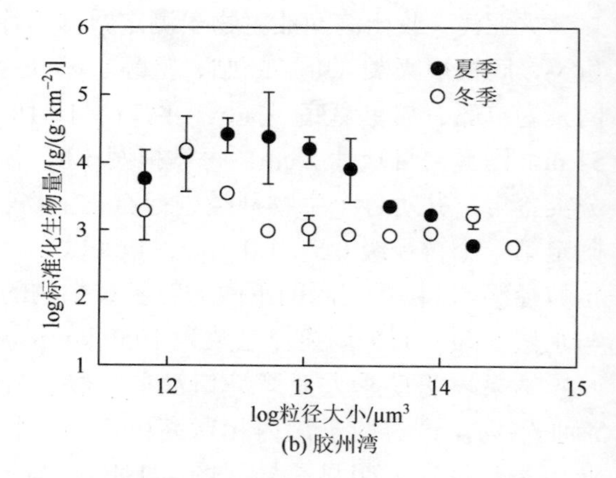

(b) 胶州湾

图 4.20　渔业生物粒径谱季节变化

3. 胶州湾与大亚湾综合生物粒径谱

把浮游生物与渔业生物综合在一起，构成综合生物粒径谱。结果表明，大亚湾和胶州湾综合生物粒径谱斜率几乎没有季节变化，且接近理论稳定值–1。两个海湾综合生物粒径谱截距都存在夏季大于冬季的现象，与夏季高生产力相吻合。在两个季节，大亚湾综合生物粒径谱，相对于胶州湾综合生物粒径谱具有较高的截距值，较低的斜率值，表征大亚湾相对胶州湾具有较高的系统生产力，但系统相对更偏离稳定状态，表现为能量在浮游植物类群的堆积（图 4.21）。

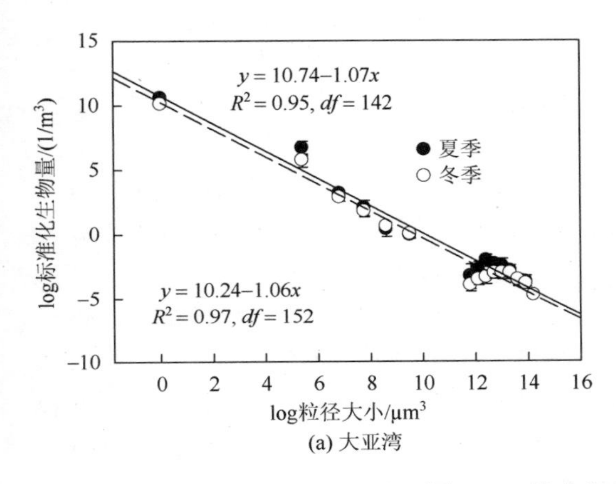

(a) 大亚湾

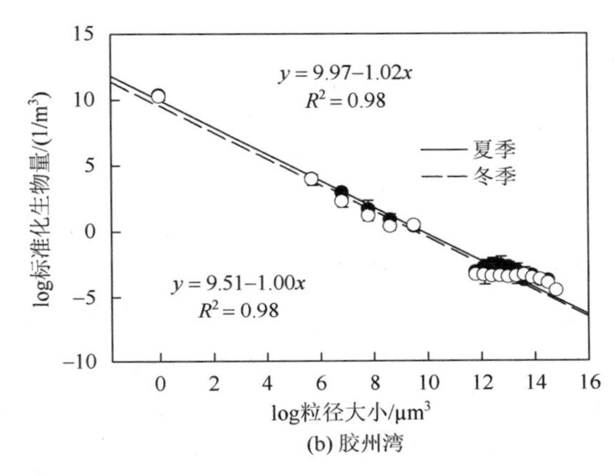

(b) 胶州湾

图 4.21　综合生物粒径谱季节变化

若将夏季和冬季两个季节的数据合并，大亚湾与胶州湾综合生物粒径谱参数的这种差异更为明显（图 4.22a）。大亚湾具有整体较高的生产力，但相对较低的系统稳定性，大亚湾综合生物粒径谱相对较低的回归确定系数值（R^2），也指示了其系统相对偏离稳定的状况。这种偏离主要体现在浮游食物网阶段，尤其在浮游植物类群中，可能体现了大亚湾生态系统对人类活动引起营养物质输入的响应。由于大亚湾与胶州湾浮游植物采集方式不同，如果去除浮游植物类群，再构建综合生物粒径谱，那么两个海湾的综合生物粒径谱就非常接近，斜率值都几乎等于理论的稳定值–1（图 4.22b）。大亚湾综合生物粒径谱较高的截距值，仍表征了相对较高的系统生产力。不包含浮游植物类群的综合生物粒径谱的参数，说明两个海湾整体食物网结构和功能仍处于理想的健康状态，基础生产食物网响应人类活动引起的营养盐输入，形成更高的系统生产力。大亚湾相对较高的小粒径浮游动物丰度和小粒径渔业资源生物丰度，则表明基础食物网响应营养盐输入形成的高生产力，可向高营养级传递。那么，是如何传递的呢？我们可以通过多生物类群粒径谱分析，找到一些线索。

以大亚湾夏季生物粒径谱为例（图 4.23）。综合生物粒径谱斜率偏离–1，说明海湾生态系统能量传递可能偏低。浮游植物显著正偏离综合生物粒径谱直线、浮游动物负偏离综合生物粒径谱直线，说明能量在浮游植物堆积，向浮游动物的传递不畅。浮游植物与浮游动物粒径谱斜率显著小于–1，也说明了从浮游植物到浮游动物的能量传递效率潜在较低。

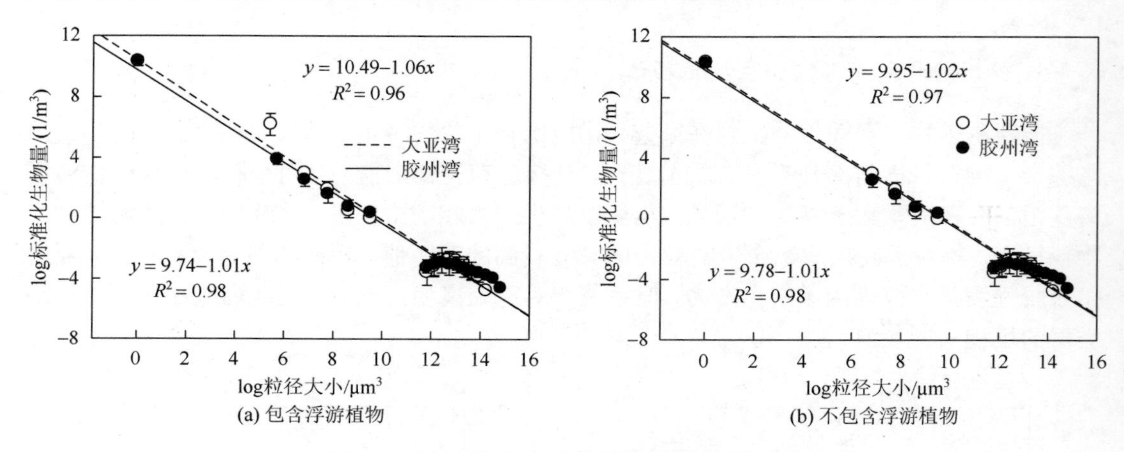

(a) 包含浮游植物　　(b) 不包含浮游植物

图 4.22　大亚湾和胶州湾综合生物粒径谱比较

那么海湾生态系统如何维持较高的渔业资源生物产出？或者说，初级生产的能量如何在浮游食物链效率较低的情况下，传递到渔业生物？根据相当比例（平均 32%）渔业生物是底栖甲壳类（如虾蟹）的状况，我们推测，部分浮游植物初级生产，沉入底栖环境，在底栖生态系统中沿碎屑食物链传递到渔业生物。这与用 EcoPath 模型对比分析 1985～1986 年和 2015～2016 年大亚湾生态系统结果相一致：2015～2016 年比 1985～1986 年总净初级生产量增加 167.63%，流向碎屑量增加 203.08%。因此，浮游生态系统与底栖生态系统耦合，可能是海湾生态系统响应人类活动引起的营养物质输入，维持其结构与功能稳定，支持渔业资源持续产出的重要机制。在营养盐输入相对较低的情况下，浮游植物初级生产可有效通过浮游食物网传递，用于支持高营养级资源生物生产；然而，营养盐输入较高时，显著增加浮游植物初级生产，甚至导致藻华，不能有效通过浮游食物网向高营养

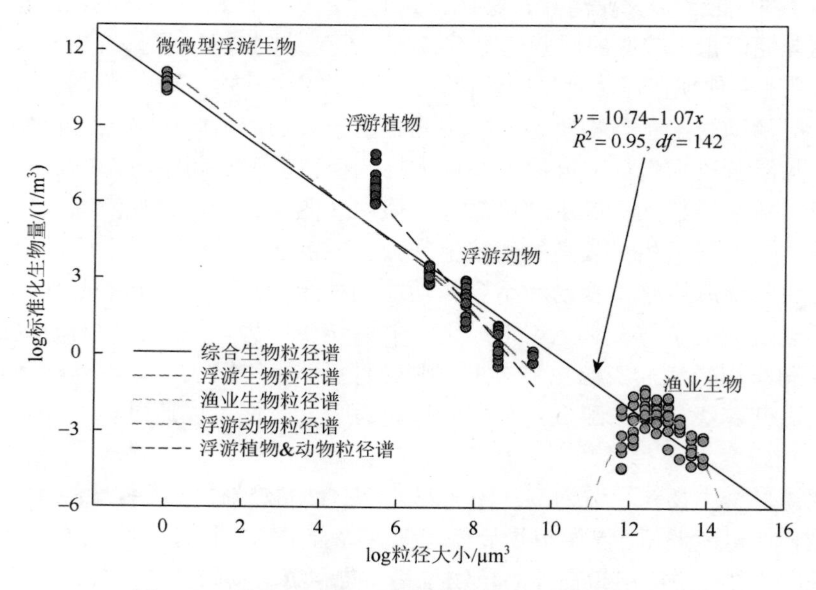

图 4.23　夏季大亚湾多生物类群粒径谱（后附彩图）

级传递，部分初级生产作为碎屑，进入底栖食物网，继续向高营养级传递，形成资源生物生产。浮游食物网与底栖食物网耦合，使海湾生态系统保持高效的能量传递，维持系统稳定性。

三、基于分子生物学技术分析海湾浮游动物功能群的营养结构及其影响因素

以往我国海湾浮游动物的研究，多集中在群落结构、分布格局、关键种的生活史、种群动态变化与物理环境之间的耦合关系上。虽然海洋生态系统功能在很大程度上取决于物种多样性和群落结构，但更为重要的是确定生态系统结构和功能的主要贡献者。大亚湾海域丰富的物种和生境多样性导致只用关键种难以对其食物网结构和功能进行模拟。根据2013～2017年的调查数据，对大亚湾浮游动物功能群组成进行划分并研究其功能群的时空变化，基于分子生物学技术分析浮游动物不同功能群的摄食多样性，旨在为大亚湾生态系统营养传递与食物产出关键过程提供基础数据。

（一）大亚湾浮游动物功能群的时空变化

1. 大亚湾浮游动物功能群的确定

浮游动物功能群被认为是一个能够简化食物网结构，进行生物地球化学循环、能量流动和物质循环模拟的有效单元（指标）。浮游动物功能群实际指营养水平、粒径大小、食物选择性，或生理学特征相似的浮游动物物种组合。在划分浮游动物功能群时，还要考虑能量向高营养层次传递的准确模拟。因此，参考黄海浮游动物功能群的研究（Sun et al.，2010），将大亚湾浮游动物划分为6个功能群，划分如下（表4.3）。

表4.3　大亚湾浮游动物功能群的划分和特征

功能群	定义	在模型中的功能作用	生态效应
大型浮游甲壳动物（GC）	体长＞5 mm的个体	高营养层次的主要食物	+
大型桡足类（LC）	体长2～5 mm的个体	高营养层次的主要食物	+
小型桡足类、枝角类（SC）	体长＜2 mm的个体	高营养层次的主要食物	+
毛颚类（Chaetognaths）	肉食性浮游动物	与高营养层次竞争摄食浮游动物；也是高营养层次的食物	–/+
水母类（Medusae）	肉食性浮游动物	与高营养层次竞争浮游动物	–
海樽类（Salps）	滤食性浮游动物	与其他功能群竞争微型浮游生物	–

注：+表示正的生态效应，–表示负的生态效应

浮游动物分为饵料组和非饵料组。饵料组的三种功能群主要根据其粒径谱来划分，因为浮游动物的粒径是其与鱼类之间摄食关系中的主要变量。对于浮游动物饵料组可分为三大功能群：①大型浮游甲壳动物功能群（giant crustacean，GC），指体长大于5 mm的个体，主要优势种是亨生莹虾（*Lucifer hanseni*）；②大型桡足类功能群（large copepods，LC），

包括体长 2～5 mm 的桡足类，优势种为亚强次真哲水蚤（*Subeucalanus subcrassus*）；③小型桡足类功能群（small copepods，SC），优势种有微刺哲水蚤（*Canthocalanus pauper*）。

浮游动物非饵料组分（主要包括水母、海樽等胶质类浮游动物），考虑其营养功能及食物选择性和高营养层次之间的摄食关系等，将其划分为 3 个功能群。毛颚类（Chaetognaths）功能群既是高营养层次的食物来源，又是与鱼类竞争摄食浮游动物和生产力的类群，主要优势种有肥胖软箭虫（*Flaccisagitta enflata*）。水母类（Medusae）和毛颚类同是肉食性胶质类浮游动物功能群。但水母类不能作为高营养层次的食物来源，大亚湾主要有球型侧腕水母（*Pleurobrachia globosa*）。海樽类（Salps），是一种杂食性的被动滤食的浮游动物，主要与 GC、LC 和 SC 三种饵料浮游动物功能群争夺摄食浮游植物，并且海樽类的物质能量不能有效地传递到高营养层次，优势种有红住囊虫（*Oikopleura rufescens*）。在统计过程中，不同个体的不同发育阶段可按照其粒径大小分到相应功能群中去。

2. 大亚湾浮游动物功能群的时空变化

大亚湾是一个半封闭性海湾，面积约 600 km^2，位于南海北部。根据人类活动的影响程度将其划分为三个区域：核电站温排水影响区（DNPP）、网箱养殖区（MCCA）和受污染较小或未受污染的区域（UW）（图 4.24）。使用浅水Ⅱ型浮游生物网（网目孔径 160 μm）逐月进行 25 个站位的采样（包括大亚湾海洋生物综合实验站生态网络监测的 12 个站位），分析夏季（2013 年 6～8 月），秋季（2013 年 9～11 月），冬季（2013 年 12 月、2014 年 1～2 月）和春季（2014 年 3～5 月）4 个季节浮游动物功能群的时空变化。

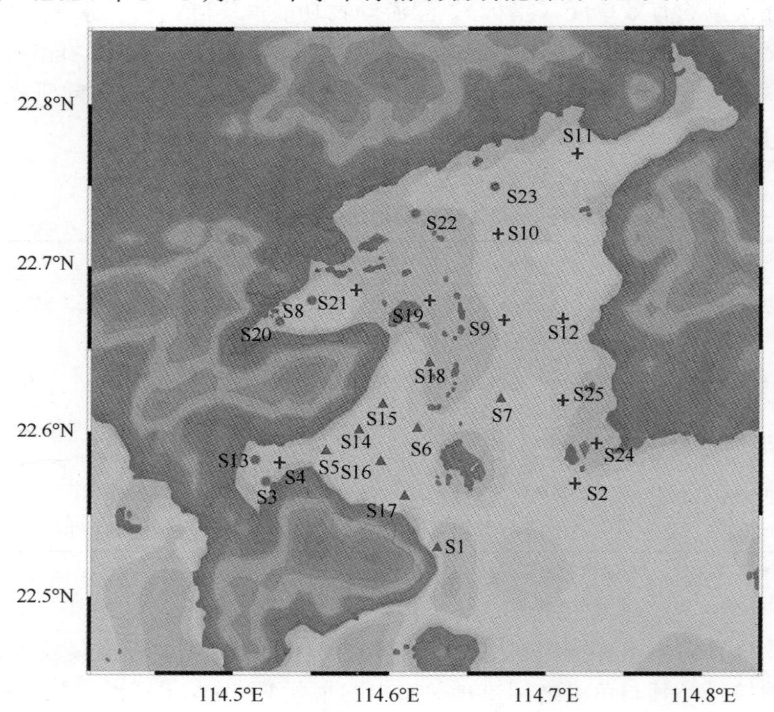

图 4.24　大亚湾浮游动物周年调查采样站位图

符号“▲”，“●”，“✚”分别代表核电站温排水影响区、网箱养殖区和受污染较小或未受污染的区域

（1）大亚湾浮游动物功能群的季节变化

调查期间共鉴定 123 种浮游动物（包括 13 类浮游幼虫）。其中，桡足类种数最多，达 50 种，占总种数的 40.65%；其次是胶质类浮游动物 40 种（包括水螅水母，管水母和栉水母，以及浮游被囊类），占总种数的 32.52%；剩余部分主要包括毛颚类（6 种）和大型甲壳动物（5 种）。秋季调查期间浮游动物种类最多，共 118 种，其次是冬季 109 种、夏季 108 种，春季较少，91 种。

大亚湾浮游动物优势种季节变化情况见表 4.4，以优势度（*Y*）值大于或等于 0.02 来确定。夏季大亚湾的环境条件有利于沿海地区高温物种的繁殖，如 SC 功能群的鸟喙尖头溞（*Penilia avirostris*）在夏季成为第一优势种，以强额孔雀水蚤（*Parvocalanus crassirostris*）和锥形宽水蚤（*Temora turbinata*）为代表的 LC 功能群也成为重要优势功能群；夏季优势种数量减少，尤其 LC 功能群优势种丰度减少。秋季水温下降，其优势种如小长腹剑水蚤（*Oithona nana*）、肥胖三角溞（*Pseudevadne tergestina*）和红纺锤水蚤（*Acartia erythraea*）等 SC 功能群数量增加，并有红住囊虫（*Oikopleura rufescens*）为代表的海樽类（Salps）功能群转变为优势功能群。冬季 SC 功能群的小拟哲水蚤（*Paracalanus parvus*）占主要优势，其丰度占冬季浮游动物总数的 55.92%；海樽类功能群失去优势地位。而春季处于东北季风向西南季风转化期，物种组成包括冬季和夏季的过渡特征，SC、LC 和 Salps 三大功能群共同为优势功能群。4 个季节中，LC 功能群只包含强额孔雀水蚤（PaC），且为连续出现的优势种。SC 功能群为大亚湾主要优势功能群，其优势种多样且季节交替明显。在秋季和春季，以红住囊虫为代表的海樽类功能群才是优势功能群。

（2）大亚湾浮游动物功能群的区域变化

大亚湾浮游动物平均丰度夏季最高（图 4.25a），因海水温度从春季开始升高，浮游动物开始繁殖，夏季达到高值。夏季 SC 功能群的绝对优势，使得其分布成为浮游动物优势功能群的代表。近岸的 DNPP 和 MCCA 是 SC 功能群的主要分布区，特别是在春季和夏季更为明显（图 4.25a，图 4.25d），这与导致近岸高营养成分的人类活动有关。在秋季和冬季，优势功能群主要集中在中央岛屿附近。冬季浮游动物聚集在澳头的 S20、S8 站附近（图 4.25c）。春季 SC 优势功能群中的枝角类（Cladocerans）主要分布在网箱养殖区的 S22 站，并且倾向于在海湾中积聚。其他浮游动物丰度的空间变异不明显。

表 4.4　大亚湾浮游动物优势种季节变化

种类	夏季	秋季	冬季	春季
鸟喙尖头溞 *Penilia avirostris*（PeA）	0.21	0.09	/	0.11
红纺锤水蚤 *Acartia erythraea*（AcE）	0.04	0.10	0.02	/
肥胖三角溞 *Pseudevadne tergestina*（PsT）	0.04	0.06	/	0.39
短角长腹剑水蚤 *Oithona brevicornis*（OiB）	/	/	0.04	0.03
锥形宽水蚤 *Temora turbinata*（TeT）	0.13	0.04	/	/
小拟哲水蚤 *Paracalanus parvus*（PaP）	0.02	/	0.56	0.12
强额孔雀水蚤 *Parvocalanuss crassirostris*（PaC）	0.40	/	0.2	0.14
小长腹剑水蚤 *Oithona nana*（OiN）	0.03	0.09	/	/

续表

种类	夏季	秋季	冬季	春季
蔓足类六肢幼虫 Balanus larva（BaL）	/	/	0.04	0.02
针刺拟哲水蚤 *Paracalanus aculeatus*（PaA）	/	0.05	/	/
红住囊虫 *Oikopleura rufescens*（OiR）	/	0.02	/	0.07

注：/表示优势度<0.02

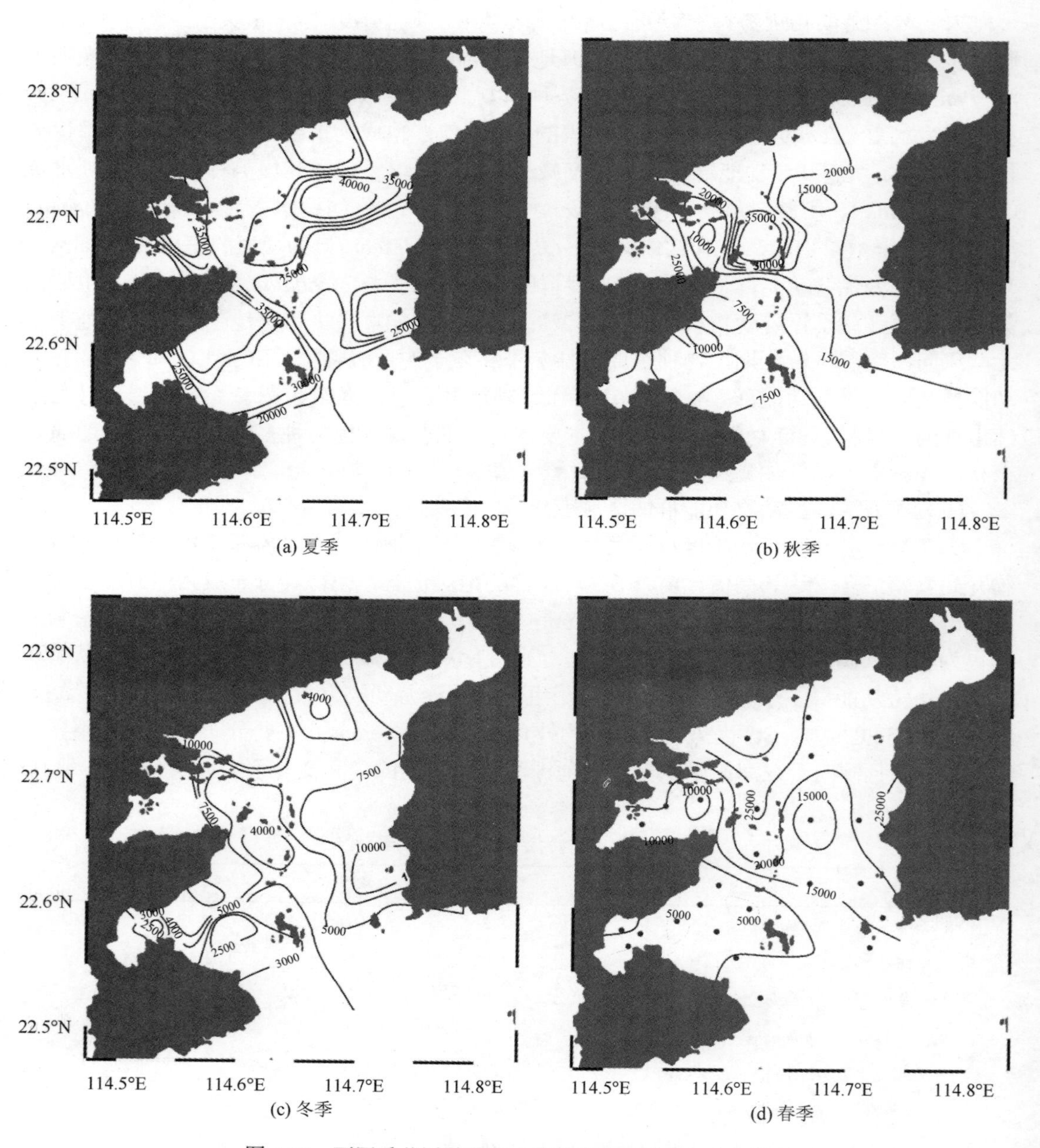

图 4.25　不同季节浮游动物丰度的分布（单位：个/m³）

3. 大亚湾浮游动物功能群时空变化的影响因素

浮游动物优势种（图 4.26）与环境因子（水温、盐度和叶绿素 a）之间的典范对应分析（CCA）表明，4 个季节 CCA 的前四轴，冬季最高解释量为 85.52%，其次是秋季 73.13%，夏季 66.58%，春季最低为 51.28%。

在夏季分析的 3 个环境因素中，叶绿素 a 与温度呈正相关，与盐度呈负相关。叶绿素 a 和盐度对优势种的分布影响较大，而温度影响相对较小。大多数属于 SC 和 LC 功能群的优势种都集中在核电站温排水影响区（DNPP），如 SC 功能群的鸟喙尖头溞（PeA）、肥胖三角溞（PsT）、红纺锤水蚤（AcE）和 LC 功能群的锥形宽水蚤（TeT）。只有小长腹剑水蚤主要出现在叶绿素 a 高值的网箱养殖区（MCCA）。

秋季盐度与第一轴呈正相关，与叶绿素 a 呈负相关。优势种集中在受污染较小或未受污染的区域（UW）。鸟喙尖头溞是主要的优势种。小长腹剑水蚤与叶绿素 a 密切相关，其仍然主要分布在 MCCA 中。针刺拟哲水蚤（*Paracalanus aculeatus*）和锥形宽水蚤与盐度和温度呈正相关，与叶绿素 a 呈负相关。

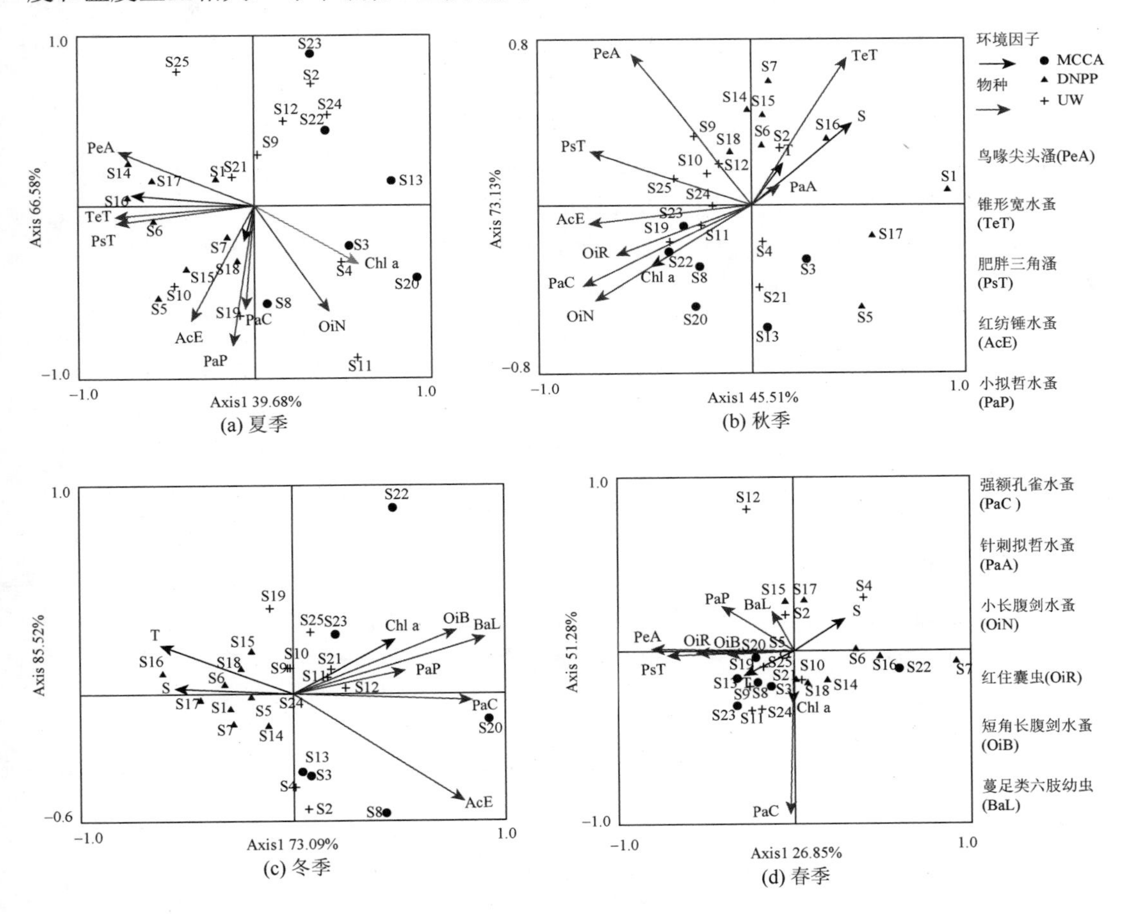

图 4.26　大亚湾浮游动物优势种和环境变量的典范对应分析（CCA）图

DNPP 为核电站温排水影响区；MCCA 为网箱养殖区；UW 为受污染较小或未受污染的区域

冬季前两个分选轴可累积 85.52%的物种-环境关系，从而更好地反映出优势功能群与环境因子之间的关系。冬季与叶绿素 a 呈正相关，与盐度和温度呈负相关。在叶绿素 a 值相对较高的 UW，所有优势种均呈正分布，而在 MCCA，强额孔雀水蚤主要集中在 S20 站。温度与优势功能群呈负相关。

春季盐度与第一轴呈正相关，与温度和叶绿素 a 呈负相关。三个区域之间环境因素的差异并不明显。海樽类功能群中的红住囊虫，SC 功能群中的短角长腹剑水蚤（*Oithona brevicornis*）、鸟喙尖头溞和肥胖三角溞的分布相似，主要集中在 MCCA。优势功能群的分布与盐度呈负相关。浮游动物的自身运动，海洋环流与风向一定程度上影响浮游动物的群落结构。

（二）大亚湾浮游动物功能群的摄食多样性及其时空变化

1. 不同方法研究浮游动物摄食结果的比较

早期研究桡足类摄食的传统方法主要是显微镜检查，由于浮游动物个体小，导致镜检工作强度大，且增加了浮游动物幼体肠道食物的观测难度。此外，浮游动物对食物的快速消化，导致其大部分肠道中存在半消化态的食糜，人工镜检难以获取真实摄食信息。饵料递减法、同位素示踪法都要依靠室内培养，非现场摄食改变了摄食环境，还会造成桡足类的遏制效应（containment effects）。一些技术的特异性，如免疫染色法，一次只能针对一种或少数几种桡足类食物的检测，对于食物种类广泛的桡足类并不适用。肠道色素法被全球海洋通量联合研究计划定为研究浮游动物现场摄食率的标准方法。然而并不是浮游动物的全部食物都含有色素，有研究表明浮游动物有摄食偏好，如中华哲水蚤（*Calanus sinicus*）偏好摄食较大个体的食物（汤宏俊和孙松，2015）。或者浮游动物肠含物消化程度较高时，肠含物色素降解较多，这些因素都会影响分析结果的准确度。浮游动物在受惊吓后会加速排便，致使排空率有较大偏差。我们为了减少实验偏差，采用了分子生物学方法。使用通用或特异性引物对浮游动物体内或粪便中食物残余进行 DNA 扩增，然后对扩增出来的片段进行克隆和测序，最终通过比对等实现食物种类的鉴定和辨认。随着测序技术的快速发展，GenBank 中收录的不同物种序列数在不断增加，测序容量不断增大，测序成本不断降低，如今主要通过高通量测序构建文库来研究海洋浮游生物的摄食，可以更加准确地得到浮游动物现场摄食的情况，从而帮助我们更深入地理解摄食生态学的问题。但如今分子生物学方法也存在缺陷，主要是不能同时定性和定量研究浮游动物所有的食物（表 4.5）。

表 4.5　摄食研究方法优缺点比较

研究方法	优点	缺点
显微观察法	可现场观察	专业依赖性太强，食糜无法观测造成结果低估
稀释法	可定量，同时测定浮游植物内禀生长率和浮游动物摄食率；操作较少，对自然群体干扰小	需培养，难以模拟现场状况；食物浓度难以确定；对脆弱的小型浮游动物影响较大
脂肪酸标记法	准确反映短期的摄食情况及其所处的营养级地位	需要室内培养，对食物种类的分辨率具有很大的变动性

续表

研究方法	优点	缺点
肠道色素法	可定量，可现场研究	食物色素降解、桡足类受刺激排便都造成结果低估
稳定同位素法	可提供较多能量流的信息，反映摄食者长时间的摄食情况	需要室内培养，不利于研究摄食者在小时间尺度上的摄食情况
免疫染色法	可定量，特异性强	只能检测少数食物种类，难以对广食谱摄食者的食物种类范围进行检测
分子生物学方法	准确得到浮游动物现场摄食的情况	不能同时定性和定量研究浮游动物所有的食物

2. 大亚湾浮游动物不同功能群摄食的季节变化和空间分布

结合研究站位所处位置和受人类活动影响程度，分析大亚湾浮游动物的空间分布和季节变化规律。在 2017 年夏季和冬季每个站位的浮游动物样品中，挑出夏季和冬季不同功能群的代表优势种（表 4.6），洗净浮游动物表面附着物，使用天根试剂盒（DNeasy Blood&Tissue Kit）提取浮游动物及其肠含物的组织 DNA。

采用 SSU0817F（5′-TTAGCATGGAATAATRRAATAGGA-3′）和 1196R（5′-TCTGGACCTGGTGAG TTTCC-3′）引物对其 18S rDNA 进行 PCR 扩增。对获得的序列进行聚类，分归为许多个可操作分类单元（OTU），选出与代表序列相似性在 97%以上的序列，生成 OTU 表格。对比 Silva Release128 数据库（http: //www.arb-silva.de）统计各样本组成，并对浮游动物捕食者的序列进行剔除。

表 4.6　挑选的夏季和冬季大亚湾浮游动物优势种及其简写（季节–种类–湾口/湾内）

季节	优势种	所属功能群	简写
冬季	微刺哲水蚤	小型桡足类、枝角类（SC）	WCaW（湾口）、WCaN（湾内）
	肥胖箭虫	毛颚类（Chaetognaths）	WSaW（湾口）、WSaN（湾内）
	红住囊虫	海樽类（Salps）	WOiW（湾口）、WOiN（湾内）
	锥形宽水蚤	大型浮游甲壳动物（GC）	WTeW（湾口）、WTeN（湾内）
	双生水母	水母类（Medusae）	WDhW（湾口）、WDhN（湾内）
夏季	微刺哲水蚤	小型桡足类、枝角类（SC）	SCaW（湾口）、SCaN（湾内）
	肥胖箭虫	毛颚类（Chaetognaths）	SSaW（湾口）、SSaN（湾内）
	红住囊虫	海樽类（Salps）	SOiW（湾口）、SOiN（湾内）
	亚强次真哲水蚤	大型浮游甲壳动物（GC）	SSsW（湾口）、SSsN（湾内）

结果显示，大亚湾浮游动物的食物种类总共鉴定出 192 种，分属于 13 界 46 门 118 目 145 科 157 属。按丰度排序，前十位的分别是管水母（Siphonophorae）、霉菌里的 herbarum、核盘菌、栉水母、曲霉菌、哲水蚤、寄生鱼口腔的缩头鱼虱、刺胞动物中的 geacilis、海

葵、纤毛虫，其结果颠覆了浮游动物主要摄食浮游植物的传统认识。在传统摄食方法检测中很难鉴定到透明胶质水母和不含叶绿素的真菌，使得其在浮游动物摄食组成中被远远低估。

由于浮游动物的形态粒径相差较大，其摄食方式也多种多样，浮游动物的口器口径与摄食方式决定了其食物的种类。如毛颚类功能群粒径相对较大，主要摄食管水母和部分哲水蚤属的桡足类，但其食物种类较贫乏。而海樽类功能群的住囊虫主要是滤食性浮游动物，其食物种类多样性丰富，以多种真菌为主，也含有少量浮游动物碎屑。按照大亚湾浮游动物食物丰度前 30 名聚类，从亲缘关系上可分为四个类群，分别是第一类群栉水母（Ctenophora）、第二类群真菌类（Ascomycota、Basidiomycota）、第三类群海洋节肢动物（Arthropoda）、被囊类（Tunicata）、腔肠动物（Cnidaria）、纤毛虫类（Ciliophora）和第四类群未检出的真核生物（unclassified Eukaryota）。若能完善浮游动物数据库的基础序列信息，将能明显提高浮游动物食物组成鉴定的准确度。在四个类群中，栉水母和真菌类群所包含的序列数量远高于其他类别，其中栉水母不仅是毛颚类功能群的主要食物来源，也发现 LC 功能群中锥形宽水蚤摄食栉水母。推测栉水母在浮游动物摄食中应占有一席特殊地位。对于食物中种类繁多的真菌，其中包含少量寄生种（未在图中显示），应在分析结果中剔除。但真菌数量和种类如此之多，不能以偏概全直接删除所有真菌序列。

（1）浮游动物不同功能群摄食的季节变化

通过浮游动物的食物 Venn 图（图 4.27）可见，夏季浮游动物食物种类组成特有种 62 种，其中 51 种都在受人类活动影响较大的湾内。由于夏季降雨量大，海水低盐却有高营养盐

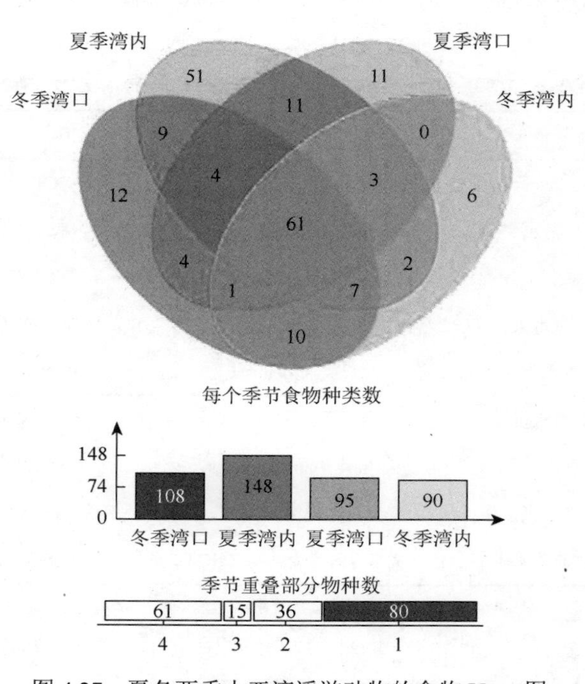

图 4.27　夏冬两季大亚湾浮游动物的食物 Venn 图

图中的数字表示种数

含量，有利于 SC 功能群近岸种生长，同时人类复杂的活动导致湾内有机碎屑丰富，而近岸种浮游动物 LC、SC 功能群摄食粒径相对较小的食物，很好地适应了这种饵料环境，其摄食的食物多样性高，保证了生长繁殖所需的营养来源。推测这也是大亚湾浮游动物粒径减小的原因之一，小型粒径的生物量暴发，占据了大亚湾浮游动物的优势种地位。

从夏季到冬季浮游动物的食物多样性降低，冬季湾内浮游动物摄食种类最少为 90 种，而冬季湾口浮游动物食物种类相对较高，为 108 种。冬季外海水入侵，为浮游动物带来了更丰富的食物，冬季湾口浮游动物食物丰富度大于湾内浮游动物。而入侵的海水使得盐度升高，不利于近岸种的生长，冬季浮游动物的平均体长要比夏季高。

（2）浮游动物不同功能群摄食的区域变化

在夏季 SC、LC、毛颚类功能群中，同一优势种湾内、湾口的摄食都有显著性差异，说明湾内和湾口的环境改变的确影响了浮游动物的摄食。但在海樽类功能群的住囊虫摄食中，差异并不明显。住囊虫食谱最为广泛，是没有摄食偏好的优势物种，所以湾内、湾口的摄食环境改变对住囊虫的摄食习惯没能造成影响。住囊虫因其过滤网径限制只能摄食粒径较小的食物（Troedsson et al.，2007），所以其对微型浮游动物的摄食压力比较大。在粒径最小的 SC 功能群中，夏季湾内微刺哲水蚤与湾口微刺哲水蚤的食物组成有显著性差异（$P<0.01$）。夏季湾内微刺哲水蚤比湾口明显多摄食海葵（Actiniria），同样还有其对真菌种类（Aspergillus、Aureobasidium）的摄食。微刺哲水蚤的这种摄食偏好的原因有待进一步研究。毛颚类功能群中，夏季湾口毛颚类食物由栉水母（Ctenophora）、哲水蚤（Calanoida）、纤毛虫（Leptothecata）、四叶小舌水母（*Liriope tetraphylla*）组成，占 90% 以上。夏季湾口同时受到外海高盐水和陆源高营养盐低盐水的影响，肥胖软箭虫成为优势种。在合适的环境条件下，这 4 种食物可能成为肥胖软箭虫偏好摄食的种类。相对于夏季湾内箭虫的摄食，管水母（Siphonophorae）、鱼虱（exigua）等食物可以作为偏好食物缺少时的补充食物。

3. 大亚湾浮游动物摄食时空变化的影响因素

通过 PCA 分析研究大亚湾环境因子对摄食的影响，PC1 轴和 PC2 轴对结果解释度分别为 39.19%和 18.22%，累计解释量为 57.41%，即对前两个主成分进行分析已经能反映全部数据的大部分信息。含氧量（DO）、叶绿素 a（Chl a）在 PC1 上具有较高的正载荷。磷酸盐和盐度在 PC2 轴具有较高的正载荷。因此大亚湾浮游动物的食物组成主要受水体的含氧量、叶绿素 a 浓度、盐度、营养盐中的磷酸盐浓度等因子影响。

第二节　生态环境变化对海湾食物网能量传递效率的影响机理

海湾生态系统处于海陆相互作用强烈区域，受人类活动影响明显。研究海湾生态系统食物链传递途径的变异，探讨食物网能量的传递效率，进而辨析生态系统功能对生态环境变化的响应机制，这是高强度人类活动对海湾变化影响的核心问题之一。浮游植物初级生产过程、异养细菌利用溶解性有机碳（DOC）的细菌生产过程，以及浮游动物摄食的次级生产过程，是食物网基础营养阶层物质循环和能量流动的主要途径，其相对关系不仅可以反映水体基础生产力的结构特征，亦可揭示海洋食物网中物质循环和能量流动的基本途径及传递效率。浮游植物是海洋生态系统的物质基础，其粒级结构的变化能反映出初级生产向上一营养级传递的途径；研究不同粒级浮游植物相对比例及其变化趋势，有助于深入了解浮游生态系统结构及其对环境变化的响应（朱艾嘉等，2008）。此外，群落呼吸代谢是除初级生产外，生态系统另一基本生态过程，作为食物网能量传递过程中的损耗，通过群落呼吸代谢与初级生产的代谢平衡综合研究，可评估海湾生态系统的自养/异养状态，以及环境变化下生态系统的稳定性（del Giorgio & Williams，2005；Ducklow & McAllister，2005）。

胶州湾与大亚湾分属温带及亚热带海湾，两个海湾在气候特征、水动力背景等方面均存在差异，但近年来均出现人类活动等压力增大，生态环境特征明显变异的趋势。历史上对两个海湾的环境参数变化、生物组成及其生态系统结构进行了相关的观测和研究，积累了许多资料和成果（王肇鼎等，2003；吴玉霖等，2004）。本节对两个海湾基础生产力结构特征及其相互关系、海湾生态系统代谢平衡特征及其对生态环境变化的响应、初级生产者粒级结构及其演变趋势等方面展开研究，以期通过其对能量传递途径、效率与整体生态系统稳定性的指示作用，深入揭示两个海湾生态系统关键功能特征在生态环境变化背景下的响应机制。

一、生态环境变化对海湾基础生产力结构特征的影响

（一）胶州湾基础生产力结构特征及其影响因素

1. 初级生产力

胶州湾初级生产力分布整体上湾内高、湾口低，随着季节的变化高值分布区域不同（图 4.28）。春季，表层水体固碳速率在 1.55～9.13 mg C/(m^3·h)波动，平均值为 4.44 mg C/(m^3·h)。高值区出现在湾东北部，区域范围较广，沿西南方向降低，低值区出现在湾西部。湾口的总体表层水体固碳速率在湾东北部和湾西部之间。夏季，表层水体固碳速率为 12.43～42.60 mg C/(m^3·h)，平均值为 21.59 mg C/(m^3·h)，高值区分布在湾西北部，低值区分布在湾西南部和湾口。秋季，表层水体固碳速率为 4.95～16.77 mg C/(m^3·h)，平均值为 9.73 mg C/(m^3·h)，高值区分布在湾东部和西部，低值区分布在湾北部和湾口处。冬季表层水体固碳速率普遍较低，为 0.44～6.41 mg C/(m^3·h)，平均值为 2.62 mg C/(m^3·h)，高值区分布在湾西北部沿湾口呈现递减趋势，低值区出现在湾口。

胶州湾初级生产力季节变化总体表现为：夏季＞秋季＞春季＞冬季，夏季受湾西北部大沽河径流的影响，在河口处出现较高值。春季，湾东北部是青岛市工农业和污水排放区，受人类影响较大，湾中部受人类活动影响小，初级生产力同一季节与其他区域相比较低。

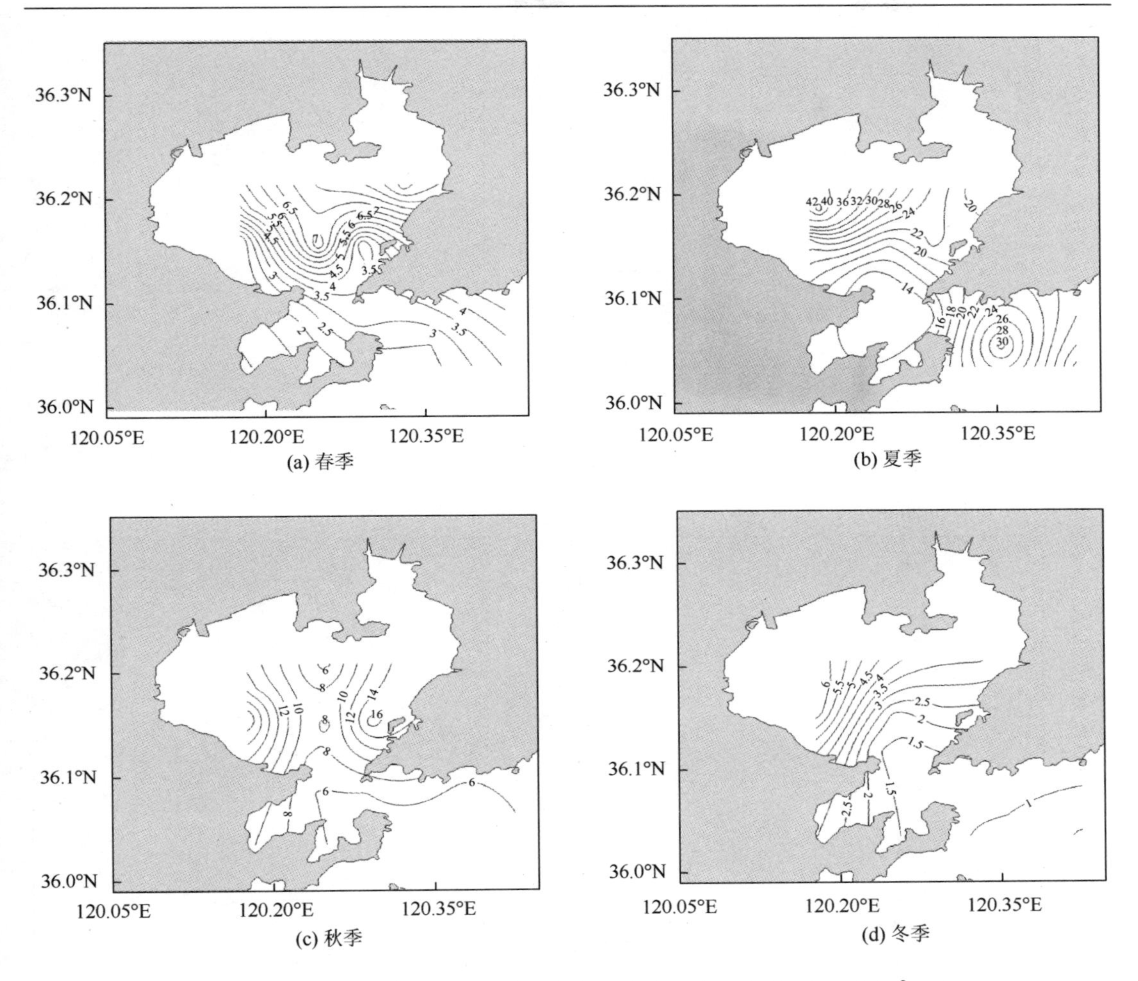

图 4.28　不同季节胶州湾表层水体初级生产力分布［单位：mg C/(m^3·h)］

2. 细菌生产力

胶州湾细菌生产力分布有明显的季节变化特征，高值区分布范围随季节变化而变化（图 4.29）。春季，细菌生产力高值区分布较广，除湾西部和中部外，都有明显的高值区，整体变化范围为 0.02～0.37 mg C/(m^3·h)，平均值 0.26 mg C/(m^3·h)；在湾西部出现异常低值 0.02 mg C/(m^3·h)。夏季，高值区分布范围广，主要分布在湾北部和湾口，整个海湾细菌生产力在 0.19～0.69 mg C/(m^3·h)波动，平均值 0.38 mg C/(m^3·h)；湾口区细菌生产力超过 0.5 mg C/(m^3·h)，最高值约为 0.69 mg C/(m^3·h)。秋季，细菌生产力在 0.46～1.24 mg C/(m^3·h)变化，平均值为 0.82 mg C/(m^3·h)；高值区分布相对春夏季而言，较为集中，且平均水平高于春夏季，尤其在其东北部近岸水域，细菌生产力可超过 1 mg C/(m^3·h)。冬季，细菌生产力高值区主要分布在湾西北侧近岸水域，沿湾口方向递减；整体上冬季细菌生产力在 0.04～0.29 mg C/(m^3·h)波动，平均值为 0.12 mg C/(m^3·h)。

随季节变化，胶州湾表层水体细菌生产力整体水平依次为：秋季＞夏季＞春季＞冬季。

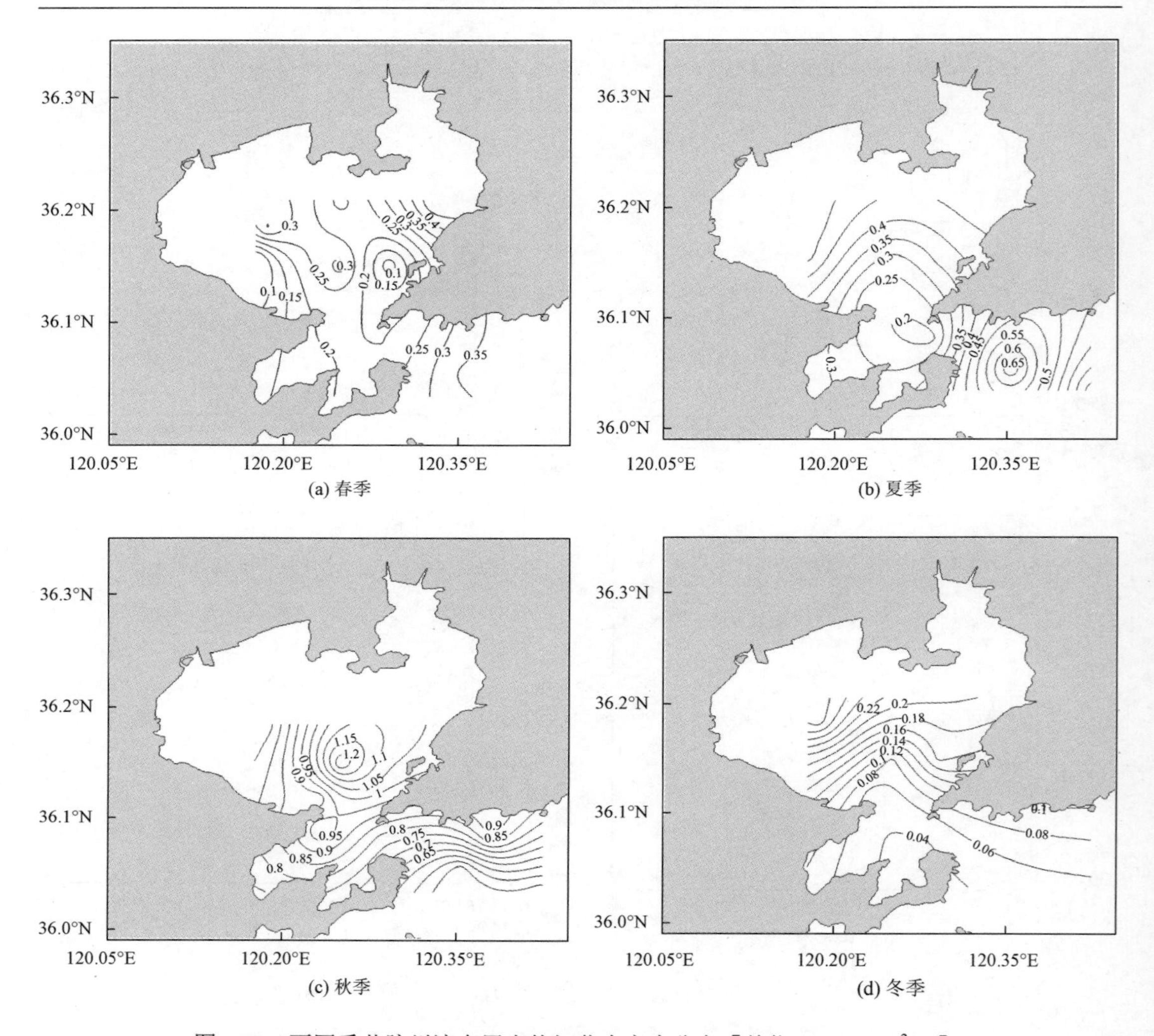

图 4.29　不同季节胶州湾表层水体细菌生产力分布［单位：mg C/(m³·h)］

3. *浮游动物次级生产力*

胶州湾表层水体浮游动物次级生产力随季节变化为：春季，胶州湾浮游动物次级生产力的高值区主要分布在湾西部黄岛附近和湾口，而在北部区域次级生产力水平较低(图 4.30)；整个海湾次级生产力在 2.38～43.75 mg C/(m³·d)波动，平均值 22.24 mg C/(m³·d)。夏季，高值区主要分布在湾北部向湾中部延伸，次级生产力可超过 50 mg C/(m³·d)；其变化范围为8.58～54.85 mg C/(m³·d)，平均值25.72 mg C/(m³·d)。秋季，整体海湾次级生产力为7.35～42.34 mg C/(m³·d)，平均值 23.98 mg C/(m³·d)；高值区在黄岛附近湾西北部及湾口处，在湾北部向中部方向有明显低值出现。冬季，胶州湾浮游动物次级生产力水平差异小，在湾的西北部黄岛北侧出现范围较小的高值区，其余区域普遍出现低值，尤其在湾的北部向中部延伸，整个海湾次级生产力变化范围为 2.93～10.78 mg C/(m³·d)，平均值 4.92 mg C/(m³·d)。

胶州湾浮游动物次级生产力的分布与初级生产力及细菌生产力分布特征都存在较大差异，在湾北部常出现低值区，与大亚湾的结果相似。季节变化上整体呈夏季>秋季>春季>冬季的特征。

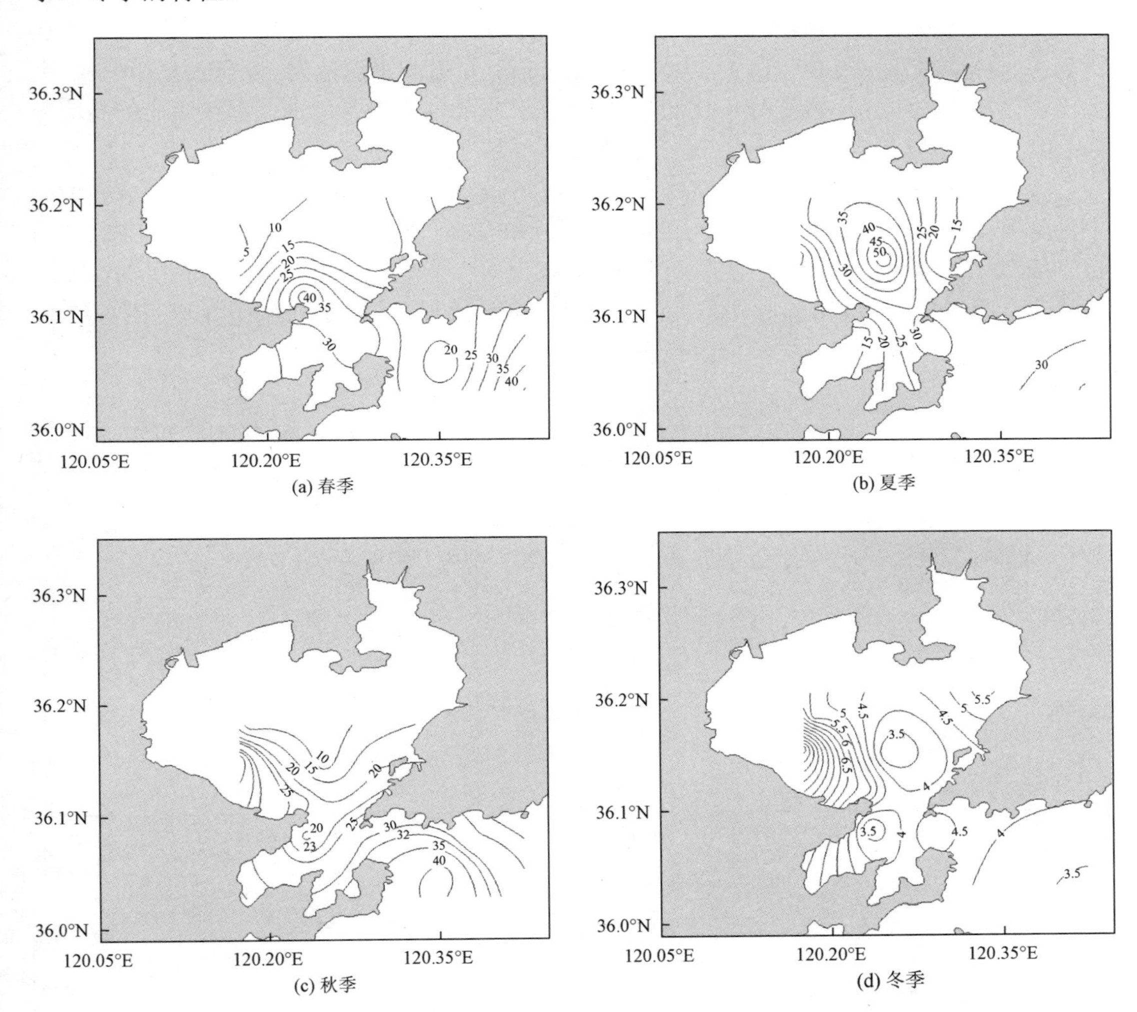

图 4.30　不同季节胶州湾表层浮游动物次级生产力分布［单位：mg C/(m^3·d)］

(二) 大亚湾基础生产力结构特征及影响因素

1. 初级生产力

大亚湾初级生产力整体表现为近岸高、湾口低的特征，但随着季节变化，其高值区分布存在差异（图 4.31）。春季，大亚湾表层水体固碳速率在 5.65～32.37 mg C/(m^3·h)波动，平均值为 16.25 mg C/(m^3·h)；在大亚湾东部近岸水域普遍存在高值分布，同时在东北部澳头近岸水域存在高值分布区。夏季，大亚湾表层水体固碳速率在 0.55～280.73 mg C/(m^3·h)波动，平均值为 39.29 mg C/(m^3·h)；在大亚湾北部水域出现异常高值，水体固碳速率超过

100 mg C/(m^3·h)，说明该水体在调查期间存在藻华现象。秋季，大亚湾表层水体固碳速率变化范围为 2.21～22.98 mg C/(m^3·h)，平均值为 8.65 mg C/(m^3·h)；大亚湾浮游植物固碳速率在湾中部海域存在高值分布，这与同期观测到的微型浮游植物生物量的异常高值密切相关（见下文浮游植物粒级结构部分），此外在大鹏澳近岸水域存在较高分布。冬季，大亚湾表层水体固碳速率变化范围为 1.09～32.52 mg C/(m^3·h)，平均值为 5.85 mg C/(m^3·h)；大亚湾浮游植物固碳速率普遍处于较低水平，而在湾东北部澳头近岸水域存在明显的高值分布，其固碳速率可超过 30 mg C/(m^3·h)；其他海域的差异相对较小。

大亚湾各季节的初级生产力整体大小依次为：夏季＞春季＞秋季＞冬季，考虑在调查中，夏季存在明显的藻华现象，造成整体固碳速率偏高；同时，有文献表明，大亚湾冬季也可能存在较高的浮游植物生物量与固碳速率，说明大亚湾初级生产力的分布受调查期间水体环境因素的影响，可能存在较大的波动性，而短时间尺度的调查结果并不一定具备典型季节变化特征或区域分布特征的代表性。

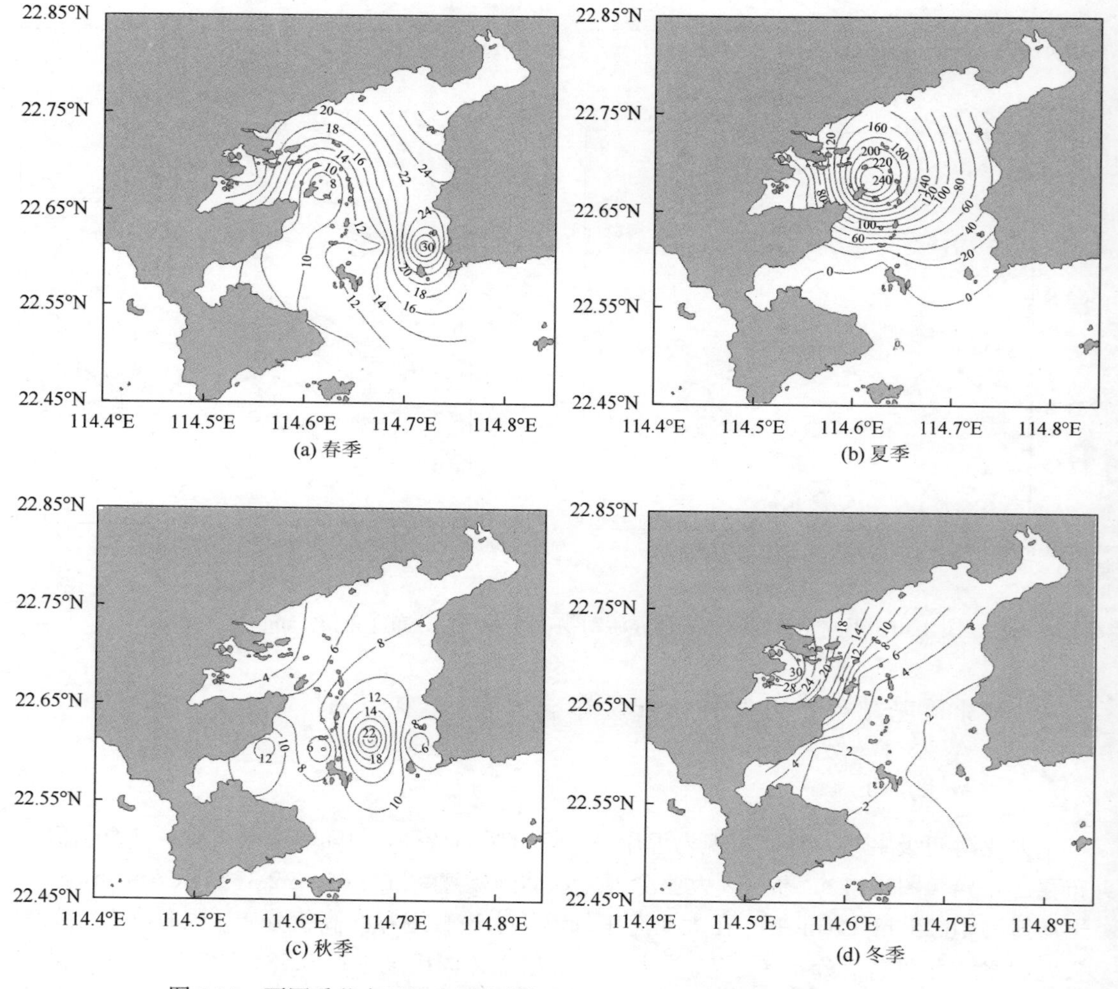

图 4.31　不同季节大亚湾表层水体初级生产力分布［单位：mg C/(m^3·h)］

2. 细菌生产力

大亚湾细菌生产力分布特征与初级生产力分布特征类似，其高值区主要分布在近岸水域（图 4.32）。春季，细菌生产力高值区主要分布于大亚湾东北部近岸水域，可超过 1 mg C/(m^3·h)，整个湾内细菌生产力范围为 0.06～1.14 mg C/(m^3·h)，平均值为 0.34 mg C/(m^3·h)。夏季，在湾北部区域存在较大面积的高值分布，该区域细菌生产力超过 0.6 mg C/(m^3·h)，最高值超过 1 mg C/(m^3·h)，其分布范围与观测的浮游植物藻华区域一致。夏季整个海湾细菌生产力在 0.08～1.38 mg C/(m^3·h)波动，平均值为 0.43 mg C/(m^3·h)。秋季，细菌生产力分布的区域差异较小，相对而言，在湾东部海域存在较大范围的高值分布，尤其在其东北部近岸水域，细菌生产力可超过 0.6 mg C/(m^3·h)；此外，在大鹏澳近岸水域也存在较高值分布。秋季细菌生产力在整个湾内的变化范围为 0.31～0.65 mg C/(m^3·h)，平均值为 0.43 mg C/(m^3·h)；其区域分布特征与初级生产力存在较大差异，但与微微型浮游植物的

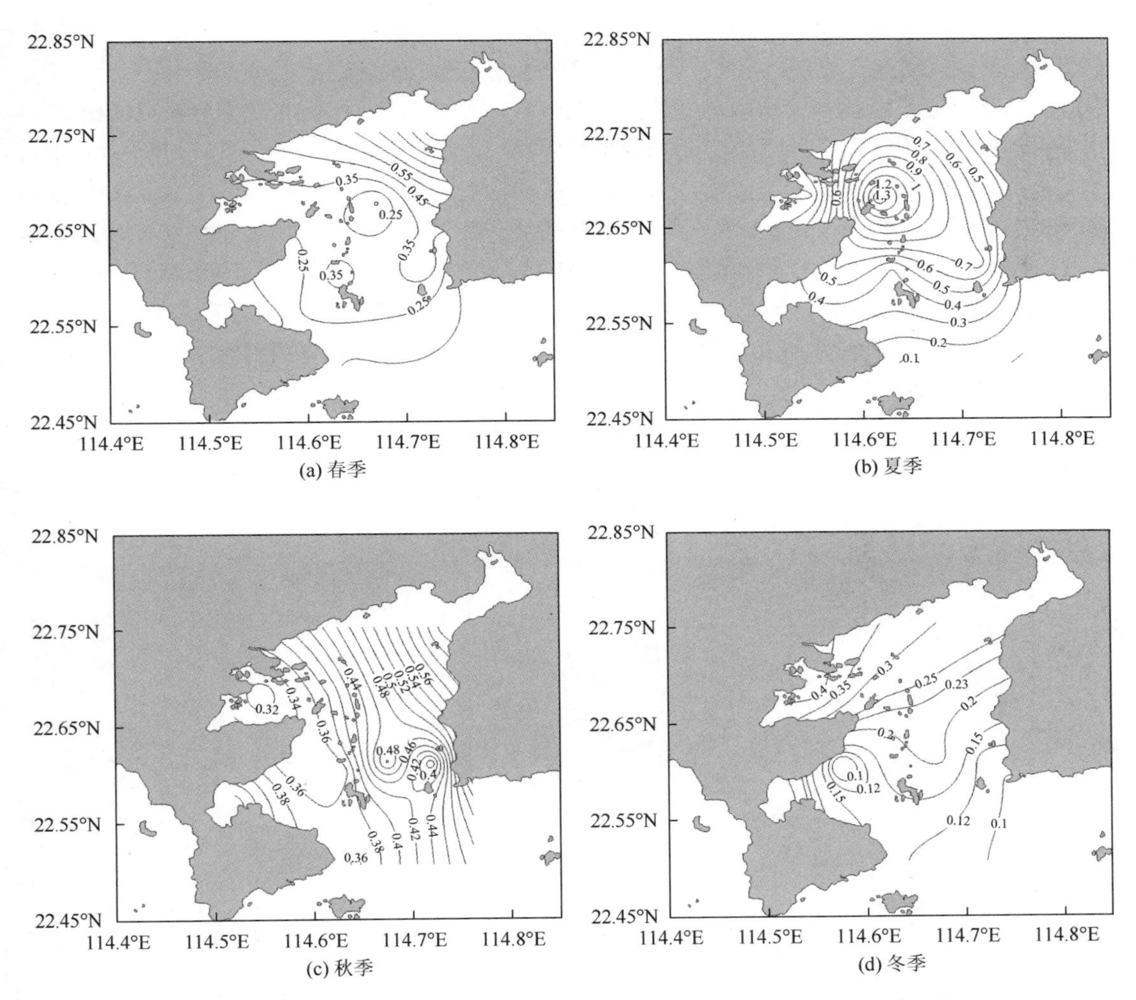

图 4.32　不同季节大亚湾表层水体细菌生产力分布［单位：mg C/(m^3·h)］

分布特征非常相似（见下文浮游植物粒级结构部分）。冬季，细菌生产力高值区主要分布在湾西侧近岸水域，其次为湾北部海域，接近湾口的区域其分布普遍较低；整体上冬季细菌生产力在 0.06～0.43 mg C/(m^3·h)波动，平均值为 0.21 mg C/(m^3·h)。

在季节分布上，大亚湾表层水体细菌生产力整体水平依次为夏季、秋季＞春季＞冬季。与初级生产力分布特征类似，大亚湾细菌生产力分布的时空差异存在较大的波动性，其调控机制尚需结合现场研究期间具体的环境特征进行比较分析。

3. 浮游动物次级生产力

春季，大亚湾浮游动物次级生产力的高值区主要分布在大鹏澳至湾中部一带海域，而在北部近岸区域次级生产力水平较低（图 4.33）；整个海湾次级生产力为 12.36～33.34 mg C/(m^3·d)，平均值为 23.23 mg C/(m^3·d)。夏季，次级生产力高值区主要分布在湾东北部的近岸水域及大鹏澳至巽寮湾一带水域，次级生产力可超过 30 mg C/(m^3·d)；而在藻华发生较为明显、初级生产力及细菌生产力水平极高的北部区域，浮游动物次级生产力水平较低。夏季大亚湾浮游动物次级生产力为 5～38.95 mg C/(m^3·d)，平均值为 20.24 mg C/(m^3·d)。秋季，大鹏澳至巽寮湾一带水域仍然是次级生产力分布的高值区，这与夏季分布特征相似，而北部近岸水体次级生产力相对较低。秋季整体海湾次级生产力为 12.38～55.62 mg C/(m^3·d)，平均值为 35.25 mg C/(m^3·d)。冬季，大亚湾浮游动物次级生产力在哑铃湾近岸水域及在大鹏澳湾口东侧远岸水域存在高值分布，而在北部、东北部近岸水域及大鹏澳近岸水域均处于较低水平，整个海湾次级生产力变化范围为 8.63～31.48 mg C/(m^3·d)，平均值为 18.38 mg C/(m^3·d)。

总体而言，大亚湾浮游动物次级生产力的分布与初级生产力及细菌生产力分布特征存在较大差异，常在近岸水域出现次级生产力的低值，而在远岸水域、初级生产力及细菌生产力分布相对较低的区域出现高值。季节变化上整体呈秋季＞夏季＞春季＞冬季的特征。这反映出富营养化引起藻华发生，虽然基础生产力提高，但能量不能向上一营养级传递，不利于次级生产的形成。

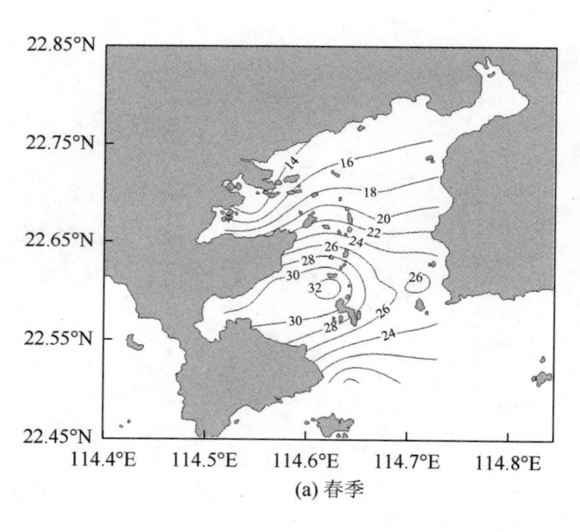

(a) 春季

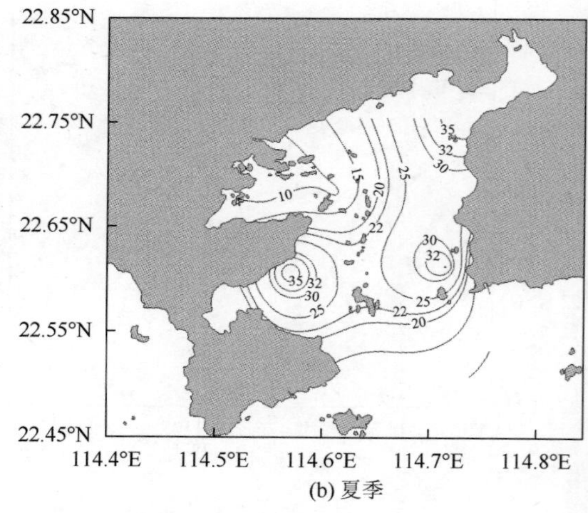

(b) 夏季

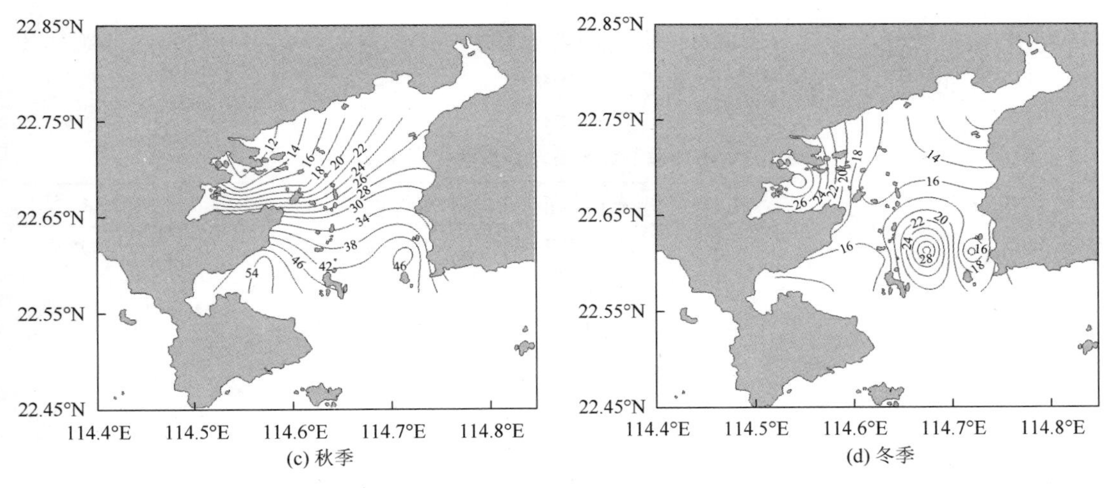

图 4.33　不同季节大亚湾表层浮游动物次级生产力分布［单位：mg C/(m³·d)］

二、海湾浮游生物群落代谢平衡特征及其对生态环境变化的响应

（一）胶州湾群落代谢平衡特征的时空变化

胶州湾夏季不同类型水体研究站位均呈正代谢平衡状态，其中湾内表层水体呈较明显的净生产状态，净代谢平衡值为 213.92 mg C/(m³·d)；而湾外水域，净生产相对较弱，为 32.83 mg C/(m³·d)。夏季胶州湾总初级生产力（gross primary productivity，GPP）与群落呼吸（community respiration，CR）代谢比（TPP/TR）平均值达到 4.49，显示较不稳定的状态；春季胶州湾代谢特征与夏季接近，整个调查海域代谢速率均为正值，净代谢速率为 93.33 mg C/(m³·d)，而总呼吸代谢速率及 TPP/TR 均与夏季整体水平一致。秋季胶州湾不同水体的代谢特征存在较大的区域差异，在近岸水域表现为明显的代谢平衡正值，净代谢速率可达 441.25 mg C/(m³·d)，而在湾口远岸水域则呈现异养代谢特征，净代谢速率为–38.75 mg C/(m³·d)。整个调查海域净代谢速率平均值为 172.50 mg C/(m³·d)（表 4.7）。

冬季 TPP/TR 值平均为 1.72，相对接近理论平衡值。冬季，在胶州湾湾内水域代谢平衡偏向于净生产状态，平均净代谢速率为 24.82 mg C/(m³·d)；而在湾口及湾外接近于代谢平衡状态，其中湾口水域（S11 站）为弱负代谢平衡，湾外水域（S14 站）为弱正代谢平衡，两者平均净代谢平衡值为–1.18 mg C/(m³·d)。

总体而言，胶州湾在春季、夏季、秋季均表现为较强的水体浮游生物群落正代谢平衡特征，其代谢净速率在 100 mg C/(m³·d)左右，TPP/TR 值明显高于 1；而冬季无论从净代谢速率还是 TPP/TR 值来看，胶州湾水体的总初级生产与呼吸代谢过程更接近于平衡状态。4 个季节胶州湾水体整体代谢特征，包括总初级生产力、总呼吸代谢速率及净代谢速率，均表现为近岸湾内较高、外海较低的现象，除春季在接近湾口的湾内水域（S9 站）总呼吸代谢速率高于其他调查区域外，其他季节的代谢速率高值区均出现在湾内近岸水域附近（S5 站）。与大亚湾海域不同的是，胶州湾海域常在湾口远岸水域出现负代谢平衡特征，其

TPP/TR 值常较低，并相对接近 1；而在湾内近岸水域，尤其是高营养物质输入区域，其 TPP/TR 值常显著高于 1，表现为潜在的生态系统不稳定性。

表 4.7 不同季节胶州湾浮游群落代谢平衡特征

季节	参数	净代谢速率/[mg C/(m^3·d)]	总呼吸代谢速率/[mg C/(m^3·d)]	TPP/TR
春季	范围	13.99～218.59	22.68～70.54	1.24～8.18
	平均值	93.33	41.22	4.15
夏季	范围	32.83～312.08	34.48～267.91	1.95～8.83
	平均值	153.56	47.42	4.49
秋季	范围	−38.75～441.25	60～132.5	0.40～4.33
	平均值	172.50	85.83	2.55
冬季	范围	−4.9～29.2	10.36～24.39	0.75～2.2
	平均值	11.82	16.61	1.72

（二）大亚湾群落代谢平衡特征的时空变化

大亚湾水体总体呈较强的自养状态，在 4 个季节均可观测到较高的正代谢平衡特征，且这种代谢净生产状态无论在近岸水域还是远岸水域均普遍存在。然而两次不同年份的夏季现场观测结果表明，大亚湾海域的代谢特征在同一季节存在显著差异，表明夏季大亚湾海域浮游生态系统代谢平衡存在较大的波动性（表 4.8）。在 2015 年夏季藻华暴发期间，大亚湾水体的呼吸代谢普遍高于总初级生产力，造成水体呈异养状态，表层水体净代谢速率平均值为−13.99 mg C/(m^3·d)；近岸网箱养殖区附近水域群落总呼吸代谢速率最高，为 118.78 mg C/(m^3·d)；湾口水域（S13 站）最低，为 3.97 mg C/(m^3·d)；而 2017 年夏季调查结果则显示了水体强烈的净生产状态，其在湾西北部近岸水域（S7 站）净代谢速率可高达 333.37 mg C/(m^3·d)，所有观测水域平均值为 238.52 mg C/(m^3·d)，同时呼吸代谢也明显活跃，平均速率可达 281.4 mg C/(m^3·d)。

相较于夏季水体代谢平衡状态的巨大波动性，其他 3 个季节在现场观测期间其代谢平衡状态较为接近，表层水体均呈正代谢平衡状态，其中在近岸高营养物质输入区域常出现较高的代谢正值，如冬季网箱养殖区的初级生产力明显大于群落呼吸代谢速率，净代谢速率为 226.33 mg C/(m^3·d)；而在湾口等营养盐相对较低的海域其净代谢速率相对较低。

由于夏季是大亚湾浮游植物水华的高发季节，随着水华的不同阶段，水体初级生产与群落代谢的相对关系也可能存在较大变化。因此，夏季大亚湾水体群落代谢平衡特征可能与调查期间水体浮游植物生物量及生理状态有关，同时这一发现也与夏季大亚湾，特别是在近岸常出现低氧区的现象存在一致性，当藻类经历较高初级生产过程进入衰亡期时，水体整体光合作用产氧将小于微生物分解及其他浮游生物呼吸耗氧，这一现象可能在底层水体更为显著（Song et al.，2015），证明群落代谢对水体贫氧现象形成的潜在贡献。

除 2015 年夏季外，大亚湾海域 4 个季节的 GPP 与 CR 代谢比（TPP/TR）常明显高于理论平衡值，4 个季节平均值为 4.18，这一比值接近于 Ecopath 模型得出的 3.5 的结果。根据这一结果，结合大亚湾海域同一季节代谢平衡的波动性，从代谢功能角度揭示了大亚湾生态系统的潜在不稳定性。

表 4.8　不同季节大亚湾浮游生物群落代谢平衡特征

季节	参数	净代谢速率/[mg C/(cm^3·d)]	总呼吸代谢速率/[mg C/(cm^3·d)]	TPP/TR 值
2015 年春季	范围	85.51～288.94	19.53～66.92	5.12～7.03
	平均值	162.23	33.9	6
2015 年夏季	范围	−15.89～−12.79	3.97～118.78	0.23～0.9
	平均值	−13.99	48.44	0.57
2017 年秋季	范围	65～191.5	19.88～61	2.07～10.64
	平均值	123.94	40.94	5.48
2017 年冬季	范围	6.06～226.33	9.54～51.03	1.12～5.62
	平均值	86.22	29.23	3.17
2017 年夏季	范围	28.96～333.37	148.50～408.36	1.08～3.01
	平均值	238.52	281.4	2.1

（三）生态环境变化对海湾群落代谢特征的影响

升温及营养物质输入在一定程度上均能提高浮游生物总初级生产力和群落呼吸的水平；而这两者对近岸水体的综合影响效应尚不清楚。大亚湾是我国最早建设核电站的海域之一，目前同时拥有大亚湾核电站、岭澳核电站共 6 台机组，其温排水对海区生态系统的影响已引起关注。同时，湾内网箱养殖业的发展与陆源输入的增加，促进了该海域水体中营养盐和有机物的富集，局部海域已出现富营养化趋势（Liu et al.，2011；Jiang et al.，2015；王友绍等，2004），有鉴于此，本节通过现场观测、室内模拟升温和营养盐加富实验相结合，综合分析升温与营养物质输入对大亚湾浮游生物群落代谢的影响，以及碳代谢平衡的响应规律，以期深入了解生态环境变化背景下海湾生态系统物质循环及能量流动的途径与传输效率。

1. 夏季、冬季大亚湾核电站温排水区浮游生物群落代谢特征

夏季浮游生物群落呼吸（CR）随升温呈小幅度先增后减的趋势，总初级生产力（GPP）和净群落生产力（NCP）均随升温呈先增后减的变化规律（图 4.34a），30.0～31.0℃水域内 GPP 和 CR 值最高，分别为 641.25 mg C/(m^3·d)和 78.75 mg C/(m^3·d)，水体呈正代谢平衡状态。极高温水域（34～36℃）GPP 和 CR 最低，分别为 7.50 mg C/(m^3·d)和 52.50 mg C/(m^3·d)，水体呈负代谢平衡状态。

冬季 CR 和 GPP 随升温呈先增后减的变化趋势（图 4.34b），29.4℃水域区呈最高值，分别为 300.00 mg C/(m^3·d)和 112.50 mg C/(m^3·d)，水体呈正代谢平衡状态。极高温水域

（31.4℃）GPP 和 CR 均降至较低水平，分别为 3.75 mg C/(m^3·d)和 63.75 mg C/(m^3·d)。水体呈负代谢平衡状态。夏季浮游生物群落整体生产水平强于冬季，除极高温（34～36℃）水域外，水体均呈自养代谢特征，但是冬季群落呼吸速率则强于夏季，核电站温排水影响区整体呈异养负代谢平衡状态。

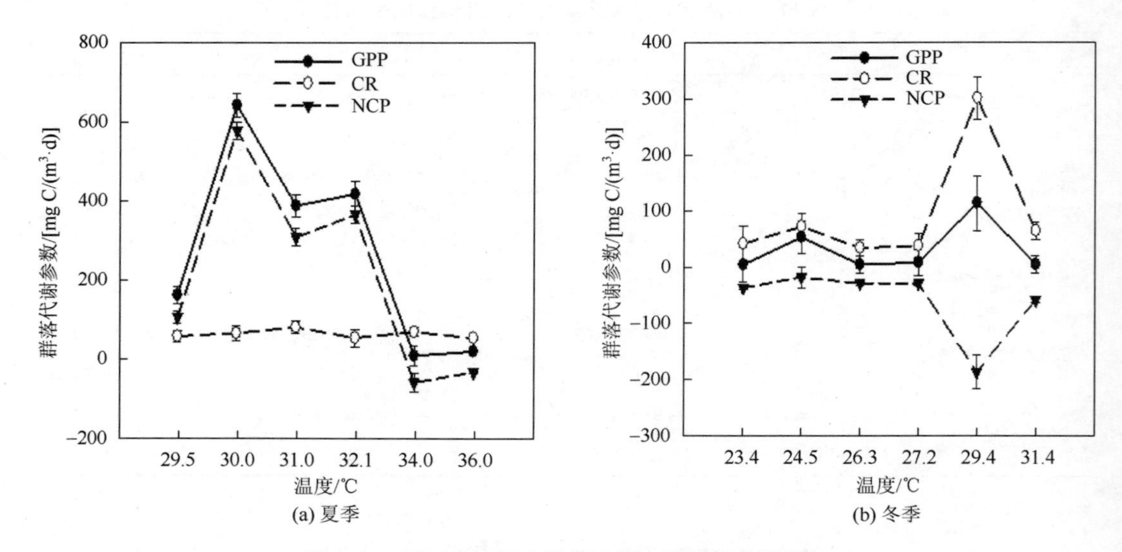

图 4.34　不同现场温度梯度浮游生物群落代谢特征

GPP：总初级生产力；CR：群落呼吸；NCP：净初级生产力

2. 海湾浮游生物群落代谢对升温的响应特征

夏季 CR 随温度梯度增加呈先增后减的趋势，随培养时间的延长，群落呼吸速率不断升高（图 4.35），34℃（72 h）CR 最高，可达 486.38 mg C/(m^3·d)。培养 24～48 h 的 GPP 和 NCP 也随升温表现为先增后减的趋势，于 30～32℃条件下 GPP 最高，达到 2503.50 mg C/(m^3·d)。在培养后期（72 h）阶段，各温度梯度 GPP 水平整体呈不同程度的上升趋势，NCP 水平整体呈自养状态。冬季 CR、GPP 均随升温及培养时间的延长不断增加，培养 72 h，28℃群落代谢速率最高，CR、GPP 分别为 236.25 mg C/(m^3·d)、1143.75 mg C/(m^3·d)，低温条件下（18℃）CR、GPP 最低，分别为 101.25 mg C/(m^3·d)、198.75 mg C/(m^3·d)。与 CR、GPP 的响应情况类似，冬季 NCP 随温度升高总体呈上升趋势，并在 28℃时达到最高值。两个季节相比，夏季浮游生物群落生产和代谢强度强于冬季，且两个季节不同温度梯度组整体均呈正代谢平衡状态。

3. 不同温度和营养盐条件下浮游生物群落代谢的响应特征

夏季温度和营养盐交叉实验结果表明，CR 于培养前期（24 h）整体差异较小，各梯度组 CR 在 150.00～318.75 mg C/(m^3·d)波动（表 4.9），不同温度梯度及不同浓度营养盐短期内（24 h）对于 CR 的影响均不显著。不同梯度组 GPP 水平差异较大，其变动范围在 101.25～6240.00 mg C/(m^3·d)，夏季短时间内（24 h）GPP 总体平均值随升温而降低，但

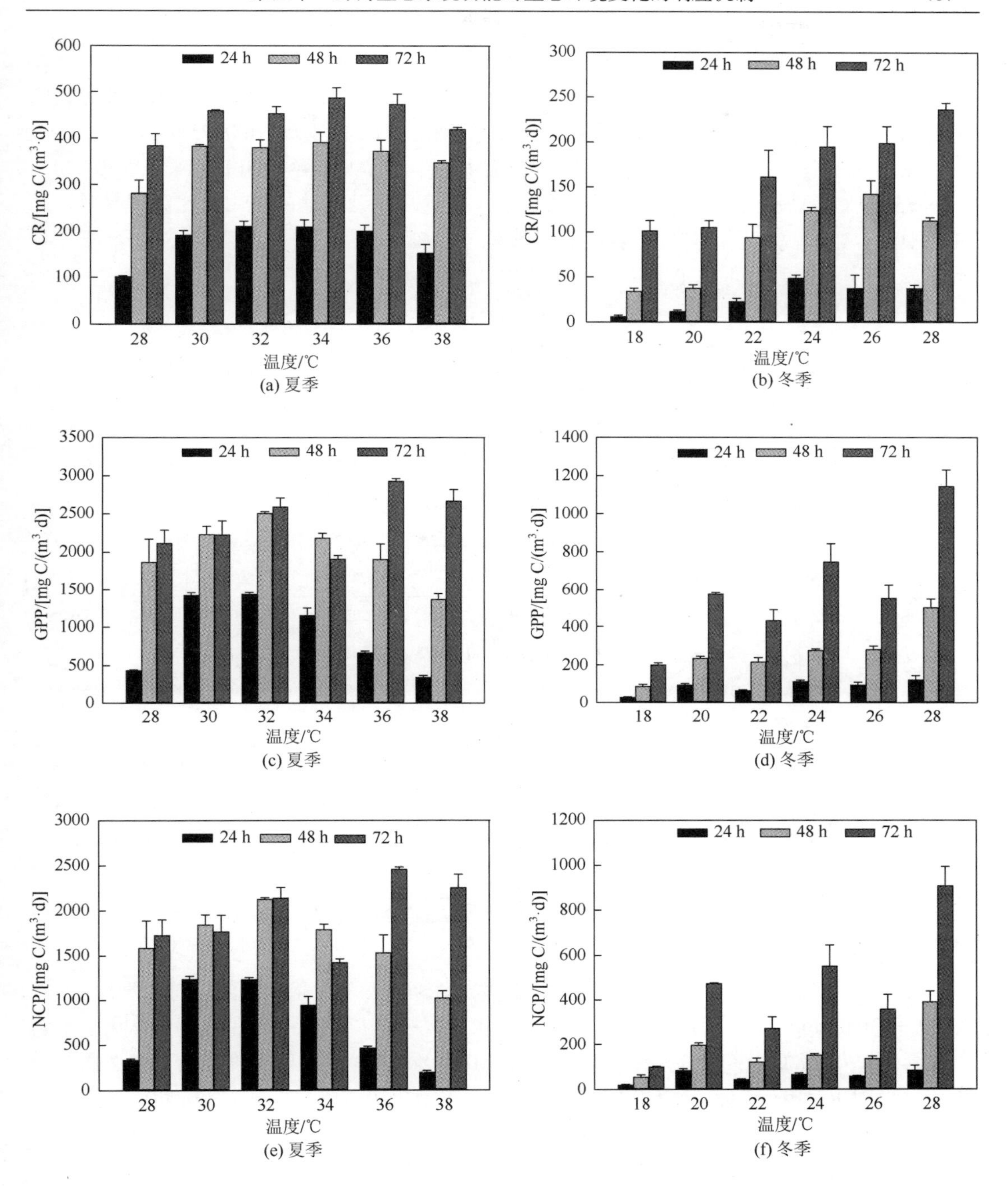

图 4.35　模拟温度实验浮游生物群落代谢特征

GPP：总初级生产力；CR：群落呼吸；NCP：净初级生产力

随营养盐浓度的升高总体增加。方差分析结果显示，GPP 受温度的影响要比营养盐明显，特别是极高温（36℃）对 GPP 的影响显著于其他两个温度组（$P<0.05$），而不受营养盐浓度水平的影响。总体而言，极高温（36℃）、不同浓度的营养盐环境下，NCP 整体水

平较低，尤其是低营养组和中营养组分别为–168.75 mg C/(m^3·d)、–127.50 mg C/(m^3·d)，GPP/CR 的平均值为 5.70，水体呈负代谢平衡状态；培养后期（72 h），不同梯度组 CR 随时间的延长均有提升，各组之间差异不明显，变动范围在 318.75～558.75 mg C/(m^3·d)。GPP 相较于培养前期也有所提升，不同梯度组间仍有较大差异，GPP 水平在 1507.50～6078.75 mg C/(m^3·d)波动。方差分析结果表明，培养后期营养盐的作用要比温度显著，尤其是中营养组和高营养组与低营养组有显著差异（P<0.05），不同温度间 GPP 水平差异不显著。不同梯度组间 NCP 及 GPP/CR 值整体随时间均有升高。

表 4.9　夏季双因素交叉实验浮游生物群落代谢特征　[单位：mg C/(m^3·d)]

群落代谢	营养盐	24 h				72 h			
		28℃	32℃	36℃	均值	28℃	32℃	36℃	均值
CR	低营养	161.25	266.25	318.75	248.75[a]	378.75	521.25	558.75	486.25[a]
	中营养	251.25	150.00	228.75	210.00[a]	498.75	405.00	397.75	433.83[a]
	高营养	258.75	213.75	153.75	208.75[a]	408.75	386.25	318.75	371.25[a]
	均值	223.75[a]	210.00[a]	233.75[a]	—	428.75[a]	437.50[a]	425.08[a]	—
GPP	低营养	840.00	1151.25	150.00	713.75[a]	1507.50	2010.00	1961.25	1826.25[a]
	中营养	6240.00	3150.00	101.25	1963.75[a]	4065.00	4612.50	5190.00	4622.50[b]
	高营养	2107.50	1608.75	221.25	1312.50[a]	4383.75	4492.50	6078.75	4985.00[b]
	均值	3062.5[a]	1970.00[a]	157.50[b]	—	3318.75[a]	3705.00[a]	4410.00[a]	—
NCP	低营养	678.75	885.00	–168.75	465.00[a]	1128.75	1488.75	1132.50	1250.00[a]
	中营养	2388.75	3000.00	–127.50	1753.75[a]	3566.25	4207.50	4796.25	4190.00[b]
	高营养	1848.75	1395.00	67.50	1103.75[a]	3975.00	4106.25	5760.00	4613.75[b]
	均值	1638.75[a]	1760.00[a]	–76.25[b]	—	2890.00[a]	3267.50[a]	3896.25[a]	—

注：标注字母不同的实验组之间存在显著性差异（P<0.05），标注相同字母的实验组之间差异不显著

冬季不同温度和营养盐梯度组间 CR 于培养前期（24 h）存在差异，CR 整体水平在 30.00～330.00 mg C/(m^3·d)的范围内波动（表 4.10）。CR 在短时间内受温度的作用要显著于营养盐，如 28℃组 CR 显著于 20℃组（P<0.05）。GPP 受不同温度及营养盐的影响，各梯度组间也具有一定差异，GPP 整体变动范围在 157.50～581.25 mg C/(m^3·d)。冬季 GPP 水平随升温而上升，随营养盐浓度的增加呈小幅度降低趋势，且培养前期（24 h）GPP 受温度和营养盐的影响均不显著。各梯度组 NCP 水平整体呈正代谢平衡状态；培养后期（72 h）CR 和 GPP 水平较前期均有升高趋势，分别在 183.75～585.00 mg C/(m^3·d)和 480.00～1822.50 mg C/(m^3·d)的范围内变化。方差分析结果表明，培养后期温度对于 CR 和 GPP 的影响均要显著于营养盐，如 28℃组 CR 整体水平要显著高于其他两个温度组，28℃组 GPP 整体水平则显著高于 20℃组（P<0.05），不同浓度营养盐间的差异不显著。不同梯度组的 NCP 水平及 GPP/CR 值均随时间呈上升趋势（表 4.11）。

表 4.10　冬季双因素交叉实验浮游生物群落代谢特征　[单位：mg C/(m³·d)]

群落代谢	营养盐	24 h				72 h			
		20℃	24℃	28℃	均值	20℃	24℃	28℃	均值
CR	低营养	30.00	67.50	330.00	142.50[a]	191.25	183.75	585.00	320.00[a]
	中营养	60.00	93.75	142.50	98.75[a]	217.50	258.75	378.75	285.00[a]
	高营养	60.00	75.00	176.25	103.75[a]	213.75	258.75	397.50	290.00[a]
	均值	50.00[a]	78.75[ab]	216.25[b]	—	207.50[a]	233.75[a]	453.75[b]	—
GPP	低营养	161.25	187.50	581.25	310.00[a]	480.00	1087.50	1822.50	1130.00[a]
	中营养	157.50	243.75	337.50	246.25[a]	633.75	1170.00	1188.75	997.50[a]
	高营养	157.50	225.00	247.50	210.00[a]	630.00	1035.00	1751.25	1138.75[a]
	均值	158.75[a]	218.75[a]	388.75[a]	—	581.25[a]	1097.50[ab]	1587.50[b]	—
NCP	低营养	131.25	120.00	251.25	167.50[a]	288.75	903.75	1237.50	810.00[a]
	中营养	97.50	150.00	195.00	147.50[a]	416.25	911.25	810.00	712.50[a]
	高营养	97.0	150.00	71.25	106.08[a]	416.25	776.25	1353.75	848.75[a]
	均值	108.58[a]	140.00[a]	172.50[a]	—	375.75[a]	863.75[b]	1133.75[b]	—

注：标注字母不同的实验组之间存在显著性差异（P<0.05），标注相同字母的实验组之间差异性不显著

表 4.11　夏季、冬季双因素交叉实验浮游生物的 GPP/CR 值

时间	营养盐	夏季				冬季			
		28℃	32℃	36℃	均值	20℃	24℃	28℃	均值
24 h	低营养	5.21	4.32	0.47	3.33	5.38	2.78	1.76	3.31
	中营养	10.50	21.00	0.44	10.65	2.63	2.60	2.37	2.53
	高营养	8.14	7.53	1.44	5.70	2.63	3.00	1.40	2.34
	均值	7.95	10.95	0.78	—	3.55	2.79	1.84	—
72 h	低营养	3.98	3.86	10.72	6.19	2.51	5.92	3.12	3.85
	中营养	8.15	11.39	11.63	10.39	2.91	4.52	3.14	3.52
	高营养	10.72	13.18	19.07	14.32	2.95	4.00	4.41	3.79
	均值	7.62	9.48	13.81	—	2.79	4.81	3.56	—

4. 核电站温排水影响区升温效应对浮游生物群落代谢的影响

生态代谢理论认为升温效应均会对浮游生物群落的 GPP 和 CR 存在调节作用，初级生产和呼吸代谢这两个基本生态过程受温度的影响明显（Vaquer-Sunyer et al.，2015）。现场观测与模拟实验均针对较广的温度范围来研究浮游生物群落代谢所受到的潜在影响，结果表明极高温（36℃，夏季）或较高温（31.4℃，冬季）水域，群落代谢受到明显的抑制作用，GPP 水平较低，水体则呈异养代谢状态，这种高温抑制浮游群落代谢的现象在之

前的研究中鲜有报道。其作用机制可能是由于温排水的适度升温提高了浮游生物体内酶的活性或者升温加速溶解有机物的循环利用，使代谢速率加快；但极高温条件下则抑制其酶活性，并破坏其类囊体结构使浮游藻类光合作用过程受阻，抑制浮游动物生长，降低浮游生物群落代谢速率（El-sabaawi & Harrison，2006）。我们的实验结果也说明了大亚湾核电站温排水影响区生态系统存在不稳定性和脆弱性，浮游生物初级生产和呼吸代谢极易受高温效应的影响。夏冬两季浮游生物群落代谢速率均在温排水影响区的适温（29～30℃）水域内最快，浮游生态系统呈自养代谢状态。

室内模拟升温实验与现场观测结果基本一致，进一步验证了浮游生物群落代谢对升温的响应，但两者结果之间也存在一定的差异。例如，冬季现场观测结果表明，31℃左右的温度即导致群落代谢明显受到抑制，而两次模拟培养实验中 28～32℃并未发现对浮游生物代谢水平有显著负面影响。这可能是因为冬季现场采集的 31℃环境水样离排水口最近，水体中大部分浮游动植物受核电站卷载效应影响，细胞结构已损坏或死亡，生理代谢功能受抑制（盛连喜等，1994；唐森铭等，2013）。而模拟实验没有现场环境中卷载效应的影响，受其他环境因素的干扰程度较小，在适温条件下浮游生物群落代谢旺盛，尤其后期小型浮游植物的增长，导致生产和代谢水平较高。与冬季相比，夏季极高温（36℃）本身对浮游生物的生长在短时间内存在显著抑制作用，因此模拟实验与现场观测结果一致。

此外，夏季极高温组（36～38℃）水体代谢水平在模拟实验初期受到抑制，但培养后期，极高温组 GPP 快速上升，呈较高水平，其原因是，极高温组在培养初期受高温的抑制，浮游藻类生产力水平较低，可利用的营养盐较少，随着培养时间的延长，更适应高温水体环境的粒径小的光合细菌很可能变成浮游生物的优势类群，并充分利用水体中多余的营养盐进行快速增长，促进了 GPP 水平的提升。而培养前期其他温度组浮游藻类快速增长，水体中营养盐被过度消耗，导致后期营养盐浓度降低不能供给浮游藻类生长，因此在培养实验后期其代谢水平反而较低。在现场环境中，近核电站排水口区域一直在动态接收极高温排放水，导致该区域水体浮游生物代谢过程始终受到抑制；同时温排水逐渐向远离核电站方向扩散混合，温度下降，这种动态的过程并没有足够的时间让浮游生物群落结构演替成为耐高温种群占优势的结构，也因此与模拟实验的结果存在潜在差异。

总体而言，现场观测与模拟实验结果均表明浮游生物群落代谢特征沿温度梯度存在规律性的差异特征，而在现场温排水影响区，由于存在温排放水向外流动与外部水体混合的动态过程，以及排放之前核电站的卷载效应的潜在影响，因此浮游生物群落代谢的区域分布特征与驱动机制相对复杂。

5. 温度、营养盐对浮游生物群落代谢平衡的综合影响

温度与营养盐均是影响浮游生物群落代谢水平的重要因素，但其对群落生产与呼吸代谢的影响程度可能存在差异。模拟实验结果表明，夏季浮游生物 CR 受温度和营养盐的影响均不显著，冬季 CR 受升温的作用要显著于营养盐；而对于 GPP 而言，除了培养初期受夏季极高温环境影响存在明显抑制作用外，夏季受营养盐的促进作用显著于温度的

作用，而冬季 GPP 整体受温度的影响显著于营养盐。这种环境因子潜在影响力的差异很可能与该海域环境背景的季节性差异有关。在夏季，大亚湾水体温度较高，海水水团易形成层化结构，尤其是核电站温排水区水体层化作用强，具有稳定性高温和高盐水团，磷酸盐和溶解态无机氮含量较低，因此在夏季这种相对高温、低营养盐的环境下，大亚湾浮游生物类群的初级生产更易受营养盐输入的促进作用。即使在极高温条件下，短时间内的剧烈升温能影响光合作用进程中酶促反应或呼吸反应等生理过程（余立华，2006）进而抑制 GPP，后期逐步适应了高温环境的浮游生物群落在有足够营养盐补充的情况下仍可能快速繁殖增长。冬季大亚湾温度相对较低，由于季风与高盐水团的交互作用，海水的垂直混合作用剧烈，上层水体的营养物质可通过垂直混合作用得以补充（Fu et al.，2016；丘耀文等，2005），这种相对低温、高营养盐环境下，温度升高更易影响 CR 和 GPP 的水平。因此，冬季升温对浮游生物群落代谢的影响显著于营养盐作用，并造成两个环境因子对浮游生物群落代谢影响程度的季节差异。

6. 浮游生物群落代谢的潜在生态效应

升温作用能促进浮游生物呼吸速率加快，导致溶解氧被快速消耗引起水体缺氧。此外，营养盐输入提高 GPP 水平，促使浮游藻类快速增长并积累有机物质，然后藻体大面积死亡，在分解过程中大量消耗水中的溶解氧，是驱动水体缺氧的另一重要因素（Vaquer-Sunyer et al.，2015，2016）。近期相关研究结果已表明，气候变化所引起的升温和有机营养物输入均能影响浮游生物代谢速率，如 Vaquer-Sunyer 等（2015，2016）研究发现波罗的海温度变化和有机营养物输入均能导致浮游生物初级生产和呼吸代谢的变化，是导致该海域水体缺氧的主要因素。当水体中 NCP＞0 时，初级生产力高于呼吸代谢速率，生态系统呈自养状态，成为 CO_2 的汇，能储存或输出有机物质的潜能；NCP＜0，呼吸代谢消耗大于初级生产力，浮游生物群落呈现异养状态，成为 CO_2 的源，需要由储存或外源输入有机物质再矿化的碳源维持（Kemp et al.，1997；Duarte et al.，2013）。此外，浮游生物 GPP/CR 还可作为衡量系统发育程度和成熟度的重要指标，成熟的生态系统中，该比值逐渐接近于 1，说明没有多余的生产量可供系统再利用（Chen et al.，2011）。现场温排水监测与室内模拟实验结果均表明，无论是升温效应还是营养盐输入均对浮游生物群落生产代谢状态产生影响，尤其是现场及模拟实验中，极高的水温均明显抑制了浮游植物和光合细菌的固碳作用，并使水体呈负代谢平衡，易引起水体溶解氧含量下降，呈贫氧状态，尤其是夏季最为明显。这种水体贫氧化还可能进一步影响海洋生物生长，对生物资源产出产生负面作用，导致生态系统功能下降（Song et al.，2009；Vaquer-Sunyer et al.，2015）。现场结果与模拟实验结果发现升温与营养盐输入会造成 GPP/CR 值的较大波动，且 GPP/CR 值常明显偏离理论上的平衡值 1，这也说明了升温效应及营养盐输入均能通过影响浮游生物群落代谢来影响水体生态系统的稳定性，造成海湾浮游生态系统的稳定性下降。此外，升温和富营养化等环境作用还可能改变浮游生态系统的食物网结构与食物链传递途径（Song et al.，2015），这些综合的生态效应均可能进一步对生态系统功能及生物资源产出造成不利影响。

三、海湾食物网初级生产者的粒级结构及其在基础生产过程中的能量传递特征和影响因素

（一）初级生产者粒级结构特征

海洋浮游植物是海洋中主要的初级生产者，是海洋生态系统的基础，在海洋生态系统中占有重要的地位。浮游植物的粒级结构和粒级分布对初级生产和营养物质的变化起着关键性的作用，一方面可以反映浮游植物群落对环境变化的响应，另一方面还可以反映海洋生态系统中物质循环和能量流动的途径及效率。单细胞浮游植物根据其个体（粒径）大小可分为小型浮游植物、微型浮游植物和微微型浮游植物。在不同生态系统中，浮游植物粒级结构存在时空分布差异。研究不同粒级浮游植物叶绿素 a 含量，有助于深入了解浮游植物功能结构变化及其对环境变化的响应，以及人类活动的影响状况。

大亚湾海水交换条件较差，主要通过湾口与外海水交换，湾内潮差小，潮流变化受潮汐控制。受核电站温排水影响，连续的热效应导致海水的理化性质发生改变，对浮游植物的生存和繁殖，以及浮游植物类群、物种多样性和丰富度产生影响（Li et al.，2013）；同时，湾内的西部水域水产养殖业也是该地区的重要产业之一，水产养殖业的发展与陆源输入的增加促进了该海域的营养盐和有机物的富集，局部海域已出现富营养化。温度的升高对近海浮游植物生物量、初级生产和粒级组成均造成影响，但在大亚湾这一受多种人类活动影响的海域，浮游植物对于核电站温排水和营养盐输入的综合响应特征目前鲜有报道。本书通过对胶州湾和大亚湾两个海湾的对比研究，阐明其初级生产者的粒级结构特征、演变趋势和影响因素，同时在大亚湾开展室内模拟升温和营养盐加富实验，综合分析温排水与营养物质输入对浮游植物及其粒级结构的影响，为海湾生态系统的物流、能流结构的深入研究提供科学依据。

1. 胶州湾初级生产者粒级结构特征

春季，胶州湾不同粒级浮游植物叶绿素 a 的分布在不同区域存在明显差异（图 4.36）。小型浮游植物叶绿素 a 浓度的高值区主要出现在湾北部近岸水域，最高值为 2.5 μg/L 左右，并呈由北部近岸向南部外海递减的趋势；微型浮游植物叶绿素 a 浓度高值区则主要出现在湾中部区域，最高值约为 0.6 μg/L，在湾北部区域及湾中部区域相对较低；微微型浮游植物则主要出现在湾外水域，而在湾内生物量相对较低。

夏季，胶州湾小型浮游植物主要分布于湾西部近岸水域及东南部近岸水域，在东北部近岸水域及湾口、湾外生物量较低（图 4.36）。微型浮游植物生物量整体较高，叶绿素 a 浓度最高值可达 2.5 μg/L 左右，在湾北部近岸区域有明显的高生物量分布，而湾口及湾外生物量较低。夏季在胶州湾北部及东部水域均存在较高的微微型浮游植物生物量分布，叶绿素 a 浓度最高值约为 1.2 μg/L，在湾口南部也存在较高分布，而在湾口西侧及湾外远海区域含量较低。

秋季，胶州湾各粒级浮游植物在大部分海域生物量均处于相对较低值，而高生物量主

要分布在湾内近岸区域（图 4.36）。其中，微型及微微型浮游植物在湾西部近岸水域存在明显的高值分布，其中微微型浮游植物叶绿素 a 浓度最高值可达 8 μg/L；在湾东部近岸水域存在一个次高值分布区；小型浮游植物则在湾东部及西部近岸水域均存在较为明显的高值分布，其叶绿素 a 浓度最高值可达 5 μg/L。

冬季，胶州湾小型浮游植物主要在东北部近岸水域存在高值分布，并向西南方向及湾外降低；微型浮游植物生物量分布的区域差异相对较小，整个湾内明显高于湾外，其中湾西北部近岸水域及东南部近岸水域存在较高的生物量分布，其叶绿素 a 最高值为 0.6 μg/L；微微型浮游植物生物量整体上明显高于其他两个粒级的浮游植物，其叶绿素 a 浓度最高值出现在湾北部近岸水域，可达 3.5 μg/L，并向外海方向逐渐下降（图 4.36）。

2. 大亚湾初级生产者粒级结构特征

春季，大亚湾各粒级浮游植物叶绿素 a 分布特征基本一致，小型、微型及微微型浮游植物叶绿素 a 浓度均在湾东北部近岸水域存在高值分布，并向西部湾口方向降低。总体上 3 个粒级的浮游植物生物量较为接近，小型及微微型浮游植物相对高于微型浮游植物（图 4.37）。

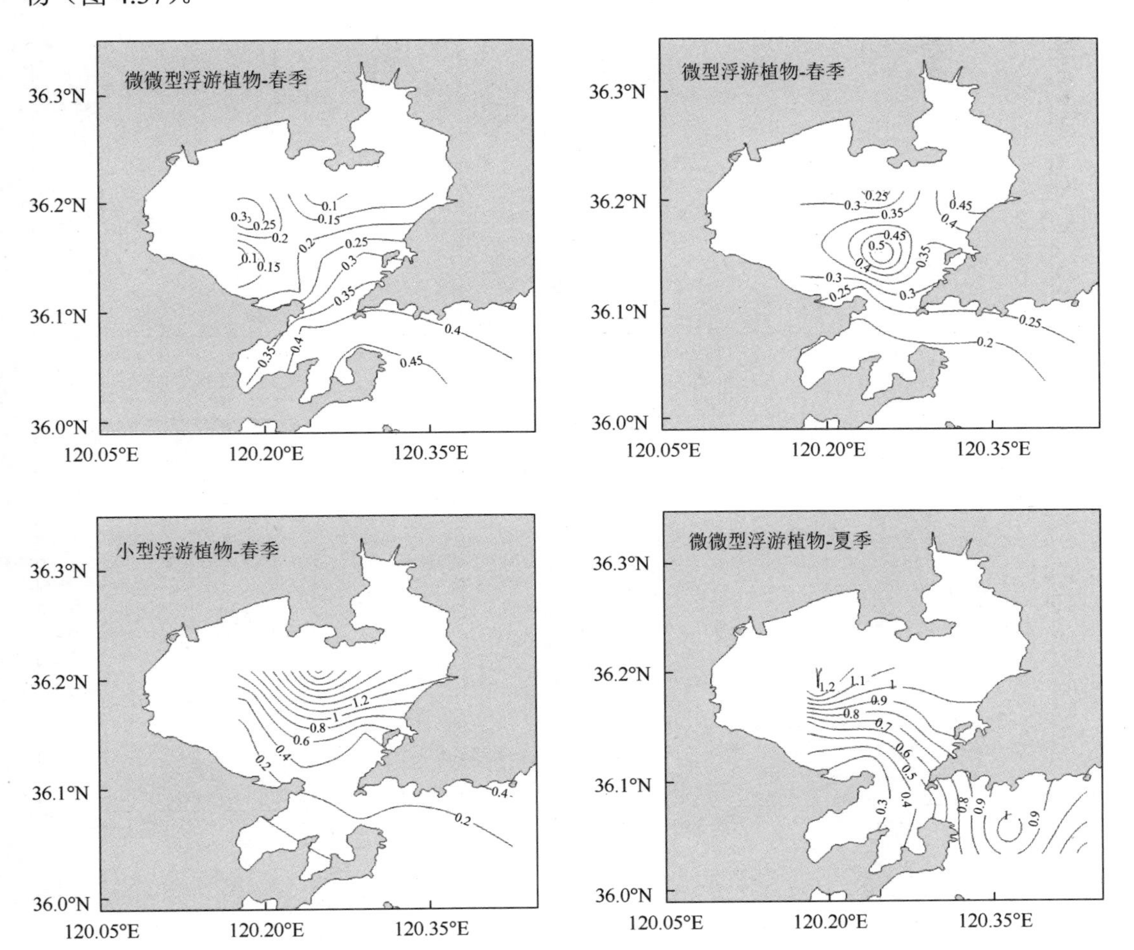

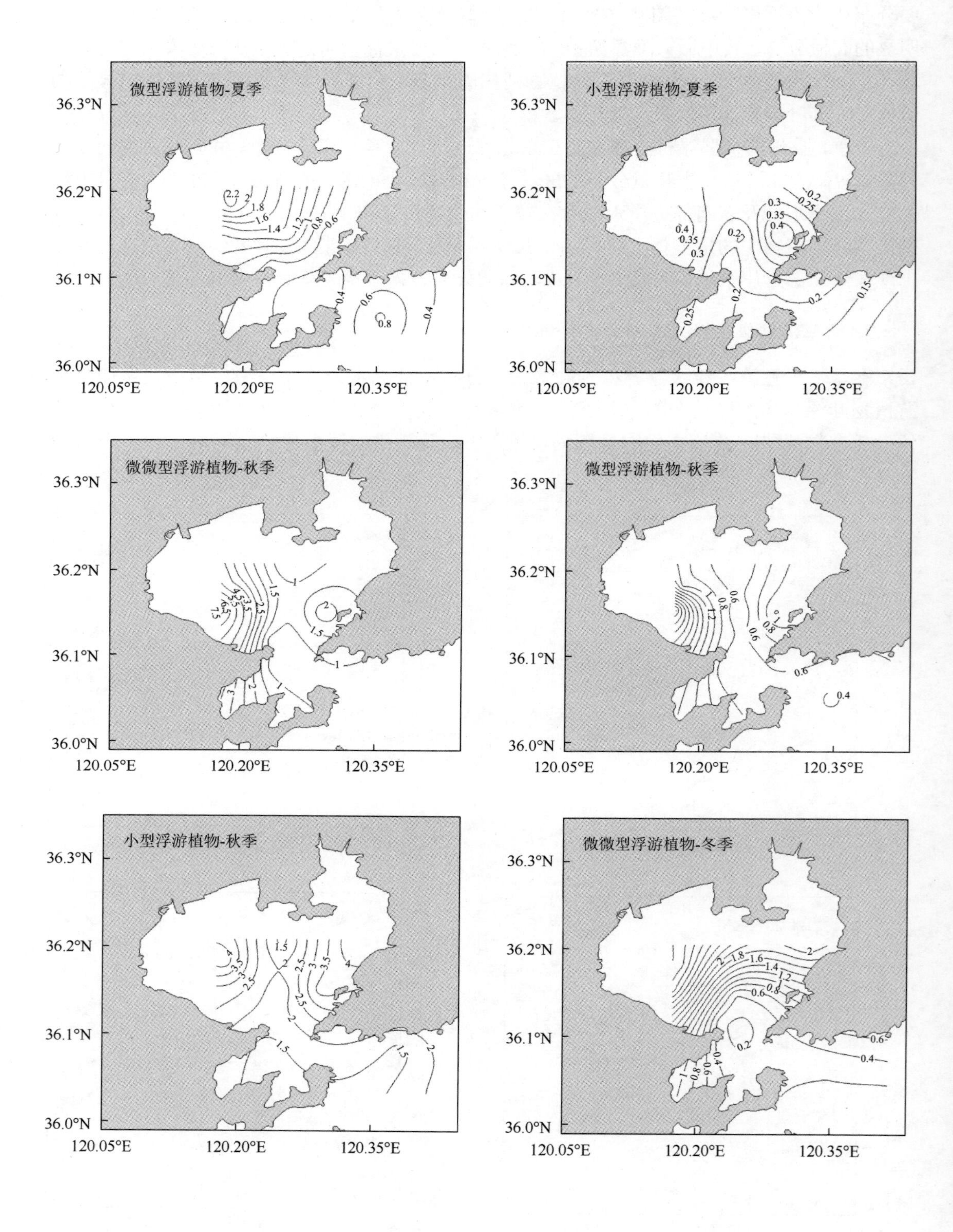

微型浮游植物-夏季
小型浮游植物-夏季
微微型浮游植物-秋季
微型浮游植物-秋季
小型浮游植物-秋季
微微型浮游植物-冬季
36.3°N
36.2°N
36.1°N
36.0°N
120.05°E
120.20°E
120.35°E

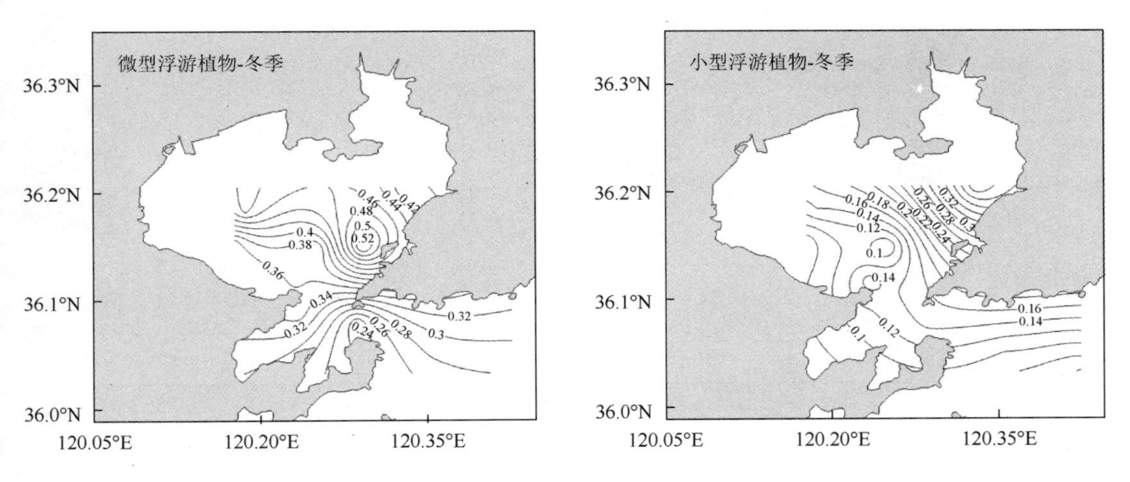

图 4.36　不同季节胶州湾不同粒级浮游植物叶绿素 a 分布特征（单位：μg/L）

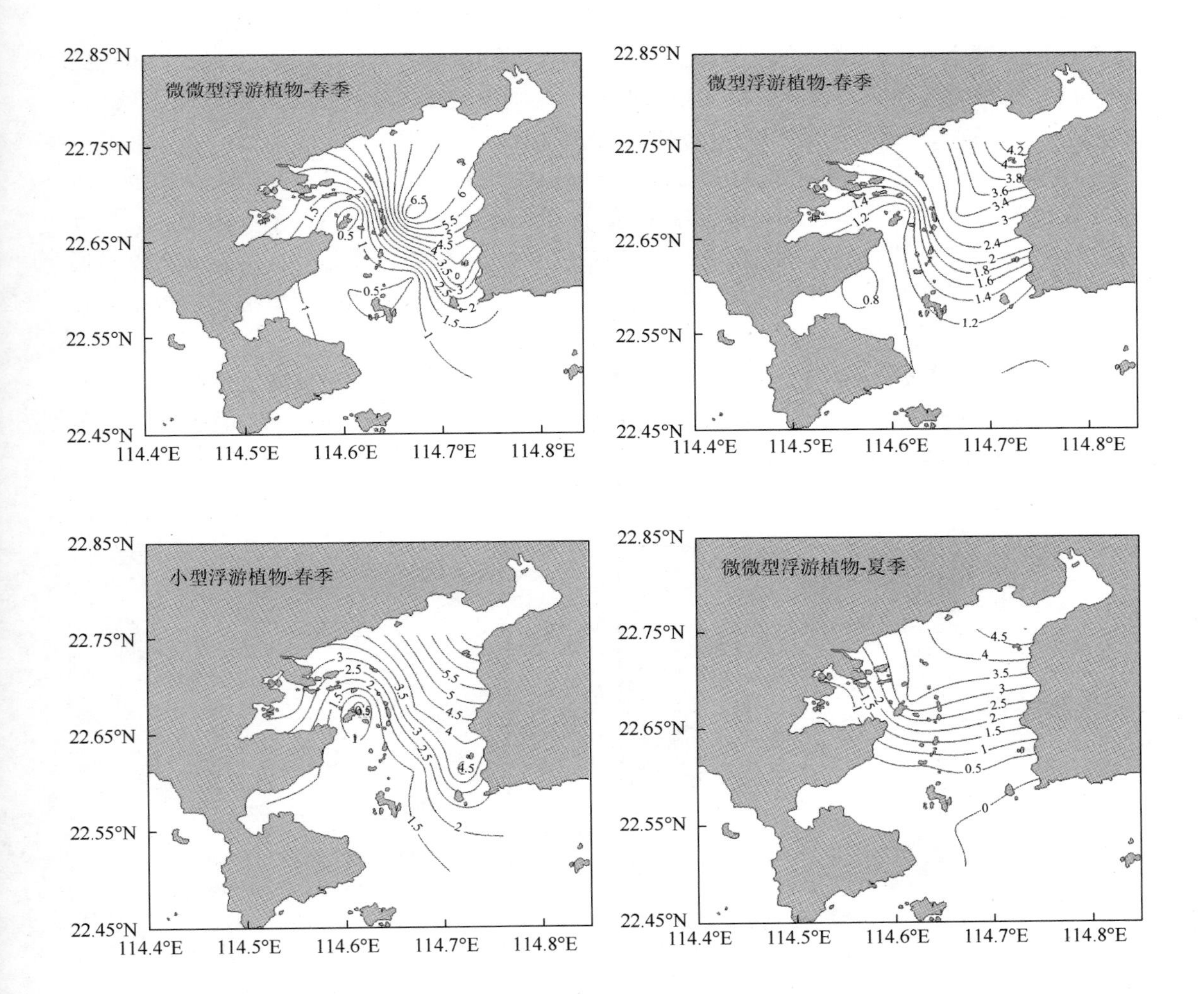

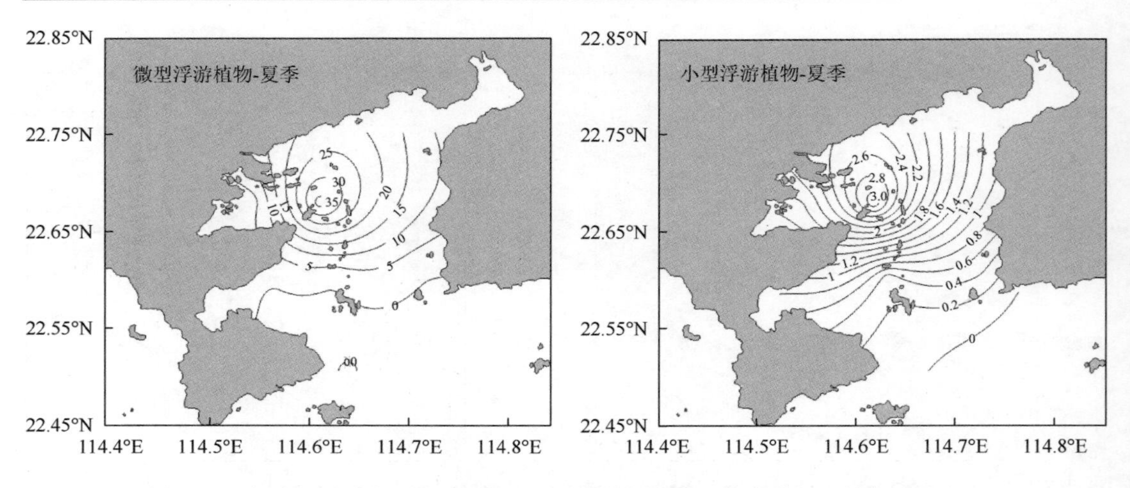

图 4.37　春季、夏季大亚湾不同粒级浮游植物叶绿素 a 分布特征（单位：μg/L）

夏季，3 个粒级的浮游植物叶绿素 a 浓度在湾北部海域均出现明显的高值分布，这与调查期间赤潮中心区域的分布位置相一致，其中微型浮游植物叶绿素 a 浓度最高，可达约 40 μg/L，而微微型浮游植物叶绿素 a 浓度的高值区则出现在大亚湾的东北部近岸水域（范和港口），与较大粒级浮游植物的分布特征有所差异。

秋季，不同粒级浮游植物叶绿素 a 的分布特征出现较大差异，其中小型浮游植物叶绿素 a 浓度高值区主要分布在湾北部近岸水域，而微型浮游植物叶绿素 a 浓度高值区主要分布在大鹏澳近岸至湾中部海域，核电站温排水扩散区；微微型浮游植物叶绿素 a 浓度高值区则主要分布在湾东北部近岸水域。可见，秋季大亚湾不同水域之间浮游植物粒级结构存在较大的差异（图 4.38）。

冬季，不同粒级浮游植物叶绿素 a 浓度高值区均主要分布于大亚湾西北部哑铃湾至澳头近岸水域；微微型浮游植物则在大鹏澳海域也存在较高的叶绿素 a 浓度。总体上冬季各粒级浮游植物叶绿素 a 浓度均为 4 个季节的最低值。

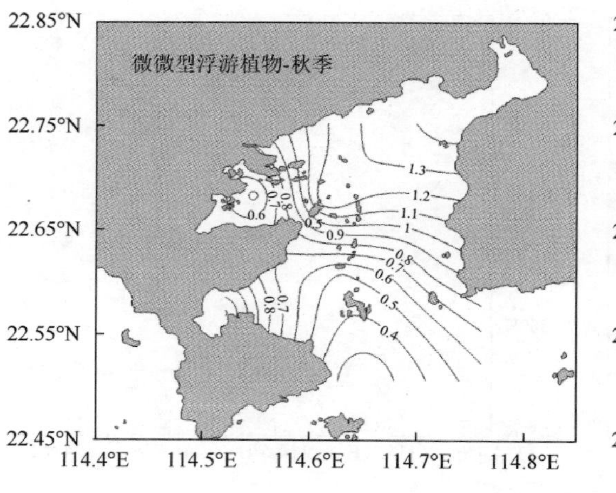

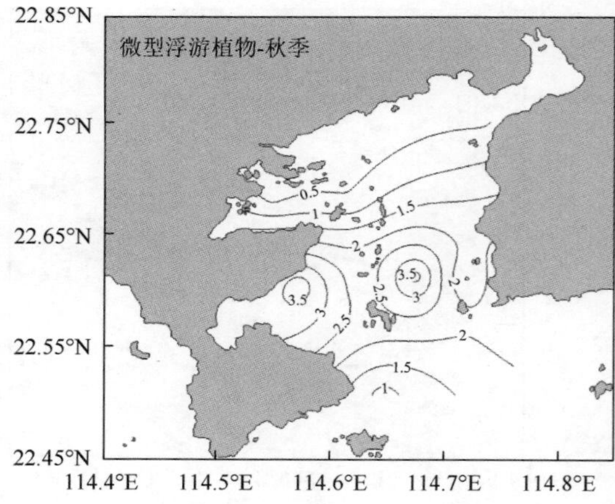

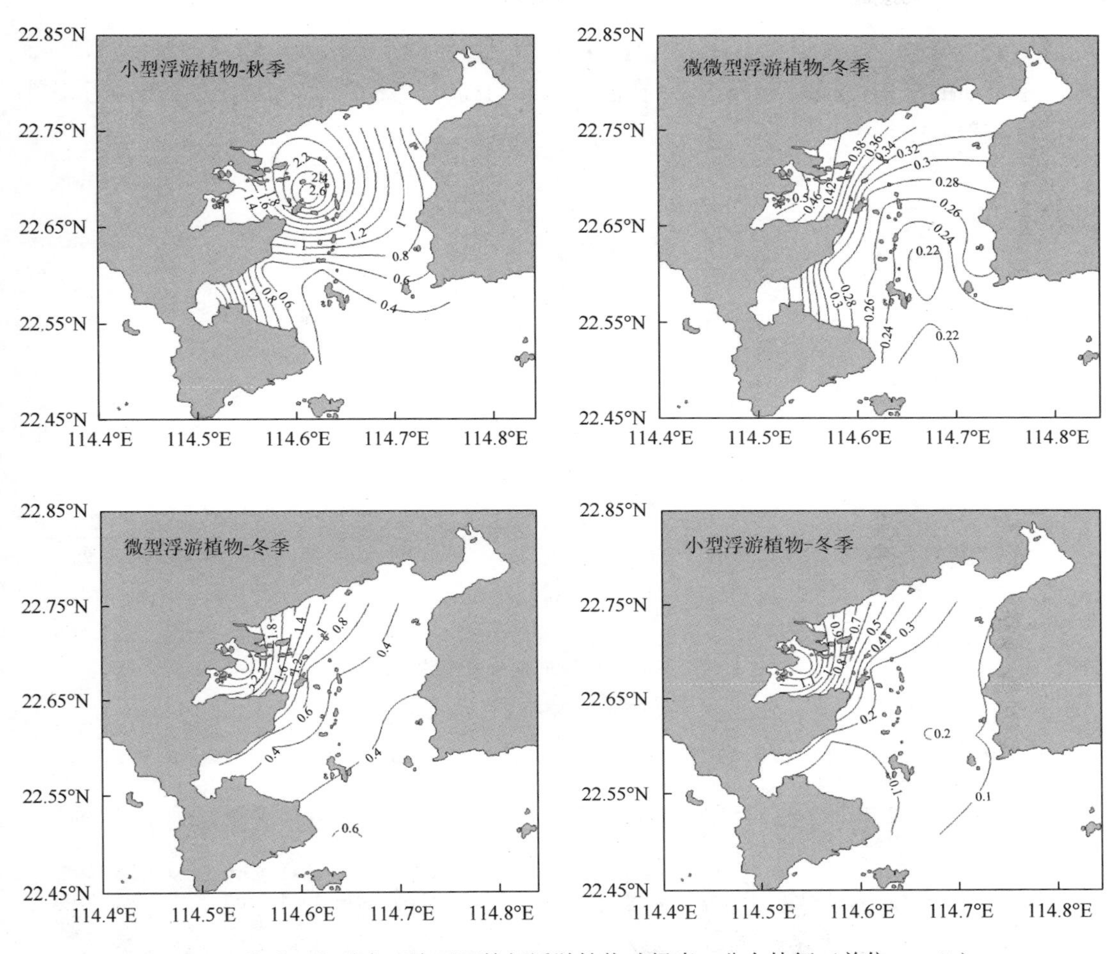

图 4.38　秋季、冬季大亚湾不同粒级浮游植物叶绿素 a 分布特征（单位：μg/L）

3. 大亚湾夏季、冬季核电站温排水影响区叶绿素 a 浓度及其粒级结构比较

夏季、冬季核电站温排水影响区的叶绿素 a 浓度均随温度升高呈现递增而后逐渐递减的规律，温排水口极高温区叶绿素 a 浓度整体上呈较低分布。夏季浮游植物叶绿素 a 浓度的最高值分布于 30.0℃温排水扩散区域，为 2.63 μg/L。最低值则分布于 36.0℃的排水口影响区域，叶绿素 a 浓度为 0.28 μg/L，二者相差约 8.4 倍；冬季叶绿素 a 高值区出现于 20.0℃水域，达到 4.31 μg/L，沿排水口方向叶绿素 a 浓度下降趋势明显，最低值同样分布于排水口附近，为 0.86 μg/L，二者相差 4 倍左右。冬季叶绿素 a 浓度整体上要高于夏季（图 4.39）。

夏季不同粒级浮游植物叶绿素 a 所占比例沿温排水温度梯度变化差异较明显，冬季各个温度区域内的波动性相对较小（图 4.40）。夏季整个温排水区域主要以小型和微型浮游植物为优势粒级，总体的叶绿素 a 平均贡献率分别为 50.7%和 40.7%。靠近湾口区域（28.8℃）以微型与微微型浮游植物为主，沿温度梯度升高区域延伸，其占比逐渐下降，小型浮游植物占比逐级递增；在极高温（36.0℃）区域，微型浮游植物占比增加，而小型浮游植物占比减少，粒级组成趋于小型化；冬季则整体以小型浮游植物占绝对优势，总体的叶绿素 a 的平均贡献率为 75.5%。在温排水口的高温（28.0℃）水域，粒级结构变化不大，区域差异不显著。

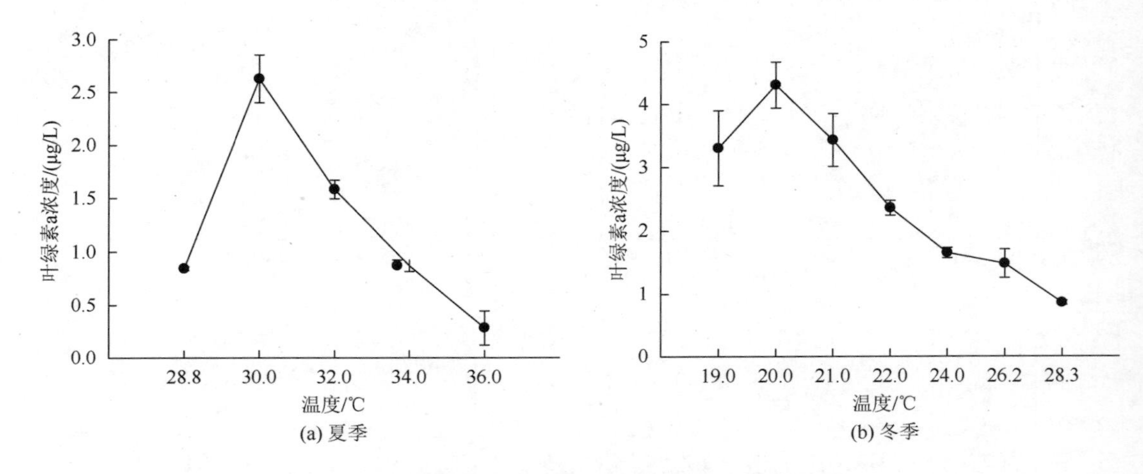

图 4.39　不同现场温度梯度叶绿素 a 浓度

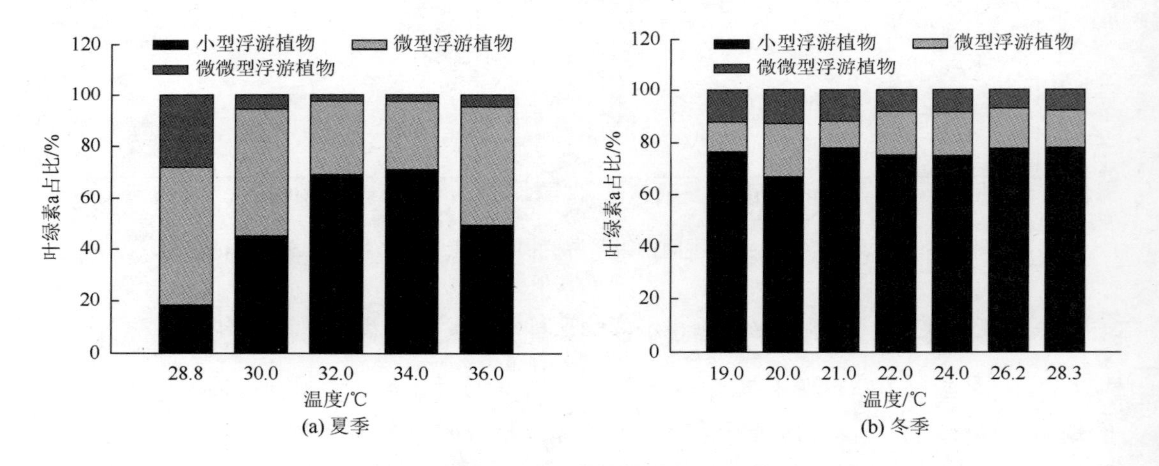

图 4.40　不同现场温度梯度叶绿素 a 粒级结构

4. 温度变化对浮游植物叶绿素 a 浓度和粒级结构的影响

夏季模拟培养实验结果表明，浮游植物叶绿素 a 浓度沿温度梯度呈现为先增后减的变化趋势（图 4.41），其中 28℃温度组浮游植物叶绿素 a 整体浓度较高，培养 6 h 和 24 h 后含量分别为 0.89 μg/L 和 0.57 μg/L，分别约为 36℃组的 2 倍。冬季浮游植物叶绿素 a 浓度则随升温作用逐渐升高，于 28℃的培养水样出现最高值，培养 6 h 和 24 h 后浓度分别为 0.63 μg/L、1.61 μg/L，24 h 后 28℃组叶绿素 a 浓度是 18℃组的 3 倍。总体来说，两个季节叶绿素 a 变化规律不尽一致，但如果从温度绝对值来看，浮游植物叶绿素 a 浓度均于 28℃左右增加明显；而在 32～36℃的极高温条件下存在较明显的抑制现象。

夏季温度梯度实验总体上以微型浮游植物占主导地位，平均占比为 59.8%，随着温度的升高，小型浮游植物粒级占比整体略有增加，而微型和微微型浮游植物占比略有下降，但在极高温环境下微微型浮游植物占比要高于其他温度组（表 4.12）。冬季整体上以微微型浮游植物为优势粒级，平均占比 57.6%，微微型浮游植物所占比例随温度的上升而增加，而小型浮游植物占比则趋于减少（表 4.13）。综合两个季节的变化规律，浮游植物粒级结构总体上均随温度升高呈小型化趋势，尤其在极高温条件下变化最为显著，而其他温度组则相对不明显。

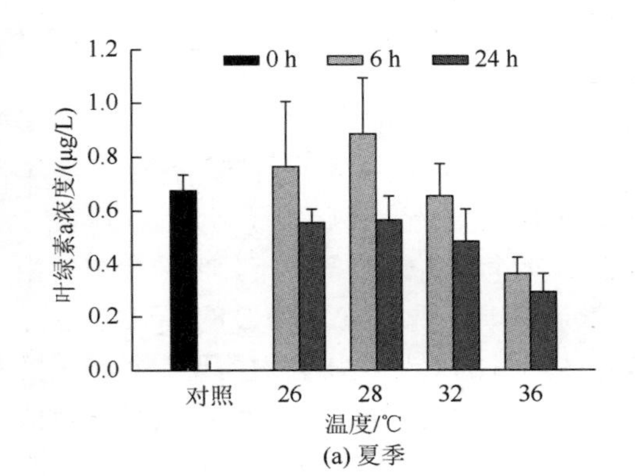

(a) 夏季

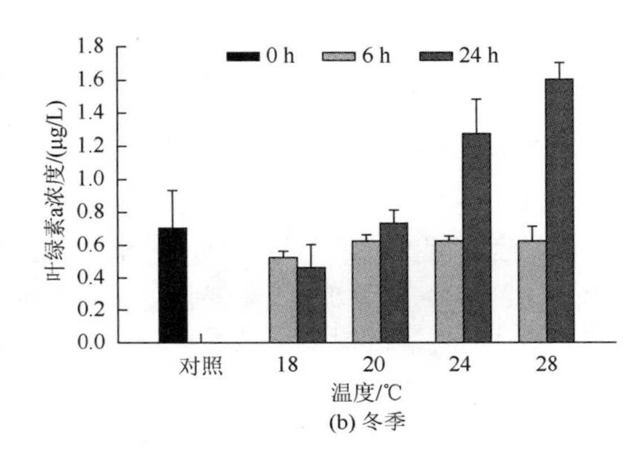

(b) 冬季

图 4.41　模拟温度实验叶绿素 a 浓度

表 4.12　夏季温度梯度实验浮游植物叶绿素 a 粒级结构分布

温度/℃	时间/h	小型浮游植物占比/%	微型浮游植物占比/%	微微型浮游植物占比/%
28	0	13.7	63.6	22.7
26	6	17.7	59.0	23.3
	24	21.2	63.3	15.5
28	6	20.8	56.4	22.8
	24	23.9	59.7	16.4
32	6	20.8	64.0	15.2
	24	27.1	59.2	13.7
36	6	16.6	56.4	27.0
	24	16.5	62.5	21.0

表 4.13　冬季温度梯度实验浮游植物叶绿素 a 粒级结构分布

温度/℃	时间/h	小型浮游植物占比/%	微型浮游植物占比/%	微微型浮游植物占比/%
20	0	9.3	19.0	71.7
18	6	9.9	34.7	55.4
	24	19.5	33.0	47.5

续表

温度/℃	时间/h	小型浮游植物占比/%	微型浮游植物占比/%	微微型浮游植物占比/%
20	6	18.1	23.5	58.4
	24	18.9	25.1	56.0
24	6	13.3	30.7	56.0
	24	17.2	27.3	55.5
28	6	13.1	28.3	58.6
	24	14.8	26.3	58.9

5. 温度和营养盐梯度对叶绿素 a 浓度和粒级结构的影响

夏季双因素交叉实验（表 4.14）结果表明，培养 24 h 后浮游植物叶绿素 a 浓度于 28℃条件下最高，平均值为 1.99 μg/L，而在极高温（32～36℃）条件下受到抑制作用。冬季升温效应（表 4.15）则能促进浮游植物生长，24～28℃变化最为明显，最高为 1.19 μg/L，与之前温度梯度实验结果相一致。夏季浮游植物于中营养和高营养条件下，叶绿素浓度相对于原始营养盐条件均有显著提升，尤其在高营养条件下，平均值可达 2.84 μg/L，超过原始营养盐条件下叶绿素浓度近 4 倍。而冬季营养盐加富的促进作用相对不明显，浮游植物叶绿素 a 浓度变化趋势不大。综合温度和营养盐交互作用的影响，夏季营养盐对浮游植物生长的促进作用要显著于温度的促进或抑制（$P<0.05$）；冬季的结果正好相反，温度的促进作用（24～28℃）要比营养盐更显著（$P<0.05$）。

夏季，温度升高及营养盐浓度增加均导致小型浮游植物所占比例下降，其中，温度升高的影响更显著，于极高温和高营养条件下占比最低，为 5.9%，是 28℃低营养组占比的 1/6。升温作用能促进微型浮游植物占比的增加，而营养盐对其影响不显著，极高温组占比最高达 76.8%，是 28℃高营养组占比的 1.5 倍。微微型浮游植物于温度和营养盐共同作用下，叶绿素 a 占比增加，两者影响程度较接近；而冬季营养盐增加和升温作用对于浮游植物不同粒级所占比例的影响均不显著。夏冬两季培养水样的优势粒级分别为微型浮游植物和微微型浮游植物，浮游植物整体趋向于小型化，尤其是夏季高温和高营养盐水平环境下，各粒级组成与分布变化比较明显（图 4.42）。

表 4.14 夏季双因素交叉实验叶绿素 a 浓度变化

温度/℃	叶绿素 a 浓度/(μg/L)			
	低营养	中营养	高营养	平均值
28	0.63±0.07	1.99±0.53	3.36±0.24	1.99±0.28^{a}
32	0.48±0.08	1.88±0.77	2.75±0.78	1.70±0.54^{a}
36	0.66±0.17	2.24±1.05	2.42±1.86	1.77±1.03^{a}
平均值	0.59±0.11^{a}	2.04±0.78^{b}	2.84±0.96^{c}	—

注：标注字母不同的实验组之间存在显著性差异（$P<0.05$），标注相同字母的实验组之间差异性不显著

表 4.15　冬季双因素交叉实验叶绿素 a 浓度变化

温度/℃	叶绿素 a 浓度/(μg/L)			
	低营养	中营养	高营养	平均值
20	0.54±0.11	0.58±0.17	0.53±0.02	0.55±0.10[a]
24	1.10±0.17	1.08±0.07	1.38±0.12	1.19±0.12[b]
28	0.78±0.11	0.99±0.14	0.97±0.07	0.91±0.11[c]
平均值	0.81±0.13[a]	0.88±0.13[a]	0.96±0.07[a]	—

注：标注字母不同的实验组之间存在显著性差异（$P<0.05$），标注相同字母的实验组之间差异性不显著

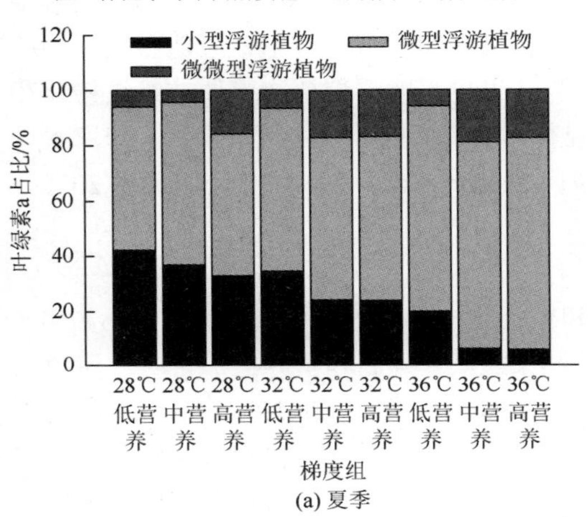

(a) 夏季

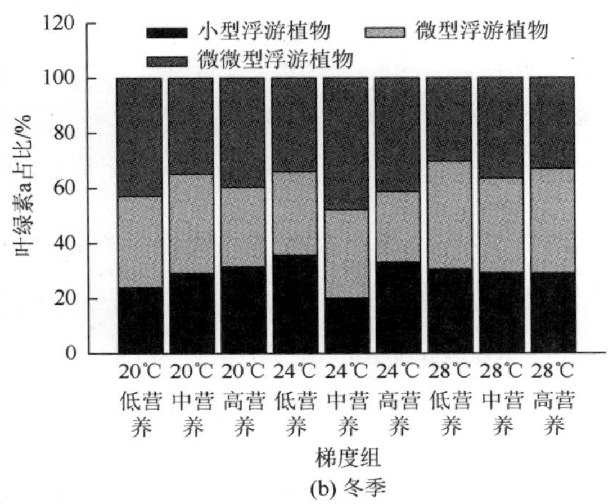

(b) 冬季

图 4.42　双因素交叉实验浮游植物粒级结构变化

6. 核电站温排水对浮游植物叶绿素 a 浓度及粒级结构的潜在影响

实验结果表明，在核电站排水口邻近水域的不同程度升温区，温度对于浮游植物叶绿素 a 浓度具有不同程度的潜在影响。夏、冬两季适度升温能促进浮游植物的生长，提高初级生产力水平，叶绿素 a 浓度呈高值分布；但在极高温条件下，高温效应能导致叶绿素 a 浓度降低，抑制浮游植物生长繁殖和代谢活动，降低初级生产水平，甚至导致其死亡。Li 等（2013b）在湛江湾电厂温排水口高温区的研究发现浮游植物物种丰度、细胞数量和叶绿素 a 浓度均呈较低水平，也验证了这一规律。其可能的作用机制是由于高温破坏浮游藻类类囊体结构致使叶绿素合成受阻或者高温抑制了光合反应进程的酶活性（El-Sabaawi & Harrison，2006）。

冬季温度梯度实验的叶绿素 a 浓度随升温而不断增加，与冬季现场观测结果有所区别，这主要是由于现场温排水受核电机组卷载效应等的影响，与模拟实验环境条件存在潜在差异。受核电机组极高温环境（高于排出后水温）及卷载效应（唐森铭等，2013）的影响，排出的水体部分浮游植物细胞结构已损坏或死亡，生理功能受到抑制，因此，尽管冬季排水口水温仅为 28℃，理论上对浮游植物生长没有抑制作用，但现场研究中仍可观测到叶绿素 a 浓度沿温度梯度向排水口方向降低的现象。与冬季相比，夏季 36℃的极高温环境本身对浮游植物生长产生显著抑制作用，因此无论是否存在核电机组卷载效应的潜在影响，夏季现场与模拟实验均出现相似的结果。

不同区域浮游植物粒级结构对于温度响应也具有季节性差异。现场观测结果发现夏季和冬季浮游植物粒级结构存在季节性分布差异，原因可能是夏季水体的层化作用，营养盐含量低于冬季（Fu et al.，2016），导致微型浮游植物占比较高，此外夏季温排水口区受到极高温影响，较大粒级浮游植物（20～200 μm）生长受抑制，导致其所占比例下降；而冬季大亚湾海区混合作用加强，营养盐得到补充（丘耀文等，2005），小型浮游植物更具有竞争优势。相关性分析表明夏季微微型浮游植物生物量与温度之间具有显著负相关性，而较大粒级的浮游植物则与温度之间的相关性不显著，说明夏季微微型浮游植物对升温更具有敏感性；冬季微微型浮游植物生物量对于温度变化同样存在显著的负相关性，同时小型浮游植物生物量也与温度存在显著负相关，说明温排水的季节性升温效应能影响不同粒级浮游植物的光合作用与代谢过程。温度梯度实验结果也表明浮游植物整体粒级结构存在季节差异性，但小粒级浮游植物生长随升温效应整体较为活跃，所占比例增加，即海水升温常伴随着小粒级浮游植物丰度和优势度的增加（Moran et al.，2010；Sato et al.，2015）。

7. 温度和营养盐对浮游植物生长的影响

除了温度以外，营养盐也对浮游植物生长和粒级结构具有潜在调控作用（Hao et al.，2011；Kocum & Sutcu，2014）。双因素交叉实验结果表明，升温和营养盐加富对浮游植物叶绿素 a 和粒级组成的影响存在明显的季节性差异。双因素交叉实验结果表明，夏季营养盐对浮游植物生长的促进作用要比温度的影响作用明显，冬季温度的影响效应则强于营养盐；而从粒级结构来看，夏季温度升高及营养盐增加均促使微型和微微型浮游植物占比不断增加，尤其是微型浮游植物增加趋势明显，其受升温效应要显著于营养盐作用，而小型浮游植物则呈明显下降趋势。冬季浮游植物粒级结构变化趋势不明显，以小粒级浮游植物为主，微型浮游植物对于温度的变化敏感，呈显著正相关性，小型浮游植物变化则不显著。其原因可能是由于夏季湾口区小型浮游植物的优势类群更适应低温和低营养水平条件，剧烈升温能影响其光合作用的酶促反应或呼吸反应等生理过程（余立华，2006），抑制对营养盐的吸收（宋星宇等，2004），导致其在与小粒级浮游植物的竞争中处于劣势。冬季该区域营养盐得到补充，升温在一定程度上促进小型浮游植物生长。通过相关环境因子分析结果（表 4.16）也可以发现，导致浮游植物生长和粒级结构存在差异的原因可能是由于夏季实验水体营养盐含量相对较低，易受营养盐加富的影响；冬季由于水体本身营养盐含量较高，水温较低，温度的促进作用相对更明显，这也体现了近岸水体在不同条件下对环境因子变化响应的复杂性。

表 4.16　不同粒级叶绿素 a 与温度的 Pearson 相关系数

类型粒级	现场温度梯度实验		单因子模拟实验		双因子模拟实验	
	夏季	冬季	夏季	冬季	夏季	冬季
小型浮游植物	−0.278	−0.931**	−0.772	0.943	−0.657	0.427
微型浮游植物	−0.678	−0.656	−0.916	0.996**	0.207	0.694*
微微型浮游植物	−0.907*	−0.864*	−0.933	0.983*	0.209	0.190

$^{**}P<0.01$，$^{*}P<0.05$

8. 初级生产者粒级结构特征的演变趋势与影响因素

从表 4.17 可以看出，胶州湾存在明显的季节性差异，其中春季与大亚湾类似，各粒级浮游植物占总浮游植物生物量的比例较为接近；秋季浮游植物主要以小型浮游植物为优势类群，夏季和冬季则以较小粒径的浮游植物，尤其是微微型浮游植物占据优势地位，而小型浮游植物所占比例不到 15%。大亚湾粒级结构总体上以微型浮游植物为主，其中在秋季、夏季、冬季，微型浮游植物均为对表层水体浮游植物生物量贡献最多的优势群体；而春季各粒级浮游植物的优势地位不明显。

表 4.17　不同季节两个海湾粒级结构对比

季节	海湾	总叶绿素浓度/(μg/L)	小型浮游植物比例/%	微型浮游植物比例/%	微微型浮游植物比例/%
春季	胶州湾	1.25	38.32	30.22	31.46
	大亚湾	7.83	38.59	32.26	29.15
秋季	胶州湾	4.98	53.31	16.95	29.74
	大亚湾	4.39	26.69	49.48	23.83
夏季	胶州湾	1.86	13.91	42.97	43.12
	大亚湾	8.13	24.06	56.81	19.13
冬季	胶州湾	1.64	12.84	34.96	52.20
	大亚湾	1.22	16.74	52.26	31.00

将本书研究结果与历史资料对比，发现两个海湾浮游植物的粒级结构均存在小型化的趋势。在胶州湾海域，夏季浮游植物粒级结构特征从以较大粒级（小型及微型）浮游植物为主，微微型浮游植物仅占约 15%，变化为目前较小粒级浮游植物，尤其是微微型浮游植物占有较高比例。而在大亚湾夏季，浮游植物粒级结构从 2001 年整体上以小型浮游植物为主（表 4.18），逐渐变化为以微型浮游植物为主的粒级结构特征；近年来，大亚湾浮游植物群落结构小型化的趋势从不同的角度得到验证。例如，丘耀文等（2005）和刘胜等（2006）通过显微镜检测浮游植物群落结构，发现大亚湾地区甲藻类和暖水种的数量增多，网采浮游植物数量下降的规律；郝彦菊和唐丹玲（2010）研究了历年大亚湾现场网采浮游植物种类的变化情况，也认为大亚湾核电站的升温效应是导致浮游植物种类个体小型化的主要因素。本书通过比较小型（包括网采）、微型、微微型浮游植物组成来研究温度和营养盐对浮游植物粒级结构和季节性差异的影响，结果表明小粒级浮游植物对于温度或营养盐的动态变化敏感，无论是温度升高或是营养盐输入均可能造成浮游植物粒级结构小型化趋势。本书主要针对表层水体浮游植物的粒级结构展开研究，同时考虑浮游植物粒级结构可能存在短时间尺度上的变化，因此两个海湾浮游植物粒级结构的长期变化趋势还有待于结合更多的监测资料与环境数据，进行深入研究。此外，模拟实验受培养时间所限，实验结果仅能反映浮游植物对温度及营养盐的短时间尺度的响应规律，但综合上述不同研究角度、不同时间尺度的研究成果，可进一步确定大亚湾海域浮游植物粒级小型

化的趋势，而这一趋势可能进而导致浮游食物链的上行传递过程受阻，并引起基础食物网结构整体小型化。有研究结果表明，大亚湾海域浮游动物生物量逐年下降、个体呈小型化的趋势（王肇鼎等，2003）。浮游生物整体的小型化可能导致海洋生态系统的稳定性和调节功能受限，影响食物网的能量流动与物质循环及生物多样性指数，进而影响海洋渔业的产量（宁修仁，1997；Mousingl et al.，2014）；而相关的生态过程机理与应对策略，有待于深入开展近海生态系统结构与功能长时间序列观测与模拟实验来进行研究和验证。

表 4.18　胶州湾与大亚湾夏季浮游植物粒级结构演变特征

地点	时间	总平均值	小型浮游植物比例/%	微型浮游植物比例/%	微微型浮游植物比例/%	数据来源
胶州湾	长期	＞4	40.80	约 44	约 15	吴玉霖等（2004）
	2015 年	1.86	13.91	42.97	43.12	本书
	2017 年	5.14	38.20	28.05	33.76	本书
大亚湾	2003 年	14.01	59.53	18.2	22.27	宋星宇（2004）
	2011 年	4.07	30.20	47.30	22.50	李丽等（2013）
	2015 年	8.13	24.06	56.81	19.13	本书

（二）基础生产过程中的能量传递特征与影响因素

海洋浮游生物，包括浮游植物、浮游细菌及浮游动物，是海洋中活体生物量最大的类群之一，海洋浮游异养细菌作为微食物环（microbial loop）的关键营养阶层，能够吸收水体中的溶解有机碳（DOC）并向上层食物链传递。在微食物环中，细菌的新陈代谢及对 DOC 的利用，对微食物环内的能量流动具有重要意义。另外，通过浮游动物次级生产过程与初级生产过程的比较，可反映出基础生产过程产生的 DOC 通过经典食物链向高营养级传递的比例。因此，通过测定细菌生产力（BP）、初级生产力（PP）和浮游动物次级生产力（ZP），对比研究不同生态系统、不同区域基础生物结构及揭示的能量传递特征，可以深入了解微食物环内部物质循环和能量流动途径，在海洋碳循环中有着极为重要的意义。本书拟对胶州湾、大亚湾两个海湾的基础生产过程，尤其是不同营养阶层生产力之间的关联性进行对比研究，以分析两个海湾基础生物过程中能量传递特征的相似性与差异性，并揭示其潜在的环境影响因素。

1. 细菌生产力与初级生产力

碳同化系数是单位体积初级生产力与叶绿素的比值（PP/Chl a），常用来反映浮游植物光合色素的光合作用效率。胶州湾碳同化系数存在较大的季节变化，其中在夏季可超过 10，冬季则低于 2，这可能与水温的季节性差异有关；其总体平均值约为 4.93（表 4.19）。就 4 个季节单位水体的平均碳同化系数而言，胶州湾水体单位碳同化系数整体高于大亚湾。

大亚湾碳同化系数的季节性差异相对较低，其中夏、冬季相对较高，春、秋季相对较低，总体上碳同化系数平均值约在 3.0 左右（表 4.20）。

胶州湾 BP/PP 4 个季节平均值约为 6.02%，略高于大亚湾的 5.64%，但整体上两个海湾的 BP/PP 值均较低，与历史研究资料相比，不仅明显低于大陆架及深海海域的平均水平，也比以往在珠江口邻近海域的研究结果低。这一结果与以往所报道的在高初级生产力区域常存在较低的 BP/PP 值，而低初级生产力区域常存在较高的 BP/PP 值相一致。在春季和秋季，胶州湾 BP/PP 值显著高于大亚湾，说明胶州湾这两个季节经细菌二次生产利用的 DOC 向上级食物链传递的效率相对高于大亚湾；而在夏季则相反，大亚湾夏季 BP/PP 值显著高于胶州湾，这可能与调查期间大亚湾海域发生藻华造成的初级生产与细菌生产之间的不平衡有关；在冬季，两个海湾的 BP/PP 值较为接近。

表 4.19 不同季节胶州湾碳同化系数及 BP/PP 值

季节	取值	PP	BP	PP/Chl a	BP/PP/%
春季	最小值	1.55	0.02	2.64	1.28
	最大值	9.13	0.5	4.41	14.46
	平均值	4.44	0.25	3.55	6.28
夏季	最小值	12.43	0.19	8.20	1.21
	最大值	42.60	0.69	15.70	2.57
	平均值	21.76	0.38	12.42	1.78
秋季	最小值	4.95	0.46	1.53	3.39
	最大值	21.94	1.24	2.47	18.44
	平均值	9.73	0.82	2.07	10.76
冬季	最小值	0.44	0.04	0.84	2.57
	最大值	6.41	0.29	2.44	12.42
	平均值	2.62	0.12	1.68	5.24

表 4.20 不同季节大亚湾碳同化系数及 BP/PP 值

季节	取值	PP	BP	PP/Chl a	BP/PP/%
春季	最小值	5.65	0.06	1.57	0.43
	最大值	32.37	1.14	4.15	5.62
	平均值	16.25	0.34	2.26	2.27
夏季	最小值	0.55	0.08	0.80	0.42
	最大值	280.73	1.38	13.19	23.45
	平均值	39.29	0.43	4.15	7.15
秋季	最小值	2.21	0.31	0.89	2.20
	最大值	22.98	0.65	4.55	13.91
	平均值	8.65	0.43	2.08	6.88
冬季	最小值	1.09	0.06	1.14	1.32
	最大值	32.52	0.43	7.3	9.92
	平均值	5.85	0.21	3.8	6.26

2. 浮游动物初级生产力与次级生产力

胶州湾整体从初级生产力（PP）到次级生产力（ZP）的转换效率（TE）如表 4.21 所示。转换效率整体较低，其中夏季、秋季、冬季均低于 5%，而春季也仅有约 7%。与大亚湾不同的是，胶州湾湾内近岸的高营养盐区域并非总是高初级生产力、低次级生产力的特征，如在夏、冬两季，湾内高营养盐区域的初级生产力整体水平均接近于整个调查海域的平均值，夏季湾内高营养盐区浮游动物次级生产力甚至高于平均水平，并使夏季高营养盐区域初级至次级生产力的转换效率与整个调查水域平均值一致。而冬季、秋季高营养盐区域浮游动物次级生产力较低，并造成这两个季节转换效率整体低于平均水平。

表 4.21　胶州湾次级生产力（ZP）、初级生产力（PP）及转换效率（TE）

季节	参数	范围	平均值	高营养盐区
夏季	ZP/［mg/(m^2·d)］	2.93～10.78	4.92	6.17
	PP/［mg/(m^2·d)］	53.74～192.96	126.82	155.23
	TE/%	1.72～6.32	4.00	3.99
冬季	ZP/［mg/(m^2·d)］	8.58～54.85	25.72	16.49
	PP/［mg/(m^2·d)］	421.79～816.94	614.63	589.12
	TE/%	1.91～11.91	4.18	2.67
春季	ZP/［mg/(m^2·d)］	2.38～45.55	22.24	—
	PP/［mg/(m^2·d)］	51.37～763.06	311.44	—
	TE/%	2.30～12.06	7.06	—
秋季	ZP/［mg/(m^2·d)］	7.35～42.34	23.98	16.78
	PP/［mg/(m^2·d)］	145.88～1032.91	611.1	910.61
	TE/%	1.08～8.31	3.69	2.27

大亚湾不同季节的次级生产力（ZP）、初级生产力（PP）及转换效率（TE）总体特征如表 4.22 所示。为了与其他季节进行比较，表中夏季数据中的统计范围及平均值去除了受藻华影响明显的站位数据，如 S6 站，在该站位由于极高的初级生产力值（＞6000）及较低的次级生产力值（＜10），致使其转换效率低于 1%。即使如此，夏季由初级生产力至次级生产力的整体转换效率仍只有 5%左右，与冬季、秋季接近；春季平均值最低，仅为 2.81%。转换效率的最低值常对应于极高的初级生产力及较低的次级生产力分布，尤其是在大亚湾高营养盐分布区。除夏季受藻华影响，近岸高营养盐区域其转换效率低于 1%以外，其他季节在近岸高营养盐分布区，转换效率也明显低于平均值，而相关海域的初级生产力显著高于整个海湾的平均水平，次级生产力则接近或低于海湾平均值。从大亚湾海域总体水平来看，4 个季节由初级生产力至次级生产力的整体转换效率低于 6%，处较低水平。基于现场实验模拟的大亚湾较低的初级生产至次级生产能量传递效率与基于 Ecopath 模型运算得出的近期大亚湾初级生产者较低的上行能量传递效率的结果相一致。

表 4.22　大亚湾次级生产力（ZP）、初级生产力（PP）及转换效率（TE）

季节	类型	范围	平均值	高营养盐区
夏季	ZP/［mg/(m²·d)］	5.00～38.46	21.59	8.11
	PP/［mg/(m²·d)］	31.13～1114.66	417.16	3757.68
	TE/%	0.61～19.84	5.18	0.22
冬季	ZP/［mg/(m²·d)］	8.63～31.48	18.38	22.53
	PP/［mg/(m²·d)］	85.39～1873.13	386.54	1125.42
	TE/%	1.66～18.92	4.75	2.00
春季	ZP/［mg/(m²·d)］	12.36～33.34	23.23	—
	PP/［mg/(m²·d)］	372.9～2314.46	1094.15	—
	TE%	1.00～5.79	2.81	—
秋季	ZP/［mg/(m²·d)］	12.38～55.62	35.25	42.86
	PP/［mg/(m²·d)］	116.43～1693.80	628.68	902.54
	TE/%	2.36～16.82	8.35	5.74

综合浮游植物初级生产力至浮游动物次级生产力的转换效率整体特征，可反映出两个海湾在此环节的能量传递效率均低于理论值（10%），两个海湾出现初级到次级能量传递不畅，这与粒径谱等其他能量传递的指示性研究结果相一致。胶州湾不同季节从初级生产至次级生产能量转换效率的大小顺序依次为：春季＞冬季＞夏季＞秋季，这与大亚湾的研究结果刚好相反，这可能与两个海湾所处的气候环境，以及浮游植物、浮游动物本身的生物量与群落结构的季节变化有关。此外，通过不同季节胶州湾及大亚湾初级生产力、次级生产力与转换效率的相关性分析结果可知（图 4.43，图 4.44），胶州湾浮游植物初级生产至浮游动物次级生产的能量传递效率的高低，取决于浮游动物次级生产过程的变化，而与初级生产过程的相关性不明显；大亚湾浮游植物初级生产至浮游动物次级生产的能量传递效率的高低，则取决于浮游植物初级生产过程的变化，而与浮游动物次级生产的相关性不明显。这也反映出两个海湾在初级生产到次级生产能量传递的调控机制上，存在潜在差异。

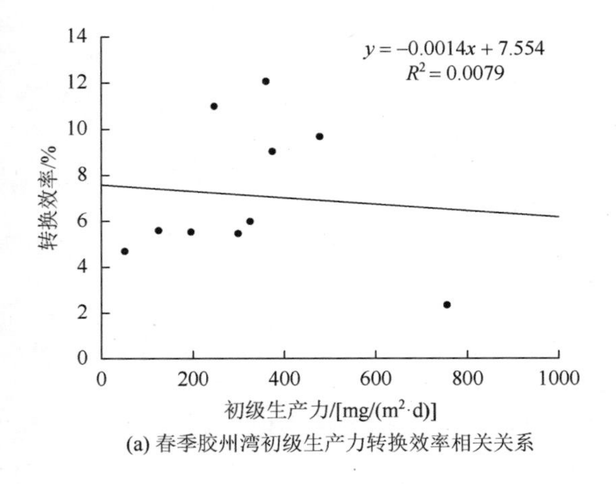

(a) 春季胶州湾初级生产力转换效率相关关系

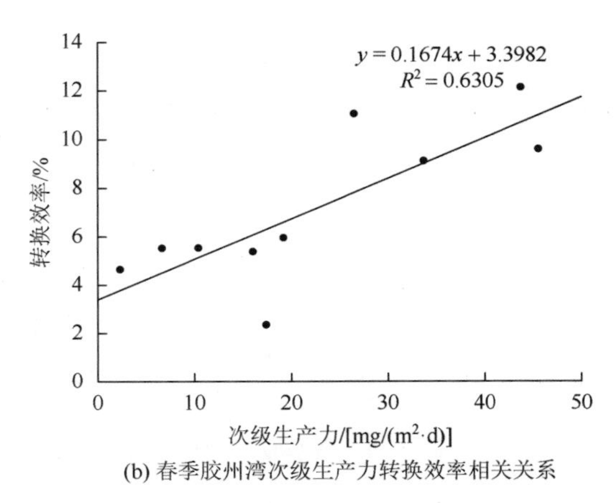

(b) 春季胶州湾次级生产力转换效率相关关系

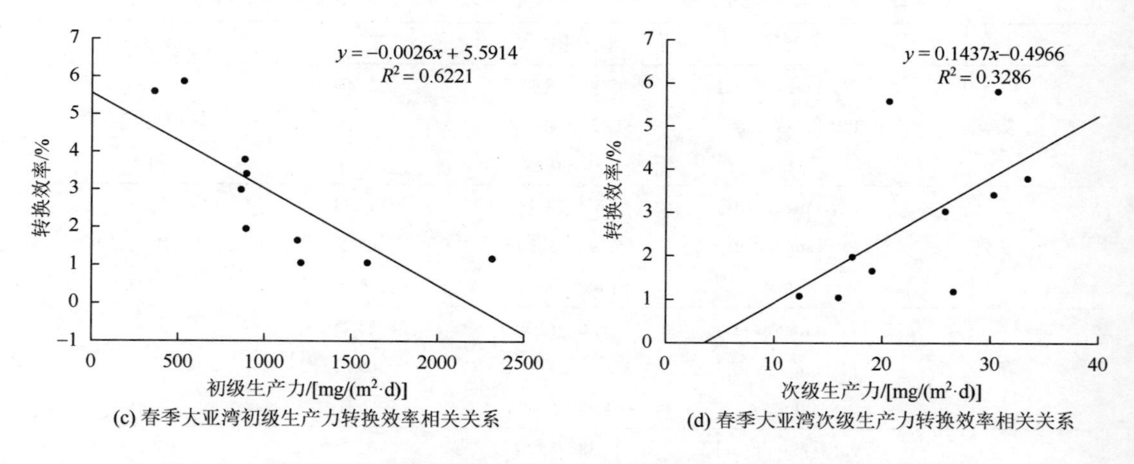

(c) 春季大亚湾初级生产力转换效率相关关系　　(d) 春季大亚湾次级生产力转换效率相关关系

图 4.43　春季胶州湾与大亚湾初级生产力、次级生产力与转换效率的相关关系

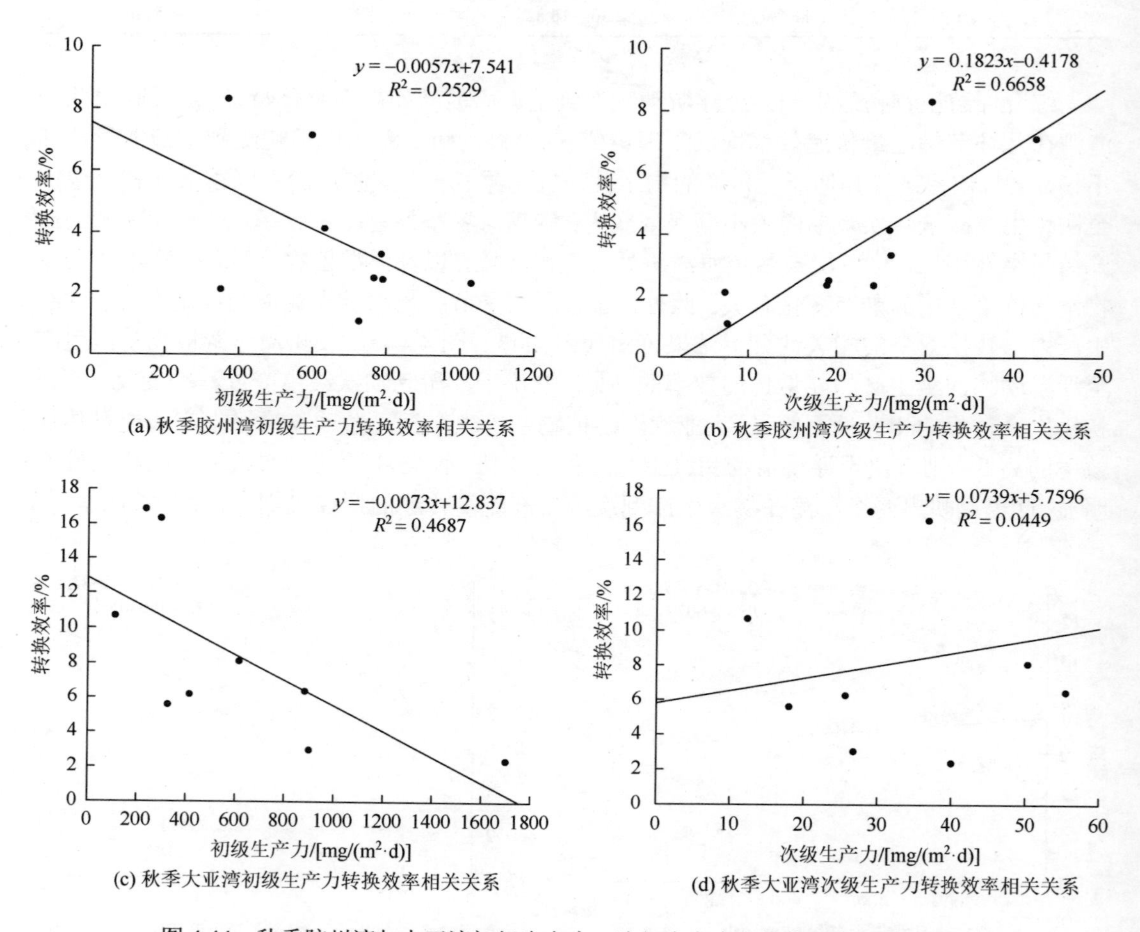

(a) 秋季胶州湾初级生产力转换效率相关关系　　(b) 秋季胶州湾次级生产力转换效率相关关系

(c) 秋季大亚湾初级生产力转换效率相关关系　　(d) 秋季大亚湾次级生产力转换效率相关关系

图 4.44　秋季胶州湾与大亚湾初级生产力、次级生产力与转换效率的相关关系

3. 两个海湾基础生产过程与影响因素

30 多年来，胶州湾与大亚湾都经历了社会经济快速发展、人类活动对近海生态环境压力显著增加的过程，尽管两个海湾在受环境影响的类别及强度不尽相同，但均存在近岸营养物质输入的增加、部分区域出现富营养化的现象。综合历史资料分析结果，发现两个海湾均存在不同程度的初级生产者小型化趋势；细菌生产力与初级生产力的比值较低，暗示两个海湾除经典食物链外，基于微型浮游生物的微食物环上行传递，尤其是经由小粒级浮游植物上行传递的比例，有潜在增加的趋势。与此同时，由初级生产至浮游动物次级生产（不含胶质类浮游动物）的传递效率较低，说明基础营养阶层上行能量传递受阻，对整个生态系统结构与功能存在潜在的重要影响，这也与研究区域频繁发现的藻华、胶质类浮游动物旺发等生态现象及相应的生态系统效应相对应。再则，两个海湾代谢状态常偏离平衡值，尤其是大亚湾的初级生产与代谢平衡状态在同一季节可能存在巨大的波动性，证明其浮游生态系统不稳定程度较高，这种不稳定特征与藻华、水体贫氧现象的发生均存在密切的关联性。此外，模拟实验表明，升温与营养盐输入均可能对海湾粒级结构与代谢平衡造成影响，其影响的显著性与本身水体的温度与营养盐环境密切相关。鉴于近岸高营养盐水体仍存在潜在的营养盐限制作用，相应限制性营养盐的补充输入将会显著改变水体生产者结构、生产力水平与代谢平衡特征，进而很可能影响到上行能量传递与整体的生态系统功能，因此，在海湾等人类活动压力较大区域，如何科学实施陆海统筹，严控包括营养物质在内的陆源污染物排放，仍是维持生态系统结构与功能稳定性、实现生物资源可持续利用的关键问题。

第三节 痕量金属在海湾食物链中的累积、传递过程及生态效应

目前，海洋痕量金属污染已经成为人类活动密集的河口、海湾等近岸水域所面临的严峻问题之一。痕量金属污染是当前最严重的环境问题之一，在美国环境保护署最新颁布的危险物质名录中，有 4 种痕量金属名列环境和健康危险性最大的 10 种化学品之中，占据了其中的前 3 名（As、Pb、Hg）和第 7 名（Cd）。自 20 世纪 50 年代日本发生“水俣病”以来，痕量金属在食物链中的累积和传递受到越来越多的关注。痕量金属在食物链/网中出现生物放大，会严重威胁生态安全和人类健康。同时，营养物质输入造成的富营养化会改变生态系统中的群落结构及痕量金属的传递效率，进而影响痕量金属在食物链中的传递和转化过程。本节以痕量金属生物累积动力学模型为框架，将现场调查与室内模拟实验相结合，分析了富营养化海湾食物链中不同营养级和营养路径上关键类群生物中典型痕量金属污染物（如 As、Cu 等）水平。结合相关食物网结构的分析结果，探讨痕量金属累积特征和食物链放大特性。利用同位素示踪技术和质谱检测技术进行室内模拟实验，阐释营养物质输入及其影响下的食物网结构变化对痕量金属在海湾生态系统中的传递、转化过程与富集的影响机理，以及不同营养条件下痕量金属对生态功能的反馈机制和潜在危害，为进一步开展海湾重金属污染的生物监测和生态安全管理提供参考依据。

一、痕量金属在海湾食物链中的累积和传递

（一）胶州湾与大亚湾痕量金属的生物累积

生物累积指的是痕量金属被生物从环境介质吸收后在生物体内的积聚或浓度的增加。研究区域选择胶州湾和大亚湾，于2015～2016年春季、夏季、秋季和冬季分别进行海湾常见生物的采样，生物样品包括浮游植物、浮游动物、多毛类、棘皮类、甲壳类、双壳类、头足类、鱼类等不同生物类群，研究不同生物对痕量金属的累积能力。

1. 浮游生物

浮游植物是一类具有色素或色素体，通过光合作用制造有机物的自养型浮游生物。海洋浮游植物主要包括原核生物的细菌、蓝藻和真核生物。其中，硅藻、甲藻和金藻是海洋大陆架区域的优势类群。

野外调查结果显示，胶州湾和大亚湾浮游生物对痕量金属有较高的富集能力，浮游动物含有较高水平的Cr、Cu、Zn、Cd和Pb等痕量金属。结合其生物量数据分析发现，浮游动物是痕量金属在大亚湾食物链由下而上传递中的关键环节，痕量金属通过浮游动物传递到底栖生物和鱼类。

2. 底栖生物

大亚湾底栖生物体内痕量金属浓度由大到小依次为Zn＞Cu＞As＞Pb＞Cr＞Cd，不同类群体内痕量金属浓度由大到小依次为多毛类＞棘皮类＞双壳类＞蟹类＞虾类。双壳类、多毛类和棘皮类等生活在沉积物中的小型底栖生物对Cr、Cd和Pb的累积能力强于虾蟹等甲壳类动物，而甲壳类动物对Cu、Zn和As具有较强的累积能力（表4.23）。春季，黑斑口虾蛄（*Oratosquilla kempi*）体内As和Pb的浓度最高，累积Cr、Cu、Zn、Cd浓度最高的物种分别为波纹巴菲蛤（*Paphia undulata*）、尖刺糙虾蛄（*Kempina mikado*）、锐齿蟳（*Charybdis acuta*）、口虾蛄（*Oratosquilla oratoria*）；夏季，底栖生物中口虾蛄体内Cu、Zn、Cd、Pb的浓度最高，而波纹巴菲蛤和锐齿蟳分别具有最高浓度的Cr和As；秋季，猛虾蛄（*Harpiosquilla harpax*）体内Cu、As和Cd浓度最高，近缘新对虾（*Kempina mikado*）体内Cd和Pb浓度最高，红星梭子蟹（*Portunus sanguinolentus*）和远海梭子蟹（*Portunus pelagicus*）分别具有最高浓度的Cr和Zn；冬季，阿氏强蟹（*Eucrate alcocki*）体内Cr、Zn、Cu和Pb的浓度最高，而累积As和Cd浓度最高的底栖生物为拥剑梭子蟹（*Portunus haanii*）和断脊口虾蛄（*Oratosquilla interrupta*）。

胶州湾底栖生物体内痕量金属浓度由大到小依次为Zn＞Cu＞As＞Pb＞Cr＞Cd，不同类群体内痕量金属浓度由大到小依次为多毛类＞棘皮类＞蟹类＞虾类＞双壳类。胶州湾甲壳类对痕量金属的累积能力强于大亚湾海域中的甲壳类（表4.23、表4.24）。

表 4.23 大亚湾底栖生物体内主要痕量金属的浓度

（单位：μg/g DW）

种类	季节	Cr			Cu			Zn			As			Cd			Pb		
		最小值	最大值	平均值	最小值	最大值	平均值	最小值	最大值	平均值	最小值	最大值	平均值	最小值	最大值	平均值	最小值	最大值	平均值
双壳类	春季	0.92	9.84	3.94	4.81	19.8	8.05	41.7	160	93.4	4.00	21.4	9.0	0.07	2.90	0.46	0.27	4.4	0.82
	夏季	0.14	5.60	3.70	1.68	18.9	6.32	20.8	242	51.7	0.97	56.5	12.8	0.02	0.64	0.16	0.00	58.8	2.82
	秋季	0.74	6.71	1.96	0.42	36.5	6.25	40.8	150	72.8	2.99	56.1	14.9	0.02	1.44	0.33	0.09	4.4	0.64
	冬季	0.11	4.53	1.11	0.83	70.2	9.60	44.6	101	67.9	2.98	20.9	8.1	0.03	5.83	0.92	0.48	8.2	1.65
多毛类	春季	0.32	40.50	12.30	5.60	46.0	22.50	58.0	295	132	6.18	20.5	13.4	0.30	2.14	0.89	1.28	13.5	8.23
	夏季	0.61	16.90	4.52	5.60	68.5	17.00	36.5	182	81	3.57	48.8	12.2	0.17	1.91	0.84	1.91	16.6	6.75
	秋季	2.75	29.30	11.90	0.77	27.8	12.90	16.9	195	106	7.07	46.4	15.1	0.04	1.44	0.61	0.36	16.9	6.39
	冬季	0.58	20.50	9.10	5.82	36.8	16.30	58.8	264	129	5.77	22.2	10.7	0.03	6.69	1.65	2.13	32.1	12.40
棘皮类	春季	1.36	11.90	6.30	3.86	12.4	9.52	30.0	125	78.1	3.57	10.5	6.1	0.19	0.32	0.27	2.05	6.6	4.17
	夏季	1.40	7.49	3.20	2.03	5.87	3.59	18.6	43	27.5	0.99	2.8	2.0	0.05	0.28	0.16	1.91	4.5	3.06
	秋季	7.75	13.80	10.30	2.97	18.5	7.66	30.5	106	55.0	1.77	4.3	2.9	0.11	0.40	0.22	2.53	5.2	4.01
	冬季	1.92	9.16	4.82	3.72	20.5	7.70	35.3	123	59.9	1.65	6.0	3.3	0.07	0.45	0.20	4.34	12.6	8.32
虾类	春季	0.09	1.70	0.37	0.01	304.0	52.30	0.03	228	112.0	4.05	90.5	25.5	0.00	5.11	0.69	0.01	1.6	0.40
	夏季	0.02	0.38	0.09	4.23	28.5	10.40	15.30	59	36.6	2.84	13.2	7.3	0.01	2.10	0.28	0.01	0.3	0.06
	秋季	0.08	1.37	0.42	1.23	84.8	21.40	28.90	161	88.2	7.28	50.7	20.1	0.00	6.13	0.63	0.02	6.7	0.27
	冬季	0.03	1.77	0.23	9.51	128.0	38.10	49.30	391	113.0	6.56	62.4	23.0	0.02	3.11	0.65	0.04	1.0	0.25
蟹类	春季	0.00	2.13	0.19	28.30	117.0	60.30	68.9	504	187	5.49	101.0	25.7	0.01	1.39	0.20	0.01	1.6	0.21
	夏季	0.02	0.20	0.08	4.41	50.4	12.60	28.5	93	45	3.98	13.4	9.2	0.06	0.94	0.19	0.03	0.3	0.11
	秋季	0.11	9.71	0.71	11.20	96.8	39.20	94.9	281	195	10.90	82.8	27.7	0.01	0.75	0.20	0.04	0.6	0.16
	冬季	0.00	1.72	0.24	20.10	165.0	63.40	55.7	371	163	11.60	76.7	28.3	0.02	0.94	0.23	0.06	1.7	0.30

表 4.24　胶州湾底栖生物体内主要痕量金属的浓度

（单位：μg/g DW）

种类	季节	Cr			Cu			Zn			As			Cd			Pb		
		最小值	最大值	平均值	最小值	最大值	平均值	最小值	最大值	平均值	最小值	最大值	平均值	最小值	最大值	平均值	最小值	最大值	平均值
双壳类	春季	0.15	1.30	0.48	0.71	32	7.5	35.5	73	50.9	4.24	34.6	11.9	0.06	10.80	1.46	0.05	0.62	0.34
	夏季	2.50	3.99	3.24	5.79	39	22.6	28.7	138	83.2	2.49	4.7	3.6	0.12	0.40	0.26	2.33	4.95	3.64
	冬季	0.08	1.17	0.35	2.46	4	3.2	42.8	93	68.8	5.59	9.7	7.9	0.34	0.69	0.47	0.47	1.41	0.81
多毛类	夏季	0.47	5.49	2.49	8.89	54	23.8	47.8	92	70.2	3.57	11.3	7.1	0.16	1.47	0.74	0.65	10.50	6.47
	冬季	6.74	47.10	22.40	8.57	600	98.2	42.6	125	83.6	4.30	81.2	20.4	0.03	2.42	0.63	5.38	23.20	14.30
棘皮类	冬季	0.36	1.97	1.21	0.46	110	30.3	21.1	425	276.0	2.46	20.1	10.7	0.11	1.36	0.49	0.69	3.61	2.06
虾类	春季	0.11	1.46	0.38	11.40	120	56.8	43.4	165	97.5	18.00	165.0	38.6	0.01	3.14	0.73	0.00	2.71	0.33
	夏季	0.05	0.44	0.14	12.90	150	37.0	29.7	102	54.3	20.30	188.0	38.6	0.01	7.19	0.77	0.04	0.20	0.08
	秋季	0.05	0.86	0.19	6.83	350	37.5	42.9	144	63.4	10.20	49.4	20.1	0.00	3.32	0.37	0.00	0.18	0.04
	冬季	0.03	1.21	0.32	18.10	206	83.0	43.4	265	74.4	9.35	53.7	28.2	0.02	2.32	0.51	0.03	1.02	0.32
蟹类	春季	0.19	0.23	0.21	30.00	66	48.0	99.2	255	177.0	33.70	63.0	48.3	1.28	2.68	1.98	0.06	0.22	0.14
	夏季	0.14	1.48	0.34	34.60	74	55.6	52.4	210	83.6	19.00	89.6	44.0	0.11	0.52	0.27	0.03	0.15	0.09
	秋季	0.12	0.59	0.30	23.10	79	45.6	199.0	247	220	15.90	49.2	28.3	0.01	0.09	0.03	0.00	0.06	0.04
	冬季	0.09	0.26	0.15	49.50	121	100.0	92.7	109	101.0	23.90	46.9	35.2	0.30	2.71	1.03	0.07	0.18	0.11
鱼类	春季	0.09	1.81	0.46	0.48	7	2.6	14.2	137	35.7	0.36	84.7	14.6	0.00	0.22	0.02	0.00	7.58	0.49
	夏季	0.03	0.27	0.11	0.47	21	3.7	14.5	43	22.4	2.68	28.7	12.2	0.01	0.03	0.02	0.01	0.39	0.11
	秋季	0.05	1.79	0.35	0.48	4	1.8	13.0	39	22.3	3.76	44.8	9.7	0.00	0.13	0.02	0.01	1.36	0.14
	冬季	0.02	1.67	0.16	0.40	14	3.1	15.4	200	48.9	2.35	97.8	11.5	0.00	0.15	0.04	0.03	4.60	0.23
头足类	春季	0.14	1.13	0.56	8.99	44	18.4	47.2	96	68.2	19.50	83.0	44.2	0.01	5.70	0.76	0.18	5.10	0.95
	秋季	0.06	0.62	0.22	6.35	30	15.9	47.2	96	65.0	13.70	56.6	25.3	0.00	2.33	0.47	0.02	0.65	0.22
	冬季	0.07	0.69	0.29	43.60	158	100.0	104.0	137	118.0	23.70	40.0	27.6	0.04	0.78	0.26	0.30	2.16	0.69

3. 游泳生物

胶州湾鱼类体内痕量金属的浓度在不同季节间并没有显著差异。春季，鱼类肌肉Cr、Cu和Cd浓度最高的为六丝矛尾虾虎鱼（*Chaeturichthys hexanema*），Zn、As和Pb浓度最高的分别为方氏云鳚（*Enedrias fangi*）、中华栉孔虾虎鱼（*Ctenotrypauchen chinensis*）和玉筋鱼（*Ammodytes personatus*）；夏季，赤鼻棱鳀体内Cu、Zn和Cd的浓度最高，蓝点马鲛（*Scomberomorus niphonius*）、许氏平鲉（*Sebastes schlegelii*）、大泷六线鱼（*Hexagrammos otakii*）体内分别拥有最高浓度的Cr、As和Pb；秋季，Cr、As、Cd和Pb浓度最高的鱼类分别为矛尾虾虎鱼（*Chaeturichthys stigmatias*）、黄鮟鱇（*Lophius litulon*）、赤鼻棱鳀（*Thryssa kammalensis*）和许氏平鲉，而短吻红舌鳎（*Cynoglossus joyneri*）体内Cu和Zn的浓度最高；冬季，玉筋鱼体内出现了最高浓度的Cu、Zn、Cd和Pb，大菱鲆（*Scophthalmus maximus*）和中华栉孔虾虎鱼体内Cr和As的浓度最高。

对于大亚湾来说，春季，鱼类肌肉Cu、Zn、Cd和Pb浓度最高的分别为斑鰶（*Konosirus punctatus*）、黄斑蝠（*Leiognathus bindus*）、斑纹舌虾虎鱼（*Glossogobius olivaceus*）和褐斜鲽（*Plagiopsetta glossa*），金钱鱼（*Scatophagus argus*）体内Cr和As的浓度最高；夏季，Cu、Zn和Cd平均浓度的最高值均为黄泽小沙丁（*Sardinella lemuru*），Cr浓度最高的生物为南方䲗（*Callionymus meridionalis*），As和Pb的最高浓度则出现在黄鳍马面鲀（*Navodon xanthopterus*）体内；秋季，鱼类肌肉中Cr、Cu、Zn和As浓度最高的分别为卵鳎（*Solea ovata*）、斑鳍白姑鱼（*Pennahia pawak*）、短吻蝠（*Leiognathus brevirostris*）以及李氏䲗（*Callionymus richardsoni*），而半线天竺鲷（*Apogon semilineatus*）体内Cd和Pb的浓度最高；冬季，Cr、Cd和Pb浓度最高的是红狼牙虾虎鱼（*Odontamblyopus rubicundus*），而斑鰶、短吻蝠、孔虾虎鱼（*Trypauchen vagina*）体内分别积累了最高浓度的Cu、Zn、As。

综合野外调查数据，底栖生物体内痕量金属的浓度普遍较高，说明其对痕量金属具有较强的生物累积能力。生活在底层的鱼类体内痕量金属的浓度要高于中上层的鱼类（表4.25），说明鱼类的食性及所处环境的不同可能会导致生物对痕量金属的累积能力产生差异。

（二）生物累积动力学模型

1. 模型基础

生物累积动力学模型是建立在质量平衡理论基础上的生物累积计算模型，用以描述痕量金属在生物体内随时间的累积动力学（Thomann，1981）。在研究海洋生物时，其方程如下：

$$dC/dt = k_u \times C_w + AE \times IR \times C_f - k_e \times C_{organism}$$

式中，dC/dt为累积速率；k_u为水相吸收速率常数；C_w为水中痕量金属浓度；AE为同化率；IR为摄食率；C_f为食物中痕量金属浓度；k_e为排出速率常数；$C_{organism}$为生物体内金属浓度。k_u、AE和k_e由同位素示踪动力学实验获得。

表 4.25　大亚湾游泳生物体内主要痕量金属的浓度

（单位：μg/g DW）

种类	季节	Cr			Cu			Zn			As			Cd			Pb		
		最小值	最大值	平均值	最小值	最大值	平均值	最小值	最大值	平均值	最小值	最大值	平均值	最小值	最大值	平均值	最小值	最大值	平均值
上层鱼	春季	0.07	0.70	0.32	1.45	12.2	4.8	20.0	43	33	0.98	7.5	3.98	0.00	0.18	0.02	0.03	0.49	0.15
	夏季	0.03	0.32	0.15	1.47	6.2	3.2	16.9	51	33	3.00	5.6	3.88	0.02	0.07	0.04	0.04	0.70	0.25
	秋季	0.09	0.65	0.24	1.02	5.8	2.7	35.2	58	44	5.09	8.6	6.50	0.01	0.05	0.02	0.06	0.30	0.14
	冬季	0.00	0.11	0.05	16.00	23.7	18.8	51.0	55	53	7.14	7.8	7.50	0.02	0.04	0.03	0.08	0.50	0.21
中层鱼	春季	0.37	1.69	0.90	1.68	10.8	3.8	28.9	78	43	2.98	9.5	5.64	0.00	0.18	0.05	0.02	3.67	0.98
	夏季	0.05	0.92	0.21	0.57	0.9	0.7	9.7	18	14	1.62	7.1	3.66	0.01	0.03	0.02	0.02	0.14	0.06
	秋季	0.08	1.36	0.37	0.68	45.9	3.2	22.3	241	49	4.32	28.6	9.48	0.00	0.08	0.02	0.02	0.21	0.09
	冬季	0.04	0.08	0.06	24.20	92.0	61.1	127.0	320	198	17.10	33.1	26.70	0.10	0.94	0.41	0.17	0.80	0.41
底层鱼	春季	0.01	56.00	1.04	0.51	56.8	3.3	18.7	79	38	1.32	19.3	5.91	0.00	0.10	0.01	0.00	14.7	0.71
	夏季	0.02	3.11	0.23	0.26	1.9	0.8	8.7	46	19	1.67	14.3	4.86	0.01	0.11	0.02	0.01	0.86	0.09
	秋季	0.06	1.99	0.38	0.19	13.3	1.5	20.8	85	37	3.67	41.9	10.50	0.00	0.20	0.02	0.02	1.08	0.14
	冬季	0.00	1.28	0.10	0.63	116.0	27.4	22.0	333	86	2.77	62.3	16.30	0.02	1.50	0.15	0.03	4.40	0.27
头足类	春季	0.18	1.77	0.64	9.17	44.0	21.6	63.3	133	99	5.57	48.3	25.20	0.01	1.39	0.33	0.14	1.64	0.70
	夏季	0.10	0.75	0.39	11.40	55.1	26.1	24.0	163	72	7.69	14.0	9.89	0.58	2.85	1.47	0.17	0.52	0.40
	秋季	0.32	2.34	1.03	9.20	51.9	22.8	57.1	128	94	18.90	63.5	30.80	0.05	0.95	0.29	0.18	0.53	0.38
	冬季	0.17	2.00	0.87	32.50	98.7	57.9	61.6	122	93	11.70	21.2	17.80	0.11	0.67	0.45	0.23	1.05	0.63

2. 浮游生物模型

对于生产者（如浮游植物、大型海藻），仅可从水中获得痕量金属，其体内的痕量金属可由生物累积动力学模型简化得到：

$$C_{\text{organism}} = k_u \times C_w / k_e$$

对于食物种类较为单一的小型生物，可以直接使用先前提到的生物累积动力学模型来对生物痕量金属累积进行拟合：

$$C_{\text{organism}} = (k_u \times C_w + \text{AE} \times \text{IR} \times C_f) / k_e$$

3. 底栖生物模型

沉积物是许多痕量金属的最后归宿，沉积物中的痕量金属含量通常较高，一些区域沉积物的污染要比海水中的污染严重。底栖生物由于生长于海水和底泥交界处，其对痕量金属的累积与沉积物中痕量金属的浓度和形态息息相关。

底栖生物对于痕量金属的吸收可能有多种途径，可能是底栖生物吸收来自海水中的痕量金属；或者通过摄食食物中的痕量金属；也可能通过海洋中的沉积物，沉积物中的痕量金属是许多底栖生物的重要暴露途径之一，如虾蟹可以摄食沉积物中的某些碎屑，某些底栖鱼类也可以摄食沉积物，所以底栖生物的不同食性和痕量金属的赋存形态造成了底栖生物对痕量金属的不同累积能力。底栖生物对痕量金属累积的基本理论模型，如下面的公式所示：

$$\mathrm{d}C/\mathrm{d}t = k_u \times C_w + k_s \times C_s + \text{AE} \times \text{IR} \times C_f - k_e \times C_{\text{organism}}$$

式中，k_s为沉积物相吸收速率常数，C_s为沉积物中痕量金属浓度，即底栖生物对痕量金属的累积，包括从水相、食物相和沉积物相中的吸收，以及向体外的排出。

4. 游泳生物模型

对于摄食少数几种生物的中小型游泳生物，需要在先前的生物累积动力学模型基础上将食物进行细化分析，可发展得到：

$$C_{\text{organism}} = (k_u \times C_w + \text{AE} \times \text{IR} \times (\sum \mathrm{f}_i \times C_{\mathrm{f}i})) / k_e$$

式中，f_i与$C_{\mathrm{f}i}$为不同食物i所占总食物的百分比与其痕量金属浓度。需要获得生物的胃含物，对其组成进行鉴定。同时，生物中的碳同位素值也可对不同食物（处于下一营养级不同类群的生物）在总食物中的比例提供有效指示。

而对于摄食多种生物的大中型游泳生物，其水相吸收可以忽略，其胃含物组成鉴定分析过于复杂，可根据痕量金属亚细胞分布决定模型（Zhang & Wang，2006），将海洋生物从不同食物中摄取痕量金属的效率整合起来，模型方程可继续推导为

$$C_{\text{organism}} = (\sum \text{AE}_j \times C_{\mathrm{f}j}) \times \text{IR} / k_e$$

式中，AE_j为海洋生物摄食食物中不同亚细胞组分j的痕量金属同化率，$C_{\mathrm{f}j}$为食物中不同亚细胞组分j中的痕量金属浓度。这一模型的优点是可以简化食物网模型中对食物来源的分析，是对食物网模型的有力补充。

而对于表征痕量金属在食物网中生物放大作用的食物链传递因子（trophic transfer factor，TTF）则可由上述方程推导为：

$$TTF = C_{organism}/C_f \text{或} C_{organism}/(\sum f_i \times C_{fi}) = AE \times IR/k_e$$

（三）海湾生物痕量金属累积动力学参数

1. 痕量金属的吸收速率常数

k_u是痕量金属水相（溶解相）的吸收速率常数。测定方法是将生物暴露于不同浓度的痕量金属水相下，在较短时间内检测生物对水相中痕量金属的吸收。表4.26总结了国内外关于常见海湾生物痕量金属的k_u值，可以发现，小型生物（如桡足类等）的k_u值要高于大型生物（如鱼类等），说明海湾小型生物（尤其是小型底栖生物）对水相中痕量金属的吸收速率较高，能够更有效地累积海水中的痕量金属。

表4.26　国内外常见海湾生物痕量金属水相吸收速率常数　［单位：L/(g·d)］

种类	种名	Cu	Zn	As	Se	Ag	Cd	数据来源
桡足类	宽水蚤	—	2.388～3.993	—	0.017～0.035	8.45～12.84	0.626～0.796	Wang & Fisher（1998）
贝类	紫贻贝	—	1.044	—	0.035	1.794	0.365	Wang 等（1996）
贝类	翡翠贻贝	3.52	0.637	—	0.019	0.638～8.212	0.206	Chong & Wang（2001）
贝类	菲律宾蛤仔	1.51	0.234	—	—	2.62	0.064	Chong & Wang（2001）
贝类	近江牡蛎	—	2.05	—	0.06	—	0.719	Ke & Wang（2001）
贝类	悉尼石蚝	—	1.206	—	0.064	—	0.534	Ke & Wang（2001）
贝类	波罗的海蛤	—	0.091	—	—	—	0.032	Chong & Wang（2001）
贝类	华贵栉孔扇贝	7.84	0.677	—	—	—	0.455	Pan & Wang（2008）
多毛类	沙蚕	—	0.359	—	0.006	1.853	0.028	Wang 等（1999）
腹足类	疣荔枝螺	—	0.069	—	—	—	0.03	Blackmore & Wang（2004）
腹足类	杂色鲍	—	—	—	—	—	0.056	Huang 等（2008）
星虫	星虫	—	0.035	—	—	—	0.0018	Yan & Wang（2002）
鱼类	黑鲷	—	0.0055	—	0.0003	—	0.002	Long & Wang（2005）
鱼类	紫红笛鲷	—	0.01	—	0.0008	—	0.005	Yan & Wang（2002）
鱼类	黄斑蓝子鱼	0.023	0.0021	—	—	—	0.0012	本书
鱼类	诸氏鲻虾虎鱼	—	—	0.0019	—	—	0.003	本书
鱼类	黑点青鳉	0.03～0.05	—	—	—	—	—	本书

2. 同化率

同化率（AE）用来量化海洋生物对食物相中痕量金属的吸收效率，是指通过摄食进入生物体经消化吸收后最终被结合在生物组织内的那部分金属的累积。测定方法通常是先标记食物，后在干净水体中重新悬浮，进行短时间脉冲喂食，测量生物体粪便中的痕量金属浓度，最后计算金属的同化率。表 4.27 总结了国内外关于常见海湾生物对不同痕量金属的同化率，可以发现底栖生物（如贝类、腹足类等）具有较高的同化率，说明其能更快的累积食物中的痕量金属。

表 4.27　国内外常见海湾生物对不同痕量金属的同化率　（单位：%）

类群	种名	Cu	Zn	As	Se	Ag	Cd	数据来源
桡足类	纺锤水蚤	—	9	—	38	—	66	Fisher 等（2000）
桡足类	宽水蚤	—	52～64	—	50～59	8～19	33～53	Wang & Fisher（1998）
贝类	紫贻贝	—	32～45	—	56～72	4～34	28～34	Wang 等（1996）
贝类	翡翠贻贝	35.2	21～32	—	59	13～32	11～25	Chong & Wang（2001）
贝类	菲律宾蛤仔	73.3	33～59	—	—	30～52	38～55	Chong & Wang（2001）
贝类	近江牡蛎	—	68～80	—	56～74	—	58～75	Ke & Wang（2001）
贝类	悉尼石蚝	—	60～65	—	52～68	—	52～67	Ke & Wang（2001）
贝类	波罗的海蛤	—	50	—	74	—	88	Chong & Wang（2001）
贝类	华贵栉孔扇贝	34.6	83	—	—	—	94	Pan & Wang（2008）
多毛类	沙蚕	—	24～57	—	36～60	12～27	5～44	Wang 等（1999）
腹足类	疣荔枝螺	—	80	—	—	—	75	Blackmore & Wang（2004）
腹足类	杂色鲍	—	—	—	—	58～83	33～59	Huang 等（2008）
昆虫	星虫	—	5～15	—	—	—	6～30	Yan & Wang（2002）
鱼类	黑鲷	—	12～34	—	14～32	—	5～10	Long & Wang（2005）
鱼类	细鳞鯻	—	2～52	—	13～26	—	3～9	Zhang & Wang（2006）
鱼类	紫红笛鲷	—	40	—	65	—	20	Yan & Wang（2002）
鱼类	黄斑蓝子鱼	13.4～21.3	47～57	—	—	18～56	42～75	本书
鱼类	诸氏鲻虾虎鱼	—	—	7.9～18.7	—	—	3.3	本书
鱼类	黑点青鳉	9～13	—	—	—	—	—	本书

3. 痕量金属的排出速率常数

痕量金属的排出是指体内痕量金属经过代谢而损失的过程，排出速率是决定痕量金属在体内浓度的一个重要参数。测定方法是先将食物进行标记，喂食生物后，放置于干净水体中进行排出，连续测定生物体内的痕量金属浓度，从而计算出痕量金属的排出速率。小型浮游动物（桡足类）的痕量金属排出速率常数（k_e）明显大于其他生物（表 4.28），可以高达 0.6/d（即每天可以排出 60%）。而贝类的 k_e 值较低，结合其较高的 k_u 和 AE 值，可以较好地解释贝类和腹足类对痕量金属的高累积能力。

表 4.28　国内外常见海湾生物痕量金属的排出速率常数　（单位：1/d）

类群	种名	Cu	Zn	As	Se	Ag	Cd	数据来源
桡足类	纺锤水蚤	—	0.62	—	0.89	—	0.59	Fisher 等（2000）
桡足类	宽水蚤	—	0.079～0.108	—	0.155	0.173～0.294	0.108～0.297	Wang & Fisher（1998）
贝类	紫贻贝	—	0.02	—	0.026	0.034	0.011	Wang 等（1996）
贝类	翡翠贻贝	0.131	0.029	—	—	0.032～0.087	0.02	Chong & Wang（2001）
贝类	菲律宾蛤仔	0.147	0.023	—	—	—	0.01	Chong & Wang（2001）
贝类	近江牡蛎	—	0.014	—	0.034	—	0.014	Ke & Wang（2001）
贝类	悉尼石蚝	—	0.003	—	0.013	—	0.004	Ke & Wang（2001）
贝类	波罗的海蛤	—	0.012	—	—	—	0.018	Chong & Wang（2001）
贝类	华贵栉孔扇贝	0.148	0.012～0.023	—	—	—	0.005～0.009	Pan & Wang（2008）
腹足类	杂色鲍	—	—	—	—	0.003	0.011	Huang 等（2008）
鱼类	黑鲷	—	0.016	—	0.043	—	0.089	Long & Wang（2005）
鱼类	紫红笛鲷	—	0.015	—	0.027～0.031	—	0.025～0.047	Yan & Wang（2002）
鱼类	黄斑蓝子鱼	0.055	—	—	—	—	—	本书
鱼类	诸氏鲻虾虎鱼	—	—	0.24	—	—	0.041	本书
鱼类	黑点青鳉	0.03～0.05	—	—	—	—	—	本书

4. 室内模拟实验

基于野外调查数据并结合室内模拟实验可以挖掘常见海湾生物对痕量金属的生物累积规律，进而建立海湾生物累积痕量金属的模型。

（1）痕量金属的生物累积

海洋鱼类具有较低的水相痕量金属吸收速率、较低的痕量金属结合力及较高的痕量金属容量等特点。海洋鱼类主要从消化道吸收水相痕量金属，其鳃上皮离子转运通道在海洋鱼类中处于闭合状态。海洋鱼类累积的痕量金属主要从食物中获得，在未受污染的环境下，海洋鱼类体内超过 80%的 Cd、Cu、Se、Zn 等元素从食物中吸收而来。

重金属可在海洋沉积物中长期赋存，由于历史原因造成的沉积物重金属超标现象难以在短时间内改善。通过多重稳定同位素示踪方法可以有效评估海洋鱼类从不同途径吸收累积痕量金属的能力。对底层鱼类诸氏鲻虾虎鱼（*Mugilogobius chulae*）进行食物相和水相的镉暴露（图 4.45），发现鱼类吸收不同来源痕量金属时会产生拮抗作用，从而减少整体痕量金属的累积。在实验模拟体系中人为添加重金属 Cd 同位素 ^{110}Cd、^{111}Cd 和 ^{113}Cd，首次对诸氏鲻虾虎鱼从水相、沉积物相和食物相同步吸收 Cd 的生物累积动力学过程进行量化分析（图 4.46），研究结果显示，该方法可有效的模拟预测诸氏鲻虾虎鱼长期累积 Cd 的动态变化，发现鱼类具有较高的痕量金属累积能力，这也说明了底层鱼类的痕量金属浓度要高于其他水层的鱼类，与调查数据一致；在未受污染情况下，沉积物来源的痕量金属（Cd）的贡献小于 10%，但在受污染情况下（如二级沉积物标准）其贡献可超过 30%。该研究结果表明，受重金属污染的海洋沉积物会导致底栖鱼类体内重金属的高累积。

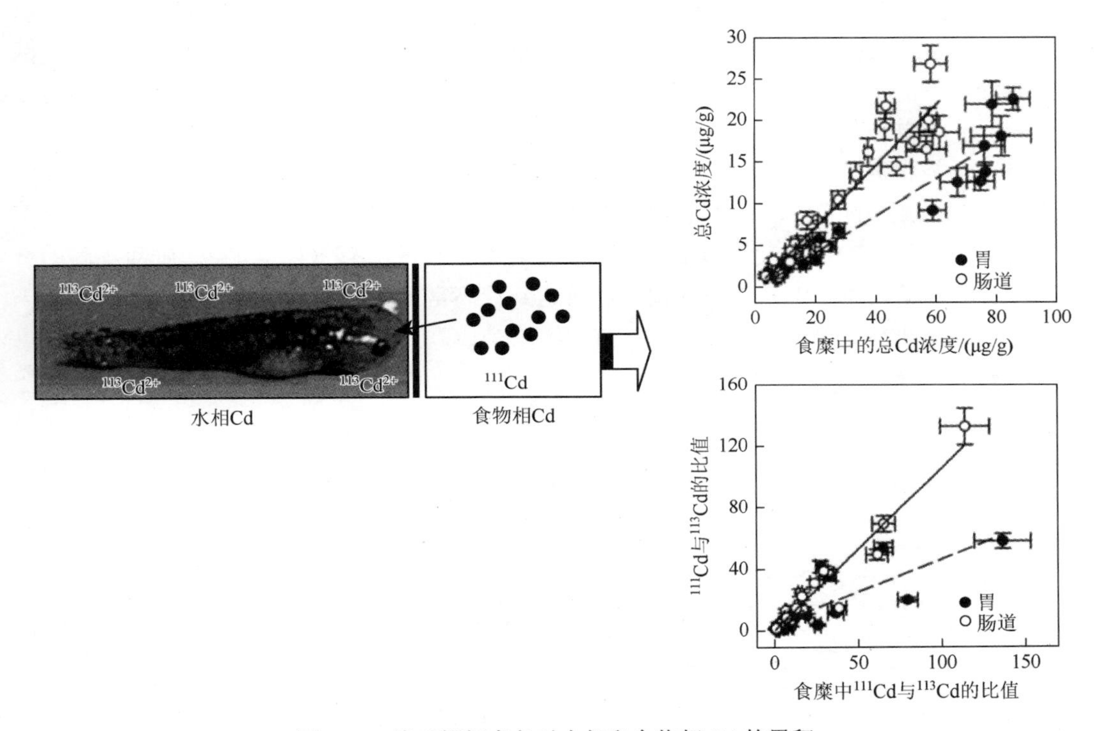

图 4.45　诸氏鲻虾虎鱼对水相和食物相 Cd 的累积

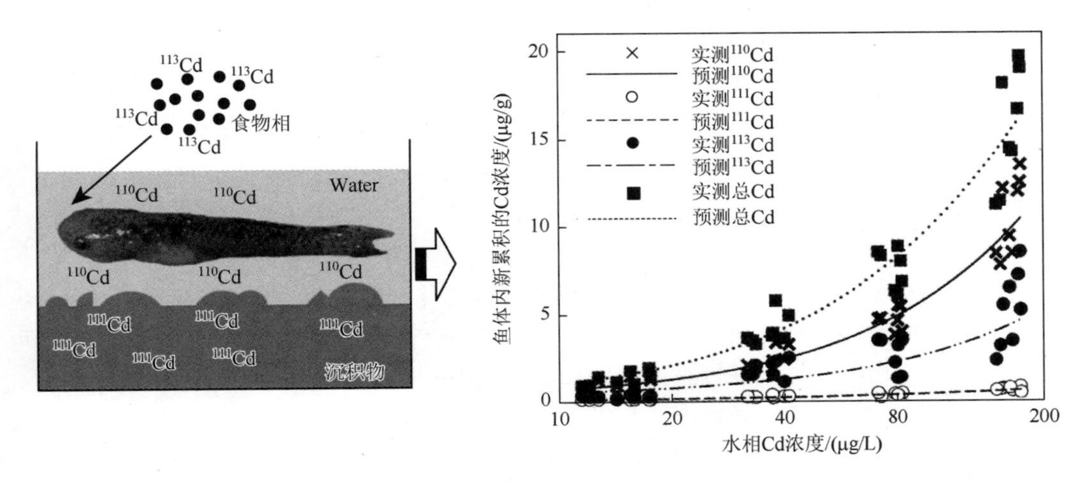

图 4.46　诸氏鲻虾虎鱼三相痕量金属同步累积实验

草食性鱼类直接摄食藻类，对环境痕量元素的变化敏感且富集能力强，是研究痕量元素累积规律的理想生物类群。对草食性鱼类黄斑蓝子鱼（*Siganus oramin*）进行不同盐度下 Cu 的生物累积研究后发现，低盐度或 Cu 预暴露不影响黄斑蓝子鱼对 Cu 的吸收和累积，两种因子共同作用能够显著影响鱼体对 Cu 的累积。喂食也会降低黄斑蓝子鱼对水相中 Cu 的累积，消化道是海洋鱼类吸收痕量金属的共同位点。

（2）痕量金属的生物转化

As 在自然界中存在不同的赋存形态，包括无机砷和有机砷，而有机砷中的砷甜菜碱（Arsenobetaine，AsB）是海洋生物中砷的主要形态，其在淡水鱼类中差异较大，这也是两者体内砷形态的主要差别（Schaeffer et al.，2006），AsB 的累积主要与盐度有关（Clowes & Francesconi，2004）。

海洋鱼类和贝类普遍具有将从环境中吸收的无机砷通过生物转化合成有机砷（主要是砷甜菜碱，AsB）的能力。这种生物转化过程包括 As(Ⅴ)还原为 As(Ⅲ)，As(Ⅲ)甲基化至一甲基砷和二甲基砷，以及经过后续未知的过程合成砷甜菜碱（图 4.47）。砷甜菜碱的合成，有助于海洋鱼类将砷累积在体内，从而达到较高富集的结果。在这种生理作用下，当鱼类长期暴露在高无机砷环境中时，导致的结果是较高砷甜菜碱的富集，这也是鱼类解毒的一项重要机理。

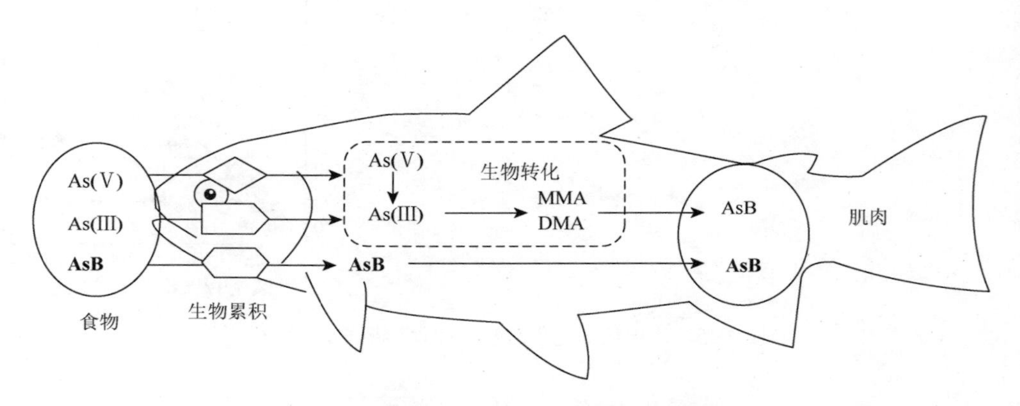

图 4.47 海洋鱼类累积和转化砷的模型

对大亚湾不同站位常见海洋生物类群体内砷的形态进行分析（图 4.48），发现环境盐度（26～33）会影响鱼类和甲壳类中砷甜菜碱的水平，从而造成高盐度环境中总砷的生物高富集，可能是由于海水环境的高渗透压胁迫导致了海洋生物中高浓度的砷甜菜碱，造成了与淡水生物中砷含量和形态的差异。

鱼类食物中的有机砷比无机砷具有更强的食物链传递能力，可以导致海洋鱼类富集更高浓度的砷。通过研究海洋鱼类（草食性蓝子鱼和肉食性鲈鱼）对砷的营养转化和生物可利用性，发现食物中的无机砷较难被鱼体吸收，并且它们在鱼体组织中被生物转化成有机砷而不是直接累积；然而，食物中的有机砷 AsB 可以直接通过鱼体消化器官的上皮细胞，容易被鱼体吸收，而且是砷在鱼体组织中最终的存储形式。

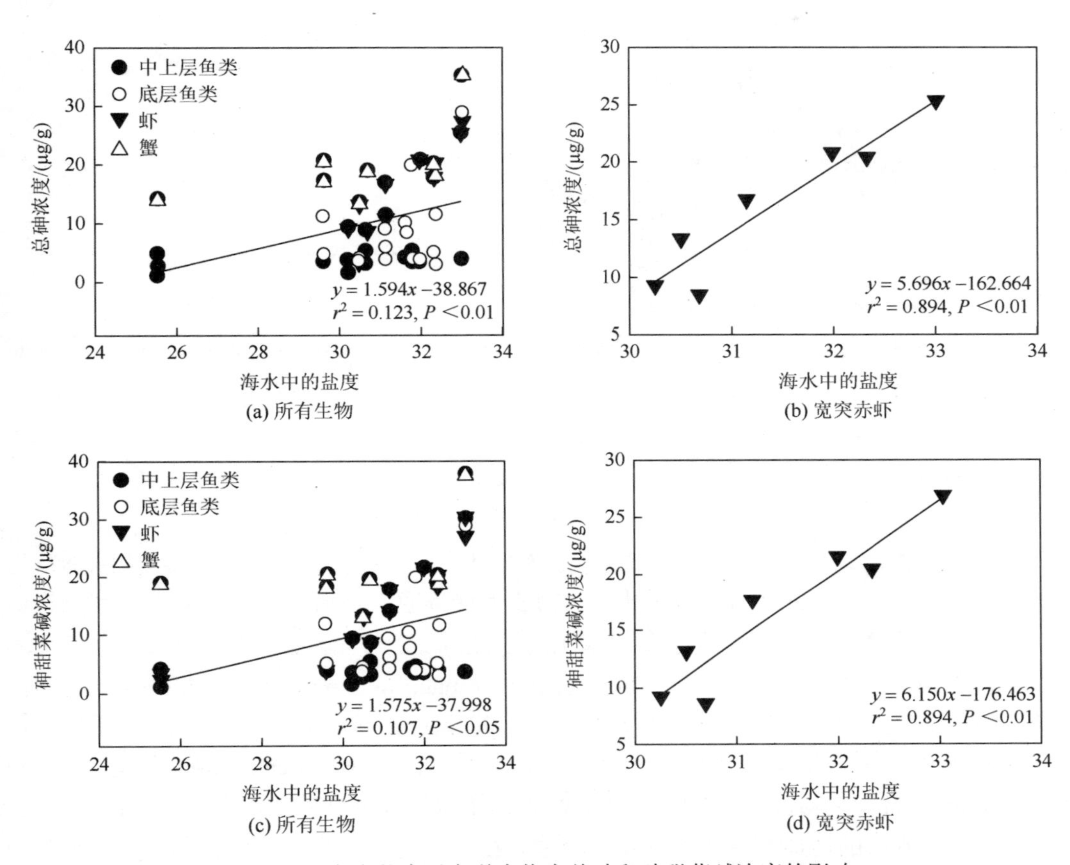

图 4.48　海水盐度对海洋生物中总砷和砷甜菜碱浓度的影响

（四）生物累积的模型预测

通过实验室内模型参数测定与模型计算，可以模拟出海洋鱼类体内的痕量金属，厘清鱼体与环境痕量金属之间的量化关系，将海洋鱼类发展成为痕量金属污染危险评估和生物监测的指示物种。Zhang 和 Wang（2007）通过测定黑鲷的生物累积动力学参数和不同大小鱼体内痕量金属（Cd、Se 和 Cu）的浓度，发现实测的痕量金属浓度在模型预测的范围内。对黑点青鳉（*Oryzias melastigma*）随生长发育对 Cu 累积能力变化趋势进行研究，测定了仔鱼、幼鱼及成鱼的生物累积动力学参数，并对不同发育阶段体内的痕量金属浓度进行了预测，发现预测结果能够较好的模拟出海洋鱼类体内的铜浓度，揭示了生长稀释作用与发育生理变化在鱼类痕量金属累积方面的影响（图 4.49）。随后通过室内实验成功模拟出海洋鱼类（黄斑蓝子鱼）体内 Cu 在不同环境（不同盐度和不同污染程度）中的变化（图 4.50），发现可以将黄斑蓝子鱼发展成为南海海域铜污染的指示物种。

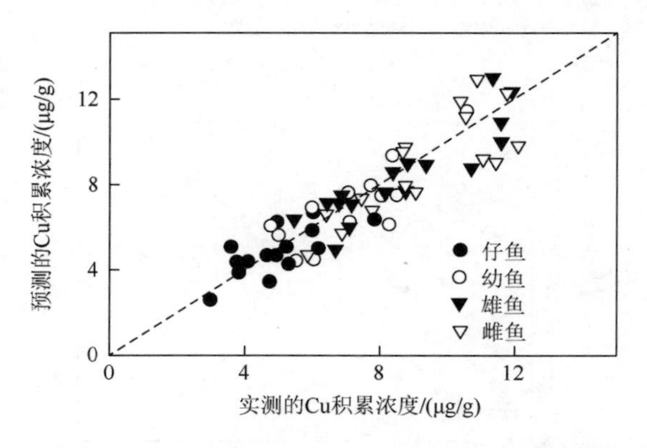

图 4.49　海洋鱼类体内 Cu 在黑点青鳉不同发育阶段中的生物累积动力学预测

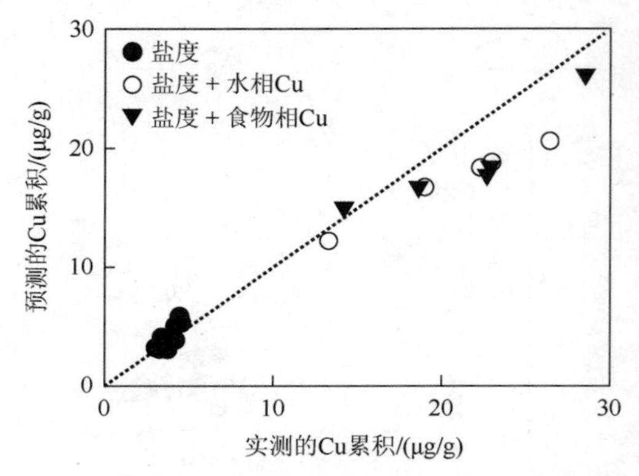

图 4.50　海洋鱼类体内 Cu 在不同环境中的生物累积动力学预测

（五）痕量金属沿食物链传递的特征

痕量金属沿海湾生态系统中食物链的传递可以分为 4 种模式：与营养级无相关性、生物减小、生物放大和局部环节生物放大。生物放大现象通常是指化学物质从食物到生物体的传递导致了生物体内的浓度高于食物来源的浓度；还有一些学者将生物放大现象定义为浓度随营养级的增加而升高，当生物放大系数（biomagnification factor，BMF）大于 1 时，这个物质就被生物放大。前一种说法将浓度的升高限制在食物相暴露的因素下，而后一种说法包括水相及食物相暴露双重因素，也就是生物浓缩（bioconcentration）和生物累积（bioaccumulation）（Gray，2002）。具有生物放大能力的痕量金属在沿食物链/网传递的过程中，会随营养级的增加在生物体内逐级富集，在高营养级生物中达到较高水平，对生物与人类健康产生潜在危害，因此其生态风险和人类健康风险应当受到格外的关注。目前已知的 Hg 尤其是 MeHg 具有较为明显的生物放大潜能，其他一些痕量金属（Se、Rb、Cd 等）在特定食物链中也存在一定的生物放大潜能。污染物是否具有生物放大的能力，是评估其对环境造成危害的重要依据之一。影响痕量金属生物放大潜能的主要因素有同化率、吸收速率和排出速率（Wang，2002）。

目前，研究痕量金属在食物链/网中传递的常用方法是，首先利用碳、氮稳定同位素技术鉴定食物链/网结构，随后分析不同生物种类或类群体内痕量金属的浓度，最终研究痕量金属在食物链中的传递特征。通常用营养级放大系数（trophic magnificaton factor，TMF）表征痕量金属在食物链/网中的传递，当 TMF＞1 时，说明该痕量金属在食物链/网中存在生物放大潜能；当 TMF＜1 时，则说明存在生物减小的现象。

1. Cr、Co、Ni、Cu、Zn 和 Se 在海湾食物链/网中的传递

对大亚湾主要生物类群进行碳、氮稳定同位素和痕量金属的分析，来研究不同季节中痕量金属在大亚湾食物链中的传递特征，表 4.29 中给出了 2015～2016 年春季、夏季、秋季和冬季痕量金属在大亚湾食物链/网中传递的 TMF 值。

表 4.29　痕量金属在大亚湾食物链/网中的传递

痕量金属	春季		夏季		秋季		冬季	
	TMF	*P*	TMF	*P*	TMF	*P*	TMF	*P*
Cr	0.1610	<0.01	0.4485	<0.01	0.6683	<0.01	0.5313	<0.01
Co	0.1011	<0.01	0.6048	<0.01	0.6350	<0.01	0.6696	<0.01
Ni	0.1653	<0.01	0.5582	<0.01	0.6339	0.33	0.5955	<0.01
Cu	0.2985	<0.05	0.6976	<0.05	0.5386	<0.01	1.2012	0.38
Zn	0.5909	<0.05	0.8310	<0.01	0.7887	<0.05	1.0752	0.35
As	1.1130	0.0797	0.9275	<0.05	0.9847	0.767	1.2647	<0.01
Se	1.4335	<0.05	NA	NA	1.0181	0.72	0.9933	0.9
Mo	0.1144	<0.01	0.2674	<0.01	NA	NA	NA	NA
Ag	0.1624	<0.05	0.9915	0.97	0.4897	0.1	0.9931	0.98
Cd	0.0921	<0.01	0.7499	<0.05	0.4777	<0.01	0.7764	0.16
Tl	0.1013	<0.01	0.7034	<0.01	0.4982	<0.01	0.5698	<0.01
Pb	0.0717	<0.01	0.6941	<0.01	0.6350	<0.01	0.5640	<0.01

注：TMF 为营养级放大系数，TMF＞1 表示生物放大，而 TMF＜1 表示生物减小；$P<0.05$ 表示生物中 $\log_{10}$ 痕量金属与营养级显著相关。NA 表示无有效数据

Cr、Co、Ni、Cu、Zn 和 Se 都是生物体所必需的微量元素，适量的浓度对生物生长有益，过量则会产生一定的毒害作用。调查发现，Cr、Co 和 Ni 在大亚湾 4 个季节的食物链/网中均存在明显的生物减小现象。之前的研究表明，在北冰洋、波罗的海及中国近海生态系统中，Ni 普遍会被生物减小，Cr 和 Co 则通常与营养级无相关性（Campbell et al.，2005；Nfon et al.，2009）。

虽然大亚湾海域中生物体内发现了较高浓度的 Cu 和 Zn，但除了 Cu 在冬季底栖食物链出现了一定的生物放大潜能之外，在其他食物链及整个食物网都没有发现生物放大现象的存在，这可能与生物体对 Cu 和 Zn 的高排出速率有关。底栖生物（如软体动物、甲壳类等）对 Cu 和 Zn 具有较强的累积能力，主要因为其是生物生长所必需的微量元素，对生长代谢具有重要的作用（Barwick & Maher，2003）。Cu 和 Zn 在日本骏河湾（Suruga Bay）生态系统和孟加拉国孙德尔本斯（Sundarbans）红树林生态系统中的水生食物网中出现生物减小的现象（Sakata et al.，2015）；但是 Zn 在越南红树林综合养殖场食物网（由鱼、虾、蟹、头足类等生物组成）、北极海洋食物网（包括藻类、浮游动物、鱼、海鸟等）及美国溪流无脊椎动物群落中存在着生物放大现象（Quinn et al.，2003；Tu et al.，2012）；同时，Cu 在苏禄海（Sulu Sea）上层鱼类体内也发现生物放大的潜能（Asante et al.，2010）。

春季 Se 在大亚湾食物链/网中存在显著的生物放大，而在秋季和冬季 Se 的浓度与营养级之间没有相关性。Se 在巴西沿海食物网中出现了显著的生物放大现象（TMF = 2.4，$P<0.01$）（Kehrig et al.，2013），同样在挪威南部湖泊食物网（TMF = 1.29，$P<0.01$）（Okelsrud et al.，2016）、日本骏河湾也出现了生物放大的现象；而在澳大利亚德文特河口（Derwent Estuary）食物网中，Se 与营养级无显著相关性（Jones et al.，2014），这也说明

痕量金属在不同类型的生态系统中存在一定的差异，究其原因，尚需特异性分析不同痕量金属在食物网中的传递。

2. Mo、Ag、Cd、Tl 和 Pb 在海湾食物链/网中的传递

Mo、Ag、Cd、Tl 和 Pb 对生物都是非必需元素，具有较强的毒性作用，需要严格注意其在海湾生态系统中的赋存。Mo、Cd、Tl 和 Pb 在大亚湾食物链/网中存在显著的生物减小，这与其他海域的研究结果一致（Borrell et al.，2016）。Ag 在海洋食物链中的传递一般为生物减小（Tu et al.，2012），但是调查中发现大亚湾食物网中 Ag 浓度与营养级之间没有相关性，而其在甲壳动物体内的高累积，以及在底栖食物链中随着营养级的升高浓度增加的现象，说明 Ag 在大亚湾底栖食物链中存在一定的生物放大潜能。Ag 在中国东海海域食物网（鱼类、头足类、腔肠动物、棘皮类、腹足类等）中呈现生物减小现象，但在甲壳动物（虾和蟹）中呈现显著的生物放大现象（Asante et al.，2008），这种潜在的生物放大现象需要引起人们的关注。

3. As 在海湾食物链/网中的传递

结果表明，As 在大亚湾食物链/网中存在生物放大潜能，这也是首次在大亚湾生态系统中发现 As 的生物放大潜能（图 4.51）。砷在大亚湾食物链/网中的传递存在显著的季节差异：冬季，砷在食物网、鱼类（浮游）食物链和底栖食物链中都发生了显著的生物放大

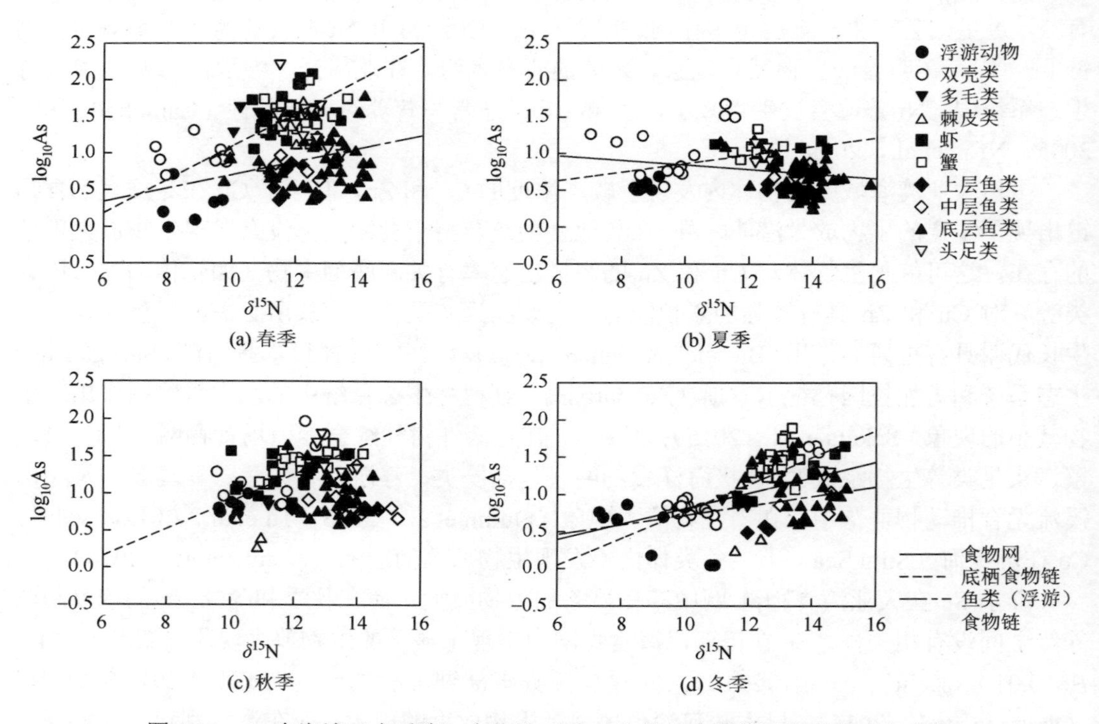

图 4.51　As 在海湾（大鹏澳）食物链/网中的生物放大潜能及其季节动态变化

现象；春季，砷在底栖食物链被生物放大，在鱼类（浮游）食物链有生物放大趋势；夏季，砷在底栖食物链有生物放大趋势，但在食物网中有生物减小的趋势；秋季，砷仅在底栖食物链被生物放大。这一结果也显示出砷在底栖食物链中存在更大的生物放大潜能。

As 在淡水和陆生食物链或食物网中普遍生物减小（Huang，2016），As 在地中海沿岸湖泊及南美的高山湖泊中都发现生物减小的现象（Signa et al.，2013）；在热带滨海潟湖，As 在无脊椎动物和鱼类中生物减小（Pereira et al.，2010）；在黄海北部大鹿岛及孟加拉国孙德尔本斯（Sundarbans）红树林生态系统中，As 的浓度与营养级之间无显著关系（Zhao et al.，2013）。然而，在海洋生态系统中常常出现 As 生物放大的现象。例如，As 在北极生态系统食物网的海鸟肌肉和肝脏中出现了显著的生物放大现象；在苏禄海（Sulu Sea）的鱼体内发现 As 的浓度与 $\delta^{15}N$ 值出现显著的正相关，说明了砷的生物放大现象；在日本骏河湾（Suruga Bay）的生物体内同样发现了微弱的 As 生物放大潜能（表 4.30）。

表 4.30　砷（As）沿不同水生生态系统食物链/网传递的研究结果的比较

研究区域	时间	采样类群	类型	*P*	TMF	食物链传递类型	参考文献
中国大鹿岛	2011 年 8 月	双壳类、腹足类、海星、海葵	海洋	0.258	1.12	生物放大趋势	Zhao 等（2013）
苏禄海和西里伯斯海	2002 年 11～12 月	无脊椎动物、鱼	海洋	0.791	1.81	生物放大	Asante 等（2010）
波罗的海	1991～1993 年	浮游植物、浮游动物、糠虾、鱼	海洋	0.588	1.01	无明显趋势	Nfon 等（2009）
意大利南部沿岸	2006 年 7 月	沉积物、大型藻、海草、无脊椎动物、鱼、鸟	海洋	＜0.001	0.49	生物减小	Vizzini 等（2013）
日本骏河湾	2011 年 8 月、2012 年 9 月	浮游动物、头足类、鱼类	海湾	＜0.05	1.26	生物放大	Sakata 等（2015）
北极巴芬湾	1998 年 3 月	无脊椎动物、鱼类、鸟、哺乳类	海湾	0.507	1.03	无明显趋势	Campbell 等（2005）
南极阿德默勒尔蒂湾	2012 年	大型藻、端足类、海胆、腹足类、蛇尾、等足类、纽虫	海湾	NA		无明显趋势/局部生物放大	Majer 等（2014）
中国黄河河口	2014 年 8 月	无脊椎动物、鱼	河口	0.264	1.12	生物放大趋势	Liu 等（2018）
中国大辽河河口	2014 年 8 月	无脊椎动物、鱼	河口	0.791	0.98	无明显趋势	Guo 等（2016）
孟加拉国孙德尔本斯	2011 年 12 月	植物、浮游动物、甲壳类、鱼	红树林	NA		无明显趋势	Borrell 等（2016）
越南巴地头顿省	2007 年 3 月	悬浮颗粒物、头足类、甲壳类、鱼	红树林	0.566	1.00	无明显趋势/局部生物放大	Tu 等（2011）
澳大利亚杰维斯湾	1998 年 3 月	沉积物、植物、海洋动物	红树林	NA		无明显趋势	Kirby 等（2002）
澳大利亚麦格理河口	2006 年 7 月	沉积物、大型藻、多毛类、软体动物、甲壳类、鱼	海草床	NA		局部生物放大	Barwick & Maher（2003）

续表

研究区域	时间	采样类群	类型	P	TMF	食物链传递类型	参考文献
澳大利亚新南威尔士州东南岸	2005 年	沉积物、盐生植物、腹足类、端足类、蟹	盐沼	NA		生物放大趋势	Foster 等(2005)
阿根廷圣罗克水库	2012 年 3 月	浮游生物、虾、鱼	淡水	<0.001	0.890	生物减小	Monferrán 等（2016）
意大利马里内罗湖	2009 年 5 月	植物、无脊椎动物、鱼	淡水	<0.001	0.779	生物减小	Signa 等（2013）
阿根廷巴塔哥尼亚山湖泊	2004～2009 年	浮游生物、底栖生物、鱼、植物	淡水	<0.010	0.602	生物减小	Revenga 等（2012）
加拿大耶洛奈夫地区湖泊	2010 年 6 月	浮游植物、浮游动物	淡水	NA		生物减小	Caumette 等（2011）

注：TMF 为营养级放大系数，TMF>1 表示生物放大，而 TMF<1 表示生物减小；$P<0.05$ 表示生物中 $\log_{10}$As 与营养级显著相关。NA 表示无有效数据

室内实验通过构建两条底栖食物链（从沉积物到沙蚕或蛤再到虾虎鱼）研究了砷沿底栖食物链的传递和生物转化作用（图 4.52），发现蛤对砷的吸收效率为 35%～65%，沙蚕对砷的吸收效率为 52%～73%，从而造成沙蚕比蛤具备更高的砷累积能力，该室内模拟的结果也与对大亚湾底栖生物的调查分析结果一致；同时，在沉积物中砷的形态以无机砷为主，到初级消费者体内砷甜菜碱成了主要形态，再到鱼类体内砷甜菜碱可以占到 95%以上，说明无机砷在底栖食物链中被高效转化，并主要发生在初级消费者环节，该结果与 As 在底栖食物链中存在更大生物放大潜能的结果一致。

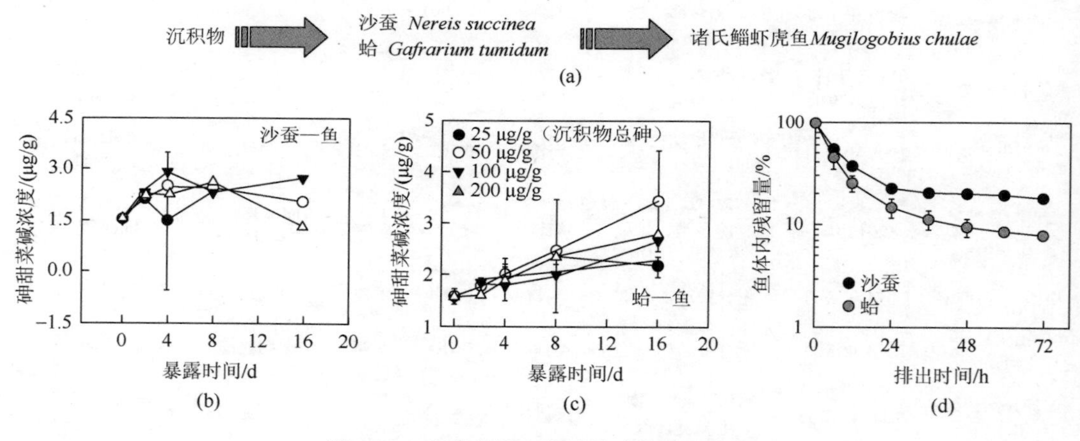

图 4.52 砷沿底栖食物链的生物转化作用

痕量金属能够在底栖食物链中生物放大的主要原因可能是腹足类能够有效地吸收食物中的痕量金属，而浮游生物食物网生物减小的发生则可能是其对痕量金属较低的同化率和较高的排出率导致的（Wang，2002）。海洋鱼类对痕量金属的同化率受被捕食者亚细胞痕量金属的分布及鱼类的摄食过程所影响（Zhang & Wang，2006），而不同的食物对海洋

鱼类 As 的生物有效性和生物累积存在显著的影响作用。底栖食性可能是导致 As 在大亚湾不同季节或食物链存在不同生物放大潜能的主要原因，As 的生物放大潜能值得进一步关注。

4. 痕量金属亚细胞分布决定模型

海洋鱼类和贝类从不同食物链中获得痕量金属的效率有着明显差异，但是对不同被捕食者中的金属吸收效率与金属在被捕食者中的亚细胞分布有着显著的相关性（图 4.53）。痕量金属亚细胞分布决定模型是指分布在细胞质和细胞器中的金属容易被吸收，而分布在细胞膜（细胞碎片）和富金属微粒中的金属不容易被吸收；并且鱼类对于不同生物来源的相同亚细胞组分有着相似的金属同化效率（Zhang & Wang，2006）。该模型的提出，能更好地解析痕量金属在海洋食物链中的传递规律。

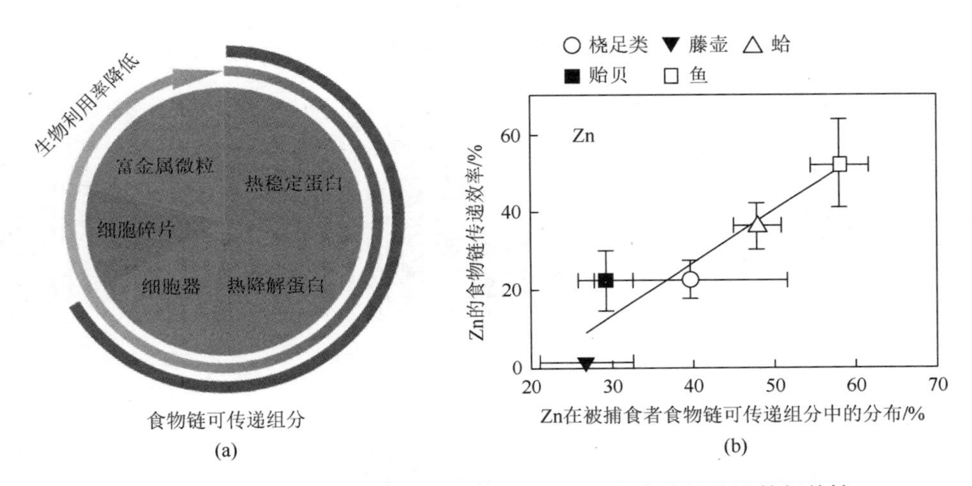

图 4.53　痕量金属在被捕食者中的亚细胞分布与食物链传递的相关性

二、营养物质输入对海湾痕量金属在生物累积及其食物链中传递的影响

海湾作为近海生态系统，常常受到较强人类活动的影响，营养物质输入造成的富营养化和痕量金属污染成为海湾面临的较为严峻的环境问题。营养物质输入主要是指氮和磷的输入，其中氮营养盐主要包括溶解无机氮（亚硝酸盐、硝酸盐、氨等）和溶解有机氮（尿素、氨基酸等）。大量的营养物质输入会影响海洋生物尤其是浮游植物对痕量金属的生物累积能力，进而影响痕量金属在海湾食物链中的传递，对海湾生态系统产生一定影响。

富营养化会显著影响海域水环境中 C、N、P 的循环（Vitousek et al.，1997），以及各营养盐组分的浓度及其之间的比例，从而影响海洋生态系统中浮游植物的种类组成和丰度，并可能导致近海生态系统的结构和功能发生变异（Smith et al.，1999）。营养物质的输入会显著促进海洋生物尤其是海洋植物的生长速率。而海洋浮游植物在痕量元素的生物地球化学循环中起着极其重要的作用，营养盐浓度及其比例的改变会对浮游植物摄取痕量元素产生多重影响。大量营养盐的输入会影响近岸水域浮游植物对痕量金属的吸收，从而导致水体中痕量金属含量的变化（Currie et al.，1998；Rijstenbil et al.，1998）。

1. 对浮游生物累积的影响

浮游植物对痕量金属的吸收与水体中的营养盐水平有关，沿海水体营养物质的输入能显著影响浮游植物的痕量金属吸收速率，并可能影响痕量金属在海洋食物链中的传递。

2018 年 6 月在大亚湾近海海域中进行中尺度水体的围隔培养实验，搭建长宽高为 3 m×1.5 m×3 m 的围隔，每天定量向围隔中添加不同量的氮、磷营养盐，其中 A 组为对照组，B、C、D、E、F 组分别加入 1 μmol/L、2 μmol/L、4 μmol/L、8 μmol/L、16 μmol/L 氮（磷按氮磷比 30∶1 同步添加），研究营养盐加富后浮游生物体内痕量金属浓度的变化趋势。研究结果如图 4.54 所示，向围隔水体中添加氮、磷营养盐后，浮游生物（0.2～160 μm）体内 Cd 和 Zn 的浓度显著升高，而 Cr、Cu、As 和 Pb 的浓度与营养盐的添加无显著相关性，但是在 3～20 μm 粒径的浮游生物体内 Cu 的浓度随营养盐浓度的增加而降低。

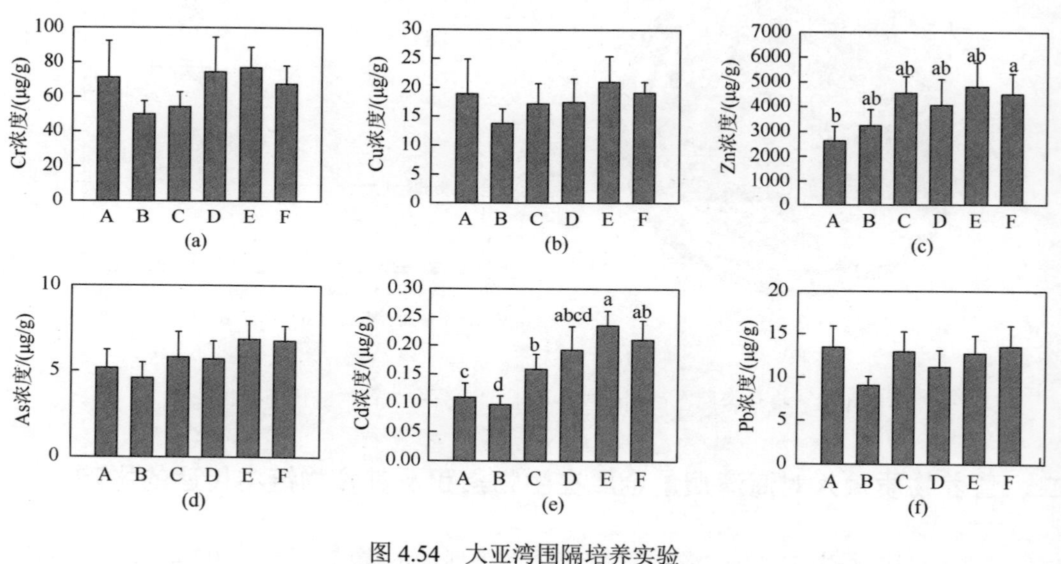

图 4.54　大亚湾围隔培养实验

在室内通过培养暴露实验研究了不同营养条件下威氏海链藻（*Thalassiosira weissflogii*）中 Cd 的生物累积、植物螯合肽（phytochelatins，PC）诱导和毒性情况（图 4.55，图 4.56）。PC 是一类富含半胱氨酸的多肽，主要作用是维持细胞内必需金属平衡和缓解非必需金属毒性，还可以作为胞外分泌物改变水相的重金属形态，进而影响重金属的生物可利用性。结果表明，氮添加可以显著促进威氏海链藻的 Cd 累积和 PC 诱导，还能降低其对金属的敏感性，而添加磷对 Cd 累积和 PC 诱导影响较小。Cd 吸收速率和 PC 诱导速率与威氏海链藻的生长速率之间存在较强的相互关系，而静态浓度和生长速率之间相关性较弱，因此 PC 诱导的动态变化能更好地预测 Cd 毒性。该结果也验证了围隔培养实验中添加营养盐能促进浮游植物吸收累积 Cd。

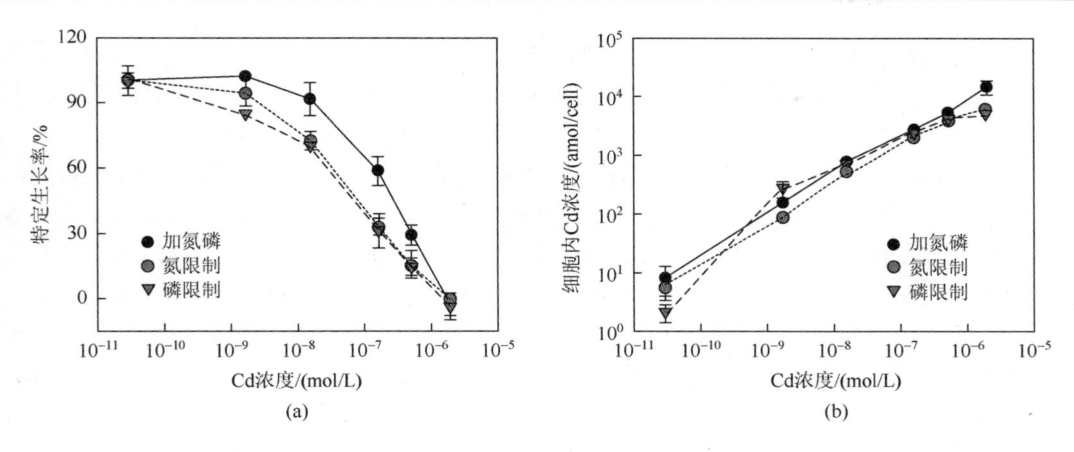

图 4.55　不同营养条件下威氏海链藻暴露 72 h 后特定生长率和 Cd 浓度

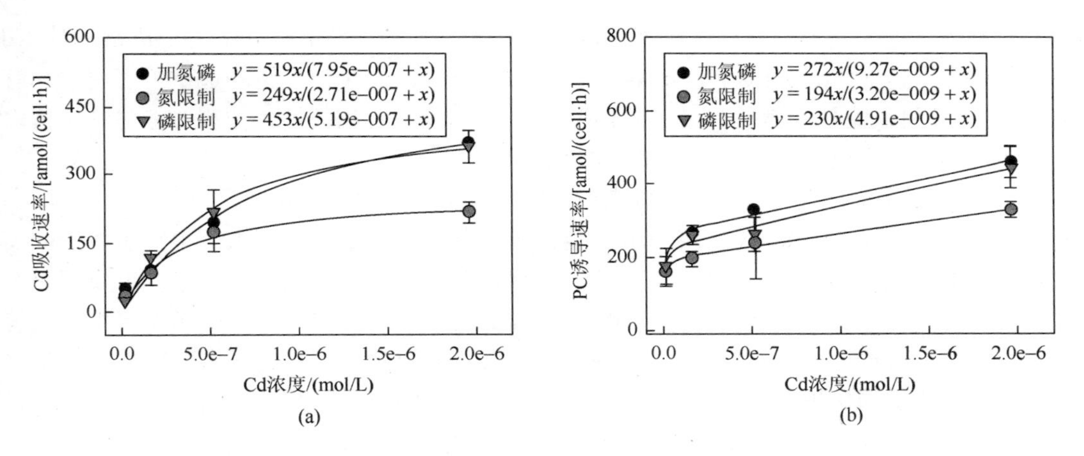

图 4.56　威氏海链藻 Cd 吸收速率、PC 诱导速率与细胞内 Cd 浓度的关系

氮营养盐的输入能影响痕量金属对浮游植物的生物可利用性和毒性，进而影响浮游植物的生物群落。旧金山湾赤潮暴发后，悬浮颗粒物中 Cd 的浓度显著增加（Luoma et al.，1998）。假微型海链藻（*Thalassiosira pseudonana*）和威氏海链藻对 Cd 和 Zn 的吸收与周围水体中 N 的浓度具有显著的正相关性，而 P 和 Si 的浓度并不影响硅藻对 Cd 的累积（Wang et al.，2001a，2001b）。添加氮能显著增加中肋骨条藻（*Skeletonema costatum*）和塔玛亚历山大藻（*Alexandrium tamarense*）对 Cu 和 Cd 的吸收，而添加磷则促进中肋骨条藻对 Cu 的吸收（徐邦玉等，2015）。

硝态氮和尿素的添加都能增强东海原甲藻和中肋骨条藻对 Ni 的吸收，而磷会产生抑制作用（Huang et al.，2015）。尿素还能提高东海原甲藻对 Ni 的耐受程度，进而在一定程度减轻 Ni 对细胞的毒性（Huang et al.，2016）。氮或磷能显著影响 Ni 在亚细胞组分中的分布，Ni 主要分布在可以沿食物链传递的组分（可溶解部分和蛋白质）中（Hong et al.，2009）。

不同的氮磷比也会对海洋浮游植物累积痕量金属产生影响。当氮磷比为 16∶1 时，盐生杜氏藻（*Dunaliella salina*）对痕量金属（Fe、Mn、Zn 和 Cu）的吸收和生物浓缩系数最高，藻类对 4 种金属吸收量排序（Fe≫Zn＞Mn＞Cu）不受周围环境中氮浓度的影响（Li et al.，2007）。

营养物质输入能够显著影响大型藻类对痕量金属的累积效率。对石莼（*Ulva fasciata*）进行 8 h 暴露后发现，添加硝态氮能显著增加对 Cd 的累积，而 Cr 和 Zn 的累积速率不受环境中氮浓度的影响；添加铵态氮不影响石莼对 Cd、Cr 和 Zn 的累积；石莼对 Cr 的累积随周围环境中磷浓度的升高而增加，Se 的累积则与磷存在显著的负相关，可能是因为过高的 P 对 Se 的累积产生了竞争性抑制（Lee & Wang，2001）。铵态氮和硝态氮加富能促进浒苔（*Enteromorpha crinita*）对 Cd 的累积，但 Cr 的累积不受营养盐添加的影响（Chan et al.，2003）。

2. 对底栖生物和游泳生物累积的影响

向水体中添加营养盐（硝态氮和总磷）能够增加牡蛎（*Crassostrea angulata*）对 Cd 的累积能力，但对 Fe、Cu、Pb 和 As 并没有显著作用；同时仿生胃肠道试验表明，只有 As 的生物可利用性与营养盐有显著的相关性，Fe 则存在负相关性，推测可能与牡蛎体内金属颗粒和热稳定蛋白有关（Li et al.，2014）。

富营养化造成的浮游植物种类组成和密度的改变可能会导致鱼类营养价值下降，增加人们食用鱼类的风险。Razavi 等（2014）调查了富营养化后中国东部水库中鲤鱼体内的痕量金属（Hg、Se）和必需脂肪酸（EFAs），发现富营养化通过改变浮游植物的组成和浮游生物的生物量降低了鲤鱼体内 Se 和 EPA 的含量。营养物质的输入也会影响海湾生态系统群落结构，进而影响海洋鱼类的摄食量和摄食频率，而摄食量和摄食频率会影响海洋鱼类对痕量金属的生物累积。不同的投喂策略会显著影响黑鲷对食物相和水相中痕量金属的累积能力，饥饿会导致较高的 Cd 累积。

3. 对食物链传递的影响

当营养物质输入到海湾生态系统中，会导致浮游植物发生赤潮或水华现象，水相中的痕量金属会被浮游植物吸收，将痕量金属从溶解态变为颗粒态，进而可能对痕量金属在浮游生物食物链中的传递产生影响。生物累积动力学模型中也阐述了痕量金属在食物链中的传递由摄食率、同化率及食物中痕量金属的浓度所决定，这几个方面均可能受到营养盐的影响。痕量金属沿海湾食物网的传递对海洋生物及生态系统功能都有着重要的影响。

环境中高浓度的氮添加可以增加藻细胞对痕量金属的吸收，进而促进桡足类对痕量金属的吸收。Li 等（2013a）研究了氮和铁加富对痕量金属（Cu、Zn 和 Se）在食物链（威氏海链藻、中肋骨条藻和小球藻到日本虎斑猛水蚤）中传递的影响，发现藻类对痕量金属的吸收随着营养盐的添加而增加，而桡足类对痕量金属的累积随着氮浓度（40～320 μmol/L）的增加而增加。浒苔体内痕量金属的浓度不影响长鳍蓝子鱼（*Siganus canaliculatus*）的同化效率，但摄食氮加富后的大型藻类会导致长鳍蓝子鱼对 Cd 和 Zn 同化率的下降（Chan et al.，2003）。

综上所述，当人类活动引起的营养物质输入海湾生态系统后，会促进浮游植物对 Cd

的吸收和累积，同时个别浮游生物种类对 Ni、Cu 或 Cr 的吸收累积能力随着营养盐浓度的增加而加强。营养物质的输入也会影响底栖生物及鱼类对痕量金属的累积能力，进而对海湾生态系统结构和功能产生一定程度的影响。

三、痕量金属的暴露风险评估

海湾生物痕量金属对人体的危险性评估，可通过日常吸收（estimated daily intake，EDI）和危险商值（hazard quotient，HQ）来进行评估。

$$\mathrm{EDI} = C \times \mathrm{IR}/\mathrm{BW}$$

$$\mathrm{HQ} = \mathrm{EDI}/\mathrm{RfD}$$

式中，C 为鱼样肌肉组织中平均痕量金属含量（μg/g，湿重）；IR 为每天摄入食物的量（g/d）；BW 为目标人口的平均体重（kg）；RfD（reference doses）为痕量金属的标准参考剂量[μg/(kg·d)]。如果 HQ 值小于 1 代表没有明显的健康危害，如果 HQ 值大于 1 则说明该痕量金属对人体存在健康危害。通过计算胶州湾和大亚湾海域春夏秋冬 4 个季节常见海洋生物类群的 EDI 值，并与 RfD 值进行对比，发现食用上述海域的海洋生物不会对人体健康产生风险。

目标危险商值（target hazard quotient，THQ）可以用来评估长期摄入海洋生物造成的潜在风险，计算公式如下：

$$\mathrm{THQ} = (\mathrm{EF} \times \mathrm{ED} \times \mathrm{IR} \times C)/(\mathrm{RfD} \times \mathrm{BW} \times \mathrm{AT})$$

式中，EF（exposure frequencies）为暴露频率（365 d/a）；ED（exposure duration）为暴露持续时间（30 a）；AT 为非致癌源的平均暴露时间。当 THQ＜1 时，表明暴露量低于参考剂量，污染物造成的不良影响可以忽略；当 THQ＞1 时，表明暴露量高于参考剂量，污染物造成不良影响的风险较高。

对于一种海洋生物来说，痕量金属的总危险商值（TTHQ）等于各种痕量金属的危险商值之和，即

$$\mathrm{THHQ} = \mathrm{THQ1}（痕量金属 1）+ \mathrm{THQ2}（痕量金属 2）+ \cdots + \mathrm{THQ}n（痕量金属 n）$$

表 4.31 和表 4.32 分别列出了胶州湾和大亚湾常见海洋生物类群的金属暴露风险评估结果，发现虽然生物体内痕量金属的浓度处于一个较高的范畴，但是长期食用胶州湾或大亚湾海域的海洋生物不会对人体健康产生危害。

表 4.31　胶州湾常见海洋生物类群的金属暴露风险评估

季节	类群	THQ						TTHQ
		Cr	Cu	Zn	As	Cd	Pb	
春季	中上层鱼	0.0000	0.0000	0.0000	0.0000	0.0000	0.0000	0.0000
	底层鱼	0.0017	0.0007	0.0013	0.0540	0.0003	0.0014	0.0594
	虾	0.0016	0.0180	0.0041	0.1632	0.0093	0.0011	0.1973
	蟹	0.0009	0.0152	0.0075	0.2042	0.0251	0.0005	0.2534
	头足类	0.0005	0.0000	0.0000	0.0000	0.0000	0.0000	0.0005

续表

季节	类群	THQ						TTHQ
		Cr	Cu	Zn	As	Cd	Pb	
夏季	中上层鱼	0.0002	0.0004	0.0007	0.0163	0.0002	0.0001	0.0179
	底层鱼	0.0004	0.0010	0.0008	0.0452	0.0002	0.0003	0.0479
	虾	0.0006	0.0117	0.0023	0.1630	0.0097	0.0003	0.1876
	蟹	0.0014	0.0176	0.0035	0.1860	0.0034	0.0003	0.2122
	头足类	0.0000	0.0000	0.0000	0.0000	0.0000	0.0000	0.0000
秋季	中上层鱼	0.0000	0.0000	0.0000	0.0000	0.0000	0.0000	0.0000
	底层鱼	0.0013	0.0005	0.0008	0.0360	0.0003	0.0004	0.0393
	虾	0.0008	0.0119	0.0027	0.0849	0.0047	0.0001	0.1051
	蟹	0.0013	0.0144	0.0093	0.1197	0.0004	0.0001	0.1452
	头足类	0.0002	0.0010	0.0005	0.0206	0.0012	0.0001	0.0236
冬季	中上层鱼	0.0000	0.0000	0.0000	0.0000	0.0000	0.0000	0.0000
	底层鱼	0.0006	0.0009	0.0018	0.0428	0.0004	0.0006	0.0471
	虾	0.0013	0.0263	0.0031	0.1192	0.0064	0.0010	0.1573
	蟹	0.0006	0.0317	0.0043	0.1488	0.0131	0.0004	0.1989
	头足类	0.0002	0.0061	0.0010	0.0224	0.0006	0.0004	0.0307

表 4.32　大亚湾常见海洋生物类群的金属暴露风险评估

季节	类群	THQ						TTHQ
		Cr	Cu	Zn	As	Cd	Pb	
春季	中上层鱼	0.0012	0.0016	0.0008	0.0132	0.0010	0.0006	0.0184
	底层鱼	0.0039	0.0009	0.0014	0.0219	0.0001	0.0020	0.0302
	虾	0.0016	0.0166	0.0047	0.1078	0.0087	0.0013	0.1407
	蟹	0.0008	0.0191	0.0079	0.1086	0.0025	0.0007	0.1396
	头足类	0.0005	0.0013	0.0008	0.0205	0.0008	0.0004	0.0243
夏季	中上层鱼	0.0006	0.0008	0.0009	0.0099	0.0004	0.0009	0.0135
	底层鱼	0.0008	0.0002	0.0007	0.0180	0.0003	0.0002	0.0202
	虾	0.0004	0.0033	0.0015	0.0307	0.0035	0.0002	0.0396
	蟹	0.0003	0.0040	0.0019	0.0389	0.0024	0.0004	0.0479
	头足类	0.0003	0.0016	0.0006	0.0081	0.0036	0.0002	0.0144
秋季	中上层鱼	0.0011	0.0008	0.0010	0.0151	0.0003	0.0004	0.0187
	底层鱼	0.0014	0.0004	0.0014	0.0390	0.0002	0.0004	0.0428
	虾	0.0018	0.0068	0.0037	0.0850	0.0079	0.0009	0.1061
	蟹	0.0030	0.0124	0.0083	0.1171	0.0025	0.0005	0.1438
	头足类	0.0008	0.0014	0.0008	0.0250	0.0007	0.0002	0.0289

续表

季节	类群	THQ						TTHQ
		Cr	Cu	Zn	As	Cd	Pb	
冬季	中上层鱼	0.0002	0.0031	0.0010	0.0137	0.0002	0.0007	0.0189
	底层鱼	0.0004	0.0076	0.0032	0.0603	0.0017	0.0008	0.0740
	虾	0.0010	0.0121	0.0048	0.0973	0.0082	0.0008	0.1242
	蟹	0.0010	0.0201	0.0069	0.1197	0.0030	0.0010	0.1517
	头足类	0.0007	0.0035	0.0008	0.0145	0.0011	0.0004	0.0210

通过对莱州湾海域鱼类、贝类、蟹和虾等生物体内的砷、汞和钒进行风险评估发现，某些特定生物［如蛾螺（*Busycon canaliculatum*）、口虾蛄（*Oratosquilla oratoria*）和三疣梭子蟹（*Portunus trituberculatus*）］的As含量超过了推荐剂量，可能会对食用者产生潜在健康风险（Liu et al.，2017）。对孟加拉湾海域的鱼类进行人类健康风险评估，包括EDI、THQ、TTHQ及相关机构的安全标准，发现所有检测的鱼类都可以认为符合安全标准，但是鱼体内砷的致癌风险（carcinogenic risk，CR）大于10^{-5}，说明食用可能存在一定的致癌风险（Saha et al.，2016）。地中海北部的意大利卡塔尼亚湾（Gulf of Catania）海产品中总的暴露风险从2012年的1.1降低到了2017年的0.49，可能与污染源输入（生活污水、地表径流等）的减少有关（Copat et al.，2018）。

综上所述，海湾生态系统中生物面临较为严峻的痕量金属污染，进而可能会因人类的食用而对其健康产生一定威胁，但控制营养物质输入及治理海湾环境污染能够维护海湾生态系统健康，促进海湾生态环境的可持续发展。

第四节　海湾生态系统功能稳定性的维持机制

海湾生态系统功能的稳定性，取决于海湾环境和生态系统结构的状态，当外源物质的输入或外来干扰超出海湾环境的承载力，包括营养盐和其他污染物质的输入量超过了海水的自净能力或海湾容纳量时，海洋生物的生长繁殖和生存环境会受冲击，其物种组成、群落、摄食与被摄食关系发生异常而改变生态系统结构，使营养传递路径（营养通道）受阻，导致生态系统能流与物质循环不能正常进行，即生态系统功能的稳定性受冲击，这是作者关注的核心问题。

本节根据近几年来作者团队的现场调查和实验数据，结合历史资料，分析比较大亚湾和胶州湾在人类活动影响下营养物质输入引起海湾生态系统各营养级生物的群落组成与结构变化特征，阐释海湾浮游生物食物网结构及其对生态系统功能的指示状况，以及海湾食物网中不同功能群生物之间的营养关系；在建立了大亚湾和胶州湾的Ecopath模型的基础上，综合探讨营养物质输入对海湾食物网整体结构及关键能流物流途径的影响，并基于Ecopath模型阐释人类活动影响及环境变异背景下海湾生态系统功能稳定性的维持机制。

一、海湾食物网中不同功能生物的现状及长期演变趋势

30 多年来，随着大亚湾周边地区海洋经济的快速发展和沿岸污水排放等人类活动的急剧增加，海湾的生态环境已经发生改变，浮游生物中物种多样性减低，甲藻和胶质类生物比例增加，其数量年际波动大。海湾生态系统的稳定、健康发展需要食物网中各生物功能组与外界环境相互影响、相互制约，从而达到相对稳定的结果。海洋浮游生物个体小，数量多，分布广，是海洋生态系统能量流动和物质循环的最主要环节。浮游植物是海洋初级生产力的制造者，浮游动物通过捕食影响或控制初级生产力，同时其种群动态变化又可能影响许多鱼类及其他动物资源群体的生物量。浮游生物不同功能群的变动会影响其在海洋生态系统中的能量传递效率，因此，分析胶州湾和大亚湾不同功能群生物的长期变化，可为进一步阐明海湾生态系统功能稳定性的维持机制提供参考。胶州湾和大亚湾浮游植物和浮游动物不同功能群的年际变化特征及趋势可参见第三章第三节。

（一）大型底栖生物现状及长期演变趋势

1. 胶州湾大型底栖生物现状及长期演变趋势

根据 2016～2017 年在胶州湾海域开展的 4 个航次底栖生物调查（图 4.57）所获资料及公开发表的资料，对该海域大型底栖生物现状及长期演变趋势进行了分析。4 个航次均

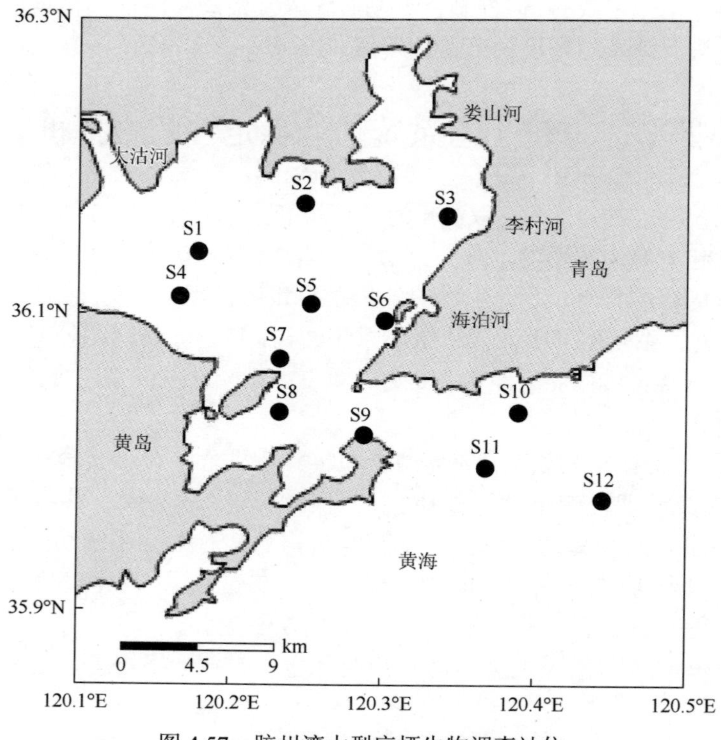

图 4.57　胶州湾大型底栖生物调查站位

使用取样面积为 0.1 m^2 的表层箱式采泥器采集，经 0.5 mm 的底层套筛冲洗泥沙后获取生物样品，现场用 75%乙醇固定后带回实验室处理，对纽虫、多毛类破损较为严重的只鉴定到科或属，其他生物样品均鉴定到种，用 0.001 g 的电子天秤称量计数个体湿重（软体动物带壳称量），所得个体数与质量除以相应采样面积得到各种生物的栖息密度和生物量。采用 Pinkas 相对重要性指数（IRI）（Pinkas et al.，1971）来确定优势种，计算公式为：$IRI = (W + N) \times F$，式中：W 为某一物种的重量占总生物量的百分比（%）；N 为该物种的丰度占总丰度的百分比（%）；F 为该物种在取样站位的出现频率（%），优势种取 IRI 值排前 5 位的物种。

（1）大型底栖生物种类组成

共获大型底栖动物 115 种，其中，环节动物 54 种（46.96%），节肢动物 30 种（26.09%），软体动物 14 种（12.17%），棘皮动物 7 种（6.09%），脊索动物 6 种（5.21%），半索动物、头索动物、纽形动物和腔肠动物各 1 种（0.87%）（图 4.58）。

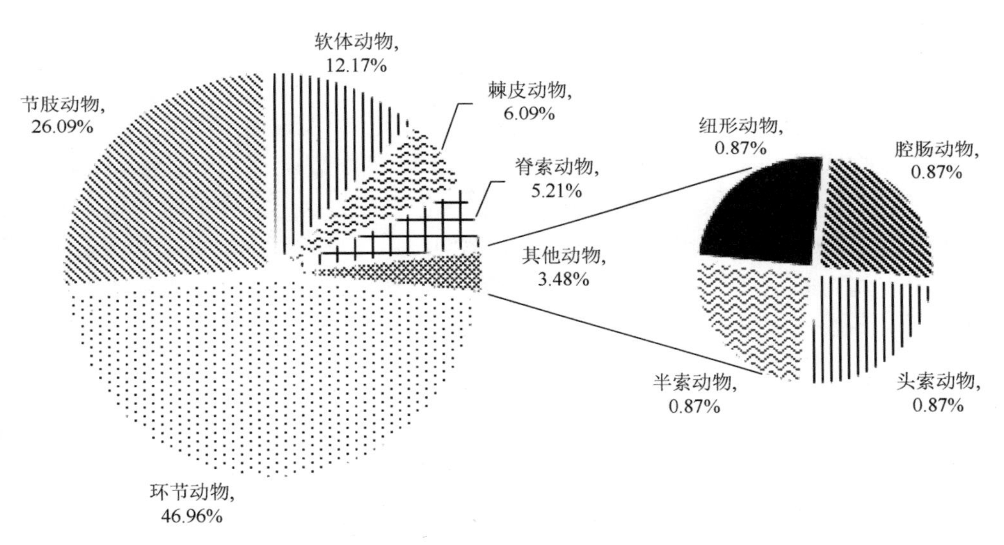

图 4.58　胶州湾大型底栖生物种类组成

（2）大型底栖生物种类分布特点

底栖生物种类分布较均匀，其中较多站位主要分布于接近湾口的中部和湾外海域，种数最多达 24 种，S9 站较少，13 种；环绕湾内近岸水域种类数较少，种数最低为 15 种（S6 站），湾外近岸种类数较高，即 S10 站为 23 种。

（3）大型底栖生物优势种及其分布

采获胶州湾优势种共有 13 种，其平面分布见图 4.59，棘刺锚参为四季共同优势种，广泛分布于胶州湾内；菲律宾蛤仔分布于湾内和湾中部养殖区；锥唇吻沙蚕和绒毛细足蟹主要分布在湾顶及东部近岸海域；日本镜蛤分布在湾内东部沿岸的 S6 站；纽形动物和豆形短眼蟹在湾内和湾口均有分布；脉红螺仅分布在湾口 S9 站；青岛文昌鱼主要分布在湾口至湾外海域；细雕刻肋海胆、纹斑棱蛤和不倒翁虫分布在湾外；丝异须虫在湾内外均有分布。

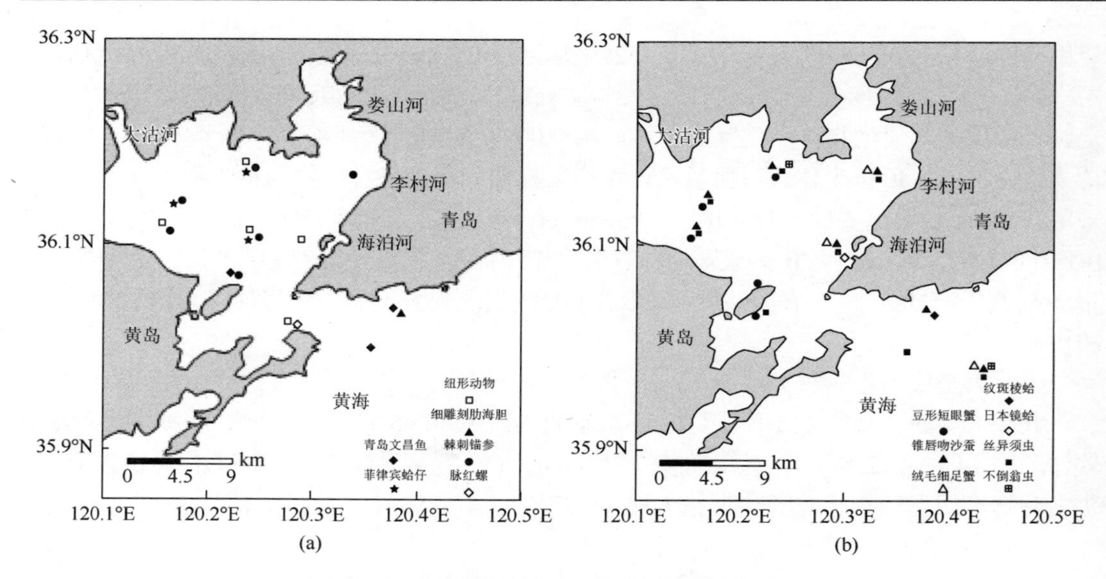

(a)　　　　(b)

图 4.59　胶州湾大型底栖生物优势种的平面分布

(4）大型底栖生物栖息密度及其水平分布和季节变化

胶州湾大型底栖生物平均栖息密度为 125 个/m^2，冬季最高为 179 个/m^2，夏季最低为 62 个/m^2，春秋季分别为 138 个/m^2 和 122 个/m^2。各季节的栖息密度平面分布无明显规律（图 4.60）。春季，栖息密度分布呈现湾内西北部向湾口海域逐渐递减的趋势。夏季，栖息密度分布呈现湾内外东部海域高于西部海域的趋势。秋季，栖息密度分布东部海域高于西部其他海域。冬季，栖息密度分布没有明显梯度趋势。

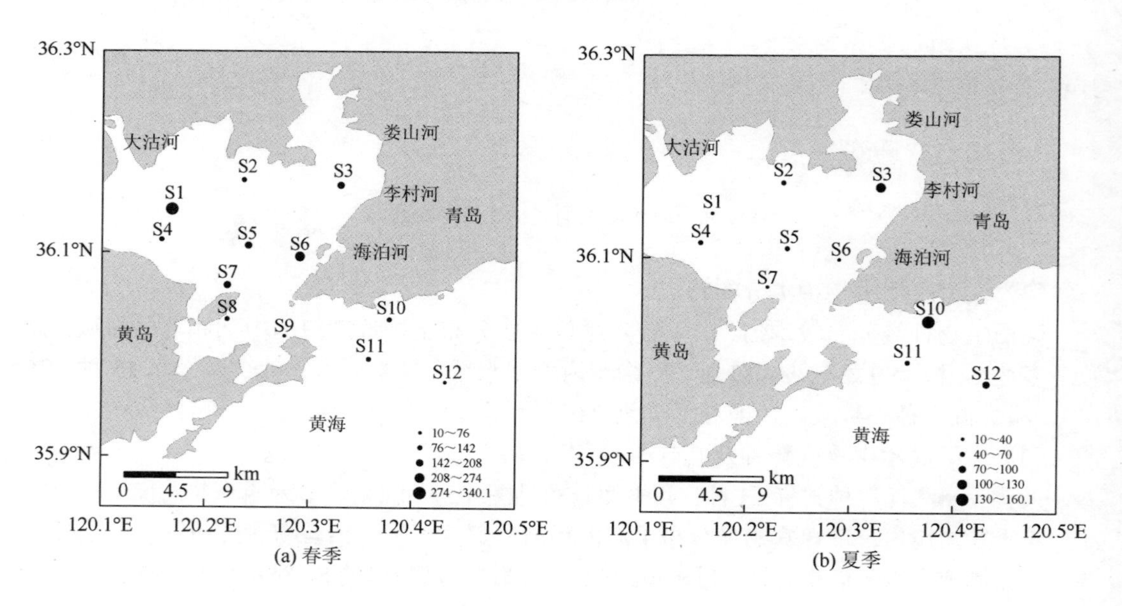

(a) 春季　　　　(b) 夏季

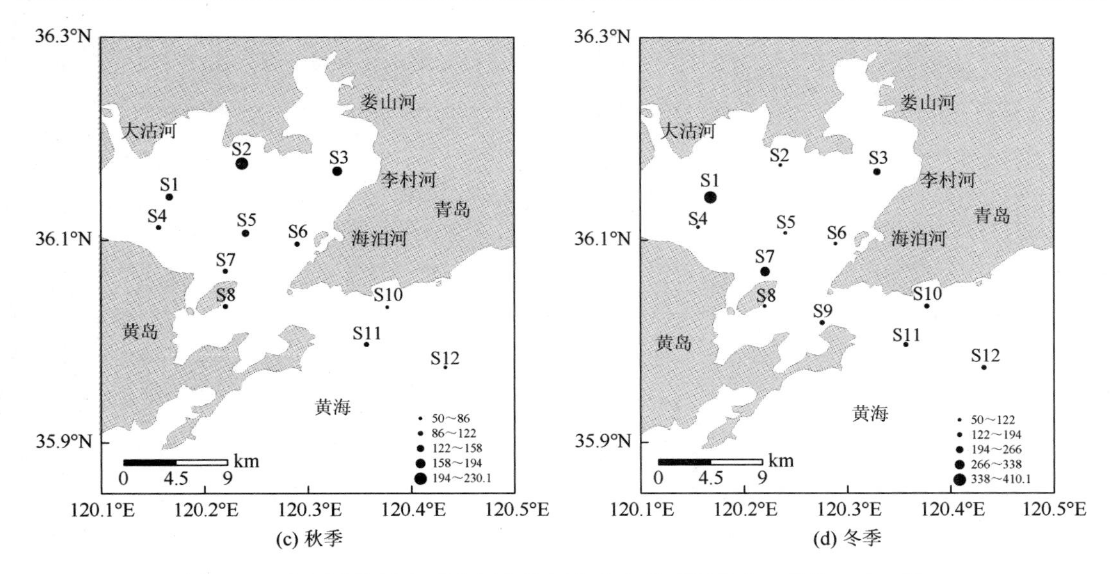

(c) 秋季　(d) 冬季

图 4.60　胶州湾海域大型底栖生物栖息密度的平面分布（单位：个/m^2）

（5）大型底栖生物生物量及其水平分布和季节变化

胶州湾大型底栖生物平均生物量为 116.9 g/m^2，春季最高为 241.4 g/m^2，秋季最低为 10.82 g/m^2，夏冬季分别为 55.61 g/m^2、159.6 g/m^2。生物量平面分布在四季有一定差异，见图 4.61。春季，湾口附近 S9 站最大，为 1296.3 g/m^2；中部 S5 站最低，仅为 0.6 g/m^2。夏季，S3 站最大，为 164.0 g/m^2；S6 站最低，为 0.04 g/m^2。秋季，S6 站最大，为 37.8 g/m^2；S8 站最低，0.045 g/m^2。冬季，S9 站最大，为 1399.0 g/m^2；S4 站最低，为 9.06 g/m^2。

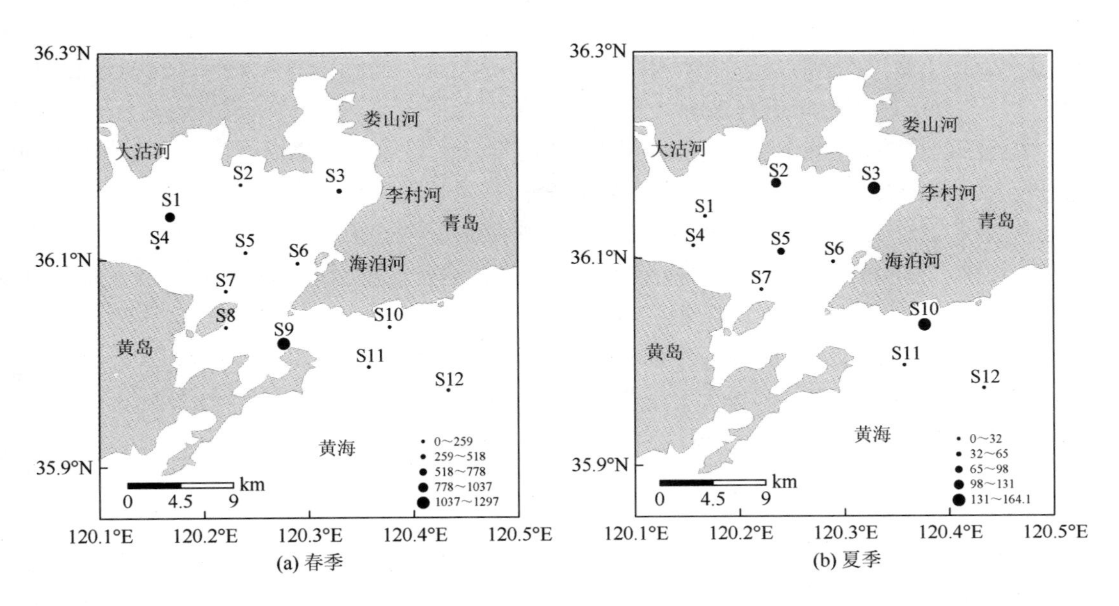

(a) 春季　(b) 夏季

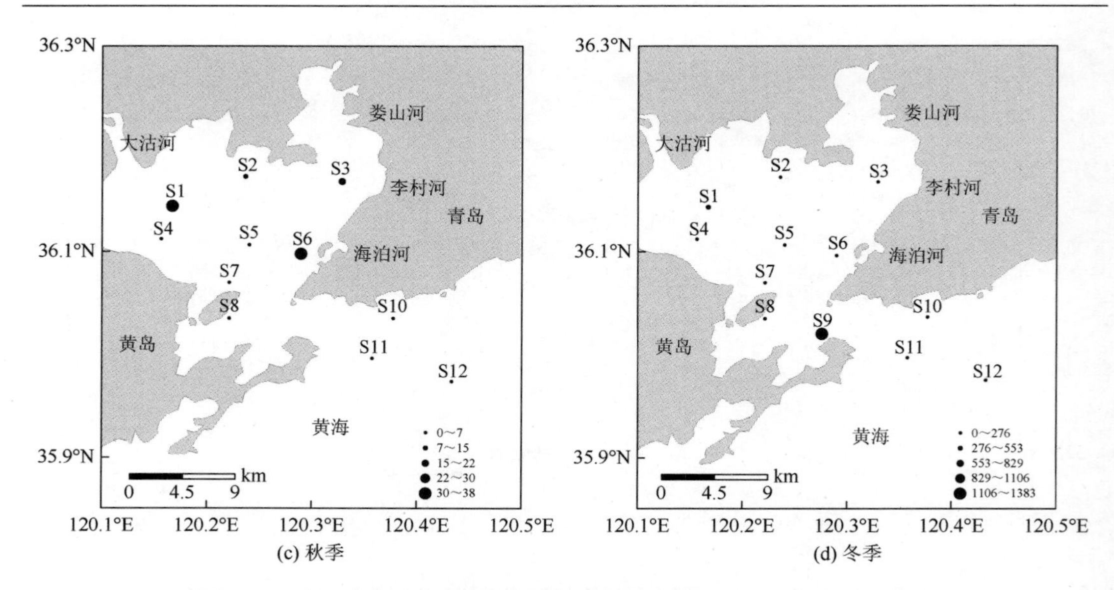

图 4.61　胶州湾海域大型底栖生物生物量的平面分布（单位：个/m²）

（6）历史演变趋势分析

从 20 世纪 80 年代至今，胶州湾的大型底栖生物在种类数、种类组成及分布、优势种及数量分布和多样性指数分布方面均发生较大变化。

大型底栖动物总数量发生变化，但主要类群仍为软体动物、环节动物、节肢动物和棘皮动物四大类，其他类群主要包括脊索动物、头索动物、半索动物、腔肠动物和纽形动物，在各个季节其他种类的出现存在一定差异，以全年角度分析，其他种类则变化较小。总物种数呈现波动下降趋势（毕洪生等，2001；王洪法等，2011；王金宝等，2011）。主要组成以环节动物为主，其次是节肢动物，棘皮动物所占比例最低（李新正等，2002，2004；于海燕等，2005；王金宝等，2006；符芳菲，2017）。

优势种组成方面，菲律宾蛤仔和不倒翁虫历年来优势地位保持相对稳定，其他优势种变动较大，由主要为环节动物和软体动物转变为多种其他类群，2016 年头索动物青岛文昌鱼再次成为优势种，并新出现棘皮动物中的棘刺锚参、细雕刻肋海胆，纽形动物和软体动物脉红螺，寡鳃齿吻沙蚕在 2009 年之后不再是优势种，环节动物沙蚕目中属于优势种的物种逐渐较少，优势种逐渐出现多样化。

此外，均匀度指数在 1980 年湾中部和湾外较高，沿岸较低；1991 年湾口和湾外海域较低；Shannon-weaver 指数 1980 年最低值在 S7 站，其他站位较均匀，1991 年除 S8 站外，其他站位均明显降低，1993～1995 年湾内较高，湾口及湾外海域较低。

2. 大亚湾大型底栖生物现状及长期演变趋势

根据 2015～2016 年在大亚湾潮下带 4 个航次底栖生物调查（图 4.62）所获资料及公开发表的资料，对该湾大型底栖生物现状及长期演变趋势进行了研究。采样方法、样品分析鉴定及优势种和种类组成多样性分析方法同胶州湾一样。

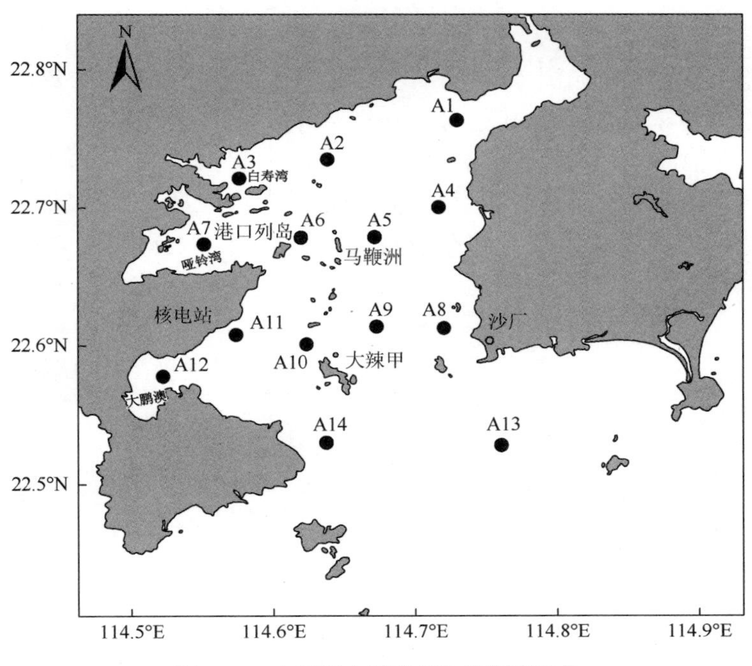

图 4.62　大亚湾大型底栖生物调查站位

（1）大型底栖生物种类组成及分布

采获大型底栖生物 80 种。其中，环节动物 38 种，软体动物 23 种，甲壳动物 9 种，脊索动物 4 种，棘皮动物 2 种，纽形动物、星虫动物、螠虫动物和刺胞动物各 1 种（图 4.63）。

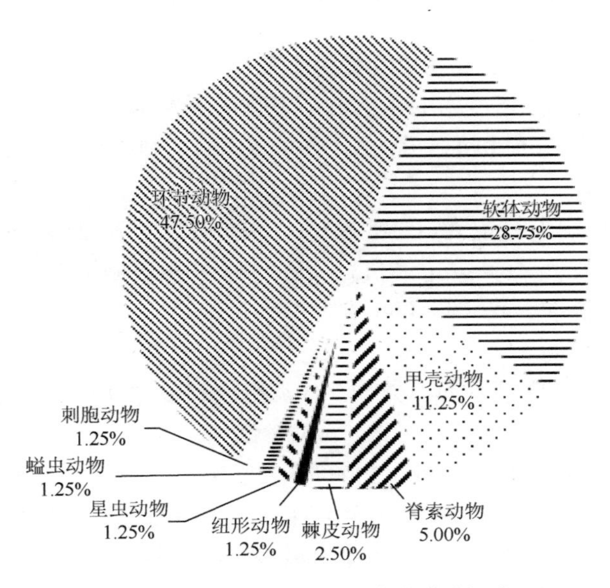

图 4.63　大亚湾大型底栖生物种类组成

种类较多的站位主要分布在湾中和湾口东部的近岸海域，最多达 35 种（A8 站）。湾北部和西部近岸海域种类较少，湾口西部近岸种类较多。

主要优势种平面分布如图 4.64 所示，双鳃内卷齿蚕分布于整个海域；冠奇异稚齿虫除湾口及哑铃湾未分布外，其他海域均有分布；波纹巴非蛤除哑铃湾海域及 A13 站未分布外，其他海域均有分布；背蚓虫分布较为广泛（图 4.64a）。粗帝汶蛤主要分布在湾中和湾口海域；光滑倍棘蛇尾主要分布于港口列岛、马鞭洲、大辣甲岛东部和湾口海域；短吻铲荚蝓主要分布在哑铃湾、巽寮湾、大鹏澳、大辣甲岛和湾口海域（图 4.64b）。

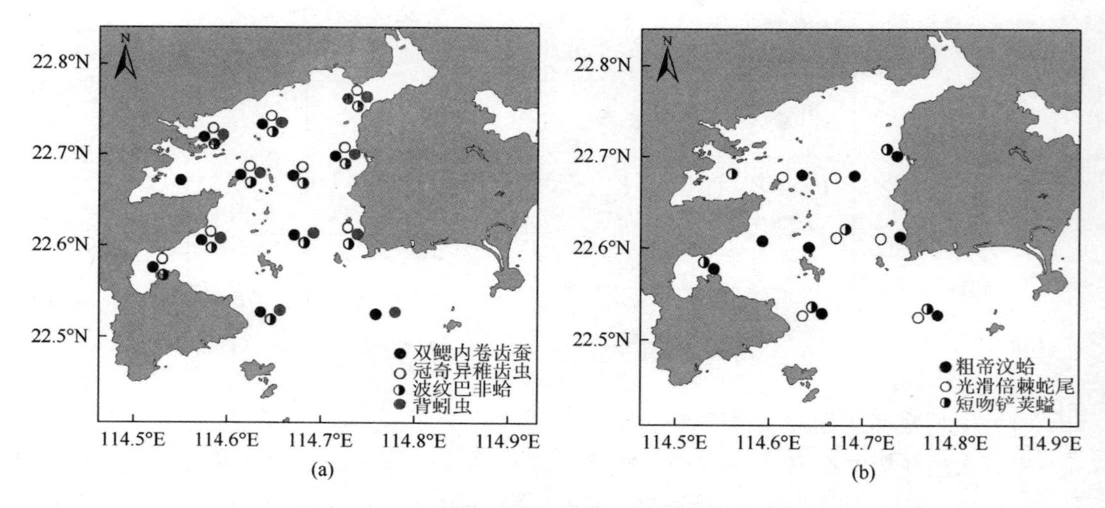

图 4.64　大亚湾大型底栖生物主要种类的平面分布

（2）大型底栖生物栖息密度和生物量的季节变化

大型底栖生物平均栖息密度为 159 个/m^2，夏季最高为 303 个/m^2，冬季最低为 65 个/m^2，春季、秋季分别为 153 个/m^2 和 115 个/m^2。各季节底栖生物各类群栖息密度平面分布存在一定差异（图 4.65）。

大型底栖生物平均生物量为 115.8 g/m^2，冬季最高，为 359.2 g/m^2，秋季最低，为 14.4 g/m^2，春夏季分别为 46.4 g/m^2 和 43.3 g/m^2。生物量各断面的平面分布除冬季外其他 3 个季节同栖息密度基本一致（图 4.66）。

（3）历史演变趋势分析

过去 30 多年，大型底栖生物种类数、种类组成和多样性指数、优势种及栖息密度分布均发生较大变化。

种类数：1984～1985 年，98 种；2004 年，79 种；2015～2016 年，80 种。种类数较多区域在 1987 年及 2004 年均为大鹏澳至大辣甲岛之间的海域（杜飞雁等，2008），2015～2016 年则为湾中和湾口的中部和东部近岸海域。均匀度指数 2004 年西北部近岸海域较低，东南部较高；2015～2016 年，低值区范围扩大，大鹏澳附近海域也较低，高值区由东南

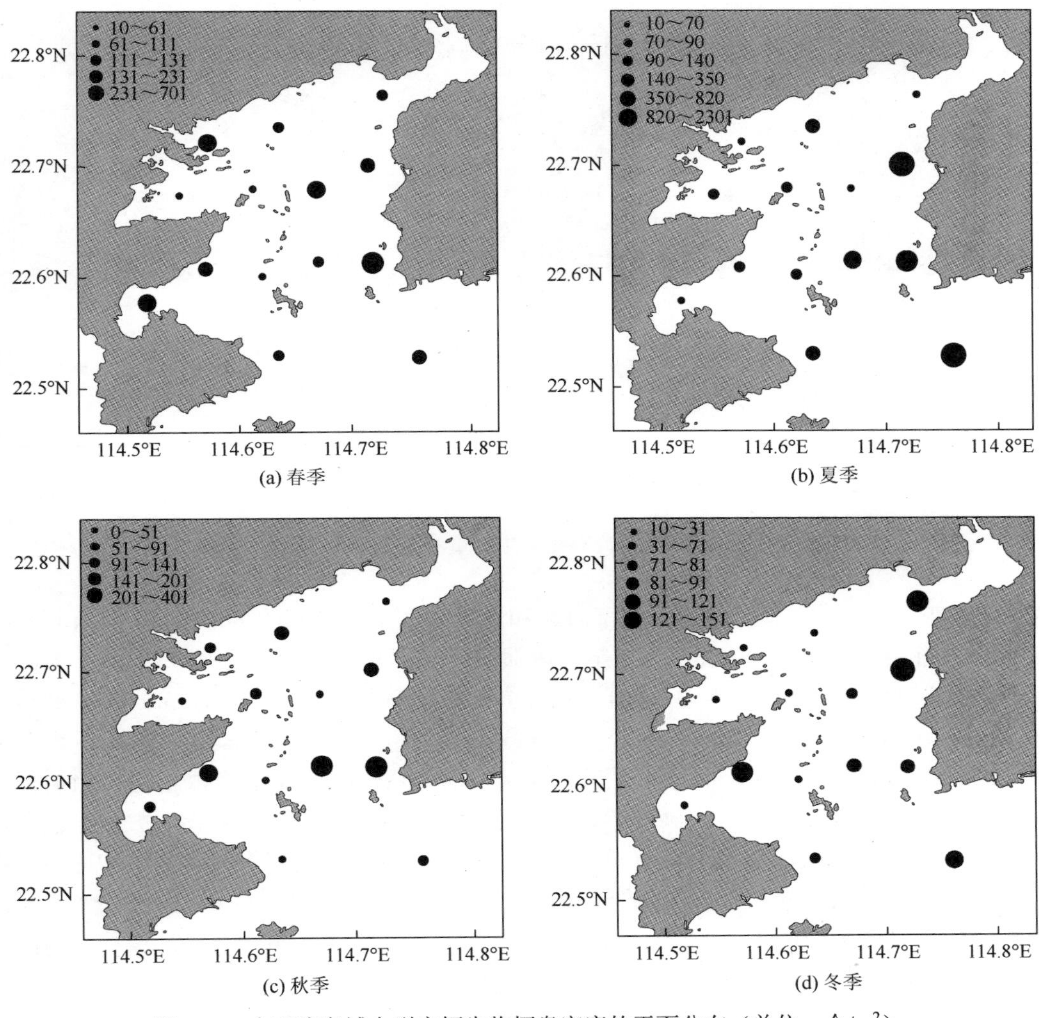

图 4.65　大亚湾海域大型底栖生物栖息密度的平面分布（单位：个/m²）

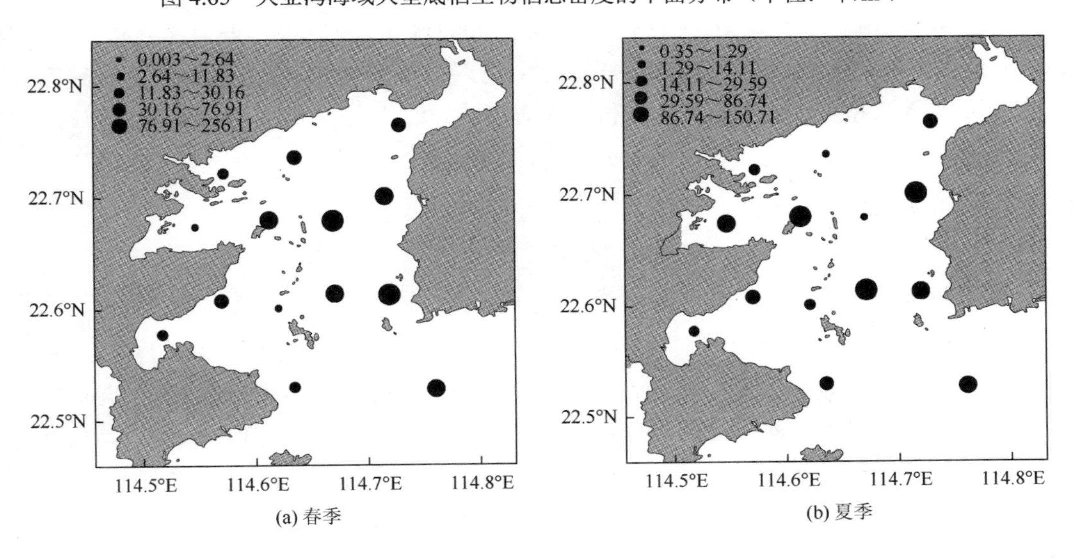

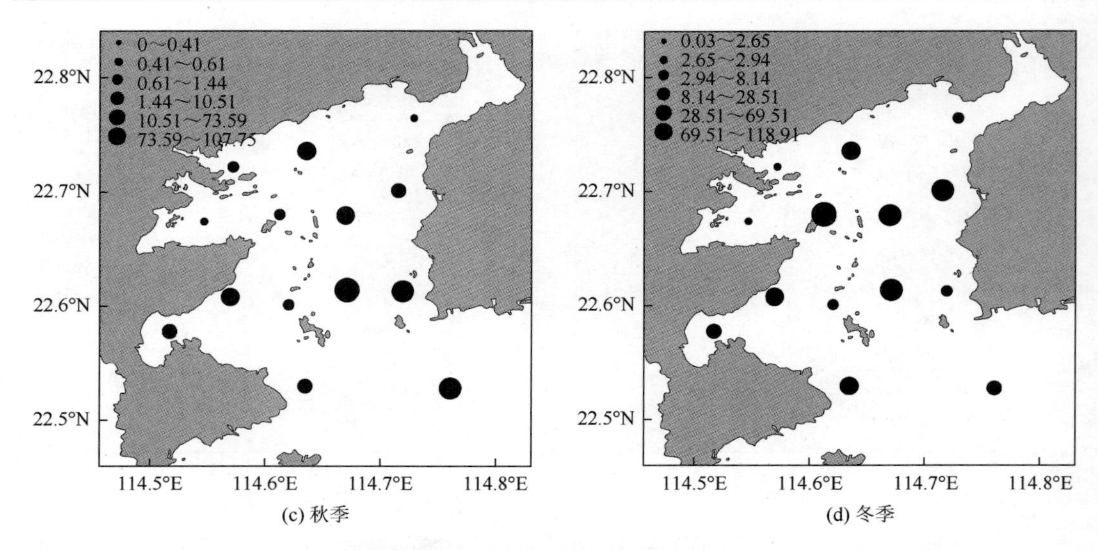

图 4.66　大亚湾海域大型底栖生物生物量的平面分布（单位：g/m^2）

部海域转变为港口列岛附近海域、西部海域和湾顶中部至湾南部的舌形区域。多样性指数由 2004 年北高南低变为 2015～2016 年东南部高，北部和大鹏澳附近海域低。

主要物种组成：1987 年为双鳃内卷齿蚕、袋稚齿虫（*Prionospio ehlersi*）、联珠蚶（*Mabellarca consociate*）、小鳞帘蛤（*Veremolpa micra*）、波纹巴非蛤、模糊新短眼蟹（*Neoxenophthalmus obscurus*）、弯六足蟹（*Hexapus anfractus*）和光滑倍棘蛇尾（江锦祥等，1990）。2004 年为粗帝汶蛤、小鳞帘蛤、波纹巴非蛤、棒锥螺和叶须内卷齿蚕（杜飞雁等，2008）。2015～2016 年为波纹巴非蛤、冠奇异稚齿虫、双鳃内卷齿蚕、背蚓虫和光滑倍棘蛇尾。总体来说，除波纹巴非蛤和光滑倍棘蛇尾在 1987 年、2004 年和 2015～2016 年均为优势种外，其他优势种变动较大，如 1987 年优势种联珠蚶、小鳞帘蛤、模糊新短眼蟹和弯六足蟹在 2015～2016 年定量采样中完全消失。

底栖生物生物量和栖息密度较 1987 年明显降低，高值区和低值区发生较大变化。1987 年，栖息密度高值区位于大鹏澳口至大辣甲岛之间海域和北部海域，低值区分布于大鹏澳内、大辣甲岛西南面和大亚湾东面的局部水域（江锦祥等，1990）；而 2015～2016 年，湾东部海域为栖息密度高值区，湾北部和哑铃湾海域为低值区。

（二）游泳生物现状及长期演变趋势

1. 胶州湾游泳生物现状及长期演变趋势

分别于 2016 年 1 月（冬季）、4 月（春季）、11 月（秋季）和 2017 年 8 月（夏季）利用中国水产科学研究院黄海水产研究所“黄海星”号科学调查船，按照《海洋调查规范》（GB/T12763—2007）、《海洋监测规范》（GB 17378—2007）和《海洋渔业资源调查规范》（SC/T 9403—2012）进行 4 个航次调查。由于北部浅海区为菲律宾蛤仔底播养殖区，因此调查站位设置在胶州湾 5 m 以深水域。根据水深和地理位置不同，在湾内、湾外海域共设置 9 个站点进行海洋生态和渔业资源调查。其中，春季 7 个（无 S3 站和 S8 站）、夏季 8 个（无 S6 站）、秋季 9 个和冬季 7 个（无 S3 站和 S5 站）拖网作业站位进行渔业资源现状调查，见图 4.67。每个站位拖曳 1 次，每次拖曳 1 h，平均拖速 3.0 kn。依据《海洋调查规范》（GB/T 12763—2007）规范要求，以 Nelson（2006）、李明德（1998）和刘瑞玉（1992）等分类系统对渔获鱼类物种进行鉴定与分类。

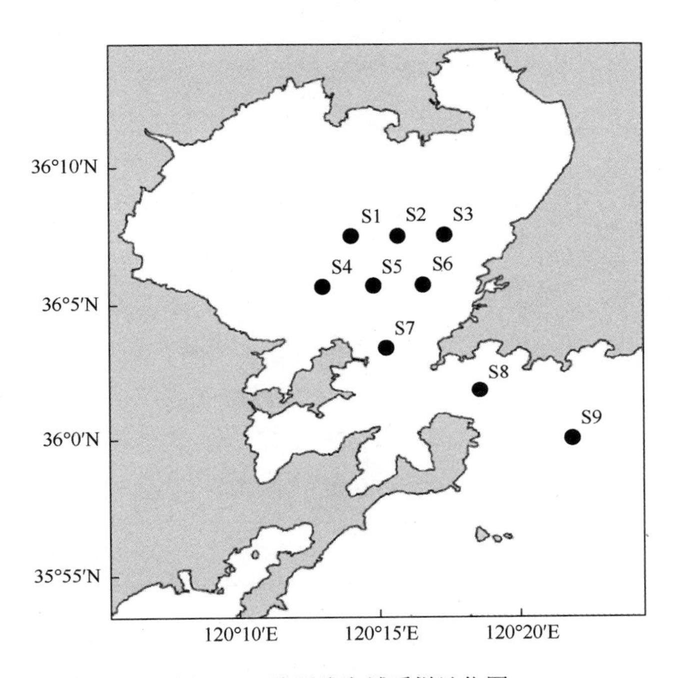

图 4.67　胶州湾海域采样站位图

（1）种类组成和优势种

渔获物主要以鱼类为主，共捕获 46 种，隶属 2 纲 10 目 30 科 41 属，以硬骨鱼纲鱼类占绝对优势，45 种，占 97.83%；软骨鱼纲鱼类 1 种，占 2.17%。其中，鲈形目（Perciformes）最多，其次是鲉形目（Scorpaeniformes）和鲽形目（Pleuronectiformes）；其余 7 目均不超过 5 种；之后是虾类，虾蛄类最少，且各类别物种组成具有明显的季节差异（表 4.33）。

表 4.33　胶州湾海域游泳生物种类组成

类别	季节	目	科	属	种
鱼类	春季	4	14	17	18
	夏季	6	16	21	23
	秋季	7	13	16	16
	冬季	6	15	20	21

续表

类别	季节	目	科	属	种
虾类	春季	1	6	7	8
	夏季	1	3	5	5
	秋季	1	5	8	9
	冬季	1	3	4	5
蟹类	春季	1	2	3	3
	夏季	1	3	3	3
	秋季	1	1	2	3
	冬季	1	1	1	1
虾蛄类	春季	1	1	1	1
	夏季	1	1	1	1
	秋季	1	1	1	1
	冬季	1	1	1	1
头足类	春季	3	3	3	3
	夏季	2	2	2	2
	秋季	3	4	4	5
	冬季	2	2	3	4
鱼卵仔鱼	春季	—	4	4	4
	夏季	—	13	13	13
	秋季	1	1	1	1
	冬季	—	—	—	—

注：“—”表示无数据

胶州湾海域游泳生物优势种组成存在明显的类别差异和季节差异（表 4.34）。鱼类优势种共有 9 种，虾类 5 种，蟹类 3 种，虾蛄类 1 种，头足类 5 种。

表 4.34　胶州湾海域游泳生物优势种组成

类别	季节	优势种
鱼类	春季	褐牙鲆（*Paralichthys olivaceus*）、细纹狮子鱼（*Liparis tanakae*）、星突江鲽（*Platichthys stellatus*）、矛尾虾虎鱼（*Chaeturichthys stigmatias*）
	夏季	赤鼻棱鳀（*Thrissa kammalensis*）、长蛇鲻（*Saurida elongata*）
	秋季	长丝虾虎鱼（*Cryptocentrus filifer*）、矛尾虾虎鱼（*Chaeturichthys stigmatias*）、尖海龙（*Syngnathus acus*）、长蛇鲻（*Saurida elongata*）
	冬季	褐菖鲉（*Sebastiscus marmoratus*）
虾类	春季	脊腹褐虾（*Crangon affinis*）、日本鼓虾（*Alpheus japonicus*）
	夏季	鹰爪虾（*Trachypenaeus curvirostris*）
	秋季	鹰爪虾（*Trachypenaeus curvirostris*）、细巧仿对虾（*Parapenaeopsis tenella*）、日本鼓虾（*Alpheus japonicus*）
	冬季	日本鼓虾（*Alpheus japonicus*）、葛氏长臂虾（*Palaemon gravieri*）

续表

类别	季节	优势种
蟹类	春季	三疣梭子蟹（*Portunus trituberculatus*）、双斑蟳（*Charybdis bimaculata*）
	夏季	双斑蟳（*Charybdis bimaculata*）
	秋季	三疣梭子蟹（*Portunus trituberculatus*）、日本蟳（*Charybdis japonica*）
	冬季	日本蟳（*Charybdis japonica*）
虾蛄类	春季	口虾蛄（*Oratosquilla oratoria*）
	夏季	口虾蛄（*Oratosquilla oratoria*）
	秋季	口虾蛄（*Oratosquilla oratoria*）
	冬季	口虾蛄（*Oratosquilla oratoria*）
头足类	春季	短蛸（*Octopus ocellatus*）、日本枪乌贼（*Loligo japonica*）
	夏季	日本枪乌贼（*Loligo japonica*）和金乌贼（*Sepia esculenta*）
	秋季	日本枪乌贼（*Loligo japonica*）、长蛸（*Octopus variabilis*）、短蛸（*Octopus ocellatus*）、曼氏无针乌贼（*Sepiella maindroni*）
	冬季	长蛸（*Octopus variabilis*）、短蛸（*Octopus ocellatus*）

（2）资源量的季节变化

胶州湾海域游泳生物资源密度存在明显的季节变化（表 4.35）。其中，鱼类资源平均尾数密度为 81 125 ind/km^2，夏季最高，春季最低；平均质量密度为 859.64 kg/km^2，冬季最高，秋季最低。虾类平均尾数密度为 23 169 ind/km^2，秋季最高，夏季最低；平均质量密度为 39.62 kg/km^2，秋季最高，冬季最低。蟹类平均尾数密度为 10 952 ind/km^2，夏季最高，春季最低；平均质量密度为 87.29 kg/km^2，夏季最高，春季最低。虾蛄类平均尾数密度为 6200 ind/km^2，春季最高，冬季最低；平均质量密度为 95.51 kg/km^2，春季最高，冬季最低。头足类平均尾数密度为 12 336 ind/km^2，秋季最高，冬季最低；平均质量密度为 110.66 kg/km^2，秋季最高，春季最低。

表 4.35　胶州湾海域游泳生物资源密度季节变化

类别	季节	质量密度/(kg/km^2)	尾数密度/(ind/km^2)
鱼类	春季	681.96	18 080
	夏季	825.55	233 427
	秋季	337.91	32 246
	冬季	1 593.16	40 746
虾类	春季	30.06	29 733
	夏季	38.12	9 630
	秋季	70.05	34 005
	冬季	20.27	19 307
蟹类	春季	5.98	785
	夏季	235.06	37 158
	秋季	95.69	4 472
	冬季	12.44	1 392

续表

类别	季节	质量密度/(kg/km^2)	尾数密度/(ind/km^2)
虾蛄类	春季	202.53	9 381
	夏季	111.45	7 486
	秋季	49.40	6 488
	冬季	18.66	1 443
头足类	春季	41.67	4 301
	夏季	85.68	9 555
	秋季	227.14	34 337
	冬季	88.15	1 150

（3）资源量的空间分布

1）鱼类资源

鱼类资源尾数密度空间分布差异明显（图 4.68）。春季，平均尾数密度为 8353 ind/km^2，各站位差异不大；夏季，平均尾数密度为 6916 ind/km^2，S4 站最大；秋季，平均尾数密度为 15 113 ind/km^2，S4 站、S5 站较高；冬季，平均尾数密度为 22 859 ind/km^2，且分布不均匀，高值区主要位于 S7 站、S8 站。

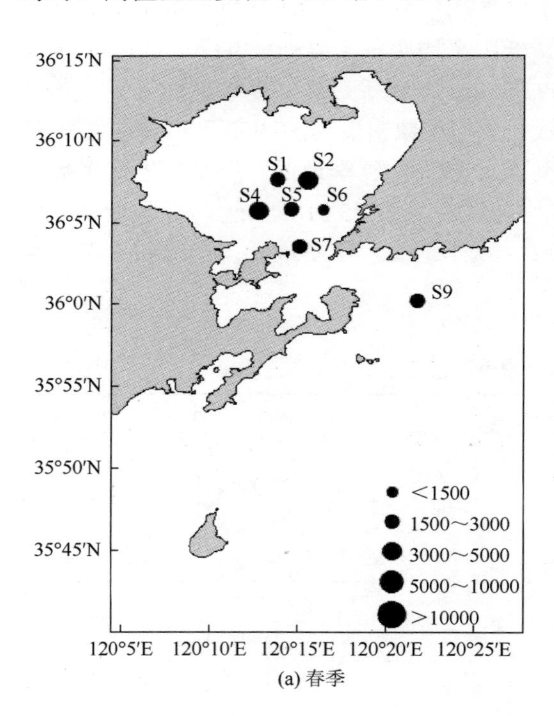

(a) 春季

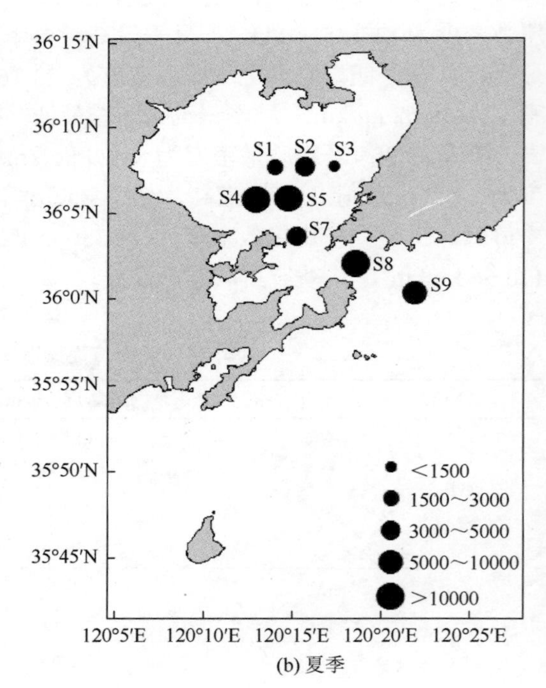

(b) 夏季

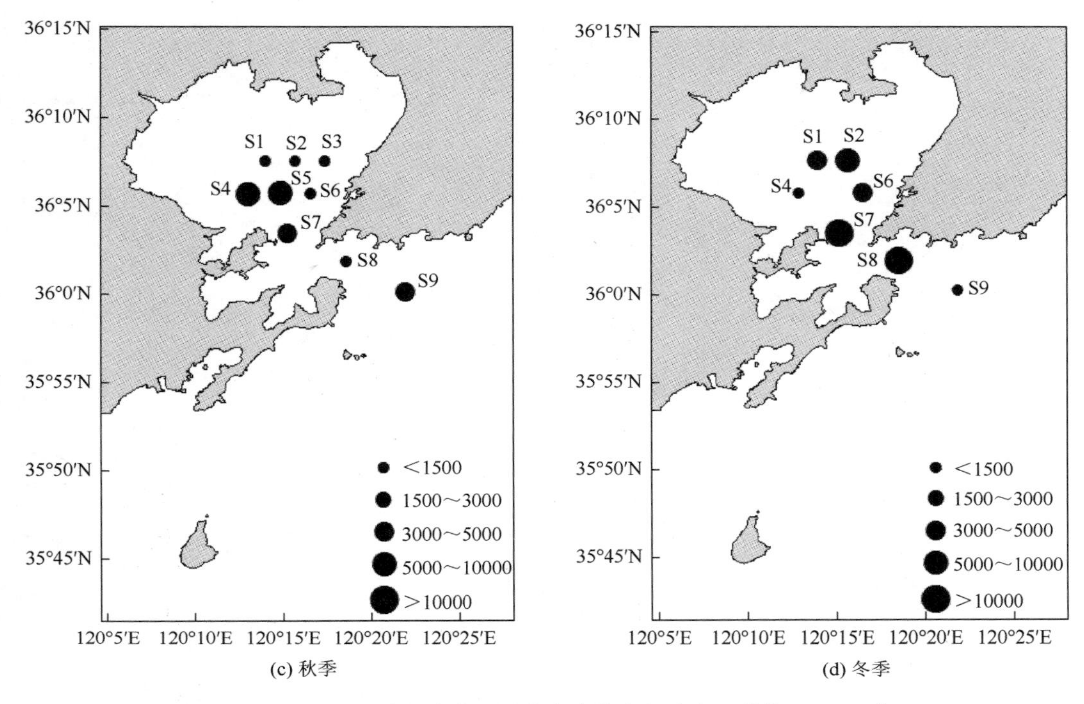

(c) 秋季　　(d) 冬季

图 4.68　胶州湾海域鱼类资源尾数密度的空间分布（单位：ind/km^2）

鱼类资源质量密度的空间分布见图 4.69。春季，各站位平均质量密度为 315.06 kg/km^2，S5 站较高；夏季，平均质量密度为 70.77 kg/km^2，分布不均；秋季，平均质量密度为 158.85 kg/km^2，S5 站较高；冬季，平均质量密度为 933.71 kg/km^2，高值区主要位于 S7 站、S8 站。

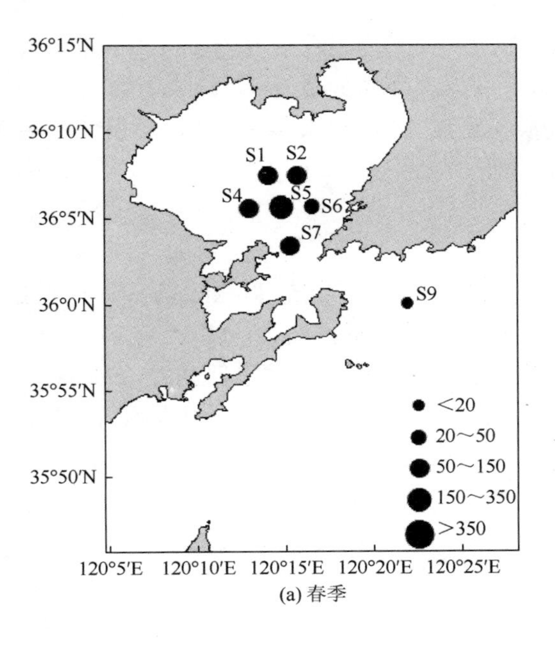

(a) 春季

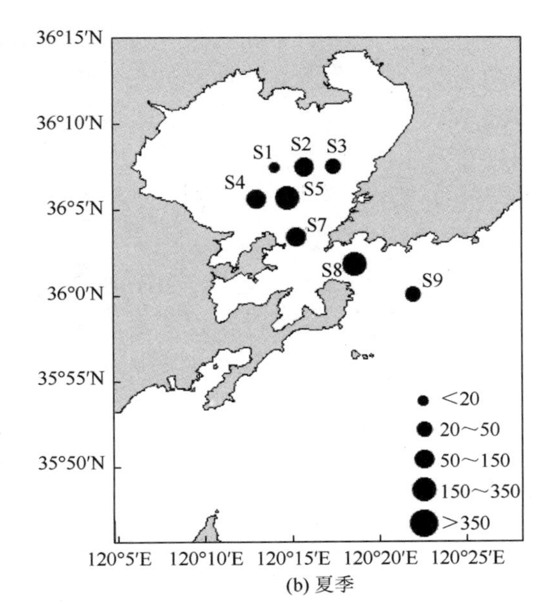

(b) 夏季

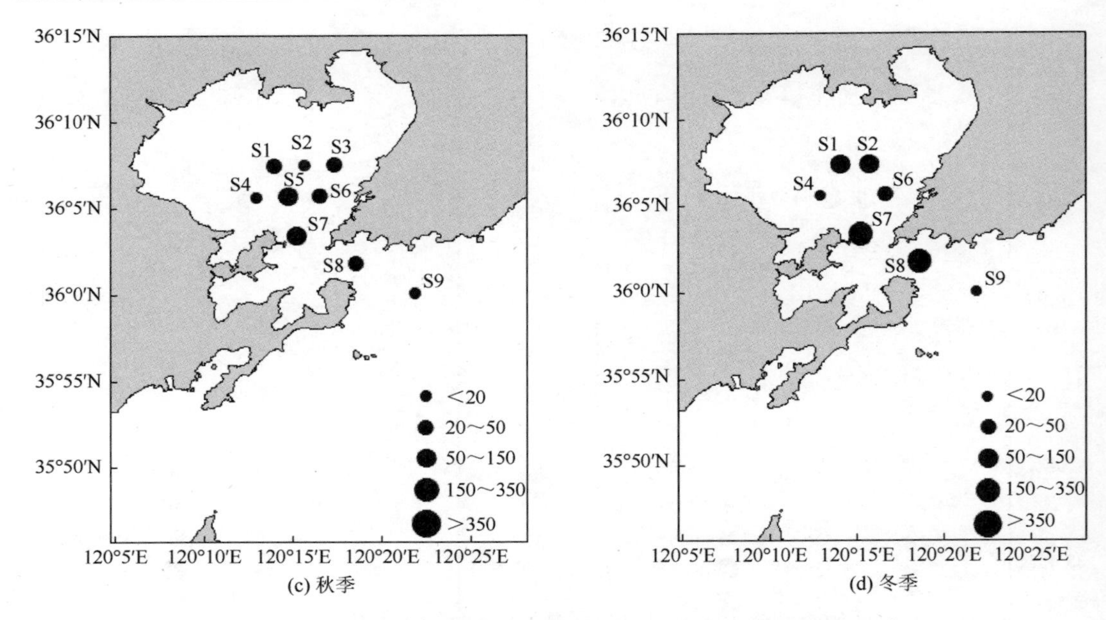

(c) 秋季　　(d) 冬季

图 4.69　胶州湾海域鱼类资源质量密度的空间分布（单位：kg/km²）

2）虾类

春季，平均尾数密度为 29 733 ind/km²，平均质量密度为 30.06 kg/km²，S2 站最高。夏季，平均尾数密度为 9630 ind/km²，S3 站最低，S8 站最高；平均质量密度为 38.12 kg/km²，S4 站最高。秋季，平均尾数密度为 34 005 ind/km²，平均质量密度为 70.05 kg/km²，S5 站最高。冬季，平均尾数密度为 19 307 ind/km²，平均质量密度为 20.27 kg/km²，S9 站最高。

3）蟹类

春季，平均尾数密度为 785 ind/km²，S1、S2 和 S4 站最低，S6 站和 S7 站最高；平均质量密度为 5.98 kg/km²，S1 站最低，S6 站最高。夏季，平均尾数密度为 37 158 ind/km²，平均质量密度为 235.06 kg/km²，S8 站最低，S3 站最高。秋季，平均尾数密度为 4472 ind/km²，S8 站最低，S5 站最高；平均质量密度为 95.69 kg/km²，S8 站最低，S2 站最高。冬季，平均尾数密度为 1392 ind/km²，平均质量密度为 12.44 kg/km²，S7 站最低，S8 站最高。

4）虾蛄类

春季，平均尾数密度为 9381 ind/km²，平均质量密度为 202.53 kg/km²，S6 站最低，S1 站最高。夏季，平均尾数密度为 7486 ind/km²，平均质量密度为 111.45 kg/km²，S4 站最低，S3 站最高。秋季，平均尾数密度为 6488 ind/km²，S6 站最低、S5 站最高；平均质量密度为 49.40 kg/km²，S3 站最低，S5 站最高。冬季，平均尾数密度为 1443 ind/km²，S2 站最低，S9 站最高；平均质量密度为 18.66 kg/km²，S2 站最低，S6 站最高。

5）头足类

春季，平均尾数密度为 4301 ind/km²，S6 站最低，S4 站最高；平均质量密度为

41.67 kg/km²，S6 站最低，S2 站最高。夏季，平均尾数密度为 9555 ind/km²，平均质量密度为 85.68 kg/km²，S8 站最低，S3 站最高。秋季，平均尾数密度为 34 337 ind/km²，S1 站最低，S6 站最高；平均质量密度为 227.14 kg/km²，S9 站最低，S2 站最高。冬季，平均尾数密度为 1150 ind/km²，S2 站最低，S4 站最高；平均质量密度为 88.15 kg/km²，S9 站最低，S8 站最高。

（4）渔业资源历史变迁

由于胶州湾渔业资源历史调查资料较少，而鱼类资源调查研究相对较多，且鱼类在整个渔业资源中占据较大比重，因此本小节以研究胶州湾鱼类资源的历史变迁为主。

2016～2017 年胶州湾鱼类 46 种，与 1981～1982 年（113 种）、2003～2004 年（58 种）、2011 年（57 种）相比，种类数呈显著下降趋势，分别下降了 59.29%、20.69%和 19.30%；优势种由 1981～1982 年以青鳞小沙丁鱼和斑鰶为主（刘瑞玉，1992）转变为 2011 年以方氏云鳚和六丝钝尾虾虎鱼为主（翟璐等，2014），到 2016～2017 年以赤鼻棱鳀、褐菖鲉和褐牙鲆为主；物种多样性水平呈下降趋势。此外，主要经济鱼类物种减少，如鲈鱼（*Lateolabrax japonicus*）体长范围、质量分数和尾数占比分别由 1981～1982 年的 100～600 mm、2.00%、0.83%减少到 2016～2017 年的 180～290 mm、1.57%、0.08%；银鲳（*Pampus argenteus*）体长范围、质量分数和尾数占比分别由 1981～1982 年的 100～300 mm、4.00%、0.83%减少到 2016～2017 年的 95～145 mm、2.66%、0.67%。

30 多年来，受人类活动及自然扰动影响，胶州湾鱼类种类数减少，物种多样性下降，优势种更替显著，鱼类群落结构趋向简单化。主要原因有：第一，选择捕捞导致大型经济鱼类减少，鱼类组成以小型低值鱼类为主（Fenberg & Roy，2008）。第二，菲律宾蛤仔大规模养殖。菲律宾蛤仔养殖面积占全湾养殖面积的 66.7%（张明亮，2008），大规模养殖造成鱼类栖息地环境和底栖鱼类底质的破坏，影响鱼类产卵繁育、底层鱼类群落结构及定居种的生长（邓可等，2012）。第三，栖息地破坏。围填海和炸山等人类活动破坏海底地形，导致水域面积缩小、海湾纳潮量和海洋自净能力降低，赤潮和浒苔频发，渔业资源衰退（郭臣，2012）。第四，海域生态环境破坏严重。沿岸生活污水及工业废水大量排入，加上船舶溢油，湾内中度和轻度污染约占胶州湾总面积的 3/5，富营养化加剧，多样性减少，群落结构改变（张学庆等，2014）。今后应加大胶州湾海域生态环境的监测与保护，做到生态保护和资源开发的可持续发展。

2. 大亚湾游泳生物现状及长期演变趋势

分别于 2015 年 8 月（夏季）、2015 年 12 月（冬季）、2016 年 3 月（春季）和 2016 年 11 月（秋季）对大亚湾进行渔业资源调查。结合海湾地形、利用现状，设置 11 个站位进行海洋生态和渔业资源调查。其中，沿岸为 S1、S2、S3、S6、S9 站；湾中部为 S4、S5、S7、S8 站；湾口为 S10 和 S11 站，见图 4.70。现场调查和实验室分析测试按照《海洋监测规范》（GB17378—2007）、《近岸海域环境监测规范》（HJ 442—2008）执行，渔业资源按照《海洋渔业资源调查规范》（SC/T 9403—2012）进行调查。钢质渔船，功率 135 kW，网具为单船有翼单囊底层拖网，网口周长 102 m，网衣全长 50 m，上纲长 51 m，下纲长 51 m，网目尺寸 2 cm，每站拖 1 h，拖速 3.4 kn，白天作业。按照《海洋调查规范》（GB/T

12763—2007）规范要求，渔获物的种类依据成庆泰和郑葆珊（1987）、Nelson（2006）和李明德（1998）等的分类系统进行现场分类，之后进行生物学测定。

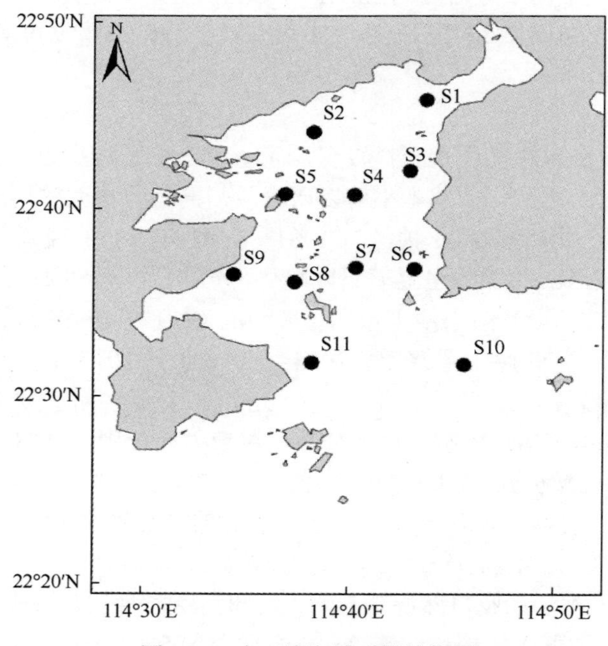

图 4.70 大亚湾海域采样站位图

（1）种类组成

调查渔获物主要以鱼类为主，共捕获 131 种，隶属 14 目 53 科 84 属，属于硬骨鱼纲鱼类。其中，鲈形目（Perciformes）最多，有 71 种，隶属 23 科 40 属；其次是鳗鲡目（Anguilliformes）和鲽形目（Pleuronectiformes），均有 13 种；其他 11 目均少于 10 种。之后是蟹类，虾蛄类最少，且各类别物种组成具有明显的季节差异，见表 4.36。春季，鱼卵 643 粒，仔稚鱼 10 种 440 尾；夏季，鱼卵 61 166 粒，仔稚鱼 1249 尾；秋季，鱼卵 643 粒，仔稚鱼 10 种 440 尾；冬季，鱼卵 12 621 粒，仔稚鱼 8 种 105 尾。

表 4.36 大亚湾海域游泳生物种类组成

类别	季节	目	科	属	种
鱼类	春季	8	23	29	31
	夏季	9	38	58	69
	秋季	8	25	35	42
	冬季	9	30	36	41
虾类	春季	1	4	6	7
	夏季	1	2	5	7
	秋季	1	3	6	8
	冬季	1	3	6	10

续表

类别	季节	目	科	属	种
蟹类	春季	1	6	10	20
	夏季	1	6	8	23
	秋季	1	6	7	17
	冬季	1	6	9	27
虾蛄类	春季	1	2	3	5
	夏季	1	2	2	3
	秋季	1	2	2	4
	冬季	1	2	2	3
头足类	春季	3	4	5	6
	夏季	3	4	4	6
	秋季	2	2	2	2
	冬季	2	3	4	4

大亚湾海域游泳生物优势种组成存在明显的类别差异和季节差异（表 4.37）。鱼类优势种共有 7 种，虾类 5 种，蟹类 5 种，虾蛄类 5 种，头足类 5 种。

表 4.37　大亚湾海域游泳生物优势种组成

类别	季节	优势种
鱼类	春季	二长棘犁齿鲷（*Evynnis cardinalis*）、李氏䲗（*Callionymus richardsoni*）、斑鰶（*Konosirus punctatus*）、竹荚鱼（*Trachurus japonicus*）
	夏季	黄鳍马面鲀（*Thamnaconus hypargyreus*）、短吻鲾（*Leiognathus brevirostris*）、细条天竺鲷（*Apogon lineatus*）
	秋季	短吻鲾（*Leiognathus brevirostris*）
	冬季	短吻鲾（*Leiognathus brevirostris*）
虾类	春季	宽突赤虾（*Metapenaeopsis palmensis*）、长毛对虾（*Penaeus penicillatus*）
	夏季	墨吉对虾（*Banana prawn*）、宽突赤虾（*Metapenaeopsis palmensis*）
	秋季	宽突赤虾（*Metapenaeopsis palmensis*）、长毛对虾（*Penaeus penicillatus*）、近缘新对虾（*Metapenaeus affinis*）
	冬季	墨吉对虾（*Banana prawn*）、短脊鼓虾（*Alpheus brevicristatus*）
蟹类	春季	隆线强蟹（*Eucrate crenata*）、日本蟳（*Charybdis japonica*）
	夏季	远海梭子蟹（*Portunus pelagicus*）、拥剑俊子蟹（*Portunus gladiator*）
	秋季	红星梭子蟹（*Portunus sanguinolentus*）
	冬季	红星梭子蟹（*Portunus sanguinolentus*）

续表

类别	季节	优势种
虾蛄类	春季	口虾蛄（*Oratosquilla oratoria*）、黑斑口虾蛄（*Oratosquilla kempi*） 猛虾蛄（*Harpiosquilla harpax*）、尖刺糙虾蛄（*Kempina mikado*）
	夏季	口虾蛄（*Oratosquilla oratoria*）
	秋季	口虾蛄（*Oratosquilla oratoria*）、黑斑口虾蛄（*Oratosquilla kempi*）
	冬季	断脊口虾蛄（*Oratosquillina interrupta*）、猛虾蛄（*Harpiosquilla harpax*）、 口虾蛄（*Oratosquilla oratoria*）
头足类	春季	虎斑乌贼（*Sepia pharaonis*）、曼氏无针乌贼（*Sepiella maindroni*）
	夏季	条纹蛸（*Octopus striolatus*）
	秋季	真蛸（*Octopus vulgaris*）
	冬季	杜氏枪乌贼（*Loligo duvaucelii*）

（2）资源量的季节变化

大亚湾海域游泳生物资源密度存在明显的季节变化（表 4.38）。鱼类资源平均尾数密度为 35 313 ind/km^2，夏季最高，冬季最低；平均质量密度为 312.23 ind/km^2，夏季最高，冬季最低。虾类平均尾数密度为 16 635 ind/km^2，夏季最高，冬季最低；平均质量密度为 149.84 ind/km^2，夏季最高，冬季最低。蟹类平均尾数密度为 18277 ind/km^2，夏季最高，秋季最低；平均质量密度为 181.51 ind/km^2，夏季最高，春季最低。虾蛄类平均尾数密度为 5831 ind/km^2，冬季最高，夏季最低；平均质量密度为 85.46 ind/km^2，冬季最高，夏季最低。头足类平均尾数密度为 1140 ind/km^2，夏季最高，秋季最低；平均质量密度为 33.92 ind/km^2，夏季最高，秋季最低。

表 4.38 大亚湾海域游泳生物资源密度季节变化

类别	季节	质量密度/(kg/km^2)	尾数密度/(ind/km^2)
鱼类	春季	156.02	17 361
	夏季	632.62	106 574
	秋季	344.90	12 702
	冬季	115.39	4 615
虾类	春季	26.30	4 743
	夏季	502.55	57 585
	秋季	50.82	8 307
	冬季	19.69	2 928
蟹类	春季	133.79	14 086
	夏季	215.88	31 721
	秋季	179.16	729
	冬季	197.19	20 005

续表

类别	季节	质量密度/(kg/km^2)	尾数密度/(ind/km^2)
虾蛄类	春季	49.31	4 136
	夏季	44.50	4 007
	秋季	97.80	6 673
	冬季	150.22	8 507
头足类	春季	26.86	727
	夏季	60.03	1 659
	秋季	18.66	699
	冬季	30.13	1 473

（3）资源量的空间分布

1）鱼类资源

鱼类资源尾数密度的空间分布差异明显（图 4.71）。春季，各站位平均尾数密度为 1578 ind/km^2，东部沿岸较高；夏季，平均尾数密度为 9689 ind/km^2，除了 S10 站小于 1000 ind/km^2 以外，其他站均大于 2000 ind/km^2；秋季，平均尾数密度为 1155 ind/km^2，高值区分布在中部岛礁和 S2 站；冬季，平均尾数密度为 420 ind/km^2，均低于 1000 ind/km^2。

大亚湾海域鱼类资源质量密度的空间分布图 4.72。春季，各站位平均质量密度为 14.18 kg/km^2，东部沿岸较高；夏季，平均质量密度为 57.51 kg/km^2，除了湾口 S10 站小于 10 kg/km^2 以外，其他站均大于 30 kg/km^2，且分布较均匀，高值区主要位于湾中部岛礁及其附近海域和湾口 S11 站；秋季，平均质量密度为 31.35 kg/km^2，S1、S2 站较高；冬季，

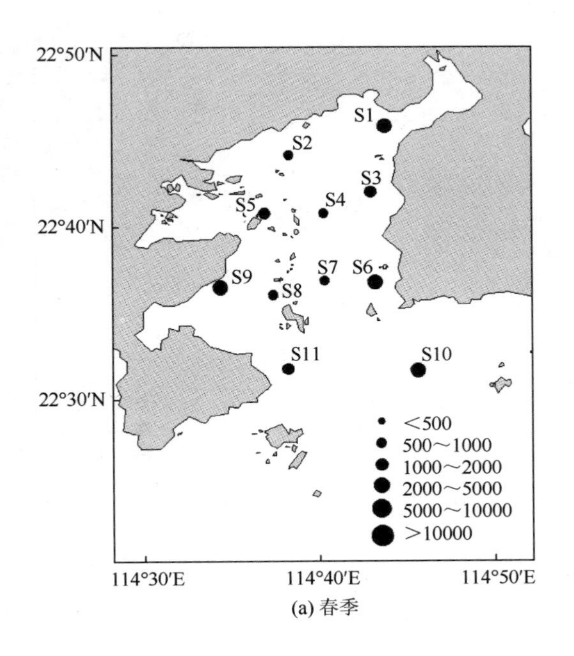

(a) 春季

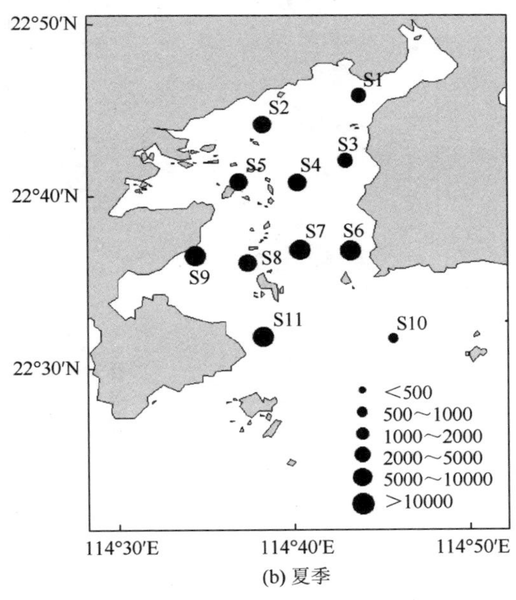

(b) 夏季

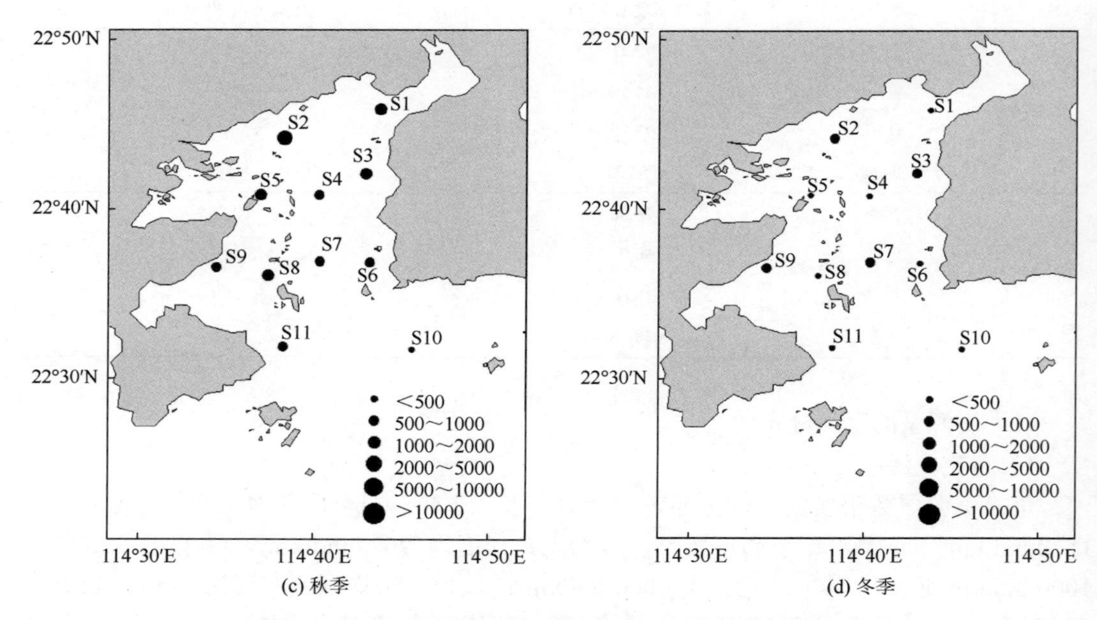

(c) 秋季　　(d) 冬季

图 4.71　大亚湾海域鱼类资源尾数密度的空间分布（单位：ind/km^2）

平均质量密度为 10.49 kg/km^2，且分布较均匀，高值区主要位于沿岸海域 S2、S3、S9 站和湾口 S11 站，其他站均低于 10 kg/km^2。

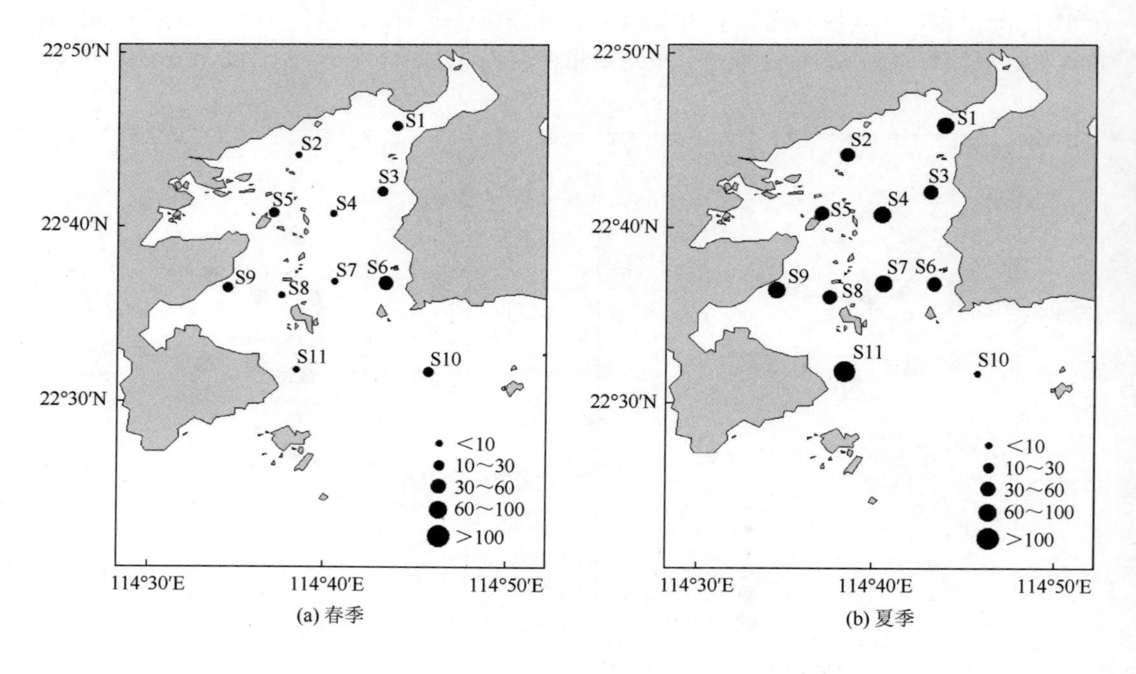

(a) 春季　　(b) 夏季

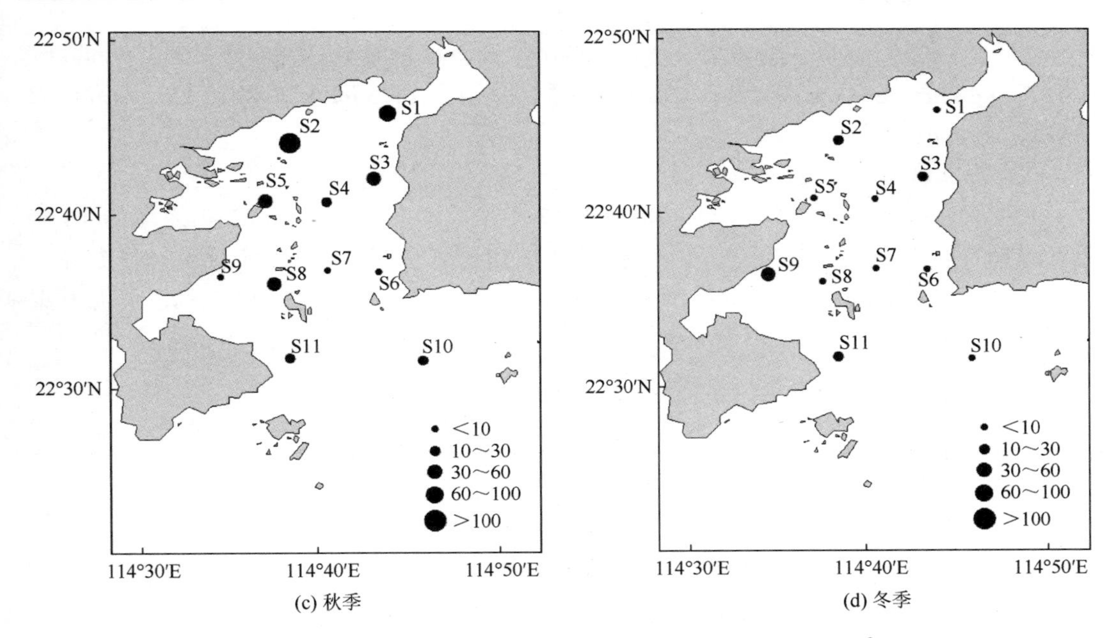

图 4.72　大亚湾鱼类资源质量密度的空间分布（单位：kg/km²）

2）虾类

春季，平均尾数密度和平均质量密度分别为 4743 ind/km² 和 26.30 kg/km²，S4 站最低，S11 站最高。夏季，平均尾数密度和平均质量密度分别为 7585 ind/km² 和 502.55 kg/km²，S10 站最低，S5 站最高。秋季，平均尾数密度和平均质量密度分别为 8307 ind/km² 和 50.82 kg/km²，S6 站最低，S3 站最高。冬季，平均尾数密度和平均质量密度分别为 2928 ind/km²，S2 站最低，S8 站最高；平均质量密度为 19.69 kg/km²，S8 站最低，S7 站最高。

3）蟹类

春季，平均尾数密度和平均质量密度分别为 14 086 ind/km² 和 133.79 kg/km²，S4 站最低，S6 站最高。夏季，平均尾数密度为 31 721 ind/km²，S4 站最低，S9 站最高；平均质量密度为 215.88 kg/km²，S2 站最低，S5 站最高。秋季，平均尾数密度和平均质量密度分别为 7295 ind/km² 和 179.16 kg/km²，S6 站最低，S8 站最高。冬季，平均尾数密度为 20005 ind/km²，S9 站最低，S7 站最高；平均质量密度为 197.19 kg/km²，S4 站最低，S11 站最高。

4）虾蛄类

春季，平均尾数密度和平均质量密度分别为 4136 ind/km² 和 49.31 kg/km²，S10 站最高。夏季，分别为 4007 ind/km² 和 44.50 kg/km²，S1 站最高。秋季，分别为 6673 ind/km² 和 97.80 kg/km²，S1 站最低，S3 站最高。冬季，分别为 8507 ind/km² 和 150.22 kg/km²，S9 站最低，S7 站最高。

5）头足类

春季，平均尾数密度和平均质量密度分别为 727 ind/km² 和 26.86 kg/km²，S6 站最低。

夏季，分别为1659 ind/km^{2}和60.03 kg/km^2，S3站最低，S11站最高。秋季，分别为699 ind/km^{2}和18.66 kg/km^2，S8站最低，S6站最高。冬季，分别为1473 ind/km^{2}和30.13 kg/km^2，S1站最低，S4站最高。

（4）渔业资源历史变迁

大亚湾底拖网调查的渔获率1989～2007年呈波动状态，自2007年之后的10年间下降明显，见表4.39。由于连续调查使用的船型、网具不同，渔获率只作参考。近8年，大亚湾渔业资源质量密度和尾数密度分别下降了25.56%和55%，资源衰退明显。

表4.39　大亚湾历年底拖网调查的渔获率比较　（单位：kg/h）

调查时间	春季	夏季	秋季	冬季
1989年	—	—	195.00	—
1990年	190.40	—	212.70	204.00
1991年	355.30	—	—	—
1992年	—	362.70	—	348.20
1995年	257.10	—	—	—
2001年	—	—	275.20	—
2002年	—	—	266.00	—
2003年	—	—	—	302.60
2004年	158.50	—	253.39	161.74
2005年	267.70	—	373.41	—
2007年	—	—	—	291.13
2015～2016年	3.24	13.05	6.23	4.79

注：若一个季度有两个月或两个月以上有渔获率数据，则取平均值

（5）鱼类资源的长期演变趋势

鱼类种类数发生变化。2015～2016年大亚湾鱼类种类数131种，与1985年（157种）相比，种类数下降了16.56%，而与2004～2005年（107种）相比，则增加了22.43%。由于过去对于大亚湾底拖网连续作业调查较少，选取1985～2016年具有可比性调查年份中的春季（3～5月）进行比较。30多年来大亚湾春季鱼类种类数总体呈下降趋势。优势种更替明显，由20世纪80年代以斑鰶、带鱼和银鲳等大型中上层鱼类为主（徐恭昭，1989），到现在以斑鰶幼鱼、二长棘犁齿鲷、李氏鰤和竹荚鱼等近底层和底层小型低值鱼类为主，且鱼类小型化和低值化趋势明显，群落组成趋向简单化。物种多样性水平下降。本次调查多样性指数H'季节范围和年均值均低于2004～2005年；均匀度指数J'季节范围和年均值均高于2004～2005年，见图4.73。

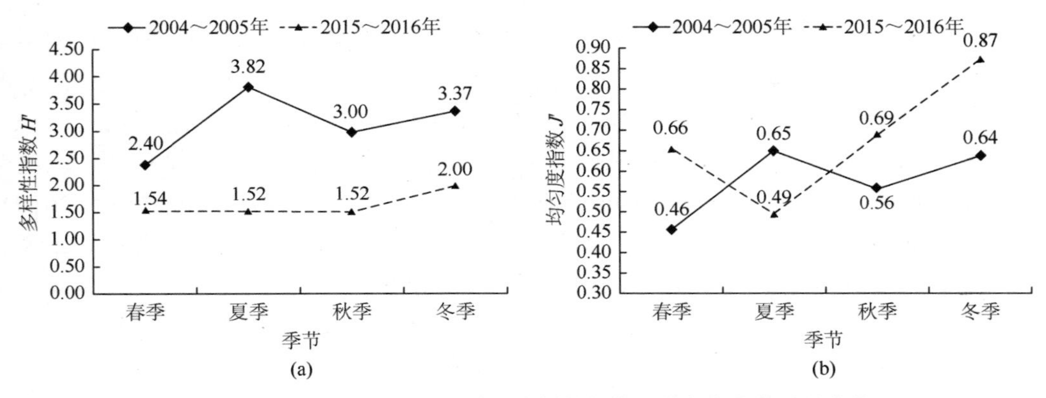

图 4.73　不同时期大亚湾海域的多样性指数和均匀度指数季节变化

资源量下降。年均资源密度呈显著下降趋势（图 4.74）。渔获物中真鲷、带鱼等大型经济种类较少，平均个体质量和渔获量均呈明显下降趋势（图 4.75），且个体体长上限值也均低于以往调查年份。如本次调查渔获带鱼 4 尾，最大个体长度为 10.2 cm，低于 1985 年（35 cm）、1992 年（22.5 cm）和 2003～2004 年（22.8 cm）；斑鰶最大个体长度为 17.1 cm，低于 1985 年（20 cm）、1992 年（19 cm）和 2003～2004 年（19 cm）。

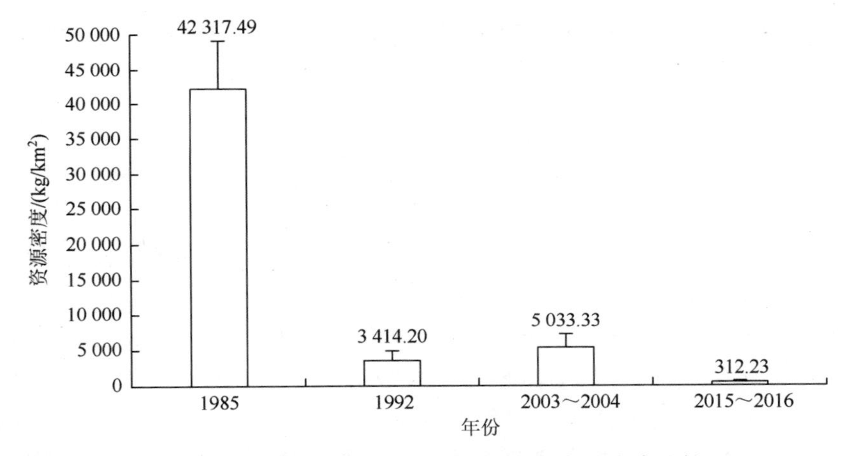

图 4.74　不同时期大亚湾海域鱼类资源年均密度比较

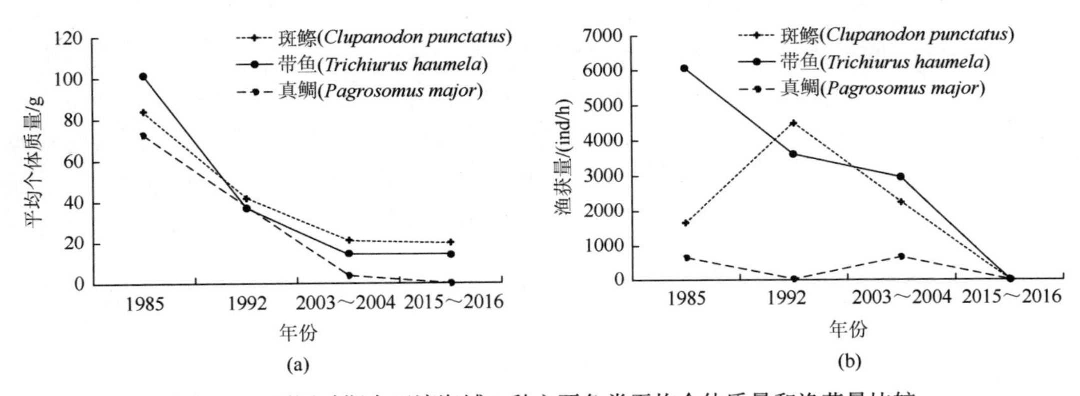

图 4.75　不同时期大亚湾海域 3 种主要鱼类平均个体质量和渔获量比较

30 多年来，大亚湾鱼类多样性总体上呈下降态势，鱼类资源量降低，群落结构由复杂化向简单化演变。主要原因有：第一，选择性捕捞导致大型经济鱼类资源量下降及多样性降低，鱼类组成以小型低值鱼类为主（Fenberg & Roy，2008；王跃中等，2013）。1985～2015 年，南海区海洋捕捞产量增长了 78.24%（农业部渔业局，2016），加上越南渔船在南海区捕捞，导致大亚湾海域捕捞能力严重超过其最适捕捞量（王雪辉等，2010）。第二，海域环境变化。居民生活及工程建设等人类活动造成海域水温、盐度、叶绿素 a 和无机氮含量上升，COD 和 pH 下降（Wang et al.，2008），局部向富营养化过渡（王肇鼎等，2003；王友绍等，2004），多样性下降（王友绍，2014；李纯厚等，2015）。第三，栖息地遭到破坏。填海和炸山等人类活动破坏海底地形，导致渔业资源衰退，主要经济种资源量减少（中国水产科学研究院南海水产研究所和惠州市海洋与渔业局，2008）。如真鲷，20 世纪 80 年代末每年 1～4 月渔获率可达 10 kg/h 以上，2003～2005 年同期调查已基本很难捕获真鲷的成鱼，幼鱼平均渔获率也在 1 kg/h 以下，而本次调查真鲷的成鱼和幼鱼均未捕获到。1987～2005 年海岸线减少约 9 km（于杰等，2009）。因此，为保护大亚湾鱼类资源，维持生态系统的健康和食物持续产出功能，今后应进一步加强大亚湾海域生态环境保护。

二、基于稳定同位素和粒径谱比较海湾浮游生物食物网结构及其对生态系统功能的指示

（一）胶州湾与大亚湾浮游食物网结构比较

从稳定同位素的测定结果来看，箭虫类基本占据两个海湾浮游生物群落的最高营养级，而其他小个体的浮游动物则处于食物网的底部。不同类群间营养级的差异（生态位分化），可以反映出生态系统食物链长短。食物链的相对长度（ΔTL）可以用箭虫与小型浮游动物的 $\delta^{15}N$ 值的差值除以相邻营养级的同位素富集度 3.5‰来计算，利用这个指标可以比较不同生境中食物网结构的差异。总的来看，冬季的浮游生物群落食物链的相对长度大于秋季，而大亚湾的浮游生物食物链的长度在秋季和冬季均小于胶州湾（表 4.40）。秋季和冬季胶州湾采样站位的平均 ΔTL 分别为 0.88 和 1.27，大亚湾分别为 0.37 和 0.86。胶州湾浮游动物群落相对较长的食物链可能与该海域较低的海水温度有关。从湾内外的比较来看，大亚湾秋季湾内的 ΔTL 高于湾外，而冬季湾内小于湾外。在胶州湾，湾内的 ΔTL 在秋季和冬季均小于湾外。研究结果总体呈现为，在湾内受外源输入影响大的水域箭虫类的营养级下降，整个浮游生物群落的食物链长度缩短。但是在大亚湾秋季各浮游动物类群之间的营养级差异最小，并且湾口站位的 ΔTL 小于湾内，具体的原因尚不清楚。

表 4.40　秋季、冬季大亚湾和胶州湾箭虫与小型浮游动物食物链相对长度（ΔTL）的比较

海湾	区域	秋季	冬季
胶州湾	湾内（S4、S5、S8 站）	0.88±0.23	1.34
	湾外（S12、S13、S14 站）	0.89±0.12	1.52±0.15
	总平均	0.88±0.28	1.27±0.27
大亚湾	湾内（S6、S7 站）	0.65±0.02	0.71±0.06
	湾口（S13、S14 站）	0.34±0.19	1.01±0.13
	总平均	0.37±0.27	0.86±0.24

（二）简化粒径谱对海湾浮游生态系统功能的指示

本节用简化粒径谱再分析大亚湾长期历史数据，探讨浮游食物网结构和功能在人类活动影响下的长期变化。选择受人类活动影响较大的澳头附近水域的站位和受人类活动影响相对较小的大亚湾湾口水域站位，作为对比。根据浮游植物和浮游动物丰度数据，以简化粒径谱方法，构建简化粒径谱，用粒径谱斜率定性表征从浮游植物到浮游动物的能量传递效率，用粒径谱截距表征浮游生态系统生产力水平。结果表明，简化粒径谱方法，通过简单地赋予生物类群粒径范围信息，就能把浮游植物与浮游动物丰度数据联系为一个整体，提取得到仅依靠丰度数据无法获得的生态学信息。

所有浮游植物和浮游动物数据分别采用浅水Ⅲ型和浅水Ⅰ型浮游生物网采集。2002～2009 年每年 4 个季度的数据来源于大亚湾海洋生物综合实验站的生态网络调查，1994 年和 1998～2014 年夏季的数据来源于大亚湾生态监控区，2015 年之后的数据来源于本书项目调查。

1994～2018 年，大亚湾湾口溶解营养盐浓度和结构发生了显著变化，表现为总溶解无机氮（包括铵盐、硝酸盐和亚硝酸盐）浓度显著升高，硅酸盐浓度降低，N/P 值，N/Si 值显著升高。与此相应，1994～2014 年的 20 年间澳头附近水域浮游植物丰度有不断增加的趋势（图 4.76a），1994～2007 年浮游动物丰度也不断增加，但之后，一直到 2018 年，浮游动物丰度没有继续变化，而保持相对的稳定（图 4.76b）。简化粒径谱线显示，1994～2014 年，系统生产力具有持续增加的趋势，表现为维持较高的浮游植物丰度（图 4.77a）。在此期间，简化粒径谱斜率不断降低，说明大亚湾内，浮游生态系统从浮游植物向浮游动物的能量传递效率具有持续降低的趋势（图 4.77b）。2007～2014 年，浮游植物丰度持续增加的情况下，浮游动物丰度维持稳定。说明随着营养盐输入的增加，湾内浮游生态系统在 2007 年开始发生显著的转变。这与淡水生态系统中发现的，浮游动物与浮游植物生物量比值随营养水体提高而不断变化的规律相一致；也就是在寡营养条件下，随着营养水平的提高，浮游植物与浮游动物生物量等比例增加，但当营养水平提高到一定程度后，浮游植物生物量持续增加，而浮游动物生物量则维持在一定水平。

近 20 年来，湾口总无机氮浓度也具有显著增高的趋势，硅酸盐浓度具有显著下降的趋势；然而，与湾内不同，湾口铵盐浓度和 N/P 值无显著变化。在此背景下，1994～2014

年无论浮游植物丰度还是浮游动物丰度，都没有明显的变化趋势（图 4.78a）。简化粒径谱参数也没有显著的随时间变化的趋势（图 4.78b）。湾口的结果告诉我们，人类活动引起的营养物质输入很可能是造成湾内浮游生物食物网结构和功能存在长期变化趋势的原因之一。大亚湾湾口与湾内受人类活动影响的程度显著不同。

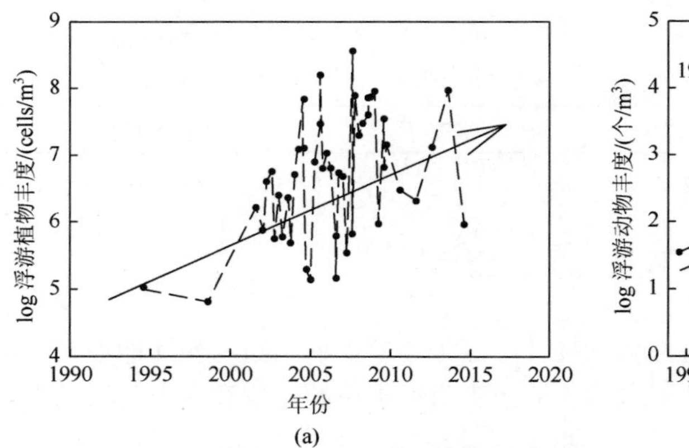

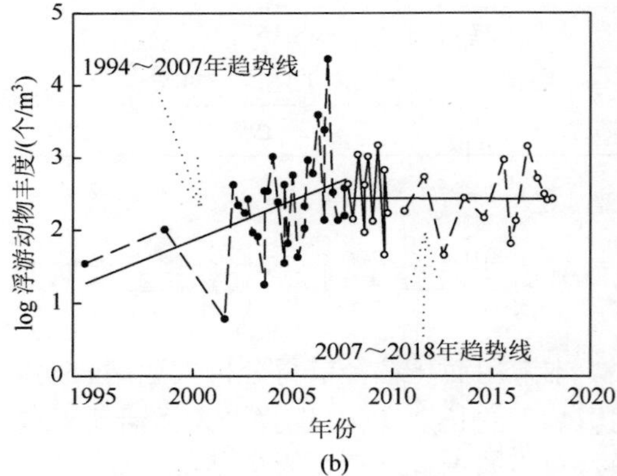

图 4.76　1994～2018 年大亚湾澳头附近浮游植物（a）与浮游动物（>505 μm）（b）丰度变化

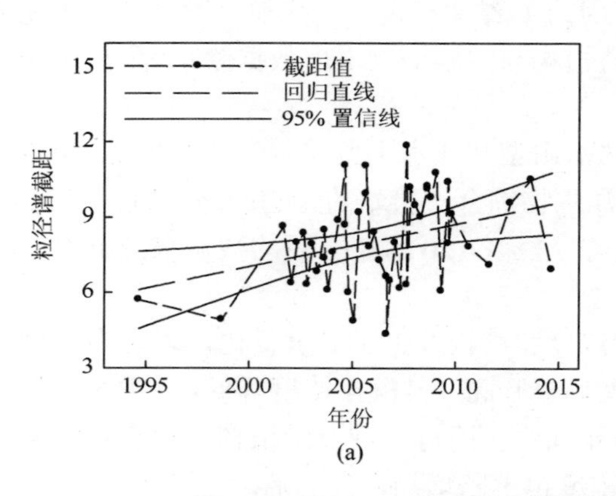

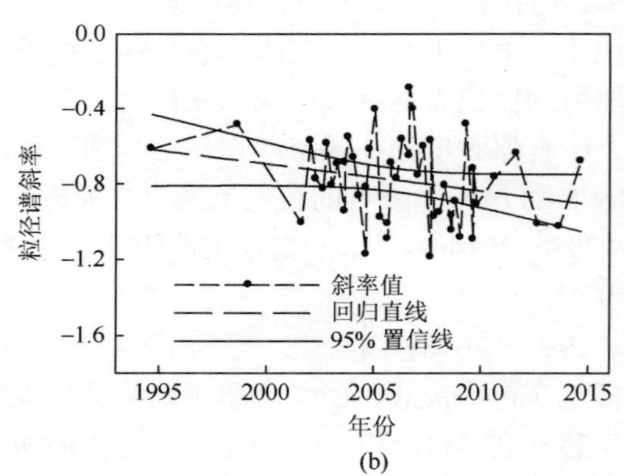

图 4.77　1994～2014 年大亚湾澳头附近浮游生物简化粒径谱参数变化

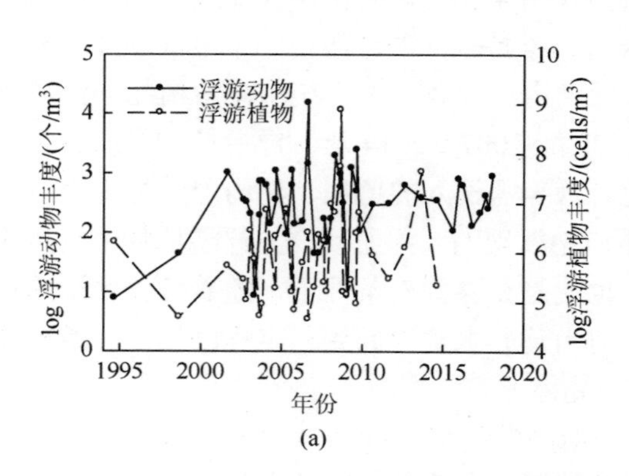

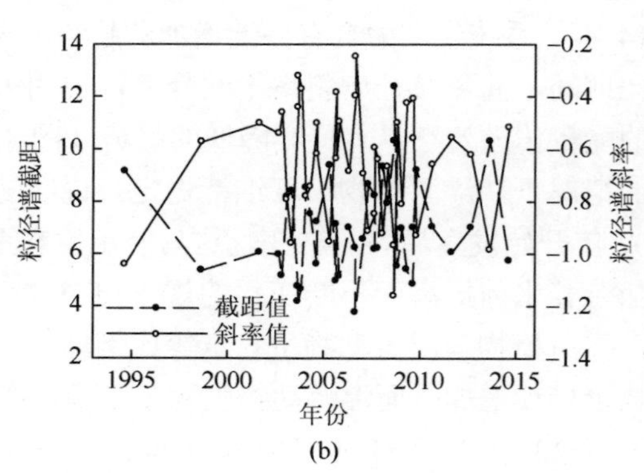

图 4.78　1994～2018 年大亚湾湾口浮游动物丰度与浮游植物丰度（a）及简化粒径谱参数（b）变化

三、基于 Ecopath 模型的海湾食物网特征的现状及演变趋势

（一）基于 Ecopath 模型的胶州湾生态系统结构和能量流动分析

1. 数据来源与研究方法

（1）现场采样

参照“胶州湾游泳生物现状及长期演变趋势”部分的站位设计和调查（图 4.67）。

（2）研究方法

Ecopath 模型在建立过程中以多个相互关联的功能组定义生态系统，包括碎屑、浮游生物和一组规格生态特性相同的鱼类等，这些功能组要能够代表研究区域整个生态系统的运行状况（Christensen & Pauly，1992）。Ecopath 模型定义系统中每个功能组的能量输出和输入保持平衡，即生产量等于捕食死亡、其他自然死亡和产出量之和，每一个线性方程代表系统中的一个功能组（陈作志等，2008）：

$$B_i \times (P/B)_i \times EE_i - \sum B_j \times (Q/B)_j \times DC_{ij} - EX_i = 0$$

式中，B_i 为功能组的生物量；$(P/B)_i$ 为生产量与生物量比值；$(Q/B)_j$ 为消费量与生物量的比值，DC_{ij} 为被捕食组 i 占捕食组 j 的总捕食量的比例，EE_i 为生态营养转化效率，EX_i 为功能组的产出量（包括捕捞量和迁移量）。模型在建立过程中需要输入的基本参数有 B_i、$(P/B)_i$、$(Q/B)_j$、EE_i、DC_{ij} 和 EX_i。其中前 4 个参数可以有任意一个是未知的，由模型通过其他参数求出，其他参数必须输入；一般情况下因 EE_i 较难从调查中获得，通常将其设定为未知数，且在平衡系统中其值介于 0～1。

（3）功能组划分

根据胶州湾生态系统生物种类、生物学特征和食性特点，将该模型划分为 21 个功能组，基本覆盖了胶州湾生态系统的营养结构和能量流动过程，见表 4.41。

表 4.41　胶州湾 Ecopath 模型的功能组及主要种类组成

编号	功能组	组成
1	浮游植物	硅藻、甲藻等
2	浮游动物	桡足类、毛颚类、介形类等
3	底栖动物	环节类、节肢类、棘皮类、软体类、纽形类等
4	菲律宾蛤仔	菲律宾蛤仔
5	虾类	鹰爪虾、细巧仿对虾、日本鼓虾、脊腹褐虾、脊尾白虾、中国明对虾、口虾蛄
6	蟹类	双斑蟳、日本蟳、三疣梭子蟹、绒毛细足蟹、日本关公蟹等
7	头足类	日本枪乌贼、金乌贼、双喙耳乌贼、长蛸、短蛸、曼氏无针乌贼等
8	水母	水螅水母类、钵水母、栉水母等
9	鳀鱼类	鳀鱼、赤鼻棱鳀、中颌棱鳀、日本鳀等
10	其他中上层鱼类	青鳞小沙丁、黄鲫、鲐鱼、竹荚鱼、蓝圆鲹、沟鲹等
11	鲆鲽类	褐牙鲆、大菱鲆、钝吻黄盖鲽、石鲽、星突江鲽、短吻红舌鳎、长吻红舌鳎、窄体舌鳎等

续表

编号	功能组	组成
12	六线鱼类	大泷六线鱼、欧氏六线鱼等
13	虾虎鱼科鱼类	六丝钝尾虾虎鱼、纹缟虾虎鱼、矛尾虾虎鱼、中华栉孔虾虎鱼、长丝虾虎鱼、红狼牙虾虎鱼等
14	锦鳚科鱼类	方氏云鳚、云鳚、长绵鳚等
15	梭鱼	梭鱼、斑鰶等
16	石首鱼科鱼类	小黄鱼、皮氏叫姑鱼、白姑鱼等
17	鲉形目鱼类	许氏平鲉、褐菖鲉、铠平鲉、虎鲉、绿鳍鱼、鲬、细纹狮子鱼等
18	其他肉食性底层鱼类	黄鮟鱇、带鱼、康吉鳗科鱼类、小带鱼等
19	其他底层鱼类	细条天竺鱼、尖海龙、多鳞鱚等
20	魟鳐类	孔鳐、江鳐、史氏鳐、美鳐、斑鳐等
21	碎屑组	动物排泄物及尸体等

（4）功能组参数来源

在 Ecopath 模型中，能量在系统中的流动用生物湿重（单位：$t·km^2$）作为能量形式来表示，时间为 1 年（陈作志和邱永松，2010）。B_i 通过 2015～2016 年现场资源调查和参考文献得出（梅春，2010；林群，2012；刘学海等，2015）。$(P/B)_i$ 等于瞬时死亡率 Z，一般利用 Gulland（1971）提出的总渔获量曲线法来估算 Z，自然死亡系数 M 采用 Pauly（1980）经验公式估算。Q/B 值根据 Palomares 和 Pauly（1998）提出的尾鳍外形比的多元回归模型来计算。由于功能组中包含不同的鱼类种类，很难确定其 $(P/B)_i$ 和 $(Q/B)_i$ 值，本书主要参考了与胶州湾生态特征相似的莱州湾（林群等，2013；杨超杰等，2016）、黄渤海模型（林群，2012）及同纬度模型（Banaru et al.，2013；Torres et al.，2013）中类似功能组的参数进行调整。DC_{ij} 主要根据胃含物分析和历史调查数据（邓景耀等，1997；杨纪明，2001；张波等，2014；聂永康等，2016）。EE_i 较难获得，将其设为未知参数，由其他参数推算得出。1981～1982 年模型以 2015～2016 年模型为基础，生物量数据主要参考刘瑞玉（1992）1981～1982 年胶州湾调查数据，并对其进行换算，使其满足建模要求。为保证两个时期的胶州湾生态模型具有可比性，功能组仍由 21 个功能组组成，考虑胶州湾不同时期物种及优势种的差异，虽每个功能组名称相同，其包含物种有所调整；$(P/B)_i$ 和 $(Q/B)_j$ 值亦根据年份不同、优势种差异适时调整，以保证模型的可信度。

2. 不同时期胶州湾生态系统营养结构与能流特征

1981～1982 年模型的营养级范围为 1～4.409，2015～2016 年为 1～4.383，营养级下降主要表现在 2015～2016 年大型鱼类的营养级下降，下降幅度 0.1～0.2；相较于 1981～1982 年模型，2015～2016 年模型中除了菲律宾蛤仔的能量转化效率提高，其他各功能组的能量转化效率均呈下降趋势，主要原因可能是菲律宾蛤仔捕捞量提高。就生物量而言，除初级生产者和菲律宾蛤仔的生物量增加外，其他功能组生物量均大幅下降。

现阶段胶州湾生态系统生物量、生产量、流向碎屑量和总流量相较于 1981～1982 年均有所提高，系统规模有所增大，各营养级能量结构仍呈金字塔状。生物量方面，两个模型都是第Ⅱ营养级生物量最高，且现阶段（2015～2016年）高于1981～1982年，而第Ⅲ营养级远低于1981～1982年，这一现象也与现阶段胶州湾的调查结果相吻合。菲律宾蛤仔生物量不断增加是造成现阶段第Ⅱ营养级生物量提高的主要原因，而捕捞造成的高营养级的鱼类在不断减少使第Ⅲ营养级生物量较低。现阶段胶州湾总生产量是1981～1982年的5倍，且生产量增量主要来自于第Ⅰ和第Ⅱ营养级。能量流向碎屑量方面，1981～1982年流向碎屑量的能量占系统总能量的22.82%，而2015～2016年占30.72%，流向碎屑量的能量有所提高；同时，1981～1982年流向碎屑的能量主要来自第Ⅱ营养级，占总量的62.24%，而现阶段流向碎屑的能量主要来自第Ⅰ营养级，占总量的76.44%，说明现阶段胶州湾生态系统有较多能量未被充分利用，且主要集中在第Ⅰ营养级。

3. 胶州湾生态系统各营养级能量转化效率比较

胶州湾生态系统主要存在两条能量流动路径：来源于初级生产者的牧食食物链和来源于碎屑的碎屑食物链。1981～1982年和2015～2016年均以牧食食物链为主，所占比例分别为58%和59%（图4.79）。除第Ⅱ营养级（Ⅰ→Ⅱ）外，1981～1982年各营养级转化效率均高于2015～2016年，且两个时期均是第Ⅲ营养级转化效率最高，分别为23.31%和19.76%，见表4.42。2015～2016年第Ⅱ营养级转化效率高于1981～1982年的主要原因是现阶段滤食性菲律宾蛤仔生物量大幅提高，摄食浮游植物等初级生产者，从而提高该营养级的转化效率。现阶段来源于初级生产者的转化效率高于1981～1982年，而来源于碎屑的转化效率则低于1981～1982年；但总体转化效率高于1981～1982年。

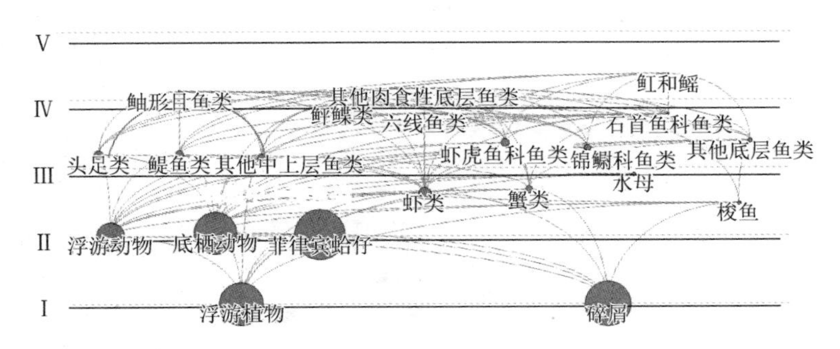

图4.79　2015～2016年胶州湾生态系统模型能量通道示意图

表4.42　1981～1982年和2015～2016年胶州湾生态系统各营养级的转化效率　（单位：%）

营养级	1981～1982年			2015～2016年		
	生产者	碎屑	总能流	生产者	碎屑	总能流
Ⅱ	6.90	10.25	8.26	17.21	14.04	16.07
Ⅲ	22.71	23.62	23.31	18.31	20.13	19.76
Ⅳ	20.28	20.78	20.61	13.55	13.85	13.76
Ⅴ	18.32	18.57	18.49	11.90	11.92	11.92
Ⅵ	16.61	16.80	16.74	—	10.54	10.46
平均	14.67	17.13	15.83	16.22	15.76	16.35

4. 胶州湾功能组间的相互关系及关键种对比分析

在 Ecopath 模型中各功能组的相互关系用混合营养关系来表示，见图 4.80；白色圆点表示该功能组生物量的增加对其他功能组生物量的增加有积极影响，起促进作用；黑色圆点表示功能组生物量的增加对其他功能组起抑制作用，圆点的大小表示影响的强弱。可以看出，碎屑和浮游植物、浮游动物及底栖动物对多数功能组起积极作用，渔业捕捞强度的增大和菲律宾蛤仔的增加对众多功能组起消极作用；其他中上层鱼类对鳀鱼类有明显的消极影响，主要是由于二者之间存在饵料竞争关系。

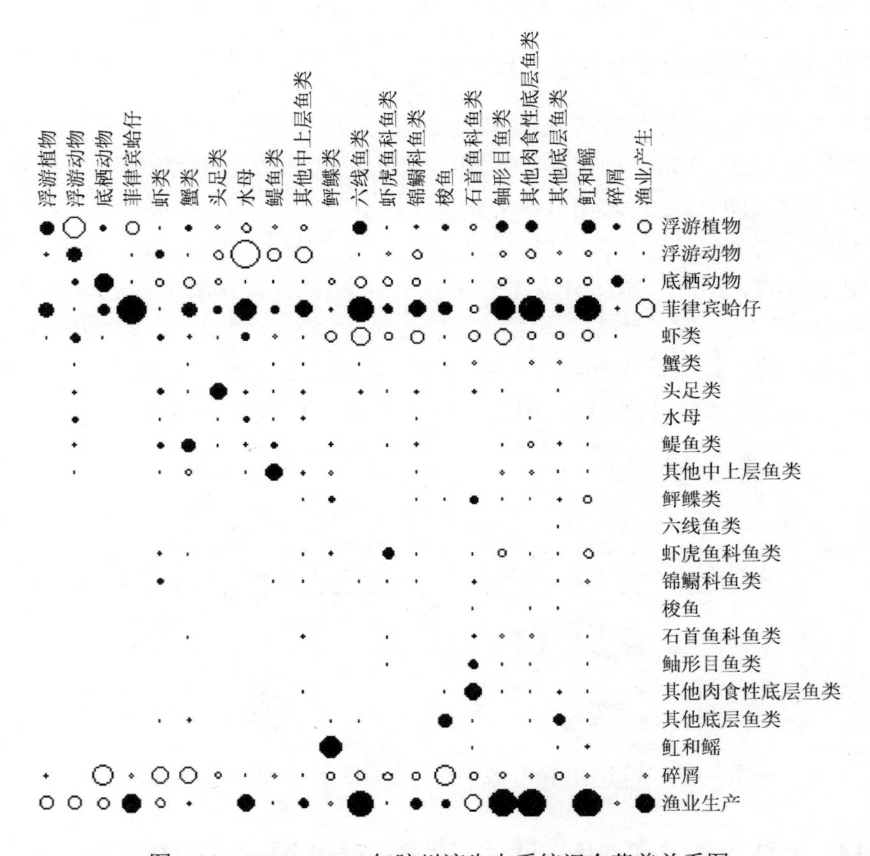

图 4.80　2015～2016 年胶州湾生态系统混合营养关系图

在 Ecopath 模型中定义关键种为在生态系统中生物量相对较少但在食物网中起结构性作用的物种，其种群数量变化对其他物种生物丰度变化乃至整个生态系统变化起重要作用。Ecopath 模型中通过关键度指数及相对总影响来辨别关键种，关键种的关键度指数值一般接近或大于 0（Duan et al.，2009）。在生态系统中，浮游动物在系统能量流动中具有重要作用，在近海生态系统中关键度指数相对较高。除浮游动物外，在成熟的生态系统中海洋哺乳动物和肉食性鱼类等顶级捕食者关键度指数较高，在生态系统中处于关键种地位。由图 4.81 和图 4.82 可以看出，30 多年来由于菲律宾蛤仔生物量及输出量巨大，其关键度指数和总影响均排在第一位，关键度指数处于第二位的为浮游动物。对比发现，1981～1982 年，除菲律宾蛤仔和浮游动植物外，鲆鲽类和其他肉食性底层鱼类关键度指数相对较高，而 2015～2016 年它们的关键度指数大幅下降，造成除菲律宾蛤仔外，生态系统没有其他明显的关键种。总体而言，胶州湾两个时期关键种均为菲律宾蛤仔，关键种变化表现为本应作为关键种的大型底层鱼类缺失，对生态系统的相对总影响较小，关键种的影响效应并不明显。

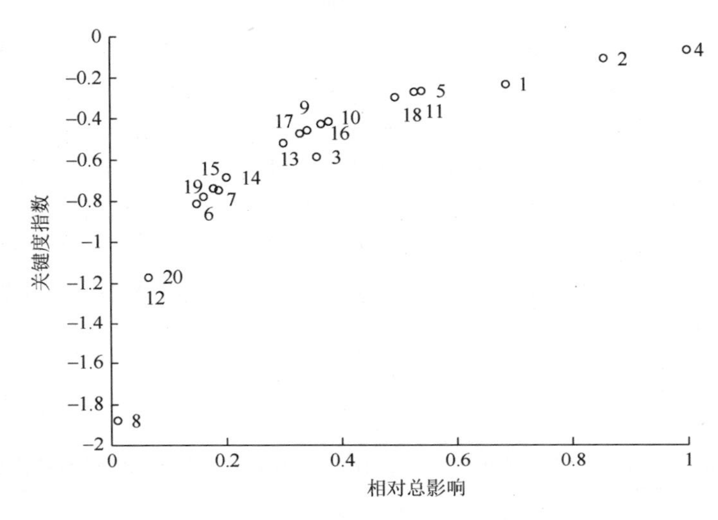

图 4.81 1981～1982 年胶州湾生态系统关键度指数分布

图中数字对应表 4.41 中的功能组编号

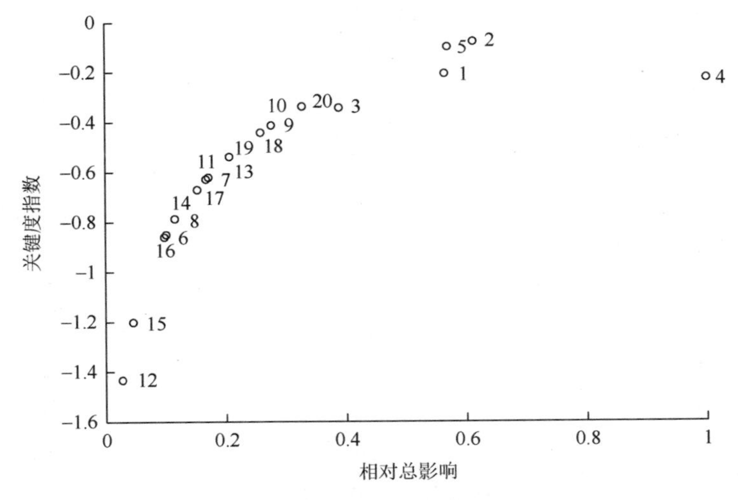

图 4.82 2015～2016 年胶州湾生态系统关键度指数分布

图中数字对应表 4.41 中的功能组编号

5. 胶州湾生态系统总特征比较

1981～1982 年和 2015～2016 年胶州湾生态系统总体特征参数见表 4.43。2015～2016 年生态系统总流量相较于 1981～1982 年增加 44.18%，系统规模增大；流向碎屑总量比 1981～1982 年增加 94.66%，有较多能量未被利用即在系统中沉积；另外，2015～2016 年生态系统净生产量为 1981～1982 年的 5.2 倍。这些指标皆表明，从 1981～1982 年到现在，胶州湾在水域面积不断缩小的同时，系统规模不断增大，系统成熟度则在降低，尤其是反映系统成熟度的重要指标总初级生产量与总呼吸量的比值（比值越接近于 1，系统成熟度越高），更是从 1981～1982 年的 1.267 增加到 2015～2016 年的 2.518，反映出系统的不成熟。从系统稳定度方面进行比较，系统连接指数、系统杂食指数和 Finn's 循环指数等这些表征系统食物网联系复杂程度的指标，其值越大表明系统越稳定。然而，系统连接指数和系统杂食指数从 1981～1982 年的 0.268 和 0.136 减小为 0.248 和 0.116，Finn's 循环指数和 Finn's 平均路径长度也大幅减小，食物链变短，功能组间相互影响小，说明胶州湾生态系统正处于不稳定，容易受外界环境干扰的状态。在 Ecopath 模型中，用系统置信指数衡量所建模型数据来源的可靠性，进而表征模型的可信度，2015～2016 年模型系统显示了较高的置信指数，为 0.568；而 1981～1982 年模型是采用文献计量方法采集数据，虽数据精度有所下降，但依然达到 0.505，表示这两个模型可信度均较高。

表 4.43　1981～1982 年和 2015～2016 年胶州湾生态系统总特征参数比较

系统参数	1981～1982 年	2015～2016 年
生态系统总流量/[t/(km^2·a)]	9 630.037	13 884.680
总消费量/[t/(km^2·a)]	4 324.721	3 930.683
总呼吸量/[t/(km^2·a)]	2 461.885	2 264.061
流向碎屑总量/[t/(km^2·a)]	2 185.316	4 254.000
系统总生产量/[t/(km^2·a)]	4 117.892	6 580.486
总净初级生产量/[t/(km^2·a)]	3 120.000	5 700.000
系统净生产量/[t/(km^2·a)]	658.115	3 435.939
总生物量/[t/(km^2·a)]	148.715	173.397
总初级生产量/总呼吸量	1.267	2.518
总初级生产量/总生物量	20.980	32.873
总生物量/总流量	0.015	0.012
渔获物平均营养级	2.117	2.023
系统连接指数	0.268	0.248
系统杂食指数	0.136	0.116
系统置信指数	0.505	0.568
Finn's 循环指数	11.610	4.269
Finn's 平均路径长度	3.087	2.436

（二）基于 Ecopath 模型的大亚湾生态系统结构和能量流动分析

1. 数据来源与研究方法

（1）调查方法

采样时间和调查方法与“大亚湾大型底栖生物现状及长期演变趋势”部分相同（图 4.62）。

（2）研究方法

参照胶州湾 Ecopath 模型的构建方法。

（3）功能组划分

为了使大亚湾两个时期的生态系统模型更具可比性，根据大亚湾生物种类的栖息环境、种类和食性等特征，将大亚湾生态系统分为 26 个功能组，见表 4.44。这些功能组包括浮游植物、浮游动物、底栖动物、碎屑、水母、虾、蟹、头足类和 14 类鱼种等；同时考虑海龟、海豚等保护动物对大亚湾生态系统的重要性，将它们作为独立的功能组（Chen et al.，2015）。所有的这些功能组基本覆盖了大亚湾生态系统的营养结构和能量流动全过程。

表 4.44　大亚湾 Ecopath 模型的功能组及主要种类组成

编号	功能组	组成
1	海豚	中华白海豚等
2	鲨鱼	真鲨科、扁鲨科等
3	海龟	绿海龟、棱皮龟等
4	带鱼、狗母鱼类	带鱼、短带鱼、长蛇鲻、多齿蛇鲻等
5	鲉科鱼类	褐菖鲉、圆鳞鲉等
6	鲀科鱼类	黄鳍马面鲀、棕腹刺鲀、黄鳍东方鲀等
7	鲆鲽类	少鳞舌鳎、卵鳎、青缨鲆等
8	石首科鱼类	白姑鱼、黄姑鱼、皮氏叫姑鱼等
9	鲷科鱼类	平鲷、二长棘鲷、真鲷、黑鲷、短尾大眼鲷等
10	鲳科鱼类	刺鲳、银鲳、印度无齿鲳等
11	其他杂食性鱼类	黄斑蓝子鱼、细鳞鯻、六指马鲅等
12	鲹科鱼类	蓝圆鲹、丽叶鲹、金带细鲹等
13	鲱科鱼类	斑鰶、金色小沙丁、鳓鱼等
14	鲾科鱼类	短吻鲾、细纹鲾、鹿斑鲾等
15	鳀科鱼类	鳀鱼、康氏小公鱼、赤鼻棱鳀等
16	其他浮游食性鱼类	短棘银鲈、长棘银鲈、少鳞鱚、竹荚鱼等
17	蟹类	远海梭子蟹、锈斑蟳、三疣梭子蟹、伪装关公蟹等
18	虾类	近缘新对虾、宽突赤虾、周氏新对虾、口虾蛄等
19	头足类	中国枪乌贼、杜氏枪乌贼、短蛸等
20	大型底栖动物	软体动物、棘皮动物等

续表

编号	功能组	组成
21	小型底栖动物	多毛类等
22	水母类	水螅水母、钵水母等
23	珊瑚	石珊瑚等
24	浮游动物	桡足类、介形类、枝角类
25	浮游植物	硅藻、甲藻等
26	碎屑组	动物排泄物及尸体等

（4）功能组参数来源

数据主要来自现场的渔业资源调查和部分已发表文献或政府报告。其中 2015～2016 年模型的生物量数据 B_i 主要以 2015～2016 年大亚湾渔业资源现场调查为基础，后期数据通过底拖网扫海面积法获得；此外，根据大亚湾声学数据进行相互印证，以确保数据准确性。1985～1986 年模型生物量数据主要参考中国科学院南海海洋研究所在 1985～1986 年的大亚湾渔业资源和生态环境调查数据。在这两个模型中，部分功能组的生物量数据因不易获取，主要参考了同类型海湾和相关的文献和报告（王雪辉等，2005；孙翠慈等，2006；陈丕茂等，2013；王东旭等，2017）。$(P/B)_i$ 值表示鱼类生产量与生物量的比值，通常等于瞬时总死亡率 Z（Aiien，1971）。可利用 Gulland（1971）提出的总渔获量曲线法来估算 Z，其中自然死亡系数 M 采用 Pauly（1980）经验公式估算。鱼类$(Q/B)_i$值根据 Palomares 和 Pauly（1998）提出的尾鳍外形比的多元回归模型来计算。功能组的$(P/B)_i$和$(Q/B)_j$值主要参考与大亚湾相似的同纬度或同类型生态系统模型（Chen et al.，2015；Duan et al.，2009）；功能组的食物组成矩阵 DC_{ij} 主要来自采样鱼类的胃含物分析和相关文献资料（张其永和杨甘霖，1986），生态营养转化效率（EE_i）指功能组生产量的转化效率，是一个较难获得的参数，模型中将其设为未知参数，通过调试模型由其他参数推算得出。

2. 不同时期大亚湾生态系统营养结构和能量流特征

1985～1986 年和 2015～2016 年大亚湾生态系统模型的营养级范围分别为 1～4.025 和 1～3.987，相比于 1985～1986 年，现阶段各鱼类功能组的营养级都有所降低。现阶段重要经济鱼类的能量转化效率较高，说明其被渔业捕捞较为严重；同时，浮游动植物和碎屑等功能组因未被生态系统能量循环充分利用，转化效率较 1985～1986 年的低。

大亚湾生态系统可分为 6 个整营养级。2015～2016 年大亚湾生态系统生物量、生产量和流向碎屑量及总流量均比 1985～1986 年有所增加；2015～2016 年系统总流量是 1985～1986 年的 2 倍，流向碎屑量是 1985～1986 年的 3 倍，系统生产量更是 1985～1986 年的 7 倍。1985～1986 年和 2015～2016 年的系统群落结构均呈金字塔状，且系统生产量主要来自于第 I 营养级；两个时期均是第 I 营养级生物量占比最高，但 2015～2016 年高营养级生物量比例低于 1985～1986 年，说明现阶段大亚湾生态系统高营养级生物量减少，这与实际渔业资源调查结果一致。

3. 大亚湾生态系统各营养级转化效率比较

两个时期大亚湾的能量流动均以牧食食物链为主。1985～1986 年大亚湾生态系统来源于初级生产者和碎屑的转化效率高于 2015～2016 年对应的各转化效率，见表 4.45。受渔业捕捞影响，1985～1986 年平均转化效率高于 2015～2016 年。1985～1986 年第Ⅲ、Ⅳ、Ⅴ营养级转化效率较为平均，而 2015～2016 年第Ⅴ营养级转化效率明显低于Ⅲ、Ⅳ营养级，说明此时大亚湾生态系统高营养级鱼类渔获量较低。2015～2016 年第Ⅱ营养级转化效率明显过低，说明系统有较多能量未被利用，见图 4.83。

表 4.45 1985～1986 年和 2015～2016 年大亚湾生态系统各营养级的转化效率 （单位：%）

营养级	1985～1986 年			2015～2016 年		
	生产者	碎屑	总能流	生产者	碎屑	总能流
Ⅱ	9.385	9.546	9.462	3.683	5.528	4.421
Ⅲ	14.788	15.032	14.909	14.028	13.198	13.593
Ⅳ	14.460	14.406	14.428	14.496	13.991	14.134
Ⅴ	13.772	14.212	14.037	8.769	10.576	9.916
Ⅵ	—	—	7.612	—	—	4.640
平均	12.614	12.739	12.673	9.081	10.069	9.470

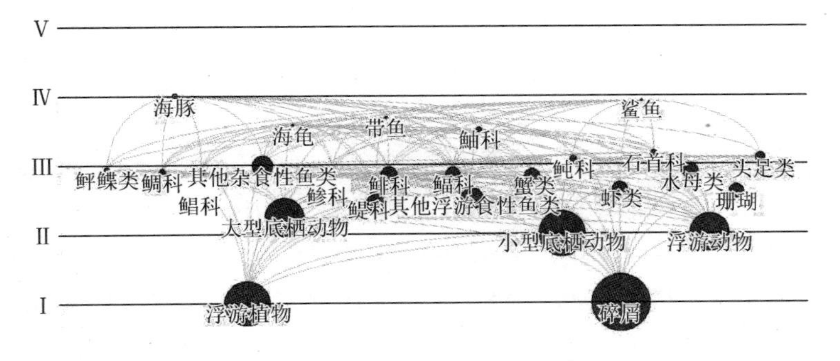

图 4.83 2015～2016 年大亚湾生态系统模型能量通道示意图

4. 大亚湾功能组间的相互关系

大亚湾生态系统各功能群间的混合营养关系，白色圆点表示该功能组生物量的增加对其他功能组生物量的增加有积极影响，起促进作用，黑色圆点表示功能组生物量的增加对其他功能组起抑制作用，圆点的大小表示影响的强弱，见图 4.84。浮游植物和碎屑作为被捕食者（或饵料生物），对大部分功能群有积极效应。次级消费者（如浮游动物、大小型底栖动物）在能量有效传递上起着关键作用，同时也受初级生产者和上层捕食者的双重作用，它们对系统的影响比较强烈。小型底层鱼类、对虾、蟹类有一定负效应，这可能是对食物源——底栖动物竞争所致。此外，渔业生产（拖网作业）对鱼类均为负效应，主要是由于大亚湾生态系统渔获物主要来源于该作业方式。

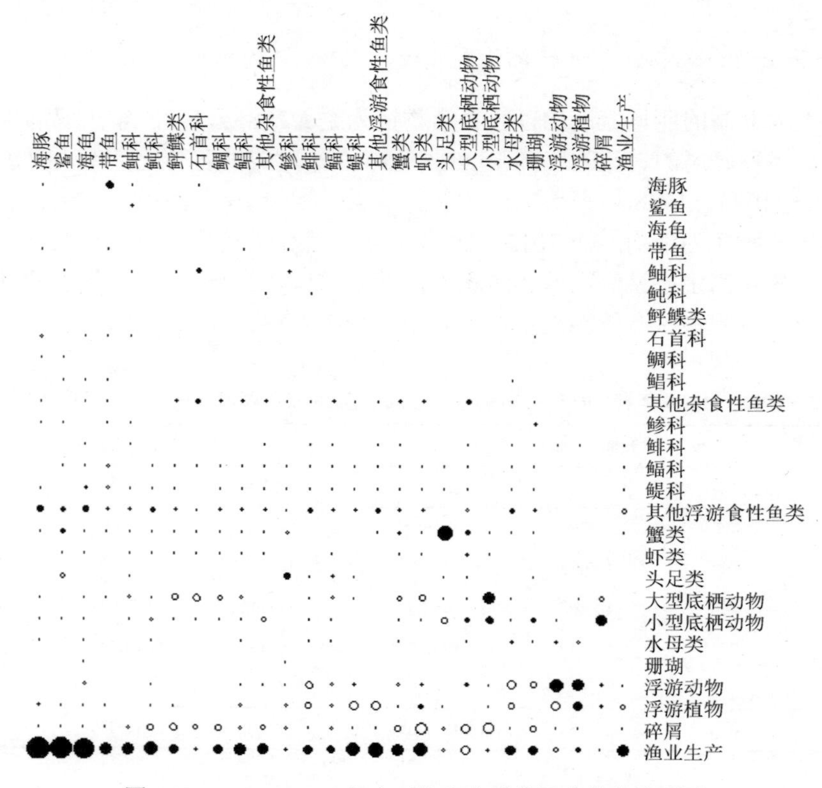

图 4.84 2015～2016 年大亚湾生态系统混合营养关系图

5. 大亚湾生态系统总特征比较

在 Ecopath 模型中，通过系统的规模、稳定性和成熟度等多个系统参数来表征生态系统的总特征，见表 4.46。从大亚湾 1985～1986 年和 2015～2016 年生态系统总特征参数比较可以看出，2015～2016 年生态系统总流量是 1985～1986 年的 2 倍，生态系统规模增大。2015～2016 年系统总净初级生产量比 1985～1986 年增高 166.63%，流向碎屑总量增加了 203.09%，说明大亚湾生态系统生产力虽然提高，但并未被系统充分利用，更多地流入碎屑积累在系统中。1985～1986 年大亚湾生态系统总初级生产量与总呼吸量的比值低于 2015～2016 年，说明目前大亚湾生态系统处于不成熟阶段。在 Ecopath 模型中，系统连接指数和 Finn's 循环指数等参数表征系统食物网联系复杂程度和系统的稳定度，其值越大表明系统越稳定。在大亚湾生态系统中，系统连接指数由 1985～1986 年的 0.282 降低到 2015～2016 年的 0.251，Finn's 循环指数更是从 10.129 减小到 4.094，说明生态系统易受外界干扰，处于不稳定状态。

表 4.46 1985～1986 年和 2015～2016 年大亚湾生态系统总特征参数比较

系统参数	1985～1986 年	2015～2016 年
生态系统总流量/[t/(km^2·a)]	3828.963	8255.895
总消费量/[t/(km^2·a)]	1586.921	1888.179

续表

系统参数	1985～1986 年	2015～2016 年
总呼吸量/[t/(km^2·a)]	945.862	1147.339
流向碎屑总量/[t/(km^2·a)]	978.669	2966.204
系统总生产量/[t/(km^2·a)]	1592.614	3763.064
总净初级生产量/[t/(km^2·a)]	1278.000	3407.500
系统净生产量/[t/(km^2·a)]	332.138	2260.162
总生物量/[t/(km^2·a)]	48.051	48.626
总初级生产量/总呼吸量/[t/(km^2·a)]	1.351	2.970
总初级生产量/总生物量/[t/(km^2·a)]	26.597	70.075
总生物量/总流量/[t/(km^2·a)]	0.0125	0.0059
渔获物平均营养级	2.866	2.728
系统连接指数	0.282	0.251
系统杂食指数	0.155	0.154
Finn’s 循环指数	10.129	4.094
Finn’s 平均路径长度	3.031	2.427

四、人类活动干扰对海湾生态系统功能的影响——以贝类养殖为例

滤食性贝类（牡蛎、扇贝、贻贝、蛤等）是水产养殖的主要品种。贝类的滤食、呼吸、排泄和生物沉积等生理过程，对多种环境介质产生多方面的复杂影响，包括浮游植物数量和群落结构、水体透明度、底栖植物光可利用性、底栖动物、表层沉积物理化性质、微生物群落、沉积环境早期成岩反应过程和元素矿化再生速率，以及海水-沉积物界面物质交换速率等（Zhao et al.，2016），从而对整个生态系统的化学和生物结构产生影响，进而改变物质和能量的传递路径和效率。随着养殖规模和产量的快速增长，养殖对近岸浅海生态系统的影响也受到越来越多的关注。养殖对环境的影响与养殖种类、养殖方式、养殖密度，以及养殖区的水动力、水文理化特征等因素密切相关。相同的养殖种类和模式在不同海域得出不一致甚至相反的结果。对养殖与环境相互作用的深入研究和科学认知，是做出科学判断的基础和必要前提。本节以贝类为例，基于以往的研究概述贝类对浮游植物、物质输入输出通量和重要元素循环的影响，旨在为科学、客观认识和评价养殖环境效应提供参考。

（一）贝类生理生态过程对浮游植物群落结构的影响

1. 贝类滤食对浮游生物数量的影响

贝类具有很强的滤食能力，当对浮游生物的滤食强度超过了浮游生物的再生补充速度，即为负有效增长，表现为水体颗粒物浓度下降（Petersen et al.，2008）。Lin 等（2016）

研究报道枸杞岛贻贝养殖区表层水体中的 Chl a 浓度与非养殖区相比降低可达 80%以上。值得注意的是贝类对养殖区浮游生物群落的滤食压力存在明显的季节性变化，这种季节性变化主要是由于贝类的滤食效率主要受水温、盐度和溶解氧浓度等因素的影响，而这些环境因子存在显著的季节性变化特征。贝类也可以滤食浮游动物，显著降低原生浮游动物、无节幼体和桡足类等类群的数量（Maar et al.，2008）。值得注意的是贝类对水体浮游生物数量的影响不仅限于养殖区局部水域，而是会外延至毗连水域（Filgueira et al.，2015）。

2. 贝类选择性摄食压力对浮游植物群落结构的影响

贝类通过栉鳃过滤捕获悬浮颗粒物，但并不能滤食所有的浮游植物，中尺度实验表明，贝类能有效过滤直径为 2～8 μm 的颗粒物，但是对于直径小于 2 μm 的颗粒物的滤食效率显著降低（Rosa et al.，2015）。在自然海水中，紫贻贝、长牡蛎及栉孔扇贝对粒径为 2 μm 颗粒的截留效率仅为 19%、17%及 8%，对 2 μm 以下的颗粒物截留效率更低。尽管这个粒径的颗粒物可能占总悬浮颗粒物的比例很大，在海洋中 50%以上的初级生产力来源于粒径小于 3 μm 的浮游植物，因此贝类对颗粒物的大小具有一定的选择作用，对不同粒径的浮游生物具有不同的滤食压力。对浮游生物具有定向性选择摄食压力，会导致浮游生物群落结构向微微型浮游生物种类迁移（Jacobs et al.，2016），这有利于粒径小于 2 μm 或大于 8 μm 的浮游植物生长，因为较之于大粒径浮游植物，微型浮游植物具有更大的体表面积，竞争吸收营养盐的效率更高（Zhao et al.，2016），并且贝类的捕食作用会降低纤毛虫和鞭毛虫等微型浮游植物捕食者的数量，从而有利于这类浮游植物数量的增加。研究显示在贝类滤食强度高的区域，微微型浮游生物种类周年都可能是浮游植物群落的优势种。在加拿大 Prince Edward Island 贻贝养殖水域微微型浮游植物种类占总 Chl a 的 50%～80%，而在贝类养殖区毗连水域则有可能仍是微型浮游植物为主导。此外，颗粒物的形状和组成也会影响贝类的滤食选择性（Rosa et al.，2017）。值得注意的是，微微型浮游植物聚合成较大颗粒时也能被贝类所滤食；另外，微微型浮游植物也可以通过食物网传递到微型浮游动物再被贝类间接滤食（Loret et al.，2000）。

贝类对浮游生物的选择性摄食压力可能被附着生物的无选择性机会主义摄食行为所抵消或加强，这是贝类养殖对浮游生物的间接影响（Lacoste et al.，2016）。规模化贝类养殖区的贝壳、浮筏和梗绳等养殖设施为附着生物提供了大量附着基，大大增加了附着生物的数量和分布空间。玻璃海鞘和柄海鞘等是很多贝类养殖区附着生物群落的优势种，其数量甚至远远超过养殖贝类的数量（Qi et al.，2015）。很多附着生物种类如玻璃海鞘和柄海鞘等都是滤食生物（Durr & Watson，2010）。它们与贝类一样也滤食水体中浮游生物，与贝类的影响产生叠加效应。研究发现，玻璃海鞘或柄海鞘等附着生物存在时，贝类养殖对浮游生物的滤食压力增加 30%～47%（Comeau et al.，2015）。因此在研究贝类对浮游生物影响时，应该把贝类和附着生物作为一个整体进行研究，充分考虑附着生物滤食作用的影响。另外，附着生物中的海绵等种类对浮游生物的粒径没有特殊的选择性，可以滤食 0.1～10 μm 粒径的颗粒（Yahel et al.，2006），因此可能在某种程度上抵消或弱化贝类选择性滤食的生态效应。

另外，运动能力强的种类如原生浮游动物、无节幼虫和桡足类等能够在一定程度上逃避贝类和附着生物的“捕食”，因此贝类养殖也可能使浮游生物群落向这些种类迁移，并会受到养殖区局部水动力作用的显著影响（Maar et al.，2008）。因此，揭示贝类对浮游生物群落结构的影响，需要充分考虑下行控制、附着生物种类组成和养殖区水动力特征等因素的叠加效应。

（二）菲律宾蛤仔养殖对海湾氮磷循环的影响——胶州湾为例

根据调查，胶州湾菲律宾蛤仔的养殖产量大约为 32×10^3 t/a。

利用能量收支模型定量评估胶州湾菲律宾蛤仔在氮磷物质循环中的作用（图 4.85）。即 IN/P = FN/P + UN/P + GN/P，其中，IN/P 为摄入的氮/磷，FN/P 为粪氮/磷，UN/P 为尿氮/磷，GN/P 为生长氮/磷，即养殖产品体内的氮、磷（养殖收获移出的氮磷）。GN/P 根据养殖产量（32×10^3 t/a）和菲律宾蛤仔体内的氮、磷含量（N：20.9 mg/g 干重，P：2.3 mg/g 干重）计算；摄入的氮/磷（IN/P）根据蛤仔对有机氮、有机磷的吸收率（53.9%）反推得到；尿氮/磷（UN/P）根据蛤仔的排泄速率[N：4.2 μmol/(g·d)和 P：0.26 μmol/(g·d)]和养殖产量计算；粪氮/磷（FN/P）由 IN/P–UN/P–GN/P 得到。

菲律宾蛤仔的氮收支方程为：IN = 46FN + 51UN + 3GN，磷收支方程为：IP = 44FP + 50UP + 6GP。胶州湾菲律宾蛤仔养殖每年从水体中滤食的氮、磷（IN/P）分别为 13.5×10^3 t 和 1.8×10^3 t，排泄的溶解态 DIN 和 DIP（UN/P）分别为 6.9×10^3 t 和 0.9×10^3 t；通过生物沉积过程排出体外的氮、磷（FN/P）分别为 6.2×10^3 t 和 0.8×10^3 t，见图 4.85。这些结果显示，蛤仔大规模养殖对胶州湾水体和沉积物中氮磷物质循环具有显著影响。

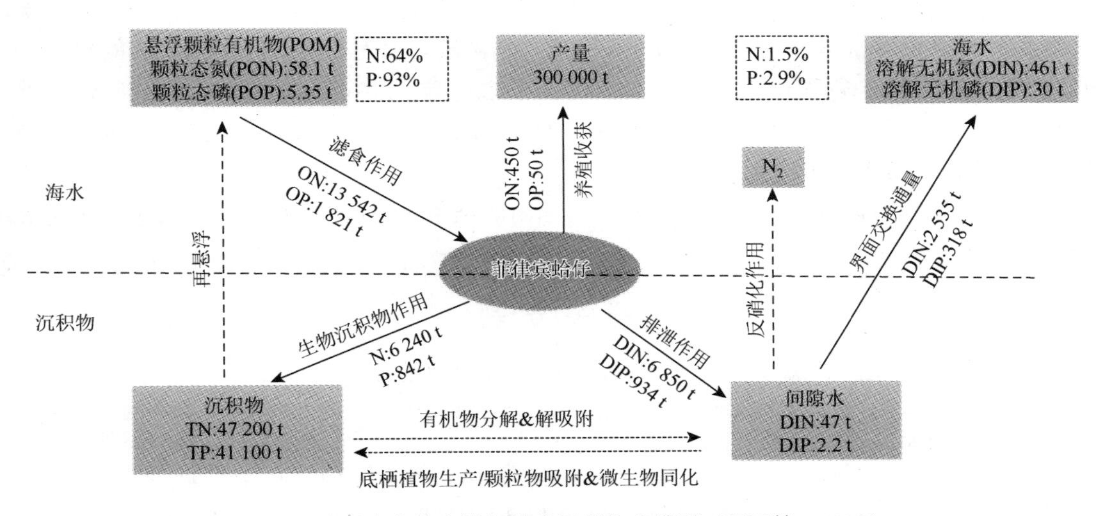

图 4.85　胶州湾菲律宾蛤仔养殖氮磷收支模型（邓可等，2012）

（三）牡蛎养殖对海湾氮循环的影响——大亚湾为例

筏式养殖贝类物质输入通量评估。贝类摄食浮游植物吸收同化氮磷的元素，收获贝类相当于间接把海水中的氮磷等物质移出水体，这对于近岸富营养化水域具有特别重要的环境意义（Lindahl et al.，2005）。在切萨皮克湾构建牡蛎礁已经作为治理水体氮磷富营养化的有效手段（Ferreira et al.，2007）。

大亚湾贝类养殖品种主要为长牡蛎和葡萄牙牡蛎，养殖方式为浮筏式养殖，大亚湾贝类筏式养殖面积约为 729 hm^2，主要分布在大鹏澳、刀石洲、洲仔和范和港附近水域，养殖数量约占大亚湾总量的 74%，其余分布在坪仕洲、三角洲、烟囱湾、沙鱼洲、荷包澳—威台港等海域，见表 4.47。

表 4.47　大亚湾养殖贝类分布

区域	养殖面积/hm^2
大鹏澳	38.3
刀石洲	112.0
沙鱼洲	6.0
洲仔	140.0
坪仕洲	69.1
三角洲	56.9
烟囱湾	27.5
荷包澳—威台港	17.0
范和港	262.3
总面积	729.1

牡蛎软体组织和贝壳占总湿重的百分比分别为 1.3%和 63.8%（张继红等，2005），软体组织和贝壳中碳含量分别为 44.9%和 11.3%，氮含量分别为 8.9%和 0.12%，磷的含量分别为 11.6 g/kg 和 0.6 g/kg（张继红等，2005；于宗赫等，2014）。根据产量和氮磷含量进行计算，大亚湾贝类养殖收获输出的总碳（TC）、总氮（TN）和总磷（TP）物质通量分别为 2546 t/a，63.8 t/a 和 7.2 t/a。

综合网箱养殖物质输入和贝类养殖物质输出的结果，大亚湾养殖活动氮磷输入净通量分别为 141.5 t/a 和 23.4 t/a。

参 考 文 献

毕洪生，孙松，孙道元, 2001. 胶州湾大型底栖生物群落的变化[J]. 海洋与湖沼, 2: 132-138.

蔡德陵，孟凡，韩贻兵，等, 1999. $^{13}C/^{12}C$ 比值作为海洋生态系统食物网示踪剂的研究——崂山湾水体生物食物网的营养关系[J]. 海洋与湖沼, 30: 671-678.

陈丕茂，袁华荣，贾晓平，等, 2013. 大亚湾杨梅坑人工鱼礁区渔业资源变动初步研究[J]. 南方水产科学, 9(5): 100-108.

陈作志，邱永松, 2010. 南海北部生态系统食物网结构、能量流动及系统特征[J]. 生态学报, 30(18): 4855-4865.

陈作志，邱永松，贾晓平，等, 2008. 基于 Ecopath 模型的北部湾生态系统结构和功能[J]. 中国水产科学, 15(3): 460-469.

成庆泰，郑葆珊, 1987. 中国鱼类系统检索[M]. 北京：科学出版社.

邓景耀，姜卫民，杨纪明，等, 1997. 渤海主要生物种间关系及食物网的研究[J]. 中国水产科学, 4(4): 2-8.

邓可，刘素美，张桂玲，等, 2012. 菲律宾蛤仔养殖对胶州湾沉积物-水界面生源要素迁移的影响[J]. 环境科学, 33(3): 782-793.

杜飞雁，王雪辉，李纯厚，等, 2008. 大亚湾大型底栖动物物种多样性现状[J]. 南方水产, 4(6): 33-41.

符芳菲, 2017. 胶州湾大型底栖动物群落结构特征研究[D]. 上海: 上海海洋大学.
郭臣, 2012. 胶州湾围填海造陆生态补偿机制研究[D]. 青岛: 中国海洋大学.
郝彦菊, 唐丹玲, 2010. 大亚湾浮游植物群落结构变化及其对水温上升的响应[J]. 生态环境学报, 8: 1794-1800.
黄良民, 1989. 大亚湾叶绿素 a 的分布及其影响因素[J]. 海洋学报, 11(6): 769-779.
江锦祥, 蔡尔西, 吴启泉, 等, 1990. 大亚湾底栖生物的种类组成和数量分布[M]//国家海洋局第三海洋研究所. 大亚湾海洋生态文集(Ⅱ). 北京: 海洋出版社: 237-247.
金亮, 徐华林, 张志敏, 等, 2011. 大亚湾春秋季鱼类种类组成及年龄结构分析[J]. 台湾海峡, 30(1): 71-80.
李纯厚, 徐姗楠, 杜飞雁, 等, 2015. 大亚湾生态系统对人类活动的响应及健康评价[J]. 中国渔业质量与标准, 5(1): 1-10.
李丽, 江涛, 吕颂辉, 2013. 大亚湾海域夏、秋季分粒级叶绿素 a 分布特征[J]. 海洋环境科学, 32（2）: 185-189.
李明德, 1998. 鱼类分类学[M]. 北京: 海洋出版社.
李新正, 王洪法, 于海燕, 等, 2004. 胶州湾棘皮动物的数量变化及与环境因子的关系[J]. 应用与环境生物学报, 10(5): 618-622.
李新正, 于海燕, 王永强, 等, 2002. 胶州湾大型底栖动物数量动态的研究[J]. 海洋科学集刊, (4): 66-73.
林群, 2012. 黄渤海典型水域生态系统能量传递与功能研究[D]. 青岛: 中国海洋大学.
林群, 李显森, 李忠义, 等, 2013. 基于 Ecopath 模型的莱州湾中国对虾增殖生态容量[J]. 应用生态学报, 24(4): 1131-1140.
林昭进, 王雪辉, 江艳娥, 2010. 大亚湾鱼卵数量分布及种类组成特征[J]. 中国水产科学, 17(3): 543-550.
刘瑞玉, 1992. 胶州湾生态学和生物资源[M]. 北京: 科学出版社.
刘胜, 黄晖, 黄良民, 等, 2006. 大亚湾核电站对海湾浮游植物群落的生态效应[J]. 海洋环境科学, 2: 9-12.
刘学海, 王宗灵, 张明亮, 等, 2015. 基于生态模型估算胶州湾菲律宾蛤仔养殖容量[J]. 水产科学, 34(12): 733-740.
麻秋云, 韩东燕, 刘贺, 等, 2015. 应用稳定同位素技术构建胶州湾食物网的连续营养谱[J]. 生态学报, 35: 7207-7218.
梅春, 2010. 胶州湾中部海域鱼类群落结构特征及多样性变化研究[D]. 青岛: 中国海洋大学.
聂永康, 陈丕茂, 周艳波, 等, 2016. 南方紫海胆摄食习性的初步研究[J]. 南方水产科学, 12(3): 1-8.
宁修仁, 1997. 海洋微型和超微型浮游生物[J]. 东海海洋, 15(3): 60-64.
农业部渔业局, 2016. 中国渔业统计年鉴 2016[M]. 北京: 中国农业出版社.
丘耀文, 王肇鼎, 朱良生, 2005. 大亚湾海域营养盐与叶绿素含量的变化趋势及其对生态环境的影响[J]. 台湾海峡, 24(2): 131-139.
盛连喜, 王显久, 李多元, 等, 1994. 青岛电厂卷载效应对浮游生物损伤研究[J]. 东北师大学报(自然科学版), 2: 83-89.
宋星宇, 黄良民, 张建林, 等, 2004. 大鹏澳浮游植物现存量和初级生产力及 N∶P 值对其生长的影响[J]. 热带海洋学报, (5): 34-41.
孙翠慈, 王友绍, 孙松, 等, 2006. 大亚湾浮游植物群落特征[J]. 生态学报, 26(12): 3948-3958.
孙典荣, 李渊, 王雪辉, 2012. 海南岛近岸海域鱼类物种组成和多样性的季节变动[J]. 南方水产科学, 8(1): 1-7.
孙松, 李超伦, 张光涛, 等, 2011. 胶州湾浮游动物群落长期变化[J]. 海洋与湖沼, 42(5): 425-631.
汤宏俊, 孙松, 2015. 长江口几种优势桡足类对微型浮游动物的摄食研究[J]. 海洋与湖沼, 46: 148-156.
唐森铭, 严岩, 陈彬, 2013. 春夏季大亚湾核电厂温排水对海洋浮游植物群落结构的影响[J]. 应用海洋学学报, 32(3): 373-382.
王东旭, 陈国宝, 汤勇, 等, 2017. 大亚湾南部海域渔业资源水声学评估[J]. 安徽农业科学, 45(6): 95-98, 159.
王洪法, 李新正, 王金宝, 2011. 2000—2009 年胶州湾大型底栖动物的种类组成及变化[J]. 海洋与湖沼, 42(5): 738-752.
王金宝, 李新正, 王洪法, 等, 2006. 胶州湾多毛类环节动物优势种的生态特点[J]. 动物学报, 52(1): 63-69.
王金宝, 李新正, 王洪法, 等, 2011. 2005—2009 年胶州湾大型底栖动物生态学研究[J]. 海洋与湖沼, 42(5): 728-737.
王雪辉, 杜飞雁, 邱永松, 等, 2005. 大亚湾海域生态系统模型研究Ⅰ: 能量流动模型初探[J]. 南方水产, 1(3): 1-8.
王雪辉, 杜飞雁, 邱永松, 等, 2010. 1980—2007 年大亚湾鱼类物种多样性、区系特征和数量变化[J]. 应用生态学报, 21(9): 2403-2410.
王友绍, 2014. 大亚湾生态环境与生物资源[M]. 北京: 科学出版社.
王友绍, 王肇鼎, 黄良民, 2004. 近 20 年来大亚湾生态环境的变化及其发展趋势[J]. 热带海洋学报, 23(5): 85-95.
王跃中, 孙典荣, 贾晓平, 等, 2013. 捕捞压力和气候变化对东海马面鲀渔获量的影响[J]. 南方水产科学, 9(1): 8-15.
王肇鼎, 练健生, 胡建兴, 等. 2003. 大亚湾生态环境的退化现状与特征[J]. 生态科学, 22(4): 313-320.

吴玉霖, 孙松, 张永山, 等, 2004. 胶州湾浮游植物数量长期动态变化的研究[J]. 海洋与湖沼, 35(6): 518-523.
徐邦玉, 张霞, 倪志鑫, 等, 2015. 富营养化对两种海洋微藻吸收铜和镉的影响[J]. 海洋环境科学, 34(5): 641-646.
徐恭昭, 1989. 大亚湾环境与资源[M]. 合肥: 安徽科学技术出版社.
杨超杰, 吴忠鑫, 刘鸿雁, 等, 2016. 基于 Ecopath 模型估算莱州湾朱旺人工鱼礁区日本蟳、脉红螺捕捞策略和刺参增殖生态容量[J]. 中国海洋大学学报(自然科学版), 46(11): 168-177.
杨纪明, 2001. 渤海鱼类的食性和营养级研究[J]. 现代渔业信息, 16(10): 10-19.
余立华, 2006. 秋季长江口不同辐照和氮、磷浓度水平下浮游植物营养盐吸收动力学及生长变化研究[D]. 上海: 华东师范大学.
于海燕, 李新正, 李宝泉, 等, 2005. 胶州湾大型底栖甲壳动物数量动态变化[J]. 海洋与湖沼, 36(4): 289-295.
于杰, 杜飞雁, 陈国宝, 等, 2009. 基于遥感技术的大亚湾海岸线的变迁研究[J]. 遥感技术与应用, 24(4): 512-516.
于宗赫, 江涛, 夏建军, 等, 2014. 大鹏澳牡蛎养殖区生态服务价值评估[J]. 水产学报, 38(6): 854-862.
袁华荣, 陈丕茂, 秦传新, 等, 2017. 南海柘林湾鱼类群落结构季节变动的研究[J]. 南方水产科学, 13(2): 26-35.
翟璐, 韩东燕, 傅道军, 等, 2014. 胶州湾及其邻近海域鱼类群落结构及与环境因子的关系[J]. 中国水产科学, 21(4): 810-821.
詹秉义, 1995. 渔业资源评估[M]. 北京: 中国农业出版社.
张波, 李忠义, 金显仕, 2014. 许氏平鲉的食物组成及其食物选择性[J]. 中国水产科学, 21(1): 134-141.
张波, 吴强, 金显仕, 2015. 1959—2011 年莱州湾渔业资源群落食物网结构的变化[J]. 中国水产科学, 22: 278-287.
张继红, 方建光, 唐启升, 2005. 中国浅海贝藻养殖对海洋碳循环的贡献[J]. 地球科学进展, 20(3): 359-365.
张明亮, 2008. 胶州湾贝类养殖容量研究与分析[D]. 青岛: 国家海洋局第一海洋研究所.
张其永, 杨甘霖, 1986. 闽南-台湾浅滩渔场狗母鱼类食性的研究[J]. 水产学报, 10(2): 213-222.
张学庆, 刘津梁, 王翠, 2014. 胶州湾随机动力条件下的船舶溢油污染概率研究[J]. 应用海洋学学报, 33(3): 379-384.
中国水产科学研究院南海水产研究所, 惠州市海洋与渔业局, 2008. 惠州市海洋环境保护规划研究报告[R]. 惠州: [出版者不详].
中华人民共和国农业农村部, 2018. 中国渔业统计年鉴 2018[M]. 北京: 中国农业出版社.
中华人民共和国国家质量监督检验检疫总局, 中国国家标准化管理委员会. 2007. 海洋调查规范 第 6 部分: 海洋生物调查[S]. 北京: 中国标准出版社: 41-44.
周林滨, 谭烨辉, 黄良民, 等, 2010. 水生生物粒径谱/生物量谱研究进展[J]. 生态学报, 30(12): 3319-3333.
朱艾嘉, 黄良民, 许战洲, 2008. 氮、磷对大亚湾大鹏澳海区浮游植物群落的影响 I. 叶绿素 a 与初级生产力[J]. 热带海洋学报, 27(1): 38-45.
Allen K R, 1971. Relation between production and biomass[J]. Journal of Fisheries Research Board Canada, 28: 1573-1581.
Asante K A, Agusa T, Kubota R, et al., 2010. Trace elements and stable isotope ratios(δ^{13}C and δ^{15}N)in fish from deep-waters of the Sulu Sea and the Celebes Sea[J]. Marine Pollution Bulletin, 60(9): 1560-1570.
Asante K A, Agusa T, Mochizuki H, et al., 2008. Trace elements and stable isotopes(δ^{13}C and δ^{15}N)in shallow and deep-water organisms from the East China Sea[J]. Environmental Pollution, 156(3): 862-873.
Banaru D, Mellon-Duval C, Roos D, et al., 2013. Trophic structure in the Gulf of Lions marine ecosystem(north-western Mediterranean Sea)and fishing impacts[J]. Journal of Marine Systems, 111-112(2): 45-68.
Bardhan P, Naqvi S W A, Karapurkar S G, et al., 2017. Isotopic composition of nitrate and particulate organic matter in a pristine dam-reservoir of western India: Implications for biogeochemical processes[J]. Biogeosciences, 14: 767-779.
Barwick M, Maher W, 2003. Biotransference and biomagnification of selenium copper, cadmium, zinc, arsenic and lead in a temperate seagrass ecosystem from Lake Macquarie Estuary, NSW, Australia[J]. Marine Environmental Research, 56(4): 471-502.
Benoît E, Rochet M J, 2004. A continuous model of biomass size spectra governed by predation and the effects of fishing on them[J]. Journal of Theoretical Biology, 226(1): 9-21.
Blackmore G, Wang W X, 2004. The transfer of cadmium, mercury, methylmercury, and zinc in an intertidal rocky shore food chain[J]. Journal of Experimental Marine Biology and Ecology, 307(1): 91-110.
Borrell A, Tornero V, Bhattacharjee D, et al., 2016. Trace element accumulation and trophic relationships in aquatic organisms of the Sundarbans mangrove ecosystem(Bangladesh)[J]. Science of The Total Environment, 545-546: 414-423.
Boudreau P R, Dickie L M, Kerr S R, 1991. Body-size spectra of production and biomass as system-level indicators of ecological

dynamics[J]. Journal of Theoretical Biology, 152(3): 329-339.

Brown J H, Gillooly J F, Allen A P, et al., 2004. Toward a metabolic theory of ecology[J]. Ecology, 85(7): 1771-1789.

Campbell L M, Norstrom R J, Hobson K A, et al., 2005. Mercury and other trace elements in a pelagic Arctic marine food web(Northwater Polynya, Baffin Bay)[J]. Science of The Total Environment, 351-352: 247-263.

Caumette G, Koch I, Estrada E, et al., 2011. Arsenic speciation in plankton organisms from contaminated lakes: Transformations at the base of the freshwater food chain[J]. Environmental Science & Technology, 45(23): 9917-9923.

Chan S M, Wang W X, Ni I H, 2003. The Uptake of Cd, Cr, and Zn by the macroalga *Enteromorpha crinita* and subsequent transfer to the marine herbivorous rabbitfish, Siganus canaliculatus[J]. Archives of Environmental Contamination and Toxicology, 44(3): 298-306.

Chen Z Z, Qiu Y S, Xu S N, 2011. Changes in trophic flows and ecosystem properties of the Beibu Gulf ecosystem before and after the collapse of fish stocks[J]. Ocean & coastal management, 54(8): 601-611.

Chen Z Z, Xu S N, Qiu Y S, 2015. Using a food-web model to assess the trophic structure and energy flows in Daya Bay, China[J]. Continental Shelf Research, 111(Part B): 316-326.

Chong K, Wang W X, 2001. Comparative studies on the biokinetics of Cd, Cr, and Zn in the green mussel *Perna viridis* and the Manila clam *Ruditapes philippinarum*[J]. Environmental Pollution, 115(1): 107-121.

Christensen V, Pauly D, 1992. Ecopath Ⅱ: A software for balancing steady-state model and calculating network characteristics[J]. Ecological Modelling, 61(3-4): 169-185.

Clowes L A, Francesconi K A, 2004. Uptake and elimination of arsenobetaine by the mussel *Mytilus edulis* is related to salinity[J]. Comparative Biochemistry and Physiology Part C: Toxicology & Pharmacology, 137(1): 35-42.

Comeau L A, Filgueira R, Guyondet T, et al., 2015. The impact of invasive tunicates on the demand for phytoplankton in longline mussel farms[J]. Aquaculture, 441: 95-105.

Copat C, Grasso A, Fiore M, et al., 2018. Trace elements in seafood from the Mediterranean sea: An exposure risk assessment[J]. Food and Chemical Toxicology, 115: 13-19.

Currie R S, Muir D C G, Fairchild W L, et al., 1998. Influence of nutrient additions on cadmium bioaccumulation by aquatic invertebrates in littoral enclosures[J]. Environmental Toxicology and Chemistry, 17(12): 2435-2443.

del Giorgio P A, Williams P J L B, 2005. Respiration in Aquatic Ecosystems[M]. Oxford: Oxford University Press.

Duan L J, Li S Y, Moreau J, et al., 2009. Modeling changes in the coastal ecosystem of the Pearl River Estuary from 1981 to 1998[J]. Ecological Modelling, 220: 2802-2818.

Duarte C M, Regaudie-De-Gioux A, Arrieta J M, et al., 2013.The oligotrophic ocean is heterotrophic[J]. Annual Review of Marine Science, 5(4): 551-569.

Ducklow H W, McAllister S L, 2005.The biogeochemistry of carbon dioxide in the coastal oceans[M]//Robinson A R, Brink K H. The Sea. Cambridge: Harvard University Press: 269-315.

Durr S, Watson D I, 2010. Biofouling and antifouling in aquaculture[M]//Durr S, Thomason J C. Biofouling. Hoboken: Wiley Blackwell.

El-sabaawi R, Harrison P J, 2006. Interactive effects of irradiance and temperature on the photosynthetic physiology of the pennate diatom Pseudo-nitzschiagranii(Bacillariophyceae)from the northeast subarctic Pacific[J]. Journal of Phycology, 42(4): 778-785.

Fenberg P B, Roy K, 2008. Ecological and evolutionary consequences of size-selective harvesting: How much do we know? [J]. Molecular Ecology, 17(1): 209-220.

Ferreira J G, Hawkins A J S, Bricker S B, 2007. Management of productivity, environmental effects and profitability of shellfish aquaculture—the Farm Aquaculture Resource Management(FARM)model[J]. Aquaculture, 264: 160-174.

Filgueira R, Byron C, Comeau L, et al., 2015. An integrated ecosystem approach for assessing the potential role of cultivated bivalve shells as part of the carbon trading system[J]. Marine Ecology Progress Series, 518: 281-287.

Fisher N S, Stupakoff I, Saiiudo-Wilhelmy S, et al., 2000. Trace metals in marine copepods: A field test of a bioaccumulation model coupled to laboratory uptake kinetics data[J]. Marine Ecology Progress Series, 194: 211-218.

Foster S, Maher W, Taylor A, et al., 2005. Distribution and speciation of arsenic in temperate marine saltmarsh ecosystems[J]. Environmental Chemistry, 2(3): 177-189.

Fry B, 2006. Stable Isotope Ecology[M]. New York: Springer.

Fu M, Wang Z, Li Y, et al., 2016. Phytoplankton biomass size structure and its regulation in the Southern Yellow Sea(China): Seasonal variability[J]. Continental Shelf Research, 29(18): 2178-2194.

Gray J S, 2002. Biomagnification in marine systems: The perspective of an ecologist[J]. Marine Pollution Bulletin, 45(1-12): 46-52.

Gulland J A, 1971. The Fish Resources of the Ocean[M]. Surrey: Fishing News(Books)Ltd.

Guo B B, Jiao D Q, Wang J, et al., 2016. Trophic transfer of toxic elements in the estuarine invertebrate and fish food web of Daliao River, Liaodong Bay, China[J]. Marine Pollution Bulletin, 113(1-2): 258-265.

Han B P, Straškraba M, 2001. Size dependence of biomass spectra and abundance spectra: The optimal distributions[J]. Ecological Modeling, 145: 175-187.

Hao Y, Tang D, Yu L, et al., 2011. Nutrient and chlorophyll a anomaly in red-tide periods of 2003—2008 in Sishili Bay, China[J]. Chinese Journal of Oceanology and Limnology, 29(3): 664-673.

Hong H S, Wang M H, Huang X G, et al., 2009. Effects of macronutrient additions on nickel uptake and distribution in the dinoflagellate *Prorocentrum donghaiense* Lu[J]. Environmental Pollution, 157(6): 1933-1938.

Huang J H, 2016. Arsenic trophodynamics along the food chains/webs of different ecosystems: A review[J]. Chemistry and Ecology, 32(9): 803-828.

Huang X, Ke C, Wang W X, 2008. Bioaccumulation of silver, cadmium and mercury in the abalone *Haliotis diversicolor* from water and food sources[J]. Aquaculture, 283(1): 194-202.

Huang X G, Li H, Huang B, et al., 2015. Influence of dissolved organic nitrogen on Ni bioavailability in *Prorocentrum donghaiense* and *Skeletonema costatum*[J]. Marine Pollution Bulletin, 96(1): 368-373.

Huang X G, Lin X C, Li S X, et al., 2016. The influence of urea and nitrate nutrients on the bioavailability and toxicity of nickel to *Prorocentrum donghaiense*(Dinophyta)and *Skeletonema costatum(*Bacillariophyta)[J]. Aquatic Toxicology, 181: 22-28.

Jacobs P, Riegman R, Meer J V D, 2016. Impact of introduced juvenile mussel cultures on the pelagic ecosystem of the western Wadden Sea, the Netherlands[J]. Aquaculture Environment Interactions, 8: 553-556.

Jiang Z Y, Wang Y S, Cheng H, et al. 2015. Spatial variation of phytoplankton community structure in Daya Bay, China[J]. Ecotoxicology, 24(7-8): 1450-1458.

Jones H J, Swadling K M, Butler E C V, et al., 2014. Application of stable isotope mixing models for defining trophic biomagnification pathways of mercury and selenium[J]. Limnology and Oceanography, 59(4): 1181-1192.

Ke C, Wang W X, 2001. Bioaccumulation of Cd, Se, and Zn in an estuarine oyster(*Crassostrea rivularis*)and a coastal oyster(*Saccostrea glomerata*)[J]. Aquatic Toxicology, 56(1): 33-51.

Kehrig H A, Seixas T G, Malm O, et al., 2013. Mercury and selenium biomagnification in a Brazilian coastal food web using nitrogen stable isotope analysis: A case study in an area under the influence of the Paraiba do Sul River plume[J]. Marine Pollution Bulletin, 75(1): 283-290.

Kemp W M, Smith E M, Marvin-DiPasquale M, et al., 1997. Organic carbon balance and net ecosystem metabolism in Chesapeake Bay[J]. Marine Ecology Progress Series, 150: 229-248.

Kerr S R, 1974. Theory of size distribution in ecological communities[J]. Journal of the Fisheries Research Board of Canada, 31: 1859-1862.

Kerr S R, Dickie L M, 2001. The Biomass Spectrum: A Predator-Prey Theory of Aqautic Production [M]. New York: Columbia University Press.

Kirby J, Maher W, Chariton A, et al., 2002. Arsenic concentrations and speciation in a temperate mangrove ecosystem, NSW, Australia[J]. Applied Organometallic Chemistry, 16(4): 192-201.

Kocum E, Sutcu A, 2013. Analysis of variations in phytoplankton community size-structure along a coastal trophic gradient[J]. Journal of Coastal Research, 30(4): 777-784.

Lacoste E, Gaertner-Mazouni N, 2016. Nutrient regeneration in the water column and at the sediment-water interface in pearl oyster culture(*Pinctada margaritifera*)in a deep atoll lagoon(Ahe, French Polynesia)[J]. Estuarine, Coastal and Shelf Science, 182(2): 304-309.

Lee W Y, Wang W X, 2001. Metal accumulation in the green macroalga *Ulva fasciata*: Effects of nitrate, ammonium and phosphate[J]. Science of The Total Environment, 278(1): 11-22.

Li S X, Chen L H, Zheng F Y, et al., 2014. Influence of eutrophication on metal bioaccumulation and oral bioavailability in oysters, *Crassostrea angulata*[J]. Journal of Agricultural and Food Chemistry, 62(29): 7050-7056.

Li S X, Hong H S, Zheng F Y, et al., 2007. Influence of nitrate on metal sorption and bioaccumulation in marine phytoplankton, *Dunaliella salina*[J]. Environmental Toxicology, 22(6): 582-586.

Li S X, Liu F J, Zheng F Y, et al., 2013a. Effects of nitrate addition and iron speciation on trace element transfer in coastal food webs under phosphate and iron enrichment[J]. Chemosphere, 91(11): 1486-1494.

Li X Y, Li B, Sun X L, et al., 2013b. Effects of thermal discharge from a coastal power plant on phytoplankton in Zhanjiang Bay[J]. Applied Mechanics and Materials, 317: 532-539.

Lin J, Li C, Zhang S, 2016. Hydrodynamic effect of a large offshore mussel suspended aquaculture farm[J]. Aquaculture, 451: 147-155.

Lindahl O, Hart R, Hernroth B, et al., 2005. Improving marine water quality by mussel farming: A profitable solution for Swedish society[J]. Ambio, 34(2): 131-138.

Liu H X, Song X Y, Huang L M, et al. 2011. Diurnal variation of phytoplankton community in a high frequency area of HABs: Daya Bay, China[J]. Chinese Journal of Oceanology and Limnology, 29(4): 800-806.

Liu Y, Liu G J, Yuan Z J, et al., 2017. Presence of arsenic, mercury and vanadium in aquatic organisms of Laizhou Bay and their potential health risk[J]. Marine Pollution Bulletin, 125(1): 334-340.

Liu Y, Liu G J, Yuan Z J, et al., 2018. Heavy metals(As, Hg and V)and stable isotope ratios(δ^{13}C and δ^{15}N)in fish from Yellow River Estuary, China[J]. Science of The Total Environment, 613-614: 462-471.

Long A, Wang W X, 2005. Assimilation and bioconcentration of Ag and Cd by the marine black bream after waterborne and dietary metal exposure[J]. Environmental Toxicology and Chemistry, 24(3): 709-716.

Loret P, Gall S L, Dupuy C, et al., 2000. Heterotrophic protists as a trophic link between picocyanobacteria and the pearl oyster *Pincada margaritiferain* the Takapoto lagoon(Tuamotu Archipelago, French Polynesia)[J]. Aquatic Microbial Ecology, 22: 215-226.

Luoma S N, van Geen A, Lee B G, et al., 1998. Metal uptake by phytoplankton during a bloom in South San Francisco Bay: Implications for metal cycling in estuaries[J]. Limnology and Oceanography, 43(5): 1007-1016.

Maar M, Nielsen T G, Petersen J K, 2008. Depletion of plankton in a raft culture of *Mytilus galloprovincialis* in Ria de Vigo, NW Spain. Ⅱ. Zooplankton[J]. Aquatic Biology, 4: 127-141.

Macpherson E, Gordoa A, 1996. Biomass spectra in benthic fish assemblages in the Benguela System[J]. Marine Ecology Progress Series, 138: 27-32.

Majer A P, Petti M A V, Corbisier T N, et al., 2014. Bioaccumulation of potentially toxic trace elements in benthic organisms of Admiralty Bay(King George Island, Antarctica)[J]. Marine Pollution Bulletin, 79(1): 321-325.

Mikkelsen O A, Curran K J, Hill P S, et al., 2007. Entropy analysis of in situ particle size spectra[J]. Estuarine, Coastal and Shelf Science, 72: 615-625.

Monferrán M V, Garnero P, de los Angeles Bistoni M, et al., 2016. From water to edible fish. Transfer of metals and metalloids in the San Roque Reservoir(Córdoba, Argentina). Implications associated with fish consumption[J]. Ecological Indicators, 63: 48-60.

Moran M J, Shapiro H N, Boettner D D, et al., 2010. Fundamentals of Engineering Thermodynamics[M]. 7th Ed. Hoboken: John Wiley & Sons, Inc.

Mousing E A, Ellegaard M, Richardson K, 2014. Global patterns in phytoplankton community size structure-evidence for a direct temperature effect[J]. Marine Ecology Progress Series, 497: 25-38.

Nelson J S, 2006. Fishes of the World[M]. 4th Ed. Hoboken: John Wiley & Sons, Inc.

Nfon E, Cousins I T, Järvinen O, et al., 2009. Trophodynamics of mercury and other trace elements in a pelagic food chain from the Baltic Sea[J]. Science of The Total Environment, 407(24): 6267-6274.

Okelsrud A, Lydersen E, Fjeld E, 2016. Biomagnification of mercury and selenium in two lakes in southern Norway[J]. Science of The Total Environment, 566-567: 596-607.

Palomares I, Pauly D, 1998. Predicting food consumption of fish populations as functions of mortality, food type, morphometrics, temperature and salinity[J]. Marine and Freshwater Research, 49(5): 447-452.

Pan K, Wang W X, 2008. Validation of biokinetic model of metals in the scallop *Chlamys nobilis* in complex field environments[J]. Environmental Science & Technology, 42(16): 6285-6290.

Pauly D, 1980. On the interrelationships between natural mortality, growth parameters and mean environmental temperature in 175 fish stocks[J]. ICES Journal of Marine Science, 39(2): 175-192.

Pauly D, Christense V, Dalagaard J, et al., 1998. Fishing down marine food webs[J]. Science, 279: 860-863.

Pereira A A, van Hattum B, de Boer J, et al., 2010. Trace elements and carbon and nitrogen stable isotopes in organisms from a tropical coastal lagoon[J]. Archives of Environmental Contamination and Toxicology, 59(3): 464-477.

Peterson B J, Fry B, 1987. Stable isotopes in ecosystem studies[J]. Annual review of Ecology and Systematics, 18(1): 293-320.

Petersen J K, Nielsen T G, van Duren L, et al., 2008. Depletion of plankton in a raft culture of *Mytilus galloprovincialis* in Rıa de Vigo, NW Spain .I. Phytoplankton[J]. Aquatic Biology, 4: 113-125.

Pinkas L, Oliphant M S, Iverson I L K, 1971. Fish Bulletin 152. Food habits of albacore, bluefin tuna, and bonito in California waters[J]. Fish Bulletin, 152: 1-105.

Platt T, Denman K, 1977. Organisation in the pelagic ecosystem[J]. Helgoländer wissenschaftliche Meeresuntersuchungen, 30(1-4): 575-581.

Qi Z, Han T, Zhang J, et al., 2015. First report on in situ biodeposition rates of ascidians(Ciona intestinalis and Styela clava)during summer in Sanggou Bay, northern China[J]. Aquaculture Environment Interactions, 6(3): 233-239.

Quinn M R, Feng X, Folt C L, et al., 2003. Analyzing trophic transfer of metals in stream food webs using nitrogen isotopes[J]. Science of The Total Environment, 317(1-3): 73-89.

Ray S, Berec L, Straškraba M, et al., 2001. Optimization of exergy and implications of body sizes of phytoplankton and zooplankton in an aquatic ecosystem model[J]. Ecological Modeling, 140: 219-234.

Razavi N R, Arts M T, Qu M, et al., 2014. Effect of eutrophication on mercury, selenium, and essential fatty acids in Bighead Carp(*Hypophthalmichthys nobilis*)from reservoirs of eastern China[J]. Science of The Total Environment, 499: 36-46.

Revenga J E, Campbell L M, Arribére M A, et al., 2012. Arsenic, cobalt and chromium food web biodilution in a Patagonia mountain lake[J]. Ecotoxicology and Environmental Safety, 81: 1-10.

Rijstenbil J W, Dehairs F, Ehrlich R, et al., 1998. Effect of the nitrogen status on copper accumulation and pools of metal-binding peptides in the planktonic diatom *Thalassiosira pseudonana*[J]. Aquatic Toxicology, 42(3): 187-209.

Rosa M, Ward J E, Holohan B A, et al., 2017. Physicochemical surface properties of microalgae and their combined effects on particle selection by suspension feeding bivalve molluscs[J]. Journal of Experimental Marine Biology and Ecology, 486: 59-68.

Rosa M, Ward J E, Ouvrard M, et al., 2015. Examining the physiological plasticity of particle capture by the blue mussel, *Mytilus edulis(*L.): Confounding factors and potential artifacts with studies utilizing natural seston[J]. Journal of Experimental Marine Biology and Ecology, 473: 207-217.

Rossberg A G, Ishii R, Amemiya T, et al., 2008. The top-down mechanism for body-mass-abundance scaling[J]. Ecology, 89(2): 567-580.

Saha N, Mollah M Z I, Alam M F, et al., 2016. Seasonal investigation of heavy metals in marine fishes captured from the Bay of Bengal and the implications for human health risk assessment[J]. Food Control, 70: 110-118.

Sakata M, Miwa A, Mitsunobu S, et al., 2015. Relationships between trace element concentrations and the stable nitrogen isotope ratio in biota from Suruga Bay, Japan[J]. Journal of Oceanography, 71(1): 141-149.

Sato M, Kodama T, Hashihama F, et al., 2015. The effects of diel cycles and temperature on size distributions of pico-and nanophytoplankton in the subtropical and tropical Pacific Ocean[J]. Plankton and Benthos Research, 10(1): 26-33.

Sato T, Miyajima T, Ogawa H, et al., 2006. Temporal variability of stable carbon and nitrogen isotopic composition of size-fractionated particulate organic matter in the hypertrophic Sumida River estuary of Tokyo Bay, Japan[J]. Estuarine, Coastal and Shelf Science, 68: 245-258.

Schaeffer R, Francesconi K A, Kienzl N, et al., 2006. Arsenic speciation in freshwater organisms from the river Danube in Hungary[J]. Talanta, 69(4): 856-865.

Sheldon R W, Parkash A, Sutcliffe W H, 1972. The size distribution of particles in the ocean[J]. Limnology and Oceangraphy, 17: 327-340.

Sheldon R W, Sutcliffe W H, Paranjape A, 1977. Structure of pelagic food chain and relationship between plankton and fish production[J]. Journal of the Fisheries Research Board of Canada, 34: 2344-2353.

Signa G, Tramati C D, Vizzini S, 2013. Contamination by trace metals and their trophic transfer to the biota in a Mediterranean coastal system affected by gull guano[J]. Marine Ecology Progress Series, 479: 13-24.

Smith V H, Tilman G D, Nekola J C, 1999. Eutrophication: Impacts of excess nutrient inputs on freshwater, marine, and terrestrial ecosystems[J]. Environmental Pollution, 100(1): 179-196.

Song X Y, Huang L M, Zhang J L, et al., 2009. Harmful algal blooms(HABs)in Daya Bay, China: An in-situ study of primary production and environmental impacts[J]. Marine Pollution Bulletin, 58(9): 1310-1318.

Song X Y, Liu H X, Zhong Y, et al., 2015. Bacterial growth efficiency in a partly eutrophicated bay of South China Sea: Implication for anthropogenic impacts and potential hypoxia events[J]. Ecotoxicology, 24(7-8): 1529-1539.

Sprules W G, Munawar M, 1986. Plankton size spectra in relation to ecosystem productivity, size and perturbation[J]. Canadian Journal of Fisheries and Aquatic Sciences, 43: 1789-1794.

Stead T K, Schmid-Araya J M, Schmid P E, et al., 2005. The distribution of body size in a stream community: One system, many patterns[J]. Journal of Animal Ecology, 74(3): 475-487.

Sun S, Huo Y, Yang B, 2010. Zooplankton functional groups on the continental shelf of the yellow sea[J]. Deep Sea Research Part Ⅱ: Topical Studies in Oceanography, 57: 1006-1016.

Tang Q, Jin X, Wang J, et al., 2003. Decadal-scale variation of ecosystem productivity and control mechanisms in the Bohai Sea[J]. Fish Oceanography, 12(4-5): 223-233.

Thiebaux M L, Dickie L M, 1992. Models of aquatic biomass size spectra and the common structure of their solutions[J]. Journal of Theoretical Biology, 159(2): 147-161.

Thiebaux M L, Dickie L M, 1993. Structure of the body-size spectrum of the biomass in aquatic ecosystems: A consequence of allometry in predator-prey interactions[J]. Canadian Journal of Fisheries and Aquatic Sciences, 50: 1308-1317.

Thomann R V, 1981. Equilibrium model of fate of microcontaminants in diverse aquatic food chains[J]. Canadian Journal of Fisheries and Aquatic Sciences, 38(3): 280-296.

Torres M A, Coll M, Heymans J J, et al., 2013. Food-web structure of and fishing impacts on the Gulf of Cadiz ecosystem(South-western Spain)[J]. Ecological Modelling, 265: 26-44.

Troedsson C, Frischer M E, Nejstgaard J C, et al., 2007. Molecular quantification of differential ingestion and particle trapping rates by the appendicularian *Oikopleura dioica* as a function of prey size and shape[J]. Limnology and Oceanography, 52: 416-427.

Tu N P C, Agusa T, Ha N N, et al., 2011. Stable isotope-guided analysis of biomagnification profiles of arsenic species in a tropical mangrove ecosystem[J]. Marine Pollution Bulletin, 63(5-12): 124-134.

Tu N P C, Ha N N, Matsuo H, 2012. Biomagnification profiles of trace elements through the food web of an integrated shrimp mangrove farm in Ba Ria Vung Tau, South Vietnam[J]. American Journal of Environmental Sciences, 8(2): 117-129.

Vaquer-Sunyer R, Conley D J, Muthusamy S, et al., 2015. Dissolved organic nitrogen inputs from wastewater treatment plant effluents increase responses of planktonic metabolic rates to warming[J]. Environmental Science & Technology, 49(19): 11411-11420.

Vaquer-Sunyer R, Reader H E, Muthusamy S, et al., 2016. Effects of wastewater treatment plant effluent inputs on planktonic metabolic rates and microbial community composition in the Baltic Sea[J]. Biogeosciences, 13(16): 4751-4765.

Vitousek P M, Mooney H A, Lubchenco J, et al., 1997. Human domination of earth's ecosystems[J]. Science, 277(5325): 494-499.

Vizzini S, Costa V, Tramati C, et al., 2013. Trophic transfer of trace elements in an isotopically constructed food chain from a semi-enclosed marine coastal area(Stagnone di Marsala, Sicily, Mediterranean)[J]. Archives of Environmental Contamination and Toxicology, 65(4): 642-653.

Wang W X, 2002. Interactions of trace metals and different marine food chains[J]. Marine Ecology Progress Series, 243: 295-309.

Wang W X, Fisher N S, 1998. Accumulation of trace elements in a marine copepod[J]. Limnology and Oceanography, 43(2): 273-283.

Wang W X, Dei R C H, Xu Y, 2001a. Cadmium uptake and trophic transfer in coastal plankton under contrasting nitrogen regimes[J]. Marine Ecology Progress Series, 211: 293-298.

Wang W X, Dei R C H, Xu Y, 2001b. Responses of Zn assimilation by coastal plankton to macronutrients[J]. Limnology and Oceanography, 46(6): 1524-1534.

Wang W X, Fisher N S, Luoma S N, 1996. Kinetic determinations of trace element bioaccumulation in the mussel *Mytilus edulis*[J]. Marine Ecology Progress Series, 140: 91-113.

Wang W X, Stupakoff I, Fisher N, 1999. Bioavailability of dissolved and sediment-bound metals to a marine deposit-feeding polychaete[J]. Marine Ecology Progress Series, 178: 281-293.

Wang Y S, Lou Z P, Sun C C, et al., 2008. Ecological environment changes in Daya Bay, China, from 1982 to 2004[J]. Marine Pollution Bulletin, 56(11): 1871-1879.

Wilhm J L, 1968. Use of biomass units in Shannon's formula[J]. Ecology, 49(1): 153.

Xu Y, Wang W X, 2002. Exposure and potential food chain transfer factor of Cd, Se and Zn in marine fish *Lutjanus argentimaculatus*[J]. Marine Ecology Progress Series, 238: 173-186.

Yahel G, Eerkes-Medrano D I, Leys S P, 2006. Size independent selective filtration of ultraplankton by hexactinellid glass sponges[J]. Aquatic Microbial Ecology, 45: 181-194.

Yan Q L, Wang W X，2002. Metal exposure and bioavailability to a marine deposit-feeding Sipuncula, *Sipunculus nudus*[J]. Environmental Science & Technology, 36: 40-47.

Zhang L, Wang W X, 2006. Significance of subcellular metal distribution in prey in influencing the trophic transfer of metals in a marine fish[J]. Limnology and Oceanography, 51(5): 2008-2017.

Zhang L, Wang W X, 2007. Size-dependence of the potential for metal biomagnification in early life stages of marine fish[J]. Environmental Toxicology and Chemistry, 26(4): 787-794.

Zhao L, Zhao Y, Xu J, et al., 2016. Distribution and seasonal variation of picoplankton in Sanggou Bay, China[J]. Aquaculture Environment Interactions, 8: 261-271.

Zhao L Q, Yang F, Yan X W, 2013. Biomagnification of trace elements in a benthic food web: The case study of Deer Island(Northern Yellow Sea)[J]. Chemistry and Ecology, 29(3): 197-207.

Zhou L, Huang L, Tan Y, et al., 2015. Size-based analysis of a zooplankton community under the influence of the Pearl River plume and coastal upwelling in the northeastern South China Sea[J]. Marine Biology Research, 11(2): 168-179.

Zhou L, Tan Y, Huang L, et al., 2013. Size-based analysis for the state and heterogeneity of pelagic ecosystems in the northern South China Sea[J]. Journal of Oceanography, 69(4): 379-393.

第五章 海湾生态环境演变趋势及调控原理

营养物质输入对海湾生态环境的影响具有高度复杂性。一方面，由流域和海域输入营养物质的通量、形态及组分结构等，受相应区域人类开发活动类别与强度的影响；另一方面，营养物质的浓度水平、形态及组分结构，还受由围填海等工程活动导致海湾水交换能力和自净能力下降的影响。同时，营养物质输入不仅会影响海湾环境，而且具有复杂的生态效应，威胁生态系统的平衡、健康和安全，这种影响程度和危害如何，需要建立评判海湾生态系统可持续发展的理论方法和指标。当影响超出海湾生态系统承受能力，即导致海湾生态系统失衡时，需要从生态系统水平的角度，通过协调区域开发活动的类别与强度，综合调控流域和海域输入营养物质的种类、通量和形态等，将流域和海域人类活动的干扰和影响控制在合理范围内，使海湾生态系统结构完整性和功能稳定性得以维持，使海湾生态系统得以健康、安全和可持续发展。海湾生态环境演变趋势关乎我国海岸带地区经济和社会发展的可持续性，准确预测海湾生态环境演变趋势具有重要意义。海湾生态环境的演变与流域环境状况及其变化趋势息息相关，因而将海湾流域与海域合为一体，构建物理过程—化学过程—生物过程耦合的海湾生态系统动力模型，是准确预测海湾生态环境演变趋势的必要条件。在认清营养物质输入对海湾生态环境影响过程和机理的基础上，提出海湾污染控制与生态调控原理及策略，探讨生态环境修复理论与方法，科学制定生态系统水平的海湾综合管理策略。本章的主要内容包括：①典型海湾生态环境变化规律；②海湾生态系统健康评价与营养盐阈值探讨；③海湾生态环境演变趋势预测；④海湾生态环境综合调控策略。

第一节 典型海湾生态环境变化规律

近几十年来，随着环海湾地区经济的发展，特别是港口、沿海工业、海洋养殖等产业的高速发展，大量污水排放入湾，水体中的氮、磷等营养物质不断增加。同时海湾港口的建设与快速发展引发海湾自然岸线的高强度开发，从而使海湾面积缩减、水动力改变、纳潮量减少，导致海水交换不畅、污水扩散能力减弱，近岸海域水质不断恶化，富营养化问题严重，赤潮灾害频发，海湾生态环境面临巨大压力。

海湾环境恶化、生态系统失衡，已严重威胁到海岸带地区经济和社会的可持续发展，加强海湾环境保护，遏制海湾生态环境恶化，将增强海湾海域的环境承载能力，为经济发展提供支撑和保证。而要做到这一点，首先要了解海湾的环境变化过程及其规律性，特别是影响生态环境变化的化学要素及其所引起的生物变化过程和规律。海湾生态系统的变化受控于物理、化学和生物过程相互之间的复杂关系，不同海湾生态系统的表现方式差异较大；人类活动对海湾生态系统的影响巨大，多种过程的不断累积是海湾生态系统演变的驱动力，其后果是使整个海湾生态系统的结构和功能发生改变（孙松和孙晓霞，2015）。不同海湾生态系统的生态问题具有各自的代表性，影响生态系统的环境因素各不相同，但是这些海湾生态系统所存在的问题又具有很多共性。因此对不同海湾地区生态环境的动态变化规律进行对比研究，了解这些变化和影响的个性和共性，有助于了解海湾生态系统变化的普遍规律，对社会的可持续发展具有直接的现实意义。

针对近年来胶州湾和大亚湾生态系统发生的巨大变化已有较多研究（王朝晖等，2016；马立杰等，2014；孙松等，2011；何玉新等，2005），但是还缺乏针对海湾环境变化对生态系统产生的影响的长期研究。本节将分析对比胶州湾和大亚湾生态环境的变化态势与主要影响因素，寻找两类典型海湾的环境、生态系统结构与功能等对人类活动干扰响应过程与机理的差异性，为研究既具普适性又有区域性的污染控制和生态调控原理提供指导。

一、胶州湾和大亚湾生态环境的变化态势

随着人为因素的作用和自然演变，胶州湾和大亚湾的海洋环境发生了巨大变化，主要包括：水域面积缩小、海岸线变迁、生物资源衰退、水体营养结构改变和环境质量下降等。本节将以大亚湾和胶州湾生态系统为研究对象，对比分析两个海湾自然条件的差异，分析其 30 多年来海湾营养盐的变化规律，以及研究营养盐变化对浮游植物、浮游动物的影响和变化规律，为认识海湾生态环境状况奠定基础，为海湾生态保护和环境管理提供依据。

（一）胶州湾和大亚湾自然环境的对比分析

海湾营养物质的输入和转化、生物群落的变化等受所处地理环境的制约。胶州湾和大亚湾均为我国典型的半封闭性海湾，但两者所处的地理位置、气候带等有显著差异，两个海湾形状、潮流及海流等的差异，导致它们的水交换能力不同，加上海湾的发展历史及发展程度不同，导致两个海湾生态环境存在差异。

①胶州湾和大亚湾所处地理位置不同，它们分别代表了我国北方和南方不同地理位置的海湾。胶州湾位于中国黄海中部、胶东半岛南岸、山东省青岛市境内，近似喇叭形。胶州湾为一浅水海湾，湾内平均水深 7 m，最大水深在湾口附近，局部可达 64 m，湾内为 51 m。湾内港阔水深、风平浪静，为天然优良港湾。大亚湾位于广东省惠州市南部、深圳东部，红海湾与大鹏湾之间，水域面积约 600 km^2，东西宽约 20 km，南北长约 30 km，平均水深 11 m，最深处 21 m。海湾的东、北、西三面为低矮丘陵环抱，湾内东西两岸为基岩侵蚀堆积海岸，北岸为沙堤潟湖堆积海岸。

②两个海湾所处气候带不同，代表了我国两类不同典型气候。胶州湾位于温带，温度相对较低、降雨较少、光照时间相对较短，多年平均气温为 12.3℃，平均降雨量 755.6 mm，夏无酷暑，冬无严寒。大亚湾属于亚热带海洋性气候，多年平均气温为 22℃，年平均降水量 1948 mm，全年多雨，雨季最集中分布在 4～11 月。红树林和珊瑚群落使该亚热带海湾显示出热带生境的特色。大亚湾海域季风盛行，风力强劲，风向季节转换明显，全年主导风向为东风。

③从流域范围而言，胶州湾和大亚湾分别代表我国流域面积较大与较小的两大类型海湾（图 5.1）。胶州湾流域范围较大，流域面积达 7656.14 km^2。注入胶州湾的河流有大沽河、

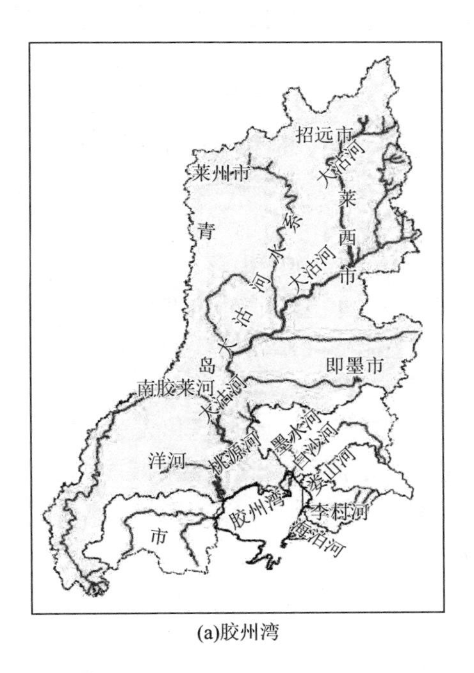

(a)胶州湾

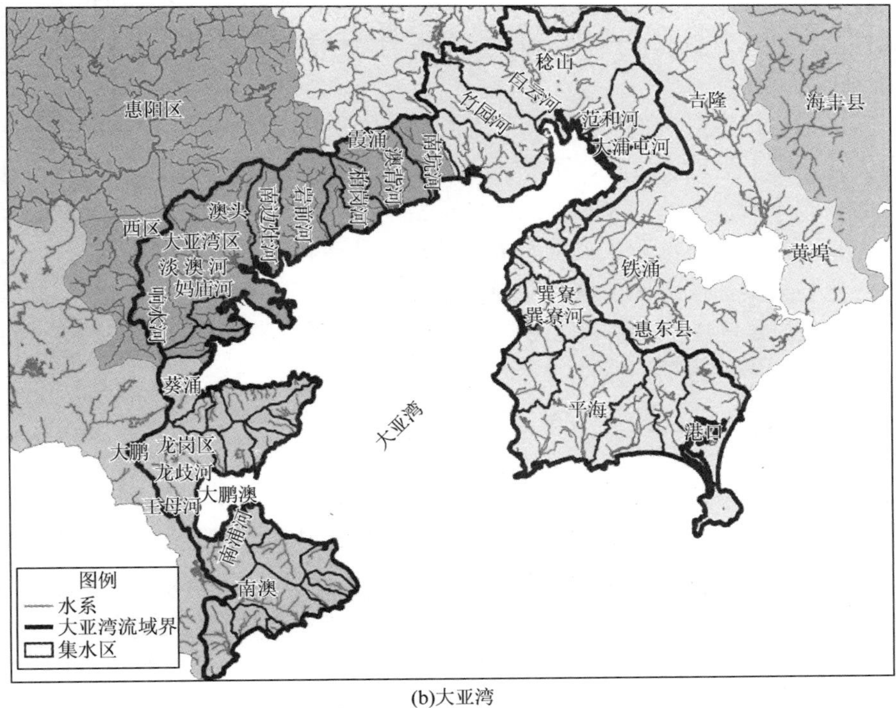

(b)大亚湾

图 5.1　胶州湾和大亚湾流域范围示意图（后附彩图）

桃源河、墨水河、白沙河、李村河等 10 多条河流，长度大于 30 km 的共 5 条，其中以大沽河最大，流域面积 6011.71 km^2，上述诸河皆为季节性河流，汛期集中在 7、8、9 三个月。大亚湾流域范围主要集中在环海湾陆域附近，流域面积约为 800 km^2，入湾最大河流为淡澳河，其流域面积 98 km^2。

④从生态系统复杂性看，胶州湾和大亚湾分别是我国海湾中较简单和较复杂两大类型海湾的代表。胶州湾生物群落组成和食物网结构相对简单。大亚湾生物多样性丰富，生物群落组成和食物网结构复杂，是许多经济鱼类产卵和越冬的场所和重要的水产养殖基地。

⑤两个海湾潮流、潮汐及湾内水交换能力存在差异。胶州湾的潮汐为典型的半日潮，平均潮差 2.71 m，最大潮差 6.87 m，胶州湾海水与外海水平均交换时间为 52 d（陈金瑞和陈学恩，2012），海湾东北部水域流势强，西部较弱，后者不利于物质扩散。大亚湾的潮汐为不规则半日潮，潮差范围为 1.01～2.57 m，湾内海水平均交换时间为 90 d（王聪等，2008）。随着海湾及周围区域经济的发展，胶州湾和大亚湾接纳了大量的工农业废水、生活污水及其他流域面源污染物，由于海湾水动力逐渐减弱，污染物在湾内得不到及时交换而长期累积，造成海域严重富营养化。

（二）胶州湾和大亚湾营养盐含量的对比分析

氮、磷、硅是海洋中重要的营养元素，与海洋生物的生长、繁殖密切相关，对调节整个生态系统的平衡起着重要作用，特别是对于作为海洋初级生产力的浮游植物而言，起到决定性的作用。

随着我国沿海地区经济的高速发展，海湾营养物质的来源组成、形态比例及通量等发生了明显变化。由于受地理位置、经济发展状况、不同人类活动等的影响，胶州湾和大亚湾营养盐的来源不同，各种来源的贡献率也有差异，而不同生物群落、差异性的气候条件及水动力因素等导致胶州湾和大亚湾营养盐的迁移和转化过程也不尽相同。目前对入海营养物质的变化与人类活动之间的关系，尚缺乏深刻认识。而识别海湾氮、磷、硅等营养物质的来源和贡献，是削减氮、磷、硅污染负荷和控制海湾富营养化的关键所在，对于制定环境综合管理措施十分重要。

1. 营养盐含量差异

从总体变化规律看，30 多年来（1985～2017 年）胶州湾和大亚湾水体中 DIN、PO_4^{3-} 含量均呈升高的趋势，胶州湾 DIN、PO_4^{3-} 含量及增长的幅度均高于大亚湾（图 5.2）。究其原因，一方面，胶州湾流域面积较大（7656.14 km^2），流入胶州湾的主要河流有 10 多条，流域输入为胶州湾营养物质提供重要来源，而大亚湾流域面积相对较小（800 km^2），流域输入的营养盐相对较少。另一方面，近几十年来，受围填海等人类活动的影响，胶州湾水域面积由 568 km^2 减少到约 343 km^2，水交换能力和滨海湿地的净化能力显著降低；多年来大亚湾围填海面积小于 20 km^2，对污染物的净化能力影响相对较小。可见，海湾流域面源输入的营养物质和滨海湿地的净化能力是影响海湾营养物质浓度高低的重要因素。大亚湾 DIN 含量多年来一直缓慢增长（平均值 5.36 μmol/L），PO_4^{3-} 含量多年平均值为 0.33 μmol/L，20 世纪 80 年代末以来磷酸盐浓度明显下降，到 1998 年降低到最小值，然而在之后 20 年磷酸盐总体呈现增长趋势。网箱养殖规模增大和养殖水体自身污染、周边农田化肥流失、沿岸人口增加导致乡镇居民生活污水排放量增加，这些都是大亚湾海区无机氮、磷酸盐浓度增大的原因。大亚湾 SiO_3^{2-} 含量显著高于胶州湾，总体上看数值波动很大且呈现下降趋势，而胶州湾 SiO_3^{2-} 含量呈缓慢上升趋势。

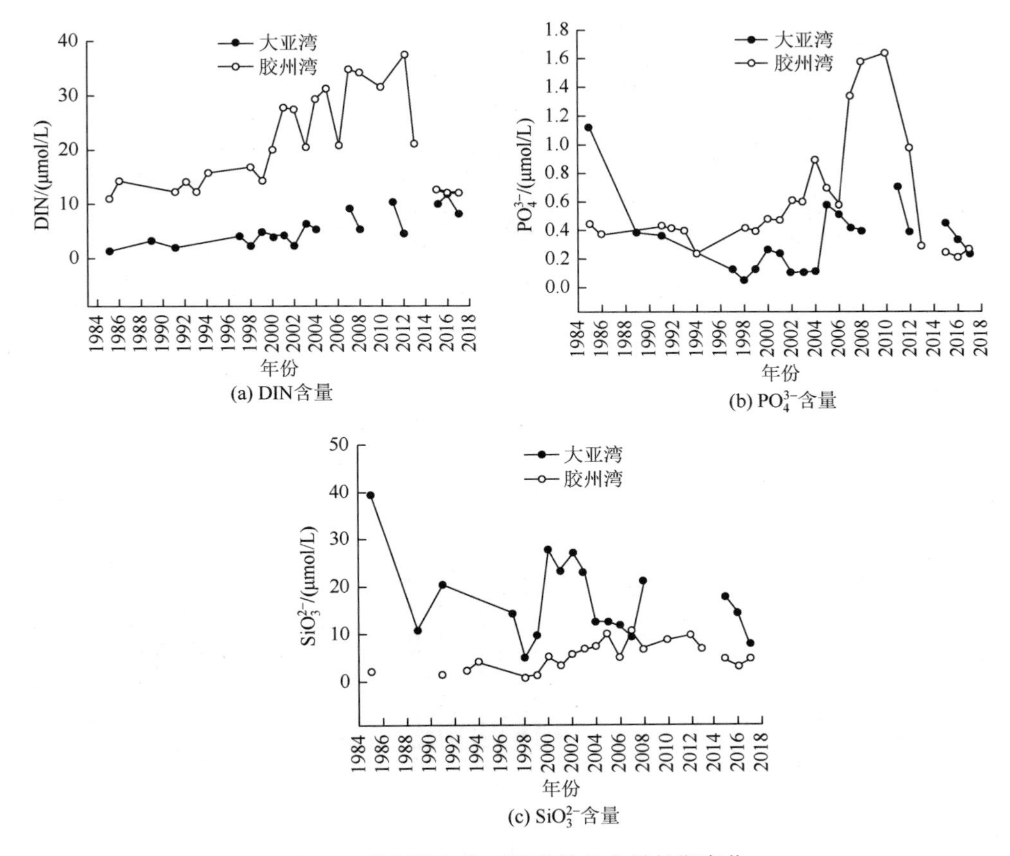

图 5.2　胶州湾和大亚湾营养盐含量长期变化

胶州湾 1985～2008 年数据来自孙晓霞等（2011），2010 年数据来自邹涛（2012），2011 年数据来自王玉钰等（2015），2012 年数据来自李俊磊和孙晓霞（2014），2013 年数据来自康美华（2014），2015～2017 年数据来自本书。大亚湾 1985～2004 年数据来自 Wang 等（2008），2005～2006 年数据来自 Wang 等（2009），2007～2008 年数据来自林国旺（2011），2011 年数据来自姜犁明等（2013），2012 年数据来自 Song 等（2015），2016～2017 年数据来自本书

2. 营养盐组成变化

在海域营养盐浓度升高的基础上，胶州湾和大亚湾营养盐结构发生很大变化（图 5.3）。NO_3^-、NO_2^- 和 NH_4^+ 占胶州湾 DIN 的比例多年平均值分别为 28%、7%和 65%，三者在大亚湾分别为 44%、10%和 46%。在胶州湾海域，2005 年之前，NH_4^+ 为 DIN 的主要组成部

分，所占比例可达 47%～90%。从 2005 年开始，NH_4^+ 所占比例开始下降，NO_3^- 所占比例上升，到 2008 年，NO_3^- 含量超过 NH_4^+ 含量。在大亚湾海域，NO_3^- 和 NO_2^- 的含量缓慢增长但波动较大，NH_4^+ 在 2004 年以前缓慢增长，但在 2005～2006 年出现大幅度增长，整体来说，NH_4^+ 所占比例呈增长趋势而 NO_3^- 所占比例呈下降趋势。

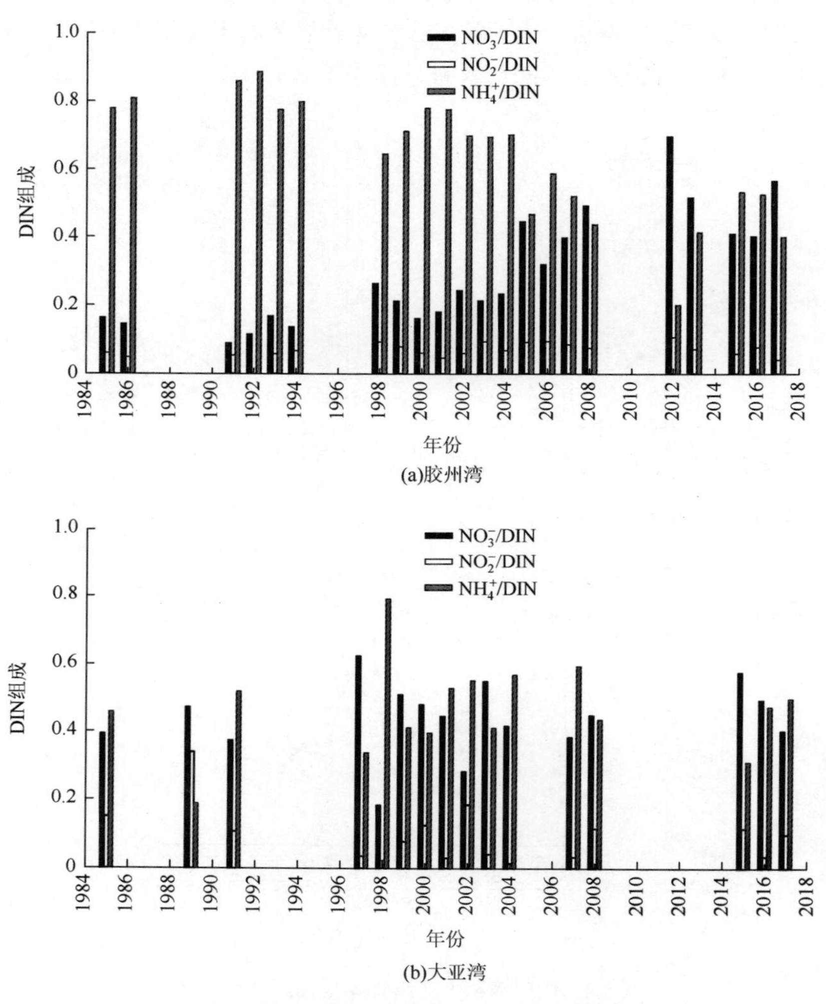

图 5.3　胶州湾和大亚湾 DIN 组成的长期变化

数据来源同图 5.2

胶州湾水体中营养元素比值 N/P、Si/P 和 Si/N 多年平均值分别为 45、11 和 0.2，而在大亚湾分别为 25、85 和 4.9(图 5.4)。胶州湾从 20 世纪 80～90 年代 N/P 值逐渐增加，2001～2008 年，N/P 值降低，但是 2010 年以后，又有一个增长的过程。胶州湾水体的 N/P 值在一些年份偏高，如 1994 年（69）、2001 年（60）、2010 年（52）、2013 年（72），这些值严重偏离 Redfield 比值，造成胶州湾氮磷比例的严重失衡状态。Si/P 值的变化呈现一种波

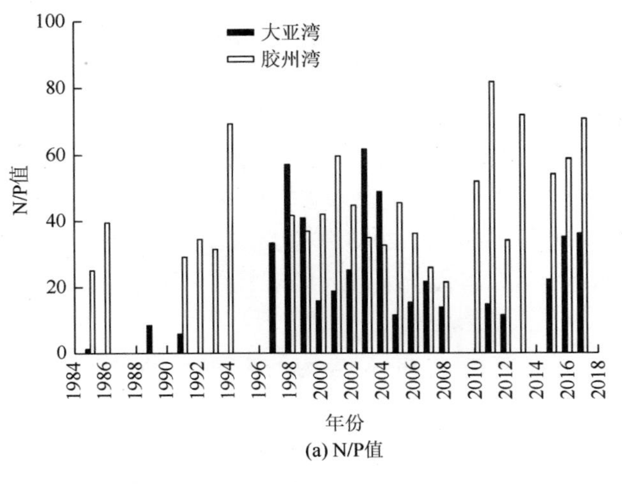

(a) N/P值

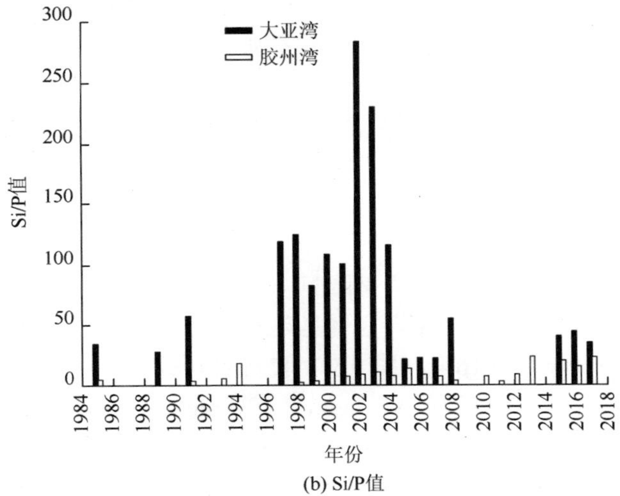

(b) Si/P值

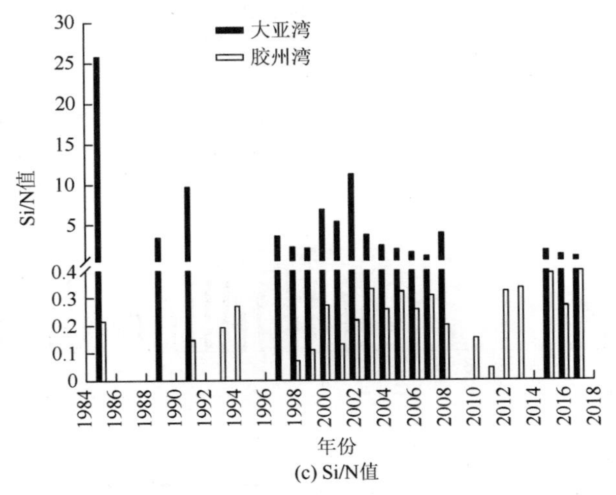

(c) Si/N值

图 5.4　胶州湾和大亚湾营养元素比值长期变化

数据来源同图 5.2

动状态，20 世纪 80～90 年代，由于硅酸盐的含量很低，Si/P 值处于较低的状态（3～24），且从 80 年代至今一直低于 Redfield 比值。

大亚湾 N/P 值在 20 世纪 80 年代较低，90 年代后期到 21 世纪初期，N/P 值较高，而 2005 年以后，N/P 值降低，2015～2016 年又有升高。Si/P 值的变化呈现一种波动状态，20 世纪 80～90 年代，由于硅酸盐的含量很低，Si/P 值较低，从 1997 年之后，随着硅酸盐含量的增加，Si/P 值逐渐升高，但 2005 年之后 Si/P 值又变得较低，这与 N/P 值变化趋势相似。Si/N 值在 20 世纪 80 年代最大，近年来整体呈现下降趋势。

（三）胶州湾和大亚湾主要生物群落结构的对比分析

人类活动导致海湾营养盐浓度大幅增加、结构改变、比例失衡，营养盐浓度与结构变化对浮游植物产生影响，浮游植物和浮游动物种类与数量的变动进一步导致整个海洋生态系统结构与功能的改变。底栖生物由于生活在底质环境中，活动能力较弱，对环境变化较为敏感，可作为环境变化的良好指示者。胶州湾和大亚湾具有各自不同的生境条件，它们的生物群落特征具有显著差异，此处主要对两个海湾的浮游植物、浮游动物群落结构的长期变化进行对比分析，探讨两个海湾长期以来的生境变化对它们的影响。

1. *浮游植物*

（1）胶州湾和大亚湾 Chl a 的长期变化

胶州湾 Chl a 浓度在 1981～2016 年总体呈现波动性的变化，最低值在 2006 年，高值在 1997 年、1998 年、2008 年及 2016 年（图 5.5）。胶州湾 1981 年、1991～1999 年、2001～2016 年三个时期 Chl a 浓度平均值分别为 3.96 mg/m^3、3.28 mg/m^3、2.69 mg/m^3，表明近年来 Chl a 总体水平有所降低。大亚湾 1986 年、1991～1999 年、2000～2016 年 Chl a 浓度分别为 1.47 mg/m^3、2.69 mg/m^3、3.00 mg/m^3，整体为上升的趋势，最高值在 2016 年。1981～2016 年胶州湾和大亚湾平均 Chl a 浓度分别为 2.98 mg/m^3 和 2.80 mg/m^3，两个海湾差别不大。

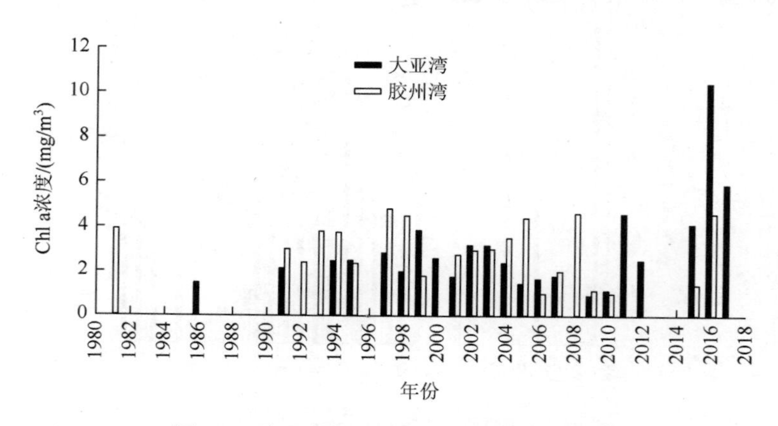

图 5.5 胶州湾和大亚湾 Chl a 的长期变化

胶州湾 1991～2010 年数据来自孙松和孙晓霞（2015），2015～2016 年数据来自本书。大亚湾 1991～2012 年数据来自大亚湾监测站，2015～2016 年数据来自本书

（2）胶州湾和大亚湾初级生产力的长期变化

胶州湾初级生产力长期以来呈现周期性波动的变化规律（图 5.6），1993 年、2003 年、2004 年及 2008 年为高值年，1998 年、2006 年、2010 年及 2016 年则为低值年。大亚湾初级生产力从 1992～2006 年呈持续增长趋势，最高值在 2006 年。胶州湾多年平均初级生产力为 304.6 mg C/(m^2·d)，大亚湾多年平均初级生产力为 709.4 mg C/(m^2·d)，大亚湾远高于胶州湾。

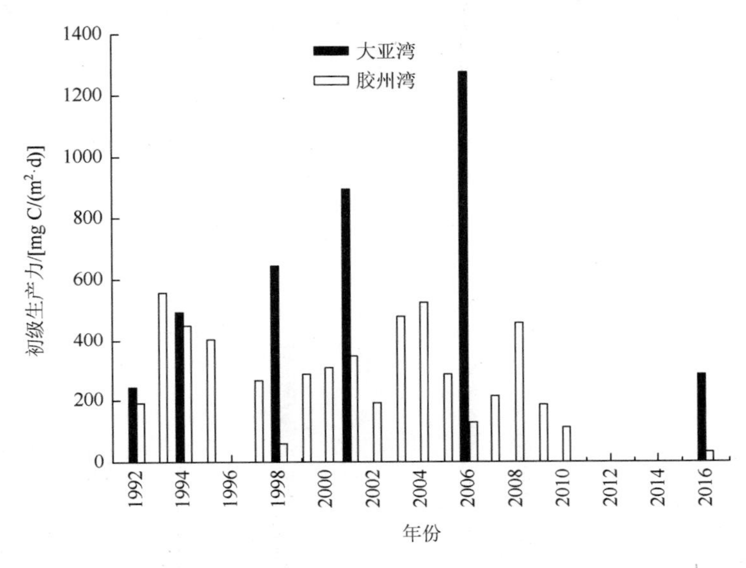

图 5.6　胶州湾和大亚湾初级生产力长期变化

胶州湾 1992～2010 年数据来自孙松和孙晓霞（2015），2016 年数据来自本书。大亚湾 1992 年、1994 年及 1998 年数据来自彭云辉等（2001，大亚湾核电站及邻近海域），2001 年数据来自宋星宇等（2004，大鹏澳海域），2006 年数据来自宋星宇等（2012），2016 年数据来自本书

（3）胶州湾和大亚湾浮游植物种类组成

硅藻和甲藻是海洋浮游植物群落中的基本组成部分，两者的数量变动对浮游植物群落结构和海洋生态环境的维持起着十分重要的作用。由于海水中营养盐结构发生变化，而使海域硅藻和甲藻的数量和种类发生变化。在胶州湾和大亚湾，均为硅藻占绝对优势，但是具体变化情况有所不同（图 5.7）。在胶州湾甲藻一直呈增长趋势，硅藻为下降趋势。在大亚湾，1997～1998 年，甲藻与硅藻相差不大，而从 21 世纪初开始，甲藻呈现增长的趋势，硅藻呈现下降趋势，但是近几年，硅藻增加，甲藻减少。长期氮磷比失衡是导致甲藻类在浮游植物群落中所占比例大幅攀升的原因之一，甲藻对 N、P 的储存能力明显高于硅藻，且高 N/P 或高 N/Si 条件下甲藻对硅藻具有明显的竞争优势。

甲藻与硅藻的比值在胶州湾近年一直呈增大趋势，较高值在 2015 年和 2016 年，而在大亚湾整体上呈降低趋势，在 2015 年和 2016 有最低值（图 5.8）。

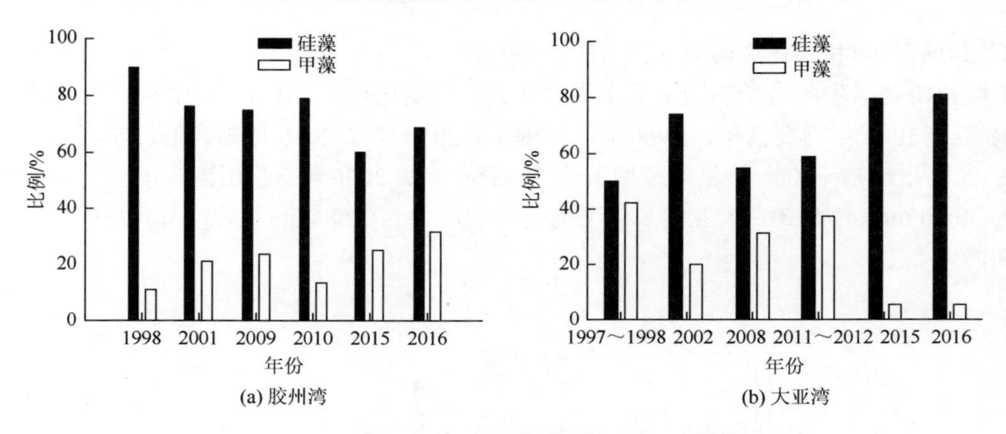

(a) 胶州湾　(b) 大亚湾

图 5.7　胶州湾和大亚湾硅藻和甲藻所占份比例的长期变化

胶州湾 1998～2010 年数据来自孙松和孙晓霞（2015），2015～2016 年来自本书。大亚湾 1997～1998 年数据来自王朝晖等（2005），2002 年数据来自孙翠慈等（2006），2008 年数据来自唐森铭等（2013），2011～2012 年数据来自王朝晖等（2016），2015～2016 年数据来自本书

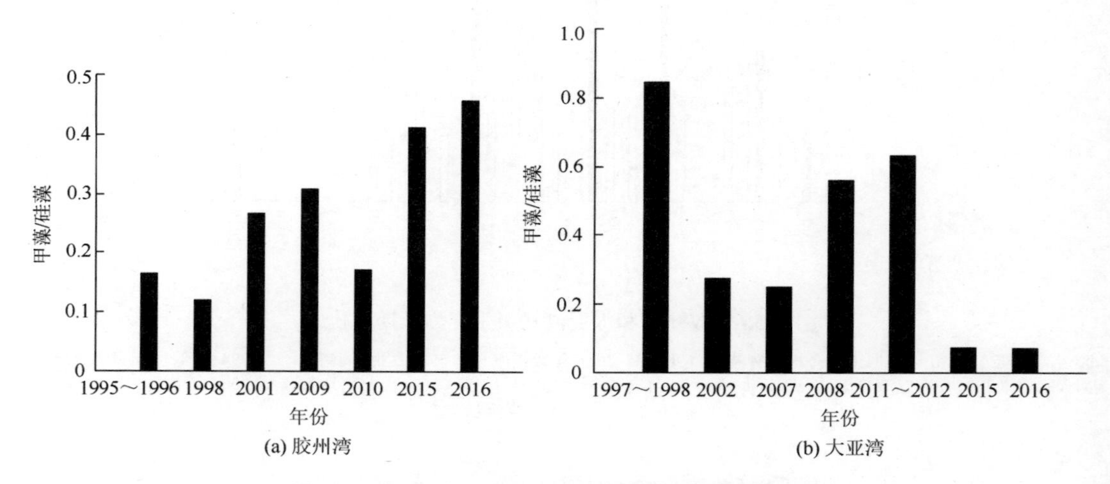

(a) 胶州湾　(b) 大亚湾

图 5.8　胶州湾和大亚湾甲藻与硅藻比值的长期变化

数据来源同图 5.7

2. *浮游动物*

（1）浮游动物生物量

不同时期采集浮游动物的网具不同。20 世纪 70 年代所用调查网具为大型和中型浮游动物网，80 年代所用网具为北太平洋网，90 年代以后所用网具为浅水Ⅰ型和Ⅱ型浮游生物网，为确保数据资料的一致性，在此仅比较 20 世纪 90 年代和 2000 之后的浮游动物生物量、丰度及种类组成变化情况，20 世纪 70 年代和 80 年代的数据作为参考。90 年代以后的数据是采用浅水Ⅰ型浮游生物网采样（孙松和孙晓霞，2015）。

胶州湾和大亚湾多年来浮游动物生物量平均值分别为 0.325 g/m^3 和 0.190 g/m^3（图 5.9）。40 年来，胶州湾浮游动物生物量呈现明显的上升趋势，但波动很大，2016 年有最大值

1.308 g/m^3。2000 年之后，平均生物量达到 0.425 g/m^3，约为 20 世纪 90 年代的 5 倍。而大亚湾浮游动物生物量变化相对较小。

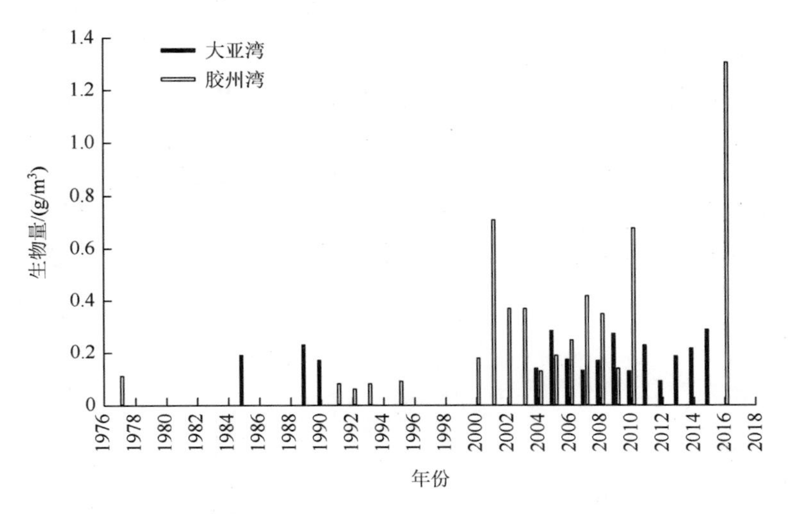

图 5.9　胶州湾和大亚湾浮游动物生物量长期变化

胶州湾 1977～2010 年数据来自孙松和孙晓霞（2015），2016 年数据来自本书。大亚湾 1985 年数据来自徐恭昭（1989），1989～1990 年数据来自杜飞雁等（2006），2004～2014 年数据来自大亚湾生态监控区，2015 年数据来自本书

（2）浮游动物丰度

20 世纪 90 年代之后，胶州湾和大亚湾浮游动物丰度多年平均值分别为 392.29 ind/m^3 和 509.07 ind/m^3（图 5.10），大亚湾高于胶州湾。多年来，两个海湾的浮游动物丰度波动

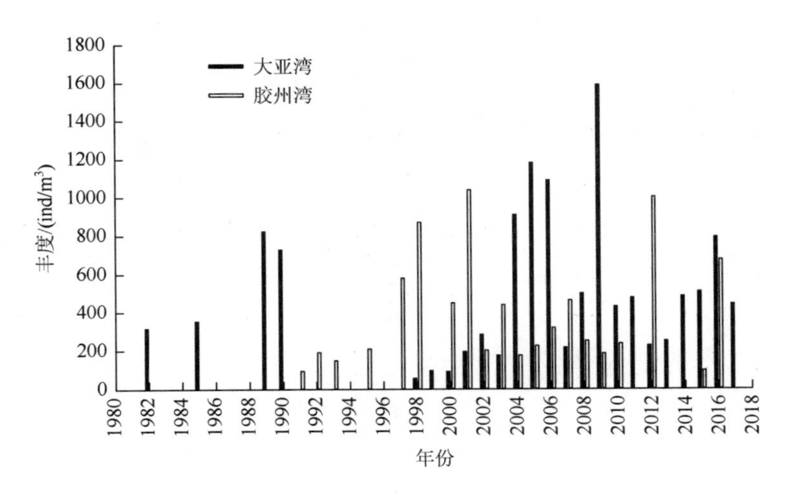

图 5.10　胶州湾和大亚湾浮游动物丰度长期变化

胶州湾 1991 年、1992 年、1993 年、1995 年、1997 年、1998 年数据来自孙松等（2011），2000～2010 年数据来自孙松和孙晓霞（2015），2012 年数据来自李秀玉（2012），2015～2016 年数据来自本书。大亚湾 1982 和 1985 年数据来自徐恭昭（1989），1989 年和 1990 年数据来自杜飞雁等（2006），1998～2003 年数据来自 Wang 等（2008），2004～2014 年数据来自大亚湾生态监控区，2015～2017 年数据来自本书

都很大。1991～2001 年，胶州湾浮游动物丰度呈增加趋势，2002～2010 年，除个别年份，丰度变化不大（200～400 ind/m^3）。大亚湾浮游动物丰度在 20 世纪 80～90 年代较高（1989 年最高），90 年代末值较低（1998 年最低），2004～2009 年，整体呈现增加的趋势。

（3）浮游动物种类

胶州湾和大亚湾浮游动物种类数多年平均值分别为 63 种和 251 种，大亚湾远多于胶州湾（图 5.11）。20 世纪 70～80 年代，胶州湾和大亚湾浮游动物种类数较高，而近些年一直呈现下降趋势。相对于 20 世纪 90 年代，2000 年之后，胶州湾浮游动物种类数量提高，水母类浮游动物在 2004～2005 年增加了 20 种。2011 年之后相对于 2004～2005 年，显著特征是水母类浮游动物种类明显减少（表 5.1）。大亚湾浮游动物主要类群为桡足类、水母类和浮游幼虫，其他类群在总种类数中所占比例较小（表 5.2）。

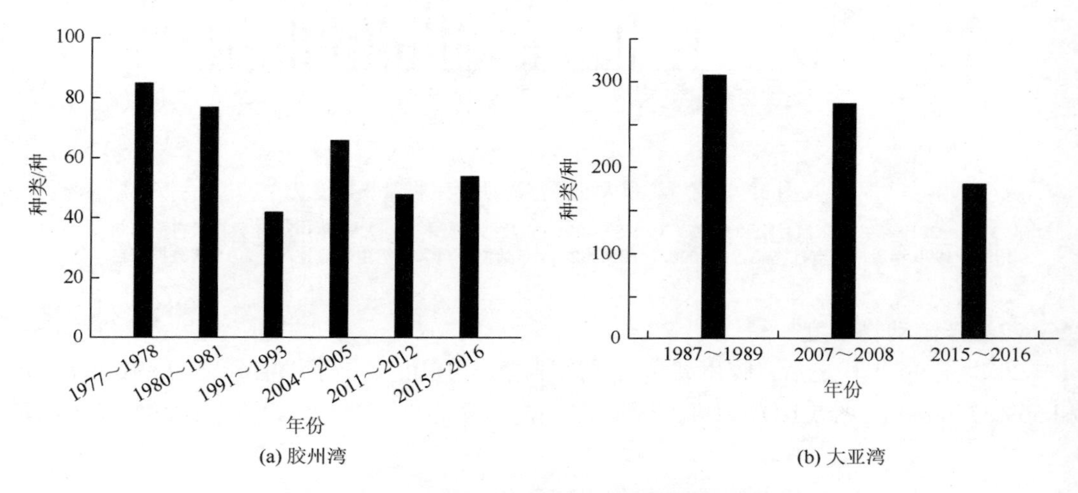

图 5.11　胶州湾和大亚湾浮游动物种类数长期变化

胶州湾 1997 年、1980～1981 年、1991～1993 年、2004～2005 年数据来自孙松和孙晓霞（2015），2012 年数据来自李秀玉（2012），2015～2016 年数据来自本书。大亚湾 1987～1989 年、2007～2008 年数据来自杜飞雁等（2013），2015～2016 年数据来自本书

表 5.1　不同时期胶州湾浮游动物种类组成　　（单位：种）

种类	1977～1978 年	1980～1981 年	1991～1993 年	2004～2005 年	2012 年	2015～2016 年
桡足类	25	25	22	23	15	27
毛颚类	3	2	1	3	1	1
水母类	37	32	8	28	10	5
枝角类	2	3	2	1	2	1
背囊类	3	2	1	1	1	1
其他	15	13	8	10	19	25
总计	85	77	42	66	48	60

数据来源同图 5.11

表 5.2　不同时期大亚湾浮游动物种类组成　（单位：种）

种类	1987～1989 年	2007～2008 年	2015～2016 年
原生动物	—	3	—
水母类	92	85	42
枝角类	3	3	6
桡足类	118	94	70
端足类	8	5	3
磷虾类	1	3	—
十足类	6	2	3
糠虾类	8	5	—
介形类	5	2	4
翼足类	19	13	—
多毛类	—	4	4
毛颚类	14	13	8
背囊类	—	—	5
有尾类	—	6	—
海樽类	7	4	2
夜光虫	—	—	1
浮游幼虫（体）	24	37	19
其他	2	—	2
总计	307	279	169

数据来源同图 5.11

（四）胶州湾和大亚湾人类活动干扰差异的对比分析

在自然因素和人为作用的影响下，胶州湾和大亚湾在流域影响强度、人类活动干扰类型、区域经济和社会发展阶段等方面存在显著差异。

1. 海湾流域影响强度的差异

胶州湾流域范围较大，流域面积达 7656.14 km^2，流入胶州湾的有大沽河、洋河、李村河、海泊河、娄山河、墨水河、白沙河、李村河、南胶莱河、桃源河等 10 多条河流，长度大于 30 km 的共 5 条，入湾最大河流为大沽河，流域面积 6011.71 km^2，占胶州湾流域面积的 78.5%。河流输入是胶州湾污染物最主要来源。胶州湾流域位于青岛市内面积为 6490.32 km^2，占胶州湾流域面积的 84.77%（图 5.1）。

大亚湾流域范围主要集中在环海湾陆域附近，流域面积约 800 km^2，大亚湾集水区范围内入海河流及其主要支流包括淡澳河、柏岗河、岩前河、南边灶河、澳背河、南坑河、响水河、妈庙河等。入湾最大的河流为淡澳河，流域面积 98 km^2。大亚湾流域包括的具体行政区为深圳龙岗区（葵涌、大鹏、南澳），惠州大亚湾区（澳头、霞涌、西区），以及惠州惠东县（稔山、巽寮、平海、铁涌、吉隆、黄埠及港口等）（图 5.1）。

海岸带地区土地利用、土地覆被变化是区域人类活动及其影响的集中体现，胶州湾和大亚湾以其独特的自然资源、优越的地理区位和便利的环境条件，为周边地区提供了优越的发展条件，但其有限的土地资源和发展空间也成为区域可持续发展的制约条件。1985～2008 年，胶州湾流域旱地、城镇用地、水域、草地和林地分别占总用地类型的 66.04%～69.91%、13.04%～16.61%、3.12%～3.70%、9.17%～10.13%和 4.15%～4.25%。1985～2008 年，胶州湾流域城镇用地逐年增加，2008 年比 1985 年增加 27.43%，旱地面积相应减少约 5.5%，水域面积呈增加趋势，林地面积变化不大，而草地面积相比 1995 年减少约 9.5%（表 5.3）。草地、旱地及林地面积减小，城镇用地面积增加，导致降水径流系数增加。

表 5.3　胶州湾流域土地利用结构调整　（单位：km^2）

类型	1985 年	1995 年	2000 年	2005 年	2008 年
林地	315.63	322.90	317.50	315.29	315.24
草地	713.20	769.18	712.45	698.40	696.10
水域	249.01	253.06	236.78	272.84	280.63
城镇用地	989.74	1015.70	1071.44	1226.06	1261.27
未利用土地	15.58	25.97	15.59	18.26	25.08
旱地	5305.26	5203.30	5236.34	5052.87	5013.38

大亚湾近岸陆域土地利用的变化主要反映在各种土地利用类型及其面积的变化上。从 20 世纪 80 年代到 2004 年近 20 年的时间，在 5 种用地类型中，变量最大的是农用地，整个大亚湾沿岸农用地面积呈减少趋势，减少量为 51.49 km^2；变化量位居第二的为建筑用地，增加的建筑用地主要分布在湾顶和湾西岸，总增加面积达 38.73 km^2；林草地的面积变化位居第三，总体呈减少趋势，减少总面积为 23.50 km^2；未利用土地和水域的面积都呈增加的趋势，增加量分别为 18.77 km^2 和 14.46 km^2（表 5.4）。

表 5.4　大亚湾流域土地利用面积的变化　（单位：km^2）

类型	农用地	林草地	建筑用地	水域	未利用土地
面积	−51.49	−23.50	+ 38.73	+ 14.46	+ 18.77

注：数据来自张丹丹等（2010）

2. *人类活动干扰类型的差异*

胶州湾所受人类干扰活动主要为流域面源排污、城市工业和生活排污、围填海活动（相比 1928 年水域面积减少了约 200 km^2）。随着青岛市及周围区域的发展，大量城市生活污水和流域面源污染物等进入海湾，造成海域严重富营养化，污染物在湾内得不到及时交换而长期累积。对于胶州湾来说，强化对环湾入海河流和其他陆源的污染治理，减少入海污染物总量，是保护海湾环境的重要基础保障措施。

围填海是人类向海洋拓展生存和发展空间的一种重要手段，潮间带滩涂的开发利用变化主要反映在围填海类型及其面积的变化上。表 5.5 列出自 1963 年以来胶州湾水域面积的变化。历史上胶州湾水域面积曾在 1863 年达到 567.9 km^2。1896～1935 年，由于盐池的围隔，仅在胶州湾西北部就减少 15.6 km^2 的水域。1935～1966 年大概有 17.5%的水域面积丧失。1966～1986 年受到东部大面积土地围垦和北部盐池、虾池扩建的影响，胶州湾的水域面积再度缩小 14.7%。1986～2000 年土地需求导致胶州湾北部大面积海域被填埋，整个内湾面积减少 22.3 km^2。2000～2008 年内湾围填海逐渐停止，但由于码头建设的需要，位于胶州湾外湾的前湾港和海西湾水域面积迅速减小。2008～2013 年，由于海洋环境的恶化，胶州湾的土地围垦逐渐停止，但胶州湾跨海大桥的建成通车也对胶州湾动力和生态环境产生了影响。截至 2012 年胶州湾的水域面积仅剩 343.1 km^2。

表 5.5　近年来胶州湾水域面积变化

年份	面积/km^2	面积缩量/km^2	原因
1863	567.9	—	—
1935	552.3	15.6	盐场建设
1966	455.5	96.8	盐场建设
1986	388.6	66.9	养殖场建设
1992	380.3	8.3	港口、城市用地
2000	366.3	14.0	港口、城市用地
2008	356.6	9.7	港口、城市用地
2010	350.2	6.4	港口、城市用地
2012	343.1	7.1	港口、城市用地

大亚湾所受的人类干扰活动主要以沿岸工业区排污、海水网箱养殖排污为主。自 20 世纪 80 年代以来，大亚湾周边地区经济迅速发展，相继开发建设了大型石油化工基地、大型石化码头、大型核电站工程等工业项目，海水网箱养殖也得到快速发展，导致大量的工业废水、生活污水和海水养殖污染物等进入海湾，由于大亚湾的半封闭性，输入的污染物质易在湾内长期滞留聚集而导致海域富营养化。

流域内大亚湾区上游污染主要来自惠阳区，污染物汇入淡澳河，经大亚湾区排进大亚湾海域。大亚湾沿海其他城镇污染排放对海湾环境也有着重要影响。惠东县沿海的平海、巽寮、稔山已基本无工业污染排向大亚湾，主要污染来自居民生活污水及旅游住宿业、餐饮业排污。由于惠东县沿海城镇生活污水收集管网配套不完善及滨海旅游业的快速发展，城镇生活污染负荷较大。另外，惠东县海水养殖业污染排放也对大亚湾海域产生一定影响，尤其是范和港养殖区，由于养殖区位于大亚湾东北角，水体交换能力较差，加上粗放式养殖方式造成饵料利用率较低，污染持续积累。深圳龙岗区对大亚湾环境的影响主要也是来自城镇生活污染及大鹏澳养殖区的海水养殖污染。大亚湾海域接纳龙岗区水头污水处理厂尾水及南澳街道、大鹏街道未经处理直接排放的生活污水。由于近年龙岗区旅游业的快速发展，旅游住宿业、餐饮业入海污染负荷也在逐年加大。

大亚湾目前围填海的范围相对较小，大亚湾潮间带地区近几十年来的主要利用方式有种植业（围垦农业、林业草地）、海港建设、盐业、城镇建设、增养殖、旅游业等，截至2004年各土地类型的面积如表5.6所示。大亚湾潮间带滩涂开发利用变化最为显著的是增养殖，变化量为7.36 km^2，其次为海港建设和盐业，变化量分别为2.75 km^2和2.05 km^2，再次为种植业和城镇建设，变化量分别为1.72 km^2和1.41 km^2；旅游业和其他类型的变化较小。

表5.6　大亚湾围填海面积　（单位：km^2）

类型	增养殖	海港建设	盐业	种植业	城镇建设	旅游业	其他
面积	7.36	2.75	2.05	1.72	1.41	0.25	0.57

注：数据来自张丹丹等（2010）

3. 区域经济和社会发展阶段的差异

胶州湾经济和社会处于转型升级阶段，其沿岸城市和工业排污总量已开始进入削减阶段。胶州湾的“十三五”规划提出转变海洋经济发展方式，优化海洋产业结构，培育基于海洋的新模式、新业态、新技术、新空间和新载体；集约利用海洋资源，严格控制近海捕捞、养殖和各类海上开发活动，促进近海经济鱼类生境改善、种群恢复和海洋生态系统功能重建；禁围填海活动；构建陆海统筹发展机制，优化陆海产业结构和空间结构，培育以陆促海、以海带陆、陆海统筹的特色产业集群。可见胶州湾今后的发展主要以海湾保护和可持续发展为导向，海湾生态环境会得到进一步改善，从而进入良性发展阶段。

大亚湾经济和社会发展正处于高速发展阶段，近年来经济社会发展取得了重大成就，顺利完成了“十二五”规划确定的各项目标任务。而“十三五”时期的主要任务包括：做大做优石化和电子信息两大核心支柱产业，建立世界级石化产业基地；以高端化、智能化、链条化为方向，积极引进和发展高端产业项目，建设全国电子信息产业基地；培育壮大汽车与装备制造业；培育壮大清洁能源产业；发展壮大现代物流业；加快发展休闲度假旅游产业。这些发展方向仍是以劳动密集型及能源消耗型为主，将对大亚湾流域的环境继续造成不良影响。

二、典型海湾对人类活动干扰响应过程与机理

海湾属于海陆过渡带，生态环境比较脆弱，海湾生态环境严重恶化已成为世界海岸带面临的重要问题，而海湾生态系统正面临着人类活动日渐增强的干扰和胁迫，加剧了海湾

生态系统的退化，对沿海地区经济和社会的可持续发展带来了严峻挑战。亟须深入认识高强度人类活动影响下海湾生态环境的演变过程与机理，为改善海湾生态环境、恢复海湾生态功能、保障海湾生态系统健康提供科学依据。

（一）海湾环境变化过程与人类活动干扰

近几十年来，随着海湾及其流域开发、地区经济发展和人口增长，人类活动对海湾的影响逐渐加深，海湾的水环境和沉积环境都发生了异于纯自然状态下演化规律的变化。

1. 海湾水环境的改变

（1）海湾水动力发生改变

填海造地、围建、开发港口等人类活动直接改变了海湾岸线形状及水域面积，对海湾水动力造成很大影响。海湾潮流场性质改变会影响水流挟沙力、污染物的迁移；潮位的变化一方面会对近岸的结构物造成影响，另一方面会使潮间带的面积发生变化，从而影响湿地生态环境；余流场可反映海湾中污染物长期输移规律，是污染物扩散的主要动力之一。海湾面积缩小导致纳潮量减少，直接影响到海湾与外海的交换程度，从而影响海湾的自净能力，对海湾的良好生态环境造成损害。胶州湾水域面积在 1863～2012 年减少 224.8 km^2，占 1863 年胶州湾水域面积的 40%（表 5.5），纳潮量 2005 年比 1863 年减少了 0.25×10^9 m^3（占比 19%）（周春艳等，2010），水交换能力大幅度下降。胶州湾原来的自然海岸已经逐步变为人工海岸，岸线大幅度向湾内推进。由于高强度的围垦，泉州湾海岸线总长逐年增加，由 1988 年的 156.38 km 增至 2011 年的 169.44 km，海岸线不断向湾内扩展（赖国棣，2015）。截至 2005 年，泉州湾内已经建成的围填海工程面积为 40.27 km^2，滨海湿地围垦的直接影响是海湾纳潮量减少，原有的水沙输运格局发生改变，导致海湾淤积严重，原有水道严重萎缩，大部分水道甚至已经消失（叶翔等，2016）。

（2）海湾水环境污染加剧

首先，受人类活动影响，入海污染源强度和数量增加，大量生活污水、市政污水及工农业废水排放入海，造成 COD、重金属和营养盐等污染；围填海工程的建设施工造成水体中石油类和悬浮物增加；养殖活动产生过量铵盐和磷酸盐。其次，近岸海域水动力和纳潮量的改变，影响污染物的稀释和扩散，从而对海湾水环境质量产生一定的影响。例如，胶州湾海水中的无机氮含量从 20 世纪 60 年代的约 2 μmol/L 上升到 21 世纪初的 38 μmol/L（沈志良，2002），1985～2016 年，海水 N/P 值从 25 上升到 82（图 5.4）。大亚湾海域随着近年来工业废水、海水网箱养殖污染物、流域面源污水、城镇生活污水等排放量迅速增加，已由贫营养状态发展到中营养状态，部分海域出现富营养化，海水无机氮含量逐步增加，N/P 值从 1 增加到最高值 62（图 5.4）。由于经济的快速发展与海湾水交换能力的减弱，世界很多海湾也不同程度地出现环境问题，例如，日本濑户内湾曾因严重的汞污染而产生世界闻名的水俣病事件；东京湾 2004 年总氮和总磷的输入量分别达到 208 t/d 和 15 t/d，为经济的快速发展付出了沉重的代价（Kodama & Horiguchi，2011）。

2. 海湾沉积环境的改变

（1）海湾沉积物特征及地貌体系的改变

随着人类对海湾及其周边区域开发利用程度的提高，向湾内排放工业和生活垃圾、人工填海等活动加剧，不仅显著改变注入海湾的沉积物数量，还造成海湾物源的变化。海湾沉积物来源和特征及沉积速率发生改变，造成沉积环境及沉积物分布格局的改变，使得沉积物分布异常。人工养殖设施会导致养殖区内动力弱化，使海洋沉积物粒度变细，同时在沉积物中增加了生物组分和化学成分。大量的围填海造成湾内水动力不断减弱，底床沉积物由砂质类型转变为淤泥质，细化的底质更容易吸附重金属和有机物等，由于海湾水交换能力变差，污染物质较长时间滞留在海湾中，改变了沉积物的地球化学性质。

人类对海湾地貌体系发育的影响主要通过改变入湾泥沙来源与数量和修建人工建筑的直接效应及大量围垦带来的后续效应等。港池航道的疏浚、海洋工程的修建都会改变海湾的局部海底地形和附近的水动力。海湾地貌体系的发育直接受控于物源，以胶州湾为例，在20世纪70年代以前，大沽河和洋河有大量泥沙注入胶州湾，在海湾西北部形成一个水下三角洲，部分覆盖了涨潮三角洲末端的涨潮槽和分流脊等地貌单元，限制了其发展，随着入海河流的减少，水下三角洲不断遭受侵蚀，涨潮槽等地貌又有所发育。除了直接影响地貌发育外，人类通过大量围垦海湾造成动力环境的变化，进而影响沉积物的运移和海湾地貌体系的发育。

（2）海湾沉积物污染

造成海湾沉积物污染的来源主要有：工业污染源、农业污染源、生活污染源、养殖废水、港口船舶、大气沉降等。主要的污染物为有机质、硫化物、油类、总氮、总磷、重金属及难降解的有机污染物等。例如，大亚湾部分海域沉积物中铬、铅、锌等痕量金属含量已接近其自然背景值的2倍（Yu et al.，2010）。当其上覆水体污染物浓度低于沉积物中污染物的浓度时，沉积物中污染物将会释放入水体，沉积物成为污染物的释放源。此外，当其上覆水体水动力环境发生改变，诸如风暴、底栖生物的扰动、船的定锚都有可能导致沉积物中污染物的二次释放，成为海湾环境污染的内源。

（二）海湾生态系统结构与功能对人类活动干扰的响应过程与机理

人类活动影响的加剧，使海湾环境处于越来越大的压力之下。海湾纳潮量和环境容量减小，大量营养物质输入后，在海湾半封闭性条件下长期滞留聚集，使得湾内水质恶化。在此状况下，海湾出现的主要生态问题为生物群落结构异化、生态功能退化、生态系统失衡，尤其是海湾食物网结构及其能量传递过程与效率发生显著改变（莫宝霖等，2017；麻秋云等，2015），从而严重影响海湾的各项功能。因此急需深入认识高强度人类活动影响下海湾生态环境的演变过程与机理，为改善海湾生态环境、恢复海湾生态功能、保障海湾生态系统健康提供科学依据（黄小平等，2015）。

大量营养物质的输入改变了海湾营养物质的浓度、形态和组分结构，可能会对浮游植物群落结构产生影响，甚至出现根本性的转变，致使浮游植物优势种发生明显更替。胶州湾近年来 Chl a 总体水平有所降低。根据本书研究结果及相关文献资料发现，自 20 世纪 60 年代起，胶州湾浮游植物优势种发生显著更替，偏好富营养环境的藻类成为最明显的优势种，中肋骨条藻（*Skeletonerna costatum*）、角毛藻（*Chaetoceros*）等小型链状硅藻数量呈现增加趋势，波状石鼓藻（*Lithodesmium undulatum*）等暖水性种类的数量持续升高，甲藻类浮游植物数量升高、分布范围扩大（孙松和孙晓霞，2015；李秀玉，2012），表明胶州湾浮游植物群落对气候变化和人类活动的综合影响已经做出响应。胶州湾浮游动物生物量呈现明显上升的趋势，浮游动物多样性增加（孙松和孙晓霞，2015）。浮游动物群落结构的变化、饵料浮游动物丰度的降低及胶质类浮游动物生物量的升高，预示着胶州湾生态系统可能出现胶质化的迹象（孙松和孙晓霞，2015）。胶州湾大型底栖生物的数量变化与人类活动密切相关，30 多年来，大型底栖生物主要群落的分布区发生了很多变化，物种组成和优势种一直处于演替当中（孙松和孙晓霞，2015；徐兆东，2015）。大型底栖生物的栖息密度、生物量、次级生产力在 20 世纪 80 年代较为稳定，在 90 年代由于湾内开发活动迅猛发展、秩序紊乱且环境保护措施缺乏，大型底栖生物的数量波动剧烈。而 1996～2004 年禁止底拖网、休渔等环境保护措施对保护湾内底栖环境效果显现，大型底栖生物的数量逐渐由剧烈波动到缓慢增高，生物群落逐渐恢复（孙松和孙晓霞，2015）。2004 年之后，大型底栖生物的数量基本稳定，但呈现缓慢下降趋势，表明胶州湾海岸工程开发建设、养殖业仍然在影响着湾内环境（符芳菲，2017；孙松和孙晓霞，2015）。

大亚湾原本水质优良，生物资源丰富，是广东省的主要海水养殖区。1986 年在大亚湾的西南岸兴建了我国第一座商用核电站（1993 年投产），1992 年大亚湾规划区被批准为国家级经济技术开发区，1997 年开始兴建岭澳核电站（2003 年投产）。随着沿岸经济的迅速发展，周边人口、企业的增加及水产养殖业的发展，大量污染物排放入海，海湾水环境恶化日益严重，大亚湾已由贫营养状态发展到中营养状态，局部海域已出现富营养化的趋势。20 世纪 80 年代大亚湾浮游植物种类组成基本相近，但进入 90 年代以来，种类逐渐减少，从 1982 年的 159 种（宋星宇等，2012）减少到 2014 年的 68 种。以翼根管藻（*Rhizosolenia alata*）等为代表的细胞个体较大的藻类所占比重减少，浮游植物群落组成趋向小型化（李纯厚等，2015；郝彦菊和唐丹玲，2010）。近年来，大亚湾在秋冬季节的浮游植物总量明显高于往年，这与湾内海水营养盐含量和水温升高有关。一些外海种类如爱氏角毛藻（*Chaetoceros eibenii*）、洛氏角毛藻（*Chaetoceros lorenzianus*）等在秋、冬季节广泛分布在湾内，并于近年来成为主要的优势种，可能与大亚湾核电站温排水造成了局部区域海水明显升温有关。

2004 年以来，大亚湾海区浮游动物生物量呈逐渐下降趋势，个体趋小型化（王雪辉等，2010；王友绍等，2004），反映了生物种类优势种群数量减少、优势种组成简单化且个体变小、小个体种类及其数量增加等浮游动物本身因素的变化和更替，也反映了大亚湾沿岸和周边工农业生产的快速发展造成的负面影响。大亚湾核电站冷却水对温度敏感度较高的一些浮游动物幼虫等会产生直接或间接的影响，导致一些种群减少，水域生物量降低。浮游动物优势种季节更替率增大（杜飞雁等，2013），反映了大亚湾海域生态环境的季节变化幅度呈逐步增强的趋势。2004 年之后，夜光虫成为大亚湾浮游动物的主要优势种且是冬、春季的第一优势种。营养水平的提高，有利于赤潮生物的生长，夜光虫优势地位的增强，也反映出大亚湾富营养化进程的加剧。大亚湾 2008 年大型底栖动物种类数为 279 种（杜飞雁等，2013），2016 年为 84 种（本书），均远低于 1987 年的 473 种（杜飞雁等，2013），表明大亚湾底栖生物群落结构简单化的现象仍明显，群落的种类组成仍处于变化之中。因人类活动带来的富营养化、拖网、养殖等渔业活动、底栖动物捕食者和栖息地的改变，可能是引起大亚湾大型底栖生物群落变化和种类数减少的主要原因。生活环境与营养状况密切相关的底栖多毛类，近年来在大亚湾底栖动物群落中的优势地位显著提升，尤其在水温较低的春、冬季，并且在养殖区多毛类生物量组成占优势（黄洪辉等，2005）。可见，大亚湾生态环境中营养状况的改变，已经对海洋生物群落产生了影响，尤其是在特殊的季节和区域内有非常明显的表现。

快速城市化及人类活动的影响对海湾产生了巨大压力，沿岸土地利用方式变化显著，陆源污染日益突出，生态环境质量逐渐恶化，海湾生态系统健康受损，海湾为人类提供的各种服务功能开始下降甚至缺失。对于生态系统来说，生境结构是生物结构、支持服务、供应服务、调节服务及文化服务的支撑。海湾面积的变化，改变了海湾的水动力条件，从而改变了海湾中营养元素、污染物质的迁移及分布、溶氧水平，影响海湾文化服务功能和支持服务功能；养殖面积的改变，直接影响着水产养殖量、浮游生物及底栖生物量的变化，间接改变了营养元素的输入情况，从而影响海湾的支持服务及供应服务功能。此外，溶氧条件、营养元素含量、初级生产力、水产养殖量等指标变化共同影响着海湾的气候调节及赤潮发生的可能性，即间接影响着海湾的调节服务功能。生物生存环境的改变，生存空间的减小或摄食情况的改变等，直接或间接地导致生物多样性、种类的变化，反之，生物多样性减少也会使生态系统供应服务功能降低。例如，胶州湾围填海造地损害的海洋生态系统服务功能主要包括：食品生产、气体调节、营养物质循环、废弃物处理、科研文化、休闲娱乐和物种多样性维持等。填海造地使原来的海域转化为陆地，损害了海域原来的海水养殖功能及海洋本身的生物量；围填海开发破坏了原有的海域，浮游植物部分或完全消失，海洋的气候调节功能受到损害。胶州湾渔业资源久负盛名，是鱼类及众多海洋生物产卵、索饵、洄游的天然场所，填海造地必然会破坏海洋物种的生存环境，减少生物多样性。胡小颖等（2013）的研究显示，胶州湾填海造地造成的海洋生态系统服务功能价值损失中供给服务功能价值损失最大，其价值损失为 22 732.75 万元/a，占总价值损失的 68.50%，表明海水养殖功能是胶州湾海域最主要的生态系统服务功能，其次是调节服务功能，支持服务功能和文化服务功能价值损失所占的比例较小。大亚湾海域及其滩涂区域过度开发利用导致海湾生态十分敏感和脆弱，引发了一系列的环境生态问题，大亚湾北部石化区和港口码头的建设导致滩涂空间资源减少，工业废水的排放也使得大亚湾的污染物浓度进一步升高，近岸渔业捕捞和养殖改变了大亚湾食物网的结构。而这些问题又反过来限制了经济、社会的进一步发展。例如，大亚湾水产养殖业发展很快，为沿岸居民提供了大量的优质蛋白质，缓解了近岸海域海水捕捞的压力，保护了自然环境下野生物种多样性，为渔业资源恢复提供了基础。但是并不意味着养殖越多越好。养殖活动会导致近岸海域的有机质污染，网箱养殖产生的残饵、鱼类排泄物等污染物容易诱发富营养化及发生赤潮，影响了浮游生物及底栖生物量的变化，令生态系统的支持服务功能下降。海湾生境的改变直接或间接地导致生物多样性、种类的变化，如果生物多样性减少则会导致海湾生态系统供应服务功能下降。

第二节　海湾生态系统健康评价与营养盐阈值探讨

国内外关于海洋生态系统的健康评价方法及指标体系已有不少研究，但对于评价海湾生态系统的健康仍需要进一步探讨。首先，生态系统健康状况的指标未体现海湾的特征，代表性和针对性不足。其次，生态系统健康指标体系更多反映的是生态系统结构状况，如生物群落的多样性、优势度等，而未考虑生态系统的功能和服务。同时，目前往往利用环境容量评估不同水质目标情景下，海湾对污染物的最大容纳量。这种以水质标准为依据的环境容量，为环境保护部门以水质功能区为标准，执行入海污染物的总量控制提供了依据，但仍具有明显的局限性。一方面，由于现行水质标准自身存在不合理性；另一方面，水质目标与生态系统结构完整和功能稳定的关联性不强，得出的环境容量未能说明海湾生态系统环境承载力。因此，很有必要发展以生态系统结构和功能为核心的生态容量理论，从生态系统稳定和平衡的角度给出污染物质输入海湾的允许量。海湾生态容量是海湾生态系统管理与保护的基础，对促进沿海社会经济和环境可持续发展具有重要的意义。生态容量是在维持海湾生态系统健康的条件下，海湾环境能容纳的污染物的最大负荷量。基于海湾生态系统健康探讨海湾营养盐阈值，是科学判断海湾生态容量的基础和前提。通过深入探究如何科学评判海湾生态系统健康，分析关键指标的阈值与生态系统健康的关系，提出基于生态系统健康的营养盐阈值，为海湾生态系统综合管理决策提供科学依据。

一、海湾生态系统健康评价

“生态系统健康”一词最早源于20世纪40年代著名环保主义者Leopold的“土地健康”概念，认为健康的土地是指被人类占领而没有使其功能受到破坏的状况（Leopold，1941）。直到20世纪80年代，生态系统健康这一概念才真正被提出，代表学者主要有Scheaffer和Rapport。Scheaffer等（1988）指出，没有疾病的生态系统就是健康的生态系统，生态系统疾病是生态系统的组织受到损害或减弱，但并没有对生态系统健康做出明确的定义。Rapport（1989）参考“人类健康”的定义，从活力、组织力和恢复力三个方面提出了生态系统健康的定义，指出生态系统健康是一个生态系统所具有的稳定性和可持续性，即在时间上具有维持其组织结构、自我调节和对胁迫的恢复能力等（Rapport et al.，1998）。

自20世纪90年代，国内外许多学者从各自的领域对生态系统健康进行了定义和解释。Karr（1993）认为生态系统健康就是生态完整性。Costanza和Mageau（1999）整合了以往对生态系统健康的定义，指出一个健康的生态系统应在外界压力干扰下能维持其结构（组织）和功能（活力），即包含了组织、活力和恢复力；生态系统健康的具体内涵包括生态内稳定，没有疾病，多样性或复杂性、稳定性或恢复力、活力或增长的空间、系统成分间的平衡。这定义得到许多学者的认可。总体而言，这些定义倾向于从生态学角度解释生态系统健康。

随后，不少学者将人类因素考虑在生态系统健康的范畴之内。Rapport 等（1999）将生态系统健康定义为“以符合适宜的目标为标准来定义的一个生态系统的状态、条件或表现”，认为生态系统健康应该包括满足人类合理需求的能力和生态系统自身自我维持与更新的能力，前者是后者的目标，而后者是前者的基础。Wiegand 等（2010）认为生态系统健康是一个融合了社会和生态目标的概念框架。Costanza（2012）认为生态系统健康是环境管理的最终目标，将生态系统健康描述为一个系统活力、组织力和抵抗力的综合多尺度测量，因此，生态系统健康与可持续发展的理念密切相关，这指的是随着时间的推移面对外部压力（抵抗力）系统保持它的结构（组织）和功能（活力）的能力。总的来看，早期学者多以生态系统为研究对象，强调生态系统自身的结构和功能的完整性角度。近年来，更多学者强调人类和生态系统服务角度。

海洋生态系统健康是将生态系统健康的概念应用于海洋生态系统，尤其 21 世纪后，生态系统健康在河口、海湾、近海等海洋生态系统中的应用逐渐增多。2005 年，国家海洋局颁布的《近岸海洋生态健康评价指南》（HY/T 087—2005）将生态系统健康定义为，生态系统保持其自然属性，维持生物多样性和关键生态过程稳定并持续发挥其服务功能的能力。Halpern 等（2012）提出海洋健康指数并评估了全球海洋健康，指出健康的海洋不论是现在还是将来，都能够可持续地造福于人类。

借鉴前人对生态系统健康的定义的基础，本书认为，海湾生态系统健康是指在外界压力的干扰下，生态系统的组织结构具有稳定性和完整性，能长期维持关键的生态过程，并能持续地发挥功能和为人类提供生态系统服务。

（一）海湾生态系统健康评价指标体系与模型的构建

1. 评价指标选取原则

海湾生态系统健康评价指标的筛选遵循以下原则：

①完整性原则。指标应尽可能涵盖海湾生态系统的各个方面，以便能够全面地表征海湾生态系统的健康状况。

②科学性原则。指标的概念清晰、明确，能客观、准确地反映海湾生态系统的健康特征；指标需有正确的科学内涵，采用正确的、科学的、规范的方法计算或度量。

③代表性原则。指标应能表达海湾生态系统的主要特征或相关问题，具有针对性地反映海湾生态系统健康的本质特征，排除一些与海湾生态系统健康不密切的从属指标。

④可行性原则。指标应尽可能简单明了，容易理解，且不宜过多，评价指标所需的数据易监测易获取，尽可能采用常规监测、可持续监测的指标。此外，指标的选取还需考虑现有的经济、技术和人力等因素的可行性，同时还需考虑评价指标参考标准确定的可行性。

⑤定量与定性相结合的原则。对于生态系统健康评价，往往涉及一系列的指标，部分指标难以做到完全的定量化。采用定性指标与定量指标结合，能更全面有效地衡量生态系统的健康状态。

2. 评价指标体系

海湾生态系统健康是指在外界压力的干扰下，生态系统的组织结构具有稳定性和完整性，能长期维持关键的生态过程，并能持续地发挥功能和为人类提供生态系统服务。该定义将生态系统自然属性及其为人类提供的需求都包含在内，涵盖了生态结构、过程、功能及服务等。生态系统的结构、功能与服务之间存在着内在的联系，生态系统的结构是功能和服务的基础，结构和功能同时影响着服务。本书以生态系统服务作为海湾生态系统健康评价指标的主体框架，即以生态系统服务作为指标层的最顶层，再通过筛选生态系统结构和功能指标来表征其生态系统服务，从而构建指标体系。生态系统服务是指人类从生态系统中获得的效益，包括生态系统对人类可以产生直接影响的供给服务、调节服务和文化服务，以及对维持生态系统的其他服务具有重要作用的支持服务（Millennium Ecosystem Assessment，2005）。

（1）支持服务

支持服务是保证其他所有的生态系统服务的基础（Millennium Ecosystem Assessment，2005）。生态系统是由生物与环境构建的统一整体，故支撑整个生态系统最基础的成分是生物和环境。因此，海湾生态系统的支持服务从生物多样性与群落结构、栖息地两个方面考虑，前者反映生物成分，后者反映非生物成分。

1）生物多样性与群落结构

根据我国海洋生物调查及其分类，海湾生物多样性与群落结构选取游泳生物、浮游植物、浮游动物和底栖生物作为表征。此外，在生态系统中，个别物种对生态环境变化、生物群落结构的变化等具有很好的指示作用，因此，选取指示物种，即采用指示物种的丰度、生物量及其分布的变化来反映生态系统的健康状况。

游泳生物处于海洋生物食物链的较高营养级。平均营养级是研究生物群落结构变化的重要指标，海洋生物营养级指数反映了生态系统的能流、物流状况，即营养级指数越高表明食物链越长、生物群落越丰富。因此，游泳生物生物多样性及群落结构的变化采用基于游泳生物估算的海洋平均营养级指数来表征，其计算公式如下：

$$TL_k = \frac{\sum i(TL_i)(Y_{ik})}{\sum iY_{ik}}$$

式中，TL_k为海洋平均营养级指数；Y_{ik}为第k年i种游泳生物的生物量；TL_i为第i种游泳生物的营养级指数。

浮游植物、浮游动物和底栖动物的群落结构变化采用群落指标来表征。考虑多数海湾未能获取历史调查的物种名录，因此，基于历史数据的多样性指数、丰富度指数等难以获得，生物群落指标主要选取传统的物种数、生物量和栖息密度。此外，由于我国海湾浮游植物、浮游动物和底栖动物群落多样性之间存在着显著的相关性（Yu et al.，2015），因此，在条件不允许的情况下，可选取移动性较差的、数据较易获取的底栖动物群落作为必选指标，而浮游植物、浮游动物的群落多样性指标作为可选指标。

2）栖息地

栖息地的评价包括栖息地的质量和数量，前者选取栖息地的环境质量（包括水环境和沉积环境），后者选取重要栖息地的面积。

许多环境化学指标已被广泛地用于评估环境质量状况。本书主要选取与海洋生物栖息繁衍密切相关的指标。根据近岸海湾的污染特征，结合我国海洋监测的实际，水环境质量选取溶解氧、无机氮、活性磷酸盐、特征污染物来表征，沉积环境质量选取有机碳、硫化物、特征污染物来表征。由于不同区域存在自然环境特征及人类活动干扰的差异，出现一些区域性的特征污染物，这些污染物往往可能对海洋生物生长造成致命性影响，因此，根据区域环境污染特征及生物生存栖息特点，选取特征污染物来表征。

重要栖息地是指具有重要生态或经济价值生物的生存和繁衍的地方。重要栖息地可根据评价区域具体的情况而定，如珊瑚礁、红树林、珍稀濒危鸟类栖息地等。

（2）供给服务

供给服务指人类从生态系统获取的各种产品（Millennium Ecosystem Assessment，2005）。海湾生态系统的重要供给服务是提供食物，即海水产品，主要考虑海湾生态系统的自然产品，故选取渔业捕捞产量或游泳生物渔获量来表征。

（3）调节服务

调节服务指人类从生态系统过程的调节作用中获取的各种收益（Millennium Ecosystem Assessment，2005）。海湾生态系统的调节服务主要体现在气候调节、生物控制、水体净化、海岸防护等。气候调节主要指对温室气体的调节，滨海湿地在气候调节中起着重要的作用，故选取滨海湿地面积表征气候调节功能。生物控制包括对赤潮、绿潮等生态灾害的控制作用，因此采用生态灾害发生的频次来表征。海湾水体净化功能主要考虑海湾物理自净能力，因此选取海湾纳潮量来表征。

（4）文化服务

文化服务指人们通过精神满足、认知发展、思考、消遣和美学体验而从生态系统获得的非物质收益（Millennium Ecosystem Assessment，2005），主要包括旅游休闲和科研教育。海湾生态系统提供的旅游休闲服务主要依托于海湾的自然风景资源，因此，选取自然岸线长度、洁净水域面积两个指标来表征。科研教育服务与海湾生态系统的自然性存在密切关系，即海湾生态系统的自然程度愈高，则科研教育服务功能愈强，因此，选取景观自然性来表征，即自然景观面积所占比例。

海湾生态系统健康评价指标体系的具体结果见表 5.7。

表 5.7　海湾生态系统健康状态评价体系

目标层	准则层	次准则层	指标层
支持服务	生物多样性与群落结构	游泳生物	海洋平均营养级指数
		浮游植物*	浮游植物物种数（单站物种数、总物种数）
		浮游动物*	浮游动物物种数（单站物种数、总物种数）
		底栖动物	底栖动物物种数（单站物种数、总物种数）
			底栖动物栖息密度
			底栖动物生物量
		指示物种	指示物种丰度、生物量

续表

目标层	准则层	次准则层	指标层
支持服务	栖息地	水环境	溶解氧、无机氮、活性磷酸盐、特征污染物
		沉积环境	有机碳、硫化物、特征污染物
		重要栖息地	重要栖息地面积
供给服务	食物供给	海水产品	渔业捕捞产量/游泳生物渔获量
调节服务	生物控制	生态灾害控制	生态灾害发生的频次
	环境净化	海湾物理净化	海湾纳潮量
		滨海湿地净化	滨海湿地面积
文化服务	旅游休闲	自然岸线	自然岸线长度
		洁净水域	二类及以上的水域面积
	科研教育	景观自然性	自然景观面积所占比例

* 为可选指标

3. 海湾生态系统健康评价指标标准化

评价指标标准化是将各个评价指标的指标值规一化为介于 0～100 的标准分值。本书将标准分值划分为三个区间，即（0，60）、[60，85）和 [85，100）。

（1）评价参考值确定

评价参考值是确定标准分值的三个区间所对应的评价指标值范围。采用参照目标百分位的方法（percentile selection，PS）确定评价指标的参考值，即根据参照目标分布数据的百分位点确定各区间的范围界线。当存在多个参照目标时，参照目标的数据变幅范围比较大，因此，可分为多个参照目标和单一参照目标两种。

当有多个参照目标时，利用多个参照目标的分布数据的百分位点来划分不同等级的界限。对于正向指标，划分为三个等级，即 $0\sim<15^{th}$（不健康）、$15^{th}\sim<40^{th}$（亚健康）、$40^{th}\sim<95^{th}$（健康，$\geq95^{th}$ 取极值为 100），如物种数；对于逆向指标，$85^{th}\sim<95^{th}$（不健康，$\geq95^{th}$ 取极值为 0）、$60^{th}\sim<85^{th}$（亚健康）、$25^{th}\sim<60^{th}$（健康，$<25^{th}$ 取极值为 100），如无机氮、活性磷酸盐（图 5.12）。

对于仅有单一参照目标的，基于参照目标值（S）的一定比例来确定，对于正向指标，划分为三个等级，即 $0\sim<60\%S$（不健康）、$60\%S\sim<85\%S$（亚健康）、$85\%S\sim<S$（健康，$\geq S$ 取极值为 100）；对于逆向指标，$(1+40\%)S\sim<2S$（不健康，$\geq2S$ 取极值为 0）、$(1+15\%)S\sim<(1+40\%)S$（亚健康）、$0\sim<(1+15\%)S$（健康）。

与多个参照目标相比，选取单一参照目标会更严格，必须选取与评价区域自然和社会环境条件等各个方面均具有很强可比性的参照。在数据可获取的情况下，优先推荐采用多个参照目标的方法。对于部分评价指标的参照目标不可获取的情况下，可借鉴已颁布的相关标准或相关文献资料。

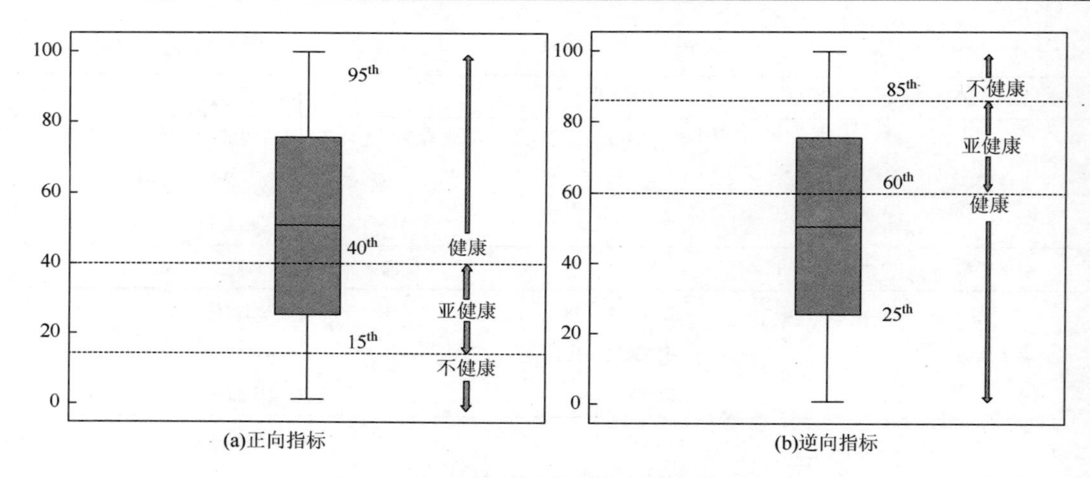

图 5.12　正向指标与逆向指标参考值的确定

（2）评价指标赋值方法

评价指标赋值采用中间插值的隶属度赋值法。

当评价指标值与标准分值成正向变化，即评价指标值越大，标准分值越高，采用以下公式赋值：

$$Y_{ij} = \frac{Y_{ij\max} - Y_{ij\min}}{I_{ij\max} - I_{ij\min}}(I_{ij} - I_{ij\min}) + Y_{ij\min}$$

当评价指标值与标准分值成反向变化，即评价指标值越大，标准分值越低，采用以下公式赋值：

$$Y_{ij} = Y_{ij\max} - \frac{Y_{ij\max} - Y_{ij\min}}{I_{ij\max} - I_{ij\min}}(I_{ij} - I_{ij\min})$$

式中，Y_{ij}为第 ij 个评价指标的赋值得分；$Y_{ij\max}$为第 ij 个评价指标所隶属等级区间的分值上限；$Y_{ij\min}$为第 ij 个评价指标所隶属等级区间的分值下限；$I_{ij\max}$为第 ij 个评价指标所隶属等级区间的指标值上限；$I_{ij\min}$为第 ij 个评价指标所隶属等级区间的指标值下限；I_{ij}为第 ij 个评价指标的实测值。

4. 海湾生态系统健康评价模型

海湾生态系统健康现状 S 采用加权计算得到，其计算公式如下：

$$S = S_a W_a + S_b W_b + S_c W_c + S_d W_d$$

式中，S 为海湾生态系统健康状况综合指数；S_a为支持服务指数；S_b为供给服务指数；S_c为调节服务指数；S_d为文化服务指数；W_a为支持服务指数的权重值；W_b为供给服务指数的权重值；W_c 为调节服务指数的权重值；W_d 为文化服务指数的权重值。W_a、W_b、W_c、W_d的总和等于 1。海湾生态系统健康各组分 S_a、S_b、S_c、S_d也采用下一层级指标的加权计算得到，具体评价指标体系见表 5.7。

海湾生态系统健康评价指标的确定采用德尔菲法与层次分析法相结合的方法，即通过发放问卷的方式征询相关专家的意见，再采用层次分析法构建两两比较矩阵，运用 Matlab

计算确定各个层次评价指标的权重值，并通过一致性检验，评价指标权重见表 5.8。在个别指标缺失的情况下，其余各评价指标的权重根据相应的权重比例进行重新分配调整。

海湾生态系统健康现状 *S* 值取值范围为 0～100，分值越高，生态系统越健康。与各指标健康等级划分相一致，根据 *S* 值，海湾生态系统健康分为三个等级：分值 0～＜60 为不健康，分值 60～＜85 为亚健康，分值 85～100 为健康。

表 5.8　海湾生态系统健康评价指标权重

目标层	准则层（相对于上一层权重）	次准则层（相对于上一层权重）
支持服务（0.47）	生物多样性与群落结构（0.67）	游泳生物（0.31）
		浮游植物*（0.17）
		浮游动物*（0.20）
		底栖动物（0.13）
		指示物种（0.19）
	栖息地（0.33）	水环境（0.49）
		沉积环境（0.31）
		重要栖息地（0.20）
供给服务（0.11）	食物供给（1.00）	海水产品（1.00）
调节服务（0.33）	生物控制（0.28）	生态灾害控制（1.00）
	环境净化（0.72）	海湾物理净化（0.33）
		滨海湿地净化（0.67）
文化服务（0.09）	旅游休闲（0.67）	自然岸线（0.67）
		洁净水域（0.33）
	科研教育（0.33）	景观自然性（1.00）

* 为可选指标

（二）胶州湾和大亚湾生态系统健康评价

1. 胶州湾生态系统健康评价

结合基于 GIS 技术的空间分析方法评价胶州湾的生态系统健康状况，首先将评价区域以 50 m×50 m 进行栅格化，再将评价指标值及其评价结果采用反距离权重法进行插值空间化。具体结果见图 5.13。

（1）支持服务

游泳生物：游泳生物采用海洋平均营养级指数表征。根据《近岸海域海洋生物多样性评价技术指南》（HY/T 215—2017）确定参考标准，划分为三个区间，即 0～＜2.50、2.50～＜3.25、3.25～＜3.50（≥3.50 取极值 100）。根据 2015 年夏季胶州湾游泳生物的调查数据，结合各物种的营养级指数（麻秋云等，2015），计算得出各个站的营养级指数，再取其平均值，得到海洋平均营养级指数为 3.32，故计算得到海洋平均营养级指数的标准化赋值为 88.9。

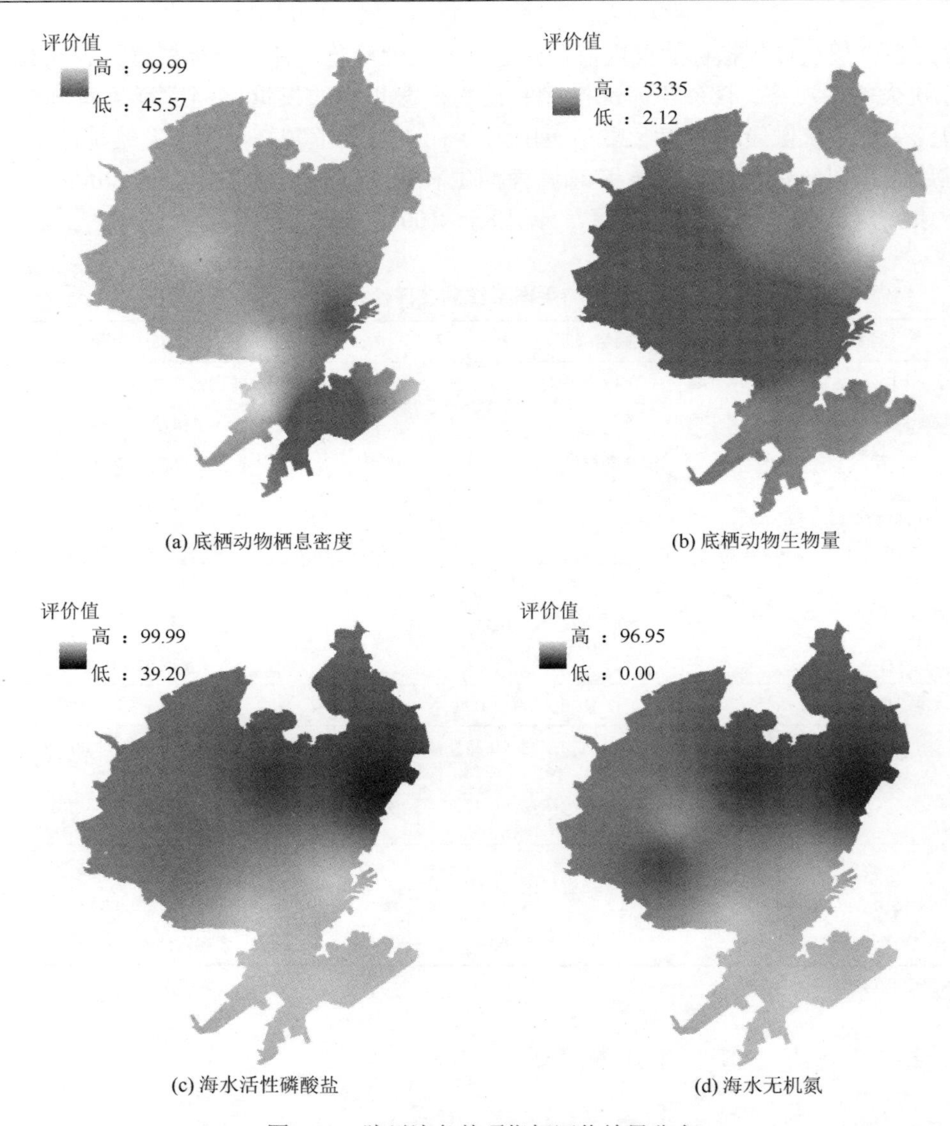

(a) 底栖动物栖息密度　　(b) 底栖动物生物量

(c) 海水活性磷酸盐　　(d) 海水无机氮

图 5.13　胶州湾各单项指标评价结果分布

浮游植物：以 1981 年 8 月胶州湾网采浮游植物物种数为参照（吴玉霖等，2005；孙松和孙晓霞，2015），采用单个参照目标百分位的方法确定浮游植物物种数参考标准，划分为三个区间，即 0～<44 种、44～<62 种、62～<73 种（≥73 种取极值 100）。根据本书 2015 年 7 月（夏季）的调查，胶州湾浮游植物总物种数 16 种，故标准化赋值得分为 21.8。

底栖动物：底栖动物物种数的参考标准是基于 1998 年 8 月的数据（于海燕等，2006），采用多个参照目标百分位的方法确定，划分为三个区间：单站物种数，0～<15 种、15～<23 种、23～<38 种（≥38 种取极值 100）；总物种数，0～<69 种、69～<98 种、98～<115 种（≥115 种取极值 100）。栖息密度、生物量参考标准是基于 1981 年调查数据（毕

洪生等，2001），采用多个参照目标百分位的方法获得，划分为三个区间：栖息密度，0～＜79 个/m^2、79～＜117 个/m^2、117～＜304 个/m^2（≥304 个/m^2 取极值 100）；生物量，0～＜10.2 g/m^2、10.2～＜37.1 g/m^2、37.1～＜230.01 g/m^2（≥230.01 g/m^2 取极值 100）。根据本书 2015 年 7 月的调查数据，底栖动物单站物种数赋值得分介于 20～56，总物种数赋值得分 97.35；栖息密度标准化得分介于 45.6～100，低值区主要分布于胶州湾东南侧海域和外湾；生物量赋值得分介于 2.1～53.4。

指示物种：选取青岛文昌鱼作为胶州湾的指示物种，即采用青岛文昌鱼的栖息密度和生物量来表征。以 1981 年胶州湾青岛文昌鱼的调查数据（李新正等，2007）为参照，采用参照目标百分位的方法确定参考标准，划分为三个区间：栖息密度，0～＜452 个/m^2、452～＜640 个/m^2、640～＜753 个/m^2（≥753 个/m^2，取极值 100）；生物量，0～＜46.4 g/m^2、46.4～＜65.8 g/m^2、65.8～＜77.4 g/m^2（≥77.4 g/m^2 取极值 100）。根据 2010 年 4 月调查（孙松和孙晓霞，2015），胶州湾青岛文昌鱼两个分布区的平均栖息密度为 309.38 个/m^2，故标准化赋值为 41.07。

水环境质量：海水溶解氧（DO）、无机氮、活性磷酸盐现状评价数据来源于本书 2015 年 7 月的调查。DO 参考标准以基于 2001～2006 年 8 月胶州湾 10 个站的数据（孙松和孙晓霞，2010）为参照，采用多个参照目标百分位的方法确定其标准，划分为三个区间：0～＜4.67 mg/L、4.67～＜4.94 mg/L、4.94～＜9.27 mg/L（≥9.27 mg/L 取极值 100）。无机氮、活性磷酸盐参考标准以 1983～1986 年数据为参照（张绪良和夏东兴，2004），采用单一参照目标百分位的方法确定其标准：无机氮，0.17～＜0.24 mg/L（≥0.24 mg/L 取极值）、0.14～＜0.17 mg/L、0～＜0.14 mg/L；活性磷酸盐，0.02～＜0.03 mg/L（≥0.03 mg/L 取极值 0）、0.01～＜0.02 mg/L、0～＜0.01 mg/L。无机氮评价结果介于 0～97，活性磷酸盐评价结果介于 39.2～100，空间分布大体一致，低值区均主要分布于胶州湾东北侧海域。

（2）供给服务

胶州湾供给服务采用海洋渔业捕捞量来表征。以 2005 年胶州湾主要水产品的捕捞量为参照（商慧敏等，2018），采用单一参照目标百分位的方法确定参考标准，划分为三个区间，即 0～＜12.3 万 t、12.3 万～＜17.5 万 t、17.5 万～＜20.6 万 t（≥20.6 万 t，取极值 100）。2015 年胶州湾主要水产品的捕捞量为 12.76 万 t（商慧敏等，2018），故标准化赋值为 63.32。

（3）调节服务

生物控制：生物控制采用绿潮发生频次来表征。基于历年绿潮发生的情况确定参考标准，将其划分为三个区间，即 4～5 次/a（≥5 次/a，取极值 0）、2～3 次/a、0～1 次/a。根据《2015 年北海区海洋灾害公报》，2015 年浒苔绿潮对青岛沿岸造成一定的影响，故生物控制标准化赋值分为 85。

环境净化：物理净化采用纳潮量来表征，以基于模型计算得到的 1986 年纳潮量为参照（牟森，2009），采用单一参照目标百分位的方法确定参考标准，将其划分为三个区间，即 0～＜622×10^8 m^3、622×10^8～＜881×10^8 m^3、881×10^8～＜1036×10^8 m^3（≥1036×10^8 m^3，取极值 100）；根据本书模型计算得到 2015 年胶州湾纳潮量为 9.94×10^8 m^3，故标准化赋值为 0.96。滨海湿地净化采用滨海湿地面积来表征，以 1988 年滨海湿地面积为参照（王宝斋等，2016），采用参照目标百分位的方法确定参考标准，划分为三个区间，即 0～<305 km^2、305～<432 km^2、432～<508 km^2（≥508 km^2，取极值 100）；2015 年胶州湾滨海湿地面积为 319 km^2（王宝斋等，2016），故标准化赋值为 62.75。

（4）文化服务

旅游休闲：自然岸线的参考标准以 1986 年的自然岸线长度为参照（田莹莹，2016），采用单一参照目标百分位方法确定，将其划分为三个区间，即 0～<35.9 km、35.9～<50.8 km、50.8～<59.8 km；根据 2018 年遥感数据解译得到自然岸线长度为 9.24 km，故标准化赋值为 15.44。洁净水域面积参考标准划分为三个区间，即 0～<60%、60%～<85%、85%～100%；根据 2015 年 7 月调查数据，计算得到活性磷酸盐含量达到国家二类海水水质标准的水域面积的比例为 100%，故洁净水域的标准化赋值为 100。

科研教育：科研教育采用景观自然性来表征。胶州湾围填海开发比较早，因此，参考标准以 1966 年的海湾范围（即海岸线以海侧的海湾海域，401.5 km^2）为基础，1966 年海湾范围内均为自然景观，据此确定参考标准，划分为三个区间，即 0～<60%、60%～<85%、85%～100%。通过遥感数据解译得到 2018 年自然景观所占面积比例为 77.9%，故标准化赋值为 77.9。

（5）综合评价

胶州湾生态系统健康综合评价结果介于 56.30～64.38，面积加权总得分为 60.85，总体上处于不健康状态。从空间分布上（图 5.14），低于 60 分的区域（不健康）占海湾总面积的 32%，低值区主要分布胶州湾湾内的东北部海域。

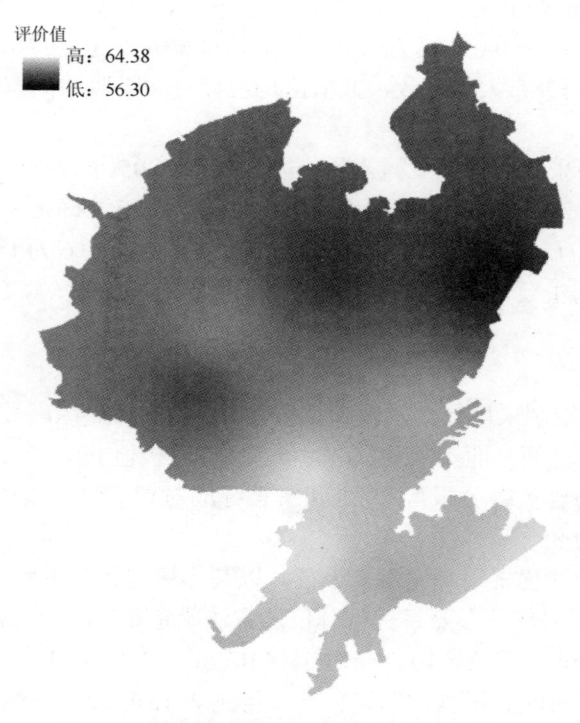

图 5.14　胶州湾生态系统健康综合评价结果

2. 大亚湾生态系统健康评价

结合基于 GIS 技术的空间分析方法评价大亚湾的生态系统健康，具体结果见图 5.15。

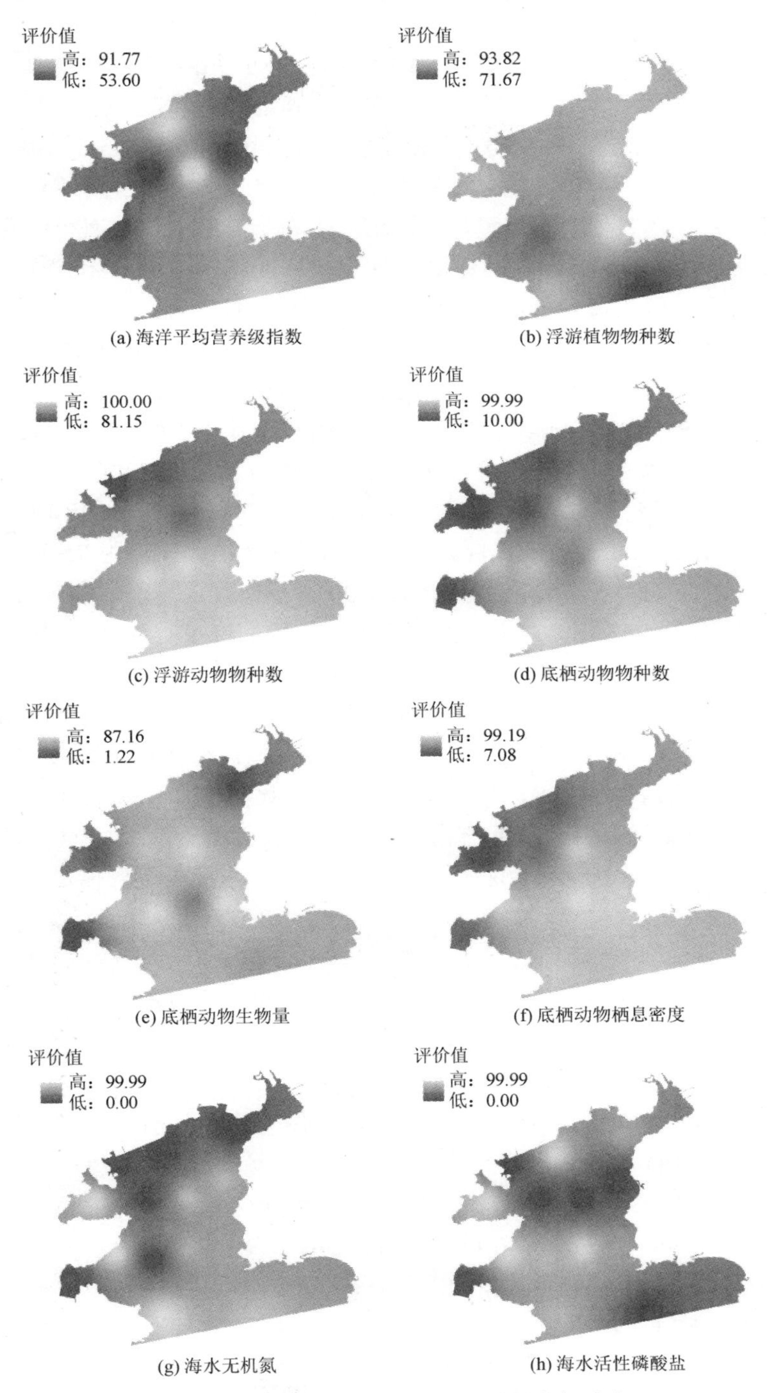

图 5.15　大亚湾各单项指标评价结果空间分布

（1）支持服务

游泳生物：游泳生物采用海洋平均营养级指数表征。根据本书 2018 年 8 月（夏季）大亚湾游泳生物调查数据，结合各物种的营养级（余景等，2016a，2016b；丁琪和陈新军，2016；丁琪等，2016；焦敏等，2016；熊鹰等，2015；纪炜炜等，2010；李忠义等，2010；张月平和章淑珍，1999），计算得出各个站的海洋平均营养级指数。根据《近岸海域海洋生物多样性评价技术指南》（HY/T 215—2017）确定参考标准，划分为三个区间：0～＜2.50、2.50～＜3.25、3.25～＜3.50（≥3.50 取极值 100）。据此对各个站的海洋平均营养级指数进行标准化赋值并插值空间化，评价结果介于 53.6～91.8（图 5.15），低值区主要集中于大鹏澳、澳头湾、巽寮港等沿岸，高值区分布于海湾中部水域和外湾。

浮游植物：浮游植物现状评价的数据来源于本书 2015 年 7 月（夏季）的调查。以 1987 年 8 月大亚湾各个站位的调查数据为参照，采用多个参照目标百分位的方法确定浮游植物单站物种数的参考标准，划分为三个区间，即 0～＜17 种、17～＜24 种、24～＜41 种（≥41，取极值 100），据此对各个站进行标准化赋值并空间化，评价结果介于 71.7～93.8，大体呈现出内湾略高于外湾。浮游植物总物种数参考标准是基于 1991 年 11 月大亚湾数据（中国水产科学研究院南海水产研究所和惠州市海洋与渔业局，2008），采用单个参照目标百分位的方法确定，并将其划分为三个区间，即 0～＜69 种、69～＜98 种、98～＜115 种（≥115 种，取极值 100），故大亚湾浮游植物总物种数标准化赋值为 75.90。

浮游动物：浮游动物现状数据来源于本书 2015 年 7 月（夏季）的调查。由于历史参照数据欠缺，本书以 1987 年 4 月大亚湾调查各个站位的桡足类数据为参照，采用多个参照目标百分位的方法确定桡足类物种数的参考标准，将其划分为三个区间，即 0～＜13 种、13～＜19 种、19～＜28 种（≥28 取极值为 100），据此对各个站进行标准化赋值并空间化，评价结果介于 81.2～100（图 5.15），总体呈现内湾向外湾逐渐升高的趋势。浮游动物总物种数参考标准是基于 1987 年 7 月大亚湾调查数据（国家海洋局第三海洋研究所，1990），采用单个参照目标百分位的方法确定，并将其划分为三个区间，即 0～＜61 种、61～＜87 种、87～＜102 种（≥102 种，取极值 100），由此得到浮游动物总物种数的标准化赋值为 100。

底栖动物：底栖动物总物种数参考标准是以 1987 年 9 月大亚湾调查数据为参照（中国海湾志编纂委员会，1998），采用单个参照目标百分位的方法获得，即划分为三个区间：0～＜173 种、173～＜245 种、245～＜288 种（≥288 取极值为 100）。单站物种数、栖息密度和生物量的参考标准是以 1987 年 9 月大亚湾调查数据为参照，采用多个参照目标百分位的方法获得，划分为三个区间：底栖动物单站物种数，0～＜18 种、18～＜21 种、21～＜54 种（≥54 种，取极值 100）；底栖动物栖息密度，0～＜170 个/m^2、170～＜228 个/m^2、228～＜1129 个/m^2（≥1129 个/m^2，取极值 100）；底栖动物生物量，0～＜13.1 g/m^2、13.1～＜46.1 g/m^2、46.1～＜367.5 g/m^2（≥367.5 g/m^2，取极值 100）。根据本书 2017 年 8 月（夏季）的调查数据，计算得到底栖动物总物种数的标准化赋值为 49.6；底栖动物单站物种数评价结果介于 10～100，总体呈现出内湾湾顶低、外湾高的趋势；生物量评价结果介于 1.2～87.2，低值区主要位于大鹏澳、范和港、白沙湾湾顶；栖息密度评价结果介于 7.1～99.2，低值区出现在大鹏澳、澳头湾。

指示物种：绿海龟是国家二级保护动物，位于大亚湾的海龟国家级自然保护区是亚洲大陆架唯一的大型海龟自然产卵繁殖场所（柯东胜等，2009），故选取绿海龟为指示物种，即采用上岸产卵的绿海龟数量来表征。绿海龟现状数据来源于《2015 年广东省海洋环境状况公报》，评价参考标准是以 1987 年绿海龟的上岸产卵数量为参照（柯东胜等，2009），采用单个参照目标百分位的方法确定，即划分为三个区间，即 0～＜12 只/a、12～＜17 只/a、17～＜20 只/a（≥20 取极值为 100），据此计算得到大亚湾指示物种的标准化赋值为 15。

水环境质量：海水溶解氧（DO）、无机氮、活性磷酸盐以 1987 年调查数据为参照，采用多个参照目标百分位法确定参考标准，划分为三个区间：DO，0～＜6.32 mg/L、6.32～＜6.48 mg/L、6.48～＜7.20 mg/L（≥7.20 mg/L 取极值 100）；无机氮，0.064～＜0.069 mg/L（≥0.069 mg/L 取极值 0）、0.028～＜0.064 mg/L、0.018～＜0.028 mg/L（＜0.018 mg/L 取极值 100）；活性磷酸盐，0.0020～＜0.0021 mg/L（≥0.0021 mg/L 取极值 0）、0.0012～＜0.0020 mg/L、0.0008～＜0.0012 mg/L（＜0.0008 mg/L 取极值 100）。根据本书 2015 年 7 月的调查数据，据此对各个站进行标准化赋值并空间化，其中 DO 各站的标准化赋值均为 100。

重要栖息地：重要栖息地选取大亚湾石珊瑚栖息地来表征，即选取石珊瑚覆盖度作为指示。由于近年大亚湾石珊瑚调查数据较缺乏，以 2008 年调查数据作为现状，即 15.3%；以 1983/1984 年的珊瑚覆盖度为参照（陈天然等，2009），采用参照目标百分位的方法确定参考标准，划分为三个区间：0～46%、46%～65%、65%～76.6%（≥76.6%取极值 100），据此计算得到重要栖息地的标准化赋值为 19.95，重要栖息地丧失严重。

（2）供给服务

由于大亚湾渔业捕捞产量数据难以获取，同时 1983 年广东省设立大亚湾水产资源自然保护区以后禁止拖网作业，因此本书采用游泳生物渔获量来表征。以 1992 年 8 月大亚湾的游泳生物渔获量数据为参照（中国水产科学研究院南海水产研究所和惠州市海洋与渔业局，2008），采用单个参照目标百分位的方法确定参考标准，划分为三个区间，即 0～＜217.6 kg/h、217.6～＜308.1 kg/h、308.1～＜362.7 kg/h（≥362.7 kg/h 取极值 100）。根据参考标准，2015 年 8 月大亚湾游泳生物渔获量的评价结果介于 0.54～12，低值区主要分布于大亚湾西南侧的大鹏澳、澳头湾及附近海域。

（3）调节服务

生物控制：生物控制采用赤潮发生频次来表征。现状数据来源于《2015 年广东省海洋环境状况公报》。基于 2011～2015 年赤潮频次的统计，确定赤潮频次的评价参考标准，划分为三个区间，即 4～5 次/a（≥5 次取极值 0）、2～3 次/a、0～1 次/a，据此对生物控制进行标准化赋值并空间化。

环境净化：物理净化采用海湾纳潮量来表征。以本书模型计算得到的 1989 年纳潮量为参照，即采用单个参照目标百分位的方法确定参考标准，即划分为三个区间：0～＜6.5×10^8 m^3、6.5×10^8～＜9.3×10^8 m^3、9.3×10^8～＜10.9×10^8 m^3（≥10.9×10^8 m^3 取极值 100）；通过本书模型计算得到 2014 年大亚湾的大潮纳潮量为 10.81×10^8 m^3，根据标准计算得到物理净化的标准化赋值为 99.1。滨海湿地净化采用滨海湿地面积来表征，现状数据基于 2014 年海图数据解译获取，以岸线到 5 m 等深线之间的面积来表征；参考标准是基于 1982 年海图数据解译得到，即 1982 年滨海湿地面积为 238.6 km^2，即采用单个参照目标百分位的方法将参考标准划分为三个等级：即 0～＜143 km^2、143～＜203 km^2、203～＜238.6 km^2（≥238.6 km^2 取极值 100），据此计算得到湿地气候调节的标准化赋值为 82.58。

（4）文化服务

旅游休闲：自然岸线的评价参考标准以 1982 年海图数据解译获得的自然岸线长度为参照，采用单个参照目标百分位的方法确定，划分为三个区间，即 0～＜191 km、191～＜271 km、271～＜318 km（≥318 km 取极值 100）；通过遥感数据解译得到 2014 年自然岸线长度为 155.46 km，根据标准，计算得到自然岸线的标准得分为 48.4。洁净水域面积参考标准划分为三个区间，即 0～＜60%、60%～＜85%、85%～100%；根据 2015 年 7 月调查数据，计算得到活性磷酸盐含量达到国家二类海水水质标准的水域面积的比例为 96%，故洁净水域的标准化赋值为 96。

科研教育：科研教育采用景观自然性来表征。以 1982 年海图数据解译得到景观自然性数据为参照，采用单个参照目标百分位的方法确定参考标准，将其划分为三个区间，即 0～＜60%、60%～＜85%、85%～100%。根据遥感和海图数据解译提取，计算得到 2014 年自然景观所占面积比例为 95%，故景观自然性的标准化赋值分为 95。

（5）综合评价

大亚湾生态系统健康综合评价结果介于 59.57～69.25，面积加权总得分为 65.42，总体上处于亚健康状态。从空间分布上（图 5.16），高于 60 分的区域占海湾总面积的 99.48%，低值区主要分布在大亚湾西北侧惠州港渡河口附近海域和大鹏澳。

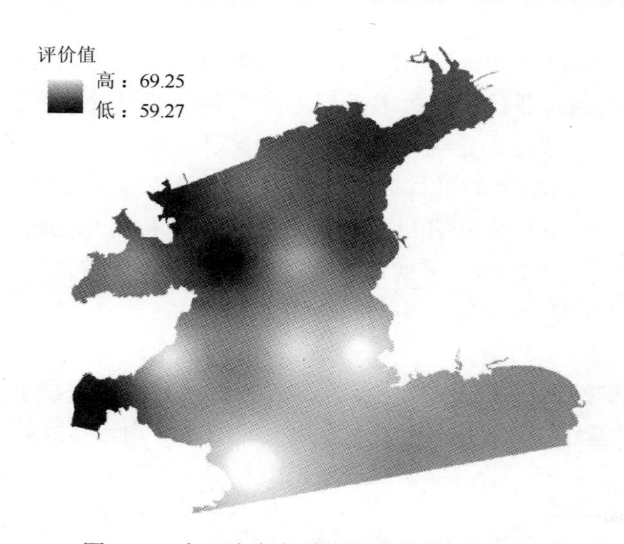

图 5.16　大亚湾生态系统健康综合评价结果

（三）关键指标的阈值与生态系统健康的关系

根据大亚湾和胶州湾生态系统健康评价结果，通过对单个指标评价结果与综合评价结果的对比，单个指标与综合评价结果处于同一健康等级的空间重叠比例来看，海水无机氮、活性磷酸盐、底栖动物的物种数及栖息密度等指标的评价结果与综合评价结果吻合程度较高，故可作为海湾生态系统健康的关键指标。

本书着重以历史数据作为健康的参考标准，评价标准较严格。对于海水环境质量指标，对照《海水水质标准》（GB 3097—1997），本书健康评价中以历史为参照得出的参考值明显更严格于国家标准，如大亚湾、胶州湾无机氮的亚健康与不健康界线分别为 0.064 mg/L、0.17 mg/L，低于国家一类海水水质标准；大亚湾活性磷酸盐的亚健康与不健康界线为 0.002 mg/L，低于国家一类海水水质标准，而胶州湾亚健康与不健康界线为 0.02 mg/L，低于国家二类海水水质标准。

二、基于海湾生态系统健康的营养盐阈值探讨

（一）海湾营养盐与浮游生物群落结构的关系

1. 营养盐与浮游植物的相关性

根据 2015～2016 年胶州湾和大亚湾 4 个季节的调查数据，计算营养盐与浮游植物相关指标的相关系数（表 5.9，表 5.10）。结果表明，DIN、DIP、DIN/DIP 与浮游植物物种数不存在显著相关，而 DON 与浮游植物物种数存在显著负相关；DIN/DIP 与浮游植物丰度存在显著正相关；大亚湾 DIN、DON 与浮游植物 Shannon's 多样性指数呈显著负相关；DIN、DIP、DON、DOP 与甲藻物种数呈一定的负相关，而 DIN/DIP 与甲藻物种数呈显著正相关。

表 5.9 胶州湾营养盐与浮游植物相关系数

营养盐	相关系数	物种数	丰度	Shannon's 多样性指数	甲藻物种数	Chl a
DIN	Pearson 系数	0.069	0.152	0.020	−0.259*	0.308*
	Spearman 系数	−0.062	0.355*	−0.004	−0.215	0.377**
	Kendall 系数	−0.028	0.257**	0.016	−0.146	0.253*
DIP	Pearson 系数	−0.190	−0.374**	0.061	−0.261*	0.020
	Spearman 系数	0.013	−0.315*	0.090	−0.471**	−0.107
	Kendall 系数	0.024	−0.253*	0.046	−0.332**	−0.039
DIN/DIP	Pearson 系数	0.195	0.672**	−0.181	0.240*	0.398**
	Spearman 系数	0.163	0.762**	0.058	0.463**	0.449**
	Kendall 系数	0.093	0.567**	0.060	0.333**	0.284**

** $P<0.01$，呈极显著相关；* $P<0.05$，呈显著相关

表 5.10　大亚湾营养盐与浮游植物相关系数

营养盐	相关系数	物种数	丰度	Shannon's 多样性指数	甲藻物种数	Chl a
DIN	Pearson 系数	−0.080	0.366**	−0.351**	−0.259*	0.236
	Spearman 系数	0.005	0.075	−0.152	−0.215	0.115
	Kendall 系数	0.003	0.058	−0.104	−0.146	0.082
DIP	Pearson 系数	−0.131	0.226	−0.255*	−0.261*	0.197
	Spearman 系数	−0.178	−0.199	−0.003	−0.471**	−0.129
	Kendall 系数	−0.116	−0.133	0.007	−0.332**	−0.106
DIN/DIP	Pearson 系数	−0.037	0.258*	−0.131	0.240*	0.253*
	Spearman 系数	0.218	0.290*	−0.095	0.463**	0.290*
	Kendall 系数	0.150	0.211*	−0.067	0.333**	0.227**
DON	Pearson 系数	−0.287*	0.117	−0.387**	−0.243	0.252
	Spearman 系数	−0.239*	0.040	−0.197*	−0.194*	0.189*
	Kendall 系数	−0.355**	0.068	−0.292*	−0.260	0.273*
DOP	Pearson 系数	−0.093	0.322*	−0.219	−0.254	0.187
	Spearman 系数	−0.132	−0.080	0.020	−0.251**	−0.038
	Kendall 系数	−0.191	−0.125	0.044	−0.362**	−0.074
DON/DOP	Pearson 系数	−0.211	−0.094	−0.053	−0.042	−0.037
	Spearman 系数	−0.106	0.065	−0.162	0.021	0.194*
	Kendall 系数	−0.164	0.136	−0.258	0.030	0.291*

** $P<0.01$，呈极显著相关；* $P<0.05$，呈显著相关

2. 营养盐与浮游动物的相关性

根据 2015～2016 年大亚湾和胶州湾 4 个季节的调查数据，计算营养盐与浮游动物相关指标的相关系数（表 5.11）。结果表明，营养盐与浮游动物 Shannon's 多样性指数的相关性不显著，DIN、DIN/DIP 与浮游动物物种数存在显著相关，胶州湾 DIN/DIP 与浮游动物丰度存在较显著正相关。

表 5.11　营养盐与浮游动物相关系数

营养盐	相关系数	大亚湾		胶州湾		
		物种数	Shannon's 多样性指数	物种数	丰度	Shannon's 多样性指数
DIN	Pearson 系数	−0.278*	−0.216	0.311*	−0.073	−0.007
	Spearman 系数	−0.391**	−0.222	0.309*	0.121	0.121
	Kendall 系数	−0.285**	−0.162	0.222*	0.094	−0.023
DIP	Pearson 系数	−0.234	−0.136	−0.096	−0.298*	0.048
	Spearman 系数	−0.454**	−0.132	−0.149	−0.238	−0.109
	Kendall 系数	−0.311**	−0.095	−0.100	−0.177	−0.082

续表

营养盐	相关系数	大亚湾		胶州湾		
		物种数	Shannon's 多样性指数	物种数	丰度	Shannon's 多样性指数
DIN/DIP	Pearson 系数	0.117	−0.097	0.325*	0.244	0.033
	Spearman 系数	0.287*	0.012	0.570**	0.507**	0.066
	Kendall 系数	0.182*	0.009	0.395**	0.355**	0.043

** $P<0.01$，呈极显著相关；* $P<0.05$，呈显著相关

（二）基于生态系统健康的营养盐阈值探讨

为了获取导致海湾浮游植物群落结构发生显著改变的营养盐阈值，分别在胶州湾和大亚湾开展了营养盐加富实验。其中，在胶州湾，2017 年 7 月开展了不同浓度营养盐添加及 S8 站（20%）和 S9 站（80%）（图 1.44）的混合海水培养实验，发现该比例混合海水可显著刺激 micro-Chl a 和 nano-Chl a 的增加。S8 站夏季的 DIN、DON、DIP、DOP 的浓度分别为 0.402 mg/L、0.143 mg/L、0.0291 mg/L、0.0080 mg/L，而 S9 站对应的浓度分别为 0.155 mg/L、0.210 mg/L、0.0102 mg/L、0.0060 mg/L；S8 站冬季的 DIN、DON、DIP、DOP 的浓度分别为 0.479 mg/L、0.107 mg/L、0.0124 mg/L、0.0165 mg/L，而 S9 站对应的浓度分别为 0.154 mg/L、0.210 mg/L、0.0056 mg/L、0.0097 mg/L。因此，本书取不同季节 S8 站（20%）和 S9 站（80%）混合海水的营养盐浓度，分别计算得到夏季和冬季影响浮游植物群落粒级结构的营养盐阈值（表 5.12）。

在大亚湾，2018 年 1 月选取 S3 站（淡澳河口）和 S10 站（湾中部）的海水进行不同比例混合培养（图 1.59），发现当淡澳河口海水混合比例为 5%～10%时，大亚湾浮游植物群落粒级结构发生显著改变（图 3.78）。S3 站夏季的 DIN、DON、DIP、DOP 的平均浓度分别为 2.922 mg/L、5.232 mg/L、0.2113 mg/L、0.0535 mg/L，而 S10 站对应的平均浓度分别为 0.090 mg/L、0.276 mg/L、0.0020 mg/L、0.0069 mg/L；S3 站冬季的 DIN、DON、DIP、DOP 的平均浓度分别为 3.932 mg/L、3.991 mg/L、0.0558 mg/L、0.0134 mg/L，而 S10 站对应的平均浓度分别为 0.114 mg/L、0.231 mg/L、0.0159 mg/L、0.0053 mg/L。因此，本书取不同季节 S3 站（5%）和 S10 站（95%）混合海水的营养盐浓度，分别计算得到夏季和冬季影响浮游植物群落粒级结构的营养盐阈值（表 5.12）。

表 5.12 胶州湾和大亚湾营养盐阈值 （单位：mg/L）

海湾	季节	DIN	DON	DIP	DOP
胶州湾	夏季	0.204	0.303	0.0140	0.0064
	冬季	0.219	0.189	0.0069	0.0110
大亚湾	夏季	0.232	0.524	0.0124	0.0093
	冬季	0.305	0.419	0.0179	0.0057

结合第四章胶州湾和大亚湾在不同营养盐水平条件下，生态系统营养级间能量转化效率与林德曼效率关系的研究结果进行验证，同时参考了生态系统健康评价中相关营养盐的研究结果，表明表 5.12 的营养盐阈值基本合理。

第三节　海湾生态环境演变趋势预测

近年来，随着沿海地区社会经济率先发展，城市化、人类活动在陆源排污、围海造地等诸多人为压力要素方面，呈现出多元高强复合的特征。结果造成近海海洋资源环境约束趋紧、海洋生态健康压力增大，两者共同作用导致近海环境质量持续恶化，到目前反过来对沿海地区社会经济可持续发展产生刚性约束。实现沿海地区人类活动与近海环境相和谐，既是全球可持续发展战略的焦点，又是“海洋科学促进可持续发展十年（2021—2030）计划”的核心主题，也是海洋生态文明建设的主要任务。

海洋生态系统动力学模型自 20 世纪 40 年代产生以来，一直被认为是除了现场调查和实验室实验之外研究海洋生态系统的一种有效方法（Jørgensen，1994；Moll & Radach，2003）。在深刻理解物理、生物、化学和地质等过程相互作用机制的基础上，构建海洋生态系统动力学模型，可应用于评估海洋生态环境状况和预测海洋生态环境演变趋势，为维持海洋生态系统的健康发展和重建提供科学的依据（陈长胜，2003；张素香等，2006）。

我国真正意义上的海洋生态系统动力学模型研究起步于 20 世纪 90 年代后期，随着国家系列重大科研项目的带动，我国学者在海洋生态系统动力学现场调查、过程和模型研究中做了大量工作（苏纪兰和唐启升，2005）。俞光耀等（1999）、Zhu 和 Cui（2000）、Cui 和 Zhu（2001）、张书文等（2002）、魏皓等（2003a，2003b）、高会旺和王强（2004）、夏洁和高会旺（2006）、刘浩和潘伟然（2008）、刘浩和尹宝树（2006）在海洋生态系统动力学建模领域进行了一系列尝试，对我国近海的营养盐分布、浮游植物生物量、初级生产力等海洋生态系统要素进行了较为成功的模拟。

近年来，随着计算机科学的快速发展及应用数学理论与方法的不断完善，海洋生态系统动力学模型中的状态变量个数在不断增加，对生物地球化学过程的描述也更加细致（商少凌等，2004）。比如，在原有氮、磷等营养盐基础上引入了 Fe、Si 等营养元素（Armstrong，1999；Chai et al.，2002；Chai et al.，2007）；将浮游植物分为不同粒级、浮游动物分为大型和小型以引入不同摄食方式，甚至涵盖鱼类等更高营养级以期更完整地再现海洋食物链（Fennel，2008，2009）；而微生物等在海洋生态系统中的作用也日益受到重视（樊娟等，2010）。目前，海洋生态系统动力学模型基本上包括了营养盐（N）、浮游植物（P）、浮游动物（Z）三个变量，大多数也包括了碎屑（D），有些甚至包括了微生物（B）。因此，按照模型变量函数和结构的不同，海洋生态系统动力学模型可以分为：NP 模型、NPZ 模型、NPD 模型、NPZD 模型和 NPZDB 模型。此外，根据研究范围不同，海洋生态系统动力学模型可分为全球或海盆尺度、近海区域海洋和海湾，以及河口生态系统动力学模型；根据研究对象的不同，海洋生态系统动力学模型可分为过程模型、个体模型、种群模型、种间模型及系统模型；根据空间结构不同，海洋生态系统动力学模型可分为箱式模型、一维模型和三维模型（任湘湘等，2012）。

因此，本书将总结前人工作，在胶州湾和大亚湾三维水动力数学模型的基础上，添加包含生物化学转化过程的生态模块，构建物理过程—化学过程—生物过程耦合的海湾生态系统动力学模型。以此，探讨人类开发活动对海湾水动力与交换的影响机理，并通过对海湾关键生态过程的模拟，探讨人类活动引起的海湾自净能力下降对生态环境的影响；通过对不同海湾生态环境演变情景的模拟，探讨海湾生态环境的演变趋势。

一、海湾生态系统动力学模型的构建及人类活动对海湾水动力环境的影响

近年来，对于胶州湾内水动力变化的研究主要集中于两个方面：①利用不同模型模拟水动力过程来探究胶州湾的整体或局部水交换能力。Shi 等（2011）采用环境流体动力学模型（Environmental Fluid Dynamics Code，EFDC）并耦合污染物示踪模块，对胶州湾在 1966 年、1988 年、2000 年和 2008 年的岸线水深情景下的潮流场和海湾平均存留时间进行了研究。赵亮等（2002）利用河口海岸海洋模型（Estuarine Coastal and Ocean Model，ECOM）通过质点跟踪，定量地研究了整个海湾海水的存留时间及各区域的水交换能力。吕新刚等（2010）基于普林斯顿海洋模型（Princeton Ocean Model，POM）的数值模拟结果，认为胶州湾水交换能力自湾口向湾内逐渐减弱，且在空间分布上有很大差异。②对比围填海造成岸线变化给胶州湾水动力和物质输运带来的影响。陈金瑞和陈学恩（2012）采用有限体积海洋模型（Finite-Volume Community Ocean Model，FVCOM），基于胶州湾近 70 年的岸线变化建立典型年代的情景模拟，分析比较了围填海造成的水域面积大幅缩小对水动力的影响。Gao 等（2014，2018a，2018b）采用 FVCOM 建立了三维正压水动力模型，同时耦合波浪、泥沙模型，研究了胶州湾自 1935～2008 年岸线变化对湾内潮动力和泥沙输运的影响，并提出浪流相互作用会从多方面影响胶州湾内泥沙的动力输运。本书研究则指出不同的污染物指标对岸线演化的响应是不同的，需要结合生物地球化学过程进行研究。

前人对大亚湾水动力的研究重点关注了大亚湾的天文分潮和环流结构。例如，杨国标（2001）的研究表明，大亚湾水文特征受天文潮和外海潮波的共同作用，潮汐潮流均属于不规则半日潮，浅水效应明显，湾口及西部的余流较强，其他地方较弱，湾口余流流向湾外，其余基本沿岸线流动。吴岩和陶建华（1998）的数值模拟发现，在大亚湾内存在两个顺时针方向的环流场，南部环流较强，北部环流较弱。吴任豪等（2007）利用三维陆架海模式研究了大亚湾的潮汐、潮流和余流等特征，与杨国标（2001）的结论基本一致，表明水平潮流主要是往复流，且受地形影响强烈。王聪等（2008）采用 ECOM-si 对大亚湾进行数值模拟，认为大亚湾潮汐和潮流特性主要受来自西太平洋的潮波制约，表底层潮致余流差异不大；太平洋的潮波自巴士海峡、巴林塘海峡进入南海后，其中的一支前进波向广东沿岸传播。Zhang 等（2019）采用嵌套模型对大亚湾水体驻留时间进行了研究，认为局地风场和陆架环流是影响其季节变化的关键因子。

本节以胶州湾和大亚湾为研究对象，构建描述海湾物理过程的三维水动力数学模型。总结前人工作并应用该模型探讨人类活动对胶州湾和大亚湾水动力环境的影响。

（一）海湾三维水动力数学模型

1. 数学模型介绍

胶州湾和大亚湾的岸线蜿蜒曲折，对数学模型的复杂岸线拟合能力提出了非常高的要求。在平衡了复杂岸线拟合能力和计算效率后，本书选择了有限体积法作为离散三维水动力基本方程的数值算法，同时选取了应用广泛的 FVCOM 以研究胶州湾和大亚湾的三维水动力情况，同时为生态系统动力学模型提供水动力背景场。

FVCOM 是由美国马萨诸塞大学海洋科技研究院和伍兹霍尔海洋研究所联合开发的近岸海洋模型（Chen et al.，2003）。该模型在水平方向上采用无结构化的三角形网格，垂向方向上采用 σ 坐标变换，同时通过有限体积法计算非重叠水平三角形控制体的通量来求解控制方程。基于上述特点，FVCOM 能够将有限元方法处理复杂岸界的优点和有限差分方法的简单离散结构与高能计算效率相结合。对于近岸、河口等具有复杂岸线、地形的区域来说，它更好地保证了质量、动量、盐度和热量的守恒性。FVCOM 的主要控制方程包括动量方程、连续方程、温度扩散方程、盐度扩散方程、状态方程等，同时提供了一般海洋湍流模型（General Ocean Turbulence Model，GOTM）等湍模型使得方程闭合。

FVCOM 采用三角形网格，在水平方向上，流速矢量在三角形网格质心进行计算，其他标量均在三角形网格顶点处计算；标量是通过计算所在顶点周边各三角形质心和临边中心连线标量控制单元（Tracer Control Element，TCE）的净通量来实现的，而流速则是通过质心所在三角形三条边动量控制单元（Momentum Control Element，MCE）的净通量来计算。在垂直方向上，除了 σ 层的垂向速度和湍封闭模型参量，其余变量均在 σ 层的中心计算，σ 变换的公式具体参见 FVCOM 使用手册。

2. 胶州湾三维水动力数学模型

（1）正压模型

胶州湾三维水动力数学模型分别以 1935 年、1966 年、1986 年、2000 年、2008 年及 2015 年岸线和水深为基础建立。本节仅以 2015 年模型为例进行描述。该模型网格由 85 271 个节点及 165 617 个三角形网格构成。网格如图 5.17 所示，为拟合入海桥墩，网格空间分辨率最高达到了 5 m，垂向分为 7 个 σ 层。正压模型中，不考虑风场和径流，温度、盐度均设为常数。采用零初始条件，开边界采用 8 个主要的天文分潮（M_2、S_2、N_2、K_2、K_1、O_1、P_1、Q_1）和 3 个浅水分潮（M_4、MN_4、MS_4）的进行驱动，其调和常数来自于 NAO.99（Matsumoto et al.，2000）。漫滩过程采用干湿网格技术，临界水深设定为 0.01 m。底摩擦应力采用二次非线性公式，海底粗糙度取 0.005，底摩擦拖曳系数最小值取 0.0030。

模型运行 60 d 后取最后 30 d 数据进行分析。本书利用红岛验潮站（152 站）2015 年 7 月 14 日～8 月 12 日和团岛验潮站（154 站）2015 年 7 月 15 日～8 月 13 日的逐时观测资料进行验证。由图 5.18 可以看出潮位的模拟结果与观测拟合较好。

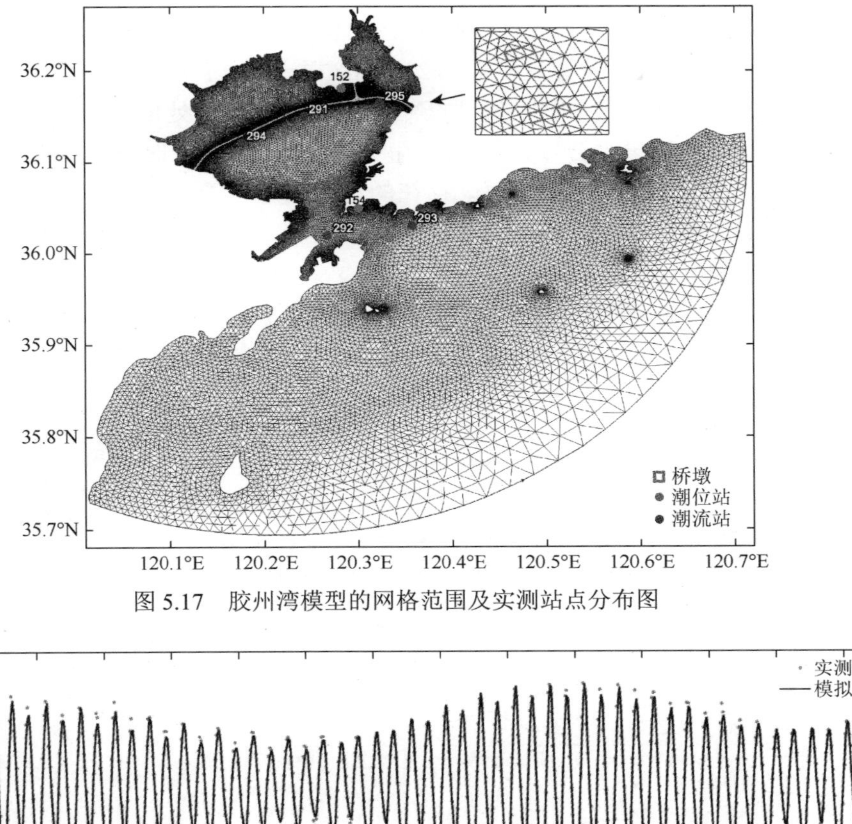

图 5.17　胶州湾模型的网格范围及实测站点分布图

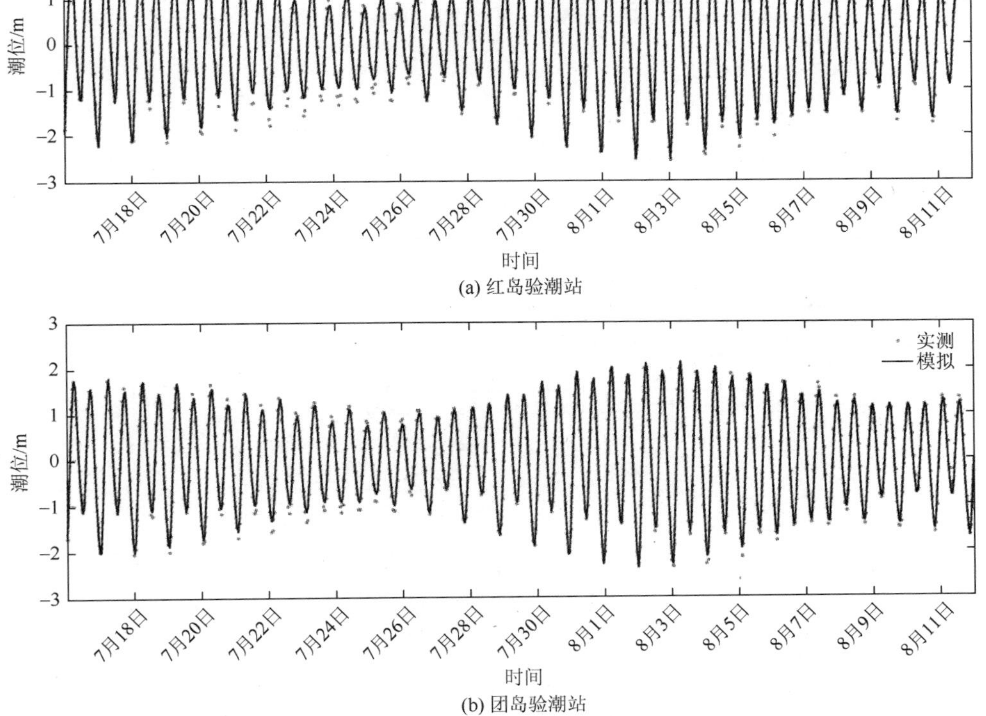

图 5.18　胶州湾红岛验潮站（152 站）与团岛验潮站（154 站）2015 年 7 月 16 日～8 月 11 日模拟水位与实测水位对比

用来验证海流的数据取自 291～295 站（站位分布如图 5.17 所示）于 2015 年 7 月 16 日 08 时～17 日 09 时（大潮）和 7 月 23 日 08 时～24 日 09 时（小潮）所测结果。对比结果如图 5.19 所示，大潮期间，除 292 站模拟流速在峰值处偏小外，其他各站模拟的流速、流向均与实测结果吻合较好；而小潮时，除 291 站部分时刻及 292 站峰值时刻模拟流速偏小外，其他各站均模拟较好。存在的这些偏差可能是由于模型在计算时进行了适当的简化，未考虑风强迫、密度梯度等因素的影响，同时网格点与实测点之间存在一定的空间偏差造成。

综上所述，模拟结果可再现胶州湾内潮汐、潮流的主要特征，能够支持本书研究工作的开展。

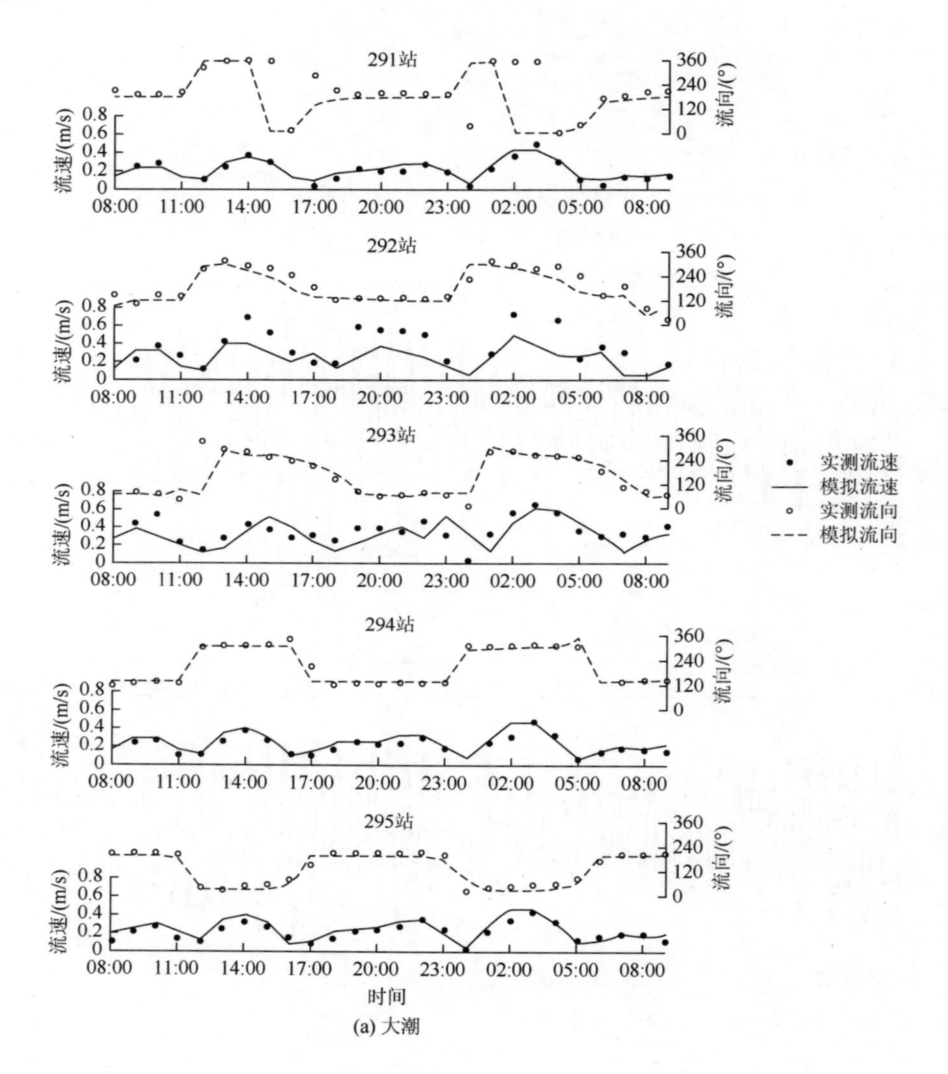

(a) 大潮

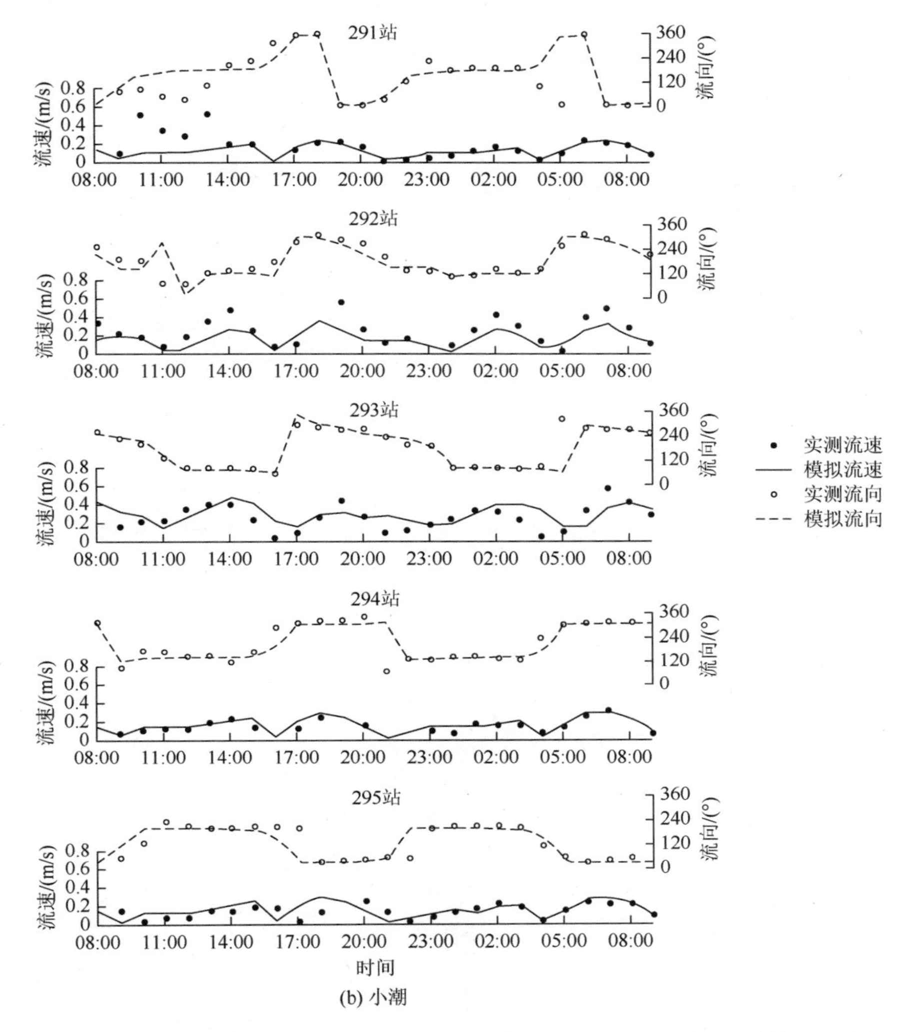

(b) 小潮

图 5.19　胶州湾大潮与小潮期间 291～295 站海流流速、流向实测与模拟对比图

大潮：2015 年 7 月 16 日～17 日；小潮：2015 年 7 月 23 日～24 日

（2）斜压模型

海湾斜压模型的建立只能通过嵌套方式获得较为精准的开边界温度、盐度和环流输入。胶州湾斜压模型通过嵌套东海区域海洋模型（regional ocean modeling system，ROMS）（Rong & Li，2012）获取开边界驱动。为了更好地拟合 ROMS 的网格系统，在正压模型基础上，斜压模型向外海扩展并形成与 ROMS 一致的三层边界（图 5.20），保证了数据输入的准确性。模型将 2014 年 1 月 1 日东海模型结果插值到胶州湾网格系统作为其初始场，进行 3 年的计算。选取了胶州湾内的 5 条主要河流和 5 个排污口，以 2015～2017 年的四季实测数据为基础，建立径流输入通量和营养盐输入通量的长时间序列。热通量和风场数据均采用了气候预报系统再分析数据（climate forecast system reanalysis，CFSR）时间间隔为 6 h 的数据集资料。

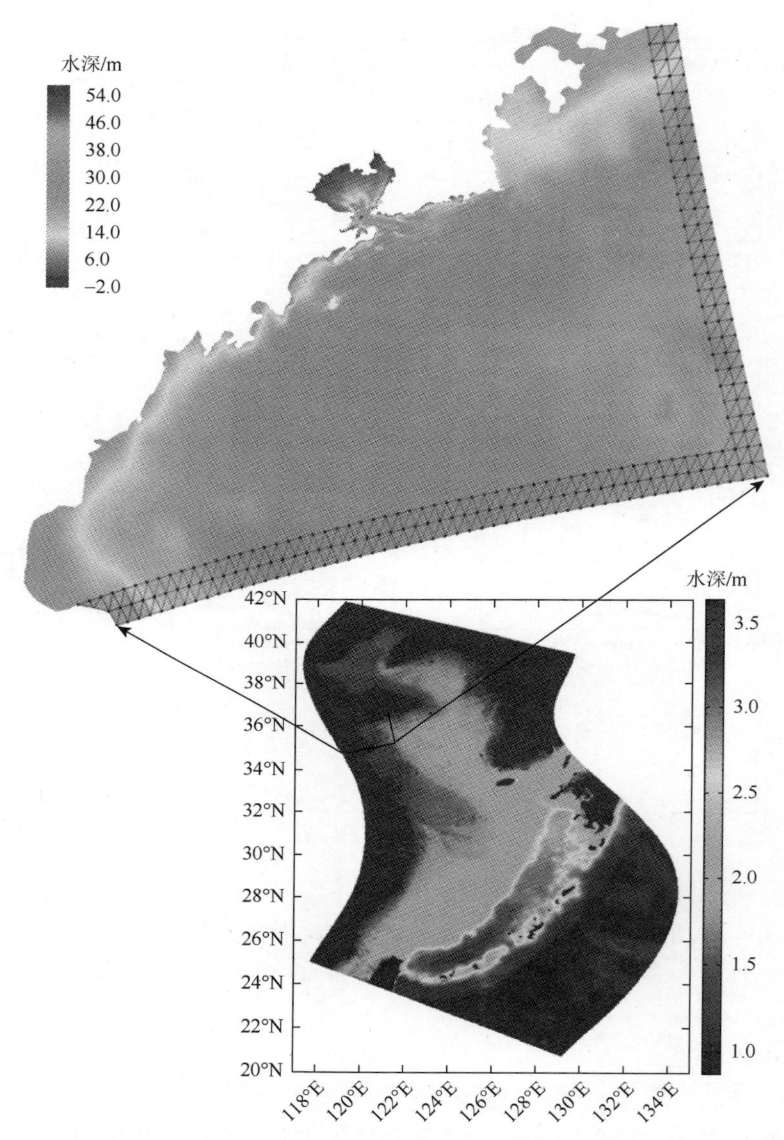

图 5.20　胶州湾斜压模型 FVCOM（上）与 ROMS（下，水深取以 10 为底的对数）网格嵌套示意图（后附彩图）

对比 2015～2016 年在胶州湾走航观测的温度、盐度数据（图 5.21）可见，模型结果可以再现胶州湾温度、盐度分布特征和季节变化规律。

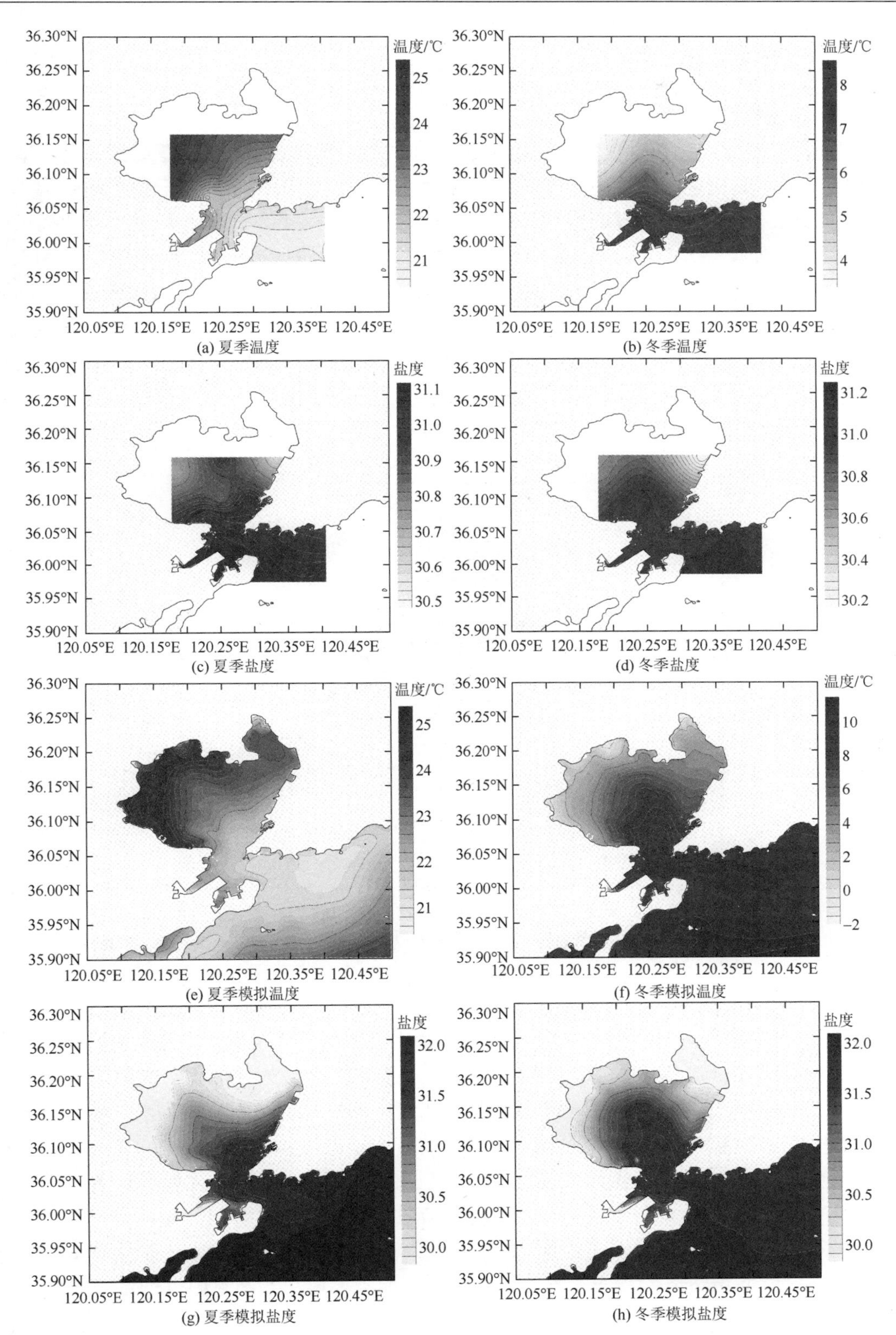

图 5.21 胶州湾夏季和冬季实测温度、盐度与相应的模拟温度、盐度

3. 大亚湾三维水动力数学模型

（1）正压模型

大亚湾三维水动力数学模型分别以 1989 年和 2015 年岸线和水深为基础建立。本节仅以 2015 年模型为例进行描述。该模型网格由 20 213 个节点及 37 748 个三角形网格构成。网格如图 5.22 所示，最高空间分辨率可达 30 m，垂向分为 7 层。三维正压模型开边界采用 8 个主要天文分潮（K_1、O_1、P_1、Q_1、M_2、S_2、N_2、K_2）、2 个四分之一日分潮（M_4、2 MS_4）、2 个六分之一日分潮（M_6、MS_6）作为驱动，其中调和常数来自于南海北部区域模型（Ding et al.，2017）。模型采用冷启动，运行 60 d 后取后 30 d 数据进行分析。实测数据与模拟结果的绝对误差均小于 1 cm，相对误差小于 3%，尤其是浅水分潮的绝对误差和相对误差更小，表明模拟结果更接近实测数据。大亚湾三维水动力数学模型不仅能够准确地模拟全日、半日、四分之一日和六分之一日分潮，更能准确再现这些分潮从湾口到湾顶的变化情况。

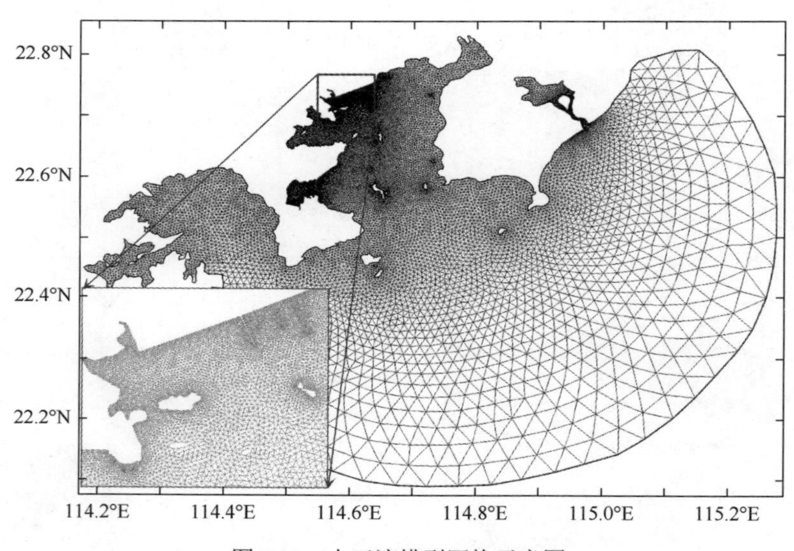

图 5.22　大亚湾模型网格示意图

模型结果与实测资料的对比详见 Song 等（2016）。模型结果成功再现了潮位过程中的主要特征，包括涨落潮时不对称、高低潮日不等及双峰水位等现象。值得注意的是，虽然调和常数的计算值与实测值之间的绝对误差较小，但水位曲线的计算值与实测值之间仍然存在一定的差异。这是由于大亚湾水浅，风场和气压的变化也会影响实测水位值。这一点在流速曲线的比较中也可以得到证实。与流速的对比结果可看出，模型的计算结果与实测数据十分相近，该模型可以较为准确地模拟一个潮周期的海流变化，比如半日潮周期内的涨潮流速双峰现象。但是对于某些站点，计算结果与实测结果有一定差距，这一方面是由于该模型仅考虑潮汐，而忽略了表面风、斜压等外力因素对结果的影响（如受沿岸流的影响等）；另一方面是网格分辨率或者地形数据无法准确描述观测站点附近的水深条件。总体来说，强流方向比弱流方向的流速模拟结果更好，大潮期间流速比小潮期间的流速模拟结果更好。通过潮汐潮流计算结果与实测结果的验证，表明基于 FVCOM 模型所建立的大亚湾三维水动力数学模型是可信的，模拟结果可以较好地反映实际潮汐潮流特征。

（2）斜压模型

大亚湾斜压模型通过嵌套南海 FVCOM 模型获取开边界驱动。模型亦将 2014 年 1 月 1 日南海模型结果插值到大亚湾网格系统作为其初始场，进行 3 年的计算。选取了大亚湾内的 13 条主要河流和 4 个排污口，以 2015～2017 年的四季实测数据为基础，建立径流输入通量和营养盐输入通量的长时间序列。热通量和风场数据同样采用了 CFSR 时间间隔 6 h 的数据集资料。

由于大亚湾核电站温排水的影响，在缺少局部海气热交换模型的条件下，模型采用温差控制方程，计算温排水的温差分布，并合并到温度控制方程中，得到最终温度。对比 2015～2016 年在大亚湾的实测数据（图 5.23），表明模拟结果可以基本再现大亚湾的温度、盐度分布特征。

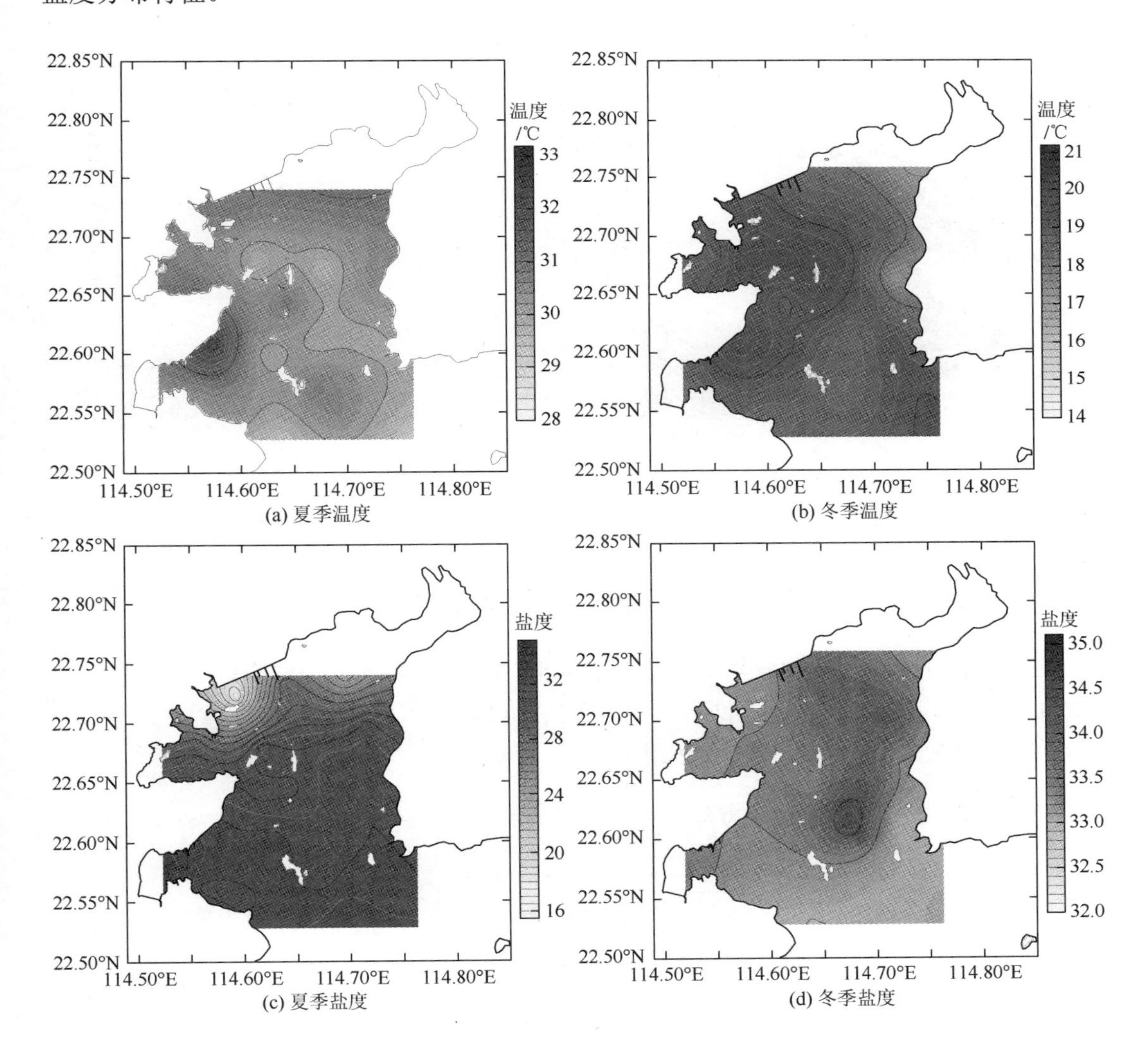

(a) 夏季温度　(b) 冬季温度

(c) 夏季盐度　(d) 冬季盐度

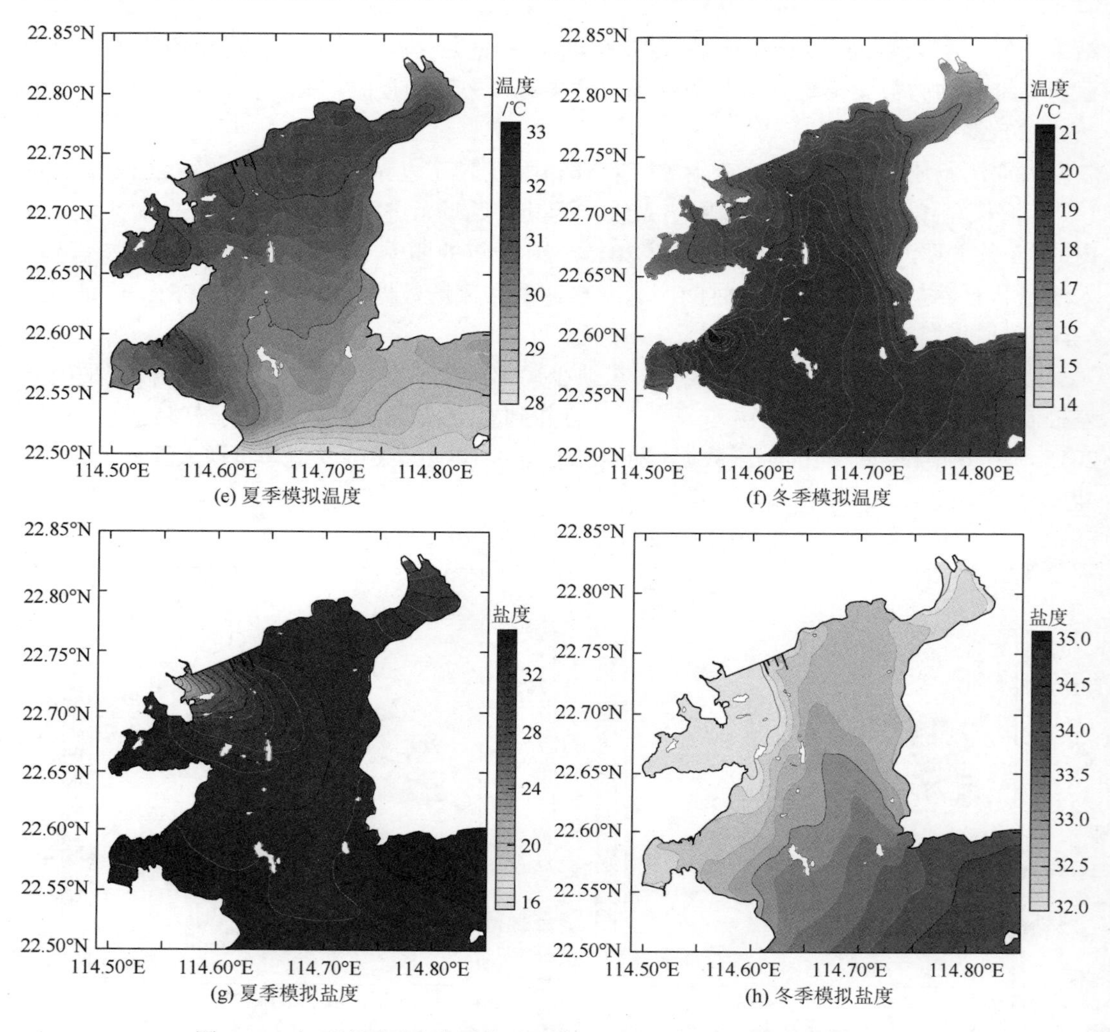

图 5.23　大亚湾夏季和冬季实测温度、盐度与相应的模拟温度、盐度

（二）人类活动对海湾水动力与水交换的影响机理

本节对比历史资料和现状调查结果，从岸线变化、潮流动力、余流结构、泥沙冲淤、纳潮能力等不同角度研究不同时期的海湾开发活动（如围填海等工程活动）对海湾水动力环境和水交换能力的影响及其主要作用机制。

1. 人类活动对胶州湾水动力与水交换的影响机理

（1）胶州湾岸线变化

胶州湾是青岛市的“母亲湾”，为青岛市经济快速发展提供了沃土，也成了我国东部沿海地区典型的严重围填海区域。由于自然演变和人类活动的影响，近 150 年来胶州湾海岸线发生巨大的变化（图 5.24），总体处于淤积缩小的状态。1863～2012 年，其水域面积由 567.9 km^2 减小到 343.1 km^2，面积缩小了 39.6%，水域面积平均每年减小 1.51 km^2

（图 5.25）。其纳潮量也由 1935 年的 11.8 亿 m^3 减少到 2015 年的 9.94 亿 m^3，水交换能力和自净能力大幅度下降，会导致输入半封闭性海湾的营养物质，更易长期滞留、大量聚集，带来严重的富营养化问题。

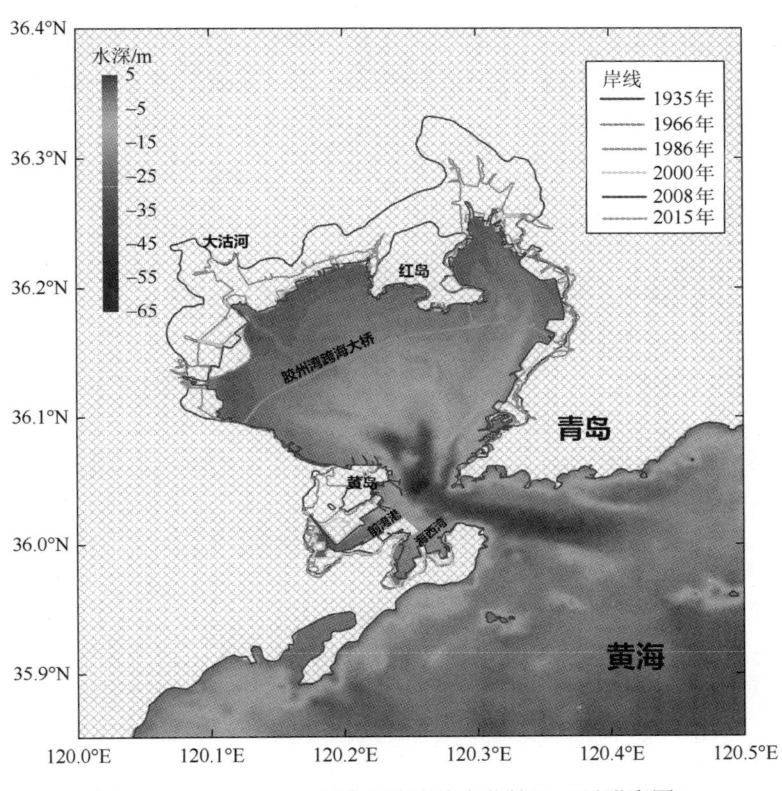

图 5.24 1935～2015 年胶州湾岸线变化情况（后附彩图）

1863～1935 年，胶州湾岸线变化以自然演变为主，岸线变化不大，仅在胶州湾西北侧因盐田修建有稍许变化，其余海湾水域面积变化不大。20 世纪 50～70 年代，胶州湾西北侧和东北侧开始大规模盐田建设和围垦养殖，湾顶的岸线大幅度向湾内推进，而红岛原为胶州湾内一个独立的岛屿，至 1966 年已变为陆连岛，湾底区域水域大规模萎缩。据记载，1975 年胶州湾水域面积缩减为 427 km^2。20 世纪 80～90 年代，随着滩涂围垦养殖、港口开发、临港工程和公路建设等，胶州湾湾底水域进一步萎缩，胶州湾东岸岸线整体向海推移。胶州湾湾口附近变化比较明显的是 1966～1986 年，其间黄岛由一个孤立的岛屿变成了陆连岛。1986 年之后大规模的人工填海，使得该区域的岸线逐步向湾内推进。1988 年水域面积进一步缩减为约 390 km^2，1992 年则为 388 km^2。2000～2005 年，岸线基本稳定，变化区域主要在前湾港及临港工业区和海湾东岸李村河河口两侧。2005 年胶州湾水域面积约为 363 km^2。2008～2012 年，岸线变化的主要区域是前湾港和海西湾造船基地，据相关勘测资料，2008 年胶州湾水域面积约 350 km^2。2012 年胶州湾保护控制线划定以后，岸线相对稳定，水域面积基本保持在 2012 年的 343 km^2。

2016 年青岛市获批成为开展“蓝色海湾整治行动”项目的城市之一。2016 年 11 月，青岛市“蓝色海湾整治行动”项目实施方案获得批复。项目包括胶州湾红岛南段、胶州湾西岸红石崖段、胶州湾西翼段 3 个岸线整治与生态修复工程项目、海洋生态环境监测能力建设和胶州湾海洋经济可持续发展监测能力建设。岸线整治与生态修复工程项目主要包括养殖区及近岸构筑物拆除清理、堤岸及道路修复、滩涂高盐植被和生态廊道修复、沙滩岸段景观修复、生态护岸建设和滨海绿道建设等。项目实施后胶州湾海域恢复面积超过 5 km^2，相应地恢复纳潮量 4%。

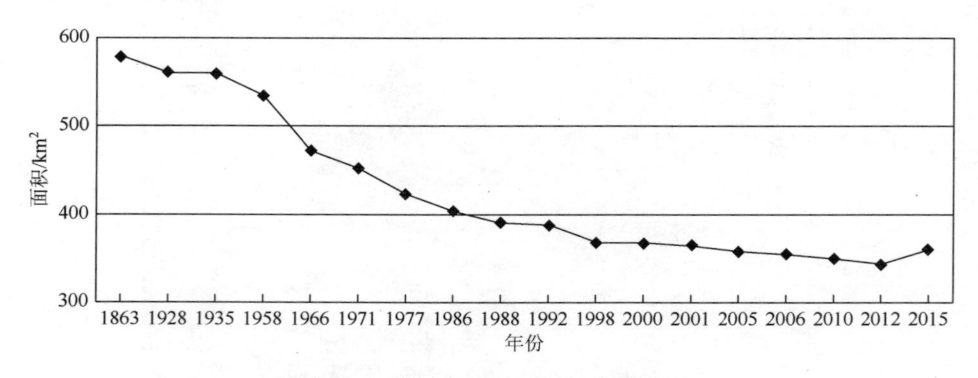

图 5.25　近 150 年来胶州湾水域面积变化

（2）胶州湾潮汐潮流变化

根据陈金瑞和陈学恩（2012）的研究结果，1935～2008 年，围填海对以 M_2 为代表的主要天文分潮的振幅和相位影响较小。等迟角线在湾内从 1935 年的 138°左右减小到 2008 年的 134°左右。其中，由于胶州湾内最大的岛屿——红岛在 1935～1966 年与陆地相连，等迟角线由 138°变化到 136°左右。又因为黄岛于 1966～1986 年变成陆连岛，使得湾内的等迟角线由 136°左右变化到 134°。1986～2008 年的等迟角线也有很小的变化。也就是说，由于岸线和地形的变化，潮波从湾口到湾顶的传播时间在逐渐减小。等振幅线变化不明显，1935～1966 年 M_2 分潮的振幅变大，从 1966 年至今，振幅逐渐变小，但变化幅度不大。

而以 M_4 为代表的浅水分潮在此期间发生了显著变化。由于 M_4 分潮是 M_2 潮波传入近海生成的，主要是受非线性物理过程的影响，故海湾岸线和面积的变化对此类浅水分潮的影响较大且机理复杂。根据 Gao 等（2014）的研究结果：1935～1966 年，大规模的土地围垦导致水动力在这期间发生巨大变化。根据模型结果，在胶州湾东北部，M_4 分潮振幅急剧上升，增幅高达 80%，这使得 M_2-M_4 潮时不对称显著增加。而潮汐能量的减少会导致潮汐运动的减弱，并会增快沉积物的沉积。在海湾入口附近的 M_2 分潮潮能通量随着土地围垦而减小。流入和流出胶州湾的 M_2 分潮潮能通量均减少了 50%以上。研究表明，这个阶段 M_2-M_4 潮时不对称的显著增加是由围垦带来的底部摩擦力变化造成的，而平流只起到次要作用。1966～2008 年，土地围垦的规模较小，在此期间 M_2 分潮的潮能通量继续下降，但减幅速度相对较小。这可能是造成 M_4 分潮振幅和 M_2-M_4 潮时不对称逐渐减小的原因。

基于数值模拟结果发现，1935～2008 年胶州湾涨落潮流形态基本保持一致。涨潮阶段潮流由外海经过外湾口、内湾口的偏西方向涌向湾内，在团岛西北方向的附近海域会形成一个顺时针的小涡旋；平潮时刻外海潮水不再涌向胶州湾，潮面出现很多小涡旋，其中较大的涡旋是胶州湾内湾口附近的涡旋，是由涨潮阶段的顺时针小涡旋发展而来的；落潮阶段潮流由湾内平行于岸线向湾外流动，在外湾口偏北附近海域会出现逆时针的涡旋；落停时刻逆时针的小涡旋发展起来，占据整个外湾口。上述过程形成了一个周期的潮流变化。不同之处在于，在涨潮阶段，1966 年之前黄岛北部附近的海域会出现小的涡旋，而之后则未出现，这主要是由于 1935 年和 1966 年黄岛尚未和大陆相连，涨潮阶段从黄岛和大陆间的水道进入胶州湾的潮流会在黄岛北部形成一个涡旋；在平潮和停潮时刻，上述涡旋的强度和位置还有一些变化。随着胶州湾水域面积的减小，湾内涨落潮流速呈明显减小趋势，1935 年的流速最大，2008 年的流速最小。

为促进山东半岛城市间的交通联系和经济发展，青岛市政府于 2006 年开始筹备建设胶州湾跨海大桥，以此缩小胶州湾东西两岸和红岛间的距离。大桥于 2011 年 6 月建成通车，全长 28.05 km，跨海部分 25.17 km，共有 1691 个墩身、3 个主要航道（从西到东分别为大沽河航道，桥长 610 m，主跨 260 m；红岛航道，桥长 240 m，主跨 120 m；沧口航道，桥长 600 m，主跨 260 m）。胶州湾跨海大桥的建设进一步加速了环湾经济的发展，但千余个桥墩入水不可避免地会对海湾内水动力和水交换造成一定的影响。

在胶州湾跨海大桥的影响下，大桥建设前后在南北两侧形成不同的水位变化梯度（赵科，2016），大桥西部海域，在涨潮时，大桥两侧水位差呈“Λ”形分布，而在落潮时则呈“V”形分布，从而产生了不同方向的正压流。在涨、落潮时，大桥北侧的正压流方向始终与潮流方向一致，而在大桥南侧则始终与潮流方向相反，从而使大桥北侧平均流速增加，南侧平均流速减小。在大桥东部海域，水位变化规律与西部相反，从而导致大桥南侧正压流与潮流方向一致，而大桥北侧则与潮流方向相反，造成大桥北侧平均流速减小，南侧平均流速增加。

大桥的建设对海流流向的影响较小，流场结构基本没有变化。除了大桥 T 形区域流速在涨、落急时可以看出明显的降低以外，其他区域流速基本没有明显差异。涨急时，胶州湾内潮流整体流向由南向北，东岸沿岸流流向为西南—东北向，西岸沿岸流流向为东南—西北向；落急时，其流向整体由北向南，东岸为东北—西南向，西岸为西北—东南向。相对于无桥时的情况，涨、落急期间胶州湾大部分区域的流速减小约 0.01 m/s。涨急时，大桥北侧流速因桥墩阻挡，减小明显，T 形区域减小最为明显，超过 0.10 m/s，最多减小 0.20 m/s。而大桥南部东西两侧及大桥北部红岛南部小范围区域则因为大桥与岸界的阻流使得流速略有增大。落急时，潮流由北向南，靠近大桥南侧流速相对无桥时约减小 0.02 m/s。同时，在涨、落急时沿桥均出现流速增大、减小相间的情况，其中，在桥墩相距较宽区域流速增加。

（3）胶州湾余流场变化

胶州湾跨海大桥建设之前，胶州湾的岸线和地形虽发生较大变化，但余流的水平多涡旋结构基本未变（图 5.26）。在湾口处由于岬角地形和岸线的共同作用，形成 4 个主要的

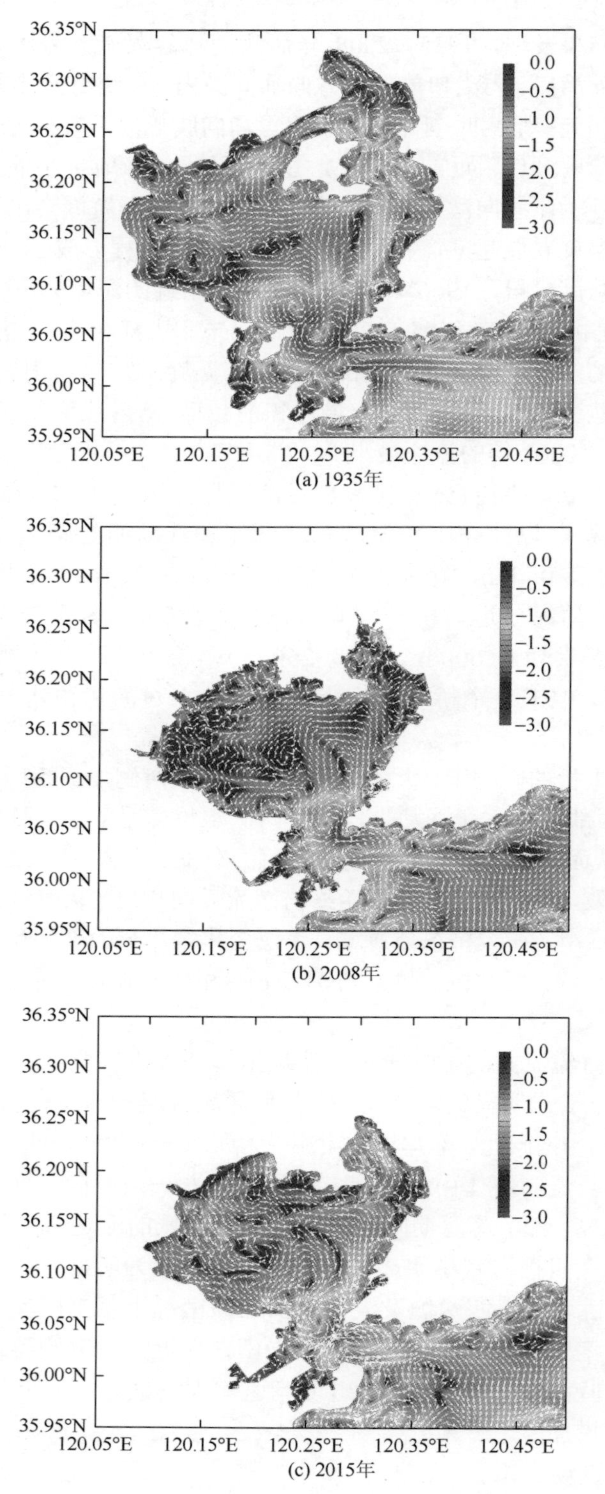

(a) 1935年

(b) 2008年

(c) 2015年

图 5.26　胶州湾 1935 年、2008 年和 2015 年潮致余流分布（后附彩图）

箭头代表余流方向；色彩代表余流大小，以 10 为底的对数表示，单位：cm/s

涡旋余环流系统：①黄岛油码头以北海域的逆时针环流。这个环流系统强度相对来说较弱，随着岸线的变化（黄岛与陆地相连），该环流系统的范围越来越小。②内湾口（团岛到黄岛）的顺时针环流。这是个强环流系统，流速强，面积大，在内湾口形成海水西进东出的现象。③外湾口（团岛到薛家岛）的逆时针环流。这也是个强环流系统，在外湾口形成海水北进南出的现象，在现有观测中亦得到验证。④薛家岛以东海域的顺时针环流。这个环流系统范围广，与吕新刚等（2010）指出的环流系统位置有所不同。上述 4 个主要涡旋的结构近 80 年来的变化在于：涡旋中心位置有变化，大小强度也有不同。此外，内湾里面还存在较多小的涡旋，这里就不再一一说明。

陈金瑞和陈学恩（2012）根据模式结果得到不同时期的最大潮致余流分别为：72.1 cm/s（1935 年），54.6 cm/s（1966 年），47.4 cm/s（1986 年），50.7 cm/s（2000 年）和 49.5 cm/s（2008 年），1935～1986 年余流减小，1986～2000 年增大，2000 年至今在减小。根据实测资料推算，潮致余流最大约为 50 cm/s，且都发生在团岛最西侧近岸水域，这与岬角地形、近岸摩擦，以及该位置的强潮流有关。

对比胶州湾跨海大桥建设前后的余流场，可见大桥对胶州湾南部大部分区域的余流结构、余流大小影响不显著，但对胶州湾北部，尤其是对大桥两侧一定范围内的区域有显著影响。余流结构上，大桥的存在使胶州湾中部至大桥南侧多了一个反气旋式的余流涡旋。同时，桥北余流整体减小 0～4 cm/s，桥南形成沿桥向东的流动，且在大桥 T 形区域余流有 2 cm/s 左右的加强。

（4）胶州湾纳潮量变化

前人采用不同方式（实测、数值模拟）计算了胶州湾的纳潮量（详见 Xiao et al.，2018），可以发现随着胶州湾水域面积的减小，2008 年以前纳潮量呈现波动减小趋势。纳潮量变化呈现阶段式，1935～1966 年纳潮量减小了 $1.38\times10^8\ m^3$，约占 1935 年纳潮量的 10.9%；1966～1986 年纳潮量减小了 $0.66\times10^8\ m^3$，约占 1966 年纳潮量的 5.9%；1986～2000 年纳潮量减小了 $0.63\times10^8\ m^3$，约占 1986 年全湾总纳潮量的 5.9%；2000～2008 年纳潮量减小了 $0.99\times10^8\ m^3$，约占 2000 年全湾总纳潮量的 9.9%。从 2008～2015 年，胶州湾纳潮量增长了约 4%，这得益于政府实施的胶州湾保护措施及退地还海的生态修复措施。

本书在前人研究基础上通过数值模拟方式对比了胶州湾跨海大桥建设前后，纳潮量的变化情况。通过设置湾口、内湾口、中部、沧口和大沽河断面（图 5.27），计算了涨落潮期间经过 5 个断面的潮通量。对湾口断面的计算表明，涨潮时的平均潮通量是退潮时的 1.3 倍。其中，高潮和低潮时，潮通量几乎为零，在涨潮中段和退潮中段分别达到最大值。在大桥建设后，模拟计算得到的外湾口断面进潮量为 $1.0329\times10^9\ m^3$、出潮量为 $1.0347\times10^9\ m^3$，与其他研究结果较为吻合。从表 5.13 中可以看出大桥建设后整个海湾进潮量和出潮量均降低，不同断面潮通量减小的程度不同，其中沧口断面、大沽河断面和中部断面变化率最大，说明大桥对北部浅水区影响较大，这与潮流分析的结果一致。而湾口断面潮通量的变化量相对较小，其中内湾口潮通量减小约 0.8%，湾口减小不超过 0.7%，表明大桥建设会减小整个海湾的纳潮量，但比例较小。

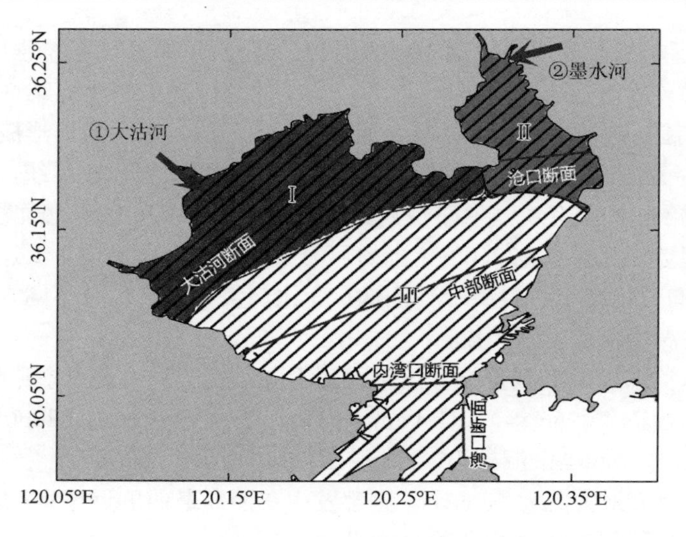

图 5.27　潮通量断面位置

表 5.13　胶州湾跨海大桥对海湾月均潮通量的影响

断面	无桥通量/(×10^8 m^3)		有桥通量/(×10^8 m^3)		变化量/(×10^5 m^3)		变化率/%	
	进潮量	出潮量	进潮量	出潮量	进潮量	出潮量	进潮量	出潮量
沧口断面	0.774	0.775	0.774	0.775	−0.0989	−0.0924	−1.28	−1.19
大沽河断面	1.631	1.630	1.631	1.630	−0.2891	−0.3016	−1.77	−1.85
中部断面	7.017	7.007	7.016	7.006	−0.9563	−0.9521	−1.36	−1.36
内湾口断面	9.130	9.145	9.129	9.144	−0.7328	−0.7519	−0.80	−0.82
湾口断面	10.330	10.348	10.329	10.347	−0.6670	−0.6877	−0.65	−0.67

（5）胶州湾泥沙输运和冲淤变化

胶州湾内的泥沙再悬浮、输运与沉积主要受潮动力控制，而潮动力则在围填海过程中发生了显著变化。本书的数值模拟结果表明：1935 年，胶州湾整体呈现侵蚀状态，在湾内东西两岸附近存在较大的浑浊带，净输运方向由湾内至湾外，主要由平流输运驱动；而随着水域面积的减小，悬浮泥沙浓度在不断减小，湾内至湾外的净输运通量亦逐渐减少。如果大规模土地围垦继续进行，将影响悬浮物的平流输运，则泥沙净输运方向将发生逆转，从而令胶州湾冲淤状态由侵蚀转为淤积。利用 Dyer（1997）的方法对悬沙输运通量进行分解，平流输运项始终占据主导地位。通过对胶州湾内东北部潮滩和邻近海区悬沙浓度的分析计算，可知平流输运项在 1935～1966 年的悬沙运输过程中极为重要，然而随着湾内悬沙浓度水平梯度的降低，平流输运量不断降低，甚至可以忽略。通过对平流输运和沉降滞后作用的量化，可以发现 1986～2008 年胶州湾湾内的悬沙净输运主要受潮汐不对称的影响。由于气候变化和人类活动影响，20 世纪 90 年代以后注入胶州湾的河流径流量和输沙量锐减，河流输沙的影响可以忽略不计。

胶州湾的表层沉积物类型多样，主要包括砾石、砂、粉砂、粉砂质砂、砂质粉砂、黏土质粉砂、粉砂质黏土等；沉积物颗粒从湾口向湾外逐渐变细，主要受物源与水动力的影响。研究表明（赵科，2016），大桥建设前后胶州湾表层沉积物的变化整体上以大桥为界，而且黏土质粉砂分布范围在建桥前后最为广泛，是胶州湾最主要的沉积物类型。赵科（2016）的研究还发现，大桥建设后，胶州湾西北部表层沉积物的砂含量增长最快，而大桥以南和红岛附近表层沉积物的含砂量在降低。表层沉积物中粉砂含量整体增加，只在胶州湾东部大桥以南、内湾湾口及西北部大桥以北海域粉砂含量降低。而表层沉积物中黏土含量整体减小，含量增加的区域主要呈斑块状分散在大桥沿线及湾口以北附近区域。胶州湾表层沉积物平均粒径、中值粒径、分选系数、峰态及偏态值在建桥前后均显示出以下特征：在胶州湾西部，大桥北侧表层沉积物中值粒径变粗，分选性变好，峰态变宽变平，偏态变小；大桥南侧中值粒径变细，分选性变好，峰态变宽变平，偏态变大。在胶州湾东部，大桥北侧表层沉积物中值粒径变细，分选性变好，峰态变窄变尖，偏态变大；而大桥南侧变粗，分选性变差，峰态变窄变尖，偏态变小。在胶州湾中部，大桥南北两侧表层沉积物均变细，分选性变差。表层沉积物变化与流速变化相对应，可能是造成大桥建设前后表层沉积物变化的重要原因之一。

（6）胶州湾水交换能力变化

海湾内的污染物通常通过对流和扩散等物理过程与周围水体混合，与外海水进行交换，以降低污染物浓度，改善水质。水交换能力表征着海湾的物理自净能力，是研究、评价和预测海湾环境质量的重要指标和手段，近年来受到国内外学者的广泛关注。岸线变化对胶州湾水交换能力的影响可以利用染色实验进行研究分析。

陈金瑞和陈学恩（2012）进行的染色实验表明，30 天后胶州湾剩余污染物浓度分布基本平行于海湾岸线，越靠近湾口剩余污染物浓度越低，湾顶污染物浓度基本没有得到扩散，污染物浓度等值线在 5 个不同年代有所不同，湾口剩余污染物浓度小于 20%的区域在 2000 年和 2008 年比较小；1935 年的等值线分布较其他 4 个年份的变化较大。1935～2008 年，胶州湾的水交换能力累计减小 9.2%，平均逐年减少 0.13%。1966 年水交换能力相对于 1935 年有所增加，1985 年、2000 年和 2008 年的水交换能力相对 1935 年分别减少 5.6%、6.8%和 9.2%。从逐年变化率的角度分析，1966～1985 年水交换平均逐年减少 0.33%，1985～2000 年水交换平均逐年减少 0.08%，2000～2008 年的水交换能力变化较快，平均逐年减少了 0.3%。本书的研究工作对比了 1935 年和 2008 年河流、点源污染物的输运情况，得到了一致的结论。

本书针对胶州湾跨海大桥对海湾水交换能力影响的研究发现：污染物扩散的方式基本不受大桥影响，建桥前后保持不变，污染物浓度分布基本沿等深线平行分布。湾口处水动力较强，污染物浓度下降快；而湾顶水动力较弱，污染物浓度下降相对较慢。在第 40 天左右全湾各处基本都降到初始浓度的 50%以下，仅在一些滩涂、港区内部因水动力较弱污染物浓度仍旧较高。由图 5.28 可知胶州湾建桥前后大桥南侧（胶州湾大半部分区域）的半交换时间差异几乎可以忽略。但在大桥北侧，尤其是环红岛及胶州湾东北部区域，半交换时间明显增加，湾顶增幅可达到 5 d 以上。

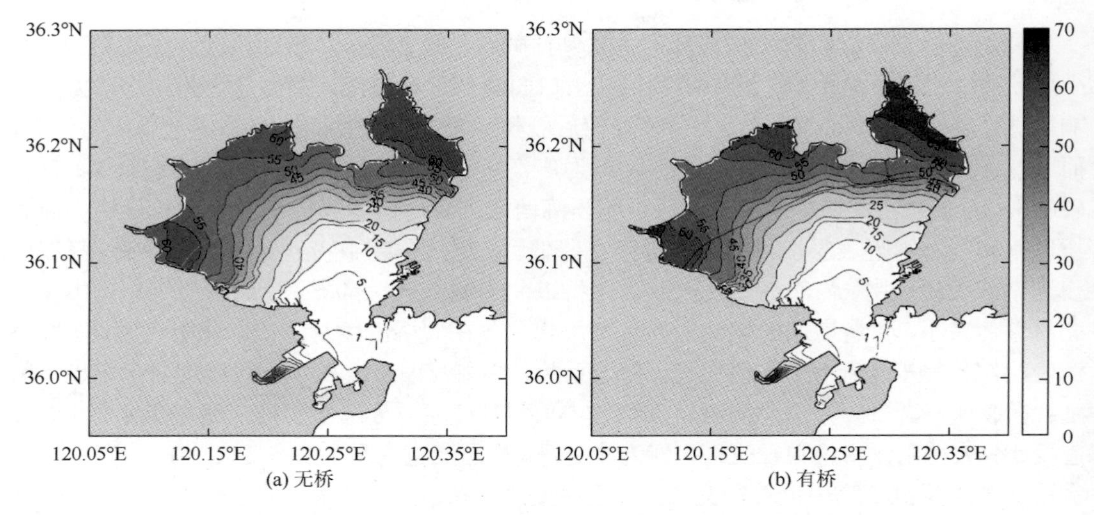

图 5.28　胶州湾水体半交换时间水平分布图（单位：d）

进一步通过分区实验（图 5.27），可以发现建桥后，海湾水交换能力变化较大，整体水交换能力减弱。其中，对大桥南部的水动力影响较小，对大桥北部影响较大。I 区建桥前后的水体半交换时间分别为 16.38 d 和 18.83 d，增加了 2.45 d；II 区建桥前后的水体半交换时间分别为 23.29 d 和 25.17 d，增加了 1.88 d。大桥阻隔了桥北部污染物向桥南部的对流扩散，同时也降低了大桥北侧东、西两区之间的水交换，使得污染物在桥北堆积，浓度稀释速度减缓。胶州湾跨海大桥也对北部河流输入淡水的南向输运产生影响，淡水主要积聚在沿岸，尤其是环红岛周边，会使得这些区域在冬季更易结冰，这可能是胶州湾北部冬季冰情加剧的原因之一。

2. 人类活动对大亚湾水动力与水交换的影响机理

（1）大亚湾岸线变化

澳头港、哑铃湾西侧和范和港东侧（图 5.29）属于淤积性海岸，1973～1995 年向海淤积严重，淤积宽度约 650 m；而大亚湾湾顶水动力相对较强，受潮汐和波浪侵蚀较严重，海岸线随之后退（夏真等，2000）。但从 1987 年开始，由于人类活动影响，大亚湾的海岸线变迁速度加快，已严重超越了自然变化。尤其是养殖开发、城镇和港口建设等，使得 1987～1993 年的海岸线变迁速度达到顶峰，主要集中在范和港、澳头港和白寿湾。1993～1997 年大亚湾海岸线变化速度减慢，主要集中在白寿湾、大鹏澳及马鞭洲（于杰等，2009）。2001～2006 年，核电群落、石化工程等大型工业工程的建设，造成填海面积逐步增长，海岸线逐渐向海推进。尤其以霞涌镇沿岸最为严重，在 5 年内因液化天然气电厂的建设，海岸线向湾内推进约 1160 m。并且在 2006～2011 年，因电厂的扩建，霞涌镇岸线又向海推进约 1150 m。因此 10 年间大亚湾岸线变迁的总长度超过 16 100 m，占广东海岸线总长的 0.48%（于杰等，2014），大亚湾已经成为广东省海岸线变化最严重的区域。在过去的 30 年中，围海造地与工业城镇的建设是导致大亚湾岸线变化的主要因素。

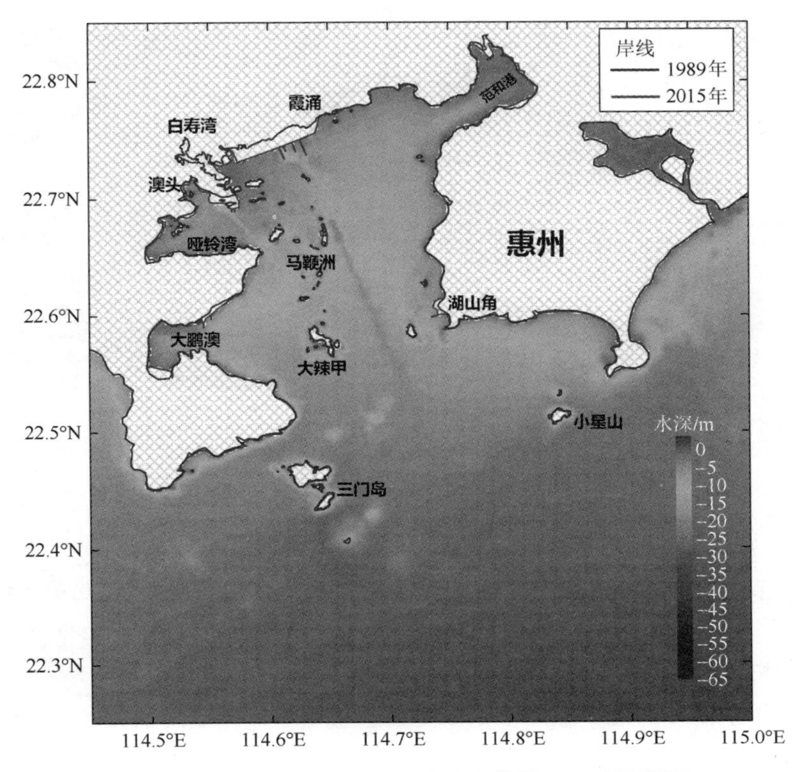

图 5.29　1989～2015 年大亚湾岸线变化情况（后附彩图）

图 5.29 展现了 1989 年和 2015 年岸线和水域面积的差异，1989～2015 年，海岸线缩短 6.17 km，水域面积减少 23.78 km^2。1989 年大亚湾岸线曲折多变，岛屿众多，而 2015 年大亚湾岸线向海推进，湾顶等区域人工岸线平直，尤其以白寿湾和霞涌镇岸线变化最显著。大亚湾岸线变化较为显著的海域还有澳头港、范和港、大鹏澳和湖山角等。而岸线剧烈变迁的主要原因有围海造地，如白寿湾的逐渐缩小；有工业建设，如霞涌镇电厂和码头的建设；有岛屿与陆地的人工连接，如范和港北部，澳头港内部，黄猫洲、芝麻洲等区域。大亚湾的水深也随时间发生显著变化。如图 5.30 所示，1989 年大亚湾滩涂面积广阔，等深线基本与岸线平行，水深梯度小。但到 2015 年，白寿湾的面积越来越小，水深逐渐降低，大部分海域已成为陆地。2015 年和 1989 年相比，平均水深变大，水深变化突出的区域，一是大亚湾北部，岸线基本与 5 m 等深线重合，霞涌和澳头港因码头建设，滩涂地带消失；二是许多岛屿或暗礁因人工连接和填补，已成为陆地的一部分；三是码头、航道等工程的建设，如 2007 年建成的马鞭洲航道，深水航道长 20.2 km，内外航道宽分别为 251 m 和 300 m，为保证船舶正常通航，要定期对港池和航道进行清淤，以确保水深超过 20 m。因此人类活动使得海底地势更复杂，水深梯度更大。由此可见近 30 年来，人类活动对大亚湾地形地貌的改变十分显著。

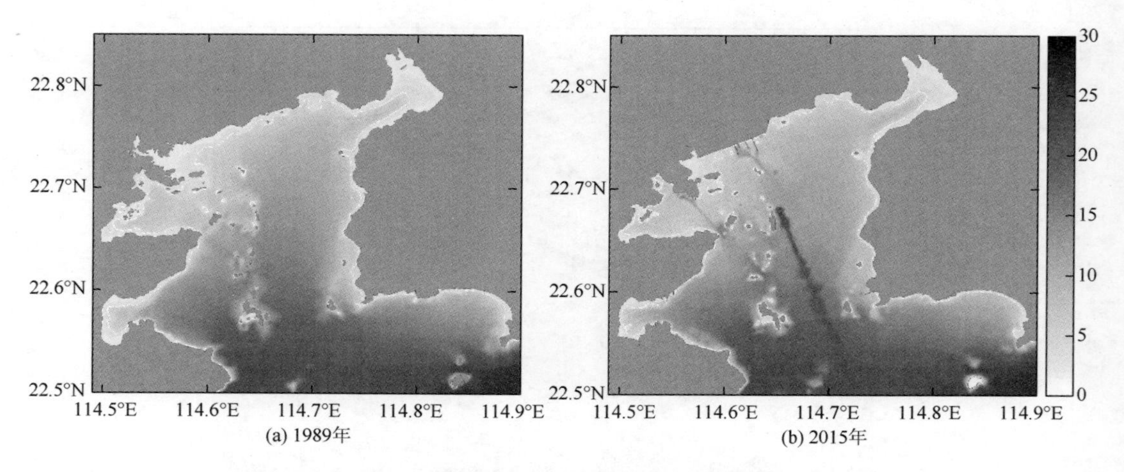

图 5.30　1989 年和 2015 年大亚湾的水深分布（单位：m）

（2）大亚湾潮汐潮流变化

大亚湾内的潮汐类型判别系数在 1.65～1.85，属于不规则半日潮，1989 年和 2015 年潮汐类型不变。在所有分潮中，M_2 分潮的振幅最大，其次是 K_1 分潮，详见武文等（2017）、严聿晗等（2017）的研究。2015 年和 1989 年相比较，天文潮从大亚湾湾口至湾顶的过程中，全日分潮和半日分潮的振幅降幅逐渐增大，其中半日分潮降幅比全日分潮的降幅大，而范和港则是受影响最显著的区域。潮波进入浅水后发生形变，潮波形变是由原始潮波和次生高阶谐和波叠加而成。因此在浅海或海湾处，浅水分潮就变得尤为重要。2015 年与 1989 年相比，由湾口到范和港，M_4 分潮的振幅降幅逐渐增加，降幅较大的区域有哑铃湾、澳头港、白寿湾，变化最大的区域是范和港。然而在大亚湾内，不同于上述的全日分潮、半日分潮及四分之一日分潮的变化，由外海向内陆，六分之一日分潮的振幅升幅逐渐增加，在范和港升幅最显著。因此，岸线的变化对全日分潮的振幅影响最小，对六分之一日分潮的振幅影响最大。

与潮汐类型一致，大亚湾内潮流亦属于不规则半日潮，往复流占主导。2015 年和 1989 年相比，潮流类型变化不大。K_1 和 M_2 分潮流速减小 2～10 cm/s，在潮流较大海域如黄毛山、哑铃湾和白寿湾湾口，潮流减小较为显著。浅水分潮流中，M_4 分潮流在大亚湾中部减小 2～6 cm/s，在哑铃湾口流速减小最明显，为 8～14 cm/s。而 M_6 分潮流呈现增长趋势，最大增幅达到 3.5 cm/s，只有在白寿湾和范和港湾口附近流速略有降低。相比于 1989 年，2015 年大亚湾内主要潮流的旋转性有减弱趋势。

（3）大亚湾余流场变化

在浅水中潮流受非线性项作用，将一部分周期性能量（潮流）转变成非周期性能量（余流）。余流的大小与潮流速度强弱有密切的联系。由于本书采用的是三维正压模型，模拟得到的余流结果仅代表欧拉意义下的潮致余流（图 5.31）。

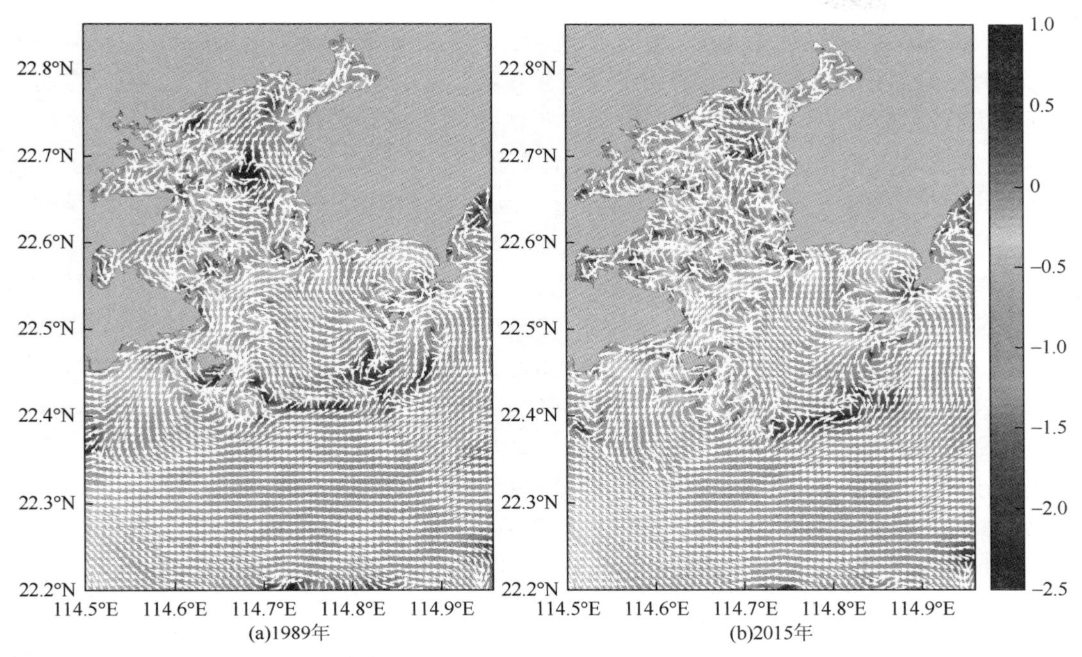

图 5.31　大亚湾 1989 年和 2015 年欧拉余流分布（后附彩图）

箭头代表方向；颜色代表大小，以 10 为底的对数表示，单位：cm/s

由于大亚湾属于弱流区，其余流也较弱，在大部分海域均不足 1 cm/s。由于受到岸线影响，在岛屿和大陆岸边会产生较强的余流，最大不超过 10 cm/s，区域范围较小。而在主要潮汐通道处，由于潮流本身较大，形成的余流略大，在 1～2 cm/s。大亚湾内岛屿众多，受地形影响，余流分布呈现出较强的局地特征，这与观测到的余流特征相近。潮致余流在湾内形成了结构和分布复杂的涡旋，加之湾内没有较大的淡水径流输入，并不利于湾内外的物质交换。从图 5.31b 可以看出，马鞭洲航道是较为明显的水体交换通道，有利于湾顶码头区域的水体交换；但是，像大鹏澳、哑铃湾、澳头港、白寿湾及范和港等小湾内的余流相对较弱，表明这些区域水体交换和物质输运的能力较差。

2015 年的结果与 1989 年相比，除马鞭洲航道外，湾内的余流结构没有发生较大的改变。较为显著的是海湾东北侧的余流增强，这主要是受到 M_6 分潮流增强的结果。而在大鹏澳与哑铃湾，余流是有所减小的。滩涂区域由于围填海的影响，余流也略有减小。

（4）大亚湾纳潮量变化

大亚湾 1989～2015 年海湾面积仅减少 23.78 km^2，纳潮量变化并不显著。根据数值模拟计算的结果，1989 年大亚湾大潮纳潮量为 10.89×10^8 m^3，小潮纳潮量为 5.26×10^8 m^3；而 2015 年这一数据分别为 10.81×10^8 m^3 和 5.00×10^8 m^3。大、小潮期间纳潮量分别减小 0.7%和 4.9%。小潮纳潮量受岸线和水深变化影响较大。

二、海湾生态系统动力学模型构建及其自净能力变化对生态环境的影响

胶州湾作为青岛市发展的战略宝地，具有丰富的海洋资源。它是我国开发较早的海湾，

也是受人类活动影响较大的海湾。近几十年，随着环胶州湾经济的快速发展，胶州湾海域生态环境日趋恶化，严重制约青岛市的可持续发展。这引起诸多学者的高度重视，进而将不同的海洋生态系统动力学模型应用于胶州湾海域生态环境的研究和探讨。俞光耀等（1999）和吴增茂等（1999）采用箱式模型计算了无机氮、无机磷等变化特征，揭示了营养物质动力学特征。王震勇（2007）构建了一个适合胶州湾海域的零维浮游生态系统动力学模型，并对该海域浮游生态系统各生态变量的季节变化特征、长期变化趋势及受控机理进行了探讨。张燕等（2007）构建了胶州湾三维生态系统动力学 NPZ 模型，对海湾中氮、磷分布进行了模拟计算。张学庆和孙英兰（2007）在上述工作基础上，添加了碎屑变量，考虑了底层营养盐释放，建立了胶州湾 NPZD 生态系统动力学模型。Han 等（2011）和 Li 等（2015）则分别利用上述模型对海湾环境容量进行了计算和评估。

相比于胶州湾，大亚湾海域的生态系统动力学数值模拟研究并不多。仅蔡树群等（2004）通过建立一个简单的浮游植物、浮游动物和营养物质动力学数值模型，发现降雨及陆源输入是导致该海域营养物质增加的重要因子。

本书将在水动力模型的基础上，添加包含生物化学转化过程的生态模块，以生态系统结构（基于营养物质、浮游生物、碎屑物质的生态结构模块）与功能（基于营养物质循环等模块）为核心，选择海湾关键生态环境过程的控制因子，将海湾流域与海域合为一体，构建物理过程—化学过程—生物过程耦合的海湾生态系统动力学模型，进而完成对海湾关键生态过程的模拟，并讨论人类活动引起的海湾自净能力下降对生态环境的影响，其中包括围填海导致水交换能力下降及滨海净化能力减弱对海湾生态环境的叠加影响。

（一）海湾关键生态过程的模拟

1. 模型构建

以三维水动力模型为基本构架，通过对流-扩散输运方程及主要生物化学过程之间线性叠加方法，建立研究海域营养物质在多介质海洋环境中主要迁移-转化模型：

$$\frac{\mathrm{d}C}{\mathrm{d}t}=\left(\frac{\mathrm{d}C}{\mathrm{d}t}\right)_{\mathrm{adv}}+\left(\frac{\mathrm{d}C}{\mathrm{d}t}\right)_{\mathrm{dif}}+\left(\frac{\mathrm{d}C}{\mathrm{d}t}\right)_{\mathrm{geo}}+\left(\frac{\mathrm{d}C}{\mathrm{d}t}\right)_{\mathrm{bio}}$$

式中，$(\mathrm{d}C/\mathrm{d}t)_{\mathrm{adv}}$ 和 $(\mathrm{d}C/\mathrm{d}t)_{\mathrm{dif}}$ 分别表示因平流迁移和湍流扩散作用而引起的目标海域海水中化学污染物浓度变化，$(\mathrm{d}C/\mathrm{d}t)_{\mathrm{bio}}$ 和 $(\mathrm{d}C/\mathrm{d}t)_{\mathrm{geo}}$ 分别表示因生态动力学和地球化学迁移引起的浓度变化。

在此基础上，可通过进一步添加包含生物化学转化过程的生态模块，即可建立物理过程—化学过程—生物过程耦合的海湾生态系统动力学模型。其主要生物化学过程如图 5.32 所示，浮游植物利用光能、吸收营养盐进行光合作用，合成自身的有机物，进行生长，同时通过呼吸作用释放营养盐；浮游植物死亡后成为水中碎屑的一部分；浮游动物捕食浮游植物，未被同化部分变为碎屑，其余同化为自身有机物，进行生长，同化有机物中的一部分通过代谢过程又会以无机营养盐的形式返还水体中；浮游动物死亡后也转变为水中碎屑；水体碎屑通过分解、再矿化过程使营养盐得到补充；此外，浮游植物和碎屑还会由于自身重力作用，发生沉降过程。

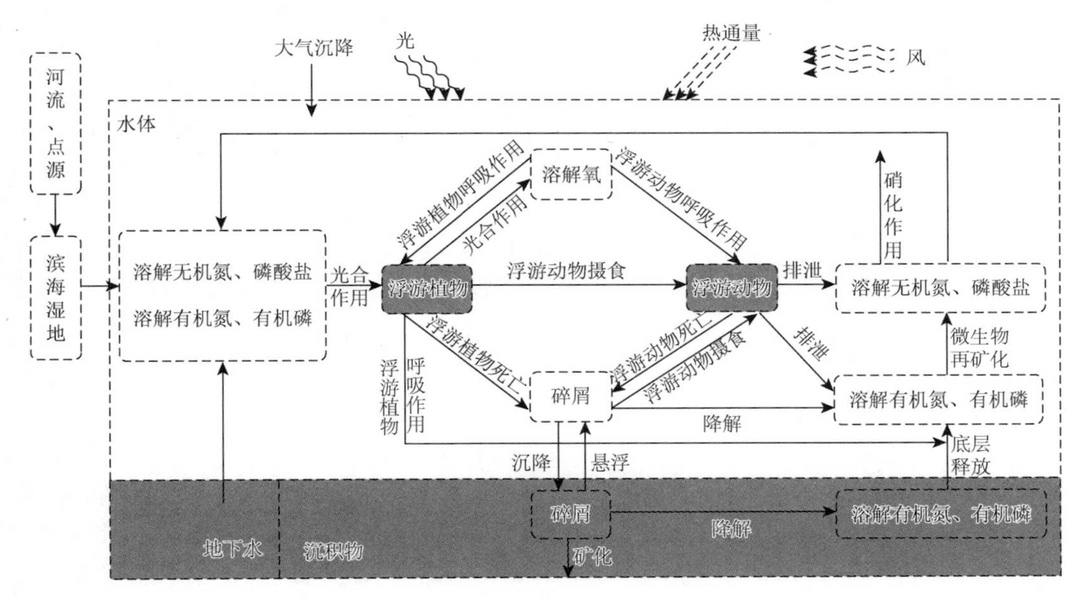

图 5.32　海湾主要生物化学过程示意图

该模型共包含溶解无机氮（DIN）、溶解无机磷（PO_4-P）、溶解有机氮（DON）、溶解有机磷（DOP）、浮游植物（PPT）、浮游动物（ZPT）和生物碎屑（DPT）7 个状态变量及浮游植物、浮游动物、溶解无机态营养盐、溶解有机态营养盐、生物碎屑 5 个模块。具体动力学方程参照李克强（2007），表述如下：

$$\mathrm{d}C_{\mathrm{PPT}} / \mathrm{d}t = (\mu_{\mathrm{PPT\_G}} - \mu_{\mathrm{PPT\_E}} - \mu_{\mathrm{PPT\_D}})C_{\mathrm{PPT}} - \mu_{\mathrm{PPT\_Z}}C_{\mathrm{ZPT}}$$

$$\mathrm{d}C_{\mathrm{ZPT}} / \mathrm{d}t = (\delta_{\mathrm{PPT\_Z}}\mu_{\mathrm{PPT\_Z}} + \delta_{\mathrm{DPT\_Z}}\mu_{\mathrm{DPT\_Z}} - \mu_{\mathrm{ZPT\_D}} - \mu_{\mathrm{ZPT\_N}})C_{\mathrm{ZPT}}$$

$$\mathrm{d}C_{\mathrm{DIN}} / \mathrm{d}t = -\mu_{\mathrm{PPT\_G}}C_{\mathrm{PPT}} + r_{\mathrm{ZPT\_N}}\mu_{\mathrm{ZPT\_N}}C_{\mathrm{ZPT}} + \mu_{\mathrm{DON\_B}}C_{\mathrm{DON}}$$

$$\mathrm{d}C_{\mathrm{PO_4-P}} / \mathrm{d}t = (-\mu_{\mathrm{PPT\_G}}C_{\mathrm{PPT}} + r_{\mathrm{ZPT\_N}}\mu_{\mathrm{ZPT\_N}}C_{\mathrm{ZPT}}) / r_{\mathrm{N/P}} + \mu_{\mathrm{DON\_B}}C_{\mathrm{DOP}}$$

$$\mathrm{d}C_{\mathrm{DON}} / \mathrm{d}t = \mu_{\mathrm{PPT\_E}}C_{\mathrm{PPT}} + (1 - r_{\mathrm{ZPT\_N}})\mu_{\mathrm{ZPT\_N}}C_{\mathrm{ZPT}} + \mu_{\mathrm{DPT\_B}}C_{\mathrm{DPT}} - \mu_{\mathrm{DON\_B}}C_{\mathrm{DON}}$$

$$\mathrm{d}C_{\mathrm{DOP}} / \mathrm{d}t = [\mu_{\mathrm{PPT\_E}}C_{\mathrm{PPT}} + (1 - r_{\mathrm{ZPT\_N}})\mu_{\mathrm{ZPT\_N}}C_{\mathrm{ZPT}} + \mu_{\mathrm{DPT\_B}}C_{\mathrm{DPT}}] / r_{\mathrm{N/P}} - \mu_{\mathrm{DOP\_B}}C_{\mathrm{DOP}}$$

$$\mathrm{d}C_{\mathrm{DPT}} / \mathrm{d}t = [\mu_{\mathrm{ZPT\_D}} + (1 - \delta_{\mathrm{PPT\_Z}})\mu_{\mathrm{PPT\_Z}} - \delta_{\mathrm{DPT\_Z}}\mu_{\mathrm{DPT\_Z}}]C_{\mathrm{ZPT}} + \mu_{\mathrm{PPT\_D}}C_{\mathrm{PPT}} - (\mu_{\mathrm{DPT\_B}} + \mu_{\mathrm{DPT\_S}})C_{\mathrm{DPT}}$$

方程中涉及的内部迁移-转化过程可详见表 5.14。其中，浮游植物光合作用主要有温度、光照和营养盐三个效应（Eppley，1972；Radach & Moll，1993；Schnoor，1996）。光照对浮游植物光合作用的影响采用 Steele 方程（Steele，1962）表达，其中光照主要来源于太阳辐射。太阳辐射进入海水后，根据 Lambert-Beer 定律，光的强度随深度增加而衰减，水下光合有效辐射平均强度可通过积分计算（Ebenhöh et al.，1997）。其中，衰减速率取决于水体的消光系数，主要考虑叶绿素浓度的影响（Riley，1956）。DIN 和 PO_4-P 对浮游植物生长的限制作用采用 Michaelis-Menten 方程（Dugdale，1967），在考虑其综合效应时可以根据最小值法则、乘法法则和电阻类比法则（Schnoor，1996）表达，模型采用乘法法则。

在光合作用过程中同时伴随着呼吸作用、体外分泌等生物代谢活动，其中呼吸作用可以作为光合作用的“可逆”过程，其速率与浮游植物生长速率呈较好的正相关性（Laws & Caperon，1976），而体外分泌主要是指浮游植物细胞溶解有机物代谢过程，其分泌量与浮游植物生物量成一定的比例关系。模型中将二者简化为一项，受光照强度、温度、营养条件等多种环境因子调控，其中光照强度起到了决定性的作用（Zlotnik & Dubinsky，1989）。

对浮游动物摄食的描述采用 Michaelis-Menten 方程（Fasham et al.，1990），为了避免对浮游植物的过度摄食，在方程中引入一个摄食阈值（Radach & Moll，1993）。摄入的食物一部分被同化，其他则以粪便形式排出（Butler et al.，1969）。浮游动物代谢产物不仅包括溶解有机态营养盐，而且也包括溶解无机态营养盐，代谢量与浮游动物生物量及其粒径大小有关（Peters，1983；Huntley & Boyd，1984），然而，在不区分浮游动物种类的模型中，可简化为与浮游动物生物量成一定比例关系（Wen & Peters，1994）。而浮游动物被捕食过程可简单地表示为依赖浮游动物生物量的常数关系。有机态营养盐和生物碎屑的微生物降解过程用一个简单的依赖温度的指数方程表示，不分解其中具体的生物化学过程（Chapelle et al.，1994；Jones & Henderson，1987）。同样，浮游植物和浮游动物的死亡速率也考虑为温度的函数（Eppley，1972；Jørgensen，1991）。

表 5.14　氮、磷营养盐迁移-转化过程数学表达

名称	表达式	方程描述
I_{H}	$I_{\mathrm{PAR}}\frac{1}{H}\int_0^H e^{-\kappa Z}dz$	水下光合有效辐射平均强度
κ	$\kappa_0+\kappa_1(r_{\mathrm{Chl/PN}}C_{\mathrm{PPT}})+\kappa_2(r_{\mathrm{Chl/PN}}C_{\mathrm{PPT}})^{2/3}$	消光系数
$\mu_{\mathrm{PPT\_G}}$	$k_{\mathrm{PPT\_G}}f(T)_{\mathrm{PPT-G}}f(I)_{\mathrm{PPT-G}}f(N)_{\mathrm{PPT-G}}$	浮游植物光合作用速率
$f(T)_{\mathrm{PPT\_G}}$	$e^{\Gamma_{\mathrm{PPT\_G}}T}$	浮游植物温度效应系数
$f(I)_{\mathrm{PPT\_G}}$	$\frac{I_{\mathrm{H}}}{I_{\mathrm{opt}}}e^{\left(1-\frac{I_{\mathrm{H}}}{I_{\mathrm{opt}}}\right)}$	浮游植物光效应系数
$f(N)_{\mathrm{PPT\_G}}$	$\frac{C_{\mathrm{DIN}}}{C_{\mathrm{DIN}}+Ks_{\mathrm{N}}}\frac{C_{\mathrm{PO_4-P}}}{C_{\mathrm{PO_4-P}}+Ks_{\mathrm{P}}}$	浮游植物营养盐效应系数
$\mu_{\mathrm{PPT\_G}}$	$r_{\mathrm{PPT\_E}}\mu_{\mathrm{PPT\_G}}$	浮游植物代谢速率
$r_{\mathrm{PPT\_E}}$	$\frac{0.12}{10-I_{\mathrm{opt}}}I_{\mathrm{H}}+\frac{0.24I_{\mathrm{opt}}-1.2}{I_{\mathrm{opt}}-10}$	浮游植物代谢占光合作用的比例
$\mu_{\mathrm{PPT\_D}}$	$k_{\mathrm{PPT\_D}}e^{\Gamma_{\mathrm{PPT\_D}}T}$	浮游植物死亡速率
$\mu_{\mathrm{PPT\_Z}}$	$\begin{cases} k_{\mathrm{PPT\_Z}}\frac{C_{\mathrm{PPT}}-C_{\mathrm{PPT}}^*}{C_{\mathrm{PPT}}-C_{\mathrm{PPT}}^*+Ks_{\mathrm{PPT}}} & C_{\mathrm{PPT}}\geqslant C_{\mathrm{PPT}}^* \\ 0 & C_{\mathrm{PPT}}<C_{\mathrm{PPT}}^* \end{cases}$	浮游动物摄食浮游植物速率

续表

名称	表达式	方程描述
μ_{DPT_Z}	$k_{DPT\_Z}\dfrac{C_{DPT}}{C_{DPT}+Ks_{DPT}}$	浮游动物摄食生物碎屑速率
μ_{ZPT_D}	$k_{ZPT\_D}e^{\Gamma_{ZPT\_D}T}$	浮游动物死亡速率
μ_{ZPT_N}	$k_{ZPT\_N}e^{\Gamma_{ZPT\_N}T}$	浮游动物代谢速率
μ_{DPT_B}	$k_{DPT\_B}e^{\Gamma_{DPT\_B}T}$	生物碎屑微生物降解速率
μ_{DPT_S}	v_{DPT_S}/h	生物碎屑的沉降速率
μ_{DON_B}	$k_{DON\_B}e^{\Gamma_{DON\_B}T}$	溶解有机氮微生物降解速率
μ_{DOP_B}	$k_{DOP\_B}e^{\Gamma_{DOP\_B}T}$	溶解有机磷微生物降解速率

结合项目海域特点，本书在上述框架基础上进一步完善了物理过程—化学过程—生物过程耦合的海湾生态系统动力学模型，增加了适用于大亚湾的温排水计算模块和网箱养殖过程，以及适用于两个海湾的大气沉降、地下水、湿地净化过程，以计算不同来源的营养物质通量及其对海湾内营养物质分布的影响。

2. 模型配置

（1）模型参数

模型参数是数值模型的基本要素之一，模型参数的可靠性对于模型模拟结果的合理性、准确性等起着重要的作用。然而，在模型中不可能对所有参数都进行实验室或现场测定，因此，合理选择和确定模型参数是数值模型构建中至关重要的环节。模型所涉及参数主要包括平流迁移、湍流扩散及其他物理、生物、化学迁移-转化过程的模型参数。其中，前者已通过上述海湾背景流场模拟计算进行了优化和验证，而后者在选择上应尽可能选择相关现场或实验室测定的参数，同时参考相关文献值作为模型参数。模型中主要参数列于表 5.15。

表 5.15　模型主要参数及其取值

符号	意义	胶州湾	大亚湾	单位
λ	海/气界面上光的反照率	0.60	0.60	—
κ_0	海水自身消光系数	0.80	0.80	1/m
κ_1	浮游植物自遮光系数	0.0088	0.0088	1/(m·mg Chl a)
κ_2	浮游植物自遮光系数	0.054	0.054	1/(m·mg Chl a$^{2/3}$)
Iopt	浮游植物生长最佳光合有效辐射	90	90	W/m^2
μ_{PPT_G}	浮游植物生长速率常数	1.8*	2.1*	1/d
μ_{PPT_D}	浮游植物死亡速率常数	0.05*	0.06*	1/d
μ_{ZPT_G}	浮游动物生长速率常数	0.6*	0.5*	1/d

续表

符号	意义	胶州湾	大亚湾	单位
μ_{ZPT_D}	浮游动物死亡速率常数	0.050*	0.025*	1/d
μ_{ZPT_N}	浮游动物代谢速率常数	0.4	0.1	1/d
μ_{ZPT_F}	浮游动物被捕食速率常数	0.1	0.1	1/d
μ_{PPT_Z}	浮游动物摄食浮游植物速率常数	0.5*	0.6*	1/d
μ_{DPT_Z}	浮游动物摄食生物碎屑速率常数	0.6*	0.8*	1/d
μ_{DON_B}	溶解有机氮微生物降解速率常数	0.02	0.02	1/d
μ_{DOP_B}	溶解有机磷微生物降解速率常数	0.04	0.04	1/d
μ_{DPT_B}	生物碎屑微生物降解速率常数	0.05	0.05	1/d
$\gamma_{Chl/PN}$	浮游植物叶绿素氮比值	1.2	1.2	mg Chl a/mmol N
$\gamma_{PC/PN}$	浮游植物碳氮比值	106/16	106/16	mmol C/mmol N
$\gamma_{PC/PP}$	浮游植物碳磷比值	106/1	106/1	mmol C/mmol P
$\gamma_{N/P}$	Redfield 比值	16	16	mol N/mol P
γ_{ZPT_N}	浮游动物代谢产物中无机营养盐的比例	0.75	0.75	—
KsN	浮游植物吸收 DIN 的半饱和常数	8	8	mmol N/m^3
KsP	浮游植物吸收 PO_4-P 的半饱和常数	0.2	0.2	mmol P/m^3
KsDPT	生物碎屑被摄食的半饱和常数	0.7	0.7	mmol N/m^3
KsPPT	浮游植物被摄食的半饱和常数	0.6	0.6	mmol N/m^3
C^*_{PPT}	浮游植物被摄食的最低阈值浓度	0.12	0.14	mmol N/m^3
Γ_{PPT_G}	浮游植物生长温度效应系数	0.065	0.0633	1/℃
Γ_{PPT_D}	浮游植物死亡温度效应系数	0.065	0.065	1/℃
Γ_{ZPT_D}	浮游动物死亡温度效应系数	0.05	0.05	1/℃
Γ_{ZPT_N}	浮游动物代谢温度效应系数	0.027	0.027	1/℃
Γ_{DON_B}	溶解有机态营养盐微生物降解温度效应系数	0.065	0.05	1/℃
Γ_{DPT_B}	生物碎屑微生物降解温度效应系数	0.05	0.05	1/℃
δ_{PPT_Z}	浮游动物捕食浮游植物同化系数	0.8	0.8	—
δ_{DPT_Z}	浮游动物捕食生物碎屑同化系数	0.7	0.7	—
δ_{ZPT_F}	浮游动物被捕食同化系数	0.4*	0.4*	—
v_{DPT_S}	生物碎屑沉降速率	1.0	1.0	m/d
v_{DIN_B}	DIN 在海水/海底沉积物界面上的交换速率	1.352*	0.368*	mmol/(m^2·d)
v_{DON_B}	DON 在海水/海底沉积物界面上的交换速率	0.600	0.600	mmol/(m^2·d)
$v_{PO_4\text{-}P\_B}$	PO_4-P 在海水/海底沉积物界面上的交换速率	0.0124*	0.0486*	mmol/(m^2·d)
Γ_{DIN_B}	营养盐在海水/海底沉积物界面上的交换温度效应系数	0.05	0.04	1/℃
Γ_{DON_B}	营养盐在海水/海底沉积物界面上的交换温度效应系数	0.01	0.01	1/℃
$\Gamma_{PO_4\text{-}P\_B}$	营养盐在海水/海底沉积物界面上的交换温度效应系数	0.04	0.04	1/℃

* 为现场或实验室测定值

（2）边界条件

在实际模型模拟计算中，河流和点源的营养物质入海通量作为陆边界输入项，开边界采取法向浓度梯度为零的条件。海洋表面上考虑大气干湿沉降 Q_{as} 即

$$A_v\left(\frac{\partial C}{\partial z}\right)_s - w_s C_s + Q_{as} = 0$$

海底界面上，对于氮、磷营养盐由海水/海底沉积物界面交换过程给定，并考虑地下水输入 Q_{gw}，即

$$A_v\left(\frac{\partial C}{\partial z}\right)_b - w_b C_b + Q_{gw} = 0$$

在实际海洋底部，不同形态的营养盐发生着各种复杂的生物、化学迁移-转化过程（宋金明等，2000）。然而，相对于水体中的生态动力学过程作用要小得多（Zhang et al.，2004）。这里，将底栖营养盐只作为总的沉积氮、磷营养盐库进行计算，不考虑任何生物、化学变化过程，底栖氮、磷营养盐库和海水之间的交换则通过在海水/海底沉积物界面交换过程来完成（Friedl et al.，1998），其交换通量主要由海水温度控制（Radach & Moll，1993），可采用简单的依赖温度的指数方程表示（Ebenhöh et al.，1995）。

而对于作用于海表面的太阳辐射具有较宽的波长范围，其中只有约 43%可被浮游植物直接利用进行光合作用称为光合有效辐射（photosynthetically active radiation，PAR），而这部分太阳辐射还要受日地距离、时刻、所处纬度和云量的影响，在海表面还有部分辐射被反射回去。这里采用 Dobson 和 Smith（1988）经验公式计算海面太阳辐射，具体可参见李克强（2007）。

模拟计算结果表明，在一定营养物质源强条件下，海湾水体中营养物质浓度场达到稳定分布的时间一般为 180 d 左右（万修全等，2003）。因此，本书海湾生态系统动力学模型进行了三年的模拟运算，取最后一年数据进行分析。

（3）模型验证

模型验证利用本书现状调查的数据，以冬季和夏季为例，分别对比胶州湾（图 5.33）和大亚湾（图 5.34）的调查与模拟结果。由于调查数据中没有近岸排污源区的站位布设，因此，图 5.33 中无法展现近岸高浓度营养盐水体的分布。从调查结果看（图 5.33），胶州湾夏季无机氮浓度要低于冬季，呈现北高南低的特征。夏、冬两季无机氮在海湾东北部呈现高值区，证明海湾东北部的水体污染程度较高。磷酸盐的分布形态与无机氮相似，但夏、冬两季浓度差异不大。模拟结果也呈现出与调查结果相似的分布，数量级上亦与实测相同。在主要的河口与点源区，存在较高浓度的营养盐。夏季无机氮和磷酸盐的模拟与实测相比，高浓度水体向海湾中部扩展的势头没有表现出来；冬季清洁海水由中部水道进入内湾的趋势亦表现得较弱；即数值模拟对于营养盐空间分布表现较好，但在部分海区浓度梯度的表述上还存在一定差异。有机氮的夏季高值区出现在海湾西岸，中部海区浓度较低，冬季有机氮空间分布与夏季相反，中部海域与外湾港区有机氮浓度较高。有机磷的高值区夏季出现在西海岸，冬季出现在东海岸。溶解有机态营养物质的模拟结果均偏低，高浓度区域均出现在河口区。夏季，浮游植物（以叶绿素表示）高值区从大沽

河口延伸至内湾湾口，而冬季则呈现东西高、中间低的形态分布。模拟结果在夏季呈现出大沽河口与海湾东北部两个高值区，冬季则只有海湾东北部一个高值区。夏季湾内大沽河口与湾口区域出现较高浮游动物生物量，而冬季则主要出现在湾口区域。模拟结果也表现为夏季河口区域和冬季湾口区域较高的浮游动物生物量，但是数量级和分布范围上均不如实测值大。

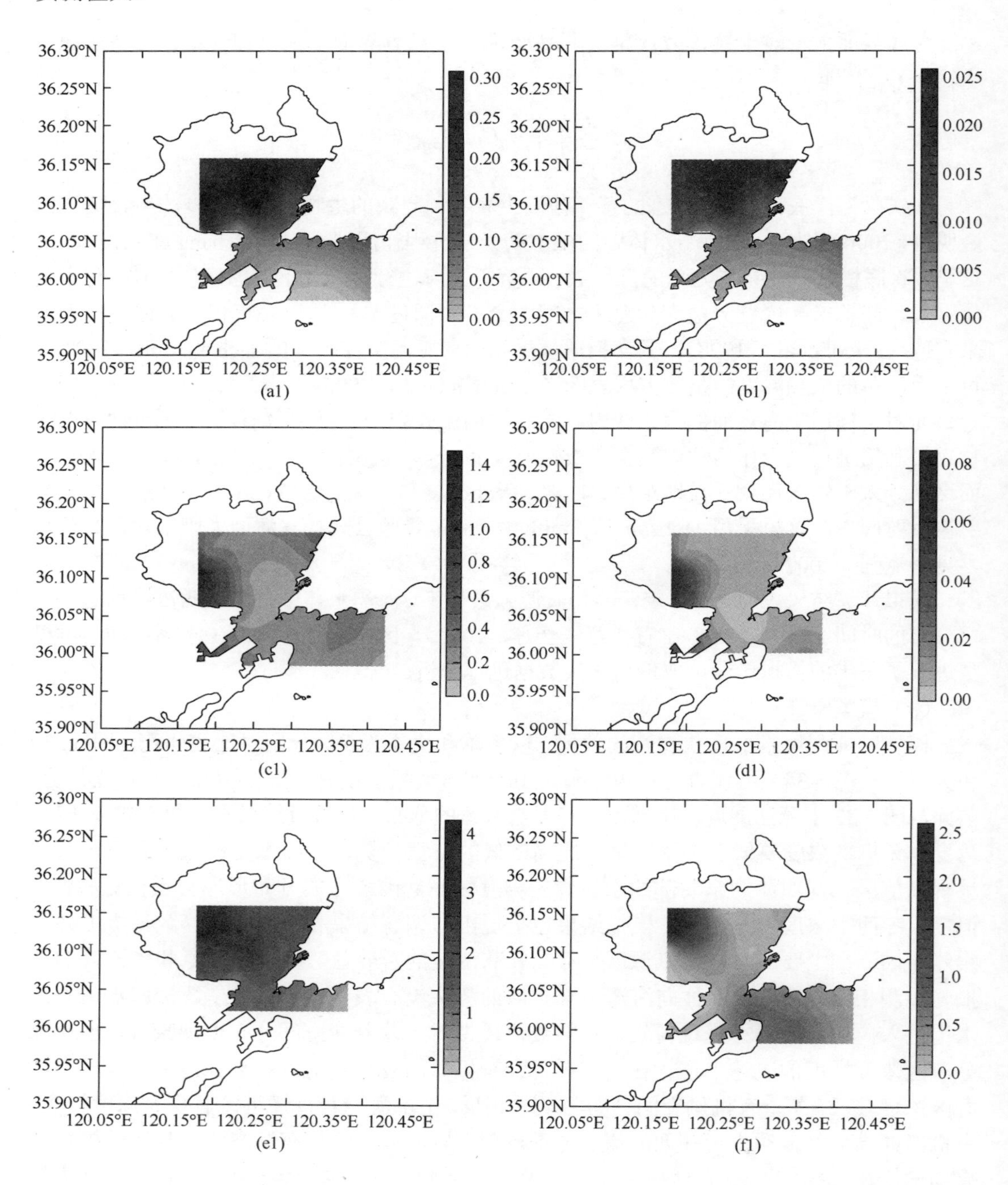

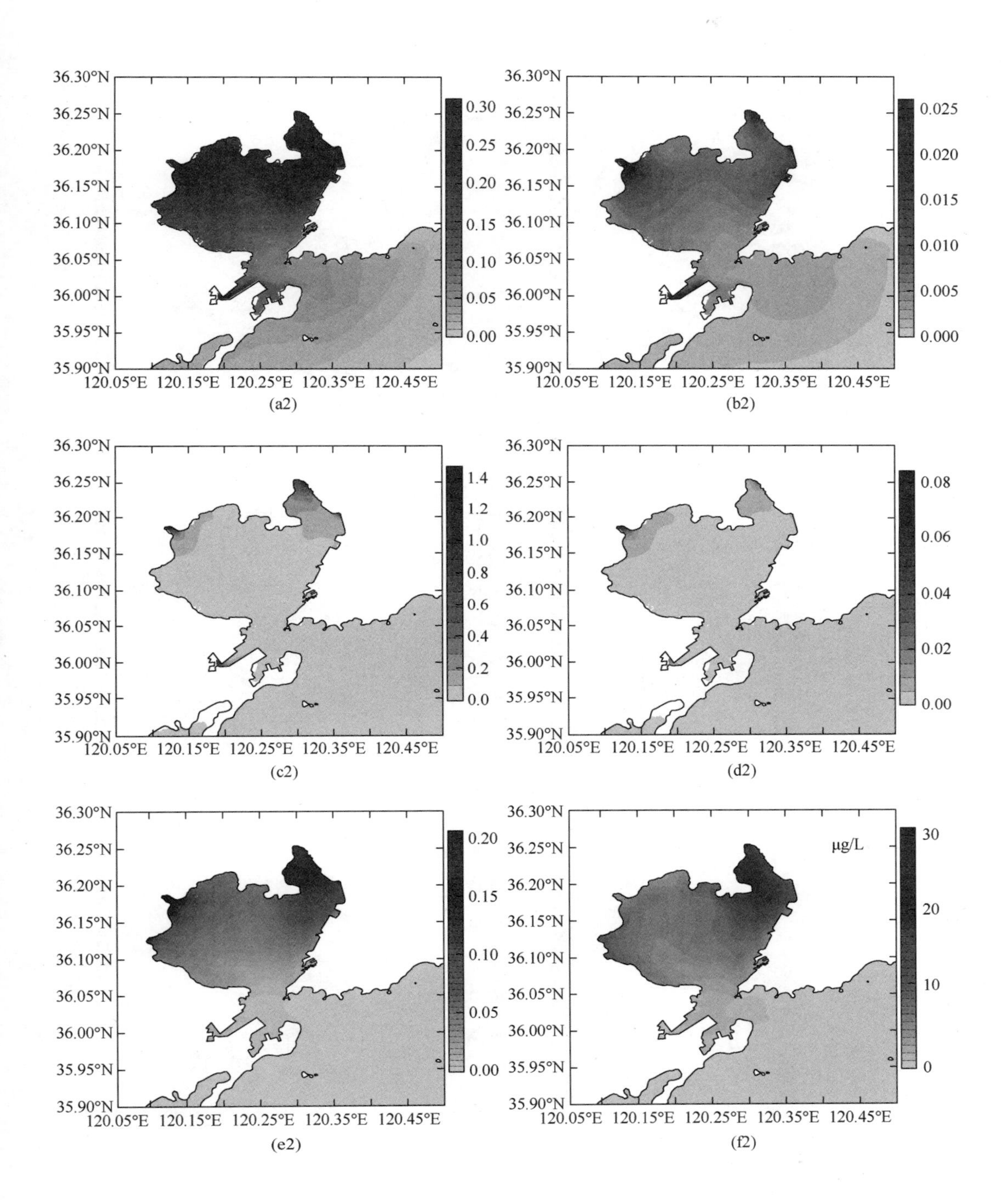
36.30°N
36.25°N
36.20°N
36.15°N
36.10°N
36.05°N
36.00°N
35.95°N
35.90°N
120.05°E 120.15°E 120.25°E 120.35°E 120.45°E
0.30
0.25
0.20
0.15
0.10
0.05
0.00
(a2)
0.025
0.020
0.015
0.010
0.005
0.000
(b2)
1.4
1.2
1.0
0.8
0.6
0.4
0.2
0.0
(c2)
0.08
0.06
0.04
0.02
0.00
(d2)
0.20
0.15
0.10
0.05
0.00
(e2)
μg/L
30
20
10
0
(f2)

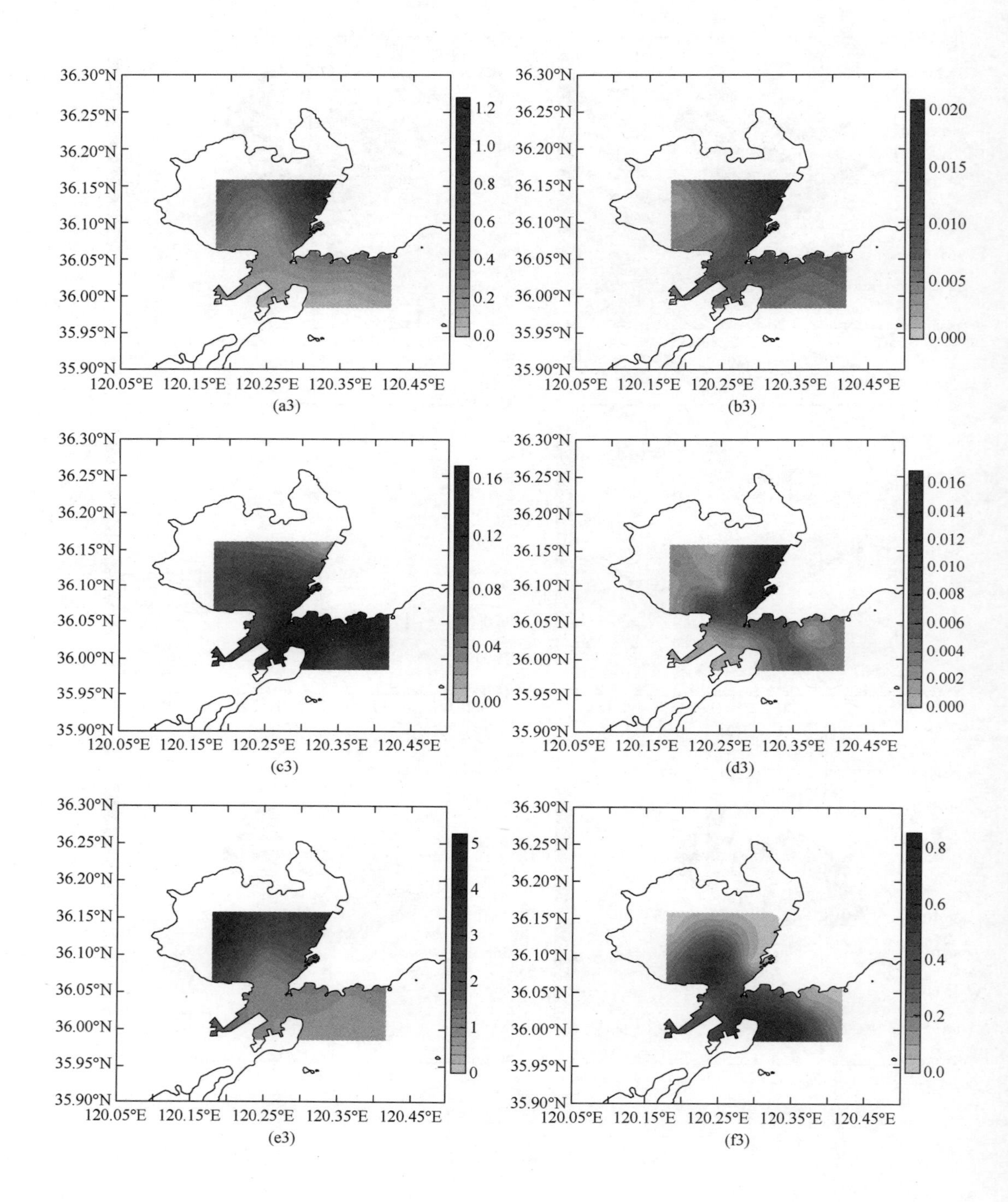
36.30°N
36.25°N
36.20°N
36.15°N
36.10°N
36.05°N
36.00°N
35.95°N
35.90°N
120.05°E
120.15°E
120.25°E
120.35°E
120.45°E
1.2
1.0
0.8
0.6
0.4
0.2
0.0
(a3)
0.020
0.015
0.010
0.005
0.000
(b3)
0.16
0.12
0.08
0.04
0.00
(c3)
0.016
0.014
0.012
0.010
0.008
0.006
0.004
0.002
0.000
(d3)
5
4
3
2
1
0
(e3)
0.8
0.6
0.4
0.2
0.0
(f3)

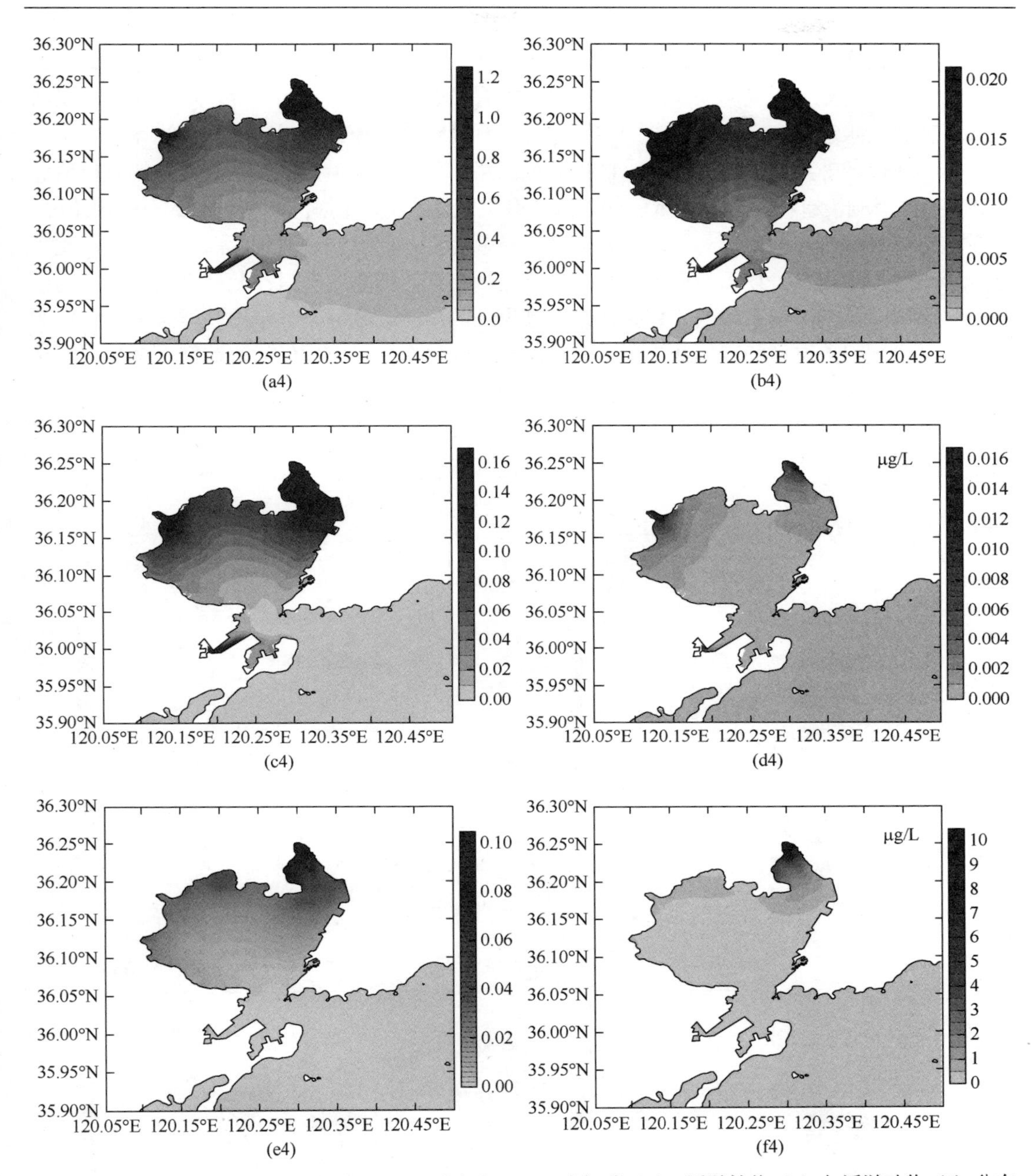

图 5.33　胶州湾无机氮（a）、磷酸盐（b）、有机氮（c）、有机磷（d）、浮游植物（e）与浮游动物（f）分布

1 为夏季实测值，2 为夏季模拟值，3 为冬季实测值，4 为冬季模拟值，实测浮游植物以叶绿素表示，浮游动物以生物量表示；除特别标注外，单位均为 mg/L

大亚湾的调查结果显示（图 5.34），大亚湾夏季无机氮浓度要高于冬季，淡澳河口是污染的重灾区，夏季排污量相对于冬季要明显高得多。磷酸盐的分布形态与无机氮相似，淡澳河也是磷酸盐的主要源区。模拟结果也呈现出与调查结果相似的分布，数量级上亦与实测结果相同。调查结果显示大亚湾内高浓度营养盐水体呈现区域高值区，模拟结果空间上过于平滑。

相对于冬季的模拟结果，夏季的模拟结果较好；而冬季，淡澳河口磷酸盐浓度偏高，且东北-西南向的扩展不充分。夏季淡澳河口的有机氮和有机磷均呈现较高的浓度，而冬季除淡澳河口外，范和港水道也存在浓度较高的溶解态有机营养物质。模拟结果与实测值相比夏季空间分布与实测值较一致，但是高浓度水体扩展范围略小于实测值，尤其是淡澳河口的有机磷分布偏低；冬季则没有模拟出范和港区的高浓度有机氮，以及整个海湾西侧较高的有机磷浓度。浮游植物夏季以淡澳河口至马鞭洲的高值区为显著特征，而冬季则变现为海湾西北部，尤其是哑铃湾的高生物量。夏季的模拟结果与实测较为接近，但是冬季只在范和港出现较高的生物量，海湾西北部生物量较低。夏季，以丰度表征的浮游动物分布显示出与浮游植物相似的分布，马鞭洲附近海域的浮游动物丰度最高，巽寮河口存在一个较低的峰值区。冬季，浮游动物的分布与夏季基本一致，只不过巽寮河口的峰值区南向移动到了湖山角，海湾内浮游动物的丰度也只有夏季的一半。模拟结果则是在范和港存在浮游动物生物量的高值区，夏季海湾西北部的浮游动物生物量也较高，但是冬季这一区域的生物量则接近于 0。

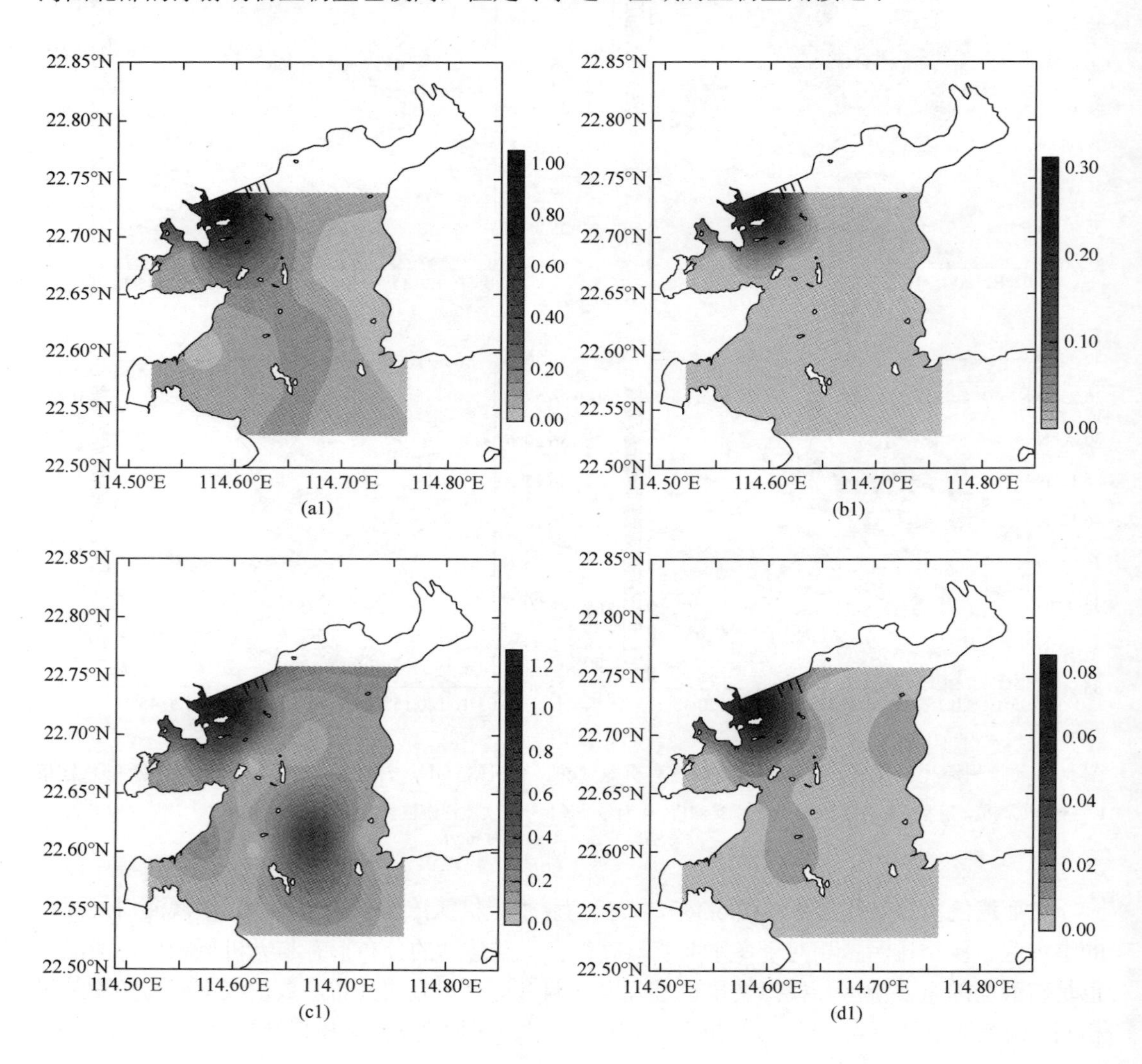

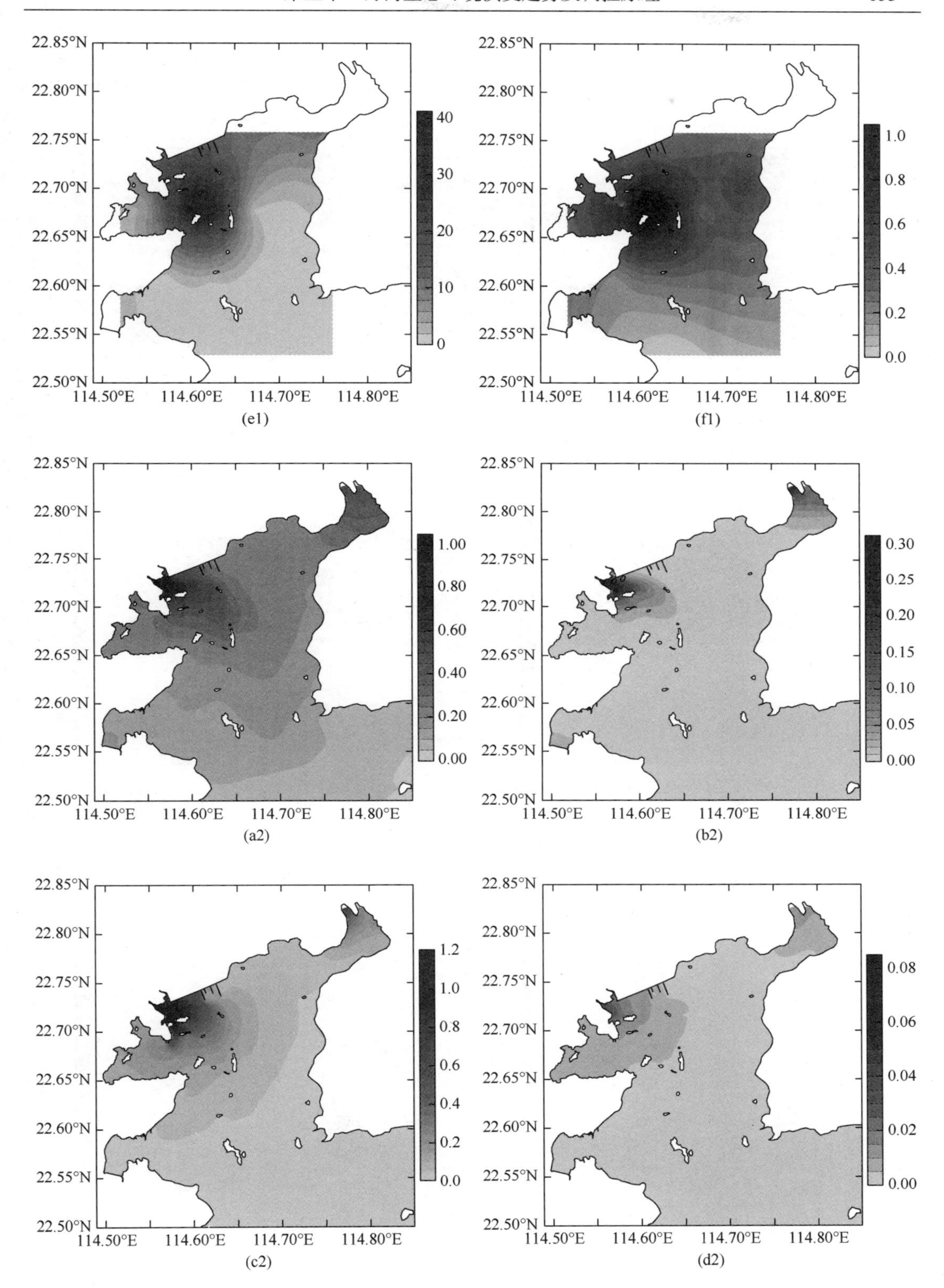

(e1) (f1)

(a2) (b2)

(c2) (d2)

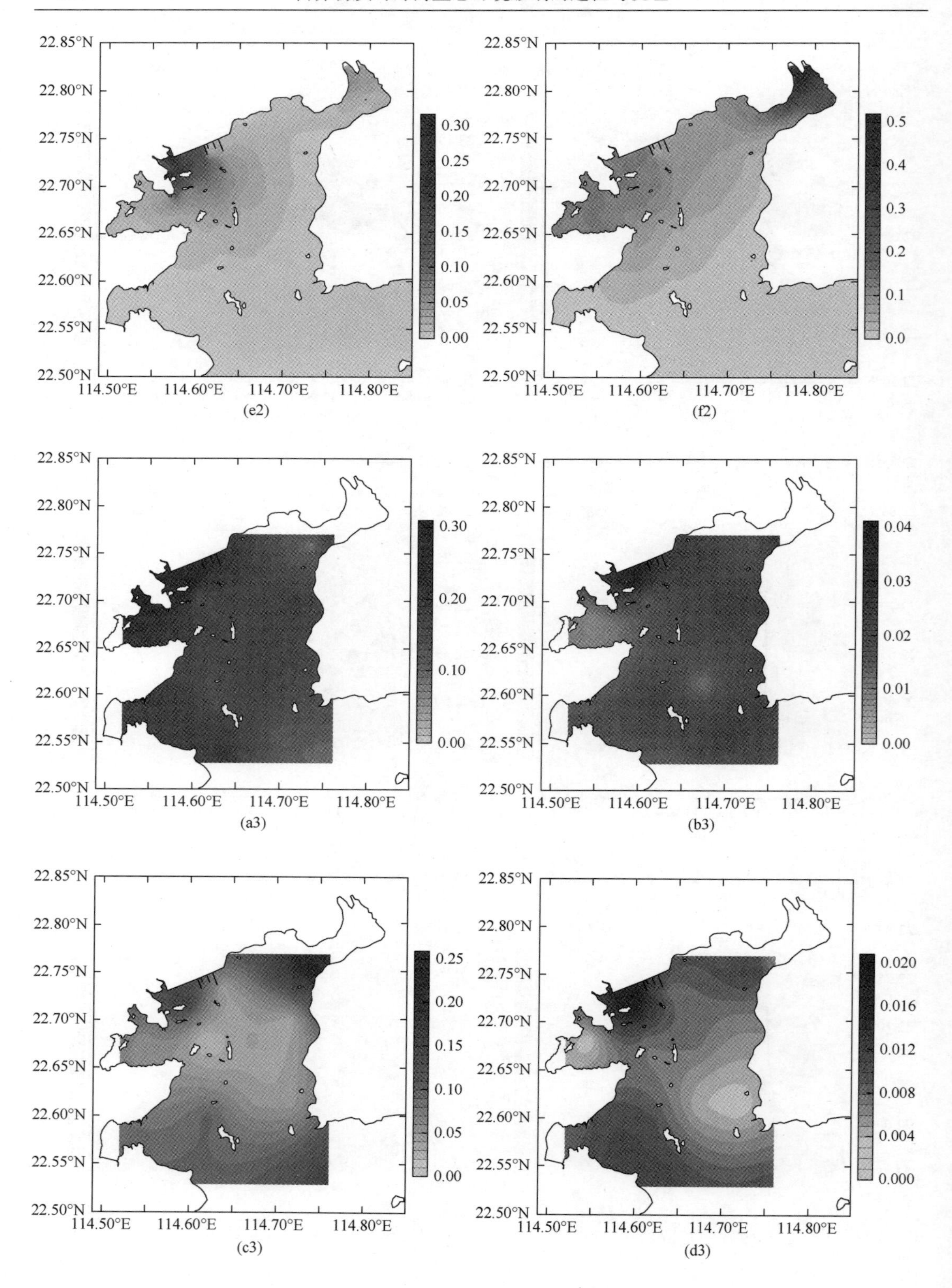

(e2)　(f2)　(a3)　(b3)　(c3)　(d3)

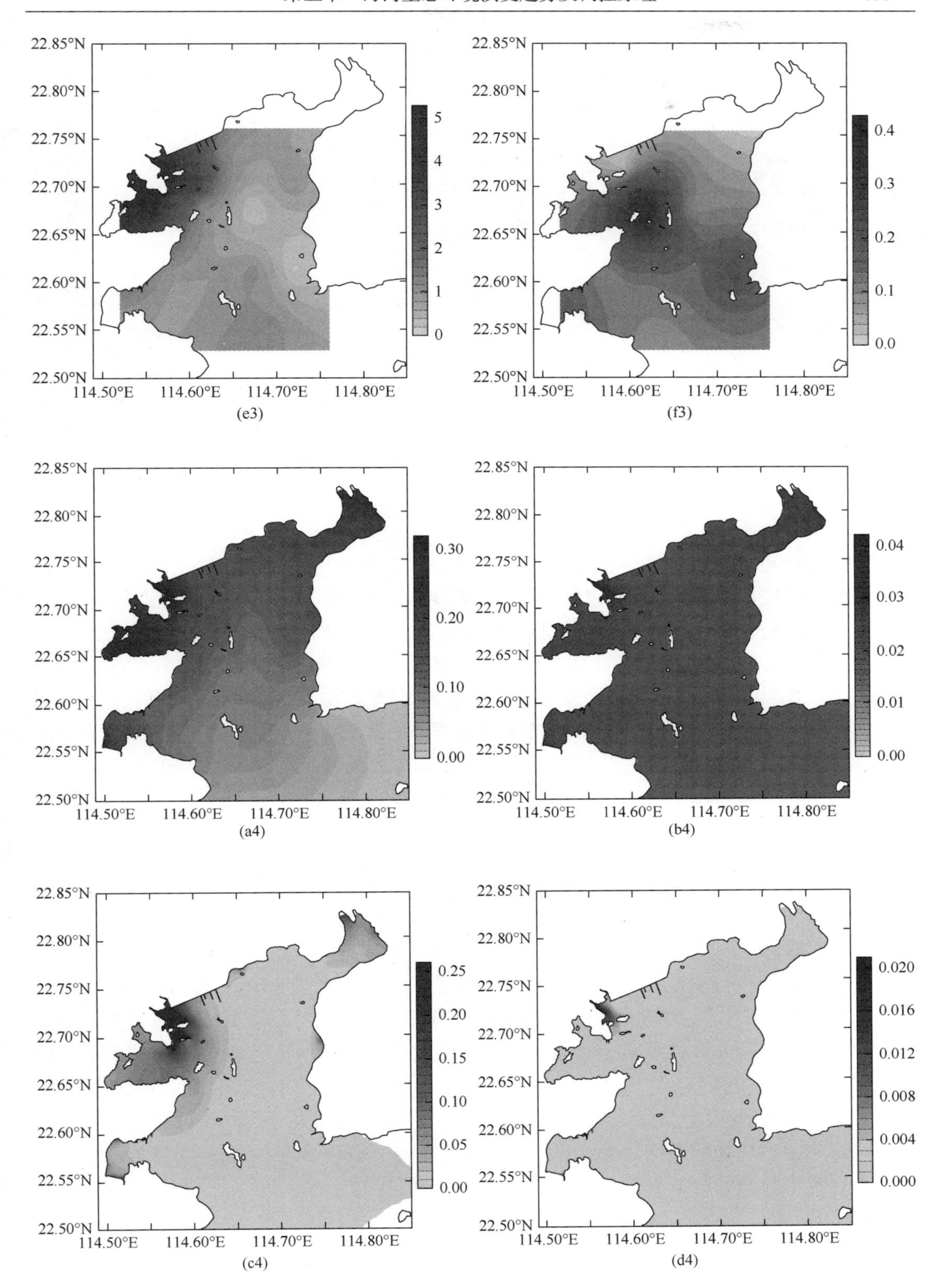

(e3)
(f3)
(a4)
(b4)
(c4)
(d4)

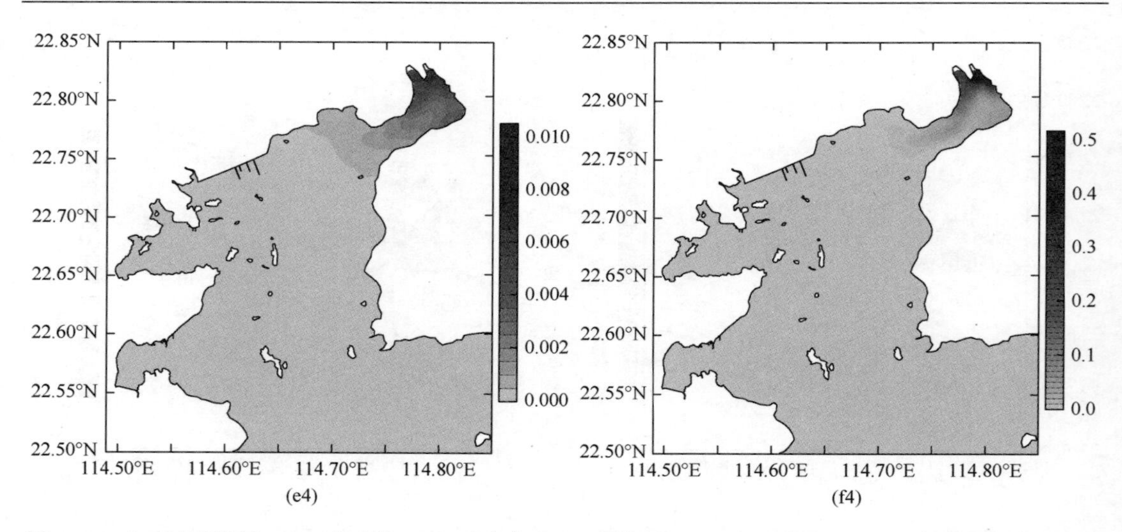

图 5.34　大亚湾无机氮（a）、磷酸盐（b）、有机氮（c）、有机磷（d）、浮游植物（e）与浮游动物（f）分布

1 为夏季实测值，2 为夏季模拟值，3 为冬季实测值，4 为冬季模拟值，实测浮游植物以叶绿素表示，浮游动物以丰度表示（$\times 10^5$ ind/m^3）；除特别标注外，其余单位均为 mg/L

经过对比可见，本书所构建的海湾生态系统动力学模型可以定性地表征出营养物质空间分布和时间变化，但还难以达到定量计算的准确度。造成这些差异的原因可能包括：①现状调查是准同步的，而数值模拟只能采用调查阶段的时间平均值，无法表征出事件性过程，如 2015 年夏季台风；②应用于数值模拟的河流与点源通量均为季节平均的估算值，与实际通量存在差异，且同样无法表征出事件性过程，如强降水带来的地下水量和径流量暴增；③模型开边界缺少外源性营养物质输入；④本书构建的海湾生态系统动力学模型中由于缺少有效的浮游生物背景场，造成浮游生物量偏低，浮游生物主要依赖于海湾内营养物质的分布。

（二）人类活动引起的海湾自净能力下降对生态环境的影响

本书从围填海导致水动力变化和湿地丧失导致净化能力下降两种机理，探讨人类活动引起的海湾自净能力下降对生态环境的影响。湿地丧失主要由围填海等海域性质转变引起的，本书还将讨论两者叠加影响。利用上文建立的海湾生态动力学模型，在胶州湾设定四组数值模拟实验，分别是：①1935 年水深岸线条件下不考虑湿地作用；②1935 年情景下增加湿地净化效应；③2015 年水深岸线条件下不考虑湿地作用；④2015 年情景下增加湿地净化效应的实验。在大亚湾也设定同样的四组实验：①1989 年水深岸线条件下不考虑湿地作用；②1989 年情景下增加湿地净化效应；③2015 年水深岸线条件下不考虑湿地作用；④2015 年情景下增加湿地净化效应的实验。通过实验结果分析，探讨围填海和湿地丧失对海湾生态环境的影响。受计算效率的制约，本书对胶州湾 2015 年的情景进行了简化，不再考虑胶州湾跨海大桥的影响。

1. 胶州湾围填海对海湾生态环境的影响

1935～2008 年，围填海造成胶州湾水域面积由 552 km^2 减至约 350 km^2。2012 年胶州湾保护控制线划定以后，岸线相对稳定，海湾水域面积基本保持在 2012 年的 343 km^2。为控制对比实验中的影响机理，实验仅考虑河流与点源的输入，没有考虑大气沉降和地下水的影响。

胶州湾围填海导致水交换能力减弱，同样影响着营养盐的分布（图 5.35）。1935 年情景下，夏季从红岛以北至海湾东北部海域无机氮浓度较高，超过 0.20 mg/L，而冬季由于营养物质通量减小，仅在大沽河、墨水河、海泊河等河口区域存在超过 0.30 mg/L 的水体。1935 年情景下，胶州湾的水动力和水交换能力较强，营养物质可以较快地由中央水道输运至湾外。2015 年情景下，由于岸线向海推移，海湾水域面积减小、纳潮量缩减、水动力减弱，营养物质聚集在河口与点源区，不易向海湾中部和湾外输运，造成湾顶营养物质浓度明显高于 1935 年。1935 年夏季磷酸盐的分布呈现明显的条带状，湾顶和外湾浓度较低，高值区出现在海湾中部。与 2015 年相比，1935 年的条带更为显著，洋河与大沽河输入的磷酸盐可以横跨海湾扩散至东岸。而 2015 年沿岸排放的磷酸盐只能聚集在沿岸区域，大沽河输入的磷酸盐在湾口形成另一个高值区。冬季磷酸盐的高值区主要出现在大沽河口海域，1935 年情景下磷酸盐形成较高的浓度梯度，中央水道的磷酸盐浓度低于 2015 年情景。海湾东北部磷酸盐浓度 1935 年要低于 2015 年，表征出更好的水交换能力。

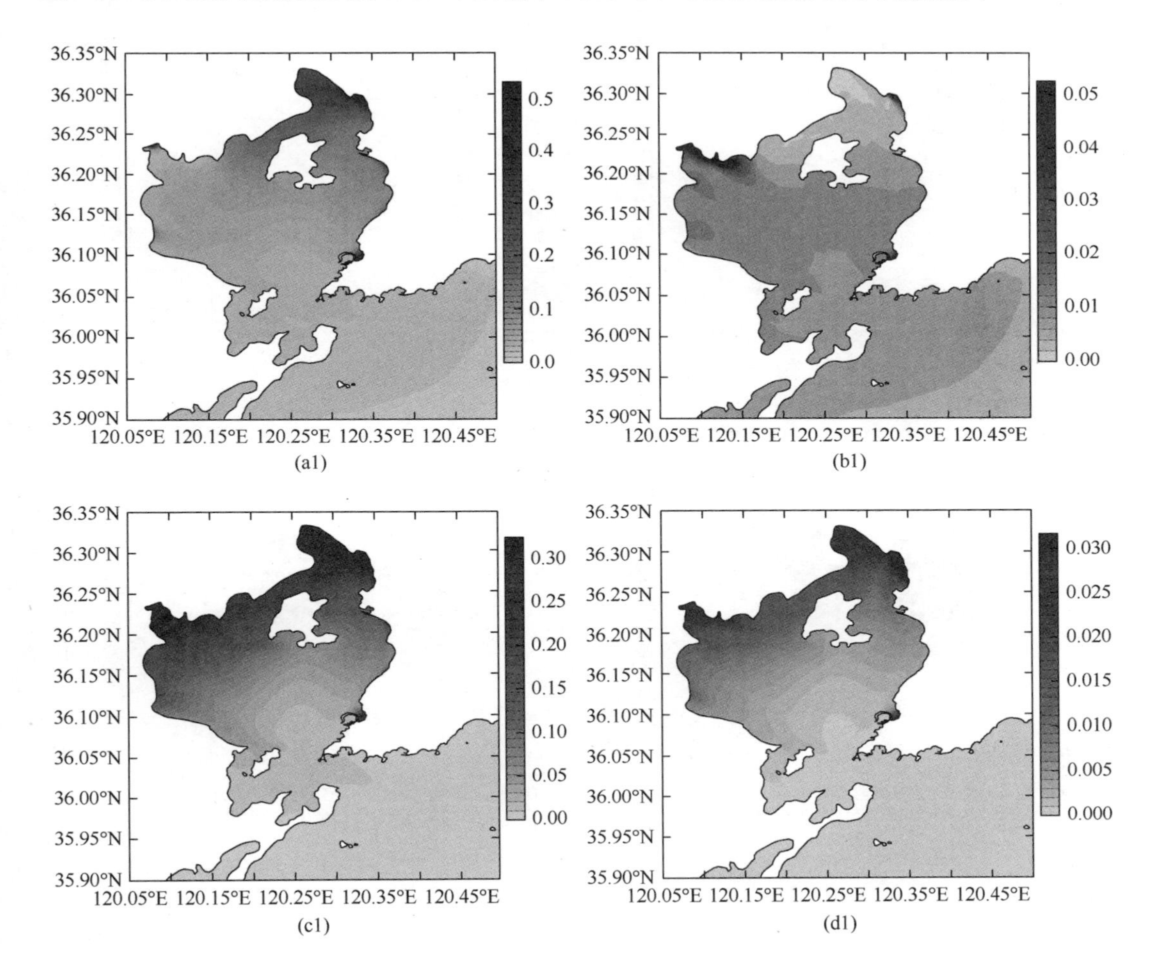

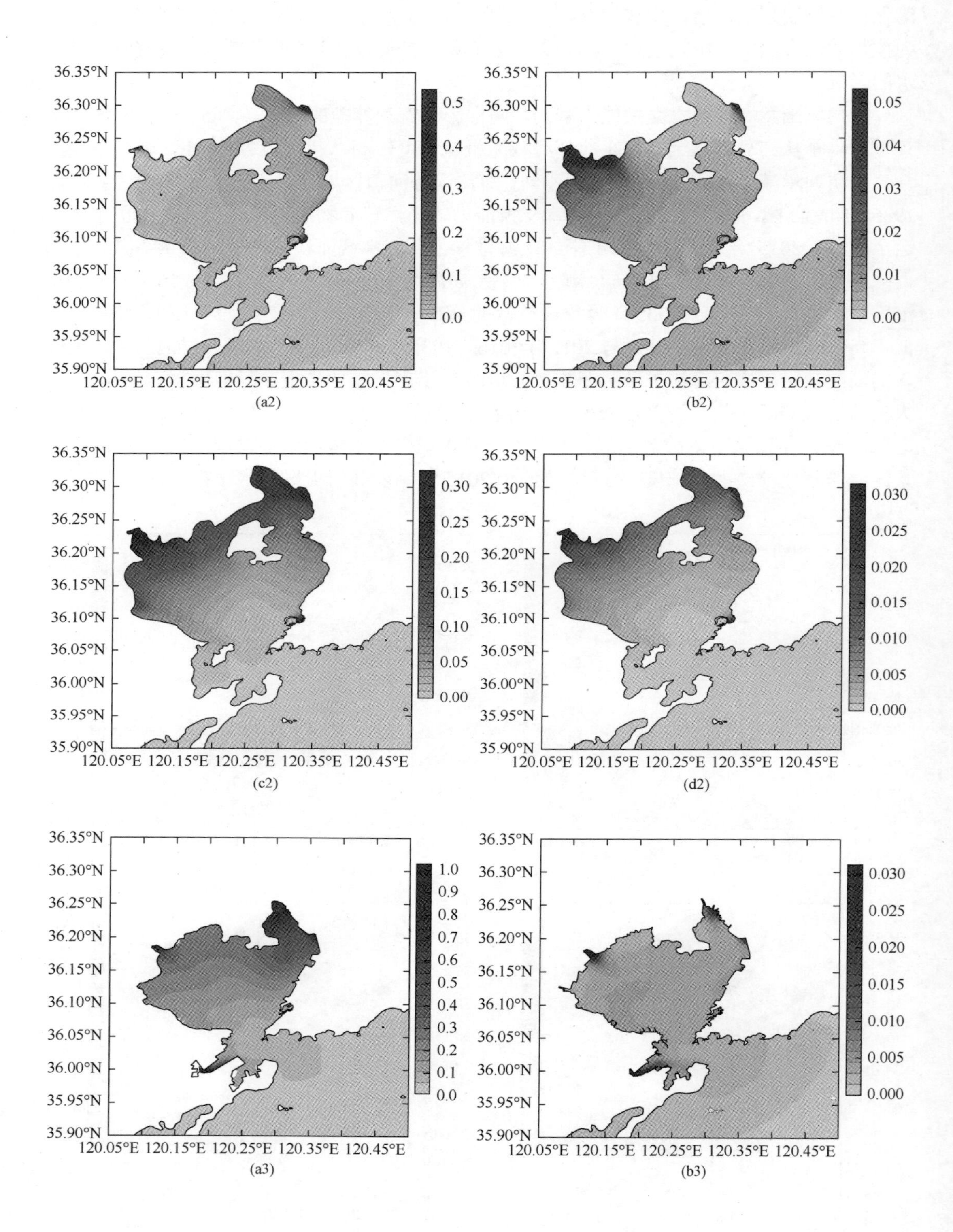
36.35°N
36.30°N
36.25°N
36.20°N
36.15°N
36.10°N
36.05°N
36.00°N
35.95°N
35.90°N
120.05°E 120.15°E 120.25°E 120.35°E 120.45°E
0.5
0.4
0.3
0.2
0.1
0.0
(a2)
0.05
0.04
0.03
0.02
0.01
0.00
(b2)
0.30
0.25
0.20
0.15
0.10
0.05
0.00
(c2)
0.030
0.025
0.020
0.015
0.010
0.005
0.000
(d2)
1.0
0.9
0.8
0.7
0.6
0.5
0.4
0.3
0.2
0.1
0.0
(a3)
0.030
0.025
0.020
0.015
0.010
0.005
0.000
(b3)

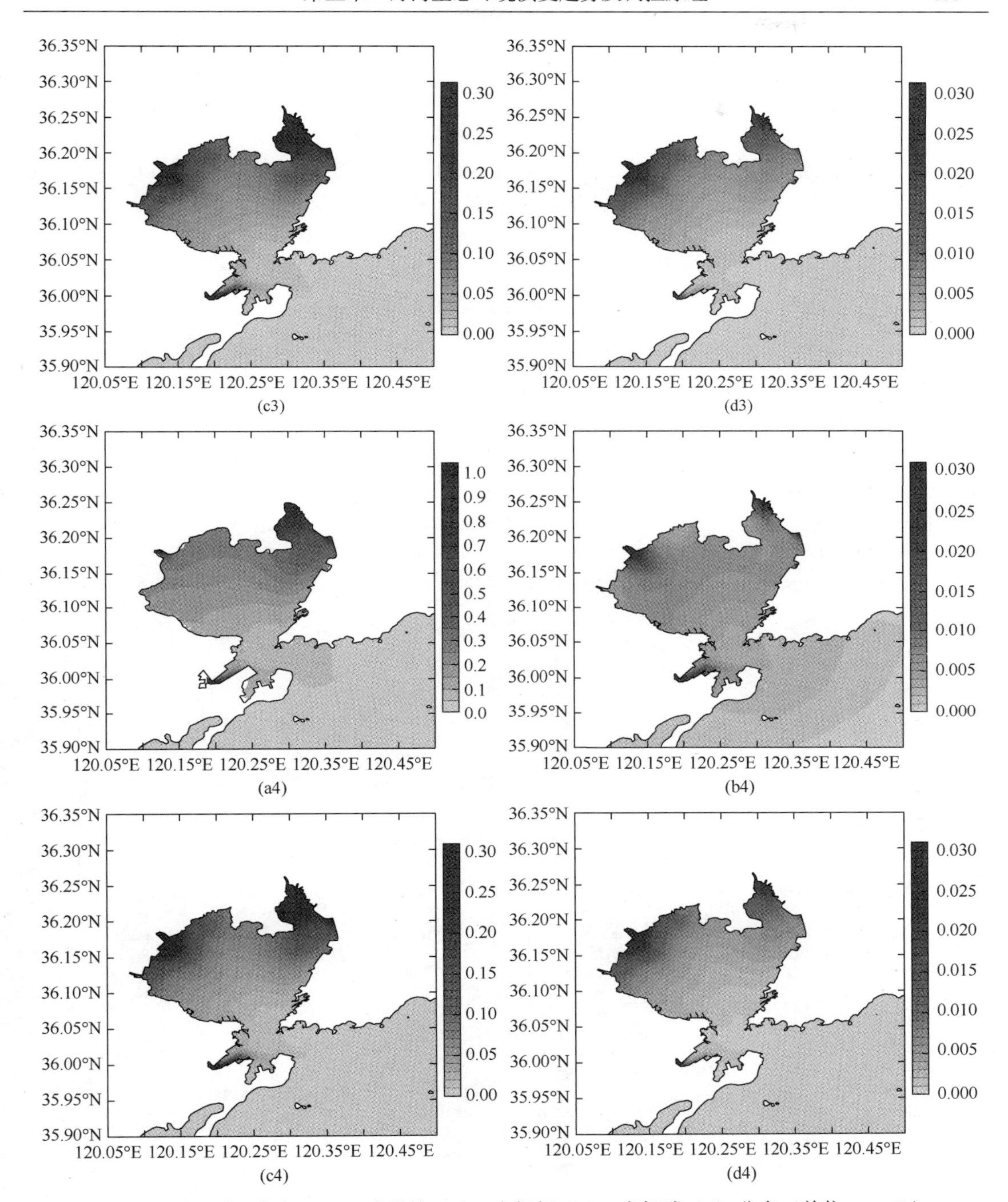

图 5.35　胶州湾无机氮（a）、磷酸盐（b）、有机氮（c）、有机磷（d）分布（单位：mg/L）

1～4 分别为 1935 年情景下无湿地净化效应、1935 年情景下有湿地净化效应、2015 年情景下无湿地净化效应及 2015 年情景下有湿地净化效应的结果

有机氮和有机磷在两种情景下分布及变化基本相同，夏季大沽河口与海湾东北部是营养物质聚集区，而 2015 年情景下高浓度区域的面积明显大于 1935 年情景。由于 1935 年海湾面积较大，从岸边至湾口营养物质浓度梯度小于 2015 年情景，中央水道区域有机营养物

质浓度 1935 年小于 2015 年。有机氮和有机磷冬季的分布情况与夏季相似，浓度低于夏季。浮游植物的分布与营养物质分布具有一致性，河口营养物质高浓度区域浮游植物量也较高。

上述实验结论表明，围填海造成海湾水动力减弱，降低了营养物质向海湾中部和湾外的输运能力，主要营养物质聚集于河口和点源区，依靠自身的生物地球化学过程消耗，浮游动植物也更易于聚集在上述区域，增加赤潮风险。

2. 大亚湾围填海对海湾生态环境的影响

由于 1989 年情景下，大亚湾核电站尚未建成，因此模拟实验中并没有考虑温排水的影响。同样，为控制对比实验的影响机理，实验仅考虑河流与点源的输入，没有考虑大气沉降、地下水和网箱养殖的影响。

大亚湾污染较严重的区域主要是淡澳河口与范和港（图 5.36），大亚湾围填海导致水交换能力改变同样影响着整个海湾营养盐的分布。1989 年大亚湾夏季无机氮浓度超过 0.10 mg/L 的海域仅限于大鹏澳至巽寮河以北，而 2015 年则南进至湾口，大鹏澳至巽寮河以北海域已被 0.20 mg/L 水体占据。不同情景下冬季无机氮的浓度分布差异与夏季类似，均表

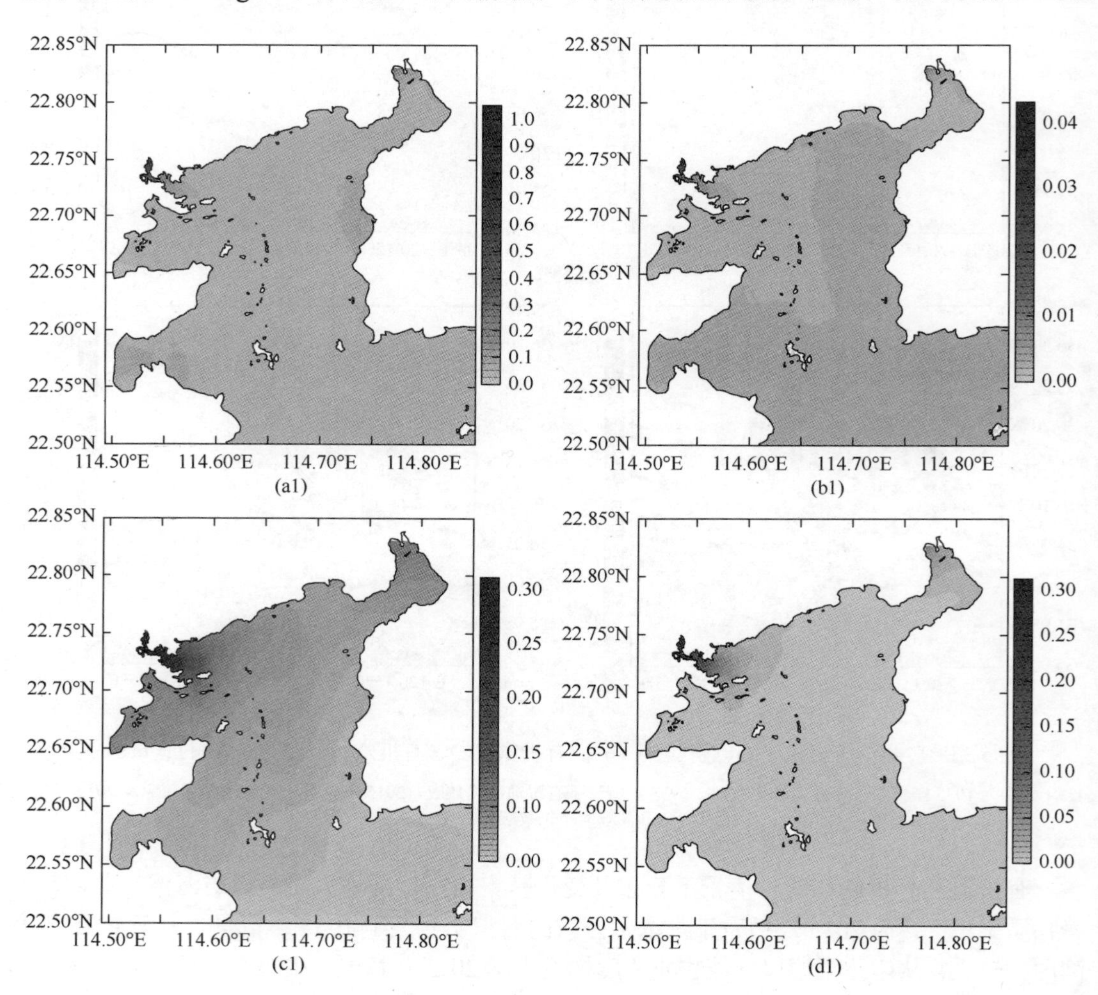

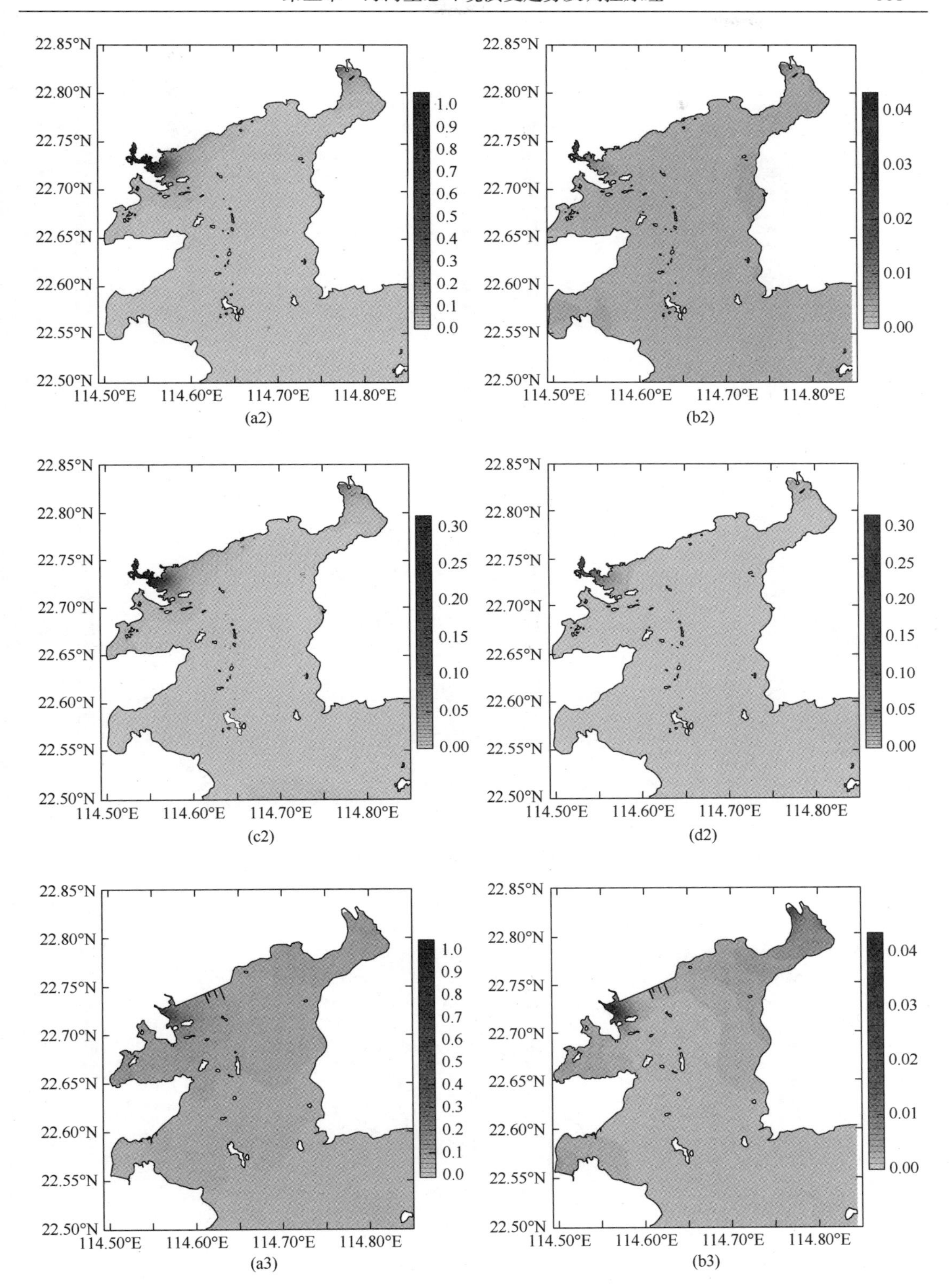

(a2) (b2)

(c2) (d2)

(a3) (b3)

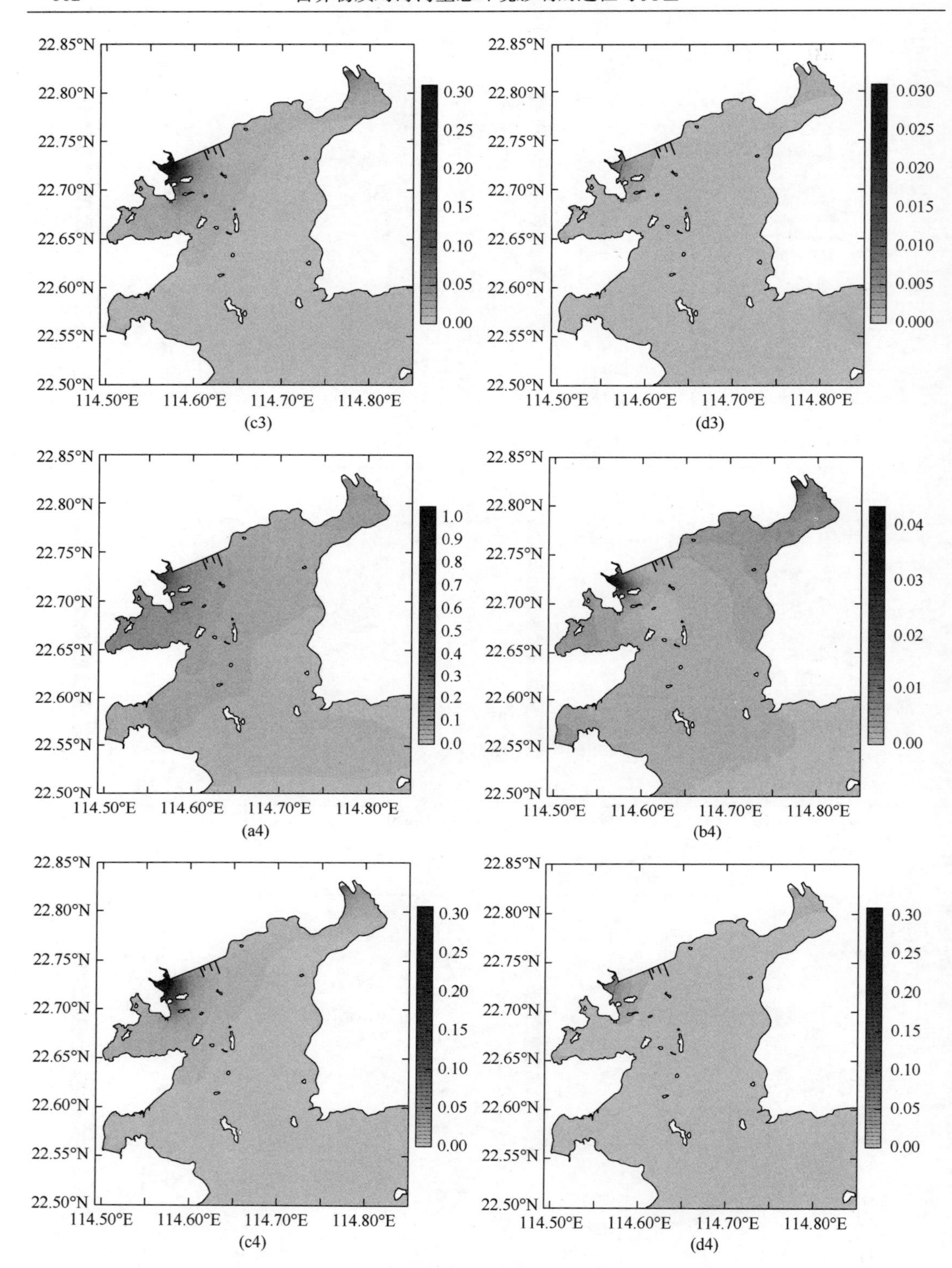

图 5.36　大亚湾无机氮（a）、磷酸盐（b）、有机氮（c）、有机磷（d）分布（单位：mg/L）

1～4 分别为 1989 年情景下无湿地净化效应、1989 年情景下有湿地净化效应、2015 年情景下无湿地净化效应及 2015 年情景下有湿地净化效应的结果明围填海导致海湾内营养物质浓度上升。大亚湾中磷酸盐、有机氮、有机磷的分布变化与无机氮相同。淡澳河口与范和港区域是污染较为严重的区域，也是变化最为显著的区域，主要呈现两点变化：高浓度区域扩大及浓度极值提升。大亚湾冬季生态环境的变化与夏季相近。

上述实验结论表明，大亚湾围填海造成海湾水动力减弱，降低了营养物质向海湾中部和湾外的输运能力，主要营养物质聚集于河口和点源区。虽然大亚湾围填海面积小于胶州湾，但由于大亚湾水体交换能力要弱于胶州湾，从而放大了围填海对海湾生态环境的影响。

3. 湿地丧失对海湾生态环境的影响

通过增加湿地净化过程的模拟，讨论了在围填海和湿地丧失叠加影响下，海湾自净能力下降对海湾生态环境的叠加影响。根据陈桂珠等（1996）的研究，红树林湿地系统对氮元素的净化效率约为20%。因此，本书假定海湾内湿地系统对营养物质的去除率为20%。围填海叠加湿地净化效应后，1989 年大亚湾水体中仅无机氮、磷酸盐呈现较为明显的下降，有机营养物质变化较小（图 5.36）。2015 年情景下存在同样的变化情况。增加湿地净化效应后，无机氮下降更为明显，但是相对于水体中无机氮浓度的增加，实际湿地净化效果是减弱的。以大亚湾平均无机氮浓度计算，1989 年湿地净化效应的贡献度约为 2.0%，而 2015 年仅为 1.0%，这体现了湿地丧失的影响。胶州湾由于围填海面积大，湿地丧失的影响体现得更为明显（图 5.35）。以胶州湾平均无机氮浓度计算，1935 年湿地净化效应的贡献度高达 25.9%，而 2008 年降低至 1.3%。

通过上述实验对比，可以发现围填海导致水动力减弱是近年来海湾营养物质浓度上升的主要原因，而湿地丧失的影响所占比重较小，属于次要原因。

三、海湾生态环境演变趋势

本小节将利用所构建的海湾生态系统动力学模型模拟海湾生态环境演变的不同情景，探讨如大气沉降、地下水、点源、河流、网箱养殖等来源的营养物质通量变化会对海湾生态环境产生何种影响，基于此预测海湾生态环境演变趋势。

通过模拟人类活动影响的不同情景，预测海湾生态环境演变趋势。基于此，分别对胶州湾和大亚湾已有的人类活动进行分类，设计实验方案如下：考虑面源、点源、地下水、大气沉降、网箱养殖等输入，首先进行单个来源削减 30%和 50%的情景模拟预测，然后再进行所有来源均削减 30%和 50%的综合情景模拟预测。各实验中除指定的营养物质通量变化外，包括模型配置和边界强迫等其他项均与控制实验相同。同时，为了量化不同情景下的生态环境状况，本书对于不同营养物质浓度给定阈值（表 5.12），计算其超阈值海域面积。

（一）胶州湾生态环境情景预测

结合胶州湾的现状特点，其生态环境的情境预测分为 5 组，实验方案列于表 5.16 中，其中 JZB-CR 代表现状模拟的控制实验，实验编号第一个数字代表营养物质的来源，分别是大气沉降、地下水、点源与河流面源，第五组实验为前四组实验方案的叠加，考虑不同来源营养物质的同步削减。第二个数字代表对该来源营养物质通量进行不同程度的削减，1 代表削减现状通量的 30%；2 代表削减现状通量的 50%。

表 5.16 模拟胶州湾人类活动影响的数值实验方案

实验编号	河流	点源	地下水	大气沉降
JZB-CR	√	√	√	√
JZB-1-1	√	√	√	30%
JZB-1-2	√	√	√	50%
JZB-2-1	√	√	30%	√
JZB-2-2	√	√	50%	√
JZB-3-1	√	生活污水 30%$	√	√
JZB-3-2	√	生活污水 50%$	√	√
JZB-4-1	30%	√	√	√
JZB-4-2	50%	√	√	√
JZB-5-1	30%	30%	30%	30%
JZB-5-2	50%	50%	50%	50%

注：√表示依现状通量计算，50%或 30%表示依现状通量削减 50%或 30%计算；$表示只考虑生活污水的削减

1. 胶州湾大气沉降削减效果预测

本书采用实测胶州湾干/湿沉降通量，通过海气界面边界进入水体进行计算。所采用的大气沉降通量如表 5.17 所示。从表 5.17 中可以看出胶州湾的 DIN 湿沉降通量夏季最大、冬季最小，干沉降通量相反；DON 湿沉降通量秋季最大、冬季最小，秋季接近冬季的 7 倍，而干沉降通量亦是秋季最大、冬季最小；DIP 湿沉降通量秋季最大、冬夏季最小，干沉降通量春季最大、秋季最小；DOP 的湿沉降通量秋季最大、冬季最小，秋季约为冬季的 6 倍，干沉降通量夏季最大、春季最小，夏季约为春季的 9.5 倍。从量级上看，干、湿沉降通量中均为 DIN 最大；DIN 的沉降通量要比 DIP 高两到三个数量级。本书数值模拟实验中，没有区分干沉降和湿沉降过程，仅将两者加和，以总量的形式作为上边界强迫输入。

表 5.17 JZB-CR 实验中采用的胶州湾干、湿沉降通量 （单位：$mmol/m^2$）

沉降类型	季节	DIN	DON	DIP	DOP
湿沉降	秋	42.633	19.80	0.100	0.191
	冬	13.087	2.93	0.041	0.033
	春	28.319	7.43	0.092	0.062
	夏	63.648	17.30	0.041	0.162
干沉降	秋	15.701	5.29	0.010	0.030
	冬	18.679	2.98	0.035	0.031
	春	13.742	3.70	0.039	0.010
	夏	11.196	3.46	0.015	0.094

本书共设定两种大气沉降变化情景，即大气沉降通量分别削减 30%和 50%。以夏季为例分析两种削减方案的效果变化情况，在 JZB-1-1 实验中（图 5.37），大气沉降削减 30%。整个胶州湾水体中 DIN 浓度减小 0～50 μg/L；随着大气沉降量的降低，胶州湾内 DIN 的浓度随之减少，且湾顶对大气沉降的响应要强于湾口，即 DIN 浓度差自湾口至湾顶逐渐增大，最大值出现在湾顶红岛西岸，超过 40 μg/L。而 DIP 浓度季节变化相较 DIN 要复杂。胶州湾西北部大沽河口海区 DIP 浓度呈明显的下降趋势，最大降幅约为 12 μg/L；而东北部海区 DIP 浓度降幅仅有 6 μg/L，墨水河口出现一个较弱的浓度增加的高值区。湾内 DON 的变化趋势与 DIN 相近，在湾顶红岛西部海域出现降幅最高值，约为 11 μg/L；而红岛东岸，胶州湾东北部区域的降幅在 3～6 μg/L。DOP 的差值分布情况与 DON 基本相同，最大降幅为 0.7 μg/L，出现在湾顶红岛西岸。

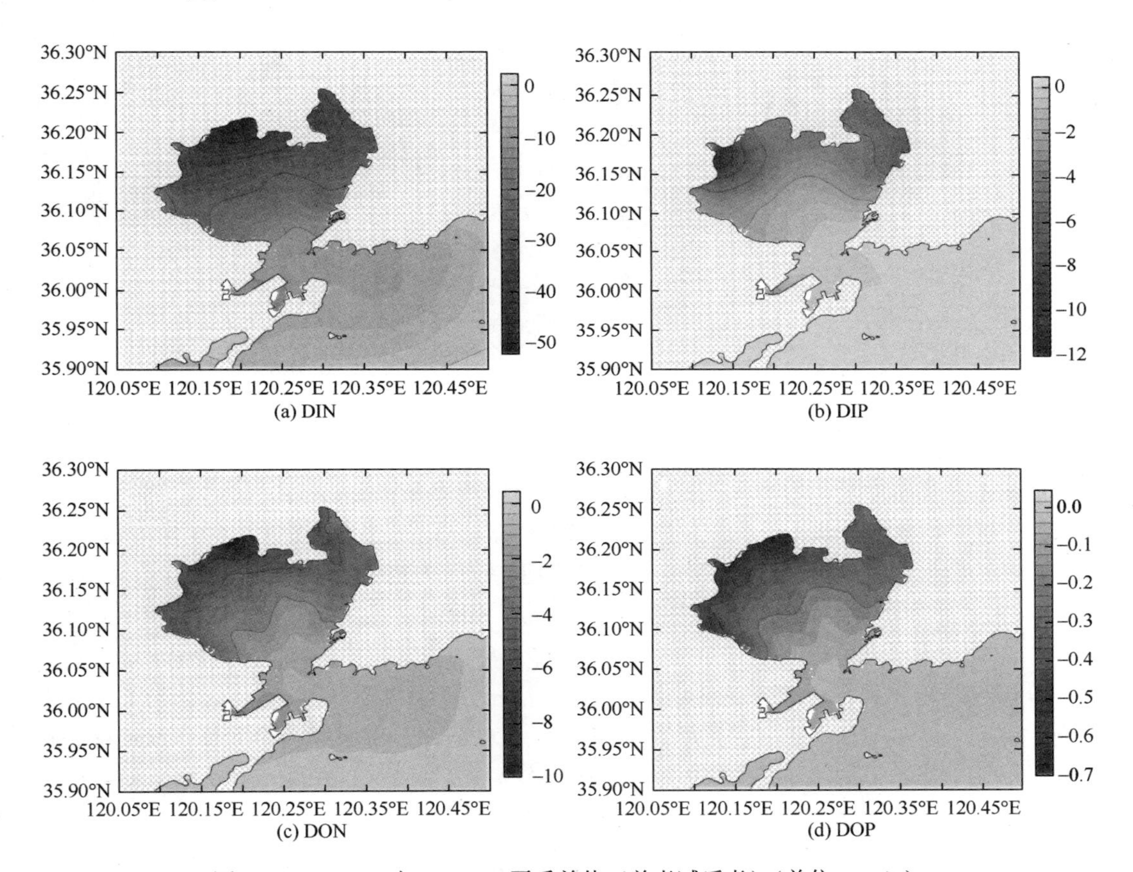

图 5.37　JZB-1-1 与 JZB-CR 夏季差值（前者减后者）（单位：μg/L）

当大气沉降通量削减 50%时（实验 JZB-1-2），DIN 浓度较实验 JZB-1-1 降幅更为明显（图 5.38）。DIN 减幅的空间分布与实验 JZB-1-1 相似，仍是自湾顶至湾口减幅逐渐变小，但浓度差异最高已扩大至 80 μg/L。DIP 浓度差的空间分布与实验 JZB-1-1 相似，两个实验结果差异不大。DON、DOP 夏季的差异分布与实验 JZB-1-1 基本相似，仅差异变化幅度扩大。

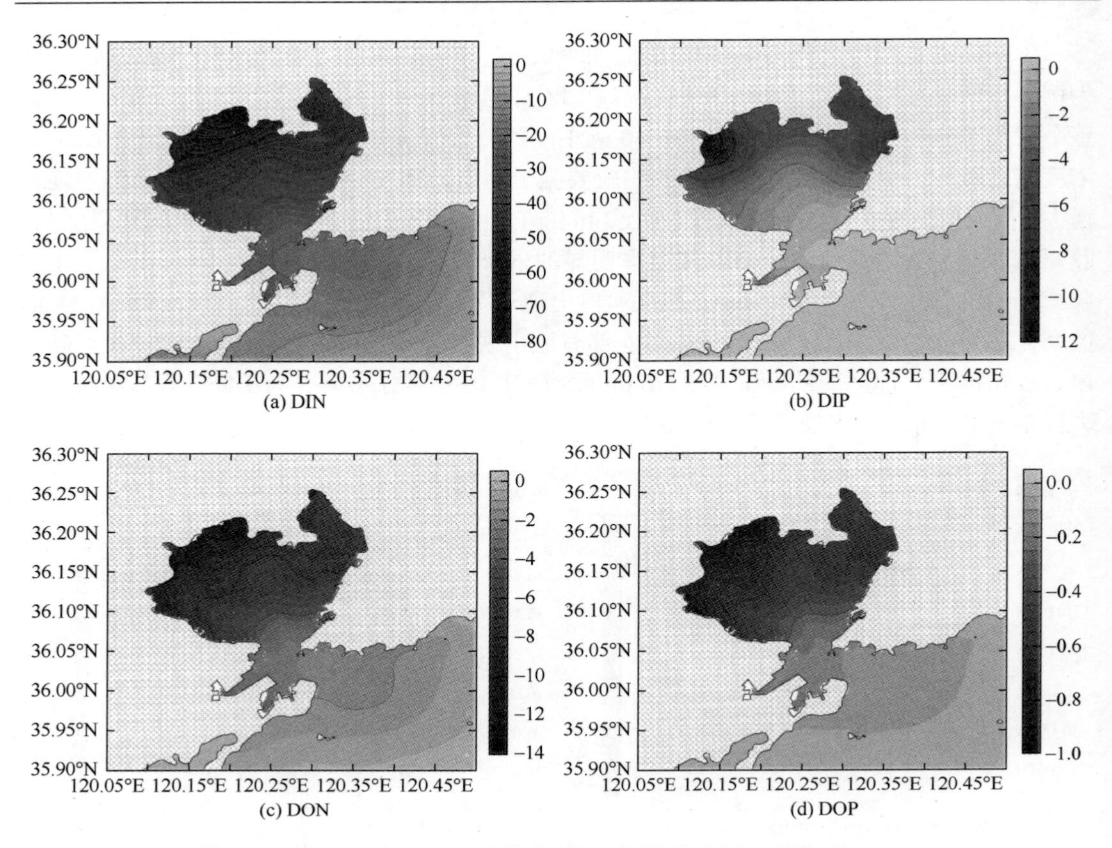

图 5.38　JZB-1-2 与 JZB-CR 夏季差值（前者减后者）（单位：μg/L）

从这两个实验中可以看出大气沉降对海湾内全域的营养物质分布均有影响，浅水区影响大于深水区；但从数量级上看大气沉降对海湾内营养物质浓度的影响较小。由于大气沉降通量中 DIP 的数量级远小于 DIN，因此沉降通量的削减对 DIN 的影响远大于对 DIP 的影响。

2. 胶州湾地下水削减效果预测

胶州湾地下水排泄量春季为 14.3 万～34.6 万 m^3/d，夏季为 10.0 万～16.1 万 m^3/d，秋季为 17.6 万～28.9 万 m^3/d，冬季为 13.4 万～28.4 万 m^3/d，模型取其中间值。从变化范围上看，春季地下水排泄量的变化较大，其次为冬季和秋季，夏季的地下水排泄量变化最小。从中间值上看，春季地下水排泄量最大，其次为秋季和冬季，夏季的地下水排泄量最小。根据表 5.18，夏季硝酸盐、亚硝酸盐和磷酸盐的排放量最大，DON 的春季排放量最大。除亚硝酸盐在秋季最小外，其他均为冬季最小。

表 5.18　JZB-CR 实验中采用的胶州湾地下水通量　（单位：t/a）

季节	NO_3^-	NO_2^-	PO_4^{3-}	DON
春	153.27	22.03	10.38	173.88
夏	529.37	114.89	10.41	106.26

续表

季节	NO_3^-	NO_2^-	PO_4^{3-}	DON
秋	97.46	0.17	7.19	70.71
冬	66.78	1.27	4.38	32.13

以夏季为例分析两种削减方案的效果变化情况，如图 5.39 所示，在营养物质通量削减 30%的情景中（实验 JZB-2-1），DIN 浓度减幅自海湾东北部至湾口逐渐降低，等值线基本呈西北—东南走向，胶州湾整体表现为 DIN 浓度减小，湾中部以南至胶州湾邻近海域减幅趋于 0。东北部浅水区由于地下水输入的减少，DIN 浓度降幅显著，而减幅最大值出现在东北沿岸一带，超过 160 μg/L。此外，湾内大部分区域 DIP 浓度呈现减小趋势，但减幅不大，为 1～2 μg/L，只有李村河口处 DIP 浓度降幅最大可达到 4 μg/L。DON 降幅分布与 DIN 较为一致，最高值出现在东北沿岸，大于 100 μg/L，而大沽河口至红岛西岸存在另一个高值区。DOP 的分布态势与 DON 类似，减幅最大为 6 μg/L。

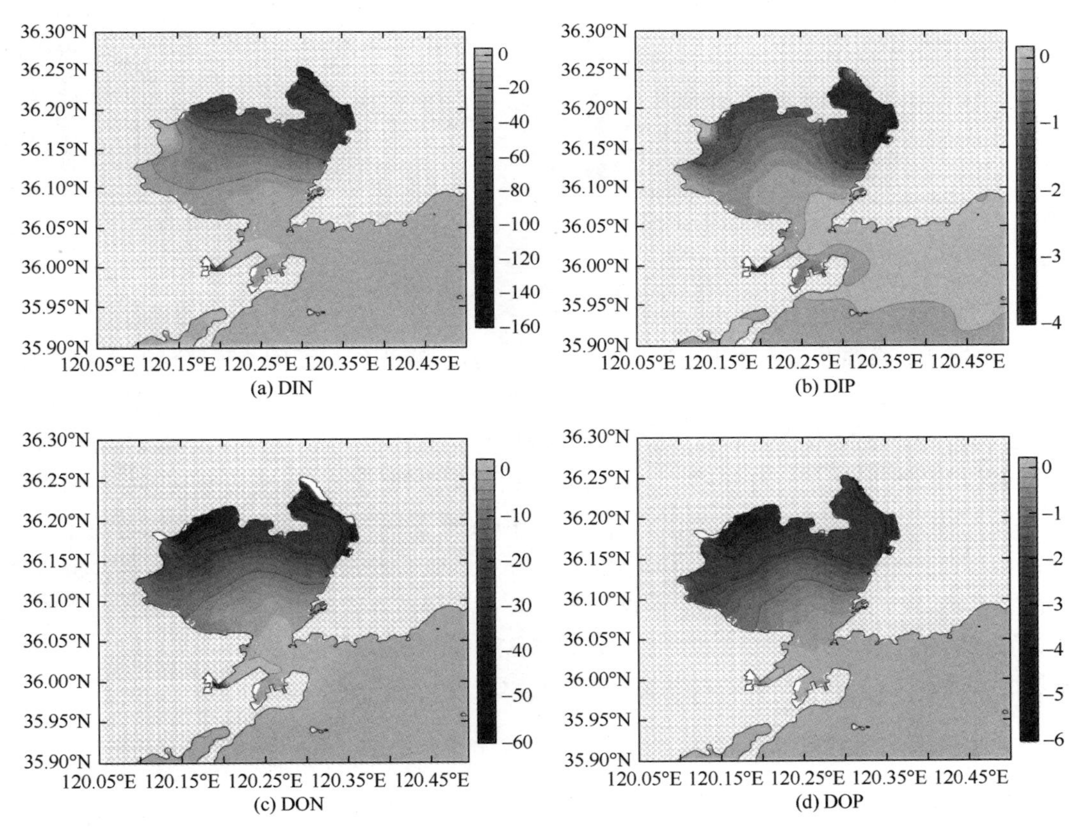

图 5.39 JZB-2-1 与 JZB-CR 夏季差值（前者减后者）（单位：μg/L）

在营养物质通量削减 50%的情景中（实验 JZB-2-2），随着地下水输入通量的进一步削减，DIN 浓度增加的区域范围较实验 JZB-2-1 进一步扩大（图 5.40）。DIN 浓度差由北

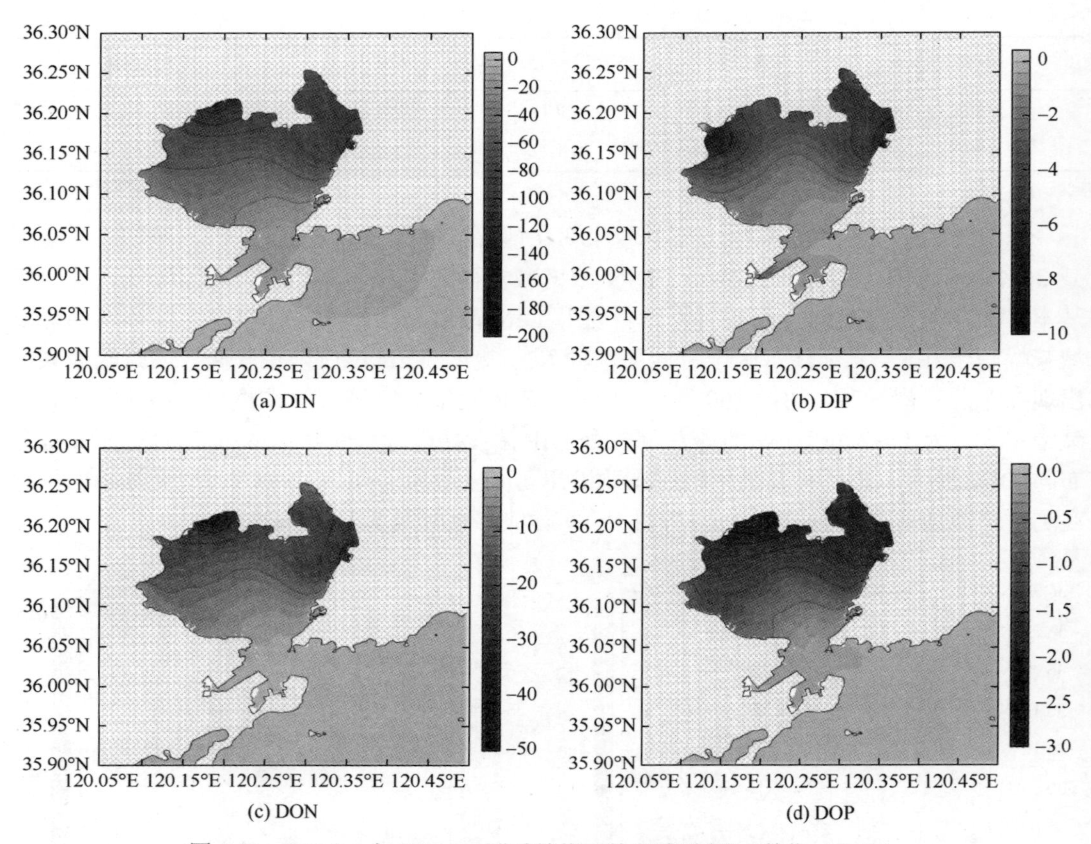

图 5.40　JZB-2-2 与 JZB-CR 夏季差值（前者减后者）（单位：μg/L）

至南逐渐减小，降幅高值区由墨水河口（实验 JZB-2-1）变为红岛西侧湾顶区域及李村河口，其最大值约为 200 μg/L。DIP 浓度在大沽河口和李村河口呈现较大的降幅，为 8～10 μg/L，两倍于实验 JZB-2-1。有机营养物质的差异分布与实验 JZB-2-1 基本相同，仅幅度增加。DON 的高值区与 DIN 发生了同样的移动，由墨水河口移至李村河口，但减幅略有缩小，最大为 50 μg/L。同样，DOP 的减幅高值区也有变化，由实验 JZB-2-1 的位置东移至红岛西侧。

由于地下水输入的空间差异和时间差异较大，且地下水中营养物质浓度与其上覆水体中的营养物质浓度存在较大差异。因此，地下水中营养物质通量削减情景下营养物质的变化复杂性要高于大气沉降削减的情景。由图 5.37～图 5.40 对比分析，可以发现大气沉降主要影响浅水区，而地下水输入主要影响河口区。

3. 胶州湾点源削减效果预测

对于点源输入的情景主要考虑生活污水排放量的削减，分为消减 30%和 50%两种情景。根据《2014 年青岛市环境状况公报》，青岛市废水排放总量 50 878.35 万 t，同比增加 3701.35 万 t，其中，工业废水排放总量 10 989.40 万 t，城镇生活污水排放总量 39 852.39 万 t（78.32%）。因此，本书取其近似值 80%，并选取 5 个主要的点源排污口，其季节通量列于表 5.19。

表 5.19　JZB-CR 实验中采用的胶州湾点源输入的营养物质通量

排污口名称	季节	DIN/t	DON/t	DIP/t	DOP/t	水量/($\times10^4$ m^3)
团岛污水处理厂	旱季	81.70	36.71	1.07	0.32	1440.06
	洪季	66.33	29.80	1.79	0.54	975.11
海泊河污水处理厂	旱季	195.96	88.04	5.82	1.73	2767.25
	洪季	176.11	79.12	10.39	3.10	2916.00
娄山河污水处理厂	旱季	179.83	80.79	0.93	0.27	1832.02
	洪季	170.54	76.61	2.66	0.80	2192.83
李村河污水处理厂	旱季	343.20	153.53	4.12	1.23	4273.92
	洪季	207.04	93.02	6.45	1.92	4898.88
青岛城投双元水务有限公司	旱季	195.03	88.17	1.21	0.36	2799.00
	洪季	135.77	61.25	1.71	0.51	2718.00

注：排污口氨氮、总氮、总磷和季节性污水排出量数据引自青岛市环保局发布的重点排污单位监督性检测结果，DON 占总氮比例为 31%，引自陈忠林等（2008），硝态氮由差减法得出；无机磷和有机磷比例引自 Liu 等（2007）

水量较大的污水处理厂均位于胶州湾东北岸，其中李村河污水处理厂的排污量最大。从季节变化上看各污水处理厂间的水量季节性差异较大，而团岛污水处理厂和娄山河污水处理厂自身的水量季节性差异也较大。营养物质排放通量季节性差异也较大，其中李村河污水处理厂旱季 DIN 和 DON 排放通量最大，分别达到 343.20 t 和 153.53 t，而团岛污水处理厂洪季 DIN 和 DON 排放通量最小，仅为 66.33 t 和 29.80 t；海泊河污水处理厂洪季 DIP 和 DOP 排放通量最大，分别为 10.39 t 和 3.10 t，而团岛污水处理厂旱季 DIP 和 DOP 排放通量最小，仅为 1.07 t 和 0.32 t。

以夏季为例分析两种削减方案的效果变化情况，实验 JZB-3-1（生活污水排放通量削减 30%）的模拟结果如图 5.41 所示。其中，DIN 浓度与实验 JZB-CR 相近，生活污水的削减对 DIN 的分布影响不大，DIN 从湾顶东北部起向南扩散，浓度递减，纬向浓度基本均匀，超阈值海域面积由 161.09 km^2 减小为 150.28 km^2。而 DIP 浓度变化不太明显，浓度等值线围绕营养物质入海口分布，邻近海域等浓度线向湾口收缩，且在红岛东西两侧海域

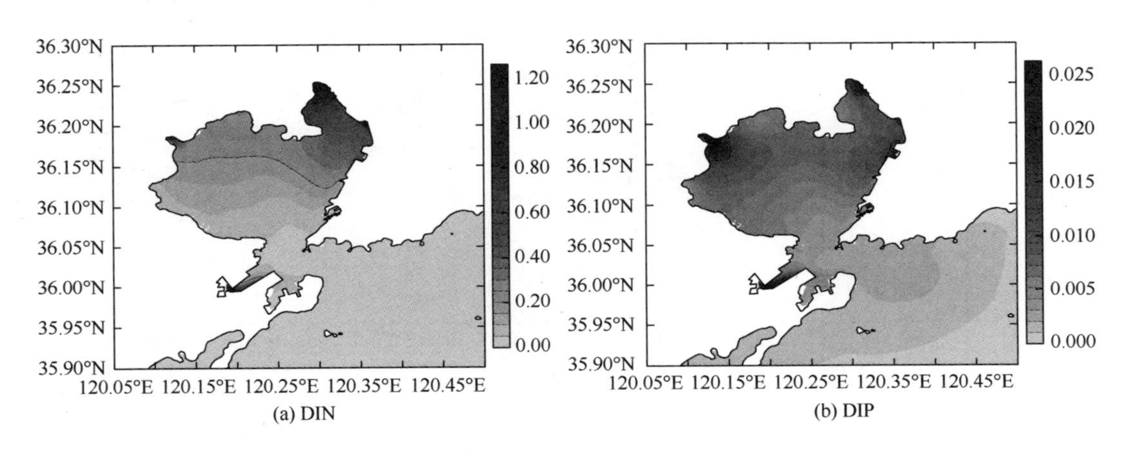

(a) DIN　　(b) DIP

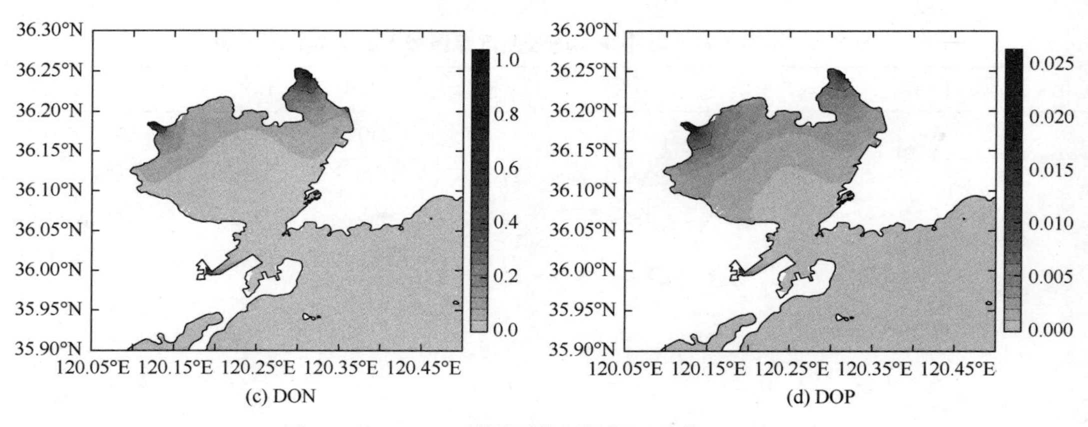

(c) DON　(d) DOP

图 5.41　JZB-3-1 的夏季模拟结果（单位：mg/L）

均出现不同程度的 DIP 浓度下降情况；超阈值面积由 18.25 km^2 减小为 17.07 km^2，仅减小 1.18 km^2。DON 与 DOP 的变化较为明显，等值线向北移动。其中，DON 的超阈值面积减小了 4.47 km^2，主要在湾顶东北部区域。DOP 的超阈值面积向北收缩，减小了 5.71 km^2，由 16.96 km^2 变为 11.25 km^2。

图 5.42 给出了生活污水排放通量削减 50%的情景（实验 JZB-3-2）。其中，沿岸 DIN 浓度变化较小，中部则略有减小，中段等浓度线向北凹，超阈值面积相比较实验 JZB-3-1 要减小 24.14 km^2，可知在生活污水削减 30%的基础上再削减 20%，对 DIN 的影响要强于最初削减的 30%；湾口 DIN 浓度低值区向湾内扩大，前湾港区口的超阈值面积收缩近半，影响区域被限于港区内部。而 DIP 浓度减小，在红岛东西侧海域 DIP 的低值区扩大，超阈值面积减小为 257.46 km^2。有机营养物质在实验 JZB-CR 中的超阈值面积较小，且实验 JZB-3-2 的削减量有限。相比实验 JZB-3-1，DON 与 DOP 分别减小 0.27 km^2、0.84 km^2。生活污水的削减对胶州湾内营养物质的分布影响较小，尤其是有机营养物质，这可能与点源排放的营养物质以无机物为主有关，此外，各营养物质的浓度分布及超阈值的大小均无十分显著的变化。

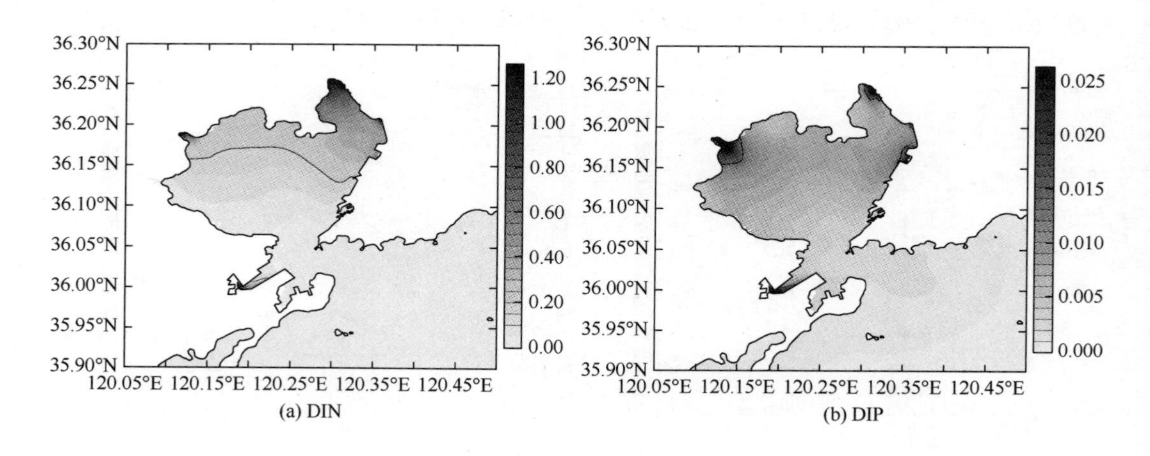

(a) DIN　(b) DIP

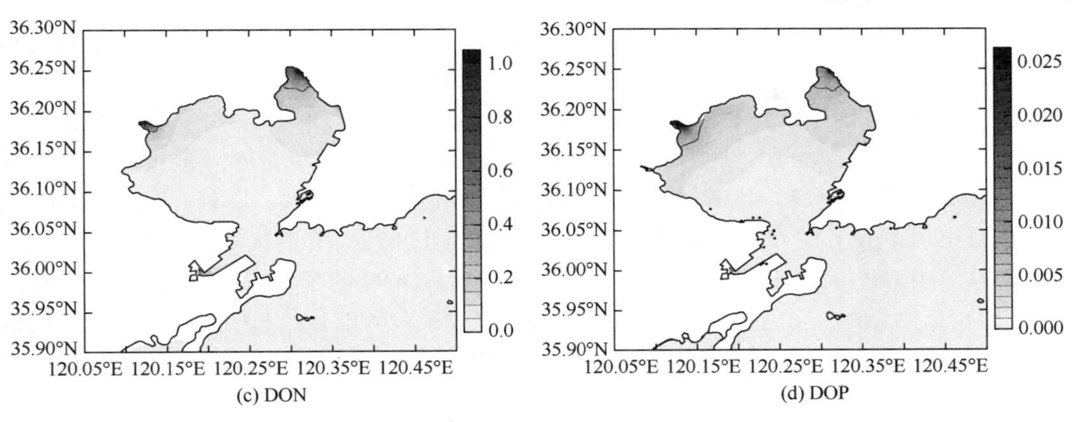

图 5.42　JZB-3-2 的夏季模拟结果（单位：mg/L）

4. 胶州湾河流削减效果预测

选取汇入胶州湾的 5 条河流，对其营养物质通量分别减少 30%和 50%的两种情景进行预测，与点源不同，河流面源营养物质通量的减小意味着入海营养物质浓度的减小，河流径流量本身不变。河流入海营养物质通量见表 5.20。

从表 5.20 所列数据可知，洪季墨水河输入的 DIN 和 DON 通量最大，分别为 395.38 t 和 554.71 t，而海泊河入海的 DIN 和 DON 通量最小，分别为 5.40 t 和 5.65 t，大沽河输入的 DIP 和 DOP 通量最大，分别为 23.73 t 和 18.64 t，而海泊河输入的 DIP 和 DOP 通量最小，分别为 0.57 t 和 0.45 t。旱季大沽河输入的 DIN 通量最大，为 125.55 t，墨水河输入的 DON 通量最大，为 216.30 t，海泊河输入的 DIN 通量最小，为 7.07 t，李村河输入的 DON 通量最小，为 2.41 t，大沽河输入的 DIP 和 DOP 通量最大，分别为 4.84 t 和 3.80 t，海泊河输入的 DIP 和 DOP 通量最小，分别为 0.50 t 和 0.39 t。墨水河的氮营养盐通量季节变化最大，大沽河的磷营养盐通量季节变化最大。海泊河由于排污通量较小，其季节变化也较小。

表 5.20　JZB-CR 实验中采用的胶州湾河流输入的营养物质通量

河流名称	季节	DIN/t	DON/t	DIP/t	DOP/t	径流量/(×10^4 m^3)
李村河	旱季	8.06	2.41	0.52	0.41	80.72
	洪季	26.12	16.47	2.55	2.00	226.19
海泊河	旱季	7.07	3.43	0.50	0.39	33.69
	洪季	5.40	5.65	0.57	0.45	94.41
墨水河	旱季	116.12	216.30	3.20	2.51	3008.33
	洪季	395.38	554.71	10.86	8.53	8430.18
大沽河	旱季	125.55	19.44	4.84	3.80	2699.93
	洪季	142.24	176.29	23.73	18.64	7565.97
洋河	旱季	6.53	4.54	0.88	0.69	553.88
	洪季	60.99	42.38	0.29	0.23	1552.12

注：入海河流氨氮、硝态氮、总氮、总磷浓度数据来自青岛市环境监测中心站，有机氮由差减法得出，无机磷和有机磷根据 Liu 等（2007）中的比例估算；年径流量数据来自青岛市水利局网站，根据青岛市年降水量月际分布，估算各个河流的季节径流量，其中旱季指 12 月至次年 5 月，洪季指 6～11 月

以夏季为例分析两种削减方案的效果变化情况，河流排污通量削减 30%的模拟结果（实验 JZB-4-1）见图 5.43。其中，DIN 的变化并不显著，其分布与实验 JZB-CR 相近，前湾港区的 DIN 分布几乎不变，而湾内等阈值线中部向北凹，西端南移，使超阈值面积变化不大，减小了 18.09 km^2。受河流排污通量削减影响显著的区域是海湾东北部 DIN 浓度在 0.4～0.8 mg/L 的区域，该区域 DIN 浓度降低，等值线明显北移。此外，海湾内 DIP 浓度平均减小了 1 μg/L 左右，原横贯胶州湾中部浓度为 0.007 mg/L 的区域被浓度 0.006 mg/L 取代，且湾内 DIP 浓度比实验 JZB-3-1 低 1～2 μg/L。DON 的变化较实验 JZB-3-1 显著，DON 影响范围北缩，红岛将原来连通的区域分割成东西两部分；其中，大沽河口的阈值等阈值线缩至河道内，东北部也有明显减小，超阈值面积减小 9.05 km^2，是实验 JZB-3-1 面积变化量的 2 倍。而 DOP 超阈值面积减小了 11.92 km^2。

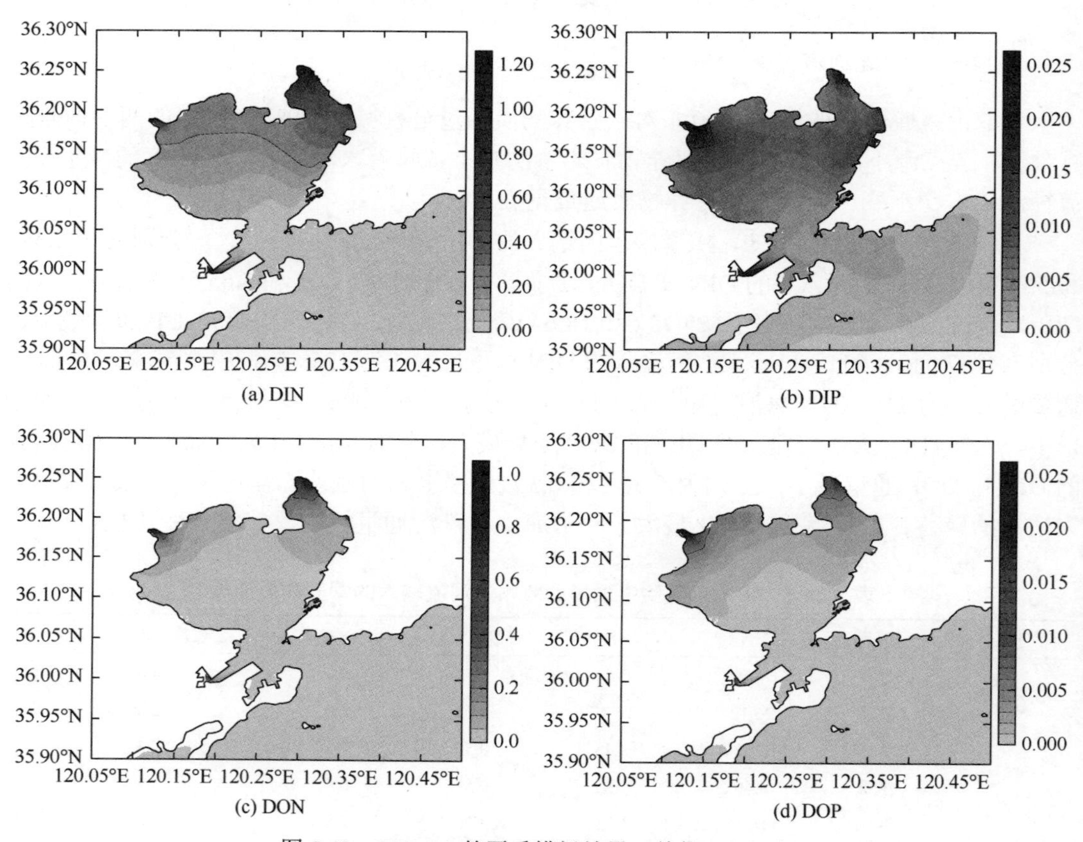

图 5.43　JZB-4-1 的夏季模拟结果（单位：mg/L）

图 5.44 展示了河流排污通量削减 50%的情景（实验 JZB-4-2）。与实验 JZB-4-1 相比，胶州湾因河流营养物质通量的再度减小，全湾营养物质的浓度进一步降低，等值线整体北移，超阈值的范围进一步收缩。DIP 浓度较实验 JZB-4-2 进一步减小，湾中主要由浓度为 0.005 mg/L 的水体控制，超阈值面积降到所有单变量实验中最低，为 8.94 km^2。对比实验 JZB-3-2，河流排放通量的削减对胶州湾邻近海域 DIP 浓度的影响要强于生活污水的削减，

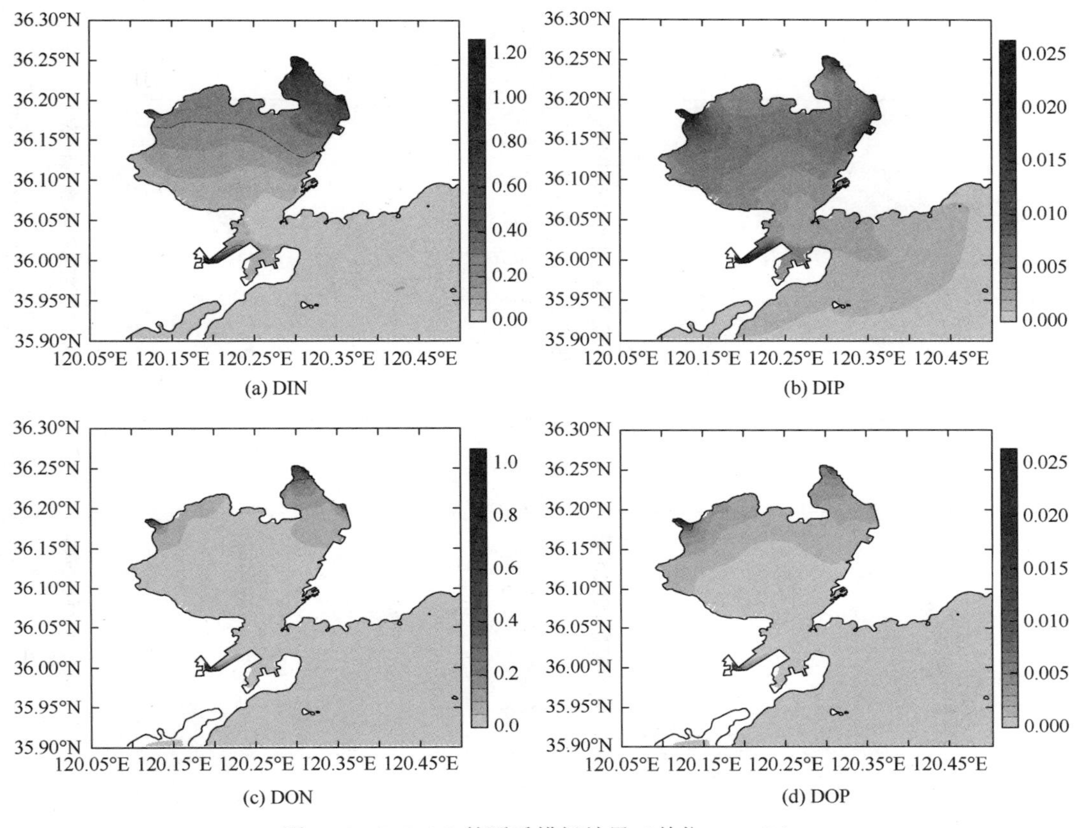

(a) DIN　(b) DIP

(c) DON　(d) DOP

图 5.44　JZB-4-2 的夏季模拟结果（单位：mg/L）

胶州湾邻近海域的 DIP 浓度明显减小，且减幅大于实验 JZB-3-2 的结果。而对于 DIN 浓度的影响，河流排放通量的削减与生活污水的削减的作用相当，前者的影响仅略强于后者。DON 表现为向河口区域收缩，且大沽河口区域等阈值线均缩至河口内，墨水河口也有较明显收缩。湾内超 DOP 阈值的海域范围很小。

5. 胶州湾综合削减效果预测

以夏季为例分析两种削减方案的效果变化情况，在河流、点源（生活污水）、地下水、大气沉降分别削减 30%的情景（JZB-5-1）中，如图 5.45 所示。DIN 超阈值区域向胶州湾东北部、河口等区域大范围收缩，且与实验 JZB-CR 相比，超阈值面积下降近一半，为 76.83 km^2；李村河口的高值区基本消失，红岛西侧海区仅剩个别区域存在超阈值浓度，其余区域均低于阈值。湾内的 DIP 浓度明显下降，比实验 JZB-4-2 的浓度要小，湾中部浓度降为 4 μg/L，较控制实验直降 3 μg/L，超阈值区域被限制在河流、点源入海口的小范围区域内，仅有 7.16 km^2。对于 DON、DOP 来说，复合效应带来的结果与实验 JZB-4-1 相近，DON 超阈值海域面积缩减为 11.18 km^2，而 DOP 基本无超阈值海域。

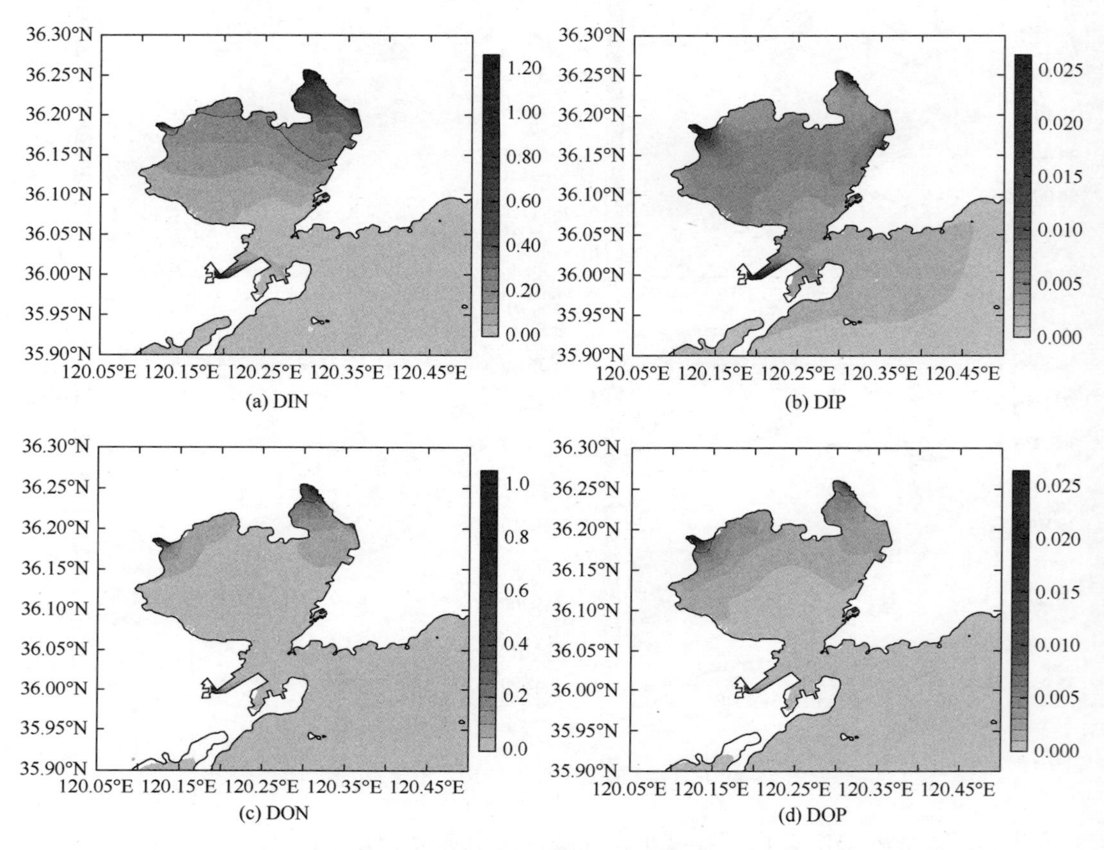

图 5.45　JZB-5-1 的夏季模拟结果（单位：mg/L）

在河流、点源（生活污水）、地下水、大气沉降分别削减 50%的情景（JZB-5-2）中，结果如图 5.46 所示。与实验 JZB-5-1 相比，DIN 在红岛西岸的超阈值区消失，除东北部超阈值区域进一步缩小，其余超阈值区变化不大，超阈值面积达到所有实验中的最小值，仅为控制实验的 1/3，为 48.67 km^2。DIP 湾口低浓度等值线北移，点源、河流入海口的高浓度（低于阈值）区域扩大，等值线南移，压缩了湾中部浓度为 4 μg/L 区域的面积。此外，在红岛东西两侧的低浓度区域减小。DIP 超阈值面积达到所有实验中的最小值，仅为 6.02 km^2。这四者共同作用对 DIP 及 DIN 的影响十分显著，特别是 DIP，其浓度下降明显，超阈值面积达到最低值。与实验 JZB-5-1 相比，DON 与 DOP 等阈值线均向河口内缩。其中，DON 在海湾西北部的影响区域缩至大沽河口附近及东北部区域，但超阈值海域仅出现在东北部湾顶的小范围区域，达到最低值，超阈值面积为 7.77 km^2。而 DOP 基本无超阈值海域。

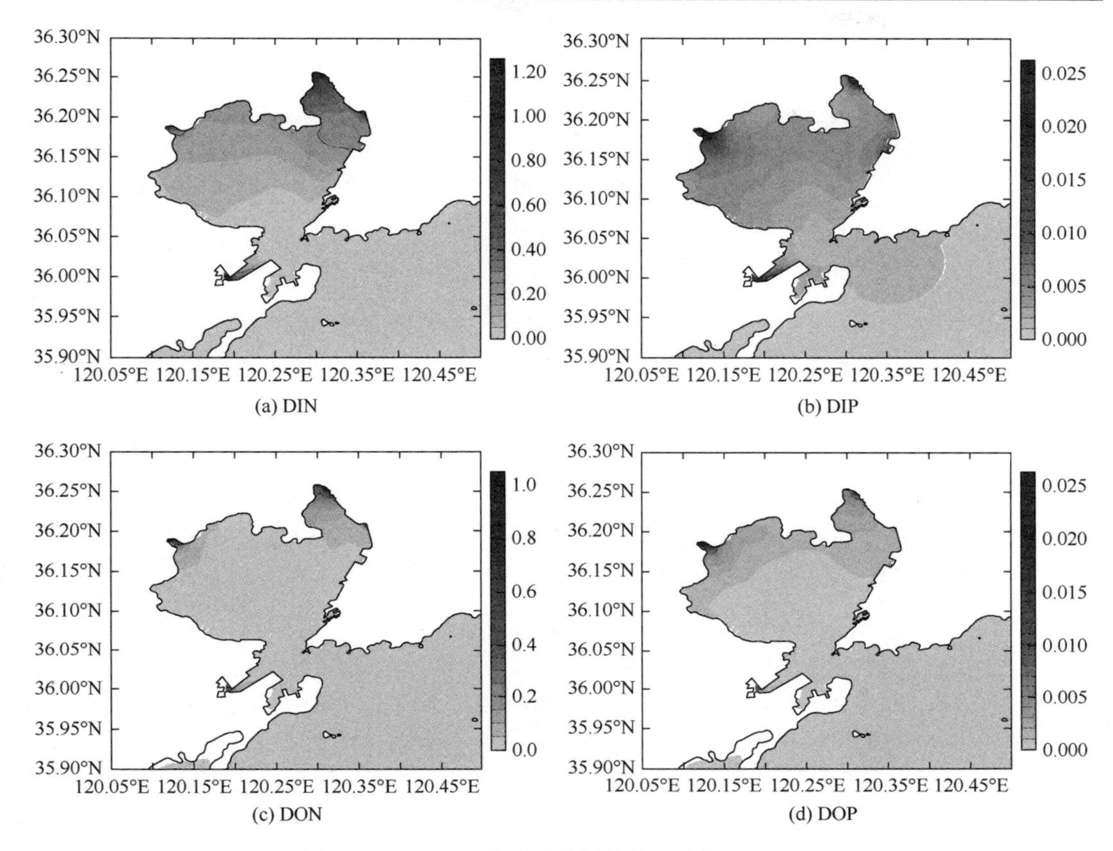

(a) DIN　(b) DIP

(c) DON　(d) DOP

图 5.46　JZB-5-2 的夏季模拟结果（单位：mg/L）

6. 胶州湾生态环境演变趋势预测小结

经过上述实验对比可见，胶州湾营养物质主要来源为河流面源输入，其次为点源输入、地下水输入与大气沉降输入。相对于河流面源输入与点源输入，大气沉降和地下水输入对海湾生态环境影响具有复杂的时空差异性。河流面源输入与点源输入影响大且易调控。对比河流面源与点源削减的实验（表 5.21），可以看出削减量与超阈值海域面积并没有显著的线性相关关系：对于单一来源削减前 30%，超阈值海域面积并没有显著减小，但再削减 20%，超阈值海域面积的变化要大于前 30%。而对于复合效应，削减前 30%的效果则好于再削减 20%的效果。这表明超阈值海域面积不仅与削减量有关，更与环境本底值有关。

由于有机氮和有机磷浓度较低，超阈值面积相对较小，故对于改善胶州湾生态环境而言，首先需要降低水体中无机氮和磷酸盐的浓度。对比点源实验（JZB-3）与河流面源实验（JZB-4）的结果，可以发现两者效果相当，削减河流输入营养物质的效果略好于削减生活污水的效果。从复合效应（实验 JZB-5）的结果来看，只调控单一来源的营养物质通量，并不能有效改善海湾生态环境，还需要通过多种手段相结合的方式进行调控进行。

表 5.21　胶州湾对比实验中超阈值海域面积统计　（单位：km^2）

实验编号	DIN	DIP	DON	DOP
JZB-CR	161.09	18.25	21.58	16.96
JZB-3-1	150.28	17.07	17.11	11.25
JZB-3-2	126.14	16.00	16.39	10.41
JZB-4-1	143.00	13.77	12.53	—
JZB-4-2	123.24	8.94	9.78	—
JZB-5-1	76.83	7.16	11.18	—
JZB-5-2	48.67	6.02	7.77	—

注：“—”表示基本无超阈值海域

（二）大亚湾生态环境情景预测

结合大亚湾的现状特点，其生态环境的情境预测分为 6 组，实验方案列于表 5.22 中，其中 DYB-CR 代表现状模拟的控制实验，实验编号第一个数字代表营养物质的来源，分别是大气沉降、地下水、点源、河流面源与网箱养殖，第 6 组实验为前五组实验方案的叠加，考虑不同来源营养物质的同步削减。第二个数字代表对该来源营养物质通量进行不同程度的削减，1 代表削减现状通量的 30%，2 代表削减现状通量的 50%；网箱养殖实验中，1 代表削减养殖量的 50%，2 代表无网箱养殖。

表 5.22　模拟大亚湾人类活动影响的数值实验方案

实验编号	河流	点源	地下水	大气沉降	网箱养殖
DYB-CR	√	√	√	√	√
DYB-1-1	√	√	√	30%	√
DYB-1-2	√	√	√	50%	√
DYB-2-1	√	√	30%	√	√
DYB-2-2	√	√	50%	√	√
DYB-3-1	√	生活污水 30%$	√	√	√
DYB-3-2	√	生活污水 50%$	√	√	√
DYB-4-1	30%	√	√	√	√
DYB-4-2	50%	√	√	√	√
DYB-5-1	√	√	√	√	50%
DYB-5-2	√	√	√	√	100%
DYB-6-1	30%	30%	30%	30%	50%
DYB-6-2	50%	50%	50%	50%	100%

注：√表示依现状通量计算，100%、50%或 30%表示依现状通量削减 100%、50%或 30%计算；$只考虑生活污水的削减

为满足未来环大亚湾新区建设发展需要，惠州市海洋与渔业局于 2014 年 9 月发布了《惠州环大亚湾新区区域建设用海专项规划（征求意见稿）》（以下简称《规划》）：近期（2014～2017 年）用海面积 3923 ha，其中围填海 1156 ha；中期（2018～2020 年）用海面积 2565 ha，围填海 834 ha；远期（2021～2030 年）用海面积 2593 ha，围填海 1160 ha。《规划》的区域建设用海是指新增加的港口建设用海和工业与城镇建设用海，而海洋渔业、旅游、特殊利用及保护区等不列入《规划》的用海范围。2015 年由惠州市政府常务会议审议通过了该规划。2018 年 1 月，国家海洋局发布“史上最严围填海管控”，要求已批未填和不符合现行用海政策的区域建设用海规划和填海项目，一律不再执行。《规划》虽然已经审议通过，但规划之初没有考虑未来政策的变化，因此《规划》列入的一揽子的围填海计划一直没有执行。但是本书还是按照《规划》给出的围填海计划，增加了 2020 年中期规划建设用海之后的数值模拟实验，以此探讨未来可能出现的围填海对海湾生态环境的影响。

1. 大亚湾大气沉降削减效果预测

本书采用实测大亚湾干、湿沉降通量，通过海气界面边界进入水体进行计算。所采用的大气沉降通量如表 5.23 所示。从表 5.23 中可以看出大亚湾的 DIN 干、湿沉降通量春季最大、冬季最小；DON 湿沉降通量夏季最大、冬季最小，夏季约为冬季的 2 倍，而干沉降通量春季最大、秋季最小，春季约为秋季的 2.5 倍；DIP 干、湿沉降通量秋季最大、春季最小；DOP 的湿沉降通量秋季最大、夏季最小，秋季约为夏季的 4 倍，干沉降通量反而冬季最大、春季最小，冬季约为春季的 2 倍。从量级上看，湿沉降通量中 DIN 最大，干沉降中 DON 最大；氮的沉降通量要比磷高 2 个数量级。同样，大亚湾数值模拟实验中，亦没有区分干沉降和湿沉降过程，仅将两者加和，以总量的形式作为上边界强迫输入。

表 5.23　DYB-CR 实验中采用的大亚湾干、湿沉降通量　（单位：$mmol/m^2$）

沉降类型	季节	DIN	DON	DIP	DOP
湿沉降	秋	19.689	8.553	0.0465	0.0291
	冬	6.057	7.338	0.0325	0.0144
	春	30.357	16.431	0.0189	0.0165
	夏	26.724	17.259	0.0351	0.0075
干沉降	秋	1.328	2.559	0.0258	0.0093
	冬	2.396	5.064	0.0216	0.0111
	春	4.910	6.345	0.0039	0.0054
	夏	2.174	3.327	0.0123	0.0093

以夏季为例分析两种削减方案的效果变化情况，大气沉降通量削减 30%的模拟结果（DYB-1-1）见图 5.47。其中，整个大亚湾水体中 DIN 浓度减小不超过 18 μg/L。与控制实验相比，哑铃湾变化最大，其次是范和港口与霞涌沿岸。DIP 的变化则相对复杂，淡澳河

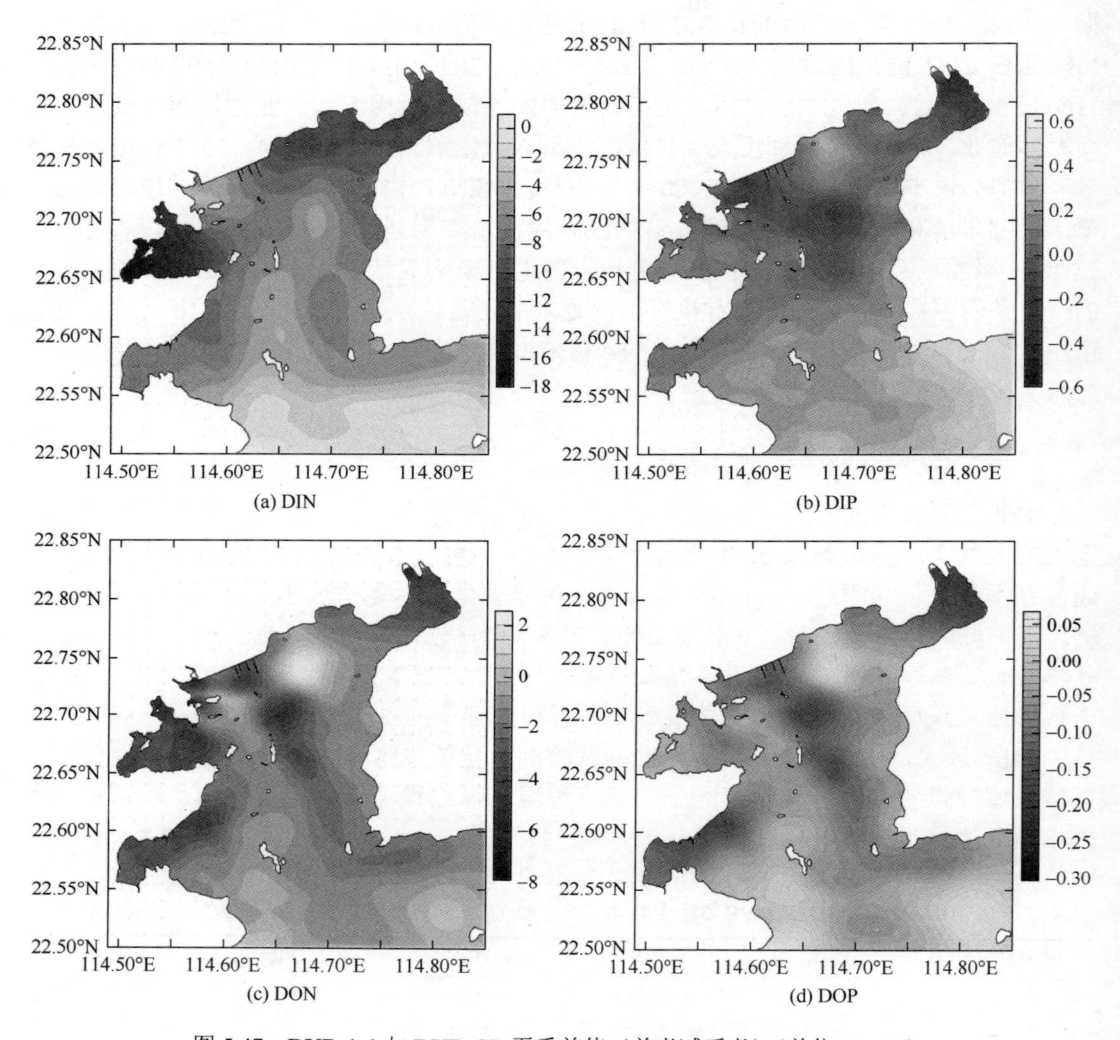

图 5.47　DYB-1-1 与 DYB-CR 夏季差值（前者减后者）（单位：μg/L）

口、马鞭洲航道及范和港减小幅度最大约为 0.4 μg/L，从湾顶到湾口 DIP 浓度差逐步由负变正，湾口区域 DIP 浓度较控制实验有所增加。DON 的变化呈现斑块状，霞涌外海和淡澳河口外海呈现微增长，核电站外海、马鞭洲航道、哑铃湾和范和港是减小较为明显的海区。DOP 的变化与 DON 相似。

大气沉降削减 50%的情景（DYB-1-2）模拟结果见图 5.48，四种营养物质的变化情况均与大气沉降削减 30%情景相同，但变化幅度大于后者。

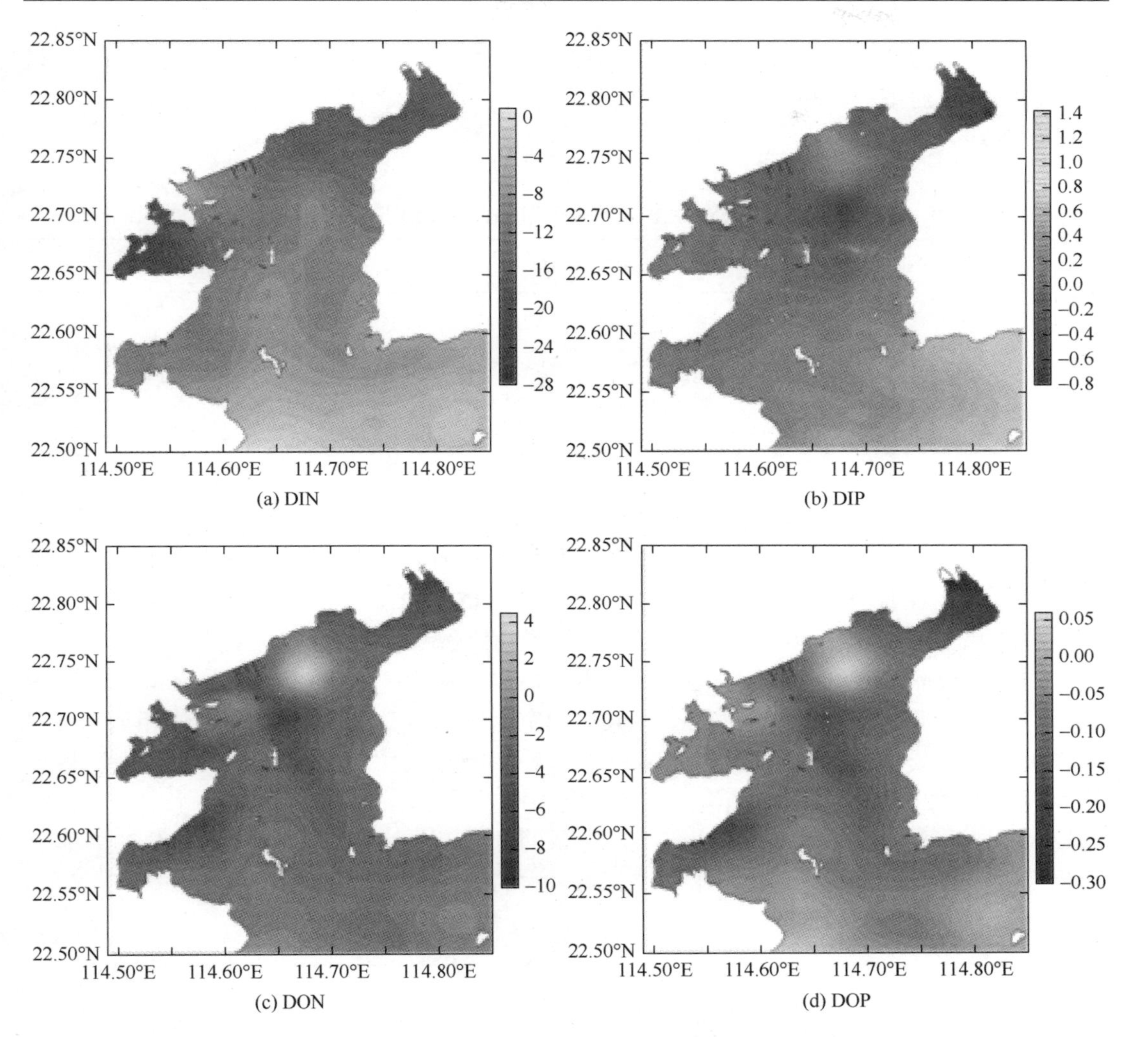

(a) DIN　(b) DIP　(c) DON　(d) DOP

图 5.48　DYB-1-2 与 DYB-CR 夏季差值（前者减后者）（单位：μg/L）

同样地，从大亚湾大气沉降两个实验中可以看出大气沉降对海湾全域营养物质的分布均有影响，且区域性较强。从量级上看大气沉降对海湾内营养物质浓度的变化影响较小，其中对氮的影响大于磷。由于氮磷营养物质之间存在地球生物化学过程相互影响，所以在大气沉降通量削减的情况下，部分海域磷浓度还会略有增加。总体而言，四种营养物质的空间变化相近，只是幅度有所不同。范和港至哑铃湾的湾顶区域是受大气沉降调控影响最大的区域。

2. 地下水削减效果预测

大亚湾地下水的排泄量春季为 27.9 万～52.8 万 m^3/d，夏季为 35.0 万～95.3 万 m^3/d，秋季为 34.1 万～98.1 万 m^3/d，冬季为 4.4 万～36.6 万 m^3/d，模型中取其中间值。从变化范围上看，秋季地下水排泄量的变化较大，其次为夏季和春季，冬季的地下水排泄量变化最小。从中间值与量值上看，夏秋两季的地下水通量最大，而冬季的最小。根据表 5.24 夏季硝酸盐、亚硝酸盐和 DON 的排放量最大，磷酸盐的秋季排放量最大。四类营养物质的排放量均为冬季最小。

表 5.24　DYB-CR 实验中采用的大亚湾地下水通量　　（单位：t/a）

季节	NO_3^-	NO_2^-	PO_4^{3-}	DON
春	407.65	16.45	17.08	110.12
夏	420.53	263.78	30.47	158.42
秋	288.56	77.42	43.66	140.78
冬	74.97	4.67	8.30	38.43

营养物质随着地下水输入到大亚湾中，由于地下水与水体中的营养物质浓度不同，其带来的变化具有较为复杂的空间差异。以夏季为例分析两种削减方案的效果变化情况，如图 5.49 所示，在营养物质通量削减 30%的情景中（DYB-2-1），DIN 浓度变化最大的区域为范和港，变化幅度约 40 μg/L，并呈现东北至西南递减的空间分布。其次为霞涌和大鹏澳。DIP 的减幅峰值出现在范和港水道、霞涌沿岸及哑铃湾。DON 减幅最强的区域同样为范和港，而西海岸则变化幅度最小。DOP 的空间变化与 DON 变化趋势较为相近。在营养物质通量削减 50%的情景中（DYB-2-2），营养物质浓度的变化幅度约为上一个情景下浓度变化幅度的 2 倍（图 5.50）。从该组实验中可以看出，大亚湾削减地下水中营养物质通量对海湾生态环境的影响大于大气沉降通量的削减，约为其 2 倍。其空间变化的局地效应也很强，其中范和港是受地下水调控影响最大的区域。

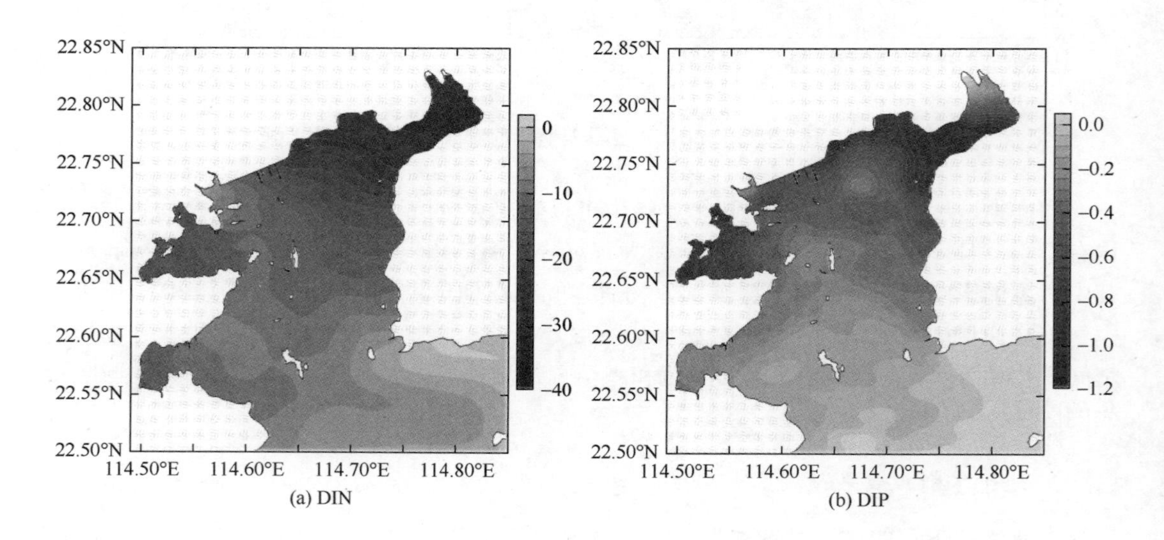

(a) DIN　　(b) DIP

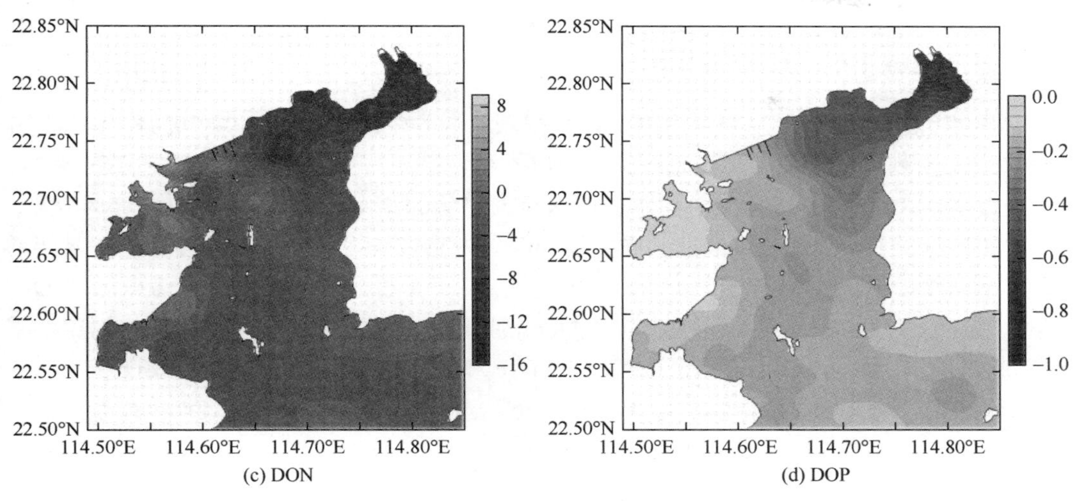

(c) DON　(d) DOP

图 5.49　DYB-2-1 与 DYB-CR 夏季差值（前者减后者）（单位：μg/L）

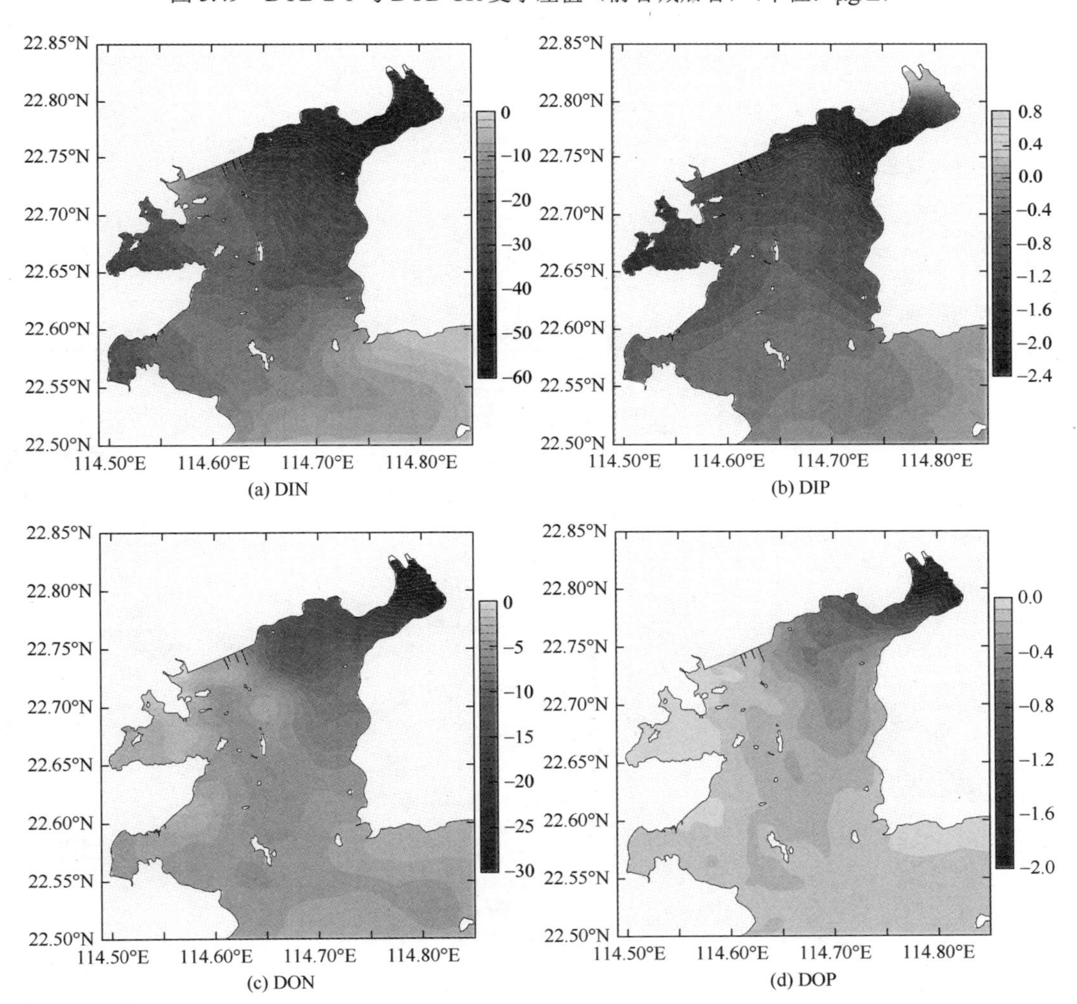

(a) DIN　(b) DIP

(c) DON　(d) DOP

图 5.50　DYB-2-2 与 DYB-CR 夏季差值（前者减后者）（单位：μg/L）

3. 大亚湾点源削减效果预测

对于点源输入的情景主要考虑生活污水削减，分为生活污水量减少 30%和 50%两种情景。在此预测情景下，点源入海污染物浓度不变，仅为污水量的减少。根据《惠州统计年鉴—2017》，2012～2016 年生活污水占废水排放总量的比率逐年上升，分别为 75%、79%、80%、80%和 85%。因此，本书取其中间值 80%，并选取 4 个主要的点源排污口，其年通量列于表 5.25。其中，澳背排污口旱季 DIN 通量最大，为 7.33 t，澳头排污渠洪季 DIN 通量最小，仅为 0.02 t；澳头排污渠旱季 DON 通量最大，为 17.35 t，而澳头排污渠洪季 DON 通量最小，仅为 1.16 t；石化区排海口的 DIP 和 DOP 通量最大分别为 1.30 t 和 0.65 t；澳头排污渠洪季 DIP 通量最小，为 0.03 t；大鹏澳陆域养殖排污口洪季 DOP 通量最小，分别为 0.04 t。可见各排污点源入海的营养物质组分差异较大。

表 5.25　DYB-CR 实验中采用的大亚湾点源输入的营养物质通量

排污口名称	季节	DIN/t	DON/t	DIP/t	DOP/t	水量/($\times10^4$ m^3)
石化区排海口	旱季	6.40	2.29	1.30	0.65	107.31
	洪季	6.40	2.29	1.30	0.65	107.31
大鹏澳陆域养殖排污口	旱季	3.96	7.02	0.20	0.11	312.91
	洪季	0.09	1.41	0.05	0.04	538.10
澳背排污口	旱季	7.33	5.37	0.25	0.19	1380.61
	洪季	0.47	9.62	0.08	0.12	1057.54
澳头排污渠	旱季	7.30	17.35	0.47	0.11	622.08
	洪季	0.02	1.16	0.03	0.05	290.30

以夏季为例分析两种削减方案的效果变化情况，由于大亚湾点源输入的营养物质通量较小，削减 30%～50%的生活污水排放量，对大亚湾生态环境的改善效果不大，部分区域甚至不如大气沉降与地下水的影响。如图 5.51 所示，在 DYB-3-1 实验中，生活污水排放

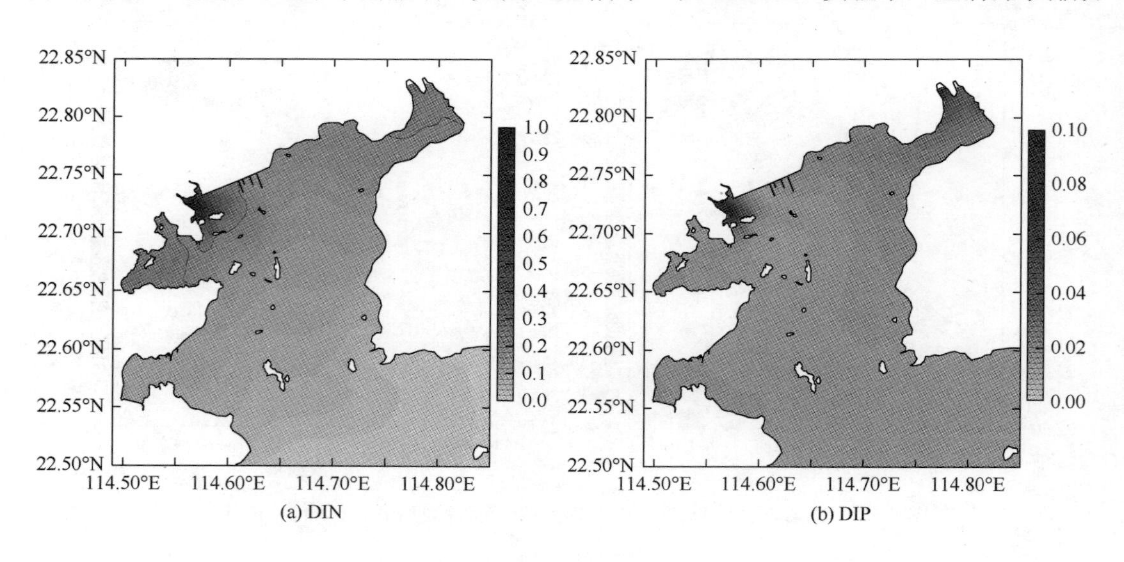

(a) DIN　(b) DIP

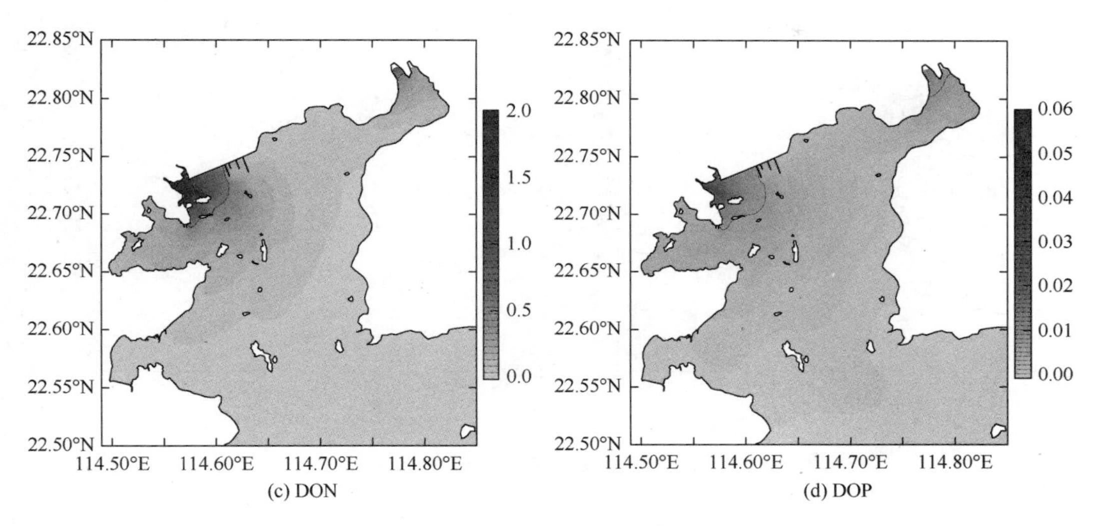

(c) DON　(d) DOP

图 5.51　DYB-3-1 的夏季模拟结果（单位：mg/L）

量削减 30%的情景中，DIN 超阈值海域面积为 94.30 km^2；而 DIP 为 114.35 km^2。对比实验 DYB-3-1 和 DYB-CR 可以看出生活污水排放量减少 30%后，DIN 超过阈值海域减小了 1.28 km^2，DIP 减小了 3.78 km^2。DON 和 DOP 的变化则小得多，只有 1%～2%的变化。

假定生活污水排放量减小 50%（实验 DYB-3-2），如图 5.52 所示，超过 DIN 阈值的海域面积为 64.53 km^2，DIP 超过阈值面积为 75.87 km^2。对比实验 DYB-3-2 和 DYB-CR，大亚湾 DIN 超过阈值海域减小 1.08 km^2，DIP 减小 0.70 km^2。对于 DON 和 DOP 而言，生活污水排放量的变化对其超阈值海域的影响不超过 2%。

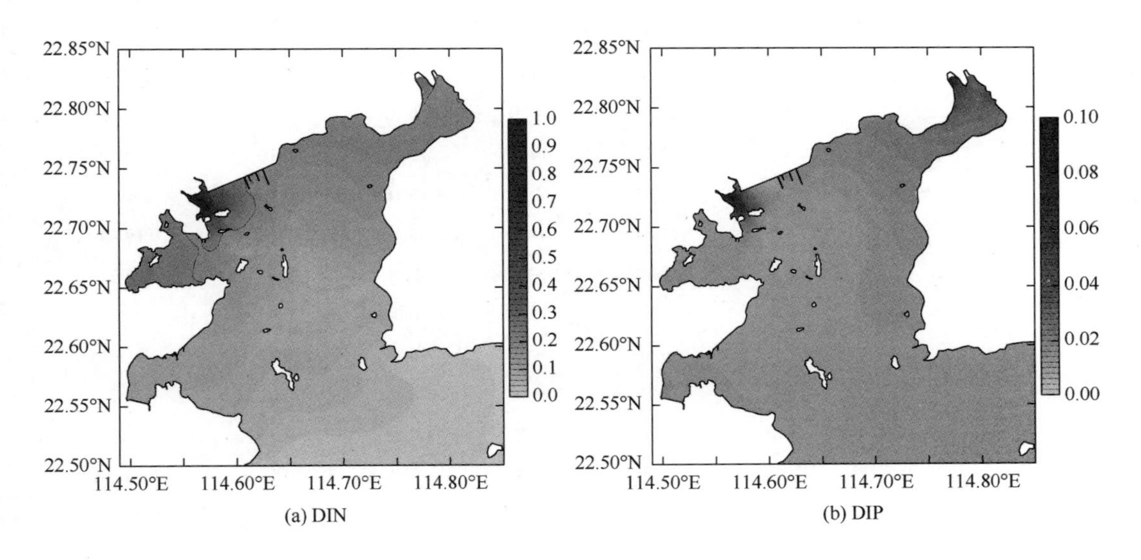

(a) DIN　(b) DIP

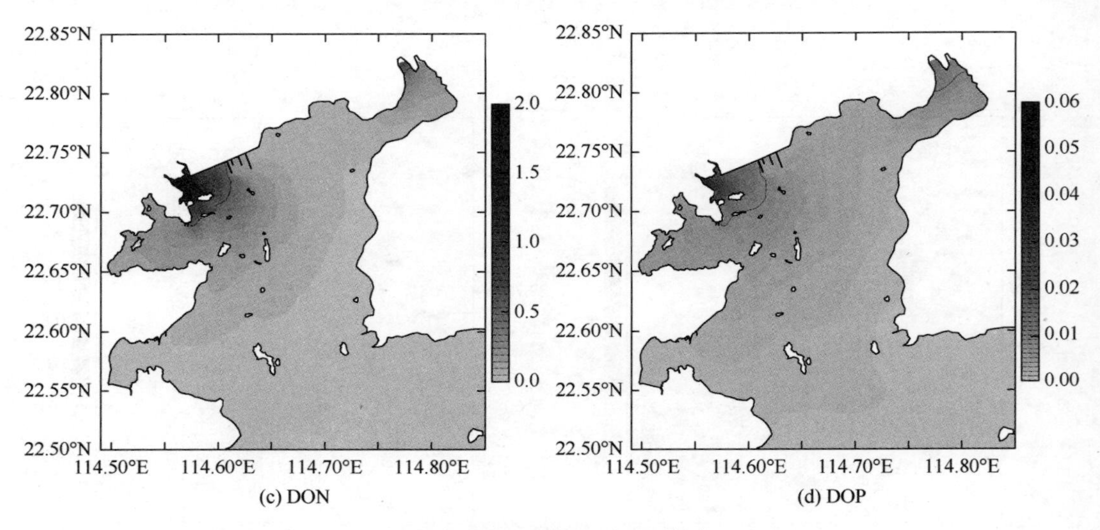

图 5.52　DYB-3-2 的夏季模拟结果（单位：mg/L）

4. 大亚湾河流输入削减效果预测

本书选取汇入大亚湾的 13 条河流，对其营养物质通量分别减少 30%和 50%的两种情景进行预测，与点源不同，污染物通量的减小意味着入海污染物浓度的减小。河流入海营养物质通量如表 5.26 所示。淡澳河流入大亚湾的营养物质通量要比其他河流高出 1～2 个数量级，其次是巽寮河、王母河、霞涌河、竹园河、白云河、范和河等河流。

表 5.26　DYB-CR 实验中采用的大亚湾河流输入的营养物质通量

排污口名称	季节	DIN/t	DON/t	DIP/t	DOP/t	水量/($\times 10^4$ m^3)
南涌河	旱季	2.28	4.95	0.21	0.10	952.16
	洪季	0.97	2.62	0.10	0.06	694.14
王母河	旱季	33.79	11.43	1.03	0.08	807.08
	洪季	6.15	4.79	0.77	0.06	1049.24
龙岐河	旱季	5.43	14.52	0.19	0.16	546.75
	洪季	2.85	4.19	0.16	0.03	480.30
淡澳河	旱季	134.43	484.76	6.42	3.13	9 191.02
	洪季	689.02	1 526.38	35.51	5.95	14 300.07
岩前河	旱季	6.33	13.49	0.08	0.03	315.45
	洪季	0.64	8.83	0.14	0.22	1 233.14
柏岗河	旱季	3.27	9.44	0.13	0.07	750.23
	洪季	10.62	25.80	0.58	0.32	1 202.69
霞涌河	旱季	21.50	23.41	0.48	0.17	1 202.69
	洪季	9.21	17.90	0.43	0.26	1 905.12
南边灶河	旱季	9.05	23.43	0.27	0.19	658.37
	洪季	0.04	0.15	0.00	0.01	15.55

续表

排污口名称	季节	DIN/t	DON/t	DIP/t	DOP/t	水量/($\times 10^4$ m^3)
竹园河	旱季	6.48	8.41	0.43	0.13	1 096.42
	洪季	16.83	94.79	5.68	0.68	1276.24
白云河	旱季	6.47	16.99	0.27	0.12	961.89
	洪季	17.57	82.44	3.18	0.25	3 110.40
范和河	旱季	12.54	13.56	0.66	0.11	372.60
	洪季	4.53	33.29	2.69	0.06	909.14
芙蓉河	旱季	8.39	10.91	0.77	0.14	441.26
	洪季	2.69	9.78	0.65	0.01	222.91
巽寮河	旱季	42.28	97.64	1.03	0.33	1 202.69
	洪季	5.72	9.45	0.50	0.10	1 866.24

以夏季为例分析两种削减方案的效果变化情况，图 5.53 给出了河流入海营养物质通量削减 30%的预测结果。在实验 DYB-4-1 中，DIN 超阈值的海域面积仅为 23.93 km^2；DIP 为 92.15 km^2；DON 为 11.30 km^2；DOP 为 8.28 km^2。对比实验 DYB-4-1 和控制实验可以看出河流入海营养物质通量减少 30%后，大亚湾 DIN 超阈值海域大幅度减小约 75%，DIP 减小约 22%，DON 减小约 43%，DOP 减小约 67%。超阈值面积降低较为显著的区域出现在范和港和哑铃湾。

同样，当河流入海营养物质通量减小 50%时（图 5.54），DIN 超阈值海域面积缩小为 12.08 km^2；DIP 为 87.82 km^2；DON 为 6.92 km^2；DOP 超阈值海域仅限于混合区。对比实验 DYB-4-2 和控制实验可以看出河流输运的营养物质减少 50%后，DIN 超阈值海域大幅度减小超过 87%，DIP 减小约 25%，DON 减小约 64%，DOP 已无超阈值海域。

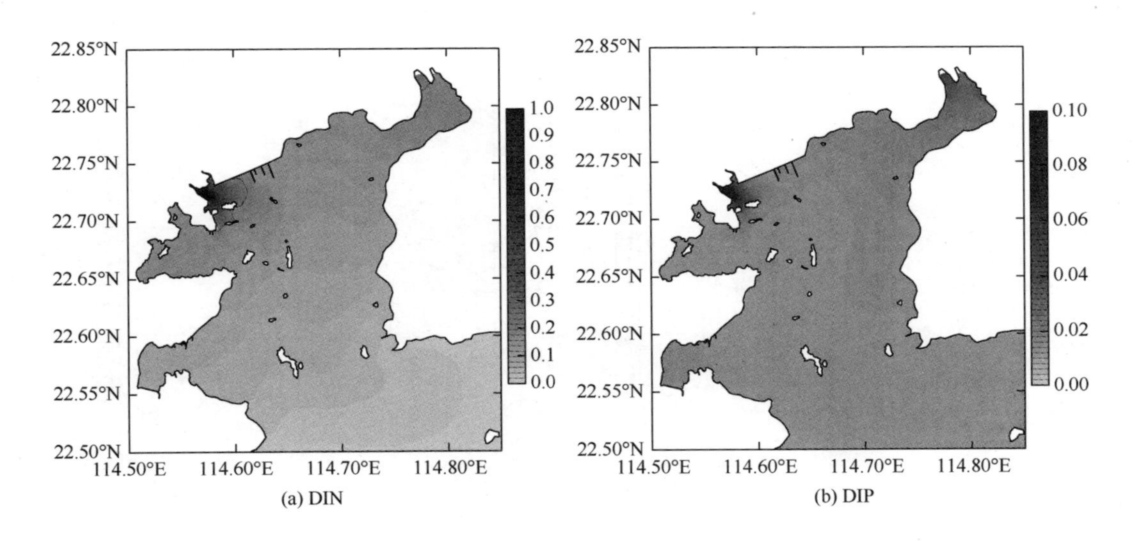

(a) DIN　　(b) DIP

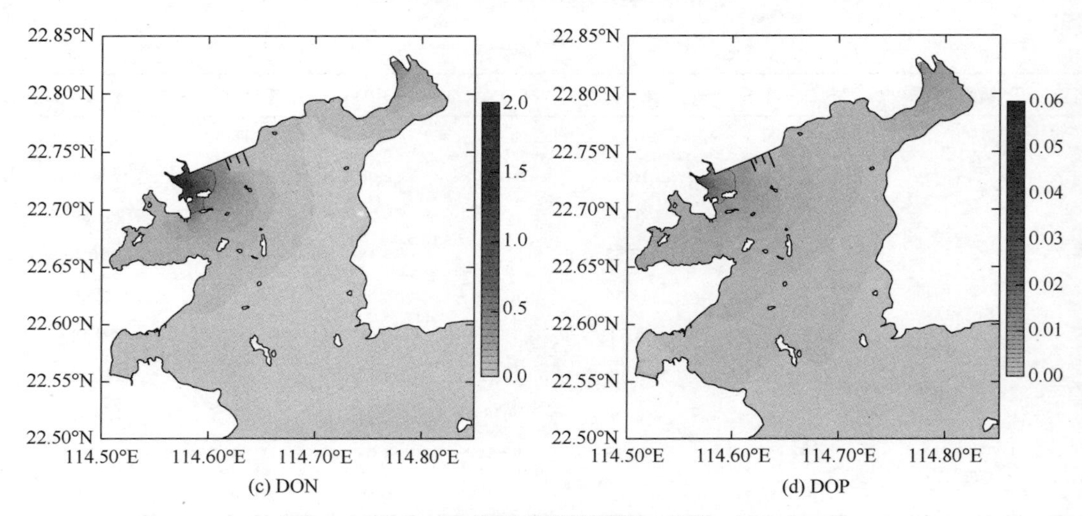

(c) DON　　(d) DOP

图 5.53　DYB-4-1 的夏季模拟结果（单位：mg/L）

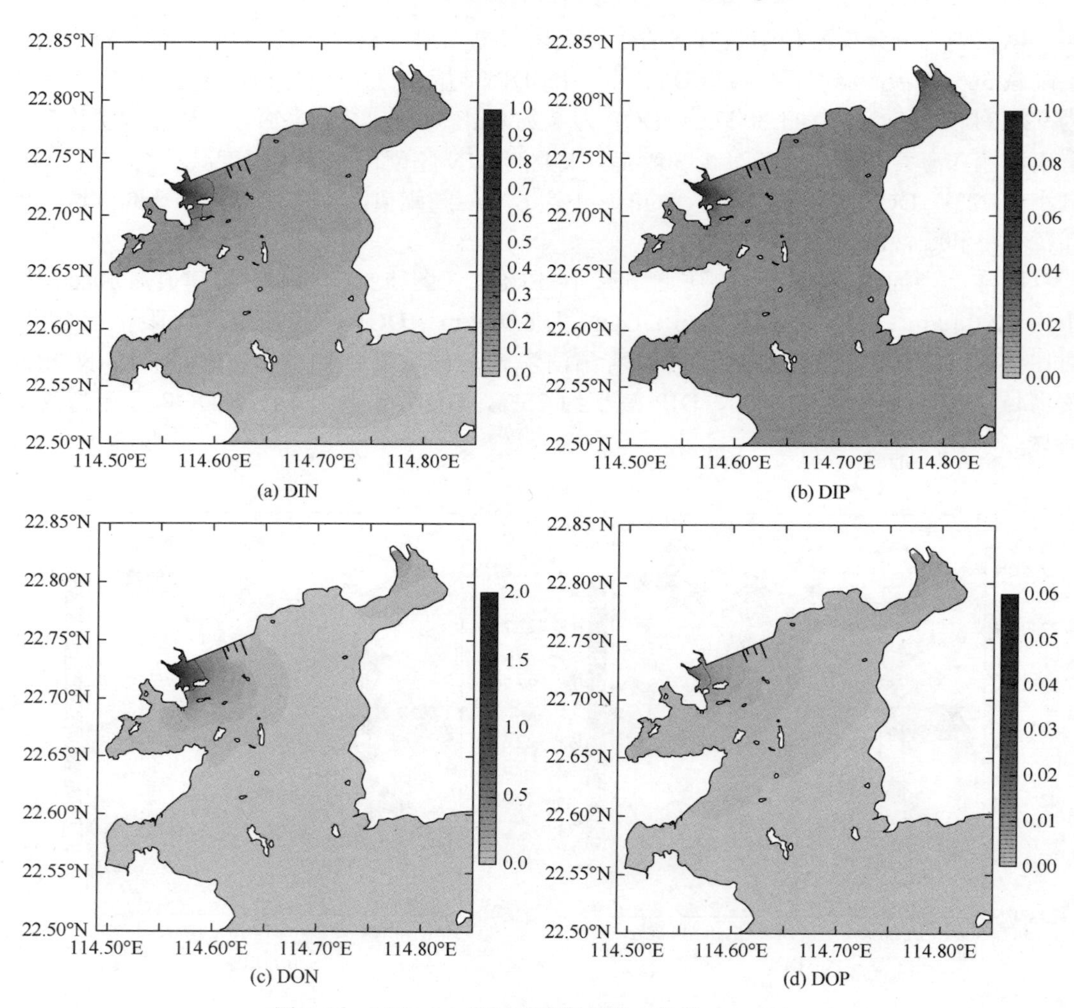

(a) DIN　　(b) DIP

(c) DON　　(d) DOP

图 5.54　DYB-4-2 的夏季模拟结果（单位：mg/L）

河流入海营养物质通量的降低对于大亚湾内超阈值海域面积影响较大，削减前 30%的实验中，超阈值海域面积迅速减小。继续削减 20%的实验，则表明超阈值海域面积的变化与河流入海通量的正相关性在减弱，DIN 超阈值海域面积的变化只有之前的 16%，DIP 则只变化 3%。DON 与 DOP 超阈值海域面积的变化只有之前的 1/2。

5. 大亚湾网箱养殖削减效果预测

大亚湾的网箱养殖集中在哑铃湾、喜洲岛西部及包含七星湾在内的大鹏澳区域，其季节性的氮、磷输入通量列于表 5.27。三个主要养殖区氮、磷输入通量均为夏季最大、冬春季节最小。喜洲岛西部的养殖区域氮、磷输入通量最大。

表 5.27　网箱养殖海区的氮、磷输入通量　（单位：t/a）

季节	大鹏澳				喜洲岛西部				哑铃湾			
	DIN	DON	DIP	DOP	DIN	DON	DIP	DOP	DIN	DON	DIP	DOP
春	5.0	0.3	0.6	0.1	6.2	0.4	0.7	0.2	4.0	0.3	0.4	0.1
夏	17.8	1.1	2.0	0.5	31.1	2.1	3.3	0.8	19.9	1.4	2.1	0.5
秋	15.1	0.9	1.7	0.4	18.6	1.3	2.0	0.5	11.9	0.8	1.3	0.3
冬	2.2	0.2	0.2	0.1	6.2	0.4	0.7	0.2	4.0	0.3	0.4	0.1

以夏季为例分析两种削减方案的效果变化情况，从空间分布上看，在网箱养殖削减 50%的情景（DYB-5-1）（图 5.55）和无网箱养殖的情景（DYB-5-2）（图 5.56）中，营养物质浓度的变化趋势是相同的，DYB-5-2 与 DYB-CR 的差异恰好是 DYB-5-1 与 DYB-CR 差异的 2 倍。营养物质浓度差异夏季大、冬季小，这与季节输入通量变化一致。四种营养物质的季节变化和空间变化基本一致，只是数量级上有所差异。与其他实验相比，网箱养殖对于大亚湾生态环境的影响较小，例如，在 DYB-5-2 的实验中，DIN 最大的浓度变化仅为 28 μg/L，而 DIP 仅为 3.2 μg/L。

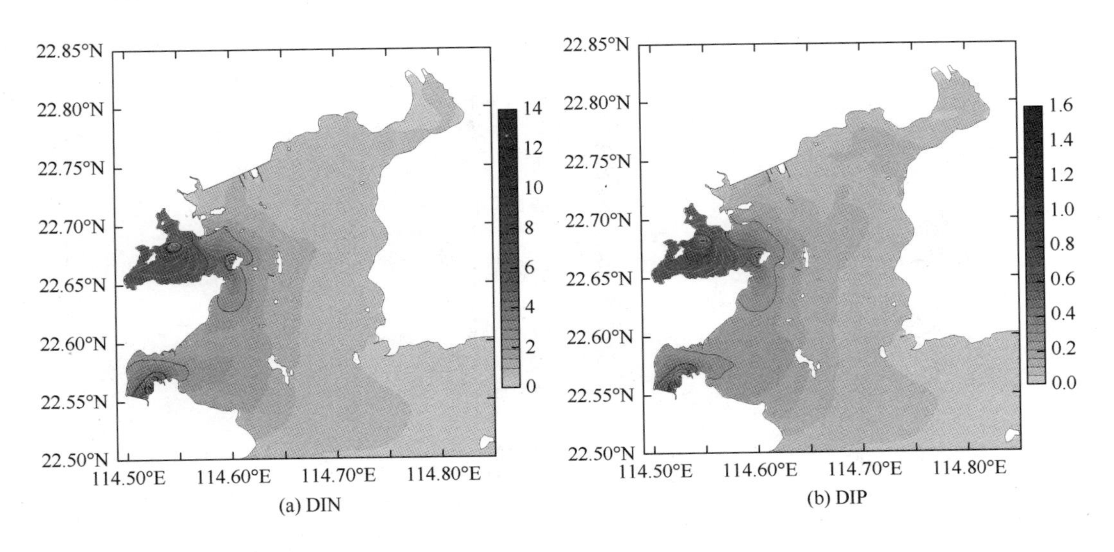

(a) DIN　(b) DIP

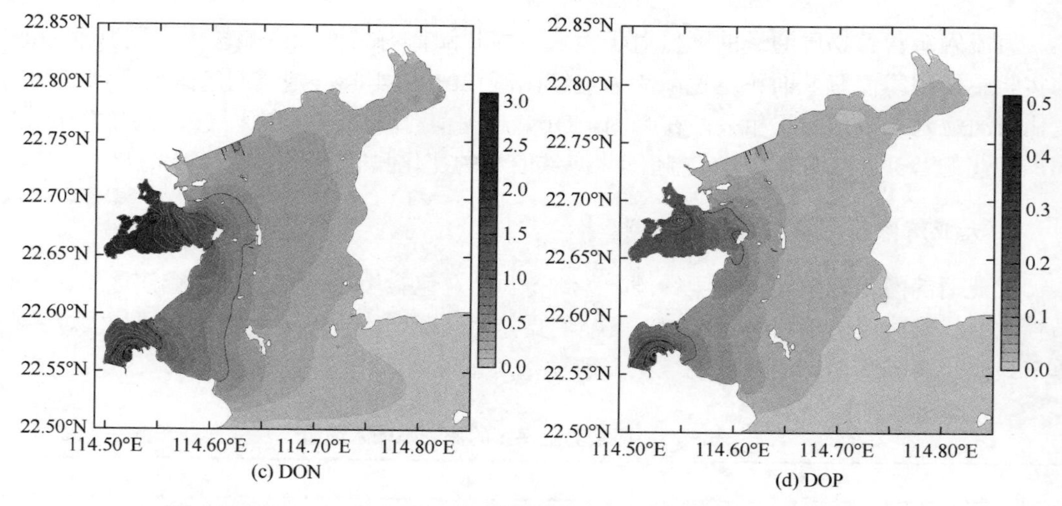

图 5.55　DYB-5-1 与 DYB-CR 夏季差值（后者减前者）（单位：μg/L）

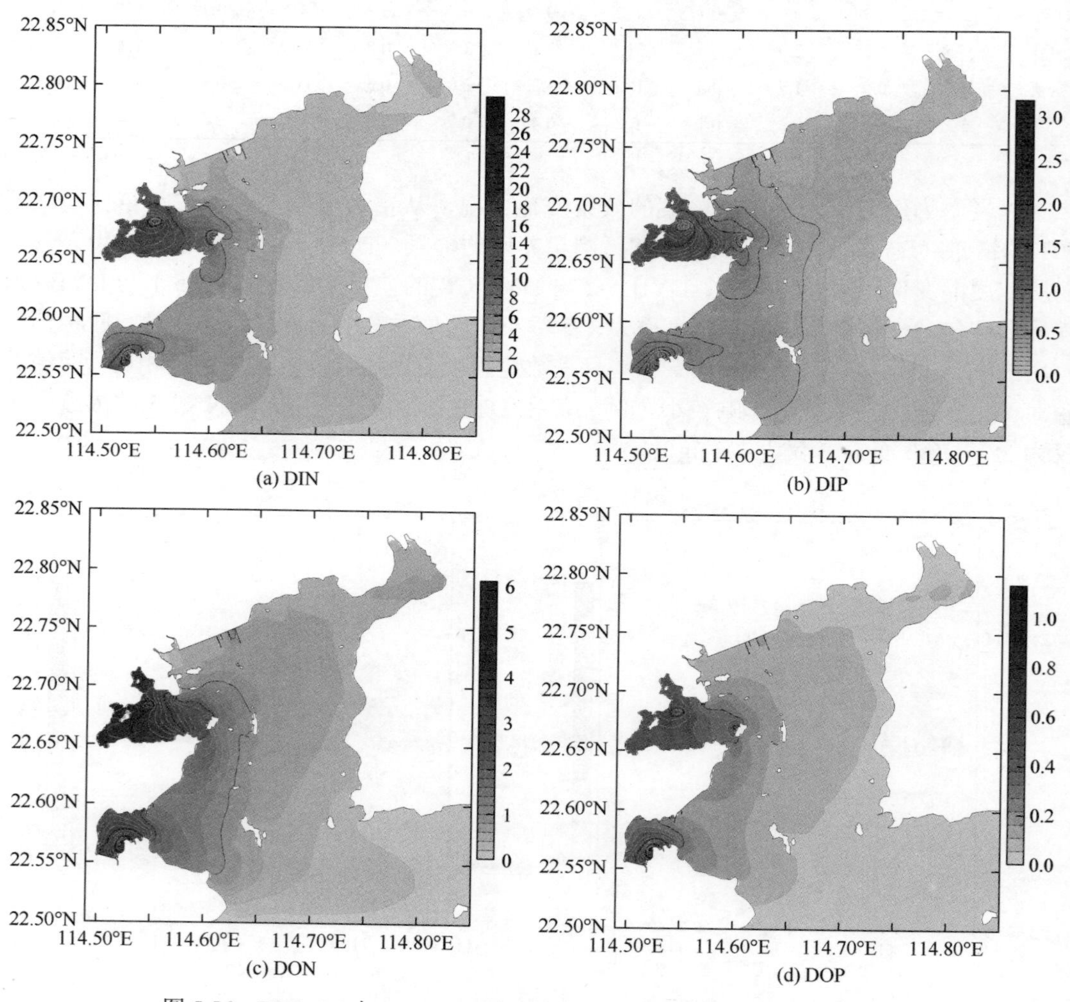

图 5.56　DYB-5-2 与 DYB-CR 夏季差值（后者减前者）（单位：μg/L）

由于网箱养殖是区域性较强的人类活动，既不同于围填海会改变整个海湾的水动力状态，也不同于大气沉降和地下水的输入会对全湾海域营养物质浓度产生影响，其在输入通量量级上也远小于点源和河流，因此，其对大亚湾生态环境的影响主要是局地性的，只会对养殖区的营养物质浓度产生较大影响。

6. 大亚湾综合削减效果预测

以夏季为例分析两种削减方案的效果变化情况，实验 DYB-6-1 中考虑大气沉降、地下水、点源（生活污水）、河流来源的营养物质入海通量均削减 30%及网箱养殖削减 50%的综合情景模拟预测（图 5.57）。在此情景下，DIN 的相对高值区主要分布在淡澳河口，超阈值海域面积约为 15.70 km^2，DIN 浓度从湾顶向湾口递减，且湾顶偏南部较高。DIP 在淡澳河口和范和港北部有约 68.22 km^2 的超阈值海域，其余海域维持在 0.005 mg/L

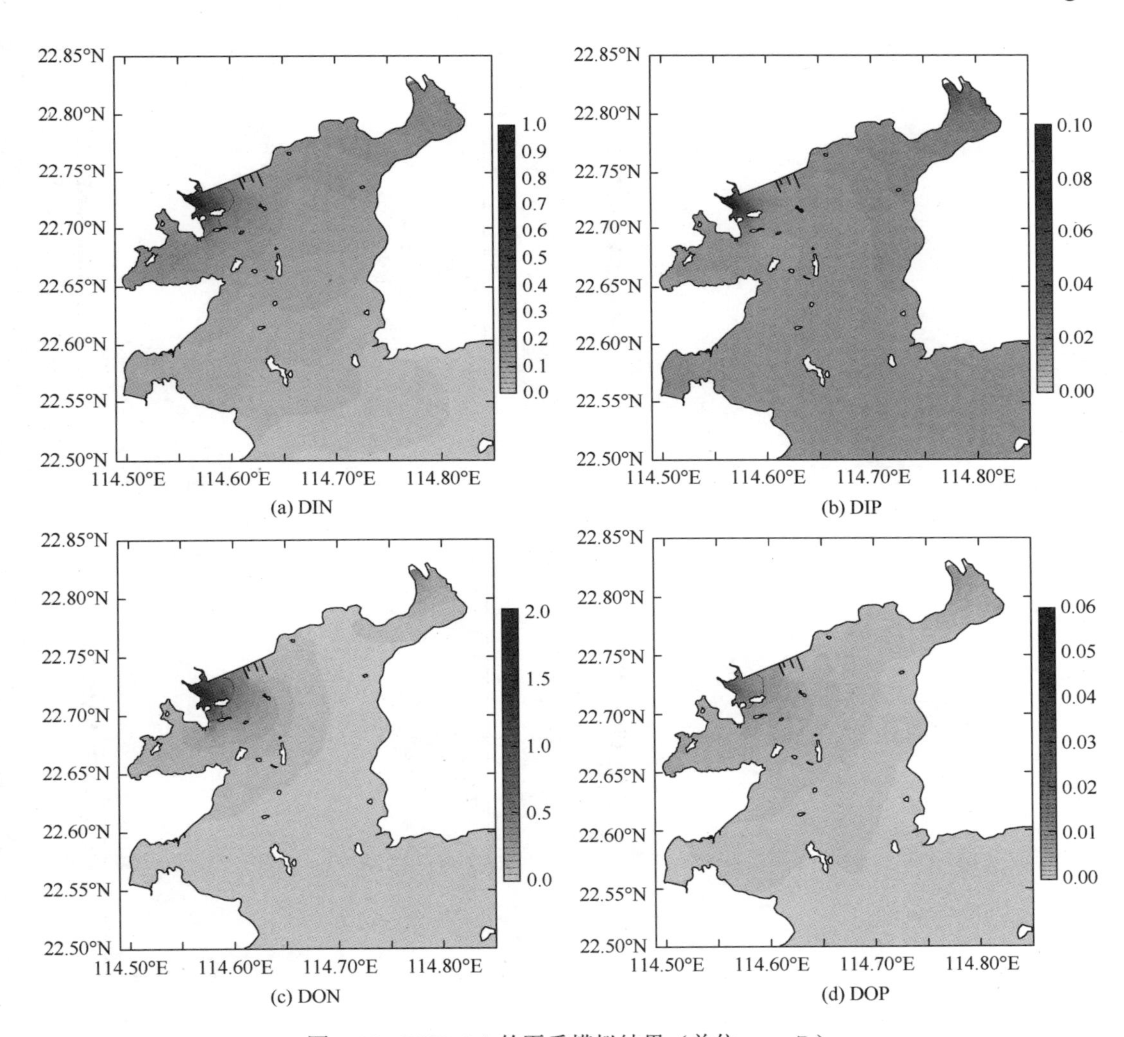

图 5.57　DYB-6-1 的夏季模拟结果（单位：mg/L）

以下的低浓度。DON 超阈值海域约为 11.32 km^2，高值区主要分布在淡澳河口，且呈现湾顶高湾口低、西边高东边低的分布趋势。大亚湾中约 8.11 km^2 的海域 DOP 超过阈值，高值区位于淡澳河口，但高值浓度较小，低于 0.03 mg/L。

实验 DYB-6-2 中考虑大气沉降、地下水、点源（生活污水）、河流来源的营养物质入海通量均削减 50%，以及没有网箱养殖的综合情景模拟预测（图 5.58）。各营养物质分布形态与 DYB-6-1 的结果相近，但浓度更低。整个海湾仅有约 11.57 km^2 的海域超过 DIN 阈值，且高值主要分布在淡澳河口，呈现湾顶高湾口低的趋势。有约 48.91 km^2 的海域超过 DIP 的阈值，高值主要位于淡澳河口和范和港。仅有 6.89 km^2 的海域超过 DON 阈值，高值也主要是分布在淡澳河口。DOP 则基本未出现超过阈值的情况。

复合效应的削减效果与河流入海营养物质通量的削减效果相近，证明后者在对所有物质来源的调控效果中占据主导。

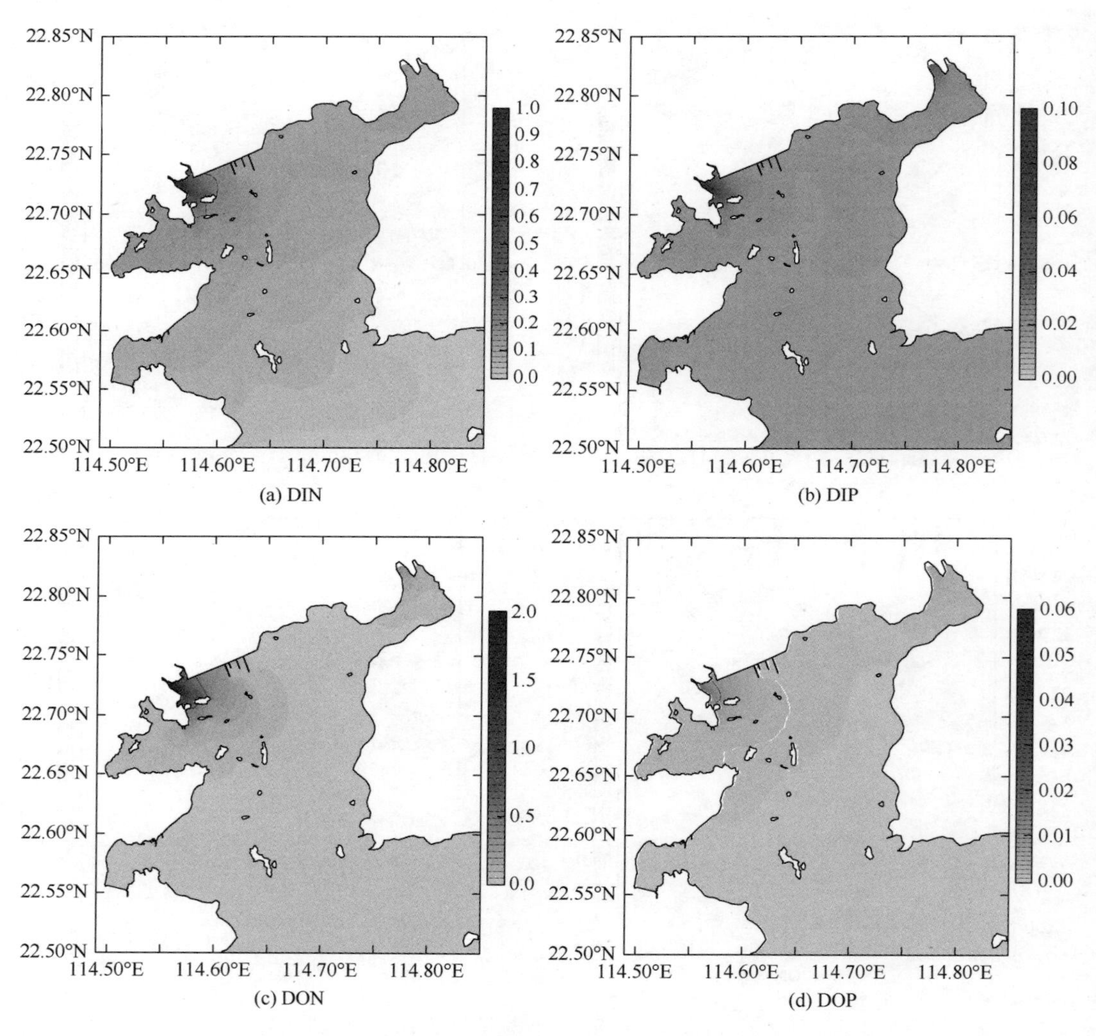

图 5.58　DYB-6-2 的夏季模拟结果（单位：mg/L）

7. 大亚湾围填海的影响效果预测

图 5.59 给出了大亚湾 2020 年中期规划建设用海之后的营养物质及浮游动植物分布。对比控制实验可知：从淡澳河口高浓度水体的扩展范围看，2020 年情景下，西至大鹏澳以北、东至巽寮河以北的海域无机氮浓度超过 0.20 mg/L。2020 年 0.20 mg/L 无机氮浓度等值线的范围略小于 2015 年，但淡澳河口的无机氮浓度极值大于 2015 年情景，意味着淡澳河口处围填海导致与海湾及外湾水体交换变差。此外范和港出现较为明显的增幅，表明此处围填海后水动力减弱影响了营养物质输运。不同情景下冬季无机氮的浓度分布差异与夏季类似。磷酸盐、有机氮、有机磷及浮游动植物的变化趋势与无机氮相同，仅变化幅度略有差异。

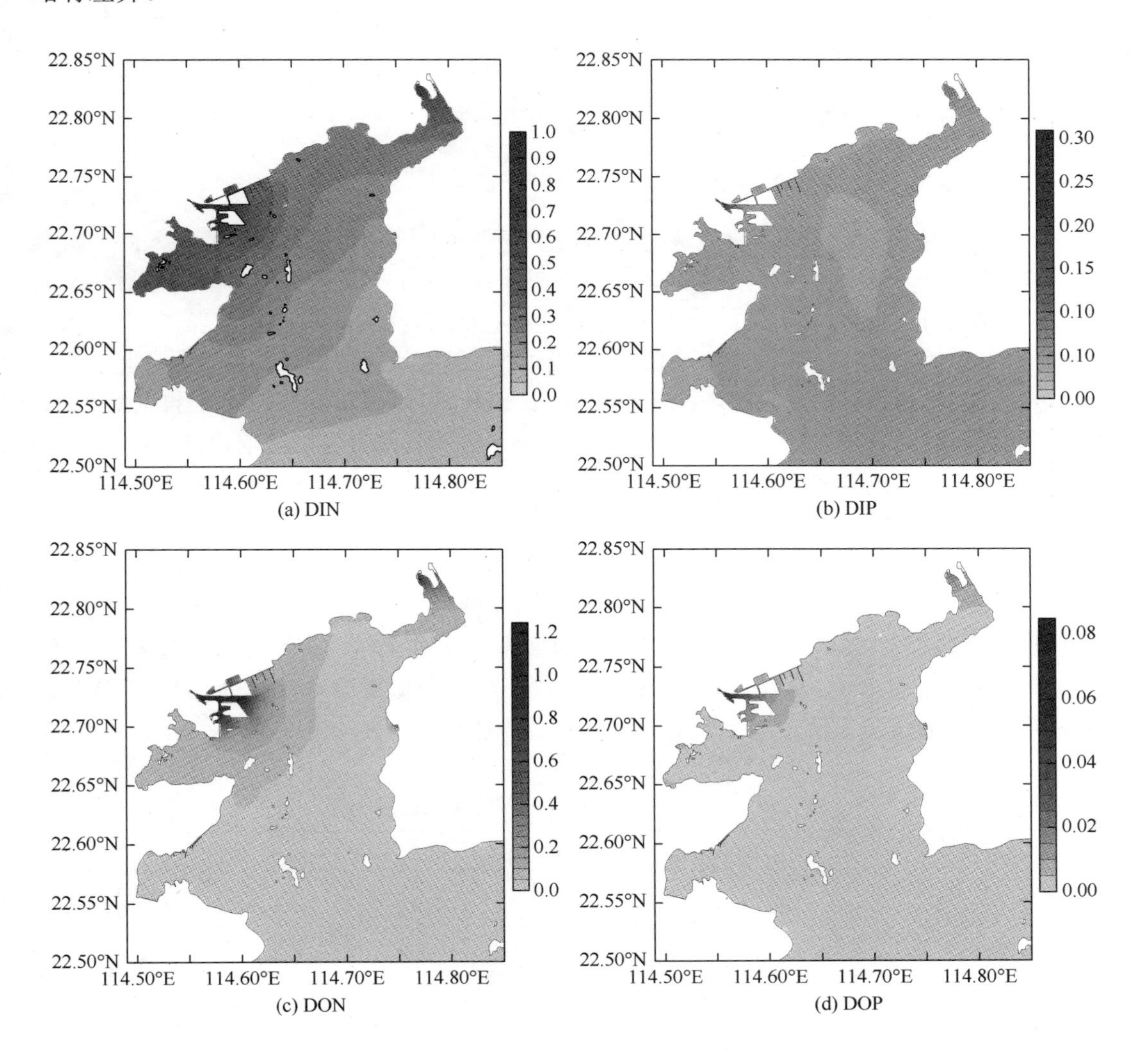

(a) DIN　(b) DIP

(c) DON　(d) DOP

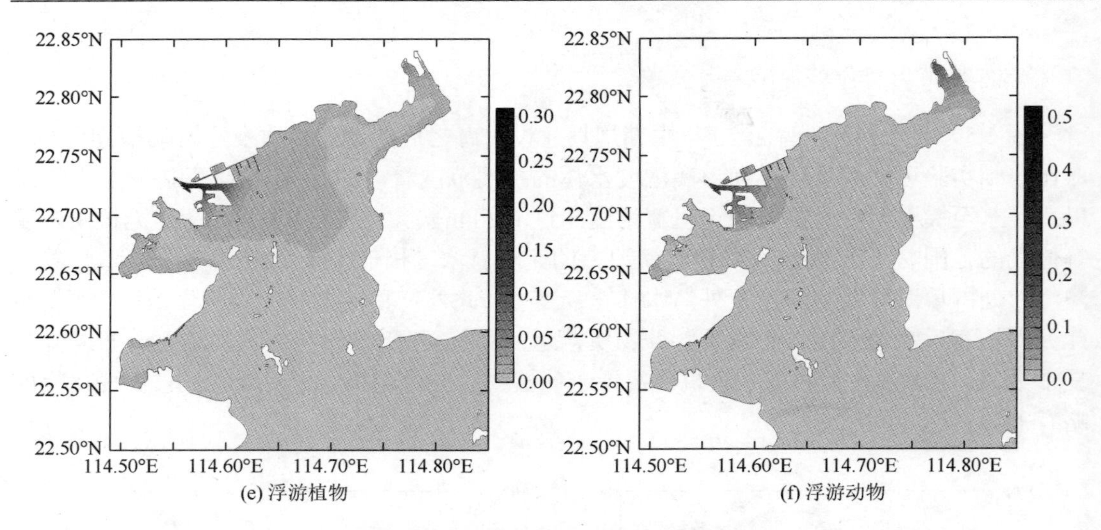

图 5.59　2020 年情景下营养物质及浮游动植物的夏季分布（单位：mg/L）

8. 大亚湾生态环境演变趋势小结

经过上述实验对比可见，大亚湾营养物质主要来源为河流面源输入，经其入海的营养物质通量显著大于点源输入、大气沉降与地下水输入。对于大亚湾而言，削减生活污水所能达到的效果不如胶州湾明显，主要是因为大亚湾点源排污量较小。对比表 5.28 中大亚湾的各组实验同样可见，削减量与超阈值海域面积并没有显著的线性相关关系。但是不同于胶州湾，大亚湾单一物质来源削减前 30%时，超阈值海域面积显著减小，但再削减 20%，超阈值海域面积的变化并没有前 30%显著；对于复合效应而言，削减前 30%的效果则好于再削减 20%的效果。这表明超阈值海域面积不仅与削减量有关，更与环境本底值有关。营养物质浓度降低到一定程度之后，削减效果趋于稳定。

复合效应（实验 DYB-6）表明，多种调控手段相结合对生态环境的改善最为有效。同时，从表 5.28 中可以发现，复合效应的影响与河流输入（实验 DYB-4）的影响相当，再对比点源（实验 DYB-3）带来的影响，可以发现河流对营养物质的影响显著大于点源。故就单一调控手段来说，削减河流面源输入的营养物质通量是最为有效的方式，其次为削减生活污水或者大气沉降、地下水等来源的营养物质通量。

表 5.28　大亚湾对比实验中超阈值海域面积统计　（单位：km^2）

实验编号	DIN	DIP	DON	DOP
DYB-CR	95.58	118.13	19.58	25.23
DYB-3-1	94.30	114.35	19.40	25.15
DYB-3-2	93.65	111.96	19.26	24.12
DYB-4-1	23.93	92.15	11.30	8.28
DYB-4-2	12.08	87.82	6.92	—
DYB-6-1	15.70	68.22	11.32	8.11
DYB-6-2	11.57	48.91	6.89	—

注：“—”表示基本无超阈值海域

四、海湾营养物质生态容量探讨

目前，往往利用环境容量评估不同水质目标情景下，海湾对污染物的最大容纳量。这种以水质标准为依据的环境容量，为环境保护部门以水质功能区为标准，执行入海污染物的总量控制提供了依据，但以环境容量确定污染物排放总量的理念科学依据不足，具有明显的局限性。一方面，由于现行水质标准自身存在不合理性；另一方面，水质标准与生态系统结构完整和功能稳定的关联性不强，得出的环境容量不能说明海湾生态系统环境承载力。因此，很有必要发展以生态系统结构和功能为核心的生态容量理论，从生态系统稳定和平衡的角度给出污染物输入海湾的允许量（包括物质形态、总量及季节变化量等）。本书主要关注海湾营养物质的生态容量，前面的研究以海湾生态系统结构与功能为目标，初步确定了胶州湾和大亚湾冬夏季各形态氮、磷的生态健康阈值（表 5.12），本小节拟以此阈值为目标，探讨胶州湾和大亚湾营养物质的生态容量。

（一）生态容量的计算方法

由于海水中营养物质浓度在受物理过程—化学过程—生物过程影响的同时，还会受各种污染源，特别是陆源排海营养物质的影响，使其空间分布存在一定的规律性，称为营养物质浓度场。对于目标海域，由于排污口布局、排海通量和分配率的差异，各排污口对于不同海域的浓度场影响不尽相同。这样，在一定环境条件下，目标点(x, y, z)的营养物质浓度场 $C(x, y, z)$可以看作由多个排污口单独排放条件下所形成的浓度值，则单个排污口在单位源强单独排放条件下所形成的浓度分布场定义为该排污口的响应系数场，则每个排污口单独排放时所形成的浓度场可以看作响应系数场的倍数，即

$$C_i(x,y,z) = a_i(x,y,z) \cdot Q_i$$

式中，Q_i 为第 i 个排污口的源强；$a_i(x, y, z)$为响应系数，即为 $Q_i = 1$ 时所形成的响应系数场，它表征了海域内营养物质水平对某个排污口的响应关系，是生态容量研究的基础。响应系数场不仅反映了目标海域对排污口的响应程度，而且还反映了营养物质对物理过程—化学过程—生物过程的响应程度，在排污口位置固定的情况下，一般只与营养物质种类有关，随生物地球化学过程的变化而变化，具有特定的变化规律，在某一季节表现为定常场或时间平均场。

假定在流速和扩散系数已知的前提下，对流扩散方程可视为线性方程，满足叠加原理，从而多个排污口共同作用下所形成的平衡浓度场，等于每个排污口单独存在时形成的浓度场的线性叠加，即

$$C(x,y,z) = \sum_{i=1}^{m} C_i(x,y,z) = \sum_{i=1}^{m} a_i(x,y,z) \cdot Q_i$$

对于具有确定空间的目标海域，当营养物质进入目标海域后，在平流输运、湍流扩散等水动力过程及生物地球化学过程的作用下，目标海域存在一定的生态容量，且主要决定于这些过程。在排污口调查和水体中营养物质浓度调查基础上，通过建立海湾生态系统动

力学模型，求得各个排污口的响应系数场，根据阈值及现状浓度求得各个排污口的入海营养物质分配容量。要求在营养物质浓度不超过其各自对应的阈值的前提下，使各排污口的污染负荷排放量之和最大，即目标函数

$$\max Q = \sum_{i=1}^{m} Q_i$$

约束条件

$$\sum_{i=1}^{m} a_i(x,y,z) \cdot Q_i + C_b \leqslant C_{si}(x,y,z)\text{，同时 } Q_i \geqslant 0$$

式中，C_b 为营养物质背景浓度，C_{si} 为阈值。这样可求出满足目标条件下第 i 个点源可分配的生态容量 Q_{si}。因此，生态容量的求解就转化为一个数学优化的问题，根据阈值约束条件求解满足目标函数的最优解。

（二）胶州湾营养物质生态容量探讨

在本书计算中，以单个排污口（主要指点源和河流面源）混合区半径不超过 0.5 km 为标准，确定各排污口（点源及河流）洪季与旱季各形态营养物质（DIN、DIP、DON、DOP）的分配容量，以 t/季计。根据胶州湾的排污口分布，在生态容量计算时需将海泊河污水处理厂和李村河污水处理厂（点源排污口）分别合并到海泊河与李村河（河流排污口）。因此，胶州湾案例中共计进行了 8 个排污口的生态容量计算。营养物质浓度场则分为现状和大气沉降与地下水输入均削减 30%的情景，背景场均采用 1962 年调查结果。计算结果如表 5.29 和表 5.30 所示，其中削减量等于现状与生态容量之间的差额，差额为正，则应减少排放量；差额为负，则生态容量尚有剩余。

在现状条件下，胶州湾 8 个排污口 DIN、DON、DIP 和 DOP 4 种营养物质生态容量分别为 225.43 t/a、272.78 t/a、3.19 t/a 和 2.53 t/a（表 5.29），从生态容量总量上讲，胶州湾生态容量已无剩余，需要削减排污量分别为 2419.54 t/a、1555.88 t/a、80.90 t/a 和 45.90 t/a。具体来看，团岛污水处理厂由于邻近湾口，水动力交换强，可分配的 DIN、DON、DIP 和 DOP 4 种营养物质生态容量较多，分别占全湾的 88.7%、92.5%、70.5%和 72.7%；除 DIP 洪季需要减排外，其他营养物质则无须减排。而湾内的其余排污口则均无生态容量剩余，绝大部分河流需要减排 95%以上。其中，DIN 减排比例最高的为墨水河洪季的 99.7%，最低为洋河旱季的 52.5%；DON 减排比例最高的为洋河洪季的 99.8%，最低为洋河旱季的 39.0%；DIP 减排比例最高的为墨水河洪季的 99.8%，最低为洋河旱季的 88.6%；DOP 减排比例最高的为青岛城投双元水务有限公司洪季和旱季的 100%，最低为洋河旱季的 91.3%。

在大气沉降与地下水输入均削减 30%的情景下，由表 5.30 可以看出，整个海湾 DIN、DON、DIP 和 DOP 的生态容量较现状情况分别增加了 3.6%、3.6%、1.6%和 1.6%。其中，增加的生态容量主要分配给了团岛污水处理厂。在此情景下，其余各排污口的分配容量与现状情况下基本相似，不再赘述。

表 5.29 现状下胶州湾各排污口营养物质生态容量与削减量

排污口名称	时期	生态容量/t				削减量/t			
		DIN	DON	DIP	DOP	DIN	DON	DIP	DOP
团岛污水处理厂排污口	旱季	95.95	121.05	1.08	0.88	−14.25	−84.34	−0.01	−0.56
	洪季	103.95	131.14	1.17	0.96	−37.62	−101.34	0.62	−0.42
娄山河污水处理厂排污口	旱季	0.87	0.40	0.02	0.01	178.96	80.39	0.91	0.26
	洪季	1.48	1.83	0.04	0.02	169.06	74.78	2.62	0.78
青岛城投双元水务有限公司排污口	旱季	1.86	0.31	0.02	0.00	193.17	87.86	1.19	0.36
	洪季	1.34	0.97	0.01	0.00	134.43	60.28	1.70	0.51
李村河污水处理厂排污口	旱季	2.15	1.51	0.10	0.05	349.11	154.43	4.54	1.59
	洪季	3.47	2.00	0.05	0.02	229.69	107.49	8.95	3.90
海泊河污水处理厂排污口	旱季	0.92	2.07	0.06	0.05	202.11	89.40	6.26	2.07
	洪季	1.02	0.47	0.03	0.05	180.49	84.30	10.93	3.50
墨水河污水处理厂排污口	旱季	3.25	2.86	0.07	0.05	112.87	213.44	3.13	2.46
	洪季	1.03	1.71	0.02	0.02	394.35	553.00	10.84	8.51
大沽河污水处理厂排污口	旱季	1.86	2.37	0.23	0.22	123.69	17.07	4.61	3.58
	洪季	2.56	1.25	0.17	0.13	139.68	175.04	23.56	18.51
洋河污水处理厂排污口	旱季	3.10	2.77	0.10	0.06	3.43	1.77	0.78	0.63
	洪季	0.62	0.07	0.02	0.01	60.37	42.31	0.27	0.22
合计	全年	225.43	272.78	3.19	2.53	2419.54	1555.88	80.90	45.90

表 5.30 大气沉降与地下水输入均削减 30%情景下胶州湾各排污口营养物质生态容量与削减量

排污口名称	时期	生态容量/t				削减量/t			
		DIN	DON	DIP	DOP	DIN	DON	DIP	DOP
团岛污水处理厂排污口	旱季	98.83	124.68	1.11	0.91	−17.13	−87.97	−0.04	−0.59
	洪季	109.23	137.80	1.22	1.01	−42.90	−108.00	0.57	−0.47
娄山河污水处理厂排污口	旱季	0.87	0.40	0.02	0.01	178.96	80.39	0.91	0.26
	洪季	1.37	1.62	0.04	0.02	169.17	74.99	2.62	0.78
青岛城投双元水务有限公司	旱季	1.85	0.31	0.02	0.00	193.18	87.86	1.19	0.36
	洪季	0.98	0.82	0.01	0.00	134.79	60.43	1.70	0.51
李村河污水处理厂排污口	旱季	2.15	1.51	0.10	0.05	349.11	154.43	4.54	1.59
	洪季	3.51	2.04	0.05	0.02	229.65	107.45	8.95	3.90
海泊河污水处理厂排污口	旱季	0.92	2.08	0.06	0.05	202.11	89.39	6.26	2.07
	洪季	1.74	0.47	0.03	0.01	179.77	84.30	10.93	3.54
墨水河污水处理厂排污口	旱季	3.24	2.86	0.07	0.05	112.88	213.44	3.13	2.46
	洪季	0.67	1.55	0.03	0.02	394.71	553.16	10.83	8.51
大沽河污水处理厂排污口	旱季	1.86	2.36	0.23	0.22	123.69	17.08	4.61	3.58
	洪季	2.59	1.25	0.14	0.13	139.65	175.04	23.59	18.51
洋河污水处理厂排污口	旱季	3.11	2.80	0.10	0.06	3.42	1.74	0.78	0.63
	洪季	0.64	0.07	0.01	0.01	60.35	42.31	0.28	0.22
合计	全年	233.56	282.62	3.24	2.57	2411.41	1546.04	80.85	45.86

（三）大亚湾营养物质生态容量探讨

大亚湾案例中共计进行了 17 个排污口的生态容量计算。营养物质浓度场同样分为现状和大气沉降、地下水输入与网箱养殖均削减 30%的情景，背景场采用 1985 年调查结果。在本书计算中，以单个排污口（主要指点源和河流面源）混合区半径不超过 0.5 km 为标准，确定各排污口（点源及河流）洪季与旱季各形态（DIN、DIP、DON、DOP）营养物质的分配容量，以 t/季计。计算结果如表 5.31 和表 5.32 所示。

在现状条件下，大亚湾 17 个排污口 DIN、DON、DIP 和 DOP 的生态容量分别为 104.53 t/a、248.87 t/a、5.55 t/a 和 3.57 t/a，从全年总量上讲，大亚湾生态容量已无剩余，需要削减排污量分别为 986.52 t/a、2351.00 t/a、60.51 t/a 和 11.14 t/a。生态容量较高的排污口为石化区排海口，其位于水交换能力较强的大亚湾东岸，距离湾口较近，水交换速率较快。位于海湾西北部的澳头排污渠、淡澳河和南边灶河所在区域则由于淡澳河流量大，影响区域大，生态容量接近于 0，因而减排量较大。以淡澳河为例，DIN 和 DON 需要减排 99.9%，DIP 和 DOP 至少分别需要减排 98.1%和 91.2%。湾顶区域的柏岗河、澳背排污口、岩前河与霞涌河也基本没有生态容量。同样，位于范和港内的 4 条河流：竹园河、白云河、范和河与芙蓉河，以及位于大鹏澳的 4 个排污口：养殖排污口、南涌河、王母河与龙岐河也基本没有生态容量剩余。

表 5.31　现状下大亚湾各排污口营养物质生态容量与削减量

排污口名称	时期	生态容量/t				削减量/t			
		DIN	DON	DIP	DOP	DIN	DON	DIP	DOP
石化区排海口	旱季	57.67	105.97	2.36	0.56	−51.27	−103.68	−1.06	0.09
	洪季	45.72	141.69	1.44	1.18	−39.32	−139.40	−0.14	−0.53
养殖排污口	旱季	0.01	0.07	0.01	0.09	3.95	6.95	0.19	0.02
	洪季	0.01	0.01	0.02	0.02	0.08	1.40	0.03	0.02
澳背排污口	旱季	0.03	0.03	0.05	0.05	7.30	5.34	0.20	0.14
	洪季	0.02	0.02	0.04	0.04	0.45	9.60	0.04	0.08
澳头排污渠	旱季	0.01	0.01	0.02	0.02	7.29	17.34	0.45	0.09
	洪季	0.01	0.01	0.01	0.01	0.01	1.15	0.02	0.04
南涌河排污口	旱季	0.02	0.02	0.03	0.03	2.26	4.93	0.18	0.07
	洪季	0.02	0.02	0.02	0.02	0.95	2.60	0.08	0.04
王母河排污口	旱季	0.02	0.02	0.03	0.03	33.77	11.41	1.00	0.05
	洪季	0.02	0.02	0.04	0.04	6.13	4.77	0.73	0.02
龙岐河排污口	旱季	0.01	0.01	0.02	0.02	5.42	14.51	0.17	0.14
	洪季	0.01	0.01	0.02	0.02	2.84	4.18	0.14	0.01
淡澳河排污口	旱季	0.21	0.21	0.31	0.31	134.22	484.55	6.11	2.82
	洪季	0.32	0.32	0.49	0.49	688.70	1526.06	35.02	5.46

续表

排污口名称	时期	生态容量/t				削减量/t			
		DIN	DON	DIP	DOP	DIN	DON	DIP	DOP
岩前河排污口	旱季	0.01	0.01	0.01	0.01	6.32	13.48	0.07	0.02
	洪季	0.03	0.03	0.04	0.04	0.61	8.80	0.10	0.18
柏岗河排污口	旱季	0.02	0.02	0.03	0.03	3.25	9.42	0.10	0.04
	洪季	0.03	0.03	0.04	0.04	10.59	25.77	0.54	0.28
霞涌河排污口	旱季	0.03	0.03	0.04	0.04	21.47	23.38	0.44	0.13
	洪季	0.04	0.04	0.07	0.07	9.17	17.86	0.37	0.20
南边灶河排污口	旱季	0.01	0.01	0.02	0.02	9.04	23.42	0.25	0.17
	洪季	0.00	0.00	0.00	0.00	0.04	0.15	0.00	0.01
竹园河排污口	旱季	0.02	0.02	0.04	0.04	6.46	8.39	0.39	0.09
	洪季	0.03	0.03	0.04	0.04	16.80	94.76	5.64	0.64
白云河排污口	旱季	0.02	0.02	0.03	0.03	6.45	16.97	0.24	0.09
	洪季	0.07	0.07	0.11	0.11	17.50	82.37	3.07	0.14
范和河排污口	旱季	0.01	0.01	0.01	0.01	12.53	13.55	0.65	0.10
	洪季	0.02	0.02	0.03	0.03	4.51	33.27	2.66	0.03
芙蓉河排污口	旱季	0.01	0.01	0.02	0.02	8.38	10.90	0.76	0.13
	洪季	0.01	0.01	0.01	0.01	2.69	9.78	0.64	0.00
巽寮河排污口	旱季	0.03	0.03	0.04	0.04	42.25	97.61	0.99	0.29
	洪季	0.04	0.04	0.06	0.06	5.68	9.41	0.44	0.04
合计	全年	104.53	248.87	5.55	3.57	986.52	2351.00	60.51	11.14

表 5.32 大气沉降、地下水输入与网箱养殖均削减 30%情景下大亚湾各排污口营养物质生态容量与削减量

排污口名称	时期	生态容量/t				削减量/t			
		DIN	DON	DIP	DOP	DIN	DON	DIP	DOP
石化区排海口	旱季	60.30	113.17	2.32	0.62	−53.90	−110.88	−1.02	0.04
	洪季	45.72	142.30	1.56	1.28	−39.32	−140.01	−0.26	−0.63
养殖排污口	旱季	0.01	0.01	0.01	0.01	3.95	7.01	0.19	0.10
	洪季	0.01	0.01	0.02	0.02	0.08	1.40	0.03	0.02
澳背排污口	旱季	0.03	0.03	0.05	0.05	7.30	5.34	0.20	0.14
	洪季	0.02	0.02	0.04	0.04	0.45	9.60	0.04	0.08
澳头排污渠	旱季	0.01	0.01	0.02	0.02	7.29	17.34	0.45	0.09
	洪季	0.01	0.01	0.01	0.01	0.01	1.15	0.02	0.04
南涌河排污口	旱季	0.02	0.02	0.03	0.03	2.26	4.93	0.18	0.07
	洪季	0.02	0.02	0.02	0.02	0.95	2.60	0.08	0.04
王母河排污口	旱季	0.02	0.02	0.03	0.03	33.77	11.41	1.00	0.05
	洪季	0.02	0.02	0.04	0.04	6.13	4.77	0.73	0.02

续表

排污口名称	时期	生态容量/t				削减量/t			
		DIN	DON	DIP	DOP	DIN	DON	DIP	DOP
龙岐河排污口	旱季	0.01	0.01	0.02	0.02	5.42	14.51	0.17	0.14
	洪季	0.01	0.01	0.02	0.02	2.84	4.18	0.14	0.01
淡澳河排污口	旱季	0.21	0.21	0.31	0.31	134.22	484.55	6.11	2.82
	洪季	0.32	0.32	0.49	0.49	688.70	1526.06	35.02	5.46
岩前河排污口	旱季	0.01	0.01	0.01	0.01	6.32	13.48	0.07	0.02
	洪季	0.03	0.03	0.04	0.04	0.61	8.80	0.10	0.18
柏岗河排污口	旱季	0.02	0.02	0.03	0.03	3.25	9.42	0.10	0.04
	洪季	0.03	0.03	0.04	0.04	10.59	25.77	0.54	0.28
霞涌河排污口	旱季	0.03	0.03	0.04	0.04	21.47	23.38	0.44	0.13
	洪季	0.04	0.04	0.07	0.07	9.17	17.86	0.37	0.20
南边灶河排污口	旱季	0.01	0.01	0.02	0.02	9.04	23.42	0.25	0.17
	洪季	0.00	0.00	0.00	0.00	0.04	0.15	0.00	0.01
竹园河排污口	旱季	0.02	0.02	0.04	0.04	6.46	8.39	0.39	0.09
	洪季	0.03	0.03	0.04	0.04	16.80	94.76	5.64	0.64
白云河排污口	旱季	0.02	0.02	0.03	0.03	6.45	16.97	0.24	0.09
	洪季	0.07	0.07	0.11	0.11	17.50	82.37	3.07	0.14
范和河排污口	旱季	0.01	0.01	0.01	0.01	12.53	13.55	0.65	0.10
	洪季	0.02	0.02	0.03	0.03	4.51	33.27	2.66	0.03
芙蓉河排污口	旱季	0.01	0.01	0.02	0.02	8.38	10.90	0.76	0.13
	洪季	0.01	0.01	0.01	0.01	2.69	9.78	0.64	0.00
巽寮河排污口	旱季	0.03	0.03	0.04	0.04	42.25	97.61	0.99	0.29
	洪季	0.04	0.04	0.06	0.06	5.68	9.41	0.44	0.04
合计	全年	107.17	256.62	5.63	3.65	983.89	2343.25	60.43	11.07

在大气沉降、地下水输入和网箱养殖均削减30%的情景下，由表5.32可以看出，整个海湾DIN、DON、DIP和DOP的生态容量较现状情况分别增加了2.5%、3.1%、1.4%和2.2%。其中，增加的生态容量主要分配给了石化区排海口。在此情景下，其余各排污口的分配容量与现状情况下基本相似，不再赘述。

对比两个海湾的生态容量计算结果可以看出，从全湾总量上讲，两个海湾均已无生态容量剩余，但是剩余的生态容量基本上分配在湾口的排污口处，即湾内的排污口均需要大幅度减排。胶州湾各排污口分布较为分散，通过合并相近的排污口后，各排污口的生态容量分配差异较大，减排情况也不尽相同，但绝大部分超过95%。不同于胶州湾，大亚湾内的排污口成片区分布，各排污口相互影响，除湾口的石化区排海口，湾内可分配的生态容量基本接近于0，其中排污削减量最大的是淡澳河。

大气沉降、地下水输入及网箱养殖的削减，降低了海湾内营养物质浓度，相应地提高了海湾生态容量。其中，氮的生态容量增量略大于磷的，但增加的生态容量绝大部分也是分配给了湾口的排污口，对湾内的影响较小。此亦表明大气沉降、地下水输入及网箱养殖的削减效果不如陆源排污的削减效果。

第四节　海湾生态环境综合调控策略

目前基于生态系统水平的海洋综合管理理论越来越受重视，其核心在于保护生态系统的结构和功能，综合考虑生态、社会和经济之间的平衡。对于海湾而言，在地理空间上，海湾生态系统水平的综合管理不仅限于海湾本身的管理，还包括海湾流域的管理；在管理目标上，海湾综合管理需以生态系统平衡、健康和安全为目标，以生态系统结构完整性和功能稳定性为主要指标，以提高生态系统的可持续发展能力为目的；在管理思路上，海湾综合管理需以陆海统筹为指导思想，将海湾流域纳入管理范围，以海湾生态系统综合承载能力为基础，协调海湾地区的海域与土地利用规划、产业发展规划和产业布局规划等。目前，基于生态系统水平的海湾综合管理理论的研究刚起步，由于对海湾环境变化与其生态系统结构及功能变化之间的关系缺乏深入认识，尚难以形成对营养物质输入影响海湾生态环境的系统性认识。本节将以污染物迁移转化及生态环境影响规律为基础，探讨海湾生态环境修复理论与方法；结合海湾海域与流域污染物输入的变化规律及主要影响因素，研究海湾生态调控原理，提出海湾主要污染物的控制策略，为基于生态系统水平的海湾综合管理提供科学依据。

一、海湾生态环境修复原理与方法

生态环境修复主要指去除干扰，并使生态系统恢复原有的利用方式，但不一定恢复到原有的状态。本书重点关注海湾生态环境修复原理与方法，主要包括海湾生态系统退化诊断、修复的基本原则、修复的总体框架、修复模式、修复关键技术与过程等。

（一）海湾生态系统退化诊断

海湾位于海陆相互作用的过渡地带，同时受到海域和陆域的影响，因此，造成海湾生态系统退化的因素有很多，这些因素或单一或多种同时干扰生态系统。根据生态系统的干扰动因，干扰可划分为自然干扰和人为干扰。海湾生态系统的退化主要是由人为干扰引起的，而且一些自然因素如全球变暖与人类活动存在直接或间接的关系。人为干扰为当前生态系统退化的主导因素，也是海湾生态修复的重点。

围绕海湾富营养化的生态问题，本书重点诊断分析海湾生态退化的因素。引起海湾富营养化的因素可大体分为两方面：一是直接干扰，主要指污染物的直接输入，包括流域污染物输入、沿岸点源污染物输入、海上养殖输入等，这是引起海水富营养化的最主要影响源；二是间接干扰，主要指海湾污染自净能力的退化，包括如围填海引起的海湾物理自净能力下降、湿地退化/破坏引起的湿地自净能力衰退等（图 5.60）。

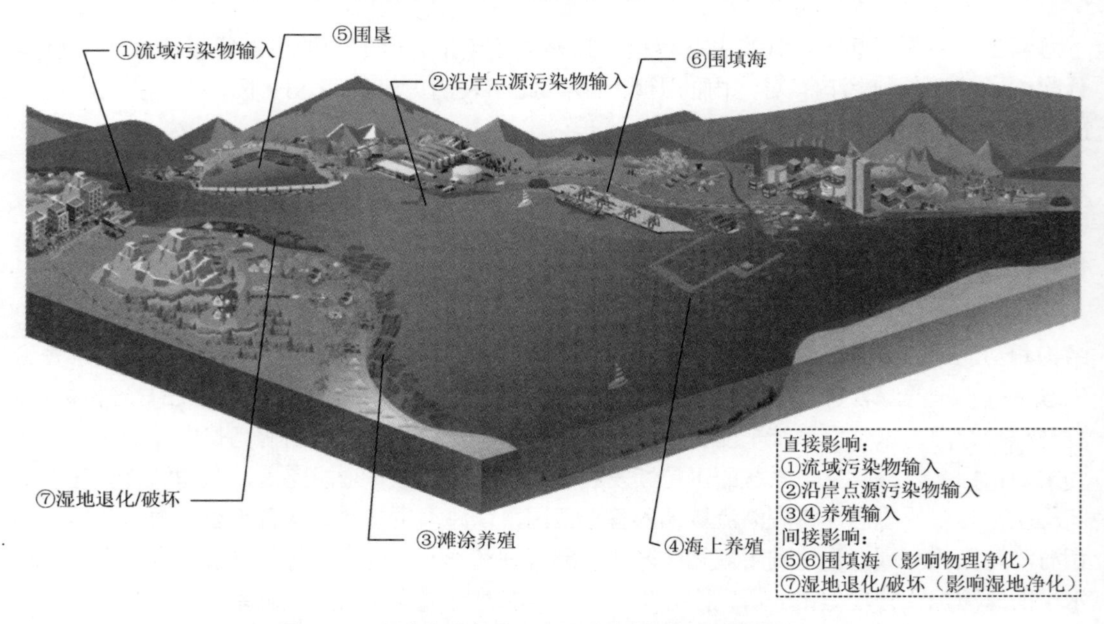

图 5.60　海湾富营养化诊断分析概念图（后附彩图）

（二）海湾生态修复的基本原则

生态修复是指对已经退化、损伤或彻底破坏的生态系统恢复的过程，是一项有目的的行动，旨在启动或者促进一个生态系统恢复其健康、完整性和可持续性。海湾生态修复需遵循以下几个基本原则：

第一，坚持生态系统整体性，跨行政区域联动开展生态修复。海湾生态系统是一个统一的整体，生态系统中某个因子或局部区域的退化，都可能导致其他因子及其相互作用的破坏，也可能影响其他区域的退化。海湾生态系统的自然地理边界和行政边界不重合，因此，必须打破行政界线，立足于海湾生态系统的完整性，跨行政区域联动开展生态修复。

第二，坚持陆海统筹，打破流域与陆海的界限，注重陆源人为干扰的削减。海湾生态系统的退化与沿岸人类活动的干扰密切相关，尤其是海水环境质量的恶化很大程度上源于流域、沿岸等污染物的排放。因此，必须坚持陆海统筹的原则，加强陆海环境一体化治理，从源头控制导致海湾退化的影响源，才能真正有效遏制海洋生态环境不断恶化的趋势。

第三，坚持问题导向，因地制宜开展生态修复。导致海湾生态系统退化的因素众多，需切实针对海湾生态退化的关键因素，综合考虑海湾的自然环境和社会因素，因地制宜地开展生态修复，提高生态修复的成效。

第四，坚持自然恢复优先、辅以人工修复的原则，强调自然措施与人工措施相结合。海湾生态系统自身具有修复能力，应充分发挥生态系统的自我恢复能力，最大限度减少经济、社会活动对自然生态系统的扰动和破坏，强调自然措施与人工措施相结合，发挥综合治理效益。

（三）海湾生态修复总体框架

海湾生态修复是个复杂的过程，需要投入大量的人力和物力。空间尺度是生态修复成败的关键（Lake et al.，2007）。海湾生态修复应将海湾生态系统视为统一的整体，从区域的角度宏观考虑各个生态修复项目的相互作用，空间合理布局，统筹安排具体的生态修复项目或工程的实施。

海湾生态修复是一项系统性的工程，主要涵盖区域生态系统退化诊断、区域生态修复目标确定、生态修复适宜性分析、生态修复优先识别与项目安排、生态修复项目实施、生态修复管理与维护、区域生态修复跟踪监测、区域生态修复成效评估等内容环节。生态修复各环节之间并非纯粹按次序进行的，而是基于适应性管理的相互交叉、不断反馈的循环过程，通过监测和评估结果，进一步修订和改进生态修复目标、措施与管理等，同时体现了区域和项目不同空间尺度上的有机结合，主要包括：①在资料收集与调研的基础上，从区域尺度上诊断海湾生态系统的退化因子、退化程度、退化原因及其分布等；②考虑科学、经济、社会、政治等多方面因素，基于可行性、定量性、分阶段等原则，制定区域生态修复的总体目标和具体目标；③针对生态退化区域，综合考虑区域的自然和社会环境条件、相关规划等因素，分析生态修复的适宜性；④根据生态退化程度、生态修复技术的成熟度等，结合区域相关规划，识别生态修复优先区，并确定生态修复重点项目；⑤实施生态修复项目或工程，具体包括生态修复措施落实、生态修复后的维护与管理、生态修复监测、生态修复效果评估等内容；⑥在区域尺度上，开展生态修复跟踪监测，并针对生态修复目标进行生态修复成效评估。生态修复各环节之间并非纯粹按次序进行的，而是基于适应性管理的相互交叉、不断反馈的循环过程。

（四）海湾生态修复模式

生态修复遵循两种途径：一种是当生态系统受损不超过负荷并在可逆的情况下，压力和干扰被去除后，生态修复可以在自然过程中发生；另一种是当生态系统的受损是超负荷的，并发生不可逆的变化时，只依靠自然力已很难或不可能使系统恢复到初始状态，必须依靠人为的干预措施，才能使其发生逆转。也就是说，在人为影响小的情况下，生态系统可以自我恢复；但是，当在一些人为影响大的情况下，至少需要人为干预措施方能促进生态系统的恢复，包括物理或化学因素的干预，甚至需要生物种群补充、缺失物种或生态过程的重新引入等生物因素的干预（图 5.61）。

基于上述生态修复的基本模式，海湾生态修复遵循“干扰消除→生境修复→受损物种的恢复”的途径（图 5.62）：首先，干扰消除，即针对干扰因素，采取相应的措施消除或削减干扰因素；其次，生境修复，采取人工辅助措施修复海湾生境，包括地质地貌、水文动力、物理化学等生境因素；最后，受损物种的恢复，采取人工辅助措施进行种群的恢复。其中，干扰因素的消除必须贯穿于整个生态修复的始终。

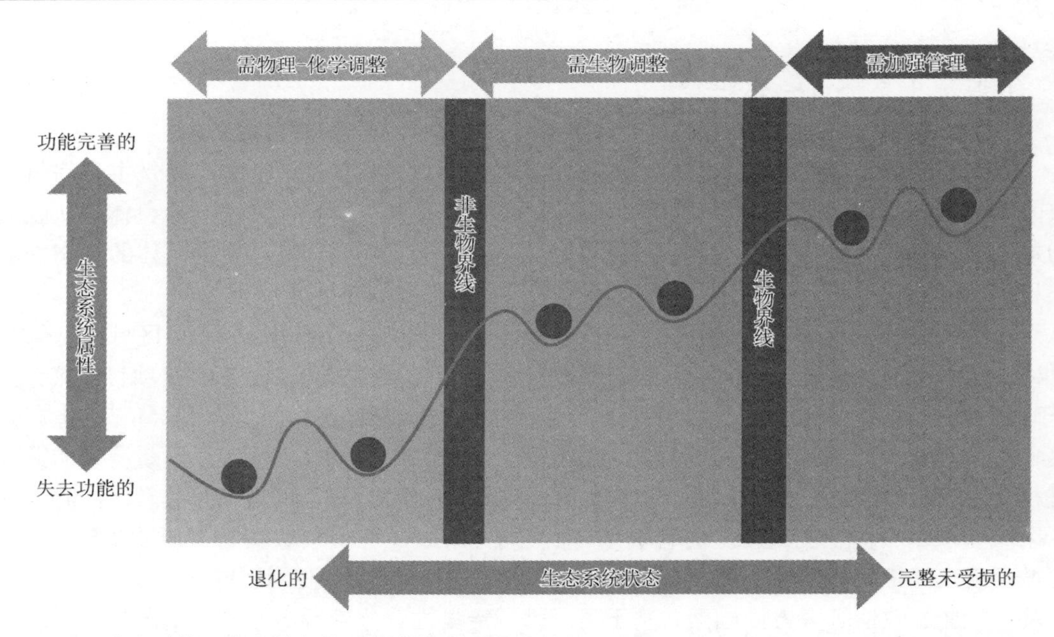

图 5.61　生态系统退化和修复简要概念模型（引自 Keenleyside et al.，2012；McDonald et al.，2016）

图中的波谷代表了一个稳定的盆地，在此波谷中，生态系统可以在恢复或退化事件发生之前保持稳定的状态，而越过一个阈值（图中的波峰）后将向一个更高或更低的功能状态转移

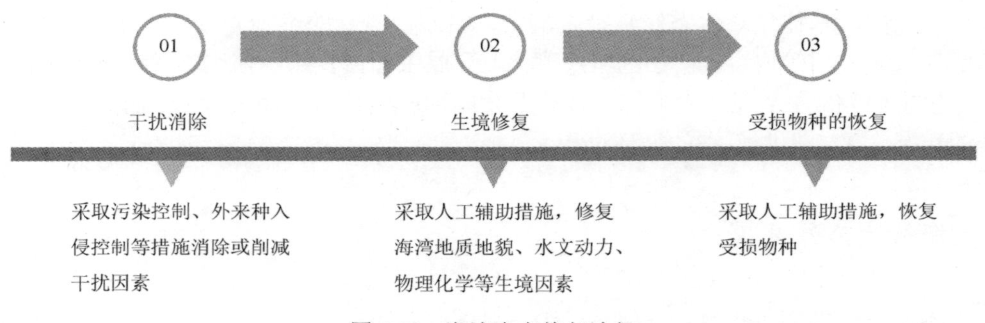

图 5.62　海湾生态修复途径

1. 干扰消除

海湾生态系统退化的干扰消除是指针对生态退化的干扰因素，采取有效的措施进行人为干扰。针对海湾富营养化的生态退化问题，在海湾区域尺度控制或削减影响生态系统退化的影响，干扰消除主要包括：首先，严格控制人工构筑物的建设，包括堤坝、围垦养殖、围填海、人工岛等。人工构筑物的建设一方面可能破坏或侵占湿地，影响湿地净化功能的发挥，另一方面改变水动力条件，降低海湾物理交换能力，从而加剧海湾环境恶化。其次，控制入海污染物的输入。入海污染物的输入是海湾水环境恶化的最直接干扰，因此，应从源头上控制入海污染物的总量，包括流域污染物的输入、沿岸点源和面源污染物输入、海水养殖污染物输入等。污染物输入总量控制的重点在于：一方面要控制进入海湾的污水总量；另一方面加强污染处理能力，降低进入海湾水体的污染物浓度。

2. 生境修复

海湾生态修复中的生境修复主要指海湾地质地貌、海湾水文动力、物理化学等要素的修复。物理要素的恢复是海湾生态系统恢复过程的基础。这里的海湾生境修复主要指工程措施。海湾物理要素的修复，主要是指底质稳定性、水文动力条件等。自然水文条件的恢复是海湾生态恢复的关键，通常所采取的技术措施包括修建潮沟、筑坝或去除堤坝、挖除填埋物等方法，从而实现自然水文条件的恢复（Borde et al.，2004）。海湾水道淤泥疏浚清除水质和沉积物环境质量改善的方法，包括物理方法、生物方法和化学方法等，其中生物方法更多地用于改善海湾环境质量，如种植大型藻类控制水体富营养化、引入多毛类动物净化沉积物环境等。

3. 受损物种的恢复

受损物种的恢复通常采取三种途径：自然恢复；生境修复后，促进受损物种的自然恢复；受损物种的人工种植、移植等。根据拟恢复物种的受损程度和特征，因地制宜地采取保护、种植、移植、增殖放流等非工程或工程措施，保护或恢复受损物种，如红树林、海草、大型海藻、珊瑚等。通常，受损物种的恢复是针对对生态系统维持和健康具有重要作用的物种。

（五）海湾生态系统修复关键技术与过程

生态修复的技术措施是基于生态修复模式，提出的操作性更强、更具体的生态修复方法和过程。由于干扰的持续时间和强度、塑造景观的人文条件及当前的限制条件和机会的不同，不同生态修复项目所采取的措施不尽相同。根据生态修复对象及生态因素，海湾生态修复主要需要或涉及以下几类基本的修复技术：①非生物环境修复技术，包括水文、水质、底质等的修复；②生物因素修复技术，包括物种、种群和群落等的修复；③景观修复技术，包括景观规划、设计等。从生态系统的组成成分角度看，生态修复主要包括非生物和生物系统的修复，无机环境的修复技术包括水文修复技术（如海堤开口）、水体修复技术（如控制污染）、底质修复技术（如疏浚沉积物）、生物系统的修复技术（如物种的引入、植物种植）。在海湾生态修复实践中，同一项目可能会应用上述多种技术，下面重点阐述海湾内湾海堤清除与湿地修复、大型藻类的营养化水体修复。

海湾内湾海堤清除与湿地修复是通过恢复海湾的物理自净和湿地自净功能，恢复和改善海湾水环境质量，提升海湾生态系统功能及其服务。关键技术和过程见图 5.63：①采取海洋工程的方式改变海湾地形和岸线，如海堤开口或淤积清除等，以恢复水动力条件，即采取工程措施进行海堤清除，所采取的技术措施包括去除筑坝或堤坝、挖除填埋物等方法，从而实现海湾水文动力条件的恢复，提升海湾物理自净功能；②湿地生境修复，所采取的技术主要包括沉积物填充（如疏浚物）、清淤等，修复高程、底质类型等理化因子；③受损物种恢复，在繁殖体可供的情况下，优先采取自然恢复的措施，否则才采取播种、移植、种植等人为引入受损生物。同一个项目可能涉及所有的生态修复内容，也可能仅涉及其中的一部分，如有的工程仅进行海堤清除，有的则仅开展湿地生境的修复，还有些则是两者皆有。

针对海湾局部富营养化水体，可采取通过种植大型藻类进行水体的修复，从末端利用生物吸收营养盐的原理降低水体营养盐含量。目前，在海水中可进行人工栽培大型海藻如紫菜属(*Porphyra*)、海带属(*Laminaria*)、江蓠属(*Gracilaria*)、石莼属(*Ulva*)、马尾藻属(*Sargassum*)、麒麟菜属（*Eucheuma*）等，这些对富营养化水体都具有很好的生态修复作用。其中，海带(*Laminaria japonica*)、龙须菜（*Gracilaria sjoestedtii*)、孔石莼（*Ulva pertusa*）等已成功应用在国内外海洋生态修复实践中。在进行大型海藻的选取时，应注意以下几点：①考虑大型海藻养殖的经济价值，最好筛选具有净化能力的经济型海藻；②因地制宜地筛选适宜当地海域水体的大型藻类；③大型海藻与养殖品种进行综合养殖时需采取合理的搭配密度。

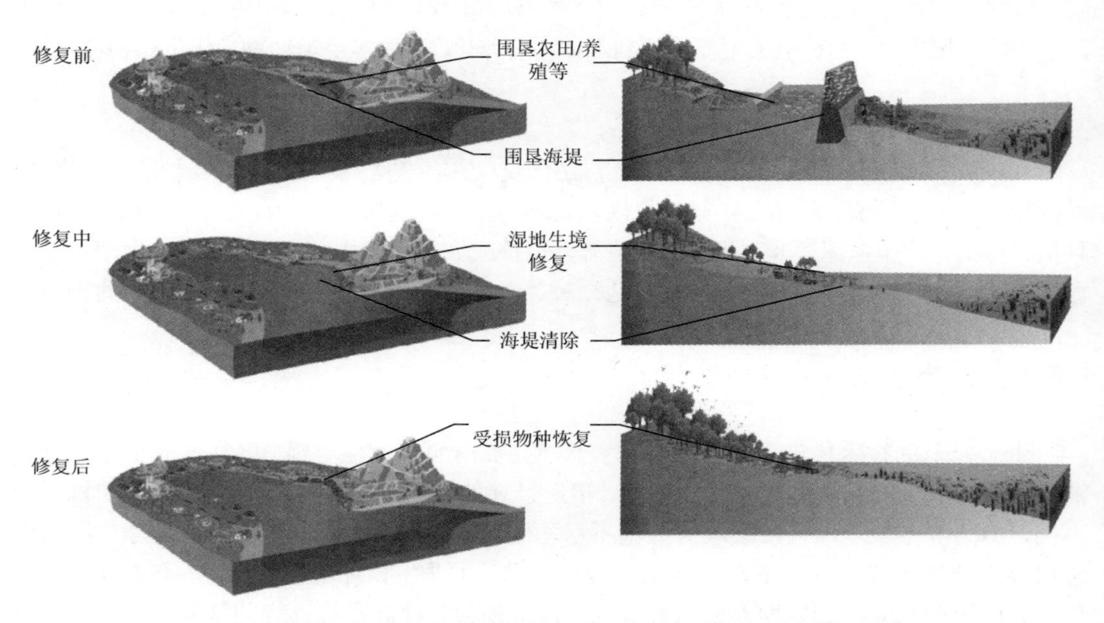

图 5.63　海湾内湾海堤清除与湿地修复的关键技术与过程（后附彩图）

在海湾区域尺度上，涵盖了多个生态修复的工程，通过生态修复的优先次序逐步推进生态修复项目的实施，最后实现海湾区域生态修复的目标（图 5.64）。从区域空间上，从陆向海延伸、污染源头到海湾湾口，依次通过退堤还海、退养还滩、湿地（植被）修复、水体大型藻类修复等多道防线，立体式地有效集成各种生态修复技术，实现海水环境质量改善。

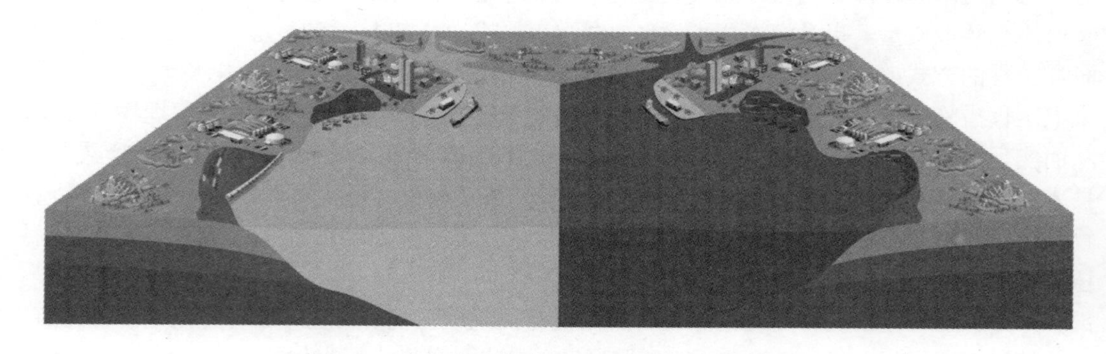

图 5.64　海湾生态修复过程与效果（后附彩图）

海湾生态系统的物理、化学和生物三个要素的相互作用反映了海湾生态修复的关键过程，不同要素所需要修复时间存在很大差异。基本的生态修复过程可表示为：基本结构组成单元的修复→组分之间相互关系的修复→整个生态系统的修复→景观的修复（图 5.65）。从海湾生态系统各组分来看，随着修复时间的推移，各组分修复的进度有所差异。一般而言，早期地质地貌特征、水文动力、物理化学等要素的修复效果较为明显，而生物过程的修复则需要更长的时间方能显现出来。总体而言，尽管各组分的修复是同时进行，但其过程大体遵循地质地貌过程、水文动力过程、物理化学过程、生物过程逐步修复的原则。

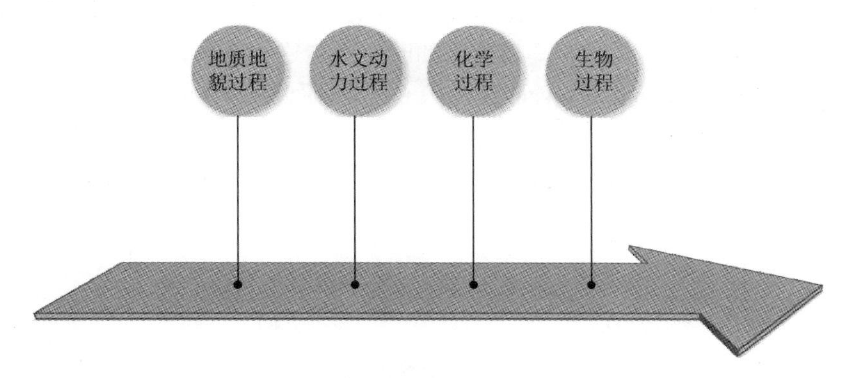

图 5.65 海湾生态系统修复过程

二、基于生态系统的海湾综合管理理论框架

加强和完善对生态系统的管理能够降低生态系统风险和脆弱性，确保对生态系统的保护和可持续利用（Millennium Ecosystem Assessment，2005），有效的生态系统管理需要强有力的方法来分析、补救和避免生态系统的破坏（Elosegi et al.，2017）。基于生态系统的海湾综合管理研究的目的是为了给决策者提供更为全面和综合的管理策略方案，以恢复生态系统的结构、功能，以及对人类社会的支撑能力，目前国内外基于生态系统的海湾综合管理研究尚比较零散，未形成系统综合的研究方法体系。根据基于生态系统的管理（ecosystem-based management，EBM）关注特定生态系统及其影响因素，任何特定生态系统的管理都要与生态系统特点相一致的要求（孙晓霞等，2016），本书在充分认识海湾生态系统特征，普遍面临的生态环境问题，以及 EBM 相关理论及实践指导下，开展基于生态系统的海湾综合管理（bay ecosystem-based management，BEBM）理论框架研究，包含管理原则、管理范围确定、管理目标确定、综合管理框架及具体管理策略，提出目标-调控-压力-机制-状态（goal，control，pressure，mechanism，state，GCPMS）海湾综合管理概念框架，并阐述相关方法体系。

（一）管理原则

在理解广泛认可的 EBM 原则（Long et al.，2015），总结国内外 EBM 实践经验教训，充分考虑海湾生态系统特征的基础上，在系统论、海岸带复合生态系统理论、可持续发展理论、政策科学理论、流域分析方法等理论指导下，提出基于生态系统的海湾综合管理应遵循的原则，指导管理实践。

1. 海陆一体，区域统筹

海湾是陆海开发与保护矛盾集中突出的区域，统筹海湾陆海开发保护具有现实迫切性。在开发利用上，要综合考虑海湾资源及社会经济发展的需求确定产业和城市发展方向；在生态环境保护上，要以海湾生态环境容量确定陆域产业和城市规模、空间布局、开发强度及开发时序，使其与海湾资源环境承载能力相匹配，强化海湾资源环境刚性约束。生态系统管理必须以其自然功能为界线，在适当的时空范围进行管理，根据海岸带陆海相互作用（land ocean interactions in the coastal zone，LOICZ）研究成果（Zone et al.，2005；Ramesh et al.，2015），流域与近海是统一的整体，应针对流域-海湾作为区域单元进行整体的、系统的管理（图 5.66），对范围内的土地、河流、滩涂湿地、海域海岛空间、生物等进行区域统筹。

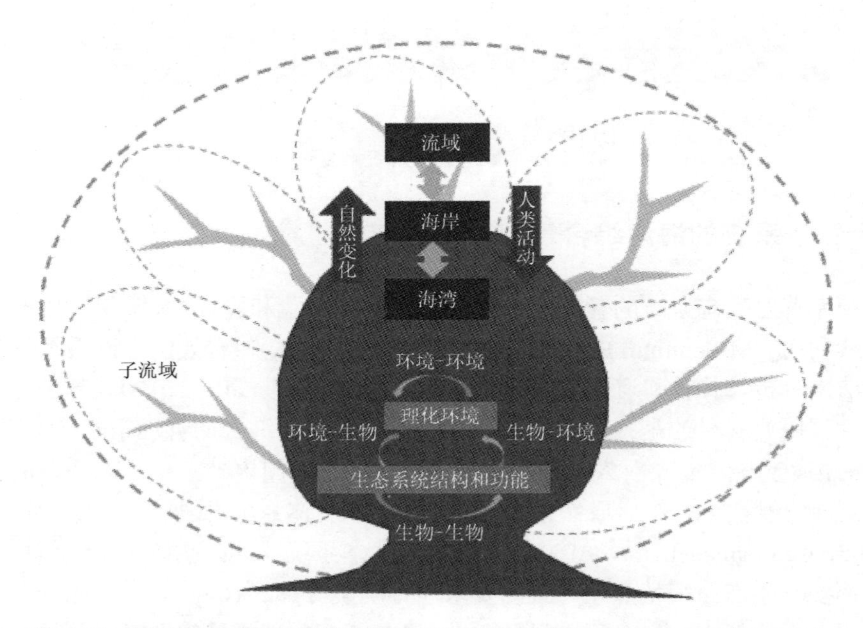

图 5.66　基于生态系统的海湾整体认知示意图（改自 Tsujimoto et al.，2012）

2. 整体认知，因湾施策

海湾是典型的社会-经济-生态复合开放生态系统，陆-海-气生态敏感交错带，必须对其进行整体的、综合的认识。采取跨学科的知识，认识系统内部生物与生物、生物与环境之间的关系，目标物种或关键过程与其他非关键物种之间的关系，系统之间如空气、陆地流域与海湾之间的相互联系，人类多重压力对海湾生态系统的影响机理，辨析人类活动压力和自然变化对系统的影响程度（Elliott et al.，2017）（图 5.66），将生态、社会、经济和制度整合在一起，认识它们之间的相互依存关系。在整体认知的基础上，考虑各海湾地区社会经济发展水平，资源禀赋和区域特色，以解决海湾面临的突出生态环境问题为重点，因湾施策。

3. 目标驱动，生态优先

生态系统方法强调目标驱动的管理，建立和细化特定生态系统的管理目标体系是逐步把“生态系统管理”从纯哲学概念转化为方法体系的必然途径，明确、有效的目标是成功的管理计划的直接驱动力（Tejo & Mettermicht，2018），科学合理的目标还可以用以评估管理绩效（Trenkel et al.，2015）。在现阶段海湾生态环境普遍遭受破坏，国家大力建设生态文明的形势下，应遵循生态优先的原则，即开发利用与保护相冲突时，优先考虑自然生态功能的维持。

4. 以人为本，人海和谐

基于生态系统的海湾综合管理要以公平促进海湾地区人们生产生活质量改善、增强民生福祉为前提，充分考虑利益相关者的诉求，加强公共服务建设，提升地区防灾减灾能力，促进人与自然和谐发展。构建海湾综合开发与保护长效管理体制机制是保障，要明确管理职责，形成专家、社会团体、利益相关者全过程参与的工作格局，实现共建共治共享。

（二）管理范围的确定

EBM 关注一定范围内特定的生态系统及其影响它的人类活动（Ehler & Douvere，2009）。海湾/海岸带地区是地球表层岩石圈、水圈、大气圈与生物圈各种因素作用影响频繁、物质与能量交换活跃、变化极为敏感的地带，是海岸动力与沿岸陆地相互作用、具有海陆过渡特点的独立的环境体系，也是受人类活动影响极为突出的地区，90%的陆源污染，包括污水、营养物、有毒物质排入近岸海洋（张永战和王颖，2000）。河流是自然径流的基本单元，与多种人类活动相联系，河流尤其是面向海湾的区域，需要采取综合的管理方法（Tsujimoto et al.，2012）。根据 EBM 以自然功能为界线的原则，海湾管理范围的界定应充分体现海湾的整体性和系统性，力求把海湾自身要素及对其有影响的要素都包含在内，即海湾范围应以海岸线为界线向陆源延伸一定区域，基于陆源土地和水资源利用与保护对海湾生态系统的重大影响，通常将汇入海湾的整个流域包含进去，海域部分为海岸线向海一侧与海湾口门封闭的部分，包含其中的岛屿。海湾 EBM 管理范围为流域-海湾系统。

理论上，海湾陆域边界即流域范围通常应包含整个流域，但实际操作中，可根据行政管理范围等实际情况进行调整，对于较大的流域，实际的行政管理不可能上溯到全流域，但应上溯到流域大的控制断面，综合考虑行政边界确定。在方法上，通常通过下载数字高程模型（DEM），采用 Arcgis 软件水文分析模块进行流域地表水文分析，模拟水流方向，生成流域河网，确定流域边界。海域为湾口两个对应岬角的连线与海湾岸线所形成的封闭范围。

两个行政区共同管辖一个海湾的情况普遍存在，在一个行政区和部门内发生的问题往往会通过流动的海水扩散到更大范围的区域生态系统，一个行政区内实施的管理措施也很可能因为海水的流动性而影响到另一行政区所辖的海洋环境。因此，应特别重视打破行政界线，以自然地理边界确定管理范围。

（三）管理目标的确定

管理目标的确定是实施海湾综合管理的基础和重要驱动力，海湾典型的社会-经济-生态复合生态系统决定了必须综合考虑社会、经济、生态多个方面，寻求其自然功能和社会功能的协调和均衡发展，以海湾自然功能的可持续利用保障人类经济社会的可持续性。国际经验表明，确定表征海洋生态系统健康的指标和明确的管理目标，体现多用途、政策性、价值观和科学性等特点是实现科学的海洋管理的重要条件之一，通常用SMART方法（specific，measurable，audience or issue focused，reasonable，timely）来衡量EBM目标是否有效。基于生态系统的海洋综合管理（marine ecosystem-based management，MEBM）的目标不仅考虑生态系统变化对人类服务的影响，而且还应包含生态系统内在价值的重要性的思考。对于海湾综合管理目标，应能够全面反映社会经济发展、资源节约利用和生态环境保护目标，并统筹考虑陆域与海域开发与保护需求，反映各层次的跨部门的管理。在指标的选取上，定性目标应能合理、准确反映综合管理实施前后的差异状态，并可分解落实到具体调控策略，确保目标可实现；定量目标要与国家政策文件、同期国民经济和社会发展规划及其上位规划提出的约束性指标进行充分体现和对接，此外，对于反映流域和海湾特征性的典型指标，应纳入指标体系。

按照以上原则，在统筹流域-海湾、陆域和海域社会经济及生态环境目标的基础上，提出定性与定量相结合，包含生产、生活、生态三个方面总体目标和18个综合管理目标指标。其中，生产目标指单位面积陆域GDP稳步提升，单位海岸线生产总值稳步提升，传统产业转型升级加快，海洋战略性新兴产业快速发展，海陆产业空间布局合理，海陆产业协同发展；生活目标指人们生活水平稳步提高，社会公众亲海需求得到满足，公众保护海洋意识显著提高，海洋文化得以传承，滨海城镇、特色渔村建设卓有成效，形成宜居宜游的优质海湾；生态目标指海陆资源利用集约高效，单位能耗稳步降低，杜绝“三高”产业在海湾地区布局，主要污染物排放总量减少，受损生态系统得以修复，海湾生态系统结构完整性、物种多样性和生态系统服务功能得以维持。各定量指标见表5.33。

表 5.33　基于生态系统的海湾综合管理目标指标体系

总体目标	分目标	具体指标	指标属性
可持续的海湾社会-经济-生态系统	生产	单位海岸线海洋生产总值/(亿元/km)	预期性
		海洋战略性新兴产业产值占比/%	预期性
		永久基本农田面积/km^2	约束性

续表

总体目标	分目标	具体指标	指标属性
可持续的海湾社会-经济-生态系统	生活	人均 GDP/万元	预期性
		就业率/%	预期性
		城市化率/%	预期性
		城市开发边界/km^2	约束性
	生态	主要污染物排放总量削减/%	约束性
		市政/工业入海排污口达标率/%	约束性
		入海河流监测断面水质达标率/%	约束性
		海域水质优良面积比例/%	约束性
		围填海总量/km^2	约束性
		海湾纳潮量改变/%	约束性
		自然岸线保有率/%	约束性
		陆域生态保护红线面积/km^2	约束性
		海域生态红线面积/km^2	约束性
		整治修复海岸线长度/km	约束性
		修复滨海湿地面积/km	约束性

各指标含义及计算方法如下。

①单位海岸线海洋生产总值（亿元/km）：指流域-海湾范围内单位大陆海岸线所创造的海洋生产总值，即地区海洋生产总值/海岸线长度，代表海洋经济的产出效率。

②海洋战略性新兴产业产值占比（%）：指科技含量高、环境友好、带动性强，处于海洋产业链高端，引领海洋经济发展方向，具有全局性、长远性和导向性的海洋新兴产业，如海洋工程装备制造、海洋生物医药、海洋新能源产业等，计算方法为地区海洋战略性新兴产业产值/海洋生产总值。

③永久基本农田面积（km^2）：指无论什么情况下都不能改变其用途，不得以任何方式挪作他用的基本农田。

④人均 GDP（万元）：指每人所创造的生产总值，即地区 GDP/地区人口总数，是地区经济发展水平的重要指标。

⑤就业率（%）：地区在业人员占经济活动人口数的比例，即在业人员/(在业人口＋待业人口)，反映全部可能参与社会劳动的劳动力中，实际被利用的人员的比重。

⑥城市化率（%）：城市常住人口占该地区常住总人口的比例，是衡量地区社会经济发展水平的重要标志。

⑦城市开发边界（km^2）：聚焦建设与非建设的管理边界、兼具保护和引导功能，是控制城市空间蔓延、提高土地集约利用水平、保护资源生态环境、引导城市合理有序发展的公共政策工具，是城市建设与非建设的重要控制线，在实际操作中表现管理边界内一定大小的面积。城市开发边界既要大力保护城市周边优质耕地和生态敏感及脆弱区域，守住

地区生态安全底线，又要引导城市紧凑开发，防止无序蔓延，推动城市内部结构与外部形态的优化（林坚等，2017）。

⑧主要污染物排放总量削减（%）：指地区实施总量控制的污染物削减比例，鉴于海湾普遍存在的富营养化，应将总氮、总磷纳入总量控制。

⑨市政/工业入海排污口达标率（%）：指排入海湾的市政/工业排污口达到国家或地方排放标准的排放量占总排放量的比例，理论上应100%达标排放。

⑩入海河流监测断面水质达标率（%）：指流入海湾的河流水质达到其功能区规定标准的河流监测断面占总监测断面的百分比。

⑪海域水质优良面积比例（%）：指达标第一、第二类海水水质标准的水域面积占海湾面积的比例。

⑫围填海总量（km^2）：指通过海湾数值模拟，综合评估生态环境影响和社会经济发展需求等科学手段确定的可围填的总量。

⑬海湾纳潮量改变（%）：指围填海等严重改变海湾水动力条件的开发利用活动所导致海湾纳潮量的改变程度。

⑭自然岸线保有率（%）：指海湾自然岸线占大陆岸线的比例。

⑮陆域生态保护红线面积（km^2）：指在陆域生态空间内，对维护国家和区域生态安全及经济社会可持续发展，保障人民群众健康具有关键作用，在提升生态功能、改善环境质量、促进资源高效利用等方面必须严格保护的最小空间范围与最高或最低数量限值。

⑯海域生态红线面积（km^2）：在海洋生态空间内，为维护海洋生态健康与生态安全，以重要海洋生态功能区、海洋生态敏感区和海洋生态脆弱区为保护重点而划定的实施严格管控、强制性保护边界。

⑰整治修复海岸线长度（km）：指通过人工或自然手段，基本恢复或再生了自然岸滩形态特征和生态功能的岸线。

⑱修复滨海湿地面积（km）：指通过人工或自然手段，基本恢复或重建滨海湿地（沿海滩涂、河口、浅海、红树林、珊瑚礁、海草床、盐沼等）的面积。

各目标指标值设定应在现状水平的基础上合理确定，要与社会经济发展水平相适应，对于国家政策、同期国民经济和社会发展规划及其上位规划提出的约束性指标应保持一致或从严掌握。

（四）综合管理框架

在以上分析基础上，以压力-状态-响应（PSR）模型（OECD，1994）为基础分析海湾生态环境问题的产生与应对逻辑关系，提出目标-调控-压力-机制-状态（GCPMS）海湾综合管理概念框架，为管理者应用生态系统方法应对海湾生态环境问题提供直观认识和管理工具（图 5.67）。BEBM 管理框架在 PSR 模型基础上，强调目标驱动的调控策略及自然和人为压力下海湾生态环境变化响应机制的认识，制定全面的、有针对性的策略。

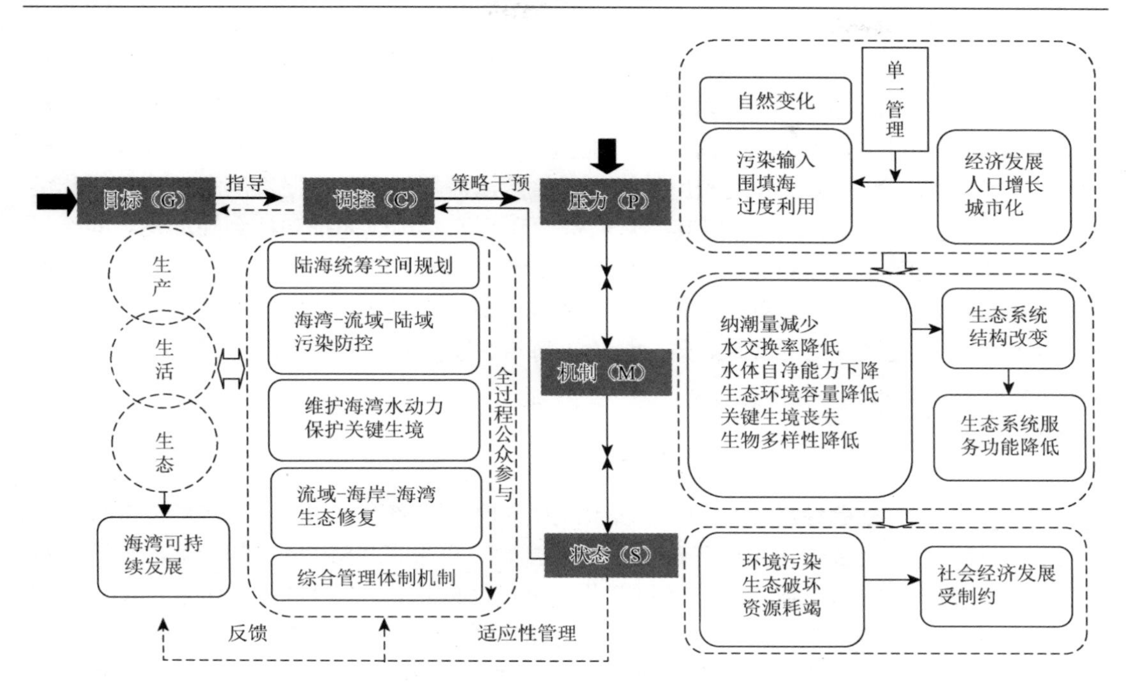

图 5.67　基于生态系统的海湾综合管理概念框架

1. 压力分析

压力即导致海湾生态系统状况改变的驱动力，主要描述自然和人类生产生活给海湾生态环境带来的干扰和胁迫。了解生态系统发生变化的驱动力，是设计调控策略以获得有利后果，将不利影响限制在最小限度的基本条件。根据千年生态系统评估（millennium ecosystem assessment），导致生态系统变化的驱动力包括间接驱动力和直接驱动力，其中间接驱动力常常通过改变一个或多个直接驱动力作用的效果，产生比较广泛的影响，主要包括人口增长、经济增长（全球化、贸易、市场及政策框架）、社会政治（如管理、制度、法律）、科学与技术进步、文化与宗教（如消费选择）等，这些驱动力的变化将增加对食物、纤维、洁净水及能源的需求和消费；直接驱动力是直接影响生态系统的过程，可通过不同精度对其进行识别和度量，包括地方土地利用与土地覆盖变化、物种引入或迁移、技术适应和使用、外部融入（如化肥施用、害虫控制、灌溉）、收获与资源消费、气候变化、自然物理与生物驱动力（如火山、生物进化）等，直接驱动力和间接驱动力往往相互作用，驱动力之间的协同结合也普遍存在（Millennium Ecosystem Assessment，2005）。近 200 多年来的全球工业化、技术化浪潮大大提升了人们的生活水平，也对地球各类生态系统产生了深远的影响。在我国，尤其是改革开放 40 年来的社会经济高速发展，人口增加，城市化进程的推进，人们生活消费观念的改变，均是改变各类生态系统的巨大驱动力。

沿海地区在地球系统中发挥着关键作用，为地球生命维持做出了重要贡献，近年来人类活动改变河流及沿海地区生态系统的速度和规模都大大增加，且驱动海岸带地区变化的潜在过程表现为多重时间和空间尺度。在我国，随着陆地资源环境约束日益趋紧和科学技术进步，城市、工业、人口向海发展趋势明显。党的十八大以来，国家相继做出陆海统筹，建设海洋强国的部署，要求提高海洋开发能力，扩大海洋开发领域，让海洋经济成为新的增长点。围填海、海洋资源开发利用等活动是缓解滨海用地紧缺、促进滨海城市发展和港口航运等发展的重要方式，海洋以其丰富的资源和环境容量成为推动社会经济发展的新兴领域，而海湾是海洋开发的先行地。陆域土地资源的紧缺、港口航运业的发展导致海湾大规模围填海，城市、工业向海聚集使得海湾承载了更多污染物，为获取更多食物，农业化肥、杀虫剂等的大量使用导致氮、磷大量输入海湾，过度的渔业捕捞等也是改变海湾生态环境的直接驱动力。

2. *机理分析*

充分认识人类社会经济活动和自然变化对海湾生态系统作用机理，是准确把握采取干预时机和方式，制定合理决策的先决条件。综合管理框架在 PSR 模型基础上，强调对自然变化和人类活动压力下海湾生态环境变化机理层面的认识，在此基础上明晰管理目标与生态系统结构和功能维护之间的结合点，制定针对性的管理措施，提高策略的科学性，体现了基于生态系统管理关于加强科学研究指导管理实践及维护生态系统结构、功能和关键过程等原则，机理分析主要针对影响海湾生态系统的围填海、污染输入等主要直接驱动力进行（图 5.68）。

围填海对海湾生态环境影响大且作用机理复杂，主要可从两方面进行概括，一方面是改变了海洋的自然属性，引起水动力环境的变化，进而影响了海湾的环境容量，围填海通常会导致湾内潮流减弱，主要动力机理是由于围填海缩小了海湾的空间尺度，海湾容积的减小和潮流的减弱将降低海湾的水交换能力，并导致其环境容量减小和纳污能力减弱，水动力条件的改变还会破坏海岸冲淤平衡，导致海岸侵蚀，威胁海湾地区生命财产安全；另一方面，围填海破坏了生物栖息地，导致生物多样性的丧失，影响生态系统结构与功能的稳定性，水动力和生物多样性的变化可显著影响生物地球化学过程。此外，围填海施工造成的悬浮物浓度增加，也会恶化水质，加剧富营养化，增加生态灾害风险（林磊等，2016）。

大量营养物质输入对海湾生态环境的影响机理也较为复杂，一是造成海水污染，直接降低水环境质量；二是营养物质以多种形态参与各种生物地球化学循环，影响海洋生物生产过程，改变海湾食物链物质能量传递，引起生物群落结构变异，导致富营养化等生态灾害，最终导致生态系统功能退化（黄小平等，2015），海湾围填海导致的纳污能力降低直接加剧了这种过程。

过度渔业捕捞等开发利用活动直接改变了海洋生物群落结构，导致了生态系统退化，渔业资源衰退，最终影响沿海地区人们生计和社会的食物供给（王雪辉等，2010）。气候变暖等自然变化导致了海水温度升高，一方面导致海洋生物群落结构及地理分布发生变化，珊瑚礁等珍稀生态系统濒临死亡，海水入侵，海岸侵蚀，风暴潮等极端天气频发，直接威胁到沿海地区社会经济安全和生态安全；另一方面又会加剧其他压力对海湾生态环境的效应，影响深远而广泛（Fernandino et al.，2018）。

影响海湾生态环境的多种压力之间不是孤立的，他们存在密切的联系。目前，多种压力下海湾生态环境响应机制的认识研究还有待进一步加深，为制定针对性的调控措施，改善生态环境，恢复海湾生态功能提供科学依据。

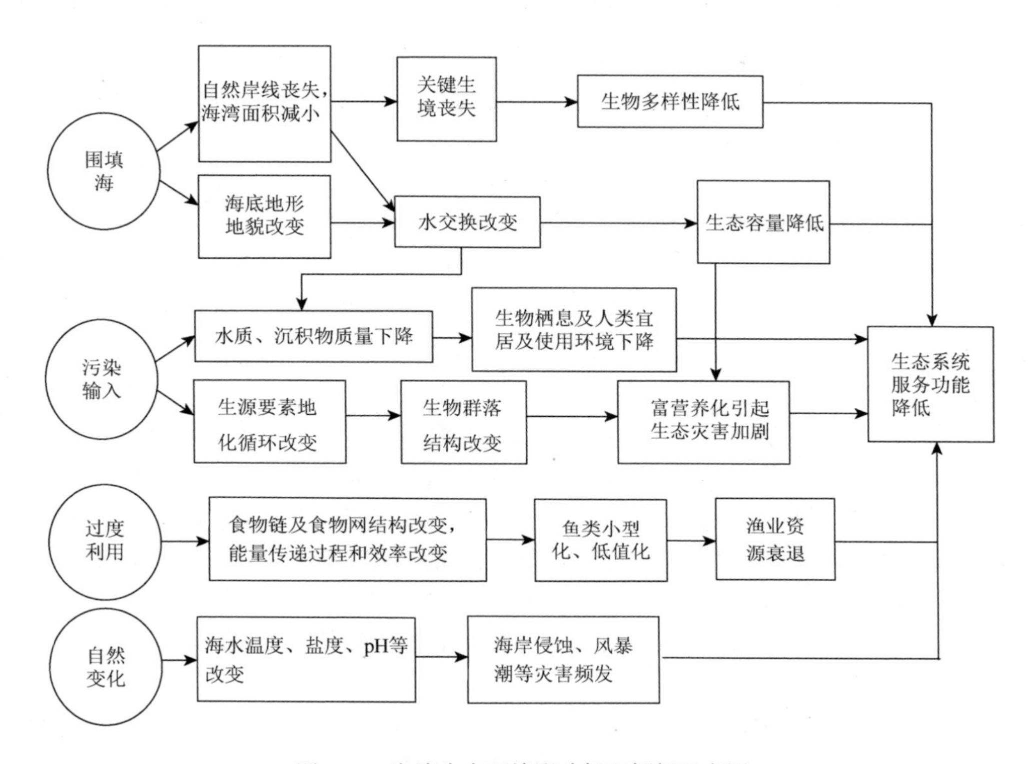

图 5.68　海湾生态环境影响机理框架示意图

3. 状态分析

状态是指生态系统与自然环境的现状，反映压力条件下生态环境要素的变化，同时体现调控措施的目标。生态系统状态的改变包含了两个层次，一是对生态系统内在价值的影响，即事物本身及其内涵所具有的价值，二是生态系统对人类服务功能的影响，两者之间相互重叠，无法完全区分开来。生态系统状态往往与为人类提供的生态系统服务挂钩，千年生态系统评估将生态系统服务功能概括为供给服务功能、调节服务功能、支持服务功能和文化服务功能，并与人类的福利相连。人类活动对生态系统造成了变化，生态系统变化也影响着人类的福利，面对日益退化的生态系统，人类对其服务功能的需求反而持续上升，使得人类实现可持续发展的前景受到严重影响。例如，由于过度捕捞，世界渔业正在衰退，过去几十年由于侵蚀、板结、养分耗损、污染及城市化等原因，使得世界范围内 40%的农业用地出现退化，氮、磷、硫及碳等元素循环格局的改变而引起的酸雨、赤潮频发，以及河流和沿海水域的生物死亡，对气候变化也产生了巨大作用（Millennium Ecosystem Assessment，2005）。

作为海岸带的关键环节，海湾普遍面临污染物输入造成的水环境质量下降，生态灾害加剧，以及围填海导致的海湾面积减小，水动力条件改变，滨海湿地等关键生境丧失等问题，加上传统单一管理模式导致资源过度利用和粗放浪费并存，最终导致海湾环境污染，资源衰竭，生态系统退化，服务功能下降，反过来制约海湾地区社会经济发展。各个海湾因其独特的地理和人文环境，独特的生态系统特征，所呈现的状态也不尽相同，有些海湾某一种生态环境问题较突出，有些则呈现多种生态环境问题相叠加。

目前，常采用综合指数分析法构建由物理、化学、生物生态、社会经济等方面组成的评估框架，筛选能反映生态系统特征及生态系统服务的代表性指标，通过计算各指标现状与原始状态的偏离程度，衡量特定生态系统受人为干扰的情况，识别关键问题。比较有代表性的包括千年生态系统评估、生态系统健康评价等理论框架和方法。

4. 目标驱动的调控策略分析

调控（响应）指社会或个人为了停止、减轻、预防或恢复不利于生产与发展的环境变化而采取的法律、政策、规划等干预措施。生态系统管理是基于目标，其思想是通过系统全局的观点来管理包括人类在内的生态系统，生态系统管理体系是实现和维持目标的过程（田慧颖等，2006）。海湾既是鱼虾贝藻和鸟类的育幼场和关键生境，又拥有沙滩、岛屿等自然景观，既具有保护堤岸和净化水质的功能，也能为工业和城市发展提供空间，因此，BEBM 的关键在于平衡，即有效平衡海湾开发与生态系统保护之间的关系，以及各种开发活动之间的矛盾。

综合管理框架在 PSR 基础上，提出生产、生活、生态多目标协调发展驱动的管理策略，一方面可从宏观上整体权衡海湾社会经济发展和资源环境保护，避免仅从压力出发采取片面缓解措施，另一方面可变被动环境末端治理为主动统筹谋划，使之符合地区发展策略，融入国家发展大局，体现了基于生态系统管理从整体综合考虑、目标要全面长远明确、利用与保护相协调等要求。目标是否全面、长远关系到 EBM 实践的成功与否。例如，厦门湾西海域综合考虑渔业、城市建设、港口航运、滨海旅游、环境保护等多目标的 EBM 实践是整治修复取得成功的关键因素之一（洪华生和薛雄志，2006），而《渤海碧海行动计划》等计划并未达到预期效果与其侧重水环境末端控制，未能转变经济发展方式，协调经济发展与环境保护之间的平衡直接相关（Peng et al.，2009）。

在调控策略中，始终以流域-海湾自然地理单位为主体，根据国家要求和面临的生态环境问题，坚持陆海统筹、生态优先的理念，以陆海资源的合理利用，追根溯源的污染防控、维护海湾水动力条件和保护关键生境为重点，针对压力-机制-状态各个作用点进行干预，同时强调对受损生态系统的修复和综合管理体制机制建设，以实现海湾资源的可持续利用和发展，以下对管理调控策略及方法做较详细说明。

（五）管理策略

管理策略及方法体系是海湾综合管理理论框架的重点，为了满足对可持续利用、保护，以及恢复生态系统服务功能的需要，必须采取多种对策，包括法律、规定、规划、执法、行政监督等，对人类活动的进行全面管理和调控。

1. 开展陆海统筹、多规合一的流域-海湾空间规划

生态系统方法提供了对土、水，以及生物资源进行综合管理的策略。空间规划是对国土空间利用、行业政策协调和政府土地管治进行超前性的调配和安排，海洋作为蓝色国土，海洋空间规划也是实施MEBM的重要手段和工具（Douvere & Ehler，2009；Ehler & Douvere，2009）。目前我国海湾地区同时存在土地利用规划、城市规划等多项陆地规划及海洋功能区划等多项海洋规划，各规划之间不仅存在海陆不统筹、不协调，海洋规划之间也存在内容重叠、涉海规划部门众多、海洋空间事权分散等问题，规划实施过程中互为掣肘，造成空间资源利用碎片化及管控混乱的局面，加剧生态环境问题（王鸣歧和杨潇，2017）。

陆海统筹、多规合一是新形势下空间规划的要求，充分体现了EBM要求。开展生态系统水平的规划也是EBM的重要手段。海湾空间规划应以流域-海湾为单元，以陆海统筹的海湾发展目标为引领，以生态优先为首要原则，以优化资源配置为首要目标，以全覆盖、可操作、兼顾协调为基本要求，全面落实空间管控。规划要以海岸线和河流生态交错带为核心，使海域与相邻陆域功能相协调，河流水体功能与周边土地功能相协调，维持海岸线与河流两侧物质、能量流通及缓冲功能。

空间分类体系整合是海湾地区实现陆海统筹、多规合一的关键。在海湾空间规划中，可采用生产、生活、生态“三生空间”统筹陆海空间的总体架构，以陆海空间主导功能为依据，充分考虑与土地利用现状分类、城市规划用地分类、海洋功能区分类等，进一步细化分类，做到功能明晰，空间协调，减少冲突，根据不同的空间类型，制定差异化的管控措施（表 5.34）。在生态优先的原则下，规划还应明确海陆生态保护红线、环境质量底线、资源利用上限，划定和明确海陆生态保护红线、永久基本农田、城市开发边界等底线（表 5.35），构建陆海一体的“空间分类＋底线管控”开发与保护格局。

表 5.34　流域-海湾“多规合一”空间分类体系

一级类	二级类	备注
生产空间	农渔业生产空间	农渔业生产及配套设施区
	工矿业生产空间	工矿业生产及其附属设施区仓储用地区
	港口交通生产空间	公路、铁路、港口码头航道锚地、机场用地区
生活空间	居住空间	用于人类居住的房基地及其附属设施区
	商服业空间	批发零售、商务金融、住宿餐饮等空间
	公共管理与服务空间	科教文卫、休闲娱乐、公共设施、军事保安等空间

续表

一级类	二级类	备注
生态空间	重点保护生态空间	以提供生态产品和生态服务为主导功能，禁止开展与生态保护无关的开发建设活动的区域，包括自然保护区等
	一般保护生态空间	以提供生态产品和生态服务为主导功能，但允许进行适度的不影响其主导功能的开发建设活动的区域，如林地、公园与绿地等

表 5.35　海湾空间规划底线控制类型、含义及划定方法

地区	类型	内涵及划定方法
陆域	城市开发边界	划定方法一般采取反向法倒逼，基本思路是“先底后图”，以自然限制要素的充分保护为着眼点，由非建设性要素倒逼框定城市开发边界划定范围，即将自然保护区等生态要素先在空间落位，然后划定永久基本农田，再划定城市开发边界，并综合协调城市总体规划、土地利用总体规划确定
	永久基本农田	严格按照国家划定的范围和要求进行管理
	陆域生态保护红线	指在生态空间范围内具有特殊重要生态功能、必须强制性严格保护的区域，是保护和维护国家生态安全的底线和生命线，通常包括具有重要水源涵养、生物多样性维护、水土保持、海岸生态稳定等功能的生态功能重要区域，以及水土流失、土地沙化、盐渍化等生态环境敏感脆弱区域。划定方法参考《生态保护红线划定指南》（环发[2017]48 号）
海域	海洋生态红线	划定方法参考《海洋生态红线划定技术指南》（国海发[2016]4 号），已出台的海洋生态红线的海域直接采用划定成果
	海洋生物资源保护线	为保障绿色安全海洋水产品供给，保障渔业增养殖需要，划定高质量海水养殖、海洋生物资源保护的保有边界，主要位于水环境质量好，生物资源种类多样的重要养殖区、增殖区及渔场
	围填海控制线	在建设用海空间内，综合考虑海域和陆域资源环境承载能力、海洋开发适宜性、海洋开发强度控制目标和沿海经济社会发展需求，按照从严管控原则，划定围填海的开发边界

2. 开展基于土地利用的海湾–流域–陆域的污染物总量控制

针对陆源入海污染物，国外已形成“排海污染物浓度控制-排海污染物总量控制-排海污水生物毒性控制”相结合的技术体系，《海洋环境保护法》第三条规定：国家建立并实施重点海域排污总量控制制度。我国重点海域排污总量控制研究多以封闭、半封闭性海湾为对象，但所提出的陆源排污总量控制与分配方案仅涉及各类污染源的入海口。随着点源污染治理和控制能力的提高，非点源污染的严重性逐渐表现出来，非点源污染受土地利用、气候、土壤等多种因素影响，具有时空范围大，不确定性突出、成分和产生过程复杂的特点，我国目前尚缺乏非点源污染针对性治理手段，开展海湾地区污染源尤其是非点源估算及调控策略研究是实施海湾污染总量控制的基础。

流域非点源估算可在陆海统筹理念指导下，以入海河口为源头，采取溯源追踪的思路，分别估算工业、城镇居民生活、农业化肥、牲畜养殖、农村居民生活等各种来源污染物的产生量，采用输出系数法估算排放量及入海量，建立流域开发与 N、P 等营养要素入海量的联系（许自舟等，2016）。

土地是人类赖以生存和发展的重要资源和物质保障，在“人口-资源-环境-发展”复合系统中，土地资源处于基础地位。治湾先治河，治河先治陆，生态系统最大的威胁在于土地利用方式的改变，合理预测土地利用变化对沿海地区污染的影响，对调控海湾地区污染输入具有重要的理论和实践意义（Zhou et al., 2016）。根据流域人类活动-土地利用变化-非点源污染产生这一链式驱动过程，不同利用类型的土地承载的社会经济活动不相同，如工业生产活动、城镇居民生活排污绝大多数分布在城镇用地和其他建设用地上，农业生产活动化肥的施用主要分布在水田和旱地上，畜禽养殖、农村居民生活排污绝大多数分布在农村建设用地上，利用 GIS 等可视化工具分析不同土地类型承载的污染负荷。开展不同土地利用类型污染负荷情境分析，不同农业种植结构情境分析，进行海湾地区土地利用方式及农业种植结构优化方案设计，可为流域土地高效利用，河流、海湾水资源和水环境保护提供科学参考。借鉴杨昆等（2016）调控框架，将 TN、TP 作为反馈指标，以流域土地利用作为调控对象，设置不同 TN、TP 削减情境下土地利用调控方案，以资源最优化、效益最大化、危害最小化为决策因子，确定调控方案，指导土地利用规划及政策的制定。

3. 维护海湾水动力条件，保护关键生境

针对围填海等严重破坏海湾生态环境的开发活动，从维护海湾水动力冲淤条件，保护关键生境出发，提出调控措施。一是开展围填海影响海湾水动力及冲淤条件数值模拟，综合考虑累积效应对海湾围填海进行整体规划，实行总量控制；禁止在严重影响水体交换的区域围填海，明确不可围填区域；改变沿海岸大面积围填方式，采用人工岛、水道分割手段等维持水体交换。二是禁止在红树林、海草床、盐沼、珊瑚礁、重要河口等滨海湿地、珍稀濒危物种集中分布区、重要鱼虾蟹贝藻类栖息地及重要渔业资源“三场一通道”围填海。

此外，要强化生态补偿，对于围填海等造成的严重生态损失的，采取“谁破坏，谁修复”，或缴纳生态补偿金由政府统一组织开展修复。这方面荷兰和韩国有可供借鉴的经验，荷兰 1990 年制定的《自然政策计划》提到在新形成的土地上建设湿地系统，修复、恢复自然岸线（李荣军，2006）；韩国对于必须进行填埋的湿地，根据填埋面积、生态损失、经济损失等方面综合考虑损失效益，经过科学论证，通过异地建设人工湿地弥补围填海带来的损失（邢建芬和陈尚，2010）。

4. 开展流域-海岸-海湾尺度的生态修复

针对海湾面临的生态环境问题，应以流域-海岸-海湾作为控制单元编制生态修复总体规划，以恢复滨海湿地生态系统服务功能，建设海岸生态景观，恢复海洋生物资源为重点，制定明确具体的目标，开展立体综合的生态修复，并进行监测和评估考核。

流域生态修复主要针对入湾河流及流域土地的修复。针对流域输送氮、磷等过量营养盐，可借鉴美国切萨皮克湾流域治理面源污染的经验，增加流域土地森林覆被，沿河岸种植林草作为缓冲过滤带，同时起到稳定河岸、抑制侵蚀的作用（https://www.chesapeakebay.net/）。

海岸生态修复指针对受损岸线（带）的修复。以沟通陆海物质和能量通道，恢复缓冲、储存等多种生态系统服务功能，提升景观价值为重点，加强滨海湿地保护，人工优化受人类活动干扰的湿地，实施破堤还海、退耕还湿、退养还海，恢复重建海草床、红树林、盐沼等重要湿地，改变以往以修筑硬质堤坝抵御海岸侵蚀为生态防护（Gracia et al.，2018）；针对基岩海岸，实施生态护岸、岸体绿化带工程；针对围填海等形成的人工海岸，开展岸线海堤绿植化、生态化、景观化建设。

海湾生态修复主要指针对海湾水体及生物资源的修复。通过在海湾内建立海洋自然保护区、海洋特别保护区、海洋公园、湿地公园以保护和恢复生物资源及其生境，辅以种植海藻场或海草床、投放人工鱼礁、增殖放流关键物种、建设海洋牧场、划定禁捕限捕区等手段改善海水质量，恢复生物资源。

5. 建立海湾综合管理体制机制保障

要维护生态系统的可持续发展，需要有力、高效的制度作保障。在国家政策文件指引下，构建“湾长制”管理体制机制，通过立法、政策、规划等统筹推进海湾资源利用、污染防治和生态修复。在现有“湾长制”思路上，还应注意以下方面：①建立跨行政区、跨海陆面、跨部门的流域-海湾尺度的综合组织协调机制，统筹协调跨行政区管理目标指标的分配，调控策略的协同实施，以及河流上下游、左右岸管理措施的衔接；②从立法层面构建“湾长制”长效管理机制，明确法定责任，落实资金保障；③海湾生态环境治理要与国家和地区社会经济发展水平相适应，循序渐进制定近、中、远期目标。

加强海湾基础科学研究，开展常态化监视监测与评估，进行适应性管理是基于生态系统综合管理的基本要求。在海湾综合管理中，要加强海湾监视监测系统能力建设，建立典型海湾环境实时在线监控系统，获取海湾生态环境长期变化数据并建设共享平台；定期开展生态系统健康评价和预测，及时调整策略，应对不确定性。

公众参与是国外 MEBM 管理成功实施的重要经验，我国在这方面尚有一定欠缺。要加强宣传教育，通过电视、广播、报刊、网络等媒体，广泛宣传保护海湾资源可持续利用的重要性和必要性、海湾生态环境保护知识、法律法规和政策；建立公众全过程参与海湾综合管理制度，维护环湾民众的切身利益。

综上，可将 MEBM 概括为：以流域-海湾为管理对象，以生产发展、生活富裕、生态健康为目标，以维持海湾生态系统结构完整和功能稳定为底线，以综合协调管理体制机制为保障，采用立法、政策、规划、执法及行政监督等多种手段，统筹海陆资源、环境、社会、经济管理，最终实现环湾地区社会经济高质量可持续发展。

三、胶州湾生态环境调控策略

近几年，胶州湾生态环境保护工作已走在全国海湾生态环境保护的前列，青岛市已明确要将胶州湾打造成水清、岸绿、滩净、湾美、物丰的蓝色海湾，全国海洋生态文明建设和蓝色海湾治理的示范湾。不仅成立了胶州湾保护委员会，制定并实施《青岛市胶州湾保护条例》（2014 年 9 月 1 日起实施），遵循并落实保护优先、规划先行、海陆统筹、综合防治的工作原则，开展蓝色海湾整治行动，印发《关于加强胶州湾保护工作的实施意见》

（2016年）；同时，青岛市印发了全国首个“湾长制”实施方案（2017年），明确提出构建市、区（市）、镇（街道）三级湾长责任体系。

尽管针对胶州湾富营养化实施了陆源污染物减排、流域污染综合整治与生态修复等多项措施，但胶州湾水质并没有同步改善，富营养化状况依然严重。2015～2016年胶州湾营养盐的现场调查结果显示，溶解无机氮浓度依然分别为20世纪80年代和90年代的1.5倍和2.4倍，硅酸盐分别为同期的1.6倍和1.8倍，但溶解无机磷浓度分别下降了45%和21%，造成2015～2016年氮磷比达到76，严重偏离Redfield比值，胶州湾海水营养盐结构更加失调。与此同时，目前胶州湾溶解有机氮和溶解有机磷年平均浓度均较2002～2003年增长了63%左右，达14.7 μmol/L和0.26 μmol/L，已成为溶解态氮磷的优势组分。溶解有机氮、磷同样具有较高的生物可利用性，对胶州湾富营养化的贡献不容忽视。基于胶州湾营养盐输入通量的估算结果显示，河流和污水处理厂的陆源排放仍是胶州湾氮、磷的主要来源，因此未来胶州湾生态环境的调控，仍需要从以下几个方面进行考虑。

（一）改善海湾水动力

因过度开发，胶州湾岸线显著变化，海域面积和纳潮量明显减少，湾内水动力条件大幅度下降，内湾沿岸排污口排放的化学物质被限制在内湾的近岸区域，难以扩散到湾外，造成近岸尤其是湾内东北区域的水质恶化。针对上述问题，提出增加纳潮量的建议对策，改善海湾水动力，以防止水体交换能力减弱和污染物迁移扩散速率下降，进而减小对海湾自净能力的影响。

1. 增加纳潮量

（1）退养还海

对红岛沿岸及大沽河河口的池塘养殖区开展退堤（池）还海。通过开展胶州湾海域养殖池塘和设施清理，退养还海，增加海域纳潮量和海水交换速率，修复因养殖池塘开发而丧失原有自然生态功能的滩涂湿地，恢复海岸自然属性。

（2）红岛北侧潮汐通道修复

实施红岛北侧潮汐通道（北界河）修复工程，通过退堤还海、疏浚清淤等工程，改善胶州湾北部水体交换能力。

（3）胶州湾东北部海域疏浚清淤

胶州湾东北部湾底海域（女姑口湾）通过耙吸式挖泥船适度清淤，提高胶州湾底部水深条件、沧口水道的疏通能力，以及胶州湾东北部海域的水交换能力。

2. 禁止围填海

本书研究结果表明，围填海导致海域面积减少和纳潮量降低对海湾水体自净能力有显著影响，同时，对由潮汐动力控制的悬沙输运过程也产生了显著影响，围填海已成为影响胶州湾寿命的关键因素。因此，胶州湾内应严格控制围填海。值得庆幸的是，目前，《青岛市胶州湾保护条例》中明确指出，严禁胶州湾围填海，对胶州湾实施最严格的终极性、永久性保护。

（二）营养物质输入调控措施

根据本书研究结果，胶州湾海水中营养盐平面分布呈现东北部海域高、西南海域低的规律，墨水河、海泊河、李村河、大沽河河口邻近海域的浓度明显高于胶州湾中部，陆源排污是导致胶州湾环境污染的主要原因。同时，大气沉降和地下水也携带了不可忽视的营养盐。针对上述情况，提出以下对策。

1. 流域面源污染物控制

（1）实施严格的污染物入湾总量控制，建立以监测数据为依据的海湾污染治理倒逼机制

加快海陆一体化管理，深入排查入湾污染源，在已有的COD、氨氮两项总量控制指标前提下，将硝态氮、有机氮和有机磷指标纳入总量控制指标，继续加强对工业废水、生活污水等污染物的管理与治理，加快推进《胶州湾污染物排海总量控制工作方案》的实施，建立胶州湾排污总量控制制度，制定污染物排海总量控制指标和排海控制计划，落实各项海洋环境污染防治措施，使陆源污染物排海管理实现制度化、目标化、定量化，为建立以监测数据为依据的海湾污染治理倒逼机制，督促沿湾地区加强污染源头治理奠定基础。

（2）以海定陆，海陆统筹，调整区域产业结构与布局

陆海统筹、以海定陆是海洋环境保护工作需要明确的重要理念和关键。对于胶州湾这种受陆域影响显著的海湾，更应如此，应本着陆海统筹、河海兼顾的原则，以海洋环境容量或生态容量核算为基础，确定陆源各排污单元的污染物排放量，实行以海定陆。

通过总量控制优化模型得到的各排污单元污染物允许排放量主要是由其所处位置的水动力条件决定的。胶州湾东北部墨水河口和西北部大沽河口、洋河口水交换能力相对较差，加之两地区污染负荷较大，使其成为胶州湾污染的重灾区。团岛地处湾口，水交换能力较好。因此，根据不同排污单元可承载的污染负荷，通过调整产业结构、产业空间布局、城市规划空间布局等手段，达到改善环境的目的。如适当考虑将污染较为严重的工业、产业从东北部墨水河、白沙河、娄山河流域搬迁至污染负荷可直排外海的地区（如黄岛、胶南等）；城市功能区划布局时将东北部地区设计为承担污染负荷较小的城市功能区（如支柱产业为服务业、旅游业、高新技术产业等）。

（3）升格胶州湾保护委员会

目前，《青岛市胶州湾保护条例》规定的胶州湾保护范围，即包括胶州湾海域和胶州湾沿岸陆域，胶州湾后方大部分流域面积并未纳入保护条例。建议进一步升格胶州湾保护委员会为胶州湾及其流域保护委员会，将胶州湾流域范围内除了青岛市以外的其他市、县纳入管理，进一步明确胶州湾及其流域保护管理工作体制机制，明确胶州湾及其流域保护区域范围、基本原则、领导体制和职责分工。

（4）探索流域间生态补偿机制

胶州湾各流域汇水面积、人口、水资源量、经济发展等差异明显，由于其地理位置不

同，可分配的环境容量也有明显差异。此外，同一流域内，上下游所承担的责任、义务等也有显著差异。根据平等的生存权与发展权原则，在流域内、流域间开展生态补偿机制，是对胶州湾污染物总量控制的有益尝试。目前在我国实行生态补偿机制还面临种种困难，如生态保护标准制定、定量分析、补偿主体等及市场化机制的引进和法律法规的健全等方面，但各地都在积极地开展有益的尝试。青岛市于 2011 年在墨水河流域开展生态补偿机制试点，取得了明显成效，团彪水库、入海口、张家西城断面 COD、氨氮指标有了明显改善，应进一步总结试点中的经验、教训，逐步完善超标排放的生态补偿机制，并在胶州湾各流域内、流域间推广，进一步丰富污染物总量控制的内容。

（5）综合整治流域

现行的青岛市陆源污染物排海通量核算只局限于工业等点源，没有包括农业等非点源。而大沽河流域占青岛市陆域面积的 45%，是胶州湾陆源污染物的最大来源，这也是造成胶州湾污染物减排与水质改善严重脱节的一个主要原因。从青岛市生活、农业、工业和服务业的污染物排放强度看，农业源化学需氧量整体排放强度处于高位，其中的种植业和畜牧业的排放是主因。建议发展流域内生态农业，严格控制农药、化肥使用等；建议实施畜禽养殖整治，严格控制散放养模式，发展规模化养殖，规范畜禽养殖场环境管理、加快沼气工程配套设施建设等；特别应实施退耕还林整治，这是大沽河流域有效的氮、磷污染环境整治措施方案。

根据研究结果，不同农业结构的农田中氮对于环境中水体氮污染贡献比例不同，不同作物施肥量、化肥利用效率的不同，导致土壤中剩余量存在很大差异。例如，在氮肥投入量上，设施蔬菜＞露天蔬菜＞果园＞传统农作物；单位面积不同作物氮径流损失贡献比，蔬菜作物大于花生、玉米和大豆等传统作物。然而根据胶州流域大沽河水系现场调查结果，近年来，胶州湾流域农业种植结构发生改变，传统的粮食作物（冬小麦）种植面积减少，蔬菜等作物的种植面积增加。农业种植结构的转变必然导致施肥结构的改变，化肥（有机肥和无机肥）是区域营养盐（氮、磷）来源的重要组成部分。因此农业结构改变导致的区域营养盐收支及输送通量必须引起高度重视。同时，在不同流域种植结构的产污管理措施上须区别对待。

2. 沿岸点源污染物减排

（1）河流和点源治理

胶州湾东北部、西北部是目前水质较差区域，两个地区几大排污单元对胶州湾陆源入海污染物贡献最大，总量控制应首先从这两个区域着手，重点推进。根据本书研究结果，河流和点源排放是胶州湾 N、P 的两个最主要输入源。

点源由于相对集中，通常有固定排污口，治理起来相对容易。如团岛污水处理厂、海泊河污水处理厂、城阳出口加工区污水处理厂等，可通过配置脱氮、脱磷工艺，全面提升污水处理水平，将环湾地区污水处理厂全部提升至一级 A 标准。同时逐步在各城镇污水处理厂进行污水回收利用工程建设，配套回用污水的市场化机制，提升污水回用水平。

河流是流域内纳污的主要场所，胶州湾主要有 7 条入湾河流，包括大沽河、洋河、娄山河、李村河、墨水河、白沙河和海泊河，其中大沽河是胶州湾最大入湾河流，占胶州湾入海总净流量的 85%。河流劣Ⅴ类水质断面数占总监测断面的 28.6%。改善河道环境质量对于减少由河流带入胶州湾的污染物是必要的措施之一。建议全面整治环胶州湾的污染河流；解决城区污水直排环境问题，消除所有污水直排口，加快推进李村河、张村河等污水处理厂新建、改扩建和城市污水管网建设。重点在大沽河流域建设新的污染处理厂，有效提高污水处理能力，完善污水处理系统，加大中水的回收利用率，将污水处理厂深度处理后的再生水作为河道的主水源，使之既可以涵养地下水源，又可减少污水的入海排放总量。

（2）工业污染防治

结构性减排是指通过产业结构调整达到污染减排的目的，是控制污染排放的根本性措施，目前条件下，应将结构减排放在突出位置。实行污染减排的倒逼机制，促进产业结构调整、淘汰落后产能，强化污染物总量指标在项目审批中的约束作用，提高环境标准准入门槛，降低污染物排放强度。改善能源结构、培育低污染的节能环保战略新兴产业，努力形成环境友好型的产业结构、生产生活方式和消费模式。

实行东岸重污染企业搬迁改造，尤其是化工、橡胶、冶金、钢铁等企业，并通过搬迁实现产业升级改造，淘汰落后产能，用高科技和先进技术提升传统产业、降低污染物排放。大力推进青岛港老港区加速转型，持续推动沿湾企业关停并转，关停大体量、高耗能、高污染的企业，转移染料厂、啤酒麦芽厂、化工厂等工业企业。废水排放重点企业达标排放、实现 100%远程监控。

3. 地下水和大气沉降污染物调控

（1）减少地下水污染

胶州湾周边地下水中营养盐（尤其是硝态氮）主要来源于农田灌溉及大气降雨淋滤土壤中所施加的肥料，因此化肥农药使用量增加是引起地下水营养盐升高的主要原因。建议因地制宜，实行生态平衡施肥技术，合理施肥，改变灌溉模式，提高用水和施肥效率，以减少农田化肥过量使用导致地下水的污染。同时，合理进行海岸工程建设，保护原始岸线环境，整治与地下水联系紧密的水质污染严重的河渠。

（2）减少大气污染物浓度

本书研究结果表明，大气干、湿沉降占据胶州湾营养盐总外源输入的比例较低，但大气沉降带来的营养盐输入影响不可忽视。胶州湾大气 N 污染极为严重，气象条件（降水量、风向）、当地自然/人为污染物的排放强度及远距离传输是影响大气营养盐干、湿沉降浓度及通量的主要因素。干、湿沉降中极高的 N/P 值和极低的 Si/N 值加之 NH_4-N 的绝对优势地位，会改变表层水体的营养盐结构，加剧水体的 P 限制和 Si 限制，这可能是近年来胶州湾浮游植物群落结构和粒级结构改变及优势种演替的一个重要原因。因此，未来应考虑控制环胶州湾大气气溶胶中的 N 浓度。

4. 控制底播养殖

胶州湾大面积底播养殖菲律宾蛤仔，其环境影响的核心问题是生物体和粪便等生物沉降所导致的沉积环境的改变及贝类生理活动所产生的代谢废物（如氨氮和磷酸盐等）导致的水体富营养化，这种问题被称为底播养殖的自身污染。同时，底播养殖贝类收割时造成的悬浮物扰动释放营养盐对海湾水体的影响也不可忽视。因此，建议有效控制胶州湾菲律宾蛤仔底播养殖区的面积，在满足区域生态容纳量的条件下，控制养殖规模。同时，采取合理的采集方式，减少底播贝类收获过程中翻动沉积物对海水释放的营养盐。

（三）生态修复措施

本书研究结果表明，海湾滨海湿地对于营养盐具有重要的净化作用，其中以植被湿地尤为重要。建议以建设胶州湾国家级海洋公园为契机，开展滨海湿地修复工程。

1. 滨海湿地修复

（1）胶州湾湿地公园建设

深入推进实施胶州湾湿地公园的建设，根据规划，拟在大沽河口以东至红岛西岸建立胶州湾湿地公园，该区域现状主要以盐田、虾池、海参养殖等用地为主，建议对现状池塘进行重新规划，形成湿地生态水蔓网络，可以恢复生物的多样性，维护湿地生态系统的整体性和生态特性，也可增加胶州湾一定的纳潮量。

（2）胶州湾滨海湿地修复

通过胶州湾湿地生态修复工程，在红岛周边及大沽河河口等区域开展岸线平整，实施低盐区、中盐度微咸水沼泽区和咸水沼泽区种植植被，逐步恢复胶州湾面积萎缩和功能退化的自然湿地；建议在沧口、女姑口海域附近开展潮间滩涂湿地修复，种植原生植物碱蓬、芦苇及柽柳等；建议在红岛盐田湿地和池塘湿地种植该地区原生耐盐物种鼠尾草等，构建优美的滨海湿地自然风光，恢复以植物群落为依托的良性生态系统，逐步恢复湿地生物多样性与良性循环的生态平衡系统，形成具有本土自然特征的滨海湿地生态景观，在河流流域内和入海口处实施人工湿地建设，以改善进入河流污水水质。

2. 利用微生物和大型藻类进行海水水质修复

利用微生物和大型藻类等生物手段对胶州湾实施生态环境修复，去除胶州湾水体中过多的氮、磷营养物质。通过外加或培养“土著”微生物等方法，调控微生物与水环境其他生物之间关系，促进水体中有机污染物的降解和转化、残留饵料的分解，减少或消除氨氮和硝态氮、提高溶解氧水平，有效改善水质。筛选和培育适用于近海富营养化修复的大型海藻，通过海藻吸收并固定的氮、磷等营养物质由海洋转移到陆地，可大大降低海域营养物质含量。

3. 受污沉积环境修复

开展胶州湾沉积环境普查，以进行底质清淤及重污染区沉积物移除；推进微生物修复、碱蓬与柽柳种植等植物移除修复工程和其他污染修复工程；在胶州湾墨水河河口海域开展有机污染物、重金属及氮磷等污染修复；采取目标靶向物理修复、水生生物修复及长期自然恢复三种修复方法，逐步恢复胶州湾东北部海域沉积环境。

四、大亚湾生态环境调控策略

大亚湾是一个典型的亚热带半封闭性海湾，生态环境优良，海洋生物多样性丰富，水产资源种类繁多，是南海的水产资源种质资源库，也是多种珍稀水生种类的集中分布区和广东省重要的水产增养殖基地。

近40多年来，随着大亚湾沿岸社会经济的高速发展，大型基础设施建设造成岸线变化、滨海湿地减少，大量陆源物质输入和水产养殖业快速发展引发水质富营养化，以及过度捕捞等人类活动干扰不断加强，大亚湾海洋生态系统破碎化逐步加剧，生物多样性下降，生态系统的稳定性已经明显减弱，局部海域赤潮灾害频繁发生，生态环境和生物资源已经出现恶化和衰退迹象。大亚湾海洋生态系统已成为典型的“自然-社会-经济”复合生态系统。

从大亚湾沿岸人类活动相对集中的分布区域上看，大亚湾沿岸人类活动比较集中的区域如下。①大亚湾西南侧大鹏澳，包括深圳大鹏新区大鹏和南澳街道等行政区域，其人类活动影响类型主要为：城镇排污、沿岸虾塘养殖、网箱养殖、岭澳核电站等；②西北侧惠州港口区，包括惠州大亚湾澳头镇等行政区域，其人类活动影响类型主要为：澳头镇城镇排污、渔港渔船生产排污、惠州港区网箱养殖、哑铃湾网箱养殖、淡澳河排污；③北侧石化区和霞涌镇区，其人类活动影响类型主要为石油化工生产和霞涌镇生活污水排污；④东北侧范和港，其人类活动影响类型主要为稔山镇城镇排污、畜禽养殖业、沿岸虾塘养殖排污；⑤东侧巽寮湾旅游区，主要是旅游活动和城镇排污。

根据调查，大亚湾北部惠州大亚湾区输入营养物质的占比最大，主要污染源为生活污染、旅游污染、工业污染等点源及地表径流面源污染，同时，由于地处湾顶，海水交换能力较差，白寿湾、澳头港、石化区海岸等部分海域受陆源污染影响，存在无机氮、活性磷酸盐等营养物质超标现象。惠东县沿海平海、巽寮、稔山已基本无工业污染排向大亚湾，主要污染来自居民生活污水及旅游住宿业、餐饮业排污。由于惠东沿海城镇生活污水收集管网配套不完善及滨海旅游业的快速发展，城镇生活污染负荷较大。另外，惠东县海水养殖业污染排放也对大亚湾海域产生一定影响，尤其是范和港虾塘养殖区，由于养殖区位于大亚湾东北角，水体交换能力较差，加上粗放式养殖方式造成饵料利用率较低，污染持续积累。深圳大鹏新区对大亚湾环境的影响主要也是来自城镇生活污染及大鹏澳养殖区的海水养殖污染，大亚湾海域接纳大鹏新区水头污水处理厂尾水及南澳街道、大鹏街道未经处理直接排放的生活污水。由于大鹏新区旅游业的快速发展，旅游住宿业、餐饮业入海污染负荷也在逐年加大。

在分析大亚湾海域与流域污染物输入的变化规律及主要影响因素的基础上，结合海湾生态容量分析结果，提出以下大亚湾生态环境调控策略。

（一）入海营养物质的控制与管理

1. 入海河流营养物质削减

大亚湾区各主要入海河流水质尚未达标，需进一步整治以减轻大亚湾海域水质污染负荷，尤其是淡澳河。淡澳分洪渠与响水河汇合后至白寿湾出海口段为淡澳河，流域面积为98 km^2。淡澳河除分流淡水河洪水外，还汇聚了响水河、妈庙河、大胜河等几条支流，为直接排入大亚湾的粤东沿海小河流，是大亚湾开发区的主要水系。淡澳河上游的淡澳分洪渠为人工分洪渠，早期主要为降低淡水河及其下游洪水压力而修建，近年来，随着惠阳区的发展，大量的工业废水、生活污水通过淡澳分洪渠进入大亚湾，淡澳分洪渠成为淡水镇的排污渠。在所有入海河流和排污口中，淡澳河入海营养物质通量所占总量比例最高，枯水期DIN、DON、DIP、DOP入海通量分别占所有河流入海总量的43%、64%、50%和61%；丰水期淡澳河入海DIN、DON、DIP、DOP通量分别占所有河流入海总量的90%、83%、70%、73%。可见，未来对淡澳河的整治，是调控人类活动引起的营养物质输入大亚湾的重要抓手。

重点推进淡澳河综合整治工作，整治内容重点突出截污治污，同时兼顾防洪排涝、河道清淤等内容。建议对沿淡澳河两岸的规划道路布设污水管对沿河两岸用地的污水进行收集，同时对现状排污口进行截污，并最终排入第一水质净化厂。建议通过在淡澳河水质污染严重处应用超磁透析水处理技术，以达到断面水体透明度大幅度提高、消除黑臭目的，确保淡澳河基本消除劣Ⅴ类水质。

2. 沿海生活污染控制

大亚湾沿海城镇污水收集管网有待完善，建议扩建深圳大鹏新区大鹏街道和南澳街道，以及惠州澳头镇、霞涌镇、稔山镇、巽寮镇的生活污水收集管网，完善生活污水处理体系，在保持区域常住人口数量与第三产业旅游人口数量稳步增长的同时，逐步提升生活污水收集处理率至95%以上。

为提升入海河流水环境质量，降低对近岸海域环境的影响，有必要对大亚湾区城镇污水处理厂进行改造，提高设施脱氮和脱磷能力，尤其需要提高针对氨氮和有机氮的处理能力。

3. 径流面源污染控制

根据径流面源污染估算，大亚湾区入海面源污染以城市径流及农业种植径流污染为主。城市径流所携带的污染物主要有城市地面、屋顶、大气干湿沉降中集聚的污染物（如颗粒物、有机污染物、氮磷等营养物质、重金属等），这些污染物以各种形式积蓄在街道、城市下水道及其他不透水地面上，随雨水冲刷通过入海河流进入海域或直接进入海域。农业种植径流污染主要由于农业种植过程使用化肥及农业固体废弃物随意堆放，随降雨冲刷通过入海河流进入海域或直接进入海域。

（1）提高农业种植生态化程度

调整农业产业结构，大力发展观光农业，扩大生态农业覆盖面积。科学施肥，增加有机肥施用量，增施农家肥、土杂肥、绿肥等，提高土壤综合肥力。加强节水农业包括农田基础设施、节水灌溉工程建设等措施建设，提高农业灌溉水有效利用率。

（2）加强农业种植面源处理

在面源污染形成的过程中，缓冲带等景观可以滞蓄污染物，形成合理的分布格局，流域会产生较少的污染物输出。植物缓冲带指在河道与陆地交界的一定区域内建设乔灌草相结合的立体植物带，在陆地与河道之间起到一定的缓冲作用。农业种植面源污染也可以结合大亚湾区农村现有的人工湿地工程，结合生态沟渠的建设，在出水口建设截排管网将农业种植混合污水截流至周边临近的人工湿地进行深度处理和净化，形成以湿地处理为点、沟渠为线的农业面源污染处理系统，有效削减污染物。

（3）控制畜禽养殖面源污染

合理控制畜禽养殖规模，搬迁或关闭城市和城镇中居民等人口集中地区、城市近郊区的畜禽养殖场，通过转移外迁等方式，将养殖区搬迁至容量大、自净能力强的山区和城市远郊区。提高大中型规模化养殖场粪尿综合利用率，加大污水治理力度，减小污染负荷。积极推广养殖废水的土地处理，提高畜禽排泄物的资源化利用率。规范稔山镇片区内的畜禽养殖业，清理违规的畜禽养殖户，减少畜禽养殖业分布，并要求保留的养殖场提高污染处理水平。

4. 海水养殖污染控制

大亚湾网箱养殖对各形态 P 的输入比例均高于 10%，表明海水养殖营养物质排泄也是大亚湾水体 P 的一个不容忽视的来源。大亚湾西北部的哑铃湾，西南部的大鹏澳是大亚湾的主要养殖海域，也是大亚湾生态系统健康状况薄弱区域。因此，对养殖海域生态环境进行专项整治，也是遏制大亚湾生态系统退化趋势的重要举措之一。

整治工作应在充分考虑历史原因与现实情况，兼顾保护当地居民生产、生活的基础上，制定合理的整治方案，有序适度推进，以保障大亚湾水产养殖的可持续发展。整治内容主要包括：根据海域生态承载力，实行养殖容量控制与管理，合理控制大鹏澳、哑铃湾和喜洲附近海域海水养殖业规模；优化养殖结构，科学发展深水抗风浪网箱养殖，扩展海水养殖海域空间，大力发展海水生态综合养殖模式，减缓生态系统的环境胁迫；全面推行健康、安全养殖的操作规范，改进海水网箱养鱼投喂技术，提高饵料利用效率，加快人工饲料推广应用，减小养殖对环境的污染。

5. 大气沉降和地下水污染物控制

大亚湾大气沉降与地下水输入的营养物质的特征与胶州湾基本类似，因此，其所需采取的控制策略与胶州湾大体一致，这里不再赘述。

6. 实施基于生态容量的营养物质入海总量控制

沿海工业发展，人口增长及生活和工农业污水的排放，是破坏大亚湾近岸海域生态系统的重要原因之一，因此要确立治海先治陆的思想理念，逐步实现从“末端治理”向“源头控制”转化，从基于环境容量的“总量控制”向基于生态容量的“总量控制”转化，从“达标排放”向“零排放”转化，有效削减工业污染、城市生活污染和农业面源污染等陆源污染的排海强度和排放总量。

把大亚湾排污总量控制纳入程序化、法制化的轨道，按照河海统筹、陆海兼顾的原则，制定以生态容量为基础的陆源入海污染物总量的管理技术路线。制定大亚湾允许排污量的优化分配方案，控制和削减点源污染物排放总量，全面实施排污许可证制度，使陆源污染物排海管理制度化、目标化、定量化。

（二）排污口优化建议

大亚湾海域生态容量的分布存在时间和空间上的差异。从时间上来看，冬季的生态容量要大于夏季。从空间上来看，大亚湾东岸（范和港除外）的容量要大于范和港、大亚湾湾顶及西岸海域的容量，湾口的容量要远大于湾内的容量。根据本书研究结果，如果保持现有的排污格局不变，则沿岸水体交换能力较弱、自净能力较差的海域，特别是白寿湾、哑铃湾和范和港，需要大幅度削减污染物排放量，否则将远超过这些海域的生态容量，加剧污染，造成水质恶化。而大幅度的污染削减对沿岸地区的污染控制和治理能力，不论是在经济支持还是在技术水平上，都提出了较高要求。水污染物总量控制削减措施包括通过产业结构调整以实现“增产减污”、加大环境管理和监察力度、增大污染收集和处理范围、提高污染处理能力等。但一个地区的污染控制和治理水平受当地社会、经济、技术和自然条件等多方面因素的限制，因此除了减污、控污措施以外，进行排污口优化布局、提升区域环境承载力、提高污染物允许排放总量，也是污染物总量控制实施过程中的一个重要方法。

目前大亚湾北部的惠州市大亚湾区沿海主要的污染排放口有三个：①淡澳河入海口。淡澳分洪渠与响水河汇合后至白寿湾出海口段即为淡澳河，污染主要来自大亚湾中心区生活污水处理厂排放的处理后污水，通过响水河流入的来自西区的生活、工业废水，通过淡澳分洪渠流入的来自上游淡水镇的污水，以及沿岸散乱排放的各种废水；②石化区废水延伸至大亚湾湾口外的石化区第二排海口排放；③霞涌河入海口，污染主要来自霞涌。上述三个排污口中，石化区的排污口由于管道向外延伸到湾口外，因而排放地点具有较大的环境容量，能够在相当一段时期内满足石化区的排污需求；霞涌河入海口和淡澳河入海口白寿湾处水体自净能力较弱，环境容量小。未来随着大亚湾沿岸经济和社会的进一步发展，这些地区产生的污染负荷也将持续增长。目前淡澳河沿岸的污染负荷已十分沉重，即使淡水镇污水处理厂和大亚湾中心区污水处理厂完全按规划建成，全部污水进入污水厂处理达标后再排放，对容量十分有限的淡澳河而言仍然是一个沉重的负担。该区域的污水仅仅按照处理达标要求进行控制是远远不够的，必须提出更高的要求。可能的出路一是沿岸的所有污水厂都进行深度处理，使出水达到地表水Ⅴ类；另一选择则是寻求新的排污通道，提升环境承载力。霞涌片区由于现状排水及近期规划排水量都不大，进入石化区污水处理厂进行统一处理是一种较优的解决方案。但随着远期污水量的增加，需要考虑单独建设污水处理厂的可行性，并寻找合适的排污地点。

稔山镇和平海镇城市化程度不高，对污水处理的统一规划和部署不足，污水处理厂及配套管网的建设还不完善，沿岸乡镇、村庄私人布设排水管道、随意排放污水的现象较为明显，造成排污难于控制、治污难以实施等问题。要进行水污染整治，就必须从城镇排污系统的整体规划布局入手，梳理完善城镇排水管网系统，加快污水处理厂和配套管网的建设，提高污水处理率，并合理选择排放地点，严查严控污水错接乱排现象。针对范和港自净能力较弱，局部水体受污染导致水质不达标，其周边稔山镇和平海部分乡镇的主要污染物可用环境容量不足，未来社会、经济发展空间受到较大制约等问题。建议从未来全局发展的角度出发，稔山、平海两镇的污染治理排放系统需纳入整个稔平半岛的污染治理排放系统下进行考虑，整体规划、统一布局，实现稔平半岛的“环境保护一体化”，消除因规划不当而带来的以环境牺牲换经济发展、跨区域污染纠纷、阻碍“经济一体化”的实现等问题。

大鹏新区的葵涌、大鹏和南澳三个街道办都只有一部分社区位于大亚湾集水区，另有一部分位于大鹏湾集水区。从全局的角度出发，葵涌、大鹏与南澳的污水排放应考虑纳入深圳东部排水系统，统一规划，整体布局。建议建立深圳东部通海排水系统，收集沿岸排水，由大鹏半岛最南端大鹏角处通过约 3 km 长的海底放流管在南海深水排放。

（三）海洋生态保护与修复

1. 滨海湿地保护与建设

加强海岸带湿地保护力度，积极修复已经破坏的海岸带湿地，维护海岸带湿地的生态功能，发挥海岸带湿地对污染物的截留、净化功能。重点推进淡澳河入海口生态系统恢复工作，建设大亚湾红树林湿地公园。建议开展霞涌海岸带修复，采取驯化培育适生观赏植物，构建乔灌草搭配的人工植被生态系统等措施，改善海岸自然景观，提升区域环境质量。建议进一步保护范和港内稔山红树林湿地，实施红树林生态重建与恢复工程，使红树林资源得到有效保护，发挥红树林湿地对营养盐的净化作用，使范和港内水质逐步好转。

同时，严格控制围填海，保护大亚湾的滨海湿地，维持海湾净化能力。

2. 沉积物修复

澳头渔港油污水、生活垃圾、废油残油的排放，使澳头港水质呈现连年恶化的趋势，偶尔出现水质为Ⅳ类、劣Ⅳ类的情况，且海底淤泥较深，沉积物有机碳、硫化物等含量超标，每年夏季沉积物发酵易导致周边海域赤潮频发；建议开展重点污染海域沉积物修复工作，以澳头港及东升养殖区为重点，开展渔港及养殖区海域生态修复可行性研究工作。组织开展澳头港和东升养殖区沉积物现状调查，把握沉积物淤积的数量、范围及底泥的性质等，对海域清淤等项目的可行性进行论证，确定项目治理修复的范围、措施、期限等。

（四）构建区域性共防共治机制

大亚湾的生态环境保护是一项跨地区、跨部门、跨行业的综合性工作。需要深圳市和惠州市有关部门和地方政府的共同努力，建立区域性共同防治海洋环境污染的协调机制，开展区域性环境科学与生态保护科学研究，制定污染防治的区域法规、条例、污染控制标准及共同防治污染的措施，制定大亚湾生态环境修复规划和实施方案，通过区域环境合作机制协调解决大亚湾的生态环境问题。

建议参考胶州湾保护委员会组织机构，成立大亚湾保护委员会。进一步积极争取国家对整治修复项目、海洋科研等相关领域的资金支持，例如争取获批“蓝色海湾整治行动”整治修复规划，鼓励各类投资主体参与到海洋生态整治与修复建设中来。

参考文献

毕洪生, 孙松, 孙道元, 2001. 胶州湾大型底栖生物群落的变化[J]. 海洋与湖沼, 32(2): 132-138.

蔡树群, 韦桂峰, 王肇鼎, 2004. 外源输入对大亚湾大鹏澳浮游生物影响的模拟研究[J]. 生态科学, (2): 101-105.

陈桂珠, 缪绅裕, 黄玉山, 等, 1996. 人工污水中的N在模拟秋茄湿地系统中的分配循环及其净化效果[J]. 环境科学学报, 16(1): 44-50.

陈金瑞, 陈学恩, 2012. 近70年胶州湾水动力变化的数值模拟研究[J]. 海洋学报(中文版), 34(6): 30-41.

陈天然, 余克服, 施祺, 等, 2009. 大亚湾石珊瑚群落近25年变化及其对2008年极端低温事件的响应[J]. 科学通报, 54(6): 812-820.

陈长胜, 2003. 海洋生态系统动力学与模型[M]. 北京: 高等教育出版社.

陈忠林, 贲岳, 徐贞贞, 等, 2008. 东北某污水处理厂各流程出水中污染物时空分布特征[J]. 黑龙江大学学报(自然科学版), 25(6): 706-710.

丁琪, 陈新军, 2016. 基于渔获物的平均营养级的文献计量分析[J]. 广东海洋大学学报, 36(2): 27-33.

丁琪, 陈新军, 李纲, 等, 2016. 渔获物平均营养级在渔业可持续性评价中的应用研究进展[J]. 海洋渔业, 38(1): 88-97.

杜飞雁, 李纯厚, 廖秀丽, 等, 2006. 大亚湾海域浮游动物生物量变化特征[J]. 海洋环境科学, 25(1): 37-43.

杜飞雁, 王雪辉, 贾晓平, 等, 2013. 大亚湾海域浮游动物种类组成和优势种的季节变化[J]. 水产学报, 37(8): 1213-1218.

樊娟, 刘春光, 冯剑丰, 等, 2010. 海洋生态动力学模型在海洋生态保护中的应用[J]. 海洋通报, 29(1): 78-83.

符芳菲, 2017. 胶州湾大型底栖动物群落结构特征研究[D]. 上海: 上海海洋大学.

高会旺, 王强, 2004. 1999年渤海浮游植物生物量的数值模拟[J]. 中国海洋大学学报(自然科学版), 34(5): 867-873.

广东省海洋与渔业局, 2016. 2015年广东省海洋环境状况公报[Z]. 广州：广东省海洋与渔业局.

国家海洋局, 2017.中华人民共和国海洋行业标准《近岸海域海洋生物多样性评价技术指南》(HY/T 215-2017)[S]. 北京: 中国标准出版社.

国家海洋局第三海洋研究所, 1990. 大亚湾海洋生态文集(Ⅱ)[M]. 北京: 海洋出版社.

郝彦菊, 唐丹玲, 2010. 大亚湾浮游植物群落结构变化及其对水温上升的响应[J]. 生态环境学报, 19(8): 1794-1800.

何玉新, 黄小平, 黄良民, 等, 2005. 大亚湾养殖海域营养盐的周年变化及其来源分析[J]. 海洋环境科学, 24(4): 20-23.

洪华生, 薛雄志, 2006. 厦门海岸带管理十年回眸[M]. 厦门: 厦门大学出版社.

胡小颖, 雷宁, 赵晓龙, 等, 2013. 胶州湾围填海的海洋生态系统服务功能价值损失的估算[J]. 海洋开发与管理, 30(6): 84-87.

黄洪辉, 林钦, 林燕棠, 等, 2005. 大亚湾网箱养殖海域大型底栖动物的时空变化[J]. 中国环境科学, 25(4): 412-416.

黄小平, 张景平, 江志坚, 2015. 人类活动引起的营养物质输入对海湾生态环境的影响机理与调控原理[J]. 地球科学进展, 30(9): 961-969.

纪炜炜, 李圣法, 陈雪忠, 2010. 鱼类营养级在海洋生态系统研究中的应用[J]. 中国水产科学, 17(4): 878-887.

姜犁明, 董良飞, 杨季芳, 等, 2013. 大亚湾海域N、P营养盐分布特征研究[J]. 常州大学学报(自然科学版), 25(2): 12-15.

焦敏, 高郭平, 陈新军, 2016. 东北大西洋海洋捕捞渔获物营养级变化研究[J]. 海洋学报, 38(2): 48-63.

康美华, 2014. 胶州湾生源要素的时空分布特征研究[D]. 青岛: 中国海洋大学.

柯东胜, 彭晓娟, 吴玲玲, 等, 2009. 大亚湾典型生态系统状况调查与分析[J]. 海洋环境科学, 28(4): 421-425.

赖国棣, 2015. 泉州湾海岸线变迁遥感监测研究[J]. 福建地质, 34(4): 322-328.

李纯厚, 徐姗楠, 杜飞雁, 等, 2015. 大亚湾生态系统对人类活动的响应及健康评价[J]. 中国渔业质量与标准, 5(1): 1-10.

李俊磊, 孙晓霞, 2014. 胶州湾冬季浮游植物光合作用特征原位研究[J]. 海洋与湖沼, 45(3): 468-479.

李克强, 2007. 胶州湾主要化学污染物海洋环境容量研究——在多介质海洋环境中主要迁移-转化过程-三维水动力输运耦合模型建立与计算[D]. 青岛: 中国海洋大学.

李荣军, 2006. 荷兰围填海造地的启示[J]. 海洋管理, 3: 31-34.
李新正, 张宝琳, 李宝泉, 等, 2007. 青岛文昌鱼体征变化及影响因素探究[J]. 海洋科学, 31(1): 55-59.
李秀玉, 2012. 胶州湾红岛附近海域浮游动物群落生态学研究[D]. 青岛: 中国海洋大学.
李忠义, 左涛, 戴芳群, 等, 2010. 运用稳定同位素技术研究长江口及南黄海水域春季拖网渔获物的营养级[J]. 中国水产科学, 17(1): 103-109.
林国旺, 2011. 大亚湾典型海区生态过程观测与模拟研究[D]. 北京: 中国环境科学研究院.
林坚, 乔治洋, 叶子君, 2017. 城市开发边界的“划”与“用”——我国 14 个大城市开发边界划定试点进展分析与思考[J]. 城市规划学刊, (2): 37-43.
林磊, 刘东艳, 刘哲, 等, 2016. 围填海对海洋水动力与生态环境的影响[J]. 海洋学报, 38(8): 1-11.
刘浩, 潘伟然, 2008. 营养盐负荷对浮游植物水华影响的模型研究[J]. 水科学进展, 19(3): 345-351.
刘浩, 尹宝树, 2006. 渤海生态动力学过程的模型研究 I. 模型描述[J]. 海洋学报, 28(6): 21-31.
吕新刚, 赵昌, 夏长水, 等, 2010. 胶州湾水交换及湾口潮余流特征的数值研究[J]. 海洋学报, 32(2): 20-30.
麻秋云, 韩东燕, 刘贺, 等, 2015. 应用稳定同位素技术构建胶州湾食物网的连续营养谱[J]. 生态学报, 35(21): 7207-7218.
马立杰, 杨曦光, 祁雅莉, 等, 2014. 胶州湾海域面积变化及原因探讨[J]. 地理科学, 34(3): 365-369.
莫宝霖, 秦传新, 陈丕茂, 等, 2017. 基于 Ecopath 模型的大亚湾海域生态系统结构与功能初步分析[J]. 南方水产科学, 13(3): 9-17.
牟森, 2009. 胶州湾岸线变化对动力环境的影响[J]. 青岛: 中国海洋大学.
彭云辉, 陈浩如, 潘明祥, 等, 2001.大亚湾核电站运转前后邻近海域初级生产力及潜在渔获量初步研究[J]. 水产学报, 25(2): 161-165.
任湘湘, 李海, 吴辉碇, 2012. 海洋生态系统动力学模型研究进展[J]. 海洋预报, 29(1): 65-72.
商慧敏, 郗敏, 李悦, 等, 2018. 胶州湾滨海湿地生态系统服务价值变化[J]. 生态学报, 38(2): 421-431.
商少凌, 柴扉, 洪华生, 2004. 海洋生物地球化学模式研究进展[J]. 地球科学进展, 19(4): 621-629.
沈志良, 2002. 胶州湾营养盐结构的长期变化及其对生态环境的影响[J]. 海洋与湖沼, 33(3): 322-331.
宋金明, 罗延庆, 李鹏程, 2000. 渤海沉积物-海水界面附近磷与硅的生物地球化学循环模式[J]. 海洋科学, 24(12): 30-32.
宋星宇, 黄良民, 张建林, 等, 2004. 大鹏澳浮游植物现存量和初级生产力及 N：P 值对其生长的影响[J]. 热带海洋学报, 23(5): 34-41.
宋星宇, 王生福, 李开枝, 等, 2012. 大亚湾基础生物生产力及潜在渔业生产量评估[J]. 生态学报, 31(1): 13-17.
苏纪兰, 唐启升, 2005. 我国海洋生态系统基础研究的发展——国际趋势和国内需求[J]. 地球科学进展, 20(2): 139-143.
孙翠慈, 王友绍, 孙松, 等, 2006. 大亚湾浮游植物群落特征[J]. 生态学报, 26(12): 3948-3958.
孙松, 孙晓霞, 2010. 中国生态系统定位观测与研究数据集: 湖泊湿地海湾生态系统卷: 山东胶州湾站(1999—2006)[M]. 北京: 中国农业出版社.
孙松, 孙晓霞, 2015. 海湾生态系统的理论与实践——以胶州湾为例[M]. 北京: 科学出版社.
孙松, 李超伦, 张光涛, 等, 2011. 胶州湾浮游动物群落长期变化[J]. 海洋与湖沼, 42(5): 625-631.
孙晓霞, 孙松, 赵增霞, 等, 2011. 胶州湾营养盐浓度与结构的长期变化[J]. 海洋与湖沼, 42(5): 662-669.
孙晓霞, 于成仁, 胡仔园, 2016. 近海生态安全与未来海洋生态系统管理[J].中国科学院院刊, 31(12): 1293-1301.
唐森铭, 严岩, 陈彬, 2013. 春夏季大亚湾核电厂温排水对海洋浮游植物群落结构的影响[J]. 应用海洋学学报, 32(3): 373-382.
田慧颖, 陈利顶, 吕一河, 等, 2006. 生态系统管理的多目标体系和方法[J]. 生态学杂志, 25(9): 1147-1152.
田莹莹, 2016. 青岛胶州湾围填海整治困境与对策研究[J]. 青岛职业技术学院学报, 3: 16-20.
万修全, 鲍献文, 吴德星, 等, 2003. 胶州湾及邻近海域潮流和污染物扩散的数值模拟[J]. 海洋科学, 27(5): 31-36.
王宝斋, 陆忠洋, 张磊, 2016. 山东青岛胶州湾湿地现状、问题及保护对策[J]. 湿地科学与管理, 12(2): 24-26.
王朝晖, 陈菊芳, 徐宁, 等, 2005. 大亚湾澳头海域硅藻、甲藻的数量变动及其与环境因子的关系[J]. 海洋与湖沼, 36(2): 186-192.
王朝晖, 梁伟标, 邵娟, 2016. 2011～2012 年度大亚湾海域浮游植物群落的季节变化[J]. 海洋科学, 40(3): 52-58.
王聪, 林军, 陈丕茂, 等, 2008. 大亚湾水交换的数值模拟研究[J]. 南方水产, 4(4): 8-15.

王金宝, 李新正, 王洪法, 等, 2011. 2005—2009 年胶州湾大型底栖动物生态学研究[J]. 海洋与湖沼, 42(5): 728-737.
王鸣歧, 杨潇, 2017. “多规合一”的海洋空间规划体系设计初步研究[J]. 海洋通报, 36(6): 676-681.
王雪辉, 杜飞雁, 邱永松, 等, 2010. 1980—2007 年大亚湾鱼类物种多样性、区系特征和数量变化[J]. 应用生态学报, 21(9): 2403-2410.
王艳玲, 汪进生, 安文超, 2012. 胶州湾水质及主要营养盐季节性变化分析[J].中国环境管理干部学院学报, 22(3): 50-54.
王友绍, 王肇鼎, 黄良民, 2004. 近 20 年来大亚湾生态环境的变化及其发展趋势[J]. 热带海洋学报, 23(5): 85-95.
王玉珏, 刘哲, 张永, 等, 2015. 2010—2011 年胶州湾叶绿素 a 与环境因子的时空变化特征[J]. 海洋学报, 37(4): 103-116.
王震勇, 2007. 胶州湾浮游生态系统四十年变化的模拟与分析[D]. 青岛: 中国海洋大学.
魏皓, 赵亮, 冯士筰, 2003a. 渤海浮游植物生物量与初级生产力变化的三维模拟[J]. 海洋学报, 25(S2): 66-72.
魏皓, 赵亮, 冯士筰, 2003b. 渤海碳循环与浮游植物动力学过程研究[J]. 海洋学报, 25(S2): 151-156.
吴任豪, 蔡树群, 王盛安, 等, 2007. 大亚湾海域潮流和余流的三维数值模拟[J]. 热带海洋学报, 26(3): 18-23.
吴岩, 陶建华, 1998. 大亚湾潮流数学模型的校准及验证[J]. 港工技术, (1): 6-11.
吴玉霖, 孙松, 张永山, 2005. 环境长期变化对胶州湾浮游植物群落结构的影响[J]. 海洋与湖沼, 36(6): 487-498.
武文, 严聿晗, 宋德海, 2017. 大亚湾的潮汐动力学研究——Ⅰ. 潮波系统的观测分析与数值模拟[J]. 热带海洋学报, 36(3): 34-45.
夏洁, 高会旺, 2006. 南黄海东部海域浮游生态系统要素季节变化的模拟研究[J]. 安全与环境学报, 6(4): 59-65.
夏真, 陈太浩, 赵庆献, 2000. 多时相卫星遥感海岸线变迁研究——以大亚湾地区为例[J]. 南海地质研究, (12): 102-108.
邢建芬, 陈尚, 2010. 韩国围填海的历史、现状与政策演变[N]. 中国海洋报, 2010-01-15 (4).
熊鹰, 张敏, 张欢, 等, 2015, 鱼类形态特征与营养级位置之间关系初探[J]. 湖泊科学, 27(3): 466-474.
徐恭昭, 1989. 大亚湾环境与资源[M]. 合肥: 安徽科学技术出版社.
徐兆东. 胶州湾大型底栖动物生态学研究及功能群初探[M]. 青岛: 中国海洋大学, 2015.
许自舟, 张志峰, 梁斌, 等, 2016. 天津市陆源氮磷入海污染负荷总量评估[M]. 北京: 海洋出版社.
严聿晗, 武文, 宋德海, 等, 2017. 大亚湾的潮汐动力学研究——Ⅱ. 潮位和潮流双峰现象的产生机制[J]. 热带海洋学报, 36(3): 46-54.
杨国标, 2001. 大亚湾海区潮流运动特征[J]. 人民珠江, (1): 30-32.
杨昆, 杨林, 许泉立, 等, 2016. 流域非点源污染模拟与空间决策支持信息系统[M]. 北京: 科学出版社.
叶翔, 王爱军, 马牧, 等, 2016. 高强度人类活动对泉州湾滨海湿地环境的影响及其对策[J]. 海洋科学, 40(1): 94-100.
于海燕, 李新正, 李宝泉, 等, 2006. 胶州湾大型底栖动物生物多样性[J]. 生态学报, 26: 416-422.
于杰, 陈国宝, 黄梓荣, 等, 2014. 近 10 年间广东省 3 个典型海湾海岸线变迁的遥感分析[J]. 海洋湖沼通报, (3): 91-96.
于杰, 杜飞雁, 陈国宝, 等, 2009. 基于遥感技术的大亚湾海岸线的变迁研究[J]. 遥感技术与应用, 24(4): 512-516.
余景, 陈丕茂, 冯雪, 2016a. 珠江口浅海 4 种经济虾类的食性和营养级研究[J]. 南方农业学报, 47(5): 736-741.
余景, 赵漫, 陈丕茂, 等, 2016b. 珠江口浅海 8 种经济鱼类的食性研究[J]. 南方农业学报, 47(3): 483-488.
俞光耀, 吴增茂, 张志南, 等, 1999. 胶州湾北部水层生态动力学模型与模拟Ⅰ. 胶州湾北部水层生态动力学模型[J]. 青岛海洋大学学报(自然科学版), 29(3): 421-428.
张丹丹, 杨晓梅, 苏奋振, 等, 2010. 大亚湾近岸土地利用的时空分异及其与地貌因子关系分析[J]. 资源科学, 32(8): 1551-1557.
张书文, 夏长水, 袁业立, 2002. 黄海冷水团水域物理-生态锅合数值模式研究[J]. 自然科学进展, 12(3): 312-320.
张素香, 李瑞杰, 罗锋, 等, 2006. 海洋生态动力学模型的研究进展[J]. 海洋湖沼通报, (4): 121-127.
张绪良, 夏东兴, 2004. 海岸湿地退化对胶州湾渔业和生物多样性保护的影响[J]. 海洋技术, 23: 68-71.
张学庆, 孙英兰, 2007. 胶州湾入海污染物总量控制研究[J]. 海洋环境科学, 26(4): 347-350.
张燕, 孙英兰, 袁道伟, 等, 2007. 胶州湾氮、磷浓度的三维数值模拟[J]. 中国海洋大学学报(自然科学版), 37(1): 21-26.
张永战, 王颖, 2000. 面向 21 世纪的海岸海洋科学[J]. 南京大学学报(自然科学版), 36(6): 702-711.
张月平, 章淑珍, 1999. 南沙群岛西南陆架海域主要底层经济鱼类的食性[J]. 中国水产科学, 6(2): 58-61.
赵科, 2016. 胶州湾跨海大桥对海湾沉积动力环境变化的影响[D].青岛: 中国海洋大学.

赵亮, 魏皓, 赵建, 2002. 胶州湾水交换的数值研究[J].海洋与湖沼, 35(1): 23-30.

中国海湾志编纂委员会, 1998. 中国海湾志·第九分册·广东省东部海湾[M]. 北京: 海洋出版社.

中国水产科学研究院南海水产研究所, 惠州市海洋与渔业局, 2008. 惠州市海洋环境保护规划研究报告[R]. 惠州: [出版者不详].

中华人民共和国国家海洋局, 2005. 近岸海洋生态健康评价指南(HY/T 087-2005)[S]. 北京: 中国标准出版社.

周春艳, 李广雪, 史经昊, 2010. 胶州湾近 150 年来海岸变迁[J].中国海洋大学学报(自然科学版), 40(7): 99-106.

邹涛, 2012. 夏季胶州湾入海污染物总量控制研究[D].青岛: 中国海洋大学.

Armstrong R A, 1999. An optimization-based model of iron-light-ammonium colimitation of nitrate uptake and phytoplankton growth[J]. Limnology and Oceanography, 44(6): 1436-1446.

Boesch D F, 2006. Scientific requirements for ecosystem-based management in the restoration of Chesapeake Bay and Coastal Louisiana[J]. Ecological Engineering, 26: 6-26.

Borde A B, O'Rourke L K, Thom R M, et al., 2004. National review of innovative and successful coastal habitat restoration[R]. National Oceanic and Atmospheric Administration Coastal Services Center.

Butler E I, Corner E D S, Marshall S M, 1969. On the nutrition and metabolism of zooplankton. V. Feeding efficiency of *Calanus finmarchicus*[J]. Journal of the Marine Biological Association of the United Kingdom, 49: 977-1001.

Chai F, Dugdale R C, Peng T H, et a1., 2002. One-dimensional ecosystem model of the equatorial Pacific upwelling system. Part I: model development and silicon and nitrogen cycle[J]. Deep Sea Research Part II: Topical Studies in Oceanography, 49: 2713-2734.

Chai F, Jiang M S, Chao Y, et al., 2007. Modeling responses of diatom productivity and biogenic silica export to iron enrichment in the equatorial Pacific Ocean[J]. Global Biogeochemical Cycles, 21: 3-90 .

Chapelle A, Lazure P, Ménesguen A, 1994. Modelling eutrophication events in a coastal ecosystem. Sensitivity analysis[J]. Estuarine, Coastal and Shelf Science, 39: 529-548.

Chen C, Liu H, Beardsley R C, 2003. An unstructured grid, finite-volume, three-dimensional, primitive equations ocean model: application to coastal ocean and estuaries[J]. Journal of Atmospheric and Oceanic Technology, 20(20): 159-186.

Costanza R, 2012. Ecosystem health and ecological engineering[J]. Ecological Engineering, 45: 24-29.

Costanza R, Mageau M, 1999.What is a healthy ecosystem? [J]. Aquatic Ecology, 33: 105-115.

Cui M C, Zhu H, 2001. Coupled physical-ecological modelling in the central part of Jiaozhou Bay II. Coupled with an ecological model[J]. Chinese Journal of Oceanology and Limnology, 19(1): 21-28.

Ding Y, Bao X, Yao Z, et al., 2017. A modeling study of the characteristics and mechanism of the westward coastal current during summer in the northwestern South China Sea[J]. Ocean Science Journal, 52(1): 11-30.

Dobson F W, Smith S D, 1988. Bulk models of solar radiation at sea[J]. Quarterly Journal of the Royal Meteorological Society, 114(479): 165-182.

Douvere F, Ehler C N, 2009. New perspectives on sea use management: Initial findings from European experience with marine spatial planning[J]. Journal of Environmental Management, 90(1): 77-88.

Dugdale R C, 1967. Nutrient limitation in the sea: Dynamics, identification, and significance[J]. Limnology and Oceanography, 12(4): 685-695.

Dyer K R, 1997. Estuaries: A Physical Introduction[M]. 2nd Ed. Chichester: John Wiley & Sons: 136-164.

Ebenhöh W, Baretta-Bekker J G, Baretta J W, 1997. The primary production module in the marine ecosystem model ERSEM II, with emphasis on the light forcing[J]. Journal of Sea Research, 38(3-4): 173-193.

Ebenhöh W, Kohlmeier C, Radford P J, 1995. The benthic biological submodel in the European regional seas ecosystem model[J]. Netherlands Journal of Sea Research, 33(3-4): 423-452.

Ehler C N, Douvere F, 2009. Marine spatial planning: A step-by-step approach toward ecosystem-based management. Intergovernmental Oceanographic Commission and Man and the Biosphere Programme[J]. Paris, France, UNESCO: 99.(IOC Manual and Guides No. 53, ICAM Dossier No.6).

Elliott M, Burdon D, Atkins J P, et al., 2017. "And DPSIR begat DAPSI(W)R(M)!" -A unifying framework for marine environmental management[J]. Marine Pollution Bulletin, 118: 27-40.

Elosegi A, Gessner M O, Young R G, 2017. River doctors: Learning from medicine to improveecosystem management[J]. Science of the Total Environment, 595: 294-302.

Eppley R W, 1972. Temperature and phytoplankton growth in the sea[J]. Fishery Bulletin, 70(4): 1063-1085.

Fasham M J R, Duklow H W, McKelvie S M. 1990. A nitrogen-based model of plankton dynamics in the oceanic mixed layer[J]. Journal of Mrarine Research, 48: 591-639.

Fennel W, 2008. Towards bridging biogeochemical and fish-production models[J]. Journal of Marine Systems, 71(1-2): 171-194.

Fennel W, 2009. Parameterization of truncated food web models from the perspective of an end to end model approach[J]. Journal of Marine Systems, 76(1-2): 171-185.

Fernandino G, Elliff C I, Silva I R, 2018. Ecosystem-based management of coastal zones in face of climatechange impacts: Challenges and inequalities[J]. Journal of Environmental Management, 215: 32-39.

Friedl G, Dinkel C, Wehrli B, 1998. Benthic fluxes of nutrients in the northwestern Black Sea[J]. Marine Chemistry, 62(1-2): 77-88.

Gao G D, Wang X H, Bao X W, 2014. Land reclamation and its impact on tidal dynamics in Jiaozhou Bay, Qingdao, China[J]. Estuarine, Coastal and Shelf Science, 151: 285-294.

Gao G D, Wang X H, Bao X W, et al., 2018a. The impacts of land reclamation on suspended-sediment dynamics in Jiaozhou Bay, Qingdao, China[J]. Estuarine, Coastal and Shelf Science, 206: 61-75.

Gao G D, Wang X H, Song D, et al., 2018b. Effects of wave-current interactions on suspended-sediment dynamics during strong wave events in Jiaozhou Bay, Qingdao, China[J]. Journal of Physical Oceanography, 48(5): 1053-1078.

Gracia A, Rangel-Buitrago N, Oakley J A, 2018. Use of ecosystems in coastal erosion management[J]. Ocean & Coastal Management, 156: 277-289.

Halpern B S, Longo C, Hardy D, et al., 2012. An index to assess the health and benefits of the global ocean[J]. Nature, 488: 615-620.

Han H, Li K, Wang X, et al., 2011. Environmental capacity of nitrogen and phosphorus pollutions in Jiaozhou Bay, China: Modeling and assessing[J]. Marine Pollution Bulletin, 63(5): 262-266.

Huntley M, Boyd C, 1984. Food-limited growth of marine zooplankton[J]. The American Naturalist, 124: 455-479.

Jones R, Henderson E W, 1987. The dynamics of nutrient regeneration and simulation studies of the nutrient cycle[J]. ICES Journal of Marine Science, 43(3): 216-236.

Jørgensen S E, 1994. Models as instruments for combination of ecological theory and environmental practice[J]. Ecological Modelling, (75-76): 5-20.

Jørgensen S E, Nielsen S N, Jørgensen L A, 1991. Handbook of Ecological Parameters and Ecotoxicology[M]. Amsterdam: Elsevier Press: 1263.

Karr J R, 1993. Defining and assessing ecological integrity: Beyond water quality[J]. Environmental Toxicology and Chemistry, 12: 1521-1531.

Keenleyside K A, Dudley N, Cairns S, et al., 2012. Ecological Restoration for Protected Areas: Principles, Guidelines and Best Practices[M]. Gland: IUCN.

Kodama K, Horiguchi T, 2011. Effects of hypoxia on benthic organisms in Tokyo Bay, Japan: A review[J]. Marine Pollution Bulletin, 63: 215-220.

Lake P S, Bond N, Reich P, 2007. Linking ecological theory with stream restoration[J]. Freshwater Biology, 52: 597-615.

Laws E, Caperon J, 1976. Carbon and nitrogen metabolism by *Monochrysis lutheri*: Measurement of growth-rate-dependent respiration rates[J]. Marine Biology, 36(1): 85-97.

Leopold A, 1941.Wilderness as a land laboratory[J]. Living Wilderness, 6: 3.

Li K, Zhang L, Li Y, et al., 2015. A three-dimensional water quality model to evaluate the environmental capacity of nitrogen and phosphorus in Jiaozhou Bay, China[J]. Marine Pollution Bulletin, 91(1): 306-316.

Liu S M, Li X N, Zhang J, et al., 2007. Nutrient dynamics in Jiaozhou Bay[J]. Water, Air, & Soil Pollution: Focus, 7(6): 625-643.

Long R D, Charles A, Stephenson A R, 2015. Key principles of marine ecosystem-based management[J]. Marine Policy, 57: 53-60.

Matsumoto K, Takanezawa T, Ooe M, 2000. Ocean tide models developed by assimilating TOPEX/POSEIDON altimeter data into hydrodynamical model: A global model and a regional model around Japan[J]. Journal of Oceanography, 56(5): 567-581.

McDonald T, Jonson J, Dixon KW, 2016. National standards for the practice of ecological restoration in Australia[J]. Restoration Ecology, 24: S4-S32.

Millennium Ecosystem Assessment. 2005. Ecosystems and Human Well-being: Opportunities and challenges for business and industry [R]. World Resources Institute, Washington D C.

Moll A, Radach G, 2003. Review of three-dimensional ecological modelling related to the North Sea shelf system: Part1: models and their results[J]. Progress in Oceanography, 57(2): 175-217.

OECD, 1994. Environmental Indicators: Oecd Core Set: Indicateurs d'Environnement [M]. Pairs: Organisation for Economic Co-operation and Development.

Peng B R, Jin D, Burroughs R, 2009. Regional ocean governance in China: An appraisal of the Clean Bohai Sea Program[J]. Coastal Management, 37(1): 70-93.

Peters R H, 1983. The Ecological Implications of Body Size[M]. Cambridge: Cambridge University Press: 1-329.

Radach G, Moll A, 1993. Estimation of the variability of production by simulating annual cycles of phytoplankton in the central North Sea[J]. Progress in Oceanography, 31(4): 339-419.

Ramesh R, Chen Z, Cummins V, et al., 2015. Land-ocean interactions in the coastal zone: Past, present & future[J]. Anthropocene, 12: 85-98.

Rapport D J, 1989. What constitutes ecosystem health? [J]. Perspectives in Biology and Medicine, 33: 120-132.

Rapport D J, Böhm G, Buckingham D, et al., 1999. Ecosystem health: The concept, the ISEH, and the important tasks ahead[J]. Ecosystem Health, 5: 82-90.

Rapport D J, Costanza R, Mcmichael A J, 1998. Assessing ecosystem health[J]. Trends in Ecology & Evolution, 13(10): 397-402.

Riley G A, 1956. Oceanography of Long Island Sound, 1952-1954, II[J]. Physical Oceanography Bulletin of the Bingham Oceanographic Collection, 15: 15-46.

Robert C, 2012. Ecosystem health and ecological engineering[J]. Ecological Engineering, 45: 24-29.

Rong Z, Li M, 2012. Tidal effects on the bulge region of Changjiang River plume[J]. Estuarine, Coastal and Shelf Science, 97: 149-160.

Schaeffer D J, Henricks E E, Kerster H W, 1988. Ecosystem health: I. Measuring ecosystem health[J]. Environmental Management, 12: 445-455.

Schnoor J L, 1996. Environmental Modeling[M]. New York: John Wiley & Sons: 185-229.

Shi J, Li G, Wang P, 2011. Anthropogenic influences on the tidal prism and water exchanges in Jiaozhou BayQingdao, China[J]. Journal of Coastal Research, 27: 57-72.

Song D, Yan Y, Wu W, et al., 2016. Tidal distortion caused by the resonance of sexta-diurnal tides in a micromesotidal embayment[J]. Journal of Geophysical Research: Oceans, 121(10): 7599-7618.

Song X, Liu H, Zhong Y, et al., 2015. Bacterial growth efficiency in a partly eutrophicated bay of South China Sea: Implication for anthropogenic impacts and potential hypoxia events[J]. Ecotoxicology, 24(7-8): 1529-1539.

Steele J H, 1962. Environmental control of photosynthesis in the sea[J]. Limnology and Oceanography, 7(2): 137-150.

Tejo E D, Mettermicht G, 2018. Poorly-designed goals and objectives in resource management plans: Assessing their impact for an ecosystem-based approach to marine spatial planning[J]. Marine Policy, 88: 122-131.

Trenkel V M, Hintzen N T, Farnsworth K D et al., 2015. Identifying marine pelagic ecosystem management objectives and indicators[J]. Marine Policy, 55: 23-32.

Tsujimoto T, Toda Y, Tashiro T, et al., 2012. Integrated modeling for eco-compatible management of river basin complex around Ise Bay, Japan[J]. Procedia Environmental Sciences, 13: 158-165.

Wang Y, Lou Z, Sun C, et al., 2008. Ecological environment changes in Daya Bay, China, from 1982 to 2004[J]. Marine Pollution Bulletin, 56: 1871-1879.

Wang Z, Zhao J, Zhang Y, et al., 2009. Phytoplankton community structure and environmental parameters in aquaculture areas of Daya Bay, South China Sea[J]. Journal of Environmental Sciences, 21: 1268-1275.

Wen Y H, Peters R H, 1994. Empirical models of phosphorus and nitrogen excretion rates by zooplankton[J]. Limnology and Oceanography, 39(7): 1669-1679.

Wiegand J, Raffaelli D, Smart J C R, et al., 2010. Assessment of temporal trends in ecosystem health using an holistic indicator[J]. Journal of Environmental Management, 91: 1446-1455.

Xiao K, Li H, Song D, et al., 2018. Field measurement for investigating the dynamics of tidal prism during a spring-neap tidal cycle in Jiaozhou Bay, China[J]. Journal of Coastal Research, 35(2): 335-347.

Yu W, Chen B, Ricci P F, et al., 2015. Species diversity patterns of marine plankton and benthos in Chinese bays: Baseline prior to large-scale development[J]. Journal of Marine Research, 73: 1-15.

Yu X, Yan Y, Wang W, 2010. The distribution and speciation of trace metals in surface sediments from the Pearl River Estuary and the Daya Bay, Southern China[J]. Marine Pollution Bulletin, 60: 1364-1371.

Zhang H, Cheng W, Chen Y, et al., 2019. Importance of large-scale coastal circulation on bay-shelf exchange and residence time in a subtropical embayment, the northern South China Sea[J]. Ocean & Coastal Management, 168: 72-89.

Zhang J, Yu Z G, Raabe T, et al., 2004. Dynamics of inorganic nutrient species in the Bohai seawaters[J]. Journal of Marine Systems, 44: 189-212.

Zhou P, Huang J L, Pontus Jr R G, et al., 2016. New insight into the correlations between land use and water quality in a coastal watershed of China: Does point source pollution weaken it? [J]. Science of the Total Environment, 543(Part A): 591-600.

Zhu H, Cui M C, 2000. Coupled physical-ecological modeling of the central part of Jiaozhou bay I: Physical modeling[J]. Chinese Journal of Oceanography Limnology, 18(4): 309-314.

Zlotnik I, Dubinsky Z, 1989. The effect of lightand temperature on DOC excretion by phytoplankton[J]. Limnology and Oceanography, 34(5): 831-839.

Zone L O I I, Kremer H H, Le Tissier M D A, et al., 2005. Land-Ocean interactions in the coastal zone: Science plan and implementation strategy[J]. Environmental Policy Collection, 20(11): 1262-1268.

彩 图

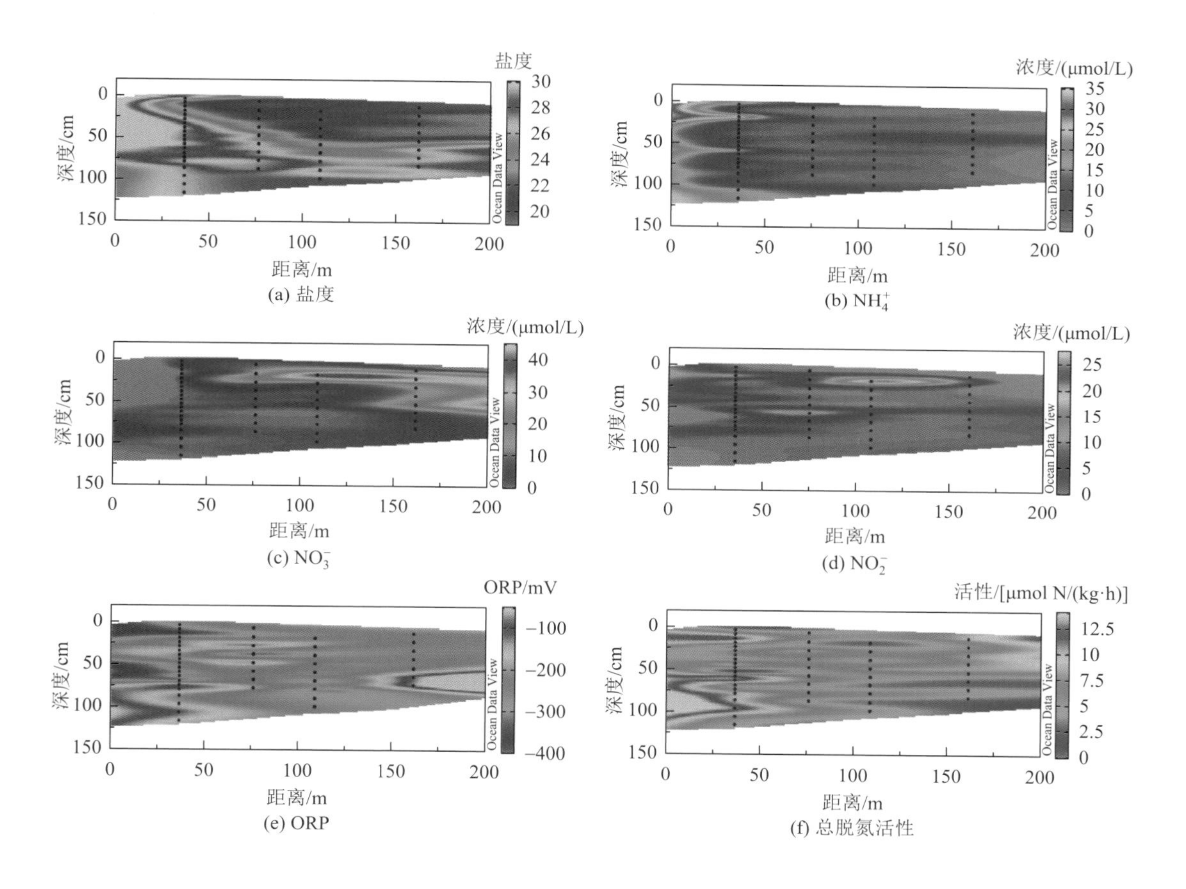

盐度
深度/cm
距离/m
(a) 盐度
浓度/(μmol/L)
(b) NH_4^+
(c) NO_3^-
(d) NO_2^-
ORP/mV
(e) ORP
活性/[μmol N/(kg·h)]
(f) 总脱氮活性
Ocean Data View

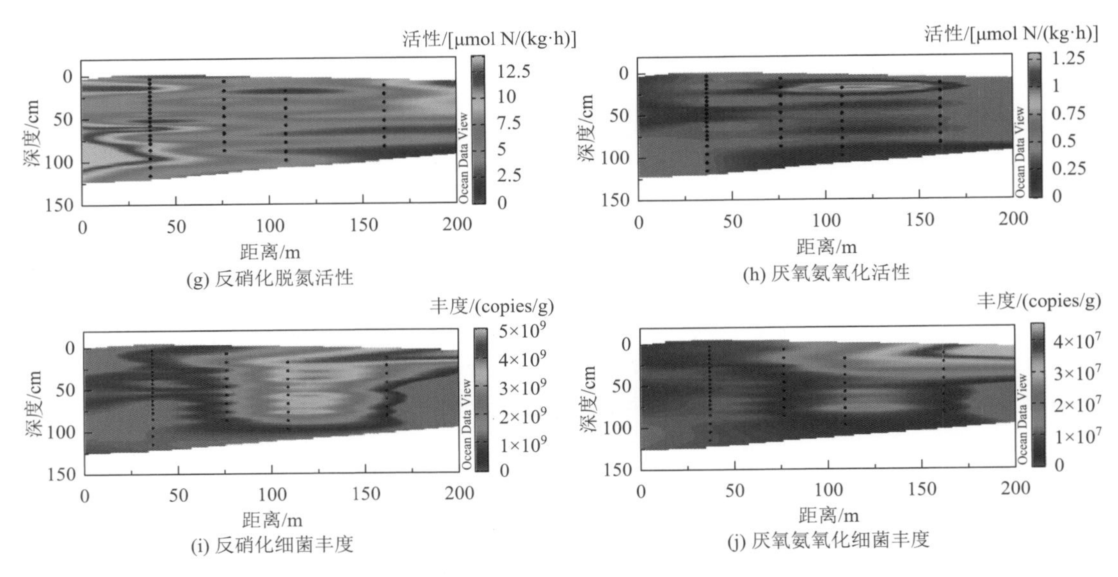

图 2.98 取样点理化特性、脱氮活性及微生物丰度分布

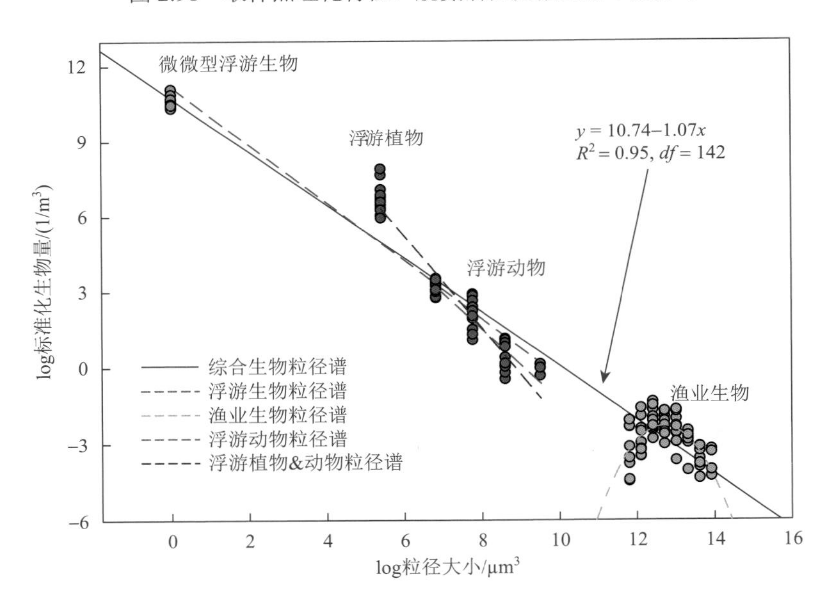

图 4.23 夏季大亚湾多生物类群粒径谱

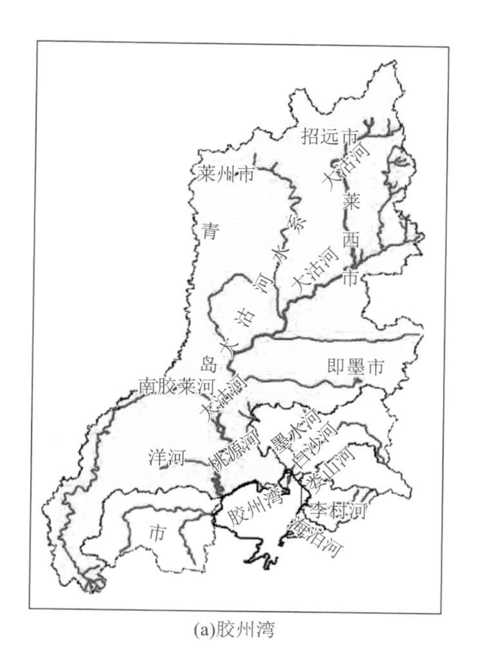

(a)胶州湾

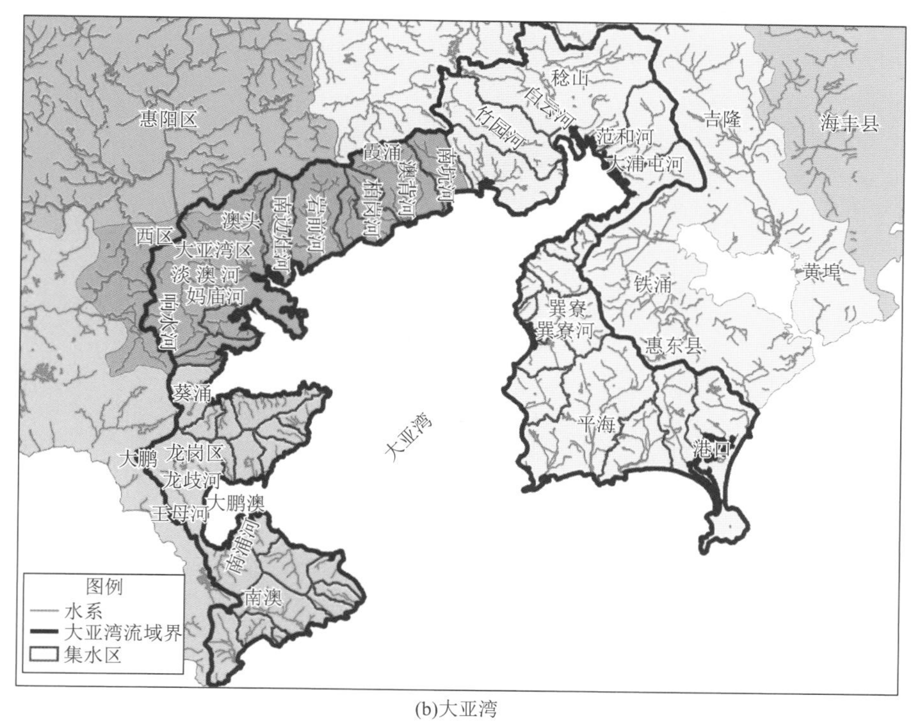

(b)大亚湾

图 5.1　胶州湾和大亚湾流域范围示意图

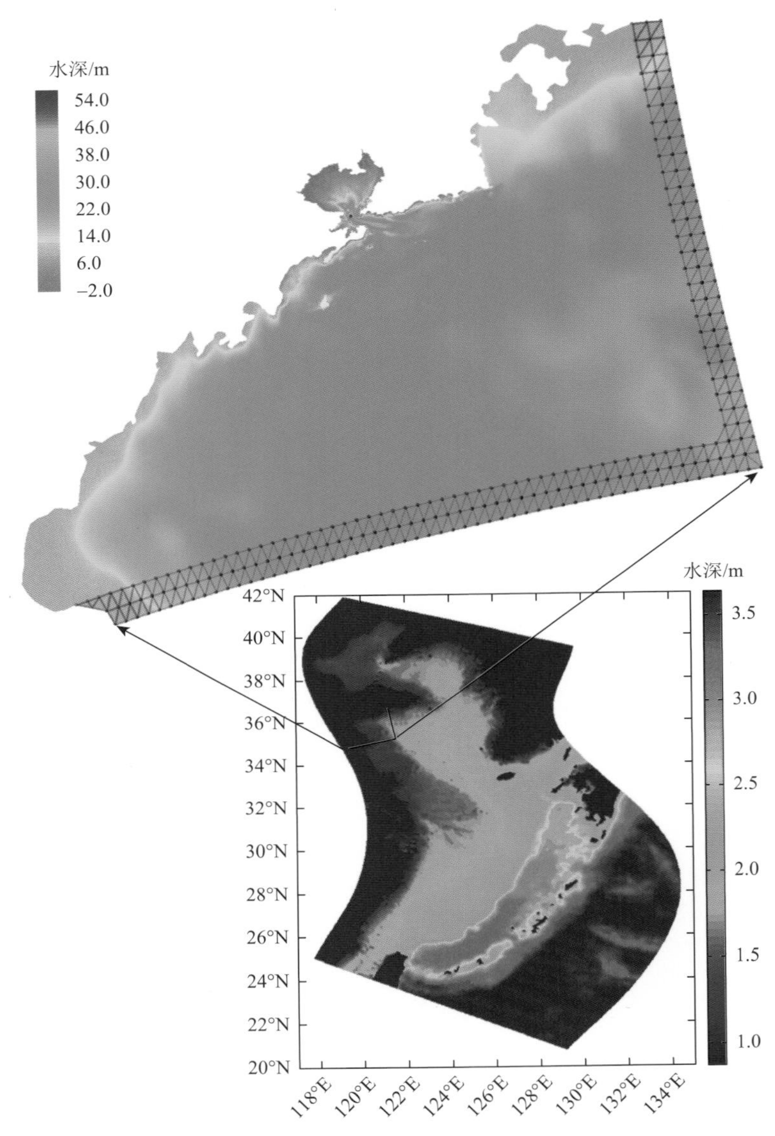

图 5.20　胶州湾斜压模型 FVCOM（上）与 ROMS（下，水深取以 10 为底的对数）网格嵌套示意图

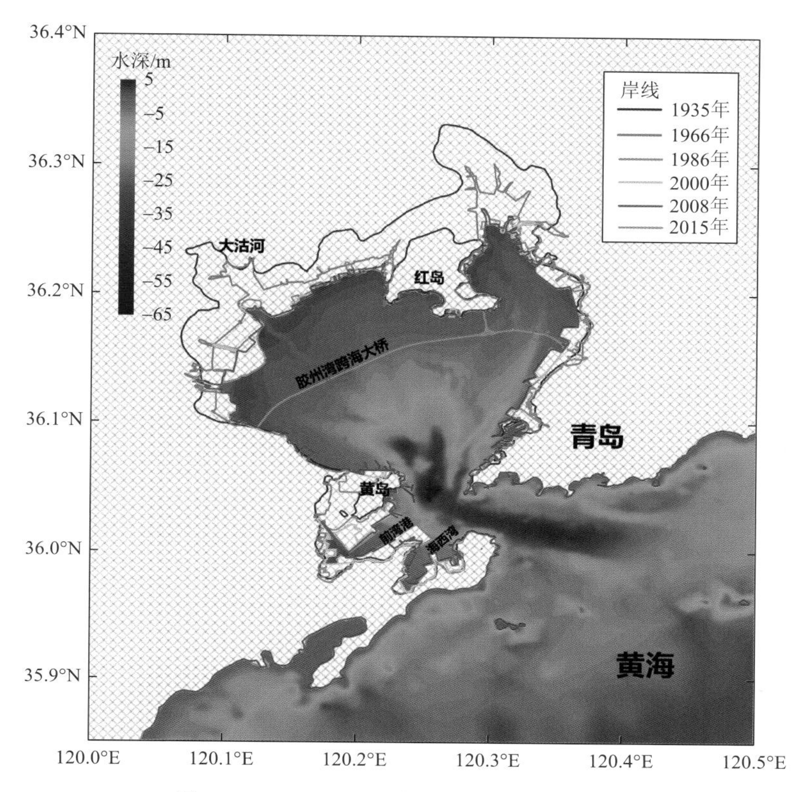

图 5.24　1935～2015 年胶州湾岸线变化情况

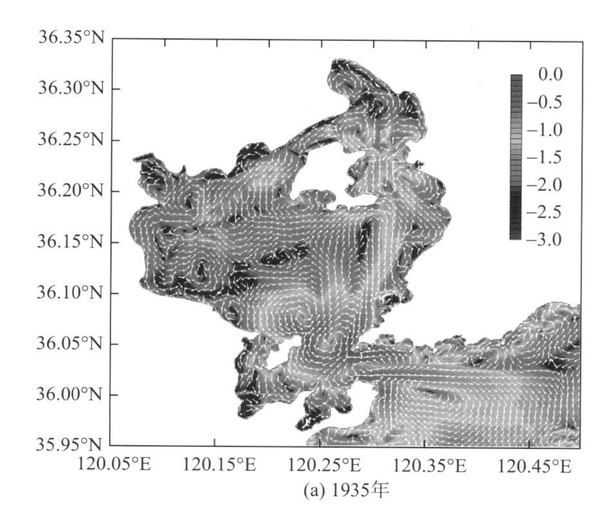

(a) 1935年

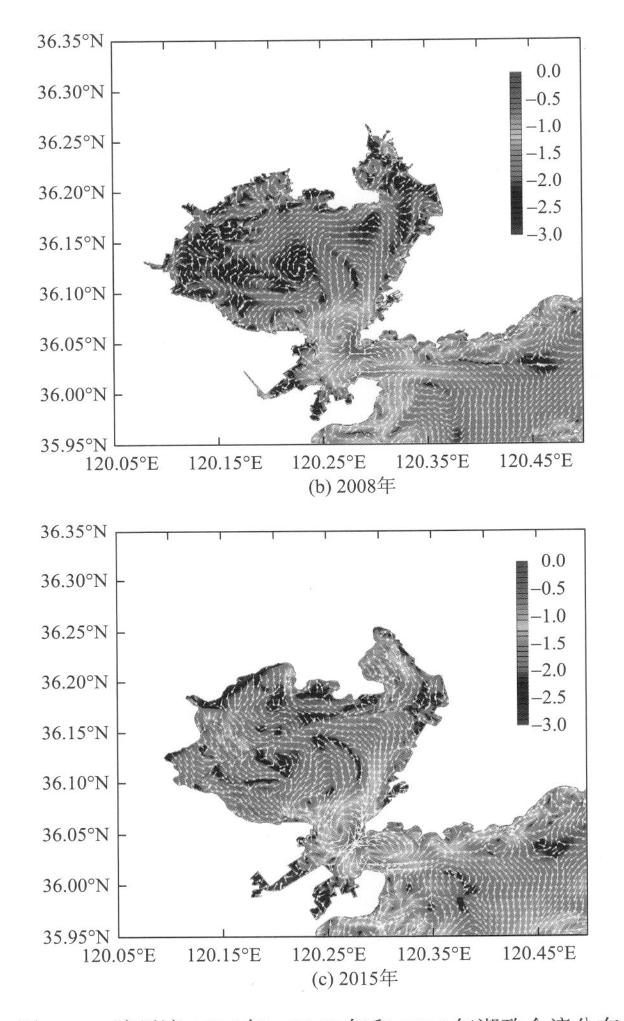

(b) 2008年

(c) 2015年

图 5.26　胶州湾 1935 年、2008 年和 2015 年潮致余流分布

箭头代表余流方向；色彩代表余流大小，以 10 为底的对数表示，单位：cm/s

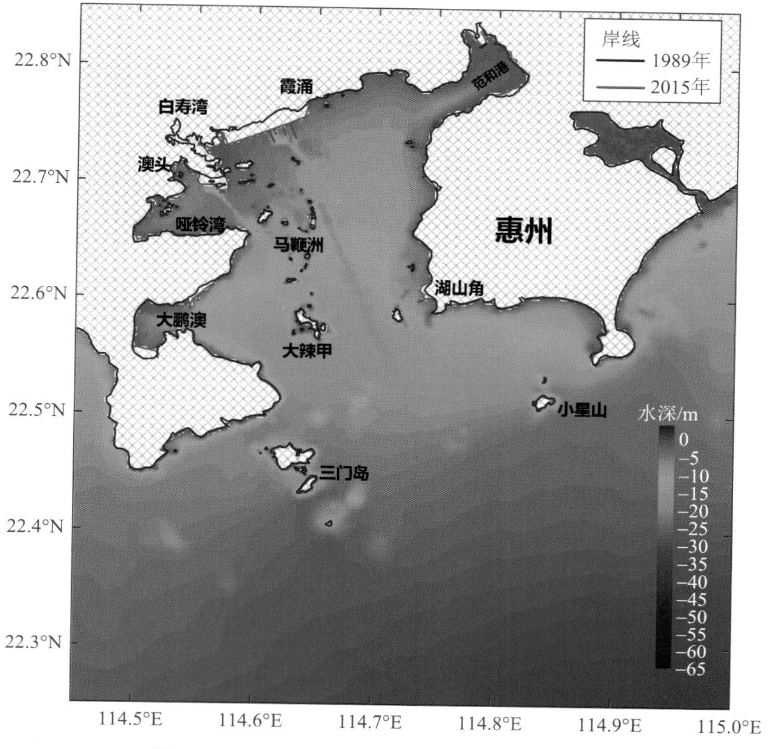

图 5.29　1989～2015 年大亚湾岸线变化情况

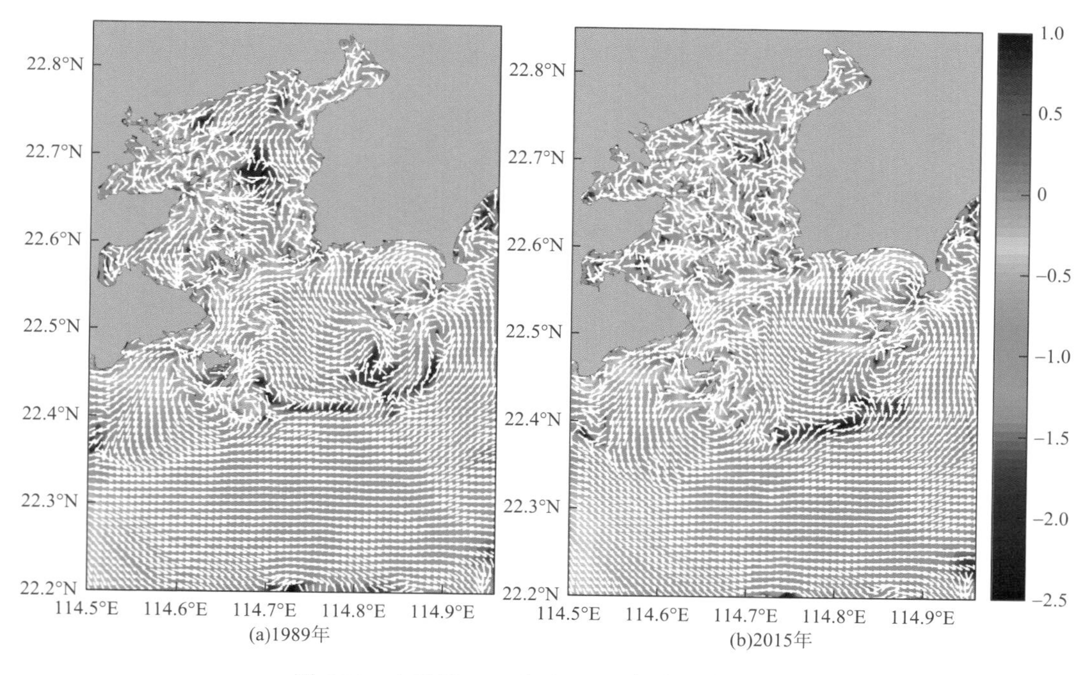

图 5.31　大亚湾 1989 年和 2015 年欧拉余流分布

箭头代表方向；颜色代表大小，以 10 为底的对数表示，单位：cm/s

图 5.60　海湾富营养化诊断分析概念图

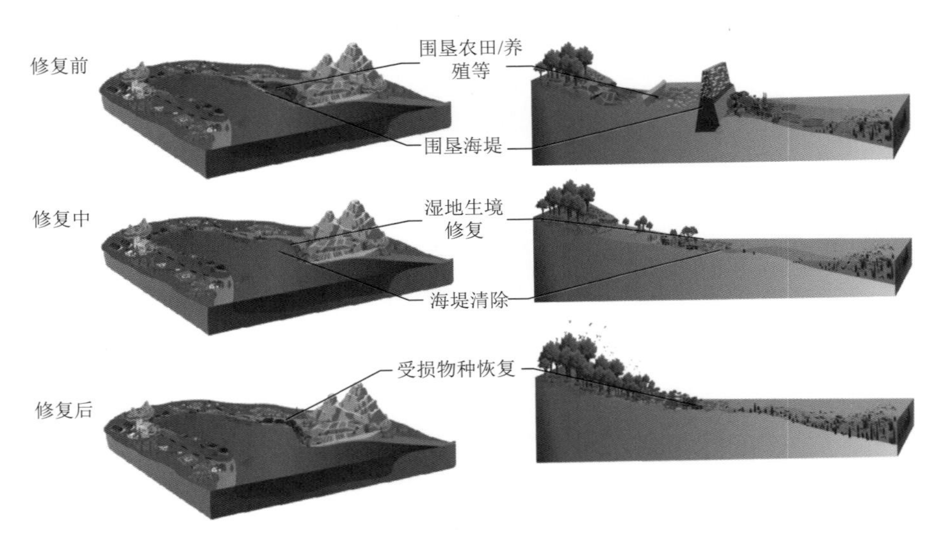

图 5.63　海湾内湾海堤清除与湿地修复的关键技术与过程

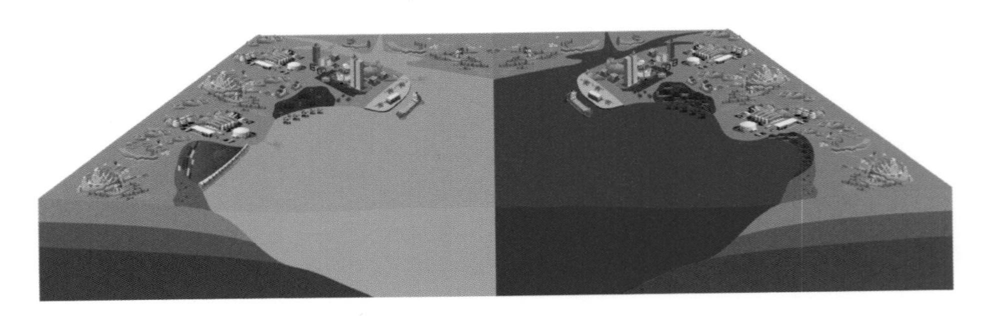

图 5.64　海湾生态修复过程与效果